PRACTICAL MANUAL OF PACKAGING MACHINERY

包装机械实用手册

★ 李连进 主编

化学工业出版社
·北京·

图书在版编目（CIP）数据

包装机械实用手册/李连进主编．—北京：化学工业出版社，2019.11

ISBN 978-7-122-35030-5

Ⅰ．①包…　Ⅱ．①李…　Ⅲ．①包装机-手册　Ⅳ．①TB486-62

中国版本图书馆 CIP 数据核字（2019）第 165057 号

责任编辑：王　烨　毛振威

责任校对：宋　玮　　　　装帧设计：刘丽华

出版发行：化学工业出版社（北京市东城区青年湖南街 13 号　邮政编码 100011）

印　　装：大厂聚鑫印刷有限责任公司

787mm×1092mm　1/16　印张 41　字数 1079 千字　　2019 年 11 月北京第 1 版第 1 次印刷

购书咨询：010-64518888　　售后服务：010-64518899

网　　址：http：//www.cip.com.cn

凡购买本书，如有缺损质量问题，本社销售中心负责调换。

定　　价：198.00 元

前 言

随着人民生活水平的提高和消费市场的快速增长，产品进入流通领域的首要条件就是包装，而实现包装无法离开包装机械。目前，包装机械蕴藏着巨大的发展空间，市场正在不断扩容，已成为最被看好的机械领域之一。

中国包装机械从20世纪70年代末开始，经过40余年的发展，现已成为机械工业的十大行业之一，为包装工业发展提供了有效的保障。未来包装机械将结合微电子、电脑、工业机器人、图像传感和新材料等技术，朝着机械功能多元化，结构设计标准化、模组化，控制智能化，结构高精度化等几个方向发展。一方面可以保证包装的质量和稳定性，另一方面可以提高包装效率、节省成本。

我国包装机械行业发展潜力巨大，企业亟需学习和引进新技术，向生产效率高、自动化程度高、可靠性好、灵活性强、技术含量高的包装设备进军，提高整个包装生产线的自动化水平和质量水平，引领包装机械向集成化、高效化、智能化等方向发展。这为包装机制造商提供了良好的发展空间。

本手册按照包装机械的体系和特点，主要讲述了常用包装机械的基本理论、结构组成、工作原理、传动系统、控制系统和包装执行机构等，重点介绍了包装机械的典型机构设计理论和方法，详细阐述了包装机械选型设计和选用的基本原则、典型包装机械的包装工艺、常见故障诊断分析、使用维护方法和产品性能参数等。本书共14章，内容包含包装机械的分类、总体方案设计、包装机械的传动系统设计、包装机械的部件设计、包装机械的机体设计、包装机械控制系统、袋装包装机械、灌装包装机械、封口包装机械、裹包包装机械、贴标机械、装盒与装箱机械、其他包装机械、包装生产线。

本手册由李连进主编，王东爱副主编，李光、王明贤、乔志霞、张海军参编。其中，第1章～第3章、第7章、第8章以及第9章和第10章的部分章节由李连进编写；第5章、第6章、第12章～第14章以及第11章的部分章节由王东爱编写；第4章以及第9章～第11章的部分章节由李光编写；王明贤、乔志霞、张海军参加了部分章节的编写。李连进负责全书的总体结构设计、产品实例选用、修改初稿和定稿。

在本手册的编写过程中，借鉴和参考了许多国内外专家学者的研究成果，以及引用了书后有关文献中的材料和思想，谨向这些文献的作者表示谢意。

本手册可供从事包装机械设计制造、使用、维修和管理工作的技术人员及供销人员使用，也可作为科研单位和大专院校有关技术人员从事科研和教学的参考资料。

由于水平有限，书中难免存在不妥、疏漏甚至不完善之处，恳请广大读者和专家批评指正。

编者

目录

第 1 章　包装机械的分类

1.1　包装机械的组成和特点

国家标准 GB/T 4122.2—2010《包装术语 第 2 部分：机械》定义了包装机械。包装机械即完成全部或部分包装过程的机器，包装过程包括成型、充填、裹包、封口等主要包装工序，以及与其相关的前后工序，如清洗、干燥、堆码、杀菌、捆扎、集装、拆卸、贴标等前后包装工序，转送、选别、打印、计量等其他辅助工序。

1.1.1　包装机械的组成

产品流通的必要条件是包装，而包装机械是使产品包装实现机械化和自动化的根本保证。包装机械属于轻工自动机械范畴，因其包装的产品种类和应用场所繁多，使其产品种类繁多和结构复杂，而且新型包装机械随社会需要不断涌现，很难将它们的组成分类。但通过对大量包装机械的工作原理和结构性能的分析，可找出其组成的共同点。即包装机械由包装材料的整理与供送系统、被包装物品的计量与供送系统、主传送系统、包装执行机构、成品输出机构、动力机与传动系统、控制系统以及机身八部分组成。

（1）包装材料的整理与供送系统

包装材料的整理与供送系统是将包装材料（包括刚性、半刚性、挠性包装材料和包装容器及辅助物）进行定长切断或整理排列，并逐个输送到预定工位的系统。如颗粒包装机中包装纸的供送、切断机构，饮料灌装生产线中包装容器的上升、定位等工作，有的封罐机的供送系统还可完成罐盖的定向、供送等工作。

（2）被包装物品的计量与供送系统

被包装物品的计量与供送系统是将被包装物品进行计量、整理、排列，并输送到预定工位的系统，有的还可完成被包装物品的定型、分割。如啤酒灌装机的计量和液料供送系统，香皂包装机的香皂整理、排列和供送系统。

（3）主传送系统

主传送系统是将包装材料和被包装物品由一个包装工位顺序传送到下一个包装工位的系统，单工位包装机没有传送系统。产品包装往往分成多个工序完成，如包装材料和被包装物品供送、计量、灌装、封口等，协同完成产品包装和输出。

（4）包装执行机构

包装执行机构是直接完成包装操作的机构，即完成灌装、封口、裹包、贴标、捆扎等操作的机构。如灌装机中的灌装阀和封罐机中的两道卷封滚轮都是包装执行机构，糖果裹包机的糖钳手和扭结手等也是包装执行机构。

（5）成品输出机构

成品输出机构是将包装好的产品从包装机上卸下、定向排列并输出的机构。有的包装机械的成品输出是由主传送机构完成的或是靠包装产品的自重卸下的。如糖果裹包机的打糖杆。

（6）动力机与传动系统

动力机是包装机械工作的原动力，在现代工业生产中通常为电动机；传动系统是指将动力机产生的动力与运动传给执行机构和控制系统，使其实现预定动作的装置。通常由带轮、链轮、齿轮、凸轮、蜗轮、蜗杆等组成，或者由机、电、液、气等多种形式的传动组成。

（7）控制系统

控制系统由各种自动、手动装置组成。在包装机中从动力的输出、传动机构的运转、包装执行机构的动作及相互配合以及包装产品的输出，都是由控制系统指令操纵的。

（8）机身

机身用于安装、固定、支承包装机所有的零部件，满足其相互运动和相互位置的要求。因此，机身必须具有足够的强度、刚度和稳定性。

1.1.2 包装机械的特点

包装机械属于轻工自动机械范畴，为适应各种不同产品的包装生产，其种类繁多。通过对大量包装机械的特性分析，可以看到包装机多属于自动机械。它既具有一般自动机械的共性，也具有其自身的特性。包装机械的主要特点如下。

① 大多数包装机械结构复杂，运动速度快，动作精度高。为满足性能要求，对零部件的刚度和尺寸精度及表面质量等都有较高的要求。

② 进行包装作业时的作业力一般都较小，所以包装机械的电动机功率较小。

③ 包装机械一般都采用无级变速装置，以便灵活调整包装速度、调节包装机的生产能力。

④ 用于食品和药品的包装机械要便于清洗，与食品和药品接触的部位要用不锈钢或经化学处理的无毒材料制成。

⑤ 包装机械是特殊类型的专业机械，种类繁多，生产数量有限。为便于制造和维修，减少设备投资，在各种包装机的设计中应注意标准化、通用性及多功能性。

1.2 包装机械的分类和作用

1.2.1 包装机械的分类

（1）按包装机械的自动化程度分类

按包装机械的自动化程度分为全自动包装机和半自动包装机。

① 全自动包装机　自动供送包装材料和被包装物品，并能自动完成其他包装工序。

② 半自动包装机　由人工供送包装材料和被包装物品，但能自动完成其他包装工序。

（2）按包装产品的类型分类

按包装产品的类型分为专用包装机、多用包装机和通用包装机。

① 专用包装机　专用包装机是专门用于包装某一种产品的机器。

② 多用包装机　多用包装机是通过调整或更换有关工作部件，可以包装两种或两种以上产品的机器。

③ 通用包装机　通用包装机是在指定范围内适用于包装两种或两种以上不同类型产品的机器。

（3）按包装产品的功能分类

我国标准以包装机械产品主要功能的不同作为划分的原则，按包装机械的功能分为充填机械、灌装机械、裹包机械、封口机械、贴标机械、清洗机械、干燥机械、杀菌机械、捆扎机械、集装机械、多功能包装机械以及完成其他包装作业的辅助包装机械 12 大类。如表 1-1

所列，其中类别代号（或分类名称代号）以其有代表性汉字名称的第 1 个拼音字母表示，遇有重复字母时，其分类名称代号可采用第 2 个拼音字母以示区别，也可用主要功能的具有代表性的汉字名称的拼音字母组合表示。在同一类别中的包装机械产品按其功能原则进一步划分。

表 1-1　包装机械分类名称、类别代号和主要技术参数

分类	类别代号	主要技术参数内容	产品名称	产品类型
充填机：将产品按预定量充填到包装容器内的机器	C	被装入产品的容量/质量/生产能力	容积式充填机：将产品按预定容量充填到包装容器内的机器	量杯式充填机
				气流式充填机
				柱塞式充填机
				螺杆式充填机
				计量泵式充填机
				插管式充填机
			称重式充填机：将产品按质量充填到包装容器内的机器	单秤斗称重充填机
				组合式称重充填机
				连续式称重充填机
			计数充填机：将产品按预定数目充填到包装容器内的机器	单件计数充填机
				多件计数充填机
				定时充填机
				转盘计数充填机
				履带式计数充填机
灌装机：将液体按预定量灌注到包装容器内的机器	G	灌装阀头数/生产能力	负压灌装机：先对包装容器抽气形成负压，然后将液体充填到包装容器内的机器	
			常压灌装机：在常压下将液体充填到包装容器内的机器	
			等压灌装机：先向包装容器充气，使其内部气体压力和储液缸内的气体压力相等，然后将液体充填到包装容器的机器	
			压力灌装机：利用外部的机械压力将液体产品充填到包装容器内的机器	
封口机：在包装容器内盛装产品后，对容器进行封口的机器	F	封口尺寸/生产能力	热压封口机：用热封合的方法封闭包装容器的机器	
			熔焊封口机：通过加热使包装容器封口处熔融封闭的机器	
			压盖式封口机：使皇冠盖的褶皱边压入瓶口凹槽内，并使盖内材料产生适当的压缩变形，完成对瓶口封闭的机器	
			压塞式封口机：使瓶塞压入瓶口并使包装容器封闭的机器	
			旋合封口机：通过旋转封口器材以封闭包装容器的机器	
			卷边封口机：用滚轮将金属盖与包装容器开口处互相卷曲勾合	
			压力封口机：通过在封口器材的垂直方向上施加预定的压力以封闭包装容器的机器	
			滚压封口机：通过滚压使金属盖变形以封闭包装容器的机器	
			缝合机：使用缝线缝合包装容器的机器	
			结扎封口机：使用线、绳等结扎材料封闭包装容器的机器	
裹包机：用挠性包装材料全部或局部裹包产品的机器	B	包装尺寸/生产能力	半裹式裹包机：用挠性包装材料裹包产品局部表面的机器	
			全裹式裹包机：用挠性包装材料裹包产品的所有表面的机器	折叠式裹包机
				扭结式裹包机
				接缝式裹包机
				覆盖式裹包机
				缠绕式裹包机
				拉伸式裹包机
				收缩包装机
				贴体包装机
				现场发泡设备

续表

分类	类别代号	主要技术参数内容	产品名称	产品类型
多功能包装机:在一台整机上可以完成两个或两个以上包装工序的机器	D	主要功能和生产能力	成型-充填-封口机:完成包装容器的成型后,将产品装入包装容器并完成封口工序的机器	箱(盒)成型-充填-封口机
				袋成型-充填-封口机
				冲压成型-充填-封口机
				热成型-灌装-封口机
			真空包装机:将产品装入包装容器后,抽去容器内部的空气,达到真空度,并完成封口工序的机器	
			充气包装机:将产品装入包装容器后,用氮、二氧化碳等气体置换容器中的空气并完成封口工序的机器	
			泡罩包装机:以透明塑料薄膜或薄片形成泡罩,用热封合、粘合等方法将产品封合在泡罩与底板之间的机器	
贴标机:采用胶黏剂将标签贴在包装件或产品上的机器	T	尺寸/生产能力	粘合贴标机:采用胶黏剂将标签贴在包装件或产品上的机器	
			套标机:将标签套在包装件或产品上的机器	
			订标签机:用钉、针、线等材料将标签固定在包装件或产品上的机器	
			挂标签机:用钉、针、线、带等材料将标签或吊牌悬挂在包装件或产品上的机器	
			收缩标签机:用热收缩或弹性收缩的方法将筒状标签套在包装件或产品上的机器	
			不干胶标签机:通过加标机构将不干胶标签贴在包装件或产品上的机器	
清洗机:对包装容器、包装材料、包装辅助物及包装件进行清洗,以达到预期清洁度的机器	Q	生产能力	干式清洗机:使用气体清洗剂,以压力或抽吸方法清除不良物质的机器	
			湿式清洗机:使用液体清洗剂、蒸汽清除不良物质的机器	
			机械式清洗机:借助工具擦刷以清除不良物质的机器	
			电解清洗机:通过电解分离清除不良物质的机器	
			电离清洗机:通过电离清除不良物质的机器	
			超声波清洗机:通过超声波产生的机械振荡清除不良物质的机器	
			组合式清洗机:将几种方法组合在一起清除不良物质的机器	
干燥机:对包装容器、包装材料、包装辅助物以及包装件上的水分进行去除以达到预期干燥程度的机器	Z	生产能力	热式干燥机:通过热交换去除水分的机器	
			机械干燥机:通过离心、甩干等方法去除水分的机器	
			化学干燥机:通过化学方法去除水分的机器	
			真空干燥机:通过抽去包装容器内部空气达到预定真空度的方法去除水分的机器	
杀菌机:对产品、包装容器、包装材料、包装辅助物以及包装件等上的微生物进行杀灭,使其降低到允许范围内的机器	S	生产能力	高温杀菌机:通过加热进行杀菌消毒的机器	
			超声波杀菌机:通过超声波的直接作用进行杀菌消毒的机器	
捆扎机:使用捆扎带或绳捆扎产品或包装件,然后收紧并将捆扎带两端通过热效应熔融或使用包扣等材料连接好的机器	K	包装尺寸	机械式捆扎机:采用机械传动进行捆扎的机器	
			液压式捆扎机:采用液压传动进行捆扎的机器	
			气动式捆扎机:采用空气压力传动进行捆扎的机器	
			穿带式捆扎机:采用带进行捆扎的机器	
			捆结机:使用线、绳等结扎材料,使之在一定张力下缠绕产品或包装件一圈或多圈,并将两端打结连接的机器	
			压缩打包机:将泡松产品压缩打包,成为有规则形状包装件的机器	
集装机:将包装单元集成或分解,形成一个合适的搬运单元的机器	J	规格/生产能力/按产品标准确定	集装机(单元包装机):将若干个包装件或产品包装在一起,形成一个合适的搬运单元的机器,按集装方式分为托盘集装机、无托盘集装机	
			集装件拆卸机(单元包装拆卸机):将集合包装件拆开、卸下、分离等的机器	
			堆码机:将预定数量的包装件或产品按一定规则进行堆积的机器	

续表

分类	类别代号	主要技术参数内容	产品名称	产品类型
辅助包装机：对包装材料、包装容器、包装辅助物或包装件执行非主要包装工序的有关功能的机器	A	规格/生产能力/按产品标准确定	打印机：在包装件、包装容器、标签等上打印滚印字码或标记的装置	
			整理机：整理和排列被包装产品、包装容器、包装件和包装辅助材料等的机器	
			检验机：用来检验包装产品质量，将混有异物的产品剔除的机器	
			选别机：检查正在包装或已经包装好的产品的质量，剔除超出质量允许误差产品的机器	
			输送机：将被包装产品、包装容器或包装件自动地从一道包装工序送到另一道工序所用的机器，输送机一般分为立式和卧式两种	

1.2.2　包装机械的作用

随着时代的发展和科技的进步，包装逐步成为产品进入流通领域的必要条件，而包装机械正是实现产品包装的主要技术手段，其在产品流通领域中所发挥的作用越来越大。现代工业生产，如食品、医药、日用品、化工产品、电子产品等生产中，主要包括三个基本环节，即原料处理、中间加工和产品包装。产品包装是工业生产中相当重要的环节，处于生产过程的末尾和物流过程的开头，既是生产的终点又是物流的开始，而包装机械在物流中起着相当重要的作用。包装机械是使产品包装实现机械化、自动化的根本保证，因此包装机械在现代工业生产中起着相当重要的作用。

(1) 大幅度地提高生产效率

机械包装要比手工包装速度快得多。例如：啤酒灌装机的生产率可高达 36000 瓶/小时，这是手工灌装无法比拟的；蛋形巧克力的包装，用手工包装每人每班可包装 20kg，而用机械包装每人每班可包装 250kg 以上；糖果包装机每分钟可包糖数百块甚至上千块，是手工包糖速度的数十倍。

(2) 降低劳动强度，改善劳动条件

手工包装的劳动强度大，包装体积大、重量重的产品，既耗费体力又不安全；包装轻小产品，动作频率高且单一；包装液体产品，易造成产品外溅；包装粉状产品，往往造成粉尘飞扬。采用包装机械设备代替手工包装，不仅可以大大改善工人的劳动条件和环境，避免有毒产品、有刺激性、放射性产品危害工人身体健康，而且能使包装工人从繁重的劳动中解放出来。如手工包装糖果，一个工人 8h 要重复动作 80000 多次；再如人工袋装化肥，粉尘飞扬污染环境等。

(3) 保护环境，节约原材料，降低产品成本

手工包装液体产品时，易造成产品外溅；手工包装粉状产品时，易造成粉尘飞扬。这既污染了环境，又浪费了原材料，采用机械包装能防止产品的散失，不仅保护环境，又节约了原材料。

(4) 保证产品卫生，提高包装质量

机械包装有利于被包装产品的卫生，提高产品包装质量，增强市场销售的竞争力。有些产品的卫生要求很严格，如食品、药品等，采用机械包装，可以避免人手直接接触食品和药品，而且由于包装速度快，食品和药品在空气中停留时间缩短，减少了污染机会，有利于产品清洁，保证了产品卫生质量；另外，由于包装机械的计量精度高，保障产品的外观整齐、封口严密，提高了产品的包装质量并可延长产品的保质期，增强了市场销售的竞争力。机械包装易于实现包装的规格化、标准化。

(5) 降低包装成本，节约储运费用

对于松散产品，例如烟叶、丝、麻等产品，采用压缩包装机进行压缩包装，可大大缩小体积、降低包装成本、节省仓容，减少保管费，有利于运输。

(6) 延长保质期，方便产品流通

采用真空、无菌等包装机进行产品包装，可以延长食品和饮料的保质期，使产品的流通范围更加广泛。

(7) 减少包装场地面积，节约基建投资

采用手工包装，由于包装工人多，工序不紧凑，包装作业占地面积大，基建投资多。采用机械包装产品，产品和包装材料及包装容器的供给都比较集中，各包装工序安排紧凑，可充分利用高度空间，减少了人工包装产品所需的占地面积，这样可以节约基建投资。

1.3 包装机械型号编制方法

包装机械型号用以表示包装机械的名称、主要参数、改进设计顺序和派生型代号。包装机型号由主型号和辅助型号两部分组成，以汉语拼音和阿拉伯数字表示，按 GB/T 7311—2008 标准执行。

1.3.1 主型号的编制

主型号包括包装机械的分类名称代号、结构形式代号、选加项目代号。

分类名称代号以其有代表性汉字名称的第一个拼音字母表示，遇有重复字母时，其分类名称代号可采用第二个拼音字母以示区别，也可用主要功能的具有代表性的汉字名称的拼音字母组合表示。

无分类代号名称的产品，其分类名称代号可自行确定；结构形式代号和选加项目代号根据产品标准或生产企业自行确定。

1.3.2 辅助型号的编制

辅助型号包括产品的主要技术参数、派生顺序代号和改进设计顺序代号。

主要技术参数用阿拉伯数字表示，应取其极限值；当需要表示两组以上的参数时，可用斜线“/”隔开。

包装机械类产品常用的主要技术参数有充填量、包装尺寸、封口尺寸、灌装阀头数、生产能力等。派生顺序代号以罗马数字Ⅰ、Ⅱ、Ⅲ……表示。

改进设计顺序代号依次用英文字母 A、B、C……表示；第 1 次设计的产品无顺序代号。

1.3.3 包装机械型号的编制格式

包装机械型号的编制格式如图 1-1 所示。

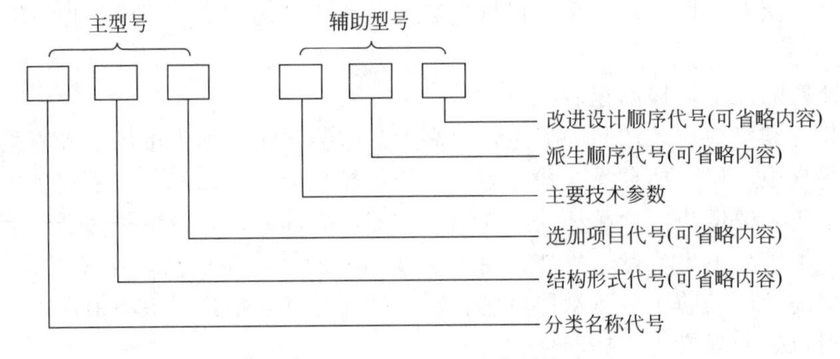

图 1-1 包装机械型号编制格式

图 1-2 给出了型号编制的示例，省略的内容可在合同中注明。

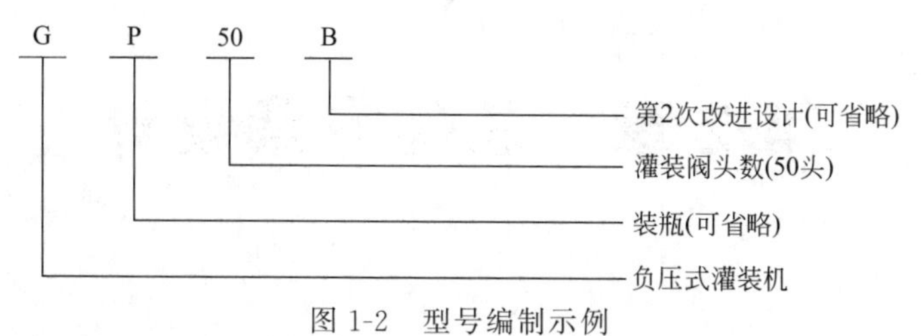

图 1-2　型号编制示例

1.4　包装机械的发展趋势

随着科学技术的不断发展进步，出现了各种类型的产品，对包装设备和技术提出了新的要求，包装机械在流通领域中发挥着越来越大的作用。目前包装机械市场竞争日趋激烈，未来的包装机械将配合产业自动化趋势，促进包装设备总体水平提高，发展多功能、高效率、低消耗的包装设备，而包装机械技术也正朝着以下几个趋势发展。

（1）机电一体化

机电一体化是未来包装机械发展的趋势。一个完整的机电一体化系统，一般包括微机、传感器、动力原、传动系统、执行机构等部分，它摒弃了常规包装机械中的繁琐和不合理部分，而将机械、微机、微电子、传感器等多种学科的先进技术融为一体，给包装机械在设计、制造和控制方面都带来了深刻的变化，从根本上改变了包装机械的现状。

（2）运动的高精度化

结构设计及运动控制等事关包装机械性能的优劣，可通过电动机、编码器及数字控制（NC）、动力负载控制（PLC）等高精密控制器来完成，并适度地做产品延伸，朝高科技产业的包装设备来研发。

（3）控制的智能化

目前包装机械厂家普遍使用 PLC 动力负载控制器，虽然 PLC 弹性很大，但仍未具有微机所拥有的强大功能。未来包装机械必须具备多功能化、调整操作简单等条件，基于微机的智能型仪器将成为包装机械控制器发展的新趋势。

（4）机械的功能多元化和结构标准化

工业产品已逐渐趋向精致化和多元化，在大环境变化下，弹性多元化的包装机种方能适应市场需求；产品的设计制造应充分利用标准化和模组化，降低设计和制造工作量，在短时间内转换新机型。

包装行业属于配套行业，涉及国民经济的许多领域，特别是食品行业与饮料行业，更是依赖于包装行业的技术进步和配套服务。因此，不能忽视国内包装机械产业落后的现状，积极推动包装业走上快速健康发展的自动化道路。

参考文献

[1] 尹章伟，刘全香，王文静. 包装概论. 北京：化学工业出版社，2003.
[2] 陈满儒. 包装工程概论（双语）. 北京：化学工业出版社，2005.
[3] 赵淮. 包装国际标准汇编. 北京：中国轻工业出版社，1994.
[4] 赵淮. 包装机械产品大全. 北京：中国轻工业出版社，2003.
[5]《包装与食品机械》杂志社. 包装机械产品样本. 第 2 版. 北京：机械工业出版社，2008.
[6] 周滨飞. 食品及包装机械制造工艺学. 成都：四川教育出版社，1991.

第 2 章　总体方案设计

2.1　概述

2.1.1　包装机设计任务的类型

设计任务是对设计对象的简略描述，包括一些要求达到的指标。如果对广泛使用包装机械的食品、药品和化妆品等行业所需的各类包装机械作调查统计，就会发现设计者常会遇到下述不同的设计任务。

（1）开发性设计

在机械工作原理和结构等完全未知的情况下，应用成熟的科学技术或经过试验证明是可行的新技术，设计过去没有过的新型包装机，这是一种完全创新的设计。最初的包装机设计就属于开发性设计，这是由零开始的创新开发。

（2）适应性设计

在机械设备原理方案基本保持不变的前提下，对产品作局部的变更或设计一个新部件，使产品在质和量方面更能满足使用要求。如包装机加一光标自动定位装置后就可保证在预定的位置进行产品包装袋的横封和切断，使商标图案完整无损；加一纠偏系统就可防止包装卷材跑偏，提高产品质量和节约材料。增添光标自动定位装置和纠偏系统的设计就属适应性设计。

（3）变型设计

在工作原理和功能结构都不变的情况下，变更现有包装机产品的结构配置和尺寸，使之适应于更多的量的要求。如由于需要包装速度或传动比改变而重新设计传动系统减速器的尺寸和传动比，就属于变型设计。

在包装机开发实践中，开发性设计总是少量的，为充分发挥现有包装设备的潜力，适应性设计和变型设计就显得很重要了。但不论从事的是哪一类设计，着眼点都尽量放在“创新”上。

2.1.2　包装机设计的基本要求

产品设计要求是设计、制造、试验和鉴定的依据，一项成功的产品设计，应该满足多方面的要求，要在技术性能、经济指标、整体造型、使用维护等方面都能做到统筹兼顾、协调一致。

设计要求视具体产品而定，某些产品可依据国家标准或专业标准；有些可通过统计法、类比法、估算法、试验法来确定；有些则可通过直接计算得到。

产品设计要求可采用“要求明细表”或逐条叙述两种方式提出，下面列举一些通用的主要要求。

（1）产品功能要求

同一产品功能越多，价值越高。因此，在满足主要功能的情况下，还应满足用户附加功能的要求，做到功能齐全，一机多用。这一要求是设计任务书中必须要表达清楚的。

（2）适应性要求

在设计任务书中应明确指出该产品的适应范围。所谓适应性，是指工况发生变化时，产品的适应程度。工况变化包括作业对象、工作载荷、环境条件等变化。从扩大产品的应用范围角度考虑，产品适应性越广越好。

(3) 性能要求

性能是指产品的技术特征，包括动力、载荷、运动参数、可靠度、寿命等。例如，包装机主要有包装范围、动力性、包装速度、计量精度、可靠度、维护保养等。

(4) 生产能力要求

生产能力是产品的重要技术指标，它表示单位时间内创造财富的多少。高生产率是人们追求的目标之一。一般情况下，生产能力分为理论生产能力、额定生产能力和实际生产能力，在设计要求中，应对理论生产能力作出规定。

(5) 制造工艺要求

产品结构要符合工艺原则，有好的工艺性，同时要尽量减少专用件，增加标准件。零件工艺性好、适用性强，会有效降低加工制造费用。

(6) 可靠性要求

可靠性设计要求包括：产品固有可靠性设计、维修性设计、冗余设计、可靠度预测和使用可靠度设计。

(7) 使用寿命要求

使用寿命是指包装机正常的工作时间。

(8) 人机工程要求

任何机器，都需要人来操纵控制，因而机器必须适应人的特性，充分发挥人与机器的效能。

(9) 安全性要求

包装机械应有必要的安全保护装置，以保证人身及设备的安全。

上述各项设计要求都是对整机而言的，而且是主要设计要求。在设计时，应针对不同产品加以具体化、定量化。

2.1.3　包装机设计的一般过程

包装机械的设计过程大体上分为总体设计、技术设计和审核鉴定三个阶段。

(1) 总体设计阶段

总体设计就是在具体设计之前对所要设计的包装机系统的各方面，本着简单、实用、经济、安全、美观等几个原则所进行的综合性设计，是一个从整体目标出发，实现机械整体优化设计的一个阶段。包装机总体设计的主要内容有：系统的原理方案的构思，结构方案设计，总体布局与环境设计，主要参数及技术指标的确定，总体方案的评价与决策。

总体设计对机械系统的性能、尺寸、外形、质量及生产成本具有重大影响。因此，在总体设计中要充分应用现代设计方法中提供的各种先进设计原理，综合利用机械和电子等关键技术并重视科学实验，力求在原理上新颖正确，在实践上可行，在技术上先进，在经济上合理。

包装机的总体设计阶段主要做可行性分析和进行初步设计两方面的工作。

① 可行性分析　可行性分析要弄清和解决以下几个问题。

a. 市场需求分析，分析市场上有哪些产品需要包装，包装应该采用的包装材料和包装方法，目前的产品包装生产现状与发展趋势以及对机械包装的性能要求等。

b. 根据市场需求，确定包装机（或包装自动线）的设计内容和用户范围，明确设计的包装机的功能、应用范围和要达到的技术经济指标。

c. 比较分析现有同类型包装机（包装自动线）的当前技术水平、使用情况及今后发展趋势。

d. 构思设计方案，并从工作原理、技术性能和经济效益三个方面分析对比各种方案的优缺点和可行性，从中找出较为合理的方案。

最后，提出报告说明实施该项目的目的、可行性和实施计划。

② 初步设计　将设计方案具体化，重点分析包装机各组成要素的综合、总体布局和拟定主要技术参数等。该阶段对设计的成败起关键作用。在这一阶段中充分表现出设计工作有多个方案的特点，设计工作的创新性在这里表现得最为充分。

根据包装机要达到的要求确定功能参数，然后按动力系统、传动系统及执行系统分别进行讨论，每一部分都可能有几种方案可供选择，这样机器就有多种设计方案，但技术上可行的方案可能仅有几个，对这几个可行方案要从技术、经济、环保等方面进行综合评价，通过方案评价进行决策，最后确定一个供下一步设计用的原理性的设计方案——原理图或机构运动简图。

（2）技术设计阶段

技术设计内容包括包装机各组成部分的运动设计、结构设计、零件强度与刚度校核、动力计算、绘制设计图和编写技术文件等。

技术设计阶段的主要目标是产生总装配草图和部件装配草图。通过草图设计确定各部件及其零件的外形和基本尺寸，包括各部件之间的连接尺寸。最后绘制零件工作图、部件装配图和总装配图。

为了确定主要零件的基本尺寸，必须做以下工作。

① 包装机的运动学设计　根据确定的结构方案，确定原动机的参数（功率、转速、线速度等），然后作运动学计算，从而确定各运动构件的运动参数（转速、速度、加速度等）。

② 包装机的动力学计算　结合各部分的结构和运动参数，计算各主要零部件所承受的载荷的大小及特性。由于零部件尚未设计出来，此时所求出的载荷只是作用于零件上的公称（或名义）载荷。

③ 零件的工作能力设计　已知主要零件所受公称载荷的大小及特性，即可做零部件的初步设计。设计所依据的工作能力准则必须参照零部件的一般失效情况、工作特性、环境条件等合理地拟定，一般有强度、刚度、振动稳定性、寿命等准则。通过计算或类比，便可以决定零部件的基本尺寸。

④ 部件装配草图及总装配草图的设计　根据已定出的主要零部件的基本尺寸，设计出部件装配草图及总装配草图。草图上需对所有零件的外形及尺寸进行结构化设计。在此步骤中需要很好地协调各零部件的结构及尺寸，全面地考虑所设计的零部件的结构工艺性，使全部零部件有合理的构成。

⑤ 主要零件的校核　有一些零件在上述③中由于具体结构未定，难以进行详细的工作能力计算，所以只能作初步计算及设计。在绘出部件装配草图及总装配草图以后，所有零件的结构及尺寸均为已知，相互邻接的零件之间的关系也为已知。只有在这时才可以较为精确地定出作用在零件上的载荷，决定影响零件工作能力的各个细节因素。只有在此条件下，才有可能并且必须对一些重要的或者受力情况复杂的零部件进行精确的校核计算。根据校核结果，反复修改零件的结构及尺寸，直到满意为止。

在技术设计的各个步骤中，可以用优化方法、有限元分析方法使结构参数和结构强度、变形得到最佳的和定量控制的结果。对于少数非常重要、结构复杂且价格昂贵的零件，在必要时还需要用模型试验的方法来进行设计，即按初步设计的图纸制造出模型，通过试验，找出结构上的薄弱部位或多余的截面尺寸，据此来修改原设计，最后达到完善的程度。机械可靠性理论用于技术设计阶段，可以按可靠性的观点对所设计的零部件结构及其参数做出是否满足可靠性要求的评价，提出改进设计的建议，从而进一步提高机器的设计质量。

草图设计完成后，即可以根据草图已确定的零件基本尺寸设计零件的工作图。此时，仍有大量的零件结构细节要加以推敲和确定。设计工作图时，要充分考虑到零件的加工和装配工艺性、零件在加工过程中和加工完成后的检验要求和实施方法等。有些细节安排如果对零件的工作能力有值得考虑的影响时，还需返回去重新校核工作能力。最后绘制除了标准件外的全部零件的工作图。

按最后定型的零件工作图上的结构及尺寸，重新绘制部件装配图及总装配图。通过这一工作可以检查出零件工作图中可能隐藏的尺寸和结构上的错误。人们把这一工作通俗地称为“纸上装配”。

(3) 审核鉴定阶段

对所拟定的方案、技术计算、设计图样等进行详细审核，并对试制的样机进行鉴定。特别要注意审查整个设计方案是否合理，各个具体设计环节是否正确，设计是否完善，还需作哪些改进。

每个设计阶段均有其明确的目的和中心内容，相互间又有密切的联系，设计中需要经过多次反复修改、校核，才能逐步完善。应当注意，变型设计、改进设计与创新设计在每个设计阶段的重点与难度不完全一样。因此在设计时，可根据实际需要再划分为若干个设计步骤，以使整个工作周密而又有秩序地进行，保证设计质量和进度。

包装机的总体设计步骤没有严格的规定，但一般来说，一开始总有一个产品目标设想，然后进行总的可行性论证和技术经济分析。在总的意向确定以后，认真地分析和确定总体功能指标，提出方案设想，然后进行系统分析和功能分解，最后形成总体方案。为了保证总体方案的可行性，必要时需做方案试验和关键技术验证，同时要认真做好分系统的初步设计以及各类接口设计。在此基础上，就可以形成总体设计报告，并对其进行认真严肃的评价与审定，特别是在一些大的技术问题上，一定要听取不同方面的意见，反复论证。评审通过之后，总体设计初步告一段落，但它要贯穿产品开发的整个过程，因为在实施时也还可能有反复。其基本步骤如图2-1所示。

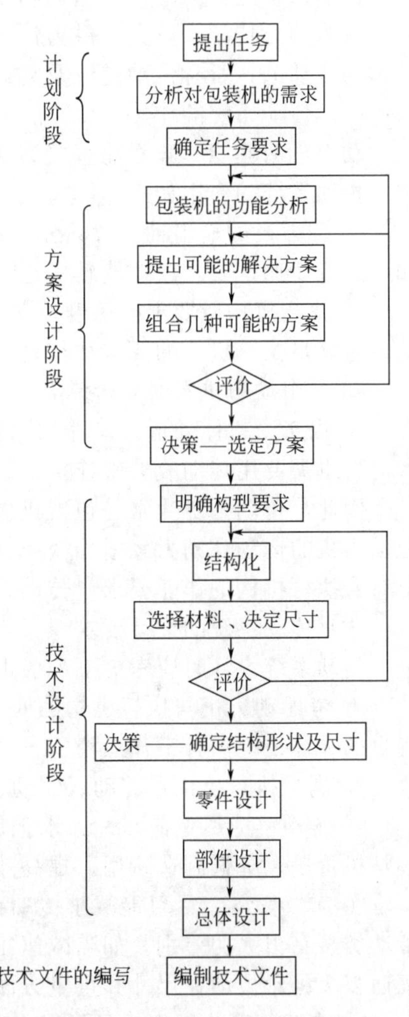

图2-1　包装机的一般设计步骤

总体设计给具体设计规定了总的基本原理、原则和布局，指导具体设计的进行。而具体设计则是在总体设计基础上的具体化，并促成总体设计不断完善，二者相辅相成。因此，在工程设计、测试和试制的中间或后期，总体设计人员仍有大量工作要做，只有把总体和系统的观点贯穿于产品开发的全过程，才能保证最后的成功。

在此阶段要正确处理好借鉴与创新的关系。同类机器成功的先例应该借鉴，原先薄弱环节及不符合现有任务要求的部分应当加以改进或根本改变。既要积极创新，反对保守和照搬原有设计，也要反对一味求新而把合理的原有经验弃之不用的错误倾向。

2.2　包装机的系统设计方案

所有的现代包装机，尽管构造和用途各不相同，但其结构均包括原动机、传动系统和执行机构三大部分。

2.2.1　传动系统的方案设计

传动系统是将原动机的运动和动力传给包装执行机构的中间装置，其类型主要有机械传动、流体动力传动、电力和磁力传动等。原动机与执行机构之间组成传动联系的一系列传动件称为传动链，所有传动链以及它们之间的相互联系组成传动系统。

(1) 传动系统的作用

动力机的性能一般不能直接满足执行机构的要求，需要有传动系统连接动力机和执行机构，传动系统的作用如下：

① 动力机的输出轴一般只作等速回转运动，而执行机构往往需要多种多样的运动形式，如等速或变速、旋转或非旋转、连续或间歇等；

② 执行机构所要求的速度、转矩或力，通常与动力机不一致，用调节动力机的速度和动力来满足执行机构的要求往往是不经济的，甚至是不可能的；

③ 一个动力机有时要带动若干个运动形式和速度都不同的执行机构；

④ 由于受机体外形、尺寸的限制，或为了安全和操作方便，执行机构不宜与原动机直联时，也需要用传动装置来连接。

因此，传动系统通常是包装机械的重要组成部分，其功能是连接动力机与执行机构，并把动力机的运动和动力经适当变换，以满足执行机构的作业要求。如果动力机的工作性能完全符合执行机构的作业要求，传动系统可省略，将动力机与执行机构直接连接。

(2) 传动系统的设计要求

传动系统设计时应考虑下列要求：

① 考虑动力机与执行机构的匹配，使它们的机械特性相适应，并使二者的工作点接近各自的最佳工况点且工作点稳定；

② 满足执行机构在起动、制动、调速、反向和空载等方面的要求；

③ 传动链应尽量简短。力求采用构件数目和运动副数目最少的机构，以简化结构，减小整机重量，降低制造费用，提高效率，同时也利于提高传动精度和系统刚度；

④ 布置紧凑，尽可能减小传动系统尺寸，减小所占空间。机械的尺寸和重量随所选的传动类型有很大的差别，如当减速比较大时，选用行星传动以及摆线针轮式或谐波传动等比普通多级齿轮传动在尺寸和重量方面显著减小；

⑤ 当载荷变化频繁，且可能出现过载时，应考虑过载保护装置；

⑥ 要有安全防护措施。

(3) 传动系统的组成

包装机械种类繁多，各种机械设备的传动系统也千变万化，但它们通常包括下列几个组成部分：变速装置，启动、停止和换向装置，制动装置及安全保护装置等。合理地确定传动系统的组成和结构是提高包装机械的工作性能、稳定性、效率以及减少重量和降低成本的重要环节。

① 变速装置　变速装置是传动系统中最重要的组成部分，其作用是改变原动机的输出转速和转矩以适应执行机构的需要。

执行机构分不变速和变速两种类型。若执行机构不需要变速时，可采用定比传动系统或采用标准的减速器、增速器来实现降速传动或增速传动；当执行机构的运动速度或转速需要改变时，则需要可调的变速装置，如包装机在不同包装工作条件下能改变包装速度，以适应不同包装生产率的要求。

对变速装置的基本要求是：传递足够的功率和转矩，并具有较高的传动效率；满足变速范围和变速级数要求，且体积小、重量轻；噪声控制在允许的范围内，结构简单，制造、装配和维修的工艺性好；具有良好的润滑和密封，没有漏油、漏水和漏气现象。

如果执行机构转速较低时，应使变速装置位于接近原动机处，降速传动机构位于接近执行机构处，即将变速装置设置于传动链的高速部位，这样能减小变速装置的结构尺寸，但变速装置的转速过高时，将会增大噪声。

② 启动、停止和换向装置　启动、停止和换向装置用来控制执行机构的启动、停车以及改变运动方向。对这些装置的基本要求是启停和换向方便省力，操作安全可靠，结构简单，并能传递足够的动力。各种包装机械因特点不同，对启停和换向装置的要求各异，通常有不需要换向且启停不频繁、需要换向但换向不频繁以及换向和启动频繁的几种。

③ 制动装置　由于惯性作用，包装机械的运动部件在启停装置断开后不能立即停止，而要经过一个减速过程才停止运动。停车前其转速愈高，运动部件的惯性愈大，摩擦阻力愈小，停车所需时间就愈长。为了减少辅助时间，对于启停频繁、运动部件质量大、运动速度高或要求迅速转向的传动系统，应安装制动装置。

当包装机械设备发生事故需紧急停车时，往往需要使用制动装置，将运动部件可靠地停在某个位置上。

对制动装置的基本要求是：结构简单，操作方便，工作可靠，运动平稳，耐磨和散热性能良好。

④ 安全保护装置　包装机械如果在工作中载荷变化频繁、变化幅度较大，有过载可能而本身又无安全保护措施时，应在传动链中设置安全保护装置，以免损坏传动机构。机械传动链中如有带、摩擦离合器等摩擦副，则具有过载保护作用，否则应在传动链中设置安全离合器或安全销等过载保护装置。当传动链所传递的转矩超过限定值时，靠保护装置中连接件的折断、分离或打滑来停止或限制转矩的传递。

(4) 包装机传动类型的选择

传动类型很多，在选择时，应综合考虑下列因素：

① 包装机或执行机构的工况；

② 动力机的机械特性和调速性能；

③ 对传动的尺寸、质量和布置方面的要求；

④ 工作环境条件，如在工作温度较高、潮湿、多粉尘、易燃、易爆的场合，宜采用链传动、闭式齿轮传动、蜗杆传动，不能采用摩擦传动；

⑤ 经济性，如工作寿命，传动效率，初始费用、运转费用和维修费用等；

⑥ 操作和控制方式；

⑦ 其他要求，如现场的技术条件（能源、生产能力等）、标准件的选用及环境保护等。

2.2.2 包装执行系统的方案设计

包装执行机构是直接用来完成各种包装过程或工艺动作的机构。执行机构是根据工艺过程的功能要求而设计的。实现某一包装工艺过程往往需要多种运动，并且同一种工艺过程的运动方案又是多种多样的。这些方案直接影响着机械系统的性能、结构、尺寸、重量及使用效果等，所以，包装执行机构是设计包装机械系统的关键问题之一。

(1) 执行系统的作用

执行机构的作用是传递、变换运动与动力，即把传动系统传递来的运动与动力进行变换，以满足包装机械系统的功能。执行机构的功能是多种多样的，但归纳起来主要有以下几种。

① 夹持　作为夹持动作的包装执行机构广泛应用于生产实践中。如包装移动机械手在搬运产品时的夹持机构等。夹持机构主要包括机械式、液压式、气压式和吸附式四种。

② 搬运　搬运是指能把产品从一个工位移送到另一个工位，常见于包装生产自动线中。如饮料灌装机生产线上的包装容器的传递机构等。

③ 分度与转位　分度与转位指对角度分配与位置的转变。分度与转位机构都装有定位装置，以保证分度与转位的准确和可靠性。转位机构常见于包装容器清洗时的转位。

④ 检测　检测机构常见于包装过程中对产品的质量、性能、尺寸及形状进行检验和测量等。检测的方法很多。例如，红外线检测方式是利用红外探测器和光学成像物镜接受被测目标的红外辐射能量分布图形反映到红外探测器的光敏元件上，从而获得红外热像图，这种热像图与物体表面的热分布场相对应。

⑤ 施力　施力指包装机械要执行系统对包装对象施加力或力矩。例如卷边封口机的卷边封口包装、板式热封机的压力封口等。

根据机械系统的要求，往往一个执行机构要有多个功能，机构既要施力又要有运动功能。

(2) 包装执行系统的设计要求

包装执行系统设计的好与坏直接影响到产品包装的功能和性能，因此，设计人员必须清楚对执行机构设计的下列要求：

① 实现预期精度的运动或动作；

② 各构件要具有足够的强度和刚度；

③ 各执行机构间的动作要合理、协调；

④ 结构合理、造型美观、便于加工与安装；

⑤ 工作安全可靠，有一定的使用寿命。

除上述之外，根据包装执行系统工作环境不同，还可能有防腐或耐高温等要求。

(3) 包装执行系统的组成

执行系统由执行构件和执行机构组成。

执行构件是执行系统中直接完成工作任务的零部件，它或是与包装对象直接接触并携带它完成一定的动作（如夹持、转位等），或是在包装对象上完成一定的动作（如洗刷、扭结等）。

执行构件一般是执行机构中的一个或多个构件，它的动作由与之相连的执行机构带动。

(4) 包装执行系统的分类

按其对运动和动力的不同要求分为：动作型、动力型及动作-动力型。动作型要求实现预期精度的动作，而对各构件的强度、刚度无特殊的要求，如饮料灌装机、贴标机等。动力型要求各构件有足够的强度和刚度，施加一定的力做功，而对运动精度无特殊要求，如糖果包装机的扭结手、板式热封机等。动作-动力型要求既能实现预期精度的动作，又要施加一定的力做功，如卷边封口机等。

按执行系统中执行机构数及其相互间的联系情况分为：单一型、相互独立型及相互联系型。如板式热封机属于单一型，饮料灌装机的包装容器升降运动与回转属于相互独立型，糖果包装机的扭结手和卷边封口机的运动属于相互联系型。

2.2.3 包装机械的选型原则

合理的包装设备选型是保证高质量包装的关键和体现生产水平的标准，可以为动力、配电、水、汽用量计算提供依据。因此，如何选用生产能力适宜、配套性强、通用性广的包装设备已成为包装生产线设计的重要内容。

(1) 包装机械选型的原则

从经济学的角度来说，包装设备选型必须根据企业的经济实力，从技术经济指标合理方面综合考虑，既要满足生产、工艺和卫生的要求，又要综合考虑以最少的投资选购高质量、高效率、功能全和能耗小的产品，获得最好的经济效益。这就需要包装设备选型工作人员熟悉工艺人员给出的具体工艺要求，同时必须掌握包装机械的前沿科技和产品信息，尽量多地搜集资料，结合企业实际情况进行综合比较。

从运行稳定性角度来说，合理的包装设备选型要保证生产操作简便、清洗和维修方便、运行可靠、出现故障少，此外还要考虑配套性好和选用必要的备用设备，保证在重要设备检修期间也能进行正常生产。

实际生产中，进行包装机械选型时要全面考虑如下五方面具体原则。

① 与生产能力相匹配的原则　产量是选定包装设备的基本依据。包装设备的包装能力、规格、型号和动力消耗必须与相应的产量相匹配，并且考虑到停电、机器保养、维修等因素，包装设备选型应具有一定的储备系数。

② 利于包装设备在生产线上相互配套的原则　要充分考虑到各工段、各流程包装设备的合理配套，保证各包装设备之间流量的相互平衡，即同一工艺流程中所选包装设备的加工能力大小应基本一致，这样才能保证整个包装工艺流程中各个工序间生产环节间的合理衔接，保证生产的顺利进行。

③ 设备的先进性、经济性原则　质量是企业的生命，设备是质量的保证。包装设备选型时，应综合考虑其性能价格比，才能获得较理想的成套包装设备。并且在符合投资条件的前提下，应重视科技进步与科技投入，不断引进和吸收国内外最新技术成果和装备，尽可能选择精度高、性能优良的现代化技术装备。

④ 工作可靠性原则　生产过程中，任何一台包装设备的故障将或多或少地影响整个企业生产，降低生产效率，影响生产秩序和产品质量，因此选择包装设备时应尽量选择系列化、标准化的成熟设备，并考虑到其性能的稳定性和维修的简便性。

⑤ 利于产品改型及扩大生产规模的原则　为了维持企业的可持续发展，生产厂家应根据包装的产品及生产规模来合理选择包装设备，注意选用通用性好、一机多用的设备，便于在包装产品发生变化时对包装机械进行改型；在产品具有一定消费市场、经济效益较好、流动资金充足时，为了便于扩大生产，尽可能选用易于配套生产线的设备。

(2) 包装设备选型的主要依据

① 符合国家有关产业政策和标准要求　优先选择和采用当前国家重点鼓励发展的包装机械设备，重点选择和采用具有适度规模、科技含量高、经济效益好、资源消耗低、安全卫生、环境污染少、资源利用效率高的设备；禁止选择和采用当前国家明令限制和淘汰的包装机械设备，重点禁止选择和采用违反国家法律法规、生产方式落后、产品质量低劣、环境污染严重、原材料和能源消耗高、已有先进成熟技术替代、严重危及生产安全的设备；尽量选择和采用具有先进标准的设备和定型产品，首先重点选择具有国际标准、国外先进标准和等效国际标准的设备，其次再选择具有国家标准、行业标准和企业标准的设备，设备的设计、制造、安装、检验等技术条件，最好能受到现有基础标准、方法标准和安全标准的约束，以利于设备的使用性能和产品质量的有效发挥。

② 满足产品包装要求 满足产品包装工艺要求。产品包装的品种、规格、尺寸、参数、工艺、成分、性能等符合产品包装标准，能适应市场需求和竞争形势的变化。

在生产技术活动中，满足生产规模要求。生产规模是指拟建生产线设定的正常生产运营年份可能达到的生产能力或服务能力，主要考虑对生产规模的适应性、匹配性，既要满足不同包装产品的性能要求，又要满足生产能力配套的合理性。

满足能耗最少的要求。设备选择时应高度重视能耗问题，尽量选择节能、节水、节汽、节电、节热等设备。

(3) 包装设备选型的主要内容

① 收集信息 广泛开展市场调研收集信息，调查包装机械的有关制造厂家，多渠道、多方式收集相关设备的资料；同时调查和走访设备用户，了解拟选设备的使用情况，重点掌握不同用户对设备的评价。

② 提出设备选择的方案 在收集足够包装机械设备资料和走访用户的基础上，提出拟选包装机械设备明细，明细内容主要包括包装机械的名称、规格型号、生产能力、配套动力、设备数量、设备价格和生产厂家等。

③ 选择包装机械设备供货方式 供货方式包括包装机械制造周期、付款方式、设备检验方式、包装运输方式等。如果拟引进国外设备时，则按国家进口设备管理办法执行。如果选用了超大、超重、超高的设备时，应在设备选择时提出相应的运输措施和安装技术措施方案；如果利用和改造原有的设备时，应提出改造方案，并分析改造后的技术经济效果。

④ 确定设备选择推荐方案 拟选包装机械设备经多因素比较后，提出设备选择推荐方案，通过专家论证和其他方式验证后予以确认。

⑤ 维修能力 包装设备在使用的过程中，必然会遇到维修、保养、更换易损件等方面的问题。选择控制系统和结构都比较简单的包装机械，操作和维修都会方便，还可以降低对技术维修人员的要求，但设备的自动化程度也会同时降低。

2.3 总体设计方案的基本内容

总体设计方案是技术设计的前提和依据。总体设计方案的好坏对项目的成败和技术性能的优劣有决定性的影响。很明显，倘若总体方案欠佳，即使在以后各阶段采取一些补救措施，也难以使它获得根本改观；设计是否有创新，也主要取决于此阶段的工作。为此，特强调以下几点：

① 注重市场调查和预测，不断为满足新的需求提供新型包装机和包装自动线；

② 继承与创造相结合，尽量采用先进技术和工艺，避免设计制造那些脱离实际或将被淘汰的产品；

③ 对于尚无确切把握的新方案，应进行必要的试验，经验证可靠后方可进行正式设计；

④ 处理好使用与制造之间的关系，首先应满足使用要求，这是由工艺装备的特性决定的。现代包装机对制造提出了越来越高的要求，优良的制造、装配质量是提高机器的工艺性能、工作可靠性和使用寿命所必不可少的。

2.3.1 包装机的功能与应用范围

包装机的功能，是指其所能完成的包装工序的种类；而应用范围，则是指其包装不同物品的能力，包括所能包装的物品的类型与所能采用的包装材料的种类。

一般说来，减少包装机的功能和缩小其应用范围，可以简化机械结构、降低制造成本、提高生产率，易于实现自动化。反之，增加功能和扩大应用范围，则可以一机多用、相对缩小占地面积，有利于扩大生产规模，但机械结构复杂、成本高。若将若干台单功能包装机分别完成多道包装工序，组合成一台多功能包装机，则可以省去单机之间的连接及输送装置，减少动力机和输送装置变速，有助于简化机械结构，降低成本，提高劳动生产率；缩小机器占地面积，便于组成包装自动线并建立集群控制，精简操作人员，改善劳动条件，取得明显的经济效益。

确定包装机的功能与应用范围，必须注意以下两个问题。

(1) 可靠性

在一般情况下，增加机械功能，包装操作环节也增多，发生故障的可能性也相应增大。因此，只有在单功能包装机的操作都相当稳定可靠的情况下，才能考虑将它们组成多功能包装机。否则，因故障增加反而会降低工作效率。

(2) 适应性

任何包装机的应用范围都是有限的，机器的功能愈多，结构也就愈复杂。因此，常将多功能包装机设计成组合的形式，也就是说可根据用户的不同需要灵活增减或改装某些组合部件。

当前，多功能包装机主要用于包装品种稳定、批量大的产品，或是将包装容器成型、充填、封口与贴标签等多工序联合的场合，这可省去包装容器的运输、存储、清洗并简化充填时的容器整理供送等操作。

一般包装机的应用范围宜广一些，但应根据用户需要、技术可行性及经济合理性，区别不同情况，因地制宜地加以确定。

对于批量大、品种规格稳定的产品（啤酒灌装、卷烟），应把提高生产率、包装自动化程度及组成高效包装自动线放在首位，一般宜采用专用包装机。对于批量不大而有特殊工艺要求的产品（如危险品包装），若设计成通用或多用包装机有一定的技术难度或经济上不合算时，也可考虑设计成专用包装机。

批量中等、品种规格需要调换的产品，一般宜采用多用包装机。实际中，通过调整或更换有关部件来适应逐批生产的需要。

批量小、品种规格经常变化的产品，宜采用通用包装机，尽量扩大包装机的应用范围，以利增加包装机制造批量和减少设备投资。

2.3.2 包装机的工艺分析

包装机的工艺分析是研究、分析和确定所设计包装机完成预定包装工序的工艺方法。工艺方法选择的合理与否，将直接影响到包装机的生产率、产品质量、机器的运动原理与结构、机器工作的可靠性以及机器的技术经济指标。

工艺分析是指从机械运动系统的功能出发，根据工作原理构思工艺动作过程，并将工艺动作按执行机构可以实现的动作分解成若干执行动作，构成执行动作的时间序列。

包装工艺过程构思与分解的总要求是保证产品质量、生产率、机械结构力求简单、操作和维修方便、制造成本低和维护费用小等。为达到上述要求，一般应遵循以下几个基本原则。

① 应充分注意机械自身的特点。不能盲目照搬手工操作的程序，而应根据机构自身特点将手工动作变换为机构易于实现的动作，只要求变换的结果能体现原手工操作的效果即可。

② 把复杂的工艺动作先进行分解再合成。机械最容易实现的运动是简单的转动和直线移动。因此，要与机械的运动特性相结合，最一般的方法是把复杂的运动要求先进行分解，然后合成。

③ 应充分顾及工作对象的特性。有时，利用被加工对象的特性参与运动往往可以简化结构。

④ 应使分解后的工艺动作协调配合。为协调各分散的工艺动作，通常需先设计并绘制运动循环图。在控制方法上，则可以采用机械控制如分配轴等，也可以采用电气控制，复杂的可以采用计算机控制。

⑤ 工艺动作的选择应尽可能简单，以保证机械运动系统的简单、实用、可靠。

⑥ 应考虑机器的工序数和工序转移过程中采用的运动形式。例如盒式冰激凌包装机的工艺过程如图 2-2 所示。

因为工序数较多，所以其执行机构采取分散布置，这样每个执行机构只要完成简单的动作，可以减少相互之间的干扰。

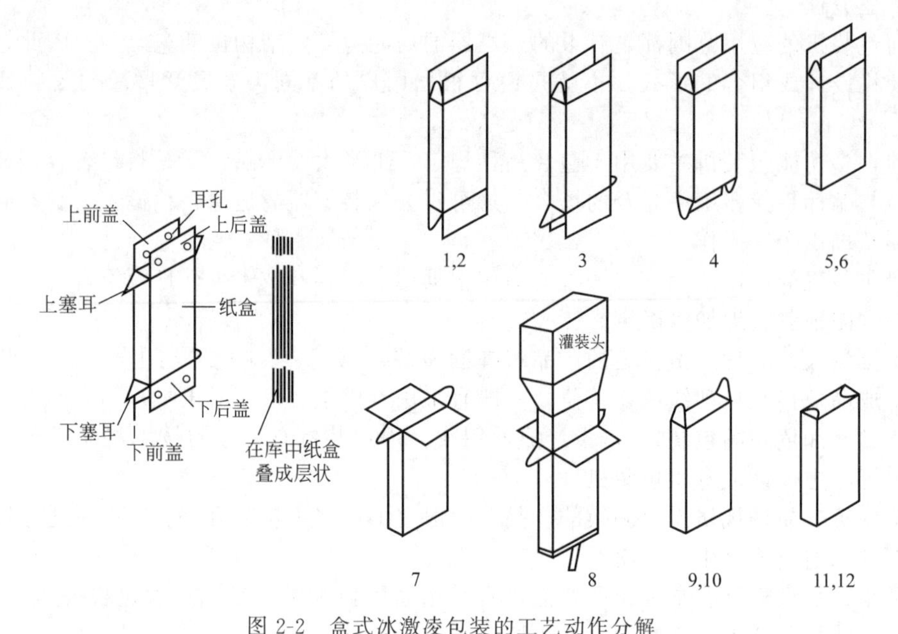

图 2-2　盒式冰激凌包装的工艺动作分解

1—从纸库中取出纸盒；2—打开纸盒；3—撑开下塞耳；4—关闭下前盖；5—关闭下后盖；6—下塞耳插入耳孔；7—撑开上前盖、后盖和上塞耳；8—灌装冰激凌；9—关闭上前盖；10—关闭上后盖；11—上塞耳插入耳孔；12—送往冰库冷藏

⑦ 应考虑工艺程序和工艺路线。工艺程序是指完成各个工艺动作的先后顺序；工艺路线是指参与加工的物料的供送路线、加工物料的传送路线以及成品的输出路线。完成同一工艺程序的工艺路线可以分多种形式，常见的有：

a. 直线形物料的运动路线为一直线，根据运动方向又可分为立式和卧式两种。卧式直线形工艺路线如图 2-3 所示。

b. 阶梯形物料的运动路线兼有垂直和水平两个方向，如图 2-4 所示。

c. 圆弧形物料的运动沿圆弧轨迹，如图 2-5 所示。

d. 组合形物料的运动既作圆弧运动，又作直线运动，如图 2-6 所示。显然，机械的工艺路线对设计时的运动方案的确定有很大影响。只有对各种不同工艺路线的方案加以认真详细地分析，才有可能找到适合生产实际的最佳方案。

2.3.3　包装机工艺过程的分解

充分研究包装机工艺过程，仔细分析各项设计要求，明确设计的核心要求及相应的约束

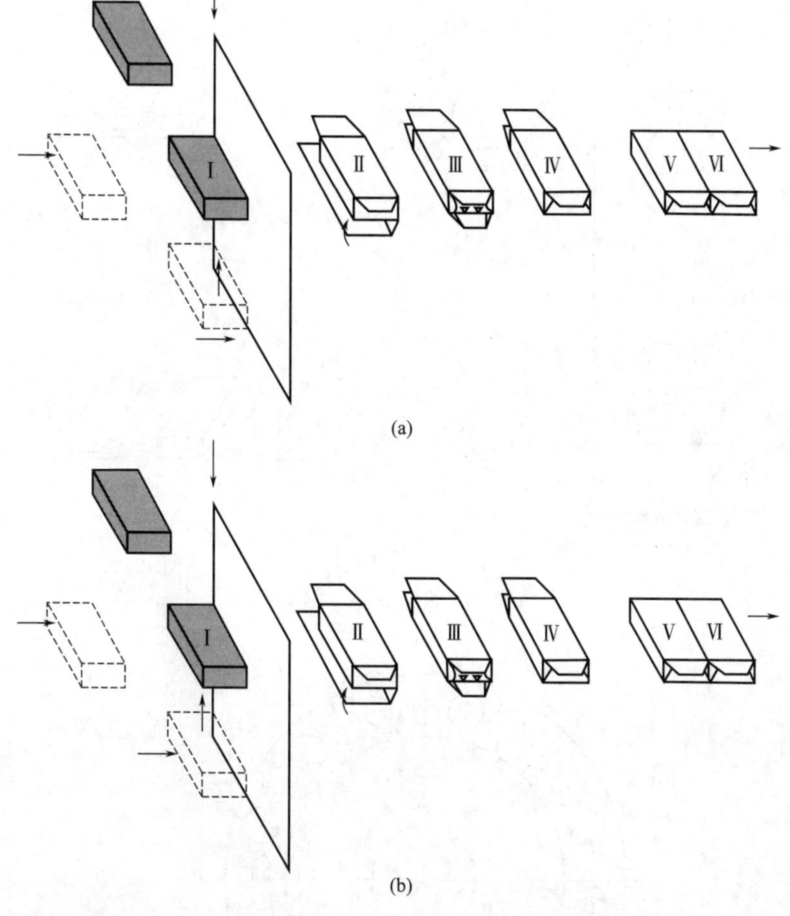

图 2-3　卧式直线形工艺路线

条件之后，进行包装机的工艺过程分解。

在包装对象一定的情况下，包装机的工作原理和功能与包装工艺密切相关，需要分析其工艺过程，在较大的领域内进行工作原理的搜索。不同的包装工艺，所对应的包装机工作原理就不同，甚至完全不一样。例如，同样是灌装包装机。由于产品性质的不同，可以采用常压灌装机、负压灌装机、等压灌装机和压力法灌装机等不同的灌装方法，所对应的工作原理和技术系统也不同。又如，对于充填包装机的设计，就有各种各样的工作原理可供选用，可以采用容积式、称重式及计数等方式计量充填产品，当选用容积式计量充填原理时，就可设计出容积式充填机；而当采用称重式计量充填原理时，就可设计出称重式充填机。

包装机工艺过程的描述要准确、简洁，合理地抽象，抓住其本质，避免带有倾向性的提法。这样能避免方案构思时形成种种框框，使思路更为开阔。具体原则如下。

（1）工艺动作集中与分散原则

所谓工艺动作集中原则，是指产品包装在一个工位上一次计量、充填、封口等多个包装执行构件运动同时完成几个包装执行动作，以达到包装的工艺要求。包装工艺动作集中原则使包装质量容易保证，机械的生产率也较高。例如间歇式制袋-计量-充填-封口包装机就是采用了多个包装执行构件同时完成包装工艺动作过程，这样既保证了包装质量，又提高了生产率。

所谓工艺动作分散原则，是指将包装的工艺过程分解为若干包装工艺动作，并分别在各

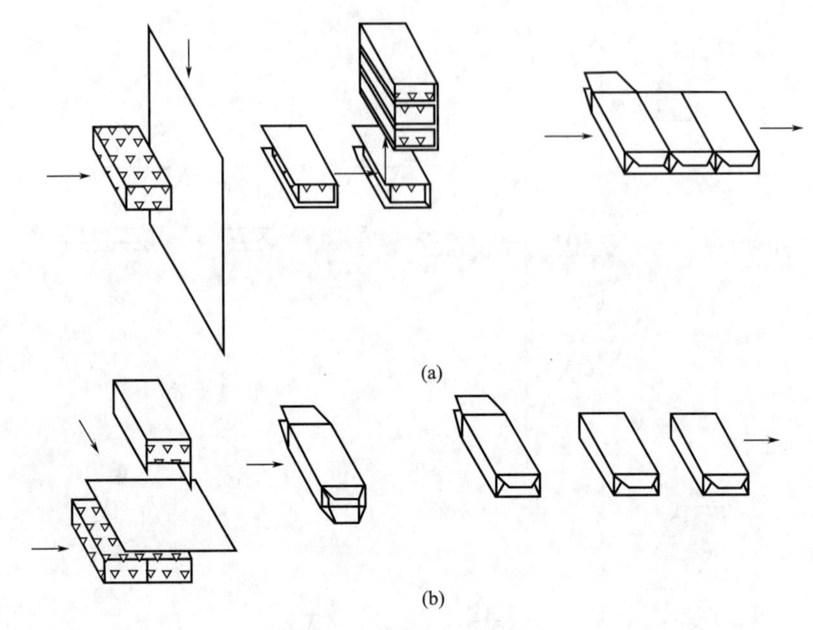

图 2-4 阶梯形工艺路线

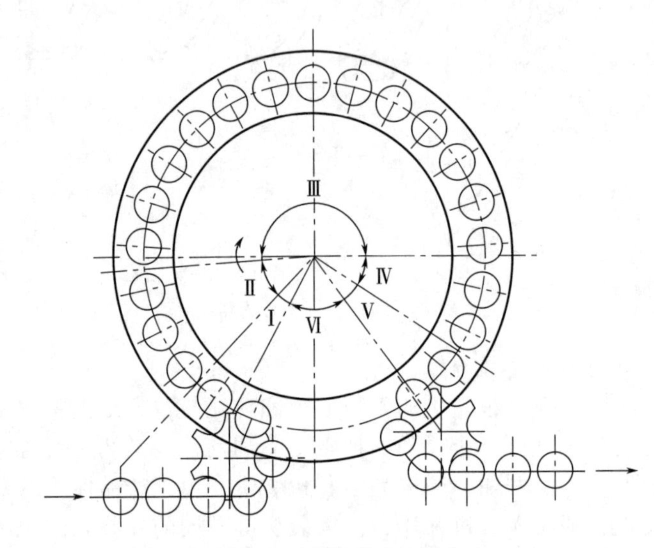

图 2-5 圆弧形工艺路线

个工位上用不同的执行机构进行包装，以达到产品包装的工艺要求。由于包装工艺动作分散，执行机构完成每一包装工艺的动作较为简单，这样可以使机械生产率有较大的提高。例如糖果包装机的包装纸送纸工艺过程可分解成：送纸、切纸、推纸等工艺动作（图 2-7），然后每一道工艺动作分别配置能完成简单工艺动作的执行机构。这样不论从设计制造、安装、调试及维修都十分简便，而且有利于某些机械生产率的提高。

工艺动作集中原则和工艺分散原则从表面上看是有矛盾的，其实是依据实际情况，工艺动作能集中就尽量集中，工艺动作集中有困难就采取分散。集中是为了提高机械生产率，分散也是为了提高机械生产率。两个原则为了同一目的，只是在不同场合采用不同方法。

（2）各工艺动作的工艺时间相等原则

对于多工位包装机械运动系统，工作循环的时间节拍有严格的要求，一般将各工位停留

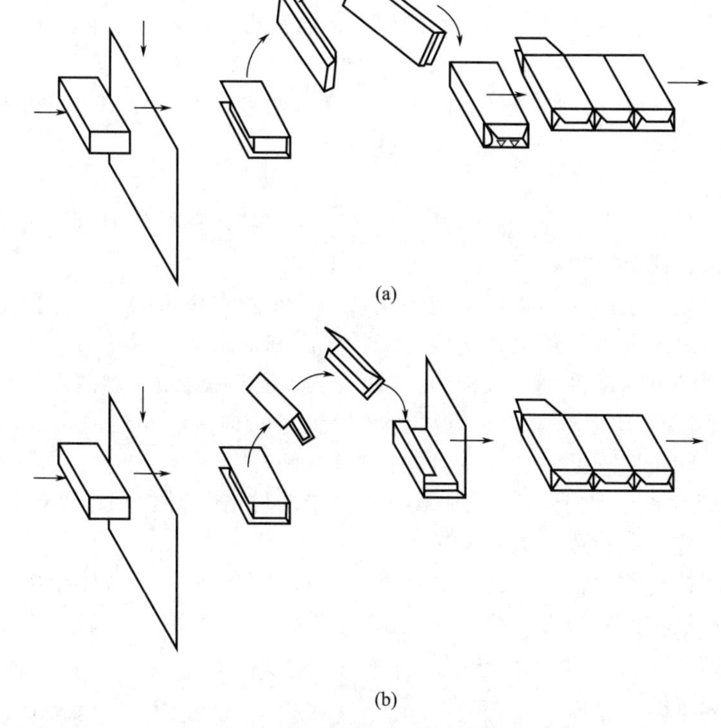

(a)

(b)

图 2-6　组合形工艺路线

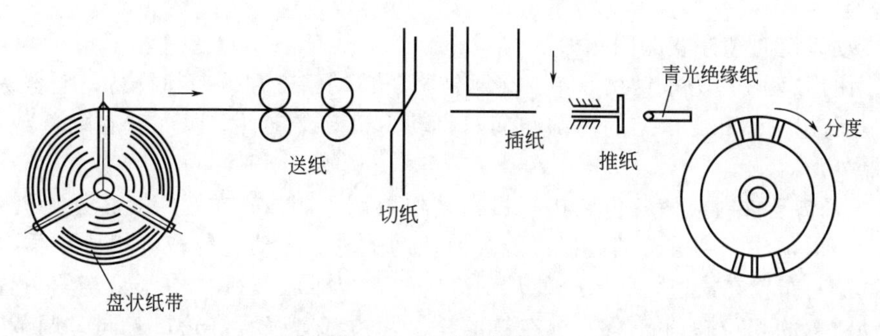

图 2-7　自动送纸机构

时间最长的一道工艺动作的工作循环作为其时间节拍。为了提高生产率，应尽量缩短工作时间最长的一道工艺动作的工作时间。为此，可以采取提高这一工艺动作的工艺速度或者把这一工艺动作再分解等。

（3）多件同时处理原则

多件包装同时处理原则，是指在同一机械上同时处理几个包装件，也就是同时采用相同的几套包装执行机构来处理多个包装件。这样可以使机械的生产率成倍提高。例如 45 头灌装机就是采用了 45 套相同的执行机构（灌装头）来同时进行灌装工作，使工作效率一下子提高了 45 倍。

（4）减少包装工作时间和辅助时间

在不妨碍各包装执行构件正常动作和相互协调配合的前提下，尽量使各包装执行机构的工作时间互相重叠，工作时间与辅助时间互相重叠、辅助时间与辅助时间互相重叠，从而缩短包装工序循环的时间以提高机械的生产率。

2.3.4 总体布局

包装机的有关零部件在整机中相对空间位置的合理配置，叫做总体布局。

总体布局的步骤是布置执行机构、传动系统和操作件，确定支承形式和绘制总体布局图。各步骤之间互相牵连，须将它们作为一个整体交叉进行，往往要经过多次反复才能完成。

（1）布置执行机构

包装执行机构包含有包装物品的计量与供送系统、包装材料整理与供送系统、主传送系统、包装执行机构和成品输出机构等。

首先，根据包装工艺路线图将各个包装执行构件布置在预定的工作位置。然后，布置执行机构的原动件，对于气液压传动，主要是安排气缸和油缸的位置；对于机械传动，则是安排凸轮、齿轮、曲柄等原动件（即机构输入端）的位置。对此须注意两点：

① 为使包装执行机构简单紧凑，应尽量减少机构的构件数和运动副数，并尽量缩小其几何尺寸和所占空间位置，原动件应尽可能接近执行构件；

② 为简化传动系统、便于调试与维修和减少传动件磨损对传动精度的影响，要求原动件尽可能集中地布置在一根或少数几根轴上。

实际上，包装执行构件往往是比较分散的，以致它们的原动件较难集中。这时，可将相近的几个包装执行机构集中布置成为一个大部件。这样，一台包装机就相当于由若干个大部件所构成。

（2）布置传动系统

包装机械传动系统包括动力机、变速与调速装置、传动装置、操纵与控制装置以及辅助装置等。

布置传动系统时须注意的问题如下。

① 选用的方案，应力求结构简单、传动链短、传动精度和效率都较高，且容易配备。

② 充分利用机体和支承架的内部空间，将动力机和传动件尽量布置在内部或侧面，以利缩小机器外形。

③ 在布置传动件时应使各包装执行机构动作协调。例如，在远距离传递旋转运动时常采用链传动，但须注意到链节的磨损可能会使从动链轮与主动链轮产生相位错移，如图 2-8（a）中张紧链轮布置在松边，结果会使从动链轮的相位滞后；（b）中张紧链轮布置在紧边，它会使从动链轮的相位超前；（c）中在链的松、紧边都有张紧链轮，若同时调节它们的位置，则可消除因链的磨损对相位同步所产生的影响，但构造较为复杂。

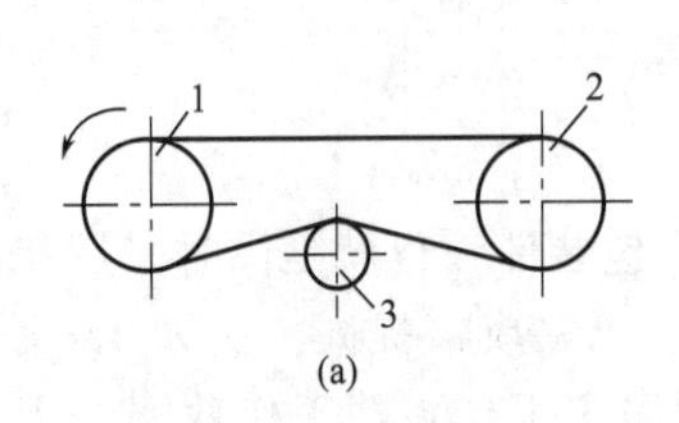

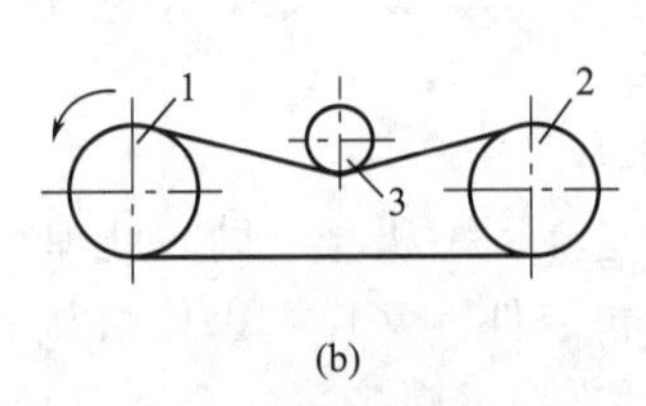

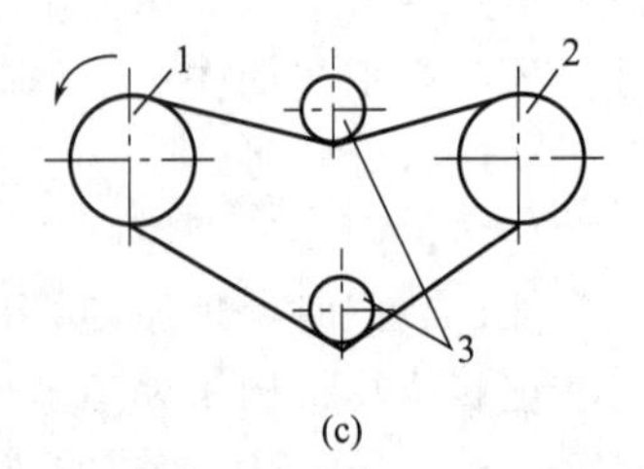

图 2-8 链传动张紧链轮布局

1—主动轮；2—从动轮；3—张紧轮

④ 为便于调试，机械传动系统的手动调整装置，最好安置在操作者能观察到有关执行机构工作情况的位置。

（3）布置操作件

为便于操作，应保证操作者与操作件之间有合适的相对位置，因此须注意如下问题。

① 常用操作件尽量布置在操作者的近旁，当机器的外形较大而须在几个位置操纵时，可采用联动等措施。操作件距离地面的高度以 600～1100mm 为宜，操纵力大的操作件，要设置在适当偏低的位置处。操作件的转动方向应与被驱动部件的运动方向保持一致，而且一般规定调速手轮顺时针转动为增速并附设指示牌，以避免误动作。被包装物品和辅助包装器材的料仓高度，以及卷筒包装材料的支架位置都要适当安排，质量大时可将其设置在机器侧面以降低高度；质量小时可设置在机器上方以减少占地面积；要兼顾整机外形美观并尽量设置在操作者能顾及得到的范围之内。

② 包装机工作台面的高度一般在 700～900mm 的范围内选取。但对大而重的物品的包装，上述高度应适当降低一些。

③ 操作者应经常注意包装操作最集中和最易发生故障的部位。在决定物品走向时，一般是使其自左向右运动或者是顺时针转动，当包装生产线有特殊要求时也可例外。

④ 温度、压力、转速、计数等指示仪表，以及信号灯、报警器、安全阀、排液阀和有关标牌等，都应布置在操作者容易观察、安全可靠、便于维护的位置。

(4) 选择支承形式

包装机的支承件有底座、箱体、立柱、横梁等。支承件的作用是使各有关零部件正确定位并保持其相对工作位置。对支承件的要求是：

① 足够的刚度，支承件在承受最大载荷时的变形不超过允许值；

② 足够的抗振性，使机器能稳定可靠地工作；

③ 质量适中，力求节省材料，容易搬运；

④ 便于零部件的装配调试、操作保养和机械的吊运安装；

⑤ 外形美观，给人以调和、匀称、稳定、安全的感觉。

常用的支承形式有：“一”形支承，如图 2-9 (a) 所示，适用于卧式工艺路线；“1”形支承，如图 2-9 (b) 所示，适用于立式工艺路线；“口”形支承，如图 2-9 (c) 所示，适用于工作载荷很大的场合。

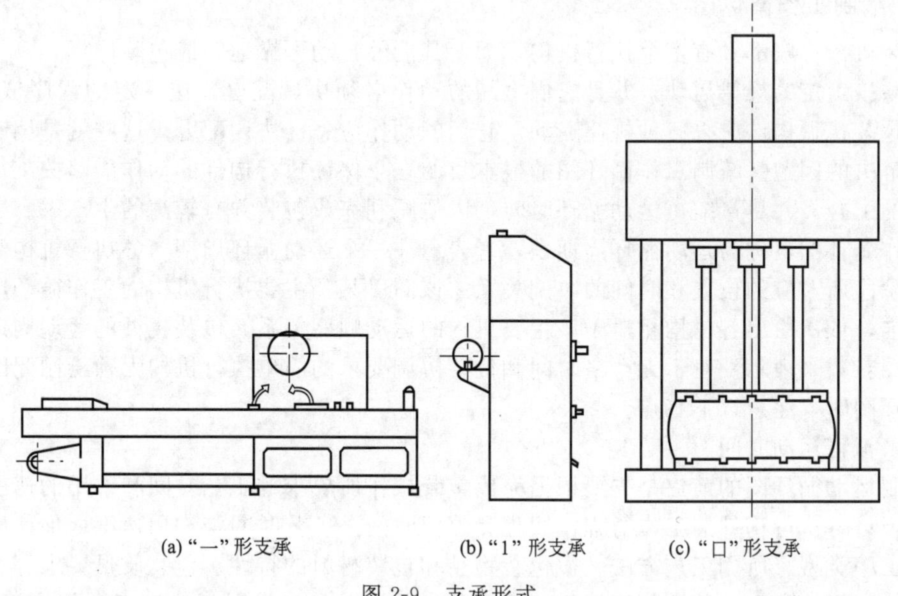

(a)“一”形支承　(b)“1”形支承　(c)“口”形支承

图 2-9　支承形式

包装机一般靠自重安放在地基上。有时为了移动方便，在底座上装有 3～4 个滚轮，并附有可调式支脚。

（5）绘制总体布局图

总体布局图要求表示出包装机各部件的相对位置关系和所占空间大小。在总体布局图上，应将总体布局的结构表示清楚，并标注出机器的主要外廓尺寸和各部件间的联系尺寸。

图 2-10 为一糖果裹包机的总体布局简图。

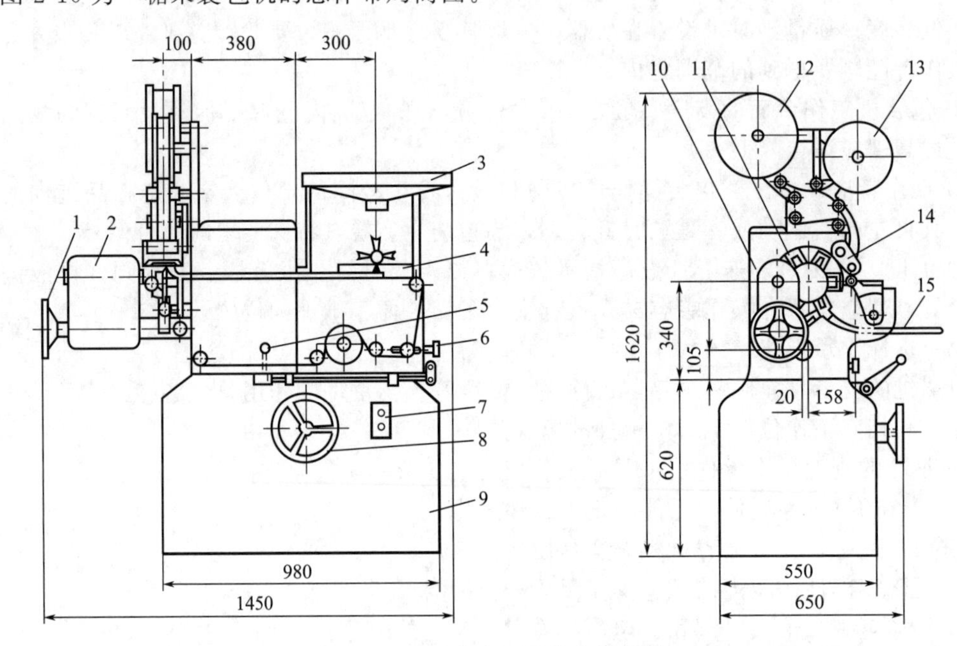

图 2-10　糖果裹包机总体布局简图

1—调试手轮；2—扭结部件；3—料斗；4—理糖部件；5—离合器手柄；6—张带手轮；7—电气开关；8—调速手轮；9—底座；10—主箱体；11—工序盘；12—商标纸；13—内衬纸；14—送纸部件；15—输出糖槽

2.3.5 编制工作循环图

包装机械一般都具有多个执行机构，为使其能够自动可靠地完成包装操作，每个执行机构都必须按给定的规律运动，并且它们之间的动作必须协调配合，按一定的程序依次完成。而各个包装执行构件应以何种规律运动，它们的动作应怎样协调配合，这些就是编制工作循环图要解决的问题。编制工作循环图的根本目的在于保证执行构件的动作能够按工作要求取得密切的配合，并尽量缩短运动循环时间，以便顺利完成包装并有较高的生产率。

工作循环图也称为运动循环周期表，它表示在一个运动循环周期内各执行机构和构件在各循环阶段所对应的位置和时间的协调关系。该图以某一主要执行机构的工作循环周期的起点为基准，依次绘出各机构相对于该主要机构的运动顺序关系。包装机械的运动周期可用分配轴的周转数来表示。对于无严格时间和位置协调要求的简单执行机构无须绘制此图。编制工作循环图时，注意以下三点。

（1）拟订运动时间

绘制运动循环图的前提是先要根据完成包装操作所要求的工艺时间和许用的速度与加速度等，拟订各执行构件的工作行程、回程和停留时间。工艺时间与许用速度、加速度，不仅与包装工序类型、所用工艺方法、被包装物品和包装材料的特性、包装质量要求等有关，而且还与执行机构类型、制造装配精度、操作条件等有关，它们对于确定运动规律至关重要。因此，必须依靠理论知识、实践经验或经过模拟试验以取得可靠数据，合理地确定运动规律。

（2）确定动作配合

按照包装程序要求，安排好各执行构件的动作配合关系。首先，必须保证各执行构件在运转时互不发生时间和空间上的干涉。同时，又要尽量增加各执行构件在工作时间上的重叠。因为重叠愈多，运动循环周期就愈短。为此，应算出有关执行构件发生干涉的时刻，并考虑在干涉点附近留出适当的空间和时间余量。这样，既能防止发生干涉，又能最大限度地增加工作时间的重叠。

（3）绘制工作循环图

根据初步拟定的运动规律和动作配合，绘制工作循环图。对于机械传动，还要将执行构件运动与时间的关系转换为与分配轴转角的关系。在技术设计结束后，尚要根据实际情况补充和修改原先拟定的工作循环图，从而得到该机的实际工作循环图。例如，原方案中对有的执行机构只是规定了循环周期内部分时间的运动规律，其余时间的运动规律在技术设计完成后才能确切知道（主要是连杆机构）；又如有的执行机构，由于选型不当或由于结构条件限制，使之所能实现的运动规律与原方案不相符合。倘若上述差异太大而无法满足包装工艺要求时，应推翻重做。

机械运动循环图通常有圆周式、直线式和直角坐标式三种表示方法。其中以直角坐标式工作循环图适用范围较广，对机械传动、气液压传动都可用，且便于阅读和绘制。

在直角坐标式循环图中，若执行构件在某段时间内是运动的，可用斜直线表示；如果是静止或作连续匀速转动及振动的，则可用平直线来表示，为表达清楚起见，可以附加简要的文字说明。对于包装机械的机械传动系统，它的分配轴大多数是作连续转动的，且其运动周期就是分配轴（主轴）旋转一周的时间。由于在设计执行机构如凸轮机构、连杆机构时必须确切知道执行构件的运动与分配轴转角的关系，因此在编制包装机运动循环图时，通常都将这种关系明确表示出来。但运动循环周期不一定都是包装一件产品的时间，对于单工位、间歇运动多工位及单头连续运动多工位这三种包装机，它们的运动周期等于包装一件产品的时间，而对于多头及多头与单头组合型的连续运动多工位包装机，如多头灌装机，其运动周期等于灌装一件产品的时间与头数的乘积。

以封口机的执行系统为例，表 2-1 给出了每一种运动循环图的绘制方法及特点。

表 2-1　包装机械运动循环图的绘制方法及特点

形式	绘制方法	图　例	特点及应用
直线式	将各执行构件的各行程区段的起止时间和先后顺序按比例绘制在直角坐标轴上	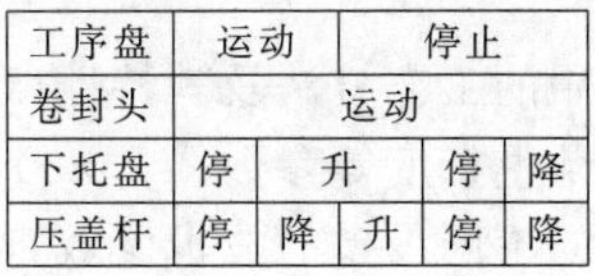 工序盘｜运动｜停止 卷封头｜运动 下托盘｜停｜升｜停｜降 压盖杆｜停｜降｜升｜停｜降	绘制方法简单，能清楚表示一个运动循环周期内各执行构件动作的顺序和时间比例。但直观性差，不能显示执行构件的运动规律，在执行系统机构和执行构件运动规律相对简单时采用
直角坐标式	横坐标表示一个运动周期内执行系统分配轴的转角或时间，纵坐标表示各执行构件的转角或位移	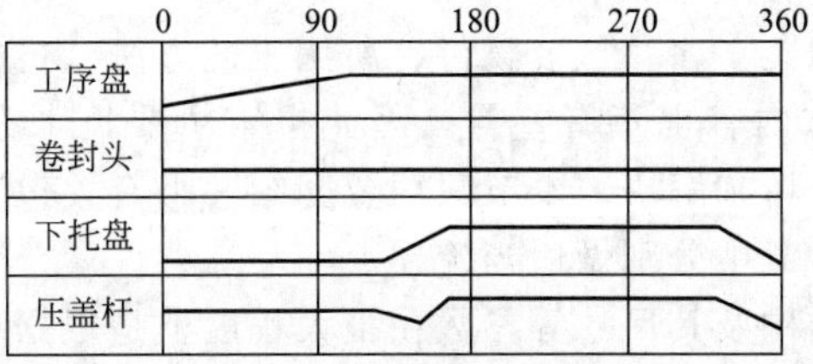 0　90　180　270　360 工序盘 卷封头 下托盘 压盖杆	能清楚表示一个运动循环周期内各执行构件之间的动作时间比例和先后顺序，还能直观显示各构件在每一时间区段上的运动规律。在集中时序控制的包装机中广泛使用

续表

形式	绘制方法	图　例	特点及应用
圆周式	以任意点为圆心作若干个同心圆，每个圆代表一个执行构件，在与分配轴转角位置相对应的各构件圆上用径向线将圆周分成相应运动区段	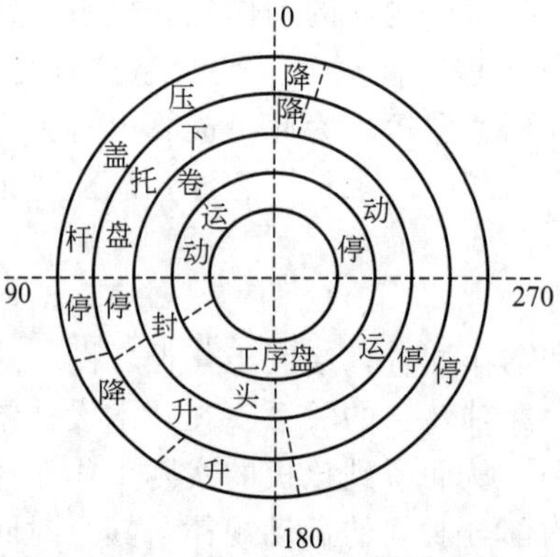 0 降 降 压 下 盖 托 卷 运 动 杆 盘 动 停 90 270 停 停 封 工序盘 运 停 停 降 头 升 升 180	能够直观表示各执行构件之间以及分配轴转角之间的关系，特别适合用于具有凸轮分配轴或转鼓的包装机设计中。但当执行构件数目太多时会导致同心圆太多而直观性变差，就不能反映各个执行构件的运动规律

运动循环图表示了各包装执行构件的运动与停留的时间关系和顺序，但没有表示出相应的运动速度，即斜直线并不表示作等速运动。绘制运动循环图是为了保证执行构件的动作能够按工作要求取得密切的配合，并尽量缩短运动循环周期时间，以便顺利完成包装并有较高的生产率。

2.3.6　包装机械主要参数的确定

包装机的主要技术参数，大体上包括以下几个方面。

（1）结构参数

结构参数反映包装机的结构特征和包装物件的尺寸范围。如包装机列数、包装工位数、执行机构头数、主传送机构的回转直径或直线移距、工作台面的宽度与高度、物件的输入高度、成品的输出高度等。

（2）运动参数

运动参数反映包装机的生产能力和执行机构的工作速度，如主轴转速、物件供送速度、计量与充填速度等。

（3）动力参数

动力参数反映执行机构的工作载荷和包装机正常运转的能量消耗，如成型、封口等执行机构的工作载荷，动力机的额定功率、额定扭矩和调速范围，气液压传动的工作压力和流量以及为完成清洗、杀菌、热封等工序所需的水、汽、电和其他能源的消耗量等。

（4）工艺参数

工艺参数反映完成包装工序所用的工艺方法及其特性，如完成包装工序的有关温度、时间、压力、拉力、速度、真空度、计量精度等参数。

通过分析对比同一类型包装机的不同设备的技术参数，无疑可以判断各个设备的性能优劣。而且用户在筹建生产车间或工厂之际，借此可根据各自的生产条件、规模与物料消耗情况，妥善配备各种设备并核算经营成本。

鉴于包装机所完成的包装工序、包装物件、所用工艺方法、机器类型等种类繁多，各种包装机主要技术参数的具体内容也互有差异，因此拟定主要技术参数时，务必遵循基本准则，按具体条件加以具体分析来解决。本节只简要介绍一下有关包装机功率计算这一共同性问题，其他方面将在以后各章中分别做适当论述。

众所周知，传动件的结构及其尺寸等参数在很大程度上是根据动力参数设计计算的。所以，若动力参数选择过大，就会使动力机、传动件的结构尺寸相应增大；若过小又会使它们经常处于超负荷状态而难以维持正常工作甚至损坏。

确定包装机功率的方法有如下几种。

① 类比法　通过调查研究、统计和分析比较同类型包装机所需功率的状况，从而确定包装机功率。

② 实测法　选择同类型包装机或试制样机测其动力机的输入功率，再依它的效率和转速计算输出功率和扭矩。考虑到被测与所设计的包装机有某些差异，应将实测结果加以适当修正，作为确定包装机功率的依据。

③ 计算法　动力机的输出功率也可用下式粗略求算：

$$N=\frac{1}{K}\sum_{i=1}^{m}\frac{N_i}{\eta_{id}}\quad i=1,2,3,\cdots,m$$

式中　N_i——m 个执行机构中的第 i 个机构所需的驱动功率，一般按其最大负载（包括工作载荷和摩擦阻抗）计算；

η_{id}——动力机与第 d 个执行机构之间的传动总效率；

K——负载特性影响系数，取 1～1.2。

当执行机构的负载比较稳定时，如旋转型灌装机，可取 1；至于间歇运动的包装机等，因执行机构负载变化范围比较宽，并且它们的峰值一般不会在同一时刻出现，故取值可大一些。

在总体方案设计阶段，有关的动力参数主要根据前两种方法粗略计算，待到零部件设计完成后尚需做进一步的校核。采用计算法确定动力参数目前还不普遍，这主要是由于包装机的工作载荷大都难以精确计算，加之对执行机构的传动效率和惯性力的计算相当麻烦，以致把计算法仅作为确定动力参数的一种辅助手段。

2.4　总体设计方案的评价

包装机械的总体设计方案可能是一个，也可能是几个，为了进行决策，必须对各种方案进行评价。

包装机械的总体评价是一项很困难的工作，至今还没有统一的评价方法。总体评价时要考虑的因素很多，例如功能、性能、可靠性、成本、寿命及人机工程学等。有些因素可以定量化进行评价，而有些因素难以定量化，给评价带来困难。而且，虽然包装机械的价值是客观存在的，但在评价时，评价人员的经验及其评价角度等主观因素，常使评价结果有所不同。因此，评价又只具有相对价值。

2.4.1　评价体系的确定原则

在进行包装机械系统评价时，应坚持客观性、可比性、合理性及整体性等原则。

（1）客观性原则

客观性一方面是指参加评价的人员要站在客观立场，实事求是地进行资料收集、方法选择及能对评价结果作出客观解释；另一方面是指评价资料应当真实可靠和正确。

（2）可比性原则

可比性指被评价的总体方案之间在基本功能、基本属性及机械性能上要有可比性。

（3）合理性原则

合理性指所选择的评价指标应当正确反映预定的评价目的，要符合逻辑，有科学依据。

（4）整体性原则

整体性指评价指标应当相互关联、相互补充，形成一个有机整体，能从多侧面全面综合反映评价方案。如果片面强调某一方面指标，就有可能歪曲系统的真实情况，导致作出错误决策。

系统评价的方法很多。现在采用较多的还是专家评审集体讨论的方法，具体有名次计分法、评分法、技术经济评价法、模糊评价法等、评价的目标基本上还是将系统的总收益与总投资费用之比作为主要评价值。

2.4.2　评价指标体系

为了使包装机械总体方案的评价结果尽量准确、有效，必须建立一个评价指标体系，它是一个方案所要达到的目标群。

（1）评价的基本要求

对于方案的评价指标体系，一般应满足以下基本要求。

① 评价指标体系应尽可能全面，但又必须抓住重点。它不仅要考虑到对包装机械性能有决定性影响的主要设计要求，而且应考虑到对设计结果有影响的主要条件。

② 评价指标应具有独立性，各项评价指标相互间应该无关。这也就是说，采用提高方案中某一评价指标评价值的某种措施，不应对其他评价指标的评价值有明显影响。

③ 评价指标都应进行定量化。对于难以定量的评价指标可以通过分级量化。评价指标定量化有利于对方案进行评价与选优。

（2）评价目标的内容

对一个方案进行科学的评价，首先应确定其目标以作为评价的依据，然后再针对评价目标给予定性或定量的评价。作为技术方案评价依据的评价目标（评价准则）一般包含三个方面的内容。

① 技术评价目标　工作性能指标、加工装配工艺性、使用维护性、技术上的先进性等。

② 经济评价指标　成本、利润、投资回收期等。

③ 社会评价目标　方案实施的社会影响、市场效应、节能、环境保护、可持续发展等。

定量评价时，需根据各目标的重要程度设置加权系数。加权系数是反映目标重要程度的量化系数，加权系数大意味着重要程度高。

（3）机构的评价指标

包装机械运动方案是由若干个执行机构组成的。在方案设计阶段，对于单一机构的选型或整个机构系统（机械运动方案）的选择都应建立合理、有效的评价指标。从机构和机构系统的选择和评定的要求来看，主要应满足五个方面的性能指标，具体见表 2-2。

表 2-2　机构系统的评价指标

序号	1	2	3	4	5
性能指标	机构功能	机构的工作性能	机构的动力性能	经济性	结构紧凑
具体内容	(1)运动规律的形式 (2)传动精度	(1)应用范围 (2)可调性 (3)运转速度 (4)承载能力	(1)加速度峰值 (2)噪声 (3)耐磨性 (4)可靠性	(1)制造难易程度 (2)制造误差敏感度 (3)调整方便性 (4)能耗	(1)尺寸 (2)重量 (3)结构复杂性

确定这五个方面 17 项评价指标的依据，一是根据包装机械及机构系统设计的主要性能要求；二是根据包装机械设计专家的咨询意见。因此，随着科学技术的发展、生产实践经验的积累，这些评价指标需要不断增删和完善。有了比较合适的评价指标，将有利于我们去评价选优。

2.4.3 机构选型的评价体系

机构选型的评价体系是由包装机械运动方案设计应满足的要求来确定。依据上述评价指标所列项目，通过一定范围内的专家咨询，逐项评定分配分数值。这些分配分数值是按项目重要程度来分配的，这一工作是十分细致、复杂的。在实践中，还应该根据有关专家的咨询意见，对包装机械运动方案设计中的机构选型的评价体系不断进行修改、补充和完善。表2-3为初步建立的机构选型评价体系，它既有评价指标，又有各项分配分数值，正常情况下满分为100分。有了这样一个初步的评价体系，可以使机械运动方案设计逐步摆脱经验、类比的情况。

利用表2-3所示的机构选型评价体系，再加上对各个选用的机构选型评价指标的评价量化后，就可以对几种被选用的机构进行评估、选优。

表2-3　初步建立的机构选型评价体系

性能指标	总　分	项　目	分配分	备　　注
A	25	A1	15	以运动为主时，加权系数为1.5，即A×1.5
		A2	10	
B	20	B1	5	受力较大时，在B3、B4上加权系数为1.5
		B2	5	
		B3	5	
		B4	5	
C	20	C1	5	加速较大时，加权系数为1.5，即C×1.5
		C2	5	
		C3	5	
		C4	5	
D	20	D1	5	
		D2	5	
		D3	5	
		D4	5	
E	15	E1	5	
		E2	5	
		E3	5	

2.4.4 机构评价指标的评价量化

利用机构选型评估体系对各种被选用机构进行评估、选优的重要步骤就是将各种常用的机构就各项评价指标进行评价量化。通常情况下各项评价指标较难量化，一般可以按“很好”“好”“较好”“不太好”“不好”五档来加以评价，这种评价当然应出自包装机械设计专家的评估。在特殊情况下，也可以由若干个有一定设计经验的专家或设计人员来评估。上述五档评价可以量化为4、3、2、1、0的数值。由于多个专家评价总有一定差别的，其评价指标的评价值取其平均值，因此不再为整数。如果数值4、3、2、1、0用相对值1、0.75、0.5、0.25、0表示，其评价值的平均值也就按实际情况而定。有了各机构实际的评价值，就不难进行机构选型。这种选型过程由于依靠了专家的知识和经验，因此可以避免个人决定的主观片面性。

2.4.5 机构系统选型的评估方法

在包装机械运动方案中，实际上是由若干个执行机构进行评估后将各机构评价值相加，取最大评价值的机构系统作为最佳机构运动方案。除此之外，也可以采用多种价值组合的规则来进行综合评估。

包装机械运动方案的选择本身是一个因素复杂、要求全面的难题，采用什么样的机构系统选型的评估计算方法值得认真去探索。上面采用评价指标体系及其量化评估的办法是进行包装机械运动方案选择的一大进步，只要不断完善评价指标体系，同时又注意收集包装机械设计专家的评价资料，吸收专家经验，并加以整理。那么，就能有效地提高设计水平。

参考文献

[1] 尹章伟，刘全香，王文静. 包装概论，北京：化学工业出版社，2003.

[2] 尹章伟，毛中彦. 包装机械. 北京：化学工业出版社，2010.

[3] 刘筱霞. 包装机械. 北京：化学工业出版社，2010.

[4] 黄颖为. 包装机械结构与设计. 北京：化学工业出版社，2007.

[5] 杨晓清. 包装机械与设备. 北京：国防工业出版社，2009.

[6] 许林成. 包装机械原理与设计. 上海：上海科学技术出版社，1988.

第3章　包装机械的传动系统设计

3.1　传动系统概述

包装机械的预期功能由各包装执行构件（简称执行件）完成，而各执行件在工作中所需要的运动和动力由动力部件经过一系列的传动零部件来提供。这些传动件将动力源与执行件有机地结合起来，构成传动关系的相互联系，通常称为传动链。依据某传动链两端件之间的运动关系，可分为外联传动链和内联传动链。外联传动链是指两端件之间没有严格运动关系要求的传动链，而内联传动链是指两端件之间存在着严格运动关系要求的传动链。由于外联传动链与内联传动链的要求不同，在传动件的使用上也有所区别。对于内联传动链，在传动系统设计时不允许采用传动比不准确的传动件，如带传动、摩擦轮传动、摩擦离合器等；而外联传动链则不需要对传动链内各传动件传动比的准确性进行限制。

3.1.1　传动系统的功能和基本要求

所谓传动系统是指将动力系统提供的运动和动力传递给执行系统的子系统，人们习惯上经常把机械系统中某条传动链称为某传动系统，如主传动系统、辅助传动系统等。传动系统是联系动力系统与执行系统的中间环节，是包装机械的重要组成部分，它将动力系统提供的运动和动力，经过变换后传递给包装执行机构，以满足执行系统的工作要求。

（1）传动系统的功能

由于动力源的性能一般不能直接满足执行件的工作要求，这就需要借助传动系统来完成，传动系统的主要功能有以下几方面。

① 实现从动力源到执行件的升速或降速功能；

② 实现执行件的变速功能；

③ 实现执行件运动形式和运动规律的变化功能；

④ 实现对不同执行件的运动分配功能；

⑤ 实现从动力源（功率或扭矩）到执行件（扭矩或力）的动力转换功能。

（2）传动系统的基本要求

由于包装机械的功能、性能和使用场合的不同，对其传动系统的要求也有很大差别。在进行传动系统设计时，要综合考虑与传动有关的各方面影响因素。传动系统一般应满足下列基本要求。

① 满足运动要求。根据包装机械系统在不同工作条件下对执行件的运动要求，传动系统要实现运动形式的变换、运动的合并或分离以及升降速和变速等。

② 满足动力要求。为包装机械系统中各执行件传递所需要的功率和扭矩，具备较高的传动效率。

③ 满足性能要求。传动系统中的各执行件要具有足够的强度、刚度、精度和抗振性以及较小的热变形特性。

④ 满足经济性要求。传动系统在满足运动、动力和性能要求的前提下，应尽量使其结构简单紧凑、传动件数目少，以便节省材料，降低成本。

此外，对于所设计的包装传动系统还应该满足防护性能好，使用寿命长，操纵方便灵活，工作安全可靠，便于加工、装配、调整和维修等方面要求。

3.1.2 包装机传动系统的类型

包装机传动系统按照其不同的特征有多种分类方法。按机械系统中执行件被驱动路径的不同可分为独立驱动的传动系统、集中驱动的传动系统和联合驱动的传动系统。按传动系统输出速度（或转速）变化情况的不同可分为分级变速传动系统、无级变速传动系统和定比传动系统。按传动系统的动力源的不同可分为电动机驱动的传动系统、内燃机驱动的传动系统等类型，而用电动机驱动的传动系统又可以进一步划分为交流电动机驱动、直流电动机驱动、步进电动机驱动等多种形式。下面简要介绍分级变速传动系统、无级变速传动系统和定比传动系统。

（1）分级变速传动系统

分级变速是指传动链执行件的输出速度（或转速）在一定的范围内分级变化，即在变速范围内输出一组速度值。分级变速传动系统一般采用滑移齿轮、交换齿轮、交换皮带轮等传动副实现传动变速，在包装机械系统中应用十分广泛。这类变速传动系统的主要特点是：变速范围宽、传递功率大、工作可靠，可以获得准确的传动比，但转速损失较大，工作效率不高。常见的分级变速传动系统有集中传动和分离传动两种形式。

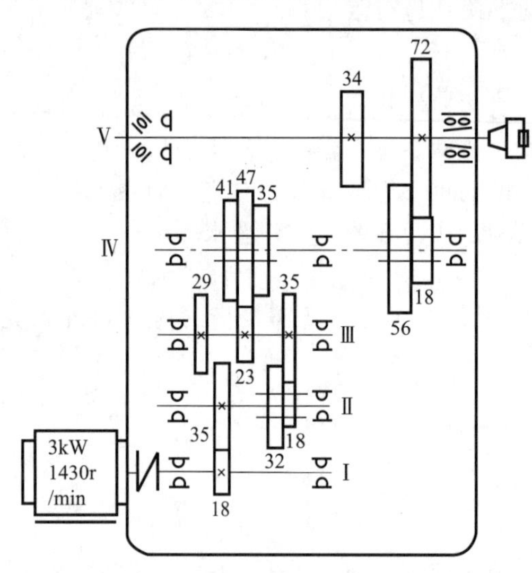

图 3-1 集中传动分级变速传动系统

① 集中传动 集中传动指将传动链中全部传动件和执行件集中在同一箱体内的传动形式。如图 3-1 所示为集中传动的分级变速传动系统，这个传动系统的各滑移齿轮、固定齿轮、传动轴、轴承等传动件和执行件（执行轴）等都集中在一个箱体内。

集中传动的主要优点是：结构紧凑，便于实现集中操纵，安装调整方便。但由于所有传动件都集中在一个箱体中，传动件在运转过程中所产生的振动会直接影响执行件运转的平稳性，传动件产生的热量也会使执行件产生热变形，影响执行件的工作精度。

这种传动形式通常适用于结构紧凑、精度要求不高的机械系统。

② 分离传动 分离传动指将传动链中大部分传动件安装在远离执行件的单独箱体内的传动形式，即使变速部分与执行件分开。如图 3-2 所示为分离传动分级变速传动系统，执行件（执行轴）与传动件（如齿轮、传动轴、轴承等）分别设计在两个箱体中。

分离传动实现了传动件与执行件的分离，其主要优点是：变速箱内各传动件所产生的振动和热量不能直接传给执行件，从而减少执行件的振动和热变形，有利于提高机械系统的工作精度。但分离传动的结构分散，不利于集中操纵，安装和调整也不够方便。

分离传动一般适用于精度要求较高的机械系统。

（2）无级变速传动系统

无级变速是指传动链执行件的速度（或转速）在一定的范围内能够连续变化，即在变速范围内可以输出连续变化的速度。无级变速传动系统可以根据包装机械系统的工作要求实现执行件输出速度连续变化，使执行件获得最佳工作速度，其主要特点是：无转速损失，工作效率高，能在工作中变速，易于实现自动化，但其结构较复杂，成本也较高。在包装机械中，常见的无级变速装置有机械无级变速、液压无级变速和电气无级变速等。

① 机械无级变速　机械无级变速一般采用机械无级变速器，常用的机械无级变速器有摩擦式无级变速器、链式无级变速器、带式无级变速器、脉动式无级变速器等，可分为恒功率、恒扭矩和变功率变扭矩三种类型。

机械无级变速器具有结构简单、传动平稳、效率高（可达95%）、适用性强、工作可靠、噪声小、维修方便等优点，因此在包装等机械设备中得到了较广泛的应用。如包装机械、食品机械、印刷机械、轻工机械、电工机械、纺织机械、钟表机械、塑料机械、化工机械等。但由于其通常存在弹性滑动，不适于内联传动链。另外，它的变速范围小，一般为4～6（少数可达10～15），常需要串联有级变速机构（如变速箱）。

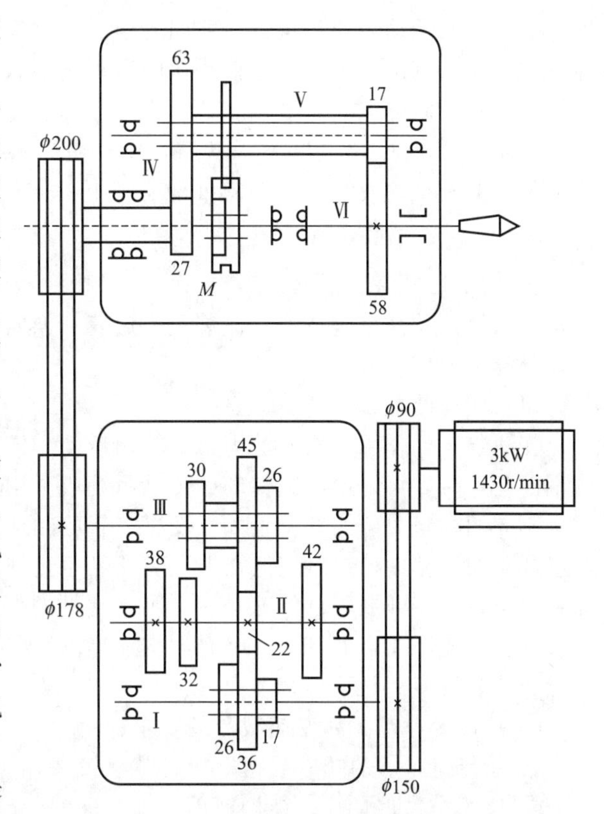

图3-2　分离传动分级变速传动系统

② 液压无级变速　液压无级变速是以油液为介质，利用液压传动或液体黏性传动等实现的无级变速。常见的液压无级变速有容积式调速（节流调速）和液力变速（液力耦合器和液力变矩器）两类。容积式调速是通过调节供油量来改变液压电动机（或液压缸）速度来实现的无级变速。液力变速是利用改变运动件之间的液压油膜的剪切力而实现的无级变速。

液压无级变速具有体积紧凑、惯性小、效率较高、变速范围大、可吸收冲击、防止过载、易于实现自动化等优点，但制造精度要求高、容易泄露、噪声大、成本较高。液压无级变速常用于载荷较大或结构要求紧凑的包装机械设备，常见的应用在汽车、内燃机车、船舶、工程机械、矿山机械、重型机床、军事装备等。

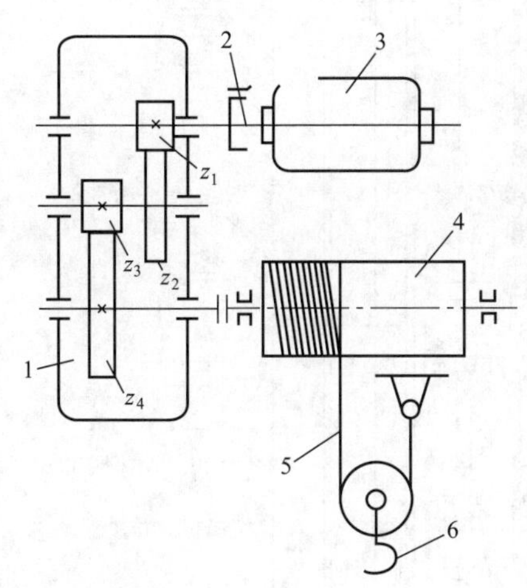

图3-3　提升机传动系统

1—减速器；2—制动器；3—电机；4—卷筒；5—钢丝绳；6—吊钩

③ 电气无级变速　电气无级变速是通过连续地调整电动机或电磁装置的转速来实现传动系统无级变速。常见的电气无级变速有电动机（直流电动机、交流变频电动机、步进电动机等）调速和电磁装置（电磁滑差离合器、磁粉离合器、磁力传动等）调速两类。

电气无级变速的性能取决于电动机（或电磁装置）与调速控制系统的性能，一般具有响应速度快、惯性小、能量传输方便、功率不受限制（取决于电动机或电磁装置的容量）等特点。随着机械工业的发展，电气无级变速在包装机械领域中得到了越来越广泛的应用。

(3) 定比传动系统

如果传动链的执行件以某一固定的速度（或转速）

工作，为了匹配动力源与执行件之间的速度，常需要减速或增速，由此构成定比传动系统，即这种传动系统由若干个固定传动比的传动副串联组成。如图3-3所示为包装企业常见的提升机传动系统。电机3通过减速器1带动卷筒4转动，将钢丝绳5缠绕在卷筒4上，使吊钩6上升而提升重物。当电机3反转时，钢丝绳5从卷筒4上放出，重物下降。制动器2用于传动系统的制动，使起吊的重物可靠地停止在所需的高度。

3.1.3 传动系统的组成

包装机械产品的种类繁多，用途各不相同，因此各种包装机械的传动系统也千变万化。通常可以把传动系统概括为变速装置、启停和换向装置、制动装置和安全保护装置等几个组成部分。

(1) 变速装置

变速装置的作用是改变动力机的输出速度和转矩以适应执行系统的工作需要，若执行机构不需变速时，可采用固定传动的传动系统或采用标准的减速器。例如，袋装包装机在包装重量不同的物料时应能够调整和改变横封辊的转速和充填计量速度；又如扭结式糖果包装机在包装不同尺寸的糖果时应能调节左右扭结手之间的距离，并能完成扭结手的转动、轴向移动和扭结手的张开或闭合等三种运动等。常见的变速装置有交换齿轮变速、滑移齿轮变速、交换带轮变速、离合器变速、啮合器变速等。

变速装置应满足下列基本要求：

① 满足变速范围和变速级数的要求；

② 能传递足够的功率或扭矩，且效率较高；

③ 体积小、重量轻、结构简单；

④ 工艺性（加工、装配、检测和维修等）好，润滑和密封良好。

图3-4所示为6级滑移齿轮变速装置。电动机经定比传动 Z_1/Z_2 传动至轴Ⅰ，轴Ⅰ和

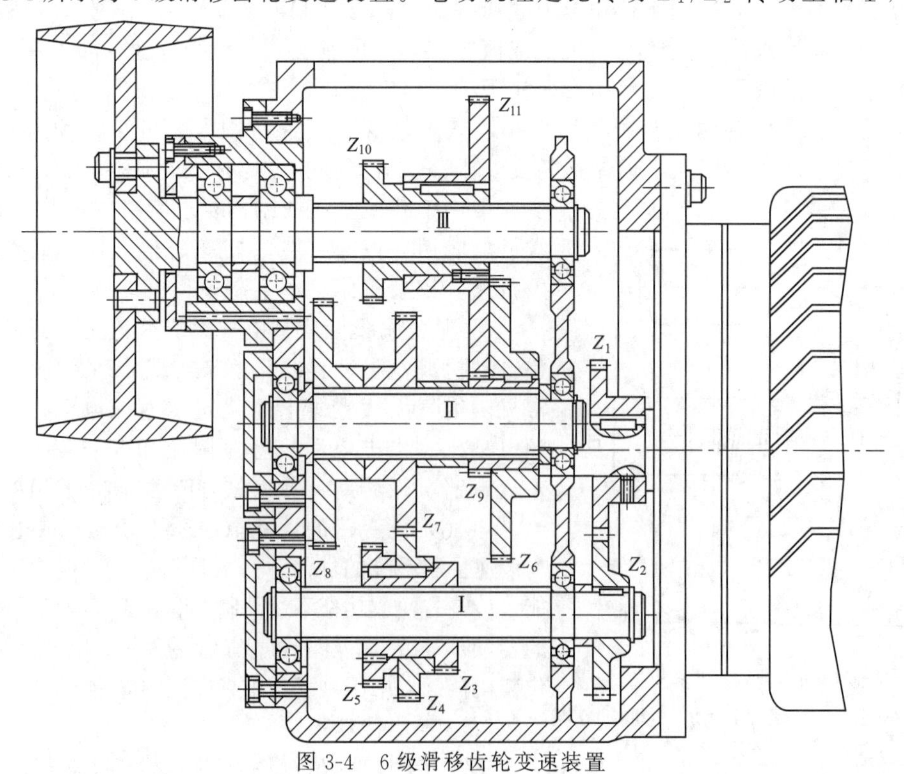

图3-4　6级滑移齿轮变速装置

轴Ⅲ上分别装有三联滑移齿轮块和双联滑移齿轮块，通过改变轴Ⅰ和轴Ⅱ之间的齿轮啮合（Z_3/Z_6、Z_4/Z_7、Z_5/Z_8）及轴Ⅱ和轴Ⅲ之间的齿轮啮合（Z_8/Z_{10}和Z_9/Z_{11}）的位置，轴Ⅲ可得到3×2=6种转速。

滑移齿轮变速装置的主要特点是：结构紧凑，传递的转矩较大，可以方便实现多级变速。但滑移齿轮不能在运转中变速，为便于滑移啮合，多用直齿齿轮传动，因而传动的平稳性不高。

（2）启停和换向装置

启停和换向装置的作用是用来控制包装执行件的启动、停车以及改变运动方向。不同种类的包装机械对启停和换向装置的使用要求不同，一般有三种工作状态：其一是不需要频繁启停且无换向要求，如各类自动包装机械等，其工作循环为自动完成，可连续运行而不需要停车；其二是需要换向但不频繁，如各种包装企业的提升机等，其执行件都需要做往复运动，但工作时间较长，换向不频繁；其三是启停和换向都很频繁，如堆码包装机械等，这类包装机械的传动系统对启停和换向装置提出了较高要求。

启停和换向装置的基本要求有以下两方面：

① 操作方便省力，并能传递足够的动力；

② 结构简单，安全可靠。

常见的换向装置有动力机（电动机、液压电动机、气缸等）换向、齿轮-离合器换向、滑移齿轮换向等。

图3-5所示为齿轮-摩擦离合器换向装置。工作原理如图3-5（a）所示，齿轮Z_1和Z_3空套在轴Ⅰ上，当离合器M向左啮合时，通过齿轮副Z_1/Z_2传至轴Ⅱ；若离合器M向右啮合，通过齿轮副$Z_3/Z_0/Z_4$传至轴Ⅱ，实现反转；离合器M处于中间位置时，轴Ⅱ脱离传动。钢球式摩擦离合器的结构如图3-5（b）所示。内摩擦片12与轴Ⅰ为花键相连，内摩擦片与轴Ⅰ同步转动；外摩擦片11的4个凸缘嵌入齿轮Z_1（或齿轮Z_3）的矩形槽，外摩擦片与齿轮Z_1（或齿轮Z_3）同步回转。当操纵套筒10向左移动时，操纵套筒内左侧锥面推压钢球4，通过左顶套3和左螺母1压紧左侧的内、外摩擦片，借助摩擦力使齿轮Z_1与轴Ⅰ同步转动，实现传动系统的正转。当操纵套筒向右移动时，压紧右侧的内、外摩擦片，实现反转。左顶套3与左螺母1为螺纹连接，旋转左螺母1可以调节内、外摩擦片之间压紧

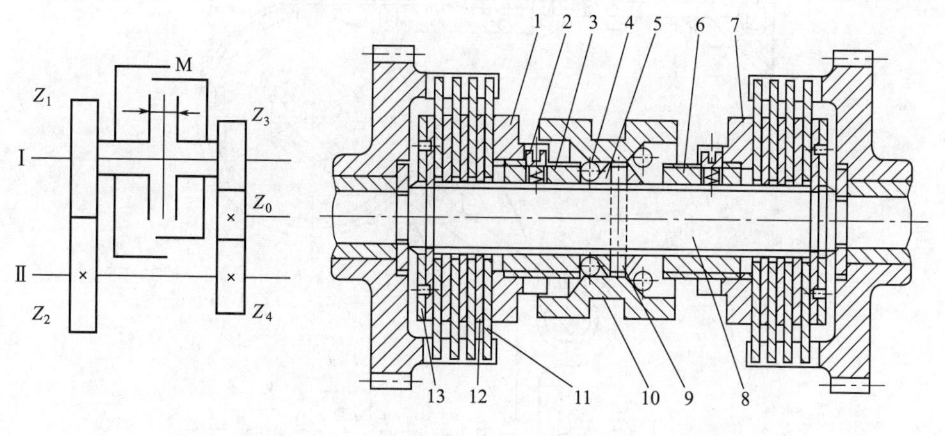

图3-5　齿轮-摩擦离合器换向装置

1—左螺母；2—弹簧销；3—左顶套；4—钢球；5—锥面固定套；6—右顶套；7—右螺母；8—花键轴Ⅰ；9—圆柱销；10—操纵套筒；11—外摩擦片；12—内摩擦片；13—止动片

力，弹簧销 2 用于防松。

（3）制动装置

制动装置的作用是使包装执行件的运动能够迅速停止。由于运动构件具有惯性，当启停装置断开后、运动构件不能立即停止，而是逐渐减速直到停车。运动构件的转速愈高、惯性愈大、摩擦阻力越小，则停车的时间也就越长。为了降低包装辅助时间，对于启停频繁、运动构件惯性大或运动速度高的传动系统，应安装制动装置。执行件频繁换向时，一般不允许停车后换向。制动装置还能用于包装机械一旦发生事故时的紧急停车。

制动装置的基本要求可概括为以下三方面：

① 操纵方便省力，工作可靠，制动平稳迅速；

② 结构简单，尺寸小；

③ 耐磨性高，散热好。

常用的制动方式有电动机制动和制动器制动两类。利用电动机启停和换向时，常采用电动机反接制动。它具有结构简单、操作方便、制动迅速等优点，但反接制动电流较大（通常大于工作电流 10 倍），传动件受到的惯性冲击较大。当传动链较长、启动比较频繁、传动系统惯性较大及传递功率较大时，可采用制动器制动。常见的制动器有带式制动器、外抱块式制动器、内张蹄式制动器、盘式制动器、磁粉式制动器、磁涡流式制动器、水涡流式制动器等。

图 3-6 所示为带式制动器，它由控制杆 1、杠杆 2、制动带 3、制动盘 4 和调节螺钉 5 等部分组成。制动带 3 为一钢带，在它的内侧固定有一层复合摩擦材料。若控制杆 1 处于左位（在 A—A 视图位置），杠杆 2 的下端进入控制杆的右侧凹槽，制动带与制动盘松开，这时传动系统处于正转工作状态。当控制杆向右移动，控制杆中间凸起部位将使得杠杆摆动并拉紧制动带，制动带与制动盘处于制动状态。在制动状态下，控制传动系统正反转的离合器应先期脱离啮合，使得被制动的这部分传动链与动力系统分离。若控制杆继续向右移动，杠杆下端进入控制杆左侧的凹槽，制动带与制动盘松开，传动系统反转。调节螺钉 5 用于调整制

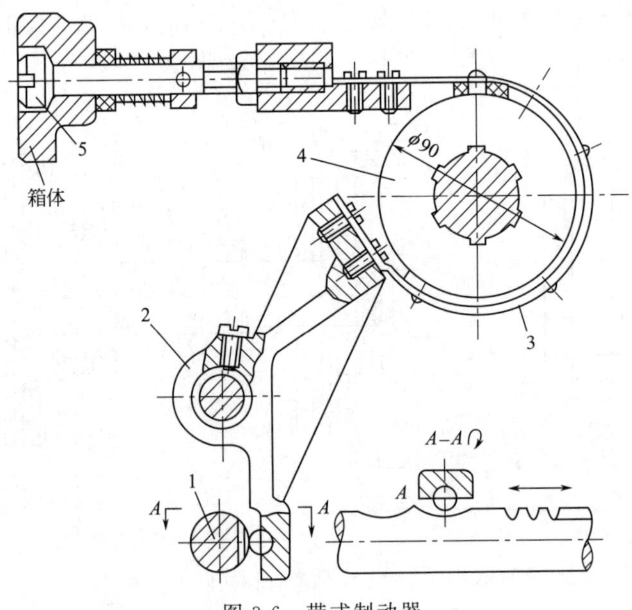

图 3-6 带式制动器

1—控制杆；2—杠杆；3—制动带；4—制动盘；5—调节螺钉

动力的大小。带式制动器的操纵力应作用在制动带的松边，以保证可靠制动。带式制动器具有结构简单、轴向尺寸小、操纵方便等优点，但是这种制动器的制动力矩受摩擦系数变化影响较大，制动带磨损不均匀，且当制动盘反转时制动的可靠性降低，因此它主要适合于制动力矩不太大、单方向工作的中小型机械系统。

(4) 安全保护装置

传动系统中的安全保护装置，主要是对传动系统内的各传动件起着安全保护的作用，避免因机械过载或操作者的误动作而损坏机件。如果在传动链中有平带、V带、摩擦离合器等摩擦副，这些摩擦副具有过载保护作用，否则应在传动系统中设置安全保护装置。常见的安全保护装置有销钉式安全联轴器、钢球式安全离合器、摩擦式安全离合器等。

图3-7所示为钢球式安全离合器，它主要由钢球2、圆盘4、弹簧5、螺套6和螺母7等部分组成。齿轮1空套在传动轴上，齿轮1和圆盘4的端面等径圆周上均匀分布有相等的n个孔，孔内装入垫板3和钢球2，调整螺母7使弹簧5压紧齿轮与圆盘之间交错排列的钢球。在工作载荷正常的情况下，齿轮与传动轴之间通过交错排列的钢球、圆盘和键传递运动和转矩，齿轮与传动轴同步回转。当由于某种原因使传动轴产生过载时，在钢球的相互作用下将克服弹簧力使圆盘孔内钢球连同圆盘一起右移（如图3-7所示），钢球之间出现跳跃打滑现象，传动轴停止转动。过载消除后，会自动恢复正常工作。这种安全离合器的结构简单、工作可靠、且灵敏度较高，但打滑时会产生较大的冲击，连接刚度较低，反向回转的运动同步性较差。

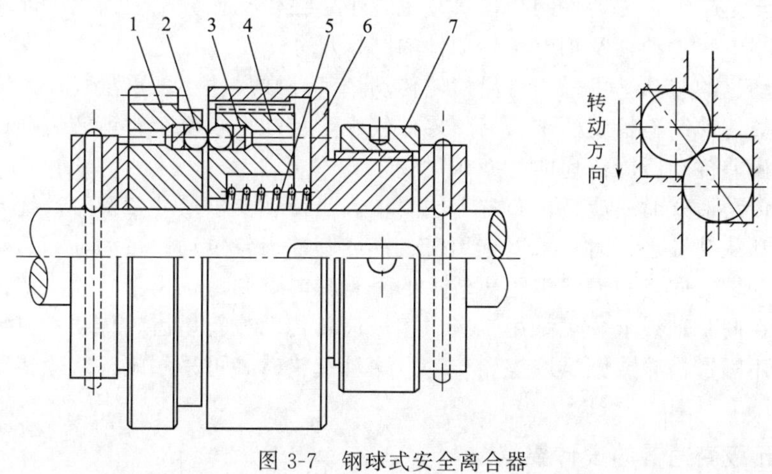

图3-7　钢球式安全离合器

1—齿轮；2—钢球；3—垫板；4—圆盘；5—弹簧；6—螺套；7—螺母

3.1.4　包装机械传动系统的拟定原则

包装机械设计中，为使传动成本低、零件少、精度高，除了工艺正确可行、工作执行件设计先进外，传动系统设计的好坏也将起到重要作用。通常制定传动方案时应遵从以下原则。

① 尽量缩短传动链；

② 尽量简化传动链；

③ 合理分配传动比；

④ 尽可能采用高效传动副。

3.2 传动系统的设计要点

3.2.1 定比传动机构

定比传动机构是传动系统的基本组成部分，其作用是将原动机输出的转速降低（或提高），并将其转矩提高（或降低），以适应执行机构的需要。

包装机械对其定比传动机构的要求是：传递足够的功率和转矩，并具有较高的传动效率；体积小、重量轻；噪声在允许的范围内；结构简单，制造、装配和维修的工艺性好；润滑和密封良好，防止出现“三漏”（漏油、漏气、漏水）现象。

在定比传动的各种形式中，齿轮传动的效率较高，但与其制造、安装精度和润滑情况有关；行星齿轮传动的效率与其机构形式有关，即使传动比相同，效率差别也很大；现代高强度平带——强力锦纶带传动的效率已能接近甚至超过齿轮传动的效率；V带的效率稍低，但因其简单、方便和可靠，在中、小功率包装机械的传动系统中应用很广。

单级传动不能满足传动比要求时，可采用多级传动，但效率相应降低。然而某些传动类型，其单级并不一定比另一类型的多级传动的效率高，例如单级蜗杆蜗轮传动的效率就常常低于传动比相同的多级齿轮传动。

在采用多级传动的系统中，在将总降速比分配给各个定比传动副时，应符合降速传动比“前小后大”的原则，即前级（接近原动机处）传动比要小于后级（接近执行机构处）传动比。这是因为传动件的尺寸决定于它们所传递的转矩，当传递功率一定时，传动件的转速越高，其传递的转矩越小，传动件的结构尺寸也越小。在传动比分配上采用“前小后大”的原则，有利于减小中间传动轴及轴上各传动件的结构尺寸。

对于大传动比的传动，可采用行星齿轮传动，其外廓尺寸小、重量轻、效率高、能传递大功率。但这类传动制造精度要求较高，零件较多，装配也较复杂；谐波传动、摆线针轮传动和渐开线少齿差传动所能传递的功率相对较小。

选择定比传动形式时还应考虑布置上的要求。当传动要求尺寸紧凑时，优先采用齿轮传动；当主动轴和从动轴平行时，可以选用带、链或圆柱齿轮传动；主动轴和从动轴之间的距离很大，或主动轴需同时驱动多根距离较大的平行轴时，则可选用带传动或链传动；要求主动轴和从动轴在同一轴线上，可采用二级、多级齿轮传动或行星齿轮传动；主动轴和从动轴相交时，可采用圆锥齿轮或圆锥摩擦轮传动；两轴交错时，可采用蜗杆蜗轮传动或螺旋齿轮传动。

3.2.2 机械无级变速器的设计要点

（1）机械无级变速器的用途

无级变速装置主要用于下列场合。

① 工艺参数多变的包装机械因被包装物的物理性能和包装生产率以及包装材料性能的不同，需要具有连续的变速功能，以便按不同的工艺参数选择合理的工艺速度。

② 要求转速连续变化的包装机如颗粒包装机中的各种供纸（或薄膜）机构，要求以恒定的线速度保证恒张力，以提高产品质量。

③ 探求包装机的最佳工作速度。在新产品试制过程中，经常会遇到最佳工艺速度无法从理论上确定的情况。这时在生产设备中设置一无级变速传动装置，便可以用试验的方法确定最佳工作速度。此外，各种试验设备往往都配有无级变速器。

④ 协调几台包装机或一台包装机的传动系统中几个运转单元之间的运转速度。例如包

装生产线上前后包装机之间的速度，就是用无级变速器来进行协调，以适应包装生产率的变化要求。

⑤ 缓速启动和便于越过共振区。对于具有大惯性和带负载启动的包装机，采用无级变速传动后，可以在很低的转速下启动，在带负载的情况下逐渐连续地提高转速，以避免过大的惯性负载，而且可采用功率较小的原动机。对于可能发生较大振动甚至共振的机器，可以在运转过程中通过无级变速器的调速使其离开共振区，以避免过大的动载荷。

在有振动和冲击、带负载启动以及负载条件恶劣的情况下，还可用液力耦合器、液力变矩器等液力传动类型的无级变速装置。它们的主动轴和从动轴之间没有刚性的联系，可以吸收振动和冲击，其中液力耦合器还具有自适应性，即输出转速自动与负载转矩成反比变化。

由此可见，采用无级变速传动，有利于简化变速传动方案，提高生产率和产品质量，合理利用动力和节约能源，便于实现自动控制，同时也减轻了操作人员的劳动强度。

（2）机械无级变速器的基本性能

① 滑动率　大多数的机械无级变速器属于摩擦传动。由于摩擦传动中弹性滑动和几何滑动的存在，从动轮的实际转速将低于其理论转速，这种由滑动所引起的速度相对降低率称为滑动率，用 ε 表示：

$$\varepsilon=\frac{n_{20}-n_2}{n_{20}} \tag{3-1}$$

式中　n_{20}——从动轮的理论转速；

n_2——从动轮的实际转速。

考虑到无滑动时有 $i^*=n_1/n_{20}$，而实际传动比则为 $i=n_1/n_2$。假定 n_1 为定值，则：

$$\varepsilon=1-\frac{n_2}{n_{20}}=1-\frac{\frac{n_1}{i}}{\frac{n_1}{i^*}}=1-\frac{i^*}{i} \tag{3-2}$$

滑动率是随工作载荷、输出转速、摩擦元件的形状、材料和润滑条件等而变化的，其大小可由试验测定。滑动率的许用值 [ε] 通常规定如下：一般无级变速器，[ε] $<3\%\sim5\%$；行星式及差动式无级变速器，[ε] $<7\%\sim10\%$。滑动率的大小主要由几何滑动决定，弹性滑动则影响很小，可略去不计。

② 传动比和变速范围　机械无级变速器传动比的定义与一般的轮系相同，均为主动轴的转速 n_1 与从动轴的转速 n_2 之比，其公式为：

$$i=\frac{n_1}{n_2} \tag{3-3}$$

无级变速器的传动比与一般的轮系类似，也可以用有关传动件的几何尺寸之间的比值表示，只是某些传动件的几何尺寸是可以调节的，故传动比为一变值。通过传动件的几何尺寸表示无级变速器的传动比时，无级变速器的型式不同，表达式也不同。这里以在包装机械中常见的带式无级变速器为例，设其主动轮和从动轮的工作半径分别为 r_1 和 r_2，则这种无级变速器的传动比可表示为：

$$i=\frac{n_1}{n_2}=\frac{r_2}{r_1(1-\varepsilon)} \tag{3-4}$$

当主动轮的工作半径为最大值 $r_{1\max}$，而从动轮的工作半径为最小值 $r_{2\min}$时，从动轴取得最高输出转速：

$$n_{2\max}=\frac{r_{1\max}(1-\varepsilon)}{r_{2\min}}\cdot n_1 \tag{3-5}$$

这时，无级变速器的传动比取得最小值：

$$i_{\min}=\frac{n_1}{n_{2\max}}=\frac{r_{2\min}}{r_{1\max}(1-\varepsilon)} \tag{3-6}$$

反之，当主动轮的工作半径为最小值 $r_{1\min}$，而从动轮的工作半径为最大值 $r_{2\max}$时，从动轴取得最低输出转速，而无级变速器的传动比取得最大值：

$$n_{2\min}=\frac{r_{1\min}(1-\varepsilon)}{r_{2\max}}\cdot n_1$$

$$i_{\max}=\frac{n_1}{n_{2\min}}=\frac{r_{2\max}}{r_{1\min}(1-\varepsilon)} \tag{3-7}$$

机械无级变速器最大传动比与最小传动比之间的比值，或其从动轴的最高输出转速与最低输出转速之比，叫做变速范围，用 R_b表示。

$$R_b=\frac{i_{\max}}{i_{\min}}=\frac{n_{2\max}}{n_{2\min}} \tag{3-8}$$

R_b的大小代表了无级变速器的变速能力，是表征变速器性能的一个重要参数。变速范围 R_b也通过传动件的几何尺寸表示，如带式无级变速器的变速范围可表示为：

$$R_b=\frac{r_{1\max}\cdot r_{2\max}}{r_{1\min}\cdot r_{2\min}} \tag{3-9}$$

③ 机械特性　无级变速器在输入转速 n_1一定的情况下，其输出轴上的转矩 T_2（或功率 N_2）与转速 n_2的关系称为机械特性。它常以 n_2为横坐标，T_2（或 N_2）为纵坐标的平面曲线 $T_2=T(n_2)$［或 $N_2=N(n_2)$］来表示。

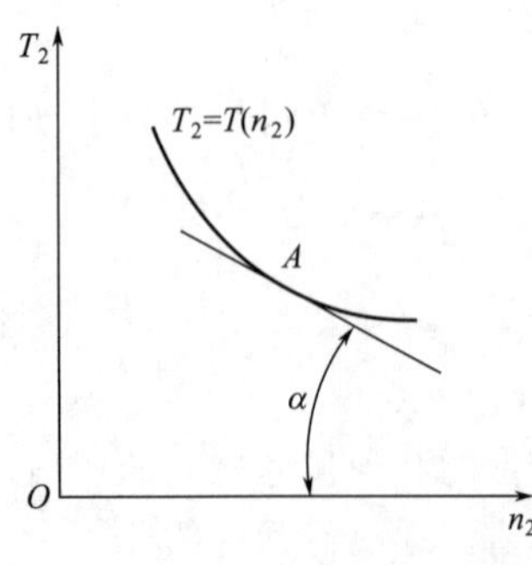

图 3-8　机械特性及刚度系数

在图 3-8 中，曲线 $T_2=T(n_2)$上任一点 A 处的切线斜率的负值，称为传动的机械特性在该工况时的刚度系数，或传动刚度，用 k 表示：

$$k=-\frac{dT_2}{dn_2}=\tan\alpha \tag{3-10}$$

由式(3-10) 可见，传动刚度 k 是输出转矩 T_2对输出转速 n_2的变化率。若特性曲线上各点的刚度系数很大，则外界负载转矩的变化对输出转速的影响较小，这种机械特性相对来说较“硬”。相反，如果特性曲线上各点的刚度系数很小，则外界负载转矩的很小变动，都足以引起输出转速的巨大变动，这种机械特性就很“软”。

机械无级变速器的机械特性，大致可以归纳为下列三种：

a. 恒功率特性　如图 3-9（a）所示，其特性是传动中输出功率 N_2 保持不变，即：

$$N_2 = CT_2 n_2 = \text{常量}$$

式中，C 为有关常数。

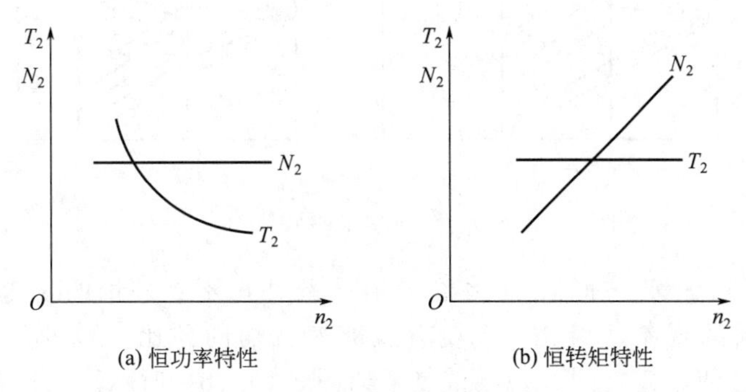

图 3-9　无级变速器机械特性曲线

在恒功率特性曲线中，输出转矩 T_2 与输出转速 n_2 呈双曲线关系，有“硬”的机械特性。特别是在低转速运转时，载荷的变化对转速的影响很小，工作中有很高的稳定性，能充分利用原动机的全部功率。这种机械特性的经济性好。

b. 恒转矩特性　如图 3-9（b）所示，其特性是传动中输出转矩 T_2 保持不变。

在恒转矩特性曲线中，输出功率 N_2 与输出转速 n_2 成正比变化，这种机械特性符合包装机送料机构及某些干燥器等设备的使用要求。恒转矩特性的传动刚度 $k=0$，只要负载转矩大于其输出转矩，输出转速立即下降，甚至引起打滑和运转中断，不能充分利用原动机的输入功率。

c. 变功率、变转矩特性　无级变速器的输出转速随其负载转矩和功率的变化而变化，这在某些类型的变速器（如长锥一钢环式）中是很难避免的情况，不过有的包装机械又恰有这种特殊需要，例如某些液体搅拌器，就希望输出转矩 T_2、输出功率 N_2 均可随输出转速 n_2 的增高而增大。

变功率、变转矩特性的无级变速器，其输出转矩 T_2 和输出功率 N_2 随输出转速 n_2 的变化规律复杂多样，虽然可以计算出来，但通常还是通过试验的方法来确定。

（3）无级变速传动链的设计原则

设计无级变速传动链时，应遵循下述原则：

① 若无级变速器的机械特性和变速范围都符合传动链的要求，则可直接应用或与若干级定比传动副联合使用。

② 若无级变速器的机械特性符合传动链的要求，但变速范围较小，不能满足需要，则可将有级变速机构（如交换齿轮、滑移齿轮等）与无级变速器串联，以扩大其变速范围。无级变速器与有级变速机构串联使用后，应能保证在全部变速范围内实现连续的无级变速。

设包装机械传动系统的变速范围为 R，串联的有级变速机构的变速范围为 R_y，则：

$$R = R_b \cdot R_y$$

通常，无级变速器在传动系统中作为基本组，置于传动链的高速端。为了得到连续的无级变速，必须使扩大组（串联的有级变速机构）的公比 ϕ 应等于无级变速器的变速范围 R_b，如图 3-10（a）所示，即：

$$\phi = R_b$$

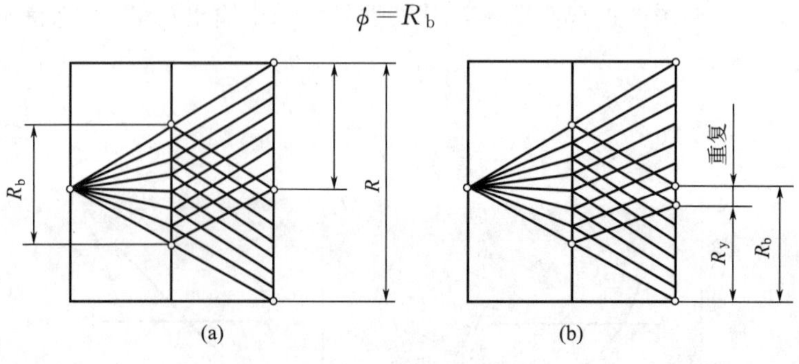

图 3-10 无级变速转速图

实际上由于机械无级变速器滑动率的存在，往往得不到理论的变速范围 R_b，这样就可能出现转速间断的现象。因此，应使有级变速机构的公比 ϕ 略小于 R_b，一般取 $\phi=(0.94\sim0.96)R_b$，使转速之间有一段重复，如图 3-10（b）所示。当传递载荷较大，及有较大动载和振动时，摩擦式机械无级变速器的滑动率也增大，此时应使 ϕ 与 R_b的差值增大。

③ 若机械无级变速器的机械特性不符合传动链的要求，则不宜采用，应另选或重新设计无级变速机构，或改用电力无级调速及流体无级变速传动。

3.3 有级传动系统的运动设计

有级传动系统常由变速齿轮传动或变速带传动组成，在一定的变速范围内，其输出轴只能得到有限级数的转速。有级变速传动最基本的变速装置是二轴变速传动，即在两根轴之间用一个变速组传动。二轴变速传动可实现 2～4 级变速，若要求的变速级数多于 4 级时，可以采用由两个或两个以上变速组串联而成的多轴传动装置。

3.3.1 二轴变速传动的运动设计

（1）塔轮传动

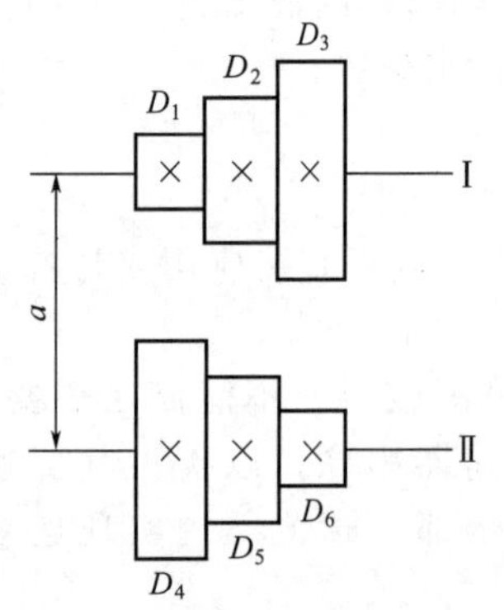

图 3-11 塔轮变速组

如图 3-11 所示带传动的塔轮变速组可实现 3 级变速。运动从轴Ⅰ输入，轴Ⅱ输出。当输入轴Ⅰ以某一个固定的转速 n_0旋转时，只要改变传动带的位置，输出轴Ⅱ就可以得到 3 个不同的转速，传动比分别为

$$i_1=\frac{D_4}{D_1};\ i_2=\frac{D_5}{D_2};\ i_3=\frac{D_6}{D_3}$$

轴Ⅱ的 3 个转速分别为：

$$n_1=\frac{n_0}{i_1};\ n_2=\frac{n_0}{i_2};\ n_3=\frac{n_0}{i_3}$$

若要求轴Ⅱ的转速按等比级数排列，公比为 9，即相邻两个转速之间具有下列关系：

$$\frac{n_2}{n_1}=\varphi,\ \frac{n_3}{n_2}=\varphi$$

或　$$n_1:n_2:n_3=1:\varphi:\varphi^2$$

则塔轮变速组相邻传动比也必须按公比为9的等比级数排列，即

$$i_3:i_2:i_1=1:\varphi:\varphi^2$$

(2) 滑移齿轮传动

两轴间一个双联或三联滑移齿轮变速组可实现2级或3级变速。若要求输出轴的转速按等比级数排列，则一个变速组内各对齿轮的传动比必须符合等比级数排列，即 $i_3:i_2:i_1=1:\varphi:\varphi^2$。一般情况下，对变速箱内齿轮变速组的极限传动比有所限制，为了防止被动齿轮的直径过大而增加箱体径向尺寸，一般限制降速传动比的最大值 $i_{max}\leqslant 4$；升速传动时，为了避免扩大传动误差，使传动较为平稳，限制升速传动比的最小值 $i_{min}\geqslant 1/2$（直齿传动）或 $i_{min}\geqslant 1/2.5$（斜齿传动）。因此一个变速组的最大变速范围 $R_{max}=i_{max}/i_{min}=8\sim10$。

变速组内的滑移齿轮应放在转速较高的轴上，以便减小滑移齿轮的尺寸和重量，使操纵省力。因此，降速传动链中的滑移齿轮宜放在主动轴上，升速传动链中则相反。

滑移齿轮在变速过程中，必须使一对处于啮合的齿轮完全脱开后，另一对齿轮才能进入啮合，以避免一个变速组中有两对齿轮同时处于啮合状态。因此采用图3-12所示窄式滑移齿轮时，双联齿轮的轴向长度 $L\geqslant 4b$，三联齿轮的轴向长度 $L\geqslant 7b$。采用图3-13所示宽式滑移齿轮时，轴向长度分别为 $L\geqslant 6b$ 和 $L\geqslant 11b$。

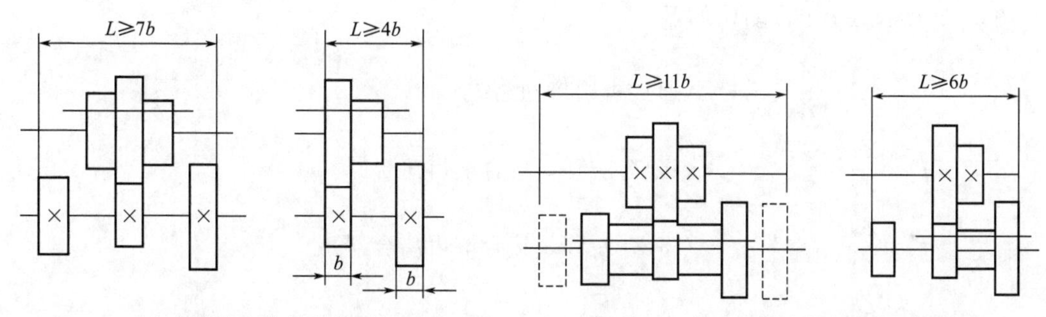

图3-12　窄式滑移齿轮轴向排列长度　　　图3-13　宽式滑移齿轮轴向排列长度

为了更清楚地表示变速组内各对传动副的传动比关系，常用如图3-14所示的转速图作为工具。转速图和传动系统的对应关系如下：

① 距离相等的一组竖直线表示各传动轴，从左向右依次标注Ⅰ、Ⅱ，与传动系统图上从动力机到执行构件的传动顺序相对应；

② 距离相等的一组水平线代表转速线，从下向上表示执行构件由低速到高速依次排列的各级等比转速数列；

③ 各轴所具有的转速用该轴与相应转速线相交处的圆点表示，例如轴Ⅰ只有一个转速 n_3，故在轴Ⅰ与 n_3 转速线相交处画一个圆点，轴Ⅱ有3个转速，分别为 n_1、n_2、n_3，故轴Ⅱ上画3个圆点。

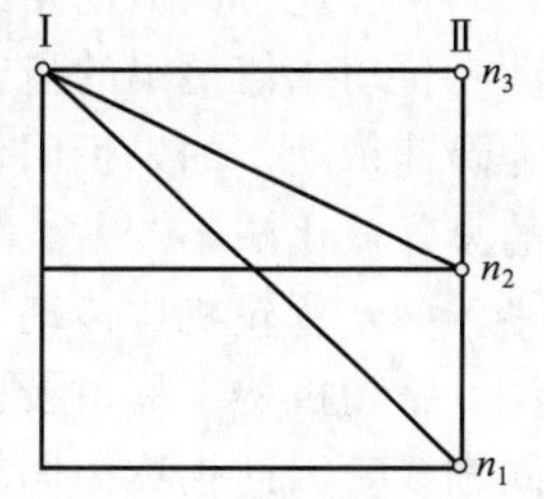

图3-14　两轴变速转速图示例

④ 相邻两轴之间对应转速的连线，表示一对传动副的传动比。连线的倾斜方向和倾斜程度表示该传动比的比值，连线向右下方倾斜，表示降速传动，若下斜 x 格则传动比值为 $i=\varphi^x$；连线向右上方倾斜，表示升速传动，若上斜 x 格则传动比为 $i=1/\varphi^x$；水平连线表示等速传动，即 $i=1$。

(3) 折回机构传动

如图 3-15 所示，运动从轴Ⅰ输入，轴Ⅱ输出。轴Ⅰ和轴Ⅱ上各有一个空套的双联滑移齿轮和一个与轴用花键连接的滑移齿轮，双联齿轮在轴上是固定不能移动的。这种变速传动组常称折回机构运动。

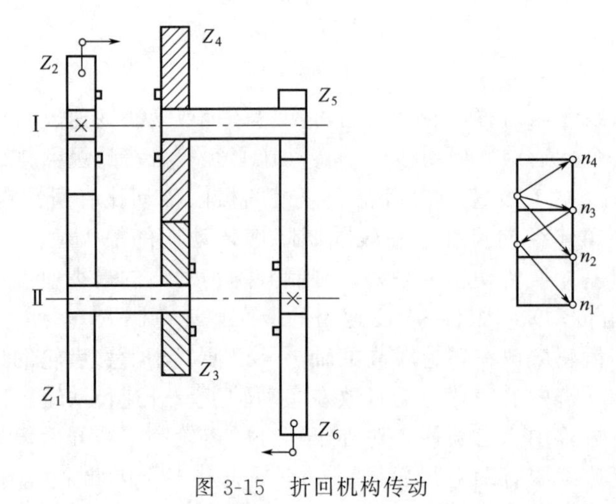

图 3-15 折回机构传动

折回机构有两条传动路线，一条是从轴Ⅰ到轴Ⅱ的正向传动，可得到 3 个传动比；另一条是从轴Ⅰ到轴Ⅱ，再从轴Ⅱ到轴Ⅰ的折回传动路线，通过折回路线可得到较大的降速传动比。图 3-15 所示的 4 个传动比如下：

$$i_1=\frac{Z_2}{Z_1}\times\frac{Z_4}{Z_3}\times\frac{Z_6}{Z_5}\quad（通过折回传动路线）$$

$$i_2=\frac{Z_6}{Z_5}\quad（将 Z_1 右移，接合端齿离合器）$$

$$i_3=\frac{Z_2}{Z_1}\quad（将 Z_6 左移，接合端齿离合器）$$

$$i_4=\frac{Z_4}{Z_3}\quad（将 Z_2 右移，Z_6 左移，两个端齿离合器均接合）$$

若取极限传动比 $i_4=1/2$，$i_2=4$，则 $i_3=1.4$，$i_1=i_3i_2/i_4=11.2$，可获得很大的变速范围 $R_{\max}=i_1/i_4=22.4$。

在确定折回传动路线中的反向传动副时（如图 3-15 中的 Z_3、Z_4），应选择一对正向传动时传动比值最小的齿轮。这一对齿轮在正向传动时使轴Ⅱ得到最高转速，而在折回传动时为降速传动。如果折回传动副的正向传动是降速，则反向传动为升速，会使实现折回传动时的总降速比减小。

（4）背轮机构传动

背轮机构又称单折回机构，如图 3-16 所示。运动由轴Ⅰ传入，轴Ⅲ传出，轴Ⅰ与轴Ⅲ同轴线，因此也称为同轴线传动。背轮机构有两条传动路线，一条是轴Ⅰ通过离合器与轴Ⅲ直接连接，另一条路线是通过两对齿轮传动轴Ⅲ，它们的传动比为

$$i_1=\frac{Z_2}{Z_1}\times\frac{Z_4}{Z_3}$$

$$i_2=1$$

(5) 离合器变速传动

图 3-17 所示为采用离合器实现二级变速的内燃叉车传动系统示意图。

用离合器实现二级变速时，离合器的布置位置可有如图 3-18 所示的四种方案。布置时应注意避免出现“超速”现象。所谓超速现象是指当一条传动路线工作时，在另一条不工作的传动路线上传动构件出现高速空转的现象。在两对齿轮的传动比悬殊时，超速现象更为严重。

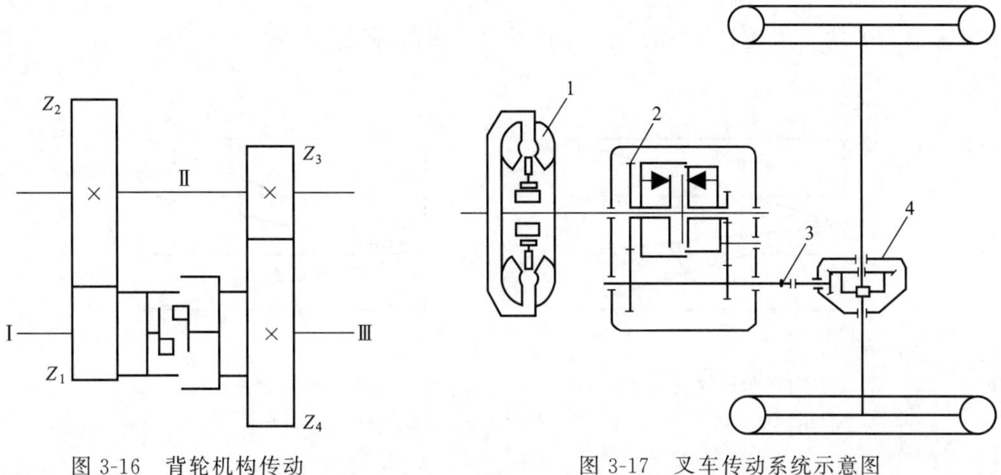

图 3-16　背轮机构传动

图 3-17　叉车传动系统示意图

1—变矩器；2—变速箱；3—传动轴；4—驱动桥

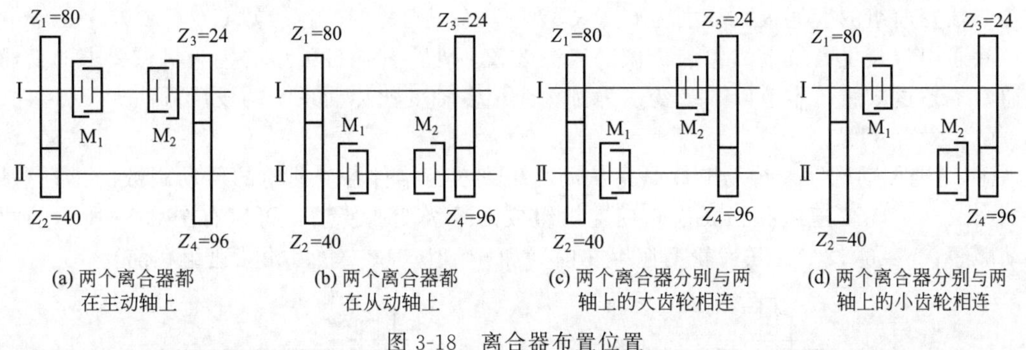

(a) 两个离合器都在主动轴上　(b) 两个离合器都在从动轴上　(c) 两个离合器分别与两轴上的大齿轮相连　(d) 两个离合器分别与两轴上的小齿轮相连

图 3-18　离合器布置位置

图 3-18 (a) 中两个离合器都装在主动轴Ⅰ上。当 M_1 接合、M_2 断开时，轴Ⅰ上的小齿轮 Z_3 就会出现超速空转，$n_{Z_3}=\dfrac{n_1}{\dfrac{Z_2}{Z_1}\times\dfrac{Z_3}{Z_4}}=\dfrac{n_1}{\dfrac{40}{80}\times 96}=8n_1$，齿轮 Z_3 的转速是轴Ⅰ转速的 8 倍，故离合器 M_2 的内外摩擦片之间的相对转速为 $8n_1-n_1=7n_1$。相对转速很高，使齿轮和离合器的磨损及噪声加剧，空载损失增大。

图 3-18 (b) 中将两个离合器都装在从动轴Ⅱ上。当 M_1 接合、M_2 断开时，Z_4 的空转转速为 $n_1/4$，轴Ⅱ的转速 $2n_2$，则离合器 M_2 的内外摩擦片之间的相对转速为 $2n_1-n_1/4=1.75n_1$，相对转速较低，避免了超速现象。

有时为了减小轴向尺寸，把两个离合器分别安装在两根轴上，当离合器与大齿轮安装在一起时，如图 3-18 (c) 所示，不产生超速现象。若将离合器与小齿轮安装在一起，如图 3-

18（d）所示，同样也会出现超速现象。

（6）交换齿轮变速传动

采用交换齿轮变速时，为了充分利用交换齿轮，使一对齿轮对换位置后可得到两个传动比，因此在转速图上，交换齿轮变速组的传动比连线应对称分布。

例如用图 3-19 所示交换齿轮实现 4 级变速时，可以有多种转速方案，图 3-19（a）所示的 4 个传动比值为 $i_1=\varphi^{1.5}$，$i_2=\varphi^{0.5}$，$i_3=1/\varphi^{0.5}$，$i_4=1/\varphi^{1.5}$。图 3-19（b）所示的 4 个传动比值为 $i_1=\varphi$，$i_2=1$，$i_3=1/\varphi$，$i_4=1/\varphi^2$。若一对齿轮的齿数为 20 和 40，则 $i_1=20/40$，将两个齿轮互换位置后，得到另一个传动比 $i_2=40/20$，即 $i_2=1/i_1$。因此图 3-19（a）所示方案只需要两对齿轮，而图 3-19（b）所示方案需要三对齿轮。

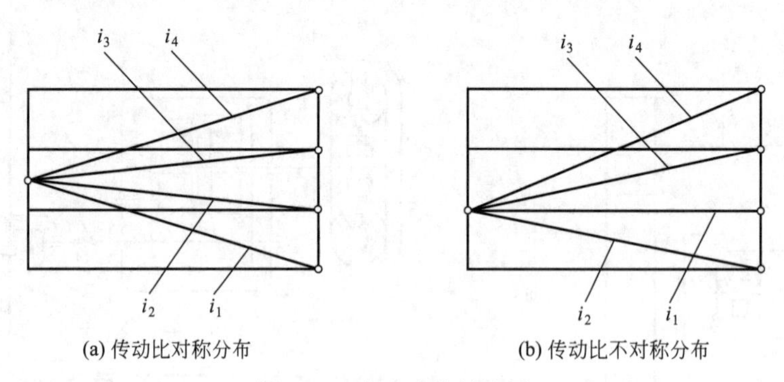

(a) 传动比对称分布　　(b) 传动比不对称分布

图 3-19　变速齿轮转速图

3.3.2　多轴变速传动的运动设计

当要求的转速级数较多时，可以串联若干个二轴变速组，组成一个多轴变速传动系统。设各二轴变速组的变速级数分别为 C_1、C_2 和 C_3 等，则总的变速级数 $C=C_1C_2C_3\cdots$

除通用包装生产线上的包装机械变速级数较多外，其他各类型的包装机械要求的变速级数通常不超过 6 级。本节以 6 级变速为例，介绍多轴变速传动系统的设计方法。

（1）设计步骤

① 确定传动顺序　传动顺序是指从动力机到执行构件各变速组的传动副数的排列顺序。例如由二联齿轮变速组和三联齿轮变速组组成的 6 级变速传动，可以有图 3-20 所示的两种传动顺序：6＝3×2（三联齿轮变速组在前）和 6＝2×3（二联齿轮变速组在前）。

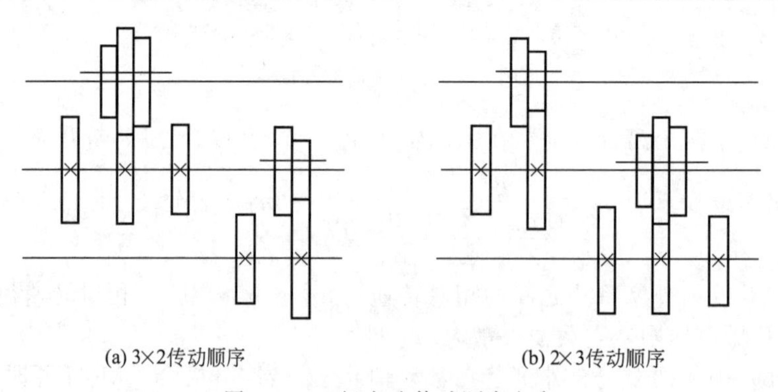
(a) 3×2传动顺序　　(b) 2×3传动顺序

图 3-20　6 级变速传动顺序方案

对于降速传动链，传动顺序应“前多后少”，使位于高速轴的传动构件多些，这对于节省材料，减小变速箱的尺寸和重量都是有利的。

② 确定变速顺序　变速顺序是指基本组和扩大组的排列顺序。任何一个变速组中，相邻两个传动比的比值叫做级比。级比以 φ^a 形式表示，φ 为输出轴转速数列公比，a 为级比指数。

假如有一个变速组的级比与输出轴转速数列的公比相同，即级比指数 $a=1$，则不论它处在传动顺序的前边还是后边，都称为基本变速组，简称基本组。如图 3-21 所示的轴Ⅰ-Ⅱ之间是一个三联齿轮变速组，3 个传动比为 $i_1=\varphi$，$i_2=1$，$i_3=1/\varphi$，该变速组的级比为 φ，即 $i_1:i_2:i_3=\varphi^2:\varphi:1$，级数指数为 1，所以它是基本组。

假如一个变速组的级比指数等于基本组的传动副数，称它为扩大组。如图 3-21 所示的轴Ⅱ-Ⅲ之间是一个二联齿轮变速组，两个传动比为 $i_1'=\varphi^3$，$i_2'=1$，该变速组的级比为 φ^3，即 $i_1':i_2'=\varphi^3:1$，级比指数等于 3，与基本组传动副数相等，所以它是扩大组。

为了使轴Ⅲ得到按 n_1、n_2、$n_3 \cdots n_z$ 排列的等比级数转速数列，首先使扩大组的齿轮处于 i_1' 啮合，改变基本组齿轮的啮合位置由 $i_1 \rightarrow i_2 \rightarrow i_3$，轴Ⅲ就可依次得到 n_1、n_2、n_3，由于这 3 个转速在转速图上各相邻一格，所以基本组的各个传动比在转速图上也必定相邻一格；然后使扩大组齿轮位于 i_2' 啮合，重复基本组齿轮的啮合顺序，轴Ⅲ便得到 n_4、n_5 和 n_6 各级转速。基本组为三联齿轮变速组时，扩大组的两个传动比在转速图上必须相邻三格，否则轴Ⅲ转速就会出现空挡或重复，如图 3-22 所示。

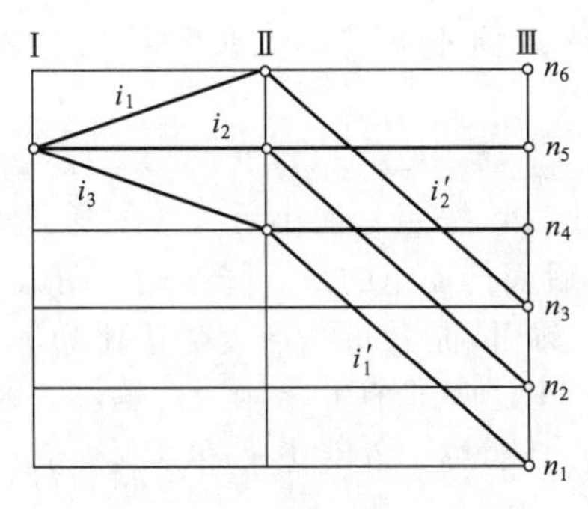

图 3-21　基本组和扩大组

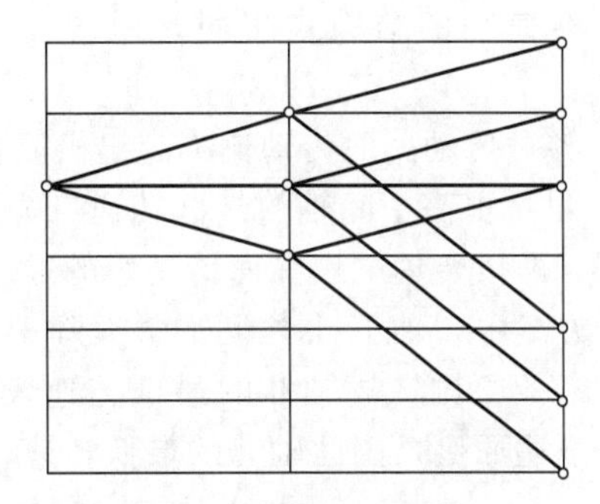
图 3-22　有空挡的转速图

转速图上各个变速组的传动比分布规律可以用结构式表示，图 3-22 所示的结构式为：

$$6=3_1 \times 2_3$$

结构式中代表变速组变速级数字的顺序表示传动顺序，变速级数的下标数字为该变速组的级比指数，表示变速顺序。

对于 6 级变速的传动系统，可以有四种结构式方案，即

$$6=3_1 \times 2_3 \quad 6=3_2 \times 2_1$$

$$6=2_1 \times 3_2 \quad 6=2_3 \times 3_1$$

相应的转速图如图 3-23 所示。

在确定变速顺序时，一般应采用基本组在前、扩大组在后的方案。其优点是可以提高中间轴的最低转速或降低中间轴的最高转速。例如图 3-23 所示的四个方案中，轴Ⅰ、轴Ⅲ的转速都相同，但轴Ⅱ的转速都各不相同。图 3-23（a）方案中基本组在前，轴Ⅱ的 3 个转速靠近，最低转速为 n_3。图 3-23（b）方案中扩大组在前，使轴Ⅱ的 3 个转速拉开，最低转速

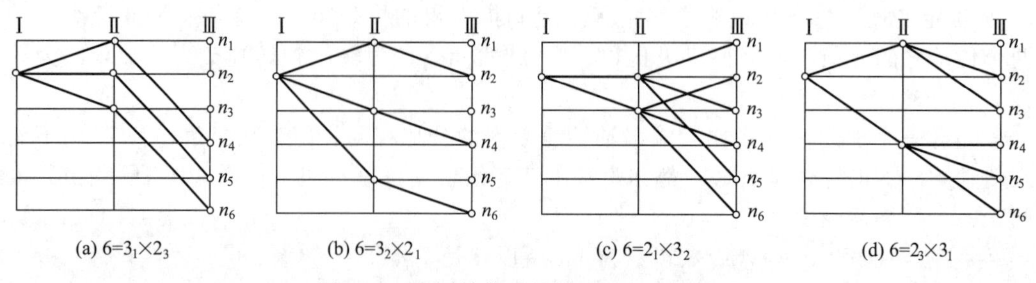

(a) $6=3_1\times2_3$　(b) $6=3_2\times2_1$　(c) $6=2_1\times3_2$　(d) $6=2_3\times3_1$

图 3-23　不同结构式的转速图方案比较

为 n_5。图 3-23（c）和图 3-23（d）方案比较，图 3-23（d）方案扩大组在前，使轴Ⅱ的最低转速低于图 3-23（c）方案，而最高转速又高于图 3-23（c）方案。因此四个方案中，以图 3-23（a）的方案最好。

一个传动构件在多种转速下运行时，通常根据低转速进行强度或刚度计算，因为这时传动构件承受的转矩较大；根据高转速选择齿轮、轴承等传动零件的精度等级，因为转速高引起的噪声大，必须相应提高传动零件的制造精度。

③ 确定各变速组的传动比　对应一个结构式可以有多个转速图方案，因为结构式只能表示传动顺序和变速顺序，但不能确定各个变速组传动比的具体数值。例如图3-24所示的两个转速图中，基本组的传动比都相邻一格，扩大组的两个传动比都相邻三格，这两个转速图的结构式相同，但各变速组传动比的数值不同。确定传动比时应考虑以下几点：

a. 各对传动副的传动比不超出极限传动比，即 $i_{max}\leqslant4$，$i_{min}\geqslant(1/2\sim1/2.5)$。

b. 尽量提高中间轴的最低转速。分配降速传动比时，按照“前小后大”的递降原则较为有利，即按传动顺序前面传动组的最大降速比小于后面传动组的最大降速比。图 3-24（a）所示的方案中，轴Ⅰ-Ⅱ之间的最大降速比为 $i_1=\varphi$，轴Ⅱ-Ⅲ之间的最大降速比为 $i'_1=\varphi^3$，符合 $i_1<i'_1$ 原则，故轴Ⅱ的最低转速较高。图 3-24（b）所示的方案中，$i_1=\varphi^3$，$i'_1=\varphi$，不符合上述原则，因此轴Ⅱ的最低转速较低。所以图 3-24（a）方案优于图 3-24（b）方案。

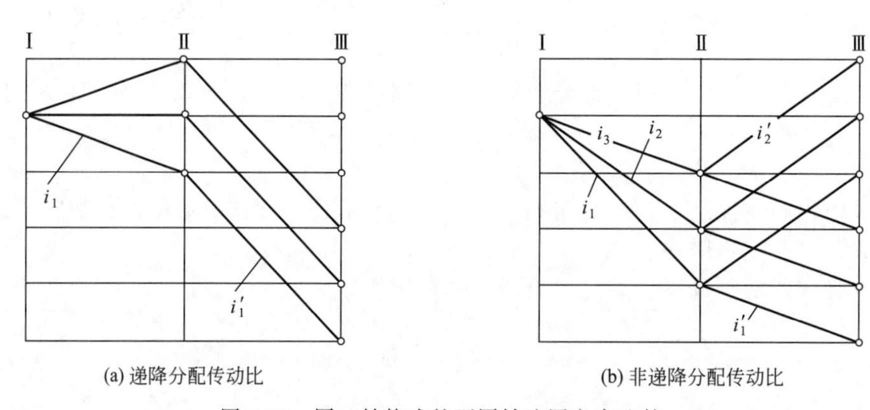

(a) 递降分配传动比　(b) 非递降分配传动比

图 3-24　同一结构式的不同转速图方案比较

c. 有利于降低噪声。分配传动比时应避免较大的升速传动，因为升速传动使传动误差扩大，并引起较大的啮合冲击和噪声。如果传动链的始端就采用较大的升速齿轮传动，则将使整个传动系统的噪声增大。

适当降低齿轮的圆周速度，也有利于降低噪声。

在满足机械运动要求的前提下，应尽量缩短传动链。因为缩短传动链不仅可以减少传动零件和简化结构，也可以减小传动零件的制造和安装累积误差，而且对减小传动链的转动惯量，从而改善传动系统的动力学性能都是有利的。对高速传动链更应尽量采用短的传动链。

（2）齿轮齿数的确定

转速图确定后，可以根据各对传动副的传动比值计算齿轮的齿数或带轮的直径。下面介绍变速组内齿轮齿数的确定方法。

同一变速组内的齿轮可取相同的模数，也可取不同的模数。为了便于制造，减少刀具品种，同一变速组的齿轮常取相同的模数。但是从齿轮的强度考虑，齿轮的模数应与其所承受的载荷相适应，载荷小的齿轮应取较小的模数。在满足齿面接触强度和轮齿弯曲强度的条件下，减小模数，增大齿数，有利于增加齿轮啮合的重合度和改善齿轮传动的平稳性，还可以减少轮齿切削的加工量和提高制造的经济性。

① 变速组内模数相同时齿数的确定　由于同一变速组内各对齿轮的中心距应相等，当模数相同时，若不采用变位齿轮，则各对齿轮的齿数和也应相等。降速传动时，齿数和应由最大降速比的一对齿轮副确定；升速传动时，应由最小升速比的一对齿轮副确定。确定齿数和时还应考虑不产生根切的最小齿数 $Z_{\min}$ 的限制。例如图 3-24（b）所示的三联齿轮组，若公比 $\varphi=1.41$，则三个传动比为 $i_1=\varphi^3=1.41^3=2.82$，$i_2=\varphi^2=2$，$i_3=1.41$。若取 $Z_{\min}=20$，显然最大降速比 $i_1=2.82$ 的被动齿轮的齿数最大，因而要求的齿数和也最大，由 $i_1=2.82=56/20$，得 $Z_\Sigma=56+20=76$。

根据齿数和 Z_Σ 及传动比 i 就可以用计算法或查表法确定各对齿轮副的齿数。表 3-1 中列出了传动比 $i=1\sim4.73$，齿数和 $Z_\Sigma=40\sim120$ 及相应的小齿轮齿数 Z_1。大齿轮的齿数等于齿数和减去表中小齿轮的齿数。

② 变速组内模数不同时齿数的确定　若一个变速组内采用两种不同模数 m_1 和 m_2，因各对齿轮副的中心距 a 必须相等，即

$$a=\frac{1}{2}m_1(Z_1+Z_1')=\frac{1}{2}m_1Z_{\Sigma_1}$$

$$a=\frac{1}{2}m_2(Z_2+Z_2')=\frac{1}{2}m_2Z_{\Sigma_2}$$

所以

$$m_1Z_{\Sigma_1}=m_2Z_{\Sigma_2}$$

或

$$\frac{Z_{\Sigma_1}}{Z_{\Sigma_2}}=\frac{m_2}{m_1}=\frac{e_2}{e_1}$$

$$Z_{\Sigma_1}=Ke_2,\ Z_{\Sigma_2}=Ke_1 \tag{3-11}$$

式中，e_1、e_2 为无公因数的整数，K 为整数。

在确定不同模数的齿轮齿数时，常需经过几次试算才能最后确定。首先确定变速组内不同的模数值 m_1 和 m_2，选择 K 值，计算各齿轮副的齿数和 Z_{Σ_1} 和 Z_{Σ_2}；再按齿轮副的传动比分配齿数。

③ 检查齿轮与轴是否干涉　传动系统中各个变速组的齿数都确定后，还应检查齿轮与轴是否相碰。如图 3-25 所示，为避免 Z_4 与轴Ⅰ相碰及 Z_1' 与轴Ⅲ相碰，要求

$$d_{a4}+d_1<2a_1' \tag{3-12}$$

$$d_{a1}'+d_3<2a_2' \tag{3-13}$$

式中　d_a——齿顶圆直径，mm；

d_1、d_3——轴Ⅰ与轴Ⅲ的直径，mm；

a'——齿轮啮合中心距，mm。

表 3-1 各种常用传动比的适用齿数

传动比＼齿数	40	41	42	43	44	45	46	47	48	49	50	51	52	53	54	55	56	57	58	59	60	61	62	63	64	65	66	67	68	69	70	71	72	73	74	75	76	77	78	79
1.00	20		21		22		23		24		25		26		27		28		29		30		31		32		33		34		35		36		37		38		39	
1.06		20		21		22		23									27		28		29		30		31		32		33		34		35		36		37		38	
1.12	19							22		23		24		25		26		27		28		29	29		30		31		32		33		34		35		36	36	37	37
1.19					20		21		22		23					25		26		27		28		29	29		30		31		32		33		34	34	35	35		36
1.26		18		19		20					22		23		24		25			26		27		28		29	29		30		31		32		33	33		34		35
1.33	17		18		19			20		21		22			23		24		25			26		27		28			29		30		31			32		33		34
1.41		17					19		20			21		22		23			24		25			26		27		28	28		29		30	30		31		32		33
1.50	16					18		19			20		21			22		23			24					26		27	27		28		29	29		30		31	31	
1.58		16			17					19			20		21			22		23	23		24			25		26			27		28	28		29		30	30	
1.68	15			16					18			19			20		21			22			23		24			25		26	26		27	27		28		29	29	
1.78			15					17			18			19			20		21			22			23			24		25	25		26			27			28	
1.88	14			15			16			17			18			19			20		21	21		22	22		23	23		24			25			26			27	
2.00			14			15			16			17			18			19			20			21			22			23			24			25			26	
2.11					14			15			16			17			18			19			20			21	21		22	22		23	23		24	24			25	
2.24			13			14				15			16			17			18			19	19			20			21			22	22		23	23		24	24	
2.37					13			14				15			16			17				18			19			20	20			21			22			23	23	
2.51			12				13			14				15			16				17			18			19	19			20	20		21	21			22	22	
2.66					12				13			14				15			16	16			17				18			19	19			20	20			21		
2.82																						16				17			18	18			19	19			20	20		
2.99									12				13				14				15				16			17	17			18	18			19	19			20
3.16																											16	16			17	17				18				19
3.35																														16	16				17				18	18
3.55																																	16	16				17	17	
3.76																																15	15				16	16		

续表

传动比＼齿数	80	81	82	83	84	85	86	87	88	89	90	91	92	93	94	95	96	97	98	99	100	101	102	103	104	105	106	107	108	109	110	111	112	113	114	115	116	117	118	119	120
1.00	40		41		42		43		44		45		46		47		48	49	49	50	50	51	51	52	52	53	53	54	54	55	55	56	56	57	57	58	58	59	59	60	60
1.06	39		40	40	41	41	42	42	43	43	44	44	45	45	46	46	47	47		48		49		50		51		52		53	53	54	54	55	55	56	56	57	57	58	58
1.12	38	38		39		40		41		42		43	43	44	44	45	45	46	46	47	47		48		49		50		51	51	52	52	53	53	54	54	55	55	56	56	57
1.19		37		38		39	39	40	40	41	41		42		43		44	44	45	45	46	46		47		48		49	49	50	50	51	51	52	52		53		54	54	55
1.26		36	36	37	37		38		39		40	40	41	41		42		43		44	44	45	45		46		47	47	48	48	49	49	50	50		51	51	52	52	53	53
1.33	34	35	35		36		37	37	38	38		39		40	40	41	41		42		43	43	44	44		45		46	46	47	47		48	48	49	49	50	50	51	51	52
1.41	33		34		35	35		36		37	37	38	38		39		40	40		41		42	42	43	43		44	44	45	45	46	46		47	47	48	48		49	49	50
1.50	32		33	33		34		35	35		36		37	37	38	38		39	39	40	40		41	41	42	42		43	43	44	44		45	45	46	46		47	47	48	48
1.58	31		32	32		33	33		34		35	35		36		37	37		38	38	39	39		40	40	41	41	41	42	42		43	43	44	44		45	45	46	46	46
1.68	30	30		31		32	32		33	33		34		35	35		36	36		37	37	38	38		39	39		40	40	41	41		42	42		43	43	44	44	44	45
1.78	29	29		30	30		31			32		33	33		34	34		35	35		36	36	37	37		38	38		39	39		40	40	41	41	41	42	42		43	43
1.88	28	28		29	29		30	30		31	31		32	32		33	33		34	34	35	35		36	36		37	37		38	38		39	39		40	40		41	41	42
2.00		27			28		29	29		30	30		31	31		32	32		33	33		34	34		35	35		36	36		37	37	37	38	38	38	39	39	39	40	40
2.11		26			27			28	28		29	29		30	30		31	31		32	32		33	33		34	34		35	35	35	36	36	36		37	37		38	38	
2.24		25			26	26		27	27		28	28		29	29			30	30		31	31		32	32		33	33	33	34	34	34		35	35		36	36		37	37
2.37		24			25	25		26	26			27	27		28	28		29	29			30	30		31	31		32	32	32		33	33		34	34		35	35	35	
2.51	23	23			24	24		25	25			26	26		27	27			28	28		29	29			30	30		31	31	31		32	32		33	33	33		34	34
2.66	22	22			23	23		24	24			25	25			26	26		27	27			28	28		29	29	29		30	30	30		31	31		32	32	32		33
2.82	21	21			22			23	23			24	24			25	25			26	26		27	27	27		28	28	28		29	29	29		30	30			31	31	
2.99	20			21	21			22	22			23	23			24	24			25	25			26	26	26		27	27			28	28			29	29			30	30
3.16	19			20	20			21	21			22	22			23	23			24	24	24		25	25	25		26	26	26			27	27			28	28			29
3.35			19	19			20	20	20			21	21			22	22			23	23	23			24	24			25	25	25		26	26	26			27	27		
3.55		18	18	18			19	19			20	20	20			21	21			22	22	22			23	23	23		24	24	24			25	25	25		26	26	26	
3.76	17	17				18	18				19	19				20	20			21	21	21			22	22	22		23	23	23			24	24	24			25	25	25
3.98	16	16			17	17	17			18	18	18			19	19	19			20	20	20		21	21	21	21		22	22	22	22		23	23	23	23		24	24	24
4.22				16	16				17	17	17			18	18	18			19	19	19			20	20	20	20		21	21	21	21		22	22	22	22			23	23
4.47		15	15	15				16	16				17	17	17			18	18	18	18			19	19				20	20	20	20		21	21	21	21			22	22
4.73	14	14				15	15	15				16	16	16			17	17	17	17			18	18	18				19	19	19			20	20	20	20			21	21

(3) 计算转速及其确定方法

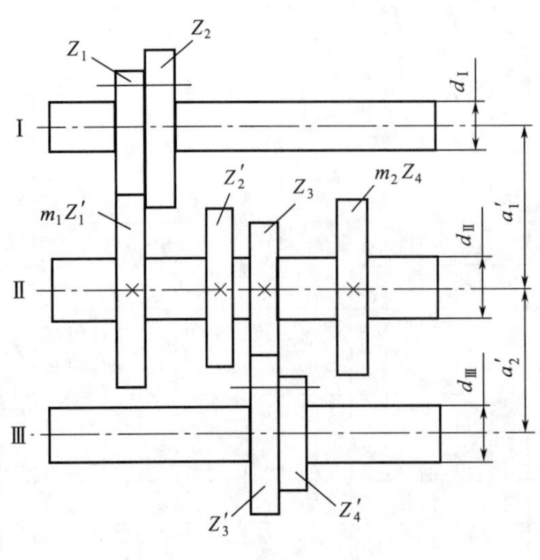

图 3-25 避免齿轮与轴相碰

为了保证传动系统零件的强度和寿命，应根据传动零件工作时的最大负载转矩进行承载能力计算。

对于恒转矩负载特性的机械，应由工作机械的转矩负载特性 $M_{\mathrm{L}}=f(t)$ 或 $M_{\mathrm{L}}=f(s)$ 确定各传动零件的最大负载转矩，或者根据工作机械的功率负载特性 $P_{\mathrm{L}}=f(t)$ 及 $M=9549P/n$ 的关系确定最大负载转矩。

在设计可调传动比的传动系统时，尤其是变速级数较多的传动系统，应根据包装机械的工作特点进行具体分析，确定传动零件的最大负载转矩。不少包装机械已有设计规范和方法，设计时应参照采用。对于有些包装机械，往往会出现在低速工作时，动力机处于欠负荷状态下运行，只有当工作转速达到某一值以上，才有可能使动力机达到满负荷运行。因此，应按能传递动力机全部功率时各级转速中的最低转速计算传动零件的最大负载转矩。通常把传递动力机全部功率时的最低转速，称为该传动零件的计算转速 n_{ca}。

根据调查分析和测定，该类包装机械传动主轴的计算转速为：

$$n_{\mathrm{ca}}=n_{\min}\varphi^{\left(\frac{Z}{3}-1\right)} \tag{3-14}$$

式中 $n_{\min}$——主轴的最低转速；

φ——主轴各级转速的公比；

Z——主轴转速的级数。

式(3-14) 表示，如把主轴的全部转速级数 Z 分成三等分，则从低速起的第一个三分之一转速级数中的最高一级转速作为主轴的计算转速。从计算转速开始的以上各级转速都能传递动力机的全部功率，低于计算转速的各级转速都不能传递动力机的全部功率。

传动系统中其余中间传动零件的计算转速为能实现传递动力机全部功率的各级转速中的最低转速。

3.4 无级变速传动系统设计

为了使包装机械尽可能以最佳方式工作，现代技术要求原动机和执行机构之间能实现无级调速。无级变速器具有主动和从动两根轴，并通过能传递扭矩的中间介质（固体、流体、电磁流）把两根轴直接或间接地联系起来，以传递运动和动力。当对主、从动轴之间的联系关系进行控制时，即可使两轴间的传动比发生变化（在两极值范围内连续而任意地变化）。用固体作为中间介质的变速器称为机械无级变速器。它和定传动比传动及有级变速传动相比，能够根据工作需要，在一定范围内连续变换速度，以适应输出转速和外界负荷变化的要求，因而在现代机械传动领域内获得广泛的应用。

3.4.1 无级变（调）速传动的分类、特点和应用

无级变速传动的分类如图 3-26 所示。

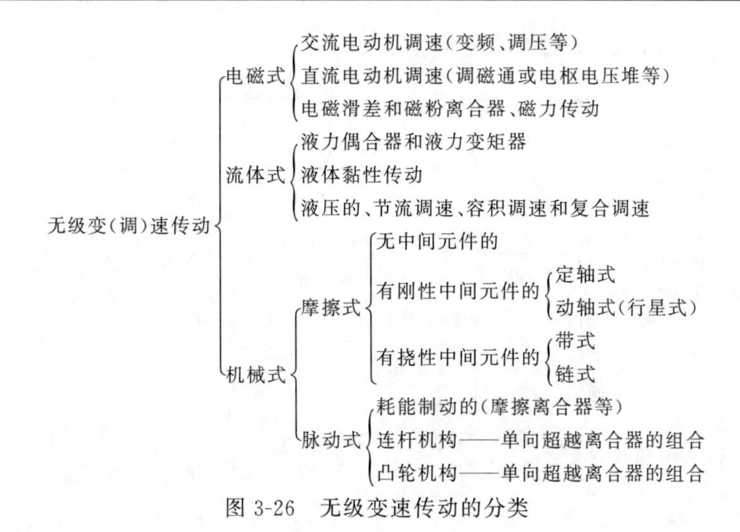

图 3-26　无级变速传动的分类

机械无级变速传动的特点和应用见表 3-2。

表 3-2　机械无级变速传动的特点和应用

<table>
<tr><td colspan="2" rowspan="3">型式</td><td colspan="4">定轴式</td><td rowspan="3">动轴式</td><td rowspan="3">脉动式</td><td rowspan="3">制动耗能(滑差)式</td></tr>
<tr><td colspan="2">无中间体的</td><td colspan="2">有中间体的</td></tr>
<tr><td>改变主动轮工作直径</td><td>改变从动轮工作直径</td><td>同时改变主、从动轮工作直径</td><td>改变中间滚动体工作直径</td></tr>
<tr><td colspan="2">传动原理</td><td colspan="4">多借摩擦力传动,改变传动构件的长度(工作直径)比例进行变速</td><td>基本原理和定轴式相同,并利用行星摩擦传动原理</td><td>用棘轮或单向超越离合器将可调幅的中间摆动件变为单向的脉动输出
传动能力受超越离合器的限制</td><td>借改变制动力进行耗能来实现变速</td></tr>
<tr><td colspan="2">特点</td><td colspan="4">结构简单,可制成系列化的独立部件,适应性强,维护方便;
滑动率 $\varepsilon<3\%\sim5\%$,在实现恒功率变速方面比电力、流体无级调速好
除少数可在停车时变速外,均需在运行时变速,对材料、热处理、加工精度、润滑油的要求高,适于中、小功率传动</td><td>在零转速附近,机械特性差,滑动率 $\varepsilon<7\%\sim10\%$,可扩大传递功率和变速范围</td><td>输出为不等速的旋转运动,变速稳定,适于中、低速小功率传动</td><td>结构简单、效率低、寿命短、变速不稳定</td></tr>
<tr><td rowspan="3">运动特征</td><td>R_b</td><td>3～5</td><td><3</td><td><16 (25)</td><td><17 (20)</td><td><10</td><td>>6</td><td></td></tr>
<tr><td>升、降速</td><td colspan="4">升、降</td><td colspan="3">降</td></tr>
<tr><td>反转</td><td>√</td><td>√</td><td>×</td><td>×</td><td>√</td><td>×</td><td></td></tr>
<tr><td rowspan="2">动力参数</td><td>P_{max}/kW</td><td><10</td><td>多盘式达 300</td><td>10</td><td>10</td><td>75</td><td></td><td></td></tr>
<tr><td>η</td><td>0.50</td><td>～0.85</td><td>0.75～0.93</td><td>0.6～0.80</td><td>0.20～0.85</td><td></td><td></td></tr>
</table>

注:√表示能反转;×表示不能反转。

流体无级调速传动的特点和应用见表3-3。

表3-3 流体无级调速传动的特点和应用

型式		阀控式	泵控式	阀泵控联合调速	调速型液力偶合器	液力变矩器
传动原理		用阀改变流体(液、气)进出口流量进行调速	改变泵的有效工作容积进行调速	阀控泵控两类调速联合应用	改变喷嘴阀门的开度或改变导管的位置,以改变工作腔的充油量进行调速	改变叶片角度、充油量或泵轮转速进行调速
特点		结构简单,成本低 速度随载荷变化,效率低,温升高,有噪声	效率较高,功率使用合理,结构较复杂,成本较高,有噪声(高压时尤甚)	效率较高,温升较低,有噪声	快速性好,易于自动化调速;有吸振和缓冲作用	
运动特征	R_b	5～50 (100)	4～40 (100)	5～50 (100)	3～10 (14)	0～全速 高效区2～3
	升、降速	降				
	反转	×	√	×	×	×
动力参数	P_{max}/kW	10	550	50	10000	3000
	η	0.20～0.65	0.80～0.90	0.40～0.80	～0.96	～0.87
	机械特性	较硬	$n \approx C$ 硬	较硬	较硬	软

电力无级调速传动的特点和应用见表3-4。

表3-4 电力无级调速传动的特点和应用

型式		传动原理	特点	运动特征			动力参数	
				R_b	升、降速	反转	P_{max}	机械特性
直流传动	改变磁通调速	在励磁回路中串入电阻或并入分路电阻,或改变励磁供电电压,以减弱磁通进行调速	调速性能好,采用可控硅整流线路可节约大量有色金属,效率高,体积小,噪声低;采用有放大器(如磁放大器、运算放大器等)的负反馈控制系统可大大提高调速精度和机械特性;采用电子线路控制的宽调速直流伺服电机调速,调速范围可达2×10^4 设备复杂,成本高,维护困难;采用机组供电时,效率低,体积大,噪声大	1.5～2	升	√	$P \approx C$	
	改变电枢电压调速	用可调电压的直流电源,改变电枢电压进行调速		2.5～12	降	√		较硬
	复合调速	上述两种调速方式的结合,基速下采用调压,基速上采用调磁		10～40	升、降	√		

续表

<table>
<tr><th colspan="2" rowspan="2">型式</th><th rowspan="2">传动原理</th><th rowspan="2">特点</th><th colspan="3">运动特征</th><th colspan="2">动力参数</th></tr>
<tr><th>R_b</th><th>升、降速</th><th>反转</th><th>P_{max}</th><th>机械特性</th></tr>
<tr><td rowspan="6">交流传动</td><td>电磁滑差离合器调速</td><td>在异步电动机与工作机间，加一电磁滑差离合器，改变其励磁电流来调速，常用测速反馈稳定其转速</td><td>结构简单，成本低；工作平稳，能吸振，寿命长，操纵容易，维护简便
滑动量大时，效率低，需有良好的冷却与密封装置，无制动力矩</td><td>3～10</td><td>降</td><td>×</td><td>160</td><td>$T \approx C$
自然特性较软，测速反馈后得硬特性</td></tr>
<tr><td>调压调速</td><td>改变调压电动机或线绕型异步电动机的供电电压来调速，需用测速反馈稳定其转速</td><td>设备较简单，成本较低，能实现四象限运行，快速性好，效率与转速成正比，低速时效率低；轻载时失控</td><td>10</td><td>升、降</td><td>√</td><td>100</td><td></td></tr>
<tr><td>串级调速</td><td>在线绕型异步电动机转子回路中，接入一反电势（可控硅逆变器或辅助机），改变反电势大小进行调速</td><td>传动效率较高，一般只在第一象限工作，否则装置很复杂。功率因数较低，维护较难</td><td>2～4</td><td>降</td><td>×</td><td>2500</td><td>较硬</td></tr>
<tr><td>变频调速</td><td>用可控硅变频装置、变频机组或离子交换器得到的变频电源，向交流电机供电，通过变频调速</td><td>能实现四象限运行，效率较高。装置复杂，对元件的动态参数要求高，成本高，维护较难</td><td>10～12</td><td>升、降</td><td>√</td><td>2000</td><td>硬</td></tr>
<tr><td>换向器电动机</td><td>移动电刷调压调速</td><td></td><td>3～4</td><td>升、降</td><td></td><td></td><td>$T=C$</td></tr>
<tr><td>无换向器电动机</td><td>利用载荷反电势换流的变频线路，控制可控硅装置，改变其导电相位实现调速。一般都加测速反馈稳定其转速</td><td>能实现四象限运行，调速范围宽，效率高
装置较复杂，低速时转矩有脉动，过载能力低</td><td>10</td><td></td><td>√</td><td></td><td>$T=C$
测速，反馈后得硬特性</td></tr>
</table>

3.4.2 摩擦式无级变速传动的组成与传动原理

摩擦变速传动是利用主动构件与从动构件接触处的摩擦力，将运动和扭矩由主动构件传递给从动构件，并通过改变主、从动件的相对位置以改变接触处的工作半径来实现无级变速的。

(1) 摩擦无级变速传动的组成

① 摩擦变速机构，利用摩擦力来传动，而主、从动件间的尺寸比例可以改变并进行变速。

② 加压装置，为了保证在接触区产生一定的摩擦力，而使各传动构件彼此压紧。

③ 调速控制机构，变速时用来改变传动构件的相对位置，以调节传动件间的尺寸比例关系和传动比。

(2) 摩擦式变速器的传动原理

如图3-27所示，其主、从动轮1和2组成摩擦变速机构；弹簧3与凸轮4和5组成加压装置；调速控制机构则由螺杆6、螺母7和拨叉8组成。

设轮1、2作无滑动传动时的角速度和转速分别为ω_1、n_1和ω_{02}、n_{02}，n_2为轮2的实际工作转速，传动比为i_{21}^*，则由轮1、2上的接触点A处的线速度v相等的条件，有：

$$v=R_1\cdot\omega_1=\frac{2\pi R_1\cdot n_1}{60\times1000}=R_2\cdot\omega_{02}$$
$$=\frac{2\pi R_2\cdot n_{02}}{60\times1000}\quad(\mathrm{m/s})$$

由此得：

$$n_{02}=\frac{R_1\cdot n_1}{R_2}$$

$$i_{21}^{*}=\frac{\omega_{02}}{\omega_1}=\frac{n_{02}}{n_1}=\frac{R_1}{R_2}\tag{3-15}$$

式中，R_1、R_2为轮 1 和轮 2 的工作半径。

由上式可知，要改变传动比实现无级变速，必须连续地改变R_1与R_2。例如，轮 1 驱动轮 2 旋转，又沿轮 2 的母线$A'A''$移动至A'位置时，$R_2=R_{2\min}$，而R_1不变，所以轮 2 输出转速$n_{02}=n_{02\max}$；相反，轮 1 移至A''位置时，$R_2=R_{2\max}$，$n_{02}=n_{02\min}$。因此，适当地改变轮 1 的位置，可得介于这两个极限转速间的任一种输出转速。

3.4.3 机械无级变速器的实例

（1）多盘式无级变速器

多盘式变速器是用途广泛的一种变速器。按接触型式可分为两种：外接式［图 3-28(a)］、内接式［图 3-28(b)］。其中以外接式使用较多。

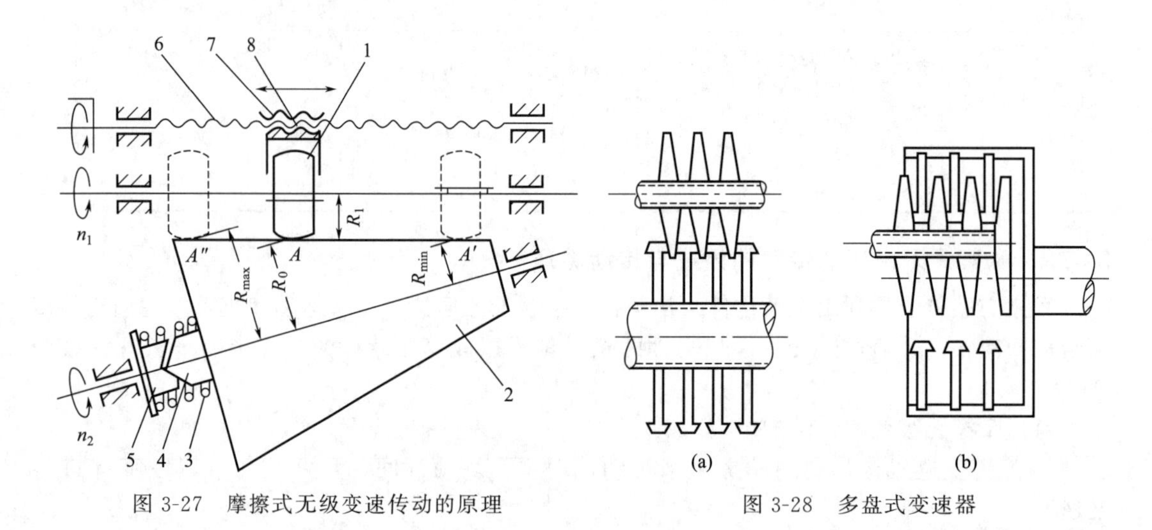

图 3-27 摩擦式无级变速传动的原理

图 3-28 多盘式变速器

图 3-29 是大变速范围型多盘变速器的结构，实际上是两级无级变速，预压弹簧 2 和 6 分别压紧第一级和第二级摩擦盘，动力由输入轴 1 经输入侧自动加压装置传给锥盘 4，靠摩擦力带动 T 形盘 12 和中间轴 9，然后再由锥盘 10 传动 T 形盘 5，经输出侧自动加压装置 7 将动力传给输出轴 8。调速时，转动螺母使螺杆 11 移动，以改变轴 9 与轴 1、8 间的中心距，从而实现变速。其变速范围通常为 10～12。

（2）齿链式无级变速器

P 型齿链式无级变速器是依靠链条和链轮之间的啮合力和摩擦力传递动力的（图 3-30）。它是由一对伞状的主动链轮和一对同样的从动链轮所组成，在主动链轮与从动链轮之间借助

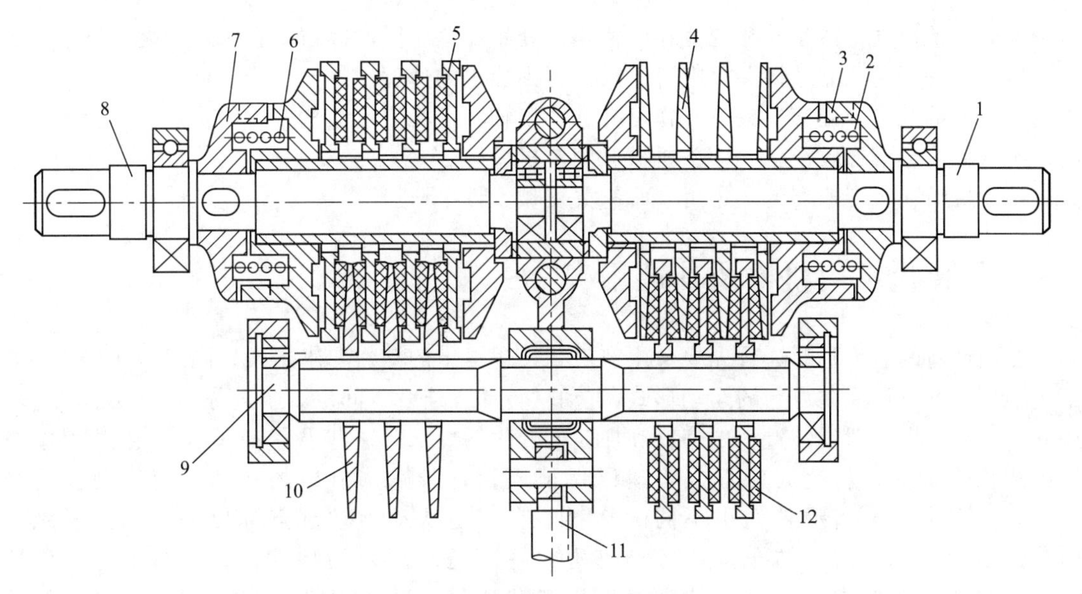

图 3-29　大变速范围型多盘变速器

1—输入轴；2,6—预压弹簧；3,7—自动加压装置；4,10—锥盘；
5,12—T 形盘；8—输出轴；9—中间轴；11—调速螺杆

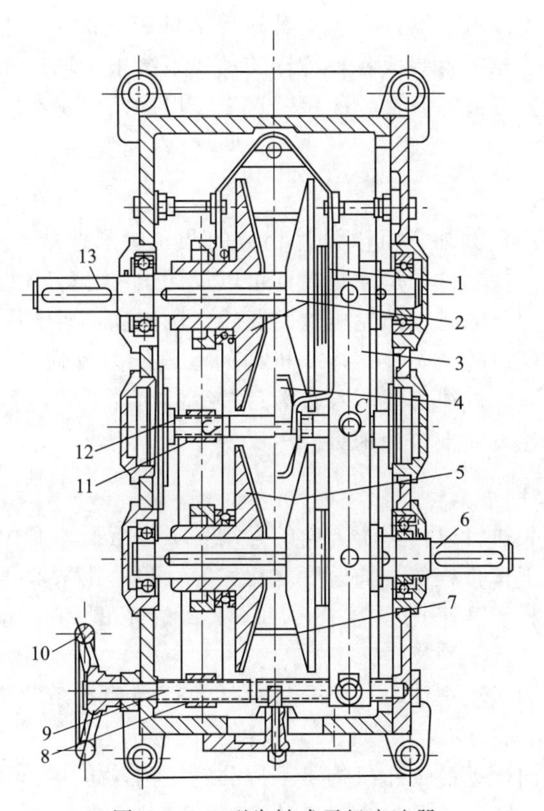

图 3-30　P 型齿链式无级变速器

1—加压框架；2,5—主、从动链轮；3—调速杠杆；4—压靴；6,13—输入、输出轴；
7—滑片链；8,9—调速螺母及丝杠；10—调速手轮；11,12—张链丝杠及螺母

于特殊的链条拖动，链条与链轮能在任何半径处相啮合，同时链条也在一对轮之间楔紧。因此，传动的特征是既靠摩擦又靠啮合，故能得到稳定的速比。

这种齿链式无级变速器具有工作可靠、输出轴转速稳定、结构紧凑的优点。广泛用于合成纤维设备、合成橡胶设备、印染机械、塑料机械等。

各类机械无级变速器的选用可参阅有关机械设计手册。

3.5 包装机常用机构及其选用

在设计新的包装机时，首先要从生产工艺过程提出的动作要求出发。同时，在分析包装工艺动作时，不但要注意它的运动形式(直动、转动、连续、间歇、步进等)，更要注意它的运动规律和特点，即运转过程中速度和加速度变化的要求。这些要求有些是工艺过程本身提出来的，例如送料运动要近似等速以保证质量；若筛选机械的运动加速度规律选择不当，可能无法分离颗粒大小不同的物料。有些是从动力学观点提出的，如为了减小运转过程中的动载荷。结合上述各种机构的基本运动规律的特性值，认真地分析已选定符合包装工艺要求的运动规律，对保证工艺质量，减小机器的尺寸和重量，降低功率消耗都有重要意义。总之，在搞清楚工艺动作具体要求的基础上，才能合理地选取机构类型和设计尺寸参数。

在包装机械中大量采用凸轮机构、连杆机构等来实现各种复杂的运动要求。但这些复杂的运动要求，也可以采用以电子器件和步进马达等部件组成的电子控制系统，或采用液压、气压传动以及它们和电控相配合组成各种各样的动作系统来实现。在具体条件下，究竟选择哪一种机构类型，要从多方面综合比较决定。这里，提出几个基本的原则进行介绍，供设计时参考。

3.5.1 凸轮机构

凸轮机构有很多优点，例如它可以设计相应的凸轮轮廓曲线，来达到从动件的运动规律；可以变换凸轮来改变从动件的运动规律；可以设计出尺寸较小的机构；在包装机械中使各机构间运动易于协调等。但是，凸轮机构的凸轮在制造和调整方面精度要求较高，其轮廓线磨损之后会影响运动规律的准确性；连杆机构的承载能力较强，制造容易，运转精度高、平稳可靠，对于无停留运动规律等限制参数数目较少的情况下，应尽量采用。但连杆机构要实现预期的运动规律，在设计上较为困难。

3.5.2 机构的工作行程

在很多情况下，包装执行机构一个方向的运动是工作行程，而相反方向的运动为空回行程。从动件空回行程与工作行程的平均速度之比称为行程速比系数。一般曲柄滑块机构及铰链四连杆机构的从动件行程速比系数在 0.8～1.2 的范围内，而曲柄导杆机构则可达 0.6～1.7。

为获得无停顿双向的运动规律，并要求从动件的行程速比系数小于 0.6 或大于 1.7 时，一般使用凸轮机构为宜。

具有一次停顿，双向运动的工作机构可采用凸轮机构，也可采用连杆机构。但采用连杆机构来实现双向运动时，其缺点是较难保证从动件的已知运动规律并限制其最大速度、加速度等附加条件。

带有两次或两次以上停顿的双向运动规律，其运动与静止时期任意重复时，以及在不同时期中，从动件具有不同的位移值时，一般采用凸轮机构。

3.5.3　基本机构的组合

利用基本机构作为传动机构和执行机构虽然可以满足生产中提出的多种运动要求，但随着生产的发展，单一的基本机构常常有其固有的局限性而无法满足多方面的要求。如单一的凸轮机构一般不能实现从动件具有一定运动规律的整周转动，连杆机构无法实现从动件精确的长时间停顿和产生任意形状的轨迹；而齿轮机构（圆形齿轮和非圆齿轮）只能实现一定规律的连续转动或移动；步进运动机构只能实现单向步进运动。因此，为了满足生产上提出的某些特殊要求和提高包装机械的自动化程度，可以采用由几种基本机构组合而成的组合机构。

3.5.4　运动机构的简单化

完成同样的运动要求，应该采用构件数目和运动副数目最少的机构。减少构件和运动副的数目，可以简化机器的构造，降低制造费用，减轻机器重量。此外，可以减少由于各种零件制造误差而形成的运动链的累积误差，从而改善零件加工的工艺性和增强工作可靠性。减少构件数目也有利于提高传动系统的刚度。

改变原动件的驱动方式，有可能使机构简化。复杂机器的许多动作，由单级统一驱动改成多级分别驱动，虽然增加了原动机的数目和对电控部分的要求，但传动链却可以大为简化，功率消耗也可以减少。

在只要求实现简单的工作位置变换的机构中，利用气缸作原动件是很方便的。如图3-31(a)所示，要实现Ⅰ、Ⅱ两个工作位置的变换，如利用曲柄摇杆机构，往往要用电机带动一套减速装置驱动曲柄，为使曲柄停在要求的位置，还要有制动装置。如果改用气缸驱动，则结构将大为简化，如图3-31(b)所示。

在某些情况下，应用高副机构可能比低副机构的运动链简短。例如图3-32（a）所示的曲柄滑块机构和图3-32（b）的凸轮机构，其从动件的运动规律都是一样的，但凸轮机构的活动件数比前者减少了一个。

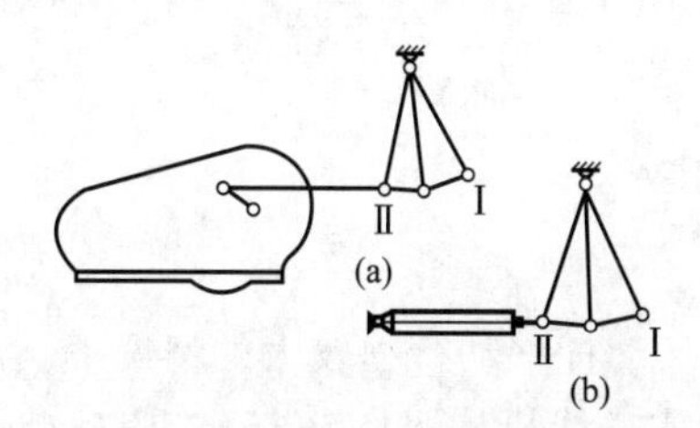

图3-31　摆杆机构方案比较

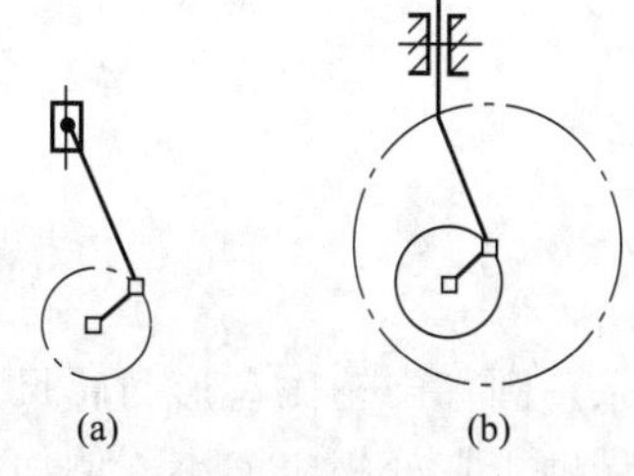

图3-32　低副机构与高副机构方案

但是，也不能说传动线路越简短就越好。例如图3-32（b）所示的高副机构其尺寸就比低副机构大，加工精度要求较高，而且高副机构的从动件回程运动规律有时取决于动力学因素，不是由几何约束决定的。在许多包装机器中，为了使操纵机构较集中，采用中间分配轴传动，这虽然使传动环节增加了，但从机器的整体工作考虑却有很多好处。因此要全面权衡利弊，选择出合理的机构方案。

3.5.5　缩小机构的尺寸

机器的尺寸和重量，随所选用的机构类型有较大差别。众所周知，在相同的运动参数下，谐波齿轮减速器或行星齿轮减速器的尺寸和重量比普通定轴齿轮减速器显著地减小。下面讨论在包装机械中常用的连杆机构和凸轮机构设计时如何缩小尺寸的问题。

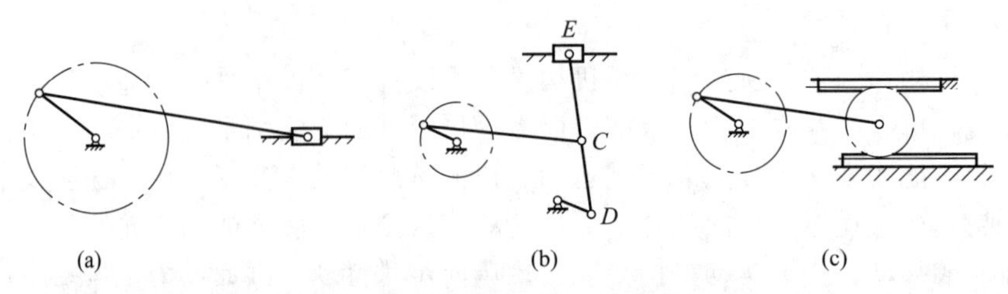

图 3-33 缩短曲柄长度的方案

假如驱动机器中某一构件作往复移动，通常可用曲柄滑块机构实现。如要求行程长度为 S，则曲柄长度应为 $S/2$，如图 3-33（a）所示。利用杠杆原理，可采用图 3-33（b）的方法，使 $\overline{DC} \approx \overline{CE}$，则 E 点的行程如为 S，C 点水平移动距离近于 $S/2$，而曲柄长度约为 $S/4$。连杆尺寸也相应减小。

为了同样目的也可把滑块换成一个活动齿轮。使它同时与一个固定齿条和一个活动齿条相啮合，曲柄长度也减少到 $S/4$，如图 3-33（c）所示。

活动齿轮倍增行程的原理，在包装自动生产线的运输装置中已广泛应用，见图 3-34（a）。图 3-34（b）为应用同样原理而制成的钢丝绳或链条驱动装置，油缸尺寸可以减小一半。

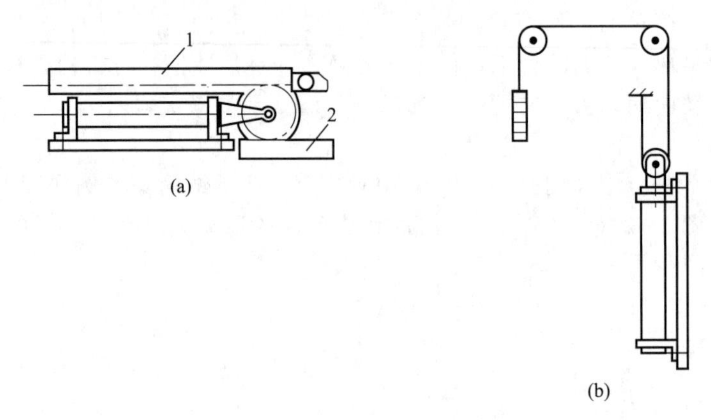

图 3-34 倍增行程的机构

1—滑动齿条；2—固定齿条

一般说来，圆柱凸轮比盘形凸轮尺寸紧凑，尤其是从动杆移动行程较大的情况下。凸轮的尺寸也可借助于杠杆相应缩小。例如家用缝纫机凸轮式挑线机构（图 3-35），圆柱凸轮推动往复摆动的挑线杆 OJ，由于 OJ 和 OK 杠杆的关系，使圆柱凸轮在较小的尺寸时，驱动挑线孔 K 按照设计的运动规律向机针和摆梭递送面线。

图 3-36 是一个回转导杆机构，曲柄 1 为输入件，凸轮装在导杆 2 的轴上。当曲柄顺时针转过 90°时，导杆转过 180°。这样，就相当于把凸轮的升程角扩大了一倍。凸轮转 180°过程中从动件移动 S 距离。在同样压力角的许用值下，凸轮的尺寸可以减小一半左右。

3.5.6 运动参数的动态变化

在有些包装机器的运转过程中，运动参数（如行程）需要随时间调节。调节机构的运动参数，在不同情况下有各种不同的方法，但一般地说，可以设计具有两个活动度的机构来实现。

两个活动度的机构有两个原动件，使其中的一个输入主运动——即驱动机构完成包装工

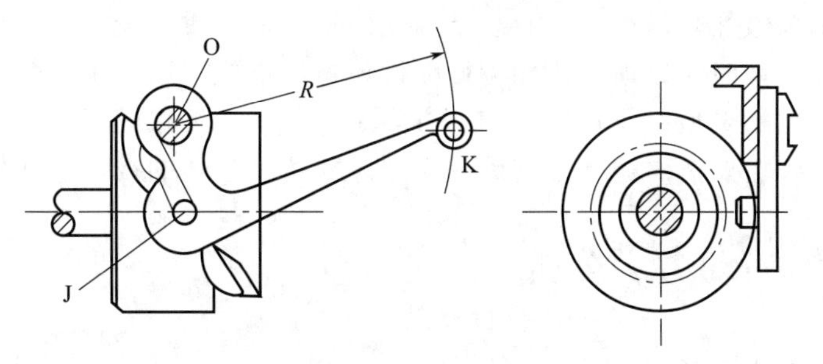

图 3-35　凸轮挑线机构

艺动作的运动，称为主原动件；使另一个为调节原动件，调节它的位置，就可使从动件运动参数改变。当调节到需要的位置后，它固定不动，则包装机器就成为一个活动度的系统，在主原动件的驱动下正常运转。

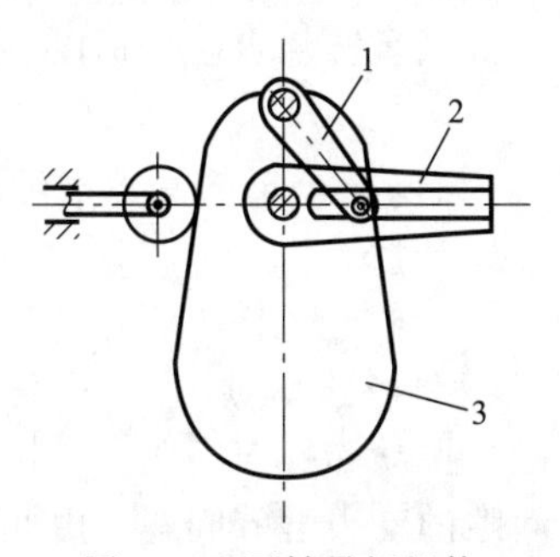

图 3-36　回转导杆机构

1—曲柄；2—导杆；3—凸轮

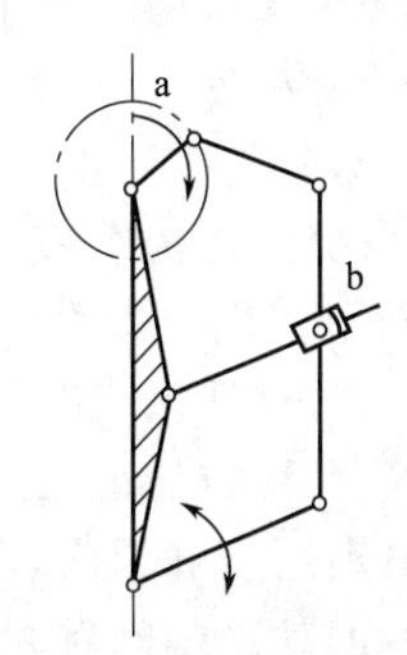

图 3-37　行程可调机构

图 3-37 所示的机构，a 是主原动件，b 为调节原动件，改变构件 b 的位置，摇杆的极限位置和摆角都会相应变化。调节适当之后，使 b 杆固定，整个机构就成为一个活动度的机构，这种调节可以在主原动件运转过程中进行。

3.5.7　消除运动副间的间隙

实践证明，除了各构件有关的尺寸精度之外，运动副中间隙的存在是影响机构运动精度和传动刚度的重要因素。因此在要求机构运动精度和传动刚度很高的条件下，在运动副的结构设计中，消除间隙是必须考虑的一个问题。

目前，转动副应用滚动轴承，通过预选滚球和轴承装配时带有预紧的方法，可以消除径向游隙，得以提高运动精度。用于移动副的典型组件为滚珠和直移型滚珠套。至于螺旋副方面，采用滚珠丝杠也可以精确地调整运动副间隙以提高运动精度。

3.5.8　各构件要有合理的传递力量

有些机构要在克服各种阻力下工作，各个构件都要传递力量，在外载荷一定的条件下，完成同样的动作要求，不同型式、尺寸参数的机构各个构件和运动副受力却不一定相同，原动机消耗功率的大小也可能不一样。要求达到有利的传动条件，主要是尽可能增大机构的传动角，对行程不大但克服工艺阻力很大的机构（如冲压机构）应用“增力”的方法，使其在近于回程死点位置工作。

机构中虚约束的存在，常常要求提高制造加工的精度，否则会造成过大的附加载荷。如多支点的轴，周转轮系中的中心轮和系杆等。在这种情况下，主要应合理设计运动副的结构，消除虚约束，例如适当地选用球面自位轴承，在行星轮系中应用各种均载办法等。

高速机构，如果做往复运动或平面复杂运动的构件惯性质量较大，或者转动构件有较大的偏心质量，则在设计时应考虑平衡和均衡惯性质量的措施，以减小运转过程中的动载荷。

总之，选择机构的类型以及拟定机构的方案是件复杂、细致的工作，要同时做一些运动学和动力学分析比较，要全面权衡其利弊得失，才能达到最佳的技术经济指标。

3.6 传动系统的动力学分析

3.6.1 动力学分析的任务

传动系统动力学主要研究系统所受的外力，系统的惯性参量及系统运动三者之间的关系。概括起来主要包括以下几个方面：

① 在传动系统给定运动和输出外力时，求解输入转矩和各运动副的动态静力；

② 在系统惯性变量已定的情况下，分析系统在外力（主要指驱动力和工作阻力）作用下，求解其真实运动规律。确定机械的启动、制动时间，机械运转稳定性分析以及系统工作过程中动载荷的分析；

③ 系统或系统中各构件惯性参量的合理设计。应用飞轮以减小机械稳定运转过程中的速度波动，或利用飞轮的惯性蓄能作用以减小动力机的容量；

④ 调节外力以保证系统的稳定运转；

⑤ 随着工业和科技的迅猛发展，机械功率、运行速度和自动化程度愈来愈高，动力学分析的内容也日渐增多和深入，如变质量机构动力学问题，振动和噪声问题，刚性和挠性转子以及平面机构的动平衡问题，考虑构件弹性和运动副间隙的动力学等问题，由此可见动力学涉及的问题是多方面的，而且比较复杂。

3.6.2 机械系统等效构件

作用在包装机械上的力一般作用在不同的构件上，如图 3-38 所示的曲柄压力机（可用作压盖）中，电动机的驱动转矩通过齿轮传动加到曲轴 4 上，而工作阻力则作用在滑块 2 上。研究外力作用下各构件运动时，分别对构件 2、3、4 取分离体，运用牛顿定律可对滑块列出 2 个、曲轴和连杆各列出 3 个共 8 个方程式。方程中包括作用在转动副及导路中的 7 个未知反力，加上 $\varphi_1(t)$ 共 8 个未知量。通过解 8 个联立方程式才能求出 $\varphi_1=\varphi_1(t)$，显然这是十分麻烦的。

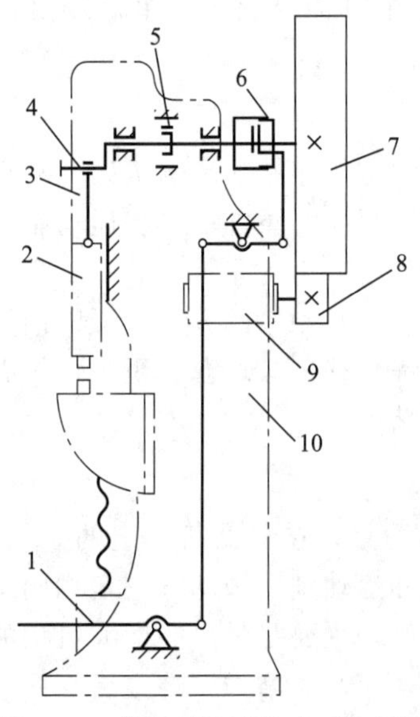

图 3-38 曲柄压力机传动系统简图
1—杠杆；2—滑块；3—连杆；4—曲轴；5—制动器；6—离合器；7,8—齿轮；9—电动机；10—机身

为简化计算，根据对单自由度机构中只要已知某一构件按给定的运动规律运动，便可求出任何其他构件的运动规律，从而了解整个机械系统的运转情况。因此，当研究机械系统运转情况时，实际上可不必对所有构件逐一加以分析，而只要确定其某一构件的运转情况就可以了。这一构件具有虚拟的惯性参量，此惯性参量与机械中所有运动构件的惯性参量动力学效应相当；此构件上作用一虚拟外力，此外力与机械中所有外力作用的动力学效应相同。这个构件的运动规律必与它在原系统中的运动规律相同，这个选定的构件称为等效构件。通过等效构件，可把一个复杂的机械系统简化成一个构件，

如果能用动力学方法求得等效构件的运动规律，则包装机械系统中所有其余构件的运动规律可以用动力学方法求出。

3.6.3　等效动力学模型

在把包装机械系统简化为等效动力学模型时，通常要忽略一些次要因素，作某些假设，如忽略构件的弹性，认为所有构件都是刚体；忽略运动副的间隙；在通常情况下，忽略运动副的摩擦等。根据一定的原则（如转化前后等效构件与原系统动能相等）来建立的数学模型就称为等效动力学模型。

为了便于计算，通常取只作直线移动或绕定轴转动的构件作等效构件，大多以主动构件为等效构件，它的位置参量（转角或位移）即为机构的广义坐标。作用在作直线移动的等效构件上的力为等效力，它具有的质量为等效质量。当取等效构件为绕定轴转动的构件时，作用在其上的力矩或转矩为等效力矩或等效转矩（为简便统称为力矩），它具有的转动惯量为等效转动惯量。

（1）等效力和等效力矩

根据作用在系统上所有外力和外力矩所作的元功之和与等效构件上等效力或等效力矩作的元功相等来求等效力或等效力矩，但为了方便起见可用功率来进行计算，即作用在系统上所有外力或外力矩在某瞬时功率的总和与等效力或等效力矩在同一瞬时的功率相等，其计算式为

$$F_e v=\sum_{i=1}^{n}F_i v_i \cos\alpha_i+\sum_{j=1}^{m}\pm M_j\omega_j \tag{3-16}$$

式中　F_e——等效力；

v——作用点的速度；

F_i——作用在各构件上的外力（$i=1,2,3,\cdots,n$）；

v_i——F_i作用点的速度；

α_i——F_i和v_i的夹角；

M_j——作用在各构件上的力矩（$j=1,2,3,\cdots,m$）；

ω_j——受力矩M_j作用构件j的角速度。当M_j和ω_j同方向时取“+”号，否则取“−”号。

通常为简化计算，总是取F_e的方向线与v的方向线重合。按式(3-16)计算出的F_e为正，表示F_e与v同向，反之亦然。

如果等效构件是绕定轴转动的构件，计算式为

$$M_e\omega=\sum_{i=1}^{n}F_i v_i \cos\alpha_i+\sum_{j=1}^{m}\pm M_j\omega_j \tag{3-17}$$

式中　M_e——作用在等效构件上的等效力矩；

ω——等效构件的角速度。

由式(3-16)和式(3-17)可知，等效力和等效力矩不仅与作用在系统上的外力、外力矩有关，而且还和各作用点的速度、各构件角速度与等效力作用点速度或等效构件角速度的比值有关。在单自由度的机构中，这些比值决定于广义坐标，即它们是等效构件的位置函数，而与机构的真实动作无关。所以可在不知道机构真实速度的情况下求出等效力和等效力矩。

（2）等效质量和等效转动惯量

根据等效构件所具有的动能和机构各构件具有动能之和相等来确定等效质量和等效转动惯量。作一般平面运动构件所具有的动能为

$$E_i=\frac{1}{2}J_{Si}\omega_i^2+\frac{1}{2}m_i v_{Si}^2 \tag{3-18}$$

式中 m_i——构件 i 的质量；

J_{Si}——构件 i 对其质心 S_i 的转动惯量；

ω_i——构件 i 的角速度；

v_{Si}——构件 i 质心 S_i 的速度。

若等效构件为移动运动，其等效质量为 m_e，速度为 v，则其动能的计算式为

$$E=\frac{1}{2}m_e v^2=\sum_{i=1}^{n}E_i=\sum_{i=1}^{n}\left(\frac{1}{2}m_i v_{Si}^2+\frac{1}{2}J_{Si}\omega_i^2\right) \tag{3-19}$$

如等效构件为绕定轴转动的构件，其角速度为 ω，则它对轴的等效转动惯量为 J_e，可得其动能的计算式为

$$\frac{1}{2}J_e\omega^2=\sum_{i=1}^{n}E_i=\sum_{i=1}^{n}\left(\frac{1}{2}m_i v_{Si}^2+\frac{1}{2}J_{Si}\omega_i^2\right) \tag{3-20}$$

3.6.4 运动方程式及其一般解法

（1）运动方程式

建立等效动力学模型后，即可把单自由度包装机械系统简化成一个等效构件来研究，对它建立运动方程式，解出其运动规律即系统的广义坐标对时间的函数，进而能求出系统中任何构件及构件上任何点的运动。对等效构件建立运动方程式通常有两种方法。

① 能量形式的运动方程式　在机械系统中，在一定的时间间隔内，所有驱动力和阻力所作功的总和 ΔW 应等于系统具有动能的增量 ΔE_k，即

$$\Delta W=\Delta E_k \tag{3-21}$$

若等效构件为转动件，则等效构件由位置 1 运动到位置 2，其角速度由 ω_1 变为 ω_2，可将式(3-21) 具体写为

$$\int_{\varphi_1}^{\varphi_2}M_e\mathrm{d}\varphi=\frac{1}{2}J_{e2}\omega_2^2-\frac{1}{2}J_{e1}\omega_1^2 \tag{3-22}$$

式中 J_{e1}、J_{e2}——等效构件在位置 1、2 时的转动惯量。

若等效构件为移动件，则式(3-21) 同理可写成

$$\int_{s_1}^{s_2}F_e\mathrm{d}s=\int_{s_1}^{s_2}F_{ed}\mathrm{d}s-\int_{s_1}^{s_2}F_{er}\mathrm{d}s=\frac{1}{2}m_{e2}v_2^2-\frac{1}{2}m_{e1}v_1^2 \tag{3-23}$$

式中 F_{ed}、F_{er}——分别为所有驱动力和所有阻力的等效力，均取绝对值；

m_{e1}、m_{e2}——相应于位置 1、2 的等效质量；

v_1、v_2——等效构件分别在位置 1、2 的速度；

s_1、s_2——等效构件在位置 1、2 的坐标。

② 力矩及力形式的运动方程式　将式(3-21) 写成微分形式，即

$$dW = dE_k$$

由
$$dW = M_e d\varphi,\ dE = d\left(\frac{1}{2}J_e\omega^2\right)$$

得
$$M_e = \frac{d}{d\varphi}\left(\frac{1}{2}J_e\omega^2\right)$$

或
$$M_e = \frac{1}{2}\omega^2\frac{dJ_e}{d\varphi} + J_e\omega\frac{d\omega}{d\varphi} \tag{3-24}$$

因为
$$\omega\frac{d\omega}{d\varphi} = \frac{d\varphi}{dt}\frac{d\omega}{d\varphi} = \frac{d\omega}{dt}$$

所以式(3-24) 也可表示为

$$M_e = M_{ed} - M_{er} = \frac{1}{2}\omega^2\frac{dJ_e}{d\varphi} + J_e\frac{d\omega}{dt} \tag{3-25}$$

类似的，当等效构件为移动件时，其运动方程式为

$$F_e = F_{ed} - F_{er} = \frac{1}{2}v^2\frac{dm_e}{ds} + m_e\frac{dv}{dt} \tag{3-26}$$

(2) 运动方程式的求解

求解运动方程式的方法有图解法、解析法和数值解法。图解法可以形象地看出运动参数的变化规律，但精确度较差。用解析法求解能够得出准确的结果，而且能得到运动参数的函数表达式。但是由于外力的变化规律比较复杂，而某些机械的等效转动惯量又是变量，因此一般情况，机械的运动方程是非线性的；同时，运动方程的原始数据（即等效转动惯量和等效力矩）常常是以列成表格的形式或以线图形式给出的，所以能用解析法精确求解的场合是比较少的。为了扩大解析法应用范围，只好在解方程时，对某些参数近似地简化。例如对影响较弱、变化较小的参数当作常数，又如原动机的机械特性曲线可以用简单的代数式来近似表达等。用数值法解出的结果也可达到很高的精确度，只是计算工作非常复杂，但在计算机普及的今天已没有太大的问题。

3.7　传动系统的结构设计

在传动系统的运动设计之后，要进行其结构设计。传动系统的结构设计就是把运动设计所形成的传动方案进行结构化的过程，即绘制出对应的装配图和各零件图。

3.7.1　结构设计原则与步骤

(1) 传动系统结构设计的原则

对于不同的包装机械产品，由于其性能、使用和操纵等方面要求的不同，其传动系统的结构差异很大。在进行传动系统的结构设计时，一般应遵循的原则可概括为：从内部到外部、从重要到次要、从局部到整体、从粗略到详细四个方面。要做到能够统筹兼顾、权衡利弊、反复检查和逐步修改，最后形成比较完善的结构设计。

① 从内部到外部。在进行结构设计时，要先从传动系统的内部开始设计，考虑传动系统内各零部件之间的相互影响，而后再考虑与传动系统以外其他部分之间的相互联系和影响等。

② 从重要到次要。是指优先选择或设计传动系统中的重要零部件，如各轴、滑移齿轮副、轴承、离合器、制动器、卸荷装置等。而对于次要零部件，如轴套、连接件、油封、端盖等，一般是在重要零部件选定或设计完成后再进行设计。

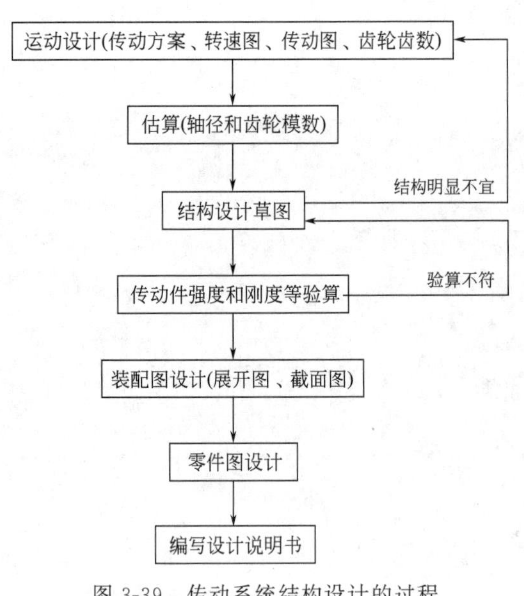

图 3-39 传动系统结构设计的过程

③ 从局部到整体。对于一个复杂的传动系统，往往整体考虑起来比较困难。可以把它分解为几个部分，逐一进行分析和设计，最后再结合成一个整体。

④ 从粗略到详细。绘制装配图时，在确定各轴的空间位置后，先勾画出各传动件（如带轮、齿轮、轴承、离合器等）准确的外轮廓。当整体定局后，再绘制出详细结构，以减少返工的工作量。

（2）传动系统结构设计的过程

传动系统结构设计的一般过程如图 3-39 所示。其结构草图设计的大致内容和步骤如下。

① 布置箱体内各轴线的位置；

② 设计各轴、齿轮、带轮、离合器、制动器等具体结构；

③ 选择各轴的支承轴承，设计轴承的间隙调整结构；

④ 设计各轴和齿轮等传动件的轴向定位结构；

⑤ 设计润滑和密封结构；

⑥ 设计操纵机构；

⑦ 设计箱体结构等。

通过各传动件的验算，还要对结构草图做必要的修改，直到获得理想的传动系统结构。

3.7.2 箱体内轴线的布置

箱体内各轴线的布置与箱体的形状和大小有关，箱体的形状和大小又会受到箱体在包装机械系统中所占用的空间位置和要求其占用的几何尺寸等因素的影响。常见的箱体内轴线布置形式有平面式布置、三角形布置和轴线相互重合等。

（1）平面式布置

轴线的平面式布置是指把变速箱内各轴的中心线布置在一个平面上，在实际应用中多将各轴的中心线布置在一个竖直的平面上。平面式布置的主要特点是：安排简单，绘图容易、反映直观，便于操纵机构的设计，但沿轴线方向占用的空间尺寸大。主要适合于利用尺寸较大的机身、立柱等支承件作为变速箱体，或沿输出轴（或输入轴）径向一个方向尺寸要求较小、而另一个方向尺寸不受限制等情况。

（2）三角形布置

三角形布置是指把变速箱内传动关系相邻三根轴的中心设计成为三角形布置，这是一种最常用的布置形式。三角形布置的主要特点是：每相邻三根轴呈三角形分布，可以有效利用箱体内的空间，传动件所占用的空间比较少，有利于减小变速箱体的尺寸；但在工程图中不易直观反映完整结构，容易发生结构干涉，如轴（或轴套）与齿顶之间的碰撞、轴承外环之间的碰撞等。在进行三角形布置时，往往先确定输出轴的位置，再按传动关系由后向前安排其他传动轴。

(3) 轴线相互重合

如果能使某些较短传动轴（或控制用导向轴）的中心线相互重合，则可以减小传动轴占用的径向空间，有效减小变速箱的尺寸，且有利于改善箱体加工和变速箱装配的工艺性。轴线相互重合也是一种常用的传动轴布置形式。

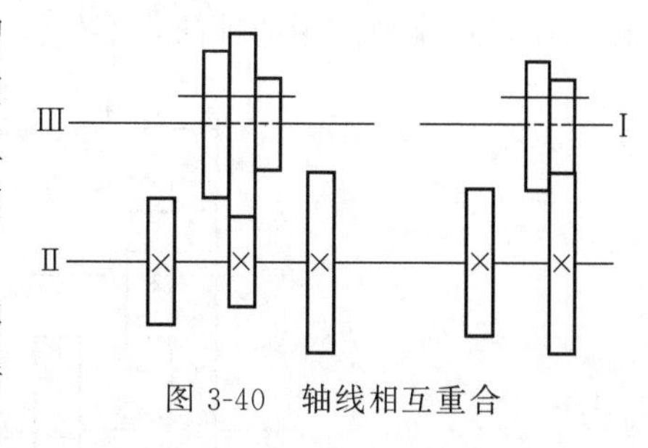

图 3-40　轴线相互重合

图 3-40 所示为轴Ⅰ与轴Ⅲ布置在同一轴线上，要求轴Ⅰ与轴Ⅱ、轴Ⅱ与轴Ⅲ的中心距相等。当两个传动组的齿轮模数相同时，则有两传动组的齿数和 Z_Σ 相等。采用轴线相互重合，减少了箱体上孔的排数，改善了镗孔工艺性。

3.7.3 齿轮的布置与排列

齿轮的排列方式应结合箱体内各轴线的布置来进行，轴线的布置和齿轮的排列都将直接影响变速箱尺寸的大小、变速操纵的方便性以及结构实现的可能性等。轴线的布置主要影响变速箱的径向尺寸，而齿轮的布置与排列则主要影响变速箱的轴向尺寸。

(1) 滑移齿轮的设计要点。

在进行滑移齿轮设计时，一般应注意以下几方面设计要点。

① 滑移操纵省力。为了使滑移齿轮块的质量轻、操纵省力，可采用尺寸较小的齿轮块滑移。由于在传动组中多采用降速传动，因此一般宜布置主动齿轮滑移。

② 防止滑移干涉。为实现一个传动组内的各齿轮副顺利啮合，必须使一对啮合齿轮完全脱离啮合后，另一对啮合齿轮进入啮合。如图 3-41 所示滑移齿轮副中两固定齿轮的最小间距应大于 2 倍的齿轮宽度。

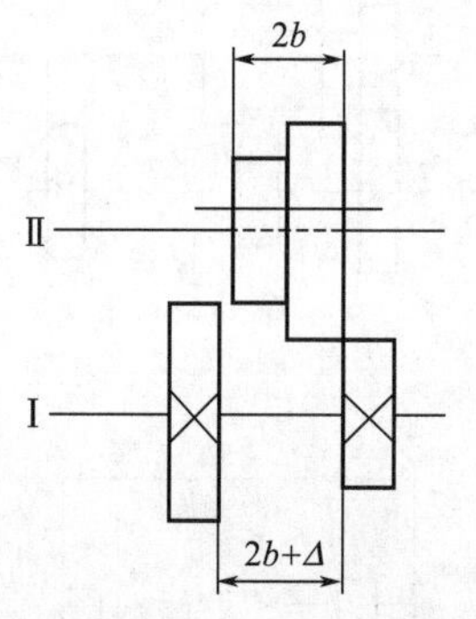

图 3-41　滑移齿轮副中两固定齿轮的最小间距

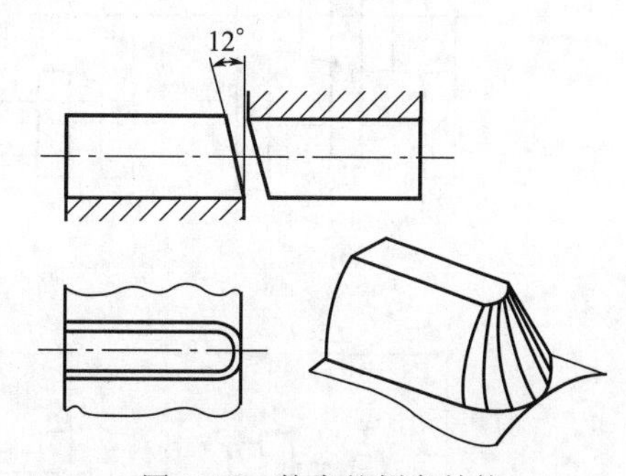

图 3-42　轮齿的倒角结构

③ 变速操纵方便。滑移齿轮应尽量安排在靠近“前箱壁”的位置（即靠近临近操作者的位置），以便于布置操纵机构。为此，也经常把两相邻传动组的滑移齿轮放在同一根轴上。

此外，为了使滑移齿轮便于滑入啮合状态，应在每一对啮合齿轮的导入端处加工圆弧状倒角。轮齿的倒角结构如图 3-42 所示，一般倾斜角度为 12°。

(2) 一个传动组内的齿轮排列

常见的滑移齿轮传动组有双联滑移齿轮和三联滑移齿轮两类。

① 双联滑移齿轮。双联滑移齿轮传动组内齿轮的排列如图 3-43 所示，通常有窄式排列和宽式排列两种。所谓窄式排列是指采用结构紧凑的滑移齿轮块，而将固定齿轮分开布置；

反之，则称为宽式排列。对于双联滑移齿轮，采用窄式排列所占用的轴向长度较小（$L>4b$），而宽式排列占用的轴向长度较大（$L>6b$）。

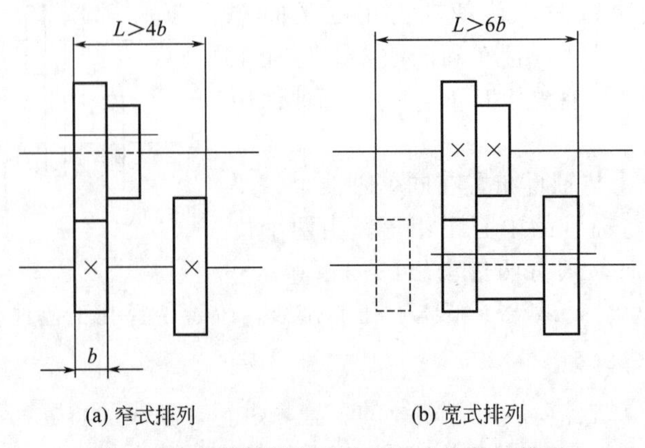

图 3-43　双联滑移齿轮传动组内齿轮的排列

② 三联滑移齿轮。三联滑移齿轮的排列比较复杂，除可以采用图 3-44（a）和（b）所示的窄式排列和宽式排列外，还可以采用图 3-44(c)～(f)所示的混合排列形式。三联滑移齿轮采用窄式排列占用的轴向长度为 $L>7b$，宽式排列占用的轴向长度为 $L>11b$，而混合排列占用的轴向长度通常为 $L>9b$。由图 3-44（c）和（d）可以看出，采用混合排列可以解决由于大齿轮（Z_1）与次大齿轮（Z_2）齿数差不足而引起的滑移过程中齿顶干涉问题。由图 3-44（e）和（f）可知，利用混合排列还可以改变齿轮的啮合顺序。

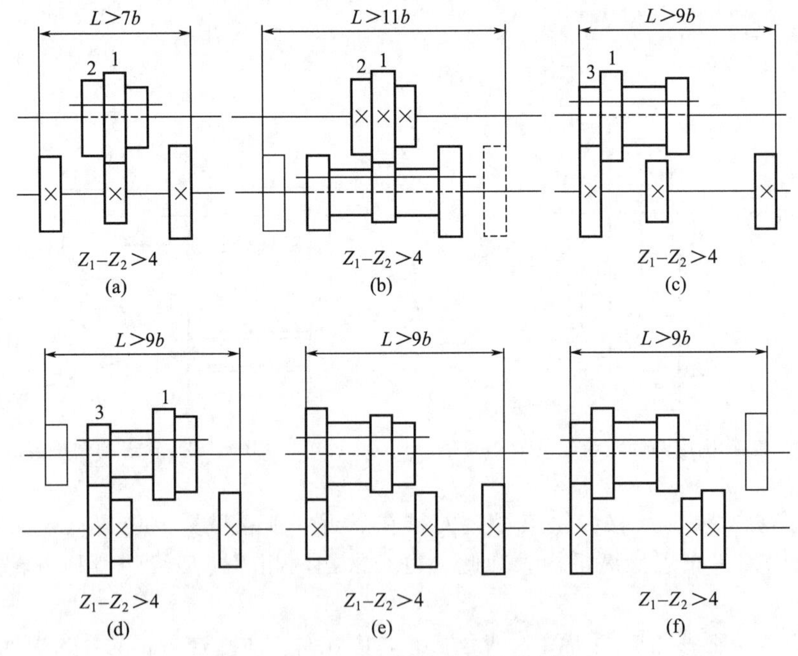

图 3-44　三联滑移齿轮的排列

（3）两个传动组内的齿轮排列

在两个传动组内有很多种齿轮排列组合，既可以是两个双联滑移齿轮传动组，也可以是两个三联滑移齿轮传动组，还可以是双联滑移齿轮传动组与三联滑移齿轮传动组等，这里只介绍两个双联滑移齿轮传动组的一般排列形式。

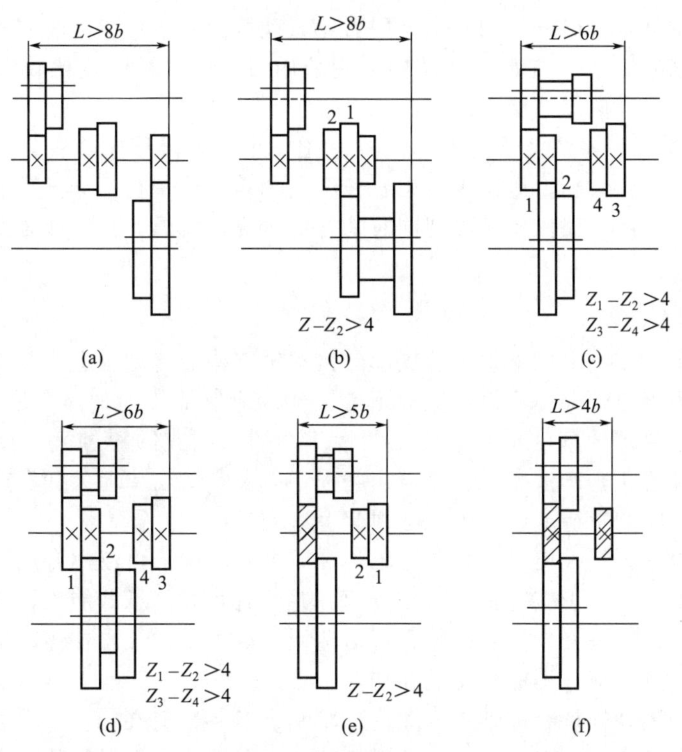

图 3-45　两个双联滑移齿轮传动组的齿轮排列

图 3-45 所示为两个双联滑移齿轮传动组的齿轮排列。图 3-45（a）为两个并行的窄式排列，图 3-45（b）为并行的一个窄式与一个宽式排列，它们占用的轴向长度都是 $L>8b$。如图 3-45（c）和（d）所示，若把两个传动组改为交错排列形式，其占用的轴向长度将会减小为 $L>6b$。

（4）缩短轴向尺寸的方法

传动轴过长不仅会影响变速箱的几何尺寸，还会降低传动轴的刚度，影响传动系统的性能，因此在设计中一般希望传动轴的长度越短越好。在齿轮排列时，缩短传动轴尺寸一般可采用以下五种方法：

① 用窄式排列。从图 3-43 和图 3-44 可以看出，无论是双联滑移齿轮传动组还是三联滑移齿轮传动组，采用窄式排列都可以减小传动轴的长度。

② 用双联齿轮传动组。窄式排列双联滑移齿轮传动组占用的轴向尺寸是 $L>4b$，平均每个传动副占用的尺寸为 $2b$。而窄式排列三联滑移齿，轮传动组占用的轴向尺寸是 $L>7b$，平均每个传动副占用的尺寸为 $2.33b$，因此采用双联滑移齿轮传动组占用的轴向尺寸要少一些。为了使滑移齿轮变速的传动轴达到最短，可以采用窄式排列双联滑移齿轮传动组与定比传动交替排列的形式，但其传动轴数会增多，箱体沿轴的径向尺寸也会增大。

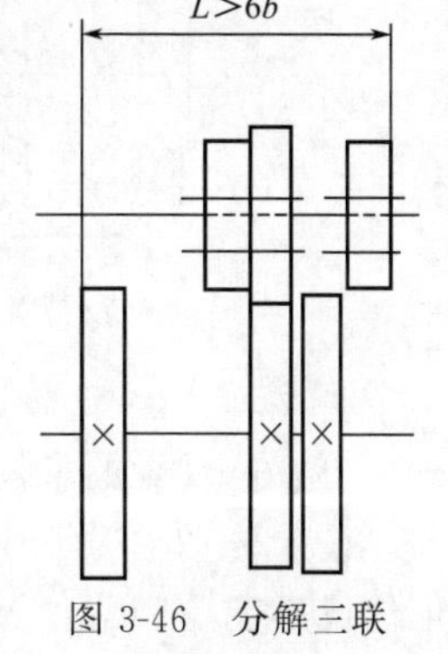

图 3-46　分解三联滑移齿轮块

③ 两个传动组交错排列。由图 3-45（c）和（d）可知，利用两个传动组内齿轮的交错排列，可以在不增大箱体径向尺寸的情况下，有效减小传动齿轮占用的轴向尺寸。

④ 用公用齿轮。如果一个齿轮既是被动齿轮，又是主动齿轮，则该齿轮称为公用齿轮，图 3-45（e）和（f）中有阴影线的齿轮就是

公用齿轮。从图中可以看出，采用1个公用齿轮，就可以使传动齿轮少占用1倍齿宽的轴向尺寸，即使传动轴减短1b。在传动系统中采用公用齿轮的设计难度比较大，往往容易出现齿轮齿数增多、箱体径向尺寸增大的情况。

⑤ 分解三联滑移齿轮块。采用图3-46所示把一个三联滑移齿轮块分解为一个双联滑移齿轮块和一个单一滑移齿轮，可以少占用b长度的轴向尺寸，且不会出现滑移过程中齿顶相碰的现象。但为防止由于误操作而出现同时啮合的情况，需设计互锁装置，增加了结构的复杂程度。

3.7.4 传动轴结构

在传动系统中，广泛采用滚动轴承支承的传动轴结构。传动轴上安装齿轮、带轮、离合器和制动器等。为了使轴上传动件和机构正常工作，应保证传动轴具有足够的强度、刚度、耐磨性，满足工作要求的精度和良好的工艺性等。如挠度或倾角过大，会使得齿轮啮合不良，轴承工作条件恶化，产生振动、噪声、磨损，以及空载功率增大和发热增多等。两轴中心距误差、轴心线间的平行度误差等也会引起上述问题。

传动轴既可以是光轴，也可以是花键轴。在成批生产中，可以用专用铣床和磨床加工花键，工艺上并不困难。由于花键轴装配较方便，并具有较高的承载能力，因此在设计中，不论是安装滑移齿轮，还是安装固定齿轮，可多选用花键轴结构。当在传动轴上采用部分花键结构时，花键尾端过渡部分不能与花键孔配合。

传动轴常用的滚动轴承有球轴承（深沟球轴承、角接触球轴承）和圆锥滚子轴承两类。圆锥滚子轴承具有较高的承载能力，可承受较大的轴向载荷，但对轴的刚度和支承孔的加工精度要求都比较高。而球轴承能够承受较高的转速，且在空载功率、噪声、温升等方面都优于圆锥滚子轴承。因此，在传动轴上球轴承应用得更多。但圆锥滚子轴承的内外圈可以分开，装配方便，间隙调整容易，所以有时在没有轴向力时，也常选用圆锥滚子轴承。选用传动轴轴承时，首先考虑承载能力、运动速度和工作精度，还要考虑结构尺寸、装配调整、成本等其他条件。

变速箱体多采用铸造结构，常用材料为HT200。箱体两孔间的最小壁厚一般不小于5～10mm，以免加工时变形。为便于箱体上支承孔的加工和轴的装拆，同一轴心线的孔通常设计成通透结构，如图3-47所示。当支承跨距较短时，宜选用图3-47（a）所示的两端大孔结构，可采用定径镗刀或可调镗刀头从两边同时进行加工。支承跨距较长时，应选用图3-47（b）所示阶梯孔结构，采用同一镗杆上安装多把镗刀从一边（从大孔方端）伸入同时加工几个同心孔。尽量避免选用图3-47（c）所示的中间大孔结构，这会给加工带来一定的困难。

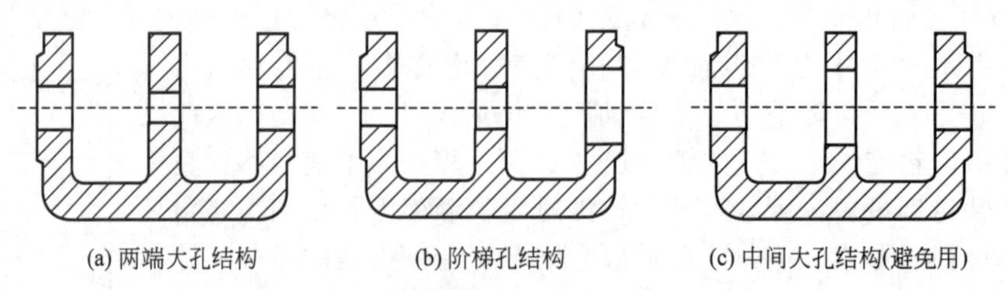

(a) 两端大孔结构　(b) 阶梯孔结构　(c) 中间大孔结构(避免用)

图3-47　箱体同轴心线的孔结构

（1）传动轴的轴向定位

设计传动轴时，应注意轴向定位问题。每根传动轴的轴向必须双向定位，不允许出现欠定位或过定位问题。欠定位会使传动轴沿着未定位方向移动，甚至滑出、脱落。过定位会使传动轴无法自由伸缩，导致工作中引起附加轴向力，甚至影响正常装配。

传动轴通过轴承在箱体内轴向定位，一般可分为一端定位和两端定位两类。安装深沟球轴承时，多用一端定位，也可以用两端定位；安装圆锥滚子轴承时，必须采用两端定位。

① 一端定位。一端定位是用传动轴一端的支承轴承限制传动轴的双方向轴向移动。一端定位的主要优点是轴受热后可以向另一端自由延伸，不会产生热应力。但不能调整或消除轴承的间隙，支承轴承的刚度和回转精度都不高。适用于无轴向载荷且较长的传动轴。

图 3-48 所示为一端定位的常用结构，图（a）～（e）是几种固定端构造。图 3-48（a）是用衬套和端盖固定轴承外圈，轴承内圈用轴肩和压板固定。这种一端定位结构虽然增加了一个衬套，但箱体为等径通孔，简化了镗孔工艺。图 3-48（b）是用孔台和端盖固定轴承外圈，轴承内圈用轴肩和螺母固定。该结构箱体孔有台阶，镗孔工艺性差，在成批生产中较少应用。图 3-48（c）用弹性挡圈代替孔肩和轴上螺母，构造比较简单。图 3-48（d）的轴承外圈两面都用弹性挡圈固定，构造较简单。图（c）和（d）都需在孔内挖槽，需专门的工艺装备，适用于生产批量较大的机械产品。图 3-48（e）用外圈上有沟槽的轴承，将弹性挡圈卡在箱壁与压盖之间，构造简单，但需轴承厂专门供应这种有沟槽的轴承。图 3-48（f）是自由端构造，轴承内圈用轴肩和弹性挡圈固定在传动轴上，轴承外圈在孔内轴向不定位。为了防止漏油和防尘，箱孔的右端用堵塞堵住。堵塞中部的螺纹用于拆卸，这个孔不能钻通，否则会漏油。

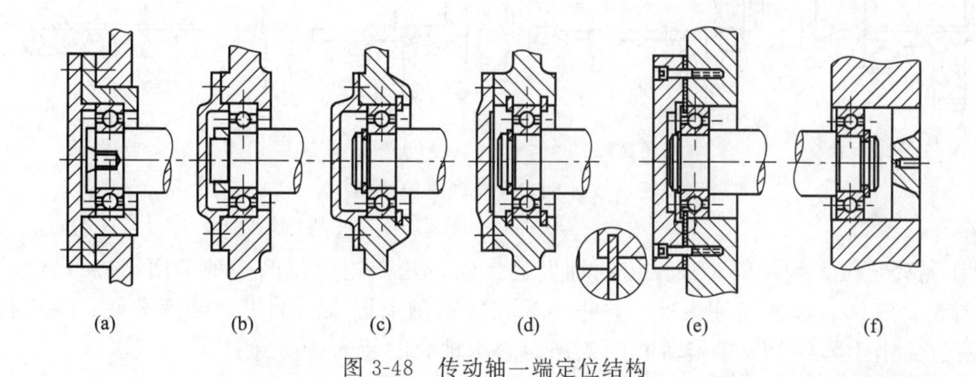

图 3-48　传动轴一端定位结构

② 两端定位。两端定位是用传动轴两端的支承轴承分别限制传动轴的双方向轴向移动。两端定位可以通过调整轴承的轴向位置，减小或消除轴承的间隙，有利于提高传动轴的支承刚度和回转精度。但传动轴受热变形伸长，易产生附加轴向力。适用于刚度要求高且较短的传动轴。

图 3-49 所示为几种常用的传动轴两端定位结构。图 3-49（a）通过两端的压盖和轴肩实现定位，结构简单，加工和装配的工艺性都比较好，但轴承调整不够方便。图 3-49（b）是两端分别用孔台和盖碗定位，利用一侧的盖碗和调节螺钉能方便地调节轴承的间隙或预紧力，但箱体的台阶孔加工工艺性较差。图 3-49（c）为两端都用盖碗进行定位，两端处均有调节螺钉，除能方便调节轴承的间隙或预紧力外，还可以调节轴系的轴向位置，以便使啮合齿轮对齐。通过对这三种结构的理解，根据实际设计需要，还可以变换出其他两端定位结构形式。

（2）齿轮的轴向定位

齿轮在传动轴上的可靠定位是保证正确啮合的条件。滑移齿轮的轴向位置由操纵机构中

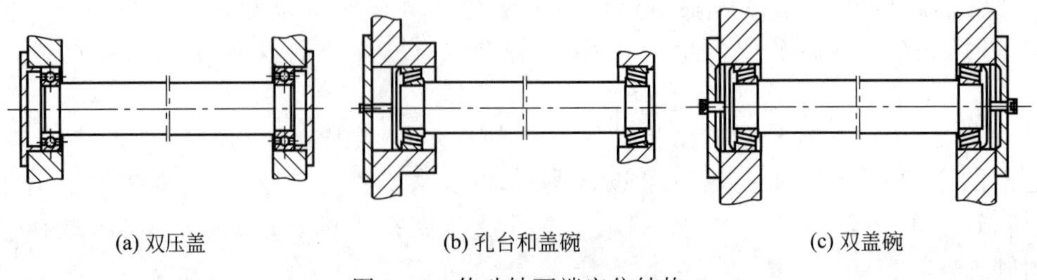

(a) 双压盖　(b) 孔台和盖碗　(c) 双盖碗

图 3-49　传动轴两端定位结构

的定位机构（如定位槽、定位孔等）保证，一般在装配时通过调整确定。传动轴上的固定齿轮通常可以用弹簧挡圈、隔套、半圆环、紧定螺钉等多种轴向定位形式。

① 弹簧挡圈定位。它是利用安装在挡圈槽中的弹簧挡圈限制齿轮的轴向移动，其结构如图 3-50（a）所示。弹簧挡圈是一种典型的定位零件，也常用于深沟球轴承等其他传动件的轴向定位。其主要优点是：结构简单、装配方便，但不能承受轴向力。当弹簧挡圈承受轴向力时易从挡圈槽中弹出，因此不能用于斜齿轮、锥齿轮、摩擦离合器、圆锥滚子轴承等有轴向载荷的传动件定位。

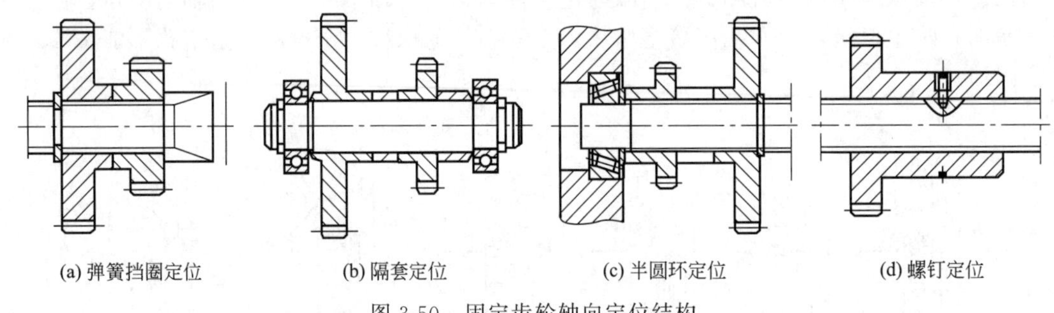

(a) 弹簧挡圈定位　(b) 隔套定位　(c) 半圆环定位　(d) 螺钉定位

图 3-50　固定齿轮轴向定位结构

② 隔套定位。利用隔套顶住传动轴上的齿轮，是齿轮定位的一种常用结构形式，其结构见图 3-50（b）。隔套又称为轴套，很容易在传动轴上插入或抽出，装拆方便。在设计时，应注意避免由于零件（如平键等）的遮挡而影响轴套的装入或拆卸。

③ 半圆环定位。半圆环是由两个半环形成的圆环，装入传动轴的环形沟槽中作为轴肩使用，可承受较大轴向力，其结构如图 3-50（c）所示。利用半圆环定位既可以方便轴上零件的装配，还可以减小传动轴毛坯的直径，节省材料。但半圆环容易脱落，所以要从外侧压住，只能用在一个定位端。

④ 螺钉定位。图 3-50（d）所示为用紧定螺钉定位的结构。这种定位形式要求在装配时配钻轴上的孔窝，不适合成批生产。另外，要用细钢丝绕在紧定螺钉顶端的沟槽中，以防止其松动。

（3）滑移齿轮结构

传动系统中常见的滑移齿轮结构形式可分为整体式和装配式两种类型。

① 整体式滑移齿轮。整体式滑移齿轮常用结构形式如图 3-51 所示。设计滑移齿轮结构时，一般应考虑齿轮的加工工艺。整体式滑移齿轮很少能用工作效率较高的滚齿加工。在插齿、剃齿和磨齿加工时，两齿轮之间应留有足够的退刀槽，一般不小于 5mm。为了保证滑移齿轮良好的导向性，齿轮与轴的配合长度不应小于 1.2 倍的传动轴直径，即 $l \geqslant 1.2d_z$。此外，还要考虑留有一定的拨叉位置（如图中双点划线所示）。

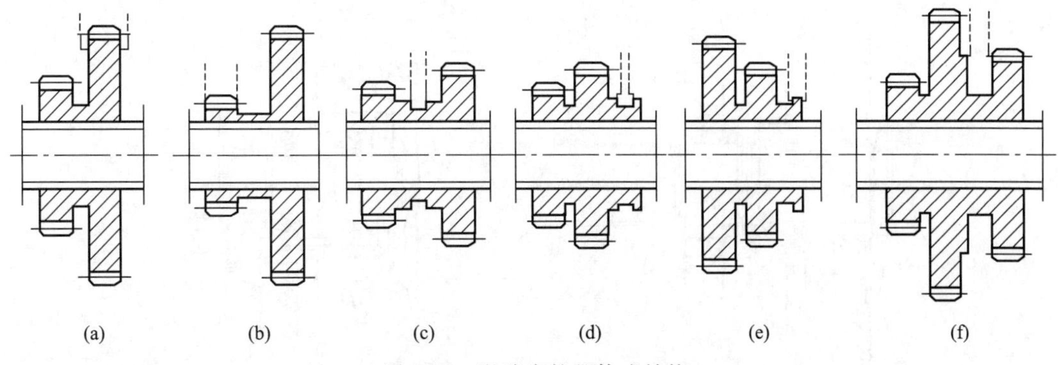

图 3-51　滑移齿轮整体式结构

② 装配式滑移齿轮。装配式滑移齿轮常用结构形式如图 3-52 所示，多用键与弹簧挡圈连接或销钉连接。设计时采用装配式结构，可以使两相邻齿轮紧密接触，节省退刀槽占用的轴向位置。为防止同小齿轮啮合的齿轮端面与大齿轮（小齿轮相邻齿轮）端面发生刮碰，通常让小齿轮略宽于其他齿轮，一般可大 2mm 左右。

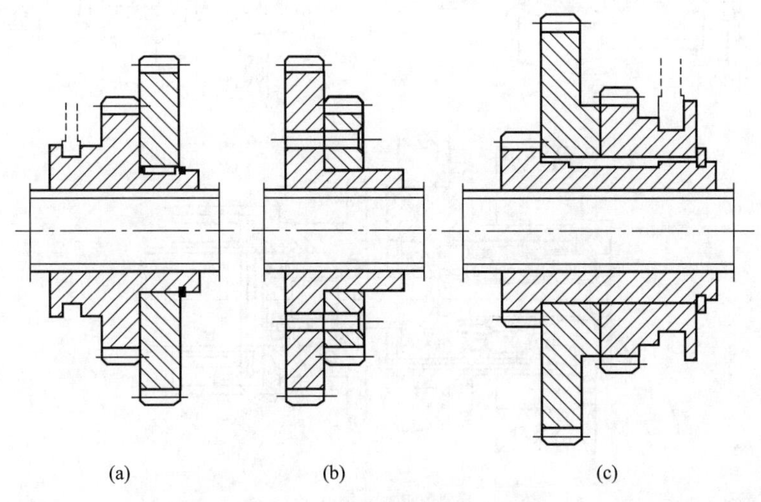

图 3-52　滑移齿轮装配式结构

（4）带轮与卸荷

变速箱运动的输入或输出经常采用带传动，传动轴上的典型带轮结构如图 3-53 所示，可分为无卸荷式和卸荷式两种类型。

① 无卸荷带轮。图 3-53（a）所示为两种典型的无卸荷带轮结构。其主要特点是轴端结构简单、便于加工和装配，但带传动时的张紧力很大，易使传动轴发生弯曲变形，产生振动，降低传动精度。在带张紧力的作用下，靠近带轮处支承轴承的受力也比较大，常采用两个有一定间距的轴承作为轴端支承。设计时应尽量减小带轮与轴承之间的距离，减小传动轴的弯曲变形，改善传动轴和轴上传动件的工作状况。

② 卸荷带轮。带轮卸荷是指利用载荷分担的原理，将带轮产生的弯矩卸载到箱体上，而扭矩传给传动轴。采用卸荷带轮可以大幅度降低传动轴的弯曲变形，减小振动和噪声，提高传动精度。图 3-53（b）所示为三种卸荷带轮结构，其原理都是利用两个间隔一定距离的轴承把带轮产生的弯矩作用到箱体上。这两个轴承可以直接安装在箱体孔内，也可以通过端

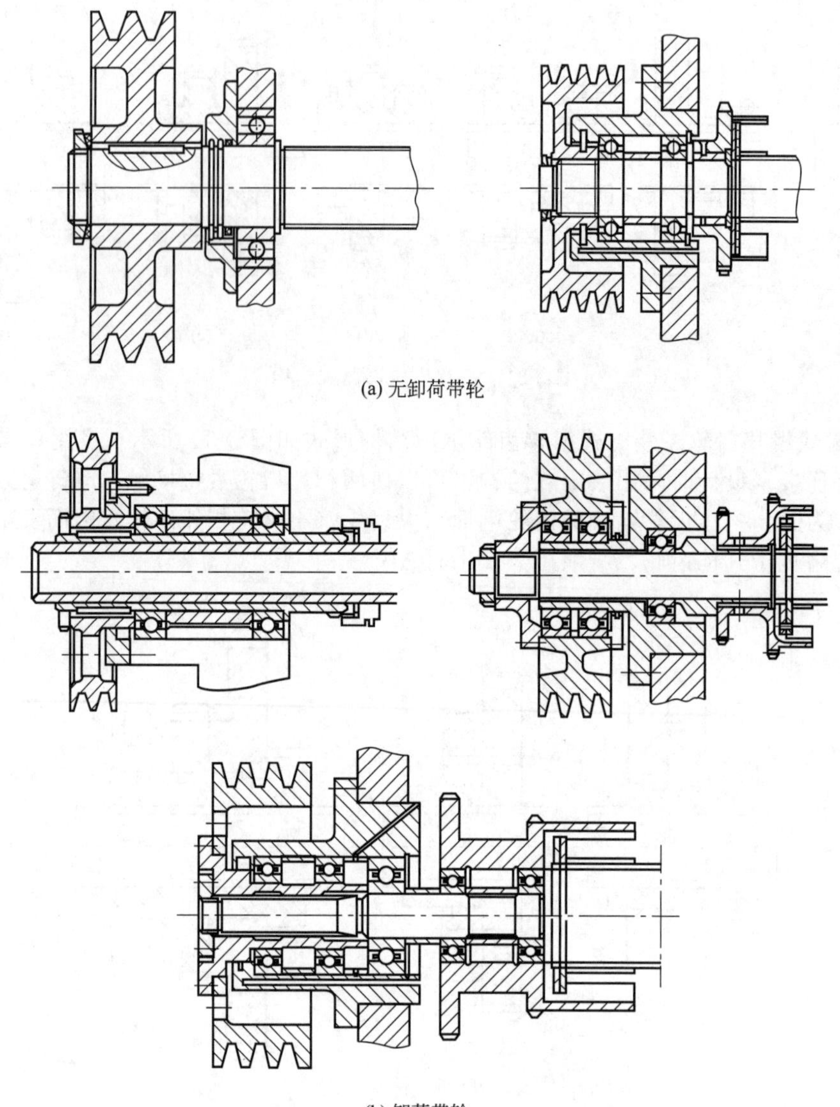

(a) 无卸荷带轮

(b) 卸荷带轮

图 3-53 典型的带轮结构

盖作用到箱体上，两轴承之间的间隔距离大些为好。但采用卸荷带轮后，结构会变得复杂些，工艺性降低，成本也会有所提高。

参考文献

[1] 尚久浩. 自动机械设计. 第 2 版. 北京：中国轻工业出版社，2006.

[2] 朱龙根. 机械系统设计. 第 2 版. 北京：高等教育出版社，2001.

[3] 胡胜海. 机械系统设计，哈尔滨：哈尔滨工程大学出版社，2009.

[4] 段铁群. 机械系统设计. 北京：科学出版社，2010.

[5] 刘跃南. 机械系统设计. 北京：机械工业出版社，2000.

[6] 胡建钢. 机械系统设计. 北京：水利电力出版社，1991.

[7] 机械工程手册编辑委员会，电机工程手册编辑委员会. 机械工程手册（第六卷）. 北京：机械工业出版社，1982.

第4章　包装机械的部件设计

随着人们对商品包装要求得越来越高，对其造型、结构、材料以及包装技术与方法等方面的要求也越来越高。包装机械必须要适应这些变化，从而导致其种类繁多、类型各异。包装机械的部件主要为完成有关包装操作的自动机械装置，如包装物料和材料的供送装置、计量装置、袋装装置、灌装装置、灌装系统、封口装置、裹包装置和贴标装置等。本章将详细介绍这些装置在包装机上的应用、工作原理、结构形式和设计等方面的问题。

4.1　工作部件的分类和设计要求

4.1.1　工作部件的分类

包装机械的工作部件的分类方法很多，按功能可分为以下几类：

① 供送系统　用于被包装容器和包装材料、容器的整理及供送。

② 清洗系统　用于包装容器的清洗。

③ 消毒系统　用于包装容器和被包装物料的消毒灭菌。

④ 计量系统　用于被包装物料的计量。

⑤ 成形及裹包系统　用于将被包装材料成型。

⑥ 灌装、充填系统　用于被包装物料的灌装和充填。

⑦ 封口系统　用于包装材料和容器的封口。

⑧ 检测系统　用于包装产品质量、颜色、异物、次品等的合格检测。

4.1.2　工作部件的设计要求

包装机械的工作部件的共性设计要求如下：

① 可靠性　是指在产品在规定条件下、规定使用时间内完成规定功能的能力，或说是正常工作的概率，一般可分为结构可靠性和机构可靠性。结构可靠性主要考虑机械结构的强度以及由于载荷的影响使之疲劳、磨损、断裂等引起的失效；机构可靠性则主要考虑的不是强度问题引起的失效，而是考虑机构在动作过程由于运动学问题而引起的故障。

② 适应性　是指在工况发生时，设备对变化适应能力的大小。涉及两个方面：作业对象的形状、尺寸等发生变化；作业环境发生变化。一般地，适应性越好，产品性能越好。

③ 工作精度　是指机器正常工作时的量值与理论要求值之间的误差，可用绝对值和相对值表示。工作精度直接决定了产品包装质量的好坏，是包装机械的主要性能指标。

④ 安全性　由于包装机械运动复杂，执行机构多，薄弱环节也多，安全性问题较为突出。而安全系统在中国市场的开发与应用起步较晚，且技术上相对封闭，难以促进整个行业的发展。只有形成统一而开放的标准，促进安全传感器、安全光幕、安全光栅在包装机械行业大力推广应用，才能使包装机械由低端走向高端，使智能化、自动化水平朝着更安全、更快速的方向发展。

4.2　供送装置设计

包装机械的供送系统是以连续的方式沿着一定的线路从某一工位到另一工位均匀输送物

料和包装容器的机械装置。

4.2.1 振动输送装置设计

振动输送装置是一种高效的上料装置，其结构简单，能量消耗小，工作平稳可靠，工作间相互摩擦小，不易损伤物料；通用性好，改换品种方便，供料速度容易调节；可利用挡板、缺口或偏重的方法对零件进行定向整理，分离筛选后供料。

4.2.1.1 振动输送装置的分类

振动输送装置从结构上分为直线料槽往复式(槽式）和圆盘料斗扭动式(斗式）两类。

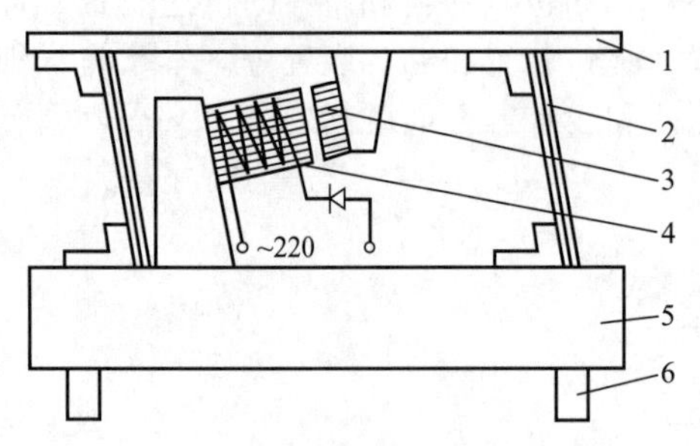

图 4-1 槽式电磁振动给料器
1—料槽；2—主振弹簧板；
3—衔铁；4—铁芯线圈；
5—底座；6—橡胶弹簧

（1）槽式电磁振动给料器 图 4-1 为槽式电磁振动给料器结构图。料槽是同物料直接接触的主体部件，多用不锈钢板或铝合金板（厚度约为 1.2～2mm）制成，横截面呈凹形，以便承载物料和增强结构刚度。料槽的外廓尺寸主要取决于工作条件，需要定向的采用窄槽，否则易采用宽槽。当生产能力不变时，槽宽大体上与物料密度、料层厚度及供送速度成反比，但料层过厚往往会引起供送速度的下降，所以料层厚度通常为 10～20mm，相应的流速为 5～20m/min。

如果槽式电磁振动给料器仅起排料作用，料槽的有效长度应根据下料口高度和物料自然休止角来确定，以防停机时内存物料从振动料口的开口自动流出。为此，对于短槽最好将其底部做成水平的；对于长槽，为加速供料可将其做成向下倾斜的，但此角度必须小于物料同槽底的摩擦角，一般在 10°以内，整个料槽的工作表面应保持平整光滑，以防止物料产生集结。

在料槽与底座之间固连着两组或四组主振板弹簧。各片组装时应留有适当的间隙，以免互相接触产生摩擦和噪声。弹簧对底座的斜置角（即与铅垂线的夹角）一般为 20°～25°，设计时要求电磁铁的激振力作用线与板弹簧垂直交叉，且通过整个槽体的合成重心，保证在工作过程中料槽不扭振，物料不偏流。

铁心与衔铁的气隙大小要适中，并能根据主振体振幅的变化适当调整。矩形铸铁底座的下部对称布置四个或更多个橡胶弹簧，对机座起隔振作用。

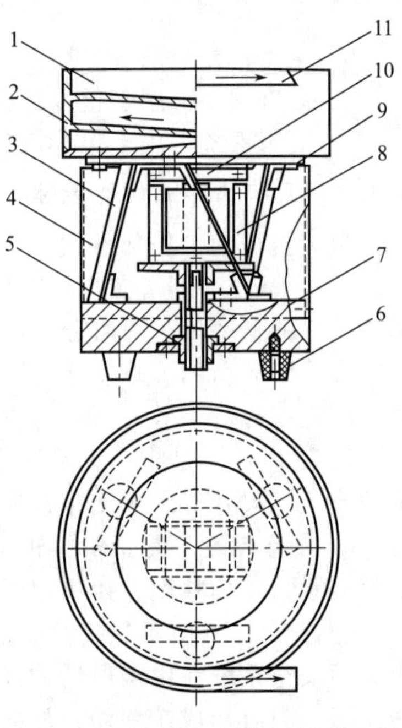

图 4-2 斗式电磁振动给料器
1—料斗；2—螺旋滑道；
3—主振板弹簧；4—罩壳；
5—磁气隙调节螺母；
6—隔振橡胶弹簧；7—底盘；
8—铁芯线圈；9—托盘；
10—衔铁；11—排料口

（2）斗式电磁振动给料器 图 4-2 所示为中小型斗式电磁振动给料器。这是一种典型的单振动料斗的结构形式。料斗 1 直径可在较宽范围内选取（100～500mm）。小型的多用铸铝件，大型的多用不锈钢板焊接件或塑料注射成型件。

料斗用螺钉及塑性薄垫片同铝合金托盘 9 固连，托盘用三根或三组均布的板弹簧 3 同铸铁底盘 7 固连。采用这种结构形式不仅有利于减轻主振体质量，增强刚性，便于装拆更换料斗，还能起到磁屏的作用。

位于底盘下方的隔振橡胶弹簧6，中小型设备以橡胶弹簧为主，大型的则采用压缩螺旋弹簧，并附设轴心定位装置。

斗式电磁振动给料器的激振电磁铁（衔铁10及铁芯线圈8）多安置在上下振盘的中间对心部位。如果料斗的直径较大（0.5～1m），为适当分散激振力的作用区域，可沿托盘周边在靠近主振弹簧的上部支座，均布斜向或竖向激振的电磁铁，实用中应调整好各对磁极的气隙，保证同步激振，以防偏振现象发生。斗式电磁给料器的供送速度，一般控制在2～30m/min的范围内，对金属物件取低值，以减轻冲击噪声。

振动料斗的结构形式是多样的。例如，在图4-3中，（a）和（b）分别是圆柱形内螺旋滑道和外螺旋滑道的金属料斗。前者便于集中回流，对各种定向方法有较好适应性，且可配置单个或多个、整圈或非圈的滑道。至于后者，若用来垂直输送，则主体部分的直径宜偏小而高度宜偏大，螺旋滑道个数也应少些。（c）是圆柱形内外组合螺旋滑道的金属料斗。该斗的内部空间和供送滑道安排较为合理，工作时先让小型精密物料绕内圈排列上升，再转向外圈而下移，以增大其流速和间距，提高自动定向效果。（d）是截圆锥形内螺旋滑道的金属料斗。它底小口大，斗内整个等螺距螺旋滑道的水平投影呈阿基米德螺线。这样，该螺距只需略大于被供送物料的高度，从而降低斗高。但因不便于集中回流，故适合积集定向供送或一般排列供送。尽管制造比较麻烦，却仍被广泛采用。

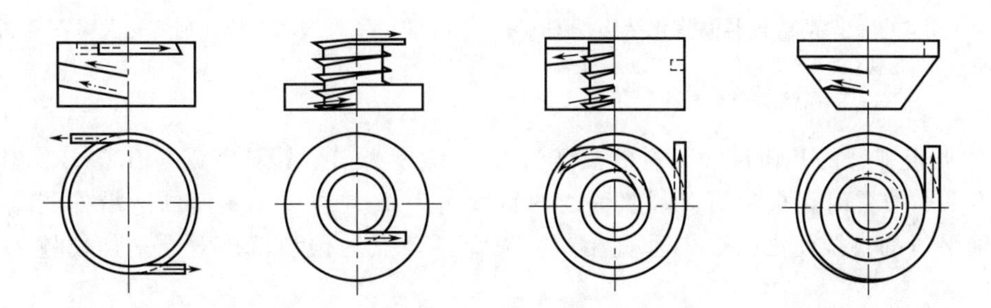

(a) 圆柱形内螺旋滑道　(b) 圆柱形外螺旋滑道　(c) 圆柱形内外组合螺旋滑道　(d) 截圆锥形内螺旋滑道

图4-3　几种典型的金属振动料斗示意图

4.2.1.2　斗式电磁振动给料器的运动学分析

（1）料盘的运动分析

①结构模型　图4-4为斗式电磁振动给料器的简化结构模型。当料盘与底盘受骤增的电磁吸力作用偏离静平衡位置而相向移近时，迫使主振弹簧和隔振弹簧均产生复杂的弹性变形，随后两盘绕其中心轴线作同步相向扭转；直至电磁骤减，由于主振弹簧已潜有足够的弹性变形能，迫使两盘急剧改变各自的运动方向，且超越原来的静平衡位置达到某一极限，如此循环不已，即形成高频微幅振动。其几何变化关系如图4-5所示。

a. 料盘（包括本身、托盘、衔铁、弹簧上支座等）和底盘（包括铁芯线圈，弹簧下支座、罩壳等）均为刚体，质量各为m_1、m_2，对轴线z的转动惯量各为J_{z1}、J_{z2}，主振板弹簧的质量可忽略不计，或粗略地均分给上下两盘的弹簧支座。

如果被供送物料的总质量小于料盘质量，且物料在振盘上作轻微的抛离运动，那么可不考虑变质量非线性惯性力对振动系统的影响，而将物重计入料盘。

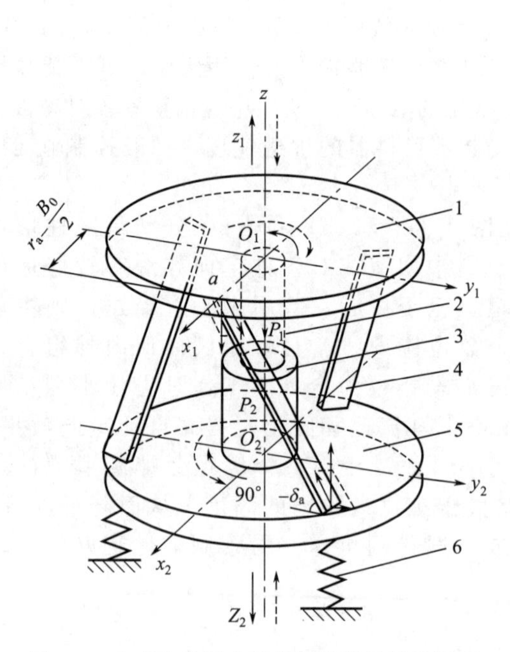

图 4-4　斗式电磁振动给料器的简化结构模型

1—料盘；2—衔铁；3—铁芯线圈；4—主振板弹簧；
5—底盘；6—隔振压缩螺旋弹簧

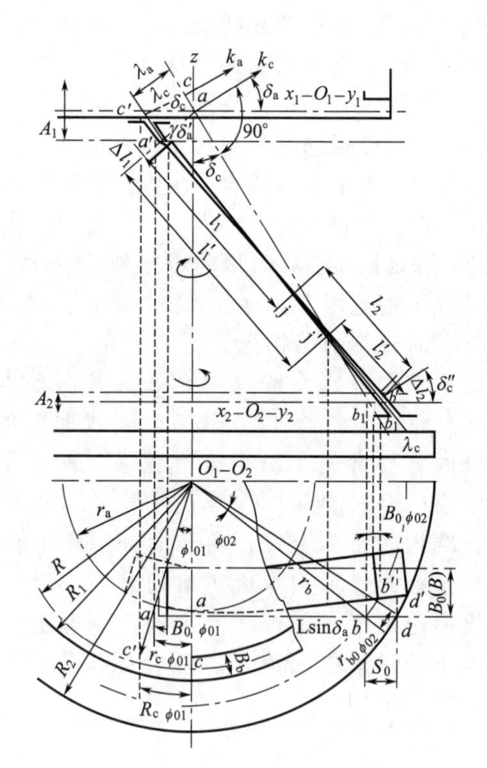

图 4-5　振动系统几何变化关系示意图

b. 主振板弹簧的几何尺寸　有效长度为 L_1，宽度为 B，其支座宽度 $B_0 \geqslant B$。当振动系统处于静平衡位置时，板弹簧对端部垂线的斜置角为 δ_α 并通过上支座的下沿外侧点 a 作一条同 x 轴平行的直线使之与 z 轴垂直相交，以保证该点的振动轨迹对原平衡位置大体呈点对称。

主振弹簧和隔振弹簧各均布 i 组，每组共有 n 片。当处于稳定振动状态时，其垂向总动刚度分别为 k_{z1}、k_{z2}，即使该二弹性系统相对于静平衡位置沿 z 轴方向产生单位动压缩或动伸长所需的作用力值。鉴于两盘的实际振幅都很小（下盘振幅比上盘更小），可将弹簧的弹性力与位移关系加以线性化。

c. 料盘的振动分析　在任意瞬时 t，两振盘从各自平衡位置起算的垂向位移各为 z_1、z_2（其符号规定向下为正），绕 z 轴的扭转角各为 ϕ_1、ϕ_2，分析图 4-5 得知，若相应的振幅 A_1、A_2 较小，弹簧支座外侧点 a、b 的运动轨迹与水平面的夹角 $\delta'_\alpha \approx \delta'_\alpha \approx \delta_\alpha$，则两振盘的最大扭转角可按下式近似求出。

$$\phi_{01}=\frac{A_1}{r_a \tan\delta_\alpha},\ \phi_{02}=\frac{A_2}{r_b \tan\delta_\alpha} \tag{4-1}$$

同理

$$\phi_1=\frac{z_1}{r_a \tan\delta_\alpha},\ \phi_2=\frac{z_2}{r_b \tan\delta_\alpha} \tag{4-2}$$

式中，r_a，r_b 为板弹簧上下及支座外侧点 a、b 对 z 轴的半径。

显然

$$r_b=\sqrt{r_b^2+L^2\sin^2\delta_\alpha} \tag{4-3}$$

上述说明，z_1 与 ϕ_1、z_2 与 ϕ_2 是相互制约的，即该振动系统只需两个独立坐标（或者说两个自由度）便可以确定其运动规律。

d. 系统的受力分析　工作中，此振动系统所需的激振力除与各弹簧的弹性恢复力相互作用以外，还要用来克服由于各弹簧的内摩擦及被供送物料同工作表面的外摩擦等所形成的阻尼力。但是，由于输入的电能经铁芯线圈转化为磁能而做功的有效程度，主要取决于系统的激振频率与固有频率的比值。由于利用近共振原理工作是电磁振动给料器的共同特性，所以建立有关的振动方程就不应忽略阻尼的影响。从简化计算出发，可用当量黏性阻尼力 F 代替系统所受的实际阻尼力。对主振动系统而言，若取该值同振盘的运动速度成正比，待定的当量阻尼系数为 μ，则

$$F=\mu\frac{\mathrm{d}z}{\mathrm{d}t}$$

式中，两振盘的相对位移量 $z=z_1-z_2=z_1+|z_2|$。

e. 系统的电磁学分析　激振电磁铁铁芯线圈的输入电压和感应磁通均以频率 γ_j 或角速度 ω_j，随时间按正弦函数规律发生周期性变化。由电磁学原理导出脉动的电磁吸力即瞬时激振力 P_C 的计算式

$$P_C=P_0\sin\omega_z t \tag{4-4}$$

$$\omega_z=C\omega_j \tag{4-5}$$

式中　P_0——激振力的幅值，N，与供电方式有关；

ω_z——激振角速度，rad/s；

C——工况系数，对单相交流激磁取 2，对单相半波整流激磁取为 1。

总之，上述的机构振动系统，严格讲是非线性的，不过，根据实际工作条件加以适当简化，可以近似地看作是线性的双自由度有阻尼的强迫振动系统。考虑到隔振弹簧的刚度远小于主振弹簧的刚度，为便于实用，可将原来的振动系统等效地转换为线性单自由度有阻尼的强迫振动系统。

② 建立微分方程　参阅图 4-4 和图 4-6，以料盘和底盘为示力体，首先分析其无阻尼的强迫振动。在任何瞬时，这两个振动体皆处于变速运动状态中。为克服它们沿轴线 2 相向平移和绕轴线 z 相向扭转的惯性所需的垂向作用力，应各为

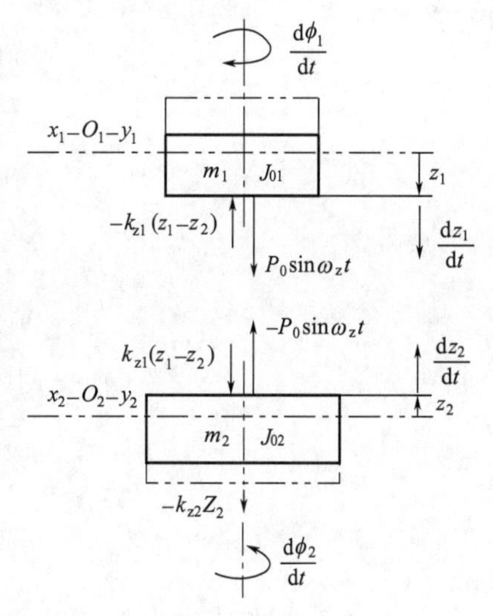

图 4-6　振动系统受力分析简图

$$m_1\frac{\mathrm{d}^2z_1}{\mathrm{d}t^2}+\frac{J_{z1}}{\left(r_a-\dfrac{B_0}{2}\right)\tan\delta_\alpha}\times\frac{\mathrm{d}^2\phi_1}{\mathrm{d}t^2}$$

$$m_2\frac{\mathrm{d}^2z_2}{\mathrm{d}t^2}+\frac{J_{z2}}{\left(r_a-\dfrac{B_0}{2}\right)\tan\delta_\alpha}\times\frac{\mathrm{d}^2\phi_2}{\mathrm{d}t^2}$$

再联系式(4-2)，根据牛顿第二定律可建立相应的振动微分方程式

$$\left[m_1+\frac{J_{z1}}{\left(r_a-\frac{B_0}{2}\right)r_a\tan^2\delta_\alpha}\right]\frac{d^2z_1}{dt^2}=-k_{z1}(z_1-z_2)+P_0\sin\omega_z t \tag{4-6}$$

$$\left[m_2+\frac{J_{z2}}{\left(r_a-\frac{B_0}{2}\right)r_a\tan^2\delta_\alpha}\right]\frac{d^2z_2}{dt^2}=k_{z1}(z_1-z_2)-k_{z2}z_2-P_0\sin\omega_z t \tag{4-7}$$

设料盘和底盘的等效质量各为 M_1、M_2，得

$$M_1=m_1+\frac{J_{z1}}{\left(r_0-\frac{B_0}{2}\right)r_a\tan^2\delta_\alpha} \tag{4-8}$$

$$M_2=m_2+\frac{J_{z2}}{\left(r_0-\frac{B_0}{2}\right)r_b\tan^2\delta_\alpha} \tag{4-9}$$

由此可见，影响料盘和底盘等效质量 M_1、M_2 的因素是：与其对应的转动惯量 J_{z1}、J_{z2}，质量 m_1、m_2，板弹簧上下支座的外半径 r_a、r_b，板弹簧的斜置角 δ_α 和宽度 B_0。

因此，式(4-6) 和式(4-7) 可改写成

$$M_1\frac{d^2z_1}{dt^2}=-k_{z1}(z_1-z_2)+P_0\sin\omega_z t \tag{4-10}$$

$$M_2\frac{d^2z_2}{dt^2}=-k_{z1}(z_1-z_2)-k_{z2}z_2-P_0\sin\omega_z t \tag{4-11}$$

若以 A_{01}、A_{02} 分别代表无阻尼强迫振动系统的振幅，则上述两方程的特解应具有如下形式

$$z_1=A_{01}\sin\omega_z t$$

$$z_2=A_{02}\sin\omega_z t$$

解得

$$A_{01}=\frac{P_0}{(k_{z2}-M_2\omega_z^2)\left(1-\frac{k_{z1}}{M_1\omega_z^2}\right)+k_{z1}}\times\frac{M_2\omega_z^2-k_{z2}}{M_1\omega_z^2} \tag{4-12}$$

$$A_{02}=\frac{P_0}{(k_{z2}-M_2\omega_z^2)\left(1-\frac{k_{z1}}{M_1\omega_z^2}\right)+k_{z1}} \tag{4-13}$$

令式(4-15) 和式(4-16) 中的 $P_0=0$，且以系统的固有角速度 ω_1 代替原来的 ω_z，求得

$$\omega_0^2=\frac{M_1(k_{z1}+k_{z2})+M_2k_{z1}}{2M_1M_2}\pm\sqrt{\left[\frac{M_1(k_{z1}+k_{z2})}{2M_1M_2}\right]^2-\frac{k_{z1}k_{z2}}{M_1M_2}} \tag{4-14}$$

为提高隔振效果，一般取 $k_{z1} \gg k_{z2}$，相比之下可忽略上式中的 k_{z2}，这样，近似解出 ω_0 的两个根

$$\omega_{01} \approx \sqrt{\frac{(M_1+M_2)k_{z1}}{M_1M_2}} = \sqrt{\frac{1+\xi_0}{\xi_0 M_1} \times k_{z1}}, \omega_{02}=0$$

式中，ξ_0 为上下振盘的振幅比。

显然，第二个根无实用意义。

由于系统的固有角速度

$$\omega_0 = \sqrt{\frac{k_{z1}}{M_0}} \tag{4-15}$$

则

$$M_0 = \frac{M_1+M_2}{M_1M_2} = \frac{\xi_0 M_1}{1+\xi_0} \tag{4-16}$$

其中 m_0 为主振动系统的转化质量，若 ξ_0 不变，其值随 M_1 的增大而增大。

在此基础上，参阅图 4-7 建立等效转换的单自由度有阻尼强迫振动系统的振动微分方程式，即

$$M_0 \frac{\mathrm{d}^2 z}{\mathrm{d}t^2} = -\mu \frac{\mathrm{d}z}{\mathrm{d}t} - k_{z1} z + P_0 \sin\omega_z t \tag{4-17}$$

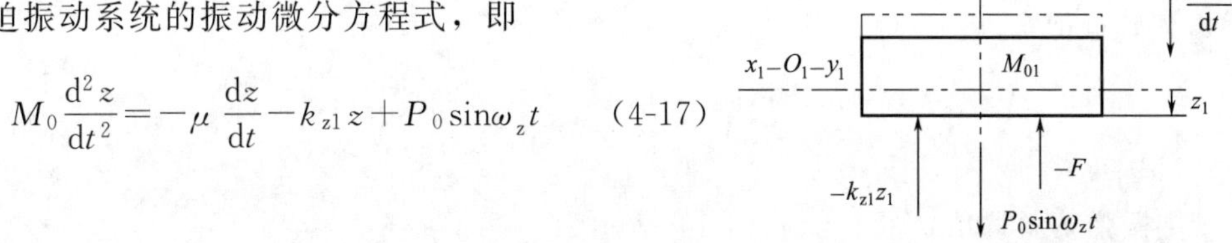

图 4-7　转化主振体受力分析简图

式中

$$\mu = \frac{2M_0}{T_{13}} \ln \frac{A_1}{A_3}, T_{13} \approx \frac{1}{\gamma_z} \tag{4-18}$$

当量阻尼系数 μ 为一实测值，应用时需先测出骤然停机过程中承载料盘振动衰减曲线上初始阶段两个相邻的振幅值 A_1、A_3 以及相对应的振动周期 T_{13}，或其倒数-激振频率 γ_z。根据有关资料，中小型斗式电磁振动给料器在一般承载条件下，料盘的衰减振动振幅比（或主振动系统的衰减振动相对振幅比）A_1/A_3 的值在 1.5 左右。

进而求出方程的特解

$$z = A\sin(\omega_z t + \beta), A = A_1 + A_3$$

式中　A, β——待定常数，分别为主振动系统的相对振幅及位移与激振力的相位角。最后，推导出双自由度有阻尼强迫振动系统的基本函数式

$$z = \frac{P_0 \sin(\omega_2 t + \beta)}{\sqrt{(k_{z1} - M_0\omega_z^2)^2 + \mu^2\omega_z^2}} \tag{4-19}$$

$$\tan\beta = -\frac{\mu\omega_z}{k_{z1} - M_0\omega_z^2} \tag{4-20}$$

$$A = \frac{P_0}{\sqrt{(k_{z1} - M_0\omega_z^2)^2 + \mu^2\omega_z^2}} \tag{4-21}$$

$$P_0=A\sqrt{(k_{z1}-M_0\omega_z^2)^2+\mu^2\omega_z^2} \tag{4-22}$$

若 $\mu=0$，则

$$A=A_{01}+A_{02}=\frac{(1+\xi_0)P_0}{(1+\xi_0)k_{z1}-M_2\omega_z^2}$$

若 $\mu>0$，则

$$A=A_1+A_2\approx\frac{1+\xi_0}{\xi_0}A_1$$

在其他条件一定时，当量阻尼系数 μ 愈大，料盘振幅 A_1 就愈小，而相位角 β 的绝对值就愈大。显然，$A_1<A_{01}$，$A_2<A_{02}$。

对所导出的函数式，只要把有关扭振的因子全部去掉，便可转换为槽式电磁振动给料器的相关公式，本书从略。

③ 振动参数设计

a. 料盘与底盘的振幅比及磁极气隙量　在料斗上，随着螺旋滑道平均半径 R_0 的增大，该圆周各点的振动轨迹愈接近于斜直线，令其与水平面的夹角即振动角为 δ_c，相应的振幅为 λ_c，则近似求出

$$\lambda_c=\frac{A_1}{\sin\delta_c},A_1=\frac{\xi_0}{1+\xi_0}A \tag{4-23}$$

由于主振弹簧斜置角 δ_a 可根据式(4-1) 表示为

$$\tan\delta_a=\frac{A_1}{r_a\phi_{01}}$$

可得

$$\tan\delta_c=\frac{A_1}{R_c\phi_{01}}=\frac{1}{\varepsilon}\tan\delta_a \tag{4-24}$$

$$R_c=R_1-\frac{B_d}{2} \tag{4-25}$$

$$\varepsilon=\frac{R_c}{r_a}$$

式中　R_1——螺旋滑道的外沿半径（即料斗的内沿半径），mm；

B_d——螺旋滑道的有效宽度，mm；

ε——螺旋滑道平均半径与主振板簧上支座外半径的比值（简称供送滑道与弹簧支座的半径比）。

由式(4-23) 看出，若 δ_a、r_a、R_c 保持定值，则 λ_c 与 A_1 属线性关系。因此，料盘的垂向振幅可作为设计料斗工作状况的一个基本参数。

考虑系统的阻尼会削弱料盘和底盘的振幅，不妨取

$$\frac{A_1}{A_2}=\frac{A_{01}}{A_{02}}=\frac{M_2\omega_z^2-k_{z2}}{M_1\omega_z^2} \tag{4-26}$$

实用中，为满足供送与隔振的要求，应使料盘的振幅适当偏大，底盘的振幅适当偏小，这就必须保证

$$M_2\omega_z^2-k_{z2}>M_1\omega_z^2>0$$

或

$$(M_2-M_1)\omega_z^2>k_{z2}>0$$

显然

$$M_2>M_1,M_2\omega_z^2\gg 0$$

进而得

$$\frac{A_1}{A_2}\approx\frac{M_2}{M_1}\tag{4-27}$$

通常取上下振盘的振幅比 $\xi_0\approx\frac{M_1}{M_2}=3\sim5$，小型振动料斗宜选偏高值。为此应设法减小 m_1、J_{z1}，同时适当增大 m_2、J_{z2}。由于圆盘及薄壁圆筒的转动惯量均与其质量和外半径平方的乘积成正比，因此合理设计料斗的结构尺寸，特别是直径，并选用轻质高强度的抗振材料，是十分重要的。

底盘的外圆半径 R_2，可按图 4-5 所示的几何关系确定，即

$$R_2\geqslant\sqrt{r_a^2+(L\sin\delta_a+S_0)^2}=\sqrt{r_b^2+S_0^2+2S_0\sqrt{r_b^2-r_a^2}}\tag{4-28}$$

式中　S_0——主振板弹簧下支座顶边与外沿的水平投影距离。

确定 R_2 值要兼顾整机造型以及电磁铁配置等问题。

在稳定工作状态下，衔铁与铁芯的磁极气隙大小主要是由上下两振盘作相向平移运动的振幅和决定的，而且应留有足够的余量，以补偿各种误差，保证互不相撞。所以，磁极气隙总量

$$\Delta\delta=A+\Delta A=\frac{1+\xi_0}{\xi_0}A_1+\Delta A\tag{4-29}$$

按上式确定的计算值为设计激振电磁铁提供了基本数据。斗式电磁振动给料器通常可取垂向振幅 $A_1=0.5\sim1$mm（相应的实际振幅 $\lambda_c=1.5\sim3$mm），安全余量 $\Delta A=1\sim1.5$mm。为使工作更加可靠，应附加磁极气隙的调整与定位措施。不过，总气隙量 $\Delta\delta$ 切勿调得过大，以免猛增激磁电流而使铁芯线圈过热，甚至烧坏。

b. 主振弹簧刚度及调谐值由式(4-21)，若选取

$$k_{z1}=M_0\omega_z^2=\frac{\xi_0}{1+\xi_0}M_1\omega_z^2\tag{4-30}$$

在保持激振力幅 P_0 一定、主振与隔振弹簧刚度 $k_{z1}\gg k_{z2}$ 的条件下，不管系统有无阻尼存在，料盘振幅都能出现一个有实用意义的高峰值（即共振峰），如图 4-8 中表示的 A_1-k_{z1} 变化曲线。

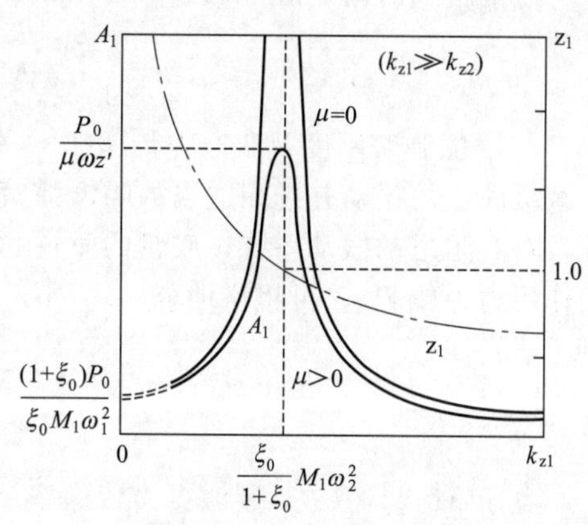

图 4-8　A_1-k_{z1} 变化曲线

将式(4-15) 和式(4-30) 联立，可导出 $\omega_z=$

ω_0。由此得知，欲使斗式电磁振动给料器产生共振，其激振频率与固有频率必须完全相等。这是对机械系统进行调谐的理论基础。

所谓调谐，即调整系统的激振频率 γ_z 与固有频率 γ_0 的比值，写成关系式即为

$$z_1=\frac{\gamma_z}{\gamma_0}=\frac{\omega_z}{\omega_0}=2\pi\gamma_z\sqrt{\frac{\xi_0}{(1+\xi_0)k_{z1}}} \tag{4-31}$$

由上式可见，当 ξ_0 为定值时，减小 M_1、γ_z 而增大 k_{z1}，则 z_t 会使值减小。所以，一般通过两种途径来调谐机械系统：一是选好 γ_z，再有级地调整 k_{z1}，工作比较麻烦，也欠精确，但只需配备若干板弹簧；二是先选好 k_{z1}，再无级地调节 γ_z，工作比较方便，也很精确，但需配备调频装置。

实际上，确定调谐值与系统所受阻尼的程度有关，因此应该着重了解振动料斗的存料轻重及其对盘面摩擦力大小等因素所产生的影响。可是若将工作点选在振幅曲线最突出的部位，由于整个振动系统对阻尼变化的敏感性最强会引起料斗振幅的不稳定，所以忌用 $z_t=1$。这样，就有必要全面分析一下振幅曲线近共振区的情况。

参阅图 4-8 所示共振峰的右侧，可知

$$k_{z1}>M_0\omega_z^2 \text{或} \ \omega_z<\sqrt{\frac{k_{z1}}{M_0}}$$

联系式(4-15) 得

$$z_t=\frac{\omega_z}{\omega_0}<1$$

在此条件下，如果振动料斗内的负载有变化，则能引起 M_1、μ 的值也同时发生变化，但只要 $k_{z1}>M_0\omega_z^2$，由式(4-21) 证明，它们对 A_1 值的影响就会完全抵消或者一定程度的抵消，换言之，工作稳定性较好。

与此相反，在共振峰的左侧，因 $k_{z1}<M_0\omega_z^2$，$z_t>1$ 从而斗内负载所引起 M_1、μ 值的变化，会按同一方向影响着 A_1 值的衰减，这不符合工作要求。

由此可见，k_{z1} 与 $M_0\omega_z^2$ 的数值关系，实际上反映了调谐值的变化状况，具有实践意义。例如，若选取几种（至少三种）不同厚度的板弹簧做调谐实验，那么希望测定出来的料盘振幅是随着板弹簧依次减薄而相应增大的，即说明该振动系统恰好处于 $z_t<1$ 的工作区段。然后以此为基点，使不难求出预期的近共振状态。

通常所选的调谐值为 $z_t=0.9\sim0.95$，相应的主振弹簧刚度大体上可取

$$\frac{\xi_0}{1+\xi_0}M_1\omega_z^2<k_{z1}<M_1\omega_z^2 \tag{4-32}$$

c. 隔振弹簧刚度及激振力传递率　关于斗式电磁振动给料器的隔振问题，关键在于设法减缓底盘的振动并选配适当的隔振弹簧，以免激振力过强地传递到支架或机座上去。已论证，对有阻尼的振动系统，底盘的垂向振幅度 $A_2<A_{02}$。由此通过隔振弹簧传给支承构件的作用力力幅 P_d，可粗略地取

$$P_d=k_{z2}A_{02}=\frac{P_0k_{z2}}{k_{z1}-(M_2\omega_z^2-k_{z2})\left(1-\dfrac{k_{z1}}{M_1\omega_z^2}\right)} \tag{4-33}$$

鉴于 $M_2\omega_z^2\gg k_{z2}$，则激振力传递率

$$\eta=\frac{P_{\mathrm{d}}}{P_0}\approx\frac{k_{\mathrm{z2}}}{k_{\mathrm{z1}}\left[1+\xi_0\left(1-\frac{M_1\omega_{\mathrm{z}}^2}{k_{\mathrm{z1}}}\right)\right]} \tag{4-34}$$

实用中，要求 $0<\eta<1$，遂知隔振弹簧刚度

$$k_{\mathrm{z2}}<k_{\mathrm{z1}}\left[1+\xi_0\left(1-\frac{M_1\omega_{\mathrm{z}}^2}{k_{\mathrm{z1}}}\right)\right] \tag{4-35}$$

又因

$$0<k_{\mathrm{z1}}<M_1\omega_{\mathrm{z}}^2,\ k_{\mathrm{z2}}>0$$

故断定

$$0<1+\xi_0\left(1-\frac{M_1\omega_{\mathrm{z}}^2}{k_{\mathrm{z1}}}\right)<1$$

$$k_{\mathrm{z2}}<k_{\mathrm{z1}}$$

设计时，当 M_1、M_2、k_{z1}、ω_{z}确定后，便可选择 k_{z2}；而且该值要适当偏小一些，以利于提高电磁振动给料器的隔振效果，但也不能过小，免得由于受力变形严重而失效。

(2) 物料的运动分析

① 物料的运动过程　如果截取料斗上一小段螺旋滑道加以分析，就可把它近似地看成是做斜向振动的直槽。现沿水平和垂直两个方向分解此运动，不难理解，只要该工作面的垂向加速度

$$\omega_{\mathrm{z1}}=\frac{\mathrm{d}^2z_1}{\mathrm{d}t^2}=A_1\omega_{\mathrm{z}}^2\sin\omega_{\mathrm{z}}t$$

的最大值，即 $\omega_{\mathrm{z1\,max}}$ 比物料的重力加速度 $g=9.81$ 大得多，再利用物料同滑道的接触摩擦及物料本身的惯性等作用，便足以使它们产生斜向的跳动。实践证明，采用这种运动形式可以实现较好的供送效果。

图 4-9 所示的示意曲线，横坐标代表料盘振动的相位角 $\theta=\omega_{\mathrm{z}}t$，纵坐标代表料盘及物料的瞬时垂直位移 z_1、z_{ω}，借此间接反映两者相对运动的变化关系。当料盘从下限位置点 c' 沿振动线 k_{c} 向斜上方加速运动时(参见图 4-5)，由于振动加速度的垂向分量与重力加速度反向，使物料紧压滑道工作面，加之存在较大的摩擦作用，使物料被带动而不打滑后退。直至静平衡位置的点 c，两者具有相同的最大线速度。越过 c 点，料盘开始减速，于是上述的两个加速度转换为同向，待出现 $\omega_{\mathrm{z1}}>g$，物料即以某一速度脱离工作面产生微抛物线状的跳起运动。至于何时能重落在滑道上，则视具体条件而定。仅以激振一次跳动一次来说，由于料盘比物料先从上限位置向斜下方启动和加速，根据给定条件计算和推断，只有当料盘再次越过平衡位置之后物料才有可能下落到滑道上。

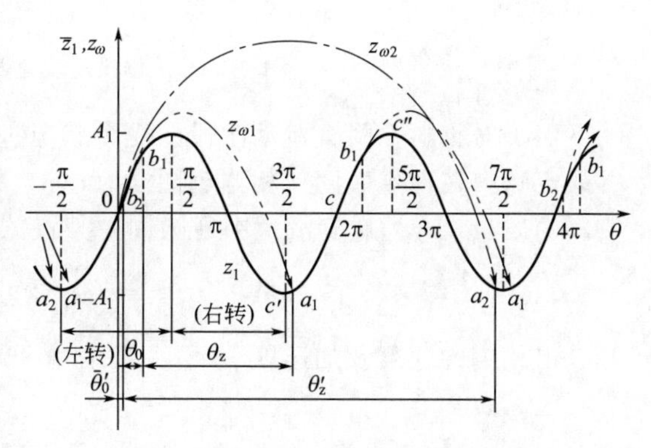

图 4-9　z_1-θ 及 z_{w}-θ 的示意变化曲线

为延长物料每一次的跳动时间并缓和着落时的冲击，按以下条件控制好起跳相位角 θ_0 与着落相位角 $\theta_h=\theta_0+\theta_s$，即

$$\pi<\theta_0+\theta_s<2\pi \tag{4-36}$$

此外，也可能出现激振两次跳动一次的现象，此时最好控制

$$3\pi<\theta_0'+\theta_s'<4\pi \tag{4-37}$$

强调指出，物料着落时越接近料盘的振动下限位置，就越能够减轻冲击作用，且计算准确度高。

总之，在每一个激振周期内，供送过程大体由上述的两个阶段来完成，先是附合运动阶段，后是跳起运动阶段，如此循环不已，形成了宏观的连续平稳运动。为了实现物料的正常供送，必须确定应控制的基本条件及其参数。

a. 附合运动阶段　图 4-10 所示为转化振动装置及物料受力分析简图。假想在料槽与底座之间连接两相互平行的板弹簧，令其斜置角为 δ_c，实际上这就是振动线 k_c 与振盘水平面的夹角，或称为振动角。因此

$$\delta_c=\alpha_c+\beta_c \tag{4-38}$$

式中　α_c——工作面与水平面间的夹角，即供送滑道的平均螺旋角；

β_c——振动线与工作面间的夹角，即激振力对供送滑道的作用角。

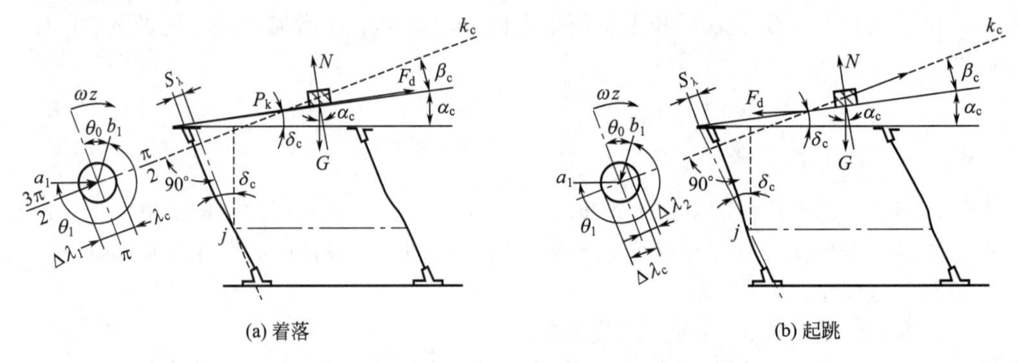

图 4-10　转化振动装置及物件受力分析简图

下面，对物料在附合运动阶段的受力状况进行分析。

假定物料在理想区间［相当于图 4-10（a）中位移矢量圆的阴影部位］着落。令 m 为单个物料的质量，s_λ 为螺旋滑道中径圆周上某点的瞬时位移（$s_\lambda=\Delta\lambda_1$），由

$$s_\lambda=\lambda_c\sin\theta$$

求出相应的速度及加速度

$$v_\lambda=\frac{ds_\lambda}{dt}=\lambda_c\omega_z\cos\theta$$

$$\omega_\lambda=\frac{d^2s_\lambda}{dt^2}=-\lambda_c\omega_z^2\sin\theta$$

因此，加在物件上的瞬时运动惯性力的绝对值

$$P_k = m\left|\frac{d^2 s_\lambda}{dt^2}\right| = m\lambda_c \omega_z^2 |\sin\theta|$$

当处于高频激振状态下，物料与工作面所产生的冲击性正压力 N_d 和滑动摩擦力 F_d 按下式确定其参数关系

$$F_d = \mu N_d$$

式中　μ——物料与工作面间的静摩擦因数。

为求解方便也可转化成另一形式

$$F_d = \mu_d N$$

式中　μ_d——物料与工作面间的当量滑动摩擦因数，在一般供送速度（约 10m/min）情况下，经实验测定大体可取 $\mu_d=(5\sim10)\mu$。

正压力

$$N = mg\cos\alpha_c + P_k\sin\beta_c$$

取被供送物料为示力体，应用动力学原理为使物料着落后不沿工作面打滑后退，必须保证

$$F_d - mg\sin\alpha \geqslant P_k\cos\beta_c$$

代入以上有关值，且令 $\theta=\theta_h$，求得

$$\lambda \leqslant \frac{g(\mu_d\cos\alpha_c - \sin\alpha_c)}{\omega_z^2(\cos\beta_c - \mu_d\sin\beta_c)|\sin\theta_h|} \tag{4-39}$$

从实际出发，一般取 $\alpha_c=0°\sim5°$，$\mu=0.268\sim0.466$（相当于极限静摩擦角为 15°～25°），故知上式的分子大于零，而分母中的 $\cos\beta_c-\mu_d\sin\beta_c$ 不管出现何种情况，从物理意义讲，总应选取 $0<\lambda_c<\infty$。如果算出 $\lambda_c<0$，这只能意味着，由于 β_c 或 μ_d 较大，即使 λ_c 也很大，仍保证物料不会打滑后退。

b. 跳起运动阶段　从图 4-10（b）看出，为使物料越过静平衡位置之后及早起跳，必须保证

$$\mathrm{mg}\cos\alpha - N \leqslant P_k\sin\beta_c$$

当起跳相位角为 θ_0，即取 $\theta=\theta_0, N=0$ 时，代入有关值，求得

$$\lambda_c \geqslant \frac{g\cos\alpha_c}{\omega_z^2\sin\beta_c\sin\theta_0} \tag{4-40}$$

$\gamma_\lambda=0$，无法起跳，故断定 $0<\theta<\frac{\pi}{2}$。

综合上述，就每一激振周期而言，为使物料实现所预期的两个阶段的运动，应将式(4-39) 和式(4-40) 联立，以求解所需的基本控制条件，即

$$\cos\beta \leqslant \mu_d + (\mu_d - \tan\alpha_c)\frac{\sin\theta_0}{|\sin\theta_h|} \tag{4-41}$$

为使工作更加可靠并且便于分析，令振动角校核准数

$$\beta_0=\operatorname{arccot}\left[\mu_{\mathrm{d}}+(\mu_{\mathrm{d}}-\tan\alpha_{\mathrm{c}})\frac{\sin\theta_0}{|\sin\theta_{\mathrm{h}}|}\right] \tag{4-42}$$

则上式简化为

$$\beta_{\mathrm{c}}>\beta_{\mathrm{c0}}$$

鉴于μ_{d}愈大，β_{c0}愈小，所以若处理多品种物料，则应以μ_{d}的低限值作为校核β_{c}、δ_{α}的依据。要更好地解决这个问题，还必须找出式(4-42）中的两个振动相位角θ_0与θ_{h}的函数关系。

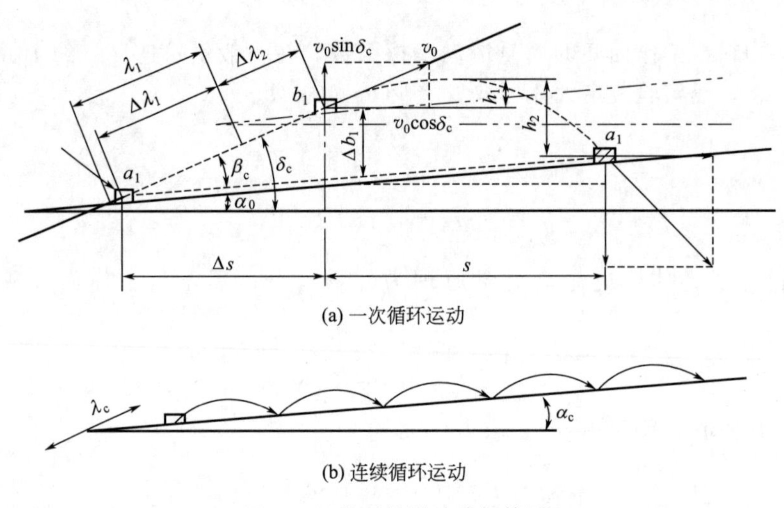

图 4-11 物料的跳动分析简图

参阅图 4-9～图 4-11，设滑道上物料的起跳速度为v_0；跳起的运动时间为t_{s}，相应的振动相位角为θ_{s}。对于t_{s}，等于物料沿抛物线轨迹上升高度h_1所需时间t_1及下降高度h_2所需时间t_2之总和，即

$$t_{\mathrm{s}}=t_1+t_2$$

其中

$$t_{\mathrm{s}}=\frac{\theta_{\mathrm{s}}}{\omega_{\mathrm{z}}}$$

$$t_1=\frac{v_0\sin\delta_0}{g}$$

$$v_0=\lambda_{\mathrm{c}}\omega_{\mathrm{c}}\cos\theta_0$$

由于

$$h_2=\frac{1}{2}gt_2^2=\frac{1}{2}g(t_{\mathrm{s}}-t_1)^2 \tag{4-43}$$

由图 4-11 可见

$$h_2=h_1+\Delta h-s\tan\alpha_0 \tag{4-44}$$

$$h_1=\frac{1}{2}gt_1^2$$

$$\Delta h=\frac{\Delta\lambda_c\sin\beta_c}{\sin(90°+\alpha_c)}$$

$$\Delta\lambda_c=\Delta h_1+\Delta h_2=\Delta\lambda_c(-\sin\theta_h+\sin\theta_0)$$

$$s=(v_0\cos\delta_c)t_s$$

联立式(4-43) 和式(4-44)，并取式(4-40) 的值，经置换求出

$$\tan\theta_0=\frac{\theta_s-\sin\theta_s}{0.5\theta_s^2+\cos\theta_s-1} \tag{4-45}$$

据此，绘出如图 4-12 所示的 $\theta_0-\theta_s$ 及 $\theta_h-\theta_s$ 的函数曲线。这有助于采用简捷方法近似查得 θ_0 所对应的 θ_s 和 θ_h。但在设计中，最好还要借式(4-45) 加以校核，以免误差过大。

② 物料的运动参数分析　将式(4-40) 变换为

$$\sin\theta_0=\frac{g\cos\alpha_c}{4\pi^2\gamma_z^2\lambda_c\sin\beta_c}=\frac{g}{4\pi^1\gamma_z^2A_1(1-\tan\alpha_c\cot\delta_c)\theta} \tag{4-46}$$

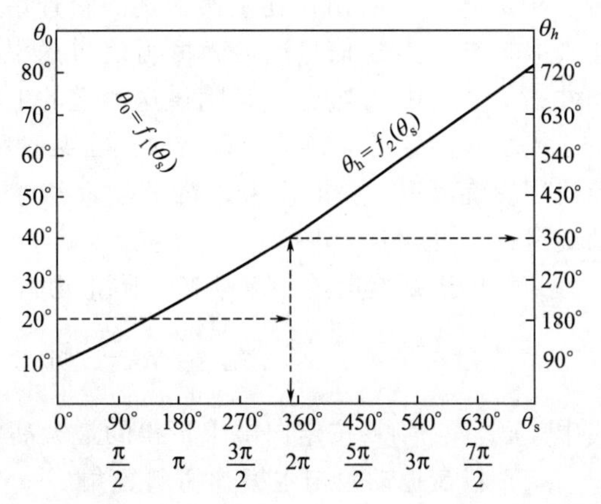

图 4-12　$\theta_0-\theta_s$ 及 $\theta_h-\theta_s$ 的函数曲线

根据上式，由已知的 A_1、γ_z、α_c、δ_c、μ_d 可求 θ_0、θ_s、θ_h、β_{c0}，进而校核 θ_h 和 β_c；若都符合要求，则可根据图 4-10 所示的物料与工作面的相对运动关系，推导出供送速度及生产能力的计算式。

假定料盘振动 α 次物料只跳动一次，则物料每单位时间相对工作面的位移量，即理论平均供送速度

$$v_p=\frac{\Delta s+s}{\cos\alpha_c}\times\frac{\lambda_x}{\zeta}$$

其中

$$\Delta s=\Delta\lambda_c\cos\delta_c=\lambda_c(\sin\theta_0-\sin\theta_h)\cos\delta_0$$

$$\zeta=\frac{\theta_h}{2\pi}$$

若此相对振动次数算出了小数，则应向增大方向加以圆整。

取式(4-40) 的 λ_c 值及其他相关值，代入上式得

$$v_p=\frac{g\theta_s^2\cos\delta_c}{8\pi^2\zeta\gamma_z\sin\beta_c}=\frac{g\theta_s^2}{8\pi^2\zeta\gamma_z(\cos\alpha_c\tan\delta_c-\sin\alpha_c)} \tag{4-47}$$

则斗式电磁振动给料器的实际生产能力

$$Q=\frac{6\times10^4Kxv_p}{l_w} \tag{4-48}$$

式中　l_w——物料沿供送方向的长度；

x——料斗（或料盘）分流通道的个数；

K——系统有效工作系数，这是对理论平均供送速度的计算误差以及供送滑道上产生断流、回流等复杂影响因素所作的总修正，并根据具体条件通过实验测定，设计时取 $K=0.5\sim0.7$，对消极定向宜偏低些。

式(4-48) 表明，供送速度对提高生产能力起着决定性作用。然而在实际生产中还要综合考虑物料的形状、大小、性质，以及料斗（或料盘）的结构尺寸、振动角、振幅、激振频率等对供送过程的影响，力求导流顺畅、运动平稳、速度适中、噪声轻微、调节方便、工作可靠。

4.2.1.3 斗式电磁振动给料器的主参数设计

（1）滑道螺旋角与螺距

从式(4-47) 看出，在主振弹簧的斜置角 δ_α、供送滑道与弹簧支座的半径比 ε、振幅 A_1 和激振频率 γ_z 为定值且满足激振力对供送滑道的作用角大于振动角校核准数，即 $\beta>\beta_{c0}$ 的条件下，平均供送速度 v_p 是随供送滑道的平均螺旋角 α_c 减小而增大的。因而设计时尽量选用适当小的供送滑道螺旋角，有时出自某种特殊需要也可改用多道短螺旋滑道，或者干脆放弃使用螺旋滑道。一般说来，对于自动定向排列的螺旋滑道，可取 $\alpha_c\leqslant3°$；对于垂直输送的螺旋滑道，可取 $\alpha_c\leqslant10°$。

为使供送螺旋滑道导流顺畅，防止物料产生堆叠和卡滞等弊病，通常取其螺距

$$h_d=(1.5\sim1.8)h_w+C \tag{4-49}$$

式中 h_w——物料按定向要求量得的最大高度，mm。

（2）料盘振动角与主振弹簧斜置角

为简化分析和计算，若取 $\alpha_c=0$，则由前面导出的式(4-46)、式(4-47) 和式(4-48) 置换得

料盘振动角

$$\delta_c=\beta_c=\arctan\left(\frac{1}{\varepsilon}\tan\delta_\alpha\right)$$

起跳相位角

$$\theta_0=\arcsin\frac{g}{4\pi^2\gamma_z^2A_1} \tag{4-50}$$

平均供送速度

$$v_p=\frac{g\theta_s^2\cot\delta_c}{8\pi^2\zeta v_s} \tag{4-51}$$

令 $\delta_\alpha=25°$，$A_1=0.5$，$\gamma_z=50$，代入上式并绘出如图 4-13 所示的 $\delta_c-\varepsilon$ 及 $v_p-\varepsilon$ 的变化曲线。从图中可见，适当增大 ε，会引起 δ_c 减小，v_p 增大。

但是，推导供送速度的函数式是以 $q\pi<\theta_h<(q+1)\pi$（q 为奇数）及 $\beta_c>\beta_{c0}$ 为成立条件的（否则，不适用或有一定的误差）。既然如此，ε 也必然受到 β_{c0} 的制约而存在可选范围；在本例中，若取 $f_d=4.3$，则其临界值 $\varepsilon_r\approx5$。

实用中，ε 值不允许过小，否则，因 δ_c 过大容易使被供送物料产生比较强烈的跳动现

象，有碍自动定向排列和缓和冲击噪声。为合理布置激振电磁铁，也要求适当选择 ε，常取 $\varepsilon=1.5$ 左右；对于垂直输送，可取 $\varepsilon\leqslant 1$。

由实验可知，料盘振动角的可选范围是 $\delta_c=15^\circ\sim 30^\circ$，常用 $\delta_c=20^\circ$ 左右。对于质脆而需加强保护的被供送物料宜取偏低值，当滑道平均螺旋角较大时宜取偏高值。

设计时，一经选好供送滑道与弹簧支座的半径比 ε 及相应的振动角 δ_c，即可按式(4-24) 确定主振弹簧斜置角 δ_α。

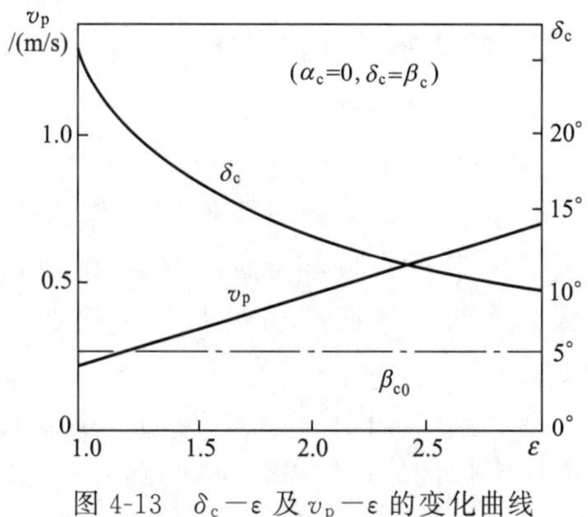

图 4-13　$\delta_c-\varepsilon$ 及 $v_p-\varepsilon$ 的变化曲线

(3) 料斗直径与高度

由已知的滑道平均螺旋角 α_c、螺距 h_d 及滑道道数 x'（此值与分流通道个数 x，在概念上有所区别），可求螺旋滑道的平均半径

$$R_c=\frac{x'h_d f}{2\pi\tan\alpha_0} \tag{4-52}$$

并参考以下经验值

$$R_c\geqslant 6l_w\ (\text{或}\ d_w)$$

对内螺旋滑道料斗

$$R_c\geqslant 3B_d,\ B_d=b_w\ (\text{或}\ d_w)\ +\ (2\sim 5)$$

式中　l_w, b_w, d_w——分别为物料沿滑道供送方向的长度、宽度和最大外廓直径。

进而求得料斗内直径

$$D_1=2R_1=2R_c+B_d \tag{4-53}$$

主振板弹簧上支座的外半径

$$r_a=\varepsilon R_c \tag{4-54}$$

据此，可确定主振板弹簧上支座内半径，并设计激振电磁铁的配置尺寸。

总之，选择适宜的料斗直径或料盘面积，有助于快速散开物料并顺利导入到供送滑道上，完成预期的工艺过程。另外需留少量储备用来缓和进料波动，以提高工效。

关于确定圆柱形振动料斗的高度，仅从完成自动定向排列的角度来说，可初步估计一下实际所需的螺旋滑道平均展开长度 L_c（包括引入段和定向段），并计算滑道的总圈数

$$n_c=\frac{L_c\cos\alpha_c}{2\pi R_c} \tag{4-55}$$

设料槽高度为 h_0，即可求得料斗内高度

$$H_1=xn_dh_d+h_0 \tag{4-56}$$

4.2.2 链式输送装置设计

4.2.2.1 链式输送装置的分类

(1) 链条输送装置

链条输送装置是以环形链条作为牵引构件的输送装置，由主动链轮、从动轮、张紧装置、链带、推板和导向装置等组成，如图 4-14 所示，常用于较大块状食品的供送。推板工作时沿导向滑轨滑行，当把被送块状食品送到预定位置时，推板便脱离滑轨离开工位。

链带式供送机构按其具有的链条数又可分为单链式和双链式，单链式供送面窄，用于供送小件块状食品，后者输送面宽，用于较大块状食品。

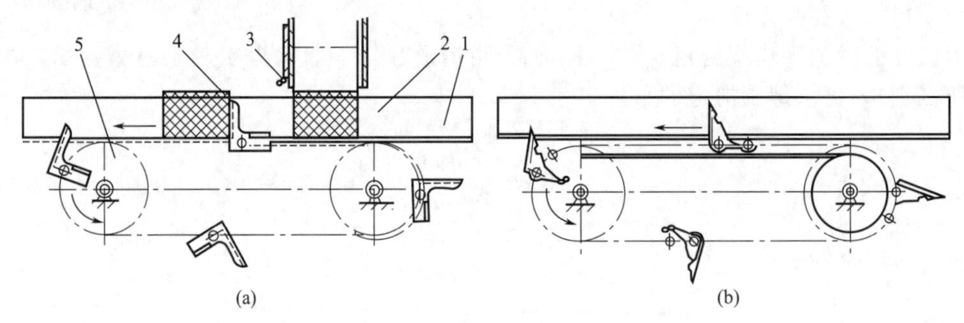

图 4-14 链带式供送机构简图

1—台面板；2—挡板；3—料库活门；4—推板；5—主动链轮

链式输送机是用绕过若干链轮的无端链条输送货物的机械，由驱动链轮通过轮齿与链节的啮合将圆周牵引力传递给链条，在链条上或固接着一定的工作构件上输送货物。如图 4-15 所示。它可在水平、倾斜甚至垂直方向输送大量散粒物粒或中小型成件货物或人等。

链式输送机的类型很多，用于港口、货栈的主要有链板输送机、刮板输送机机、埋刮板输送机、自动扶梯和悬挂式输送机等。

图 4-15 链式输送机

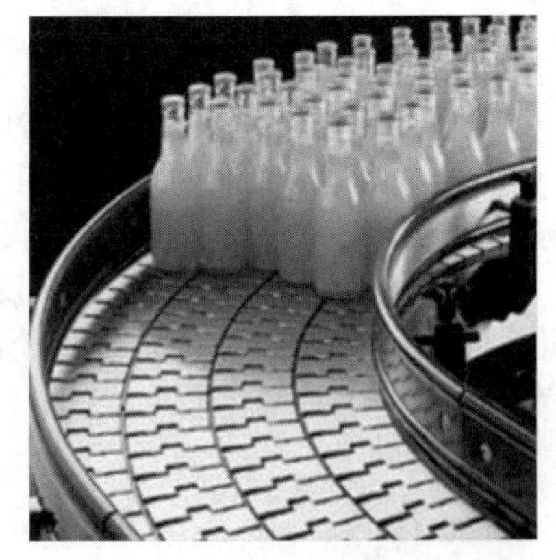

图 4-16 活页链传送带

(2) 链板送装置

常用的瓶子输送设备是活页链传送带，如图 4-16 所示，活页链传送带由金属板通过铰链一个个串联而成，板的尺寸与瓶子的直径相吻合。传送率很高时，可以将数条传送带并排布置，构成宽幅传送带。有时也采用两个瓶子宽的链板制成传送带。转弯半径较大的弯道输送带使用特殊形状的链板。为了使传送带运行平稳，在其下面设置了塑料滑轨。传送带通过齿轮驱动和折返，并借助自重张紧。

活页链传送带的应用及特点可归纳如下：它可以单条或多条并列安装；它可用于弯道传送；其最大安装斜率达7%；可以利用传送带速度的差异，实现瓶子由多路变成单路，并可避免瓶子速度突然改变，它被广泛用于在单台设备之间作存储和缓冲区，以防止瓶流阻塞。基于上述特点，活页链传送带在灌装车间成为最主要的输送工具。为了实现瓶子的垂直输送(例如将瓶子送往上一层楼)，可采用带夹持钩的传送带。

4.2.2.2　链式输送装置的结构设计

(1) 驱动装置

通过驱动装置使输送设备驱动轴转动而实现输送链条的运行及物体的输送，通常由电机减速机组组成。

驱动轴的支承一般采用双列调心球轴承座（角驱动悬挂输送机除外）；驱动装置同时还一定要设计安全保护装置，可设置一个弹性底座并配备电器行程开关，当减速机输出扭矩超载时，弹性底座碰到电器行程开关，使主电机及时失电；当设备总长较长，负荷较大，采用一个驱动装置驱动会使链条拉力过大时，可在设备的中间处设置一个辅助驱动装置，将两个驱动装置用液力偶合器连接，当负荷超出主驱动装置的容量时，辅助驱动装置启动，当负荷在主驱动装置的容量范围内时，辅驱动装置自动停止。

在驱动装置设计时，必须对牵引力、扭矩和功率等进行计算，并根据计算结果正确地选取电机、减速机、变频器、链条、支承轴承座、驱动轴和安全保护装置等。下面以平板输送机为例，对电机、减速机的选型参数计算加以说明。

① 确定驱、从动轴中心距

$$A=\frac{(2n+1)T_k-PZ}{2}\ \text{(mm)}$$

式中　n——有效工位总数；

T_k——工位间距，mm；

P——链条节距，mm；

Z——主轴链轮齿数。

② 总牵引力 S

$$S=9.8(W+2Q)Af\ \text{(N)}$$

式中　W——输送物品平均每米质量，kg；

Q——每米长度链条及工装质量，kg；

f——运行阻力系数。

③ 电机功率 N

$$N=KSV(\text{kW})/6000\eta$$

式中　K——功率储备系数，一般取 $K=1.2\sim1.5$；

V——运行速度，m/min；

η——驱动机构总效率，一般取 $\eta=0.76\sim0.81$。

④ 计算减速机输出扭矩（选减速机）

$$M=KSR(NM)/i_{链}\eta_{链}$$

式中 R——主动链轮节圆半径，m；

$i_{链}$——链传动速比；

$\eta_{链}$——链传动效率，一般取 $\eta_{链}=0.96$。

(2) 张紧装置

链式输送设备均采用链条作为承载主体，由于链条的允许长度误差较大，在使用过程中因链条磨损也会使链条节距伸长。因此，链条输送设备一定要设计张紧装置。张紧装置的张紧行程与工作链条节距及输送线长度有关，张紧量的设计原则是能满足链长允差及允许链条磨损伸长两节链长长度，以保证链条磨损增长后拆除两节链条，输送机能正常工作，以增长它的使用寿命。张紧装置的结构有螺旋张紧结构（如平板或鳞板输送机）、弹簧张紧机构及重锤张紧机构（如悬挂输送机）等形式。由于链式输送设备的链条拉力通常较大，在采用螺旋张紧结构时，一定要注意使张紧螺杆承受压应力，而不承受拉应力，以满足其强度和刚度的要求，特别当张紧机构的轴支承座为铸铁件时更应如此。

其轴的支承一般采用带滑动座的双列调心球轴承，选用这种结构的轴承座，一是它能在张紧轨道上移动，以满足张紧的要求，同时调心轴承能保证当两支承有一定量同轴度误差时输送机能正常工作。当输送设备采用双链条或两链条以上结构时，由于各链条长度不可能一样长，从动轴上的链轮与轴的结合一定不能采用键联接，而应使链轮能在轴上游动，以减少链条所受的附加拉力。

(3) 输送线主体部分

机架通常采用型钢焊接而成。链式输送设备以链条作为主要工作部件，链条是承载主体，而链条是柔性结构件，因而承载部分的链条一定要用支承轨道对其支承，以使链条作为刚性结构承载；当结构上有下垂链条松边时，由于链条自重较大，为了减小松边张力，提高链条使用寿命和减小驱动装置的动力容量，同时为避免运行过程中链条与机架发生干涉，松边也一定要设计支承轨道；支承轨道常选用有一定强度的耐磨减磨材料。由于链传动有多边形效应，当结构上需逐级采用链条传动时（如动力滚道线），级与级间的链轮齿数应相同，使它们间的传动比为 1，以免出现爬行现象。当设备是由两台结构形式大致相同的设备组合而成时，两设备应各自采用驱动装置驱动，不要将两设备用一台驱动装置驱动，以免因链条的多边形效应，使设备运行出现明显的爬行现象。

(4) 链条规格的选取

链条规格的选取，对精密滚子链而言，国家标准规定了功率曲线，设计时可查阅机械设计手册，根据运行速度和链条传递功率按功率曲线选取链条规格。其他形式的链条规格选取现阶段还是按经验比拟法。现在一般的选取原则是，链条的破断负荷为链条计算使用负荷的 5～7 倍，对悬挂链条而言，链条的破断负荷为链条计算使用负荷的 7～10 倍。

4.2.2.3 链式输送装置的输送计算

(1) 生产能力计算

链条输送装置的生产能力可参照带式输送装置进行计算。

(2) 功率计算

当输送装置上无载荷时，功率消耗于克服链条铰链间、链条与链轮齿间、链条与导轨间、链轮轴与轴承间所产生的摩擦阻力。当输送装置运送物品时，上述各阻力都将增大，同时还要克服物品与滑台间的摩擦阻力及装卸物品引起的阻力等。精确计算这些阻力相当困难，故均采用经验方法或实验方法计算。可用下式估算输送机驱动链轮轴的功率。

$$N_{轴}=FVK \tag{4-57}$$

式中　$N_{轴}$——驱动链轮的轴功率，W；

F——链条牵引力，N；

V——牵引链条的运行速度，m/s；

K——系数，有润滑的链条取 $K=1.15$，无润滑的链条取 $K=1.20$。

计算链条输送机的驱动（电动机）功率时，还需计入减速传动装置的效率损失。即驱动（电动机）功率

$$N_{电}=\frac{FVK}{\eta} \tag{4-58}$$

式中　η——减速传动装置效率。

4.2.3　带式输送装置设计

4.2.3.1　带式输送装置的分类

带式输送机是用连续运动而具有挠性的无端输送带连续运输货物的机械。它用输送带作承载和牵引构件，用来输送各种规则形状的货物。用胶带作为输送带的称为胶带输送机，简称胶带机，俗称皮带机。它能够水平和倾斜（倾角不大）方向输送大量散粒物料或中小型成件货物。

（1）普通平带式输送装置

送带既是承载货物的构件，又是传送牵引力的牵引构件，依靠输送带与滚筒之间的摩擦力平稳地进行驱动，如图 4-17 所示。输送带绕过驱动滚筒和张紧滚筒，并支承载在许多托辊上。工作时，由电动机通过减速装置使驱动滚筒转动，依靠驱动滚筒与输送带之间的摩擦力使输送带传动，货物随输送带运送到达卸载地点。

（2）大倾角带式输送机

普通胶带输送机倾斜向上输送物料时，不同粉粒所允许的最大倾角一般为 16°～20°。为了提高输送倾角，缩短在提升同样高度时所需的输送机长度，节省占地面积，近年来发展了多种形式的大倾角带式输送机，如花纹带式输送机、波形挡边带式输送机、双带式输送机等，使许用输送倾角大为增加，甚至能够实现垂直提升货物。如图 4-18 所示。

图 4-17　普通平带式输送装置

图 4-18　大倾角带式输送机

（3）管形带式输送带

吊挂管状带式输送机可沿空间曲线绕过沿途的各种障碍完成输送任务。它有一条特殊的

胶带，胶带在带式输送机的头部滚筒和尾部滚筒处展平，像普通带式输送机一样，由驱动滚筒靠摩擦力来驱动。加料后，通过一系列导向辊子，胶带逐渐封闭成管状。

胶带的侧边有特殊的凸缘，闭合后可以被吊具锁住。吊具上有滚轮，在工字钢轨道上运行，互相之间用钢绳连接，并保持一定的间距。吊具靠弹簧夹紧胶带，并把胶带和物料的重量传给工字钢轨道，起着支承作用。

在卸料时，吊具被导向轮强制打开，脱离胶带，胶带展平后在滚筒处卸料。这种带式输送机的往复二个分支都是吊挂管状的，可以实现两个分支双向输送物料。如图4-19所示。

(a)

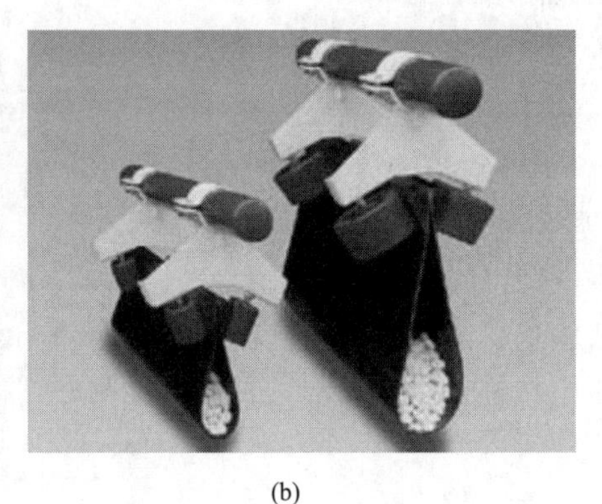

(b)

图 4-19 管形带式输送带

4.2.3.2 带式输送装置的结构设计

带式输送装置所用输送带有棉织帆布带、化纤织物带、钢带、金属丝网带等。有些输送带进行了浸渍或涂敷表面防护层处理，用于改善输送带的性能。如帆布带浸渍氯丁橡胶后，防潮，能抗酸、碱、油脂或石油的侵蚀，无味、无毒，能耐 120℃的高温，非常适宜于食品加工工业应用。涂敷有某些合成材料涂层的帆布带，能防潮，对酸、碱、油脂有抗侵蚀的能力，无味、无毒，能进行清洗，但只能耐 95～100℃的温度，适用于输送糖果、糕点等物品。未经处理的帆布带防潮、抗磨及耐酸、碱、油脂侵蚀的能力差，只能耐受 75℃的温度，适用于输送干燥物品，但因它柔软性良好，能用较小直径的辊轴，因而结构紧凑。

(1) 输送带宽度的选取

输送松散状态物品时，根据输送速度、生产能力及物品特性等进行计算后选取。输送成件物品的输送带，按所输送的最大物件的对角线长度，再加 100mm 余量确定所需的输送带宽度，选取相近的标准宽度。

(2) 输送带厚度

自动包装机所用带式输送装置多为轻载或特轻载荷类型，要求其结构紧凑、轻巧，所以输送带厚度多取 2 或 3 层结构的橡胶帆布带，个别的也有用 4 或 5 层结构的。带的厚度影响其强度、抗冲击性能和挠曲性。

正确选择输送带能使结构紧凑，使用寿命长，并能得到良好的工作效果。选取输送带时应考虑：

① 能适应所输送物品性能的要求；

② 具有足够的强度；

③ 具有适当且合理的厚度；

④ 其覆面层材料的厚度应能适应运转过程中遇到的冲击、磨损和侵蚀等机械性作用和

化学性作用。

（3）输送带接头

带式输送机输送带的接头有搭接铆接、皮带扣连接、硫化胶粘接及化学胶黏剂粘接等方式。不同的连接方式，接头效率不同。橡胶帆布带以优质硫化粘接最好，一般硫化粘接次之，皮带扣连接再次，搭接铆接连接最差。接头效率等于接头处最大破坏强度与输送带的极限强度的比值。

（4）辊子直径

驱动辊直径对输送带的使用寿命有直接影响。输送带厚度一定时，减小驱动辊直径将使输送带绕经辊子时的弯曲应力增大，从而严重缩短输送带的使用寿命。通常取驱动辊直径为

$$D_{驱}=KZ_0$$

式中　Z_0——输送带的断面层数；

K——比例系数，$Z_0\geqslant 8$ 时，取 $K\approx 150$；Z_0 较小时，可取 $K=80\sim 100$。

其他辊子直径可参照驱动辊直径选取：

从动辊直径 $D_{从}=(1.8\sim 1.0)D_{驱}$；

张紧辊直径 $D_{张}\approx 0.7D_{驱}$；

转向辊直径 $D_{转}\approx 0.5D_{驱}$。

托辊承托着输送带及载荷，同时起到导向与防止跑偏的作用。其结构为长圆柱体，有金属辊、非金属辊及包胶辊等。托辊直径取 $D_{托}=50\sim 150$mm。上托辊节距根据输送带的挠性、载荷来选取，下托辊节距取上托辊节距的两倍。

（5）张紧装置

张紧装置给输送带一定的初始张紧力，并在运转中始终使输送带保持一定的张紧程度。张紧装置有自动调节的重锤式、定期调节的螺旋式两种。重锤式张紧装置效能较好，螺旋式主要用于短行程的输送机。

4.2.3.3　带式输送装置的输送计算

（1）带式输送装置的输送计算

① 输送成件物品时的输送速度

$$V=NL \tag{4-59}$$

式中　V——输送带速度，m/s；

N——每秒钟输送成件物品件数，件/s；

L——输送带上成件物品节距，m/件，等于物品长度 $L_{件}$ 与两件之间的间距 $L_{距}$ 之和。

② 输送松散状态物品的输送能力

$$Q=3600F\rho V\varphi \tag{4-60}$$

式中　Q——输送机每小时输送物品的质量，kg/h；

F——输送带上物料层横截面积，m^2；

V——输送带输送速度，m/s；一般取 $V=0.3\sim 3$m/s；

ρ——物品的散堆密度，kg/m^3；

φ——物品的装填系数，取 $\varphi=0.6\sim 0.8$。

输送带倾斜安装时，其输送能力将降低。因此输送能力公式中引入修正系数 β_0，当倾角 $\alpha<10°$时，取 $\beta_0=0.95\sim 1.0$；当 $\alpha=10°\sim 15°$时，取 $\beta_0=0.9\sim 0.95$。平带输送机最大倾角一般取 $\alpha=14°\sim 16°$，更大的安装倾角须采取防滑措施。

（2）平带输送装置功率计算　水平式平带输送装置的功率消耗于克服各辊轴承阻力、输

送带绕经各辊时的弯曲变形、输送带及所载物品运行中经过承托辊时产生的冲击振动，此外还有装料装置、卸料装置引起的阻力等。这些功率消耗的计算很复杂，通常按经验方法计算。

首先计算克服各辊阻力所需的牵引力

$$P_1=\frac{QL}{V} \tag{4-61}$$

式中 Q——输送机的生产能力，kg/h；

L——输送物品的有效长度，m；

V——输送带的运行速度，m/s。

然后计算克服装料装置、卸料装置和输送带与输送物品间摩擦力引起的附加牵扯引力 P_2，它与装料、卸料方式有关，可参考有关资料计算。

带式输送机输送物品时所需总牵引力

$$P=P_1+P_2 \tag{4-62}$$

水平式平带输送装置所需功率

$$N=KPV \tag{4-63}$$

式中 K——未考虑到的阻力修正系数，通常取 $K=1.1\sim1.15$。

4.2.4 辊轴式输送装置

辊轴式输送机是非挠性牵引构件输送机的一种，可以沿水平或倾斜方向输送成件物品，是生产流水线上常用的一种输送设备。

辊轴输送机由一系列以一定的间距排列的辊子组成，用于输送成件货物或托盘货物。它可沿水平或曲线路经进行输送，其结构简单，安装、使用、维护方便，对不规则的物品可放在托盘或者托板上进行输送。

货物和托盘的底部必须有沿输送方向的连续支承面。为保证货物在辊子上移动时的稳定性，该支承至少应该接触四个辊子，即辊子的间距应小于货物支承面长度的1/4。

4.2.4.1 辊轴式输送装置的分类

(1) 按驱动方式分为无驱动辊轴输送机和有驱动辊轴输送机

① 无驱动辊轴输送机 滚柱的形状主要有滚柱式和盘式两种，如图4-20所示。

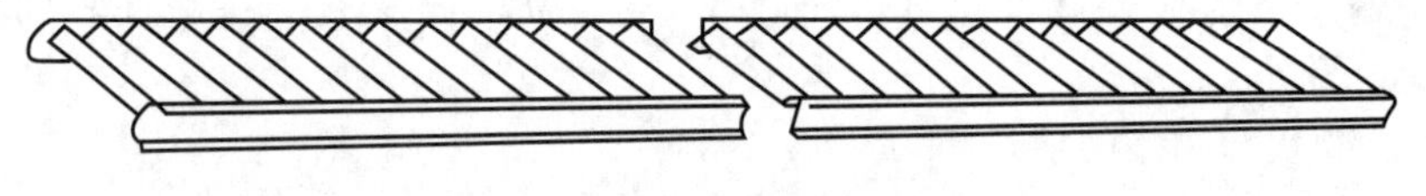

(a) 滚柱式

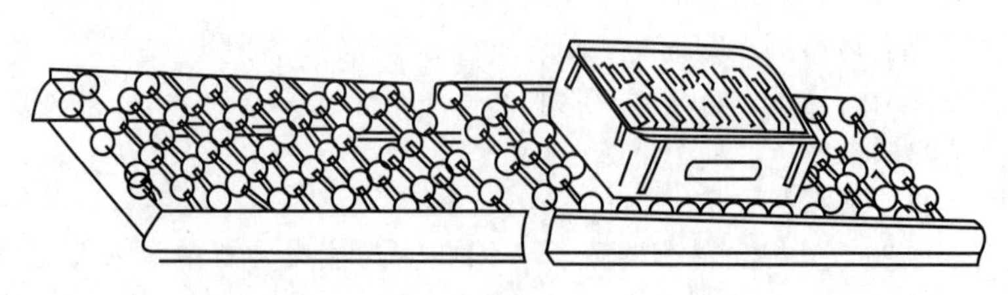

(b) 盘式

图4-20 无驱动辊轴输送机

② 有驱动辊轴输送机　见图 4-21。

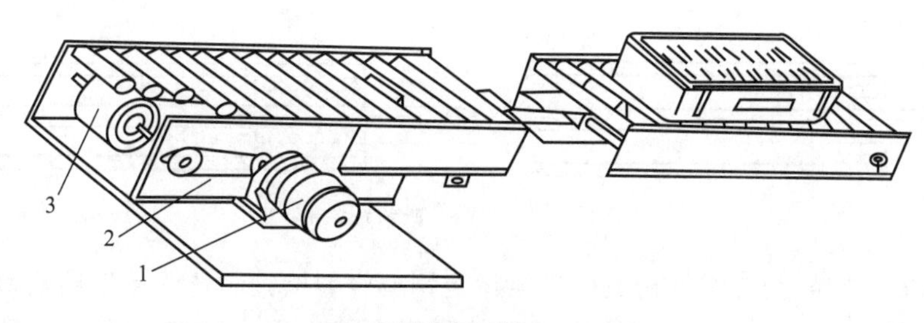

(a) 压带式驱动

1—电动机；2—减速器；3—传动链

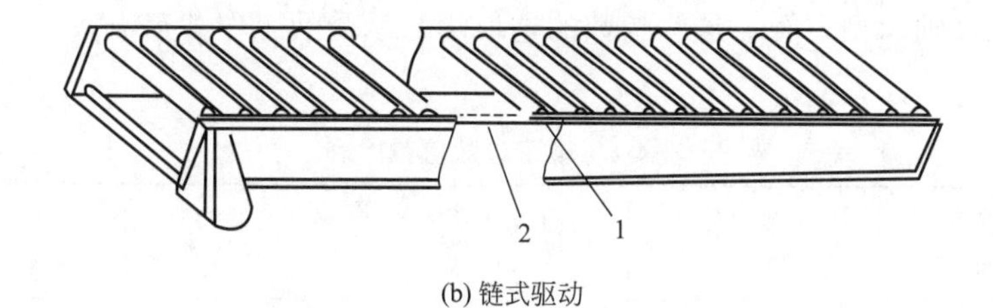

(b) 链式驱动

1—链轮；2—链条

图 4-21　有驱动辊轴输送机

(2) 按流向角度不同分为圆锥形辊轴输送机和圆柱形辊轴输送机　见图 4-22。

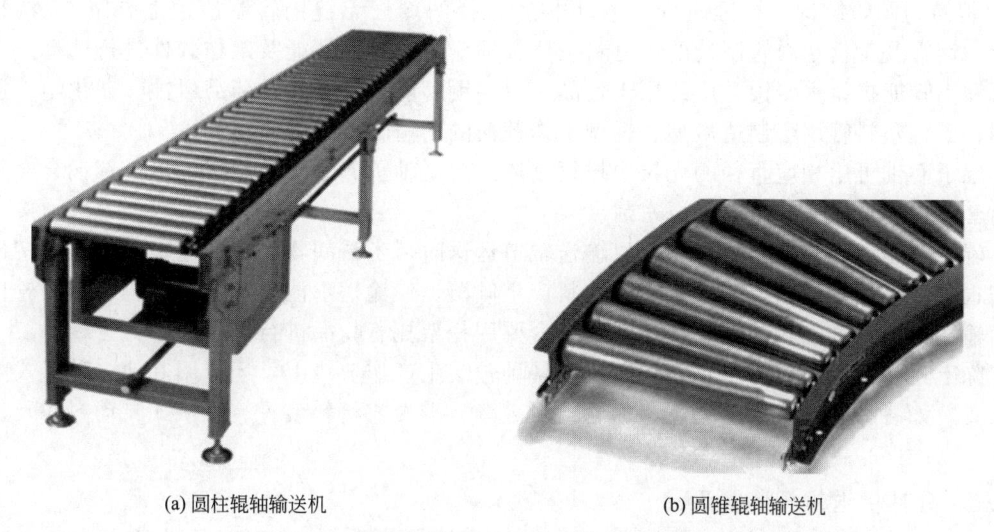

(a) 圆柱辊轴输送机　(b) 圆锥辊轴输送机

图 4-22　圆锥形辊轴输送机、圆柱形辊轴输送机

4.2.4.2　辊轴式输送装置的结构设计

辊式输送装置又称输送辊道，由辊子和机架构成。输送辊道按能承受的载荷大小可分为微型、轻型、中型、重型、特重型五种，可对物品作水平或倾斜输送；结构上有单排辊道和多排辊道，有的辊道设置有传动装置，物品由辊道驱动运送。包装机及包装生

产线多用微型或轻型输送辊道，输送包装纸箱、盒、罐及包装品等。中型以上的输送辊道较少应用。

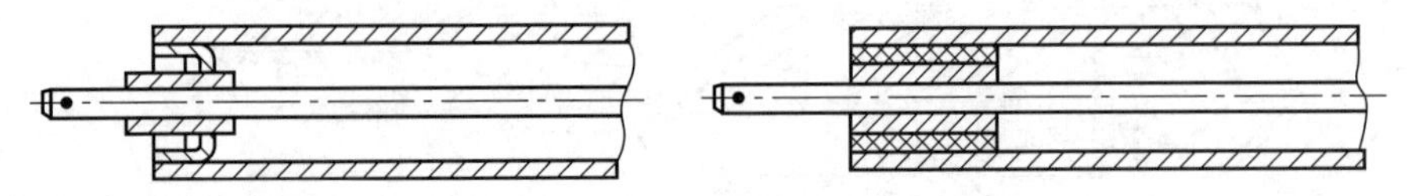

图 4-23 输送辊结构

机架由边梁、支架及支撑件构成。边梁用角钢或轻型槽钢制造，支架用轻型槽钢或钢管制造，边梁与支架间紧固连接。为增强机架的刚度和稳定性，另设若干个由型钢制造的支撑件。

辊子由轴筒、心轴、轴承等组装而成，如图 4-23 所示。辊子结构参数包括辊筒直径、长度、心轴直径、轴承型式等，这些参数的选取均与承受的工作载荷有关。表 4-1 中所列数值可供参考。

表 4-1 辊子参数值范围表

型式	辊筒直径/mm	心轴直径/mm	辊子最大长度/mm	辊子荷载能力/N	节距范围/mm
微型	8～18	5～6	≤350	22～25	20～30
轻型	25～40	6～12	400～600	70～180	50～150
中型	60	12	≤900	20～26	600～2000
重型	65～70	12～16	600～900	>540	75～300
长度系列：100；150；200；250；300；400；500；600；750；900					

辊筒为圆管结构，标准辊筒一般用相应直径的冷拔无缝钢管制造，也有用不锈钢管、铝管、钢管及工程塑料管制造的。材料主要根据输送物品的性能及工作条件进行选择。不锈钢管和铝管能抗盐水侵蚀，广泛用于食品工业；铜管能抗某些化学药品侵蚀，在化学工业中应用；工程塑料管用于制造微型、轻型工作载荷的输送辊道用辊筒。

辊子心轴可用相应直径的光拉冷拔钢制造。辊子轴承有滚珠、滚柱轴承、青铜合金及尼龙衬套等多种形式。轴承应进行密封。

辊子节距的确定原则：各物料由输送辊道运送时，各瞬间物品在输送辊道上应保持最少有三根辊筒支托，否则可能导致输送物料产生倾覆，使输送不能顺利进行。也可用滚轮代替辊筒输送辊道，称滚轮式输送道，此种场合要用托架托着物品进行输送。

除上述各种给料机外，自动包装机及各种包装生产作业线上，还应用其他多种形式的给料装置，如各种步进式给料装置、槽轮给料装置、滑板式给料装置、机械式自动料斗及机械手等。

4.2.5 分件供送螺杆装置设计

4.2.5.1 分件供送螺杆装置的分类

螺杆式供送装置除了能够按既定的工艺要求把包装物品或包装容器分批地或逐个地送到包装工位外，还可以完成增距、减距、分流、合流、升降、起伏、转向或翻身等工艺要求。该供送装置按螺杆的螺距和结构的不同，可划分为等螺距螺杆、变螺距螺杆及特种变螺距螺杆三种类型的供送装置。

（1）等螺距螺杆装置

由一等距螺杆 2、侧向固定导轨 3 和底面水平输送带 4 等组成。它们相互协调动作，将槽内的包装容器按相等间距送到包装工位，如图 4-24 所示。

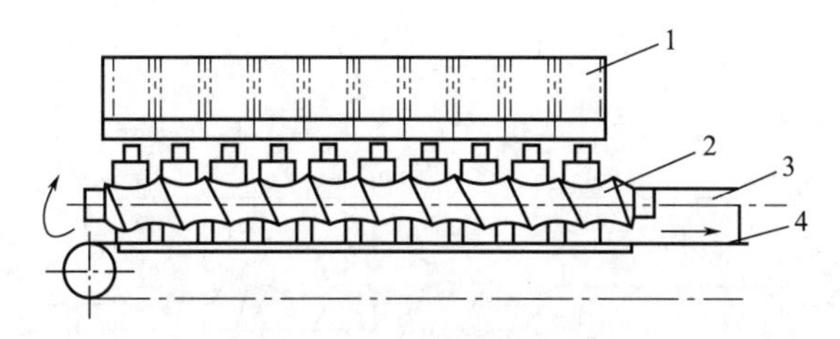

图 4-24　等螺距螺杆供送装置

1—瓶槽；2—等距螺杆；3—侧向固定导轨；4—水平输送带

（2）变螺距螺杆装置

螺杆 1 上的螺旋槽沿螺杆供送方向逐渐缩小螺距，使被供送物件在静止滑板 2 上紧靠侧向导轨处于边滚动边减速的状态运动，如图 4-25 所示。

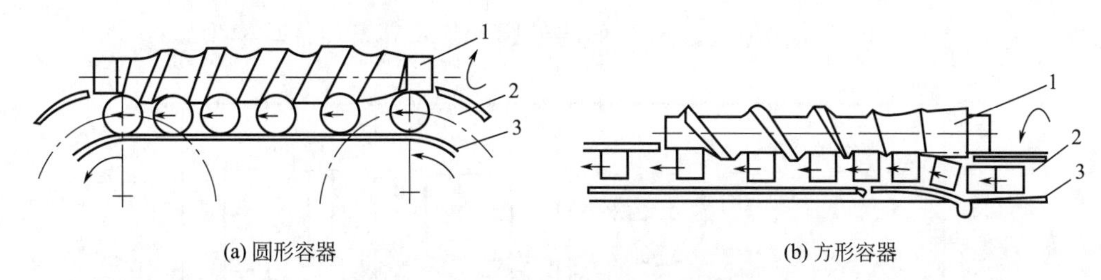

(a) 圆形容器　(b) 方形容器

图 4-25　变螺距螺杆供送装置示意图

1—供送螺杆；2—滑板；3—侧向导轨

（3）特种变螺距螺杆装置

图 4-26（a）、（b）不仅能改变供送容器的排列和间距，同时分别起着分流和合流的作用，以便同后面的包装要求相适应。图（c）是对并列排列、转向相同的螺杆，它们的组合作用使包装容器在供送过程中，既能改变间距同时又改变了运动状态。

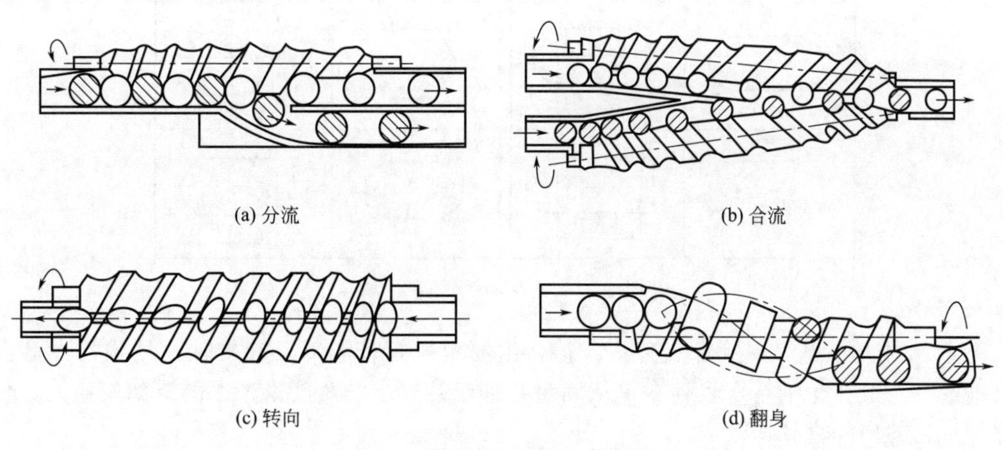

(a) 分流　(b) 合流

(c) 转向　(d) 翻身

图 4-26　特种变螺距螺杆供送装置

4.2.5.2　分件供送螺杆装置的组合特性

由图 4-27，圆柱螺杆的前端呈截锥台形（斜角约为 30°～40°），而后端则有同瓶罐主体半径 ρ 相适应的过渡角，有利于改善导入效果，缓和输入输出两端的陡振和磨损，延长使用

寿命。设螺杆的内外直径各为 $d_0=2r_0$，$D=2R$，为使螺旋槽对瓶罐产生适宜的侧向压力，一般取

$$R=(0.7\sim1.0)(r_0+\rho) \tag{4-64}$$

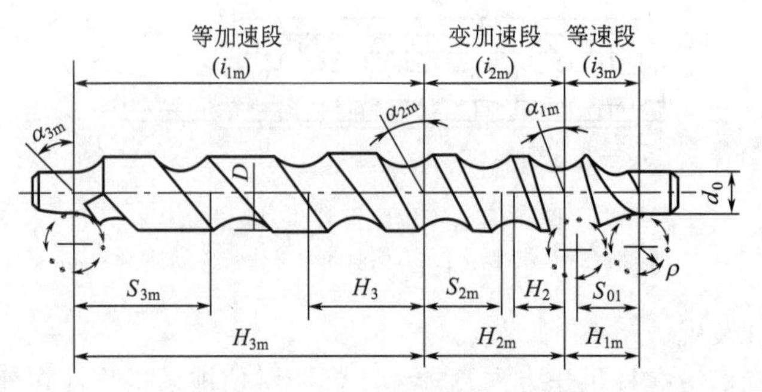

图 4-27　三段式组合螺杆外形图

图 4-28 列举了几种典型瓶罐主体横截面的外廓形状及其设计计算模型。

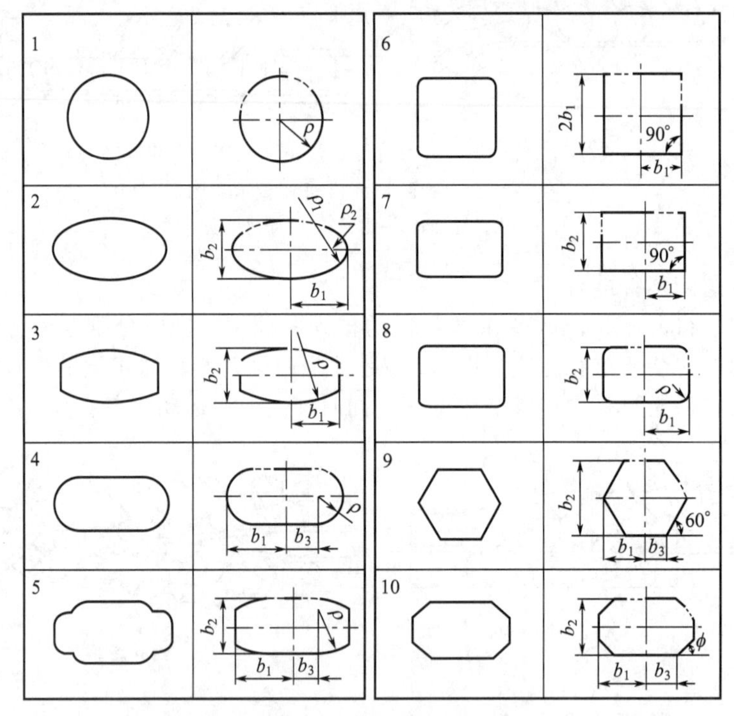

图 4-28　几种典型瓶罐主体

图 4-28 中的 b_2 与 2ρ 相当。至于 r_0 值，主要根据螺杆芯部及其支轴的结构尺寸等因素加以确定，不过在个别场合也存在单从满足某种工艺要求的角度来考虑的，如安瓿的分件供送螺杆，它的内外直径都较大。

假设螺杆的转速为 n，星形拨轮的节距为 C_b，当瓶罐由输送带（板链或钢带）拖动前进时，如果让整个螺杆对它仅起一定的隔挡作用，并在末端与星形拨轮取得速度的同步，那么应保证输送带速度 u_1、螺杆最大供送速度 u_{3m} 和拨轮节圆速度 u_b 相等，即取

$$u_1=u_{3m}=u_b=\frac{C_b n}{60} \tag{4-65}$$

由此可知，在输入过程中各个瓶罐按规则排列的轴线间距

$$S_x=\frac{60u_1}{n}=C_b \tag{4-66}$$

但是有的生产场合还存在着不规则的排列，即输送带上瓶罐的轴线间距是互有差异的，而且不论上述哪一种情况，瓶罐同螺杆前端的初始接触部位都有很大的偶然性，换言之，有的能顺利导入螺旋槽，有的却被螺杆端面阻挡甚至同输送过来的其他瓶罐产生冲撞，另外还可能使输出过程出现“局部断流”（即瓶罐的轴线间距为C_b的一倍或多倍）现象。面对这些错综复杂的工作状况，为了更好地实现缓冲和“定时整流”的目的，对分件供送来说，就不宜采用螺距全是C_b的等螺距螺杆，而应在螺杆的进口附近配备可调式减速装置（例如能相向调位的平行波形板或硬刷板等），使瓶罐自动减速相互靠近，以便逐个依次顺利导入螺旋槽内，接着再增速达到预定间距，借助拨轮有节奏地引导到包装工位。因此，当螺杆应用于高速分件定时供送时，其螺旋线最标准的组合模式最好包括：

① 输入等速段，螺距小于C_b，有助于稳定的导入；

② 变加速段，加速度由零增至某最大值，以消除冲击；

③ 等加速段，与输送带拖动瓶罐的摩擦作用力相适应，采用等加速运动规律使之增大间距，以保证在整个供送过程中与螺旋槽有可靠的接触点而不易晃动和倾倒；

④ 输出等速段，使螺距等于C_b，以改善星形拨轮齿槽的结构形式及其啮入状态，这对供送异形瓶罐尤为重要。

在某些场合（如多功能包装机机组）分件供送螺杆的输入和输出部位均用星形拨轮与之衔接，因两者具有确定的相位与同步关系，所以无需减速装置。若要求两星形拨轮的节距相等，则所用螺杆应是等螺距的。

4.2.5.3　进瓶螺旋的设计

（1）进瓶螺旋的总体设计

进瓶螺旋由传动系统驱动将输送装置送来的瓶子导入螺旋槽中，瓶子在螺旋的推动下前进，同时被螺旋槽分隔开，到达出口端即传送给星轮与中央导板组成的转送装置，这样就可实现依次定距供送瓶子的目的。进瓶螺旋杆每回转一周，从进瓶螺旋杆入口导入一个瓶子，螺旋槽中的瓶子前进一个螺距，螺杆出口端排出一个瓶子。从以上的运动描述中，不难发现起主要作用的是进瓶机构中的进瓶螺旋杆，要达到定距分隔定时供给的工艺要求，这条螺杆必须满足以下几个条件：

① 把瓶顺畅导入螺旋槽；

② 瓶沿进瓶螺旋杆前进时应平稳；

③ 瓶与星轮能够顺利衔接。

在瓶的供送过程中，为使瓶平稳地被导入进瓶螺旋秆的传送段，在圆柱螺杆的前端通常加锥形台。进瓶螺旋一端进瓶，另一端和星形拨轮相过渡，两端速度不同，因而进瓶螺旋杆采用三段式设计。

在供送的过程中，为了减轻速度突变或是加速度的改变带来的冲击造成的抖振，在螺旋杆的第一段使用等速变化的螺旋，即其螺距相同。螺旋杆的最后一段是和星形拨轮相过渡的，所以螺旋的螺距和星轮的节距要相同。螺旋杆的中间段设计为过渡段，螺旋应该在与星轮啮合前逐渐改变螺距，因而中间段为加速段。加速段的目的是让瓶子的速度在瓶子到达与

星轮完全啮合前加速到与星轮的线速度相同，等加速结构简单，是首选的螺距改变方式。但是有了等加速段的存在就有了加速度，瓶子刚进入螺旋传送时候是等速运动的，加速度为零，因此在等速段与加速段间加入加速度按照正弦规律变化的变加速段以解决加速度突变带来的冲击问题。

综上所述，将高速贴标机进瓶螺旋设计为变螺距三段式螺旋，首先为等速段，然后通过变加速段解决加速度突变带来的冲击，最后为等加速段。通过这样的设计，可以将瓶定时定距地送到包装工位。

(2) 螺旋杆的设计分析

设进瓶速度 $n=50000$ 瓶/h，进瓶星轮齿数 $Z_b=12$，其转速应该是

$$n_b=\frac{n}{Z_b}=\frac{50000}{12\times3600}=1.157\text{r/s}$$

拨轮的节距取为 $C_b=125\text{mm}$，其直径为

$$D_B=\frac{C_bZ_b}{\pi}=\frac{125\times12}{\pi}=477.46\approx480\text{mm}$$

即取其节距 $C_b=125.663\text{mm}$（考虑到带动星轮运动的传动齿轮可以选择的模数 4，对星轮节圆直径进行圆整）。

螺旋杆的转速与进瓶星轮的转速之间保持一定的传动比，螺旋杆末端的节距与进瓶星轮的节距相同。螺旋杆每转一周，螺旋槽中的瓶就前进一个螺距，螺杆末端也就旋出一个瓶进入进瓶星轮。瓶被输送带拖动往前运动的时候，螺杆起着隔挡的作用。并在末端有输送带速度 v_l、螺杆的最大供送速度 v_{3m} 和拨轮的节圆线速度 v_b 均相等，即

$$v_l=v_{3m}=v_b=C_bn_b=125.663\times1.157=145.392\text{mm/s}$$

其余参数的计算均以上面的数据为基础。

① 螺旋杆等速段　由于进瓶部分采用等速段，因而等速段螺旋的螺距应略大于瓶子的直径，设为

$$S_{01}=2r_1+\Delta \tag{4-67}$$

Δ 为两相邻瓶的平均间隙，主要取决于瓶子加工的精度。考虑到瓶的直径的制造误差不大，取 Δ 为 1mm。

由于是等速段，螺距是恒定的，故而螺旋角为

$$\tan\alpha_{01}=\frac{S_{01}}{\pi D} \tag{4-68}$$

周向展开长度为

$$H_1=S_{01}I_1 \tag{4-69}$$

传送速度为

$$v_0=S_{01}n=\pi Dn\tan\alpha_{01} \tag{4-70}$$

其中 D 为螺杆外直径。

在等速段瓶和传送链条最大的传送速度差为

$$\Delta v_m=v_1-v_0=(C_b-S_{01})n \tag{4-71}$$

如果星轮速度及进瓶螺旋的速度较快，比如以现在的速度，对链板的工作表面的磨损就会加剧，对它的要求会相应地增高。

② 螺旋杆变加速段　螺旋杆变加速段传送的加速度为正弦规律变化，即加速度（设为 a_2），由 0 依正弦规律增加到等加速段的加速度（设为 $\overline{a}$），设此段螺旋线的最大圈数为 i_{2m}，而其中任意值 $0 \leqslant i_2 \leqslant i_{2m}$，经过积分等计算有

$$H_2 = S_{01} i_2 + \frac{4\overline{a} i_{2m}^2}{\pi^2 n^2}\left(\frac{\pi i_2}{2i_{2m}} - \sin\frac{\pi i_2}{2i_{2m}}\right) \tag{4-72}$$

可见，变加速段螺旋线的展开图形是由一条斜直线和一条按摆线规律变化的曲线叠加而成的。通过计算此段螺旋线的周向展开长度，并对其求导，可得该段外螺旋线的螺旋角

$$\tan\alpha_2 = \tan\alpha_1 + \frac{\overline{a} i_{2m}}{\pi^2 n^2}\left(1 - \cos\frac{\pi i_2}{2i_{2m}}\right) \tag{4-73}$$

其最大值为

$$\tan\alpha_{2m} = \tan\alpha_1 + \frac{\overline{a} i_{2m}}{\pi^2 n^2} \tag{4-74}$$

根据已知公式求出过渡段限定区间($1 \leqslant i_2 \leqslant i_{2m}$)内的任意螺距值为

$$S_2 = S_1 + \frac{4\overline{a} i_{2m}^2}{\pi n^2}\left(\frac{1}{2} - \frac{2i_{2m}}{\pi}\cos\frac{\pi(2i_2 - 1)}{4i_{2m}}\sin\frac{\pi}{4i_{2m}}\right) \tag{4-75}$$

③ 螺旋杆等加速段　设螺旋杆等加速段的供送加速度为 a_3，即 $a_3 = \overline{a}$，设该速段螺旋线的最大圈数为 i_{3m}（常大于等于 3～5），而其中间任意值 $0 \leqslant i_3 \leqslant i_{3m}$，经过推导得当量螺距为

$$S_{03} = S_{01} + \frac{2\overline{a} i_{2m}}{\pi n^2} \tag{4-76}$$

$$H_3 = S_{03} i_0 + \frac{\overline{a} i_3^2}{2n^2} = \left[S_{01} + \frac{\overline{a}}{2n^2}\left(\frac{4i_{2m}}{\pi} + i_3\right)\right] i_3 \tag{4-77}$$

可见，等加速段螺旋线的展开图是由一条斜直线和一条按抛物线规律变化的曲线叠加而成的。

通过计算展开径向投影长度并求导等步骤，求得等加速段外螺旋线的螺旋角及其最大值分别表示为

$$\tan\alpha_3 = \tan\alpha_{2m} + \frac{\overline{a}}{\pi D n^2} \tag{4-78}$$

其最大值表示为

$$\tan\alpha_{3m} = \tan\alpha_{2m} + \frac{\overline{a} i_{3m}}{\pi D n^2} = \frac{C_b}{\pi D} \tag{4-79}$$

其中，拨轮的节距取为 C_b。这样，由式(4-68)、式(4-74) 和式(4-79) 导出

$$\overline{a} = \frac{\pi n^2 (C_b - S_{01})}{2i_{2m} + \pi i_{3m}} \tag{4-80}$$

即等加速段的供送加速度与螺杆的转速的平方成正比。根据式(4-77) 可求出等加速段限定区间($1 \leqslant i_3 \leqslant i_{3m}$)内的任意螺距值为

$$S_3 = S_{01} + (C_b - S_{01}) \frac{4i_{2m} - \pi(1-2i_3)}{2(2i_{2m} + \pi i_3)} \tag{4-81}$$

在螺杆最后末端有最大值

$$S_{3m} = C_b - \frac{\pi(C_b - S_{01})}{2(2i_{2m} + \pi i_{3m})} < C_b \tag{4-82}$$

将式(4-80) 的 $\overline{a}$ 代入式(4-72) 和式(4-77) 中，化简得

$$H_2 = S_{01} i_2 + \frac{4i_{2m}^2 (C_b - S_{01})}{\pi(2i_{2m} + \pi i_{3m})} \left(\frac{\pi i_2}{2i_{2m}} - \sin \frac{\pi i_2}{2i_{2m}} \right) \tag{4-83}$$

$$H_{2m} = \left[S_{01} i_2 + \frac{2i_{2m}^2 (\pi - 2)(C_b - S_{01})}{\pi(2i_{2m} + \pi i_{3m})} \right] i_{2m} \tag{4-84}$$

$$H_3 = \left[S_{01} + \frac{\pi(C_b - S_{01})}{2(2i_{2m} + \pi i_{3m})} \left(\frac{4i_{2m}}{\pi} + i_3 \right) \right] i_3 \tag{4-85}$$

$$H_{3m} = \left[S_{01} + \frac{(C_b - S_{01})(4i_{2m} + \pi i_{3m})}{2(2i_{2m} + \pi i_{3m})} \right] i_{3m} \tag{4-86}$$

这样，可求得螺杆轴向长度，有 3 种分段形式

a. 三段式，$H_{1\sim3} = H_{1m} + H_{2m} + H_{3m}$；

b. 两段式，$H_{2\sim3} = H_{2m} + H_{3m}$；

c. 一段式，即只有等加速一段，$H_{3m} = \frac{S_{01} + C_b}{2} i_{3m}$。

如前所述，该设计由于速度较快瓶子运动速度达到 145mm/s，故采用三段式设计。

④ 螺杆直径　啤酒瓶通常为 640mL 瓶，瓶子半径 r_1 约 37mm，根据啤酒瓶贴标机的进瓶螺旋设计经验，取螺旋小径预选为 $r_0 = 33$mm，大径为 r_2，预选分压比 $\xi = 0.8$，螺杆大径为 $r_2 = 0.8(r_0 + r_1) = 0.8 \times (33 + 37) = 56$mm

(3) 螺旋槽截面形状设计计算

螺旋的截面形状对它的合理设计很关键，直接影响到螺旋杆传送机构设计的合理性。将瓶子视为均匀的圆柱体，其主体部分的母线可与螺杆自由贯穿，让瓶子与螺杆的轴心线间距保持一定并让瓶子和螺杆的轴心互相垂直。那么当物体按反转法原理给定的内空间螺旋线产生移动和滚动时，每根母线与螺杆某一轴向剖面所形成的各迹点的包络面，即为螺槽的螺旋面，中轴面上也形成了螺旋槽剖截面（如图 4-29 所示）。对于等螺距螺杆，显而易见每个剖面自身是对称的；而对于变螺距螺杆而言，其截面是不对称的，各个截面之间也各不相同。

可求出槽宽

$$W = 2x_r + 2l_r + \frac{S\theta_r}{\pi} \tag{4-87}$$

可见螺旋槽的宽度是改变的，事实上可推断出是随着螺距的增长而变宽，这就为螺旋槽的设计加工提供了理论依据。对供送圆柱体物件，决定螺旋槽的轴向剖面几何形状及宽度的主要因素是 r_1、r_0、r_2，S。当 r_0、r_1、S 的值确定后，还要考虑合理确定螺杆外径对螺旋槽轴向剖面几何形状及传送稳定性的影响。在不同部位上的截面是各不相同的，螺距变化越

大这种差别就越明显。

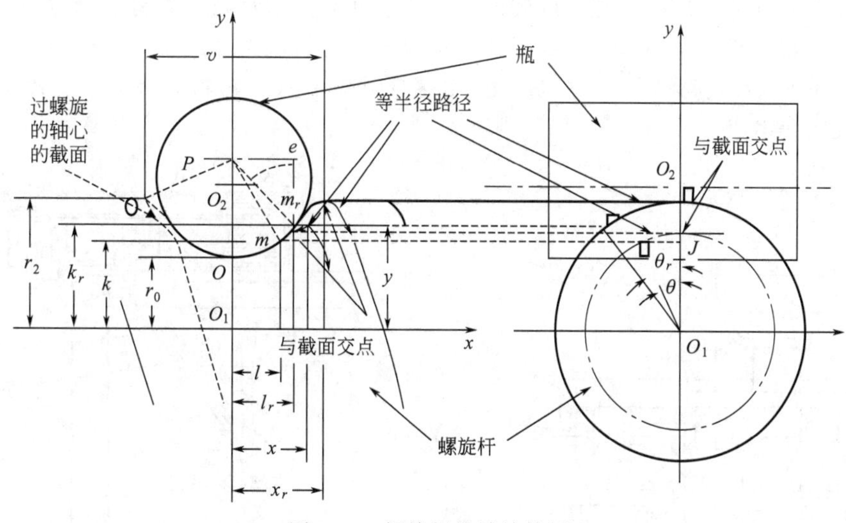

图 4-29　螺旋杆设计计算图

4.3　计量装置设计

4.3.1　包装计量的基本原理

4.3.1.1　定容式计量装置

将产品按预定的容量充填至包装容器内的计量装置。

(1) 量杯式

量杯式充填机是采用定量的量杯量取产品，并将其充填到包装容器内的机器。

① 定容积量杯式充填机　定容积量杯式充填机的充填装置如图 4-30 所示。物料经供料斗 1 靠重力落到计量杯内，圆盘口上装有数个（图中为 4 个）量杯和对应的活门底盖 4，圆盘上部为粉罩 2。当主轴 11 带动圆盘 12 旋转时，物料刮板 9（与供料斗 1 固定在一起）将量杯 3 上面多余的物料刮去。当量杯转到卸粉工位时，开启圆销 7 推开定量杯底部活门，于是量杯中的物料在自重作用下充填到下方的包装容器中去。该装置是容积固定的计量装置，其定量不能调整，若要改变定量，则需要更换量杯。

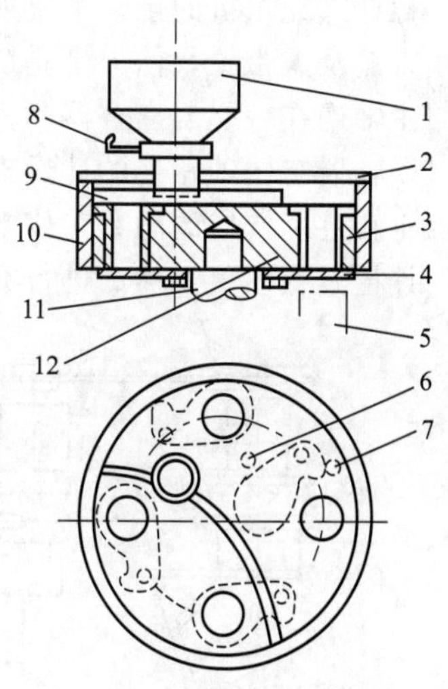

图 4-30　定容积量杯式充填机示意图

1—供料斗；2—粉罩；3—量杯；4—活门底盖；5—包装容器；6—闭合圆销；7—开启圆销；8—下粉闸门；9—物料刮板；10—护圈；11—转盘主轴；12—圆盘

② 可调容积量杯式充填机　可调容积量杯式充填机是采用可随产品容量变化而自动调节容积的量杯量取物料，并将其充填到包装容器内的机器。可调容积量杯式充填机如图 4-31 所示。量杯由上、下两部分组成。通过调节机构可以改变上、下量杯的相对位置，实现容积微调。微调可以自动进行，也可以手动进行。计量精度可达 2%～3%。自动调整信号是通过对最终产品的重量或物料比重的检测来获得的。

（2）螺杆式

螺杆式充填机是通过控制螺杆旋转的转数或时间来量取物料，并将其充填到包装容器内的机器。按包装容器的运动形式，螺杆式充填机可分为直线型和旋转型两种。螺杆式充填机的结构如图 4-32 所示。螺杆式充填机主要由螺杆计量装置、物料进给机构、传动系统、控制系统、机架等组成。

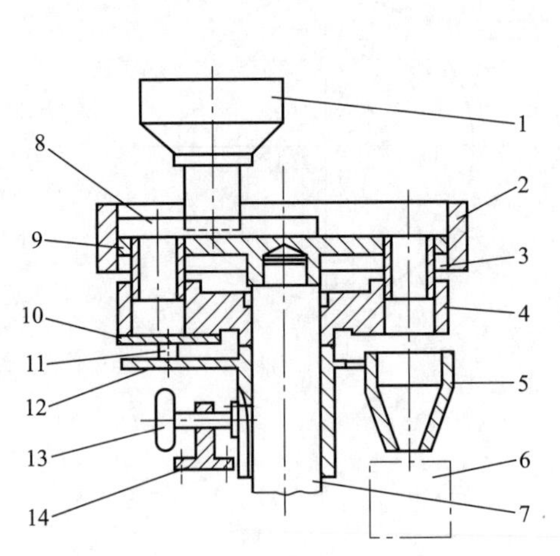

图 4-31 可调容积量杯式充填机

1—料斗；2—护圈；3—固定量杯；4—活动量杯托盘；5—下料斗；6—包装容器；7—转轴；8—刮板；9—转盘；10—活门；11—活门导柱；12—调节支架；13—手轮；14—手轮支座

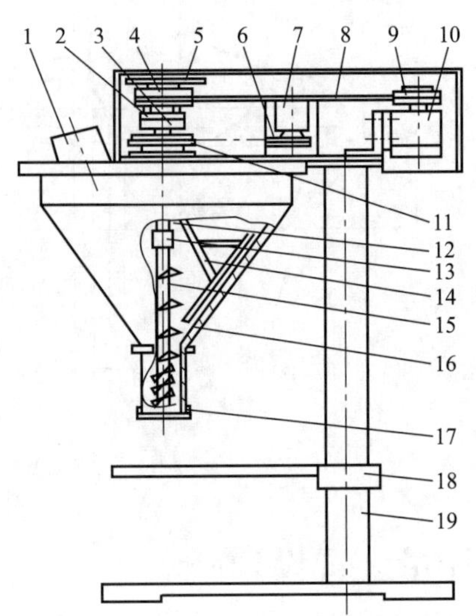

图 4-32 螺杆式充填机结构示意图

1—进料器；2—电磁离合器；3—电磁制动器；4—大带轮；5—光码盘；6—小链轮；7—搅拌电机；8—齿形带；9—小带轮；10—计量电机；11—大链轮；12—主轴；13—联轴器；14—搅拌杆；15—计量螺杆；16—料仓；17—筛粉格；18—工作台；19—机架

螺杆式充填机的传动系统如图 4-33 所示。其传动过程是：启动主电机（计量电机），带动小带轮及大带轮，使大带轮绕着螺杆轴空转。当计量开始时，给电磁离合器一个信号，于是与主轴连在一起的离合器和大带轮吸合，主轴转动，固定在主轴上的光电码盘同步转动，通过联轴器与主轴相连的计量螺杆也同步转动。当计量螺杆转过预定圈数实现计量时，光电码盘也转过了同样的圈数，使电气控制系统发出信号，离合器与大带轮脱开，制动器同时制动，计量过程结束。然后进行充填包装，当包装完毕后，再重复物料的计量充填循环。

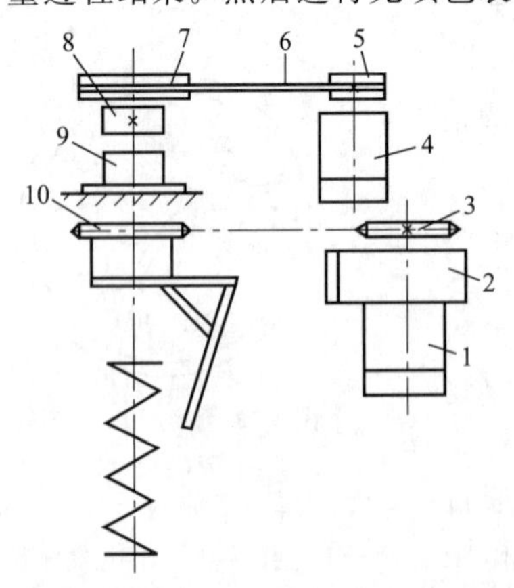

图 4-33 螺杆式充填机传动系统示意图

1，4—电机；2—减速器；3，10—链轮；5，7—带轮；6—齿形带；8—离合器；9—制动器

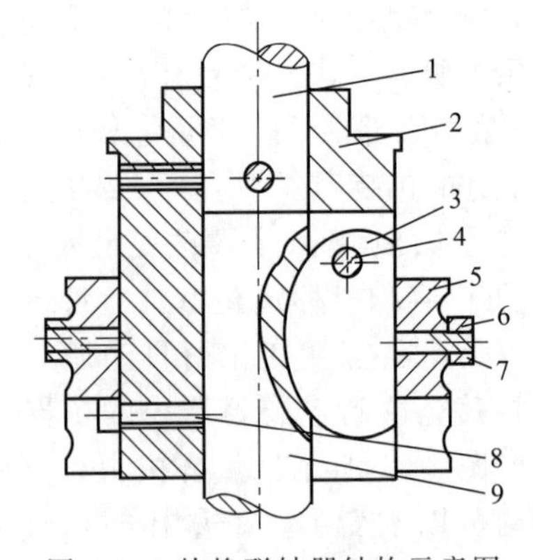

图 4-34 快换联轴器结构示意图

1—输入轴；2—套筒；3—月牙键；4—销；5—轴套；6，8—螺钉；7—螺母；9—计量螺杆

螺杆式充填机是利用螺杆螺旋槽的容腔来计量物料。由于每个螺距都有一定的理论容积，因此，只要准确地控制螺杆的转数，就能获得较为精确的计量值。

每次充填物料的重量可由下式求出：

$$G=Vrn_0 \tag{4-88}$$

式中　V——每圈螺旋的容积，cm^3，$V=FL$；

F——螺旋截面积，cm^2，$F=st/2$；

L——每圈螺线旋周长，cm；

r——物料的比重，kg/cm^3；

n_0——充填一次螺杆的转数。

螺杆式充填机适用于装填流动性良好的颗粒状、粉状固体物料，也可用于稠状流体物料，但不宜用于装填易碎的片状物料或比重变化较大的物料。

螺杆式充填机在结构上有如下特点。

a. 为提高带轮的传动精度，采用齿形带传动。

b. 为适应不同物料的要求，提高计量精度，计量螺杆的转速是可调的。图4-32中小带轮9为阶梯形式的，大带轮4较宽，调整齿形带8在带轮上的位置，即可调整计量螺杆的转速。

c. 为改善物料的输送效果，该装置采用了物料搅拌机构。搅拌电机7带动小链轮6及大链轮11即可使搅拌杆14工作。

d. 当每次计量物料的重量不同的时候，往往需要更换不同螺距的计量螺杆。为方便起见，采用了快换联轴器（图4-34）。当更换螺杆时，松开螺钉6使轴套5向下滑动，月牙键3就可转开，使计量螺杆9卸下。换新的计量螺杆时，可把计量螺杆与输入轴靠紧，再旋入月牙键，套上轴套，紧上螺钉即可。

e. 采用螺杆加光电码盘的计量方式。该计量方式的精度比较高。光电码盘分成若干等份，比如分成100份。如果螺杆转一圈输出50g物料，那么计量精度就是0.5g，每包500g的物料就是±1/1000。螺杆的加工精度决定了输送物料的均匀程度，也影响计量精度。

(3) 柱塞式

柱塞式充填机是采用调节柱塞行程而改变产品容量的柱塞筒计量物料，并将其充填到包装容器内的机器。

柱塞式充填机计量装置如图4-35所示。柱塞式充填机的计量和充填过程是：当柱塞推杆7向上移动时，由于物料的自重或黏滞阻力，使进料活门5向下压缩弹簧6，于是物料从活门5与柱塞顶盘3的环隙进入柱塞下部缸体2的内腔中，当柱塞4向下移动时，活门5在弹簧的作用下关闭环隙（这时柱塞上部的物料对活门5的压力显然减少了许多），柱塞4下部的物料被柱塞压出并充填到容器中去。该装置的计量是通过柱塞4的往复运动，在柱塞两极限位置间形成的一定空间的容腔实现计量的物料。柱塞通常是由连杆机构、凸轮机构或气动液压缸等驱动作往复直线运动。

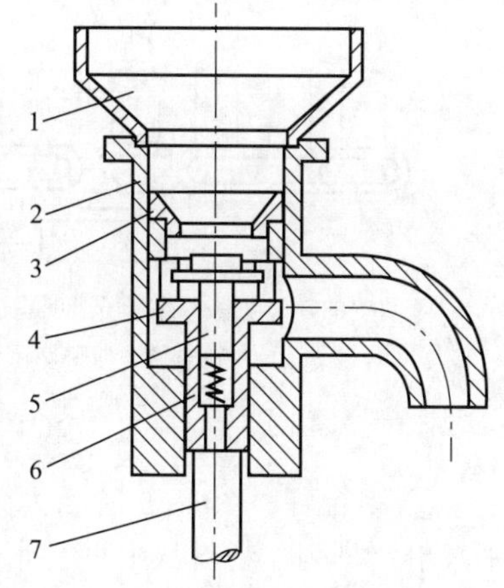

图4-35　柱塞式充填机计量装置简图

1—料斗；2—缸体；3—柱塞顶盘；4—柱塞；5—活门；6—弹簧；7—柱塞推杆

柱塞式充填机的应用比较广泛，粉、粒状固体物料及

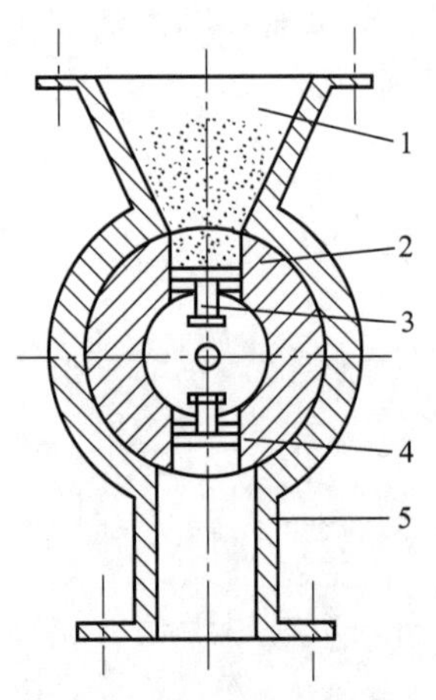

图 4-36 计量泵式充填机计量装置示意图
1—料斗；2—转阀；3—调节螺钉；4—活门；5—出料口

稠状流体物料均可应用。

(4) 计量泵式充填机

计量泵式充填机是利用计量泵中齿轮的一定转数计量物料，并将其充填到包装容器内的机器。计量泵可以采用常见的齿轮泵，也可以采用转阀式计量泵，如图 4-36 所示。转阀 2 转一圈，充填两次。每次的容量可用螺钉 3 调节，其充填速度与转阀转速有关。转阀不能太快，否则容腔充填系数低。这种装置适合充填黏性体的充填机，也适用于粉末的充填。

4.3.1.2 秤重式计量装置

(1) 秤毛重

毛重式充填机是在充填过程中，产品连同包装容器一起称重的机器。该机的结构如图 4-37 所示。毛重式充填机结构简单，价格较低。包装容器本身的重量直接影响充填物料的规定重量。它不适用于包装容器重量变化较大，物料重量占整个重量百分比很小的场合；适用于价格较低的自由流动的物料及黏性物料的充填包装。

(2) 间歇式秤重

① 单台秤　图 4-38 为离心等分式计量装置，其称重速度较快、精度较高，特别适用于密度均匀的散体物料。先将物料用单台秤称重，倒入料仓 1，通过搅拌器 2 和大小离心甩盘 3、4，使物料经离心作用等分成若干份。此种等分计量精度的要求稍低些。

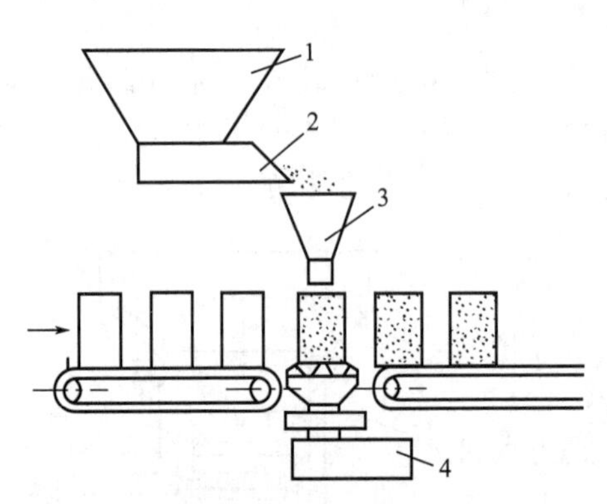

图 4-37 毛重式称量充填装置示意图
1—料斗；2—加料器；3—漏斗；4—秤

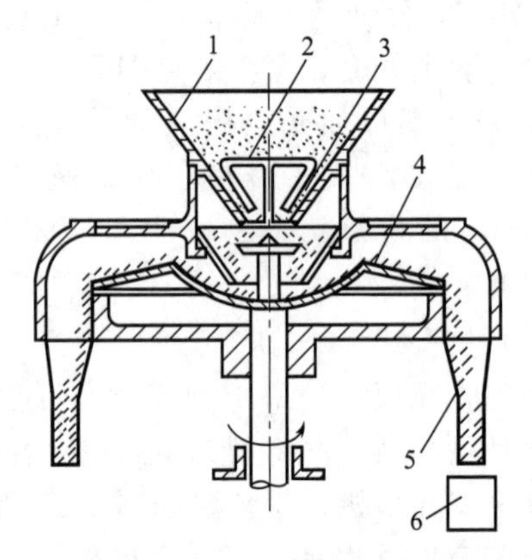

图 4-38 离心等分式计量装置
1—料仓；2—搅拌器；3—小甩盘；4—大甩盘；5—卸料槽；6—包装容器

② 多台秤　图 4-39 所示为高精度计量组合秤。此装置一般可配备 9～14 个秤斗，呈水平辐射状排列。物料从中央料斗进入分料斗和各秤斗。每一秤斗都配有重量传感器，可精确测出各斗中物料质量，然后根据选定的组合数目，借助电子计算机作快速计量，从至少 511 种物重组合中挑选出等于或略大于标重的最佳秤斗组合，作为包装物料质量。这种组合秤误差一般不超过±1%，每分钟称重 60～120 次。

(3) 连续式秤重

图 4-40 是电子皮带秤，由供料斗、盘式天平秤、传感器、带输送机构、电子控制系统

及物料下卸分配机构等几部分组成。

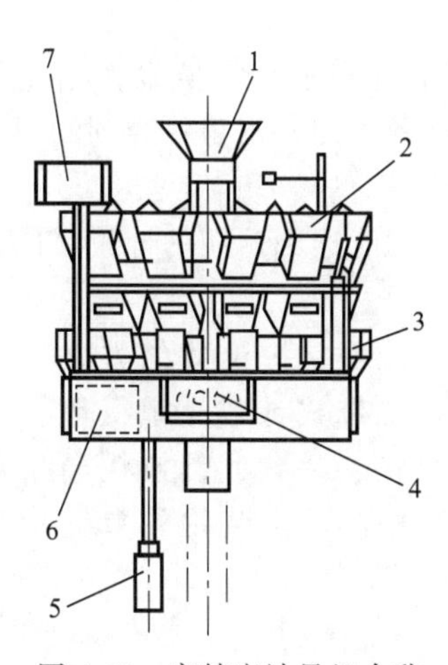

图 4-39　高精度计量组合称

1—中央料斗；2—分料斗；3—秤斗；4—显示板；5—控制机构；6—秤内计算器；7—质量选择输入

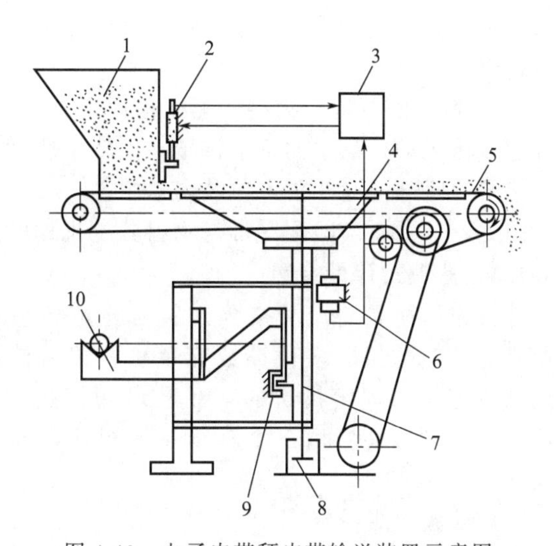

图 4-40　电子皮带秤皮带输送装置示意图

1—料斗；2—闸门；3—称重调节器；4—秤盘；5—输送带；6—传感器；7—主秤体；8—阻尼器；9—限位器；10—副秤体

① 料斗部件　料斗是储存物料及供给物料的部件。对于流动性较好的粉粒物料，如结晶葡萄糖、麦乳精粉等，可以采用如图 4-40 所示闸门式的料斗装置。生产中，如果秤盘部位处输送皮带上的物料层的重量有变化时，差动变压器（即传感器）及时发出信号指令，可逆电动机闸门 2 启合，从而迅速改变料斗中流出的物料层截面大小。对于流动性较差的物料，如奶粉、白糖等，则可采用电磁振动式料斗。这时传感器送出的信号是指令改变电磁振动器振幅的大小，从而调节物料的流量。

② 盘式天平杠杆平衡秤　盘式天平杠杆平衡秤由秤盘、上下秤杆、弹簧、微砝码、配重铁块以及油阻尼器等构成。差动变压器与之紧相连接，通过它随时发出指令性的信号，以改变盘秤上物料的重量。天平秤杆的支承采用微型轴承代替刀刃支承，以增加使用寿命，提高耐振能力。弹簧起着稳定天平秤平衡点的作用，在计量起始时亦具有缓冲与制动的作用。油阻尼器抑制秤盘振荡，使称重过程保持平衡稳定。如要改变包装计量，则只需改变配重块的重量即可，必要时可调整微砝码。

③ 带输送机构　由于秤盘通过输送带感受物料的重量变化，因此要求带不仅要满足强度条件，带薄而柔软，耐磨性好，而且带面不易积粉。带的松紧程度靠张紧压轮调节。毛刷轮用于清除皮带表面残存的物料粉末，并使带面光洁。常用的带中，一种是聚四氟乙烯玻璃片，厚度约 0.12mm；另一种是涤纶布，厚度约为 0.08～0.11mm。这两种带，前者的不粘性能较好，后者的强度高，耐磨性强。

④ 传感器　传感器的作用是将秤盘感受到的重量变化以电信号的方式输出，控制供料系统调节供料流量。本电子皮带秤上所使用的传感器是差动变压器。它是一种无接触式的位移传感器，生产中流经秤盘上方的物料层（皮带托附着）重量发生变化时，秤盘在配块的作用下就产生上下方向的相对位移，从而使得差动变压器线圈输出的电压信号（毫伏级）也作相应的强弱变换，于是可逆电机就调节阀门，调节物料流量。

⑤ 电子控制系统　电子皮带秤的电子装置包含电子调节器、电子放大器及电指示器等。

传感器送出的电压信号在进行比较、运算后，再得出一个差值信号予以输出（输出的差值信号一般是毫伏级）。这个差值信号经过功率放大才能驱动调节执行机构（如可逆电机）运动。电子指示器监视电子系统的运行情况及时作出校正处理，始终保持秤盘上方的物料重量为一个恒定值。

⑥ 物料分配机构　物料分配机构通常是一种具有等分格子的圆盘。圆盘按给定的转速作等速回转运动，盘中的每个格子在回转中所截获物料的重量相同，当物料转到卸料工位时就从格子的底部经漏斗落入包装容器中。

因此，只要适当匹配皮带与物料分配机构的运动速度，就能达到预期的计量目的。

4.3.1.3　计数式计量装置

计数充填机是将产品按预定数目充填到包装容器内的机器。按计数的方式不同，可分单件计数充填机、多件计数充填机、转盘计数充填机和履带式计数充填机等。计数法是用来测定每一规定批次的产品数量的方法，在条状、块状、片状、颗粒状产品包装中广泛应用。计数装置由三个基本系统组成，即内装物件数检测、内装物件数显示和产品的充填。

（1）计数检测系统

依据人工检测产品数量时用眼看和用手触摸的原理，计数检测仪有光学系统（模拟眼看）和非光学系统（模拟触摸）两大类。

① 光学计数系统　它安装有一个光敏接收装置，等待计数的产品一个个地在光敏接收器的规定距离内通过。按实际元件不同，可分为数字光电检测系统和电子模拟检测系统。

a. 光电元件检测系统　如果进入光电接收器的光线被遮断，则表明一个产品通过了检测区，把一次隔断记录为一个产品。这一方法适用于大多数能有效遮断光线的产品计数，但对于那些透明的、折叠形的、双环形的或两部分连接成的、带有孔的物品则不是很有效，因为当它们通过时可能不触发或不止一次地触发光电元件。

b. 电子模拟检测系统　最常见的是模拟照相系统。这个系统在记录检测前利用光学照相阴影检测器建立供被测物体对照用的某些参量。当产品进入检测区时产生特定尺寸的阴影，其速度快、适应性强、精确度高。每个被检测单元的阴影在被记录计数前必须满足预先设定的参量。这样，可能两次触发光电元件的O形垫圈状物体和无法触发光电元件的透明的物体都可投下被检测阴影。

② 非光学计数系统　即触摸式计数装置，它包含摆轮装置、电气触头或磁场触头。

a. 摆轮装置　一个摆轮装置只能适用于特定的产品。产品必须是固定的形状与尺寸，才能顺利通过机械性接收装置，并输出与记下具体数目。此系统很精确，对于相同大小的药丸、药片的高速计数很适合。

b. 电气和电磁触头　电气触头原理：每个产品通过检测区与开关接触一次，电气开关反应一次，记录一个计数单位。磁场触头原理：每个待计数的产品必须与电磁源传来的磁通接触或扰乱磁通，每个产品进入磁场时记录为一个计数单位。

以上计数装置中，光学照相系统及摆轮装置具有对物体的记忆判别能力，使计数功能更为完善与精确。

（2）单件计数

单件计数充填机是采用机械、光学、电感应、电子扫描方法或其他辅助方法，逐件计数产品件数，并将其充填至包装容器内的机器。单件计数充填机是产品每通过一件便记一次数，并显示已装件数。

① 螺钉形产品单件计数充填机　图4-41为螺钉形产品单件计数充填机简图。电机8经

传动系统驱动刮板给料器1作垂直方向回转，它所输送的杂乱状态的物料从上部滑落到两个平行供料辊2之间，又顺着倾斜的供料辊向下部的滑槽4流动。再由拨料轮3将重叠的产品扫除，仅剩一列恰好进入滑槽4中，再顺序滑落到装有光电计数器5和磁性闸门6的下端。当产品通过光电计数器5时可触发信号，输入计数电路进行计数并由数码管显示累计数字。然后充填到包装容器中，达到规定数量后即发出控制信号关闭磁性闸门，完成一次计数充填。

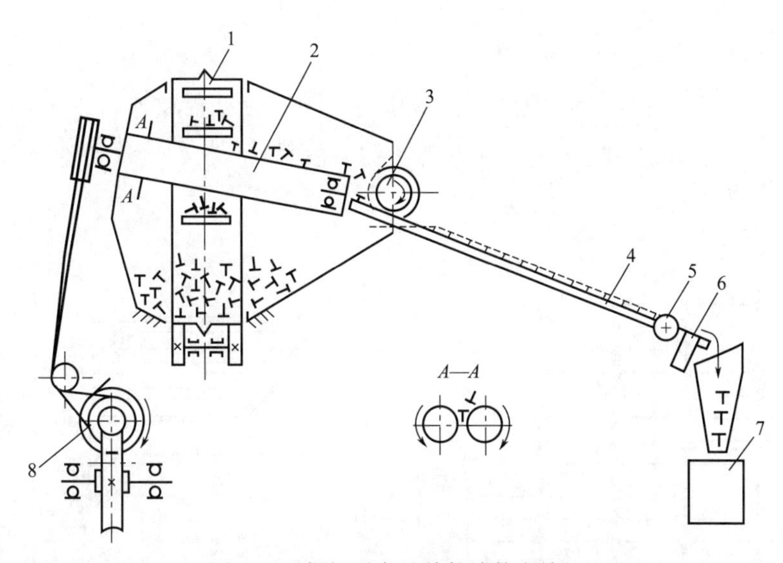

图4-41　螺钉形产品单件计数充填机

1—刮板式提升给料器；2—供料辊；3—拨料轮；4—滑槽；5—光电计数器；6—磁性闸门；7—包装容器；8—电机

② 光电片剂计数充填机　光电数片装置是利用一个旋转平盘，将药粒抛向转盘周边，在周边围墙开缺口处药粒将被抛出转盘。在药粒由转盘滑入药粒滑道6时，滑道上设有光电传感器7，如图4-42所示。通过光电系统将信号放大并转换成脉冲电信号，输入到具有“预先设定”及“比较”功能的控制器内。当输入的脉冲个数等于预选的数目时，控制器向磁铁11发生脉冲电压信号，磁铁动作，将通道上的翻板10翻转，药粒通过并引导入瓶。

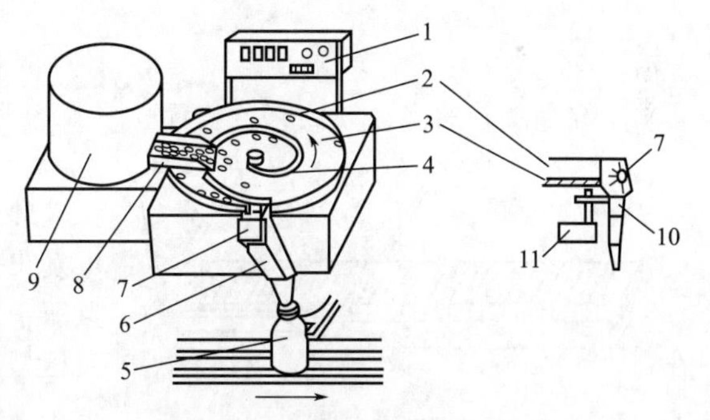

图4-42　光电片剂计数充填机

1—控制器面板；2—围墙；3—旋转平盘；4—回形拨杆；5—药瓶；6—药粒滑道；7—光电传感器；8—下料滑板；9—料斗；10—翻板；11—磁铁

这种计数机构也可以制成双斗装瓶机构，药粒通道上的翻板对着分岔的两个出料口，翻板停在一侧，有一个出料口打开，另一个出料口关闭。当控制器发出的下一个脉冲电压使磁铁动作时，翻板翻动，关闭原来的出料口，打开另一个出料口。这样可以利用一个计数器控制向传送带上的两排间隔输送来的药瓶完成装瓶工作。

对于光电计数装置，根据光电系统的精度要求，只要药粒尺寸足够大（比如＞8mm），反射的光通量足以启动信号，转换器就可以工作。这种装置的计数范围远大于模板式计数装置，在预选设定中，根据瓶装数量要求任意设定，不需更换机器零件，即可完成不同量的调整。

③ 堆积计数充填机构　堆积计数充填机构工作原理如图 4-43 所示。该机构工作时，计量托与上下推头协同动作，完成取量及集合包装的工作。开始时，托体作间歇运动，每移动一格，从料斗中落送一包至托体中，但料斗的启闭时间随着托体的移动均有一相应的滞差，故托体移动 4 次后才能完成一次集合计数充填工作。

该机构主要用于几种不同品种的组合充填包装，每种各取一定数量（或等额，或不等额）包装成一个集合包装。它还可用于小包的形状式样及大小有差异的物料的计数充填包装。

（3）多件计数

多件计数充填机是按规定的数量，利用辅助量，如长度、面积等，进行比较以确定产品件数，如 5 件或 10 件为一组计数，并将其充填到包装容器内的机器。它通常有长度计数机构、容积计数机构等。

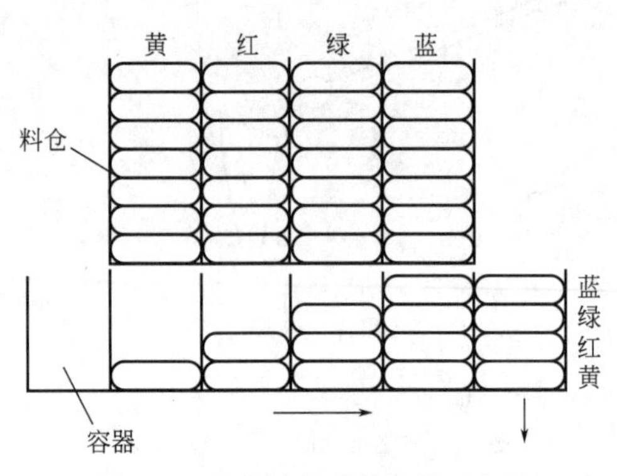

图 4-43　堆积计数充填机构示意图

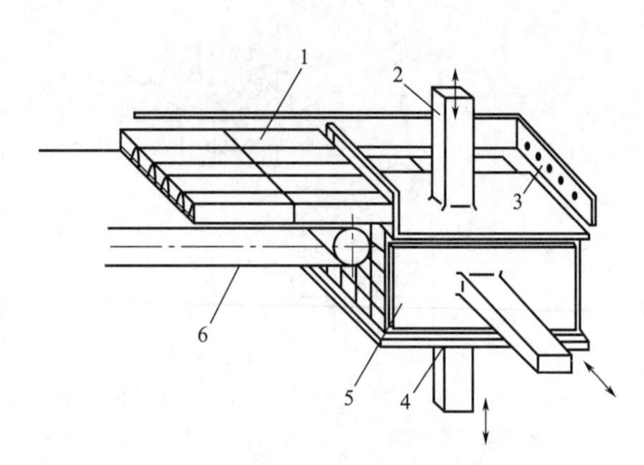

图 4-44　香烟装箱的多件计数充填装置

1—条烟；2—上压板；3—触点开关；4—下托板；5—水平推板；6—输送带

① 香烟装箱的多件计数充填装置　图 4-44 所示为香烟装箱的多件计数充填装置。以 10 条为一组的条烟 1 分五路进入计量工位。计量室的一端装有五个触点开关 3，当条烟触到开关时，即可发出信号，表明计量室内已满 10 条，接着启动上压板 2 和下托板 4 使其下移一条烟的厚度距离，上压板退回上位，腾出空位供随后的条烟进入计量室。如此重复五次后，再由底部的触点开关发出信号指令水平推板 5 向前推移，直至五十条烟为一组进入侧向开口的纸箱内。

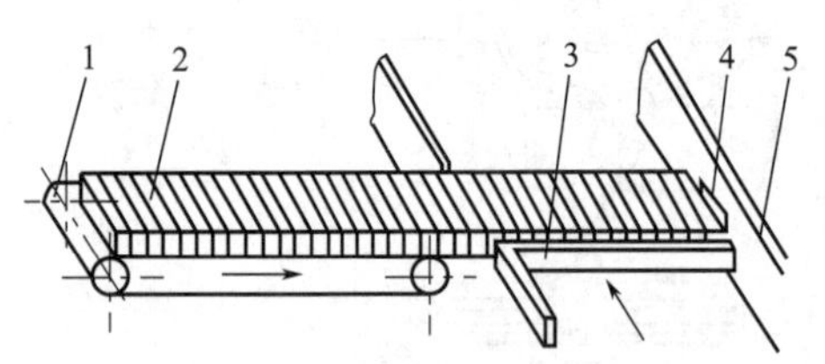

图 4-45　长度计数充填机构示意图

1—输送带；2—被包装产品；3—横向推板；4—触点开关；5—挡板

② 长度计数充填机构　长度计数机构如图 4-45 所示。计数时，排列有序的产品经输送机构送到计量机构中，进行产品的前端触到计量腔的挡板时，压迫挡板上的电触头或机械触头，发出信号，指令推进器迅速动作，将一定数量的产品推到包装台上进行充填包装。该机构常用在饼干、云片糕包装或茶叶等小盒包装以后进行第二次集合包装。

③ 容积计数充填机构　容积计数充填机构的工作原理如图 4-46 所示。物料自料斗 1 下落到计量箱内，形成有规则的排列。计量箱充满时，即达到预定的计量数，这时料斗与计量箱之间的闸门关闭，同时计量箱底门打开，物品就充填到包装盒。完成一次充填包装，计量

箱底门关闭，进料闸门打开，于是第二次充填包装计量工序开始。

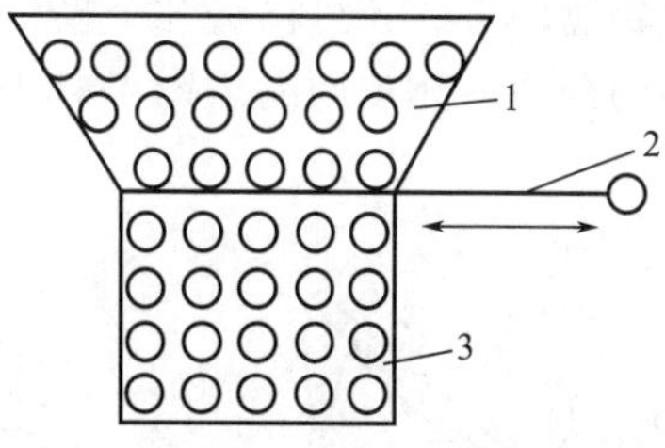

图 4-46　容积计数充填机构示意图

1—料斗；2—闸门；3—计量箱

(4) 转盘计数充填机

图 4-47 所示为转盘计数充填装置，常用于药片、药丸、巧克力糖球等规则物品的计数定量包装。一个与水平成 30°倾角的带孔转盘，盘上开有几组（3～4 组）小孔，每组孔数由每瓶的装量数决定。在转盘下面装有一个固定不动的托板 4，托板有一个扇形缺口，其扇形面积只容纳转盘的一组小孔。缺口的下边紧连着一个落片斗 3，落片斗下口直抵装药瓶口。转盘的围板具有一定高度，其高度要保证倾斜转盘内可存积一定量的药片和胶囊。转盘上小孔的形状应与待装药粒形状相同，且尺寸略大，转盘的厚度要满足小孔内只能容纳一粒药的要求。

当转盘不停地旋转时，一则转速要与输瓶带上瓶子的移动频率匹配，不能太快（约 0.5～2r/min）；二则转速太快将产生过大离心力，不能保证转盘转动时，药粒在盘上靠自重而滚动。当每组小孔随转盘旋至最低位置时，药粒将埋住小孔。当小孔随转盘向高处旋转时，小孔上面叠堆的药粒靠自重将沿斜面滚落至转盘的最低处。为了保证各组小孔均落满药粒和使多余的药粒自动滚落，常需要使转盘不是保持匀速旋转。为此利用图中的手柄 8 拨向实线位置，使槽轮 9 花键滑向左侧，与拨销 10 配合，同时将直齿轮 7 及 11 脱开。拨销轴受电机驱动匀速旋转，而槽轮 9 则以间歇变速旋转，因此引起转盘抖动着旋转，以利于计数准确。为了使输瓶带上的瓶口和落片斗下口准确对位，利用凸轮 14 带动一对撞针，经软线传输定瓶器 17 动作，使将到位的药瓶定位，以防药粒散落瓶外。当改变装瓶粒数时，则需更改带

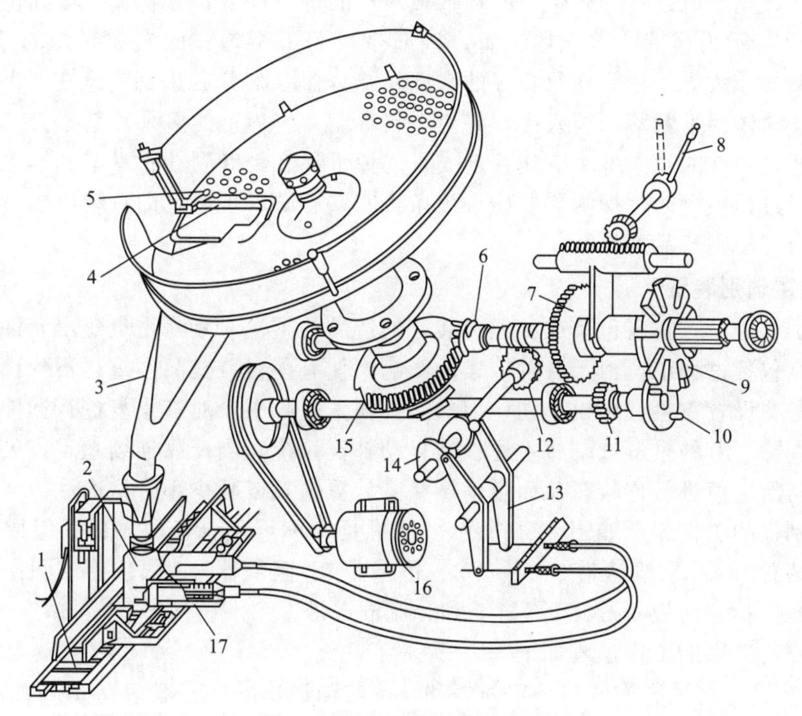

图 4-47　转盘计数充填机工作示意图

1—输瓶带；2—药瓶；3—落片斗；4—托板；5—带孔转盘；6—蜗杆；7—齿轮；8—手柄；9—槽轮；10—拨销；11—小齿轮；12—蜗轮；13—摆动杆；14—凸轮；15—蜗轮；16—电动机；17—定瓶器

孔转盘即可。还可以将几个模板式数片机构并列安装，或错位安装，可以同时向数个输瓶带上的药瓶内充填药品。图 4-48 所示为转盘计数充填机传动原理简图。

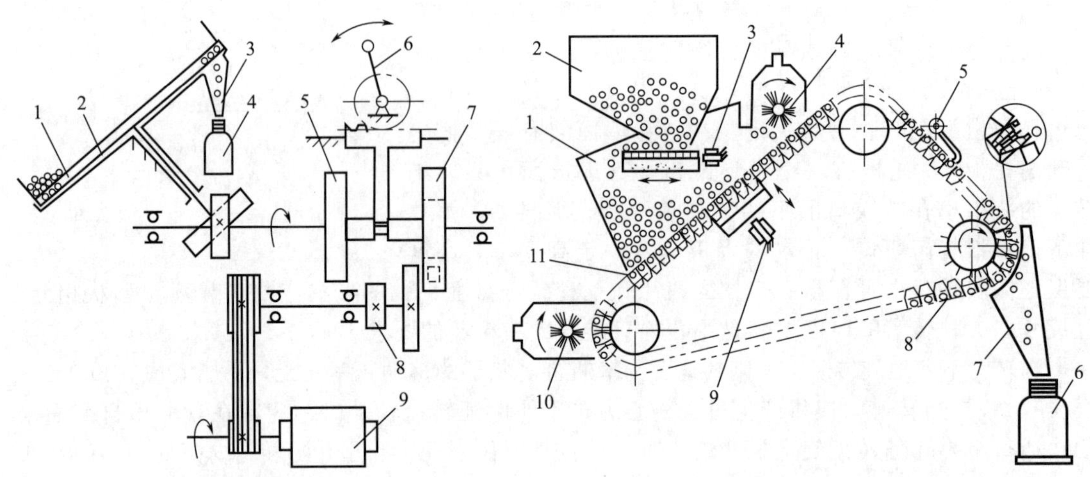

图 4-48 转盘计数充填机传动原理示意图

1—孔盘；2—固定盘；3—卸料斗；4—包装容器；5,8—齿轮；6—手柄；7—槽轮机构；9—电动机

图 4-49 履带式计数充填装置

1,2—料仓；3—筛分器；4—拨料毛刷；5—探测器；6—包装容器；7—卸料斗槽；8—径向推头；9—振动器；10—清屑毛刷；11—履带条板

(5) 履带式计数充填机

履带式计数充填机是利用履带上的计数板对产品进行计数，并将其充填到包装容器内的机器。图 4-49 所示为履带计数充填装置。该履带由若干组匀布凹穴和光面的条板 11 所组成，以此调整其计数值。片剂在料仓 2 的底部经筛分器 3 筛分后进到料仓 1，然后片剂靠自重和振动器 9 的作用不断落入板穴中，并由拨料毛刷 4 将板上的多余片剂拨去。当片剂移至卸料工位，便接转鼓的径向推头 8 使片剂成排的掉下，在经卸料斗槽 7 装入包装容器 6。在履带连续运行过程中，通过探测器 5 检查出条板凹穴有缺料现象，即自动停机。该装置适用于片状和球形等规则药品的计数。

4.3.1.4 物重选别装置

重量选别机是检查正在包装或已经包装好的产品的重量，剔除重量超出允许误差产品的机器。在产品包装过程中，由于各种因素的影响，使有些包装成品实重达不到计量精度的要求，所以有必要设置重量选别机，在包装成品件输送过程中，对其重量进行逐件检查，将不合格的产品剔除。有的重量选别机上还设有自动补偿系统，当产品连续超重或欠重时，系统能将此信号与给定值进行比较，从而自动调整其计重值，以减少不合格产品。

重量选别机的工作原理如图 4-50 所示。该机是由称重和分选两大部分组成的。称重部分包括供送装置 1、称重输送带 2、秤盘 3、传感器 7、阻尼器 8、限位器 9 和光电检测器 K 等。分选部分包括导向板 4、摆动气缸 5 和分流输送带 6。

该机检测与选别的工作过程如下。

① 供送装置 1 将被测物件按一定间隔和一定的输送速度（一般为 0.65～1.2m/s）送到秤盘 3 上。

② 秤盘 3 因感受物件的重力而下移。物重不同，其下移量也不同，但在平衡弹簧和阻尼器 8 的反作用下，秤盘 3 能迅速恢复到平衡状态。将上述平衡点与基准平衡点之间的位移

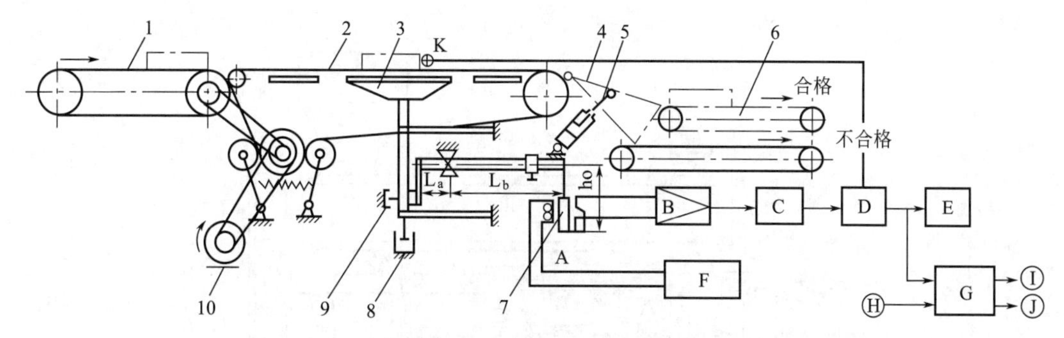

图 4-50　重量选别机工作原理简图

1—供送装置；2—称重输送带；3—秤盘；4—导向板；5—摆动气缸；6—分流输送带；7—传感器；8—阻尼器；9—限位器；10—驱动电机；A—差动变压器；B—放大器；C—同步检波电路；D—A/D 转换器；E—偏差指示器；F—振荡器；G—比较电路；H—欠超量界限值；I—欠量输出；J—超量输出；K—光电检测器

差，通过差动变压器 A 检测并转换成电信号，再将该信号进行放大和同步检波，便可输出与秤盘垂直位移成比例的直流电压。

③ 当物件遮住光电检测器 K 发射的光束时，就会有相应的检测信号传输到 A/D 转换器 D，并由偏差指示器显示。同时将物件重量与预先设定的上、下界限值加以比较，根据比较结果用三种不同颜色的信号灯指示出欠重、合格、超重。

④ 当物件到达分选装置时，上述的判别信号也送入有关执行机构。如果判定为欠重或超重则立即由分选装置将其剔除，而只允许合格品送往下一道工序。

4.3.2　秤重式计量装置的设计计算

4.3.2.1　间歇式斗秤

（1）基本类型及工作原理

图 4-51 所示为间歇式斗秤的结构简图。电磁振动给料器 13 设于料仓 11 的下方。料仓出口处装有主、副控制闸门 12，因此料槽也相应划分主、副两个通道，其出口处装有由电磁铁控制的粗、细给料活门 14 和 15，以便在停止给料时能快速地切断料流。

秤体由主秤杆 4、副秤杆 5、微调秤杆 3、限位器 7、阻尼器 9 以及刀口支承、砝码等部分组成。副秤杆穿在吊杆 6 的二限位螺母之间，在主通道开始给料时，电磁铁 8 开始作用，可防止因主秤杆摆动过量而误发信号。主通道给料结束时电磁铁 8 断电，副秤杆 5 立即给主秤杆补上二次量。微调秤杆是供计量微调用的。限位器的作用在于防止秤杆产生过大幅度的摆动，以利延长有关构件的使用寿命。阻尼器能抑制秤的扰动，使其快速恢复稳定状态。

秤斗 1 的底部装有摆式活门，在给料过程中依靠重锤关闭活门，并由钩子锁住。钩子可被排料控制阀 16 打开，并由套在铰链轴上的扭簧复位（图中未示出）秤斗悬挂在主秤杆的左侧刀口上，并与撑杆 2 相连以减轻给料时秤斗的冲击振动，保护刀口。

控制系统包括接近开关、电磁铁、控制阀和电子控制回路。物料先通过秤体转换为与负载成比例的位移，随后由位置变换器变成脉冲电信号，经检测器控制给料器及其活门，以实现快速给料、慢速给料和停止给料。同时还控制有关机构完成排料等动作。

间歇式称重装置除有上述基本组成以外，为了提高称重的精度和生产率，还添置一些辅助装置（如压杆）。它的作用是当大量物料冲击秤斗时能够压住秤杆，以防因振动而损坏刀口和其他构件，并减少秤杆的晃动，提高计量速度。

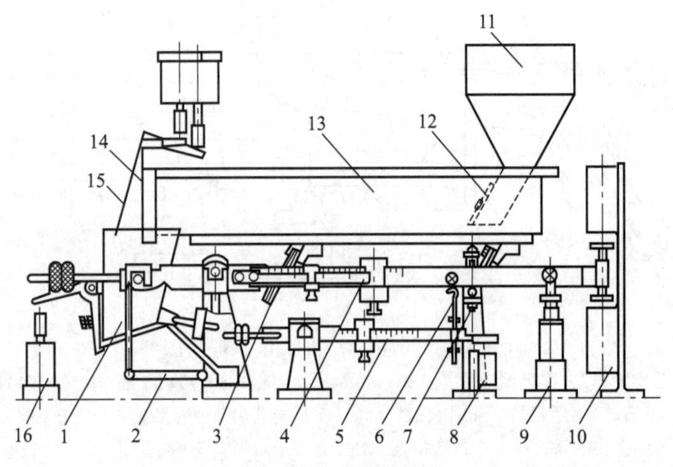

图 4-51 间歇式斗秤

1—秤斗；2—撑杆；3—微调秤杆；4—主秤杆；5—副秤杆；6—吊杆；7—限位器；8—电磁铁；9—阻尼器；10—接近开关；11—料仓；12—主、副控制闸门；13—电磁振动给料器；14—粗给料活门及控制阀；15—细给料活门及控制阀；16—排料控制阀

关于间歇式称重装置的基本组成及其功用，下面将结合一些典型实例加以讨论。

① 给料器 常用的给料器有电磁振动式、螺旋式、转鼓式、自流管式等。为实现高精度、快速的计量，给料器应具有良好的可控性，且能根据检测信号自动调节给料速度。在结构设计时应尽量减少由于给料器的排料落差和流量波动对称重带来的不利影响。

此外，还应根据物料的特性如粒度、流动性等合理选用给料装置。

② 秤体 秤体是秤的主体部分，常用的有杠杆式、弹簧式及组合式。

杠杆秤是利用杠杆平衡原理制成的。这种秤由于具有计量精度高、结构简单、调整维修方便等特点，目前仍在使用。但是它的计量平衡过程较慢，运动位移量较大，所以不用于动态称重。

弹簧秤是利用弹簧变形量与给料量成比例的关系制成的。用于比较法称重，有助于减小秤体运动部分的位移量。就弹簧式秤体的称重精度来说，虽不及杠杆式秤体，但在包装计量中一般也能达到千分之一左右的精度，其称重所需的平衡时间也较短。然而弹簧式秤体的配重装置不仅复杂，而且较难调整，往往由于设计不当而影响称重精度。

目前大都利用杠杆原理进行配重，这样就出现了弹簧杠杆组合式秤体。由于它综合了弹簧、杠杆秤体的主要优点，故具有称量精度高、平衡时间短、调整方便等优点，尤其适合于动态称重。

③ 秤斗与排料装置 在间歇式称重中，秤斗与排料装置一般都是组合在一起的，常用的排料方式有控制式和非控制式两类。

对于吸潮性、黏结性强而流动性差的物料，排料后秤斗内会残留一些物料，这不仅影响前一次称重，同时也影响以后的称重。为了消除这种弊病常用控制式排料方法。

控制式排料是每次排料后，根据秤斗内残留物料的增减，重新修正量值来进行计量，或直接控制秤斗的排料量来确定所称的物重。因此每次计量都要进行二次称重，并需设计一套比较繁杂的调整控制系统。

非控制式排料是将秤斗底部活门打开，利用物料自重自动排出秤斗。这种排料方式多用于流动性较好的散粒体物料。通常，秤斗底部活门按不同的结构和动作方式，大体上有如图4-52所示的几种类型。

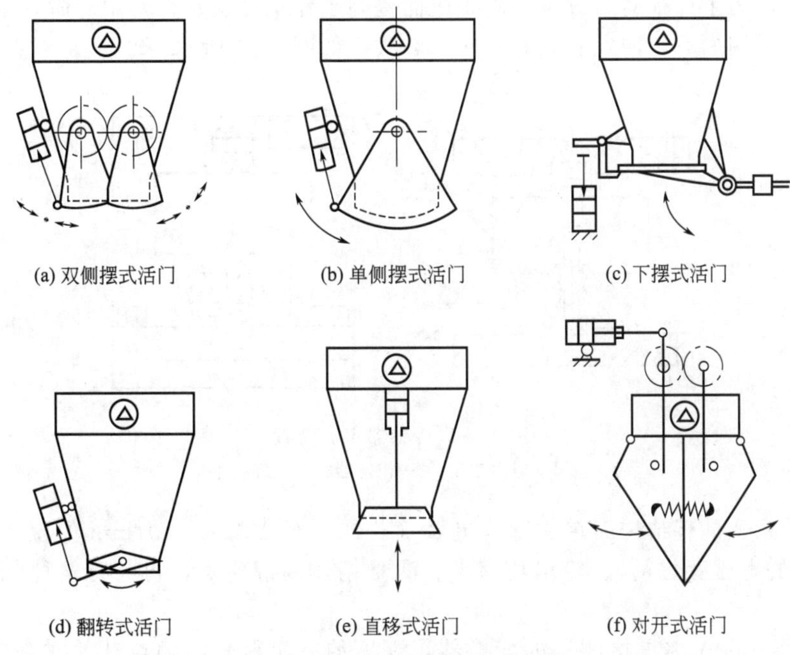

(a) 双侧摆式活门　(b) 单侧摆式活门　(c) 下摆式活门

(d) 翻转式活门　(e) 直移式活门　(f) 对开式活门

图 4-52　秤斗及其活门结构简图

④ 检测器　称重装置一般是通过平衡梁或者平衡弹簧等元件将所称物料量转换成位移量，再由检测器进行位移检测，发出信号控制执行元件或机构动作，实现称重精度要求。检测器有传感器和变换器两类。

a. 传感器　传感器将检测的位移量转换为要对应的脉冲电信号。根据输出的电信号，借助继电器、电磁阀、伺服电动机、步进电动机等来控制给料器的加料和断料。

作为称重检测用的传感器，目前常用的有电阻式和电感式两种。为了适应高速称重，需设计稳定性好、输出功率大、测量精度高且位移分辨率高的新型传感器。

图 4-53 所示为电阻式传感器的结构形式，有悬臂式、柱环式和圆板式等。这类传感器比较适用于大称重范围。

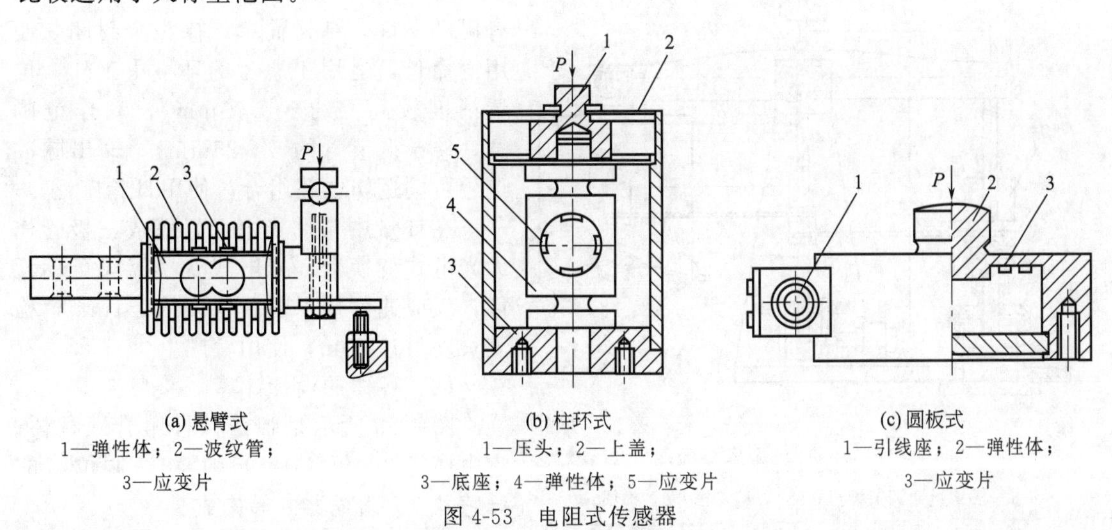

(a) 悬臂式
1—弹性体；2—波纹管；
3—应变片

(b) 柱环式
1—压头；2—上盖；
3—底座；4—弹性体；5—应变片

(c) 圆板式
1—引线座；2—弹性体；
3—应变片

图 4-53　电阻式传感器

在使用中，为了保证受力方位准确，进而提高工作精度、延长使用寿命，必须附加适当的定心装置。常用的有单向定心式和双向定心式，如图 4-54 所示。

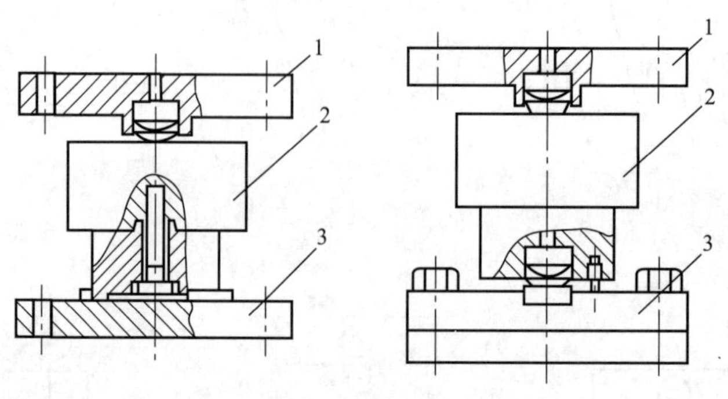

图 4-54 传感器定心装置

1—球面支座；2—传感器；3—底座

电感式传感器具有结构简单、感应灵敏（若铁芯对线圈有 0.01mm 的位移量，便能感应出约 6mV 的电压变化量）、输出功率大、测量精度高等优点，可与弹簧秤配合进行比较法称重。

b. 变换器 作为称重检测用的变换器，常见的有机械式、触点开关式、接近开关式、光电式等。至于气动式则用得很少。

机械式变换器一般用于机构式称重装置。当到达平衡位置时，通过挡块和秤斗活门自动打开进行排料。这种变换器的位置精度一般约为 0.5～1mm。

触点开关大都有一对以上的常开和常闭触点。当触动开关之后，通过改变导通回路进行计量控制。触点开关的位置精度可达 0.1mm 左右。欲进一步提高其精度，可配置适当的杠杆放大机构。但是，这会延长动作时间。反之，如果精度要求并不高，而动作时间却要求很短，那么也可配置适当的杠杆缩小机构。目前为止，触点开关仍在使用，由于可动元件容易磨损，触点也容易烧损，特别是在有油、水和粉尘等的恶劣环境下工作，更容易发生故障，因此，限制了它的使用范围。

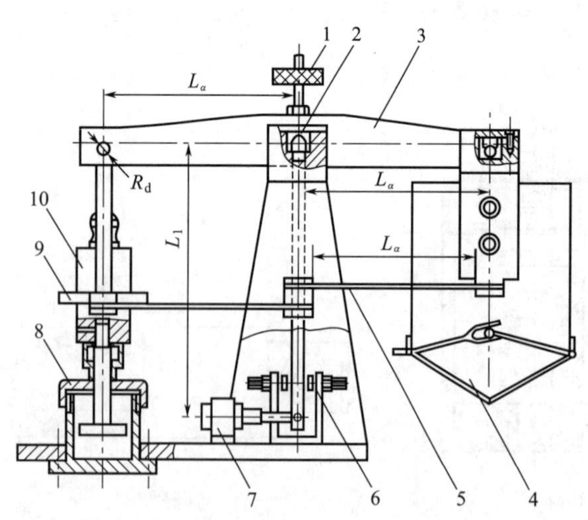

图 4-55 弹簧杠杆组合式秤体

1—横梁重心调节螺母；2—刀口支撑；3—横梁；4—秤斗；5—板弹簧；6—限位器；7—传感器；8—阻尼器；9—配重；10—砝码

近年来发展起来的无触点行程开关没有可动元件，结构简单，探头全封闭，使用寿命长，适用于恶劣的环境中工作，位置精度较高（约 ±0.03mm），动作范围宽，便于调节（约 5～25mm），输出脉冲信号可同逻辑电路组合，使用日趋广泛。

在计量中常用光电二极管或三极管作为光电式变换器。光电式变换器无可动元件，反应速度快，位置精度约±1mm，检测长度可达 10m，使用较广。

(2) 秤体的设计计算

图 4-55 所示是弹簧杠杆组合式秤体。它由横梁 3、秤斗 4、板弹簧 5、限位器 6、传感器 7、阻尼器 8 等构成。

① 横梁 横梁通常用铝合金、铜、铸铁等材料制成。对横梁既要做性能设计

(即确定支点、重点、力点和杠杆重心的位置)，又要做结构设计。也就是说，要校核它的截面强度并使其刚度k_d满足如下条件

$$k_a=\frac{f_{max}}{L_\alpha}\leqslant[k_\alpha] \tag{4-89}$$

式中　f_{max}——横梁的最大变形量；

L_α——横梁重臂或力臂的长度。

一般取许用刚度$[k_\alpha]=\frac{1}{1000}$。

② 刀口支承　图4-56所示是几种常用的刀口支承形式。刀口材料选用工具钢T7或T8。顶角β_0取4°～90°。刀刃半径r取0.01～0.1mm。若横梁摆角α不超过许用值(8°～10°)，刀刃在垫座上作纯滚动，其瞬时转动中心O_1即是刀刃圆柱面与垫座的接触点。而刀刃圆弧中心即是摆动中心O。实际上它是变化的，且引起力臂和重臂L_a的变化，令该变化量为ΔL_a，则

$$\Delta L_a\approx 2r\sin\alpha=\frac{2rP'_a e_a}{L_a} \tag{4-90}$$

式中　P'_α——最大称重许用变化量。

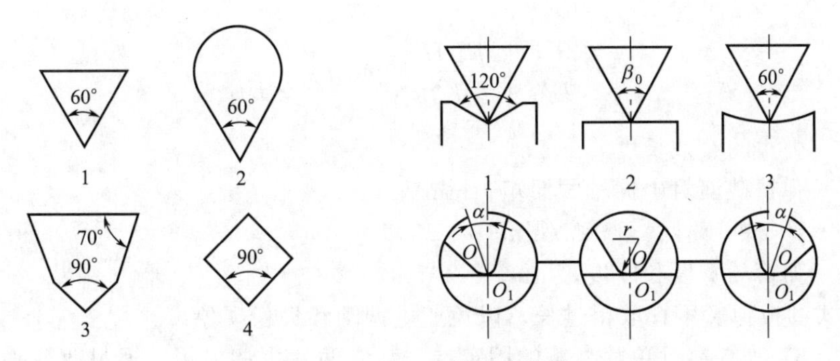

图4-56　刀口支承形式简图

如果支承的摩擦力矩太大，将会影响秤体的灵敏度。令秤体能分辨的最小物重为u，则许用摩擦力矩

$$[M_f]=L_a u \tag{4-91}$$

由机械原理可知，刀口支承的摩擦力矩

$$M_1=\mu_r N_0 r\leqslant[M_r] \tag{4-92}$$

式中　μ_r——当量摩擦因数；

N_0——支承上的正压力，N；

r——刀刃圆弧半径，mm。

由上述二式可知，为提高称重的精度和灵敏度，刀刃圆弧半径应取得足够小。但从强度观点来考虑，这又会增加刀刃与垫座间的接触压应力，从而影响使用寿命。所以，有时需对此接触压应力进行校核。

③ 平衡板弹簧　平衡板弹簧是弹簧秤的主要元件之一。它参与对秤体的平衡，并将给料量转变为与其成比例的位移量。为了保证秤体有足够的灵敏度，该弹簧的刚度不能过大。

但从提高稳定性、响应速度和重复精度的角度来考虑，又不宜太小。此外，对平衡板弹簧的材料、形状、尺寸、加工等都有严格的要求，以确保它的称重性能。

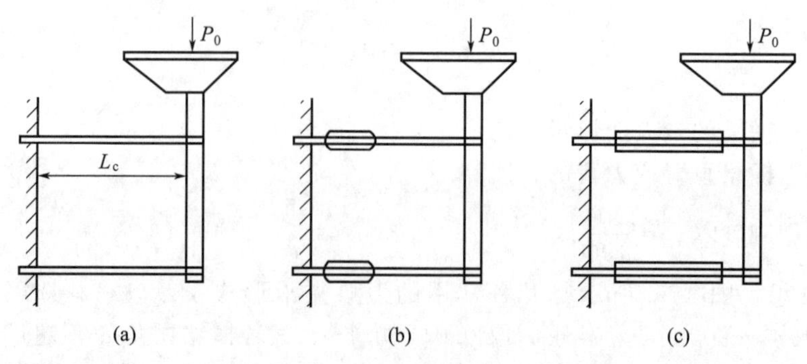

图 4-57 平衡板弹簧的结构形式

常用的平衡板弹簧结构形式如图 4-57 所示。其中图（a）为单片板簧，其端部受集中载荷 P_0 作用，由横向弯曲变形所产生的位移量按下式计算

$$x=\frac{P_0L_0^3}{12EI_x} \tag{4-93}$$

令单片板簧的刚度为 k，则

$$k=\frac{12EI_x}{L_c^3}=\frac{EBH^3}{L_c^3} \quad 或\ h=\sqrt[3]{\frac{L_c^3}{EBe_0}} \tag{4-94}$$

式中 L_c——弹簧的有效长度，mm；

I_x——弹簧截面对中性轴的惯矩，mm^4；

E——弹簧的弹性模量，N/mm^2；

B，H——弹簧的宽度和厚度，mm。

这种形式的板弹簧不宜取得过长，以免产生振动和失稳现象。

图 4-57（b）为在靠近单片板簧的固定端，装有两片可调夹板，通过改变夹板位置来调整弹簧刚度并提高其平衡能力的板弹簧。

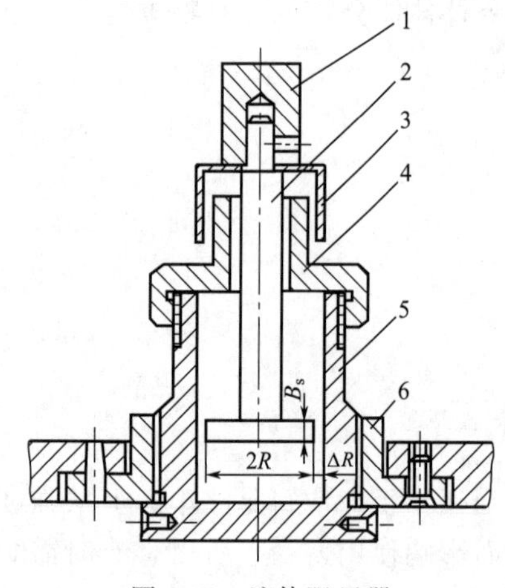

图 4-58 液体阻尼器

1—秤盘；2—活塞杆；3—防尘盖；4—缸盖；5—缸体；6—缸座

图 4-57（c）为在单片板簧的中部，装有两块紧固夹板，在保证有足够灵敏度的前提下，可提高其刚度的板弹簧。

④ 阻尼器 在工作过程中，秤体因受恢复力或恢复力矩的影响会产生摆动，随着其能量逐渐耗散才停止在某一平衡位置上。若无阻尼装置，而只靠支承等处的摩擦阻力来消除这一摆动，平衡时间将会很长。

欲缩短秤体的平衡时间，需多设置液体阻尼器，如图 4-58 所示。

令活塞式阻尼器的阻尼系数为 μ，当活塞与缸体的径向间隙 ΔR 很小时：

$$\mu=\frac{6\pi(R+\Delta R)\gamma B_sR^2}{\Delta R^3}\approx\frac{6\pi\gamma B_sR^3}{\Delta R^3} \tag{4-95}$$

式中 R——活塞半径，mm；

B_s——活塞宽度，mm；

γ——油液动力黏度，Pa·s。

在装配时，活塞与缸体不可能完全同心，因而阻尼系数也发生变化。

需要指出，根据理论计算得到的阻尼系数，因忽略了秤体所受空气阻力等因素的影响，故难以同实际阻尼系数完全一致。此外，对于不同的称重值，秤体运动部分的固有角频率也不相同，在这种情况下，尽管阻尼系数未变，但衰减系数会发生变化。为保持较佳的秤体动态称重性能，应灵活调整阻尼系数。

4.3.2.2　连续式皮带秤

（1）基本类型及工作原理

如图 4-59 所示，连续式皮带秤主要由给料器、秤体 5、输送带 8、阻尼器 4、传感器 6、物料分配器 7 和电子调节系统等部分组成。当物料的密度发生变化时，秤盘上的物重必随之发生变化，通过传感器反馈到调节器 1，从而迅速控制给料器，使其在很短时间内恢复到给定值，保证料流趋于稳定。最后，由输送带将物料送至与其同步运转的分配器内，以获得相等的分量。

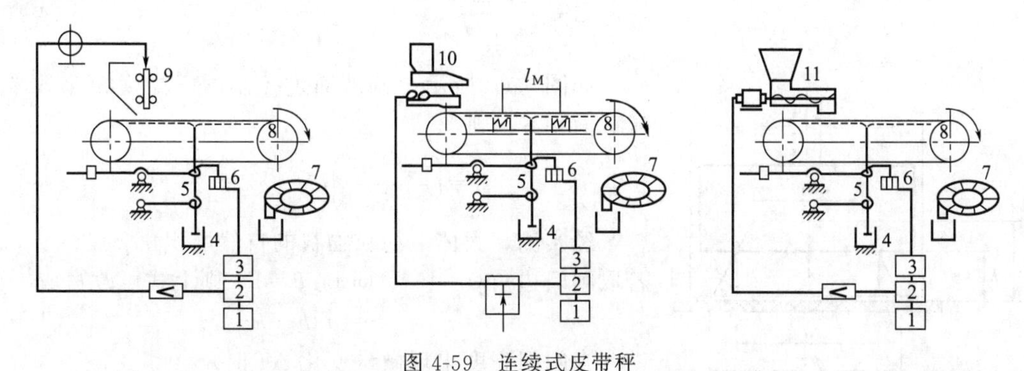

图 4-59　连续式皮带秤

1—PI 调节器；2—称重校正器；3—整流器；4—阻尼器；5—秤体；6—传感器；7—物料分配器；8—输送带；9—闸门给料器；10—电磁振动给料器；11—螺旋给料器

连续式皮带秤按给料的控制方式不同有闸门控制式给料、电振控制式给料和螺旋控制式给料三种方式。

这三种给料控制方式的工作原理基本相同，下面仅以皮带秤为例，进一步阐述其工作原理及设计要点。

在稳定工作时，分配器每格所截取的分量，即称重值 P，一般可表示为

$$P=Sv_{\alpha}\rho_{\omega}t=\frac{S\rho_{\omega}L}{km} \tag{4-96}$$

式中　ρ_{ω}——物料密度，g/mm³；

S——输送带上料层截面积，mm²；

v_{α}——输送带速度，mm/s；

k——分配器等分格中心的线速度与输送带线速度的比值（一般为常数）；

L——分配器等分格中心的周长，mm；

t——每份所需的分配时间，s；

m——分配器等分格数目。

上式表明 P 与 S、L、ρ_{ω} 成正比，与 k、m 成反比，换言之，改变上述参数即可适当调整称重值。例如，当 S、ρ_{ω} 变化了 ΔS、$\Delta\rho_{\omega}$ 时，则 P 也相应变化 ΔP，写成通式

$$\Delta P=\Delta S\frac{\rho_{\omega}L}{km}+\Delta\rho_{\omega}\frac{SL}{km} \tag{4-97}$$

若仅改变物料密度，欲保证称重值 P 不变，则应调整料层截面积 S 来补偿，为此要求

$$\Delta S=\frac{\Delta\rho_{\omega}S}{\rho_{\omega}} \tag{4-98}$$

设 G_0 为秤体所感受的物重，l_M 为秤盘所对应的料流长度，则

$$G_0=S\rho_{\omega}l_M \tag{4-99}$$

其相应变化量 $\Delta G_0=\Delta\rho_{\omega}Sl_M=-\Delta S\rho_{\omega}l_M$

或

$$\Delta S=-\frac{\Delta G_0}{\rho_{\omega}l_M} \tag{4-100}$$

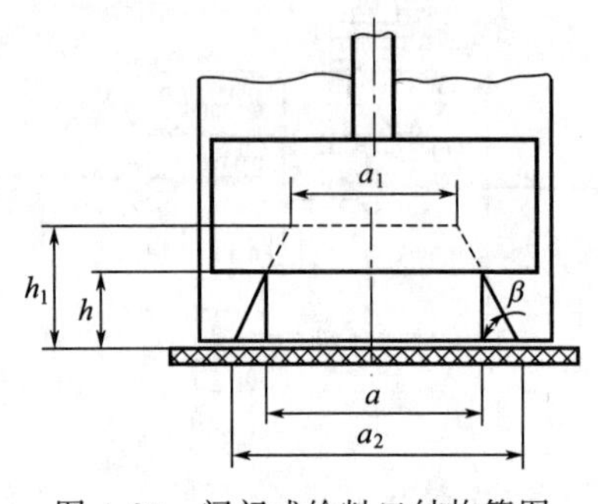

图 4-60 闸门式给料口结构简图

如图 4-60 所示，倘若通过控制闸门高度 h 来改变料流截面积 S，则

$$S=\left(\frac{a_1+a_2}{2}\right)h=\left(a_2-\frac{h}{\tan\beta}\right)h \tag{4-101}$$

经实测，大体上粉粒物料的自然堆积角 $\beta=25°\sim45°$。若取闸门边角 $\beta=45°$，即 $\tan\beta=1$，则上式可改写成

$$S=a_2h-h^2 \tag{4-102}$$

当闸门高度出现微量变化 Δh 时

$$\Delta h=-\frac{\Delta G_0}{(a_2-2h)\rho_{\omega}l_M} \tag{4-103}$$

由此可见，改变料层高度即改变了秤体所感受的物料重和最后的称重值。

(2) 秤体的设计计算

① 平行板簧与杠杆组合式秤体　参见图 4-55 所示，它是一种典型的组合式秤体，并由副秤体杠杆部分担任配重。杠杆配重装置设计配重装置的基本要求：能平衡秤体运动部分的总重、能在规定范围内进行称重调节、不影响主秤体的称重性能。

采用减码调节称重范围时，由于初始物重和配重（包括配重块、砝码等）较大，使秤体运动部分的总重（即 M 值）也较大，这必会延长秤体的阻尼平衡时间，从而影响称重频率。与此相反，采用加码调节称重范围时，初始物重和配重较小，相应的可增加称重频率。

对设计杠杆式配置来说，支点常用刀口支承、单片簧支承、叉簧支承等，在通常情况下采用单片簧支承，力点常采用刀口支承或放置配重块、砝码等。

弹性支承的设计，主要包括三方面内容：计算刚度、摆动中心、性能设计。由于杠杆的摆角微小，可近似地认为叉簧支承的摆动中心与交叉点重合，故可省略摆动计算；而对单片簧支承，若刚度较小也可不做刚度计算。

a. 单片簧支承　图 4-61 中杠杆部分的支点结构形式及其受力变形关系如图 4-62 所示。单片弹簧上端 A_2 被支架固定，下端 A_1 与横梁紧固。

当横梁摆动时，单片簧支承与刀口支承一样，也可看作有瞬时转动中心 O_1 和摆动中心 O。摆动中心的位置：

$$OA_1=\lambda_1 \coth \hat{L}_c \tag{4-104}$$

$$\lambda_1=\sqrt{\frac{EI_x}{G}},\ \hat{L}=\frac{L_c}{\lambda_1} \tag{4-105}$$

式中　λ_1——支点单片簧特征长度，mm；

I_x——单片簧截面对中性轴的惯矩，mm^4；

G——作用在支点处的重力，N；

$\hat{L}$——量纲一系数。

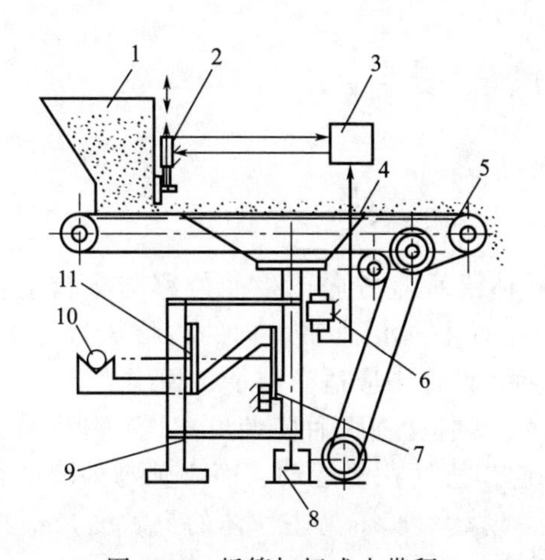

图4-61　板簧杠杆式皮带秤

1—料斗；2—闸门；3—称重调节器；4—称架；5—输送带；6—传感器；7—限位器；8—阻尼器；9—平行板簧；10—配重；11—弹性支点

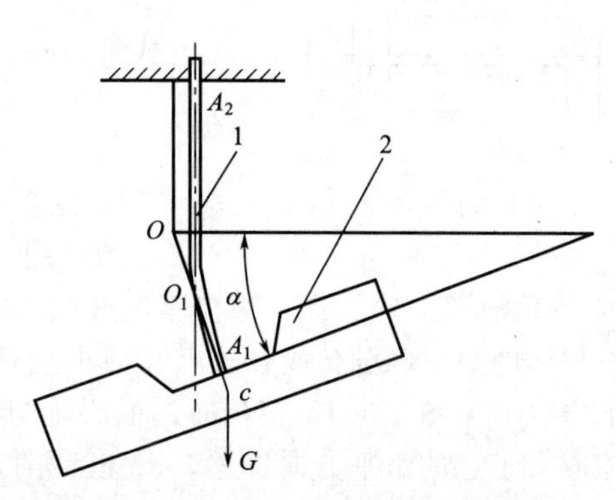

图4-62　作支点支承的单片簧原理图

1—单片簧；2—横梁

为了便于设计，可使摆动中心位于弹簧片的中部，此时弹簧片的有效长度按下式计算

$$L_c=2.0625\sqrt{\frac{EI_x}{G}} \tag{4-106}$$

对于图中杠杆部分的重点支承，其单片簧上端与横梁紧固，下端与主秤体紧固，变形基本上与支点支承相同，可近似按上述公式计算。实用中，单片簧作为重点或力点支承时还有如图4-63所示另一种形式，其上端A_1与横梁紧固，下端A_2与吊杆（长度为h_1）相连，受力点为铰接。在横梁摆动时，其摆动中心位置

$$OA_1=\lambda_2\frac{\hat{h}_1\cot\hat{L}_c+1}{\cot\hat{L}_c+\hat{h}_1} \tag{4-107}$$

$$\lambda_2=\sqrt{\frac{EI_x}{P}},\ \hat{L}_c=\frac{L_c}{\lambda_2},\ \hat{h}_1=\frac{h_2}{\lambda_2} \tag{4-108}$$

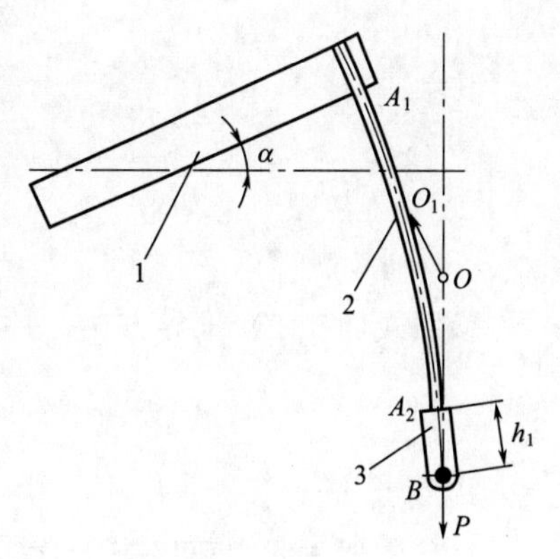

图4-63　作重点或力点支承的单片簧原理图

1—横梁；2—单片簧；3—吊杆

式中　λ_2——重点单片簧特征长度，mm；

P——作用在吊杆上的重力，N；

$\hat{h}_1$——量纲一系数。

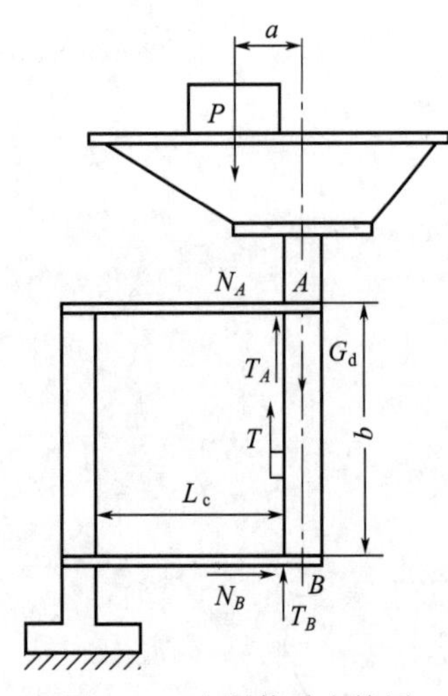

图 4-64 主秤体受力简图

b. 主秤体 参阅图 4-61 和图 4-64，秤盘由四根平行板簧支承，现以秤盘为示力体进行受力分析。令 G_d为称盘重，P为物重，T 为副秤体通过单片簧对主秤体的作用力，k 为板弹簧的刚度，y 为板弹簧的变形量，列出各反作用力关系式

$$N_A=N_B=\frac{P_a}{b} \tag{4-109}$$

$$T_A+T_B=G_d+P-T=ky \tag{4-110}$$

若取 $T=G_d$，则

$$T_A=T_B=\frac{1}{2}P,\ P=ky \tag{4-111}$$

上式可改写为

$$y=\frac{P}{k} \tag{4-112}$$

由上述可见，秤体沿垂直方向产生的位移与秤盘上物料重心的作用位置无关，但秤体沿水平方向的位移却与 L_c、P、a、b 等值有关。为了提高称重精度并减少水平位移，设计中应适当减小 a 而增大 L_c、b。

秤体的灵敏度随传感器安装位置的变化而变化，大体上有两种安装形式。一种安装在秤盘下方（参见图 4-50），使传感器的心轴与秤盘一起作直线往复运动，而心轴与外套的径向空隙应大于它的水平方向位移，以免互相接触产生摩擦。设 e_{01}为主秤体的灵敏度，e_{02}为配重秤体的灵敏度，则弹簧和等臂杠杆秤体总的灵敏度

$$e_0=\frac{1}{\dfrac{1}{e_{01}}+\dfrac{1}{e_{02}}}=\frac{L_\alpha^2}{kL_\alpha^2+WH_b} \tag{4-113}$$

另一种将传感器安装在不等臂配重杠杆上，仍用前述有关条件，并设 h_0为传感芯杆长，当秤盘运动时，传感器芯杆所产生的水平位移

$$x\approx h_0\sin\alpha+L_b(1-\cos\alpha) \tag{4-114}$$

其中

$$\alpha=\arcsin\frac{P'_\alpha e_0}{L_\alpha} \tag{4-115}$$

参照式(4-115) 推导方法，秤体的总灵敏度

$$e_0=\frac{L_a L_b}{kL_\alpha^2+WH_b} \tag{4-116}$$

这种配置方式主要用于大称重、秤盘垂直位移微小且需借配重杠杆进行位移放大的场合。为减少水平方向位移，设计中，传感器的芯杆选得越短越好。但由于第二种配置方法产生的水平位移较大，故很少使用。

关于限位器和阻尼器的配置原则，与传感器基本类似，但是，还需考虑拆装、调试的

方便。

② Ω 形弹簧与杠杆组合式秤体　图 4-65 所示为 Ω 形弹簧与杠杆组合式秤体。在杠杆式秤体上增加一个 Ω 形弹簧，可以使该秤体兼有杠杆式和弹簧式秤体的优点。如杠杆式秤体，适当更换砝码重便容易调整称重范围，而且称重精度高；而弹簧式秤体因物重与其垂直变位存在一定的线性关系，故能借传感器成比例地转换为电信号，从而准确标出物料重。由此可见，该组合式秤体的称重灵敏度高、工作稳定性强、重复精度好，多用作小分量的动态称重。

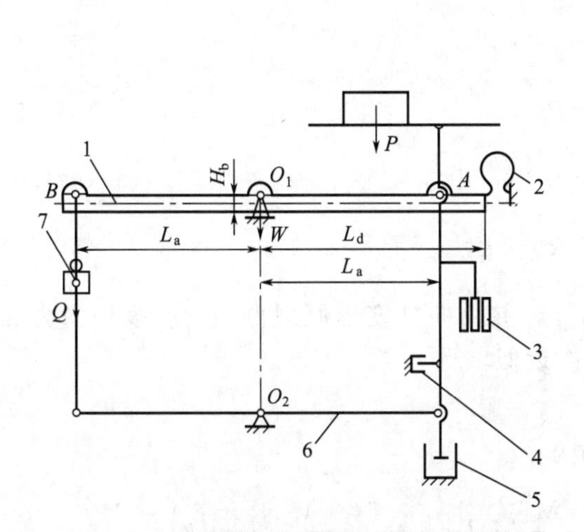

图 4-65　Ω 形弹簧与杠杆组合式秤体简图

1—横梁；2—Ω 形弹簧；3—传感器；4—限位器；5—阻尼器；6—撑杆；7—砝码

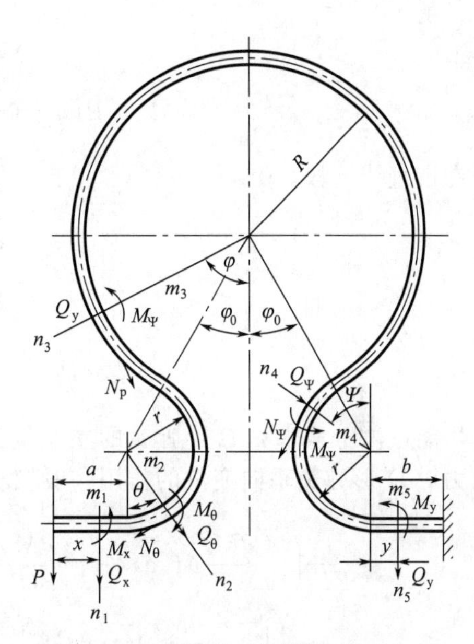

图 4-66　Ω 形平衡弹簧受力图

a. Ω 形平衡弹簧　Ω 形平衡弹簧大体上有两种基本类型。一种如图 4-66 所示，它由半径为 R 的大圆弧，两个半径 r 的小圆弧，以及两条直线段 a、b 组成。它一端被固定，另一端受物料重力 P 作用。可采用截面法求出各段内力，设 Q 表切向力，N 代表法向力，M 代表力矩。

在左直线 a 段，$0\leqslant x\leqslant a$

$$Q_x=P$$

$$N_x=0$$

$$M_x=Px$$

在左小圆弧半径 r 段，$0\leqslant\theta\leqslant\pi\sim\Phi_0$

$$Q_\theta=P\cos\theta$$

$$N_\theta=P\sin\theta \tag{4-117}$$

$$M_\theta=P(r\sin\theta+a) \tag{4-118}$$

在大圆弧半径 R 段，$\phi_0 \leqslant \Phi \leqslant 2\pi - \Phi_0$

$$Q_{\mathrm{p}} = P\cos\Phi \tag{4-119}$$

$$N_{\mathrm{p}} = P\sin\Phi \tag{4-120}$$

$$M_{\Phi} = P[a + (r+R)\sin\varphi_0 - R\sin\Phi] \tag{4-121}$$

在右小圆弧半径 r 段，$\varphi_0 \leqslant \psi \leqslant \pi$

$$Q_{\psi} = P\cos\psi \tag{4-122}$$

$$N_{\psi} = P\sin\psi \tag{4-123}$$

$$M_{\psi} = P[a + (r+R)\sin\psi_0 - R\sin\psi] \tag{4-124}$$

在右直线 b 段，$0 \leqslant y \leqslant b$

$$Q_{\mathrm{y}} = P \tag{4-125}$$

$$N_{\mathrm{y}} = 0 \tag{4-126}$$

$$M_{\mathrm{y}} = P[a + (r+R)\sin\Phi_0 + y] \tag{4-127}$$

用能量法分段求算 Ω 形弹簧的整个挠度值 f，并由曲杆变形原理得知，各段切向力和法向力对 Ω 形弹簧垂向变位的作用一般较小，故近似求得

$$\begin{aligned} f &= \frac{1}{EI_0}\left(\int_0^a \frac{\partial M_{\mathrm{x}}}{\partial P} M_{\mathrm{x}} \mathrm{d}x + \int_0^b \frac{\partial M_{\mathrm{y}}}{\partial P} M_{\mathrm{y}} \mathrm{d}y\right) + \\ &\quad \frac{1}{EI'_0}\left(\int_0^{\pi-\varphi_0} \frac{\partial M_\theta}{\partial P} M_0 r \mathrm{d}\theta + \int_{\varphi_0}^{2\pi-\varphi_0} \frac{\partial M_{\mathrm{x}}}{\partial P} M_\varphi R \mathrm{d}\varphi + \int_{\varphi_0}^{\pi} \frac{\partial M_\psi}{\partial P} M_\psi r \mathrm{d}\psi\right) \\ &= \frac{P}{E}\left(\frac{A_{\mathrm{x}} + A_{\mathrm{y}}}{I_0} + \frac{A_0 + A_\varphi + A_\psi}{I'_0}\right) \end{aligned} \tag{4-128}$$

其中

$$A_{\mathrm{x}} = \frac{a^3}{3} \tag{4-129}$$

$$A_{\mathrm{y}} = \frac{b^3}{3} + b^2[a + 2(r+R)\sin\varphi_0] + b[a + 2(r+R)\sin\varphi_0]^2 \tag{4-130}$$

$$A_\theta = r\left[\left(a^2 + \frac{r^2}{2}\right)(\pi - \varphi_0) + \frac{r^2}{r}\sin 2\varphi_0 + 2ar(1 + \cos\varphi_0)\right] \tag{4-131}$$

$$A_\varphi = R\left\{2(\pi - \varphi_0)[a + (r+R)\sin\varphi_0]^2 + R^2\left(\pi - \varphi_0 + \frac{1}{2}\sin 2\varphi_0\right)\right\} \tag{4-132}$$

$$A_\psi = r\left\{\frac{r^2}{2}\left(\pi - \varphi_0 + \frac{1}{2}\sin 2\varphi_0\right) - 2r[a + 2(r+R)\sin\varphi_0](1 + \cos\varphi) + (\pi - \varphi_0)[a + 2(r+R)\sin\varphi_0]^2\right\} \tag{4-133}$$

其中 I_0、I'_0 分别表示直线段和圆弧段的弹簧截面对中性轴的惯性矩。

可以证明，当圆弧半径大于矩形截面厚度4倍或大于圆形截面直径4倍时，用I_0代替I_0'其误差不大于1%。因此，若取$I_0 \approx I_0'$由式(4-128) 可得

$$f=\frac{A_0 P}{EI_0}, \quad A_0=A_x+A_y+A_\theta+A_\varphi+A_\psi \tag{4-134}$$

则Ω形弹簧总刚度

$$k=\frac{EI_0}{A_0} \tag{4-135}$$

由此可见，k值与弹簧的材料、形状、尺寸有关。当这些参数确定后，k就是一个常数。

若取$a=0$，$b=0$，则

$$A_0=(r^3+R^3)\left(\pi-\varphi_0+\frac{1}{2}\sin 2\varphi_0\right)-4r^2(r+R)(1+\cos\varphi_0)\sin\varphi_0+2(2r+R)(r+R)^2(\pi-\varphi_0)\sin^2\varphi_0 \tag{4-136}$$

若取$\varphi_0=\frac{\pi}{6}$，上式可进一步简化为

$$A_0=4.37R^3+5.24R^2r+2.81Rr^2+1.94r^3 \tag{4-137}$$

b. 秤体　如图4-65所示，它是由杠杆组成的铰接平行四杆机构。当秤盘较大时，可增大平衡梁与撑杆的间距，从而减小水平方向的作用力。通常，支点结构采用微型滚动轴承。这种秤体具有重复精度高、恢复能力好的优点，因而适合动态的比较法称重。至于称重范围的调节，则靠更换砝码来实现。

秤体总恢复力矩

$$M_s=WH_b+kL_a^2 \tag{4-138}$$

横梁摆动α角度所产生的稳定性力矩

$$M_e \approx (WH_b+kL_a^2)\alpha \tag{4-139}$$

当秤盘上所加物重d_p，使传感器心轴产生的位移为d_s时，有

$$d_p=\frac{M_0}{L_a}, \quad d_3 \approx \alpha L_a \tag{4-140}$$

进而可求出

$$e_0=\frac{d_s}{d_p}=\frac{L_a^2}{WH_b+kL_a^2} \tag{4-141}$$

在工作中秤体会摆动，横梁的最大摆角应是

$$\alpha=\arcsin\frac{P_a'}{L_a} \tag{4-142}$$

由此引起传感器的心轴和阻尼器的活塞均产生水平位移，其值

$$x=L_a(1-\cos\alpha) \tag{4-143}$$

4.4 袋装装置设计

4.4.1 袋型包装的基本原理

袋装是用柔性材料制成的包装袋，将粉状、颗粒状、流体或半流体等物品装入其中，然

后进行排气（或充气）、封口，以完成产品包装的工艺过程，常见袋型如图 4-67 所示。

图 4-67　塑料包装袋基本形式示意图

（a）二端封扁平袋；（b）三边封扁平袋；（c）四边封扁平袋；（d）一纵封二端封；（e）纵封二端封侧折叠；（f）纵封二端封边折叠；（g）橄榄底立袋；（h）叉形底楔形立袋；（i）矩形底楔形立袋；（j）粽子形利乐包；（k）屋顶盒形；（l）砖形利乐包

制袋过程中，一般先纵封，而后横封。故在枕式搭接、对接袋封口缝的全长内，局部会有三层或四层薄膜重叠在一起，这对封口质量有一定影响；扁平式三面封口袋的封口缝全长内层数相等，封接条件较好，但产品外形不对称，美观性稍差，四面封口袋克服了前两者的缺点，但这种袋型的包装材料利用率比前两者稍差；自立式各种袋外形美观，具有自立不倒的优点，便于后续装箱工艺的完成和产品陈列，但对包装材料要求较高，均需使用复合包装材料。

4.4.2　袋成型器设计

自动化程度较高的装袋机上，经常使用卷筒包装材料，一面由制袋成型器制袋，一面进行充填包装。成型器是一个关键零件，对包装形式、袋的尺寸及产品包装质量等有直接影响。

4.4.2.1　常用的制袋成型器形式及特点

常用的成型器有翻领成型器、象鼻成型器、三角成型器和 U 形成型器等。如图 4-68 所示，在结构、性能上大体有如下一些特点。

① 翻领成型器　如图 4-68（a）所示平张薄膜拉过该成型器后就成搭接或对接圆筒状。在常用的几种成型器中，它的成型阻力较大，易使薄膜产生变形，使之发皱或撕裂，故对塑料薄膜适应性差，而对复合膜适应性较好，它常用于立式枕型制袋包装机上，包装粉状、颗

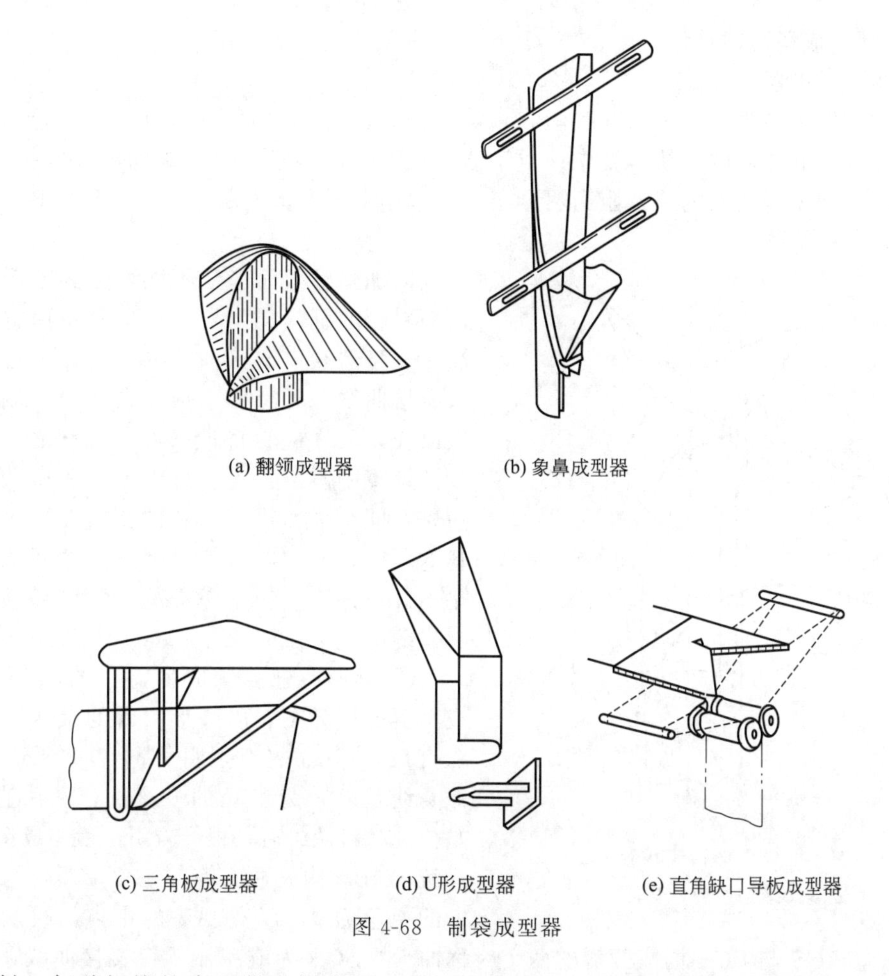

(a) 翻领成型器　(b) 象鼻成型器

(c) 三角板成型器　(d) U形成型器　(e) 直角缺口导板成型器

图 4-68　制袋成型器

粒状物料。每种规格的成型器只能成型一种规格的袋宽，当袋宽规格发生变化时，就要更换相应尺寸的成型器。而且，成型器的设计、制造及调试都较复杂。

② 象鼻成型器　如图 4-68（b）所示，该成型器类似象鼻的形状，平张薄膜拉过该成型器时，薄膜变化较平缓，故成型的阻力比翻领成型器的阻力小，适用于塑料单膜的成型，它常用于立式连续三面封口制袋包装机及枕式对接制袋包装机上。但是，对制造同一尺寸的枕形袋所需对应的成型器，象鼻成型器的结构尺寸比翻领式结构尺寸大，薄膜也易于跑偏，同样，该成型器只能成型同一宽度的袋形。

③ 三角成型器　如图 4-68（c）所示，它由等腰锐角三角形板与平行导辊一起联结在基板上而成的。它是最简单的一种成型器，它具有一定的通用性，即能适应袋子的尺寸变化较大的需要，此时只要调节基板的上下位置即可。故此种成型器的适用范围广泛，不论立式、卧式、间歇运动或连续运动的三面、四面制袋包装机上都有应用。

④ U 形成型器　如图 4-68（d）所示，它是在三角形成型器基础上改装而成的，薄膜在卷曲成型中受力状态比三角成型器好，其适应范围与三角形成型器一样，但其结构比较复杂。

⑤ 直角缺口导板成型器　如图 4-68（e）所示，它由缺口导板、导辊和双边纵封辊组成，成型器本身能将平张薄膜对开后又能自动对折封口呈圆筒形，常应用在立式连续联合包装机上。

4.4.2.2 制袋成型器的设计

（1）翻领成型器

翻领成型器具有内外曲面，薄膜与它相对运动时，可强制薄膜按其内外曲面形状变成。使平张薄膜逐渐卷曲成圆筒状，要求该成型器在拉膜时使薄膜不产生纵向与横向拉伸变形，而且使薄膜与成型器之间的摩擦阻力尽量小，不跑偏、不卡塞，制出外形平整美观，符合尺寸要求的袋。

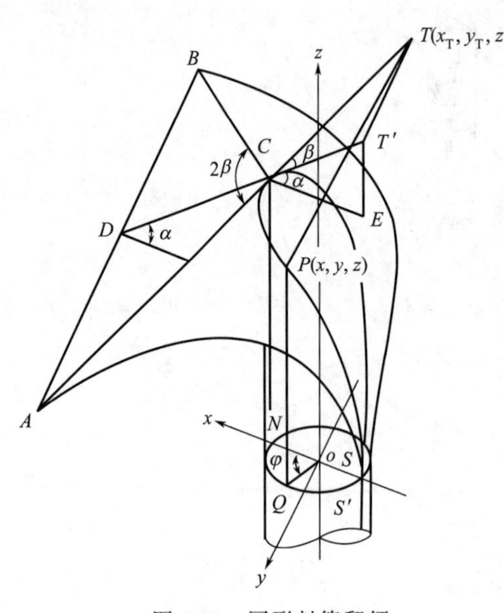

图 4-69 圆形料管翻领成型器结构参数计算图

以加料管截面形状不同可分为圆形及方形截面料管的翻领成型器。这里介绍用解析作图法作成型器领口交接曲线的方法，一旦有了领口交接曲线，无疑对于成型器的设计制图，薄板放样，成品检验将带来许多有利之处。在本设计计算中假定：包装材料走上成型器被卷曲前先在同一平面内，材料的张紧变形，包装材料的厚度，成型器与加料管之间的间隙均可忽略不计；计算中暂不考虑枕式袋的搭接，对接封口缝的尺寸。

① 圆形料管翻领成型器 图 4-69 是这种成型器的计算图，以圆形料管的轴线 oz 为轴，取直角坐标 $oxyz$，则料管与 xoy 平面相交的截交线是以 r 为半径的一个圆，图中直线 AB 是包装材料从最后一根导辊引出后与成型器的接触线，ABC 构成平面等腰三角形，它与 xoy 平面的夹角为 α，D 是 AB 的中点，故$\angle ACD=\angle BDC=\beta$，$ACS$ 与 BCS 构成两侧的两个对称曲面，SCS 为成型器领口交接曲线，S 是该曲线的最低点，位于 x 轴上，C 为该曲线的最高点，它在 xoy 平面上的投影是 N 点，且在 x 轴上。

为推导计算上的需要，使 AC 延长至 T 点，DC 延长至 T'，作 $T'E$ 平行于 oz 轴，TT' 平行于 oy 轴，CE 平行于 ox 轴，由此得$\angle CET'$与$\angle CT'T$ 均为直角，且三角形 $CT'T$ 与三角形 ABC 在同一平面上，三角形 CET' 在 xoz 平面上，P 是领口交接线上任意一点，连 PT，令 $PT=f$，$CT'=e$，P 点在 xoy 平面上的投影为 Q 点，弧长 $NQ=u$，P 点的高即为交接线的函数 $\varphi(u)$，C 点是 $\varphi(u)$的中点，C 处的高 $CD=h$。

成型器交接线上任一点 P 的坐标可写出

$$
\begin{aligned}
x&=r\cos\frac{u}{r}\\
y&=r\sin\frac{u}{r}\\
z&=\psi(u)
\end{aligned}
\qquad (4\text{-}144)
$$

对 T 的坐标可写成

$$x_T=-(e\cos\alpha-r)$$

$$y_T=-(e\tan\beta) \tag{4-145}$$

$$z_T=e\sin\alpha+h$$

因为 $f=PT$ 即为 P 与 T 两点间的距离，所以有

$$f^2=(x_T-x)^2+(y_T-y)^2+(z_T-z)^2$$

将 P 及 T 两点的坐标值代入

$$f^2=\left(-e\cos\alpha+r-r\cos\frac{u}{r}\right)^2+\left(-e\tan\beta-r\sin\frac{u}{r}\right)^2+[e\sin\alpha+h-\psi(u)]^2 \tag{4-146}$$

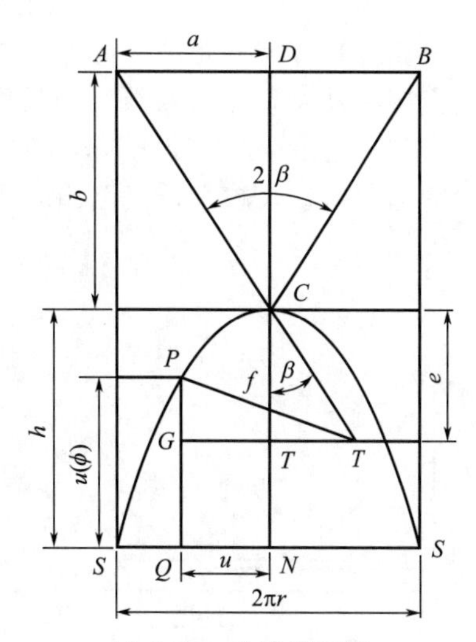

图 4-70　成型器翻领曲面的展开图形

若将成型器沿 SS' 剪开并展成平面，如图 4-70 所示，由该图看出，PT 长可由下式表达

$$f^2=(e\tan\beta+u)^2+[h-e-\psi(u)]^2 \tag{4-147}$$

展开前与展形后 PT 之长不能变，两表达式联立消去 f，可谓交接曲线上任意点 P 的高 $\varphi(u)$ 的方程式

$$\psi(u)=h-\frac{e\tan\beta\left(u-r\sin\frac{u}{r}\right)+r(e\cos\alpha-r)\left(1-\cos\frac{u}{r}\right)+\frac{1}{2}u^2}{e(1+\sin\alpha)} \tag{4-148}$$

此式的边界条件为

$$u=0,\psi(u)=h;u=\pi r,\psi(u)=0 \tag{4-149}$$

令 $\psi(u)=0$，代入式(4-148)，可得出线段 e 的长度表达式

$$e=\frac{\frac{1}{2}a^2-2r^2}{h(1+\sin\alpha)-a\tan\beta-2r\cos\alpha} \tag{4-150}$$

由此可见，设计中若能首先确定料管半径 r，翻领三角形 ABC 的顶角之半 β、翻领的后倾角 α 及成型器领口交接曲线的最大高度 h，则 e 值可以求得，再利用式(4-148) 算出与每一段弧长 U 对应的在交接曲线上各点的高度，便不难连出领口交接曲线。

参数 r、β、α、h 的确定必须满足包装工艺上的要求，分述如下。

a. 圆形料管的半径 r　设：a 为折后的包装空袋宽度，则 $2a=2\pi r$，所以

$$r=\frac{a}{\pi} \tag{4-151}$$

b. 翻领的后角 α　与三角成型器安装 α 角一样，α 角度大则薄膜通过成型器的成型阻力亦大，但结构尺寸小，包装机总体尺寸就紧凑，α 角度小则相反，生产实践中翻领成型器的后倾角 α 取用范围较大，在 0°～60°之间。

c. 翻领三角形平面的形状尺寸　由图 4-70 中可见，三角形 ABC 的形状尺寸由三角形底边 AB 和高 CD 或顶角$\angle ACB$ 来决定，底边 $AB=AD+DB=2a$ 与袋子的尺寸有关，DC 是包装材料在三角形平面上的长度，三角形成型器设计中曾假定 $DC=b$，这三角形平面从导辊到成型器最高点 C 开始翻折成型之前用来引导及承载包装材料的。b 的长短反映了引导面的大小，b 太短起不了引导与承载薄膜的作用，造成薄膜在交接曲线附近成型阻力过大，易拉伸变形，b 太长又导致成型器结构不紧凑，且不一定全能用来承载薄膜，反而因引导面的过大而增加了薄膜与成型器表面间摩擦面长度，设计中建议取 $b=h$。则

$$\tan\beta=\frac{a}{b}=\frac{a}{h} \tag{4-152}$$

d. 领口交接曲线的最大高度 h　领口交接曲线是一条空间曲线，它的最低点到最高点之间在 z 轴方向的距离称为最大高度 h。对某一既定 r、α 和 β 参数的翻领成型器，它的领口交接线最大高度 h 与线段的长度具有函数关系，参见式(4-150)。

当 e 值由 $0\rightarrow\infty$ 变化时，h 则由较大值逐步变小，起初 h 随 e 的变化较大，随后 h 随 e 的增加变化越来越小，以至趋向一定值。h 与 e 的关系如图 4-71 所示。

$$h_1=\frac{a\tan\beta+2r\cos\alpha}{1+\sin\alpha}$$

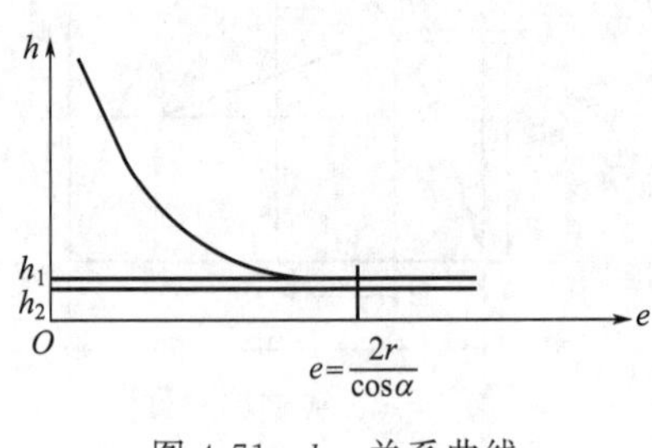

图 4-71　h-e 关系曲线

由此可见，图 4-71 上线段 e 的长短直接关系到交接线最大高度 h 的大小，当 e 值取得较大时，h 较小，成型器较矮，但使包装材料在成型时变形急剧，成型阻力较大，不利于制袋，当值取得较小时，h 较大，成型阻力较小，但成型器较高，结构不紧凑。加料管悬壁越长，受力情况恶化，这给制造及使用都带来困难。

由图 4-71 上可见，e-h 关系曲线，当 $e=2r/\cos\alpha$ 时，h 的变化已极为缓慢，e 值无需取得比 $\frac{2r}{2\cos\alpha}$ 还大。所以线段 e 的取用范围为 $0<e<2r/\cos\alpha$。

将式(4-150) 代入上式列不等式，得 h 的表达式

$$h>\frac{\frac{\pi}{4}a\cos\alpha+r\cos\alpha+a\tan\beta}{1+\sin\alpha}=h_2 \tag{4-153}$$

为了不使成型器过大，h 通常在 h_2 计算值附近取整数。

计算时取的点越多，作出的领口交接曲线也就越正确。一般在 $0\sim\pi$ 范围内计算点不应少于 8 个，$\pi\sim2\pi$ 之间因曲线对称，无需重复计算。

② 方形料管翻领成型器　生产实践中为了制作截面为方形的包装袋或某些制袋式装袋机，为了有效地利用间歇回转皮带与包装材料间产生的摩擦力牵引包装材料，或卧式枕形包装机包装块状物料，均需要方形料管的翻领成型器。

方形料管翻领成型器可由圆形料管成型器领口交接计算作图法推广得到。

从数学角度来说，圆的方程是：$x^2+y^2=R^2$

它是椭圆方程 $\left(\frac{x}{a}\right)^2+\left(\frac{y}{b}\right)^2=1$ 的一种特例。

把椭圆推广到超椭圆，则有

$$\left(\frac{x}{a}\right)^n+\left(\frac{y}{b}\right)^n=1 \tag{4-154}$$

式中，当 $a=b$，$n=2$ 时为圆的方程。当 $a\neq b$，$n=2$ 时为椭圆的方程。

当 n 逐渐增加到 $n>20\sim40$ 时，超椭圆图形就逐渐过渡到带圆角的长方形或正方形如图 4-72 所示。

这里设：短半轴为 p，长半轴为 q，半径为 $r_{(\varphi)}$，超椭圆图形上任一点 Q 的极坐标

$$x = r_{(\varphi)} \cos\varphi$$
$$y = r_{(\varphi)} \sin\varphi \tag{4-155}$$

将 x、y 均代入超椭圆方程得极坐标式的超椭圆方程

$$\left[\frac{r_{(\varphi)} \cos\varphi}{p}\right]^n + \left[\frac{r_{(\varphi)} \sin\varphi}{q}\right]^n = 1 \tag{4-156}$$

改写成：

$$\left[\left(\frac{\cos\varphi}{p}\right)^n + \left(\frac{\sin\varphi}{q}\right)^n\right]^{-\frac{1}{n}} = r_{(\varphi)} \tag{4-157}$$

因为图形有对称性，所以 $r_{(\varphi)} = r_{(-\varphi)} = r_{(\varphi+\pi)}$，由方程（4-157）可得

$$r_{(0)} = p, r_{\left(\frac{\pi}{2}\right)} = q \tag{4-158}$$

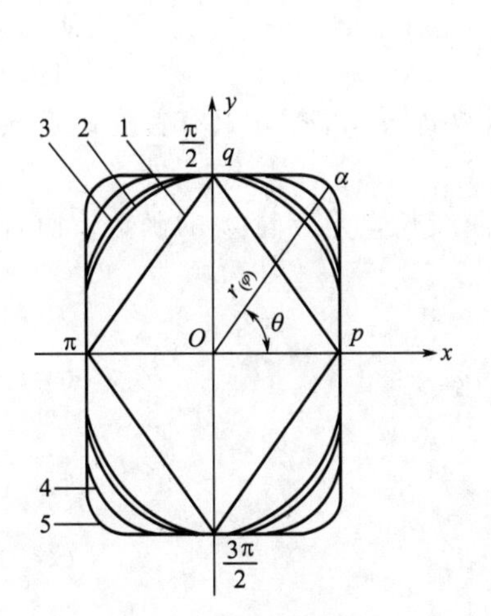

图 4-72 超椭圆图形

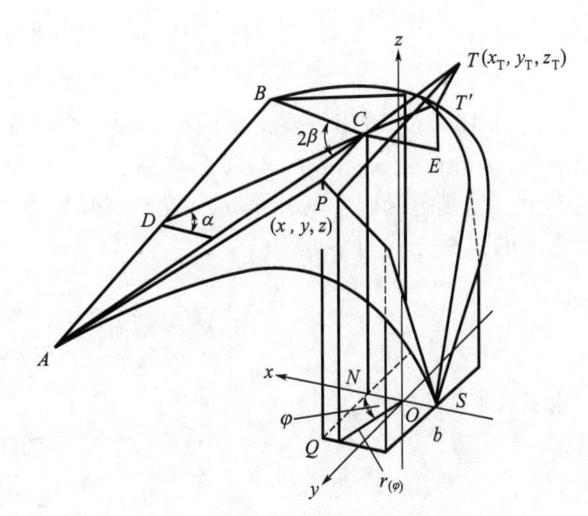

图 4-73 方形料管翻领成型器计算图

这样，我们也可以利用圆形料管成型器的计算图原理来进行方形料管成型器的计算。作出的计算图如图 4-73 所示。

用极坐标形式表示领口曲线上任一点 p 的位置

$$x = r_{(\varphi)} \cos\varphi$$
$$y = r_{(\varphi)} \sin\varphi \tag{4-159}$$
$$z = \psi[u_{(\varphi)}, \varphi]$$

同理，对 T 点也可写出

$$x_T = p - e\cos\alpha$$
$$y_T = -e\tan\beta \tag{4-160}$$
$$z_T = e\sin\alpha + h$$

设直线 $PT = f$，可写成

$$f^2=(x_T-x)^2+(y_T-y)^2+(z_T-z)^2$$
$$=[-e\cos\alpha+p-r_{(\varphi)}\cos\varphi]^2+[-e\tan\beta-r_{(\varphi)}\sin\varphi]^2+[e\sin\alpha+h-\psi(u_{(\varphi)},\varphi)]^2 \tag{4-161}$$

同样剪开计算图展开，PT 长仍保持不变，在平面图形里

$$f^2=[e\tan\beta+u_{(\varphi)}]^2+[h-e-\psi(u_{(\varphi)},\varphi)]^2 \tag{4-162}$$

两式联立，消去 f，也可得交接曲线上任一点 p 的高阶方程式

$$\psi[u_{(\varphi)},\varphi]=h+\frac{\frac{1}{2}[p^2+r_{(\varphi)}^2-u_{(\varphi)}^2]+r_{(\varphi)}\cos\varphi(e\cos\alpha-p)+e\tan\beta[r_{(\varphi)}\sin\varphi-u_{(\varphi)}]-ep\cos\alpha}{e(1+\sin\alpha)} \tag{4-163}$$

此式的边界条件为

当

$$\begin{aligned}\varphi=0,u_{(\varphi)}=0,\psi[u_{(\varphi)},\varphi]=h\\ \varphi=\pi,u_{(\varphi)}=0,\psi[u_{(\varphi)},\varphi]=0\end{aligned} \tag{4-164}$$

由式(4-163) 可看出，要得出成型器领口交接曲线函数 $\psi[u_{(\varphi)},\varphi]$，只有首先确定或求算出 $r_{(\varphi)}$、p、$\tan\beta$、$u_{(\varphi)}$、α、h、e 等参数。

其中 $u_{(\varphi)}$ 是超椭圆在其转角 φ 位置时到起始点 N 的曲线长，是变量 φ 的函数，而且极坐标表示的弧微分式为

$$du_{(\varphi)}=\sqrt{r_{(\varphi)}^2+\left[\frac{dr_{(\varphi)}}{d\varphi}\right]^2}d\varphi \tag{4-165}$$

求弧长必须积分

$$u_{(\varphi)}=\int\sqrt{r_{(\varphi)}^2+\left[\frac{dr_{(\varphi)}}{d\varphi}\right]^2}d\varphi \tag{4-166}$$

式(4-166) 中的 $\frac{dr_{(\varphi)}}{d\varphi}$ 应对式(4-157) 的 φ 求导，但积分式内的被积函数不是初等函数，难以积出，为工程上应用方便起见，可以用近似计算方法来解决。

当超椭圆截面指数 $n>20$ 时，超椭圆即变为倒圆角的长方形，其倒角半径可近似地由下式来表示

$$\rho=\frac{(p^2+q^2)^{\frac{3}{2}}}{2pqn} \tag{4-167}$$

这样与 φ 对应的 $r_{(\varphi)}$ 及 $u_{(\varphi)}$ 就不难求得了，同理述，当 $\varphi=\pi$ 时，$r_{(\varphi)}=-P$，$u_{(\varphi)}=a$，$\psi[u_{(\varphi)},\varphi]=0$，代入式(4-163) 中，可得出计算图上 e 的表达式

$$e=\frac{\frac{1}{2}a^2-2p^2}{h(1+\sin\alpha)-a\tan\beta-2p\cos\alpha} \tag{4-168}$$

同样如图形料管那样，利用 $0<e<\frac{2p}{\cos\alpha}$ 不等式可求得这种成型器交接曲线的最大高度的表达式

$$h>\frac{\frac{1}{4p}a^2\cos\alpha+a\tan\beta+p\cos\alpha}{1+\sin\alpha} \tag{4-169}$$

其余后倾角 α、$\tan\beta$ 等参数的确定方法同前面的圆形料管翻领型器，这里不再赘述。

（2）三角形成型器　三角形成型器使平张薄膜对折成型的过程如图 4-74 所示。

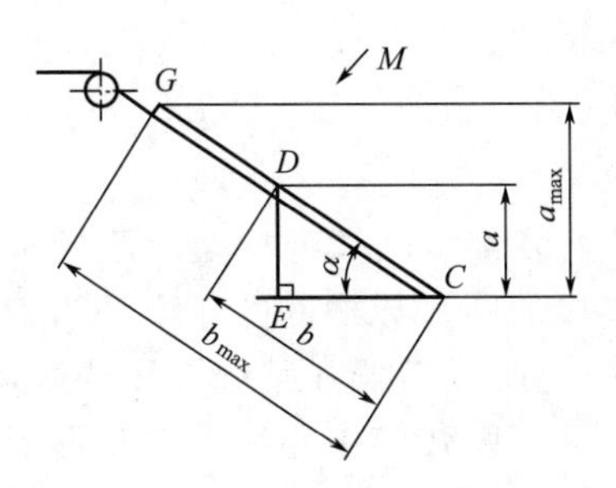

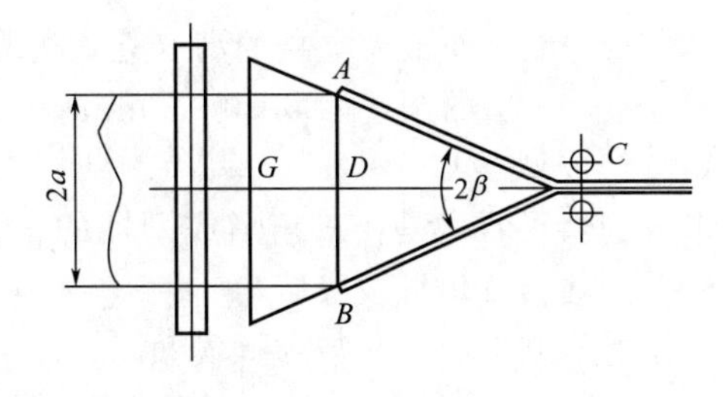

图 4-74　三角成型器折叠成型示意图

设薄膜的宽度为 $2a$，对折后的空袋高度为 a（立式机为空袋宽度），三角形板与水平面间的倾斜角即安装角为 α，三角板的顶角为 2β，薄膜在三角形板上翻折的这一区段长为 b，若不计三角形板的厚度，假定薄膜在对折后两膜间贴得很紧，则

在直角三角形 DEC 中，$DE=a$，$DC=b$，所以有

$$\frac{a}{b}=\sin\alpha \tag{4-170}$$

在直角三角形 ADC 或 BDC 中：$AD=DB=a$，$DC=b$，所以有

$$\frac{a}{b}=\tan\beta \tag{4-171}$$

对既定的三角形成型器和一定的空袋尺寸，a/b 是一个定值，所以有如下关系

$$\sin\alpha=\tan\beta \tag{4-172}$$

即

$$\beta=\arctan(\sin\alpha) \tag{4-173}$$

由此可见，三角形成型器的顶角与安装角有相互制约的关系，而 β 值的大小关系到三角形板形状尺寸，所以一定的安装角必对应着一定形状尺寸的三角形成型器，否则会影响成型器正常制袋。

在生产实践中，三角形顶角 2β 值是加工后得到的，而安装角 α 可通过一定结构，并加以调试来保证。故最好 α 值是一个容易测量的整数，设计中通常是选定 α 后，再用关系式来求解 β 值。

安装角 α 实质上就等于三角形成型器在顶角附近薄膜运动的压力角，α 角越大就表示压力角越大，薄膜翻折所受阻力也就越大，压力角太大时，薄膜在受力翻折中容易产生拉伸变形，严重的甚至撕裂或拉断。压力角小时，成形阻力就小，但压力角太小，致使结构不紧凑。

根据压力角及结构尺寸间的关系，三角形成型器安装角的选择范围为 $\alpha=20°\sim30°$ 由此可见，β 角最适宜的角度不大于 30°。所以，通常三角形成型器采用顶角 $2\beta<60°$ 的等腰三角形，取极限时，则呈等边三角形。

决定三角形成型器的尺寸除顶角外，还有三角形板的高 h，它和制袋的最大尺寸有关

$$h=\frac{a_{\max}}{\sin\alpha}+\Delta h \tag{4-174}$$

式中　$a_{\max}$——能制作最大空袋的高（立式机为袋宽）；

Δh——放出的余量，取 30～50mm。

（3）U 形成型器

U 形成型器可看做是在三角形成型器的三角形板上装接了圆弧导槽及薄膜导板并用圆弧过渡后得到的。三角形板安装角 $\alpha=20°\sim30°$，设装接的圆弧导槽的圆弧半径为 R，如将 U 形成型器展开成平面，它与薄膜宽度 $2a$ 相当，否则说明成型器在某处多了或少了一块，为此 U 形槽与三角形板的装接部位有一定位置要求，它以圆弧槽中心线与三角形板的顶点 C 间距离用 L 来表示。

若满足上述成型器展开平面宽度处处为 $2a$，则圆弧槽中心线装接位置应有

$$L_1=\frac{\pi}{2}R \tag{4-175}$$

但这时圆弧槽与三角形板的边线并不相切，也就难以装接，要相切只有使 $L_2=\sqrt{2}R$，见图 4-75 所示。

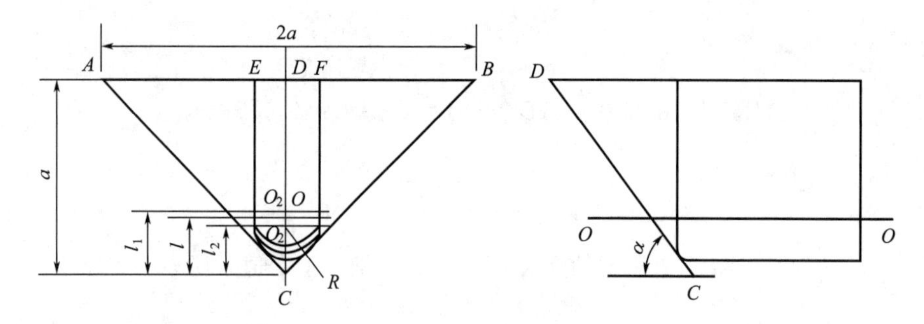

图 4-75　U 形成型器

实际使用中，圆弧槽装接即考虑展开面的宽度与 $2a$ 基本相符，又考虑与三角形板能顺利装接，故只好采用圆弧过渡来解决，取

$$2R<L<\frac{\pi}{2}R \tag{4-176}$$

式中　R——U 形槽圆弧部分的半径，可根据工艺上需要来取值，亦可按 $R=(0.1\sim0.4)a$ 推荐取用；

a——空袋高度（立式为宽度）。

（4）象鼻成型器

象鼻成型器可看作是在 U 形成型器的设计基础上，结构方面作了一些修改而形成的，它的安装角 α 比三角形及 U 形成型器都要小得多，它的成型阻力比较小，而制同样的一个袋，成型器结构尺寸倒要大得多。象鼻成型器设计时建议按 $\alpha=5°\sim12°$ 选用三角形板的安装角，并计算三角形顶角 2β 值，根据所制作空袋袋宽 a 计算三角形板的高 b。按 U 形成型器的设计方法找准圆弧槽装接位置 L，并取用圆弧部分半径 $R=(0.1\sim0.2)a$。

象鼻成型器的形成还需加装薄膜护边，以利控制包装材料跑偏，常取护边宽 $HK=m=$ 10～20mm。如图 4-76 所示。实际使用中又截去三角形板的 GHK 部分，减少成型器尺寸，在原三角形板的底边 G 处设置一薄膜导辊，让包装材料经这一导辊后直接拉上成型器的 M-M 截面处。

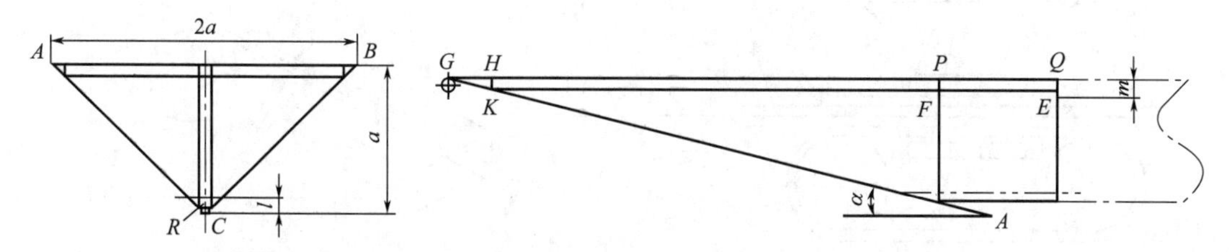

图 4-76　象鼻成型器作图

在图 4-76 中右端 U 形槽处，应截去 $PQEF$ 部分，其中应使 $PQ>2r$、$QE>m$。

其中，r 为纵封辊回转半径，m 为所选定的护边宽度尺寸。

最后将 U 形槽余下部分上口并拢，使 U 形变成如图 4-76 右侧视图那样的封闭图形，以利纵封封口，原 U 形成型器的 GHK 部分因有薄膜导辊 G 而可省略被截去。

4.4.3　封袋方法及封袋机构设计

4.4.3.1　封袋方法

塑料袋装产品的封口方法有结扎、热封、钉封、粘封等，其中以热封封口的方法较简单可靠，应用最广。

① 热板封合　如图 4-77 所示，把加热板加热到一定的温度，将要封合的塑料薄膜紧压在一起。这种方法封合速度较快，可恒温控制，常应用于封合聚乙烯等复合薄膜，而对受热易收缩与分解的薄膜，如各种热收缩薄膜，聚氯乙烯等不宜应用。

② 回转辊筒封合　如图 4-78 所示，将一对反向等速回转辊筒的一方或双方加热，两辊中间通过重合膜进行加压封合，能连续封合是本方法的一大特点，主要适合于复合包装薄膜，因单层薄膜受热易变形会导致封缝外观质量较差而不宜应用。

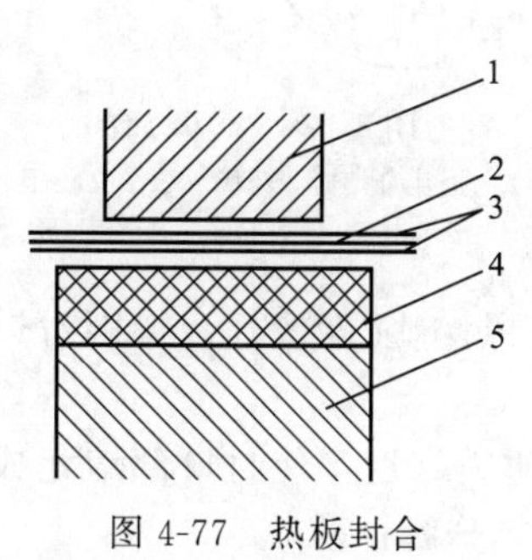

图 4-77　热板封合

1—热板；2—封缝；3—薄膜；4—耐热橡胶；5—承受台

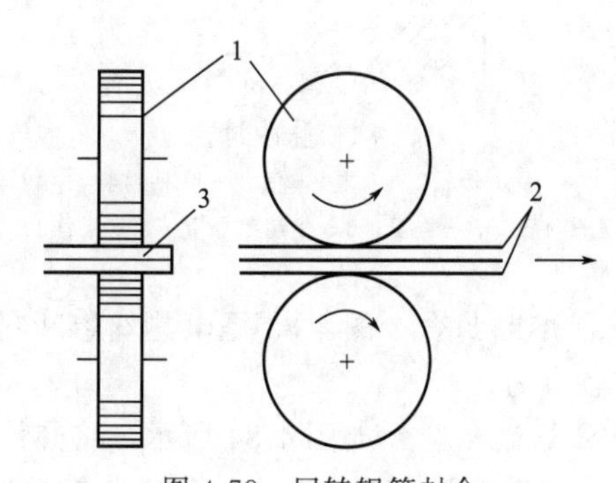

图 4-78　回转辊筒封合

1—热辊；2—薄膜；3—封缝

③ 带状封合　如图 4-79 所示，一对相向回转的金属带之间，夹着要封合的薄膜直线运动，在前进中通过钢带两侧加热、加压、冷却。结构稍为复杂，一般用于袋口的最后封口上，即能在运动中封合，以能适应受热易变形的薄膜。

④ 滑动加压封合　如图 4-80 所示，薄膜首先通过一对热板中间受到加热（电加热或空

气加热），再经一对反向回转辊轮加压封合。本方法结构简单，能适应那些热变形大的薄膜的连续封合。

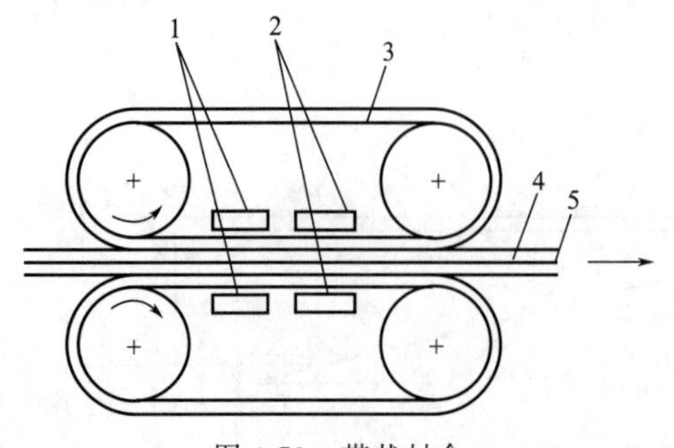

图 4-79 带状封合
1—加热区；2—冷却区；3—钢带；4—薄膜；5—封缝

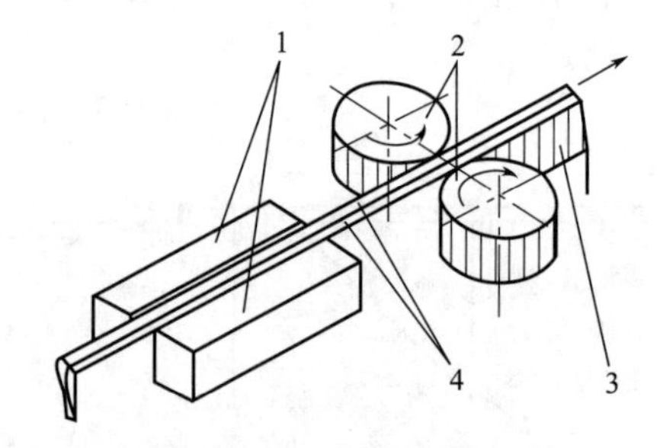

图 4-80 滑动加压封合
1—加热板；2—回转辊轮；3—压纹；4—薄膜

⑤ 脉冲封合　如图 4-81 所示，把镍铬合金扁电热丝压着薄膜，再瞬时通以大电流加热，接着用空气或冷却水强制封缝冷却，最后放开压板。适用于易热变形与受热易分解的薄膜，所得封口质量较好。因冷却占有时间，故生产率受到限制，只适用于间歇封合。在电热丝与薄膜间常用耐热防粘的聚四氟乙烯织物，薄膜另一端承压台上带耐热的硅橡胶衬垫，使焊缝均匀。

⑥ 熔切封合　如图 4-82 所示，利用加热刀 5（或钢丝），同时进行薄膜 2 的熔融切断和封合，这种封口机构结构简单、封口速度快并可以同时完成薄膜的熔融切断和封合，但受熔缝结合面积限制，封口牢度较小，容易开启，仅适用于细粉粒物品小分量的内包装。

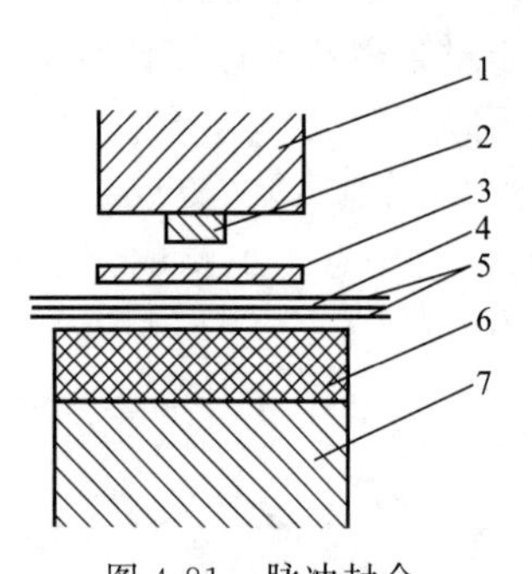

图 4-81 脉冲封合
1—压板；2—扁电热丝；3—防粘材料；
4—封缝；5—薄膜；6—耐热橡胶垫；7—工作台

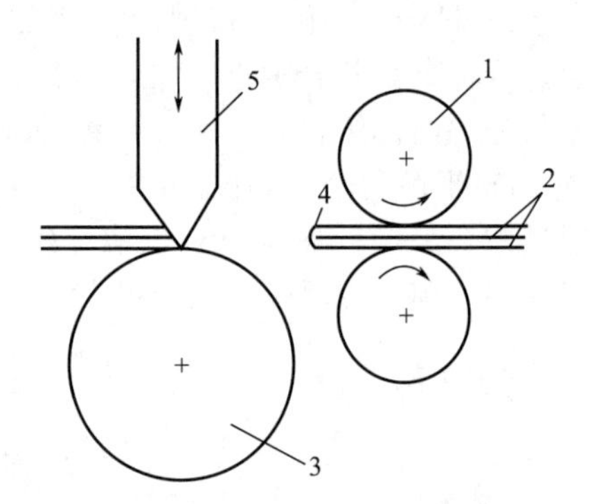

图 4-82 熔切封合
1—退出辊；2—薄膜；3—橡胶辊；
4—封缝；5—加热刀

⑦ 熔断封合　图 4-83 是电热丝熔断封合，后者所得封缝强度较好，特别对热收缩薄膜封口较有力。

⑧ 熔融封合　如图 4-84 所示，将热源与要封合的薄膜靠近，使封口部熔化成球状。这种封缝的封口强度较大，适用于热收缩薄膜，但不适应热分解性薄膜。

⑨ 高频封合　如图 4-85 所示，薄膜用上、下电极压着，外加高频电源时，聚合物有感应阻抗而发热熔化形成封缝，因是内部加热，中心温度较高而不过热，所得封缝强度较高，对聚氯乙烯很适合，但不适用低阻抗薄膜。

⑩ 超声波封合　超声波封合是用机械脉冲频率 1800～2000 次/s，使电晶体在电磁场的作用下，产生膨胀和收缩，超声头将封口压到铁砧板上，依靠交变电磁场的高频振动产生机

械变形。如图 4-86 所示，高频头作高频振动，使薄膜封口表面的分子高振动，以至相互交

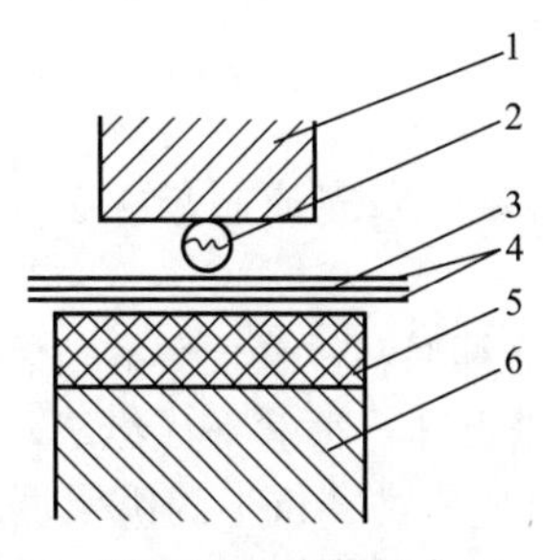

图 4-83　熔断封合
1—热板；2—电热丝；3—封缝；4—薄膜；
5—耐热橡胶；6—承受台

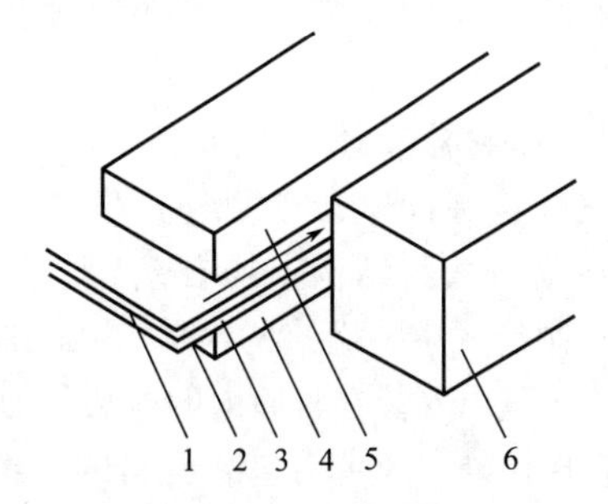

图 4-84　熔融封合
1,2—薄膜；3—封缝；
4,5—冷却板；6—加热板

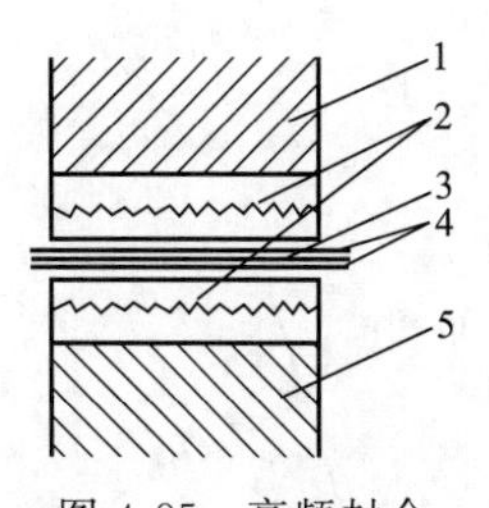

图 4-85　高频封合
1—压头；2—高频电极；3—封缝；
4—薄膜；5—工作台

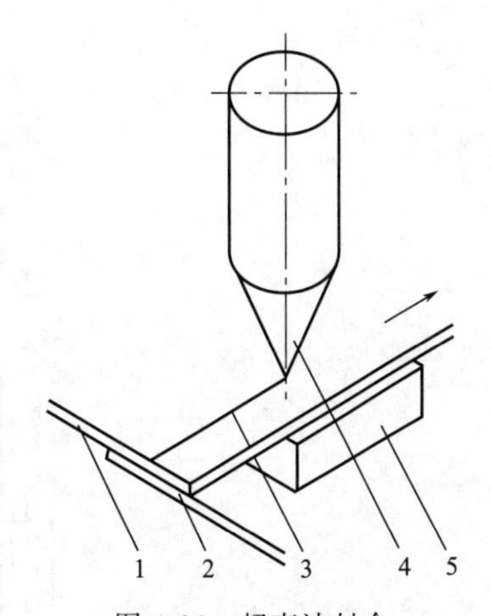

图 4-86　超声波封合
1,2—薄膜；3—密封部位；
4—磁致伸缩振子；5—底座

融、界面而消失，形成一个封合的整体。超声波封合的特点如下：

a. 冷封合，热效应很小，可得到无收缩，不起皱的封口；

b. 无噪声，无温升，操作简便，速度较快，若输入功率为 400W，则封口速度 30m/min；

c. 封口强度略低于单层材料强度；

d. 超声波封合尤其适应热封性能差的拉伸薄膜，如 OPP 等；

e. 对于较厚的薄膜和 1.25mm 以下的厚薄片，均可采用超声波封合；

f. 设备投资费用较大。

⑪ 电磁感应封合　向圈状的电阻通上高频电流，就在其周围产生高频磁场，磁场内如有磁性材料就会根据磁滞损耗而发热，塑料即瞬时熔化粘合，加热部分可不需直接和塑料袋接触，因此能连续又高速地进行封合，适合于生产线的生产。

⑫ 红外线封合　将红外线直接照射在薄膜有关位置进行熔化封口，照射源的发热极高，深色容易加热，对透明薄膜只要在封口层下铺上黑布即可。本方法能对一般加热无法封口的聚四氟乙烯和厚度达 5～6mm 以上的聚乙烯片进行封合。

综上所述，热封塑料薄膜的方法很多，但每一种方法仅适用于某些种类的塑料薄膜，各

种热封方式不仅局限于一定的薄膜，而且有的只适用于连续封口，有的只适用于间歇封口，更有的只适用于间接封口。另外热封方式的采用与袋子的形态、封口的部位有关，而且与封口的形状有关。

4.4.3.2　纵封器设计

立式连续或间歇运动制袋式袋装机上应用的纵封器主要用来完成制袋工艺中封合纵缝，两者在运动方式与结构上均有差异。

连续制袋式袋装机的纵封器是辊筒形的，工作时作反向连续回转，叠合后的包装材料侧边通过期间，热量由安装在辊筒内的电热丝加热，靠辐射传递热能并压合薄膜形成纵缝，该纵封器除具有封合作用外，还牵引包装材料的连续运动。间歇运动制袋式袋装机上的纵封器大都是板状的，多用气（或油）缸推动作往复直线运动，向叠合的包装材料侧边进行热压紧与释放。

（1）辊式纵封器的设计

连续回转的辊式纵封器如图 4-87 所示，由纵封辊、加热器、加热线圈、固定与可调轴承等组成。

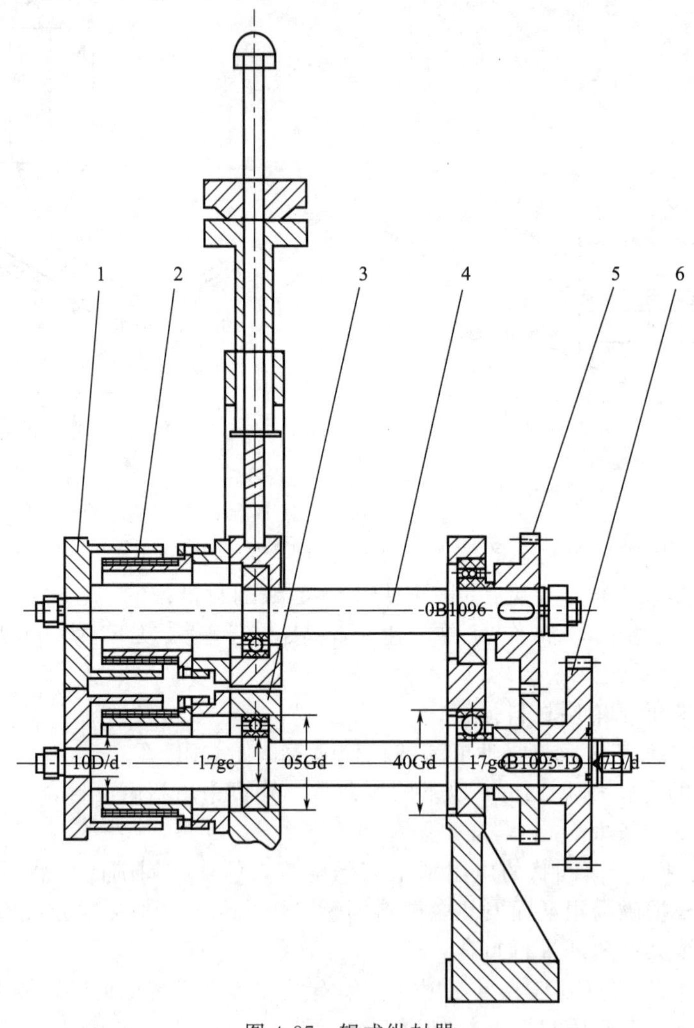

图 4-87　辊式纵封器

1—纵封器；2—加热线圈；3—加热器座；4—从动纵缝轴；5,6—齿轮

纵封辊的辊面宽为 5～10mm，辊面上开有直纹、斜纹或网纹等花纹，以适应各种薄膜封合的需要，纵封辊采用的材料有铜，45 钢，40Cr 钢及金属塑料等，纵封辊半径由下式求算：

$$R=\frac{QL}{60\omega} \tag{4-177}$$

式中　Q——包装机生产能力，袋/min；

L——包装袋袋长尺寸，mm；

ω——纵封辊回转角速度。

由上式看出，纵封辊半径 R 与生产率 Q 和纵封辊角速度 ω 及袋长 L 有关。正常生产中 R 及 L 不变，则生产率的变化由纵封辊角速度起作用，要提高生产率就得加大纵封辊角速度；在一定的封辊半径及生产率 Q 情况下，袋长 L 与角速度 ω 成正比，这类制袋式包装机一般能进行多规格生产，若袋长改变时，相应的变换纵封辊输出角速度 ω，而不去改变纵封辊的半径，生产中用搭配齿轮的办法变更由分配轴输出到纵封辊的角速度，此种改变袋长规格的调节为粗调节。

既然纵封器又起输送包装材料的作用，包装材料是按光电色标位置分切的，分切正确与否，由光电发信使纵封器在连续回转中作微量的角速度变化来达到的，即亦是微量改变袋长 L，所以与前述相比，角速度改变为微调节。

纵封辊所以能根据光电信号忽快、忽慢改变角速度，它由一套齿轮差动机构来实现，常用圆柱式和圆锥式两种齿轮差动机构。

图 4-88 是圆柱齿轮差动机构的示意图。设由分配轴通过齿轮传入差动机构的角速度为 ω_1，与轴固联的太阳轮齿数为 Z_1，三个行星齿轮的齿轮数为 Z_2，与行星齿轮内啮合的内齿轮齿数 Z_3，内齿轮又能被蜗轮所带动作正反转动，蜗杆受伺服电机驱动，蜗杆头数为 Z_0，角速度为 ω_0 与内齿轮 Z_3 固联的蜗轮的齿数为 Z_3'，蜗轮角速度 ω_3，与三只行星轮轴相固联的输出轮对外输出角速度为 ω_4。

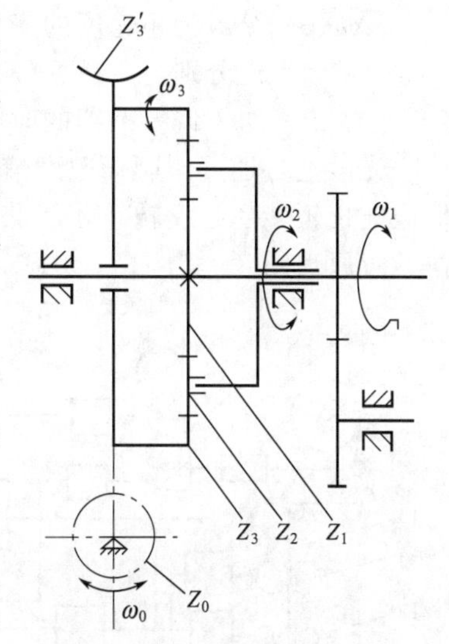

图 4-88　伺服电机控制的圆柱齿轮差动机构

由行星轮传动关系：

$$i_{13}^{4}=-\frac{Z_3}{Z_1} \tag{4-178}$$

亦即：

$$\frac{\omega_1-\omega_4}{\omega_3-\omega_4}=-\frac{Z_3}{Z_1} \tag{4-179}$$

整理后得机构输出角速度值：

$$\omega_4=\frac{Z_1\omega_1-Z_3\omega_3}{Z_1+Z_3} \tag{4-180}$$

由上式可见，输出角速度 ω_4 与两个分别输入差动机构的角速度 ω_1、ω_3 有关，与太阳轮及内齿轮有关，而与行星轮无关。

在正常生产中，由分配轴输入的角速度 ω_1 不变，而伺服电机输入的角速度 ω_0 的方向是根据光电信号可改变的，由于光电信号控制伺服电机正反转，因此输出 ω_0 绝对值不变。这样 ω_3 有三个值，即：$0,+\frac{z_0}{z_3'}\omega_0,-\frac{z_0}{z_3'}\omega_0$，将 ω_3 值分三种情况代入 ω_4 的表达式得：

$$\omega_4=\begin{cases}\dfrac{z_1\omega_1+\dfrac{z_3z_0}{z_3}\omega_0}{z_1+z_3} & (1)\\[2ex] \dfrac{z_1\omega_1}{z_1+z_3} & (2)\\[2ex] \dfrac{z_1\omega_1-\dfrac{z_3z_0}{z_3}\omega_0}{z_1+z_3} & (3)\end{cases} \tag{4-181}$$

上式中（1）是在纵封辊牵引包装材料时，色标滞后于规定时刻，需要差动机构比正常输出角速度稍大的输出时采用。此时，两个输出差动机构的角速度 ω_1 和 ω_3 同向回转。（2）是色标按规定时刻到达光电头，光电头信号及时发信，伺服电机停转，仅由分配轴来的 ω_1 输入差动机构，而输出差动机构带动纵封辊的是角速度正常值。式中（3）是色标超前于规定时刻通过光电头，需要差动机构比正常值偏小的角速度输出时采用，这时 ω_1 和 ω_3 反向回转。

差动机构由光电管的光电信号控制，使得输出轴忽快忽慢地回转，带动纵封辊使牵引包装的速度发生变化，保证了薄膜袋的正确封切位置，其纠正输送材料长度的值为：

$$\Delta L=R\cdot\Delta\omega\cdot\Delta t \tag{4-182}$$

式中 R——纵封辊牵引包装材料部分的半径；

$\Delta\omega$——纵封辊角速度的变化量，它由差动机构输出而获得，其值为式(4-181）中（2）式分别与（1）、(3）的差的绝对值；

Δt——纠正偏差持续的时间，s。

光电记号通过印刷标记发信，较容易做到，而所发信号要鉴别是超前还是滞后才能控制伺服电机正转还是反转，才能获得调整效果，图 4-89 是鉴别信号控制电机正反转的光电定位装置原理图。

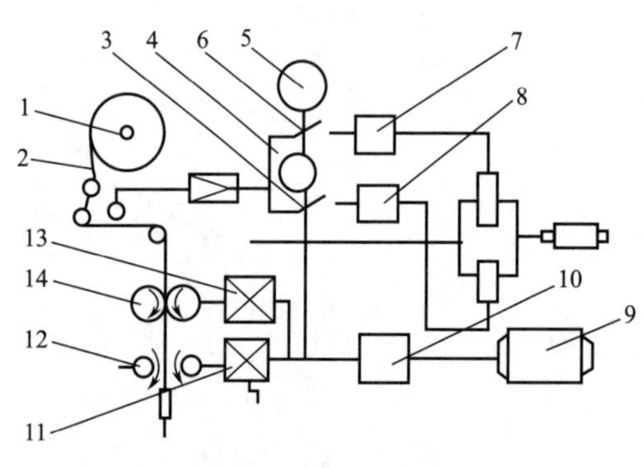

图 4-89 光电定位装置原理图
1—包装材料；2—光电继电器；3,6—微动开关；4,5—同步凸轮；7—中间继电器；8—伺服电机；9—运动主电机；10—减速器；11—不等速机构；12—横封器；13—差动机构；14—纵封牵引辊

运动主电机 9 经减速器 10 降速后分三路输出：通过不等速机构 11 传给纵封牵引辊 14，并由伺服电机 8 作补偿性运动实现塑料袋纵封和输送；通过分配轴使超前与滞后同步凸轮 4、5 旋转，控制伺服电机 8 正、反转。

在正常情况下，当横封器 12 接触包装材料的瞬间，商标图案的定位印刷标记正好通过光电装置，遮断光线，光电管发出信号，使光电继电器 2 的常开触头闭合，但在通往伺服电机的控制线路中装有微动开关 3、6，但控制微动开关的两个同步凸轮 4、5 不产生推动作用，因而光电信号送不到中间继电器 7，减速器 10 不转。

当横封器 12 在热封与切断被包装材料之后，连续输送的包装材料上的印刷标记才算通过光电装置，同样，发出信号，其时滞后同步凸轮 4 推动微动开关 3，光电信号经过光电继电器 2，微动开关 3 和中间继电器 7 带动伺服电机 8 正转，将旋转运动传到差动机构，加快纵封牵引辊 14 送进速度。使印刷标记随着包装材料的快进而逐步前移，纠正定位印刷标记的滞后现象，当印刷标记超前时，原理相同，超前同步凸轮 5 作用，纠正定位印刷标记的超前现象，这样只要定位印刷标记稍有超前或滞后，光电定位装置即进行调整，保证被包装对象的热封和切断在预定的允许部位进行。

在光电发信到电机正、反转的线路中，除用光电和中间继电器的控制方法外，还可采用电压放大器和可控硅放大控制正、反转离合器来实现，这时可采用微型电机作原动力。

(2) 板式纵封器设计

生产实践中，经常采用的板式纵封器的结构形式如图 4-90 所示，它由张紧块、压板、电热丝等组成，并将油缸（或气缸）产生的往复直线运动直接或通过杠杆原理，推动板形热封器压向加料管，完成封合。

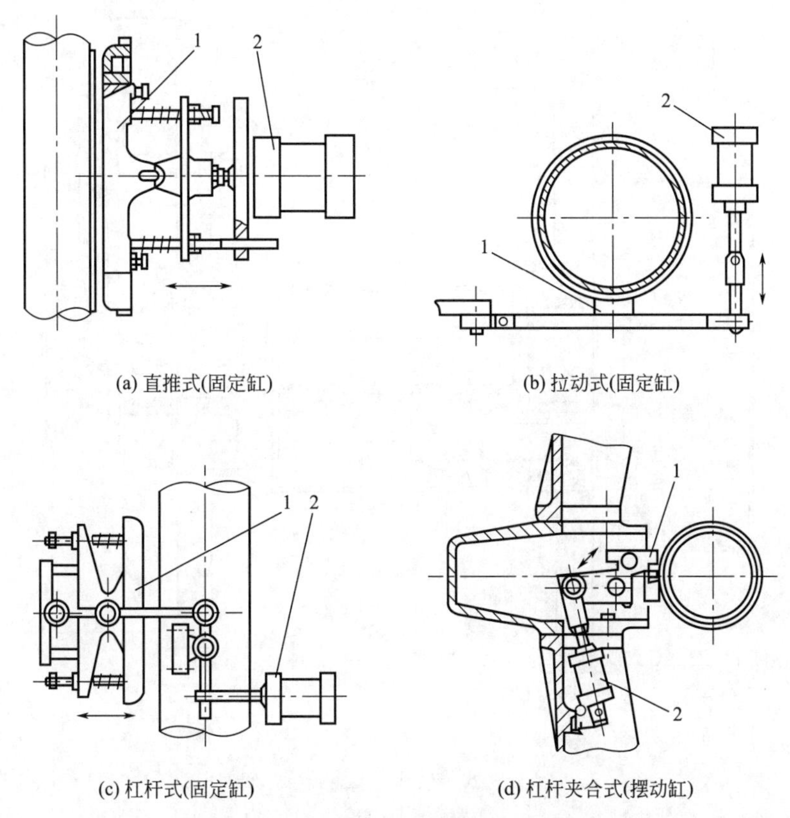

图 4-90　板式纵封器

1—纵封器；2—气缸

板式纵封器的设计主要为热封件的结构设计，调压弹簧的设计计算及驱动气（或油）缸的设计计算。

驱动气（或油）缸设计的，活塞的行程一般不大，缸径的设计取用的压缩空气（或压力油）的工作压力和各种不同薄膜、不同厚度、不同热封温度经计算确定，单位面积热合压力可在 1～10kgf/cm^2（0.091～0.98MPa）的范围内根据实验确定最佳值。

热封器与加料管一起纵封的加料管部位，嵌一条硅橡胶，使长条封缝在长度上封缝均匀，热封器与加料管间的距离一般为 12～15mm 左右，为补偿电热丝受热时伸长，在热封器的一端或两端应设计有伸缩装置。

4.4.3.3　横封器设计

横封器是将经纵封器进行纵向封合后筒状的包装材料，按照工艺要求的长度规格进行横向封合，按照横封器工作的运动形式，可分为连续运动和间歇运动两种形式。

(1) 连续式横封器设计

因塑料袋装机有连续或间歇运动之分，故横封器在机能、运动形式、实现运动的机构及横封的结构方面往往有较大差异，即使是连续式横封器，若该机仅需完成单一规格袋的，一般较简单，如要适用多规格可调的袋装机就较为复杂。

图 4-91 为立式连续式袋装机上进行横封热合的典型回转辊形横封器结构，每一只横封辊上有对称分布的两只热封件，热封件由电热丝加热并恒温控制。热封所需压力由调节套通过压缩弹簧进行调节。

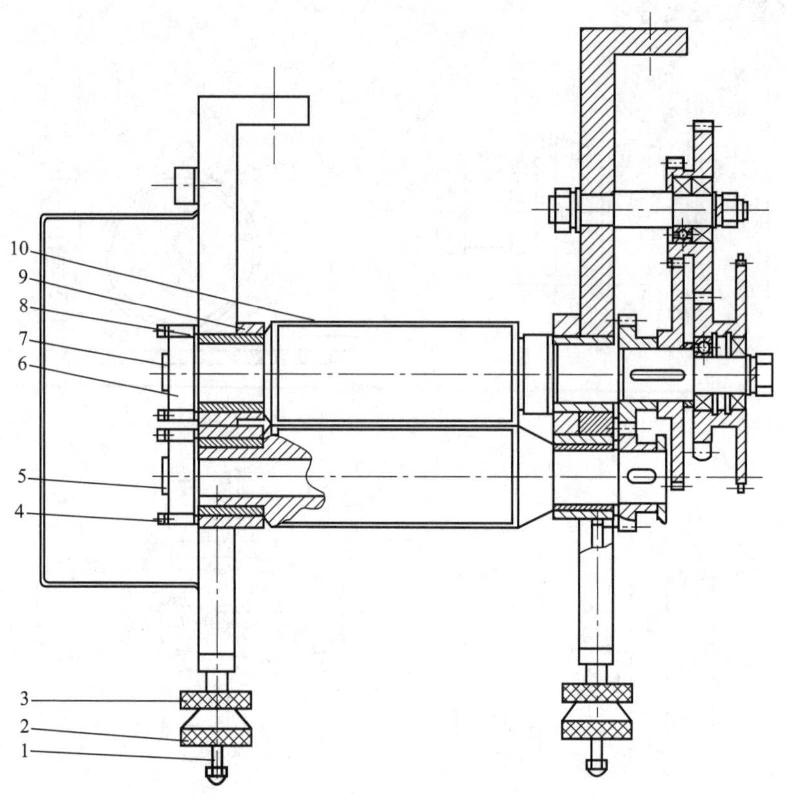

图 4-91 立式袋装机连续横封器结构图

1—螺杆；2—锁母；3—调节螺套；4—左钢瓦；5—右夹板；6—左夹板；7—加热棒；8—铜瓦套；9—钢瓦；10—主动辊

应用于连续制袋式袋装机上的横封机构有如下一些工艺要求应满足，一是横封器的热封件与连续运动着的包装料袋热封瞬时应有相同的线速度。这点若不能满足，热封时就可能造成封口部位起皱、拉伸过度，甚至断裂；二是袋长规格变化时，横封器热封件回转半径不变下经调节有关部位能得到所需热封线速度。对此，要求横封器在工作中用不等速回转机构带动，袋装机上常用偏心链轮及转动导杆机构作横封不等速回转机构。

① 偏心链轮机构　图 4-92 是能够满足前述工艺要求的偏心链轮不等速回转机构，该机构由两只齿数相等的链轮、一个张紧轮和链条等组成，其中一只链轮的回转中心在链轮内可以变化，由分配轴带动作匀角速回转，另一只则是绕固定轴回转的从动链轮，该轮作变角速回转，并通过中间传动装置可带动横封器的热封器的热封件作不等速回转。

图 4-93 所示为该偏心链轮机构的工作原理图，O_1、O_2 分别为两只链轮的回转中心，两

回转中心距离 $O_1O_2=g$，链轮半径 $OA=O_2B=R$，偏心轮 O_1 的偏心距 $OO_1=e$ 以等角速 ω_0 作主动回转，某瞬时转角为 θ，从动链轮 O_2 在链条带动下作不等速回转，转角用 φ 表示。

图 4-92　偏心链轮不等速机构

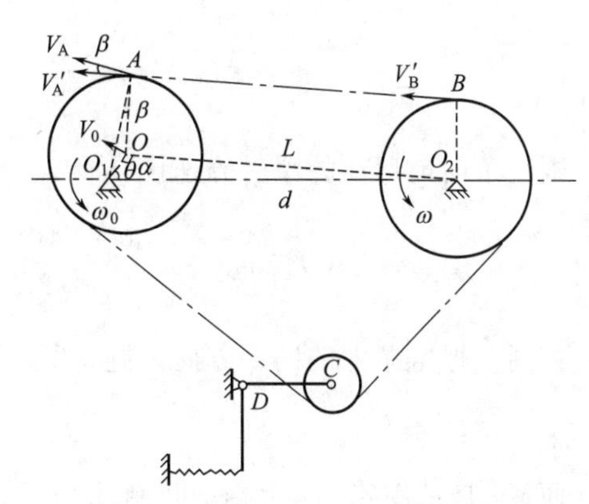

图 4-93　偏心链轮机构工作原理

主动轮节圆上任一点 A 转到与链条 AB 相切时，则 A 点瞬时线速度为 V_A，其大小 $V_A=\omega_0 AO_1$，方向垂直 AO，AO 为该瞬时 A 点的回转半径，V_A 中使链条向前运动的分速度为 V'_A，其方向沿 AB，其值为

$$V'_A=V_A\cos\beta=\omega_0 AO_1\cos\omega \tag{4-183}$$

式中　ω_0——主动轮回转角速度，调定后为一常数；

AO_1——某瞬时主动轮节圆上与链条相切点的回转半径，为瞬变值；

β——切点上线速度方向与该瞬时两轮链条直线之间的夹角，也是瞬变值。

在△AO_1O 中，令 $AO=R$，$OO_1=e$，$\angle O_1AO=\beta$，应用余弦定理可得

$$\cos\beta=\frac{R^2+AO_1^2-e^2}{2R\cdot AO_1} \tag{4-184}$$

又令 $\angle O_1OO_2=\alpha$，而 $\angle AOO_2$ 是直角，则

$$\angle AOO_1=\frac{3}{2}\pi-\alpha \tag{4-185}$$

仍在△AO_1O 中应用余弦定理得

$$AO_1{}^2=R^2+e^2-2Re\cos\left(\frac{3}{2}\pi-\alpha\right)=R^2+e^2+2Re\sin\alpha \tag{4-186}$$

在△OO_1O_2 中，与 α 角的对边为 O_1O_2，令 $O_1O_2=g$，连 OO_2，并令 $OO_2=L$，它与 $\angle OO_1O_2$ 相对，而 $\angle OO_1O_2$ 正是主动链轮在该瞬时的转角，应用正弦定理得

$$\sin\alpha=\frac{g}{L}\sin\theta \tag{4-187}$$

在△OO_1O_2 中应用余弦定理得

$$\begin{aligned}L^2&=e^2+g^2-2eg\cos\theta\\L&=\sqrt{e^2+g^2-2eg\cos\theta}\end{aligned} \tag{4-188}$$

将 L 值代入得

$$\sin\alpha=\frac{g\sin\theta}{\sqrt{e^2+g^2-2eg\cos\theta}} \tag{4-189}$$

将此式代入 AO^2 式中

$$AO_1{}^2=R^2+e^2+\frac{g\sin\theta}{\sqrt{e^2+g^2-2eg\cos\theta}} \tag{4-190}$$

则链条向前运动的瞬时分速度

$$V'_A=\omega_0 AO_1\cos\beta=\omega_0\frac{R^2+AO_1{}^2-e^2}{2R}=\omega_0\left(R+\frac{eg\sin\theta}{\sqrt{e^2+g^2-2eg\cos\theta}}\right) \tag{4-191}$$

在同一根链条上的同一方向，链条既不能伸长又不能缩短，故

$$V_B=V'_A \tag{4-192}$$

而 V_B 是从动轮 O_2 上与 AB 链条相切点 B 处的瞬时线速度，令 O_2 轮在该瞬时的角速度 ω，则

$$V_B=\omega R \tag{4-193}$$

所以

$$\omega R=\omega_0\left(R+\frac{eg\sin\theta}{\sqrt{e^2+g^2-2eg\cos\theta}}\right) \tag{4-194}$$

则从动轮 O_2 某瞬时的角速度为

$$\omega=\omega_0\left(1+\frac{eg\sin\theta}{R\sqrt{e^2+g^2-2eg\cos\theta}}\right) \tag{4-195}$$

即当主动偏心轮以 ω_0 匀角速回转时，该偏心链轮机构的链轮按式(4-195）作非匀角速转动。

在 V'_A 的表达式中，AO 及 $\cos\beta$ 这两个值是时刻改变的，其值

$$AO\cos\beta=R+\frac{eg\sin\theta}{\sqrt{e^2+g^2-2eg\cos\theta}} \tag{4-196}$$

显然，随着主动轮转角 θ 的变化而变化的。

从动链轮角速度 ω 随主动链轮转角变化的特性曲线如图 4-94 所示。为求特性曲线的最高最低点，只要对该曲线函数表达式(4-195）求极值使 $f'(\theta)=0$ 可得

$$\begin{aligned}\theta_1&=\arccos\frac{e}{g}\\ \theta_2&=2\pi-\arccos\frac{e}{g}\end{aligned} \tag{4-197}$$

分别将 θ_1、θ_2 值代入式(4-195)，可求得函数曲线的极大值与极小值。

$$\begin{aligned}\omega_{\max}&=\omega_0\left(1+\frac{e}{R}\right)\\ \omega_{\min}&=\omega_0\left(1-\frac{e}{R}\right)\end{aligned} \tag{4-198}$$

立式连续制袋式袋装机上的横封机构正是利用从动轮能有规律的快慢交替的输出角速度的特性来满足使用要求的。

图 4-94 中，点 θ_1、θ_2 处是使从动链轮具有极大、极小角速度时主动轮的瞬时转角，称为速度极限角，由该图看出 θ_1 在 0～π/2 区间并靠近 π/2，θ_2 在 3π/2～2π 之间并靠近 3π/2，它实质上反映了 θ-ω 的变化规律。

图中 θ_1 和 θ_2 为从动链轮具有极大、极小角速度时主动轮的瞬时转角，可将这两个极值点作为专门的热封点。生产中可选择 θ_1 从 $0°\sim\cos^{-1}(e/d)$ 和 θ_2 从 $-\cos^{-1}(e/d)\sim360°$ 的区间作为横封机构的工作曲线，这样既能保证横封机构所需的转角，又能满足横封器封合后迅速退让的工艺要求。

对式(4-195) 中的 R、e、ω_0 取初始定值，改变 d 值再作 θ-ω 变化曲线，曲线叠加后如图 4-95 所示。可以看出，ω_{max} 和 ω_{min} 的位置即速度极限角 θ_1 和 θ_2 有了变化。

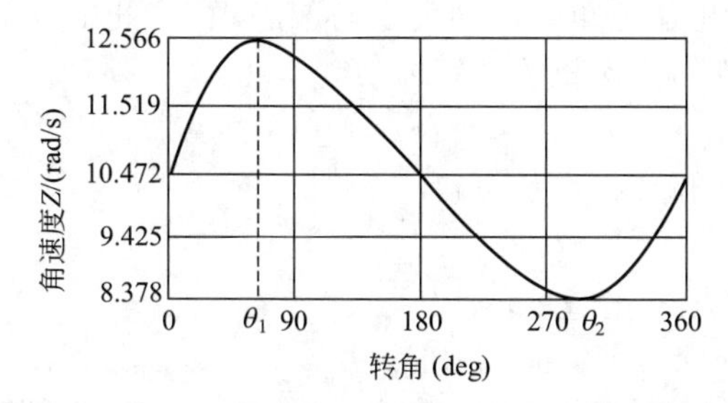

图 4-94　偏心链轮机构输出运动特性曲线

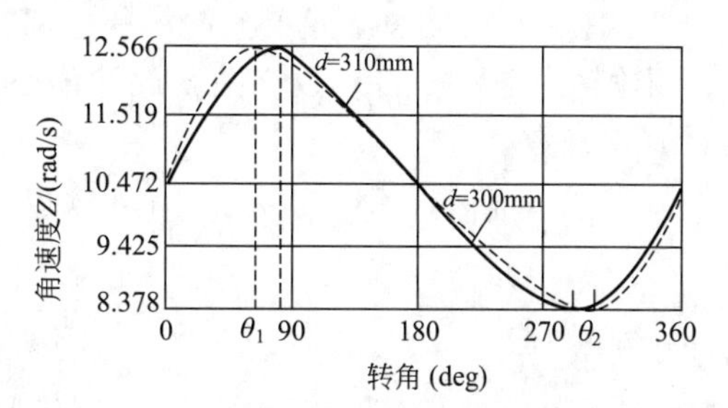

图 4-95　d 值变化时 $\theta-\omega$ 曲线

由图 4-95 可见，当 d 由小取大时，θ-ω 曲线的两顶点分别向 90°和 270°靠拢，但速度极限角 θ_1 和 θ_2 的值 $\theta_1<90°$ 和 $\theta_2>270°$。当 d 由大取小时，θ-ω 曲线的两顶点离 90°和 270°越来越远，说明上升部分曲线越来越陡，下降部分曲线越来越平缓，这对整个运动平稳性不利。

根据不同袋长需要，输出满足工艺要求的角速度带动横封器，是设计偏心链轮机构时必须考虑的可调问题，欲得到所需的角速度，在实际应用中有两个不同的途径：一为直接调节选用热合瞬时角，二为调解主动链轮上的偏心距。

调节选用热合瞬时的 θ 角，即是利用式(4-195) 或图 4-94 特性曲线，使其中偏心距 e、链轮半径 R 及两轮回转中心距 g 不变的条件下，根据输出的角速度 ω，找到相应的主动轮瞬时转角 θ，在该瞬时使横封器的热封件与料袋上的光电色标处在封合状态。由此可见，当袋长变化时应先打开不等速回转机构从动轮到横封器转轴间的传动链。待偏心轮上 OO_1 连线与两回转中心连线 O_1O_2 调到应有的 θ 夹角时，让横封器的热封件相啮合，再合上暂时打开了的传动链，横封传动时开时合，且找准 θ 夹角也十分麻烦，一般采用甚少。

调节主动链轮的偏心距同样亦可达到改变输出角速度满足热封的需要，图 4-96 所示为调节偏心距 e 时，不等速回转机构特性曲线的变化的情况。

这种方法是利用特性曲线的两个极值点作为专门的热封点，偏心距的改变可使输出的极大角速度在 $\omega_0\left(1+\dfrac{e}{R}\right)$ 到 ω_0 间改变，同样也可使极小角速度在 $\omega_0\left(1-\dfrac{e}{R}\right)$ 到 ω_0 间改变，与此同时，速度极限角 θ_1、θ_2 分别有向 π/2、3π/2 靠拢的微小变化，袋装机在规定的袋长范围内，其中偏小规格利用 ω_{min} 的极点进行热合，偏大规格利用 ω_{max} 这一极点输出角速度进行热合。这样，若将经换算后袋长值刻在相应的偏心距的标尺上，只要调节偏心距到预定的袋长刻度上并加以固定，就能立即使用，因此本方法调整方便，得到广泛应用。

根据不同袋长需要，输出满足工艺要求的角速度，是设计偏心链轮机构时必须考虑的问题，这可以通过调节主动链轮上的偏心距 e 来实现。图 4-96 为 e 值改变时的 θ-ω 变化曲线。

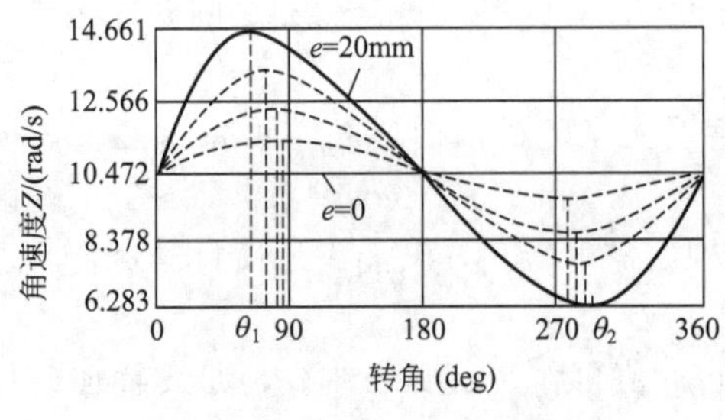

图 4-96 e 值改变时 θ-ω 曲线

结合图 4-95 和图 4-96 可以看出，e 值由最大到 0，特性曲线越来越平坦，可使输出的极大角速度在 $\omega_0 \sim \omega_0\left(1+\frac{e}{R}\right)$ 之间，使输出的极小角速度在 $\omega_0\left(1-\frac{e}{R}\right) \sim \omega_0$ 之间变化。同时，随 e 值由大变小，速度极限角 θ_1 在 0°～90°区间并向 90°靠拢，θ_2 在 270°～360°区间并向 270°靠拢，直到 $e=0$ 时，$\theta_1=90°$，$\theta_2=270°$为止。

由式(4-195) 可知，偏心链轮不等速回转机构输出角速度的大小与偏心距 e、链轮半径 R、两轮轴中心距 g 各参数有关，设计偏心链轮不等速机构时，e、R、g 也是必须计算确定的重要参数。

a. 偏心距 e　将式(4-198) 的等式两边分别同除以 ω_0 后可得

$$\frac{\omega_{\max}}{\omega_0}=1+\frac{e}{R}$$
$$\frac{\omega_{\min}}{\omega_0}=1-\frac{e}{R} \tag{4-199}$$

两式左端 $\frac{\omega_{\max}}{\omega_0}$、$\frac{\omega_{\min}}{\omega_0}$ 为从动轮与主动轮的角速度之比，用字母 i 表示，为区别这仅在极限角速度情况下的值，均分别加下角标，改写成

$$i_{\max}=1+\frac{e}{R}$$
$$i_{\min}=1-\frac{e}{R} \tag{4-200}$$

对采用调节偏心距获得热封封口所需的瞬时角速度比 $i_{\max}$、$i_{\min}$ 均是热封封口的角速比，将上列两式合并可写成

$$i_F=1\pm\frac{e}{R} \tag{4-201}$$

由式(4-201) 不难看出，对某一具体的偏心链轮来说，R 是定值，而 e 是可调的变量，随 e 的改变会有相应的不同 i_F 值，且 i_F 和 e 是线性函数关系，借用中间某些环节，即可找出偏心距 e 与袋长 L 间的对应关系。

立式连续制袋式袋装机横封机构的传动关系如图 4-97 所示，图中 $Z_1=Z_2$，$Z_5=Z_6$，$Z_4=qZ_3$，其中 q 是横封辊上热封件的个数，常用的为 $q=1\sim4$，此不等速机构输入的角速度是 ω_0，输出的角速度为 ω_F，横封辊回转角速度为 ω_0'，所以有 $\frac{\omega_F}{\omega_0'}=\frac{z_2 \cdot z_4}{z_1 \cdot z_3}=q$，亦

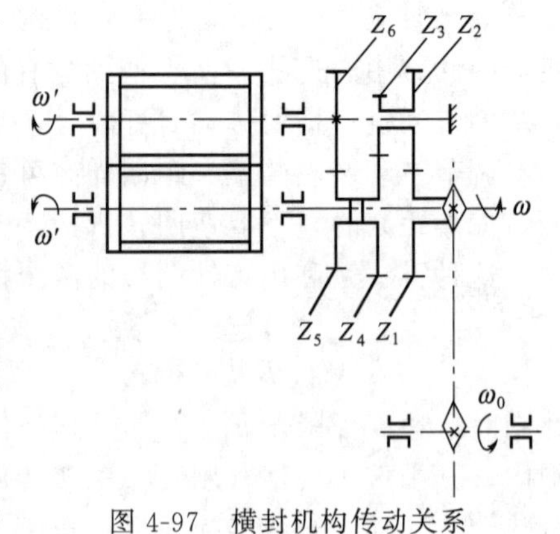

图 4-97 横封机构传动关系

即 $\omega_F=\omega_0'\cdot q$。

制袋工艺要求热封件在热合瞬间与包装料袋运动线速度相同，则有：$\omega_0' r=\frac{QL}{60}$

式中　r——横封辊上热封件的回转半径，亦可写成：$\omega_0'=\frac{QL}{60r}$

ω_0'——显然也作周期性变化，也可写成

$$\omega_F=q\frac{QL}{60r} \tag{4-202}$$

式(4-202) 表示不同袋长在热合瞬间要求不等速机构输出角速度的大小。

当主动链轮不偏心工作时，这时的偏心距 $e=0$，$i=1$，偏心链轮机构输出的角速度 $\omega_F=\omega_0$，亦即

$$\omega_F=q\frac{QL_z}{60r}=\omega_0 \tag{4-203}$$

由此式可得热封件的回转关系表达式

$$r=\frac{QL_z}{60\omega_0}q \tag{4-204}$$

将式(4-204) 代入式(4-203) 得

$$\omega_F=\frac{L}{L_z}\omega_0 \tag{4-205}$$

由式(4-205) 可通过已给定袋长规格范围求得每一袋长要求不等速回转机构输出角速度的值，将式(4-205) 两边同除以 ω_0 可得

$$i_F=\frac{L}{L_z} \tag{4-206}$$

式(4-206) 与式(4-201) 联立，就可求出各种袋长下对应的偏心距。

b. 链轮半径 R　链轮 R 为节圆半径，与选用的链节距 t 及所定的齿数 Z 有关，齿数 Z 过多，R 太大，导致结构不紧凑，尤其本处主动轮在偏心情况下工作，半径越大，工作情况越不利，若 Z 过小，在链传动上也怕带来传动的不均匀性，这里 R 过小，在设计安排偏心调节结构上将会遇到麻烦，不得不从满足制袋工艺要求与调节结构设置的可能性同时兼顾考虑。

图 4-98　偏心链轮调节装置

图 4-98 所示是偏心链轮机构制作最小袋长 L_{min} 时偏心调节位置的情况，分配轴心 O 被调在偏心刻度的极端位置，回转中心 O 与链轮中心 O_1 间的偏心量 $OO_1=e_{max}$。

从设置偏心调节结构的可能性考虑

$$e_{max}=R-\left(\frac{d}{2}+n\right) \tag{4-207}$$

式中　d——分配轴安装偏心链轮处的轴径大小；

n——与调节结构设置有关的尺寸，可取 $n=15\sim25\text{mm}$，从满足制袋长度工艺要求考虑，由式(4-201) 变化成

$$e=R(1-i_{\text{Fmin}}) \tag{4-208}$$

工艺与结构同时满足要求有

$$R(1-i_{\text{Fmin}})=R-\left(\frac{d}{2}+n\right) \tag{4-209}$$

整理后得

$$R=\frac{\frac{1}{2}d+n}{i_{\text{Fmin}}} \tag{4-210}$$

由式(4-206) 可得

$$i_{\text{Fmin}}=\frac{L_{\min}}{L_z} \tag{4-211}$$

代入前式有

$$R_J=\left(\frac{1}{2}d+n\right)\frac{L_z}{L_{\min}} \tag{4-212}$$

这里 R_J 仅是理论上计算出的链轮节圆半径，而链轮分度圆的实际尺寸还要受链节距 t 及齿数的约束，即

$$R=\frac{1}{2}t\csc\frac{180°}{Z} \tag{4-213}$$

最后实际取用的链轮半径应满足

$$R\geqslant R_J \tag{4-214}$$

由此可见，只要知道应满足的袋长范围各种规格和安装偏心链轮的分配轴结构尺寸，就可通过式(4-212)、式(4-214) 求算链轮的尺寸。

c. 两轮回转中心距 g　两轮回转中心距 g 可由两种方法来确定。

从结构上考虑，只要保证两轮回转时可靠地工作，则该机构的最小中心距离

$$g_{\min}\geqslant D_a+L_{\max}+\Delta \tag{4-215}$$

式中　D_a——链轮顶圆直径；

Δ——两转动件不相碰的最小安全距离，可取 $\Delta\geqslant10\text{mm}$。

从运动特性考虑，由式(4-198) 可知，从动链轮输出的最大、最小角速度极值与中心距 g 值无关，亦即变速范围仅与链轮大小尺寸和偏心量有关。

由式(4-195) 看出，中心距 g 的大小对从动轮输出角速度 ω 的变化有关。

由式(4-197) 可见，g 的大小影响不等速回转机构的速度极限角 θ 的取得。

考察以上几组公式可得出结论：中心距的改变不影响不等速偏心链轮机构输出角速度极大、极小值的取得，而会影响取得极大、极小值的时刻。

若在式(4-195) 中令 e、R、ω 为定值，取不同的 g 值代入，作出 θ-ω 曲线变化图。

如图 4-94 所示，明显可见 $\omega_{\max}$、$\omega_{\min}$ 发生的位置 θ_1、θ_2 有了变化，当 g 值由小变大时，大小两极点分别向 $\pi/2$ 及 $3\pi/2$ 逐渐靠拢，但总是 $\theta_1<\pi/2$、$\theta_2<3\pi/2$，当 g 值由大变小时，两极点分别离 $\pi/2$、$3\pi/2$ 越来越远，说明上升曲线越来越趋平缓，这对运动平稳性是不利

的，故取中心距 g 值在结构上不显得庞大的前提下，取大些为好，一般推荐取用 $g=(5\sim7)R$。

② 转动导杆机构　转动导杆机构如图4-99所示，BC 杆长为 a，两转动轴心 A 与 B 距离 $AB=e$，且 $e<a$，BC 称曲柄，AC 部分为导杆，若两杆间以任一者为主动件匀角速回转，则另一杆作非匀速回转，但它们非匀速回转的运动规律并不相同。

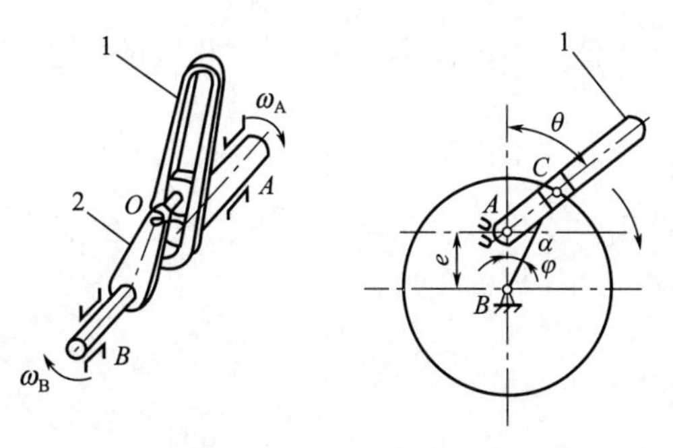

图4-99　转动导杆机构
1—导杆；2—曲柄

以两轴心连线 AB 为基准，曲柄 BC 在某瞬时的转角为 φ 时，相应的导杆转角为 θ，在图4-99中，由三角形 ABC 得 φ 与 θ 的关系为

$$\frac{a}{\sin(180°-\theta)}=\frac{e}{\sin(\theta-\varphi)} \tag{4-216}$$

所以有

$$\frac{e}{a}\sin\theta=\sin(\theta-\varphi) \tag{4-217}$$

将上式对时间微分得

$$\frac{e}{a}\cos\frac{\mathrm{d}\theta}{\mathrm{d}t}=\cos(\theta-\varphi)\left(\frac{\mathrm{d}\theta}{\mathrm{d}t}-\frac{\mathrm{d}\varphi}{\mathrm{d}t}\right) \tag{4-218}$$

式中　$\frac{\mathrm{d}\theta}{\mathrm{d}t}$——导杆角速度，用 ω_A 表示；

$\frac{\mathrm{d}\varphi}{\mathrm{d}t}$——曲柄角速度，用 ω_B 表示。

将 ω_A、ω_B 分别代入式(4-218)中整理后得

$$\omega_B=\omega_A\left[1-\frac{\frac{e}{a}\cos\theta}{\cos(\theta-\varphi)}\right] \tag{4-219}$$

将式(4-217)、式(4-219)联立并消去 θ 后得：

$$\omega_A=\omega_B\frac{1-\frac{e}{a}\cos\varphi}{1+\left(\frac{e}{a}\right)^2-2\frac{e}{a}\cos\varphi} \tag{4-220}$$

若 a、e、ω_B 为定值，显然当 $\omega=0°$、$180°$时，ω_A 可分别达到最大值及最小值，即

$$(\omega_A)_{\min}=\omega_B\frac{1}{1+\frac{e}{a}}$$
$$(\omega_A)_{\max}=\omega_B\frac{1}{1-\frac{e}{a}} \tag{4-221}$$

上式可见，调整两转轴轴心 AB 间距离可以就改变不等速回转机构输出角速度的极大、

极小值。当 e 值由 $0\rightarrow a$ 时，相应的 $(\omega_A)_{min}$ 由 $\omega_B\rightarrow\frac{1}{2}\omega_B$，$(\omega_A)_{max}$ 由 $\omega_B\rightarrow\infty$。$\omega_A$ 的无穷大意味着它不能运转，故必须 $e<a$，由于从动件导杆输出的最小角速度只能在 $\frac{1}{2}\omega_B<\omega_A\leqslant\omega_B$ 范围内变化，它只能适用于袋长 L 的变化范围 $L_{max}/L_{min}<2$ 的情况。

从导杆的角加速度为：

$$\varepsilon_A=\omega_B^2\frac{\frac{e}{a}\left[\left(\frac{e}{a}\right)^2-1\right]\sin\varphi}{\left[1+\left(\frac{e}{a}\right)^2-2\frac{e}{a}\cos\varphi\right]^2} \tag{4-222}$$

当 $\varphi=\arccos\frac{\sqrt{\left[1+\left(\frac{e}{a}\right)^2\right]^2+32\left(\frac{e}{a}\right)^2}-\left[\left(\frac{e}{a}\right)^2+1\right]}{4\frac{e}{a}}$ 时，ε 为最大值。

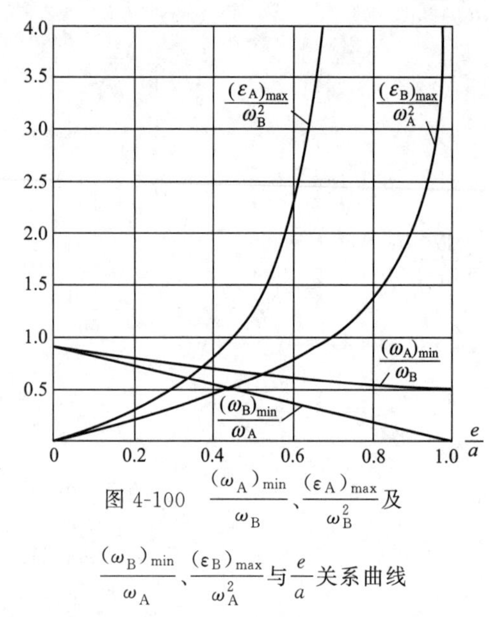

图 4-100 $\frac{(\omega_A)_{min}}{\omega_B}$、$\frac{(\varepsilon_A)_{max}}{\omega_B^2}$ 及 $\frac{(\omega_B)_{min}}{\omega_A}$、$\frac{(\varepsilon_B)_{max}}{\omega_A^2}$ 与 $\frac{e}{a}$ 关系曲线

图 4-100 表示了导杆的 $\frac{(\omega_A)_{min}}{\omega_B}$、$\frac{(\varepsilon_A)_{max}}{\omega_B^2}$ 值与 $\frac{e}{a}$ 值的关系图。从图中可见，$\frac{e}{a}>0.6$，$(\varepsilon_A)_{max}$ 上升很快。

导杆以 ω_A 作匀角速回转，则曲柄轴以 ω_B 作不等速回转，将式(4-217)、式(4-219) 联立并消去 φ 后得：

$$\omega_B=\omega_A\left[1-\frac{\frac{e}{a}\cos\theta}{\sqrt{1-\left(\frac{e}{a}\cos\theta\right)^2}}\right] \tag{4-223}$$

当 $\theta=0°$，ω_B 最小；$\theta=180°$ 时，ω_B 最大，即

$$(\omega_B)_{min}=\omega_A\left(1-\frac{e}{a}\right)$$
$$(\omega_B)_{max}=\omega_A\left(1+\frac{e}{a}\right) \tag{4-224}$$

同理，当 e 值由 $a\rightarrow0$ 时，相应的 $(\omega_B)_{min}$ 由 $0\rightarrow\omega_A$，$(\omega_B)_{max}$ 由 $2\omega_A\rightarrow\omega_A$。可见 $(\omega_B)_{min}$ 值的调节范围比以曲柄为主动的导杆机构大得多。

将式(4-223) 对时间微分，求得从动曲柄的角加速度为：

$$\varepsilon_B=\omega_A^2\frac{\frac{e}{a}\left[1-\left(\frac{e}{a}\right)^2\right]\sin\theta}{\left[1-\left(\frac{e}{a}\cos\theta\right)^2\right]^{\frac{2}{3}}} \tag{4-225}$$

显然，当 $\theta=90°$ 时，ω_B 为最大值。

$$(\varepsilon_B)_{max}=\omega_A^2\frac{\frac{e}{a}}{\sqrt{1-\left(\frac{e}{a}\right)^2}} \tag{4-226}$$

图 4-100 表示了$\frac{(\omega_B)_{min}}{\omega_A}$、$\frac{(\varepsilon_B)_{max}}{\omega_A^2}$值与$\frac{e}{a}$值的关系图。从图中可见，$\frac{e}{a}<0.8$，$(\varepsilon_B)_{max}$的变化比较平缓，$\frac{e}{a}>0.9$，$(\varepsilon_B)_{max}$上升很快。

由上述两种情况分析可得出如下结论：

两种情况的从动件都作不等速回转，并且改变 e/a 值时，从动件的最小角速度都随之改变，但是用导杆为原动件时，从动件的最小角速度只能在 $0\sim\omega_A$范围内调节，若用曲柄为原动件时，从动件的最小角速度只能在 $\omega_B/2\sim\omega_B$范围内调节，故前者调节范围大。从运动平稳性看，若要求从动件的最小角速度为原动件角速度的 2/3，两种情况都能满足，以导杆为原动件，查图 4-100 得 $e/a=1/3$；$(\varepsilon_B)_{max}/\omega_A^2=0.4$，若用曲柄为原动件，则$\frac{e}{a}=0.5$，$(\varepsilon_A)_{max}/\omega_B^2=1.35$，显然后者情况的从动件最大角加速度是前者的 3.4 倍。

生产实践中是以导杆作为原动件，曲柄作为从动件带动制袋式袋装机横封机构的，如图 4-101 所示。

若用该不等速回转机构应用于卧式袋装机，横封工艺过程示意图如图 4-102 所示，包装袋在此被横封（封口与封底）与切断。热封切断件在 P 位置开始与包装材料接触后即进行加热并在 Q 位置进一步实施加压并切断。

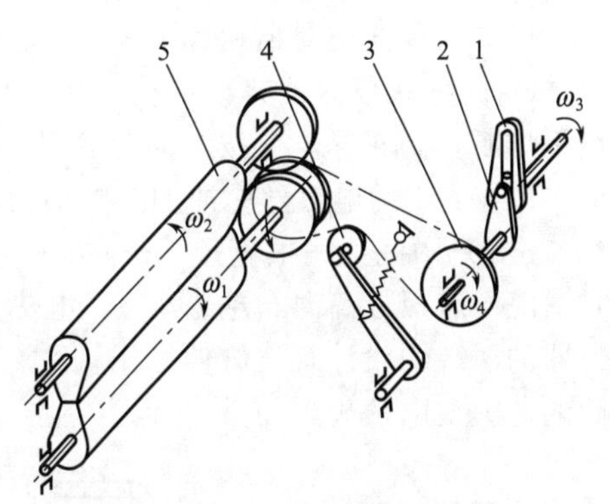

图 4-101　转动导杆机构带动的横封机构
1—主动导杆；2—曲柄；3—链轮；4—张紧齿轮；5—热封头及滚刀

为了实现加热及加压切断时包装材料与热封切断件的同步要求，希望热封切断件与包装材料接触表面从 P 位置至 Q 位置的线速度的水平分量始终与包装材料的运动速度相等。因此，热封切断件在 P 处的切向线速度应大于在 Q 处的切向线速度，故热封切断件在此 PQ 区间作不等速回转。另外，还要求热封切断件在 Q 处热封切断结束后以比 Q 处较快的角速度转动离开，以不影响物件 1 的前进，可见热封切断在 PP'区间按卧式袋装横封工艺需要必须作不等速回转，并且在 Q 处角速度最小。

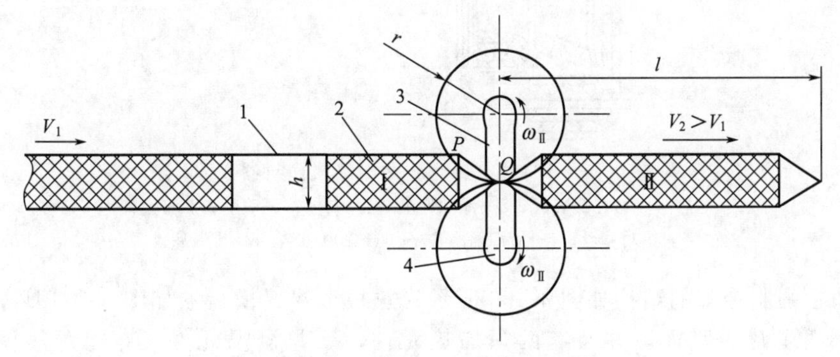

图 4-102　横封工艺过程示意图
1—包装袋筒；2—包装物品；3,4—横封辊刀

转动导杆机构以导杆转角 θ 为横坐标，从动曲柄输出角速度 ω 为纵坐标，θ-ω 曲线如图 4-103 所示，该曲线的最低点专门用来适应卧式袋装机横封切断；如用在立式袋装机上，则 $\theta=0°$及 $\theta=180°$处的最低，可适应短袋及长袋的热封需要。

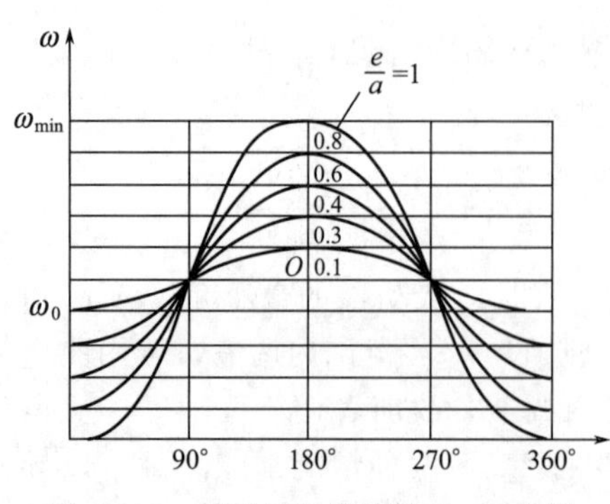

图 4-103 转动导杆机构的 $\theta-\omega$ 曲线

袋长规格变化是靠调节两转轴中心距离 L 来实现输出角速度改变的机架上有标尺，一定袋长也对应着某一刻度，袋长与偏心距 e 间对应关系由下式表示

$$e=a\left(1-\frac{Li_{34}}{2\pi R}\right) \tag{4-227}$$

式中 a——从动曲柄的长度，mm；

L——袋长尺寸，mm；

i_{34}——从转动导杆机构传到热封件转轴间传动装置传动比。

热封切断件回转半径由下式计算

$$R=(1.1\sim1.2)\frac{L_{max}}{2\pi} \tag{4-228}$$

式中 R——热封件回转半径，mm。

（2）间歇式横封器设计

① 间歇式横封器典型结构 用于间歇制袋式袋装机横封器上的加热封口方法有脉冲、热板熔断和高频等，可按不同包装材料选用，热封体都为板状的。

图 4-104 为电热丝脉冲加热的横封器，利用安装在两封口扁形镍铬合金电热丝 5（一般 2～5mm）中间的一根直径 1mm 左右的圆电热丝 7 固定在热封体上，电热丝与热封体之间有酚醛层压板或高温布绝缘层 4，电热丝与封口薄膜之间有聚四氟乙烯片作为隔离层；在热封器的两端均设计有气缸伸缩结构 2，避免热封时的刚性接触；使用压缩空气吹向热封完成后的薄膜及电热丝，使其冷却。

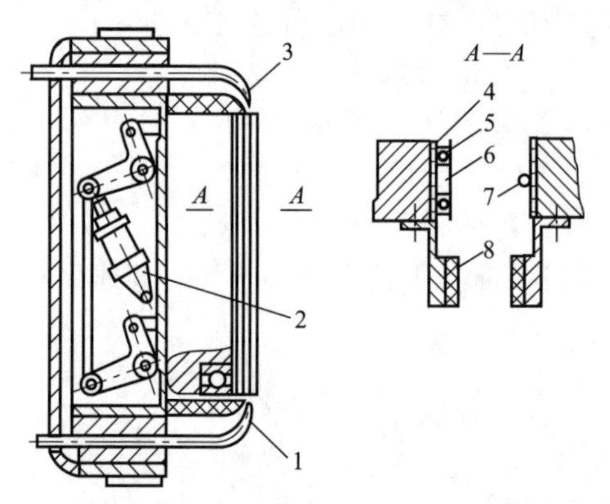

图 4-104 电热丝脉冲加热式横封器

1—电热丝伸缩补偿装置；2—弹性伸缩装置；3—冷风喷嘴；4—绝缘片；5—热封扁丝；6—聚四氟乙烯片；7—圆电热丝；8—排气夹板

用冷却水强制冷却的结构如图 4-105 所示，热板加热式横封器如图 4-106 所示，每只热封体上、下两个热板平面，并装有两只加热元件，一只测温元件，专门对热板进行恒温控制。

高频加热式横封器如图 4-107 所示，分左右两只电极，可在两只电极间通以高频电流进行加热加压封合，电极上、下各有一对弹簧夹具，以减少电极合拢时的刚性冲击及对封缝的拉力，电极表面胶粘着环氧板，环氧板表面又粘着聚四氟乙烯织物作耐热绝缘材料，这样除防止薄膜粘上电极外，还可防止薄膜被热穿时，高频切刀与另一电极直接接触而产生的打火现象。

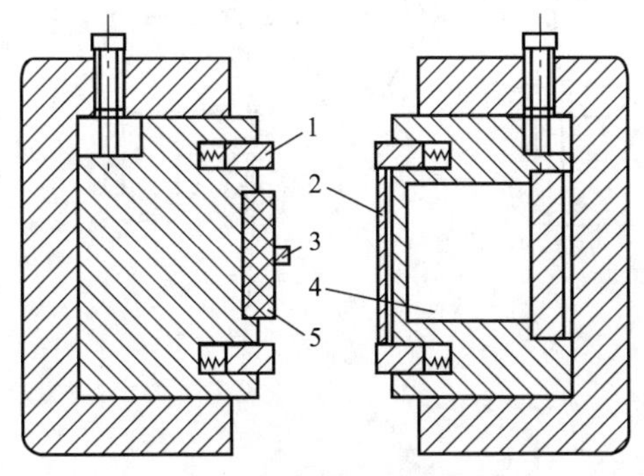

图 4-105 冷却水冷却横封器

1—夹板；2—热封扁丝；3—切割圆丝；4—冷却水孔；5—耐热橡胶

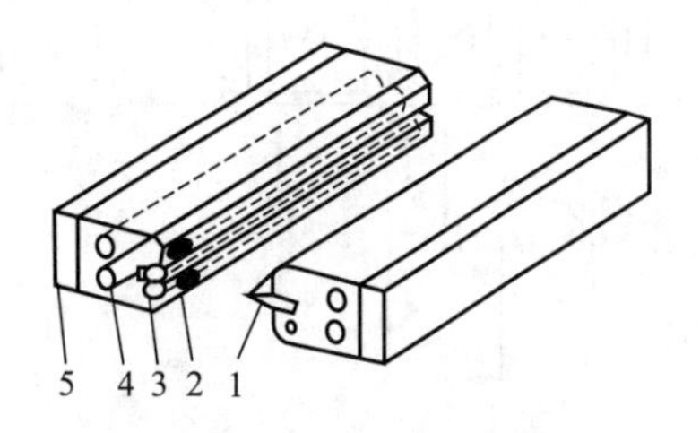

图 4-106 热板加热式横封器

1—切刀；2—热板；3—测温元件；4—加热元件；5—绝缘体

② 间歇式横封器运动形式　立式间歇制袋式袋装机横封机构按功能和运动形式可分为两类，一类只作封口用，即只有间歇的往复运动；另一类除作封口热合外，还牵引料袋由上而下地移动，故往往作开合与上下运动合在一起的复合运动，显然后者结构较为复杂。图 4-108 为间歇制袋式袋装机横封机构的典型结构。

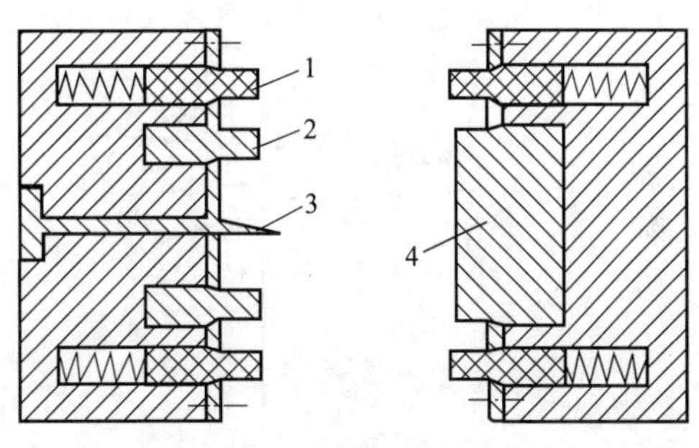

图 4-107 高频加热式横封器

1—弹性夹板；2,4—封合电极；3—加热切刀

图 4-108（a）是气缸（或油缸）在同一水平面内做往复直线运动带动横封器合拢及离开，从而完成横封工序，气缸（油缸）3 带动整个横封装置及气缸（或油缸）作上、下往复运动，将横封器夹持着的薄膜筒向下拉出一个袋的长度。

图 4-108（b）只是用一只气缸（或油缸）带动横封器运动，因横封两部分是同时动作的，使用一只气缸则通过支点及杠杆的作用使横封器两部分合拢及离开，上下拉薄膜运动与（a）相似。

图 4-108（c）中带动横封器作开合热封的气缸只是一只，原理与（b）相似，但上下拉膜运动不是用气缸来实现的，而是由电动机经变速后，驱动曲柄连杆机构来带动横封器作上下往复直线运动，回转曲柄的长度可以根据需要进行调节，从而改变拉膜的长度。

图 4-108（d）与图 4-108（e）有许多相似之处，横封动作靠气缸与杠杆滑块机构来完成。拉膜的动作是由一套六杆机构来完成的，六杆机构是由电机通过变速后驱动曲柄作原动件的，在这种六杆机构作用下，横封器不作上、下直线运动而是一圆弧摆动。

从以上可以看出间歇式横封机构的运动形式是多种多样的，结构也有简单、复杂，各有利弊，选型时要给予适当考虑。如（a）中结构及动作简单，但横封时要求两只气缸动作配合好，这是气液压较难达到的，最好能避免使用。图（b）、（c）、（d）中就避免了上述问题，用一只气缸使横封器两部分同时分开和合拢，但也造成结构复杂。图（a）、（b）中，拉膜运动是气缸来带动的，行程难以调节，薄膜带长度发生变化时就难以适应。在（c）、（d）中袋长变化时调节曲柄长度就能适当，尤其在食品行业中，包装规格变化多，调节要求比较突出，就（c）、（d）两种比较，前者拉膜部分比较简单，后者显得复杂，且拉膜过程中袋子作圆弧运动，摆动较大，袋长调节后袋子不可能在两横封器中间被热封，造成薄膜前后张力

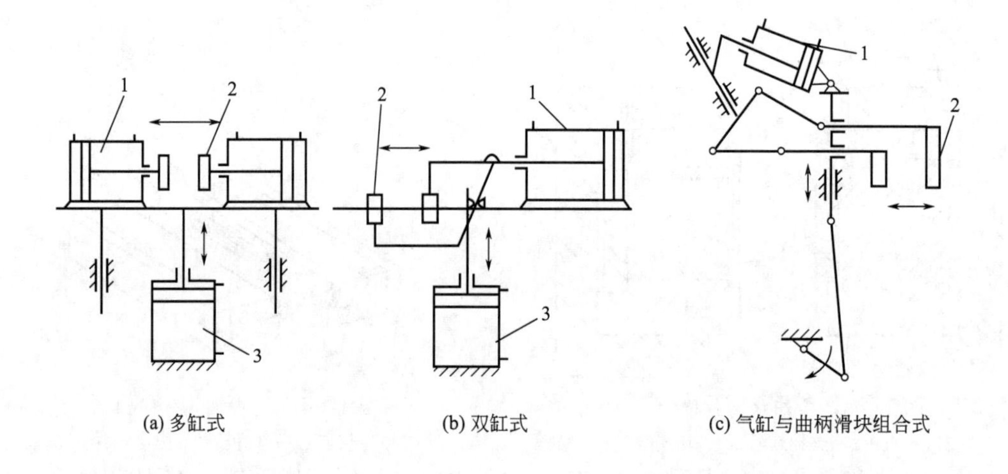

(a) 多缸式　　(b) 双缸式　　(c) 气缸与曲柄滑块组合式

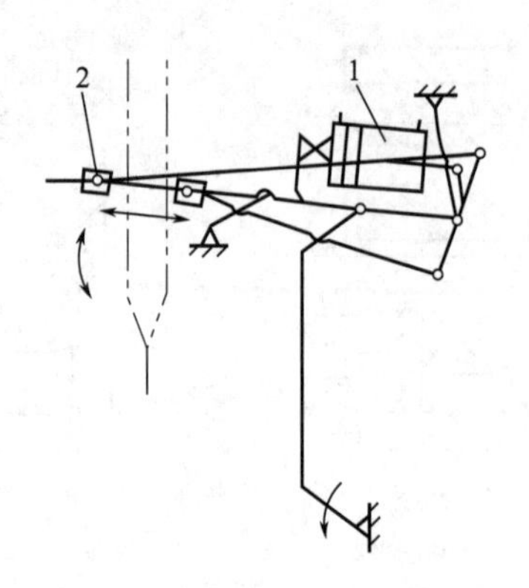

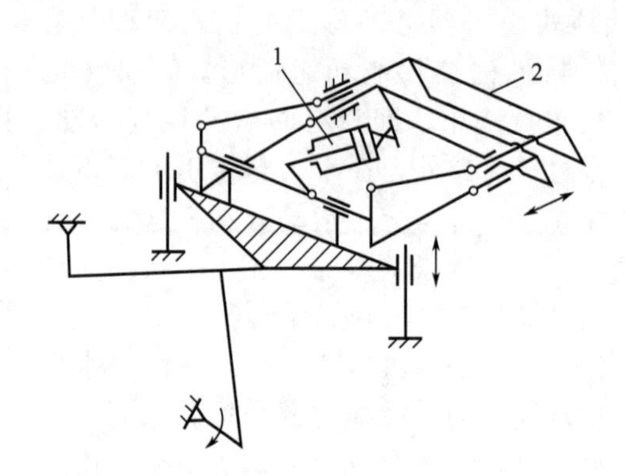

(d) 气缸与曲柄摆杆机构组合式　　(e) 气缸与六杆机构组合式

图 4-108　间歇式横封机构工作示意图

1—气缸（油缸）；2—横封器；3—牵引气缸（油缸）

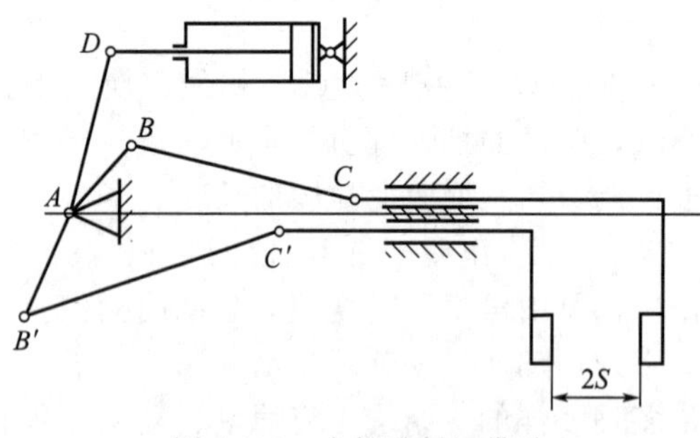

图 4-109　由摆动气缸带动的摆杆滑块机构

不均。

③ 间歇式横封器运动设计

a. 摆杆滑块部分　图 4-109 为摆动气缸带动的摆杆滑块机构，两横封块的开合就是滑块往复运动的结果，设计中应解决的问题是：从满足横封块最大开合行程的情况下，确定各杆长度及摆动气缸活塞杆的行程，提供设计气缸的依据。

滑块的行程应由包装尺寸决定，设滑块的行程为 L，则两只滑块开合的总行程为

$$2L=(1.5\sim2)D \tag{4-229}$$

式中　D——圆形料管成型器的直径，若为方形料管 $D=2P$，其中 P 为超椭圆短半轴之长。

拖动两滑块的摆杆、连杆杆长上下各自对应相等，这样摆杆只能在与滑道垂直的位置作左右对称摆动，如图 4-110 所示。

设摆杆长为 a，连杆长为 b，滑块 C 运动最远点与转轴中心 A 间距离 $AC_1=c$，摆杆摆角为 φ，摆杆与 AC 滑道间原始夹角为起始角 α。

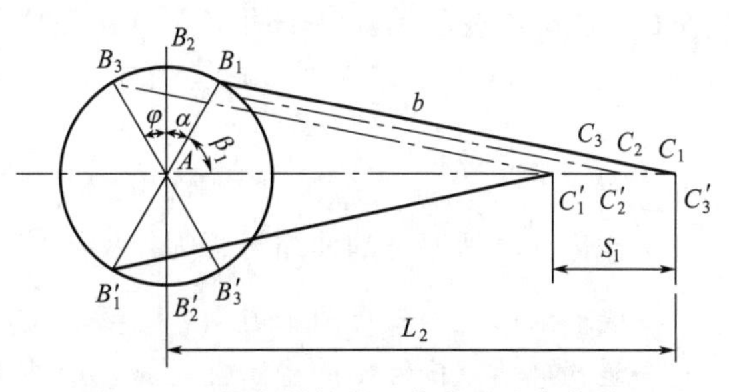

图 4-110　摆杆滑块的工作位置及参数关系

摆杆与连杆的铰销在 B 起始、中间及终了三个位置分别以 B_1、B_2、B_3 表示，这三个位置各杆长度间关系由下式表示，在 $\triangle AB_1C_1$ 中

$$b^2=a^2+c^2-2ac\cos\alpha \qquad (4\text{-}230)$$

在 $\triangle AB_2C_2$ 中，$\angle B_2AC_2$ 是直角，有

$$b^2=a^2+\left(c-\frac{L}{2}\right)^2 \qquad (4\text{-}231)$$

在 $\triangle AB_3C_3$ 中：

$$b^2=a^2+(c-L)^2\cos(\alpha+\varphi) \qquad (4\text{-}232)$$

由图 4-110 可见，本机压力角为 $\angle AC_1B_1$，且是时刻改变的，为使机构轻巧，应使 $\angle AC_1B_1\leqslant 30°$，因此设计中可取 $b\geqslant 2a$。将其代入式(4-231) 可得

$$a\leqslant\frac{\sqrt{3}}{6}(2c-L) \qquad (4\text{-}233)$$

由式(4-230)、式(4-231) 得起始角 α 的表达式

$$\alpha=\arccos\frac{a^2+b^2+c^2}{2ac} \qquad (4\text{-}234)$$

则此摆杆滑块部分要使滑块开合总行程达 $2L$ 的摆杆摆角应为 $\varphi=180°-2\alpha$。

上列各式中 C 值应根据袋装机总体布局设定。

b. 摆动气缸部分　它是摆杆滑块机构部分的原动件，摆动气缸活塞杆推动摆杆绕 A 轴摆动，摆杆 AD、AB、AB' 均与轴 A 固联，它们具有同一摆角 φ，若摆动气缸摆杆起始位置不同，对同一摆角，气缸活塞杆的行程 L 将不同，摆杆起始位置必须慎重确定，从机械原理知道，机构的压力角在 0°处效率最高，本摆动气缸推动摆杆 AD 使 A 轴回摆，属摇块机构，则 D 处的压力角小者为好。

设摆杆长为 m，摆杆与 AE 两点连线的最小夹角为起始角 β，DE 长为 d，AE 长为 e，其值的确定也由袋装机总体布局考虑。

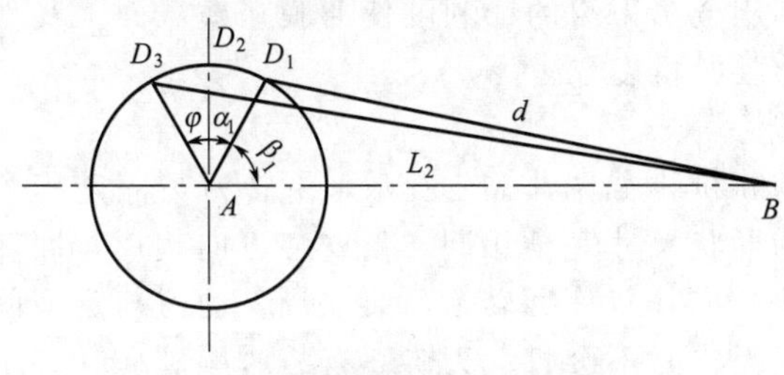

图 4-111　摆动气缸的工作位置

铰销 D 点在工作中亦有 D_1、D_2、D_3 三个位置，分别为起始、中间及终了，如图 4-111 所示。

为使工作轻巧，常取 $m>a$，则起始角 β 由下式可求

$$\beta=\angle D_2AE-\angle D_2AD_1=\cos^{-1}\frac{m}{e}-\frac{\varphi}{2} \qquad (4\text{-}235)$$

DE 之长 d 在起始及终了两位置相应长度为

$$
\begin{aligned}
d_1 &= \sqrt{m^2+e^2-2me\cos\beta} \\
d_3 &= \sqrt{m^2+e^2-2me\cos(\beta+\varphi)}
\end{aligned}
\tag{4-236}
$$

这样，气缸活塞杆的伸缩行程为：$L=d_3-d_1$

L 值求出后还得验算两个方面：

一是气缸活塞杆伸出的稳定性验算，应使

$$\lambda=\frac{d_3}{d_1}\leqslant 1.7 \tag{4-237}$$

若不能满足，可适当增大 e 的取值。

二是压力角的验算，应使

$$\alpha=\left|90^\circ-\arccos\frac{d_3^2+m^2-e^2}{2md_3}\right|\leqslant 50^\circ \tag{4-238}$$

若不能满足时，可适当增大 m 的取值。

该横封装置机构下半部分，采用的是曲柄带动的大杆机构，设计中滑块行程应满足：

$$H\geqslant(1.3\sim1.5)L_{\max} \tag{4-239}$$

式中 $L_{\max}$——应制作的最大袋长。

4.4.4 切断机构设计

在制袋式袋装机上，当制成袋后或装袋封口结束时，应用切断刀将相互连接着的薄膜料袋分割成单个和包装产品。切断的方式有热切和冷切等。可根据热封的方法，包装料袋在制袋过程中运动形式和切口的形式等要求选择。

4.4.4.1 热切机构设计

它是靠薄膜受热熔化和施加一定压力而使薄膜分开的一种方法。采用热切的切断机构可与横封机构合在一起，在横封的同时，进行热切断。

热切中有高频加热刀，电热丝熔断及电加热切刀等。其中高频加热刀用在间歇式袋装机上，对聚氟乙烯薄膜袋进行封口，同时完成切断，实际是一只具有刃口的电极；电热丝中间的一根 1～2mm 左右直径的圆电热丝，根据需要可选择断续或连续通入脉冲电流，电热丝与薄膜直接接触使熔化的薄膜切断；电加热切刀是具有刃及热量可使薄膜切断。

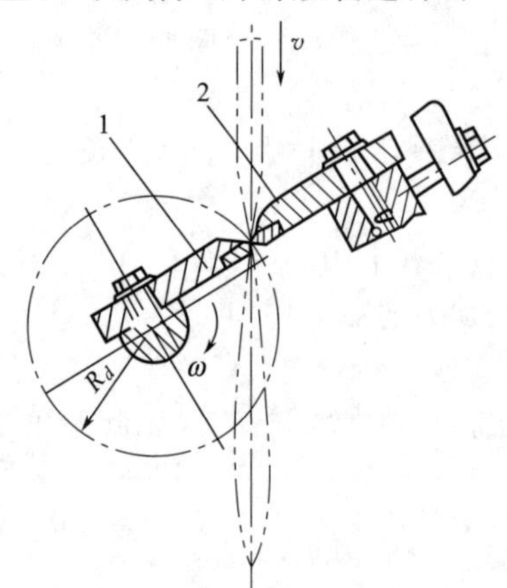

图 4-112 回转刀切断机构
1—转刀；2—定刀

4.4.4.2 冷切机构设计

冷切是利用金属刀刃的锋利度使薄膜在横截面上受剪切力而分开薄膜的料袋方法。

(1) 回转刀

回转刀切断机构如图 4-112 所示，由转刀与固定组合而成，两刀的形状尺寸完全相同，仅安装方向相反，回转刀顺料袋前进方向作等速回转，每袋一周，动刀与定刀间有微隙，保证无袋时不会打坏刀尖。有袋时顺利分切。工作时，回转刀刃与定刀刃间不是全线同时相遇的，而是在刀刃的全长上按 1°～2°左右的倾角依次相遇的，这样似剪刀一般，更有利于将薄膜分割开。

刀的有效回转半径 r 可由下式确定

$$r\omega = 1.5 v_{材} \tag{4-240}$$

式中　ω——刀轴回转的角度；

$v_{材}$——纵封辊牵引包装材料前进的线速度。

由此可见，回转刀切断包装袋的速度应大于薄膜前进的速度。为保持切刀锋利，两刃间有微隙，这样切断薄膜袋时，并不是靠两把金属刀刃完全相遇来完成的，而是靠活动刀刃线速度大于薄膜袋运动速度，产生的挤与拉相结合将薄膜分割开。所以，刀的回转线速度小于薄膜前进速度是不行的，即使等于薄膜前进的线速度的话，也是切而不断。只有回转刀比薄膜有较高的线速度，将薄膜剪切变形。强度大大削弱，然后使前一包装袋赶快离开本体到拉断作用。

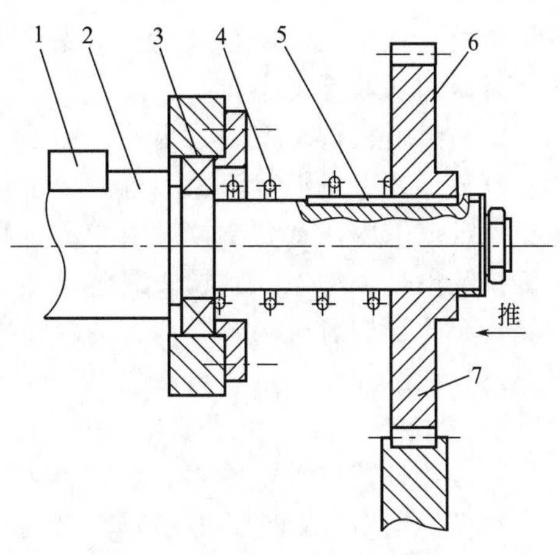

图 4-113　滚刀相位调节装置

1—滚刀；2—主轴；3—轴承；4—弹簧；5—滑键；6—从动齿轮；7—主动齿轮

因该回转刀切断机构不是与横封机构设计在一起的，而切断时必须切在横封接缝正中，才能使薄膜袋外形美观。因而切断在机构横封器的下面，有一切断刀与横封器间的同步问题，解决同步问题就必须设计切断机构的相位调节装置。

相位调节装置可通过调节两齿轮的相对位置来实现。如图 4-113 所示，带动回转刀轴回转的齿轮 6 的轴向固定靠弹簧 4 的推力，当切断刀工作不与横封器同步时，只要用手按图示箭头方向推动齿轮 6，则齿轮 6 沿轴上的滑键 5 克服弹簧力，离开主动齿轮 7，并根据滞后或超前的情况分别对齿轮 6 作逆或顺时针回转一定角度后再将齿轮 6 送回原处，与主动齿轮 7 啮合，即能满足同步要求。

(2) 铡刀（或剪刀）

铡刀或剪刀切断机构不能适应连续制袋包袋机的切断工作要求，只能用于间歇运动制袋充填包袋机上，在薄膜袋停止运动的瞬时进行切断工作。

图 4-114 所示是一种铡刀切断机构，由气缸 8 驱动活动刀架绕支点 2 作摆动，活动刀 6 用螺钉弹簧压在刀架上，与固定刀 7 为弹性接触。固定刀用螺钉拧紧在固定刀架上，刀架与机架相固定，活动刀与固定刀之间的相对位置，靠活动刀下的导向部分保持，不致发生咬刀而损坏刀具，薄膜袋 3 在弹簧金属片的引导下，经两个刀口的相对运动而被切断。

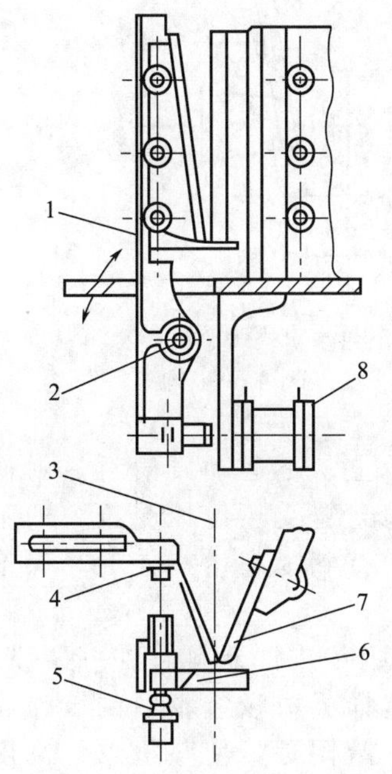

图 4-114　铡刀式切断装置

1—动刀定位块；2—转轴支撑；3—包装料袋；4—引导板；5—压力弹簧；6—活动刀；7—固定刀；8—动力气缸

这种铡刀在卧式对折薄膜制袋包装机上应用较多，常用在制袋装置以后，将连续的空袋一个个切断分离，然后变由后面开袋充填机构去完成充填等工艺过程。

(3) 锯齿刀

采用热板加热封口的间歇制袋式袋装机上切断方式，也有应用锯齿刀的。如图 4-115 所示。

锯齿刀安装在热封件中间。相对应的另一只横封器中间是一边凹槽，在板状加热热封的同时，锯齿刀齿尖插入薄膜内，使上下两只袋得以切断。锯齿刀的形状：齿距 $t=6\text{mm}$，齿尖角 $\alpha=60°$，每个齿的齿侧均磨成刃口。

4.4.5 牵引机构设计

制袋式袋装机工作时，使包装材料与制袋成型器产生相对运动而造成包装材料卷折的是料袋牵引装置。此外，它又能使料袋顺序地通过一个个工位，使料袋完成加料、整形、排气，封口和切断等工序。

(1) 牵引机构类型

包装工艺上对料袋牵引装置的要求是：能按时、按预定量拉过定长的料袋，根据需要并能在一定范围内任意调节拉过料袋的长度，料袋的速度应能控制，前述的翻领成型器制袋式袋装机及象鼻成型连续制袋式袋装机中的料袋牵引装置均非专设的，往往与其他机构结合在一起，有的与横封机构合一；有的与纵封机构结合。但均能符合上述提出的一些工艺要求，此外还有如下介绍的一些结构类型。

① 滚轮牵引式　如图 4-116 所示，用于连续式袋装机，纵封辊与牵引辊各司其职，机能分开，并且两辊都是冷辊，包装薄膜首先受牵引辊牵引，被热板或吹出的热空气加热封合，这样的牵引装置使单层塑料薄膜也有可能在连续运动制袋式袋装机上得到使用。

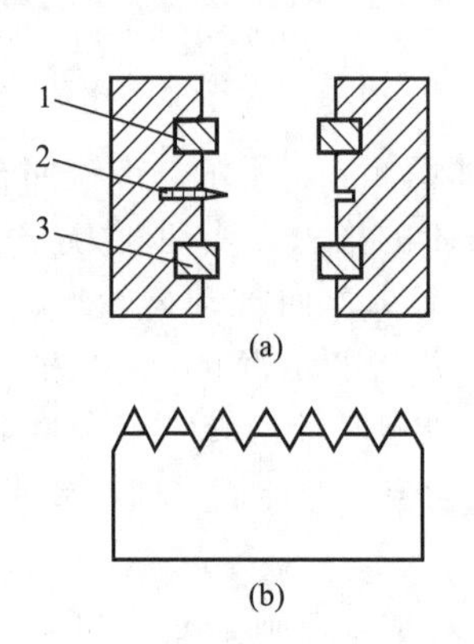

图 4-115　锯齿刀

1—上热封器；2—锯齿刀；3—下热封器

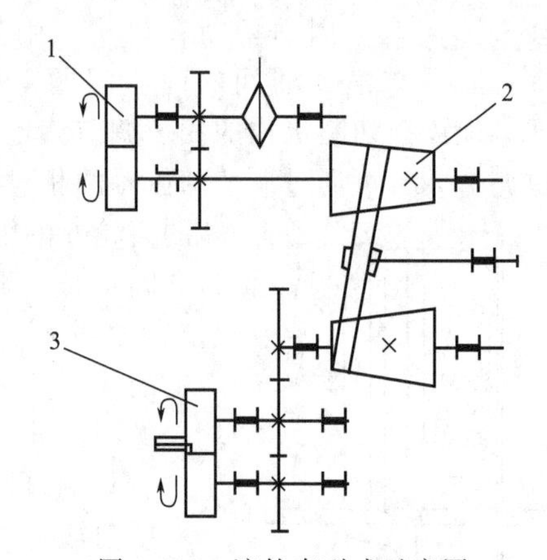

图 4-116　滚轮牵引式示意图

1—牵引辊；2—变速器；3—纵封辊

② 夹持牵引式　图 4-117 所示为该牵引装置的夹、放及上、下运动，横封热封件仅作张开与闭合的动作，使热封与牵引错开进行，避免了横封缝受热后怕受拉力的不利情况，且使横封与纵封时间重合，可统一考虑加热时间，有利提高生产能力，保证封缝质量。

③ 气吸牵引式　如图 4-118 所示，利用真空吸头的吸力吸住成型器料管外壁薄膜，拉料袋向下运动达预定长度后真空解除，吸头向上返回，这样吸头吸袋牵引的工作区间都在料袋长度范围之内，横封器就可较近的设置在料管下端附近，使整机总体高度降低。

④ 摩擦牵引式　如图 4-119 所示，利用间歇运动的摩擦将包装薄膜压紧在方形料管上，靠摩擦带与薄膜间产生摩擦力推送料袋向下运动，主动带轮间歇回转可用步进电机或伺服电机驱动，也可由普通电机采用电磁离合器控制配合的驱动。

(2) 牵引计算

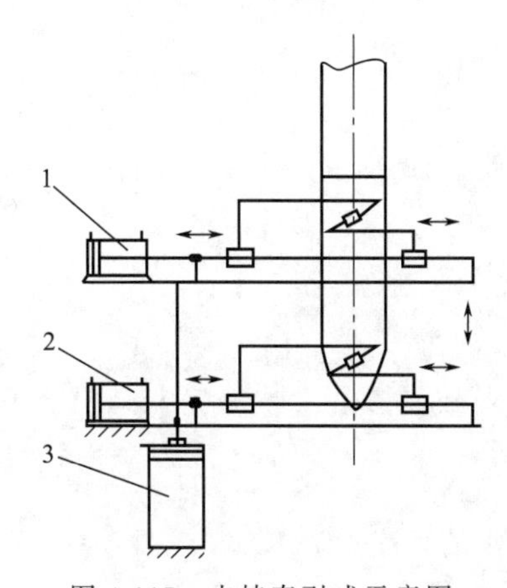

图 4-117　夹持牵引式示意图

1—料带夹持气缸；2—料带横封气缸；3—料带牵引气缸

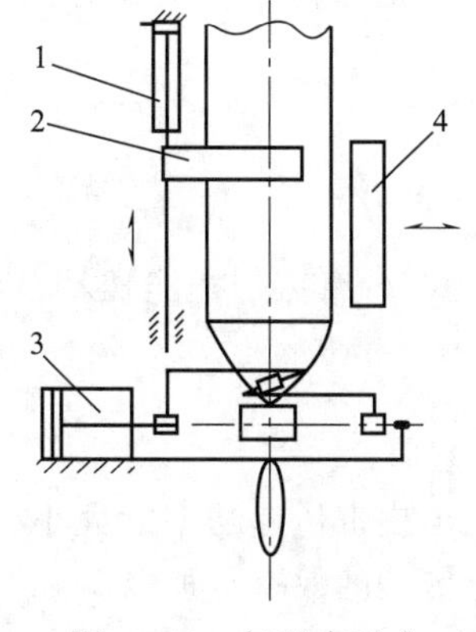

图 4-118　气吸牵引式

1—牵引气缸；2—真空吸头；3—横封气缸；4—纵封器

① 真空吸引力　真空吸头可产生的真空吸引力由下式表达

$$F_x=(p_0-p)S \tag{4-241}$$

式中　p_0——标准气压；

p——吸头内压强；

S——吸头总吸附面积。

真空吸头吸附着料袋靠两者间产生的摩擦力克服成型器，导辊等对包装材料运动的总阻力，则有：

$$F_M=fF_x\geqslant P_Z \tag{4-242}$$

式中　F_M——料袋与真空吸头间产生的摩擦力；

f——料袋与吸头间材料系数；

P_Z——对料袋运动产生阻力的合力，可通过估算或具体测试获得。

如果在刚性内圆周面上的吸嘴，应考虑吸嘴吸住料袋部分失效情况。加入利用系数 k，实际应用中还得考虑安全系数 n，则有：

$$kf(P_0-P)S\geqslant nP_Z \tag{4-243}$$

式中　k——利用系数，取 0.5～0.8；

n——安全系数，取 2～3。

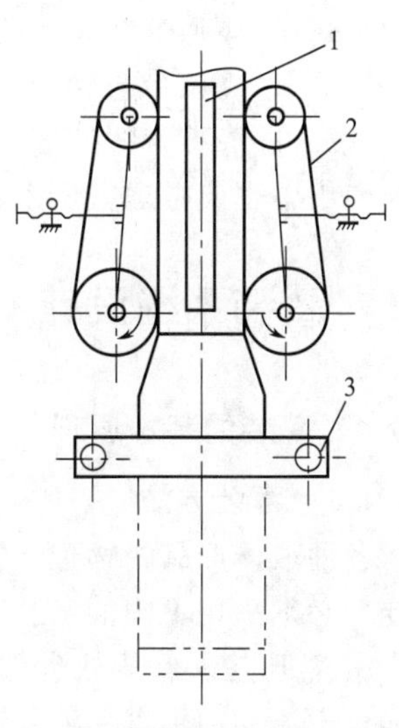

图 4-119　摩擦牵引式示意图

1—纵封器；2—摩擦带；3—横封器

② 摩擦牵引力　摩擦带工作时紧边拉力可由下式计算

$$P_L=102\frac{N}{v}\frac{e^{f\alpha}}{e^{f\alpha}-1} \tag{4-244}$$

摩擦带对料袋的摩擦力满足下式才能牵引料袋与包装材料

$$2N'f_1\geqslant P_Z+2\overset{\frown}{N}'f_2 \tag{4-245}$$

式中　f_1——摩擦带与料袋间摩擦因数；

f_2——料袋与料管管壁之间摩擦因数；

N'——调压装置通过带施加料管的正压力；

P_Z——成型器、导辊等对料袋运动的阻力。

则所需正压力

$$N' \geqslant \frac{P_Z}{2(f_1 - f_2)} \tag{4-246}$$

只有 $P_Z \geqslant 2N'f_1$ 摩擦带才能转动自如，亦即

$$102\,\frac{N}{v} \times \frac{e^{f\alpha}}{e^{f\alpha}-1} \geqslant 2N'f_1 \tag{4-247}$$

由此式可求出皮带传递功率的大小。

考虑到皮带传动的效率 η 所需输入摩擦带使之正常工作的功率。

$$N = \frac{N'f_1 v}{51\eta}\frac{e^{f\alpha}}{e^{f\alpha}-1} \geqslant 2N'f_1 \tag{4-248}$$

式中 α——摩擦带在轮上的包角；

f——摩擦带与轮子之间的摩擦因数；

v——摩擦带线速度。

实际使用中也应考虑安全系数 $n=2\sim3$ 左右。

4.5 灌装系统设计

4.5.1 灌装的基本原理

4.5.1.1 灌装方法

各种液体产品的物理性质和化学性质均不相同，在灌装过程中，为了使产品的特性保持不变，必须采用不同的灌装方法。一般灌装机常采用下列几种灌装方法。

① 常压法 常压法也称纯重力法，即在常压下，液料依靠自重流进包装容器内。大部分能自由流动的不含气液料都可用此法灌装，例如白酒、果酒、牛奶、酱油、醋等。

② 等压法 等压法也称压力重力式灌装法，即在高于大气压的条件下，首先对包装容器充气，使之形成与贮液箱内相等的气压，然后再依靠被灌液料的自重流进包装容器内。这种方法普遍用于含气饮料，如啤酒、汽水、汽酒等的灌装。采用此种方法灌装，可以减少这类产品中所含二氧化碳的损失，并能防止灌装过程中过量起泡而影响产品质量和定量精度。

③ 真空法 是在低于大气压的条件下进行灌装的，可按两种方式进行。

a. 压差真空式 即贮液箱内处于常压，只对包装容器抽气使之形成真空，液料依靠贮液箱与待灌容器间的压差作用产生流动而完成灌装，国内此种方法较常用。

b. 重力真空式 即贮液箱内处于真空，包装容器首先抽气使之形成与贮液箱内相等的真空，随后液料依靠自重流进包装容器内，因结构较复杂，国内较少用。

真空法灌装应用面较广，它既适用于灌装黏度稍大的液体物料，如油类、糖浆等，也适用于灌装含维生素的液体物料，如蔬菜汁、果子汁等，瓶内形成真空就意味着减少了液料与空气的接触，延长了产品的保质期，真空法还适用于灌装有毒的物料，如农药等，以减少毒性气体的外溢，改善劳动条件。

④ 压力法 利用机械压力或气压，将被灌物料挤入包装容器内，这种方法主要用于灌

装黏度较大的稠性物料，例如灌装番茄酱、肉糜、牙膏、香脂等，有时也可用于汽水一类软饮料的灌装，这时靠汽水本身的气压直接灌入未经充气等压的瓶内，从而提高了灌装速度，形成的泡沫因汽水中无胶体尚易消失，对灌装质量有一定影响，但不算太大。

⑤ 虹吸法　利用虹吸原理完成的灌装方法。此种方法出现最早，人们最容易接受，原理比较简单，现在很少使用。

上述几种灌装方法的正确选择，除考虑液体本身的工艺性能如黏度、重度、含气性、挥发性外，还必须考虑产品的工艺要求、灌装机的机械结构等综合因素。对于一般不含气的食用液料如瓶装牛奶、瓶装酒类等，可以采用常压法，亦可采用真空法，为了减少灌装时液料中的含氧气量，以便延长产品的保质期，采用较大的真空度的真空法更有利。另外，采用真空法其灌装阀的结构较简单，液漏损失小。但是事物是辩证的，真空度越大，酒的香味越易损失，而且真空法较之常压法尚需增加设备成本。应当指出，对于某种液料的灌装不一定选择单一的方法，也可以综合选择几种方法，例如为了减少啤酒中的含氧量，避免保存期失光变质，一种方法是灌装前对瓶内抽取真空，然后再充入二氧化碳进行等压灌装，即采用真空等压法，另一种方法是用二氧化碳充气等压，瓶内被替代的空气被引入单独设置的回气箱，并不排至贮液箱。灌装前阶段在等压下进行，灌装后阶段可加快回气速度，形成与贮液箱的压差，从而提高灌装速度，即采用等压压力（差压）法。

4.5.1.2　定量方法

准确的定量灌装不但与产品的成本有着直接的关系，同时也影响产品在消费者心中的信誉。包装物品的定量一般有重量定量和容积定量两种。重量定量由于要增添秤等计量仪器，所以机器的结构比较复杂，适用于比重经常变化的固体物料，且往往要配置一套电路用以机电配合；容积定量机器的定量结构比较简单，一般不需电路配合。液体产品一般易采用容积式定量，常见的有如下三种方法。

（1）控制液位高度定量法

这种方法是通过控制被灌容器中液位的高度以达到定量灌装的目的。因为每次灌装的液料容积等于一定高度的瓶子内腔容积，故习惯称它为“以瓶定量”。该法结构比较简单，不需要辅助设备，使用方便，但对于要求定量准确度高的产品不宜采用，因为瓶子的容积精度直接影响灌装量的精度。

图 4-120 为消毒鲜牛奶、鲜果子汁等的灌装机构。当橡胶垫 5 和滑套 6 被上升的瓶子顶起后，灌装头 7 和滑套 6 间出现间隙，液体流入瓶内，瓶内原有气体由排气管 1 排至贮液箱，当灌至排气管嘴 A—A 截面时，气体不再能排出，随着液料的继续灌入，液面超过排气管嘴，瓶口部分的剩余气体只得被压缩，一旦压力平衡，液料就不再进入瓶内而沿排气管上升，根据连通器原理，一直升至与贮液箱内液位水平为止，然后瓶子下降，压缩弹簧 4 保证灌装头与滑套间的重新密封，排气管内的液料也滴入瓶内，从而完成了一次定量灌装，只要操作条件不变，瓶内每次灌装的液料高度也保持不变。

对于这种定量方法，若改变每次的灌装量，则只需改变排气管嘴进入瓶中的位置。

（2）定量杯定量法

这种方法是先将液体注入定量杯中进行定量，然后再将计量的液体注入待灌瓶中，因此，每次灌装的容积等于定量杯的容积。

图 4-121 为旋塞定量原理示意图。首先三通旋塞 2 位于左图所示的位置，液体靠静压通过进液管 4 进入定量杯 1 中，杯内空气经细管 3 排出，当定量杯内的液面达到细管的下缘时，空气无法排出，但由于贮液箱内液面较高，定量杯内液面则继续上升至高于细管下缘处，杯内空气则被压缩直到两处压力平衡而停止。管 3 内的液面根据连通器的原理，将继续

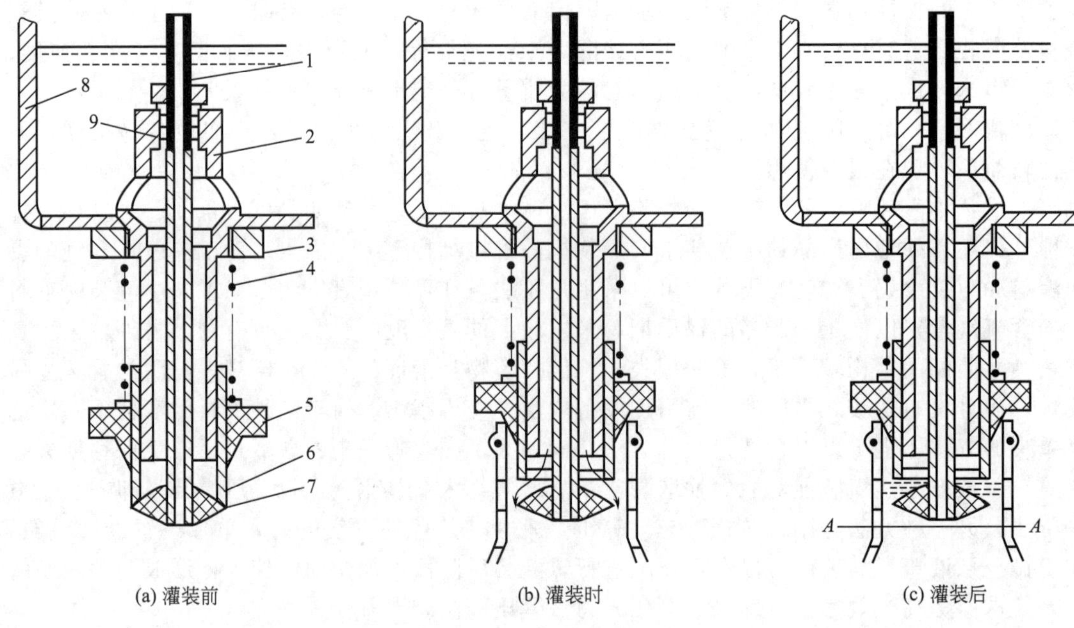

图 4-120 控制液位灌装

1—排气管；2—支架；3—紧固螺母；4—弹簧；5—橡胶垫；6—滑套；7—灌装头；8—贮液箱；9—调节螺母

上升至同贮液箱内液面相平，然后三通旋塞逆时针旋转 90°，如左图所示，使定量杯内的液体同贮液箱内的液体隔开，同时定量杯内液体（包括细管内液体）流入待灌瓶中。

若改变灌装量，则只需调节管子在定量杯中的高度或者更换定量杯。

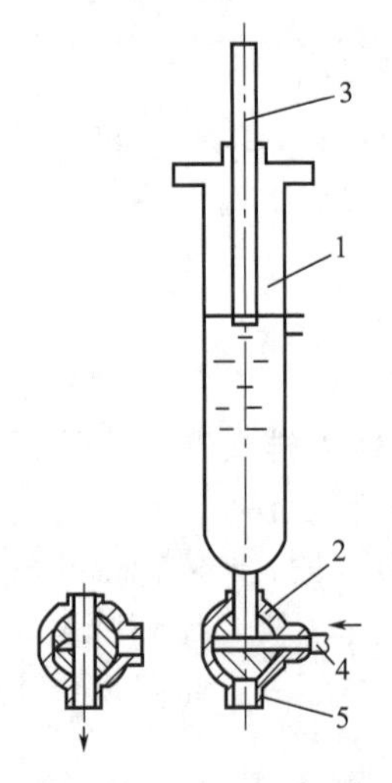

图 4-121 旋塞定量原理

1—定量杯；2—三通旋塞；3—细管；4—进液管；5—出口

图 4-122 所示为直动定量杯的一种结构。在下面没有待灌瓶时，定量杯 1 由于弹簧 7 的作用而下降，并浸入贮液箱的液体中，则箱内的液体沿着其周边流入并充满定量杯。随后待灌瓶由瓶托抬起，瓶嘴将灌装头 8 连同进液管 6、定量杯 1 一起抬起，使定量杯超出液面，并使进液管中间隔板上、下孔均与阀体 3 的中间相通，这样定量杯中液体由调节管 2 流下，经中间隔板的上孔流至阀体 3 的中间槽，再由隔板的下孔经进液管下端流进待灌瓶中，瓶内空气则由灌装头上的透气孔 9 逸出，当定量杯中流体下降至调节管 2 的上端面时，定量灌装则完成。定量杯中容量可由调节管 2 在定量杯中的高度来调节，也可更换定量杯。本结构适用于灌装酒类产品。

（3）定量泵定量法

这是一种采用压力法灌装的定量方法，一般由动力控制活塞往复运动，将物料从贮料缸吸入活塞缸，然后再压入灌装容器中，由此每次灌装物料的容积用活塞往复运动的行程来控制。

图 4-123 是利用定量泵进行定量灌装番茄酱的原理图。活塞 9 由凸轮（图中未示出）控制做上下往复运动，当活塞向下运动时，酱液在重力及气压差作用下，由贮液缸底部的孔经阀 4 的月亮槽流入活塞缸内。当待灌容器由瓶托抬起并顶紧灌装头 7 和阀 4 时，弹簧 3 受压缩而滑阀上的月亮槽上升，则贮料缸与活塞缸隔断，滑阀上的下料孔与活塞缸接通，与此同时，活塞正好在凸轮作用下向上运动，酱液再从活塞缸压入待灌容

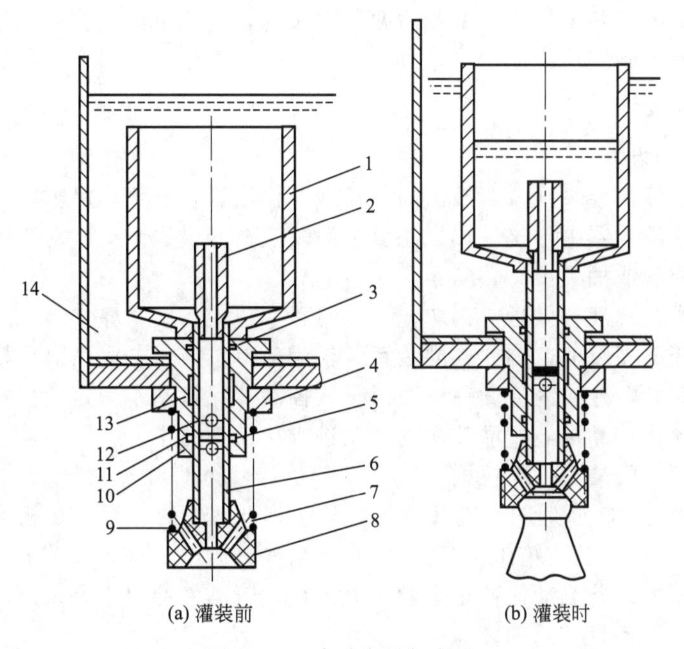

图 4-122　直动定量杯定量

1—定量杯；2—调节管；3—阀体；4—紧固螺母；5—密封圈；6—进液管；7—弹簧；8—灌装头；9—透气孔；10—下孔；11—隔板；12—上孔；13—中间槽；14—贮液箱

器内，当灌好酱液的容器连同瓶托一起下降时，弹簧 3 迫使滑阀也向下运动，滑阀上的月亮槽又将贮料缸与活塞沟通，以便进行下一次灌装循环。假若在某一个瓶托上没有待灌容器时，尽管活塞到达某一工作位置仍然在凸轮作用下要向上运动，但由于滑阀上月亮槽没有向上移动，故酱液仍被压回贮料缸，不致影响下一次灌装循环的正常进行。

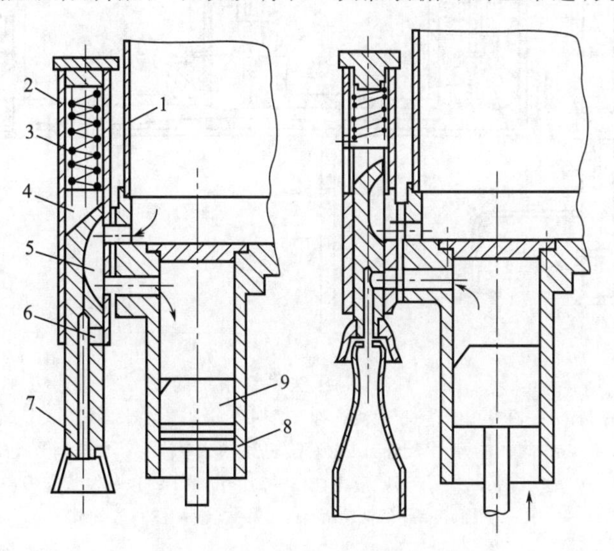

图 4-123　定量泵定量法原理图

1—贮液室；2—阀体；3—弹簧；4—滑阀；5—弧形槽；6—下料孔；7—灌装头；8—活塞缸体；9—活塞

对于这种定量方法，若要改变每次的灌装量，则只需设法调节活塞的行程。

比较上述三种定量方法，从定量精度来看，第一种方法由于直接受到瓶子容积精度以及瓶口密封程度的影响，其定量精度不及后两种方法高，若从机械结构看，第一种显然最为简单，因此，它自然得到广泛应用。

4.5.2 灌装机构设计

4.5.2.1 供料机构设计

灌装液料由贮液槽经泵（或直接由高位槽）及输液管将液体产品输入贮液箱，再由贮液箱经灌装阀输入待灌容器中，这就形成了整个灌装液料的供送系统。对于等压法、真空法有时还需对贮液箱充气或抽气。

（1）常压法灌装的液料供送机构

此法是在常压下灌装的，因此，灌装系统较为简单。液体产品由高位槽或泵经输液管送进灌装机的贮液箱，贮液箱内液面一般由浮子式控制器保持基本恒定，但也有用电磁阀控制的，贮液箱内的流体产品再经过灌装阀的开关进入待灌容器中。

（2）等压法灌装的液料供料机构

图 4-124 为此法供料原理图。输液总管 3 与灌装机顶部的分流头 9 相连，输入头下端有六根输液支管 14 与环形贮液箱 12 相通。在打开输液总阀 2 之前，需先打开检查阀 1，以透明管 3 观察进酒压力，若流动缓慢是来酒压力不足，若酒液冲出来是来酒压力过高，均需调节，待正常后方可准备打开总阀。

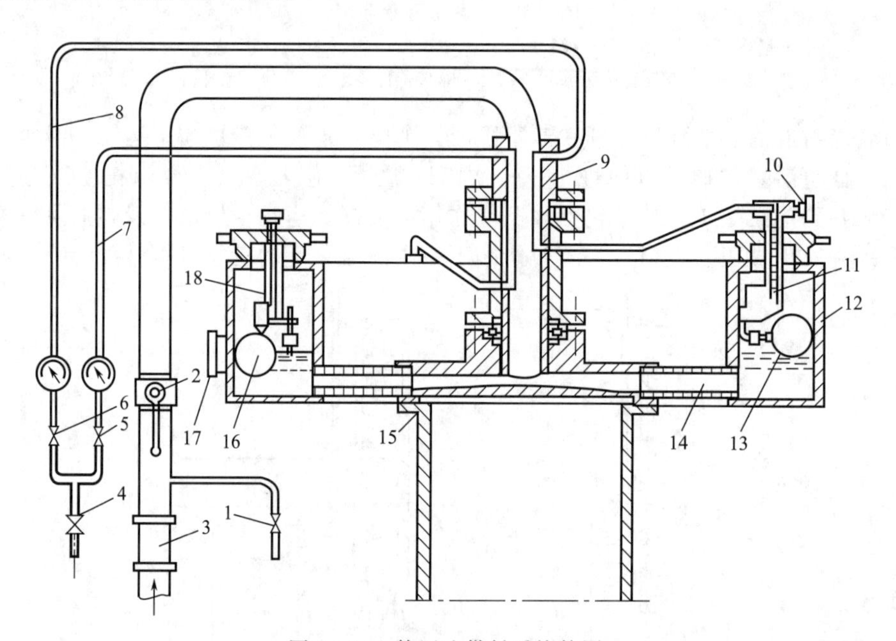

图 4-124 等压法供料系统简图

1—液压检查阀；2—输液总阀；3—输液总管（透明段）；4—无菌压缩空气管（附单项阀）；5,6—截止阀；7—预充气管；8—平衡气管；9—分流头；10—调节针阀；11—进气阀；12—环形贮液箱；13—高液位浮子；14—输液支管；15—主轴；16—低液位浮子；17—视镜；18—放气阀

无菌压缩空气管 4 分叉为两路，一路为预充气管 7，它经输入头直接与环形酒缸相通，其作用是在开机前对酒缸充气产生一定的压力，以免酒液初入缸时因突然降压而冒泡。该管上截止阀 5 在输液总阀 2 打开后则需关闭；另一路为平衡气管 8，它以输入头接至高液位浮子 13 上的进气阀 11，其作用为控制酒缸内液位的高度。

当液面太高时，即液压高于气压，高位浮泡即上升打开进气阀，无菌压缩空气进入酒缸，以补充气压的不足，保证啤酒能稳定地进入酒缸。

当液面下降时，即液压低于气压，低液位浮子16下降，则打开放气阀18，酒缸内较高气压被释放，气压降低使进液增多。因此酒缸内液面基本稳定在视镜17的中部。

(3) 压力法灌装的液料供送机构

图4-125为此法灌装供料简图，它由稳压装置、旋塞阀、推料活塞和充填器四个主要部分组成。

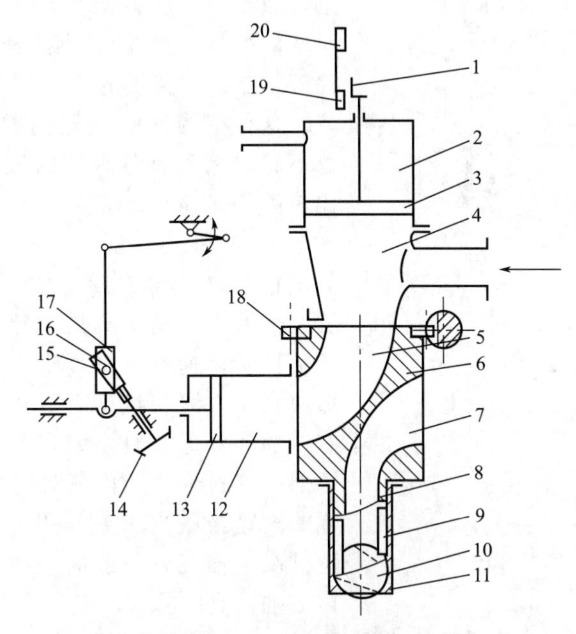

图4-125　压力法灌装的供料系统简图

1—感应板；2—稳压气缸；3—稳压活塞；4—进料缸；5—上孔道；6—转阀；7—下孔道；8—端面凸轮；9—顶杆；10—滚柱；11—下料器；12—活塞缸；13—推料活塞；14—齿轮；15—可调支点；16—可调螺母；17—摇块；18—齿轮；19,20—上、下接近开关

物料由人工或泵送入贮液箱内，在灌装时因来料压力不稳，会产生定量误差，因此常采用如图4-125所示的稳压装置来稳定供料压力，提高灌装精度。压缩空气经过减压调整后进入稳压气缸2，使稳压活塞3对进料缸4的物料保持一定的压力。与活塞杆相连的感应板1随活塞上下运动，经上、下接近开关19、20发出信号控制供料泵运转或停转。转阀6在齿轮-齿条带动下作来回摆动，当上孔道5沟通进料缸4及活塞缸12时，推料活塞13正好在连杆机构带动下向左运动，物料被吸入活塞缸；当旋转塞阀的下孔道7沟通活塞缸及下料器11时，活塞13正好向右运动，物料被推送至灌装容器内。当旋转阀来回摆动时，端面凸轮8使两只顶杆9上下窜动，压迫滚柱10实现快速启闭，提高灌装精度。推料活塞13的运动行程可调节，这是通过转动齿轮14使可调螺母16移动而实现的。

(4) 真空法灌装的液料供送装置

真空法灌装系统结构较复杂，形式较多，但根据其采用灌装方式不同，大体可分两种类型：一种方式是在待灌瓶和贮液箱中都建立真空，而液体是靠自重产生流动而灌装的；另一种方式是在瓶中建立真空，靠压差完成灌装。因此真空法灌装机的供料系统可有单室、双室、多室、三室等多种形式，单室属于前一种真空法灌装，其余属于后一种方法。

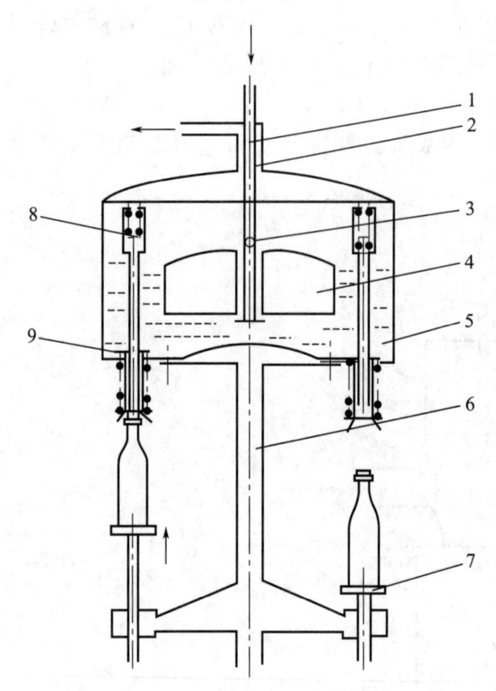

图 4-126 单室真空法供料系统简图
1—输液管；2—真空管；3—进液孔；4—浮子；5—贮液箱；6—主轴；7—托瓶台；8—液阀；9—气阀

① 单室 这是一种真空室与贮液箱合为一室的供料系统。图 4-126 为其工作原理图。被灌液体经输液管 1 由进液孔 3 送入贮液箱 5 内，箱内液面依靠浮子 4 控制基本恒定，箱内液面上部空间的气体由真空泵经真空管 2 抽走，从而形成真空，瓶子由托瓶台 7 带动上升并首先打开气阀 9 对瓶内抽气，接着瓶子继续上升打开液阀 8 进行灌液，瓶内被置换的气体吸至贮液箱内再被抽走。

这种结构使贮液箱内整个液面成为挥发面，故不宜灌装含有芳香性的液体，但它的总体结构比较简单，并容易清洗。

② 双室 这是只有一个贮液箱与一个真空室的供料系统。图 4-127 为其工作原理图，液体产品经输液管 1 输送到贮液箱 8 内，箱内液位由浮子 7 控制，真空泵将真空室 2 内气体抽走，使之形成真空，灌装机构有一进液管通往贮液箱，另有一抽气管通往真空室，一旦瓶子顶紧灌装机构端部的密封垫，瓶内气体则被抽走，随后，液料在贮液箱与瓶内压差作用下流入瓶中，当瓶内液位升高至抽气管下缘时，继续流入瓶内的多余液体被抽进真空室 2，再经回流管 4 回到贮液箱 8，当没有瓶子或瓶子破损时，不能由瓶中抽出空气，也就不能进行灌装。

与单室比较，这种双室供料系统减少了挥发面，但因余液经真空室直接流回贮液室，因此箱内液面难以控制稳定。

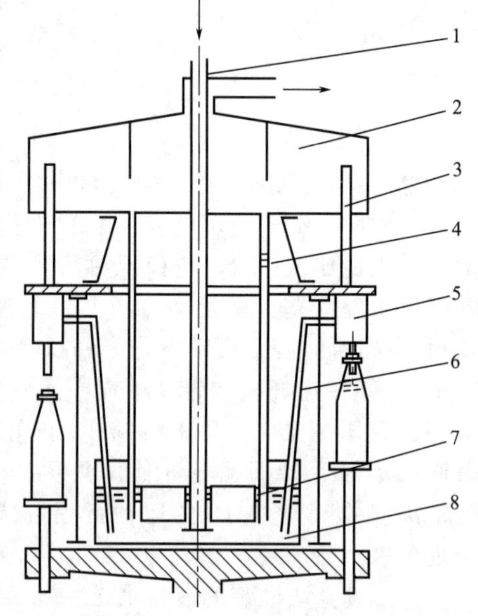

图 4-127 双室真空法供料装置示意图
1—输液管；2—真空室；3—抽气管；4—回流管；5—灌装阀；6—吸液管；7—浮子；8—贮液箱

③ 多室 这种结构不仅使贮液箱与真空室分开，而且另设一个液位控制箱，真空箱也不止一个。如图 4-128 为其工作原理图。贮液箱 6 的上方设一真空室 10，高位槽 1 经送液管将液料输送给液位控制箱 3（其内的液位靠浮子 13 控制），再经进液管与贮液箱 6 接通，在液位控制箱上方装有上、下两个真空室 11 和 12，上室 11 至下室 12 以及下室 12 至液位控制箱 3 之间均有管道接通，管道上均装有控制阀门，真空塔上室通过真空管与真空室 10 相通，真空塔的上室 11、下室 12 又分别与破气阀 4 相通，灌装时的余液先被抽回到真空室 10，又被吸回到真空塔的上室，这时由于上室处于真空，所以通往下室管口处的橡皮垫被吸住，而使阀门封闭，当破气阀 4 转至上下两室相通位置时（如图 $A—A$ 剖面），则下室也处于真空，于是上室通往下室的阀门自动打开，下室通往液位控制箱 3 的同样结构的阀门则被封闭，

上室中的液体流入下室，当破气阀 4 与大气接通时，下室处于常压状态，上室通往下室的阀门则关闭，下室通往液位控制箱的阀门则打开，余液再由下室流入液位控制箱，因此，余液对贮液箱液位波动的影响甚微。

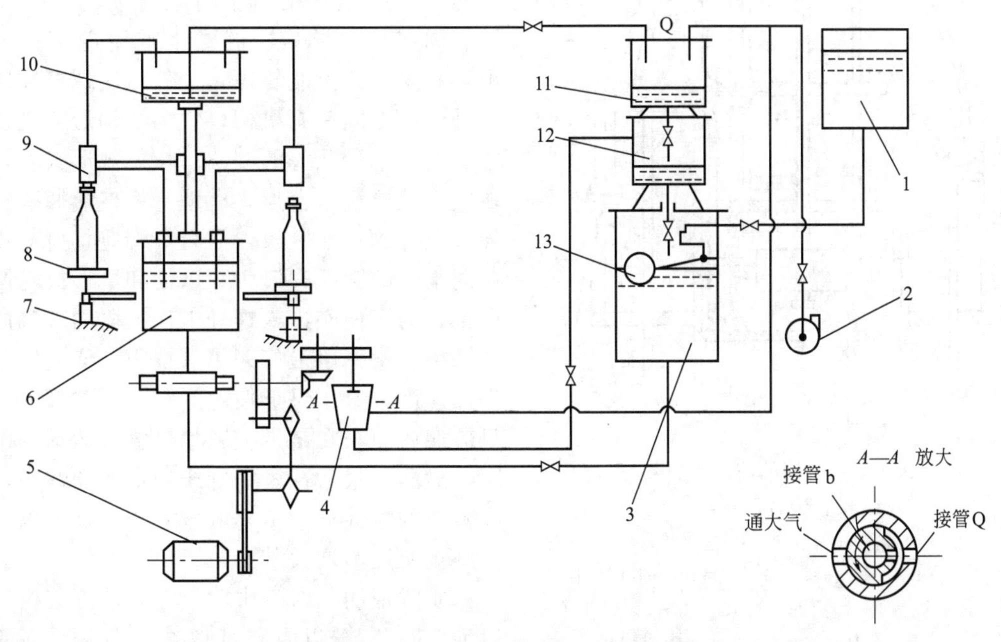

图 4-128　多室真空法灌装系统示意图

1—高位槽；2—真空泵；3—液位控制箱；4—破气阀；5—电动机；6—贮液箱；7—升瓶滑道；8—托瓶台；9—灌装阀；10—真空室；11—真空上室；12—真空下室；13—浮子

多室较之双室操作更为稳定，密封性能良好，物料挥发也大为减少，但结构较为复杂。

④ 三室　图 4-129 为三室结构的液体物料真空自动灌装机示图。贮液箱 16 安装在作连续运转的灌装机工作台上，待灌装的液体物料通过输液管 2 从高位槽输送入贮液箱 16 中，液位高度由浮子 14 控制。正常工作时，真空泵经吸气管 3 与上室 5 相连，使上室 5 一直处于负压状态，而贮液箱因通气孔 11 与大气相通处于常压状态。在压差作用下，液料通过吸液软管 8、灌装阀 9 吸入瓶内。当料液接近瓶口处后，余液经吸气软管 6 吸入上室。真空分配头 1 外套一个转动的配气环，可使余液从上室 5 流入下室 7。当处于常压时能自动关闭上阀门 10 并打开下阀门 12，其存液从下室返回贮液箱 16，完成料液的回流输送。真空分配箱虽然结构上比较复杂，但却使真空灌装机的结构紧凑了，且利于提高灌装生产能力和工作可靠性。

4.5.2.2　供瓶机构设计

在自动灌装机中，按照灌装的工艺要求，准确地将待灌瓶送入主转盘升降机构托瓶台上，是保证灌装机正常而有秩序地工作的关键。一般供瓶机构的关键问题是瓶的连续输送和瓶的定时供给。

常用的连续输送装置有链带传送，一般采用不锈钢或尼龙坦克链带，为了减少链带与瓶底间的摩擦，有时设法在链带上加些肥皂水，以便润滑。

由洗瓶机出来的瓶子由输送带送来后，为了防止挤坏、堵塞和准确地送入灌装机，必须设法使瓶子单个地保持适当的间距送进，目前瓶子的定时送给一般采用分件供送螺杆或拨盘

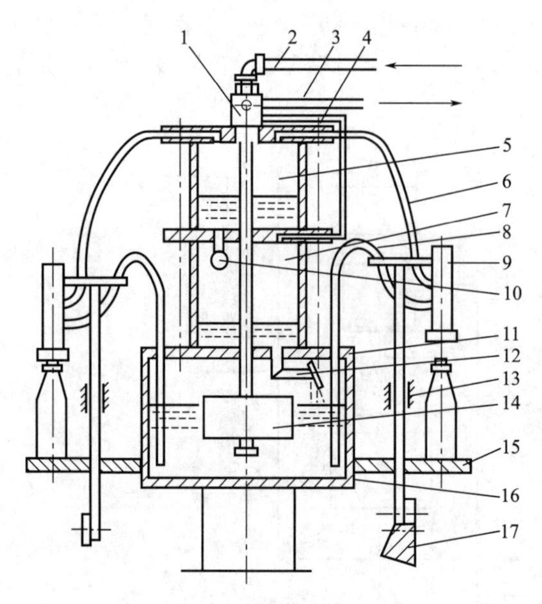

图 4-129　三室结构的液体物料真空自动供料装置示意图

1—真空分配头；2—输液管；3—吸气管；4—通气管；5—上室；6—吸气软管；7—下室；8—吸液软管；9—灌装阀；10—上阀门；11—通气孔；12—下阀门；13—升降杆；14—浮子；15—托瓶台；16—贮液箱；17—托瓶凸轮

式等限位机构。

(1) 分件供送螺杆机构

图 4-130 给出了典型送瓶机构的示意图，它的基本组成包括由锥齿轮传动的变螺距螺杆、固定侧向导板、链式水平输送带（未画出）和组合式拨瓶轮等，分件供送螺杆在结构上是一种空间高副机构，它的结构形式受供送瓶的大小、形状等的制约。从外观形式看，前端应设计成截锥台形，有助于将玻璃瓶顺畅地导入螺杆的工作区段，而另一端应具有与玻璃瓶同半径的圆弧过渡角，以便和星形拨轮同步衔接，为了使刚进入螺杆工作区段的玻璃瓶运动平稳，第一段最好采用等螺距，使它暂不产生加速度，鉴于星形拨轮的节距通常都大于两只玻璃瓶原来在链带上紧相接触时运动的中心距，显然，最后一段螺旋线一定要变螺距，为改善瓶的惯性运动，它应该制约玻璃瓶以等加速度规律逐渐增大其间距。

实践证明，对于中、小型自动灌装机（一般为 250 瓶/分以内），只需将螺杆设计成等螺距段与变螺距段即可，虽然其加速度曲线不连续，有阶跃突变，但在加速度值不很大时，仍不致发生明显的柔性冲击。

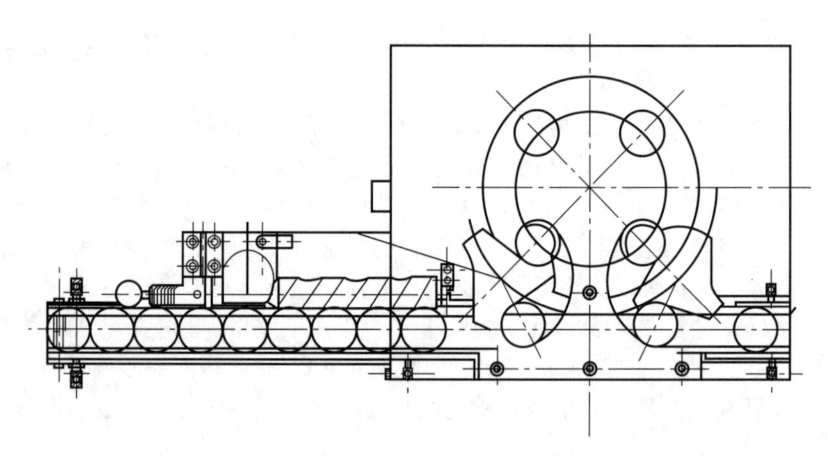

图 4-130　典型变螺距螺杆与星形拨瓶轮组合装置简图

设计供送螺杆的关键在于，必须在满足被供送瓶的主体直径及有效高度、星形拨轮节距和生产能力等条件下，预选螺杆的内外径及长度。合理确定螺旋线的组合形式、旋向及螺旋槽的基本参数。

(2) 花盘式限位机构

如图 4-131 所示，待瓶或罐由输送机运送，经花盘轮分隔装置而直到输送机端头。在最前端的瓶或罐到达要求位置时，就碰上电开关 9，使推板 8 立即将要求数量的一排瓶或罐横向推进一个距离。推板 8 行进中驱动摆盘 6，使之逆时针转动，但凸轮 5 及棘爪摆杆 4 不

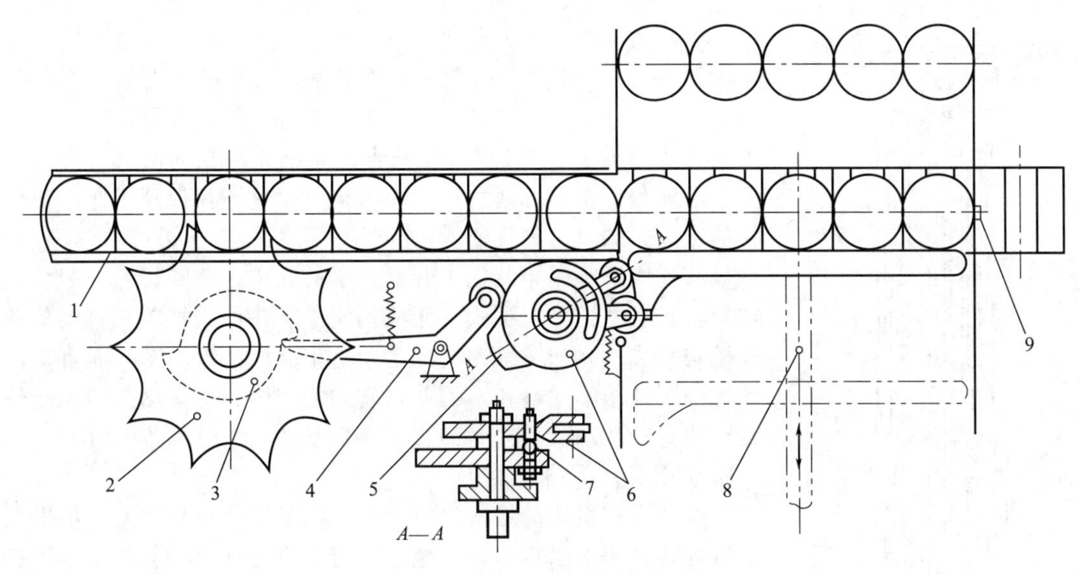

图4-131　定数量供给的花盘限位装置

1—输送带；2—花盘轮；3—棘轮；4—棘爪摆杆；5—凸轮；6—摆盘；7—销子；8—推板；9—电开关

动，推板8行进到与摆盘6脱离接触时，摆盘6受弹簧作用而恢复到原位。推板8做返回运动时，又驱动摆盘6使之顺时针转动，同时通过销子7使凸轮5一起转动，从而迫使棘爪摆杆4摆动，脱离开棘轮3，此时，花盘轮由传动装置驱动转动，对输送来的瓶或罐做连接分隔传送。当推板8往回运动到又与摆盘6脱离接触时，凸轮5受弹簧作用又转回到原位，棘爪摆杆也往回摆动到原位，棘爪嵌入棘轮轮齿中，制动住花盘轮2的转动，在棘爪脱离开棘轮的时间间隔内，经由花盘轮分隔传送出要求数量的瓶或罐。

(3) 拨瓶轮　此机构是将瓶的限位器送来的瓶子，准确地送入灌装机中瓶的升降机构或将灌满的瓶子从升降机构取下送入传送带的机构。

如图4-132所示：拨瓶轮中的尺寸h及R_c均由瓶子的高度和直径来决定，拨瓶轮一般采用酚醛层压板等。

为了使瓶子稳定传送，在传送带旁边还需要安装护瓶杆，在进出瓶拨轮外还要安装导板，护瓶杆离开传送中心线的距离要可调，以适应不同规格的瓶子。

另外，送瓶机构不仅要将瓶子分隔转弯，而且传递速度必须与洗瓶机的速度匹配，否则易出现倒瓶、缺瓶或阻塞现象，为了防止倒瓶时影响正常生产，某些灌装机在分件供送螺杆、拨轮的传动部分安装有离合器，一旦出现故障使其自动停转，有的还安装微动开关，当离合器脱开的同时，压迫微动开关，使全机停转。

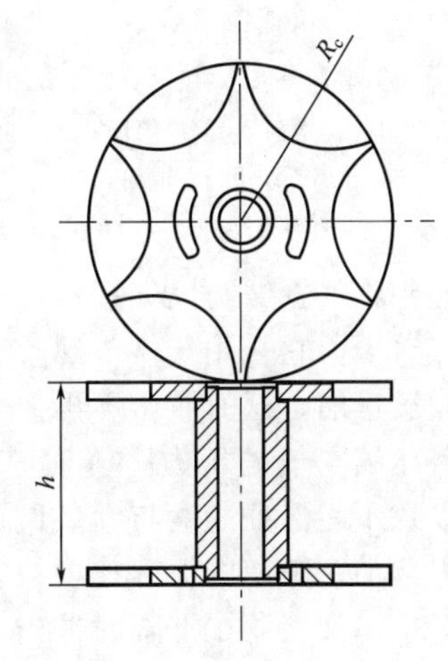

图4-132　拨瓶轮

4.5.2.3　托瓶升降机构设计

在一般旋转型灌装机中，由拨瓶轮送来的瓶子必须根据灌装工作过程的需要，先把瓶子升到规定的位置，以便进行灌装。然后再把已灌满的瓶子下降到规定的位置，以便拨瓶轮将其送到传送链带上送走，这一动作是由瓶的升降机构完成的。

对于瓶的升降机构的要求是：运行平稳、迅速、准确、安全可靠、结构简单，常用的有下列三种形式。

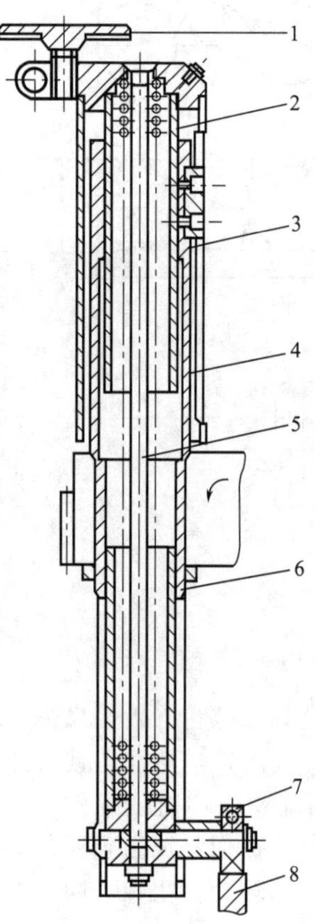

图 4-133　机械式升瓶机构原理图

1—托瓶台；2—压缩弹簧；3—上滑筒；4—滑筒座；5—拉杆；6—下滑筒；7—滚动轴承；8—凸轮导轨

（1）机械式瓶的升降机构

图 4-133 为机械式升瓶机构原理图，瓶托的上滑筒 3 和下滑筒 6 通过拉杆 5 与弹簧 2 组成一完整的弹性筒，在下滑筒的拔销上装有滚动轴承 7，使整个瓶托可沿着凸轮导轨的曲线升降。由于上滑筒与下滑筒间还可产生相对运动，这不仅保证了瓶口灌装时的密封，同时又保证了有一定高度误差的瓶子仍可正常灌装。每只瓶托用螺母固定装在下转盘边缘的孔中，并随转盘一起绕立轴旋转，显然这种机械式升瓶机构实际上是由圆柱轮－直动从动杆机构完成的，与一般不同的是，这里圆柱凸轮不动，而直动从动杆绕圆柱的轴线旋转，因此，它们之间的相对运动与圆柱凸轮旋转的直动从动机构是一致的。瓶托上升时，凸轮倾角 α 最大，许用推荐值为 $[\alpha] \leqslant 30°$

这种升瓶机构的结构比较简单，但是工作可靠性差，如果灌装机运转过程中出现故障，瓶子沿着滑道上升，很容易将瓶子挤坏，对瓶子质量要求很高，特别是瓶颈不能弯曲，瓶子被推上瓶托时，要求位置准确，在工作中，缓冲弹簧也容易失效，需要经常更换。因此，这种结构适用于小型的半自动化的不含气体的液料灌装机中。

（2）气动式瓶的升降机构

图 4-134 为其原理图及结构图，所用压缩空气的压力通常为 2.5～4kgf/cm^2（0.25～0.39MPa）。升瓶时，进气阀门 5 关闭，排气阀门 4 打开，压缩空气由气管 7 进入气缸 2，推动活塞 3 连同托瓶台 1 上升。使活塞 3 上部的存气经排气阀门 4 排出。降瓶时，在转盘旁的撞块控制下排气阀门 4 关闭，进气阀门 5 打开，压缩空气改由气管 6 和 7 同时进入气缸 2。由于活塞 3 上下的气压相等，托瓶台 1 和瓶子等在重力作用下下降。实用中，它们也可以一只旋塞来代替，在旋塞配置上以取代进气阀门 5，另一个孔则将气缸 2 与大气接通，以取代排气阀门 4。这种升降机构，克服了机械式升降机构的缺点，因为它采用气体传动，有吸振能力，当发生故障时，瓶子被卡住，压缩空气好比弹簧一样被压缩，这时瓶子不再上升，故不会挤坏。但是，活塞的运动速度受到空气压力的影响，若压缩空气的压力下降时。则瓶的上升速度减慢，以致不能保证瓶嘴与灌装阀的密封，若压缩空气压力增加，则瓶的上升速度快，导致瓶不易与进液管对中，又使瓶子下降时冲击力增大，如若灌装含气性气体，则容易使液料中的二氧化碳逸出。

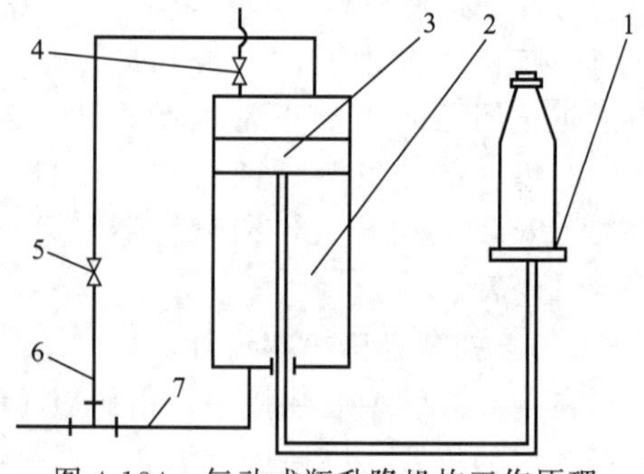

图 4-134　气动式瓶升降机构工作原理

1—托瓶台；2—气缸；3—活塞；4—排气阀门；5—进气阀门；6,7—气管

（3）气动机械混合式升瓶机构

如图 4-135 为此种托瓶升降的原理图。配有托瓶台 1 的套筒 2 可沿空心柱塞 5 滑动，方垫块 8 起导向作用，防止套筒升降时发生偏转。升降时，压缩空气由柱塞下部经螺钉 3 上的中心孔道进入套筒内部，以推动托瓶运动，其速度由凸轮导轨 6 和滚珠轴承 7 加以控制，直至工作台转到降瓶区后才完

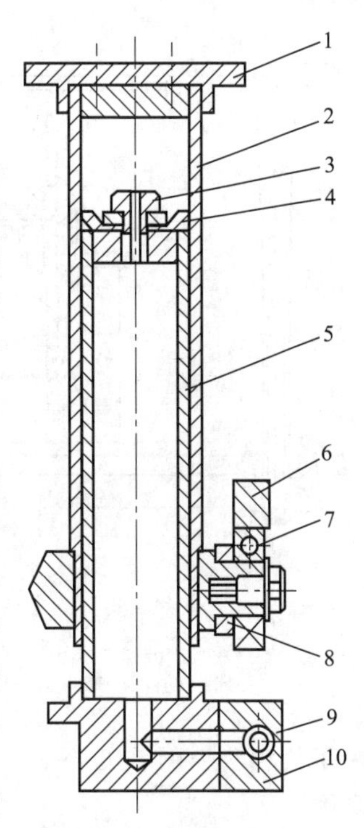

图 4-135　气动机械混合式升瓶机构
1—托瓶台；2—套筒；3—螺钉；4—密封垫；5—空心柱塞；6—凸轮导轨；7—滚珠轴承；8—方垫块；9—环管；10—卡块

全依靠凸轮的强制作用将套筒连同托瓶台 1 压下。同时，柱塞内部的压缩空气被排到与各托瓶气缸相连的环管中，再由此进入其他正待上升的托瓶缸内。

此机械是以气动机构作托瓶升起、用凸轮推杆机构将已料瓶降下的综合式升降机构。它利用气动机构托瓶升起具有自缓冲功能，托升平稳。且节约时间的优点，同时又利用了凸轮推杆机构能较好地获得平稳的运动控制的特点，使托瓶升降运动得到快而好的工作质量。但此种托瓶升降机构的机械结构较为复杂。

4.5.2.4　灌装瓶高度调节机构设计

由于灌装机涉及的包装容器瓶子的规格很多，如 640mL 的啤酒瓶其高度为（289±1.5）mm，瓶身直径（75±1.6）mm；350mL 的高度为（231±1.5）mm，瓶身直径为（63.51±1.2）mm，小瓶汽水的高度为 203mm，为了使一台灌装机满足多种瓶高的灌装，需要调节装有灌装阀的贮液缸与装有升瓶台的转盘之间的距离，使贮液缸能沿着立柱相对于转盘作上、下移动，目前常用的高度调节结构有三种形式。

① 中央调节式　如图 4-136 所示，贮液缸底部转轴 1 的下端为螺杆结构，它与固装在转盘上的法兰式螺母 2 相连接，并用固定螺栓 3 拧紧，调节时，松开螺栓，转动贮液缸，其本达到所需瓶高后，再调整灌装阀与升瓶台的中心，使其基本对准，最后再重新拧紧螺栓，这种结构最为简单，但由于灌装阀与升瓶台调节后不易对中，故仅适用于灌装广口瓶或铁罐，同时由于采用中央螺纹支承，贮液缸运转时稳定性也较差。因此在另外一些小型灌装机上，采用蜗杆蜗轮的调节结构，如图 4-137 所示。调节时，首先松开锁紧螺

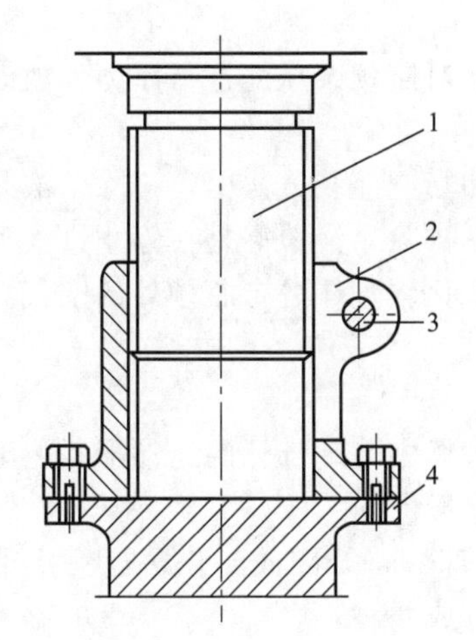

图 4-136　转动液缸中央调节式
1—贮液缸底部转轴；2—法兰式螺母；3—固定螺栓；4—下转盘

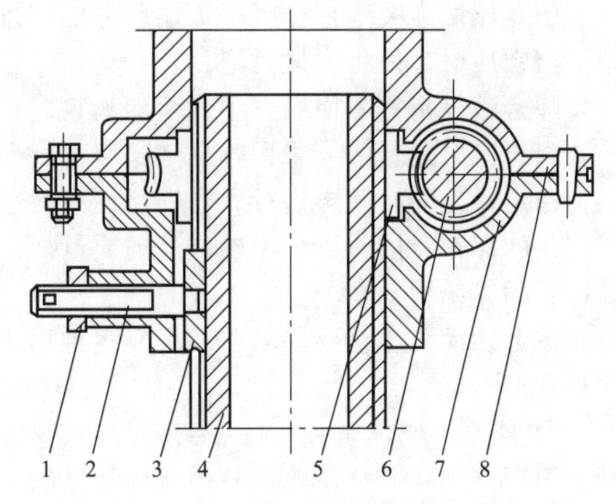

图 4-137　蜗轮蜗杆式高度调节机构原理图
1—锁紧螺母；2—销轴；3—传动键；4—下部立轴；5—蜗轮；6—蜗杆；7—下罩壳；8—上转盘

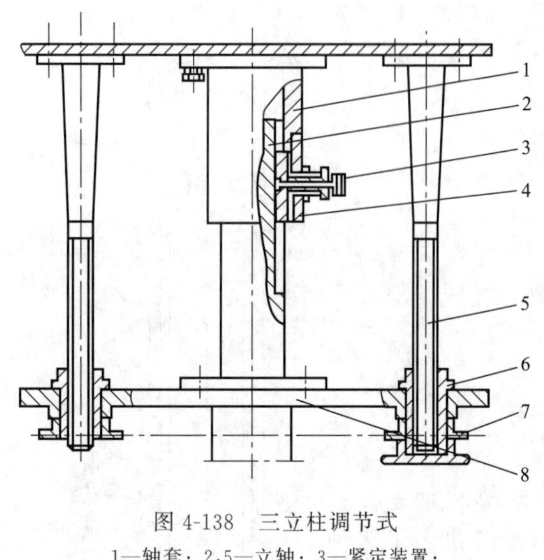

图 4-138　三立柱调节式
1—轴套；2,5—立轴；3—紧定装置；
4—导向平键；6—螺母；7—链轮；8—下转盘

母 1，退出销轴 2 使传动上下转盘一起转动的键失去作用，然后用手柄摇动蜗杆 6，使蜗轮 5 转动，由于蜗轮与下部立轴 4 的端部采用螺纹连接，因此，蜗轮一边转动，一边上下移动，并带动上转盘 8 也一起上下移动，从而实现高度调节。

② 三立柱调节式　如图 4-138 所示。在贮液缸与转盘之间除由轴套 1、立轴 2 连接外，还有三根端部为螺纹连接的立轴 5，与之相配的三只螺母 6 的端部又固联有链轮 7，调节时，松开紧定装置 3，只需转动某一链轮，则三根立柱一起被升降，同时并不改变灌装阀相对于升瓶台的中心位置，因此，这种结构更为合理，已得到了广泛的运用。

③ 电动调节式　对于较大型的灌装机，为了代替费力的手工调节，有的采用电机减速后带动调节螺杆，使贮液缸升降达到所需的高度。

4.5.2.5　灌装阀设计

(1) 灌装的工艺过程

灌装阀是自动灌装机执行机构的主体部件，它的功能在于根据灌装工艺要求，以最快的速度贯通或切断贮液箱、气室和灌装容器之间流体流动的通道，保证灌装工艺过程的顺利进行。

不同类型的液料其物理化学性质各不相同，因此对灌装工艺要求存在差异形成了对阀的不同要求，不同的灌装方法有不同的灌装工艺过程。

采用常压法灌装的工艺过程是：进液回气、停止进液、排除余液；

采用真空法灌装的工艺过程一般是：抽气真空、进液回气、停止进液、排除余液；

采用压力法灌装一般过程是：吸料定量、挤料回气。

有的等压法灌装工艺过程中，还要考虑在排除余液前对瓶颈余压先进行压力释放，避免迅速降至常压时会发生大量冒泡。

排除余液是指排除回气管中残留的液料。在虹吸法和真空灌装方法中，排除余液是与最后停止灌装同时进行的。采用等压法灌装含气性物料时，排除余液最好是在停止进液后，让其略为稳定一定的时间再进行，这样可使液料逸出的二氧化碳气体赶走瓶颈处的空气，这有利于产品的保存，同时不会影响产品的质量。

(2) 阀体结构

完成上述灌装工艺要求的灌装头有多种形式，根据阀体中可动部分的运动形式主要可分为三种类型。

① 单移阀　阀体中有一件可动部分，它相对于不动部分，开闭阀时作往返一次的直线移动，根据可动部分移动前后开闭流体通路的方法又可分成两种：

a. 端面式　利用移动块的端面来开闭流体通路的。图 4-139 是一个端面式单移阀的结构图，可用于马口铁罐、广口玻璃瓶的灌装。阀座 3 借助螺母 5 固定在贮液箱 4 上，固定阀蝶 10 用螺纹连接于阀座 3 上，并用螺母 2 吊紧，弹簧 7 保证橡皮活门 9 与固定阀蝶 10 间的密封，橡皮外套6同样起密封防漏作用。升瓶后在橡皮活门9与固定阀蝶10间形成液门进行灌装。

b. 柱面式　利用移动块柱面上的孔道与不动部分（阀座）的孔道接通与否来开闭的。图4-140为柱面式单移阀的结构原理图，是利用往复式圆柱形阀芯和阀体，在其上适当位置开径向孔来达到灌装阀的启闭要求。用螺纹调节高度的定量杯连接在阀芯2的上面，压盖4下无罐体时，定量杯浸没在贮液箱中，阀芯2处于起始位置时，抽气孔7和液体流入小孔8与罐体均不相通，当压盖4下面有罐体时，定量杯随同阀芯上升，同时小孔6对准抽气口，罐内气体被排除；当阀芯继续上升，定量杯1则高出液面，小孔6离开抽气孔，与真空系统切断；同时孔6和孔8接通，液体定定量杯1流入罐体内，最后，灌装头在弹簧3的作用下，阀芯恢复到原位，完成一个工作循环。这种灌装头适用于非黏性食用液体的灌装。

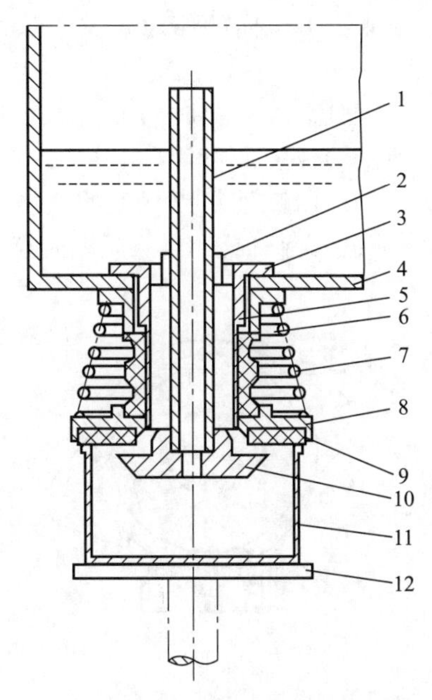

图4-139　端面式单移阀结构原理图

1—回气管；2—螺母；3—阀座；4—贮液箱；5—螺母；6—橡皮外套；7—弹簧；8—滑套；9—橡皮活门；10—固定阀碟；11—待灌容器；12—托瓶台

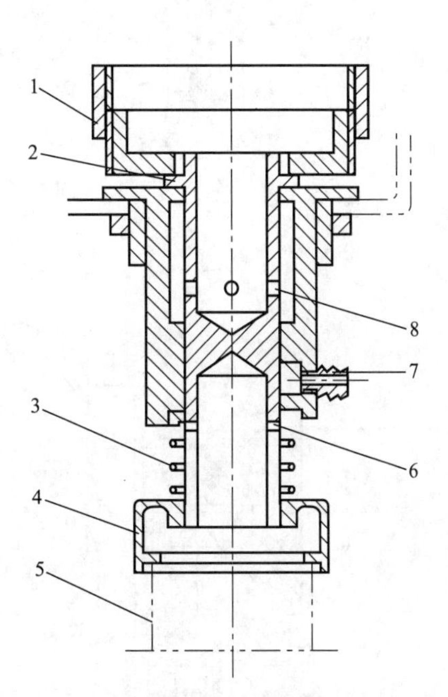

图4-140　柱面式单移阀结构原理图

1—定量杯；2—阀芯；3—弹簧；4—压盖；5—容器；6—下孔；7—抽气孔；8—上孔

② 旋转阀　阀体中的可动部分相对于不动部分在开闭阀时作往复一次或多次的旋转摆动，在摆动的两极限位置，由可动部分上的孔眼是否对准不动部分上的孔眼来完成流体通路的开闭，根据相对转动面是沿圆柱面（或圆锥面）还是沿平面进行，又可以分成下述两种形式：

a. 柱式（或锥式）　此种阀其可动部分旋塞的圆柱面（或圆锥）上开有一定夹角的孔眼，它们分别与不动部分阀座的孔眼相对应。

图4-141为一种简单的旋塞阀，只要控制旋柄摆动到一定的角度，就能通过旋塞开闭阀座上的流体通路。显然，旋塞在阀座中的来回转动容易磨损而产生漏液，因此，一般做成锥塞形式，并用弹簧压紧，以便补偿，但弹簧力也不能过紧，否则控制旋柄转动的阻力太大，更易磨损，但对于粘性物料的灌装，这种结构的磨损并不引起漏液，而应着重考虑如何便于

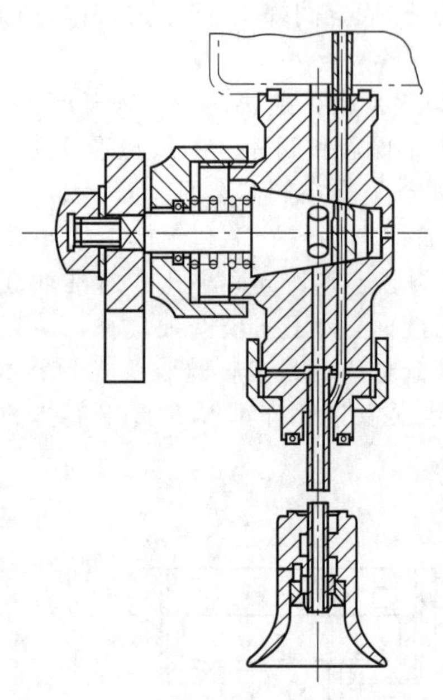

图 4-141 锥式旋塞阀结构原理图

拆卸。

b. 盘式 此种阀在其可动部件，阀盖的端平面上开有一定夹角的孔眼，它们分别与不动部件阀座的孔眼相对应。

图 4-142 为盘式等压灌装啤酒、汽水的一种灌装机构。阀座Ⅱ用螺钉固定在贮液箱的大转盘上，内部有两个气体孔道 1、4，还有两个液体孔道 2、3，孔道 1 与贮液箱中的气室相通，孔道 4 与灌装瓶相通，但它们彼此之间并不相通。孔道 2 与贮液箱中液室相通，孔道 3 与灌装瓶相通，它们彼此也不相通。阀盖Ⅰ套在固定于阀座中的短轴上，阀盖上有气体孔道 5、6、7 彼此相通，还有液体通道 8、9 彼此也相通，阀盖上旋爪由固定挡块拨动，使阀盖旋转，并与阀座处于不同的相对位置，从而完成灌装工艺的各个过程。

第一工作位置（充气等压）：此时阀盖由原始位置逆时针方向旋转 40°，所处的位置是阀盖上孔道 5、6 与阀座上的孔道 1、4 相对应，此时贮液箱内气室的气体由阀座上孔道 1 经过阀盖上孔道 5、6，再转入阀盖上孔道 4，并进入待灌瓶中，从而完成充气等压

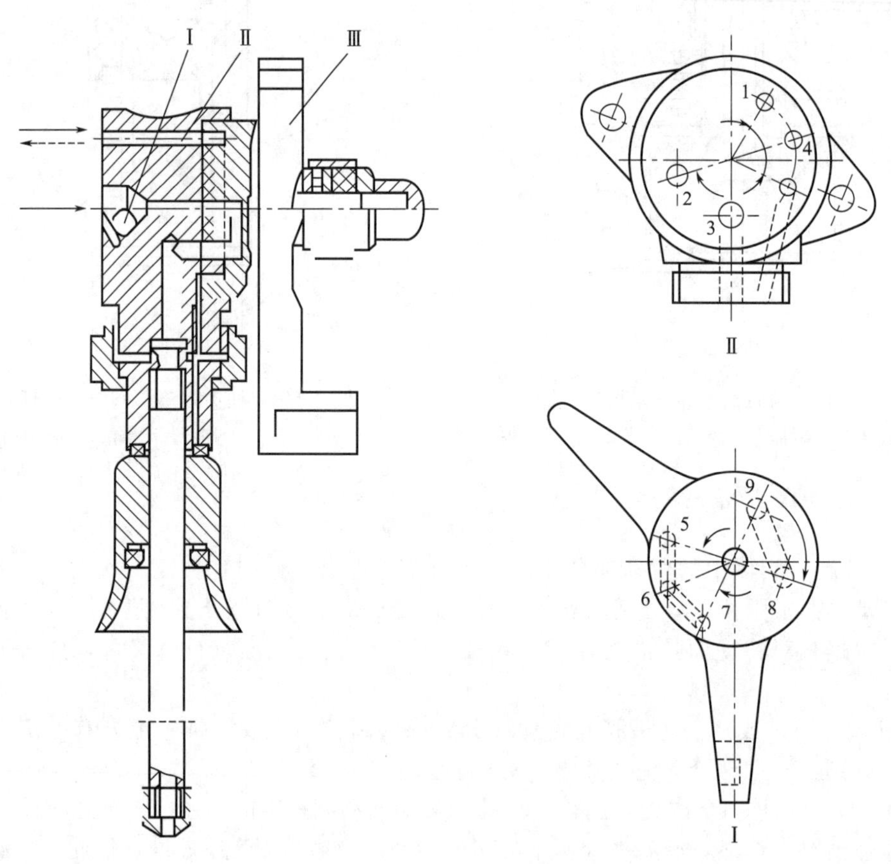

图 4-142 盘式旋转阀结构

Ⅰ—钢球；Ⅱ—阀座；Ⅲ—阀盖

过程。

第二工作位置（进液回气）：此时阀盖逆时针方向旋转40°。所处的位置是阀盖上的孔道8、9与阀座上的孔道2、3相对应，则贮液箱中的液体依靠液位差由阀座上的孔道2，经过阀盖上的孔道8、9再转入阀座上的孔道3，并进入待灌瓶中，而瓶内气体由阀座上的孔道4，经过阀盖上的孔道7、6，再转入阀座上的孔道1，并排入贮液箱的气室内，从而完成进液回气过程。

第三工作位置（气、液全闭）：此时阀盖顺时针方向旋转80°，这样阀盖上只有孔道5、8分别与阀座上孔道4、2相对应，实际上不能沟通贮液箱与待灌瓶间的气体通道和液体通道，从而使气、液道均处于关闭状态。

第四工作位置（排除余液）：此时阀盖再沿逆时针方向旋转40°，这样又回到第一工作位置，气道中的余液由于自重流入待灌瓶中，从而完成排除余液过程，以免影响下一灌装循环的正常进行。

第五工作位置（气、液全闭）：此时阀盖再顺时针方向转40°，这样又回到第三工作位置，也就是原始位置，从而完成一个灌装工艺循环。

另外在阀座中还装有制止球，当无瓶或灌装时瓶子破裂，由于液体流速突然增大，制止球则堵塞阀座上的进液孔道，从而减少了液体损失。

比较上述两种旋转阀，柱式旋转阀磨损漏液问题较难解决，故多用于黏度较高的物料，而盘式旋转阀液料在阀体内尚需迂回穿过孔眼，势必增加制造与清洗的困难，故多用于黏度较低的物料。

③ 多移阀　阀体中有几件可动部分作直线移动以完成液路或气路的开闭，根据控制液门打开的方法，又可分成下面两种。

a. 气动式　气阀在机械作用下首先打开，待瓶内充气达到与贮液箱内气相空间等压时，瓶内气压产生的向上作用力正好足以克服液阀的密封力，于是液阀会自动打开。

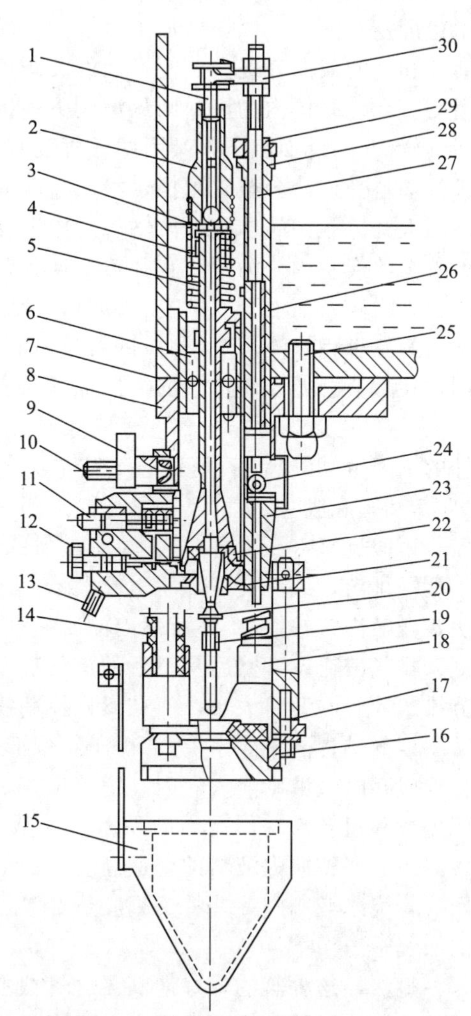

图4-143　气动式多移阀结构简图

1—气阀；2—气阀套；3—通气胶垫；4—液阀弹簧；5—液阀；6—入液套；7—密封圈；8—阀座；9—阀体；10—关闭按钮；11—排气按钮；12—排气调节阀；13—排气嘴；14—弹簧；15—喷气护罩；16—对中罩；17—瓶口胶垫；18—升降导柱；19—回气管；20—分散罩；21—阀底胶垫；22—关阀胶垫；23—顶杆；24—跳珠；25—大螺栓；26—气阀弹簧；27—推杆；28—推杆套；29—密封胶圈；30—提气阀叉

图4-143为用于灌装啤酒、汽水等含气饮料的灌装阀，阀体8用螺栓固定于贮液箱底部，密封圈7可防止漏液，在气阀1和通气胶垫3之间形成一个气门，在液阀5和阀座8底部之间形成液门，关阀胶垫22保证液门关闭时不漏液，在排气按钮11的锥形端部与胶垫之间又形成一个气门，由于两个气门和一个液门的开闭，从而完成整个灌装工艺过程。其工作过程如下。

第一过程（充气等压）：当待灌空瓶由托瓶台顶起上升时，瓶口对准对中罩 16，接着与瓶口胶垫 17 接触并得以密封，然后顶起对中罩沿着升降导柱 18 继续上升，对中罩顶面侧边的凸台顶起顶杆 23，通过跳珠 24 将推杆 27 顶起，再通过提气阀叉 30 将气阀 1 提起，贮液箱上气室内的压缩气体则从气阀的圆周上三个凹槽通入，经过液阀 5 中心的孔道与回气管 19 进入待灌瓶内，从而完成充气等压过程。

第二过程（进液回气）：由于气阀 1 的提起，解除了对气阀套 2 向下的压力，同时，由于待灌空瓶内已充气，增加了对液阀下端向上的压力，因此，弹簧 4 则能伸张，并将与气阀套 2 相连的液阀 5 提起，使下面的关阀胶垫 22 升高并与阀座 8 内下部的环形孔口离开，阀门则打开，阀体内的液料则从液阀下面锥端的外环缝隙经过弯曲孔道流入中部的环孔，顺着回气管 19 的外面流下，又因回气管装有一个橡胶分散罩 20，它恰好停在瓶径位置，因此流入的液料受这个分散罩阻挡，沿瓶壁四周流入，保证稳定灌装，不至冒泡，随着瓶内液料的逐渐上升，瓶内气体则从回气管的中心孔经过液阀上端的通气胶垫 3 与气阀 1 间的孔道返回贮液缸的气室内。为了防止弹簧 4 伸张时将气门阻塞，影响进液时回气，在液阀杆中部有一凸台，当碰及入液套 6 的上孔口时，液阀则不能继续上升。

第三过程（液满关阀）：进入瓶内的液料，直至略超过回气管下端后而自动停止，随后，固定在贮液缸旋转轨道旁的控制曲线块碰触关闭按钮 10，装在关闭按钮尾端曲头上的跳珠 24 则向右跳开，使推杆 27 受弹簧 26 的压力而下降（但推杆下端并不与顶杆顶端接触），推杆的下降带动气阀 1，压住通气胶垫 3，使气门关闭，同时压下液阀 5，因受瓶口与瓶口胶垫 17 和阀底胶垫 21 的互相紧压而封闭，故仍残留有压力气体。

第四过程（压力释放）：装有液料的瓶子在随着托瓶台下降前，尚需将瓶颈内残留的气压缓慢排出，以免突然降压引起大量泡沫溢出，致使容量不足，为此利用另一个固定的曲线块，碰触排气按钮 11 使瓶颈内的压缩气通过阀座下端侧面的小孔道，进入排气调节阀 1 再进入排气按钮室，然后从斜下的排气嘴 13 放出。对不同的蕴藏压，可用滚花纹的圆头来调节排气针阀的开口大小，使在离开控制线板时，不再有气压蕴藏。

第五过程（排除余液）：由于瓶颈部分蕴藏的气压消除，当瓶子下降时，回气管中心小孔内残存的余液则滴入瓶内。随着顶杆 23 的下降，跳珠 24 在关阀按钮内部弹簧（可同时受压压缩和扭转）的作用下向左跳回，整个灌装阀回复到初始状态，至此，灌装过程全部完成。为了调整瓶内液料的定量高度，回气管中部，在分散罩 20 的下面有一个凸节，用作将回气管旋入液阀内，并将关阀胶垫 22 压紧，对于不同灌装高度的瓶子，则应更换不同长度的回气管。

显然，这种阀能较好地满足含气饮料等压灌装的工艺要求，特别是采用沿壁灌装和压力释放的措施，使灌装更为稳定。但由于增加了不少零件（共约 60 多个），阀的结构显得较为复杂，增加了制造装配和调整的困难，特别是弹簧的设计和制造质量必须保证，否则很难达预定的灌装工艺要求。

b. 机械式　气阀在机械作用下首先打开，过一定时间后，液阀仍在机械作用下打开。

图 4-144 为此阀原理图，待灌瓶内由托瓶台升起并顶紧阀端密封圈 3 继续上升，下液管 2 及液阀芯 5 克服液阀弹簧 8 的弹力一起上升，与此同时，气管 14 在气阀弹簧 17 的作用下也跟随上升，致使下液管 2 的末端仍然保持与套在气管下端的胶垫 1 密封，所以尽管液阀芯 5 与液阀座 6 间的上液门已打开，但是液料并不能流出，而气管上的气孔却露在气阀座 13 的外面与气室相通，以便对瓶子完成充气和抽气。一旦气管顶端碰及蝶形螺栓 18，则气管不再能上升，随着瓶子由托瓶台继续顶起，则下液管末端与胶垫 1 间的下液

门才被打开，贮液箱内液料由气阀座13与液阀座6间的环孔，经液阀芯5与液阀座6间的锥形环隙，再经液阀芯上的孔9通过下液门流入瓶内，瓶内被排挤的气体由气管返回气室，从而完成进液回气过程。

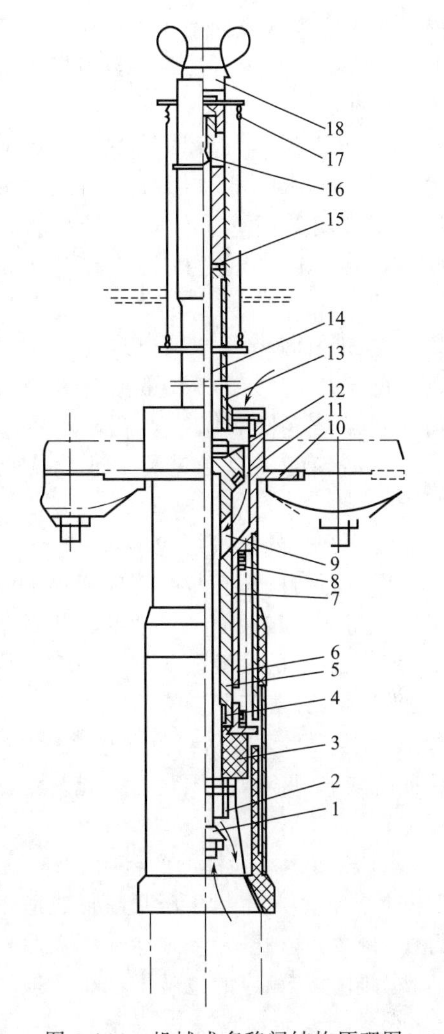

图4-144　机械式多移阀结构原理图

1—胶垫；2—下液管；3,4—密封圈；5—液阀芯；6—液阀座；7—O形密封圈；8—液阀弹簧；9—液孔；10—密封圈；11—上液门胶垫；12—O形密封圈；13—气阀座；14—气管；15—O形密封圈；16—气孔；17—气阀弹簧；18—蝶形螺栓

(3) 阀端结构

根据气体和液料进出瓶子的不同状况，灌装阀阀端的气液道布置方法可以分为两类：一类是中心管灌液，环隙回气；另一类是环隙灌液，中心管回气，前者即所谓长管灌装阀，而后者则称为短管灌装阀。

① 长管阀的结构特点　灌装过程中，灌装嘴口伸入到接近瓶底的部位，灌装过程分为两个阶段：第一阶段为液料尚未到达灌装嘴口之前，属于管嘴自由流出；第二阶段在液料开始淹没灌装嘴口之后，属于管嘴淹没出流。而第二过程占灌装过程的绝大部分，此阶段中液料仅表面一层和背压气体接触，减少了氧气在液料中的溶解，但由于灌装管径受瓶口尺寸与自身结构限制，灌装流通截面较小，灌装时流量偏低。

② 短管阀的结构特点　灌装过程中，灌装嘴口伸入到瓶颈部位，灌装的水力过程完全是稳定的管嘴自由出流。在回气管上均装有分散罩，使灌装过程形成沿壁流。由于灌装管呈环隙状，浸润周边和液道截面相对圆形管大，对液流阻力相应减小，灌装易控制，呈稳定的层流。

另外，对于控制瓶内液位高度的定量方法，在设计阀端结构时还应注意使液门尽量靠近瓶口，以便瓶内液料升至回气管之后，瓶颈处气体能在较小空间内尽快被压缩，尽早达到气压平衡，同时要求出液口截面不能过大，以便液料能很快被截流，保证定量精度。

(4) 阀门的开闭结构

目前灌装机的阀门开闭结构一般采用下列几种形式。

① 由升瓶机构进行控制　它可控制阀体中可动部分产生轴向直线移动，因此，对于单移阀及多移阀中的气阀，均可采用升瓶机构，通过待灌瓶的升降来开闭，对于机械式多移阀中的液阀亦可采用升瓶机构分两次升瓶法来控制打开，这种形式无需另外增加控制机构，且能保证无瓶不灌装，但在多移阀中，要由下面的升瓶机构首先打开位于上端的气阀，结构上尚需精心设计。

② 由固定挡块进行控制　它可控制阀体中可动部分产生回转摆动或径向、轴向的直线移动，因此，对旋转阀一般均采用灌装机转盘旋转轨道旁的固定挡块来控制阀门的开闭；对于压力法的单移阀也可采用固定挡块来控制；对于多移阀中压力释放等径向移动的阀门，亦

要采用固定挡板来控制。为了防止无瓶时液阀仍然打开出现漏液，有时就需另外采用气动、电动或机械的自控方法；一旦升瓶台无瓶时，则要使固定挡块对相应的灌装阀失去控制，避免产生漏液现象。

③ 由固定挡块及回转拨叉进行控制　它是利用固定挡块拨动回转拨叉摆动，再由拨叉带动阀体中可动部分作直线移动。因此，在需要清洗阀时，不可采用这种结构代替瓶子开闭阀门，另外，对于多移阀中气阀的开闭，还可采用这种结构来代替升瓶机构的控制，这样可把拨叉放在适当的位置，避免了由下面升瓶机构首先打开上端气阀的困难。

④ 利用瓶内充气压力进行控制　这是当今国际上流行的含气饮料灌装机，当待灌瓶中的气压达到与贮液箱内的背压相等时，液阀弹簧自动打开液门，完成灌装，此种阀的优点是不仅能保证碎瓶时不漏液，还能保证瓶上有孔洞的破瓶及充气不足时不漏液，使灌装能够稳定进行。但其缺点是对阀门封闭弹簧的设计，制造精度有较高的要求。

（5）阀门的密封结构

由于灌装阀是安装在流体通路上的开关，保证不向外漏气和漏液是十分重要的。因此在阀门开闭处的接触面，可动部分相对于不动部分的运动面，以及安装于贮液箱上的接合面和压紧于瓶口上的接触面等都有一个选择何种密封防漏的结构问题，但大致可归纳为平面及圆柱面间的两大类问题。

① 接触平面的密封　在灌装阀中一般采用密封材料进行压紧密封，这种密封形式容易保证防漏，只需改变压紧力就能改变密封力以及磨损后的重新密封，故使用寿命较长，安全可靠。

② 相对运动圆柱面的密封　在灌装阀中一般采用密封材料进行自封型密封，所谓自封型密封是将密封材料于压紧时形成适当的预压紧量，借助于材料的反弹力压紧密封面而起密封作用的。这种密封形式运动磨损后容易产生泄漏。假若预紧力过大，又要增加运动过程中的摩擦阻力，相应的也就增加了磨损的速度，泄漏后只得更换密封材料。

4.5.3 灌装系统基本参数的设计计算

4.5.3.1 输送管路的计算

液体产品从贮液槽送往贮液箱的输液管一般为圆管，因此尺寸的确定就是合理选择圆管的内径和壁厚。

（1）圆管内径的确定

设输液管的内径为 d，其截面积为 $A=\frac{\pi}{4}d^2$，液体在管内流动的速度为：$u=\frac{V}{A}$，V 为流经管道任一截面上液料的体积流量，那么，输液管的内径为

$$d=\sqrt{\frac{4V}{\pi u}} \tag{4-249}$$

又

$$V=\frac{W}{\rho}=\frac{GQ_{\max}}{3600\rho} \tag{4-250}$$

式中　W——重量流量，指单位时间内流经管道任一横截面的液料重量；

ρ——液体产品的密度；

G——每瓶灌装液料的重量；

Q_{max}——灌装的最大生产能力。

表 4-2　液料（流体）输送常用流速范围

流体类别及工作条件	流速/(m/s)	流体类别及工作条件	流速/(m/s)
一般液体	1.5～3.0	黏度 0.05Pa·s 液体(<ϕ25)	0.5～0.9
黏度 0.05Pa·s 液体(ϕ25～50)	0.7～1.0	黏度 0.1Pa·s 液体(<ϕ25)	0.3～0.6
黏度 0.1Pa·s 液体(ϕ25～50)	0.5～0.7	黏度 1Pa·s 液体(<ϕ25)	0.1～0.2
黏度 1Pa·s 液体(ϕ25～50)	0.16～0.25	液体自流速度(冷凝液)	0.5
低压气体	8～15	压强较高的气体	15～25
真空操作下的气体	<10	低压蒸汽(0.98MPa)	15～20
中压蒸汽(0.98～3.92MPa)	20～40	压气机吸气管	10～20
压气机排出管(低压)	20～30	压气机排出管(高压)	10～20
往复泵吸入管(水一类液体)	0.75～1.0	往复泵排出管(水一类液体)	1.0～2.0
离心泵吸入管(水一类液体)	1.5～2.0	离心泵排出管(水一类液体)	0.75～1.0
鼓风机吸入管	10～15	鼓风机排出管	15～20

流速 u 一般根据经验选取，这是因为流速增大，管径则小，虽使材料消耗和基建投资减少，但增大了流体的动力消耗，又使操作费用提高，因此，在设计时应根据具体情况参考表 4-2 选取，根据体积流量 V 及 u 流速代入公式计算所等于的管径，还必须根据工程手册中查取的规格圆整。

(2) 圆管壁厚

一般根据管子的耐压和耐腐蚀等情况，按标准规格选定壁厚。

(3) 高位贮液槽安装高度或液料输送泵的功率计算

要在单位时间内供给灌装机贮液箱一定量的液料，其能量可以来自高位贮液槽的位能，也可以来自输入泵的机械能，究竟需要多少能量，这可由流体力学中能量守恒的伯努利方程式来求解，一般先取供料开始及终了的两个截面作为分析面，即取液槽的自由液面作为 1-1 截面，取灌装面贮液箱中进液管口作为 2-2 截面，然后列出两截面间的伯努利方程式：

$$Z_1+\frac{P_1}{\gamma}+\alpha_1\frac{u_1^2}{2g}+H_e=Z_2+\frac{P_2}{\gamma}+\alpha_2\frac{u_2^2}{2g}+\sum h_f \tag{4-251}$$

式中，Z 为位压头；$\frac{P}{2\gamma}$为静压头；$\alpha\frac{u^2}{2g}$为动压头，其中 α 为动能修正系数，层流时 $\alpha=2$，紊流时 $\alpha\approx1$，计算开始时，一般可先假定 $\alpha\approx1$，最后根据计算结果可再进行验算、修正；H_e为泵的压头，它指单位重量的液料通过泵后获得的能量；$\sum h_f$为损失压头，它包括直管阻力损失 h_f及局部阻力损失 h_j之和，其计算方法可查阅流体力学的有关资料。

4.5.3.2　灌液时间的计算

(1) 灌装的水利过程

根据水利学知识，液料由贮液箱或定量杯经过灌装阀流入待灌瓶内，这一过程应该看成是液体的管嘴出流，按照定量方法和灌转阀的嘴口伸入瓶内位置的不同，又可分成以下几种情况。

① 控制液位定量方法　若灌装嘴口伸入到瓶颈部分，由于贮液箱内液位保持恒定，而贮液箱内液面上气压和待灌瓶内的气压基本上又是一个定值，因此，液体流动速度是基本不

变的，灌装过程则属于稳定的管嘴自由出流情况，如图 4-145 所示。

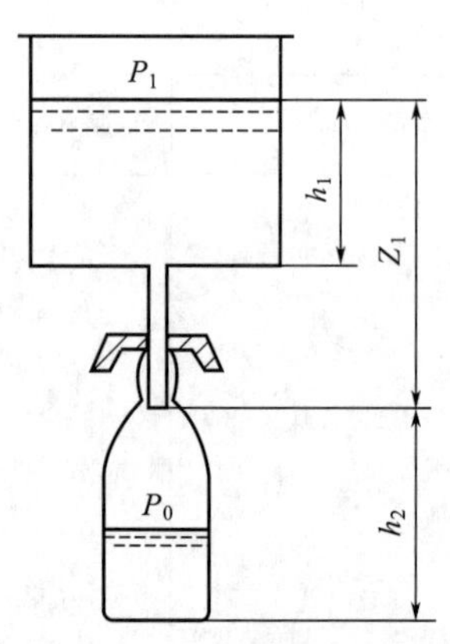

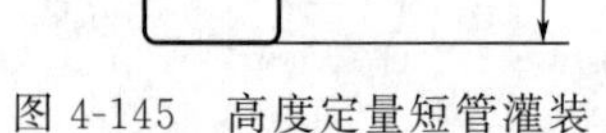

图 4-145　高度定量短管灌装

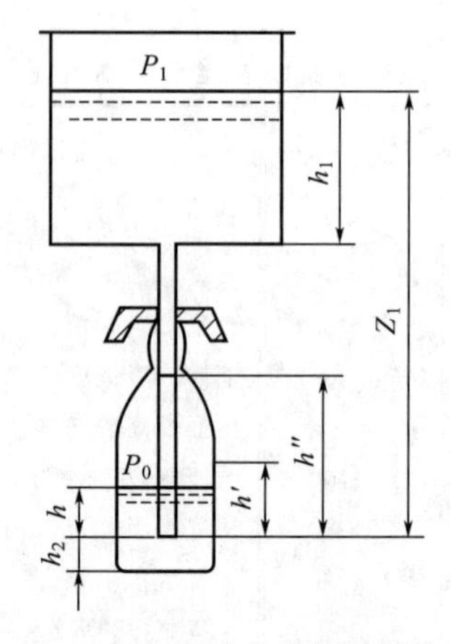

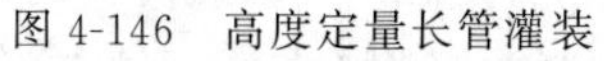

图 4-146　高度定量长管灌装

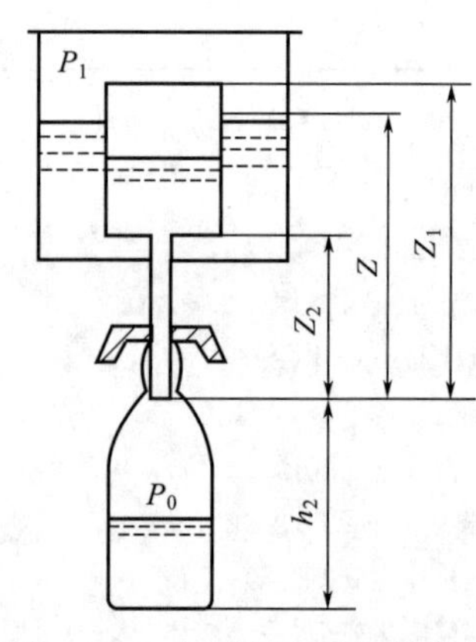

图 4-147　定量杯定量短管灌装

同样对于采用控制液位高度定量法，若灌装嘴口伸入到接近瓶底部，那么灌装过程分为两步，第一步在液面尚未灌至灌装嘴口之前一段，属于稳定的管嘴自由出流情况：第二步，在液料嘴口之后一段，由于作用在嘴口上的静压力随着瓶内液料的逐渐上升而变化，故属于不稳定的管嘴淹没出流情况，如图 4-146 所示。

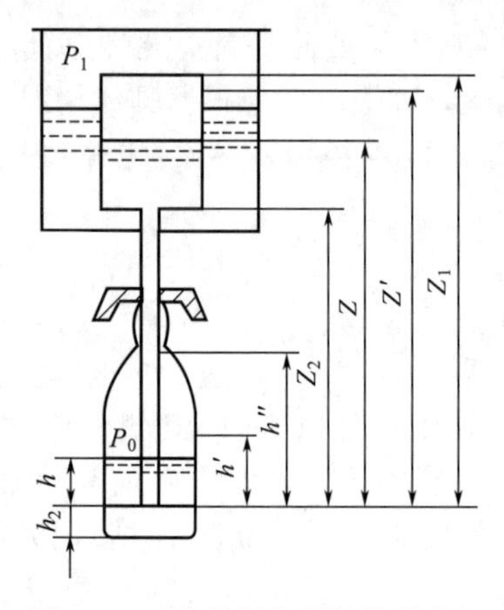

图 4-148　定量杯定量长管灌装

② 定量杯定量法　若灌装嘴口伸入在瓶颈部分，由于定量杯内液位在灌装过程中逐渐变化，因此，液体流动速度也随时间变化，灌装过程则属于不稳定的管嘴自由出流情况。如图 4-147 所示。

同样对于定量杯定量法，若灌装嘴口伸入到接近瓶底，那么，灌装过程也分两步：第一步，在液料尚未灌至灌装嘴口之前一段，属于不稳定的管嘴自由出流情况；第二步，在液料已淹没嘴口之后一段，属于不稳定的管嘴淹没出流情况，如图 4-148 所示。

淹没出流可以减小自由出流时液料落下时产生的冲出力，使灌装较为稳定，但是由于灌装嘴口上的水头不能保持稳定，又均是不稳定的淹没出流。由此，目前尽量采用环隙进液并沿瓶壁降落的阀端结构，这不仅使灌装始终保持稳定的管嘴出流状态，同时又避免了液料落下产生的冲击力，使灌装更为稳定，这种结构的阀对于含气饮料的灌装更显得有利。

(2) 液料流量的计算

经过灌装阀孔口出流的液料体积流量为：

$$V=u_0 \cdot A_0 \tag{4-252}$$

式中　u_0——孔中截面上液料的流速；

A_0——孔口中液道口的截面积。

液料流速 u_0 可以由孔口截面及贮液箱（或定量杯）中自由液面间列伯努利方程式求得：

$$Z_1+\frac{P_1}{\gamma}+\frac{u_1^2}{2g}=Z_0+\frac{P_0}{\gamma}+\frac{u_0^2}{2g}+\sum h_f \tag{4-253}$$

式中　u_0 为灌装时贮液箱自由液面的液料流速根据液体流动的连续性方程式，可将 u_1 折算成 u_0，而阻力损失 $\sum h$ 也可写成用 u_0 表达的一般形式，则上式可改写成为：

$$Z_1+\frac{P_1}{\gamma}+\frac{(A_0u_0/A_1)^2}{2g}=Z_0+\frac{P_0}{\gamma}+\frac{u_0^2}{2g}+\left(\sum k\lambda\frac{L}{d}+\sum k\xi\right)\frac{u_0^2}{2g} \tag{4-254}$$

即

$$\left[1+\left(\sum k\lambda\frac{L}{d}+\sum k\xi\right)-k_1\right]\frac{u_0^2}{2g}=(z_1-z_0)+\frac{P_1-P_0}{\gamma} \tag{4-255}$$

式中　A_1——贮液箱（或定量杯）自由液面的面积；

k_1——$k_1=\left(\frac{A_0}{A_1}\right)^2$，贮液箱（或定量杯）自由溢流面的速度折算系数，对于贮液箱情况，因自由面积较大故可取 $k_1\approx0$；

k——$k=\left(\frac{A_0}{A}\right)^2$，从由自液面至灌装嘴口截面之间，因通流截面积不同各段流道的速度折数系数；

$\sum k\lambda\frac{L}{d}$——各段直管阻力系数之和；

$\sum k$——各种局部阻力系数之和。

由此，可求得孔口截面上液料的流速为：

$$u_0=\frac{1}{\sqrt{1+\left(\sum k\lambda\frac{L}{d}+\sum k\xi\right)-k_1}}\times\sqrt{2g\left[(z_1-z_0)+\frac{P_1-P_0}{\gamma}\right]} \tag{4-256}$$

因此，经孔口出流的液料流量为：

$$\begin{aligned}V=u_0A_0&=\frac{1}{\sqrt{1+\left(\sum k\lambda\frac{L}{d}+\sum k\xi-k_1\right)}}A_0\sqrt{2g\left[(z_1-z_0)+\frac{P_1-P_0}{\gamma}\right]}\\&=CA_0\sqrt{2g\left(\Delta z+\frac{\Delta P}{\gamma}\right)}=CA_0\sqrt{2gY}\end{aligned} \tag{4-257}$$

式中　C——灌装阀中液道的流量系数；

Y——孔口截面上的有效压头（包括静压头与位压头）。

由上式可见，液料体积流量主要是三个参数的函数，这三个参数为：液道量系数 C，孔口截面积 A_0，孔口截面上有效压头 Y，现分别讨论如下：

① 流量系数 C　它实际上就是液料流经灌装阀中液道所受的阻力损失系数，显然，阀中流道阻力越小，C 值越大，但 C 值永远小于 1，流量系数 C 可通过计算来确定。当阀的结构及操作条件确定后，其各段阻力系数均可查表获得，对于环隙进液的阀端结构，可以参考缝隙流的有关公式，先求出液料在缝隙始、终两端的压力降 ΔP，然后求出该段缝隙的能量损失 $\Delta P/\gamma$，最后再反算出该段缝隙的阻力系数为 $\frac{\Delta P}{\gamma}\Big/\frac{u^2}{2g}$。根据各段阻力系数 ξ 及每段的速度折算系数 k，则可采用阻力损失叠加原则求出各项之和。但由于灌装阀中各个局部阻力之间距离很近，在两个阻力之间很难形成一段变流，由于相互干扰的结果使流量系数降

低，所以应予以修正，其修正系数 ε 一般建议取 0.77～0.87，由此

$$C=\varepsilon\frac{1}{\sqrt{1+\left(\sum k\lambda\frac{L}{d}+\sum k\xi\right)-k_1}} \tag{4-258}$$

为了计算时参考，表 4-3 列出了在 20℃时几种食用液体的主要水力特性参数。

表 4-3 20℃时几种食用液体的主要水力特性参数

液料名称	重度 $\gamma/(\times10^4\text{N/m}^3)$	黏度 $\mu/(\text{mPa·s})$	液料名称	重度 $\gamma/(\times10^4\text{N/m}^3)$	黏度 $\mu/(\text{mPa·s})$
青岛啤酒	1.1027	0.533	白酒	0.9930	2.806
北京啤酒	1.0138	1.449	果酒	1.0120	2.106
上海啤酒	1.0130	1.448	牛奶	1.0290	1.790
汽水	1.0250	1.140			

流量系数 C 的另一种确定方法是实验法。一般参照现有同类型灌装机的运转条件测定上述液料流量计算公式中的其余各项，即测定 A_0、Y、V 的数值（V 可由测定的灌装时间 T_L 间接计算求得），然后按照分工就很容易求得该阀液道的流量系数 C。

例如：某一台白酒真空灌装机，实测真空度为 600mm 酒柱，灌装时间为 7.35s，酒缸液面至阀口为 150mm，阀口截面积为 35.34mm，计算可得 $C=0.7006$。

又如：一台 640mL 的啤酒等压灌装机，实测得灌装时间为 10s，酒缸液面至阀口高度差为 23mm，阀口面积 50mm，计算可得 $C=0.6026$。

② 阀口截面积 A_0　在瓶口尺寸允许的情况下应尽量取大值，当截面积 A 相同时，还应尽量增大水力半径，有利于减小局部损失，增大流量，减少灌装时间。

所谓水力半径是指通流口的通流面积与润湿周边之比，即

$$R=\frac{A}{L} \tag{4-259}$$

式中　A——过流面积；

L——润湿周边长度。

对于圆形孔口：$R=\dfrac{\pi d^2}{4\pi d}=0.25d$

正方形孔口：$R=\dfrac{a^2}{4a}=0.25a$

矩形孔口：$R=\dfrac{ab}{2(a+b)}$

环形孔口：$R=\dfrac{D^2-d^2}{4\ (D+d)}$

由此可见，以圆形和正方形的水力半径最大，矩形次之，环形最小。

但从灌装的稳定性看，就尽量增大截面上的润浸周边长度，从而减小水力半径，使雷诺系数 Re 减小，液料流动则更加稳定。所以圆形管适合于输液道，而环形孔口适合于灌装阀孔口。

③ 孔口截面上有效压头 Y　它包括两项，一项是孔口截面上的静压头 $\dfrac{\Delta P}{\gamma}$，它除受自由出流还是淹没出流的影响外（自由出流时为常数，淹没出流时随淹没高度的变化而变化）。主要取决于贮液箱和瓶内气相的压力差，在常压法和等压法以及依靠自重的真空阀中，气相压力差基本上为零（不考虑排气道的阻力），在依靠压差灌装的真空阀中，气相压力差应大于零，若提高灌装速度应取大值，但必须保证灌装时贮液箱内的液料及瓶内顶隙处的余液不

被真空泵抽走；另一项是孔口截面上的位压头ΔZ，它除了受控制液位高度定量还是定量杯定量的影响外（控制液位高度定量时为常数，定量杯定量时随定量杯内液位的变化而变化），主要取决于贮液箱内自由液面至灌装阀孔口截面间的高度z_1（取孔口截面为计算基准面，即取$z_0=0$），假如贮液箱内液料高度为H_1，灌装嘴口至瓶底的高度为H_2，并令$\beta=\frac{z_1}{H_1}$，$\alpha=\frac{H_1}{H_2}$，显然，当H_1一定，β越大，z_1越大，生产能力则越高，实验证明，在$\beta=5$和$\alpha>1$的情况下，可得到最大生产能力，在$\beta>10$的情况下，采用定量杯的灌装可以近似认为属于液位恒定，由此可见，采用小截面的定量杯对提高生产能力更为有利。

（3）灌装时间的计算

灌装的水力过程包括稳定的管嘴自由出流，不稳定的管嘴自由出流和不稳定的管嘴淹没出流等，下面针对每种情况分别讨论灌装时间的计算方法。

① 稳定的管嘴自由出流　如图4-145所示，由于流经管嘴孔口的液料流量恒定不变即V_s为常量，所以灌装时间为：

$$t=\frac{V}{V_s} \tag{4-260}$$

式中　V——每瓶所需灌装液料的容积；

V_s——孔口出流的液料体积流量。

由式可见，只有增大V_s才能提高灌装机的生产能力，而V_s的增加，又在于三个参数C、A_0和Y，但在增大三个参数的同时，应考虑到C、Y的增大将导致液料流速的提高，这将不利于灌装的稳定进行，而A_0的提高除应考虑瓶口尺寸的限制外，在按液位高度定量的结构中，还应考虑当液位升至回气管后，能否在孔口截面上截断液流，以便保证定量精度。

② 不稳定的管嘴自由出流　如图4-147所示，由于孔口截面上的位压头是变化的，流经该截面的液料是变量，即V_s是Δz的函数。当定量杯内液料降至任意位置时，流经管嘴孔口的液料瞬时流量为

$$V_s=CA\sqrt{2g\left(\frac{\Delta P}{\gamma}+z\right)}=-\frac{F\mathrm{d}z}{\mathrm{d}\tau} \tag{4-261}$$

式中　F——定量杯的截面积；

$\mathrm{d}z$——定量杯液料高度的微小增量；

$\mathrm{d}\tau$——对应于增量$F\mathrm{d}z$的时间。

式中负号表明定量杯内液料高度是随时间增长而减少的，由此可得

$$\mathrm{d}\tau=-\frac{F\mathrm{d}z}{CA_0\sqrt{2g\left(\frac{\Delta P}{\gamma}+z\right)}} \tag{4-262}$$

定量杯内液料全部注入瓶内所需灌液时间应为

$$t=\frac{2F}{CA_0\sqrt{2g}}\left(\sqrt{\frac{\Delta P}{\gamma}+z_1}-\sqrt{\frac{\Delta P}{\gamma}+z_2}\right) \tag{4-263}$$

式中　z_1——从管嘴孔口至定量杯内充满液料时的高度；

z_2——从管嘴孔口至定量杯内流完液料时的高度。

假如定量杯的截面积A不是常数而是变数，那么，可以由随高度变化的函数关系$A=$

$A(z)$ 代入积分式求得，也可以由图解析法来解决：首先画出定量杯的三视图，然后沿定量杯高度方向用若干水平截面将其分割，计算出定量杯被分割的每个部分的容积 V_1、$V_2 \cdots V_n$，再近似取灌装每份容量时所对应的孔口截面上的平均有效压头 Y_1、$Y_2 \cdots Y_n$ 就为该部分不变的有效压头，则灌装每份容量所需时间应为

$$\Delta\tau_1=\frac{V_1}{CA_0\sqrt{2gY_1}},\ \Delta\tau_2=\frac{V_2}{CA_0\sqrt{2gY_2}},\cdots,\ \Delta\tau_{\rm n}=\frac{V_{\rm n}}{CA_0\sqrt{2gY_{\rm n}}} \tag{4-264}$$

因此，可以求得流完定量杯内液料所需的时间为

$$\tau=\Delta\tau_1+\Delta\tau_2+\cdots+\Delta\tau_{\rm n}=\frac{1}{CA_0\sqrt{2g}}\sum_{i=1}^{n}\frac{V_{\rm i}}{\sqrt{Y_i}} \tag{4-265}$$

只要将定量杯分割的份数 n 取得足够大，就可以使计算能获得足够的精确度。

③ 由液位高度定量的不稳定管嘴淹没出流　如图 4-147 所示，整个灌装时间应包括淹没管嘴前、后两部分时间的和，即 $\tau=\tau'+\tau''$，前段为稳定的自由出流，其灌装时间的 τ' 的计算方法前面已述；后段为不稳定的管嘴淹没出流，由于孔口截面上的静压头是变化的，流经该截面的液料流量是变量，即 $V_{\rm s}$ 是 $\Delta p/\gamma$ 的函数（Δp 指贮液箱自由液面与管嘴孔口截面间的压力差）。

当液料在瓶内淹没管嘴孔口高度为 h 时，其瞬时流量为

$$V_{\rm s}=CA\sqrt{2g\left[z_1+\frac{P_1-(P_0+h\gamma)}{\gamma}\right]}=\frac{F_0{\rm d}h}{{\rm d}\tau} \tag{4-266}$$

式中　P_1——贮液箱内气相空间的压力；

P_0——灌装瓶内气相空间的压力；

F_0——待灌瓶内腔的截面积；

${\rm d}h$——瓶内液料高度的微小增量。

对于瓶的内腔截面积 A：一般瓶体部分为截面积不变的圆柱体，而瓶颈部分的截面积随瓶的高度而变化，因此，灌液时间也应分两部分来求积分，瓶颈部分的积分值可以由函数关系 $A_0=f(h)$（一般可近似认为是圆台体）代入直接求出，也可以用上述类似的线图解析法求得。

从开始淹没管嘴孔口至瓶内灌满定量液料为止所需灌液时间应为

$$\begin{aligned}\tau''&=\int_0^{h'}\frac{F_0{\rm d}h}{CA_0\sqrt{2g\left[\frac{\Delta P'}{\gamma}+(z_1-h)\right]}}+\int_{h'}^{h''}\frac{F_0{\rm d}h}{CA_0\sqrt{2g\left[\frac{\Delta P'}{\gamma}+(z_1-h)\right]}}\\&=\frac{2F_0}{CA_0\sqrt{2g}}\left[\sqrt{\frac{\Delta P'}{\gamma}+z_1}-\sqrt{\frac{\Delta P'}{\gamma}+(z_1-h')}\right]+\\&\quad\frac{1}{CA_0\sqrt{2g}}\sum_{i=1}^{n}\frac{V_{\rm i}}{\sqrt{\frac{\Delta P'}{\gamma}+(z-h_{\rm i})}}\end{aligned} \tag{4-267}$$

式中　$\Delta P'$——贮液箱与灌装瓶内气相的压力差；

h'——瓶体部分离开管嘴孔口的最高高度；

h''——颈部分灌满定量液料后离开管嘴孔口的最高高度；

$h_{\rm i}$——对应于瓶颈部分所分割的容积 $V_{\rm i}$ 中液料离开管嘴孔口的平均高度。

④ 由定量杯定量的不稳定管嘴淹没出流　如图 4-148 所示，同样，整个罐装时间应包括淹没管嘴前、后两部分时间的和，即 $\tau=\tau'+\tau''$。前段为不稳定的自由出流，其灌装时间 τ'的计算方法前面已述，后段为不稳定的管嘴淹没出流，由于孔口截面上的位压头和静压头均是变化的，流经该截面的液料流量当然也是变量，即 V_s是 Δz 和 $\Delta p/\gamma$ 的函数。

当液料在瓶内淹没管嘴孔口高度 h 时，相应定量杯的液料高度为 z，这时流经管嘴孔口的瞬时流量为

$$V_s=CA_0\sqrt{2g\left[z+\frac{P_1-(P_0+h\gamma)}{\gamma}\right]}=\frac{F_0\mathrm{d}h}{\mathrm{d}\tau} \tag{4-268}$$

欲解上式必须首先求出两个变量 h 和 z 的关系。

因

$$-F\mathrm{d}z=F_0\mathrm{d}h \tag{4-269}$$

式中　F——定量杯和横截面积；

F_0——瓶内腔的横截面积。

两边积分解得

$$z=-\frac{F_0}{F}h+C' \tag{4-270}$$

积分常数 C'可由初始条件求得，当液料刚刚淹没管嘴口，即 $h=0$ 时，相应定量杯内液料高度为 z'，故 $C'=z'$。又设定量杯内充满液料时离开管嘴孔口的距离为 z_1，管嘴孔口离开瓶底的距离为 h_2，由此可求得 $z'=z_1+\frac{F_0}{F}h_2$。

在上述瞬时流量公式中，将变量 Z 用变量 h 转换后可得

$$V_s=CA_0\sqrt{2g\left[\frac{\Delta P'}{\gamma}+\left(-\frac{F_0}{F}h+z'-h\right)\right]}=\frac{F_0\mathrm{d}h}{\mathrm{d}\tau} \tag{4-271}$$

同样，要按瓶体部分及瓶颈部分两段来积分，得到开始淹没管嘴孔口至瓶内灌满定量液料为止所需的灌装时间为

$$\begin{aligned}\tau''=&\int_0^{h'}\frac{F_0\mathrm{d}h}{CA_0\sqrt{2g\left[\frac{\Delta P'}{\gamma}+z'-\left(1+\frac{F_0}{F}\right)h\right]}}+\\&\int_{h'}^{h'}\frac{F_0\mathrm{d}h}{CA_0\sqrt{2g\left[\frac{\Delta P'}{\gamma}+z'-\left(1+\frac{F_0}{F}\right)h\right]}}\\=&\frac{2F_0}{CA_0\left(1+\frac{F_0}{F}\right)\sqrt{2g}}\left[\sqrt{\frac{\Delta P'}{\gamma}+z'}-\sqrt{\frac{\Delta P'}{\gamma}+z'-\left(1+\frac{F_0}{F}\right)h'}\right]+\\&\frac{1}{CA_0\sqrt{2g}}\sum_{i=1}^{n}\frac{V_i}{\sqrt{\frac{\Delta P'}{\gamma}+z'-\left(1+\frac{F_0}{F}\right)h'_i}}\end{aligned} \tag{4-272}$$

4.5.3.3 充气和抽气时间的计算

对于常压法，其灌装时间即为灌液时间，而对于等压法或真空法，其灌装所需时间应为灌液时间与充气或抽气时间两项之和。

(1) 充气等压时间

当空瓶上升至灌装阀的瓶口帽接触并密封时，瓶内的空气由常压充气至与贮液箱液面上的气压相等，以流体力学可知，这一过程是容器内（即贮液箱内气相空间）的气体经收缩形管嘴的外射流动，因为充气的气道在灌装的内部，而充气的时间又很短，故可把充气过程近似看成是没有摩擦损失的绝热过程（或叫等熵过程）。

由气体绝热过程方程式可知

$$P_0V_0^k=P_1V_1^k \tag{4-273}$$

式中 P_0——充气前瓶内的气压（即为大气压）；

P_1——充气后瓶内气压（即为贮液箱内压力）；

V_0——瓶内原有气体的容积（即空瓶的容积）；

V_1——瓶内气压增高至 P_1 时，原有气体被压缩成的容积；

k——绝热指数，对于空气 $k=1.4$。

由上式可求得：

$$V_1=\sqrt[k]{\frac{P_0V_0^k}{P_1}} \tag{4-274}$$

因此，对于一只瓶所补充进入空气容积为：$\Delta V=V_0-V$，充气等压所需时间

$$\tau_g=\frac{\gamma_1V}{\overline{W}_s} \tag{4-275}$$

式中 γ_1——瓶内气压增高至 P_1 时，瓶内气体的重度，由绝热过程方程式可知 $\gamma_1=\left(\frac{P_1}{P_0}\right)^{1/k}\cdot\gamma_0$；

$\overline{W}_s$——向瓶内充气过程中，流经气道孔口截面上的气体平均重量流量。

显然，气体的重量流量 W_s 是一个变量，这是因为瓶内气压是由 P_0 不断变化为 P_1 的，随着瓶内瞬时气压 P_0' 的不同，W_s 也就有不同的瞬时值，即 W_s 是 P_0' 的函数。

根据气体绝热过程的伯努利方程式，列出贮液箱气道孔口截面的能量方程

$$\frac{k}{k-1}\times\frac{P_1}{\gamma_1}+\frac{u_1^2}{2g}=\frac{k}{k-1}\times\frac{P_0'}{\gamma_0'}+\frac{u_0'^2}{2g} \tag{4-276}$$

式中，u_1 为贮液箱气相空间的气体流速，可近似认为 $u_1\approx0$，γ_0'、u_0' 为瓶内瞬时气压为 P_0' 时瓶内空气的重量及灌装阀气道孔口的气体流速，由式可求得

$$u_0'=\sqrt{\frac{2gk}{k-1}\times\frac{P_1}{\gamma_1}\left[1-\left(\frac{P_0'}{P_1}\right)^{\frac{k-1}{k}}\right]} \tag{4-277}$$

令 $\beta=\frac{P_0'}{P_1}$ 称为压力比，因此，气体经孔口射出的重量流量为

$$W_s=\gamma_0'V_s=\gamma_0'f_gu_0'=f_g\sqrt{\frac{2gk}{k-1}P_1\gamma_1}\,\beta^{1/k}\sqrt{1-\beta^{\frac{k-1}{k}}} \tag{4-278}$$

式中 f_g——灌装阀气道孔口的截面积。

由式可做出 W_s-β 线图，如图 4-149 所示，图中 β_{kp} 称为临界压力比，由 $\frac{dW_s}{d\beta}=0$ 可求得 $\beta_{kp}=\left(\frac{2}{k+1}\right)^{\frac{k}{k-1}}$。对于空气 $\beta_{kp}=0.53$，对应 W_{kp} 为极限喷射量。图中虚曲线是根据上面公式计算绘制的，实际上，由实验测得，当 $\beta<\beta_{kp}$ 时，气流将为超音速，这时流量保持 W_{kp} 不变，故应为过 M 点的一条水平线。

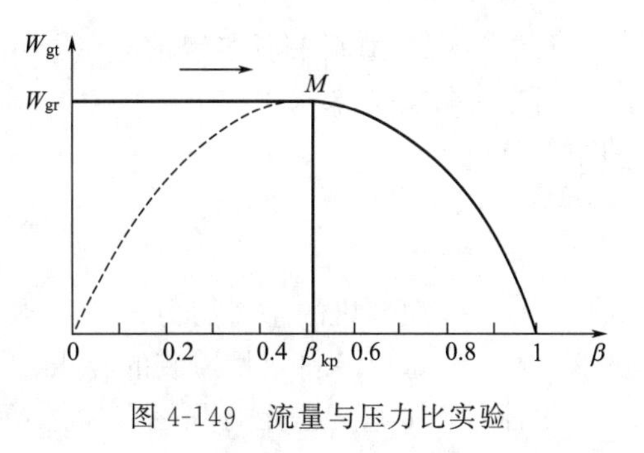

图 4-149　流量与压力比实验

由 W_s-β 曲线图经过定积分，就可求出充气过程中的气体平均重量流量为：

$$\overline{W}=\frac{\int_{\beta_{min}}^{\beta_{max}} W_s d\beta}{\beta_{max}-\beta_{min}}=\frac{W_{kp}(\beta_{kp}-\beta_{min})+\int_{\beta_{min}}^{\beta_{max}} W_s d\beta}{\beta_{max}-\beta_{min}} \tag{4-279}$$

式中：$\beta_{max}=\frac{p_1}{p_1}=1$，$\beta_{min}=\frac{p_0}{p_1}$

应该说明，以上计算忽略了气道阻力的影响，计算中又取的平均重量流量，故存在一定误差，根据实验条件，有人建议取充气等压时间为 0.5～1s 左右。

（2）抽气真空时间

对于真空法灌装而言，灌液前瓶内要形成一定的真空度，气压必须由原有的 P_0 降低为 P_1，则瓶内原有空气的体积 V_1 将膨胀部分的气体不断被抽走，温度基本保持不变，因此这一过程可以近似看成是等温过程，由气体等温过程方程式求得：

$$V_1=V_0\frac{P_0}{P_1} \tag{4-280}$$

体积增大部分的空气即为必须抽走的空气量，所以抽气真空的时间应为

$$\tau_g=\frac{\gamma_0(V_1-V_0)}{\overline{W}_s}=\frac{\gamma_0\frac{P_1}{P_0}\left(V_0\frac{P_0}{P_1}-V_0\right)}{\overline{W}_s}=\frac{V_0\gamma_0\left(1-\frac{P_1}{P_0}\right)}{\overline{W}_s} \tag{4-281}$$

式中　$\overline{W}_s$——真空泵平均分配在每头灌装阀上的抽气速率。

$\overline{W}_s$ 应由真空泵的抽气速率 W_s 减去真空系统的泄漏量 W'_s 以及液料中溶解空气逸出量 W''_s，再除以灌装机的头数而求得，即：

$$\overline{W}_s=\frac{W_s-W'_s-W''_s}{a} \tag{4-282}$$

真空系统由于设备和管道连接不严密，单位时间内被漏入的空气量一般可由表 4-4 估算。

表 4-4　单位时间内被漏入的空气量

真空度/kPa	空气泄漏量/(kg/h)	真空度/kPa	空气泄漏量/(kg/h)
26.7～50.0	13.6～18.0	10.0～16.7	9.1～11.3
16.7～26.7	11.3～13.6	3.3～10.0	4.5～9.1

被灌装液料中原来所溶解的空气，由于抽成一定真空，溶解量则有所减少，简单估算时，可参考每立方米水中溶解 2.5×10^{-2}kg 空气来计算，因此，单位时间内由液料中逸出的空气量应为

$$W''_s = 2.5\times10^{-2}\times Q\times V \tag{4-283}$$

式中 Q——灌装机的生产能力；

V——每瓶液料定量灌装的容积。

设计时，亦可先假定每只瓶在抽气真空阶段所需的时间，然后根据上面几个公式反过来估算真空泵的抽气速率，待泵选定后，尚需校核瓶在进液回气阶段能否保证瓶内始终维持已形成的真空度 P，这就要求被灌入液料所逐步占据的瓶内容积的空气必须及时抽走，即要求

$$\overline{W}_s \geqslant \frac{V\cdot\gamma_1}{\tau} = \frac{V\cdot\gamma_0\dfrac{P_1}{P_0}}{\tau} \tag{4-284}$$

式中 V——每瓶液料定量灌装的容积，粗略计算时可以取 $V=V_0$。

假若不能满足上面不等式，则需重新选择 W_s 或者设法改变 τ。

4.5.3.4 生产能力的计算

旋转型的自动灌装机的生产能力可用下式计算：

$$Q=60an \tag{4-285}$$

式中 Q——生产能力，瓶/h；

a——灌装机头数；

n——灌装台的转速，r/min。

由式(4-285) 可见，要提高灌装机的生产能力就必须增大头数 a 和转速 n。如果采用增大灌装机的头数 a 来提高生产率，那么，灌装机的旋转台直径也要相应增大，这不仅使机器庞大，而且在旋转台转速一定的情况下，还必须考虑离心力的影响，即瓶托上的瓶子在尚未升瓶压紧灌装阀之前以及在灌满液料降瓶离开灌装阀之后，其绕立轴旋转时产生的离心力都必须小于瓶子与瓶托之间的摩擦力，否则瓶子将会被抛出托瓶台，从而影响正常操作，由此可得灌装头中心到立轴中心的距离，必须满足下列不等式

$$R\leqslant\frac{900gf}{\pi^2n^2} \tag{4-286}$$

式中 f——瓶与托瓶台间的摩擦因数。

如果采用增大立轴的转速 n 来提高生产率，那么，除同样需要考虑离心力的影响外，主要的还需考虑灌装时间的影响，当 n 值提高，但液料灌装速度没有提高而与 n 值不相适应时，瓶子在旋转台上转动一周的时间内并未能灌满，没有达到定量要求，生产循环也因此受到破坏。

立轴旋转一周即灌装机完成一个工作循环所需时间为：

$$T=60/n \tag{4-287}$$

在完成一个工作循环的时间内必须包括下列几个部分：

$$T=T_1+T_2+T'_2+T_3+T'_3+T_4 \tag{4-288}$$

如图 4-150 所示，其中 T_1 为进出瓶之间的无瓶区所占去的时间，无瓶区的大小由进瓶、出瓶拨轮的结构所决定，显然，拨轮取得越大，进出瓶越稳，但所占无瓶区的角度相应也要增大。T_2、T'_2 为升瓶、降瓶所占去的时间，它们除应考虑升瓶前、降瓶后尚需稍为稳定的时间外，同时还应考虑升降瓶凸轮所允许的压力角，参照机械原理的有关知识，瓶托上升时为工作行程，许用压力角推荐为 $[\alpha]\leqslant 30°$。瓶托下降时为空行程，许用压力角 $[\alpha]\leqslant 70°$。由此可见，圆柱凸轮的半径越大，升降行程越短，升降瓶区在转盘上所占的角度就可越小，但随着升降瓶凸轮半径的减小，在满足一定压力角的情况下，升降瓶区所占角度增大，经济效果不一定有利，另外，在选择灌装阀的阀端结构时，采用短管法当然较之采用长管法可减少升降瓶的行程，从而减少升降瓶区。T_3、T'_3 为开阀，关阀区所占的时间，这与灌装阀的结构形式和开闭方法有关系，例如，一般旋转阀较之移动阀开启所需时间长些，利用固定挡块开闭较之利用瓶子本身升降开闭所需时间长些，根据一般阀的生产情况，有人建议这段时间为0.5～1s 左右。T_4 为灌装区所占时间，它必须保证定量灌装足够的需要。

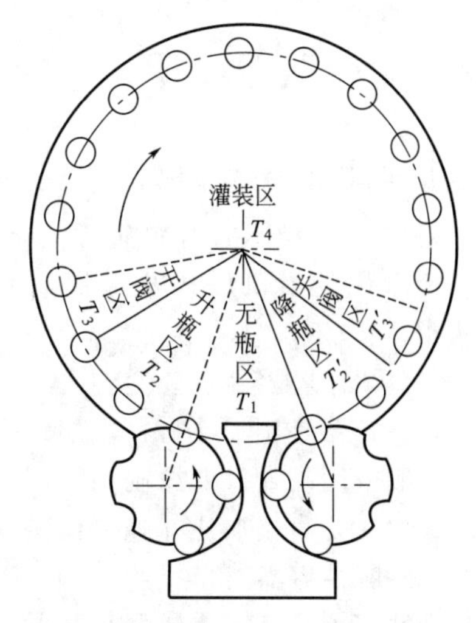

图 4-150　旋转型灌装机的工作循环图

因此，确定立轴转速 n 的关键是必须保证转盘上灌装区所占时间 T_4 大于工艺上所需时间，即满足不等式：

$$T_4 \geqslant \tau_p \tag{4-289}$$

式中：$\tau_p=\tau_1+\tau_g$，它在常压法、等压法、真空法下的不同计算方法上面均已叙述，设计时，可以先根据确定的操作条件及阀的结构计算得出 τ_p，再由上述不等式确定 T_4，然后根据结构及其他条件确定转盘上灌装区所占角度 α_4，从而可以求得立轴转速 n 应为：

$$n=\frac{60}{T}=\frac{\alpha_4}{6T_4}\leqslant\frac{\alpha_4}{6\tau_p} \tag{4-290}$$

对于定量杯定量法的灌装，确定立轴转速 n 还必须保证充满定量杯所需的时间，在转盘上，一般要求在开阀前、关阀后这段区间内完成，即要求满足不等式：

$$T_1+T_2+T'_2 \geqslant \tau_f \tag{4-291}$$

式中，τ_f 为充满定量杯工艺上所需的时间，它可采用下式计算：

$$\tau_f=\left(\frac{DH}{\eta u\sqrt{2gu}}\right)^{\frac{2}{5}} \tag{4-292}$$

式中　D——定量杯的直径；
H——定量杯的高度；
u——定量杯由液面沉下的速度；
g——重力加速度；
η——比例系数。

u 值由控制定量杯沉降的凸轮曲线所决定，η 值由图 4-151 中查得，它与 u 值和液料的黏度有关。

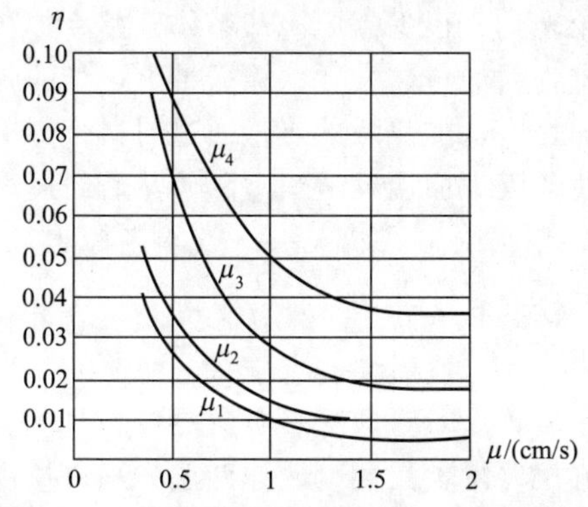

图 4-151　定量杯充满时间的校正系数曲线

4.6 封口装置设计

4.6.1 封口的基本原理

制作包装容器的材料很多，各种材料的包装容器形态和物理性能也各不相同。因此，所采用的封口形式及封口装置也不一样。一般按包装材料的力学性能，它可分以下两类。

（1）柔性容器封口装置

柔性容器是用柔性材料，如纸张、塑料薄膜、复合薄膜等制作的袋类容器。对于纸类材料，一般采用在封口处涂刷黏合剂，再施以机械压力封口。塑料薄膜袋及复合薄膜袋，一般采用在封口处直接加热并施以机械压力，使其熔合封口。

（2）刚性容器封口机

刚性容器是指容器成型后其形状不易改变的容器，其封口多用不同形式的盖子，常用的封口机有以下几种。

① 旋盖封口机。这种封盖事先加工出内螺纹，螺纹有单头或多头之分。如药瓶多用单头螺纹，罐头瓶多用多头螺纹。该机是靠旋转封盖，而将其压紧于容器口部。

② 滚纹封口机。这种封盖多用铝制，事先未有螺纹，是用滚轮滚压铝盖，使之出现与瓶口螺纹形状完全相同的螺纹，而将容器密封。

③ 滚边封口机。它是先将筒形金属盖套在瓶口，用滚轮滚压其底边，使其内翻变形，紧扣住瓶口凸缘而将其封口。该机多用于广口罐头瓶等的封口包装。

④ 压盖封口机。它是专门用于啤酒、汽水等饮料的皇冠盖封口机。将皇冠盖置于瓶口，该机的压盖模下压，皇冠盖的波纹周边被挤压内缩，卡在瓶口颈部的凸缘上，造成瓶盖与瓶口间的机械勾连，从而将瓶子封口。

⑤ 压塞封口机。这种封口材料是用橡胶、塑料、软木等具有一定弹性的材料做成的瓶塞，利用其本身的弹性变形来密封瓶口。

⑥ 卷边封口机。该机主要用作金属食品罐的封口。它用滚轮将罐盖与罐身凸缘的周边，通过互相卷曲、钩合、压紧来实现密封包装。

通过不同的封口机可以实现对多种产品的封口，且密封严密，已经被广泛地应用到众多行业。

一般封口机由机架、减速调速传动机构、封口印字机构、输送装置及电器电子控制系统等部件封口机组成。接通电源，各机构开始工作，电热元件通电后加热，使上下加热块急剧升温，并通过温度控制系统调整到所需温度，压印轮转动，根据需要冷却系统开始冷却，输送带送转、并由调速装置调整到所需的速度。当装有物品的包装放置在输送带上，袋的封口部分被自动送入运转中的两根封口带之间，并带入加热区，加热块的热量通过封口带传输到袋的封口部分，使薄膜受热熔化，再通过冷却区，使薄膜表面温度适当下降，然后经过滚花轮（或印字轮）滚压，使封口部分上下塑料薄膜粘合并压制出网状花纹（或印制标志），再由导向橡胶带与输送带将封好的包装袋送出机外，完成封口作业。

4.6.2 金属材料的卷封机构设计

4.6.2.1 卷边的形成过程

使罐体与罐盖的周边牢固地紧密钩合而形成的五层（罐盖三层、罐体两层）马口铁皮的卷边缝的过程，称作二重卷边。为了提高罐体与罐盖的密封性，在盖子内侧预先涂上一层弹性胶膜（如硫化乳胶）或其他填充材料。

二重卷边采用滚轮进行两次滚压作业来完成。第一次作业又称头道卷边，如图4-152所示。未卷边前的位置如实线所示，头道卷边结束后则如虚线所示。开始时，头道卷边滚轮首先靠拢并接近罐盖，接着压迫罐盖与罐体的周边逐渐卷曲并相互逐渐钩合。当沿径向进给3.2mm左右时，头道卷边滚轮立即离开，其时二道卷边滚轮继续沿罐盖的边缘移动，如图4-153所示。二道卷边开始位置如图（a）示，结束位置如图（b）示。二道卷边能使罐盖和罐体的钩合部分进一步受压变形紧密封合，其沿径向进给量为0.8mm左右。两次进给量共约4mm。头道卷边滚轮的沟槽窄而深，而二道卷边滚轮的沟槽则宽而浅。

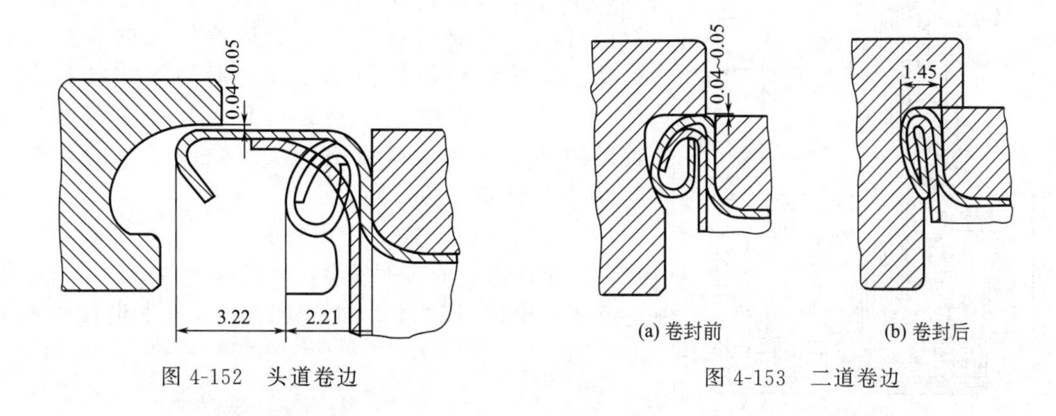

图4-152　头道卷边

(a) 卷封前　(b) 卷封后

图4-153　二道卷边

4.6.2.2　卷边滚轮的运动分析

为了形成二重卷边缝，作为执行构件的卷边滚轮，相对于罐身必须完成某种特定的运动。若卷封圆形罐，卷边滚轮相对罐身应同时完成两种运动，即周向旋转运动和径向进给运动。

若卷封异形罐，卷边滚轮相对罐身应同时完成三种运动，即周向旋转运动、径向进给运动和按异形罐的外形轮廓作的仿型运动。

为使罐盖与罐体的周边逐渐卷曲变形，每封一只罐身卷边滚轮需绕罐身旋转多圈（如GT4B2型的卷边滚轮每封一罐绕罐身转18圈），而实际的有效圈数（从触及罐盖开始真正用于卷封工艺的圈数）应由单位径向进给量来确定，一般取头道为每圈1mm左右，二道为每圈0.5mm左右。

4.6.2.3　卷封机构的结构设计

两道卷边滚轮相对罐身所作的卷边运动是由卷封机构来实现的，由于实现这种运动有多种组合方式，因而出现不同结构的卷封机构。

（1）完成周向旋转运动的结构形式

①罐体与罐盖被固定不动，卷边滚轮绕其旋转　目前的卷边封口机大都属于这种结构形式，图4-154为GT4B2型卷封机构示意图，长杆1的下端与压盖杆36钩形连接，必要时便于更换。压架2、锁紧螺母3分别与长杆1、滑套5固连，滑套由凸轮机构（图中未示）控制作上下运动。弹簧4的作用前已叙述。压头轴17由下顶帽11、上顶母7、铜套9支承在机架8上，使上压头37固定不动。若需调节上压头的高低位置，可松开螺母6，扳动压头轴上端方头部分即可。齿轮13经花键轴16、花键锁紧螺母38使封盘28旋转。花键锁紧

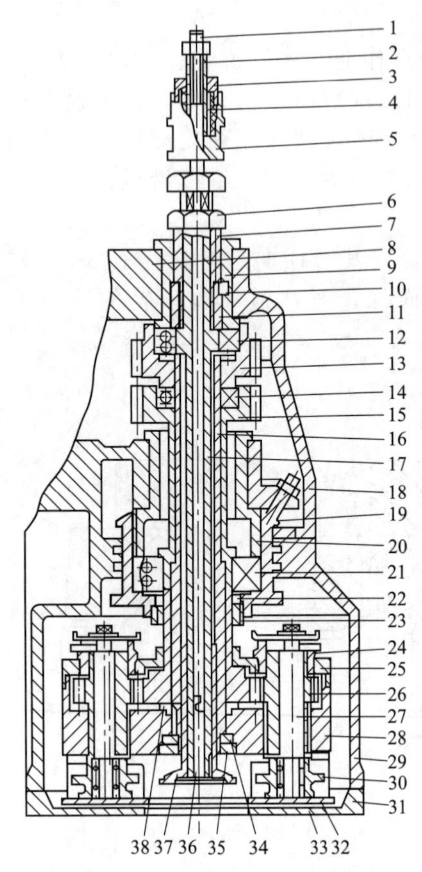

图 4-154 GT4B2 卷封机构结构图

1—长杆；2—压架；3,35—锁紧螺母；4—弹簧；5—滑套；6,23,34—螺母；7—上顶螺母；8—机架；9—筒套；10—导向键；11—下顶螺母；12,14,21—轴承；13,15—齿轮；16—花键轴；17—压头轴；18—上盖；19—托盘；20—顶盘；22—中心齿轮；24—调节蜗轮；25—封盘盖；26—行星齿轮；27—小轴；28—封盘；29—下盖；30—卷边滚轮；31—底盘；32—铜盘；33—滚针；36—压盖杆；37—上压头；38—花键锁紧螺母

螺母与封盘间为端面凹凸连接，只要松开螺母 34、锁紧螺母 35，就能方便地取下封盘。齿轮 15 直接与中心齿轮 22 成端面凹凸连接，使中心齿轮以不同于封盘的速度旋转。卷封机构整个旋转部分的重量经轴承 21、托盘 19、顶盘 20 也支承在机架 8 上。而机架 8 又吊装在导轨内（图中未示），通过手轮、丝杠就可随意调节整个卷封机构的高低位置，以适应不同规格罐头的卷封需要。

② 罐体与罐盖绕轴自转，而卷边滚轮不绕罐作周向旋转　如图 4-155 所示 GT4B13 型卷边封口机，罐体被紧夹在上、下压头 7、8 之间，并由行星齿轮 2 带动自转，从而完成相对于卷边滚轮 6 的周向旋转运动。这种结构虽较简单紧凑，但因罐体既有自转又有公转，若用于实罐卷封则其内装的液料形成旋转抛物面，易从罐口流出，从而限制了它的自转速度以及生产能力的提高。

为简化分析，暂不考虑罐身加盖及其公转等的影响，欲保证内装液料不外溢，可根据流体力学的有关理论近似求出罐身的最高自转转速 $n_{\max}$，供设计估算参考，即

$$n_{\max}=60\frac{\sqrt{gh}}{\pi R_{\mathrm{n}}}\approx 60\frac{\sqrt{h}}{R_{\mathrm{n}}}$$

式中　R_{n}——罐身的内半径；

h——罐内的顶隙高度；

g——重力常数。

相应的最高生产能力 $Q_{\max}$ 近似可取为

$$Q_{\max}=\frac{n_{\max}j}{n}$$

式中　j——卷边封口机的头数；

n——根据卷封工艺要求，确定每封一罐所需的罐身自转数（如 GT4B13 型约为 16r/min）。

(2) 完成径向进给运动的三种结构形式

① 偏心套筒作原动件　图 4-156 所示为 GT4B1 型卷边封口机的卷封机构原理图。齿轮 3、4 在同轴齿轮 2、1 的带动下，以相同方向不同转速分别带动偏心轴套 7 和轴套 5 转动。轴套 5 又通过滑键 10 带动封盘 6 一起转动。封盘上装有头道卷边滚轮 8 和二道卷边滚轮 9。由于封盘与偏心套筒有速差，使得封盘上的卷边滚轮相对于转轴（即罐体中心线）的距离不断变化，从而使卷边滚轮也产生了相应的径向进给运动。

② 行星齿轮偏心销轴作原动件　图 4-157 所示为 GT4B2 型卷边封口机的卷封机构原理图。齿轮 3、4 在同轴齿轮 2、1 的带动下，以相同方向不同转速分别带动中心齿轮 5 和封盘 7 转动。该封盘上均布着四只行星齿轮 6，与封盘一起绕中心齿轮公转。由于封盘与中心齿轮存在速差，故形成差动轮系，遂使行星齿轮连同与其固联的偏心销轴 8 在公转

的同时又作自转，从而使与偏心销轴铰支的卷边滚轮既能绕罐体作周向旋转，同时又能产生径向进给运动。其中，两只头道卷边滚轮9和两只二道卷边滚轮10，分别呈对称分布状态。

③ 凸轮作原动件　见图4-155所示的GT4B13型卷边封口机，在卷边滚轮6随罐体绕中心齿轮1公转的过程中，由固定凸轮5通过摆杆4驱使卷边滚轮相对于罐体作径向进给运动。对于罐体被固定的卷边封口机，为使卷边滚轮能完成相对罐体的周向旋转及径向进给的复合运动，则不能再单独采用固定凸轮与摆杆作原动件，而得改用差速凸轮机构。其结构形式又可分为两种：

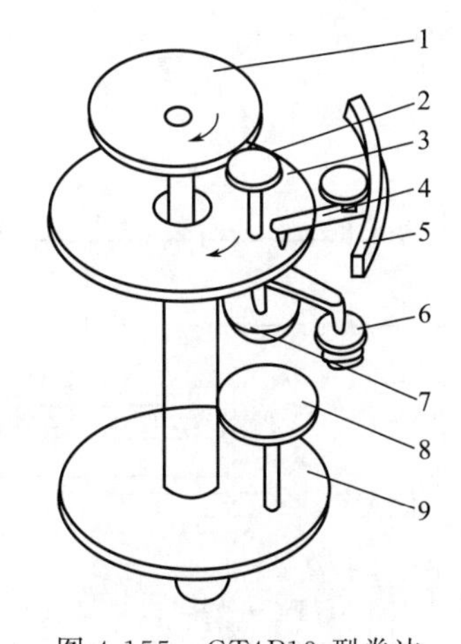

图4-155　GT4B13型卷边封口机卷封机构示意图

1—中心齿轮；2—行星齿轮；3—上转盘；4—摆杆；5—固定凸轮；6—卷边滚轮；7—上压头；8—下压头；9—下转盘

a. 盘形凸轮摆动从动杆结构　图4-158所示为GT4B6型卷边封口机的卷封机构原理图。齿轮3、4在同轴齿轮2、1的带动下，以相同方向不同转速分别带动封盘9及叠放的四只盘形凸轮5、6、7、8转动。其中5、6分别为头道、二道的共轭进给凸轮，7、8分别为头道、二道的进给凸轮。封盘上对称安装着一对头道卷边滚轮11和一对二道卷边滚轮12。由于封盘与凸轮有速差，凸轮就通过摆杆10驱动卷边滚轮作径向进给运动。

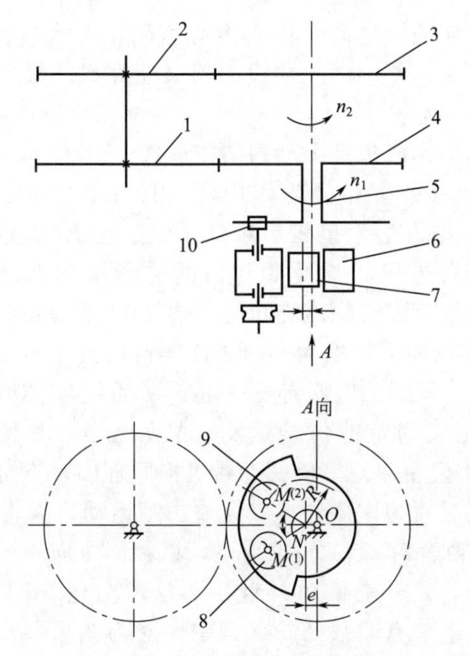

图4-156　GT4B1型卷边封口机卷封机构原理图

1～4—齿轮；5—轴套；6—封盘；7—偏心轴套；8—头道卷边滚轮；9—二道卷边滚轮；10—滑键

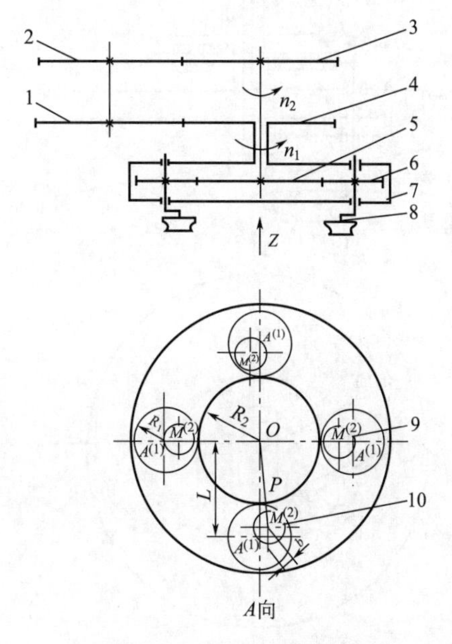

图4-157　GT4B2型卷边封口机卷封机构原理图

1～4—齿轮；5—中心齿轮；6—行星齿轮；7—封盘；8—偏心销轴；9—头道卷边滚轮；10—二道卷边滚轮

b. 端面凸轮直动从动杆结构　图4-159所示为GT4B7型卷边封口机的卷封机构原理图。该机共有四组卷封机构，图中除中心轴14、中心齿轮1和大转盘6外，仅表示了一组卷封机构。其中行星齿轮2由大转盘6带动绕中心轴14公转，在旋转轨道旁装一固定端面

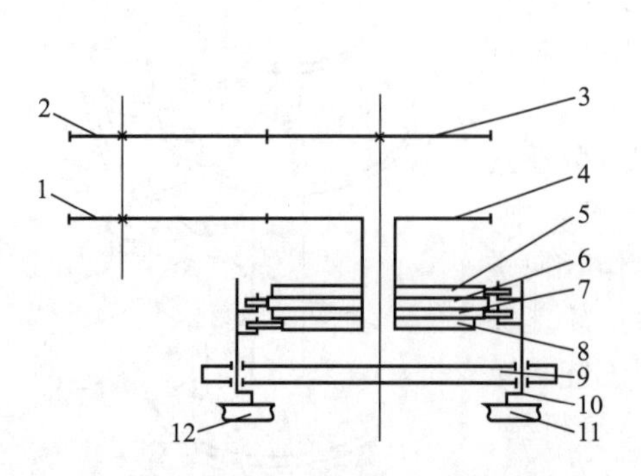

图 4-158 GT4B6 型卷边封口机卷封机构原理图
1～4—齿轮；5—头道共轭进给齿轮；
6—二道共轭进给齿轮；7—头道进给凸轮；
8—二道进给凸轮；9—封盘；10—摆杆；
11—头道卷边滚轮；12—二道卷边滚轮

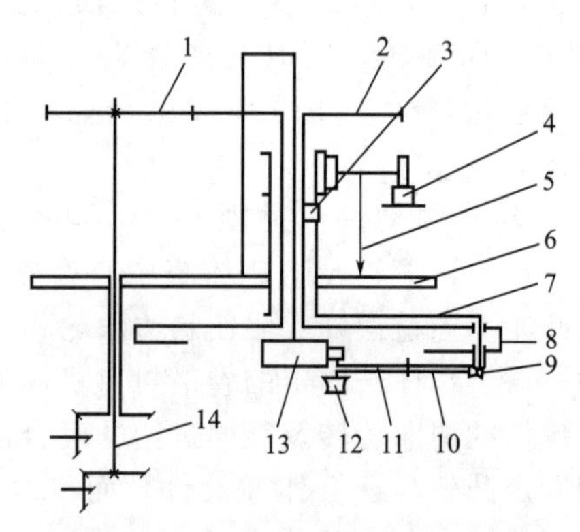

图 4-159 GT4B7 型卷边封口机卷封机构原理图
1—中心齿轮；2—行星齿轮；3—滑键；4—固定端面凸轮；
5—直动从动杆；6—大转盘；7—轴套；8—封盘；
9—凸轮斜块；10，11—摆杆；12—卷边滚轮；
13—靠模凸轮；14—中心轴

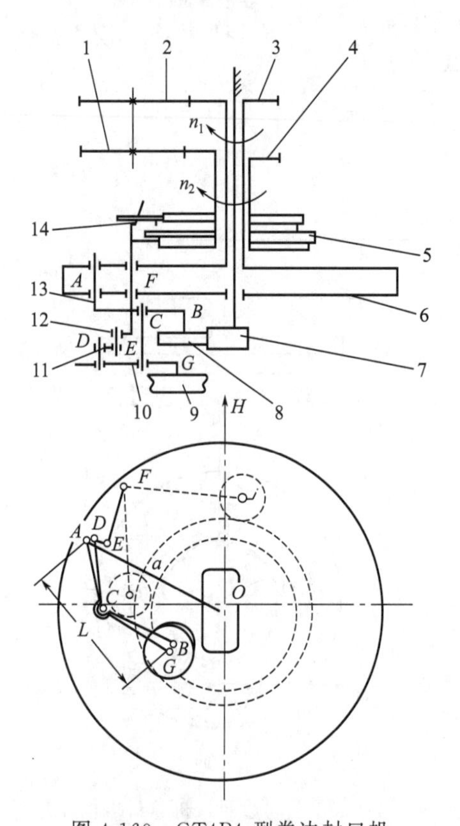

图 4-160 GT4B4 型卷边封口机
卷封机构原理图
1～4—齿轮；5—盘形凸轮；6—封盘；
7—罐形靠模凸轮；8—靠模滚子；9—卷边滚轮；
10—卷边滚轮摆杆；11—连杆；12—摆杆；
13—靠模摆杆；14—进给凸轮摆杆

凸轮 4，控制从动杆 5 作上、下往复运动，从而使轴套 7 沿滑键 3 也作上、下往复运动。通过凸轮斜块 9 控制摆杆 10 摆动，从而使卷边滚轮 12 完成径向进给运动。由于中心齿轮 1 与大转盘 6 之间存在速差，因此卷边滚轮又能完成绕罐的周向旋转运动。

(3) 完成仿型运动的结构形式

① 以罐型靠模为作用件　图 4-159 所示的 GT4B7 型卷边封口机，罐型靠模凸轮 13 固定不动，其周边形状与所要封口的异形罐相似或相同。当封盘 8 绕罐体旋转时，摆杆 11 受靠模凸轮 13 的控制而产生摆动。由于该摆杆铰支在封盘上又与另一摆杆 10 铰支在一起，从而使卷边滚轮 12 能完成确定的仿型运动。又如图 4-160 所示 GT4B4 型卷边封口机的卷封机构原理图，它也采用罐型靠模为作用件，以完成仿型运动。齿轮 3、4 在同轴齿轮 2、1 的带动下，以相同方向不同转速转动，并分别带动封盘 6 和盘形凸轮 5 转动。该凸轮组共有四只凸轮，其中一对为头道共轭的进给凸轮，另一对为二道共轭的进给凸轮。当封盘相对凸轮转动时，由于两者有速差，从而使进给凸轮摆杆 14 产生摆动，并通过连杆 11、卷边滚轮摆杆 10 驱动卷边滚轮 9 作径向进给运动。与此同时，由于卷边滚轮摆杆与靠模摆杆 13 都铰接在 C 点，而靠模摆杆 13 又绕固定的罐型靠模凸轮 7 摆动（摆动支点为封盘上的 A 点），因此卷边滚轮 9 又能作仿型运动。该机有四只卷

边滚轮，头、二道各两只，图中仅示一只。

② 以非罐型靠模为作用件　前述的罐型靠模在转弯处曲率变化较大，使得卷边滚轮在该处的惯性变化剧增，严重地影响了卷封质量，也限制了生产能力的提高。

例如，卷封方形罐在从一条罐边到另一条罐边的转角处，很容易出现卷封不紧、起皱纹、轧伤等不符合质量标准的现象。因此，如图 4-161 所示 TUB54 型异形罐卷边封口机采用的靠模与所要卷封的罐头外形，既不相同也不相似，而是将转角曲率设计成变化比较缓和的形状，以利提高卷封质量。该机同样有四只卷边滚轮（头、二道各一对），图中也只画了一只。齿轮 3、4 在同轴齿轮 2、1 的带动下，以相同方向不同转速转动，又通过轴 19、20 分别带动封盘 18 和共轭进给凸轮 5、6 转动，从而使封盘上的轴 9 绕中心主轴旋转。由于该轴固联着进给凸轮摆杆 7 和齿轮 13，因此，当它们也绕中心主轴公转时，则能相对封盘摆动，再通过齿轮 13、14 的啮合传动而使卷边滚轮 16 作径向进给运动。又由于不完全齿轮 14 铰支在与轴 9 活套相连的靠模凸轮摆杆 12 上，这样，在一对固定的共轭靠模凸轮 10、11 的作用下，遂强制不完全齿轮 14 既能自转，还能绕齿轮 13 摆动。结果，卷边滚轮即协调地完成了周向旋转、径向进给和仿型的复合运动。调节齿轮 8 是用来改变卷边滚轮安装的初始位置，松开轴 9 与摆杆 7 的连接，即可转动调节齿轮，从而达到位置调节要求。

4.6.2.4 圆形罐卷封机构的运动设计

（1）采用偏心套筒完成径向进给运动的卷封机构

以 GT4B1 型卷边封口机为例，该机专门用来卷边封口圆形空罐。如图 4-156 所示，偏心套筒 7 为原动件，以产生径向进给运动。显然，卷边滚轮 8、9 与罐体的中心距和封盘相对于偏心套筒运动的转角有关。因偏心距相对甚小，为简化分析，可近似认为卷边滚轮中心均通过滑键 10 的支轴中心。

① 卷边滚轮的运动方程　如图 4-162 所示，设罐体的中心为 O，偏心套筒的几何中心为 A，偏心距 $OA=e$；卷边滚轮的中心为 M，$AM=R$；令封盘的转速为 n_1；偏心套筒的转速为 n_2，一般取 $n_2<n_1$。

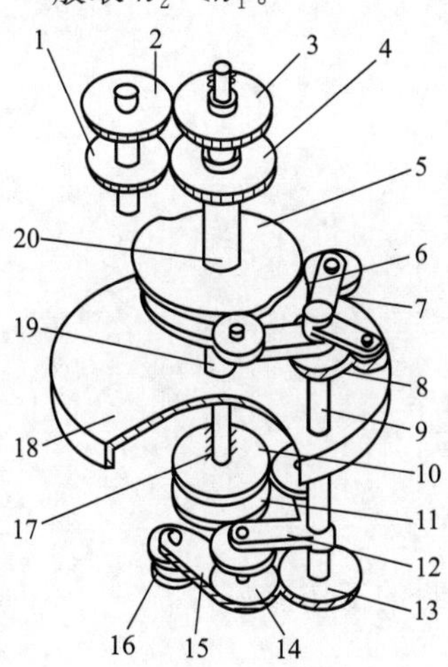

图 4-161　TUB54 型卷边封口机卷封机构立体示意图

1～4—齿轮；5,6—共轭进给凸轮；7—进给凸轮摆杆；8—调节齿轮；9—轴；10,11—共轭靠模凸轮；12—靠模凸轮摆杆；13—齿轮；14—不完全齿轮；15—卷边滚轮摆杆；16—卷边滚轮；17—固定轴；18—封盘；19,20—轴

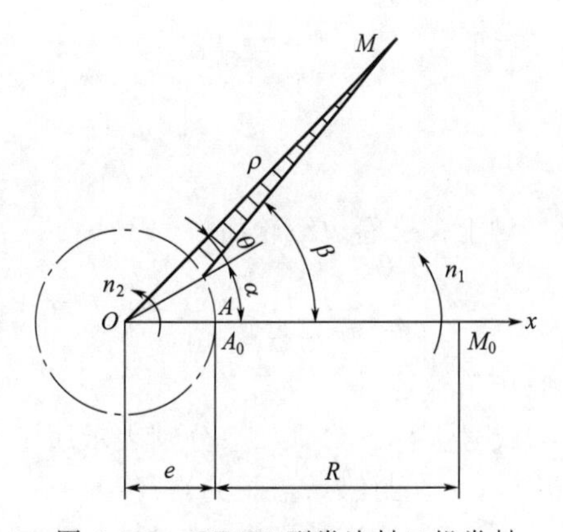

图 4-162　GT4B1 型卷边封口机卷封机构的运动分析图

首先，取卷边滚轮与罐体的最大中心距为初始位置建立极坐标。此时，若将上述的三心标记为 O-A_0-M_0，显然，$OM_0=OA_0+A_0M_0=e+R$。经时间 t，偏心套筒绕罐体中心 O 由 A_0 移至 A，相应的转角 $\alpha=2\pi n_2 t$。而卷边滚轮中心 M 一方面以 n_1 绕罐体中心转过 $\beta=2\pi n_1 t$，另一方面由于套筒偏心的作用又产生径向相对运动而移至 M 点。则可求出该瞬时卷边滚轮与罐体的中心距 OM。

在△OAM 中，由余弦定理可知

$$AM^2=OA^2+OM^2-2\cdot OA\cdot OM\cos\angle AOM$$

令 $OM=\rho$，$\angle AOM=\beta-\alpha=\theta$，则上式可改写为

$$\rho^2-2e\rho\cos\theta+e^2-R^2=0$$

故

$$\rho=\frac{2e\cos\theta\pm\sqrt{(2e\cos\theta)^2-4(e^2-R^2)}}{2}=e\cos\theta\pm R\sqrt{1-\frac{e^2}{R^2}\cos^2\theta}$$

实际上，$e\ll R$，ρ 又不可能为负值，可见

$$\rho\approx R+e\cos\theta \tag{4-293}$$

上式表明，当机构参数 R、e 为定值时，卷边滚轮中心的极径 ρ 仅是相对极角（即相对运动角）θ 的函数。显然，该函数对于头道和二道卷边滚轮均适用。

上式就是 GT4B1 型卷边封口机卷边滚轮中心的运动方程，其绝对运动轨迹可近似认为是一条封闭而又对称的余弦螺旋线；至于卷边滚轮工作沟槽的绝对运动轨迹，则是以该沟槽的工作半径沿上述螺旋线，再画包络线而得到的等距曲线。不难看出，卷边滚轮中心相对于偏心套筒的运动轨迹，实际上是以 A_0 为圆心、以 R 为半径的一个圆。

② 机构主要参数的确定　根据卷边滚轮的运动方程，可以确定或校核卷封机构的主要技术参数。

a. 偏心套筒的偏心距　由式(4-293) 可知：

当 $\theta=0$ 时　　$\rho_{\max}=R+e$

当 $\theta=\pi$ 时　　$\rho_{\min}=R-e$

因此：

$$e=\frac{1}{2}(\rho_{\max}-\rho_{\min}) \tag{4-294}$$

对于头道卷边滚轮而言

$$\rho_{\max}^{(1)}=r+S^{(2)}+S^{(1)}+S_0^{(1)}+r^{(1)} \tag{4-295}$$

$$\rho_{\min}^{(1)}=r+S^{(2)}+r^{(1)} \tag{4-296}$$

代号上标（1）、(2) 分别表示属于头道、二道卷封的工作参数。

式中　r——封罐后盖子的半径；

$S^{(1)}$——头道的径向进给量（该机取 3.22mm 左右）；

$S^{(2)}$——二道的径向进给量（该机取 0.76mm 左右）；

$S_0^{(1)}$——头道卷边滚轮离开罐盖初始边缘的最大间隙。考虑到卷封沟槽的外廓形状并为托罐方便，应取一定的余量（该机为 4.78mm 左右）；

$r^{(1)}$——头道卷边滚轮的工作半径（一般取沟槽最深点的半径）。

将 ρ_{max}、ρ_{min} 代入式(4-294)，则

$$e=\frac{1}{2}(S^{(1)}+S_0^{(1)}) \tag{4-297}$$

将上述 $S^{(1)}$、$S_0^{(1)}$ 值代入，得 $e=4\text{mm}$。

b. 封盘及偏心套筒的轮速　封盘转速 n_1 和偏心套筒转速 n_2 决定了卷封时间的长短。

如图4-163所示，若令头道卷封的起始点即当 $S_0^{(1)}=0$ 时为 $M_1^{(1)}$，则该滚轮与罐体的中心距 $\rho_1^{(1)}$ 可由式(4-293)确定，即

$\rho_1^{(1)}=R+e\cos\theta_1^{(1)}=r+S^{(2)}+S^{(1)}+r^{(1)}$

又令头道卷封结束点为 $M_2^{(1)}$，该瞬时滚轮与罐体的中心距 $\rho_2^{(1)}$，同理可得

$\rho_2^{(1)}=R+e\cos\theta_2^{(1)}=r+S^{(2)}+r^{(1)}$

显然，该滚轮与罐体的中心距的最小值

$$\rho_{min}^{(1)}=\rho_2^{(1)}=R-e,\theta_2^{(1)}=180°$$

头道的径向进给量

$$S^{(1)}=\rho_1^{(1)}-\rho_2^{(1)}=R+e\cos\theta_1^{(1)}-(R-e)$$

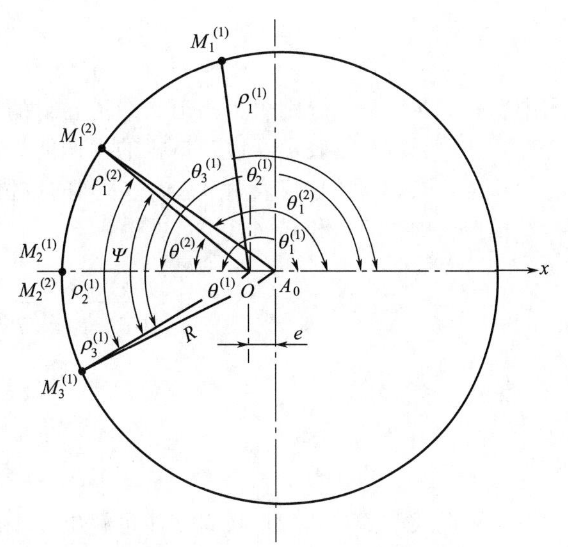

图4-163　GT4B1型卷边封口机卷封机构的运动综合图

进而求得

$$\cos\theta_1^{(1)}=\frac{S^{(1)}}{e}-1$$

当 $S^{(1)}=3.22\text{mm}$，$e=4\text{mm}$ 时，$\theta_1^{(1)}=101°15'$。

由此可知，头道的卷封工艺角为 $\theta^{(1)}=\theta_2^{(1)}-\theta_1^{(1)}$，当 $\theta_2^{(1)}=180°$,$\theta_1^{(1)}=101°15'$时，$\theta^{(1)}=78°45'$。

同理，若令二道卷封的起始点为 $M_1^{(2)}$，相对运动角为 $\theta_1^{(2)}$；二道卷封的结束点为 $M_2^{(2)}$ 相对运动角为 $\theta_2^{(2)}=180°$，则：

$$\cos\theta_1^{(2)}=\frac{S^{(2)}}{e}-1$$

当 $S^{(2)}=0.76\text{mm}$，$e=4\text{mm}$ 时，$\theta_1^{(2)}=144°6'$。

由此可知，二道的卷封工艺角为：

$$\theta^{(2)}=\theta_2^{(2)}-\theta_1^{(2)}$$

当 $\theta_2^{(2)}=180°$,$\theta_1^{(2)}=144°6'$时，$\theta^{(2)}=35°54'$。

因此，头道、二道卷封所需的工艺时间分别为：

$$t^{(1)}=\frac{\theta^{(1)}}{2\pi(n_1-n_2)} \tag{4-298}$$

$$t^{(2)}=\frac{\theta^{(2)}}{2\pi(n_1-n_2)} \tag{4-299}$$

该卷封工艺时间不仅要保证完成设计生产能力，而且还应满足单位径向进给量。由此可得：

$$t^{(1)}=\frac{S^{(1)}}{n_1 b^{(1)}} \tag{4-300}$$

$$t^{(2)}=\frac{S^{(2)}}{n_1 b^{(2)}} \tag{4-301}$$

$$n_1-n_2=Q \tag{4-302}$$

式中　$b^{(1)}$、$b^{(2)}$——分别表示头道、二道卷封的单位径向进给量；

Q——表示卷边封口机的生产能力。

注意：式(4-302) 仅表示 n_1、n_2、Q 间的数值关系，即差速一圈封一罐。

根据式(4-298) 和式(4-300) 可得

$$\frac{S^{(1)}}{n_1 b^{(1)}}=\frac{\theta^{(1)}}{2\pi(n_1-n_2)}$$

即

$$\frac{n_1}{n_2}=1-\frac{\theta^{(1)} b^{(1)}}{2\pi S^{(1)}}$$

再将上式与式(4-302) 联立，便可解出 n_1、n_2。

例如，若取头道的径向进给量 $S^{(1)}=3.22\text{mm}$，头道卷封的单位进给量 $b^{(1)}=1\text{mm/r}$，生产能力 $Q=40$ 罐/min，头道的卷封工艺角 $\theta^{(1)}=78°45'$，二道的卷封工艺角 $\theta^{(2)}=35°54'$，二通的径向进给量 $S^{(2)}=0.76\text{mm}$，求得封盘转速

$$n_1=1-\frac{2\pi S^{(1)} Q}{\theta^{(1)} b^{(1)}}=589\text{r/min}$$

偏心套筒转速

$$n_2=n_1-Q=589-40=549\text{r/min}$$

另外

$$\frac{t_1}{t_2}=\frac{\theta^{(1)}}{\theta^{(2)}}=\frac{78°45'}{35°54'}=2.194$$

$$\frac{t_1}{t_2}=\frac{S^{(1)} b^{(2)}}{S^{(2)} b^{(1)}}=\frac{3.22 b^{(2)}}{0.76\times 1}=4.237 b^{(2)}$$

将以上两式联立后解得二道卷封的单位进给量 $b^{(2)}\approx 0.52\text{mm/r}$。

显然，每封一罐封盘转过的转数为

$$n=\frac{n_1}{Q}=\frac{549}{40}=13.725\text{r/min}$$

其中用于头道、二道的卷封时间分别可由式(4-300)、式(4-301) 求出

$$t^{(1)}\approx 0.35\text{s},\ t^{(2)}\approx 0.16\text{s}$$

③ 头道、二道卷边滚轮的封盘配置角　在每一工作循环中，要求头道滚轮卷封时，二道滚轮不触及罐盖；而当头道滚轮结束卷封且已离开罐盖一定距离（一般取 0.5mm 左右）后，二道滚轮应能开始卷封。否则，由于头道、二道滚轮沟槽形状不一，会使卷边出现不应

有的压痕，影响封罐质量。

仍见图 4-163，设头道滚轮卷封结束再退出 0.5mm 时，其中心位置在 $M_3^{(1)}$ 点，而相对运动角为 $\theta_3^{(1)}$，由运动方程可知

$$\rho_3^{(1)}=R+e\cos\theta_3^{(1)}=r+S^{(2)}+r^{(1)}+0.5$$

如前所述，在头道卷封结束点，$r+S^{(2)}+r^{(1)}=R-e$ 故

当 $e=4$mm 时

$$\theta_3^{(1)}=208°57'$$

二道滚轮开始卷封，其中心位置在 $M_1^{(2)}$ 点，根据上述要求，二道相对于头道的工艺滞后角应是

$$\psi=\angle M_3^{(1)}OM_1^{(2)}=\theta_3^{(1)}-\theta_1^{(2)}$$

将 $\theta_3^{(1)}$ 值和 $\theta_1^{(2)}=144°6'$代入得

$$\psi=208°57'-144°6'=64°51'$$

若取头道、二道滚轮中心与封盘上偏心套筒几何中心的间距相等，即 $A_0M_1^{(2)}=A_0M_3^{(1)}=R$，则

$$\rho_1^{(2)}=R+e\cos\theta_1^{(2)},\rho_3^{(1)}=R+e\cos\theta_3^{(1)}$$

设 $R=80$mm，已知 $e=4$mm，$\theta_1^{(2)}=144°6'$，$\cos\theta_3^{(1)}=208°57'$代入得

$$\rho_1^{(2)}=76.76(\text{mm}),\rho_3^{(1)}=76.50(\text{mm})$$

按$\triangle OA_0M_1^{(2)}$ 及 $\Delta OA_0M_3^{(1)}$ 所示的几何关系，可分别求出

$$\phi^{(2)}=\angle OA_0M_1^{(2)}=\arccos\frac{R^2+e^2-(\rho_1^{(2)})^2}{2\text{Re}}$$

$$\phi^{(1)}=\angle OA_0M_3^{(1)}=\arccos\frac{R^2+e^2-(\rho_3^{(1)})^2}{2\text{Re}}$$

代入得

$$\phi^{(2)}=35°3',\ \phi^{(2)}=28°15'$$

因此，头道滚轮、二道滚轮在封盘上的配置角应是

$$\phi=\angle M_1^{(2)}A_0M_3^{(1)}=\angle M_1^{(2)}A_0O+M_3^{(1)}A_0O=\phi^{(2)}+\phi^{(1)}$$

代入得

$$\phi=35°3'+28°15'=63°18'$$

(2) 采用行星齿轮偏心销完成径向进给运动的卷封机构

以 GT4B2 型卷边封口机为例，该机专门用来卷封圆形实罐。

参阅图 4-157 所示，其卷封机构采用行星齿轮偏心销轴作原动件，以产生径向进给运动。显然，卷边滚轮与罐体的中心距是卷边滚轮所在封盘与中心齿轮相对运动角的函数。

① 卷边滚轮的运动方程　如图 4-164 所示，设罐体的中心（即中心齿轮的圆心）为 O，行星齿轮的圆心为 A，$OA=L$；其偏心轴孔的圆心为 M，偏心距 $AM=e$。若暂不考虑卷边

滚轮中心的位置调整问题，则 M 点也就是卷边滚轮的中心。

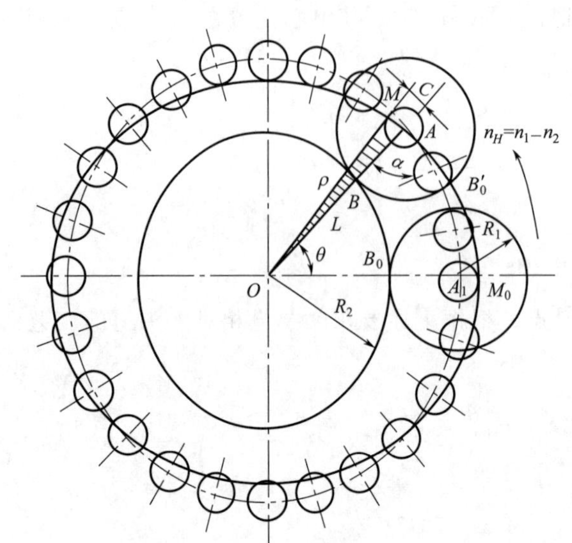

图 4-164 GT4B2 型卷边封口机卷封机构的运动分析图

在该差动轮系中，设行星齿轮随同封盘绕罐体中心的转速为 n_1，中心齿轮的转速为 n_2，一般 $n_2<n_1$。这样，卷边滚轮一方面随同封盘作牵连运动，从而完成绕罐体周向旋转；另一方面又随同行星齿轮自转对封盘做相对运动，同时，卷边滚轮与行星齿轮又存在着一定的偏心距，从而能完成对罐体中心的径向进给。

为了便于分析和作图，不妨假想中心齿轮不动，即给整个机构加上一个反向的转速（n_2），从而将该差动轮系转换为普通的行星轮系。则转化机构的系杆转速为 $n_{\rm H}=n_1-n_2$。由于原机构各构件之间的相对运动关系均保持不变，因此也不会影响所推导的卷边滚轮中心运动方程的参数关系。

仍取卷边滚轮与罐体的最大中心距为初始位置建立极坐标。此时，若将上述的三心标记为 O-A_0-M_0，显然，$OM_0=OA_0+A_0M_0=L+e$。当行星齿轮对中心齿轮以相对转速 $n_{\rm H}$ 由 A_0 转至 A 时，令其相对运动角为 θ，行星齿轮的自转角为 α。在这种情况下，它同中心齿轮的啮合点便由 B_0 改变为 B，而 B_0 则转至 B_0'，同时卷边滚轮的中心点移至 M，$OM=\rho$，由于在起始位置时 B_0-A_0-M_0 三点共线，因此转至新位置后 B_0'-A-M 仍应保持三点共线。

在△OAM 中，由余弦定理可知

$$OM^2=OA^2+AM^2-2\cdot OA\cdot AM\cos\angle OAM$$

即

$$\rho^2=L^2-e^2-2Le\cos(\pi-\alpha) \tag{4-303}$$

令行星齿轮和中心齿轮的节圆半径各为 R_1、R_2，由前设条件可知 $L=R_1+R_2$，考虑到齿轮的啮合传动相当于节圆作纯滚动，故 $R_2\theta=R_1\alpha$，即

$$\alpha=\frac{R_2\theta}{R_1}$$

将上式代入式(4-303)，解得

$$\rho=\sqrt{L^2-e^2-2Le\cos\frac{R_2}{R_1}\theta} \tag{4-304}$$

式(4-304) 就是 GT4B2 型卷边封口机卷边滚轮中心的运动方程。因为行星齿轮的节圆沿着中心齿轮的节圆作外切纯滚动，由数学可知，处于该行星齿轮节圆内某定点（即卷边滚轮的中心）的运动轨迹是一条内点外余摆线。实际上也就是卷边滚轮中心相对于中心齿轮或罐体中心的运动轨迹。至于每相对转动一圈，组成此封闭曲线的余摆线数目则与节圆半径比

有关。由于该机取 $R_1=27\text{mm}$，$R_2=54\text{mm}$，因此$\frac{R_2}{R_1}=2$。当卷边滚轮以相对转速 n_H 绕罐体公转一圈时，即形成两条余摆线，可卷封两个罐头。

② 机构主要参数的确定

a. 行星齿轮偏心轴孔的偏心距　与 GT4B1 型卷边封口机相似，当 $\theta=0$ 时，$\rho_{max}=L+e$；当 $\theta=\frac{\pi}{2}$时，$\rho_{min}=L-e$，由此可得

$$e=\frac{1}{2}(\rho_{max}-\rho_{min})$$

该机取 $e=7\text{mm}$。因为要考虑安排卷边滚轮偏心距的调整结构以及增加六槽转盘间歇转动的时间，而使装有汤汁的罐体转位时稳定，故该机取了较大的 e 值。

b. 封盘及中心齿轮的转速　可用与 GT4B1 型卷边封口机相似的方法，先求头道和二道的卷封工艺角 $\theta^{(1)}$、$\theta^{(2)}$。

在头道卷封起始与结束点，滚轮与罐体的中心距分别为

$$\rho_1^{(1)}=\sqrt{L^2+e^2+2Le\cos\frac{R_2}{R_1}\theta_1{}^{(1)}}=r+S^{(2)}+S^{(1)}+r^{(1)\text{DDS}}$$

$$\rho_2{}^{(1)}=L-e=r+S^{(2)}+r^{(1)}$$

两式相减

$$\rho_1{}^{(1)}-\rho_2{}^{(1)}=S^{(1)}=\sqrt{L^2+e^2+2Le\cos\frac{R_2}{R_1}\theta_1{}^{(1)}}-L+e$$

解得

$$\theta_1{}^{(1)}=\frac{R_1}{R_2}\left[\arccos\frac{(S^{(1)}+L-e)^2-L^2-e^2}{2Le}\right]$$

又因 $\theta_1{}^{(1)}=90°$，故头道卷封工艺角

$$\theta^{(1)}=\theta_2{}^{(1)}-\theta_1{}^{(1)}=90°-\frac{R_1}{R_2}\left[\arccos\frac{(S^{(1)}+L-e)^2-L^2-e^2}{2Le}\right] \tag{4-305}$$

将已知值 $R_1=27\text{mm}$，$R_2=54\text{mm}$，$L=81\text{mm}$，$e=7\text{mm}$，$S^{(1)}=3.22\text{mm}$，代入得

$$\theta^{(1)}=27°36'30''$$

同理可得，二道卷封工艺角

$$\theta^{(2)}=\theta_2{}^{(2)}-\theta_1{}^{(2)}=90°-\frac{R_1}{R_2}\left[\arccos\frac{(S^{(2)}+L-e)^2-L^2-e^2}{2Le}\right] \tag{4-306}$$

将上述已知值和 $S^{(2)}=0.76\text{mm}$ 代入得

$$\theta^{(2)}=12°54'$$

例如，已知该机生产能力 $Q=42$ 罐/min，若取头道单位径向进给量 $b^{(1)}=1\text{mm/r}$，同样可由式(4-298)、式(4-300)、式(4-302) 联立解得 $n_1=882\text{r/min}$，$n_2=861\text{r/min}$，$n_H=n_1-n_2=21\text{r/min}$。

实际上，该机取 $n_1=756\text{r/min}$，$n_2=735\text{r/min}$，相应地，头道和二道的单位径向进给量各为 $b^{(1)}=1.414\text{mm/r}$，$b^{(2)}=0.577\text{mm/r}$。由于该机头道、二道各配有一对滚轮，故两

只卷边滚轮的单位径向进给量可以适当增加，以利降低机头转速和运转惯性。

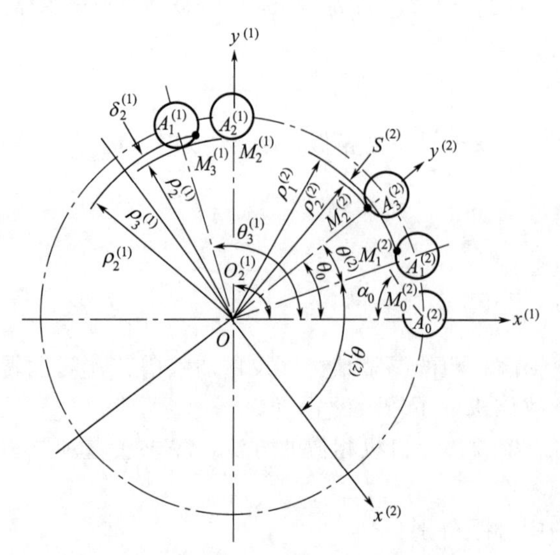

图 4-165 采用行星齿轮偏心机构的卷封装置头道二道卷边滚轮卷封工艺图

c. 头道和二道卷边滚轮中心的工艺配置角 GT4B1 型卷边封口机由于头道和二道滚轮都是以同一个偏心套筒作原动件完成径向进给的，所以它们可共用一个坐标轴。同时，为了保证头道、二道能依次正常地完成卷封，还应确定它们在封盘上的配置角。但是，GT4B2 型卷边封口机的情况就不尽相同，由于两道滚轮是通过各自的行星齿轮偏心销轴的控制来完成径向进给运动的，而且为了受力均匀，它们又呈对称状态分布，即头道和二道行星齿轮在封盘上的安装夹角为 90°。这样，要求正常卷封时，当头道滚轮直达进给最终位置时，二道滚轮中心应跟随受控的行星齿轮自转一定角度以后也能准确地到达进给最终位置。其自转角度称为头道和二道卷边滚轮中心的工艺配置角。

由图 4-165 可见，若头道滚轮卷封结束并退出 0.5mm 时，二道滚轮正好开始卷封。该瞬时，头道和二道行星齿轮中心所在的位置分别是 $A_3^{(1)}$、$A_1^{(2)}$，而卷边滚轮的中心分别是 $M_3^{(1)}$、$M_1^{(2)}$。由式(4-304) 求得 $A_3^{(1)}$。离初始位置的相对运动角 $\theta_3^{(1)}=100°25'30''$。根据前述结构条件可知

$$\angle A_3^{(1)}OA_1^{(2)}=90°$$

当头道滚轮结束卷封时，头道和二道行星齿轮的中心位置分别为 $A_2^{(1)}$、$A_0^{(2)}$。同理可知$\angle A_2^{(1)}OA_1^{(2)}=90°$，故 $A_0^{(2)}$ 恰好在头道的初始位置，即 $x^{(1)}$ 轴上。当头道卷边滚轮中心点位置为 $M_2^{(1)}$（偏心位于最里位置）时，则二道卷边滚轮中心 $M_0^{(1)}$ 距到达最里位置 $M_2^{(2)}$，尚需以相对转速绕罐体转过一个角度，即

$$\theta_0=\angle A_0^{(2)}OA_2^{(2)}=\angle A_0^{(2)}OA_1^{(2)}+\angle A_1^{(2)}OA_2^{(2)}=\theta_1^3-90°+\theta^{(2)}$$

将已知值 $\theta_1^{(3)}=100°25'30''$和 $\theta_1^{(2)}=12°54'$代入得

$$\theta_0=100°25'30''-90°+12°54'=23°19'30''$$

因此，头道和二道卷边滚轮中心的工艺配置角为

$$\alpha_0=\frac{R_2}{R_1}\theta_0=\frac{R_2}{R_1}(\theta_3^{(1)}-90°+\theta^{(2)})$$

将已知值

$$\alpha_0=2\times23°19'30''=46°39'$$

该机取 $\alpha_0=45°$。调试时，按上述条件先将头道滚轮中心调到偏心的最里位置，再将相位差为 90°的二道滚轮中心从最里位置逆着行星齿轮的自转方向转过 45°（该机行星齿轮的齿数均为 24，逆转 45°等于逆转三个轮齿）后放入，就能保证两道卷封正常进行。

③ 应用实例 某一单头自动卷边封口机采用行星齿轮偏心销轴结构来完成径向进给运

动。已知四只行星齿轮的齿数均为 $Z_1=28$，中心齿轮的齿数为 $Z_2=56$，模数均为 $m=2$，并取头道和二道径向进给量分别为 $S^{(1)}=3\text{mm}$ 和 $S^{(2)}=0.7\text{mm}$。开始卷封前，二道卷边滚轮离开罐盖边缘的最远距离为 $S_0^{(2)}=8\text{mm}$。该机生产能力为 Q=40 罐/min。每封一罐，从头道开始卷封至二道结束卷封所需时间为 $t=\frac{13}{30}\text{s}$。试确定设计参数。在安装调试时，先将头道行星齿轮偏心轴孔的中心放在最里位置，要求确定二道行星齿轮偏心轴孔的中心由最里位置逆其自转方向应调过的角度（或当量齿数），并说明对有关构件结构设计应采取的适当措施。

求解步骤如下：

a. 确定销轴偏心距及齿轮中心距　参照式(4-294)～式(4-296)，可得销轴的偏心距

$$e^{(2)}=\frac{\rho_{\max}^{(2)}-\rho_{\min}^{(2)}}{2}=\frac{(r-S^{(2)}+S^{(1)}+S_0^{(2)}+r^{(2)})-(r+r^{(2)})}{2}=\frac{S^{(2)}+S^{(1)}+S_0^{(2)}}{2}$$

将已知值代入得

$$e=\frac{0.7+3+8}{2}=5.85\text{mm}$$

齿轮中心距

$$L=\frac{1}{2}m(Z_1+Z_2)=\frac{1}{2}\times 2(28+56)=84\text{mm}$$

b. 确定头道卷封工艺角　按式(4-305)，代入已知值，其中$\frac{R_1}{R_2}=\frac{Z_1}{Z_2}=\frac{1}{2}$可得

$$\theta^{(1)}=90^\circ-\frac{1}{2}\times\left[\arccos\frac{(3+84+5.85)^2}{2\times 84\times 5.85}\right]=90^\circ-60.5^\circ=29.5^\circ$$

c. 确定从头道卷封开始至二道卷封结束所需时间相对应的相对运动角　根据生产率$Q=$ 40pcs/min，每封一罐所需时间 $T=\frac{60}{Q}=\frac{60}{40}=1.5\text{s}$，故所求的相对运动角 $\theta=\frac{13}{30}\times 180^\circ=\frac{13}{30}\times\frac{180^\circ}{1.5}=52^\circ$

d. 确定从头道卷封结束至二道卷封结束所需时间相对应的相对运动角

$$\theta_0=\theta-\theta^{(1)}=52^\circ-29.5^\circ=22.5^\circ$$

e. 确定头道滚轮在最里位置时，二道滚轮由最里位置应逆转的齿数　因头道和二道的工艺配置角

$$\alpha_0=\frac{Z_2}{Z_1}\times\theta_0=2\times 22.5^\circ=45^\circ$$

则对应的当量齿数

$$Z_0=Z_1\times\frac{\alpha_0}{360^\circ}=28\times\frac{45^\circ}{360^\circ}=3.5$$

f. 对有关构件设计所采取的措施　如图 4-166 所示，头道和二道滚轮在封盘上的安装夹角为 90°，而中心齿轮在该夹角范围内的齿数 $56\times\frac{90^\circ}{360^\circ}=14$，是一个整数。因此，头道行星

齿轮的齿间与中心齿轮的轮齿相啮合时，则二道行星齿轮也必然是齿间与中心齿轮的轮齿相啮合。但是，为了保证二道行星齿轮能调过三个半齿，就要求在设计、制造两道行星齿轮结构时，将头道偏心轴孔中心线对称地定位于齿间，而将二道偏心轴孔中心线错过半个齿，即对称地定位于轮齿。按图所示中心齿轮啮合的位置，头道偏心在最里位置，而二道偏心则由最里位置已转过半个齿，这样，只要按图示位置保持头道行星齿轮不动再将二道行星齿轮顺时针调过三个齿即可。

根据上述 GT4B1 型及 GT4B2 型卷边封口机卷封机构的运动设计，可以概括如下结论：

a. 采用偏心装置的卷边滚轮产生径向进给运动，其运动规律应通过有关方程加以确定。鉴于卷边滚轮与罐体的中心距并非定值，而且径向进给速度又是不均匀的。因此，这种卷封没有光边过程，以致影响封罐质量。

b. 采用偏心装置，其卷封工艺角也必须按运动方程计算，并且有关参数都较难任意确定。从分析可见，真正用于卷封工艺的时间较少，而大部分时间却用于完成进罐、出罐及转位等辅助操作，限制了生产能力的提高。

c. 如果改用凸轮装置使卷边滚轮产生径向进给运动，则可灵活地设计凸轮曲线，有效地控制径向进给运动规律。特别是在完成第二道卷封后可增加一段光边过程，不仅有助于改善卷封的工艺性能，同时还可大幅度增加卷封工艺角，以提高生产能力。当然，凸轮机构也有一定的缺点，结构较庞大，一般难于保证加工质量，加之润滑条件差，容易磨损，进而影响卷封精度。

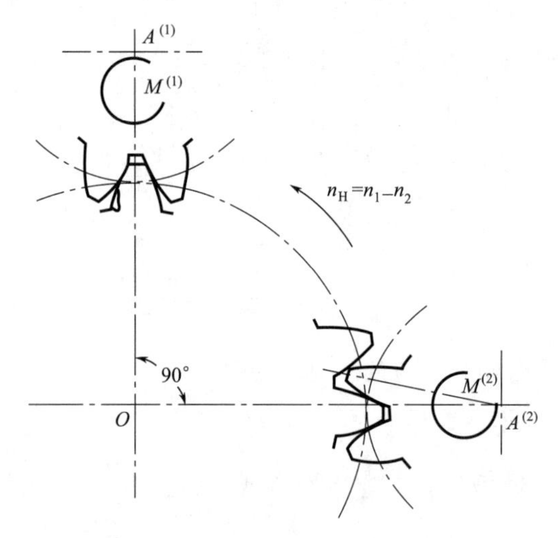

图 4-166　头道和二道卷边滚轮相对位置确定示意图

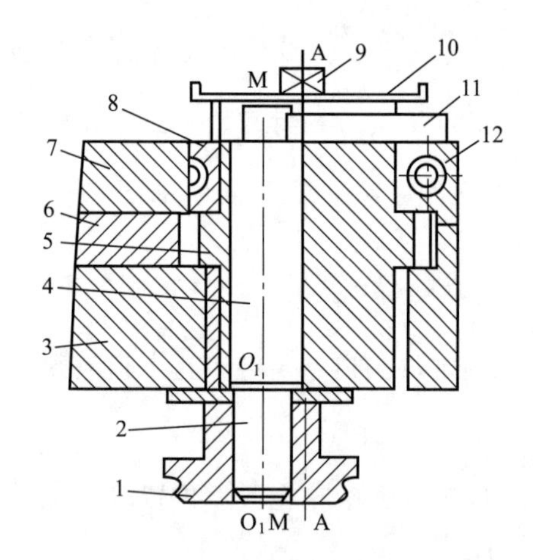

图 4-167　调节装置原理图

1—边滚轮；2—偏心短轴；3—封盘；4—销轴；5—行星齿；6—中心齿轮；7—封盘盖；8—蜗轮；9—螺钉；10—压簧片；11—方形短柄；12—蜗杆

4.6.2.5　卷边滚轮径向进给距离的调整

为了调节罐头卷边的松紧程度，必须微量调节卷边滚轮与罐体的中心距离。图 4-167 为调节装置原理图。由图可见销轴 4 的上端制成一方形短柄 11 安放在蜗轮 8 的周边缺口内。该蜗轮借螺钉 9 及压簧片 10 装在封盘盖 7 上。调整时，转动蜗杆 12 使蜗轮旋转，从而改变缺口的方位。于是，销轴 4 也随蜗轮 8 改变了方位，从而达到微调的目的。

4.7　裹包装置设计

4.7.1　裹包的基本原理

4.7.1.1　裹包的基本工艺过程

裹包机的种类很多，随着机器所完成的裹包方式及其包装的物品和所用包装材料的不同，各种裹包机的生产率有着很大的差异。裹包机所完成的裹包操作主要有以下几个方面。

① 推料：将被包装物品和包装材料由供送工位移送到包装工位。移送时，有的还要完成一些折纸工序。

② 折纸：使包装材料围绕被包装物品进行折叠裹包。根据折纸部位的不同，可分为端面折纸、侧面折纸等。

③ 扭结：在围绕被包装物品裹成筒状的包装材料的端部，完成扭转封闭。

④ 涂胶：将黏合剂涂在包装材料上。

⑤ 热封：对包装材料加热封合。

⑥ 切断：将串连在一起的裹包件加以分离。

⑦ 成型：使包装材料围绕被包装物品形成筒状。

⑧ 缠包：将包装材料缠绕在被包装物品上。

4.7.1.2　裹包机构的运动形式

为实现某种裹包操作，裹包执行构件与被包装物品及包装材料之间应有适当的相对运动。其中，有的被包装物及包装材料不动，而执行构件运动；有的执行构件不动，而被包装物及包装材料运动；还有的被包装物品及包装材料同执行机构一起运动，但速度各不相同。

常见的裹包执行机构运动形式有：

① 往复运动（包括往复直线运动和摆动）；

② 平面曲线运动；

③ 空间曲线运动；

④ 匀速转动和非匀速转动；

⑤ 复合运动。

这些运动可以采用不同的机构来实现，对静止的执行构件，只需作结构设计；对运动的执行构件，要根据裹包操作的具体要求，选择和设计合适的机构使之实现预期的运动规律。

4.7.2　裹包机构设计

对执行构件作往复运动的裹包执行机构（以下简称为往复运动机构）有如下工作要求。

① 位移：执行构件作直线或摆动往复运动的总位移量，分别用 S_m、ψ_m 表示。

② 动停时间：执行构件的工作行程和回程运动时间、停留时间及总位移量，都是已知值。根据工作行程或回程运动的起始端和终止端有无停留，可将往复运动分为：

a. 无停留往复运动：在行程的两端和中途均无停留；

b. 单停留往复运动：只在行程的起始端或者终止端有停留；

c. 双停留往复运动：在行程的两端均有停留。

上述三种往复运动是常用的。此外，还有在行程的中途作一次或多次停留的，或者在一个工作周期内作多次不同行程和动停时间的往复运动等。

③ 运动速度：有两种情况，一种为裹包操作要求执行构件必须按某种规律运动，如作等速运动，或与其他执行构件作同步运动等；另一种为裹包操作对执行构件的运动速度无特

殊要求，则可根据工作条件和结构自选合适的运动规律。裹包执行机构大都属于后一种情况。

由于裹包机工作速度高、执行机构多且动作配合要求严格，故通常选用凸轮机构、连杆机构以及各种组合机构来实现所需要的往复运动。

4.7.2.1　凸轮机构

凸轮机构工作可靠、布局方便，特别是它能使从动杆实现任意的运动规律，因而在裹包机中应用广泛。下面结合具体应用着重讨论选择从动系统的形式与确定参数这两个设计问题。

(1) 从动系统的形式

选择从动系统，要求构件数目少、传动效率高、结构简单。为此，应尽量采用由凸轮直接驱动执行构件的方案。但这不是经常能实现的。对设计裹包机来说，有时还必须通过中间传动件，如执行构件远离凸轮轴、摆动执行构件的角位移过大、或者为减小凸轮几何尺寸以及便于布局等可考虑如下四种中间传动形式。

① 弧度型从动系统。

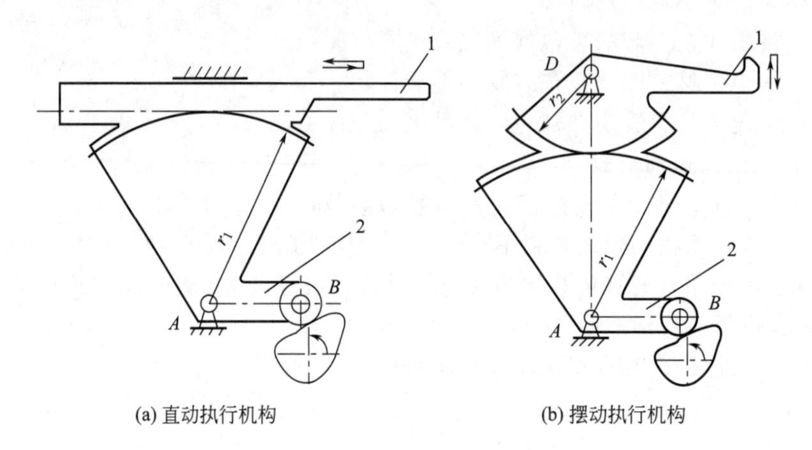

图 4-168　弧度型从动系统

如图 4-168 所示，从动杆 AB 与执行构件的运动关系分别为

$$\psi_1=\frac{s}{r_1} \tag{4-307}$$

$$\psi_1=\frac{r_2}{r_1}\psi_2 \tag{4-308}$$

式中　ψ_1——从动杆的摆角；

r_1——与从动杆固连的扇形齿轮节圆半径；

s——直动执行构件的直线位移；

ψ_2——摆动执行构件的角位移；

r_2——与摆动执行构件固联的扇形齿轮节圆半径。

上述两公式分别适用于直动和摆动执行构件。其共同特点是从动杆与执行构件的位移均属线性关系，而且可以增大行程，故设计方便。

② 正弦型从动系统。

如图 4-169 所示，(a) 图为直动执行构件，当从动杆 AB 处于行程中间位置时，若使它与执行构件的运动轨迹相垂直，则

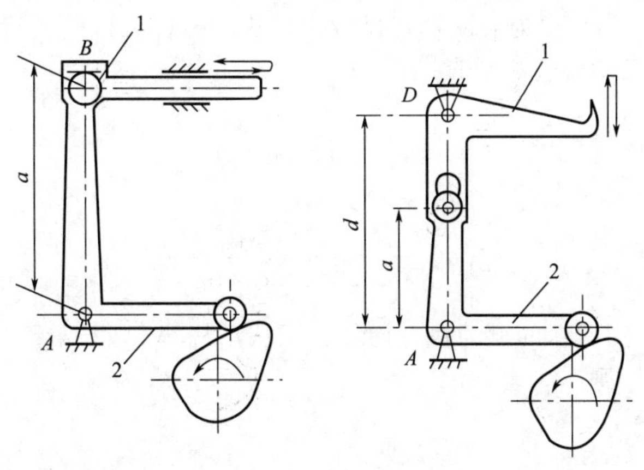

(a) 直动执行机构　　(b) 摆动执行机构

图 4-169　正弦型从动系统

$$\psi_{1m}=2\arcsin\frac{s_m}{2a} \tag{4-309}$$

$$\psi_1=\frac{\psi_{1m}}{2}-\arcsin\frac{s_m-2s}{2a} \tag{4-310}$$

同理，对于（b）图所示的摆动执行构件，当从动杆 AB 处于行程中间位置时，若使它与固定杆 AD 相重叠，则

$$\psi_{1m}=2\arcsin\left(\frac{d}{a}\sin\frac{\psi_{2m}}{2}\right)-\psi_{2m} \tag{4-311}$$

$$\psi_1=\frac{\psi_{1m}+\psi_{2m}}{2}-\psi_2-2\arcsin\left[\frac{d}{a}\sin\left(\frac{\psi_{2m}}{2}-\psi_2\right)\right] \tag{4-312}$$

式中　ψ_{1m}, ψ_1——分别为从动杆的总摆角位移与角位移；

s_m, s——分别为直动执行构件的总位移与位移；

ψ_{2m}、ψ_2——分别为摆动执行构件的总角位移与角位移；

a——从动杆 AB 的有效长度；

d——构件 1、2 上两支点 A、D 间的距离。

③ 正切型从动系统。

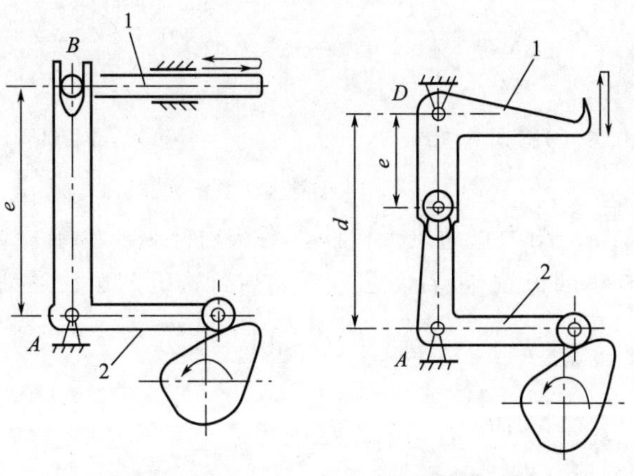

(a) 直动执行机构　　(b) 摆动执行机构

图 4-170　正切型从动系统

如图 4-170 所示，(a) 图为直动执行机构，当从动导杆 AB 处于行程中间位置时，若使它与直动执行构件的运动轨迹相垂直，则

$$\psi_{1m}=2\arctan\frac{s_m}{2e} \tag{4-313}$$

$$\psi_1=\frac{\psi_{1m}}{2}-\arctan\left(\frac{s_m-2s}{2e}\right) \tag{4-314}$$

同理，对于 (b) 图所示的摆动执行构件，当从动杆 AB 处于行程中间位置时，若使它与固定杆 AD 相重叠，则

$$\psi_{1m}=2\arctan\left(\frac{c\sin\dfrac{\psi_{2m}}{2}}{d-c\cos\dfrac{\psi_{2m}}{2}}\right) \tag{4-315}$$

$$\psi_1=\frac{\psi_{1m}}{2}-\arctan\left(\frac{c\sin(\dfrac{\psi_{2m}}{2}-\psi_2)}{d-c\cos(\dfrac{\psi_{2m}}{2}-\psi_2)}\right) \tag{4-316}$$

式中 e——从动杆的 A 点与直动执行构件滚子中心 B 的运动轨迹线之间的距离；

c——摆动执行构件的有效长度；

其余符号同前。

④ 连杆型从动系统。

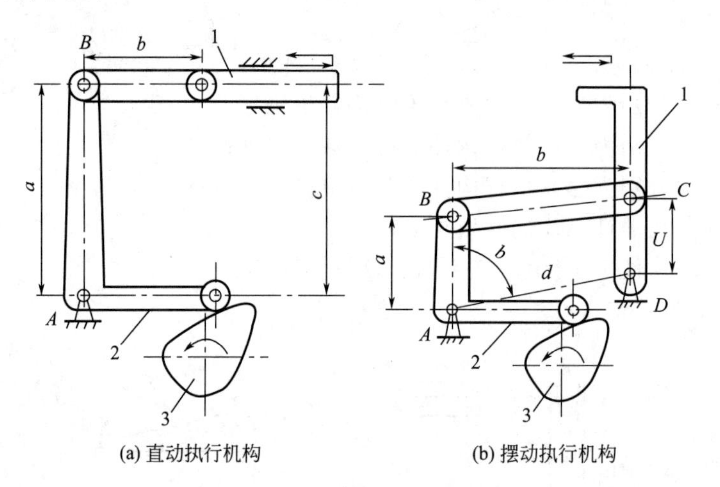

图 4-171 连杆型从动系统方案

如图 4-171 所示，(a) 图为直动执行构件，当从动杆 AB 处于行程中间位置时（此时执行构件不一定处于行程中间位置），若使它与直动执行构件的运动运动轨迹相垂直，则

$$\psi_{1m}=2\arcsin\left(\frac{s_m}{2a}\right) \tag{4-317}$$

$$s=\frac{s_m}{2}+\sqrt{b^2-\left(e-a\cos\frac{\psi_{1m}}{2}\right)^2}-a\sin\left(\frac{\psi_{1m}}{2}-\psi_1\right)-\sqrt{b^2-\left[e-a\cos\left(\frac{\psi_{1m}}{2}-\psi_1\right)\right]^2} \tag{4-318}$$

式中　b——连杆 BC 的长度；

其余符号同前。

当 b 较大，而 ψ_{1m} 又较小时，可用式(4-310) 代替作近似计算。

对于图 4-171 (b) 所示的摆动执行构件，当杆 AB 和 CD 各自的行程中间位置互相平行（不是两杆件同时到达行程中间位置）时，则

$$a=\frac{\sin\dfrac{\psi_{2m}}{2}}{\sin\dfrac{\psi_{1m}}{2}}c$$

$$b^2=\left[d+c\cos\left(\beta-\frac{\psi_{2m}}{2}\right)-a\cos\left(\beta-\frac{\psi_{1m}}{2}\right)\right]^2+\left[c\sin\left(\beta-\frac{\psi_{2m}}{2}\right)-a\sin\left(\beta-\frac{\psi_{1m}}{2}\right)\right]^2 \tag{4-319}$$

AB、CD 两杆件的运动关系式为

$$\frac{d}{a}\cos\left(\beta-\frac{\psi_{2m}}{2}+\psi_2\right)-\frac{d}{c}\cos\left(\beta-\frac{\psi_{1m}}{2}+\psi_1\right)-\cos\left(\frac{\psi_{1m}-\psi_{2m}}{2}+\psi_2-\psi_1\right)+\frac{a^2+c^2+d^2-b^2}{2ac}=0 \tag{4-320}$$

式中　β——从动杆 AB 处于行程中间位置与固定杆 AD 之间的夹角；

ψ_{1m}——杆 AB 的总摆角；

ψ_{1m}——杆 CD 的总摆角；

a,b,c,d——分别为杆 AB、BC、CD、AD 的有效长度。

以上四种从动系统的形式，都具有增大行程和便于总体布局的特点，不仅在凸轮机构中被广泛应用，而且在连杆机构中也经常采用。

(2) 参数确定

① 带滚子直动从动杆盘形凸轮机构　参见图 4-172，影响凸轮机构传动效率和推力系数的主要参数有：凸轮理论廓线基圆半径 r_a，凸轮轴偏置距离 e，直动从动杆的导轨长度 l_b 及其最大悬臂长度 l_a。

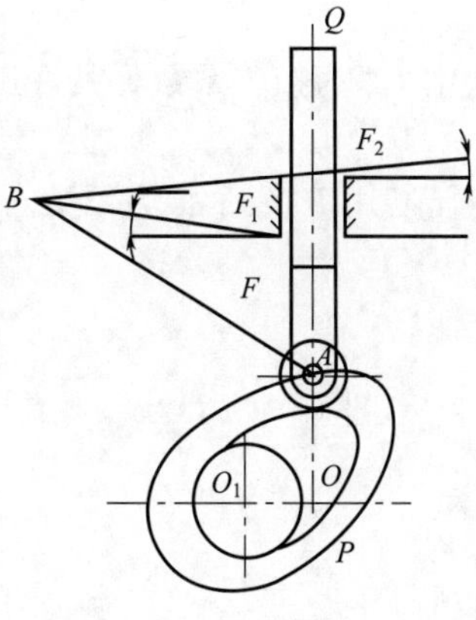

上述参数通常是按凸轮许用压力角确定的，推程运动的许用压力角一般可取 30°。在实践中，这种凸轮机构，往往压力角并未超过许用值而推力系数（凸轮对直动从动杆的推力与从动杆所承受的载荷的比值）却很大，甚至自锁的情况时有发生；也有凸轮压力角超过许用值而工作情况却良好。所以，按许用压力角确定其参数，是不够妥善的。为此，特介绍一种按机构传动效率确定其参数的方法。

图 4-172　带滚子直动从动杆盘形凸轮机构

由图可见，在推程运动中，从动杆所受的作用力为：

Q——从动杆的负载，包括工作阻力、有关构件的重力和惯性力以及封闭力等。

P——凸轮对从动杆的推力，理论上它通过凸轮与滚子的接触点，并与滚子和销轴的当

量摩擦圆相切。由于当量摩擦圆半径一般甚小，可近似认为该力通过滚子中心 A，亦即 P 与凸轮廓线的法线重合。

F——导轨对从动杆的反力，是 F_1 和 F_2 的合力。

根据力的合成与平衡原理，F 应通过 F_1 与 F_2 的交点 B 及 Q 与 P 的交点 A，由图示几何关系得

$$\tan\varphi'_d=\left[l+\left(\frac{l_b}{2}-\frac{c}{2}\tan\varphi_d\right)\right]\frac{2\tan\varphi_d}{l_b} \tag{4-321}$$

式中 φ'_d——从动杆与其导轨的当量摩擦角；

φ_d——从动杆与其导轨的摩擦角；

l——从动杆位移为 s 时的悬臂长度；

c——从动杆的宽度或直径。

计算结果表明，$\frac{c}{2}\tan\varphi_d$ 与 $\frac{l_b}{2}$ 和 l 相比其值甚小，可略去不计，则上式简化为

$$\tan\varphi'_d=\left(1+\frac{2l}{l_d}\right)\tan\varphi_d \tag{4-322}$$

根据 Q、F、P 三力平衡条件，得

$$P=\frac{\cos\varphi'_d}{\cos(\alpha+\varphi'_d)}Q \tag{4-323}$$

显然，当 $\alpha+\varphi'_d\geqslant 90^\circ$ 时，该机构将产生自锁。

假定从动杆与其导轨之间没有摩擦，即 $\varphi_d=0^\circ$，则

$$P_0=\frac{1}{\cos\alpha}Q \tag{4-324}$$

这样，可粗略地求出该机构的传动效率 η 为

$$\eta=\frac{P_0}{P}=1-\tan\alpha\tan\varphi'_d=1-\xi \tag{4-325}$$

式中 ξ 为损失系数，其许用值用 $[\xi]$ 表示。欲保证机构有合理的传动效率通常，可取

$$\xi=\tan\alpha\tan\varphi'_d\leqslant[\xi] \tag{4-326}$$

若用 K 表示推力系数，则

$$K=\frac{P}{Q}=\frac{\cos\varphi'_d}{\cos(\alpha+\varphi'_d)}=\frac{\sqrt{1+(\xi/\tan\varphi'_d)^2}}{1-\xi} \tag{4-327}$$

因为 $\xi\leqslant[\xi]$，$\tan\varphi'_d\geqslant\tan\varphi_d$，故

$$K\leqslant\frac{\sqrt{1+([\xi]/\tan\varphi_d)^2}}{1-[\xi]} \tag{4-328}$$

举例：如图 4-172 所示的凸轮机构，直动从动杆的推程为等速运动，已定参数为 $l_a/l_b=5.5$，从动杆与其导轨间的摩擦因数 $\mu=\tan\varphi_d=0.15$。若按许用压力角 $[\alpha]=30^\circ$ 确定轮基圆半径，则因其 α 和 φ'_d 的最大值均发生在推程运动起始时刻，可由式(4-326) 求得最大损失系数 ξ_m 为

$$\xi_m=\tan\alpha_0\tan\varphi'_{d0}=\tan[\alpha]\left(1+\frac{2l_a}{l_b}\right)\tan\varphi_d=1.039$$

计算结果表明：该机构压力角虽未超过许用值，但损失系数已大于 1，机构自锁。由此可见，按许用压力角确定参数是不可靠的。而按许用损失系数确定参数，既可以保证有合理的传动效率，也能保证推力系数不致过大。

因此，需要进一步讨论按许用损失系数来确定有关参数。对图示的偏置直动从动杆盘形凸轮机构而言，设从动杆推程起始时刻凸轮的转角为零，当凸轮转动 φ 角度后，从动杆的位移为 s，不难导出

$$\tan\alpha=\frac{\frac{ds}{d\varphi}-e}{s+\sqrt{r_a^2-e^2}}\tag{4-329}$$

将式(4-329)、式(4-322) 代入式(4-326)，并经整理可得

$$\xi=\left|\frac{\tan\varphi_d}{l_b}\cdot\frac{l_b+2(l_a-s)}{s+\sqrt{r_a^2-e^2}}\left(\frac{ds}{d\varphi}-e\right)\right|\leqslant[\xi]\tag{4-330}$$

为研究方便，再将上式无因次化，得

$$\xi=\left|\frac{\tan\varphi_d}{L_b}\cdot\frac{L_b+2(L_a-S)}{S+\sqrt{R_a^2-E^2}}\left(\frac{V}{\varphi_m}-E\right)\right|\leqslant[\xi]\tag{4-331}$$

式中：$L_a=\frac{l_a}{s_m}$、$L_b=\frac{l_b}{s_m}$、$R_a=\frac{r_a}{s_m}$、$E=\frac{e}{s_m}$；φ_m 为与从动杆推程总位移 s_m 相对应的凸轮转角（弧度）；S、V 分别为从动杆推程无因次运动的位移与速度。又设 φ 为凸轮的无因次转角，A 为从动杆的无因次运动加速度。则无因次运动与实际运动的关系为：

$$\phi=\frac{\varphi}{\varphi_m}\tag{4-332}$$

$$S=\frac{s}{s_m}\tag{4-333}$$

$$V=\frac{d\phi}{dS}=\frac{\varphi_m}{s_m}\times\frac{ds}{d\varphi}\tag{4-334}$$

$$A=\frac{dV}{d\phi}=\frac{\varphi_m^2}{s_m}\times\frac{d^2s}{d\varphi^2}\tag{4-335}$$

关于最大损失系数 ξ_m，可能发生在推程的起始位置，即 $\phi_0=0$、$S_0=0$ 时刻。故由式(4-331) 可得

$$\xi_0=\left|\frac{\tan\varphi_d}{L_b}\cdot\frac{L_b+2L_a}{\sqrt{R_a^2-E^2}}\left(\frac{V_0}{\varphi_m}-E\right)\right|\leqslant[\xi]\tag{4-336}$$

但 ξ 也有可能发生在 ξ 的极大值 ξ_p，即 $\xi'(\phi_p)=0$、$\xi''(\phi_p)<0$ 处，令 $\frac{d\xi}{d\phi}=0$ 得

$$\frac{1}{V_p-\varphi_mE}\times\frac{A_p}{V_p}-\frac{2}{L_b+2(L_a-S_p)}-\frac{1}{S_p+\sqrt{R_a^2-E^2}}\tag{4-337}$$

$$\xi_{p}=\frac{\tan\varphi_{d}}{L_{b}}\times\frac{L_{b}+2(L_{a}-S_{p})}{S_{p}+\sqrt{R_{a}^{2}-E^{2}}}\left(\frac{V}{\varphi_{m}}-E\right)\leqslant[\xi] \tag{4-338}$$

当凸轮机构有关参数已确定时，便可利用式(4-336)～式(4-338) 验算损失系数。

当参数 L_{a}、L_{b}、E 一定时，可按 $[\xi]$ 确定凸轮的基圆半径 R_{a} 的许用最小值。方法是：先将式(4-337) 和式(4-338) 联立，消去 R_{a} 后得

$$\frac{\varphi_{m}L_{b}[\xi]}{\tan\varphi_{d}}-2\varphi_{m}E-[L_{b}-(2l_{a}-S_{p})]\frac{A_{p}}{V_{p}}+2V_{p}=0 \tag{4-339}$$

由上式求得 ϕ_{p} 值，将其代入式(4-338)，经整理得

$$R_{ap}\geqslant\sqrt{\left[\frac{\tan\varphi_{d}}{L_{b}[\xi]}(L_{b}+2L_{a}-2S_{p})\left(\frac{V_{p}}{\varphi_{m}}-E\right)-S_{p}\right]^{2}+E^{2}} \tag{4-340}$$

另外，还须满足式(4-336) 的要求，即

$$R_{a0}\geqslant\sqrt{\left[\frac{\tan\varphi_{d}}{L_{b}[\xi]}(L_{b}+2L_{a})\left(\frac{V_{0}}{\varphi_{m}}-E\right)\right]^{2}+E^{2}} \tag{4-341}$$

当然，应从 R_{ap}、R_{a0} 中选取较大者作为设计依据。

综合上述，得出结论：

a. l_{a} 愈小而 l_{b} 愈大，则 ξ 愈小。若将从动杆设计成非悬臂的结构形式，则 $\varphi_{d}'=\varphi_{d}$，$\xi_{m}=\tan\alpha_{m}\tan\varphi_{d}\leqslant[\xi]$，亦即应使 $\alpha_{m}\leqslant\arctan\left(\frac{[\xi]}{\tan\varphi_{d}}\right)$。例如，当 $[\xi]=0.2$，$\tan\varphi_{d}=0.15$ 时，须使

$$\alpha_{m}\leqslant\arctan\frac{0.2}{0.15}=53.13°$$

就是说，对于非悬臂结构，虽然凸轮的压力角较大，但仍可有良好的传动效率。而当悬臂长度很大时，情况则相反。

b. 对于用槽凸轮形封闭的形式，因从动杆两个方向的运动都是推程运动，通常取 $e\approx0$。对于力封闭的形式，凸轮轴应按推程运动正向偏置，通常取 $e\approx0\sim\frac{s_{m}}{2}$，当所取 e 值使 $R_{ap}=R_{a0}$ 时，则可以使凸轮获得最小尺寸，此最佳偏距值可由式(4-339)～式(4-341) 联立求得，不再赘述。

c. 凸轮的许用最小基圆半径可按 $[\xi]$ 求出。

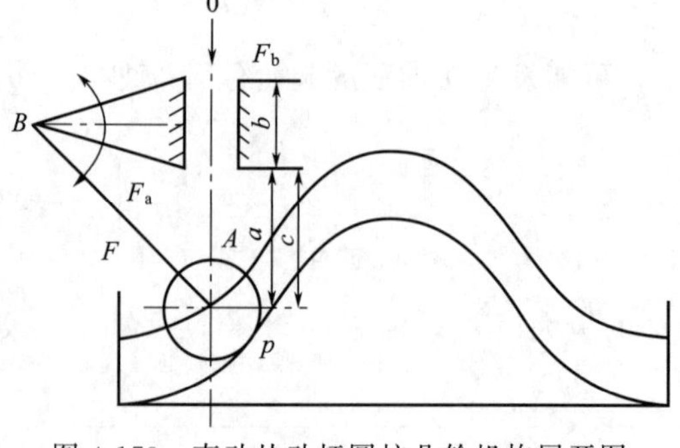

图 4-173 直动从动杆圆柱凸轮机构展开图

② 滚子直动从动杆圆柱凸轮机构 图4-173所示是将圆柱凸轮廓线展开后的带滚子的直动从动杆圆柱凸轮机构展开图。

根据

$$\tan\alpha=\frac{1}{r_a}\times\frac{ds}{d\varphi}=\frac{V}{R_a\varphi_m} \tag{4-342}$$

$$\xi=\tan\alpha\tan\varphi'_d \tag{4-343}$$

则

$$\xi=\frac{V}{R_a\varphi_m}\times\frac{L_b+2(L_a-S)}{L_b}\tan\varphi_d\leqslant[\xi] \tag{4-344}$$

将式(4-344)对ϕ求导，令$\frac{d\xi}{d\phi}=0$，求与ξ的极大值相应的ϕ_p值，整理后可得

$$V_p-\frac{1}{2}[L_b+2(L_a-S_p)]A_p=0 \tag{4-345}$$

$$\xi_m=\xi_p=\frac{V_p}{R_a\varphi_m}\times\frac{L_b+2(L_a-S)}{L_b}\tan\varphi_d\leqslant[\xi] \tag{4-346}$$

$$R_a\geqslant\frac{\tan\varphi_d}{\varphi_m L_b[\xi]}[L_b+2(L_a-S_p)]V_p \tag{4-347}$$

4.7.2.2 连杆机构

采用连杆机构实现往复运动，输入端是作等速转动的曲柄，输出端是作往复运动的裹包执行构件。由于连杆机构具有容易制造、运转较平稳、使用寿命长，并能承受较大载荷以及适合高速等特点，在裹包机中的应用日趋增多。但执行构件的运动速度变化规律不能任意选定，且结构不够紧凑。

(1) 曲柄摇杆机构

裹包操作对曲柄摇杆机构的运动要求，主要有如下几种。

1) 给定曲柄与摇杆在外极限位置前（或后）的一对相应角移量

如图4-174（a）所示为折纸机构简图。折纸板1从开始折纸到折纸终了的摆角$\psi=9°$，

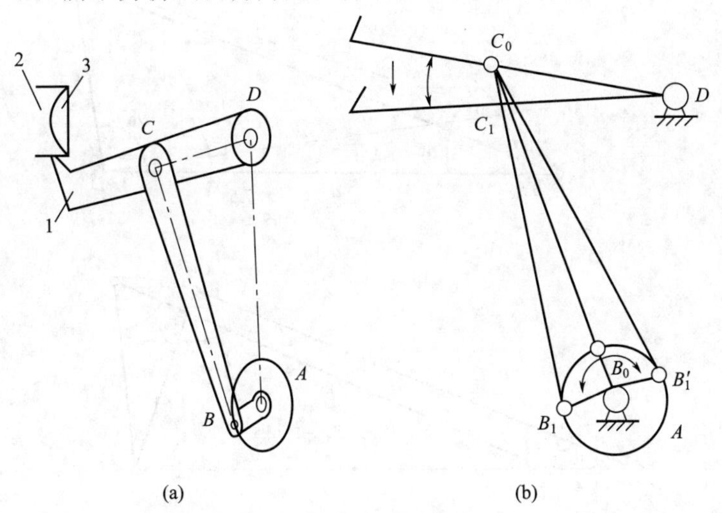

图4-174 折纸机构

1—折纸板；2—纸；3—糖块

曲柄转角 $\varphi=80°$，据此，设计曲柄摇杆机构 $ABCD$ 各杆长。

图（b）所示为该折纸机构示意图。当折线终了时，因折纸板已到达最高位置，故此时曲柄摇杆机构应处于外极限位置 AB_1C_1D。这样，当折纸板由开始折纸位置运动到折纸终了位置时，要求摇杆 CD 由位置 C_1D 运动到位置 C_0D，其转角 $\angle C_1DC_0=9°$；而对于曲柄 AB，若是沿顺时针转动，则转角 $\angle B_1AB_0=\varphi=80°$，而当其沿逆时针转动时，则转角 $\angle B_1'AB_0=\varphi'=80°$。但是，不管曲柄转向如何，折纸工序所要求的曲柄与摇杆的一对相应角移量 $\varphi-\psi$（或 $\varphi'-\psi$），都处于外极限位置之前。因此，这可按给定的曲柄与摇杆在外极限位置前的一对相应角移量，设计曲柄摇杆机构各杆长。

另外，也有要求摇杆由外极限位置往回摆 ψ 角度，相应的曲柄转角为 φ 的。它相当于（b）图中摇杆由 C_0D 摆动到 C_1D，曲柄则由 B_0A 转动到 B_1A（或 $B_1'A$）。显然，这一对相应角移量是处于外极限位置之后。鉴于曲柄摇杆机构的运动具有可逆性，因此，所给定的一对相应角移量，无论是在外极限位置之前还是之后，实质上都是一样的。

2）给定曲柄与摇杆在内极限位置前（或后）的一对相应角移量

若折纸板由折纸起始至折纸终了的摆角为 ψ，与其相应的曲柄转角为 φ。由于折纸终了时曲柄摇杆机构处于内极限位置，因此，这可按给定曲柄与摇杆在内极限位置前（或后）的一对相应角移量，设计曲柄摇杆机构。

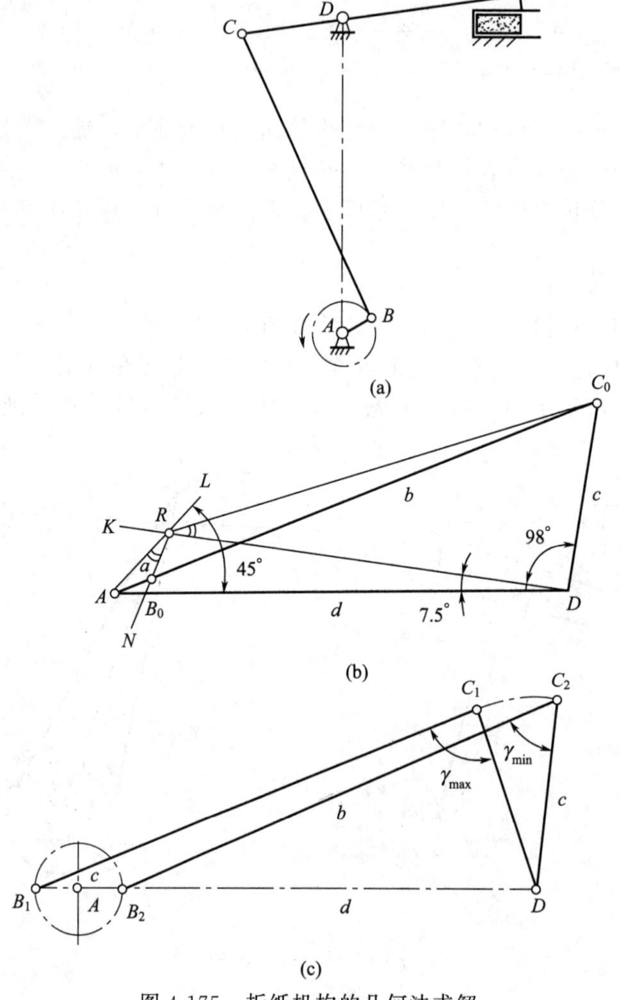

图 4-175 折纸机构的几何法求解

设计举例：有一折纸机构如图4-175（a）所示，折纸板为完成折纸须摆动15°，相应的曲柄转角为90°。已知A、D两支点的距离为200mm，折纸终了时的CD杆与AD杆的夹角为98°，$[\alpha]=50°$，试设计曲柄摇杆机构的其他三个杆的长度。

解：折纸终了时，曲柄摇杆机构处于外极限位置，因此，它是给定曲柄与摇杆在外极限位置前的一对相应角移量的设计问题，$\varphi=90°,\psi=15°$。折纸时，摇杆应作顺时针转动，而曲柄作逆时针转动，故这一对相应角移量转向相反，如图4-175（b）所示：

a. 取作图比例为1∶4，作固定杆$AD=200/4=50$mm。

b. 作AL和DK线，使$\angle LAD=\frac{\varphi}{2}=45°$、$\angle KDA=\frac{\psi}{2}=7.5°$，两线相交于$R$点。

c. 根据题意，作DC_0线，使$\angle C_0DA=98°$。并取摇杆实长为80mm（任意选取），按作图比例，取$DC_0=20$mm。

d. 作RN线，使$\angle NRC_0=\angle ARD$，得RN与AC_0线的交点B_0，量得$AB_0=4.5$mm，$B_0C_0=52$mm。故曲柄AB和连杆BC的实长为量得值的四倍，即分别为18mm和208mm。

e. 检查压力角，如图4-175（c）所示，最大传动角为$\gamma_{max}=88°$，最小传动角$\gamma_{min}=60°$，故最大压力角$\alpha_m=90°-\gamma_{min}=90°-60°=30°$，未超过许用值，适用。

3）给定曲柄与摇杆在极限位置前后的两对相应角移量

图4-176所示为某糖果裹包机的送糖机构示意图。推糖板3与接糖板5将糖块4和包糖纸1夹紧，并将它们向左送入工序盘内（图中未示），移送的距离（弧长）为30mm。送糖（和纸）操作对两个曲柄摇杆机构$AB_1C_1D_1$、$AB_2C_2D_2$分别提出如下运动要求。

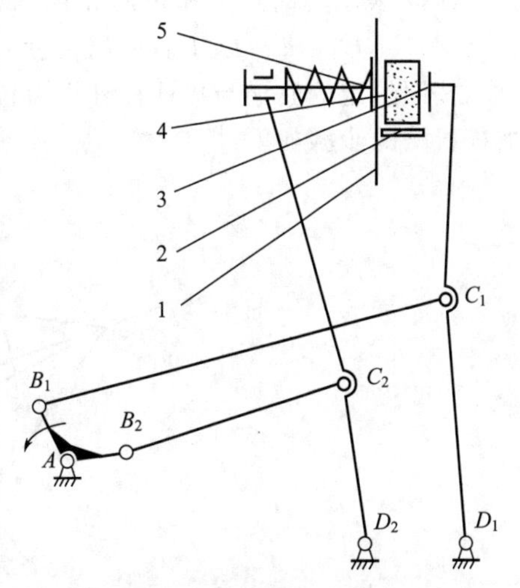

图4-176 送糖机构示意图
1—包糖纸；2—输送带；3—推糖板；4—糖块；5—接糖板

曲柄摇杆机构$AB_1C_1D_1$驱动推糖板3做往复摆动，从开始推糖到推糖终了，摇杆C_1D_1的摆角（逆时针）9°，相应的曲柄AB_1的转角为90°，推糖终了时$AB_1C_1D_1$处于内极限位置。另外，还要求推糖板由推糖终了位置往回摆动9°（回程运动），相应的曲柄AB_1的转角为85°。显然，推糖工作行程曲柄与摇杆的一对相应角移量（90°—9°）处于内极限位置之前，而回程运动的一对相应角移量（85°—9°）则处于内极限位置之后。因此，这可按给定曲柄与摇杆在内极限位置前后的两对相应角移量，设计曲柄摇杆机构。

对驱动接糖板5运动的曲柄摇杆机构$AB_2C_2D_2$来说，接糖工作行程起始时，它处于图示的外极限位置。在外极限位置后，接糖板5配合推糖板2将糖块和纸夹紧向左运动的摆角为9°，相应的曲柄AB_2的转角为90°，这是工作行程。而在外极限位置前，摇杆C_2D_2顺时针摆动9°到达图示的外极限位置，要求相应的曲柄AB_2的转角为85°，这是回程运动。因此，这可按给定曲柄与摇杆在外极限位置前后的两对相应角移量，设计曲柄摇杆机构。

对上述两种情况分别做进一步讨论。

① 给定曲柄与摇杆在外极限位置前后的两对相应角移量

先看图4-177（a），若规定曲柄与摇杆的两对相应角移量为$\angle B_1AB_2-\angle C_1DC_2$、$\angle B_3AB_4-\angle C_3DC_4$。欲使它们处于外极限位置的前后，则应使$\angle B_2AB_3=0°$、$\angle C_2DC_3=0°$，如图（b）所示。这样，也可把$\angle B_2AB_3(0°)$、$\angle C_2DC_3(0°)$看作是一对相应角移量。所

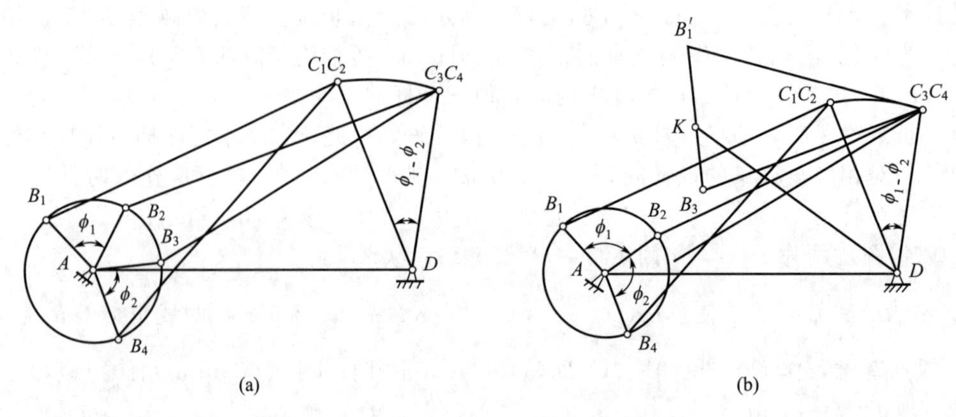

图 4-177 曲柄与摇杆的两对相应角移量

以，对于给定曲柄与摇杆在极限位置前后两对相应角移量的设计问题，实质上可以认为是给定了曲柄与摇杆的三对相应角移量，求曲柄摇杆机构。

由图 4-177（b）可见，不管曲柄转向如何，$\angle B_1AB_2-\angle C_1DC_2$ 这一对相应角移量总是转向相同，而 $\angle B_3AB_4-\angle C_3DC_4$ 的一对相应角移量总是转向相反。现分别用 $\varphi_1-\psi_1$、$\varphi_2-\psi_2$ 来表示转向相同和转向相反的两对相应角移量，即 $\varphi_1=\angle B_1AB_2, \psi_1=\angle C_1DC_2$，$\varphi_2=\angle B_3AB_4$，$\psi_2=\angle C_3DC_4(\psi_1=\psi_2)$。

按照给定的曲柄与摇杆在外极限位置前后的两对相应角移量，如图 4-178 所示，求曲柄摇杆机构的步骤如下。

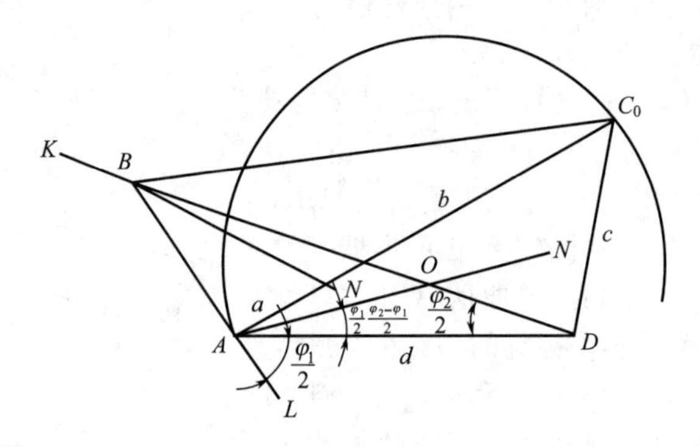

图 4-178 按给定外极限位置前后两对相应角移量的图解

a. 作线段 AD，表示固定杆长度。

b. 求中心曲线 $\widehat{C}_0$：画 DK、AM 两直线，使 $\angle KDA=\frac{\psi_1}{2}$，$\angle MAD=\frac{\psi_1}{2}-\frac{\varphi_1-\psi_1}{2}$。得到两直线的交点 O，以点 O 为圆心，OA 且为半径作圆弧 $\widehat{C}_0$。

c. 求铰销 C 的外极限位置点 C_0：在 AD 线上方的圆弧 $\widehat{C}_0$ 上，选一适当的点 C_0，连接 C_0D、C_0A，则 C_0D 为杆的外极限位置。

d. 求曲柄摇杆机构的外极限位置及各杆长：画 AL 线使 $\angle LAD=\frac{\varphi}{2}$，得 AL 的延长线与 DK 线的交点 R_0R 点为 $\varphi_1-\psi_1$ 这一对相应角移量的相对极点。再画 RN 线使 $\angle NRC_0=\angle ARD$ 得到 RN、AC_0 两直线的交点 B_0。则 AB_0C_0D 为所求曲柄摇杆机构的外极限位置。$a=AB_0, b=B_0C_0, c=C_0D, d=AD_0$。

e. 检查压力角。如果发现压力角超过许用值，则应重新选取 C_0 点。有时，由于给定的

φ_1、φ_2、ψ_1、ψ_2值不够合理，以致压力角不能满足要求，应对这些参数适当修正。

② 给定曲柄与摇杆在内极限位置前后的两对相应角移量

原理同前，先判别给定的两对相应角移量中，曲柄与摇杆转向相同的，用 $\varphi_1-\psi_1$ 表示；而转向相反的则用 $\varphi_2-\psi_2$ 表示。当 $\psi_1=\psi_2$ 时，可按下列步骤求解：

a. 作线段 AD，表示固定杆长度。

b. 求中心曲线$\widehat{C}_0$：画 AM 和 DK 线，分别使$\angle MAD=\dfrac{\psi_1}{2}-\dfrac{\varphi_1-\varphi_2}{2}$，$\angle KDA=\dfrac{\psi_1}{2}$，以 AM、DK 两直线的交点 O 为圆心，OA 且为半径画圆弧$\widehat{C}_0$。这是以内极限位置的摇杆为参考平面，且假定摇杆处于固定杆上方时的中心曲线。

c. 求铰销 C 的内限极位置点 C_0：在 AD 上方的圆弧$\widehat{C}_0$上的适当位置选取一点作为连接 C_0D、C_0A，则 C_0D 为摇杆的内极限位置。

d. 求曲柄摇杆机构的内极限位置及杆长：画 AL 线，使$\angle LAD=\dfrac{\varphi_1}{2}$。得到 AL 的延长线与 DK 线的交点 R，该点即为 $\varphi_1-\psi_1$ 这一对相应角移量的相对极点。再画 RN 线，使$\angle NRC_0=\angle ARD$，得到 RN 线与 C_0A 延长线的交点 B_0。AB_0C_0D 即为所求曲柄摇扞机构的内极限位置，$a=AB_0$，$b=B_0C_0$，$c=C_0D$，$d=AD_0$。

e. 检查压力角。若超过许用值，应重新选取 C_0点。当没有满足压力角要求 C_0时，则需修正给定 φ_1、φ_2、ψ_1和 ψ_2的值。

4）给定摇杆总摆角与极位角

图 4-179 为控制糖果裹包机上工序盘的糖钳作开闭运动的执行机构。曲柄 AB 为主动件，通过开钳凸轮 1 驱动糖 2 作开闭运动。对曲柄摇杆机构的运动要求是：曲柄 AB 沿逆时针每转一圈，摇杆 CD 完成一次往复摆动，总行程 $\psi_m=30°$。与摇杆逆时针摆动 30°相应的曲柄转角为 $\varphi_1=190°$（这时曲柄与摇杆转向相同，故用 φ_1 表示）而与摇杆顺时针摆动 30°相应的曲柄转角为 170°（转向相反，故用 φ_2 表示）。这样，极位角 $\theta=\dfrac{1}{2}(\varphi_1-\varphi_2)=\dfrac{1}{2}\times(190°-170°)=10°$。

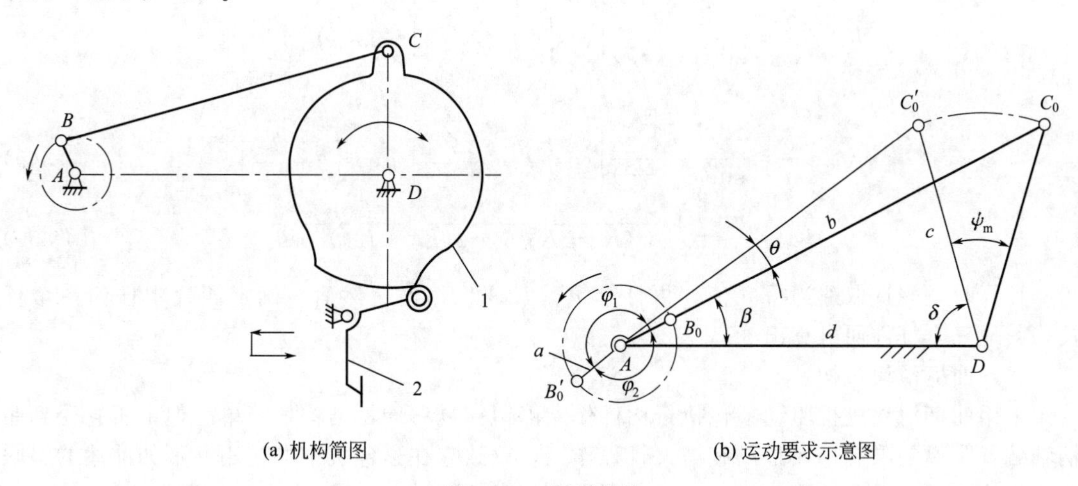

(a) 机构简图　　(b) 运动要求示意图

图 4-179　开钳机构

在确定机构布局和曲柄转向时应尽量使 θ 为正值。这可按给定摇杆总摆角和极位角，求曲柄摇杆机构。

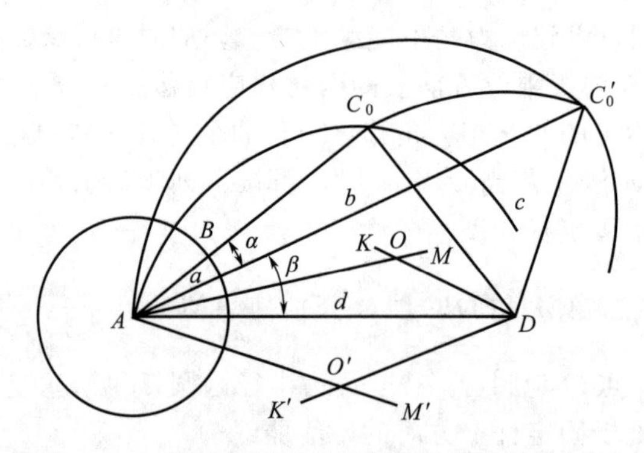

图 4-180 按给定摇杆总摆角和极位角的求解图

参见图 4-180 所示，几何法求解步骤如下：

a. 作线段 AD，表示固定杆长度。

b. 求中心曲线$\widehat{C_0}$和$\widehat{C_0'}$：画 AM、AM'和 DK、DK'线，分别使$\angle MAD=\angle M'AD=\frac{\psi_m}{2}-\theta$，$\angle KDA=\angle K'DA=\frac{\psi_m}{2}$，得 AM 和 DK 两线的交点 O'。分别以 O 和 O'为圆心，OA 和 $O'A$（$OA=O'A$）为半径作圆弧$\widehat{C_0}$和$\widehat{C_0'}$。

c. 求铰销 C 的外极限位置和内极限位置$\widehat{C_0}$、$\widehat{C_0'}$，在$\widehat{C_0}$和$\widehat{C_0'}$上，分别取 C_0、C_0'点，使 $C_0D=C_0'D$，连接 C_0D、$C_0'D$ 和 $C_0A=C_0'A$，则 C_0D 和 $C_0'D$ 分别为摇杆的外极限和内极限位置，且 $C_0A=b+c$，$C_0'A=b-c$。

d. 求曲柄摇杆机构：在 AC_0线上取 B_0点。使 $AC_0=\frac{1}{2}(AC_0-AC_0')$。则 AB_0C_0D 为曲柄摇杆机构得外极限位置，$a=AB_0$，$b=B_0C_0$，$c=C_0D$，$d=AD_0$。

e. 检查压力角。

由图可见，令 β 为外极限位置得连杆与固定杆得夹角，则 a、b、c、d 存在如下关系：

$$K_a=\frac{a}{d}=\frac{\sin\frac{\psi_m}{2}}{\sin(\psi_m-\theta)}\left[\cos\left(\beta+\theta-\frac{\psi_m}{2}\right)-\cos\left(\beta+\frac{\psi_m}{2}\right)\right] \tag{4-348}$$

$$K_b=\frac{b}{d}=\frac{\sin\frac{\psi_m}{2}}{\sin(\psi_m-\theta)}\left[\cos\left(\beta+\theta-\frac{\psi_m}{2}\right)+\cos\left(\beta+\frac{\psi_m}{2}\right)\right] \tag{4-349}$$

$$K_c=\frac{c}{d}=\sqrt{1+(K_a+K_b)^2-2(K_a+K_b)\cos\beta} \tag{4-350}$$

计算时，先选取适当得 β 值，再计算 K_a、K_b和 K_c值，然后，确定四杆中任何一个杆长，其他三个杆件便可算出。

(2) 曲柄滑块机构

采用曲柄滑块机构驱动裹包执行构件作无停留往复移动，结构最简单。但由于它受到曲柄轴偏置距离的限制，而且没有增大行程作用，以致它在裹包机中的应用并不如前述的串联组合机构广泛。对曲柄滑块机构的运动要求有如下几种。

① 给定曲柄与滑块在外极限位置前（或后）的一对相应位移量

如图 4-181（a）所示，取 AB_0C_0为曲柄滑块机构的外极限位置，并给定滑块位移量为 s，相应的曲柄转角为 φ 或 φ'。显然，所给定的一对相应位移量无论是在外极限位置前还是后，也无论曲柄的转向是顺时针还是逆时针，总可以归结为两种情况：$\angle B_1AB_0-C_1C_0$［图4-181（b）］和$\angle B_1'AB_0-C_1C_0$［图4-181（c）］。

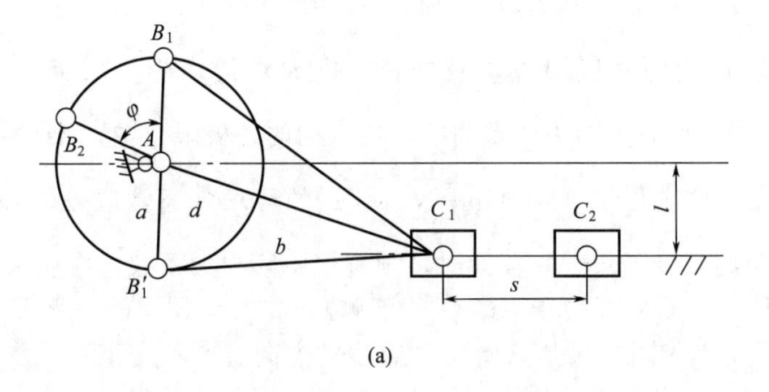

(a)

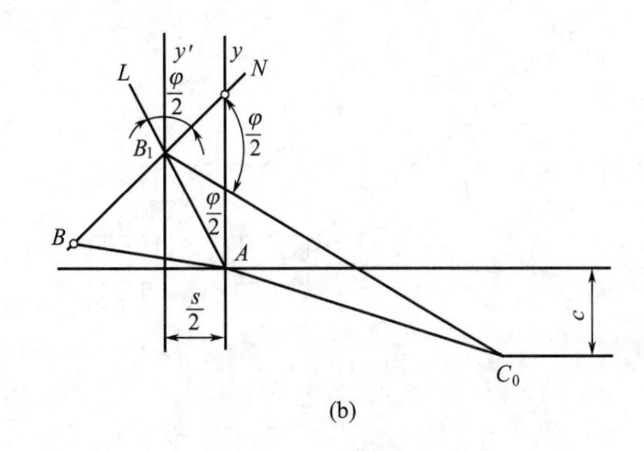

(b)

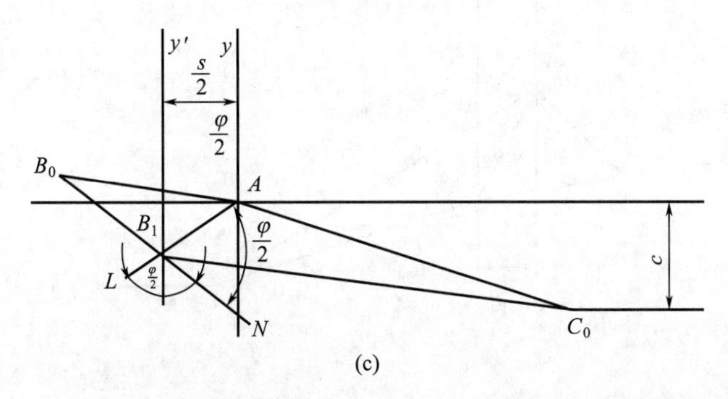

(c)

图4-181　按给定外极限位置前（或后）的一对相对应位移量的图解

由于曲柄滑块机构实质上是由曲柄摇杆机构演化而来，由此，两者的几何法求解其原理基本一致。

对第一种情况（$\angle B_1AB_0$位于AC_0线的上侧），它的几何法求解，如图4-181（b）所示，步骤如下：

a. 取点A表示曲柄的回转中心。过A作xy直角坐标轴，使轴与滑块的导轨平行。

b. 求$\varphi-s$这一对相对位移的相对极点R：作与y轴平行的直线y'，其间距为$\frac{s}{2}$。再画AL线，使其与y轴的夹角为$\frac{\varphi}{2}$。得到AL与y'两线的交点R，该点即为以外极限位置的滑块为参考平面，并假定滑块位于y轴右方时$\varphi-s$这对相应位移量的相对极点。

c. 求铰销 C（即滑块）的外极限位置 C_0：可在 y 轴右方的适当区域内任意选取一点作为 C_0 点，连接 C_0 和 A 两点，则 $C_0A=a+b$，而 C_0 点与 x 轴间的距离为偏置距离 e。C_0 点可选在 x 轴上或 x 轴的上下方，但为减小压力角，e 值不宜过大，而 C_0A 值不宜过小。

d. 求曲柄滑块机构的外极限位置及杆长：作 RN 线，使 $\angle NRC_0=\frac{\varphi}{2}$，得到 RN 与 AC_0 两线的交点 B_0。则 AB_0C_0 为所求曲柄滑块机构的外极限位置，$AB_0=a$，$B_0C_0=b$。

e. 检查压力角：应满足 $\alpha_m=\arcsin\frac{a+e}{b}\leqslant[\alpha]$ 的要求（通常取 $[\alpha]=30°$）。当滑块的铰销 C 与其导轨的距离（悬臂长度）较大时，则应检验其损失系数，应使 $\xi_m\leqslant[\xi]$。

对第二种情况（$\angle B_1'AB_0$ 位于 AC_0 线的下侧），如图 4-181（c）所示，它的几何法求解步骤与第一种情况基本相同，只是 AL 和 R 直线的方向有所不同。

② 给定曲柄与滑块在内极限位置前（或后）的一对相应位移量

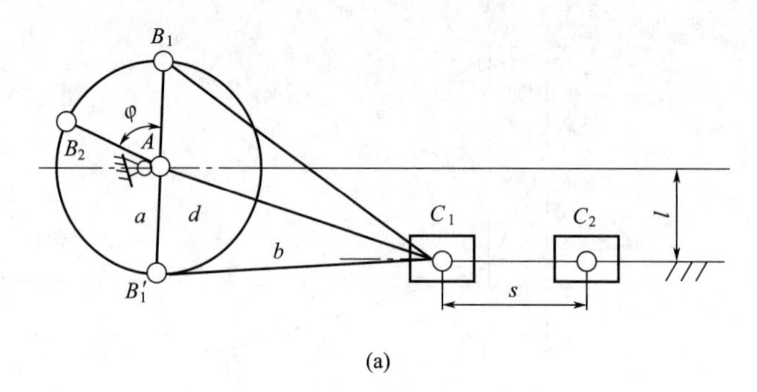

(a)

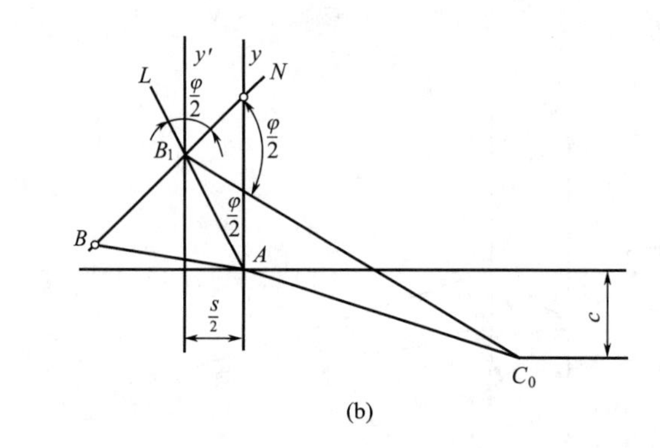

(b)

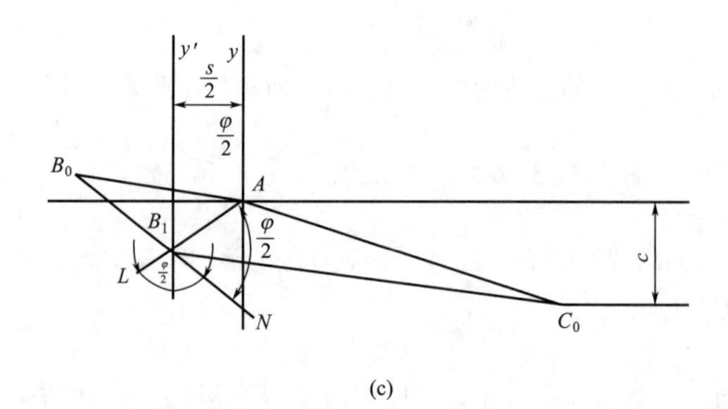

(c)

图 4-182　按给定内极限位置前（或后）的一对相对应位移量的图解

如图4-182（a）所示，取AB_0C_0为曲柄滑块机构的内极限位置。而给定的一对相应位移量，可能属于$\angle B_1AB_0(\varphi)-C_1C_0(s)$，也有可能属于$\angle B_1'AB_0(\varphi')-C_1C_0(s)$。

它的几何法求解步骤与前相同，但y'线和AL及RN线的位置和方向不同。图4-182（b）示出了一对相应位移量属于$\angle B_1AB_0-C_1C_0$时的解法，图4-182（c）示出了一对相应位移量属于$\angle B_1'AB_0-C_1C_0$时的解法。

③ 给定滑块总行程与极位角

设给定滑块总行程为S_m，极位角为θ，如图4-183（a）所示。利用几何图解法求曲柄滑块机构的步骤如下。

a. 取曲柄回转中心点A，如图4-183（b）所示，并以A为原点作xy直角坐标，使x轴与滑块运动方向平行。

b. 求中心曲线$\overset{\frown}{C_0}$和$\overset{\frown}{C_0'}$：在y轴的两侧分别作直线y_1、y_2，使之与y轴平行且间距均为$\frac{S_m}{2}$。过A点在Ay线两侧作夹角为θ的两斜线分别交y_1和y_2线于O_1和O_2点。再分别以O_1和O_2为圆心，画通过A点的圆弧$\overset{\frown}{C_0}$和$\overset{\frown}{C_0'}$。圆弧$\overset{\frown}{C_0}$是外极限位置的中心曲线，而圆弧$\overset{\frown}{C_0'}$是内极限位置的中心曲线。

c. 求铰销C的外极限和内极限位置C_0、$\overset{\frown}{C'_0}$：在$\overset{\frown}{C_0}$上的适当位置取C_0点。过该点作与x轴平行的直线x'，得x'线和$\overset{\frown}{C'_0}$圆弧的交点C_0'。连接AC_0和AC_0'线，得$AC_0=b+a$，$AC_0'=b-a$，$C_0C_0'=S_m$，$\angle C_0AC_0'=\theta$。

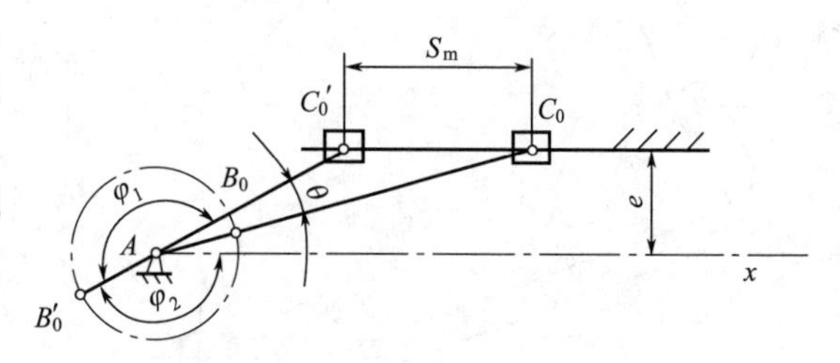

(a)

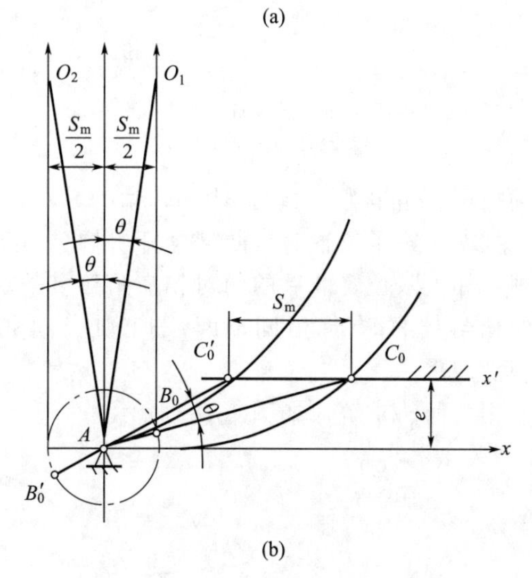

(b)

图4-183　按给定滑块总行程和极位角的图解

d. 求曲柄摇杆机构的外极限位置及杆长：在AC_0线上取B_0点，使$AB_0=\frac{1}{2}(AC_0-AC_0')$则$AB_0=a$，$B_0C_0=b$，$C_0$点对$x$轴的距离为偏距$e$。

e. 检查压力角是否超过许用值。

令外极限位置的连杆与x轴的夹角为β，可得：

$$a=\frac{\sin(\beta+\theta)-\sin\beta}{2\sin\theta}S_m \tag{4-351}$$

$$b=\frac{\sin(\beta+\theta)+\sin\beta}{2\sin\theta}S_m \tag{4-352}$$

$$e=\frac{\sin\beta\sin(\beta+\theta)}{\sin\theta}S_m \tag{4-353}$$

计算时，先选取合适的β值，便可求算a、b、e。若$\theta=0$时，则$\beta=0$，$e=0$，$a=\frac{S_m}{2}$，b值可任取。

（3）组合机构

若将图 4-176（a）、图 4-177（a）、图 4-178（a）所示的机构中的杆 AB，改用曲柄摇杆机构驱动，即成为机构的串联组合。由于它们具有增大行程和便于布局等特点，故在包装机中被广泛采用。

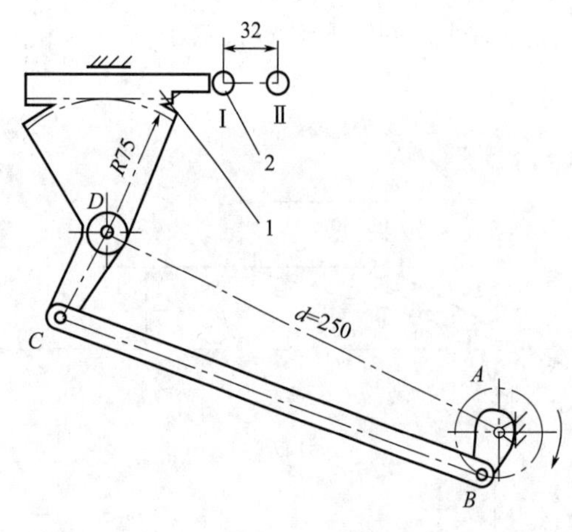

图 4-184　无停留往复移动的推糖机构简图

1—推糖杆；2—糖块

① 曲柄摇杆机构与弧度型机构串联组合　图 4-184 为糖果裹包机的推糖机构简图。推糖杆 1 将糖块 2 由位置Ⅰ推送到位置Ⅱ，移送距离为 32mm，相应的曲柄 AB 的转角为 90°。而推糖杆由推糖终了位置后退 32mm，相应的曲柄转角为 85°。已知固定杆 AD= 250mm，扇形齿轮节圆半径 $R=75\text{mm}$，$[\alpha]=50°$，试设计 AB、BC、CD 三个杆件的长度。

解：根据题意，推糖杆的推程为 32mm，相应的扇形齿轮即摇杆 CD 的摆角为：$\frac{S}{R}\times\frac{180°}{\pi}=\frac{32}{75}\times\frac{180°}{\pi}=24.4°$，曲柄 AB 的转角为 90°。推糖杆回程运动（由推糖终了位置后退）32mm，相应的摇杆摆角也为 24.4°，曲柄转角为 85°。

推糖至终了位置时，曲柄摇杆机构 $ABCD$ 应处于外极限位置。因此，可按给定曲柄与摇杆在外极限位置前后的两对相应角移量来求曲柄摇杆机构。现曲柄沿顺时针转动，则推程时曲柄与摇杆转向相同，回程时则转向相反。从而可确定 $\varphi_1=90°$，$\varphi_2=85°$，$\psi_1=\psi_2=24.4°$。

用几何法求解，如图 4-185 所示。

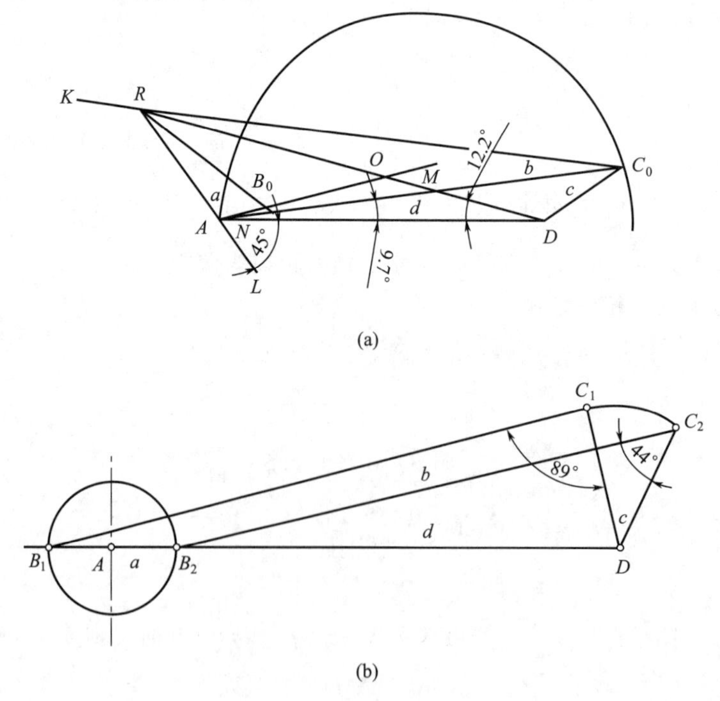

图 4-185　推糖机构的几何法作图

a. 取比例 1∶5 作图，画直线 $AD=\frac{250}{5}=50\text{mm}$。

b. 画 DK 线，使 $\angle KDA=\frac{\psi_1}{2}=\frac{24.4^\circ}{2}=12.2^\circ$。画 AM 线，使 $\angle MAD=\frac{\psi}{2}-\frac{\varphi_1-\varphi_2}{2}=\frac{24.4^\circ}{2}-\frac{90^\circ-85^\circ}{2}=9.7^\circ$，得到 DK、AM 两线的交点 O。以 O 点为圆心，OA 为半径作圆弧 $\overset{\frown}{C_0}$。

c. 在 $\overset{\frown}{C_0}$ 圆弧上取适当点 C_0，连接 C_0D 和 C_0A。

d. 作 AL 线，使 $\angle LAD=\frac{\varphi_1}{2}=\frac{90^\circ}{2}=45^\circ$，得 AL 的延长线与 DK 线的交点 R。再作 RN 线，使 $\angle NRC_0=\angle ARD$ 得 RN 和 AC_0 两线的交点 B_0。由图上量得 $AB_0=4\text{mm}$，$B_0C_0=51.5\text{mm}$，$C_0D=11\text{mm}$。故求得曲柄实长 $a=4\times5=20\text{mm}$ 连杆实长 $b=51.5\times5=257.5\text{mm}$，摇杆实长 $c=11\times5=55\text{mm}$。

e. 检查压力角：画出图 4-187（b），量得 $\gamma_{\max}=89^\circ$，$\gamma_{\min}=44^\circ$，则 $\alpha_m=90^\circ-44^\circ=46^\circ$，可用。

附带说明，从减小压力角考虑，可将 C_0 点沿圆弧 $\overset{\frown}{C_0}$ 取得偏上一些，以适当增大 C_0D，从而使 $\gamma_{\min}$ 值增大。但是，本例要求尽量减小曲柄尺寸，以便可将曲柄设计成偏心的结构形式，所以 C_0D 不宜过长。

② 曲柄摇杆机构与正切型机构组合

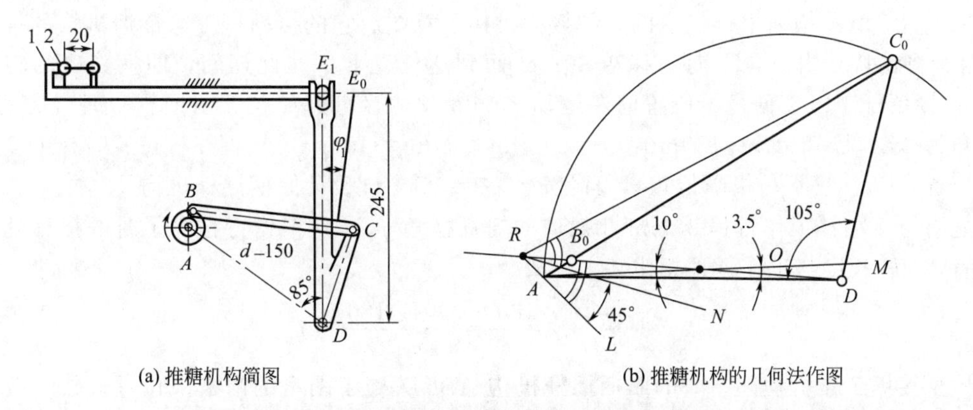

图 4-186　推糖机构简图及图解法设计

图 4-186 所示是糖果裹包机推糖机构的另一种结构。推糖杆将糖块移送 30mm，相应曲柄转角为 90°。当推糖杆由推糖终了位置后退 30mm 时，相应的曲柄转角为 85°。已知 $AD=180\text{mm}$，要求开始推糖时杆 DE 处于 DE_1 的位置，且 $DE=245\text{mm}$，$\angle E_1DA=56^\circ$。试设计 AB、BC 和 CD 杆长度及 CD 与 ED 间的夹角。

终了时，曲柄摇杆机构 $ABCD$ 处于外极限位置，因此可按给定的曲柄与摇杆在外极限位置前后的两对相应角移量，设计曲柄摇杆机构。

设推糖终了时刻的杆 DE 处于位置 DE_0。由于推糖起始时刻的 DE 杆处于垂直位置 DE_1，故推糖 30mm 相应的 DE 杆摆角 $\psi=\angle E_0DE_1=\arctan\frac{30}{245}=7^\circ$。

推糖时摇杆与曲柄都作顺时针转动，而回程运动时则是转向相反，故 $\varphi_1=90^\circ$，$\varphi_2=85^\circ$，$\psi_1=\psi_2=7^\circ$。

同样，可仿照上例几何法求解，求得各杆实长为 $a=12\text{mm}$，$b=233.5\text{mm}$，$c=126.5\text{mm}$，$\angle C_0DA=105^\circ$，$\alpha_m=45^\circ$。

推糖终了时刻的杆 DE 与固定杆 DA 之间的夹角应为：

$$\angle E_0DA=\angle E_1DA+\angle E_1DE_0=56°+7°=63°$$

故杆 DE 与杆 DC 之间的夹角 $\delta=\angle C_0DE_0=\angle C_0DA-\angle E_0DA=105°-63°=42°$。

③ 曲柄摇杆机构与连杆型机构串联组合

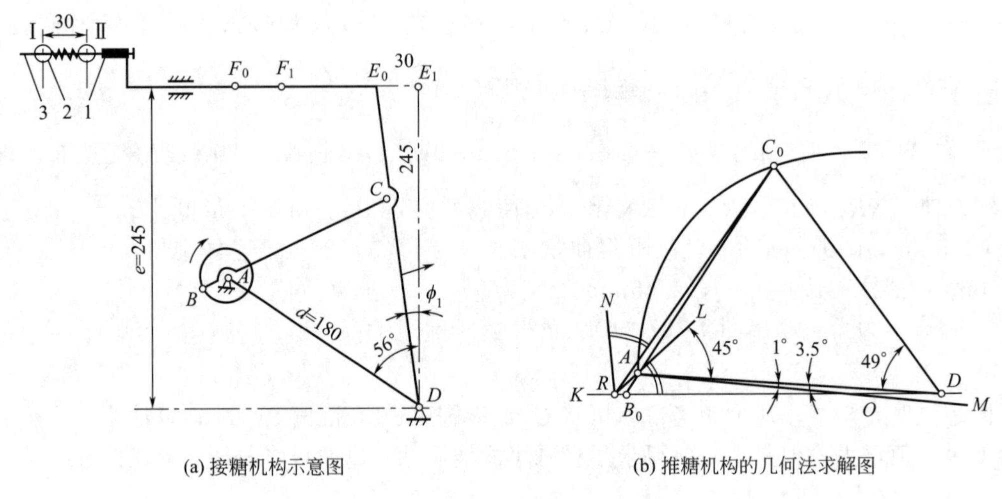

图 4-187 接糖机构及图解法设计

图 4-187 所示是糖果裹包机的一种接糖机构示意图。它的接糖杆 1 与推糖机构的推糖杆 3 配合，将糖块 2 由位置Ⅰ向右移送 30mm 而到达位置Ⅱ，在此期间，曲柄 AB 的转角为 90°。而接糖杆 1 由接糖终了位置向左运动 30mm 到达接糖起始位置（回程）时，曲柄 AB 的转角为 85°。已知 $AD=180\text{mm}$，$e=245\text{mm}$，$DE=245\text{mm}$，接糖终了位置时杆 DE 位于垂直位置 DE_1（它不是极限位置），且 $\angle E_1DA=56°$。试设计曲柄摇杆机构。

先求与接糖杆工作行程 30mm 相对应的摇杆摆角 ψ_1：因工作行程终了时的摇杆处于垂直位置，DE 长度与工作行程相比甚大，故

$$\psi_1\approx\frac{E_1E_0}{ED}\times\frac{180°}{\pi}=\frac{30}{245}\times\frac{180°}{\pi}=7°$$

鉴于接糖工作行程起始时的曲柄摇杆机构 $ABCD$ 处于图示的内极限位置，故可按给定的曲柄与摇杆在内极限位置前后的两对相应角移量来设计曲柄摇杆机构。又因工作行程曲柄与摇杆都沿顺时针转动，而回程运动的转向相反，故 $\varphi_1=90°$，$\varphi_2=85°$，$\psi_1=\psi_2=7°$。

用几何法求得曲柄摇杆机构各杆实际长度 $a=20\text{mm}$，$b=163\text{mm}$，$c=160\text{mm}$，$\angle D_0DA=49°$，$\alpha_m=41°$。

4.8 贴标装置设计

贴标机就是在包装件或产品上加上标签的机器。标签上的商标、主要参数、使用说明和产品介绍，是现代包装不可缺少的，而且设计精美的标签还有助于提升公司形象，促进产品的销售。

4.8.1 贴标的基本原理

4.8.1.1 贴标的基本工艺过程

① 取标：由取标机构将标签从标签盒中取出；

② 标签传送：将标签传送给贴标部件，并在传送过程中完成印码和涂胶等工作；

③ 印码：在标签正面打印生产日期、批号等；

④ 涂胶：将黏合剂涂敷在标签背面；

⑤ 贴标：将标签粘贴到容器上的贴标部位；

⑥ 抚平：加压抚平标签，使标签贴得平整、光滑、牢固。

4.8.1.2　标签的粘贴方式

① 吸贴法（或气吸法）　这是最普通的贴标技术。当标签纸离开传送带后，分布到真空垫上，真空垫连接到一个机械装置的末端。当这个机械装置伸展到标签与包装件相接触后，就收缩回去，此时就将标签贴附到包装件上。这种技术可靠地实现正确地贴标，且精度高，这种方法对于产品包装件的高度有一定变化的顶部贴标，或对于难于搬动的包装件侧面贴标是非常适用的，但是它的贴标速度较慢。

② 吹贴法（或射流法）　这种技术的某些运作方式是与上述吸贴法相似的，就是将标签放置到真空表面垫上固定，直到贴附动作开始为止。但在本方法中真空表面是保持不动的，标签固定和定位在一个“真空栅”上，“真空栅”为一个上面具有几百个小孔的平面，这些小孔是用来维持形成“空气射流”。由这些“空气射流”吹出一股压缩空气，压力很强，使真空栅上标签移动，让它贴附到被包装物品上。这是一项具有复杂性的技术，它具有较高的精度和可靠性。

贴标头端部有小孔，抽真空时将标签从隔离纸上吸起，并移到贴标位置，然后小孔喷气，将标签压吹到容器上并压紧。

③ 擦贴法（或刷贴法）　这种贴标方法称为同步贴标法，也可称作“擦贴法”、“刷贴法”或“接触粘贴法”。在贴标时，当标签的前缘部分粘附到包装上后，产品就马上带走标签。在这一种贴标机中，只有当包装件通过速度与标签分配速度一致时，这种方法才能成功。这是一项需要维持连续作业的技术，因此其贴标效率大大提高，多适用于高速和高效的自动化医药包装生产线中。此外，为使标签的贴附满足完整恰当的要求，像刷子或滚筒那样的第二套装置也是不可缺少的。

4.8.2　贴标机的主要机构

4.8.2.1　供标机构

供标装置是指在贴标过程中，能将标签纸按一定的工艺要求进行供送的装置。它通常由标仓和推标装置所组成，其中标仓是贮存标签的装置，也称标盒。它可根据要求设计成固定的或摆动的，其结构形式有框架式和盒式两种，盒式标仓用得较多。它主要由一块底板和两块侧板组成，两侧板间距可调，以适应标签的尺寸变化，调整一般采用螺旋装置，标仓前端两侧设有挡标爪，有针形、爪形或梳齿形等不同结构形式，其作用是防止标签从标仓中掉落，同时在取标过程中又可把标签逐张分开。标仓中设有推标装置，使前方的标签取走后能不断补充。

常见的供标装置有图4-188所示的几种形式。

图4-188（a）为滑车式，标盒设计成倾斜的，推标时，倾斜角和滑车的重量决定了对标签叠层的推动力。

图4-188（b）为重锤式，标盒是水平的，推标压力决定于重锤重量，补充标签时需停机，多适用于立体贴标机。

图4-188（c）为杠杆式，其标盒竖立，从顶面供标，供标力决定于平衡重锤的大小，随着标签的减少，推标头自动上升。它适用于卧式贴标机，结构简单，生产率高，但补充标签

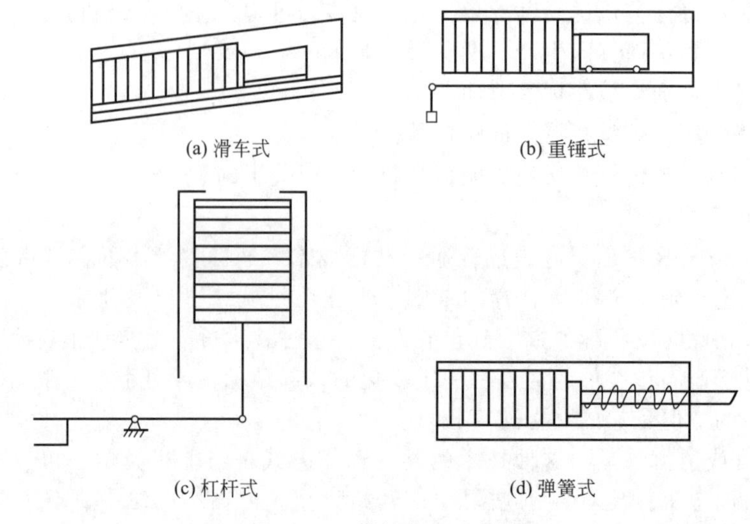

图 4-188　供标装置示意图

需要停机。

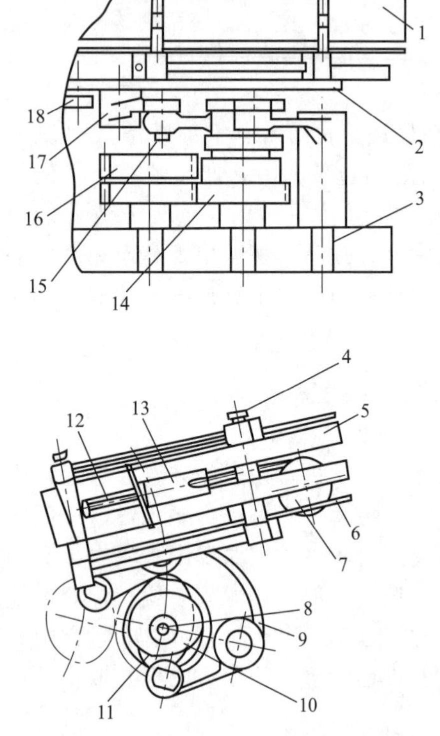

图 4-189　摇摆式标盒示意图

1—标盒；2—座板；3—支柱；4—小螺杆；5—支撑板；6—侧板；7—弹簧盘；8—轴；9—杠杆；10,11—凸轮；12—钢绳；13—滑块；14,16—齿轮；15—螺栓；17—摇杆；18—滚子

图 4-188（d）为弹簧式，推标压力为弹簧的弹力，它是变化的，当标签叠层较厚时，压力就大，反之则小。弹簧可采用盘形弹簧，补充标签也需要停机，适用于立式贴标机。

上述供标装置的标盒是固定的，当标盒需要运动时，可采用曲柄连杆机构和凸轮机构使标盒产生移动和摆动。图 4-189 为摇摆式标盒示意图。标盒 1 由一块支撑板 5 和两块侧板 6 组成。两侧板之间的距离可用小螺杆 4 调整，以适应不同标签的宽度。标盒 1 的前端有挡标爪，挡住标签。推标装置由滑块 13、钢绳 12 及弹簧盘 7 组成，在取标过程中把标签不断向前推进，以补充取走的标签。整个标盒固定在座板 2 上，两臂杠杆 9 固定在支柱 3 上，其右臂用螺栓 15 与摇杆 17 连接，摇杆 17 又固定在座板 2 的传动部件上。两臂杠杆的摇动凸轮 10 和 11 驱动，凸轮 10 固定在轴 8 上，轴 8 由真空转鼓传动系统通过齿轮 16 和 14 带动转动，使标盒完成向前接近真空转鼓和随转鼓方向的摇摆运动。当标盒靠近转鼓时，滚子 18 顶推阀门使转鼓相应部分接通真空，吸取标签。

4.8.2.2　取标机构

根据取标方式的不同，取标机构可分为真空式、摩擦式、尖爪式等不同形式。

① 真空转鼓式取标装置　直线式真空转鼓贴标机的取标结构，如图 4-190 所示，由鼓体、鼓盖、错气阀座、固定阀盘和转动阀盘等组成。大气通孔 13 和真空槽 9 的固定阀盘 12 与阀座 14 紧固在一起安装在工作台 8 上。鼓体 7 与转动阀门 6 固定在

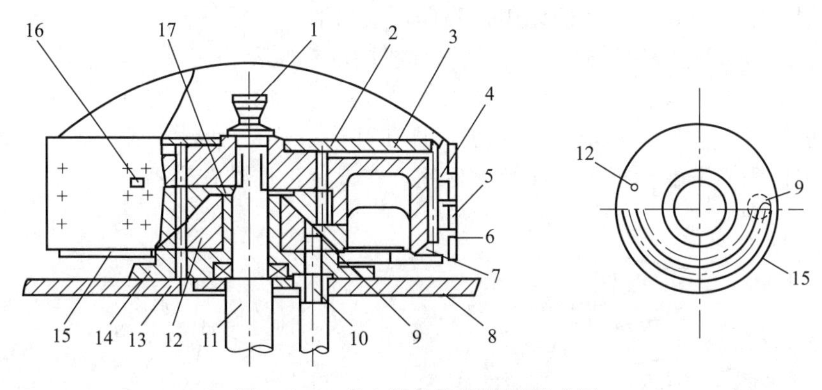

图 4-190　真空转鼓取标装置示意图

1—油杯；2—鼓盖；3—气道；4—气眼；5—橡皮胶鼓面；6—转动阀门；7—鼓体；8—工作台；9—真空槽；10—真空通道；11—转鼓轴；12—固定阀盘；13—大气通孔；14—错气阀座；15—凸轮；16—镜片；17—油槽

一起，顶部用鼓盖 2 密封。鼓体 7 与 6 组相隔的气道 3，每组气道一端与鼓面 5 的 9 个气眼相通，另一端与固定间盘 12 上的真空槽 9 或大气通孔 13 相接。轴 11 带动鼓体 7 旋转，在其旋转过程中，哪组气道对真空槽 9，哪组气道就与真空系统相通，此时真空吸标摆杆把标签递送过来，气眼将此标签吸住。转鼓继续旋转，气道仍接通真空，气眼继续吸住标签，当转过近 180°时，此气道离开真空而对准固定阀盘 12 的大气通孔，接通大气，标签失去真空吸力而被释放，此时这组气眼刚好处于贴标弯道位置，释放的标签被贴到与其相遇的容器上，旋转中 6 组气道按上述程序工作，取标、传递、贴标过程连续进行。

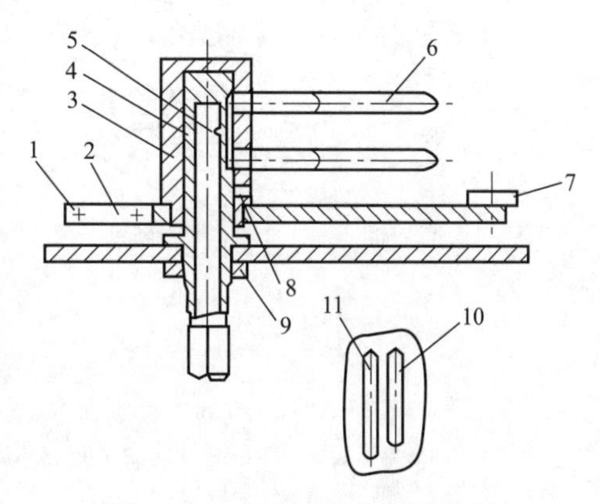

图 4-191　真空吸标摆杆示意图

1—弹簧固定螺栓；2—摆杆；3—套筒；4—固定轴；5—真空通道；6—吸标杆；7—滚子；8—破气孔；9—螺母；10—真空槽；11—破气槽

在这类取标装置中，常用真空吸标摆杆配合真空转鼓进行工作，从而使标盒不必作复杂的动作，图 4-191 为其结构示意图。该装置是由套筒 3、摆杆 2 和固定的滚子 7 等组成。这种真空吸标摆杆机构，将标签从固定的标盒取出，传给真空转鼓。摆杆 2 绕固定轴 4 摆动，吸标杆 6 时而向着标盒运动，时而又向着转鼓方向作返回运动。固定轴 4 的圆柱面上有两条纵向槽，其中一条为真空槽 10，与固定轴 4 中心的真空通道 5 相通；另一条为破气槽 11。真空吸杆摆向标盒时，吸标杆 6 对准真空槽 10，通过真空通道 5 与真空系统接通吸取标签；当真空吸杆摆到转鼓上时，它对准破气槽 11，经破气孔 8 与大气相通，标签失去真空吸力而被真空转鼓取走。

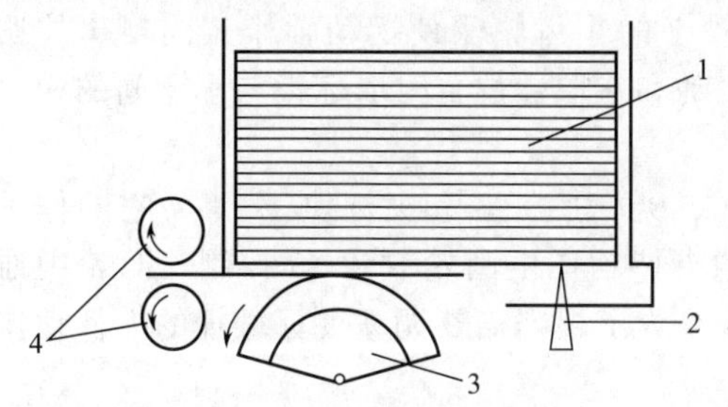

图 4-192　摩擦式取标装置示意图

1—标盒；2—定标针；3—取标凸轮；4—拉标辊

② 摩擦式取标装置　图 4-192 为摩擦式取标装置示意图，该装置由标盒 1、定标针 2、取标凸轮 3 及拉标辊 4 等组成。取标凸轮位于标盒下方，其表面采用橡胶制成，以加大取标摩擦力，标盒中最下面的一张标签借此摩擦力取出，由拉

标辊牵出送到指定工位，定标针的作用是确保每次只取一张标签。

③ 胶黏式取标装置　回转式真空转鼓贴标机的取标装置为胶黏式取标装置，如图 4-193 所示。该装置主要由抹胶装置、取标板和机械手转盘等组成。工作时在取标板上先涂上黏结剂，当取标板转至标盒时，粘取一张标签，且在其内表面涂上黏结剂，在以后的旋转过程中，由旋转机械手摘下取标板上已涂胶的标签，在设定工位贴在容器上。

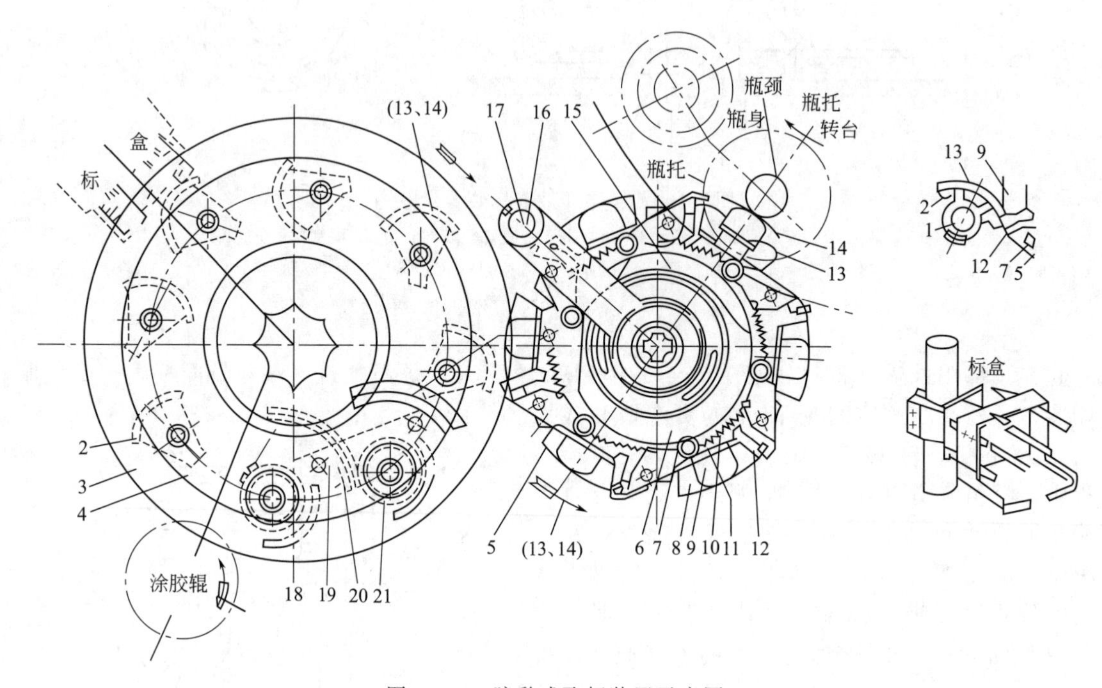

图 4-193　胶黏式取标装置示意图

1—摆动轴；2—取标板；3—转动台面；4—盖板；5—夹标摆杆；6,15,21—凸轮；7—螺钉；8—扇形板；9—身标海绵垫；10—颈标海绵垫；11—摆动轴；12—夹标块；13,14—海绵垫；16—固定臂；17—固定轴；18—滚柱；19—扇形齿轮；20—小齿轮

该装置有供身标和颈标取标用的两种取标板，它们被安装在摆动轴 1 的上段。摆动轴 1 共有 8 根，每根 3 个支承，上端支承在盖板 4 的滑动轴承中，中部通过滚动轴承支承在转动台面 3 的轴承座孔中，下部通过滚动轴承支承在与转动台面 3 及盖板 4 同轴线的驱动齿轮辐板上均布的 8 个轴承孔中。摆动轴的下面有用平键固装的小齿轮 20，它和通过滚动轴承安装在摆轴下端的扇形齿轮 19 啮合。扇形齿轮上设置有滚柱 18，它可在一个固定于机座的凸轮 21 的凹槽中运动。当该装置在主动齿轮带动下，驱动转动台面 3 和盖板 4 带动摆动轴 1 绕主动齿轮旋转时，则各扇形轮上的滚柱在凸轮凹槽中运动。在凸轮的控制下扇形齿轮 19 作有规律的摆动，并通过与它相啮合的后一摆动轴上的小齿轮驱使摆动轴作相同规律的摆动，实现在涂胶位置时取标板 2 与涂胶辊间的纯滚动和在取标位置时取标板与标盒间的相对停止。

机械手转盘上有身标海绵垫 9、颈标海绵垫 10、夹标摆杆 5 和夹标块 12 等。它的作用是传递标签并将其贴到容器上去，其中夹标摆杆的夹持动作由凸轮 6 和 15 控制，凸轮则通过固定臂 16 和固定轴 17 固定在机架上。两个凸轮是为了根据需要调整夹标摆杆的夹杆动作的起始和终了时刻。

左右两个转盘通过齿轮啮合反向旋转，在旋转过程中，取标板 2 边公转边摆动。当经过涂胶辊时，取标板在摆动过程中被滚涂上一层黏结剂。继续转动至标盒前方时，取标板再次摆动，从标盒上粘上一张标签。然后边转边摆，到达右侧机械手转盘位置时，依靠凸轮控制转盘旋转，转盘上夹标摆杆张开的夹爪闭合而夹住标签。由于夹爪与取标板存在速差，在运转过程中便可把标签揭下，传递到容器上。

4.8.2.3　打印机构

打印装置是在贴标过程中在标签上打印产品批号、出厂日期、有效期等数码的执行机构，按其打印方式可分为滚印式和打击式两种。直线式真空转鼓贴标机的打印装置为滚印式打印装置，其结构简图如图 4-194 所示。打印滚筒 12 上装有号码字粒 16，并用垫片 14 和螺母 15 夹紧。在曲柄轴 1 上套装有套筒 2，打印滚筒 12 就套装在该套筒 2 的上部，并用导键 3 连接。打印滚筒 12 可沿导键 3 方向上下移动，以适应不同打印高度的需要，工作时用螺钉 10 将其固定。齿轮 5 带动套筒 2 旋转，而使打印滚筒 12 也作同轴转动。海绵滚轮 21 用来给字粒涂抹印色，它通过滚动轴承 20、偏心轴 19 和横臂 17 与曲柄轴 1 连接。调节偏心轴 19 的偏心方向和上下移动偏心轴，可把海绵滚轮 21 调到适当的位置和高度，以保证海绵滚 21 与打印字粒良好接触，调整后螺钉 18 固定。海绵滚轮 21 在滚动轴承上旋转，在打印滚筒 12 与其对滚时给字粒涂上颜色。杠杆 6 用销子与曲柄轴 1 连接，当杠杆 6 上的滚动轴承 4 在凸轮机构作用下，使打印滚筒 12 作偏转运动向真空转鼓接近时，在标签上打印数码。

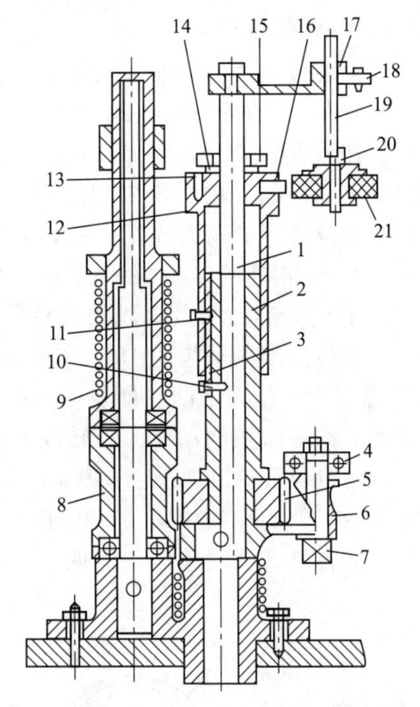

图 4-194　滚印式印码装置示意图
1—曲柄轴；2,8—套筒；3—导键；4—滚动轴承；5—齿轮；6—杠杆；7—螺槽；9—弹簧；10,11,13,18—螺钉；12—打印滚筒；14—垫片；15—螺母；16—号码字粒；17—横臂；19—偏心轴；20—轴承；21—滚轮

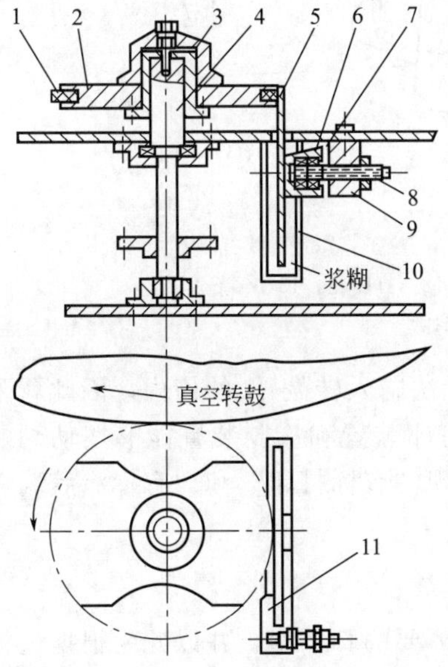

图 4-195　盘式涂胶装置示意图
1—涂胶海绵；2—涂胶盘；3—套；4—轴；5—带胶盘；6—圆皮带；7—轴承；8—螺纹轴；9—支座；10—胶槽；11—刮胶刀

4.8.2.4　涂胶机构

涂胶装置有多种多样，它的作用是将适量的黏结剂涂抹在标签的背面或取标执行机构上。它主要包括上胶、涂胶和胶量调节等装置，通常有盘式、辊式、泵式、滚子式等不同形式。

直线式真空转鼓贴标机的涂胶装置为盘式涂胶装置，图 4-195 为该装置示意图。圆皮带 6 带动带胶盘 5 进行旋转，随着旋转，带胶盘 5 不断带出黏结剂。黏结剂盛放在胶槽 10 中，带出黏结剂的多少，通过调节刮胶刀 11 与带胶盘 5 的间隙来实现。涂胶盘 2 与带胶盘 5 同时转动，并将适量的黏结剂转涂于涂胶盘 2 外圈的涂胶海绵 1 上。当涂胶盘 2 转过某一角度到达真空转鼓的位置时，涂胶海绵 1 把黏合剂抹到吸附在真空转鼓上的标签背面。调节螺纹轴 8，可以控制带胶盘 5 与涂胶盘 2 之间的贴靠程度，调整好后用锁紧螺母紧固，以防止在带胶盘转动的过程中产生轴向位移。

4.8.2.5 联锁机构

联锁装置是为保证贴标效能和工作可靠性而设置的。它可以实现“无标不打印”和“无标不涂胶”，一般分为机械式和电气式两种，直线式真空转鼓贴标机的联锁装置如图 4-196 所示。在分配轴 2 上装有上凸轮 4 和下凸轮 3，上凸轮 4 控制摆杆 7 和 19 作摆动，两摆杆滑套固定在不动的立轴 9 和 20 上。在立轴上装有探杆 10 和 17 及定位杆 5 和 15，各立轴上的探杆和定位杆用套筒固连在一起，并与相应的摆杆弹簧作挠性连接。下凸轮控制打印装置中与偏心套 13 相连的滚子 22 作摆动。偏心套 13 可绕固定轴 14 摆动，在偏心外圆上安装打印轮 12。它的旋转由与其固联的齿轮带动，该齿轮（图中未画出）与主动齿轮 18 啮合，并由其带动旋转。当主动齿轮 18、分配轴 2、真空转鼓 11 按一定传动比旋转时，每当真空转鼓 11 转过一个工位，上凸轮即驱动两摆杆 7 和 19 进行摆动，两探杆 10 和 17 摆向真空转鼓，在鼓面上作一次探测动作。若转鼓上没有标签，探杆 10 和摆杆 19 的前端即陷入转鼓面上的槽内，两定位杆 5 和 15 也作摆动，并顶住挡块 1 和 16；挡块 1 与滚子 22 相固联，挡块 16 与涂胶装置的支承板相固接。由于定位杆顶住这两个挡块，使打印装置和涂胶装置都不能作接近真空转鼓的摆动动作，实现“无标不打印”和“无标不涂胶”。

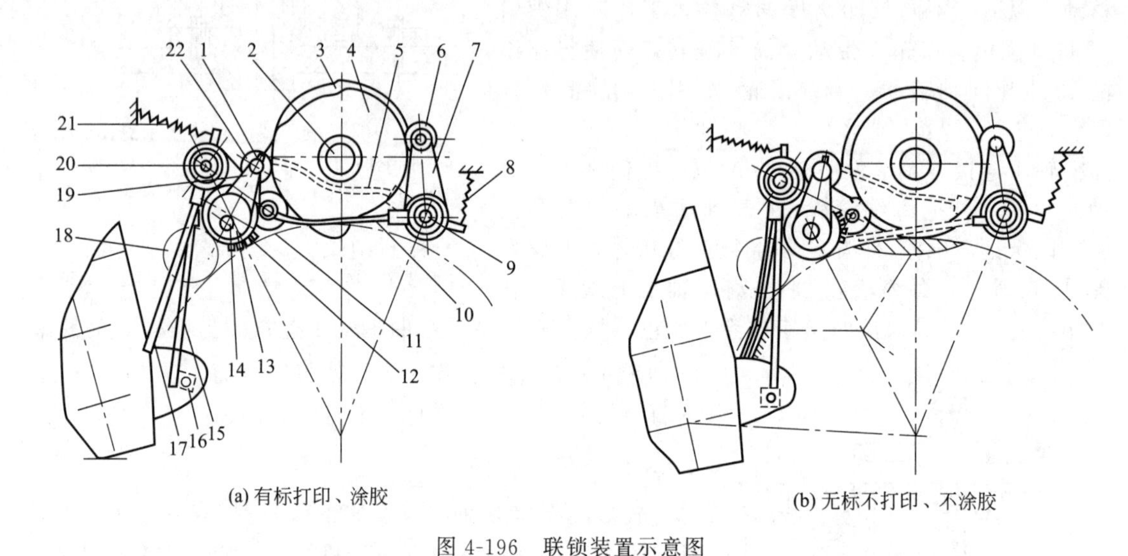

图 4-196 联锁装置示意图

1,16—挡块；2—分配轴；3,4—凸轮；5,15—定位杆；6—滚子；7,19—摆杆；8,21—弹簧；9,20—立轴；10,17—探杆；11—真空转鼓；12—打印轮；13—偏心套；14—固定轴；18—主动齿轮；22—滚子

若真空转鼓 11 吸附了标签，标签使两探杆 10 和 17 无法陷入转鼓 11 的槽内，因此就阻止了两个定位杆 5 和 15 的摆动，定位杆与挡块不相碰，打印装置和涂胶装置能够摆动到贴靠在真空转鼓面上，在标签上印上数码并涂抹黏结剂，实现“有标打印”和“有标涂胶”。

4.8.3 贴标机的设计与计算

4.8.3.1 真空转鼓的吸力计算

当设计真空转鼓时，必须能够知道可靠地吸住标签所需要的真空度，并以此为根据选择适用的真空泵。

图 4-197 为真空转鼓吸标时，标签上所受作用力的示意图。

由于转鼓的真空气腔和真空吸标孔眼内处于真空状态，产生的吸住标签的吸力 $N_n(N)$ 可以用下式确定：

$$N_n = m\frac{\pi d^2}{4}(P_a - P_1) \tag{4-354}$$

式中　m——真空吸标孔眼的个数；

d——真空吸标孔眼的直径，mm；

P_a——大气压，MPa；

P_1——转鼓内真空气腔的计算压强（小于大气压），MPa。

标签处于倾斜位置时（如图4-199所示的情况，颈标在真空转鼓上的情况可能是这样），标签的重量 G 分解为两个力，一个是垂直于转鼓外表面的法向分力 N，一个是与法向分力相垂直的切向分力 T，这两个分力的大小分别为

$$N = G\cos\alpha$$
$$T = G\sin\alpha \tag{4-355}$$

式中　G——标签的重量；

α——标签与水平面的夹角。

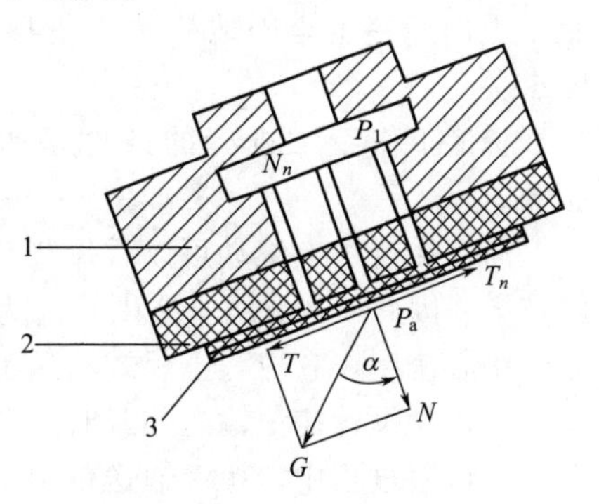

图4-197　标签受力示意图

1—转鼓；2—吸头；3—标签

在大多数情况下，标签处于垂直位置，这时标签的重量平行于转鼓的表面，即 $\alpha = 90°$。

防止标签在重力的切向分力的作用下产生移动的力为标签与转鼓之间的摩擦力，此摩擦力记为 T_n，取决于标签对转鼓面的正压力以及标签与转鼓面之间的摩擦因数，因此

$$T_n = f(N_n - N) \tag{4-356}$$

式中　f——标签与转鼓表面的摩擦因数；

N_n——转鼓的真空气腔和真空吸标孔眼产生的真空吸力，N；

N——标签的重量在垂直于转鼓外表面的法向分力，N。

真空吸力能够吸住标签，而不致脱落的条件是：真空吸力 N_n 及标签与转鼓表面之间的摩擦力 T_n 满足 $N_n > N$，$T_n > T$

引入安全系数，则应表示为：

$$N_n = K_1 N \tag{4-357}$$

$$T_n = K_2 T \tag{4-358}$$

式中，K_1、K_2 为相关的安全系数。

综合式(4-354)～式(4-358)，可得：

$$P_a - P_1 = \frac{4T}{fm\pi \mathrm{d}^2} \times \frac{K_2}{1 - \frac{1}{K_1}}$$

当取 $K_1 = K_2 = K$ 时

$$P_a - P_1 = \frac{4T}{fm\pi d^2} \times \frac{K_2}{K - 1}$$

对上式，以 K 为变量，对右侧取一阶导数并使它等于零，则可得出当 $K=2$ 时有最小值，即当 $K=2$ 时即可保证可靠地将标签吸住。因此，

$$P_a - P_1 = \frac{16T}{fm\pi d^2} = \frac{16G\sin\alpha}{fm\pi d^2}$$

由上述关系确定了保证可靠地吸住标签时，真空转鼓的真空气腔内所需要的真空度之后，再根据贴标机的生产率即可选择合适的真空泵。

4.8.3.2 搓滚输送机构的设计

在贴标机中比较普遍采用的搓滚输送装置，是由搓滚输送带和海绵衬垫组成的，这两者之间构成一条小于瓶子直径的狭窄通道。瓶子通过这条通道时，在带的搓动作用下绕本身的轴线转动并向前移动，实际上可以看作瓶子在衬垫上作滚动。经过搓滚的作用，瓶子上的标签就牢固地粘贴在瓶身上，粘贴的效果与瓶子在通道中所受的压力和搓滚速度有关。

搓滚工作正常进行的条件是搓滚输送带的线速度与瓶子在海绵衬垫上的运动速度相等。

瓶子在衬垫上滚动可以看作绕其瞬时转动中心转动，瞬时转动中心就在瓶子与衬垫的接触点上。因此 $v_1=2v_0$，式中，v_1 为瓶子在与搓滚输送带相接触那一点上的运动速度；v_0 为瓶子中心速度，它应等于板式输送带的速度。

上述是设计搓滚输送装置时应考虑的速度条件。

在搓滚过程中，搓滚输送带把瓶子推向海绵衬垫，而海绵衬垫在瓶子的压迫之下产生了弹性变形。为了避免瓶子只绕本身的轴线旋转而不是在衬垫上作滚动，因此必须满足以下条件：瓶子在衬垫上的滑动摩擦力 F_2 等于或小于它在搓滚输送带上的滑动摩力 F_1，即 $F_2 \leqslant F_1$。

4.8.3.3 回转式贴标机的凸轮齿轮组合机构设计

高速全自动回转式贴标机的质量问题一直是国内贴标机生产企业的难题，许多企业一直处于引进吸收国外技术进行生产的状态，无法自行开发设计更高产量和更多品种系列的高精度贴标机。其主要原因是贴标机的关键部件（上胶、取标、送标凸轮-齿轮机构）一直没有得到最合理的设计理论和机构参数，因而严重影响到整个贴标机的开发。

（1）上胶、取标、送标凸轮-齿轮组合机构

取标板完成上胶、取标、送标动作是通过凸轮-齿轮组合机构来实现的，如图 4-198 所示。

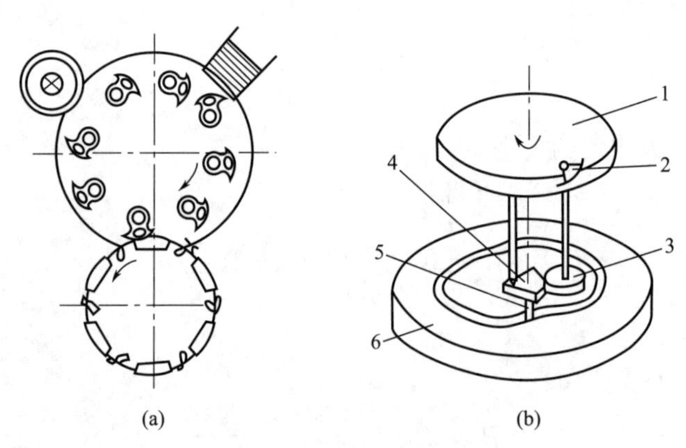

图 4-198 凸轮-齿轮组合机构

1—取标转毂；2—取标板；3—小齿轮；4—扇形齿轮；5—滚子；6—凸轮

小齿轮 3 和取标板 2 被固定在同一根轴上，取标板 2 随取标转毂 1 公转。由于装在扇形齿轮 4 上的滚子 5 受凸轮 6 的凸轮槽控制，使得扇形齿轮 4 摆动，扇形齿轮 4 带动小齿轮 3、取标板 2 摆动，完成上胶、取标、送标动作。

根据贴标机托瓶转台转向的不同，贴标机分左-右机和右-左机。本文只讨论右-左机的情况，并规定所有元件的角度逆时针为正，顺时针为负。

取标转毂转一周，取标板有3个工作过程：上胶、取标、送标，在3个工作过程之间有3个过渡阶段。由于取标板的自转是靠凸轮来控制，因此，凸轮曲线应有3个工作曲线段，如图4-199的ab、cd、ef段。

(2) 上胶过程分析

① 上胶段凸轮工作曲线的设计　在上胶段，取标板曲面通过标板转鼓公转（即绕圆心O）及标板自转（绕C点转动），而与胶辊相对滚动，把胶水均匀抹到标板面上。为满足标板与胶辊相对滚动的要求，必须做到以下两点：

a. 取标板曲面与胶辊在任何时刻均相切；

b. 取标板与胶辊接触的点瞬时速度相同（或任意时间内标板面转过的弧长与胶辊滚过的弧长相等）。

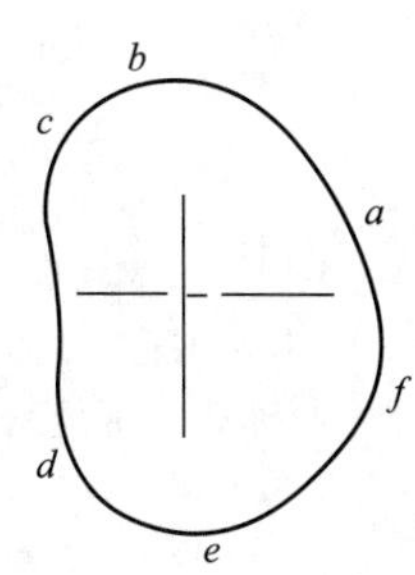

图4-199　3个工作曲线段

下面将对上述两个条件的满足情况及误差作一个分析，以便得出合理的凸轮曲线，如图4-200所示。

O、O_1分别为取标转鼓和胶辊的中心。A为标板的曲率中心。标板的自转中心为C，且C绕圆心O公转。B为标板上与胶辊相切的点。

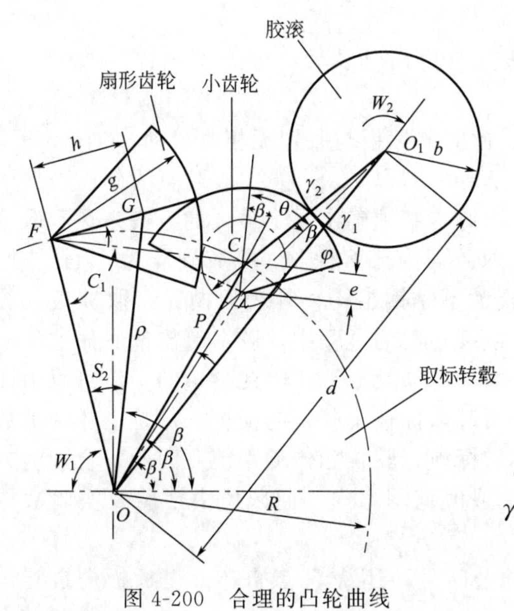

图4-200　合理的凸轮曲线

当$X=0$时，即完全满足取标板与胶辊纯滚动条件。

在$\triangle O_1OC$中：

$$(O_1C)^2=d^2+R^2-2dR\cos\alpha \quad (4\text{-}359)$$

因为$O_1C=\sqrt{d^2+R^2-2dR\cos\alpha}$

又因为　$R/\sin\gamma=O_1C/\sin\alpha$

所以　$\gamma=\arcsin(R\sin\alpha/O_1C)$

因为γ与α反向

$$\gamma=\pm\arcsin(R\sin\alpha/O_1C) \quad (4\text{-}360)$$

$$(O_1C)^2=(O_1A)^2+e^2-2\times O_1A\times e\times\cos q \quad (4\text{-}361)$$

$$e^2=(O_1C)^2+(O_1A)^2-2\times O_1C\times O_1A\times\cos\gamma_2$$

$$\gamma_2=\pm\arccos[(O_1C)^2+(O_1A)^2-e^2]/2\times O_1C\times O_1A \quad (4\text{-}362)$$

因为γ_2与α反向

所以当α为正时γ_2取负；α为负时，γ_2取正

$$\gamma_1=\gamma-\gamma_2 \quad (4\text{-}363)$$

联合式(4-359)、式(4-361)

$$q=\arccos\{[(O_1A)^2+e^2-d^2-R^2+2dR\cos\alpha]/(2\times O_1A\times e)\} \quad (4\text{-}364)$$

其中：$O_1A=a+b+X$

$$d=a+b+R+X-e$$

R——取标板公转半径；

a——取标板曲率半径；

b——胶辊半径；

e——取标板偏心距。

X 为胶辊面与取标板面之间的距离，当 $X=O$ 时，胶辊面与取标板面相切，X 为正表示离开，为负表示干涉。由于 X 值十分小，不影响三角函数各公式的应用。

取标转毂 O 和胶辊 O_1 之间的传动比为：

$$I=q_1/\alpha$$

其中：Z_0、Z_1 分别为取标转毂 O、胶辊 O_1 的齿轮齿数，齿轮 O 转角为 α 时对应齿轮 O_1 转角为 q_1。

则标板与胶辊滚过的标板弧长为

$$S_1=q\alpha \tag{4-365}$$

胶辊与标板滚过的胶辊弧长为

$$S_2=(q_1-\gamma_1)b \tag{4-366}$$

标板与胶辊相对滑动的距离

$$\Delta S=S_1-S_2 \tag{4-367}$$

由上面各式可以看出，在给定数值 R、a、b、e 以后，ΔS 为 α 与 X 的函数：

取 $X=0$，即为取标板始终与胶辊相切；

取 $\Delta S=0$，可以求出 X 与 α 的函数表达式，此时取标板与胶辊无相对滑动。

标板与胶辊最理想的运行状况是纯滚动，即 $X=0$，同时 $\Delta S=0$。从上面的分析结果中可以看出，要完全满足这两个条件是不可能的，因此，必须确定一个最佳的方案来达到取胶的要求。从取标板及胶辊的结构来分析：取标板取胶面为天然橡胶，橡胶硬度为 65HS，厚度为 5～7mm，取胶面有槽，槽深约 1mm。胶辊为不锈钢结构，外表面抛光，取标板与胶辊对滚后胶水藏于取标板的槽中。在标板取胶后继续转动的过程中，胶水流出槽底而达到取标板表面。因此，胶辊与取标板之间允许存在少量的滑动及干涉，因此少量的干涉可以由橡胶的柔性来补偿，适当范围内的相对滑动亦不会引起取标板及胶辊的损害。但是上述两个数值都存在一个极值，超过这个极值则很容易损坏取标板、胶辊和传动系统。因此，合理的方案是把相对滑动值 ΔS 和干涉值 X 都保持在一个限值范围之内，此限值由经验及实验数据给出。

② 标板的自转角度　在上胶过程中，标板除公转外，还绕 C 点自转，设标板的自转角度为 θ（见图 4-200）。

在$\triangle OAO_1$ 中和$\triangle OCA$ 中，根据余弦定理有：

$$d^2+(O_1A)^2-2\times d\times O_1A\times\cos\gamma_1=R^2+e^2-2Re\cos\theta$$

$$\text{所以 } \theta=\arccos\{[R^2+e^2+2\times d\times O_1A\times\cos\gamma_1-d^2-O_1A]/(2Re)\} \tag{4-368}$$

因为 θ 与 α 方向一致，所以 α 为正时，θ 取正；α 为负时，θ 取负。

θ 是 γ_1 的函数，由式(4-359)～式(4-362) 可知 γ_1 是 α 的函数，因此 θ 为 α 的函数，对上胶过程中的任意位置 α 可以通过式(4-368) 求得满足上胶要求的标板自转角 θ。

（3）取标过程分析

① 运动分析　取标过程是已抹上胶水的取标板与标纸对滚，将标签从标签盒里取出，

粘在标板上。它要求取标板圆弧面在摆动过程中所形成的包络面为一平面。与标签纸平面贴合，并且在贴合过程中无相对滑动。

取标过程中的两个运动位置，选取坐标系如图 4-201 所示。

标板在 Y 方向的最高点是标签被粘段与未粘段的分界点，设标板从位置Ⅰ运动到位置Ⅱ，分界点从 B_1 移动到 B_2，这时标板与标签接触的弧长为 ψa，标签的被粘长度为 B_2 的 X 坐标值。

$$X_{B2}=X_{A2}=-R\sin\alpha-e\sin\psi$$

标板所摆过的弧长 ψa 必须等于标签被粘的长度，因此有

$$\psi a=R\sin\alpha+e\sin\psi \tag{4-369}$$

分界点 B 在取标过程中，除在 X 方向移动之外，在 Y 方向也有移动：

$$Y_{B1}=a+R-e$$

$$Y_{B2}=a+R\cos\alpha-e\cos\psi$$

$$\Delta Y=Y_{B2}-Y_{B1}$$

所以 $\Delta Y=R(\cos\alpha-1)+e(1-\cos\psi)$　(4-370)

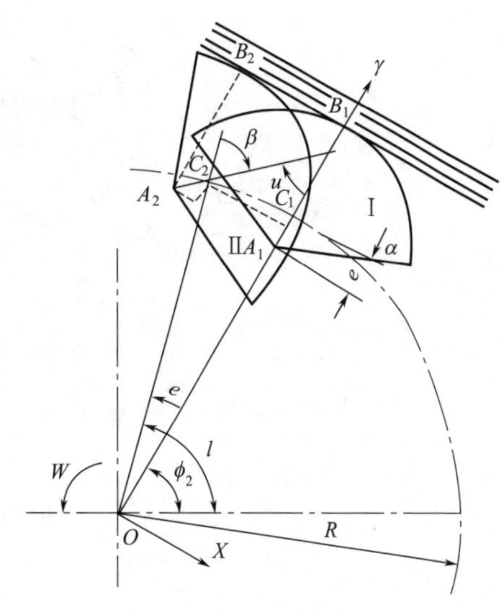

图 4-201　取标过程中的两个运动位置

与取胶过程相似，要同时满足标板与标纸之间无滑动及平面包络线是不可能的，由于标签盒与标板之间的安装距离可以调整，标签盒的另一端有弹簧机构顶住标签，标签可在一定范围内前后移动，所以只要当 $|\Delta y_{max}|$ 不超过一定的值，即可以实现粘标。

② 标板的自转角度　由图 4-202 所示知，$\theta=\psi-\alpha$，代入式(4-369) 得

$$(\theta+\alpha)a=R\sin\alpha+e\sin(\theta+\alpha) \tag{4-371}$$

对任意位置 α，解式(4-371) 即可求得对应的标板自转角度 θ。

(4) 送标过程分析

标板从标签盒取下标签后，转至送标位置。此时，与之同步的夹标转毂上的夹标机构从标板上取下标签。为了实现平稳送标，要求标签从标板上掀下来的角度必须从小到大变化，变化要尽量均匀，且角度最大值不超过 75°。

如图 4-202 所示，取标板在取标转毂的带动下转动，当标板上点 B 转到与夹标转毂 E 相切时，夹子开始夹住标纸取标。在此之前，标板不自转，其自转角度为一定值 θ_0，设定 OB 的距离为 L。

在△ACB 中，$\angle BAC=W/(2a)$

$$BC^2=e^2+a^2-2ae\cos\angle BAC$$

所以　$$BC=\{e^2+a^2-2ae\cos[w/(2a)]\}^{1/2}$$

又　$$a/\sin(\pi-\lambda_2)=BC/\sin\angle BAC$$

所以　$$\lambda_2=\arcsin\{a\sin[w/(2a)]/BC\}$$

在△OBC 中：$L^2=R^2+BC^2-2\times R\times BC\times\cos(\pi-\lambda_1)$

所以　$$\lambda_1=\arccos[(L^2-R^2-BC^2)/(2\times R\times BC)]$$

$$\theta_0=-(\lambda_2-\lambda_1)=-\arcsin[a\sin(w/2a)/BC]+\arccos[L^2-R^2-BC^2]/(2\times R\times BC) \tag{4-372}$$

为实现送标，此时 B 点的速度 V_B 须与夹子的速度 V_E 相等

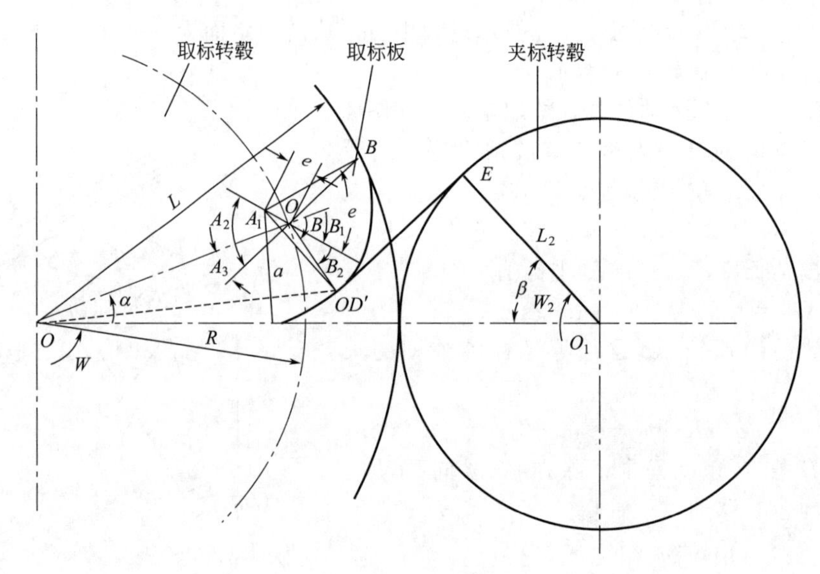

图 4-202 标板自转角度

所以 $$wL=w_2L_2 \tag{4-373}$$

因为 $$L_2=D-L \tag{4-374}$$

令：$$i=w/w_2$$

所以 $$L=D/(1+i)$$

式中 D——取标转毂中心 O 与夹标转毂中心 O_2 的距离；

w_2——夹标转毂的角速度；

i——取标转毂与夹标转毂的传动比。

根据传动条件有

$$\beta=\alpha/i \tag{4-375}$$

在直角△O_2ED 中

$$DE=L_2\tan\beta \tag{4-376}$$

$$O_2D=(L_2^2+DE^2)^{1/2} \tag{4-377}$$

设标板总弧长为 $2S$，则弧长的一半为 S

$$\sigma=S/a \tag{4-378}$$

要使标签纸在剥落时与取标板无相对滑动，则在任何时间范围内剥下的标纸，长度必须与已剥落标纸的标板弧长相等。即：

$$a\times\angle BAD=DE$$

则

$$\angle BAD=DE/a \tag{4-379}$$

$$\angle DAC=\angle BAD-\sigma$$

在△ACD 中：

$$CD^2=a^2+e^2-2ae\cos\angle DAC$$

又：$CD/\sin\angle DAC=e/\sin\angle ADC$

$$\angle ADC=\arcsin[(e\sin\angle DAC)/CD] \tag{4-380}$$

又：

$$\theta_1=\angle DAC+\angle ADC \tag{4-381}$$

$$\theta=\theta_0+\theta_1 \tag{4-382}$$

在给定参数 R、e、a、W、i 之后，由式(4-372)～式(4-382) 可以确立 θ 为 α 的函数。

(5) 上胶、取标、送标凸轮曲线

① 工作段曲线　上胶、取标、送标过程的实现最后都归于对标板自转角 θ 的要求。标板的自转是通过凸轮-齿轮机构来实现的。齿轮机构只是改变了机构的传动比，而传动比可以认为是一个常数，因此，凸轮曲线必须使标板产生相应的自转角 θ。

如图 4-200 所示，扇形齿轮上的滚子轴心线 G 在扇齿轮的角平分线上。

设：当标板无自转，即 $\theta=0$ 时，轴心 G 在连心线 CF 上。

根据齿轮的传动原理有：

$$\psi g=-\theta f$$

所以

$$\psi=-f\theta/g$$

式中　f——小齿轮的分度圆半径；

g——扇形齿轮的分度圆半径。

又：$\varepsilon_1=\arccos[(f+g)/(2R)]$

在△FOG 中：

$$\rho^2=h^2+R^2-2hR\cos(\psi+\varepsilon_1)$$

所以

$$\rho=[h^2+R^2-2hR\cos(\psi+\varepsilon_1)]^{1/2} \tag{4-383}$$

式中　h——滚子轴心 P 距扇齿轮转动中心 B 的距离。

$$\beta=t+\angle AOP$$

而：$\angle COG=180°-2\varepsilon_1-\varepsilon_2$

又：$h/\sin\varepsilon_2=\rho/\sin(\varepsilon_1+\varphi)$

所以

$$\varepsilon_2=\arcsin[h\sin(\varepsilon_1+\varphi)/\rho]$$

$$\beta=180°+t-2\varepsilon_1-\varepsilon_2 \tag{4-384}$$

式(4-383)、式(4-384) 即为上胶、取标、送标凸轮工作段曲线的方程式。

② 过渡段曲线　使整个上胶取标送标凸轮-齿轮组合机构具有较好的动力性能，过渡段曲线取从动件（取标板）的转角为正弦加速度曲线来进行设计，可以保证其一阶、二阶导数均连续。曲线的具体计算较为简单，这里不再赘述。

4.8.3.4 贴标机的运动计算

自动贴标机的运动计算是以所需的生产能力为基础的，同时它又与贴标机的结构形式有关。以真空转鼓贴标机为例，它的运动计算可以按下列方法进行。

真空转鼓的转速 $n_{鼓}$(r/min)可由下式求得：

$$n_{鼓}=\frac{Q}{60m} \tag{4-385}$$

式中　Q——贴标机设计生产能力，瓶/h；

m——真空转鼓的吸标工位数。

贴标机的总传动比

$$i=\frac{n_{电}}{n_{鼓}}=i_1\times i_2\times\cdots\times i_n \tag{4-386}$$

式中 $n_{电}$——贴标机传动电机的转速，r/min；

$i_1,i_2,\cdots,i_n$——各级机构的传动比。

进瓶螺杆输送瓶子的速度 $v_{杆}$(m/s)为：

$$v_{杆}=\frac{tn_{杆}}{60} \tag{4-387}$$

式中 t——进螺杆的节距，m；

$n_{杆}$——螺杆的转速，r/min。

而 $n_{杆}$ 由下式计算

$$n_{杆}=\frac{Q}{60} \tag{4-388}$$

板式输送链的运动速度 $v_{板}$(m/s)为：

$$v_{板}=Kv_{杆} \tag{4-389}$$

式中 K——考虑瓶子在输送链上的滑动系数，可取 $K=1.2\sim1.3$。

搓滚输送主动带轮的转速 $n_{搓}$(r/min)

$$n_{搓}=\frac{60v}{\pi D_{搓}n_{辊}} \tag{4-390}$$

式中 $D_{搓}$——搓滚输送带主动带轮的直径，m；

v——带运动线速度，m/s，可由上述搓滚输送装置的速度条件决定。

在设计涂胶装置的传动时，应该保证涂胶辊在涂胶时与真空转鼓上的标签没有相对滑动，以免发生标签在搓动作用下脱落下来或者涂胶效果不良等情况，为此应使涂胶辊与真空转鼓的外圆柱面的线速度相等。即

$$n_{搓}=\frac{D_{鼓}n_{鼓}}{D_{辊}n_{辊}} \tag{4-391}$$

式中 $D_{鼓}$——真空转鼓的直径，m；

$D_{辊}$——涂胶辊的直径，m；

$n_{鼓}$——真空转鼓的转速，r/min；

$n_{辊}$——涂胶辊的转速，r/min。

4.8.3.5 贴标机的功率计算

贴标机的功率计算是选择贴标机的驱动电机，进行传动设计以及其他主要零部件设计的基础。由于贴标机的种类很多，结构也各不相同，因此贴标机的功率计算也必须根据其本身的结构特点区别对待，具体分析。

贴标机功率计算的主要原则是贴标机所需的总功率所需的功率等于驱动贴标机上各个机构所消耗的功率总和。以真空转鼓贴标机为例，贴标机所消耗的总功率应等于以下各项功率消耗的和：驱动进出瓶输送链的功率，真空转鼓由静止加速到工作转速的启动功率，真空转

鼓在旋转过程中克服锥形错气阀的摩擦阻力所消耗的功率，真空转鼓在贴标工作中驱使瓶子在贴标弯道中进行滚动所需要的功率。其他类型的贴标机由于结构不同，总功率中所包含的分项就不同。例如，如果贴标机中设置有滚搓标装置的，则必须计入这一装置的功率消耗；如果贴标机中的标仓有摆动动作时，则需估算驱动标仓摆动所需的功率；如果贴标机中有涂胶机构、打印机构在工作中有动作，也需计入这些机构消耗的功率；如果贴标机中设置有进瓶螺旋，在计算中也要考虑它的功率消耗。

对于贴标机中某些典型机构的功率计算说明如下。

① 真空转鼓的启动功率　使转鼓由静止状态启动并达到所需的工作转速 ω 所消耗的功，等于转鼓以 ω 转速转动时所具有的动能。因此，启动转鼓所需的功 A（J）应为

$$A=\frac{1}{2}J\omega^2 \tag{4-392}$$

式中　ω——转鼓转动的角速度，s^{-1}；

　　J——转动惯量，$kg \cdot m^2$。

转动惯量与转动物体的质量分布状态及大小有关，根据转鼓的几何形体的特点进行必要的简化，可以把转鼓认为是一个质量均匀、壁厚不大的绕其几何中心轴线转动的圆环。这样，若转鼓的半径为 R（m），重量为 G（N），转鼓的转动惯量为

$$J=\frac{G}{g}R^2 \tag{4-393}$$

式中　g——重力加速度。

由此可得，启动转鼓的功为 A（J）

$$A=\frac{GR^2w^2}{2g} \tag{4-394}$$

记转鼓的启动时间为 t（s），则启动转鼓的平均功率（kW）为

$$N_1=\frac{A}{1000t}=\frac{GR^2w^2}{2000gt} \tag{4-395}$$

启动时间 t 一般可取 1～10s。

② 在贴标过程中转鼓驱使瓶子在贴标弯道中滚移所需的功率　转鼓驱动一个瓶子滚动的受力情况如图 4-203 所示。转鼓做匀速转动，它使瓶子在弯道中运动的驱动力为 P（N）。瓶子与弯道海绵衬垫接触处的反力为 N_1，与转鼓面接触点处反力为 N_2。由于接触处转鼓橡胶面的海绵衬垫的变形，反力作用点并不在转鼓中心和瓶子中心的连线上，而分别偏离 δ_1 和 δ_2 的距离，δ_1、δ_2 称为滚动摩擦因数。N_1、N_2 和 δ_1、δ_2 的大小决定于弯道宽度与瓶子与瓶子直径 d 的差值，即与瓶子在弯道中的夹紧状况有关。由于瓶子较轻，它在弯道底板的滑动摩擦力可忽略不计。瓶子绕瞬时转动中心 D 点转动，驱动瓶子转动的主动力矩为 Pd，阻碍瓶子滚动的阻力矩为 $(N_1\delta_1+N_2\delta_2)$，

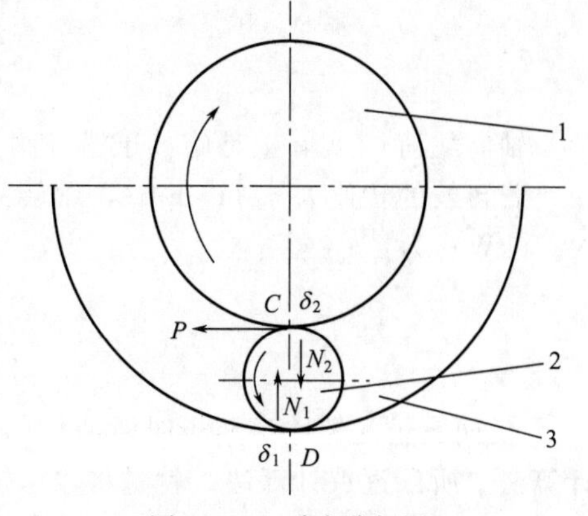

图 4-203　受力分析图

1—转鼓；2—瓶子；3—弯道

如果瓶子绕 D 点的转动为匀速转动，则主动力矩与阻力矩的绝对值应该相等，即

$$P_d = N_1\delta_1 + N_2\delta_2 = N(\delta_1 + \delta_2) \tag{4-396}$$

式中 δ_2——瓶子与转鼓面的滚动摩擦因数，mm；

δ_1——瓶子与海绵衬垫的滚动摩擦因数，mm；

d——瓶子的直径，mm。

$$N_1 = N_2 = N$$

δ_1、δ_2 可由实验测得。

贴标工艺要求瓶子在贴标过程中只许做滚动而不许与转鼓之间发生相对滑动，满足这个要求的条件是：$P \leqslant Nf_2$。

考虑到最大驱动的情况，则

$$P = Nf_2 \tag{4-397}$$

f_2 是瓶子与转鼓橡胶面的滑动摩擦因数，可由设计手册查得。

N 是反力，与瓶子在弯道中的夹紧情况有关，可以通过实验测定。

转鼓驱动弯道中所有瓶子滚动时，转鼓所需的转矩 M（N·m）为：

$$M = mPR \tag{4-398}$$

式中 m——弯道中瓶子个数；

R——转鼓的半径，m；

P——单个瓶子的驱动力，N。

若转鼓转动的速度为 n（r/min），则转鼓驱动瓶子在弯道滚动面中作贴标工作时所消耗的功率 N_2（kW）为

$$N_2 = \frac{Mn}{9750} \tag{4-399}$$

③ 转鼓转动时克服摩擦力矩消耗的功率　转鼓转动时克服摩擦所消耗的功率主要在克服锥形错气阀的摩擦力矩上。这是一种锥面摩擦，如果轴向载荷为 G（N），错气阀的锥顶角 φ，锥面大端和小端的半径分别为 R、r（m），锥面错气阀可动部分与固定部分接触面上的摩擦因数为 f，则锥形错气阀的摩擦力矩 M（N·m）为：

$$M = \frac{fG(R + r)}{2\sin\left(\frac{\varphi}{2}\right)} \tag{4-400}$$

轴向载荷 G 实际上是施加于错气阀上的转鼓、主轴以及传动齿轮整个组装件的重量。

若转鼓的转速为 n（r/min），则转鼓转动时克服锥形错气阀的摩擦力矩所消耗的功率 N_3（kW）为：

$$N_3 = \frac{Mn}{9750} \tag{4-401}$$

④ 两翼输送链输送瓶子时所消耗的功率　计算牵引输送链运动的拉力，可以采用逐点计算法。所谓逐点计算法，就是将输送链的牵引构件——链条所形成的整个轮廓分成若干连续的区段，逐点计算出各区段之间的交接点的张力值，最后得出驱动链轮的绕入点和绕出点上的张力。

如图 4-204 所示，整条瓶子输送链可分为下列各直线段和曲线段。

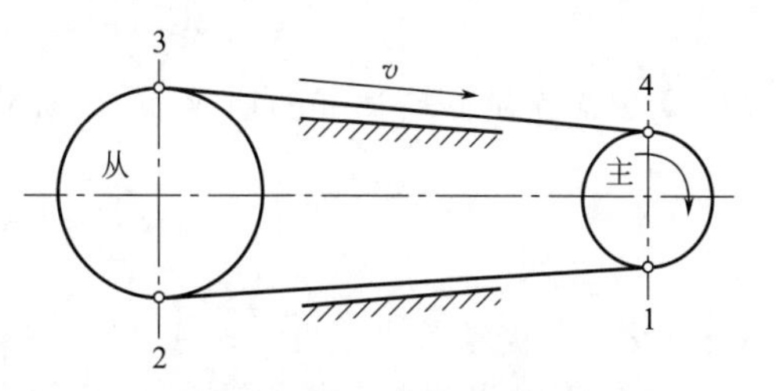

图 4-204 瓶子输送链

主动链轮曲线区段 4～1，无载直线区段 1～2，改向链轮曲线区段 2～3，有载直线区段 3～4，记各区段交接点处的张力分别为 S_1、S_2、S_3、S_4。链条上各点的张力是不同的，以 S_1 为最小，S_4 为最大。计算从 S_1 开始，其他各点的张力，按照链条的行进方向，轮廓中的每一点张力值等于前一点张力与这两点之间的阻力之和，即

$$S_2=S_1+W_{1\text{-}2} \tag{4-402}$$

$$S_3=S_2+W_{2\text{-}3} \tag{4-403}$$

$$S_4=S_3+W_{3\text{-}4} \tag{4-404}$$

式中，$W_{1\text{-}2}$、$W_{2\text{-}3}$、$W_{3\text{-}4}$ 为各区段的阻力。

最小张力 $S_1(N)$ 的大小决定于链条从动边的下垂阻力，其值为

$$S_1=Kq_{链}Ag \tag{4-405}$$

式中 K——下垂系数，与链条的布置状况有关，对于水平链条，$K=6$；

$q_{链}$——链条单位长度的质量，kg/m；

A——两链轮的中心距，m。

无载分支上的阻力 $W_{1\text{-}2}(N)$ 实际上就是输送链条与滑动导轨的摩擦力。

$$W_{1\text{-}2}=q_{链}fLg \tag{4-406}$$

式中 $q_{链}$——链条单位长度的质量，kg/m；

f——链条与滑动导轨的摩擦因数，对于钢制支承，取 $f=0.4\sim0.7$；

L——链条无载直线段的长度，m。

如果无载分支的链条没有支承而是自由下垂的，则此段阻力可以不计。

改向链轮的阻力包括三部分；链条绕入链轮的刚性阻力，链轮中轴承的摩擦阻力，链条绕出链轮的刚性阻力。根据经验，这三项阻力之和为改向链轮绕入端张力的 2%～4%。即 $W_{2\text{-}3}$(N)

$$W_{2\text{-}3}=(0.02\sim0.04)S_2 \tag{4-407}$$

有载分支上的阻力 $W_{3\text{-}4}$(N)为

$$W_{3\text{-}4}=(q_{链}+q_{料})fLg \tag{4-408}$$

式中 $q_{链}$——链条单位长度的质量，kg/m；

$q_{料}$——每米链条上承载的瓶子的质量，kg/m；

f——链条与滑动导轨之间的摩擦因数，对于钢制支承，取 $f=0.4\sim0.7$；

L——有载分支链条长度，m。

驱动链轮的牵引力 $P_0(N)$，可按下式计算：

$$P_0=(S_4-S_1)+W_{4\text{-}1} \tag{4-409}$$

式中，$W_{4\text{-}1}$ 为驱动链轮上的阻力，而

$$W_{4-1}=(0.03\sim0.05)(S_4+S_1) \quad (4-410)$$

两翼输送链轮所消耗的功率 N_4(kW)为

$$N_4=\frac{2P_0v}{1000} \quad (4-411)$$

式中 v——链条行进速度，m/s。

⑤ 搓滚输送装置消耗的功率 瓶子是以间距 t 进入搓滚输送装置的，若输送器的长度为 L，同一时间内在输送器中的瓶子数为

$$M=L/t \quad (4-412)$$

在搓滚输送瓶子时，能量的消耗主要在克服瓶子与海绵衬垫和搓滚带的滑动摩擦及其他各种阻力上，海绵衬垫和搓滚带能量消耗不大，在计算中可不予考虑。瓶子克服其与海绵衬垫之间的滑动，所消耗的能量计算如下。

如图 4-205 所示，瓶子与衬垫接触，由于受力 q 的作用，瓶子压入衬垫将近半个瓶子。则瓶子与衬垫接触范围长度的增加：

$$L=L_{\text{acd}}-L_{\text{ab}}=\frac{\pi D}{2}-D=\left(\frac{\pi}{2}-1\right)D \quad (4-413)$$

式中 D——瓶子的直径。

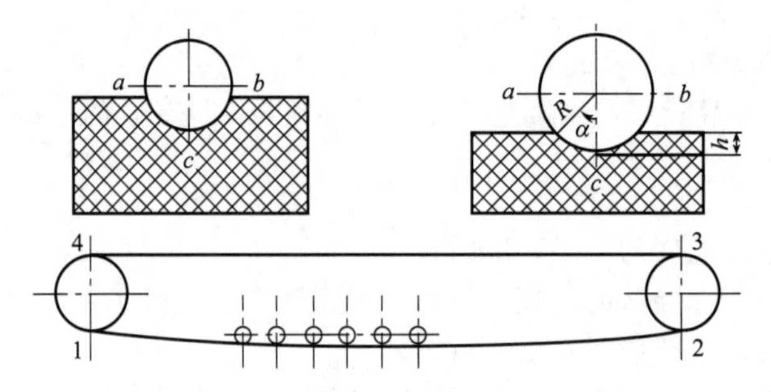

图 4-205 瓶子与衬垫接触的变化

若瓶子中心的运动速度为 v，则瓶子的滑动速度 v_1(m/s)为：

$$v_1=vL/D \quad (4-414)$$

式中 L——瓶子与衬垫的接触弧长的增加量。

克服一个瓶子所受的由衬垫弹性变形造成的阻力所消耗的功率 N(kW)为：

$$N=Pv_1/1000 \quad (4-415)$$

式中 P——驱动瓶子沿输送器运动所需的力 (N)，$P=qgf$；

f——玻璃沿橡胶面滑动的摩擦因数，$f=0.4$。

因此，K 个瓶子消耗的功率 N(kW)为

$$N=Pv_1K/1000 \quad (4-416)$$

瓶子克服其与搓滚带的滑动，消耗的功率可根据同样的方法考虑。

搓滚带是由硬橡胶制成的，它在压力 q 作用下产生变形，瓶子的压入深度为 h。参照图 4-205，带接触范围长度的增加为

$$L = L_{acb} - L_{ab} = 2R\alpha - 2R\sin\alpha = 2R(\alpha - \sin\alpha) \tag{4-417}$$

式中　R——瓶子圆柱部分的半径，mm；

α——接触半角，rad。

而

$$\cos\alpha = \frac{R-h}{R} = 1 - \frac{h}{R}$$

瓶子在带上的滑动速度 v_2(m/s)为

$$v_2 = v_1 L / D \tag{4-418}$$

克服瓶子相对于带滑动阻力的功率 N(kW)为

$$N = P v_2 K / 1000 \tag{4-419}$$

另外，还必须计算搓滚输送装置克服运动阻力的消耗功率。

第5章 包装机械的机体设计

由于包装机械，特别是多功能包装机械，工作执行机构多，传动复杂，布置形式多样，多数情况下受力小，再加上批量小，所以，多数包装机械中机体或支架都采用钣金、型材的焊接、铆接、螺纹连接等组合结构。

对于一些受力较大、用组合件不能满足要求的地方，则采用铸件。对于一些尺寸小、传动功率不大的包装机械，往往将它的外部罩壳与支承结构合成一体，既简化工艺又省材料。因此，板材、型材的组合设计，在包装机械的机体中（机架、支承、外罩壳）占有十分重要的地位。

5.1 包装机机体的作用和要求

5.1.1 包装机机体的作用

包装机支承件的作用是固定和支承所有工作执行件、传动件、控制系统，保证它们相对位置的正确性和稳定性，并起到安全保护和装饰的作用；包装机支承件包括以下几个部分。

① 机体（机架） 这是包装机的主要基础件，它可以由铸件构成机体，由焊接件构成机架，包装机的大多数零、部件都安装在其上。

② 支架 某些零、部件由于结构的要求，不能直接安装在机体（架）上，需要通过支架来进行安装和固定，通常用螺栓、销钉来进行定位和紧固。

包装机的支架结构形式很多，基本上由板和型材组合而成。

③ 罩壳 不可能像有些设备一样，将所有零部件放在一个箱形体内，包装机械有多种形式和材料的罩壳，有的要求防尘，有的要求防热，有的要透明，有的要通风等。

④ 导轨 包装机上的导轨，通常受力不大，要求简单，易保养、维修，具有一定的导向性，与被包物和包装材料接触部分，一定要注意防污。

⑤ 机脚 多数包装机无需固定，同时便于移动和调整，通常都设有机脚，多为固定式和移动式。

5.1.2 包装机机体的要求

对包装机支承件的要求包括性能、结构和使用三个方面。

① 具有足够的静刚度，在额定载荷下支承件所产生的变形不得超过一定数值，以保证各零、部件相对位置的准确性。

② 有较好的抗振性，特别是一些具有振动整理和给料装置的包装机，本身就有不可避免的振源，不能因此而影响其他部分的正常工作。

③ 噪声不能太大，多数包装机是在高速下工作的，噪声的控制应当给以足够的重视。

④ 结构简单、合理、工艺性好，减少内应力引起的变形。

⑤ 使用、维修方便。

5.2 机体的静刚度、抗振性与应力变形

5.2.1 机体的静刚度

机器中的任何一构件均可视为弹性体，在受载后，都要产生一定的变形。静刚度是用批

量作用在构件上的载荷与施力方向所产生的变形比来衡量的。

载荷有力和力矩，而变形有位移和扭转角，故有如下表示。

水平抗弯刚度　$K_x=\dfrac{P_x}{\Delta_x}$(N/mm)

垂直抗弯刚度　$K_y=\dfrac{P_y}{\Delta_y}$(N/mm)

抗扭刚度　$K_\theta=\dfrac{M}{\theta}$[N·mm/(°)]

式中　P_x，P_y——水平、垂直作用力，N；

M——扭矩，N·mm；

θ——扭转角，(°)；

Δ_x，Δ_y——水平方向和垂直方向的位移，mm。

如图 5-1 所示，立柱上端受一水平力 P 的作用，产生变形。几部分的变形是：立柱自身的变形、连接头部分凸缘的局部变形和与支架发生的接触变形。

因此在一个具体支承件受力后，它的静刚度包括自身刚度、局部刚度和接触刚度。自身刚度和局部刚度与支承件本身的结构和材料有关，而接触刚度则与接触面的加工状况、材料硬度和连接件的预紧力有关。

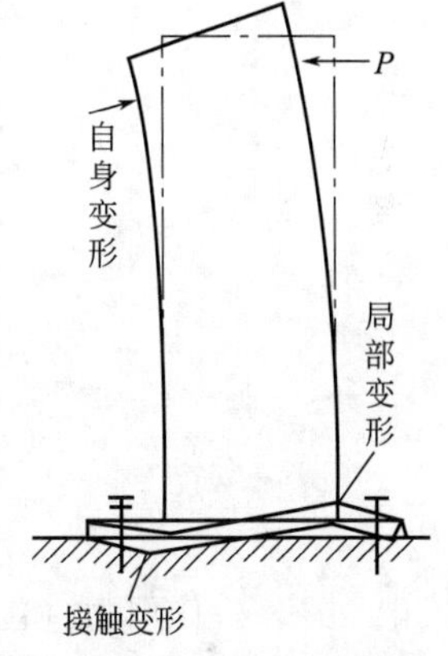

图 5-1　支承件变形图

在支承件的设计中既要考虑到在它上面应安装固定哪些零、部件、空间布置在工作中的变形位移限制条件，还应考虑到它的受力状态，也就是设计时的力学原则。只有在正确的受力分析条件下，恰当设计结构，才有可能以最经济的方法，保证支承件以必要的静刚度。

(1) 支承件的受力与变形

包装机上无论某一个支承件其受力如何复杂，总是受自身重力和外加载荷的作用，总可以分解成 X、Y、Z 三个坐标和三个平面上的力矩的作用。然后将它们分别求出变形，再加以合成；或是将力合成后再求变形，可用表 5-1 表示。

表 5-1　受力变形简图

受力	变形	简图
横向力	产生横向变形	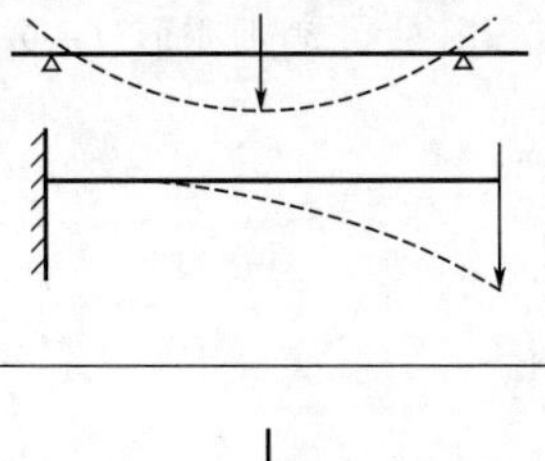
纵向力	由于纵向不静定产生横向变形	

续表

受　力	变　形	简　图
弯矩	产生弯曲变形	
扭矩	产生扭转变形	

在复杂力系的作用下，可分别求出各单独的简单变形，再将它们叠加起来。研究单独的简单变形是受力分析计算变形的基本方法。

① 弯曲变形　用位移 y 和转角 θ 表示变形的程度（如图 5-2）。

$$y_A=\frac{Pa^2(L+a)}{3EJ}$$

$$y_D=\frac{Pax(x^2-L^2)}{6EJL}$$

$$\theta_A=\frac{Pa(2L+3a)}{6EJ}$$

$$\theta_B=\frac{PLa}{3EJ}$$

$$\theta_C=-\frac{PLa}{6EJ}$$

$$\theta_D=\frac{Pa(3x^2-L^2)}{6EJL}$$

式中　P——作用力（包括重力），N；

E——支承件材料弹性模量，Pa；

J——支承件的截面惯性矩，m^4。

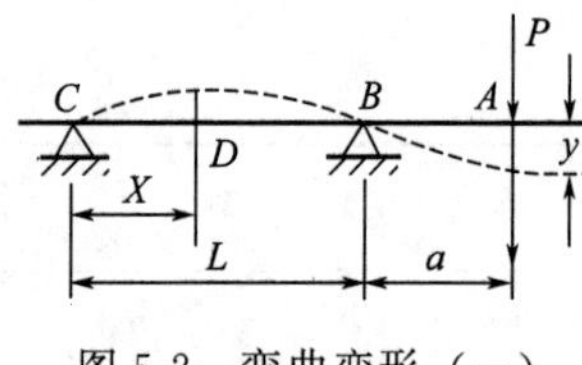

图 5-2　弯曲变形（一）

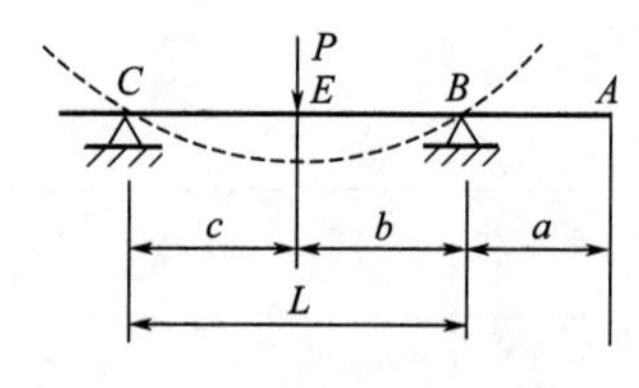

图 5-3　弯曲变形（二）

如图 5-3 所示，

$$y_A=\frac{Pbc(L+c)a}{6EJL}=\theta_A a$$

$$y_E=\frac{Pb^2c^2}{3EJL}$$

$$\theta_A=\theta_B=-\frac{Pbc(L+c)}{6EJL}$$

$$\theta_C=\frac{Pbc(L+b)}{6EJL}$$

$$\theta_E=\frac{Pbc(b-c)}{3EJL}$$

如图 5-4 所示，

$$y_A=\frac{Pa^3}{3EJ}$$

$$\theta_A=\frac{Pa^2}{2EJ}$$

由上面各式可以看出，影响变形 y 值的诸因素中 J 是一个很活跃的因素。它是随受力变形方向和截面形状的改变而改变的。

$K_i=y_i/p_i$ 表示不同受力条件的支承件在该处的刚度系数，所以 J 也直接影响到支承件的刚度系数。

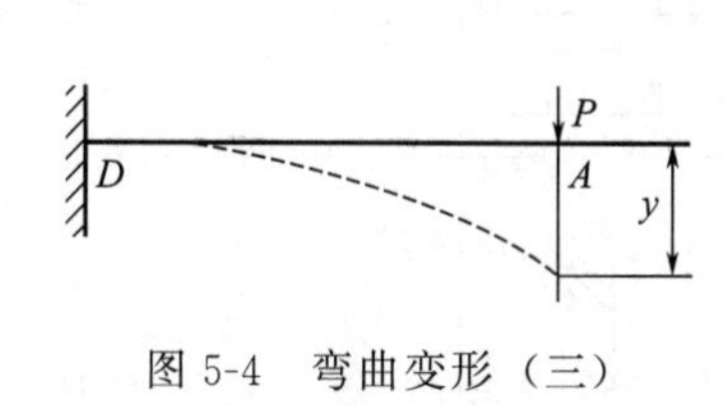

图 5-4　弯曲变形（三）

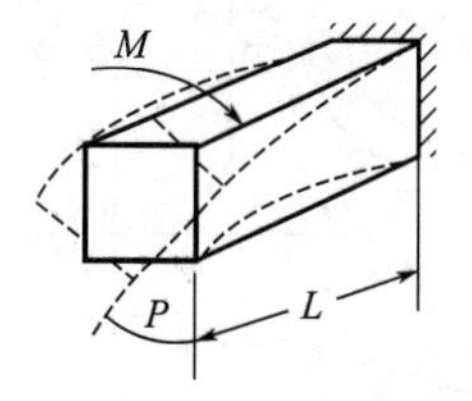

图 5-5　扭转变形

② 扭转变形　用横截面的相对转角 φ 来表示变形的程度。如图 5-5 所示。

$$\varphi=\frac{ML}{GJ}(\text{rad})$$

式中　M——作用扭矩，N·m；

L——长度，m；

G——弹性剪切模量，Pa。

当材料、长度、尺寸确定后，截面惯性矩的大小直接影响着变形量 y、θ、φ 值，而不同的截面形状，又有不同的截面惯性矩。

表 5-2 示出相同的截面积（10000mm²）条件下，不同截面形状的抗弯、抗扭的截面惯性矩值。

③ 截面形状与抗弯、抗扭间的关系从表 5-2 中可以看出以下几点。

a. 无论圆形、方形或矩形，空心截面的刚度总比实心截面的刚度大。因此支承件应做成中空形式。

b. 保持横截面不变，加大外轮廓尺寸，减少壁厚，可以提高截面刚度。因此尽量采用薄壁、大轮廓的形式。

c. 圆形截面的抗扭刚度比方形截面大，而抗弯刚度比方形小。同样，环形的抗弯刚度比后者为小。工字截面梁的抗弯刚度最大，长方形次之，实心圆最弱。所以承受弯矩为主的支承件的截面形状应采用工字形或方框形为好。截面的高宽比 1.5～2 为宜，图 5-6 是支承件常采用的一些截面形状。如图 5-6 中（g)、(h）垂直面具有较高的抗弯刚度。如果支承件是以承受扭矩为主，则应采用圆形截面［图 5-6（e）］；对那些既受弯矩又受扭矩的应采用近似方形且中空的截面形式［图 5-6（a)、(b)、(c)、(f）］。

d. 封闭截面比不封闭截面刚度大。表 5-2 的序号 3 和 4 是两个表面面积和外形轮廓尺寸都相同的圆环，后者截面上开了一个缺口，刚度便大为降低。有时为了加工上的原因不可能作成全封闭的形式，设计中应特别注意加强载荷方向上的有关刚度。

表 5-2　抗弯、抗扭的截面惯性矩值

序号	截面形状	惯性矩计算值/10^4mm^4 惯性矩相对值 抗弯	惯性矩计算值/10^4mm^4 惯性矩相对值 抗扭	序号	截面形状	惯性矩计算值/10^4mm^4 惯性矩相对值 抗弯	惯性矩计算值/10^4mm^4 惯性矩相对值 抗扭
1	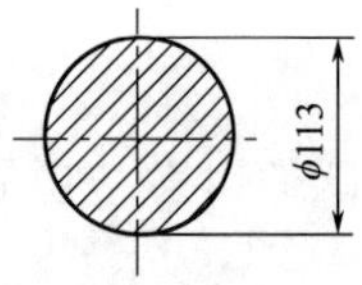 $\phi113$	$\frac{800}{1.0}$	$\frac{1600}{1.0}$	6	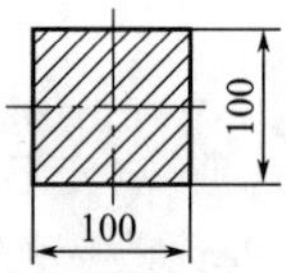 100, 100	$\frac{833}{1.04}$	$\frac{1400}{0.88}$
2	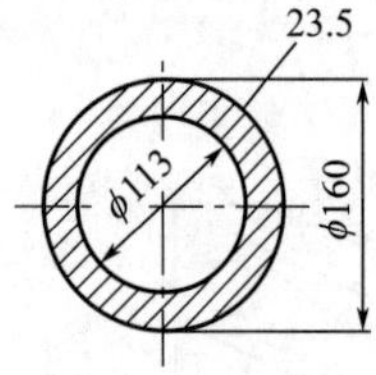 23.5, $\phi113$, $\phi160$	$\frac{2420}{3.02}$	$\frac{4840}{3.02}$	7	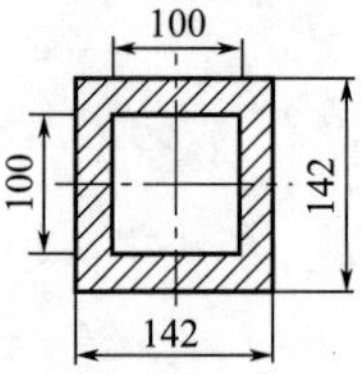 100, 100, 142, 142	$\frac{2563}{3.21}$	$\frac{2040}{1.27}$
3	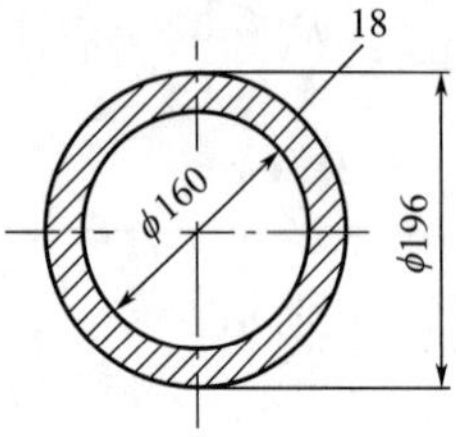 18, $\phi160$, $\phi196$	$\frac{4030}{5.04}$	$\frac{8060}{5.04}$	8	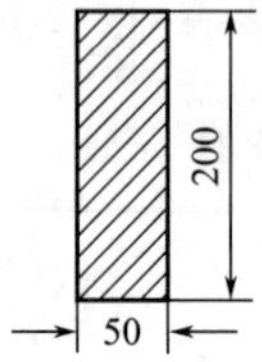 200, 50	$\frac{3333}{4.17}$	$\frac{680}{0.43}$
4	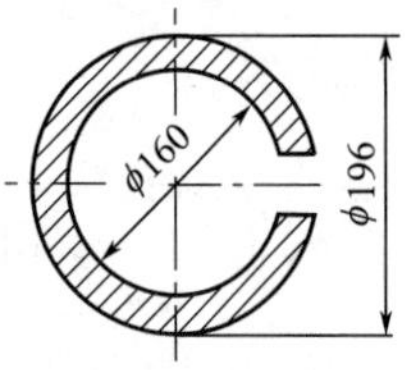 $\phi160$, $\phi196$		$\frac{108}{0.07}$	9	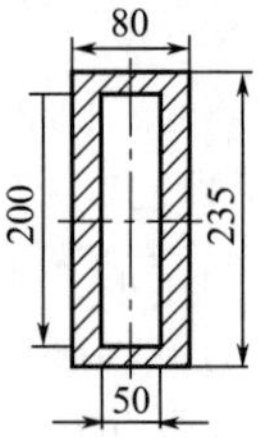 80, 200, 235, 50	$\frac{5867}{7.35}$	$\frac{1316}{0.82}$
5	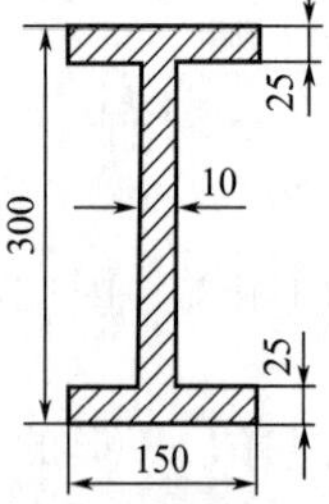 25, 10, 300, 25, 150	$\frac{15517}{19.4}$	143	10	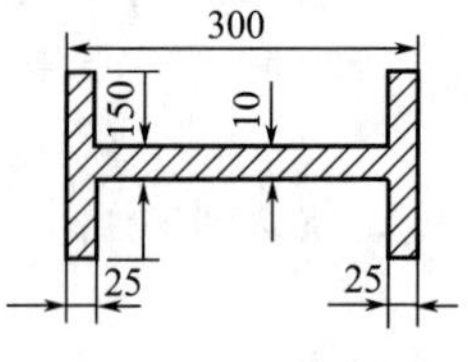 300, 150, 10, 25, 25	$\frac{2720}{3.4}$	

(2) 加强支承件刚度的措施

怎样加强一个非封闭截面支承件的刚度，是一个应当引起重视的问题。它包括如何提高支承件自身的刚度、局部刚度和接触刚度的问题。除正确选择截面形状外，还应注意以下措施。

① 合理布置筋板和筋条　为了保证支承件有一定的刚度，对于薄壁封闭截面的支承件、非全封闭的支承件，或支承件截面形状和尺寸受到结构上限制的情况，在支承件上采用筋板、筋条来提高刚性。

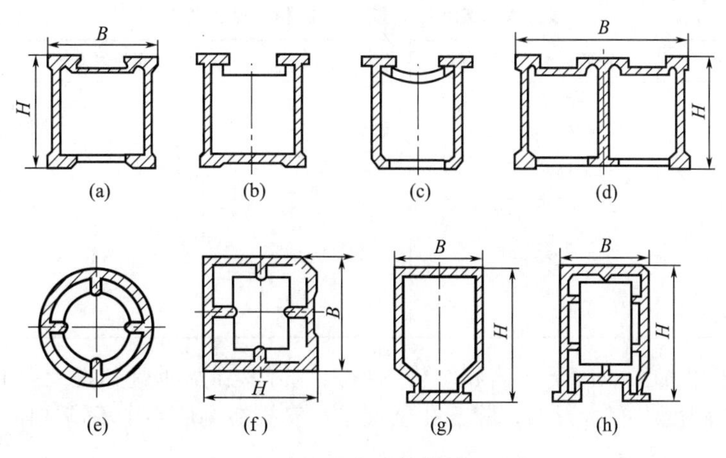

图 5-6　常用的支承件横截面形状

a. 筋板（隔板）　在两壁之间起连接作用的内壁称为筋板，纵向筋板主要提高抗弯刚度，横向筋板主要提高抗扭刚度，斜向筋板兼有提高抗弯、抗扭刚度的作用。

为了有效地提高抗弯刚度，纵向筋板应当布置在弯曲平面内［图 5-7（a）］，此时筋板绕 x-x 轴的惯性矩为$Lb^3/12$，两者之比为L^2/b^2，所以前者抗弯刚度大于后者。

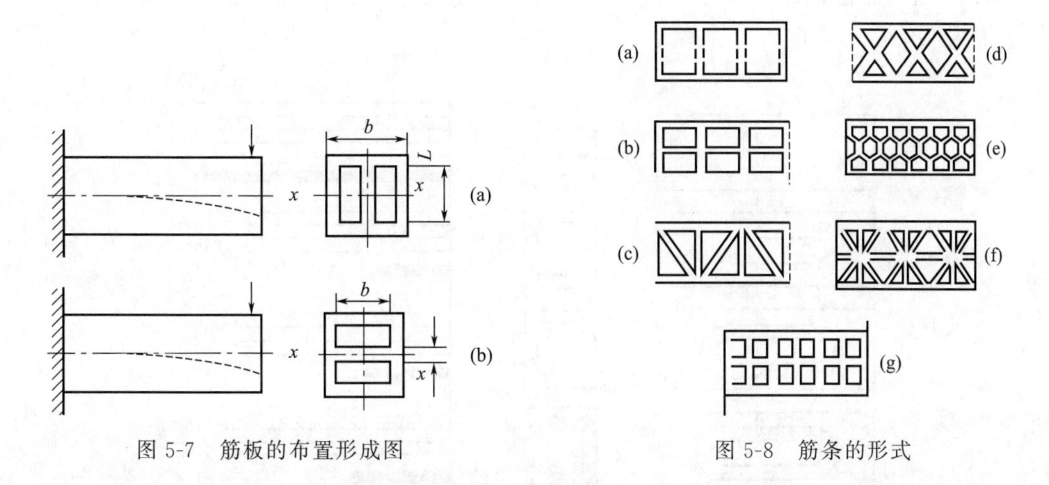

图 5-7　筋板的布置形成图

图 5-8　筋条的形式

b. 筋条（加强筋）　一般配置在内壁上，主要是为了减少局部变形和薄壁振动，其作用与筋板相同。如图 5-6 中的（e）、（f）、（h）中的筋板已筋条化。

筋条有纵向、横向和斜向。图 5-8 中的直字形筋条最为简单，容易制造，可用于窄壁和受载较小的包装机身壁上。图 5-8（b）上纵、横筋条直角相交，制造也简单，但不能避免内应力，广泛用于铸件的内壁、平面的底板上。图 5-8（c）的筋条在壁上呈三角形分布，能保证足够的刚度，多用于较大的内壁面上。图 5-8（d）所示的筋条交叉布置，有时和支承件的横筋板结合在一起。能较大程度地提高刚度。图 5-8（e）为蜂窝形筋条，用于平板上。由于各方面都有均匀的收缩，在筋条连接处不堆积金属，所以内应力很少。图 5-8（g）为井字形筋条布置，其壁板的抗弯刚度接近米字形［图 5-8（f）］筋条布置，但它的抗扭刚度却高于图 5-8（f）两倍。米字形铸造困难，通常在焊接件上使用。

筋条的高度一般不大于支承件壁厚的 6 倍，筋条的厚度一般是支承件壁厚的 0.7～0.8 倍，筋条与筋板的厚度尺寸，可按表 5-3 选用。

表 5-3　支承件的壁、筋板和筋条的厚度

支承件质量/kg	外形最大尺寸/mm	壁厚/mm	筋板厚/mm	筋条厚/mm
＜5	300	7	6	5
6～10	502	8	7	5
11～60	＞50	10	8	6
61～100	1250	12	10	8
101～500	1700	14	12	8
501～800	2500	16	14	10
801～1200	3000	18	16	12
＞1200	＞3000	20～30		

② 合理开孔和加盖　由于工艺和结构的原因，需要在支承件的壁上开孔，这样对支承件的抗弯和抗扭刚度将有所影响。除开孔位置尽量安排在刚度要求不高或刚度有富裕的地方外，还应注意以下因素。

a. 开圆孔比开方孔对刚度影响要小。

b. 在开孔缘上边会减少对刚度的削弱。

c. 方孔应有过渡圆弧。

d. 开方孔尺寸不应大于同方向上支承件壁的尺寸的 0.2 倍，如需开孔尺寸大于此比例时，可开间断孔。圆孔的直径不得大于该壁的宽度尺寸的 0.25 倍。

e. 在开孔上加盖，并以螺钉连接，是一种很好的措施，此时应注意其强度。它们对抗弯与抗扭刚度的影响如图 5-9 所示。

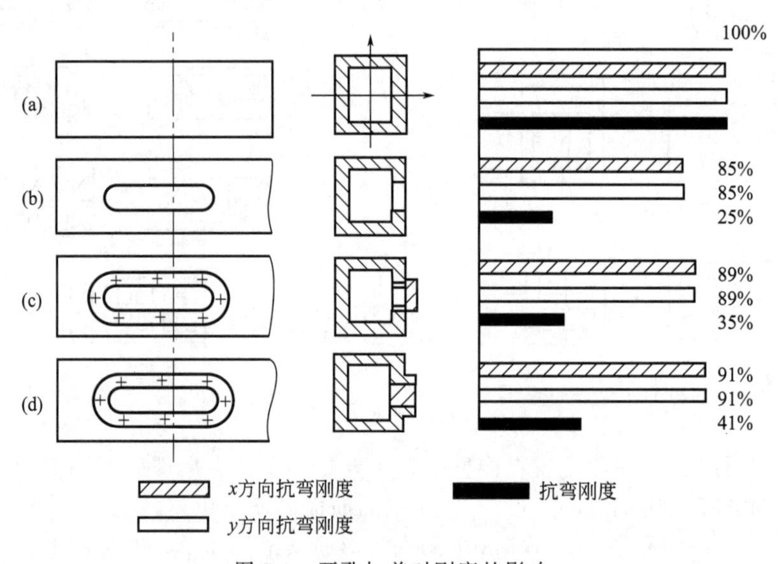

图 5-9　开孔加盖对刚度的影响

③ 合理设计连接处的凸缘　支承件要与支承件的其他构件连接，而连接件的凸缘形式是一个重要的影响因素。

a. 连接凸缘的形式　图 5-10 所示为几种常用的连接凸缘的形式，它们对连接处的接触刚度影响是：图（c）具有最好的刚度，图（a）的刚度最差，图（b）次之。它们加工的工艺性正好相反，图（a）最易，图（c）最困难，图（b）次之。

b. 螺钉布置　根据支承件的受力和螺钉的位置适当增加螺钉个数和尺寸，适当增加螺钉的预紧力，可以提高支承的接触刚度。从抗弯刚度考虑，螺钉应较集中地布置在受拉伸的一侧。从抗扭刚度考虑，螺钉应均匀分布在连接面的最大周边上。

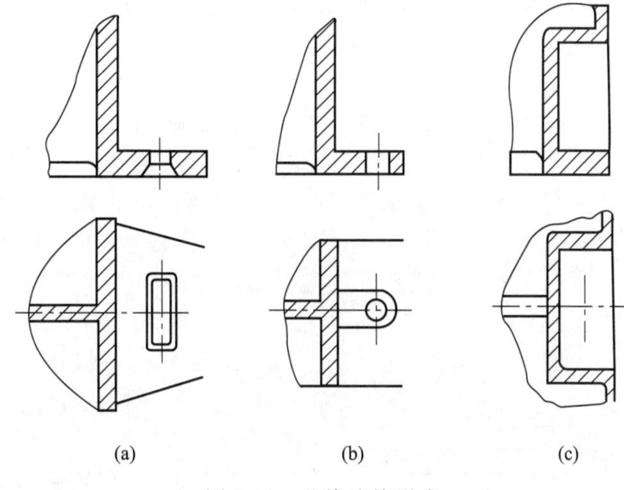

图 5-10　凸缘连接形式

c. 支承筋条的设置　图 5-11 表示支承筋条和螺钉不同布置对刚度的影响，这一措施的效果是很明显的。

增加凸缘厚度固然可以提高它的刚度，但是螺钉的加长，使它的伸长变形增大，反而降低接触刚度，所以较大凸缘厚度是不可取的，除采用较好的凸缘新形式外，加支承筋条也是简单有效的办法。

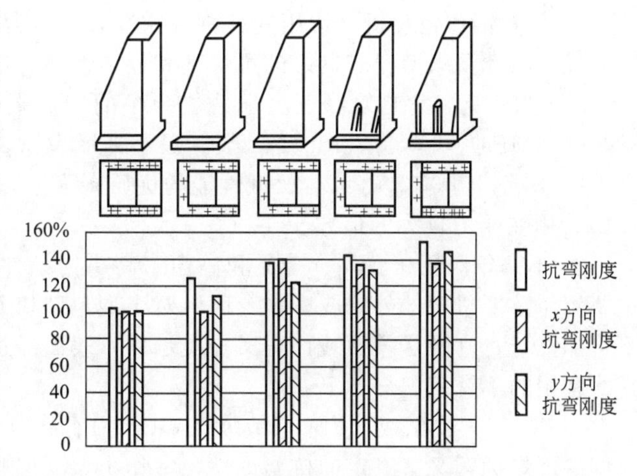

图 5-11　支承筋条对刚度的影响

d. 接触面质量与预紧　为了提高连接时的接触刚度，还应提高接触面的加工质量，通常表面粗糙度都应在 3.2 以上。以适应载荷部分集中后产生新的变形。

采用螺钉连接后应有足够的预紧力。连接表面上的比压不应少于$(15\sim20)\times10^5$Pa。

无论是改进连接凸缘、合理布置螺钉、加支承筋，还是提高表面质量和预紧，都是提高连接刚度的有效措施，但它是有限的，即到一定程度，它的作用就不明显了。所以，我们应对有关因素综合衡量，不能单独提高某一项措施。

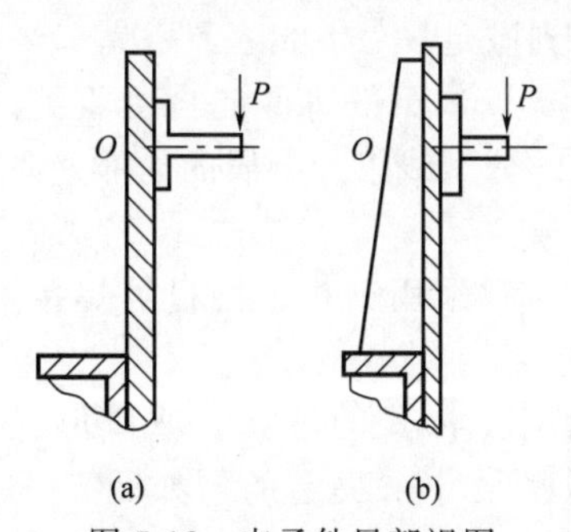

图 5-12　支承件局部视图

④ 支承件的局部刚度　多数的包装机械由于工作中受力不大，对支承件的结构设计较薄弱，此时如对个别较大的局部结构不引起重视，可能造成支承自身的刚度够而局部刚度不足，造成工作较大的相对位移。这种局部刚度的不足也能使包装机不能正常运行。

图 5-12 所示是包装机支承件的局部视图，包装材料支卷架所承受的力为 P（包装支卷轴自重、包装材料卷重和包装材料的牵引力）。图（a）的支卷刚度较图（b）差，如果 P 较大；或壁板较差，则变形将使 O 轴线倾斜，使材料横切面

上的张力不均匀，而破坏正常工作状态。所以，我们同时应重视局部刚度要与自身刚度相匹配。

(3) 机体的材料

包装机的机体除了普通机械使用的铸铁外，还使用了碳钢。

① 灰铸铁　一般支承件使用灰铸铁加入少量的合金元素制成，这样可以提高耐磨性；铸铁的工艺性能好，容易获得复杂的支承件；铸铁的内摩擦大，阻尼作用大，动态性能好，价格便宜。但铸铁件需锻木模，制造周期长，对批量不大的铸铁件，生产成本高，工艺条件和设计水平要求较高，易出现缩松、缩孔、气泡、裂纹等缺陷（如图 5-13 所示）。包装机上常用如下几种。

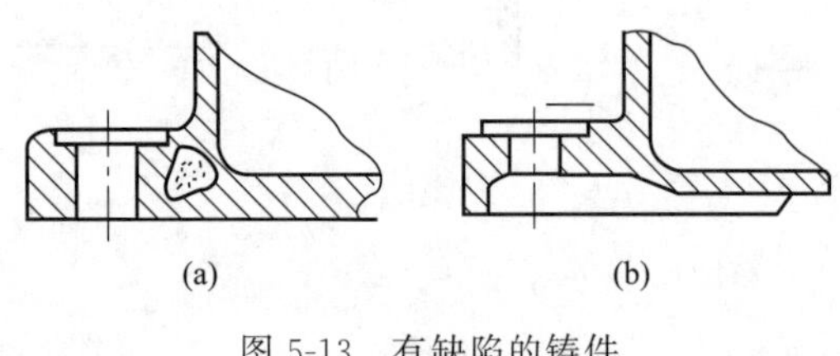

图 5-13　有缺陷的铸件

a. HT200　Ⅰ级铸铁，适用于外形较简单，抗压、抗弯较大的支承件，其淬火效果较好。

b. HT150　Ⅱ级铸铁，流动性好，铸造性能好，但机械强度差，适于较复杂的支承件。

c. HT100　Ⅲ级铸铁，机械强度较差，只适宜做受力不大的平板、底板之类的零件。

② 碳素钢　包装机上使用的铸钢件很少，主要是使用型材，通过焊接、铆接、螺钉连接而成。因此要求型材有良好的可焊性和钣金性能。通常使用 Q235 钢，其次为 45 钢。

a. Q235 钢　它是以保证力学性能为主的普通碳素钢，它的 $\sigma_s=220\sim240\text{MPa}$，$\sigma_b=380\sim470\text{MPa}$，可弯折（180°）不裂，最小半径为 $0.5a$（厚板），具有良好的可焊性。

b. 45 钢　具有较好综合机械性能的优质碳素钢，有一定的可焊性，可弯折最小半径为 $1.5a$，用在受力较大的地方。

③ 不锈钢　用于食品、药品和高温、高腐蚀条件下工作的包装机械，较大型的包装机主要用作重要机构的外罩或工作台面；对小型包装机常用不锈钢金属板经过弯折组合而成，不再加机身，它既是表面装饰，又是支承件，表面经过抛光处理，不再涂漆。

常用的不锈钢牌号如下。

a. 1Cr13　化学成分为 C≤0.08%，Cr=12%～14%。它既有低碳钢的易弯折成型性和较好的可焊性，又有一定的抗腐蚀性，常作小型支架和外壳用。

b. 1Cr18Ni9 Ti　化学成分为 C≤0.12%，Cr=17%～19%，Ni=8%～11%，Ti=0.8%。在高温下具有良好的抗腐蚀性，机械强度高，有一定的可焊性和成型性，常作重要的外壳或支架。

(4) 结构工艺性

在设计支承件时，要注意结构的工艺性。一般情况下，零件的铸造、锻造、焊接和机械加工对零件的结构提出的工艺要求，应该在结构设计方案中得到满足。

① 铸件　要求形状简单，拔模容易，泥芯要少，且便于支撑，保证铸件能自由收缩。尽量避免截面的铸件变化，太突起的部位，很薄的壁厚，很长的分型线以及金属的局部壁厚差异过大等。如图 5-14、图 5-15 所示。

② 焊接件　对于多品种、小批量的包装机的复杂支承件，常采用钢板、型材等焊接，通常要求焊接后进行校正和退火处理。

a. 焊接坡口　为了保证焊缝有足够的强度，焊接处应有一定形式的坡口。坡口形式和有关尺寸是由焊接形式（对接、搭接、角接等）和板的厚度尺寸来决定的。如图 5-16 所示。

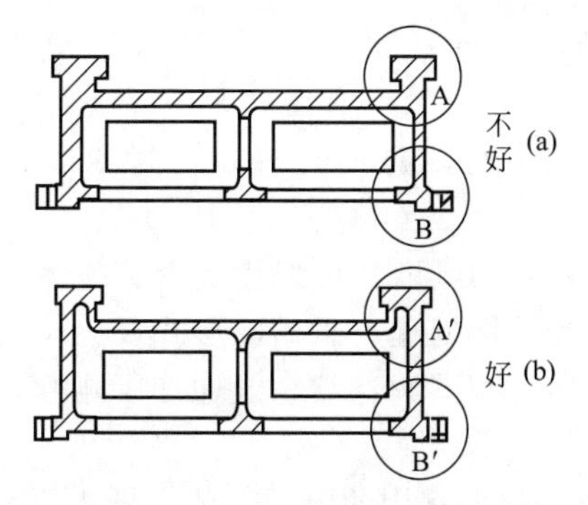

图 5-14　典型铸件对比图（一）

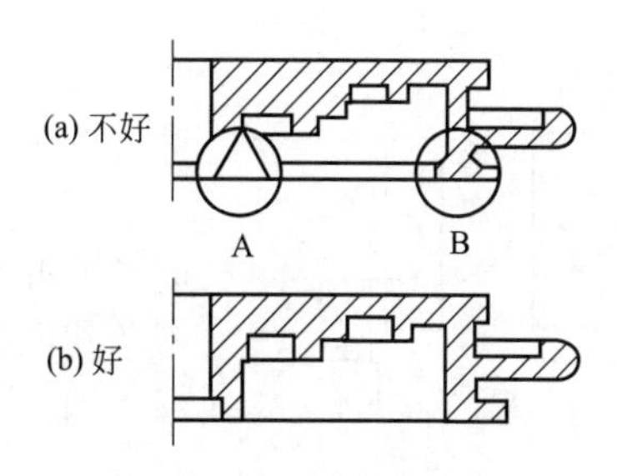

图 5-15　典型铸件对比图（二）

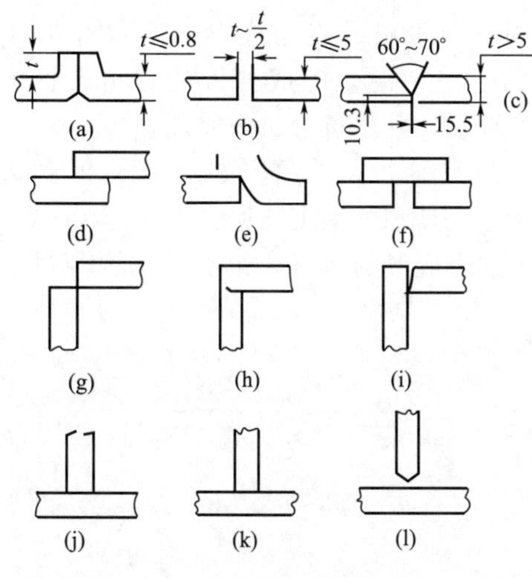

图 5-16　焊接坡口形式

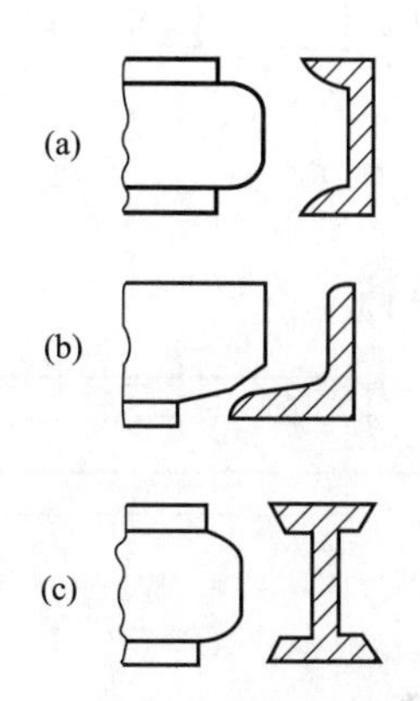

图 5-17　焊接切口形式

对接：(a)、(b)、(c)。搭接：(d)、(e)、(f)。角接：(g)、(h)、(i)。T 形接：(j)、(k)、(l)。

b. 常用型材的焊接切口　包装机的箱、架、罩等的尺寸如果较大，常用一些型材组焊成“臂条”以增加力学性能。它们的对接、搭接形式与图 5-16 相同。由于型材的面不都在同一平面内，因此它们焊接的切口应切成图 5-17 的形式，以增强焊接强度。常用的型材有槽钢（a）、角钢（b）、工字钢（c）。

c. 拼焊　对于较大面积板材之间的拼接或与型材的组合，为了保证较小的焊接变形，往往采用点焊或间断焊，在受力不大的地方，是可以满足强度要求的。

焊接件既可作支承件的箱、壳，也可作支承骨架。

③ 钣金件　包装机上有很多零件是由板材钣金制成。

a. 钣金件形式　包装机上钣金件的形式很多，现只就钣金部位的形式加以说明。

折角　为了增强薄板面的刚性，使之丰满、挺括，需要将边折成 T 形或 L 形，后者比前者有更好的刚度和丰满挺括感，但是，它的加工更复杂一些。

如图 5-18 所示，其中与上述折边相对应有折角。（a）、（b）对应 L 形折边，只是（a）的角缝要焊接、打光。它涂漆后，不易做到（b）的角棱光洁美观。（a）常用于 2mm 以下的薄材；（b）常用于 2mm 以上的板材；（c）、（d）宜用于 L 形折边的折角形式，它们具有

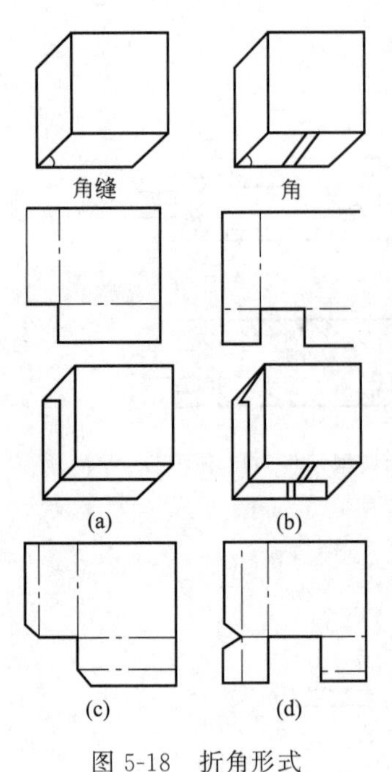

图 5-18　折角形式

上述相似的特点。

翻边　如图 5-19 所示，当 $L/a \geqslant 40 \sim 50$ 时，应将孔开成图 5-19 形式；当 $L/a < 40$，可以不必翻边，有一定刚度要求时，可以加盖；当需要翻边时，$n=(3 \sim 5)a$（图中的 L 为开孔的最大长度尺寸）。

压槽　为了加强薄板面的刚度，可采用类似铸件壁上加钢筋条的办法在薄板上进行压槽处理。压槽的形式及力学性能与筋条相同。在薄板上压出一定图案花纹，既增加了刚度，又美观。如图 5-20 所示。

b. 钣金工艺　在薄板材上常用的钣金工艺有折边、翻边和压槽等。分为手工制作和机械制作两种，这里只介绍机械制作工艺。

折边　折边主要用在薄板材的直角成形上，如图 5-21 所示，它是通过折边头的上下运动来完成薄板的直角弯折工序的。折边长度较短的薄板通常采用折边机来完成。

翻边　在壁上开孔进行翻边，采用图 5-22 所示的翻边方式。在多数情况下，这一工具多由手工在胎具上完成。

校平　经过弯折、翻边成形的零件，最后还需要经过手工或在压力机上校平。

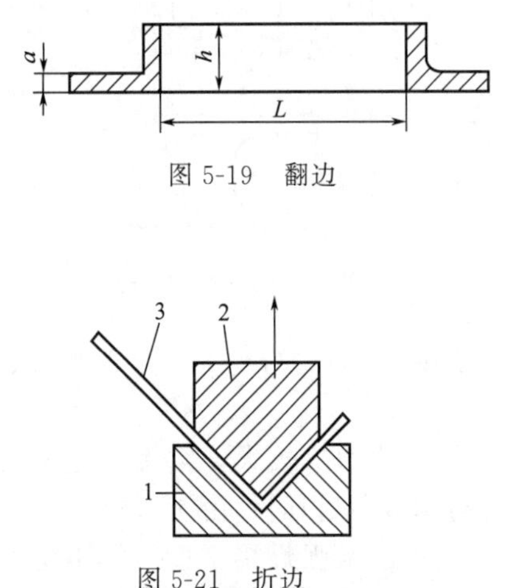

图 5-19　翻边

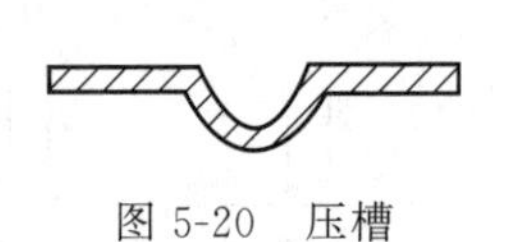
图 5-20　压槽

图 5-21　折边

1—折边座；2—薄板；3—折边头

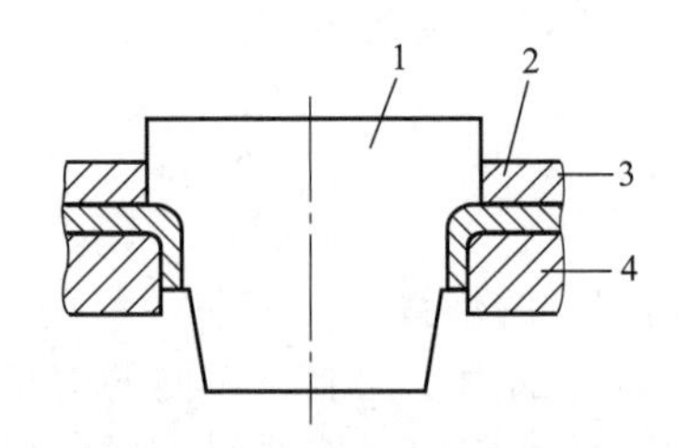

图 5-22　冲压翻边

1—上模；2—冲模压板；3—护边材料；4—下模

5.2.2　机体的抗振性

包装机在工作过程中受激振力的作用产生振动，这将会影响到包装机构的工作质量。包装机上产生激振力的因素很多，因此在支承件设计时，除必须满足静刚度的要求外，还应满足动刚度的要求，以保证支承件有较好的抗振性。因为静刚度只反映在工作负载、包装材料、包装物料以及零、部件本身质量的作用下，支承件抵抗变形的能力。但是机构是一个弹性系统，受到交变的激振力的作用时，会产生振动。当所产生的振动的振幅超过允许范围时，会影响包装机的工作质量（个别需要振动才能正常工作的除外），降低生产率，甚至使机器不能正常工作。

振动是一个动态过程，它与工作过程的动态特征以及机械的动刚度有关。动刚度是衡量

机械结构抗振能力的常用指标，动刚度在极值上等于产生单位振幅所需的动态力，即

$$K_d=\frac{P}{A}$$

式中　K_d——动刚度，N/mm；

　　P——激振力，N；

　　A——振幅，mm。

包装机是一个多自由度的振动系统，它有多个主振型，如弯曲振动的振型，扭转振动的振型及结合面振动的振型等。包装机在各主振型下的动刚度是不同的，每个主振型下的机械动刚度是由以下特性决定的。

① 该振型下的静刚度。

② 该振型下的阻尼比。

③ 该振型下的当量质量。

④ 该振型下的固有频率和激振频率，共振时，动刚度量小，对于受迫振动应设法避免激振力的频率与固有频率一致而产生共振。

⑤ 由主振动方位（即合成振幅方向）与激振力之间的相对空间位置决定的方向系数。

⑥ 动刚度随主振型的阶数增加而增加，设计时主要考查Ⅰ阶主振型下的动刚度，Ⅳ阶以后的振动就很小了。

图 5-23 所示为一支架作激振实验时的频幅曲线，图中 f_{I} 是它的Ⅰ阶固有频率，此时它的振动形态称Ⅰ阶主振型；f_{II} 是它的Ⅱ阶固有频率。图 5-23 是在激振力不变的条件下，振幅的峰值随固有频率的增加而大幅度降低。所以，在Ⅰ阶固有频率下，机械具有最小的动刚度。

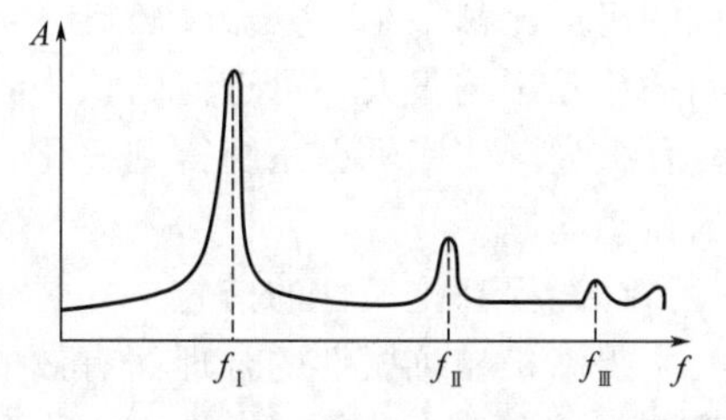

图 5-23　频幅曲线

（1）振因

一般的机械振动主要是受迫振动和自激振动。受迫振动是在外界激振力的作用下，弹性系统被迫产生的振动。其特点是机械振动的频率与激振的频率相同。激振力停止后，受迫振动也停止。当激振力的频率与机械的固有频率相接近时，则产生共振，使振幅骤增，同时系统的振动剧烈。受迫振动的振源通常包括以下几种。

① 高速回转构件不平衡所产生的离心力，如电动机、带轮、凸轮等，滚动轴承的跳动有时也有较大影响。

② 往复运动机构和间歇运动机构所引起的惯性冲击力，如曲柄滑块机构，槽轮分度机构等。

③ 传动力的变化，如胶轮接头和胶带的不均匀性，齿轮的齿距和齿形误差以及轮齿变形等。

④ 液压、气压传动的不均匀性。

⑤ 工作过程中工作力的不连续性。

自激振动是在一定力的作用下，不需要外加的持续的激振力，机械本身产生较持久的振动。振动频率是固定在Ⅰ阶的固有频率上，而主振型是固定在Ⅰ阶振型上。这是因为维持振动的交变力是由机械工作提供的振动能量。当工作停止时，自激振动将逐渐衰减以致停止下来。

消除受迫振动的方法主要是减少和控制振源的振动或隔离振源。消除自激振动的方法主要是分析引起自振的原因，增加阻尼特性，增强主振型下的动刚度和消振装置等。

（2）振型

机械的基本振动形态（振型）主要取决于主振系统（发生振动的主要部位和系统）。在

工作过程中常出现的振型有如下几种。

① 整机摇晃振动　整机摇晃振动是机械整体在地基支承上的振动形式。主振系统为整台机械，相对位移发生在整台设备与基础之间。摇晃时设长度和高度方向上各点振动的振幅按线性分布，垂直于窄长方向平面内的摇晃，其固有频率一般为最低。对整机摇晃，对动刚度影响较大的是机械支承部位和地基的刚度与阻尼。

② 支承件结合的相对振动　支承件结合面的相对振动是机械的某个部件作为刚体在结合面处相对于另一部件的直线振动、扭转振动和晃动。主振系统为机械的一个或几个部件，相对位移发生在结合面之间。对于可移动结合面，固有频率较低，但阻尼较大；对于固定结合面，则固有频率稍高，阻尼较小。

③ 支承件本体的振动　支承件本体振动，相对于位移即相对静止状态而言，有三种振动形式。

a. 弯曲振动　一个方向或两个方向上的弯曲振动，主振系统为机身、主柱、横梁、支架等。

b. 扭转振动　本体产生扭转，各种支承件均可发生此类振动。

c. 薄壁振动　某些箱体、罩壳、支架之类的零件，它的薄而大的壁可能单独产生换向的振动。

对一个多自由度的振动系统，从理论上说，各振型都是互相影响的。但实际上，一般机械的阻尼比都很小，共振峰较陡，当各振型的固有频率相差较大（大于20%）时，各振型间的相互影响很大，可近似的认为各振峰是离散的互不相关的。这样就可以只考虑有关的那一种振型，使实际振系统得到简化，有利于找出主振系统的薄弱环节，以便合理地解决系统的振动问题。

（3）提高抗振性的措施

提高机械抗振性的合理而有效的办法是提高系统的动刚度。系统的动刚度取决于系统的静刚度、激振力条件（激振力大小和频率）及系统本身的其他固有条件（质量 m，阻尼比 ξ 和固有角速度 ω_n）等。它们之间的关系为

$$K_{\rm d}=K\sqrt{(1-\lambda^2)+(2\xi\lambda)^2}$$

也可以用动刚度的倒数动柔度来表示

$$\delta=\frac{1}{K_{\rm d}}=\frac{1}{K\sqrt{(1-\lambda)^2+(2\xi\lambda)^2}}$$

式中　K——静刚度；

$\lambda=\dfrac{\omega}{\omega_n}$——频率比，$\omega$ 为激振角速度，$\omega_n=\sqrt{\dfrac{K}{m}}$ 为固有角速度；

$\xi=\dfrac{\gamma}{\gamma_{\rm c}}$——阻尼比，$\gamma$ 为阻尼系数，$\gamma_{\rm c}$ 为临界阻尼系数。

从上式可知，提高动刚度即降低动柔度，主要从三方面来考虑：提高静刚度、降低频率比和提高阻尼比。当激振速度 ω 一定时，系统固有频率增大，可降低频率比；在临界阻尼系数一定的条件下，加大系统阻尼可提高阻尼比。因此，在支承件设计时，可采用如下措施提高机械动刚度。

① 提高静刚度和固有频率　从固有频率 $f_n=\dfrac{\omega_n}{2\pi}=\dfrac{1}{2\pi}\sqrt{\dfrac{K}{m}}$ 可知，提高静刚度和减小质量，可以提高固有频率。因而合理设计支承件的截面形状和尺寸，使之在相同质量下具有较高的静刚度和固有频率，是支承件设计时提高动刚度的有效方法。在允许条件下，应尽可能

地增加截面轮廓尺寸；受扭矩的支承件应取截面为封闭的圆形或接近正方形，再根据支承件载荷条件下的弯矩图，增大受最大弯矩处的高度尺寸，以增加抗弯截面惯性矩，做成不等截面等。合理布置支承件的筋板和筋条，也能显著地提高其刚度和固有频率，是支承件设计中常用的方法。

② 加大阻尼　结构阻尼由接合面的摩擦阻尼和材料的内摩擦阻尼组成，一般情况下，结合面的阻尼占主要地位，改善结构阻尼特性的主要措施如下。

a. 充分利用结合面的摩擦阻尼。提高结合面摩擦阻尼的原则是：即使结合面上具有较大的压力，也能在振动时作微小的相对移动，这样移动虽然使静刚度略有降低，但因阻尼增大，会使动刚度提高。

b. 采用泥芯和混凝土或砂子作为阻尼材料充填支承件的空腔，在振动时利用其相对摩擦来耗散振动能量。把泥芯留在铸件内，对固有频率有微小的降低，但可大幅度地提高阻尼比，因而提高了动刚度。

5.2.3　机体的应力与变形

无论是铸造还是焊接的支承件，它们在加工过程中都有高温和冷却的不均匀性，成型后内部留有一定的应力，随着时间的推移或其他形式应力的消除和重新分布，会引起支承件的变形。下面就铸造及焊接件的有关问题加以论述。

(1) 铸造过程中的应力与变形

铸铁在高温下熔为液体再铸入砂模中，铸件凝固以后，在继续冷却过程中，当收缩受到阻碍时，会在铸件中产生铸造应力。按产生的原因铸造应力分为热应力、收缩应力和相变应力。

以厚薄不同的 T 形断面铸件为例，如图 5-24 所示，厚部产生拉应力 δ_1，薄部产生压应力 δ_2，即

$$\delta_1 = E\frac{f_2}{f_1+f_2}a(t_1-t_2)$$

$$\delta_2 = E\frac{f_1}{f_1+f_2}(t_1-t_2)$$

式中　E——材料的弹性模量；

f_1, f_2——厚、薄两部分的断面积，mm^2；

a——材料的线收缩系数；

t_1, t_2——厚、薄两部分由塑性转变为弹性温度时的温差，℃。

截面均匀的铸件在冷却速度不均匀时，也会发生挠曲变形。如图5-25所示，平板中心部分比边缘冷却得慢些，产生拉应力，而边缘部分产生压应力，发生挠曲变形。

使铸件具有较小的应力和变形，除在支承件设计中从结构上保证铸件的冷却和收缩均匀外，在制造砂模时，可以采用反变形措施。尽管如此，要使铸件没有应力和变形是不可能的，所以在加工前和加工中往往要加退火时效处理，保证支承件在加工成成品后无较大的变形。

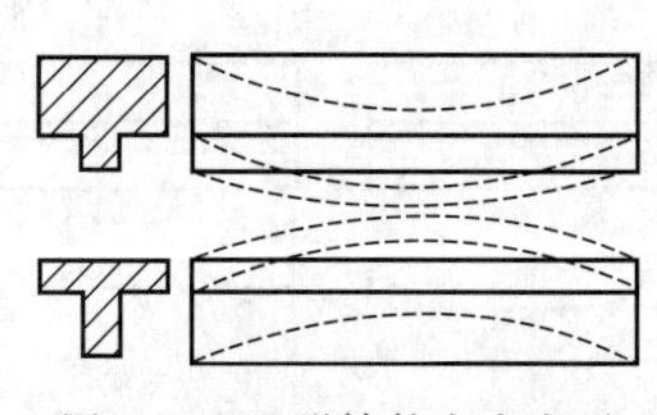

图 5-24　T 形铸件应力变形

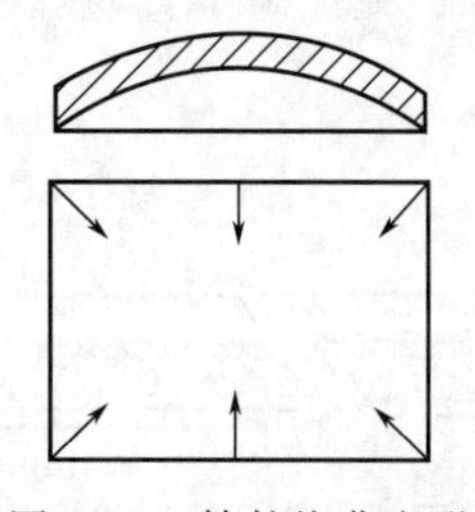

图 5-25　铸件挠曲变形

（2）焊接过程中的应力与变形

焊接时的局部加热会在焊件上产生不均匀的温度场，使材料产生不均匀的膨胀。处于高温区域的材料在加热过程中膨胀量大，但受到周围温度较低、膨胀量较小的材料的限制，不能自由地进行膨胀，于是焊接件中出现内应力。在冷却过程中，经受压缩塑性应变的材料，由于不能自由地收缩而受到拉伸，焊接件中又出现了一个与焊接加热方向大致相反的内应力。

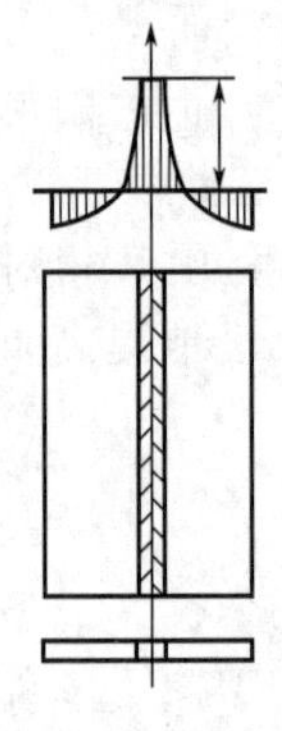

图 5-26　长板对接 δ_x 图

在焊接过程中，随着时间而变化的内应力为焊接瞬时应力。焊后当焊件冷却至常温时，残存在焊件中的内应力则为焊接残余应力。焊后残存在焊件上的变形为焊接残余变形。焊接应力与焊接变形，在一定条件下会影响焊接结构的性能，如强度、刚度、受压时的稳定性、尺寸的准确性和稳定性及加工精度等。

焊接应力与焊接变形的分布及大小取决于材料的膨胀系数 a、弹性模量 E、屈服强度 δ_s、温度和焊件的形状、尺寸。而温度场则与材料的热导率、比热密度以及焊接工艺参数和条件有关。由于焊接应力与焊接变形的物理过程、影响因素比较复杂，因此生产中一般用实际测量和理论分析相结合的方法来估算焊接应力与焊接变形。

残余焊接变形虽可以在加工中消除，但残余焊接应力的消失或重新分布，也会带来附加的变形，造成焊件形状和尺寸的不稳定。了解焊接应力产生的分布规律，是设计焊接件不可缺少的知识。

① 纵向的残余应力 δ_x　低碳钢的焊接结构中，焊缝及附近的压缩塑性区内的 δ_x 为拉应力，其数值一般可达到材料的屈服点（焊接尺寸过小时除外）。如图 5-26 所示为长板对接后横截面上 δ_x 的分布图。

圆筒环缝所引起的纵向（圆筒的切向）应力的分布规律与平板直缝有所不同。其数值取决于圆筒的直径、厚度以及焊接压缩性区域的宽度，环缝上的 δ_x 随圆筒直径增大而增加，随塑性变形区域的扩大而降低。随着直径的增大，δ_x 的分布逐渐与焊接平板接近，如图 5-27 所示。

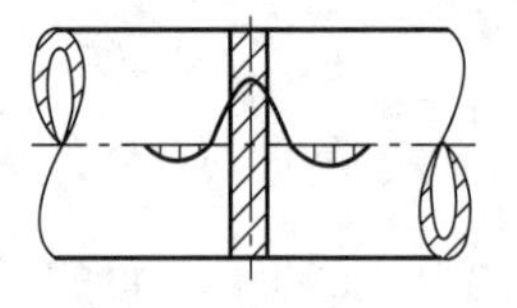

图 5-27　圆筒环缝应力分布图

② 横向的残余应力 δ_y　δ_y 由焊缝及其附近塑性变形区的纵向收缩所引起的 δ'_y 和焊缝及其附近塑性变形区横向收缩的不同时性所引起的 δ''_y 合成。

平板对接时，焊缝中心截面上的 δ'_y 在两端为压应力，中间为拉应力。δ'_y 的数值与板的尺寸有关，如图 5-28 所示。

δ''_y 的分布与焊接方向和程序有关。如图 5-29 中箭头的焊接方向。图 5-30 为两头 25mm×910mm×1000mm 板对接后的 δ_y 分布。自动焊与手工直通焊的 δ_y 分布基本相同，但其拉应力峰值往往高于直通焊。

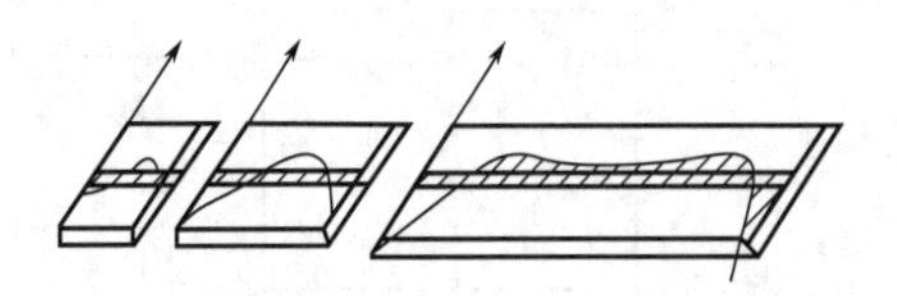

图 5-28　不同尺寸平板对接时 δ''_y 的分布

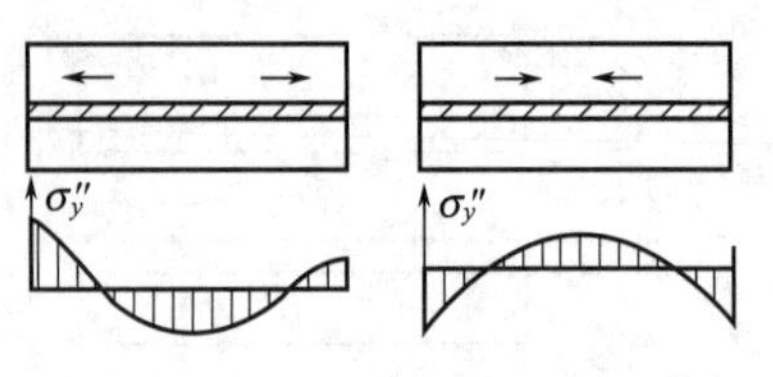

图 5-29　不同焊接方向时以 δ''_y 的分布

图 5-30 中，图（a）为直通焊的焊接残余应力 δ_y 分布图，图（b）为自动焊的焊接残余应力分布图，图中虚线为 δ'_y 的分布。

③ 调节焊接应力的措施

a. 设计措施　尽量减少焊缝的数量和尺寸。

避免焊缝过分集中，焊缝间应保持足够的距离。

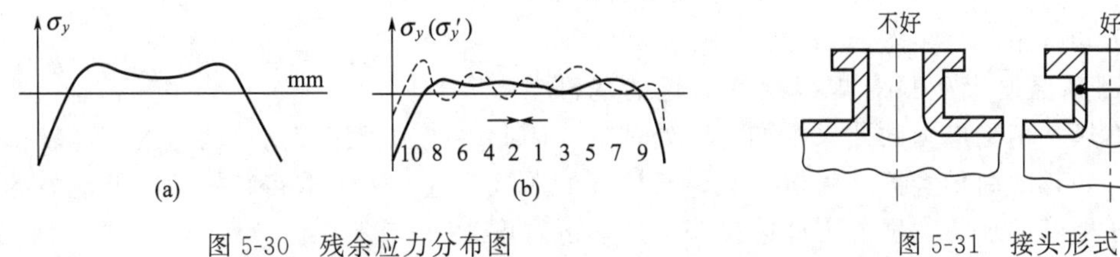

图 5-30　残余应力分布图　　图 5-31　接头形式

采用刚性较小的接头形式，如图 5-31 所示，用翻边式代替插入式管连接，降低焊接缝的约束度。

在残余应力为拉应力的区域应尽量避免几何不连续性，避免内应力在该处进一步提高，见图 5-32。

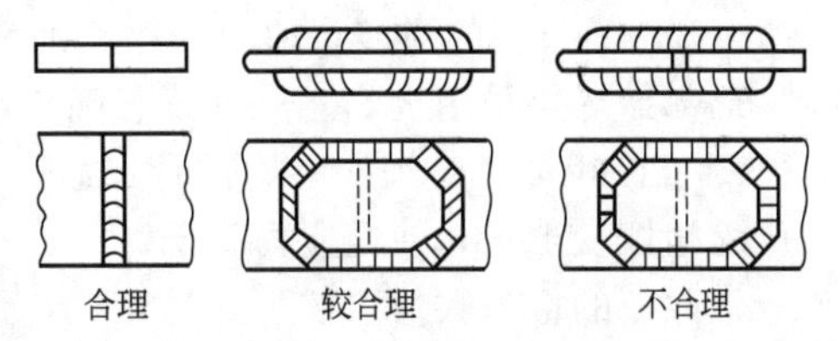

图 5-32　残余应力区域

b. 工艺措施　应采用合理的焊接顺序和方向。

先焊收缩量较大的焊缝，使焊缝能自由地收缩。

先焊错开的短焊缝，后焊直通的长焊缝，使内应力合理分布。如图 5-33 所示，使焊缝在最大的横向收缩余地。

图 5-33　焊缝收缩　　图 5-34　焊接腹板

先焊工作时受力较大的焊缝，使内应力合理分布。如图 5-34 所示，在接头两端留出一段翼缘角焊缝不焊。先焊受力最大的翼缘对接焊缝 1，然后再焊腹板对接焊缝 2，最后焊翼缘预留的角焊缝 3，这样焊后翼缘的对接焊缝承受压应力，而腹板对接焊缝受拉应力。预留的角焊缝最后焊，可以保证腹板对接缝有一定的收缩余地，同时也有利于在焊接翼缘对接缝时，采取反变形措施，以防止产生角变形，用这种焊接顺序焊成的梁，疲劳强度比先焊腹板的梁高 30％。

降低接头刚度，以便让其自由收缩。

锤击焊缝。可用球头锤工具敲击焊缝，使焊缝得以延展，降低内应力。

局部加热法（加热去应力法）。如图 5-35 所示，在焊接结构的适当部位加热使之伸长，加热区的伸长带动焊接部位，使它产生一个与焊缝收缩方向相反的变形。在加热区冷却收缩时，焊缝就可能比较自由地收缩，从而减少内应力。

④ 焊后消除应力的方法　尽管采用以上设计和工艺的措施，焊接构件中仍有一部分残

余应力，它们仍将影响到焊接构件的使用性能，消除这部分应力通常是在焊后进行，有如下方法。

a. 整体高温回火　通常的碳素结构钢的回火温度是580～680℃，时间由厚度决定。内应力的消除效率随时间迅速降低。因此，过长的处理时间是不必要的。一般地，钢按1～2min/mm计算，但不宜低于30min，不必高于3h。

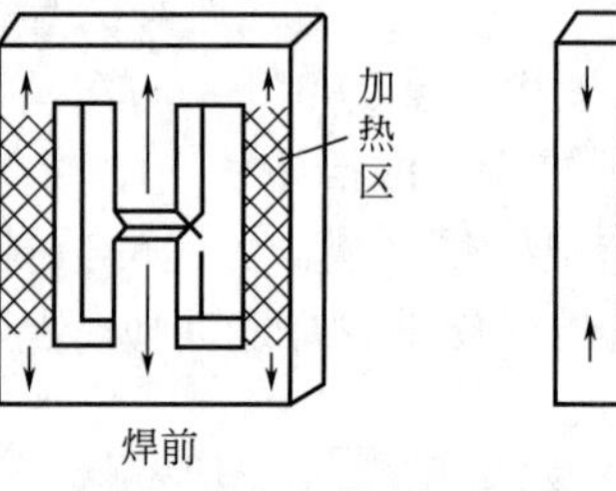

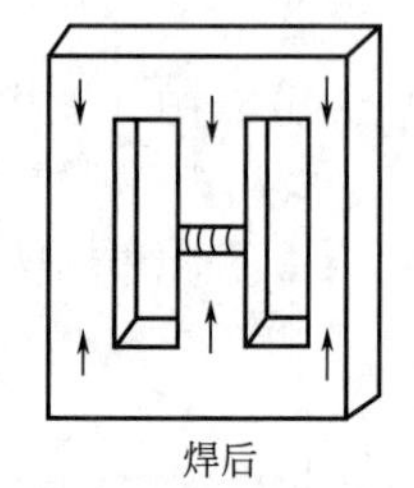

图5-35　局部加热去应力法

b. 局部高温退火　只对焊缝及其附近的局部区域进行加热，消除应力的效果不如整体处理好，因此多应用于比较简单的、约束度较小的焊接接头。如长的筒形容器、管道接头、长构件的对接头等。为了取得较好的降低应力的效果，应保证足够的加热宽度。因此筒接头、加热区宽度为

$$B=\sqrt{RS}$$

式中　R——圆筒外半径；

S——圆筒；

B——长板的对接头取 $B=W$，W 为长板的宽度（焊缝长度）。

局部加热可采用火焰、红外线、间接电阻或工程感应加热等方法。

c. 机械拉伸法对焊接结构进行加载，使焊接塑性变形区得到拉伸，可减少由焊接引起的压缩塑性变形量，使内应力降低。

消除掉的应力数值可按下式计算

$$\Delta\sigma=\sigma+\sigma_0-\sigma_s$$

式中　σ_s——材料的屈服极限；

σ——加载时的应力；

σ_0——内应力（在焊接结构中一般 $\sigma_0=\sigma_s$，故 $\Delta\sigma=\sigma$）。

d. 温差拉伸法（低温消除应力法）　在焊缝两侧各用一个适当宽度的氧——乙炔焰炬加热，在焰炬后一定距离处喷水冷却。焰炬和喷水管以相同的速度向前移动。形成两侧温度为200℃而中间焊缝为100℃的温度场。两侧金属膨胀对焊缝进行拉伸，使之产生拉伸变形以消除原来压缩塑性变形，从而消除内应力。如规范恰当，可以得到良好效果。对焊缝比较规则的，厚度小于40mm的板壳结构，具有一定使用价值。

e. 振动法利用振动产生的变载应力可消除内应力，其设备简单价廉，处理费用低，时间短，也没有高温回火时金属表面氧化的问题。

但如何在比较复杂的结构上使应力比较均匀地降低，如何控制振动，使之既能消除应力，又不至于使结构发生疲劳破坏等问题尚待解决。

参考文献

[1] 高德. 包装机械设计. 北京：化学工业出版社，2005.
[2] 孙智慧，高德. 包装机械. 北京：中国轻工业出版社，2010.
[3] 刘筱霞. 包装机械. 北京：化学工业出版社，2010.
[4] 黄颖为. 包装机械结构与设计. 北京：化学工业出版社，2007.
[5] 杨晓清. 包装机械与设备. 北京：国防工业出版社，2009.
[6] 孙训方. 材料力学（Ⅰ）. 北京：高等教育出版社，2009.

第6章　包装机械控制系统

6.1　概述

包装机械控制系统的作用是保证工作机的所有机构能严格按照预定的顺序，协调地、有节奏地实现动作的运动和停止，使工作循环周而复始地进行。控制系统对生产率和工作可靠性影响很大，因此，要求控制准确、灵敏、可靠、耐用、调整方便。

6.1.1　包装机械控制技术的种类及特点

包装的机械化和自动化，早期主要是依靠凸轮、靠模和自动停车等方法实现。随着科学技术的发展，许多新的控制技术，已被广泛应用于实现包装过程的自动控制。目前常用的控制技术可归纳为四大类。

（1）机械控制

机械控制主要是由分配轴、凸轮、从动杆及一些调整环节构成。分配轴上的凸轮根据各执行机构的运动要求，设计成相应的轮廓形状，并按工作循环图的规定，在分配轴上严格保持相互间的相位角，从而使工作机上的各执行机构能严格按照预定的程序和时间进行协调的运动。当被包装物变更时，应按照新的工作循环图调整凸轮间的相互位置，有时还需要换上新凸轮。可见，这种控制方式结构复杂，调整麻烦，但可靠易行，应用较广。

（2）流体控制

流体控制是利用流体的各种控制元件及装置，组成控制回路，进行自动控制。流体控制分为液压控制和气动控制两种。

① 液压控制　液压传动与控制是以液压油作为工作介质，进行能量传递和控制的一种形式。液压装置工作平稳，质量轻，惯性小，反应快，易于实现快速启动、制动和频繁的换向，能在大范围内实现无级调速，并能在运行的过程中进行调速。液压系统易于实现自动化，对液体压力、流量或流动方向的调节和控制比较简单。当将液压与电气控制、电子控制或气动控制结合起来时，整个传动装置能实现很复杂的顺序动作，并方便地实现过程控制。

液压系统的缺点是，在工作过程中有较大的能量损失（摩擦损失、泄漏损失等），对油温的变化比较敏感，工作的稳定性容易受到温度的影响，因此不宜在很高或很低的温度条件下工作；油液具有易燃性，易引起爆炸；油液中有空气会引起工作机构的不均匀跳动；就处理小功率信号的数学运算、误差检测、放大、测试与补偿等功能而言，液压装置不如电子装置那样灵活、线性、准确和方便，因此，一般应用于线路和系统的动力部分。

② 气动控制　气动控制技术是将压缩空气作为传递动力或信号的工作介质，配合气动控制系统的主要气动元件，与机械、液压、电气（包含 PLC 控制器和微机）等部分或全部综合构成的控制回路，使气动元件按生产工艺要求的工作状况，自动按设定的顺序或条件动作的一种自动化技术。与液压控制相比，动作迅速，反应快，使用的元件和工作介质成本低，便于现有设备的自动化改装，能在恶劣的条件下正常工作；缺点是运动的平稳性较差，有噪声，控制元件体积较大。在气动控制系统中，作为完成一定逻辑功能的气动逻辑元件，由于其结构简单，成本低廉，耗气量小，抗污染能力强，对气流的净化要求低，而被广泛应用。

（3）电气控制

电气控制由电动机、各种低压电器（如接触器、继电器、电磁阀、行程开关等）和保护电器（如熔断丝、热继电器等）通过导线连接而成。当各执行机构工作时，利用行程、压力或时间的变化，通过电器元件触头接通或断开电动机、电磁铁或电磁阀的电路，可以改变各机构的运动状态。

有触点的电器控制反应慢，长时间工作后，触点会烧焦，使工作不可靠；但它的构造简单，造价低，使用方便。

（4）计算机控制（电子控制）

目前以电子控制，特别是以电子计算机控制技术为核心的数字控制技术，日益广泛地应用于各类机器设备的自动控制中。计算机的微型化、高速、大内存、高性能，促进了工业自动化，导致了包装机电一体化变革，机电一体化技术已从早期的机械电子化变为机械微电子化和机械计算机化。在控制过程中，微型计算机收集和分析处理信息，发出各种指令去指挥和控制系统运行，并提供多种人机接口，以便观测结果，监测运行状态和实现对系统的控制和调整。微型计算机的功能，大致可以归纳为以下几个方面：

a. 对包装机械的直接控制，其中包括顺序控制、数字程序控制、直接数字控制；

b. 对包装生产过程的监督和控制，如根据包装过程的状态、原料和环境因素，按照预定的生产过程数学模型，计算出最优参数作为定位，以指导生产的进行，也可直接将给定值送给模拟调节器，自动进行整定、调整，传送至下一级计算机进行直接数字控制；

c. 对车间或全厂自动生产线的生产过程进行调度和管理；

d. 直接渗透到自动包装机械产品中形成带有智能性的机电一体化新产品，如供送机械手、全自动包装机械、智能仪器等。

机电一体化系统的微型化、多功能化、柔性化、智能化、安全可靠、低价、易于操作的特性，都是采用微型计算机技术的结果。微型计算机技术是现代包装机械中最活跃、影响最大的关键技术。

各类控制技术的比较见表 6-1。

表 6-1 各类控制技术的比较

项 目	机械式	电气式	电子式	液压式	气动式
输出力	中等	中等	很小	很大(10^5N 以上)	大(约 3×10^4N 以下)
动作速度	低	高	很高	稍高(约 1m/s)	高(约 17mm/s)
信号响应	中等	很快	很快	慢	慢
位置控制	很好	很好	很好	好	好
遥控	不好	很好	很好	很好	好
安装的限制	很大	小	小	小	小
速度控制	不好	很好	很好	很好	好
无级变速	不好	好	很好	很好	好
元件结构	普通	稍复杂	复杂	稍复杂	简单
动力源中断时	无法动作	无法动作	无法动作	有蓄能器时可动作	可动作
管线	（无）	比较简单	复杂	复杂	稍复杂
保养需求	高	中等	中等	中等	中等
保养技术	简单	需要	特别需要	简单	简单
危险性	几乎没有	注意漏电	几乎没有	注意引火性	几乎没有
体积	大	中等	小	小	小
环境温度	普通	高时要注意	高时要注意	普通	注意凝结水(普通)
腐蚀性	普通	大时要注意	大时要注意	普通	注意氧化
振动	普通	大时要注意	大时要注意	不必担心	不必担心
构造	普通	稍复杂	复杂	稍复杂	简单

6.1.2　包装机械控制系统的组成

控制系统通常由发令器、执行器、转换器三个环节组成，如图 6-1 所示。

(1) 发令器

发令器的作用是按预定要求发送控制的原始指令。

图 6-1　控制系统的组成环节

按发出指令的能量形式不同，发令器有电的、光电的、机械的、气动的和液压的等，如按钮、挡铁、行程开关、行程阀、工作机分配轴上的凸轮靠模、各种自动度量仪、压力继动器、速度继动器以及时序信号发生器等。

(2) 转换器

转换器的作用，是将发令器所发出的指令传送到执行器。它可以是简单地传递指令，但更多的是在传递过程中改变指令的量和质。量的转换包括将指令的能量放大和缩小；将指令传到执行器的时间滞后于发令时间等。质的转换则包括将传到执行器指令的能量形式改变等，例如将电的原始指令转换成液压或气动的指令，或者相反，然后再传给执行器。

常用的转换器有各种机械传动机构、电子放大器、液压放大器、中间继电器、液压气动中继器等。它们通常是机械、液压、气动、电和光电等各种元件的组合。

(3) 执行器

执行器是最终完成控制作用的环节，它直接控制工作机的运行部件按工序要求进行动作(如移动、转动、电动机正反转等)，以完成包装任务。

按能源形式的不同，执行器有机械的、电子机械的、液压-机械的或气动的多种。例如，拨叉、插销、接触器、电磁铁、电磁离合器、电动机、主控阀等。

6.1.3　包装机械的控制方式

控制系统通常可分为时间控制、行程控制和时间行程混合控制三种。

(1) 时间控制

时间控制系统具有中央控制器（即发令器、分配器），指令集中从这里发出，故又称为集中式控制。这种控制系统的特点，是指令的程序和特征是预先规定好的，由中央控制器每隔一定的时间发出指令，使控制的各执行元件严格地按照此时间动作，不因被控制对象实际执行指令的情况改变，因而工作不安全，即当某工作部件不按预定的规律动作时，其他工作部件仍按预定时间运动，故有可能发生碰撞或干涉等事故。但发令器集中在一起，调整较方便。图 6-2 所示为分配轴式中央控制器，分配轴 4 上有 4 个凸轮 5、7，当分配轴 4 转动时，凸轮 5、7 依次控制微动开关 6 及拨位销 8 动作，从而实现时间控制。

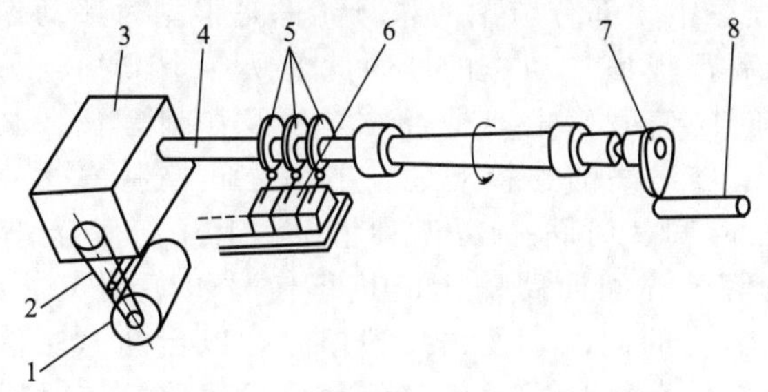

图 6-2　分配轴式的中央控制器

1—电动机；2—传动带；3—变速箱；4—分配轴；5，7—凸轮；6—微动开关；8—拨位销

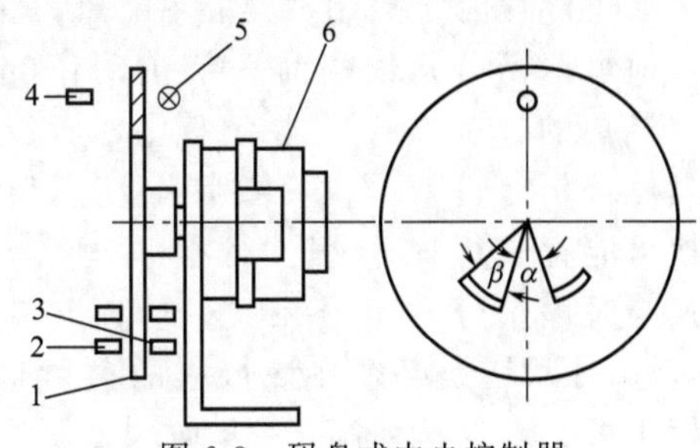

图 6-3　码盘式中央控制器

1—码盘；2，3—喷嘴；4—光电元件；5—光源；6—微电机

图 6-3 所示为用码盘控制的中央控制器。微电机 6 带动码盘 1 匀速转动，码盘上的槽转

到信号喷嘴 3 和与其相应的接收喷嘴 2 处时，发出气信号；码盘上小孔转到光源 5 和光电元件 4 之间时，发出光电信号。

在电子、气动逻辑控制中，控制对象的各执行元件严格按照一定的时间间隔进行动作的控制系统，称为时间程序控制系统，简称时序系统。这种系统主要由信号分配回路、时序信号发生器及执行元件三部分组成。方框图如图 6-4 所示。时序信号发生器发出的时间信号通过信号分配回路，按一定时间间隔分配给相应的执行机构，使其动作。

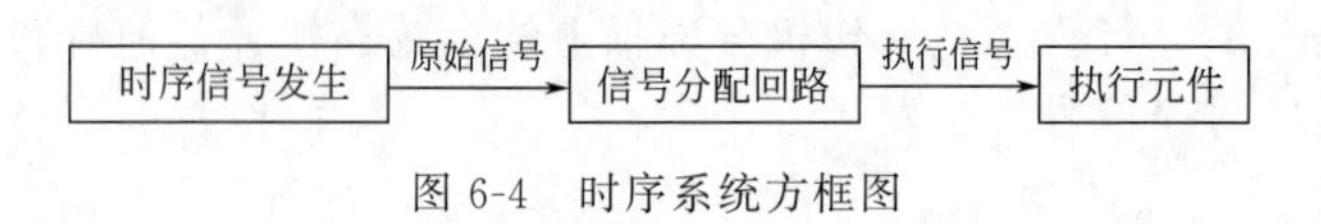

图 6-4　时序系统方框图

（2）行程控制

图 6-5 是行程控制的电气原理图。

按下启动按钮 K_1 后，部件Ⅰ开始运动。当部件Ⅰ运动到规定位置时，其上的挡块压下行程开关 K_2，部件Ⅱ开始运动，部件Ⅰ停止运动或快速退回。当部件Ⅱ运动到规定位置时，压下行程开关 K_3，部件Ⅲ开始运动，部件Ⅱ停止运动。如此类推，使各个部件获得顺序动作。因此，在每两个工作部件间必须有相应的机构传递指令。如果工作循环较为复杂，用机械传动机构作为部件之间命令的传递，构造比较复杂。所以，在行程控制系统中很少采用机械控制，常用电气的、电子的、气动的、液压的或以上几种混合的控制系统。其控制原理如图 6-6 所示。

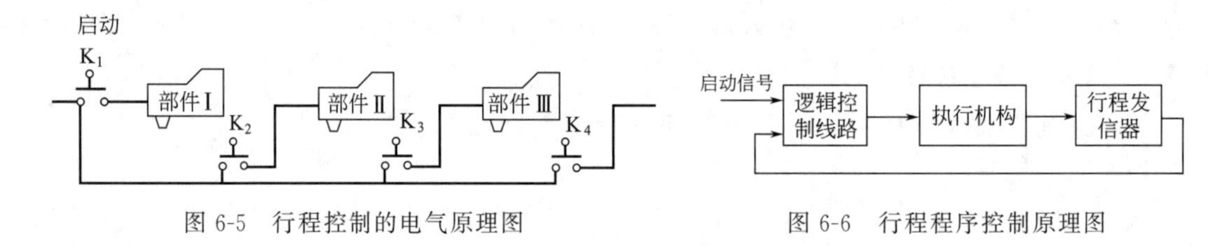

图 6-5　行程控制的电气原理图　　图 6-6　行程程序控制原理图

执行机构的每一步动作完成后，由行程发信器发出一个信号，这个信号输入给逻辑线路。并由它作出判断，发出执行信号。整个系统就如此循环下去。行程控制系统本身具有自锁作用，当某一部件发生故障时，工作循环就停止，故工作安全可靠。但发令器过于分散使得调整比较麻烦，因此常用来控制较简单的工作循环。

（3）时间行程混合控制

时间行程混合控制，是指在一个工作程序中，部分节拍的执行元件是根据时序动作的，而另一部分是依据前一节拍动作的终端行程信号动作的。因此，从一个节拍到另一个节拍的控制方式可能有变化，所以对时序信号发生器是否要复位及如何复位，必须具体分析。也就是说，要特别注意反馈信号回路的连接问题。节拍之间控制方式的转换可能存在行程-行程、行程-时间、时间-时间及时间-行程四种情况。其中行程-行程转换与时序信号发生器无关，所以相应的信号分配回路输出的执行信号也不用反馈；而行程-时间转换必须在该行程的执行信号输出的同时，发出反馈信号，以启动时序信号发生器；对时间-时间的转换，必须将相应执行信号通过反馈信号形成回路，使时序信号发生器先复位，后启动；对时间-行程的转换，则要求在行程动作信号输出的同时，将时序信号发生器关闭（复位）。根据上述特点，这种回路可以按图 6-7 方式组成。

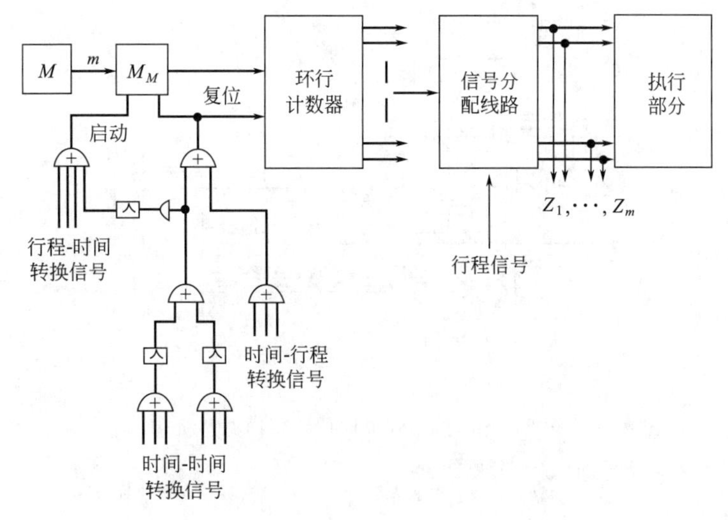

图 6-7　时间-行程混合控制框图

6.2　包装机械的调位控制

6.2.1　卷料输送纵向位置调整机构

自动包装作业中，保持商品的商标图案位置正确，是包装的基本要求。目前采用卷筒包装材料（塑料薄膜、纸、复合材料等）进行软包装的商品种类很多。在包装机上，包装材料由牵引机构（送纸机构）自卷筒中引出，经成形器制成筒状，由纵封器纵封热合，充填内装物，再经横封热合、切刀切断后出成品。

在包装作业过程中，卷筒半径逐渐减小，包装纸所受张力发生变化，送纸辊与包装纸之间的摩擦因数受环境温湿度的影响而发生波动，加上商标印刷误差，以及送纸、纵封、热封切断各部分速度的差异等因素，使得刀辊的实际切线偏离规定部位。即使这种位置误差很小，例如在某一包装袋上只偏差 0.1mm，但包装机速度很快，有的高达 200 包/min，如不加以控制调节，机器运行 1min 后，误差积累可达 20mm，切线严重偏离规定部位，降低了包装质量，甚至造成废品。为了保证包装袋的正确封切，必须在卷料供送系统中，引入商标图案自动位置检测与控制系统。

(1) 光电式控制纵向位置单向调整机构

图 6-8 所示为光电控制式纵向位置单向调整机构的装配图。

当输送材料的商标位置相对于执行机构的要求超前时，通过光电信号控制电磁铁动作能自动降低输送速度。其工作原理如下。

离合器 2、4 在装配时，严格控制相互错位半齿。在输送过程中，当包装材料上的商标相对包装对象超前时，借助于包装材料上已印好的色标，由光电系统发出信号，使电磁铁 8 吸合，推动中间轴 16 左移；信号中断时，电磁铁断电。在压簧 7 作用下，使中间轴 16 复位。这样，实现左、右两半牙嵌离合器 2、4 交替啮合，由于两者错位半齿安装，因此，在替啮合过程中，分别使送料辊筒 11 停止了相当于离合器半齿的转角，实现送料瞬时停止。

该机构调整方便，简单可行，能实现单向调节。

图 6-9 所示为包装机中使用的另一种光电控制式纵向位置单向调整机构。它是利用无级变速的工作原理，改变带在无级变速轮上的接触半径，使输出速度变化的方法实现卷料纵向

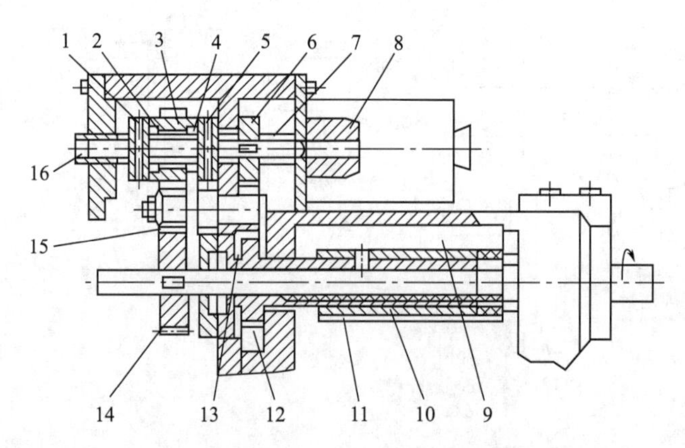

图 6-8 光电控制式纵向位置单向调整机构
1，5—销子；2，4—离合器；3，6，12～15—齿轮；7—压簧；8—电磁铁；
9—主动轴；10—包装材料；11—送料辊筒；16—中间轴

位置的单向调整。

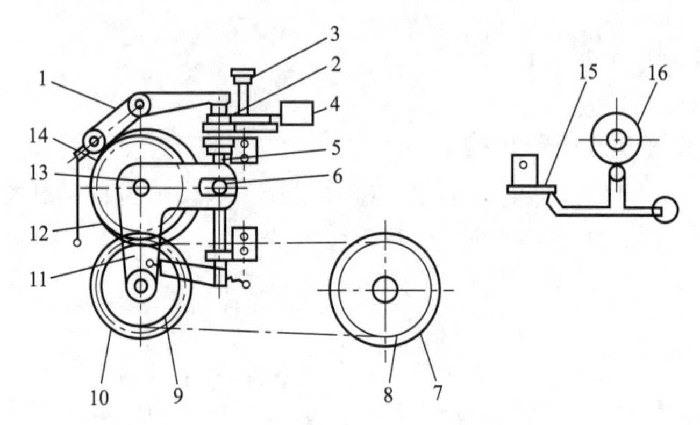

图 6-9 利用无级变速的单向调整机构示意图
1—杠杆；2—垫块；3—手轮；4—电磁铁；5—调节螺杆；6—带销螺母；7—卷料输送辊筒；
8，9—无级变速轮；10，12—齿轮；11—摆杆；13—主动轴；14，16—凸轮；15—触头

该机构由机械信号装置和调整执行机构两部分组成。机械信号装置由凸轮 16 来控制触头 15 发信，凸轮旋转一周，卷料输送预定的纸长，此时触点开合一次，开合时间间隔由凸轮控制。在调整执行机构中，轴 13 为输入轴，卷料输送辊筒 7 为输出端。轴 13 上固定着凸轮 14 和齿轮 12。凸轮 14 经杠杆 1、垫块 2、调节螺杆 5、带销螺母 6，使摆杆 11 连同齿轮 10、无级变速轮 9 作微量摆动，而齿轮 12 则带动齿轮 10、无级变速轮 8、9，使卷料输送辊筒 7 转动。

当卷料上的印刷标记相对于包装对象处于预定位置时，凸轮的最小半径与触头上滚子接触，触头 15 处于闭合状态，同时光电信号装置发信。由于两信号控制的触头同时作用，使电磁铁 4 通电，垫块 2 自杠杆 1 的输出端抽出，匀速旋转的凸轮虽使杠杆 1 摆动，但不与调整螺杆 5 接触。因此，摆杆 11 不动，经无级变速后传至输送辊筒 7 的转速亦不变，卷料输送正常。当卷料上的印刷标记相对于包装对象滞后且滞后量超过允许值，则按照允许值设计的凸轮 16 与触头滚子的接触在最大半径上，而触头 15 脱开。此时，虽然卷料上的印刷标记经光电信号装置发信，电磁铁 4 仍处于断电状态，垫块不动。因此，杠杆 1 的摆动通过垫块 2 使摆杆 11 作微量摆动，安装在摆杆上无级变速轮 9 也同时摆动，使无级变速装置中的传

动皮带在无级变速轮8上的接触半径减少，卷料输送辊筒7的转速加快，从而使卷料的输送速度增快。由于切纸辊（图中未示）的速度是固定不变的，最后将使卷料上的印刷标记拉回到包装对象的要求位置。

该机构采用凸轮杠杆来改变卷料输送的速度。凸轮每转一周即卷料每输送一张纸就补偿一次，最后达到正常工作所要求的状态为止。该机构工作可靠性较高，电磁铁动作灵敏度对其影响不大，只要卷料输送时允许偏差值稍大，就可以使输送速度达到300张/min左右。

（2）光电控制纵向位置双向调整机构

在卷料输送过程中，由于各种因素的影响，卷料超前与滞后现象都是随机存在的，只有消除这种现象，才能确保包装质量，所以需要纵向位置的双向调整机构。

图6-10所示为B·EFG-20卧式枕形包装机上所采用的纵向位置双向调整机构原理图。

当包装材料上的商标图案与包装对象相对位置符合要求时，主动链轮12以转速n_{12}经轴9将旋转运动传给差动齿轮机构的行星锥齿轮4。此时双联齿轮11不转动，使双联齿轮10以转速$n_0=2n_{12}$，经齿轮5、6分别带动送料辊筒7、8旋转，使包装材料在两辊筒间依靠摩擦力输送。

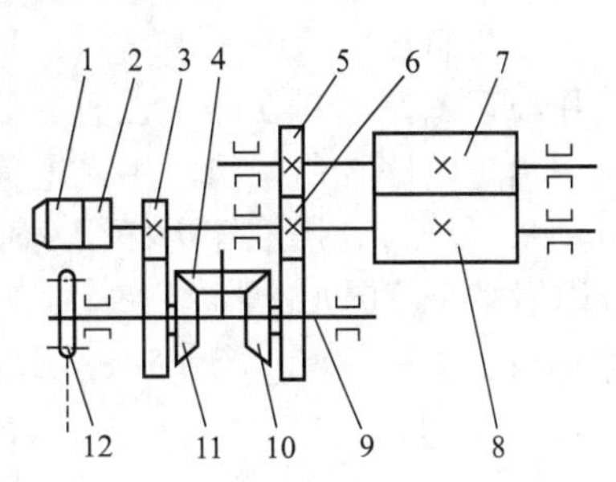

图6-10　光电控制纵向位置双向调整机构原理图

1—可逆电动机；2—减速器；3，5，6—齿轮；4—锥齿轮；7，8—送料辊筒；9—主动轴；10，11—双联齿轮；12—主动链轮

当商标图案与包装对象错位而出现超前或滞后现象时，光电装置利用材料上的印刷标记发出信号，使可逆电动机1正转或反转。通过减速器2和齿轮3、11降速后的旋转运动传到差动齿轮机构的行星齿轮4，使齿轮10以转速$n_{10}=2n_{12}\pm n_{11}$输出，通过输出的转速增快或减慢，可作前后位置的调整。

根据印刷标记位置偏差的程度不同，可逆电动机1的转动时间可由时间继电器在0.5～1s范围内调节。

通常采用差动齿轮机构实现转速的补偿运动，有时也采用内齿轮传动的差动齿轮机构。

6.2.2　卷料横向位置调整机构

卷料在输送过程中，经常会产生卷料横向跑偏现象，其结果将影响后续工序的正常进行。因此，通常在横向位置有一定要求的工序前设置横向位置调整机构，或称为纠偏装置。纠偏装置根据工作原理不同分为张力式、电动式和气液式等。

（1）张力式纠偏装置示意图

张力式纠偏装置原理如图6-11所示。

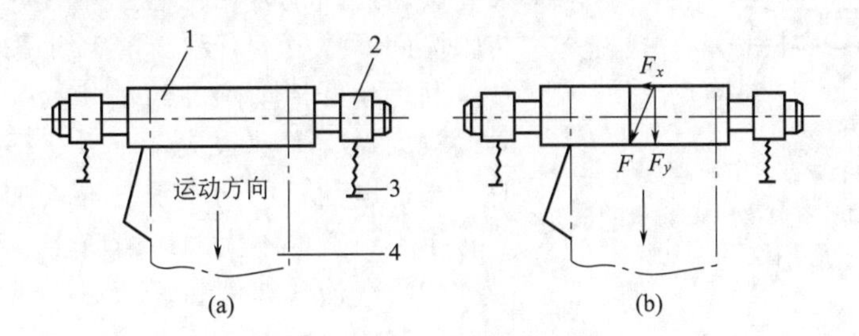

图6-11　张力式纠偏装置示意图

1—纠偏辊筒；2—轴承座；3—压簧；4—卷筒材料

当卷筒材料4通过辊筒1时，卷料处在居中位置，左右轴承座2处所受压力相等，纠偏

辊筒 1 呈水平状态，如图 6-11（a）所示。当卷筒材料 4 跑偏时，两轴承座所受压力出现差异，辊筒 1 倾斜，其倾斜度与跑偏差量有关，如图 6-11（b）所示。可将卷筒对于纠偏辊筒的正向压力分解为轴向力 F_x 和径向力 F_y 则轴向压力 F_x 可使卷料恢复正常工作状态，跑偏量越大，F_x 越大，反之亦然。

该装置结构简单，动作可靠，加工及安装方便，不需要动力源，成本低，但要求弹簧刚度一致。同时由于刚度纠偏，因此对卷料的线速度有一定要求。太快，纠偏灵敏度不够，甚至会失去纠偏作用；太慢，纠偏反应亦慢，在使用上受到限制。

（2）电动式纠偏装置

电动式纠偏装置由探边发信器和纠偏执行机构两部分组成。探边发信器共有两套，分别安装在卷料输入口的两侧，纠偏执行机构则安装在需要位置。图 6-12 所示为探边发信器的工作原理图。卷料在居中位置输送时，探边杆 7 上的遮光屏 3 将光源遮住，无光电信号输出。由于电路控制系统采用光电信号与脉冲源相和步进电动机（参阅图 6-13）。因此，步进电动机不转时，接触探边杆摆动而发出光电脉冲信号，控制纠偏架的步进电动机旋转，然后经联轴器 10 带动滚珠丝杠 9，使纠偏架 3 连同纠偏辊 2、4、6一起横向移动，纠正卷料的跑偏现象。

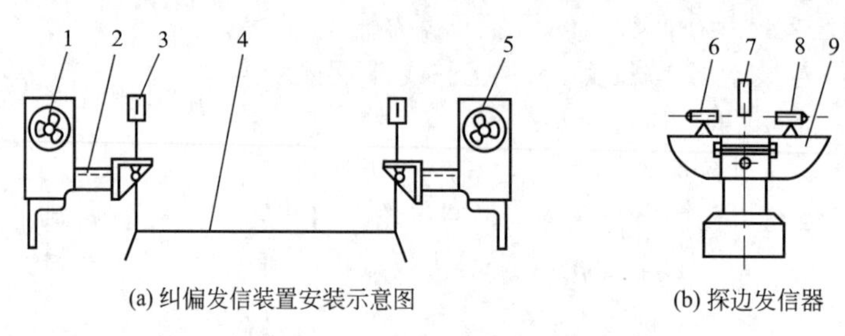

(a) 纠偏发信装置安装示意图　　(b) 探边发信器

图 6-12　探边发信器工作原理图

1—调整手轮；2—齿条；3—遮光屏；4—卷筒材料；5—操纵箱；6—光源；7—探边杆；8—接收管；9—支架

该装置利用探边杆转换成光电信号，其目的是为了可靠地获得光电信号。如改为光电直接发信，属于不接触式。虽灵敏度高，但动作可靠性就受到影响。现采用探边杆间接发信，为提高灵敏度，探边杆的摆动支承安装微型滚动轴承，利用探边杆控制接触点闭合，其工作频率不宜太高，否则也不可靠。

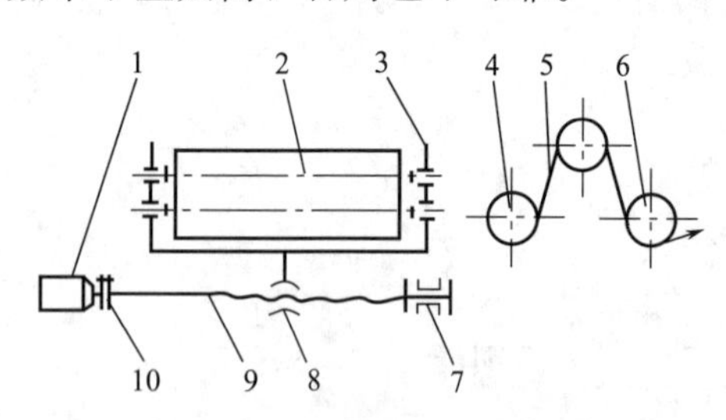

图 6-13　纠偏架工作原理图

1—步进电动机；2，4，6—纠偏辊；3—纠偏架；5—卷筒材料；7—轴承；8—滚珠螺母；9—丝杠；10—联轴器

探边杆上下臂倾斜约 7°左右，促使探边杆形成一自然回复力，以利遮住光源。

该装置的纠偏辊筒共有三根，呈三角形分布。当卷料通过纠偏辊筒的包角增大时，将增加下卷料与辊筒间摩擦力，有利于增大纠偏效果。

利用丝杆传动副的纠偏装置，当整个纠偏机构质量较大时，惯性很大，难以获得确定的位置。同时，步进电动机的功率消耗亦增加。因此这种装置适合于卷料宽度不大的纠偏场合。

（3）气液式纠偏装置

气液式纠偏装置由气流喷嘴、气液伺服阀、油压缸和纠偏架等组成。图 6-14 所示为安装在卷料一侧的气液式纠偏装置气液系统图。当卷筒材料 7 的边缘在气流喷嘴 8 内移动时，喷嘴输出的气压会发生变化，推动气液伺服阀杆 3 移动，改变输出油路及流量大小，从而使油缸 2 中的活塞杆移动，由于活塞杆与纠偏架 1 相连，故纠偏架连同卷料一起移动，达到自动纠偏的目的。

当卷料在叉式气流喷嘴中横向移动时，其输出气压变化与卷料位移量基本呈线性关系，仅当最大和最小位移时，该喷嘴的特性略有变化。当位移最大时，输出气压开始进入饱和；当位移最小时，输出气压仍有微量值，这种漏气气压一般很小，可忽略不计。

该纠偏系统纠偏范围为±50mm，速度为 30m/min，控制精度为±(2～3) mm。由于采用气、液联合控制与传动，设备占地面积较大，成本高，适用于宽幅卷料或大型纠偏装置的输送纠偏场合。

(4) 光电-液动式纠偏装置

光电-液动式纠偏装置由光电管、控制放大器和动圈双级滑阀式电液伺服阀、执行油缸和纠偏架等组成如图 6-15 所示。

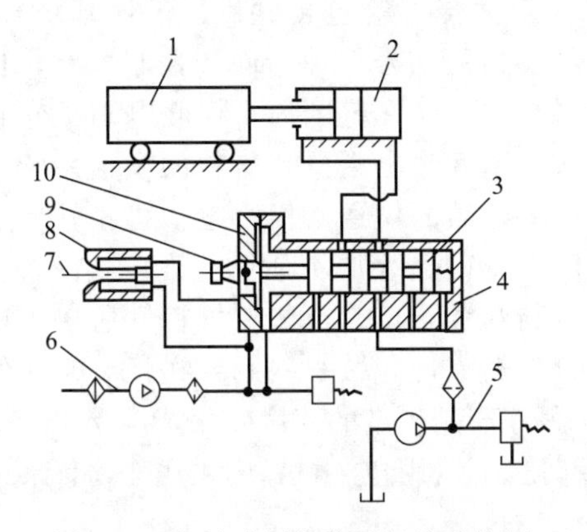

图 6-14　气液式纠偏装置气液系统图
1—纠偏架；2—油缸；3—阀杆；4—阀体；
5—油路；6—气路；7—卷筒材料；
8—气流喷嘴；9—调节螺钉；10—膜片

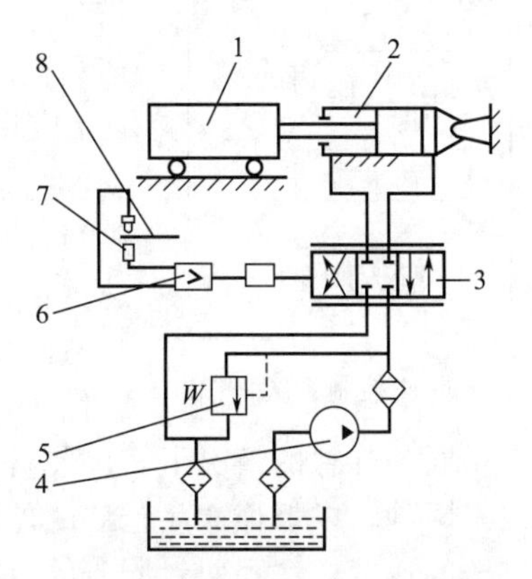

图 6-15　光电-液动式纠偏装置系统图
1—纠偏架；2—油缸；3—电液伺服阀；
4—齿轮泵；5—低压溢液阀；
6—控制放大器；7—光电管；8—卷筒材料

光电管 7 用来检测卷料的边缘位置，当卷料 8 处于居中位置时，光电系统中的光敏电阻被遮去一半，这时，测量电桥没有输出，放大器 6 无输出，电液伺服阀 3 处于中间置，执行油缸 2 的活塞不动；当卷料跑偏时，光电系统中的光敏电阻接受的光通量发生变化，测量电桥失去平衡，形成调节偏差信号，经放大器 6 放大后，输出电流至电液伺服阀 3。由于该伺服阀的阀芯与电流成比例地对应偏移量，输出相应的液体流量，从而使执行油缸 2 带动纠偏架 1 连同卷料向跑偏的相反方向纠偏，直到卷料边缘回到光电管的中间位置为止。

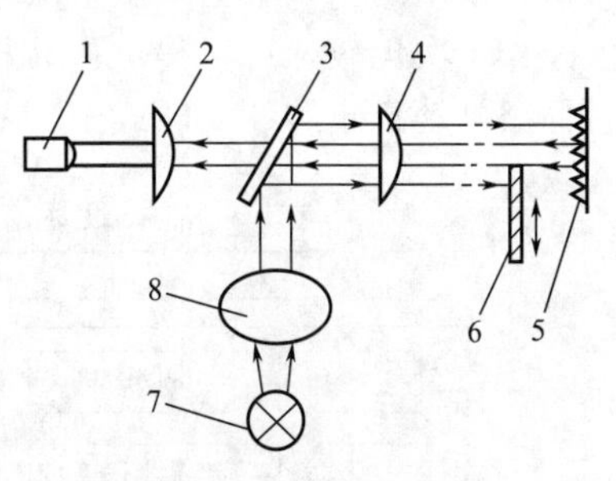

图 6-16　光电管光路图
1—光敏电阻；2—聚光镜；
3—半透膜反射镜；4—接物镜；
5—反射校镜；6—卷筒材料；
7—光源；8—聚焦镜

光电管的光路如图 6-16 所示。

该纠偏装置的纠偏范围为±50mm，速度为 120m/min，控制精度为±(1～2)mm，灵敏度高，速度快，不仅能调边位，还能对图案或印刷标记实现纠偏。但需要有液压传动与控制装置，成本高，系统容易产生振动，适用于宽幅卷料的纠偏。

如果上述装置中光电测量部分不变，将信号放大，再由输出脉冲控制步进电动机的转向和转数，则构成又一种自动纠偏装置。纠偏范围为±20mm，速度为 200m/min，控制精度为±0.5mm，适用于窄幅卷料的纠偏。

6.3 包装过程的供送同步控制

在袋成型-充填-封口的自动化包装生产中，产品的供送和包装材料的供送均是连续进行的，实际上它们分别受到许多因素的影响，如生产中速度的变化、包装材料的张力和拉伸率不均匀等，因此这两个系统相互之间有一个需要随时调整速度的同步控制问题。

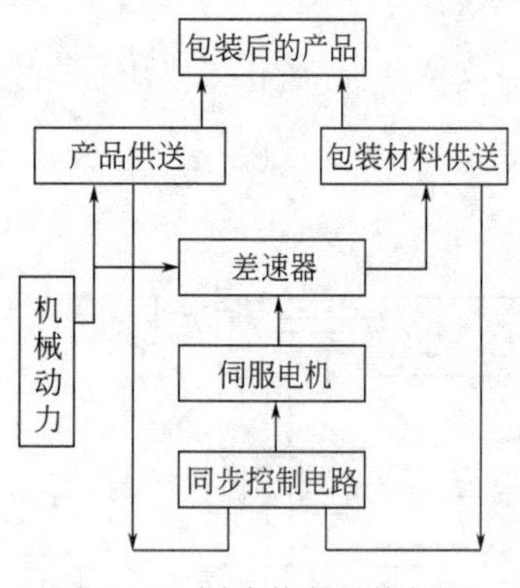

图6-17 同步控制系统框图

一般包装机械设备的同步控制系统框图如图6-17所示。机械动力一方面提供给产品的供送，另一方面则提供给差速器，将差速器的输出提供给包装材料的供送（无同步控制的设备，是直接将机械动力传输给包装材料的供送系统）。将产品供送和包装材料供送的信号反馈给同步控制电路，比较两者是否同步。如果在同步允许范围内，伺服电动机停止不动作，差速器将输入的速度输出给包装材料的供送系统。否则当包装材料供送慢于产品的供送，伺服电动机正转，在差速器正常输出的速度的基础上叠加一个正补偿，以提高包装材料的供送速度，直到两者同步；当包装材料供送快于产品的供送，伺服电动机反转，使包装材料的供送慢下来，使得两者速度相同。理想的情况下，包装材料能够自动跟踪产品生产的速度变化，不受生产过程的其他因素影响，以保证产品包装的外观质量；有时也可以用包装材料的供送作为标准来控制产品供送的速度，达到两者同步的目的。

（1）凸轮控制原理

包装袋图案上一般都印有色标，通过光电传感器取出每次供送一个包装袋的信号，该信号是包装材料供送系统的同步信号。将两个凸轮和两个微动开关组合在一起，并且安装在产品供送系统的一条轴上，就形成了比较环节。每供送一个产品就同包装材料供送系统的色标信号作一次比较，可以得出包装材料供送同产品供送是否同步的结论，根据比较的结果实现对伺服电动机正转、反转或不转的控制。其原理如图6-18所示。

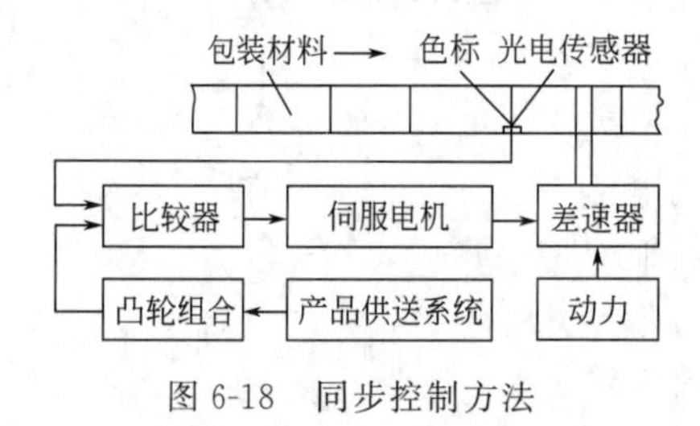

图6-18 同步控制方法

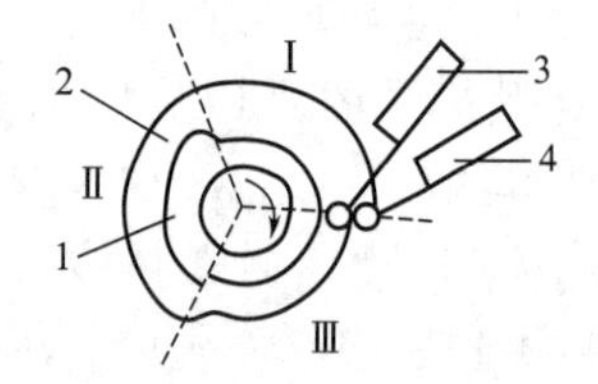

图6-19 凸轮组合的工作原理

凸轮组合的工作原理如图6-19所示。图中3是上微动开关，4是下微动开关。上凸轮1凸起弧120°，下凸轮2凹入弧也是120°，两凸轮组合装在产品供送轴上，形成三个相等的弧段，即Ⅰ、Ⅱ和Ⅲ段。当出现色标信号，凸轮组合处在Ⅰ段时，表示两个系统正好同步，伺服电动机不用补偿，应保持停机状态；当凸轮组合处在Ⅱ段时，表示包装材料供送系统滞后于产品供送系统，伺服电动机应正转，使包装材料供送的速度增加；当凸轮组合处在Ⅲ段时，表示包装材料的供送系统超前于产品供送系统，伺服电动机应反转，降低包装材料的供送速度。如表6-2所示凸轮组合情况，在凸轮的三段弧中，两个微动开关的组合也有三种状态，可以用这三种状态来控制伺服电动机的停机、反转和正转。

表6-2 凸轮组合情况

项目	Ⅰ段	Ⅱ段	Ⅲ段
上凸轮	下	上	
下凸轮	上	上	下

上述凸轮控制方式虽然能够实现控制，但同步时的凸轮运转范围是120°，是固定值，调节起来非常困难。为使控制精度可调并且能不停机地在线调节，故提出精度可调的控制方案。

（2）精度可调原理

包装袋上的色标可用光电传感来读取，产品供送系统的信号用接近开关取出。在产品供送系统的驱动轴上安装一个如图6-20所示的半圆形金属片1，在侧面装上接近开关J的探头2，在图示瞬间，接近开关没有感应到金属片1，假设输出状态为“1”；当产品供送轴3旋转，半圆金属片遮住接近开关，输出状态J为“0”，因此产品供送轴每旋转一圈，接近开关的“1”和“0”输出状态大约各占1/2。

假设光电传感器S检测到有色标信号时输出状态为“1”，没有色标信号时输出为“0”，只要判断每次光电传感器检测到色标时接近开关的输出状态，就能得出包装材料供送系统是滞后还是超前于产品的供送系统。在图6-21所示时刻，正好光电传感器S输出为“1”，接近开关J的输出也为“1”，可以认为包装材料供送超前；当J为“0”，即半圆金属片遮挡住接近开关时，S为“1”，则包装材料供送滞后。可以根据这样的判断来控制伺服电动机对包装材料供送系统的速度进行补偿。如果两个系统刚好同步，在图6-20所示的同步范围内，要求伺服电动机既不正转也不反转，处于停止状态。具体做法是让控制电路在“超前”和“滞后”的转换时，由跳变信号触发，给出一段延时时间，在此时间内获得色标信号S表示同步，伺服电动机不动作。这段延时时间的长短是可调节的，因此达到同步精度可调的目的。在这段延时结束后，如果获得S信号，则表示包装材料供送滞后，发出调控动作。

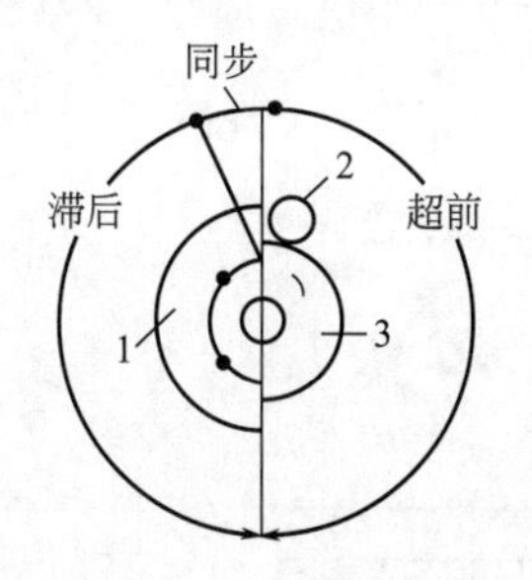

图6-20 产品供送信号的获取

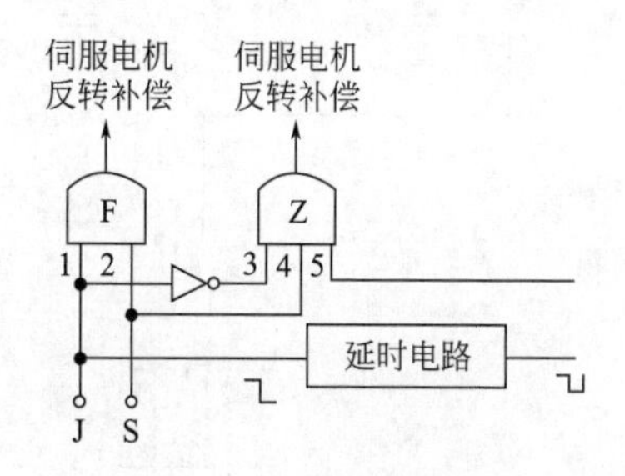

图6-21 控制电路原理

上述原理可由图6-21实现。当S为0时，未检测到色标，两个与门F和Z都被锁住，J的状态对输出结果无影响，正反补偿均无输出。只有当检测到色标信号，即S=1，且电路中2、4脚为高电位时，J的状态才对输出有影响。如果J=1，则1脚为高电位，F输出为1，进行反转补偿。如果包装材料供送超前，J刚好从1变为0，1脚为低电位，锁住F，而3脚由反相器的作用为1，如果得到S=1，使4脚电位也为1，则Z输出状态取决于脚5。但由于J的跳变，延时电路得到一个负触发脉冲，输出低电位，使5脚为0，将F锁住也无输出。这时正反补偿都不动作，即补偿电动机停止，表示两个系统处于同步状态。当延时结束后，延时电路输出高电位，使5脚电位为1，如果包装材料供送滞后，检测到色标S=1，使 3、4、5 脚都是高电位，Z 输出为 1，形成正转补偿。

（3）同步控制电路原理

同步控制电路原理如图 6-22 所示。接近开关的输入接 J 端，光电传感器的输入接 S 端。比较电路选用一块 74LS00 集成电路中的两个三输入与非门构成，反相器选用一块 74LS00 集成电路。用一块 555 时基电路接成定时器电路，调节电位器 R_1 可调整电路的延时时间 T_1。

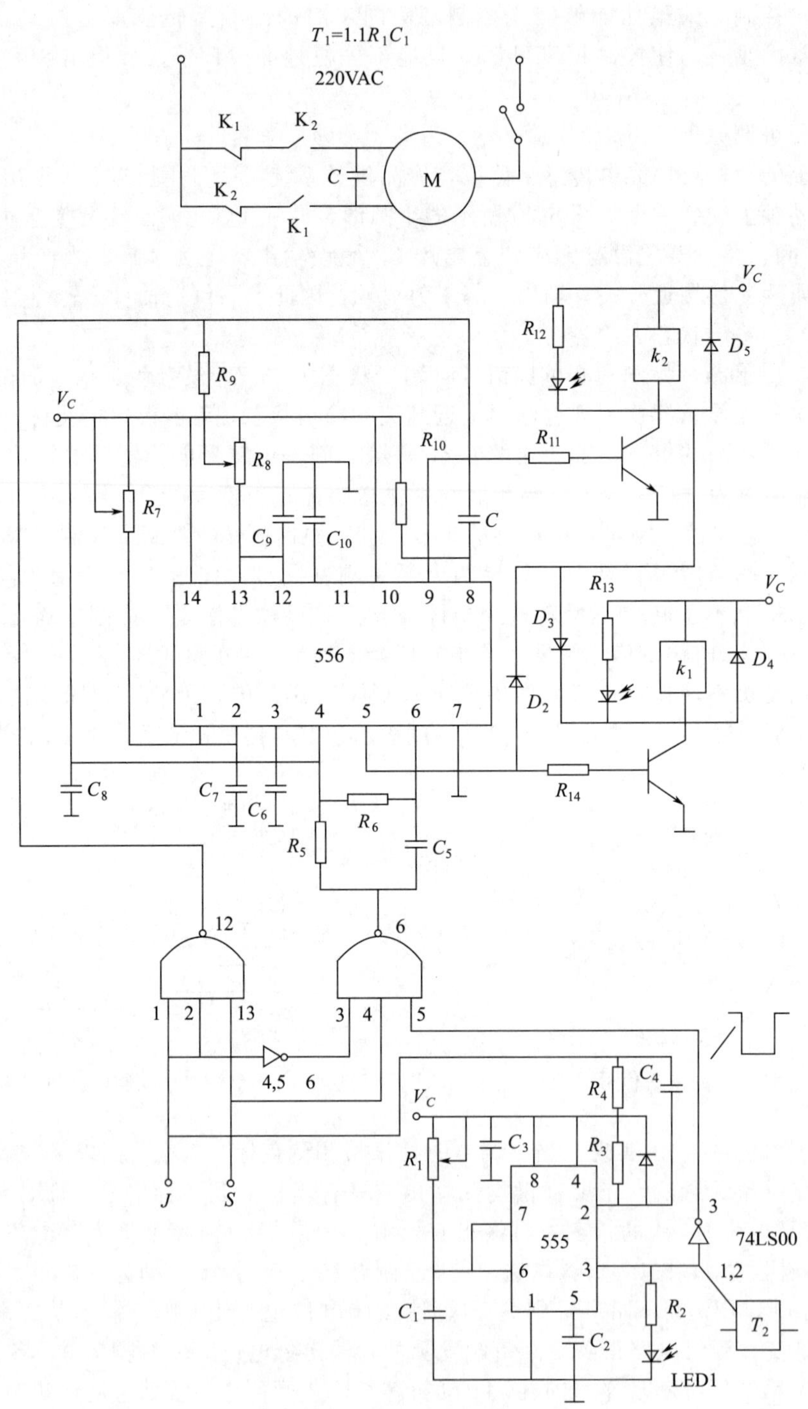

图 6-22 同步控制电路原理图

T_1 时间越短，同步精度就越高。T_1 的调整效果可通过发光二极管 LED_1 的发光来指示。只要 555 的 2 脚得到负脉冲，3 脚就输出高电位。为了能锁住与非门 74LS10 的 5 脚，采用一个反相器反相。与非门的比较结果输出给由 556 组成的两个延时电路，这两个延时电路的输出分别控制伺服电动机的正反转，R_8 和 C_9 决定反转补偿时间，R_1 和 R_7 决定正转补偿时间，R_8 和 R_7 值相等而且联动，C_9 和 C_7 容量也相等，所以伺服电动机的正反向补偿时间是一样的。

6.4　PLC 在包装机械中的应用

可编程控制器，全称为可编程序逻辑控制器（programmable logic controller，简称 PLC），是计算机技术与继电器常规控制技术相结合的产物，是近年来发展最迅速、应用最广泛的工业自动控制装置之一。世界上第一台可编程控制器出现于 1969 年，那时其功能只是实现逻辑控制。随着科学技术的发展，现代的可编程控制器除了开关量的控制功能外，还具有模拟量控制、智能控制、实时监控、远程控制和联网功能等，而且体积小、可靠性高、编程方法简单。因此，可编程控制器不仅取代了继电接触器系统广泛应用于逻辑控制系统中，还广泛应用于位置控制、过程控制、集散控制系统等众多领域。

6.4.1　PLC 的基本结构

不同型号的 PLC，其内部结构和功能不尽相同，但其主体结构形式大体相同，如图 6-23 所示。

由图可知，PLC 一般由中央控制单元、输入输出部件和电源等三部分组成，其内部或与外部组件之间的信息交换，均在一个总线系统支持下进行。

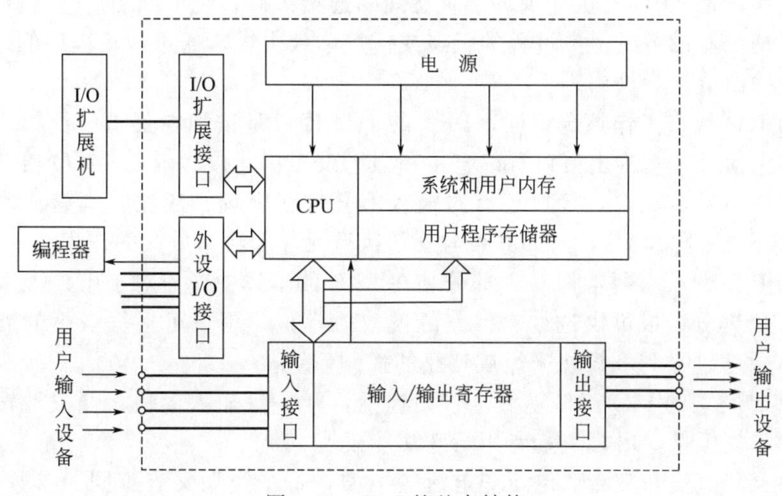

图 6-23　PLC 的基本结构

（1）中央控制单元 CPU

中央控制单元 CPU 是 PLC 的核心部分。它的主要作用是由微处理器通过数据总线、地址总线、控制总线以及辅助电路连接存储器、接口及 I/O 单元，诊断和监控 PLC 的硬件状态；同时，借助编程器接收键入的用户程序和数据，读取、解释并执行用户程序；按规定的时序接收输入状态，更新输出状态，与外部设备交换信息等。总之，对整个 PLC 的控制和管理是通过中央控制单元实现的。

与一般的微处理机不同，可编程控制器常以字（每个字为 16 位）为单位，而不是以字节（8位/字节）为单位进行存储与处理信息。

PLC中常用的CPU主要采用通用微处理器、单片机、位片或处理器等。

在小型PLC中，一般采用8位机；在中型PLC中，一般采用16位机；在大型PLC中，一般采用32位机。

（2）存储器

在可编程控制器中存储器用来存放系统程序、用户程序和工作数据。

① 系统程序　系统程序是由控制器的制造厂家在研制系统时确定的程序、故障自诊断程序、标准字程序库及其他各种管理程序等。

系统程序一般都固化在ROM或EPROM存储器中，用户不能访问、修改这一部分存储器的内容。

② 用户应用程序　用户应用程序是根据PLC的使用环境而定的，随生产工艺的不同而变化，但是变化并不是经常发生。用户根据实际控制的需要，用PLC的编程语言编制应用程序，通过编程器输入到PLC的用户程序存储器（区）。为便于程序的调试、修改、扩充、完善，通常该存储器都使用RAM。

（3）电源

PLC的电源单元包括系统的电源及备用电池。PLC一般使用220V交流电源。它配有开关式稳压电源，电源的交流输入端一般接有尖峰脉冲吸收电路，以提高抗干扰能力。有些PLC还可以为输入电路和少量的外部电子检测装置提供24V直流电源。备用电池（一般为锂电池）用于掉电情况下保存程序和数据。因此用户在调试过程中，可用RAM代替ROM，以便修改程序，这给程序的调试带来极大的方便。

（4）输入输出接口（简称I/O接口）

输入输出接口是CPU与工业现场装置之间的连接部件，是PLC的重要组成部分。PLC通过输入接口把工业设备或生产过程的状态或信息读入主机，通过用户程序的运行，把结果通过输出接口输出给执行机构。

与微机的I/O接口工作情况不同，PLC的I/O接口是按强电要求设计的，即其输入接口可以接收强电信号，其输出接口可以直接和强电设备相连接。因此，I/O接口除起连接系统内、外部的作用外，其输入接口还有对输入信号进行整理、滤波、隔离、电频转换的作用；输出接口还具有隔离PLC内部电路与外部执行元件和功率放大的作用。

对于小型PLC，厂家通常将I/O部分装在PLC的本体中，而对于中、大型PLC，各厂家通常都将I/O部分做成可供选取、扩充的模块或模板，用户可根据自己的需要选取具有不同功能、不同点数的I/O模块来组成自己的控制系统。

PLC有多种类型的I/O接口模块，它们包括：开关量输入模块、开关量输出模块；模拟量输入模块、模拟量输出模块；专用特殊功能模块。

上述模块又分直流和交流、电压和电流等类型，每个类型又有不同的参数等级。在此，我们仅介绍几种常用的开关量输入输出模块。

① 开关量输入模块　PLC的输入信号多为开关量信号，分为直流和交流开关量输入信号两种，各种开关量输入接口的基本结构大同小异。图6-24所示电路是一种直流开关量的输入接口电路，图中所示为8点输入接口电路，0～7为8个输入接线端子，COM为输入公共端，24V直流电源为PLC内部专供输入接口用的电源，K_0～K_7为现场外接的开关。内部电路中，R_1为限流电阻，R_2和C构成滤波电路，可滤掉输入信号的高频抖动，保证光电隔离器工作的可靠性。发光二极管LED_0为输入状态指示灯。例如，当输入开关K_0闭合时，经R_1、VT_0的二极管、LED_0构成通路，输入指示灯LED_0亮，同时光电耦合器、

VT_0 饱和导通，X_0 输出高电平。K_0 打开时，电路不通，LED_0 不亮，VT_0 不导通，$X_0=0$，无信号输入到 CPU。

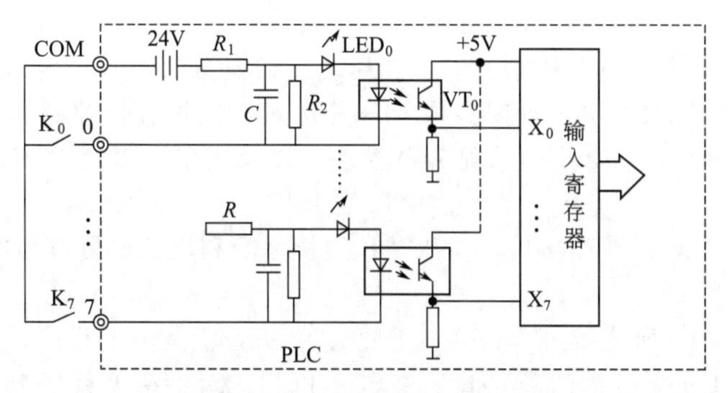

图 6-24　直流开关量输入接口电路

交流开关量输入接口电路与直流开关量接口电路的主要区别是，前者要由现场提供交流电压（AC200～240V），输入的交流信号经整流后得到直流，再去驱动光电耦合器。

② 开关量输出模块　为适应工业现场各种执行机构的需要，PLC 备有多种形式的开关量输出模块可供选择。常用的有晶体管输出方式、晶闸管输出方式和继电器输出方式。晶体管输出方式用于直流负载；双向晶闸管输出方式用于交流负载；继电器输出方式可用于直流负载，也可用于交流负载。

图 6-25 所示电路为继电器输出的接口电路。当 PLC 通过输出寄存器在输出点输出高电平时，继电器 KA 得电，其常开触点闭合，负载得电。指示灯 LED 亮。由于继电器本身有电气隔离作用，故电路不设光电隔离器。外加负载电源根据负载的情况确定，可为交流，也可为直流电源。继电器输出模块为有触点开关式输出模块，使用寿命相对于无触点输出模块较短，开关动作一般为 5000 万次左右，但其使用比较灵活。因此，在输出动作不是很频繁的场合，通常采用继电器输出模块。

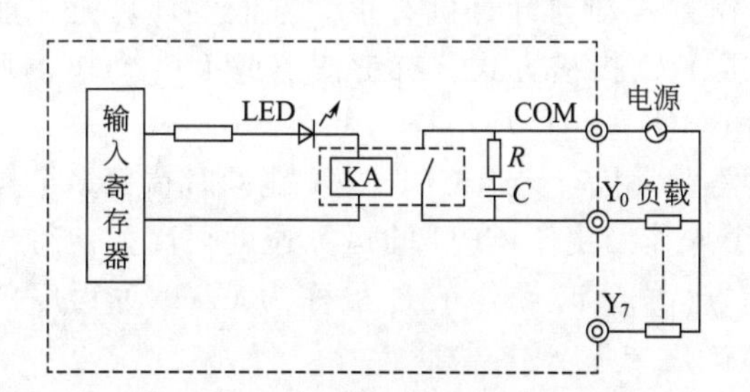

图 6-25　继电器输出接口电路

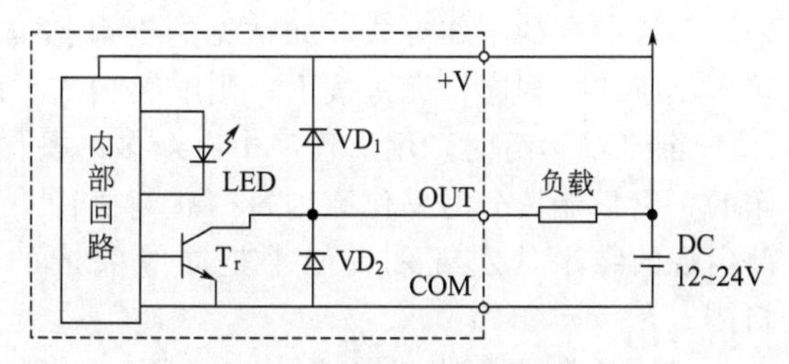

图 6-26　晶体管输出接口电路

图 6-26、图 6-27 所示为晶体管输出接口电路和晶闸管输出接口电路图。

输入输出模块的电路结构并不是唯一的，各个生产厂家都有自己的电路特点，但有两个共同特点值得关注：

a. 电路中的防干扰隔离措施很突出，如光电隔离、阻容滤波等；

b. 输入输出模块具有适应生产过程信息的输入与控制能力。

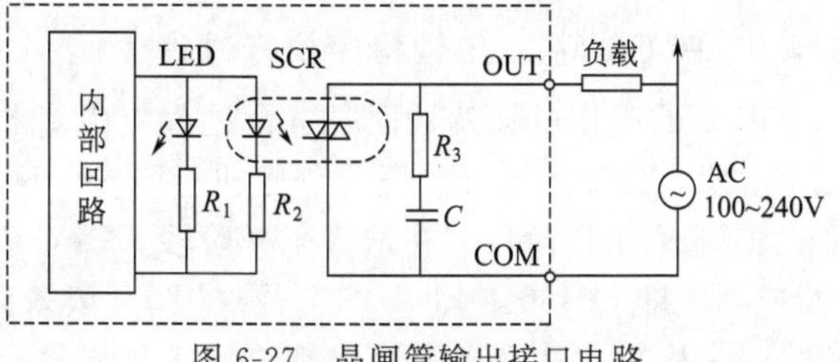

图 6-27　晶闸管输出接口电路

这两点是 PLC 在工业生产过程中得到广泛应用的原因所在。在整个系统中

CPU 存储器等环境与普通计算机是一样的（甚至是同样的芯片）。PLC 可以在相当恶劣的生产环境中正常运行，主要是上述两个条件，前者保证了工作的可靠性，后者适应了工作的需要。

在各类 PLC 产品中，还有其他一些功能模块，如模拟量输入、输出模块；用于处理主频开关量信号的高速计数模块；可按多种 PID 算法对模拟量进行控制的 PID 模块；与远程扩展机和主机之间进行信息交换的远程 I/O 模块；以及用于在多台 PLC 之间构成网络的通信模块等。

扩展接口也是 PLC 的总线接口，主机与扩展机之间利用扩展接口相连接。

（5）编程器

编程器是 PLC 的一种主要外部设备。它的主要任务就是输入程序、调试程序和监控程序的执行。它通过主机上的编程器接口直接与主机相连。手持编程器上有一个方式选择开关，用于控制 PLC 主机的工作方式。当方式选择开关打在编程（PROGRAM）位置时，PLC 主机处于编程方式，此时，用户可以通过编程器向 PLC 输入、查询、修改用户程序，但 PLC 不运行用户程序。当方式选择开关打在监控（MONITOR）位置时，PLC 主机处于监控方式，在监控方式下，PLC 运行用户程序，用户通过编程器不能输入和修改用户程序，但可以查询用户程序，并对用户程序的运行情况进行全面干预。例如，在监控方式下，可通过编程器监视某些内部的状态以及某些通道的内容，也可以强行改变内部位置的状态和通道内容，方便地对用户程序进行调试。当方式选择开关打在运行（RUN）位置时，PLC 主机处于运行方式。在运行方式下，PLC 运行用户程序，用户不能输入和修改用户程序，也不能干预用户程序的运行情况，只能查询用户程序并监视其状态。

现代的 PLC，除了上述手持编程器外，还有功能更强的具有显示屏幕的智能型编程器。这种编程器带有编程、监控用的系统程序软件包，为用户的编程输入、在线监控提供极大方便。

6.4.2 PLC 的基本工作原理

PLC 虽具有计算机的许多特点，但它的工作方式却与计算机有很大不同。计算机一般采用等待命令的工作方式，如常见的键盘扫描或 I/O 扫描方式。有键按下或 I/O 动作，则转入相应的子程序；无键按下，则继续扫描。PLC 多采用循环扫描的工作方式。

当 PLC 运行时，用户程序中有众多的操作需要去执行，但 CPU 是不能同时执行多个操作的，它只能按分时操作原理每一时刻执行一个操作。由于 CPU 的运算速度很高，使得外部出现的结果从宏观来看似乎是同时完成的。这种分时操作的过程称为 CPU 对程序的扫描。

扫描从存储地址所存放的第一条用户程序开始，在无中断或跳转控制的情况下，按存储地址号递增的方向顺序逐条扫描用户程序，也就是按顺序逐条执行用户程序，直到程序结束。每扫描完一次程序就构成一个扫描周期，然后再从头开始扫描，并周而复始地重复。

6.4.3 PLC 的基本结构程序执行过程

PLC 的工作过程就是程序执行过程，PLC 投入运行后，便进入程序执行过程，它分为三个阶段，即输入采样阶段、程序执行阶段、输出刷新阶段，如图 6-28 所示。

① 输入采样阶段　在输入采样阶段，PLC 以扫描方式按顺序将所有输入端的信号状态（开或关，即 ON 或 OFF、“1”或“0”）读入到输入映像寄存器并寄存起来，称为对输入信号的采样，或称输入刷新。接着转入程序执行阶段，在程序执行期间，即使输入状态变

化，输入映像寄存器的内容也不会改变，输入状态的变化只能在下一个工作周期的输入采样阶段才被重新读入。

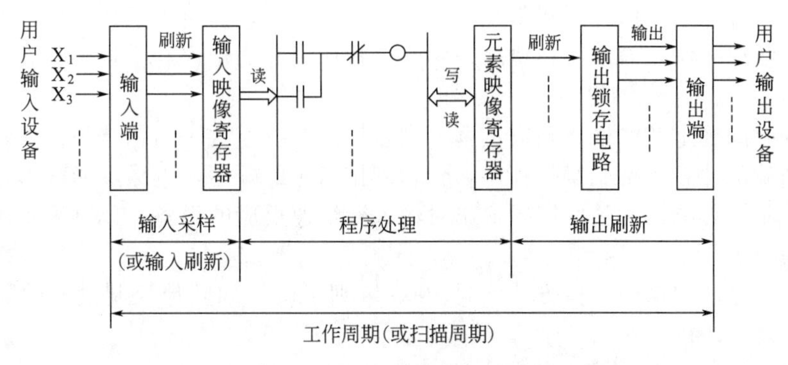

图 6-28　PLC 程序执行的过程

② 程序执行阶段　在程序执行阶段，PLC 对程序按顺序进行扫描。如果程序用梯形图表示，则总是按先上后下、先左后右的顺序进行扫描。每扫描到一条指令，所需要的输入状态或其他元素的状态分别由输入映像寄存器和元素映像寄存器读出，并将执行结果写入到元素映像寄存器中，也就是说，对于每个元素来说，元素映像寄存器中寄存的内容会随程序执行的进程而变化。

③ 输出刷新阶段　当程序执行完后，进入输出刷新阶段。此时，将元素映像寄存器中所有输出继电器的状态转存到输出锁存电路，再去驱动用户输出设备（负载）。这就是 PLC 的实际输出。

6.4.4　扫描周期

PLC 重复地执行上述三个阶段，每重复一次就是一个扫描周期。扫描周期的长短主要取决于下面几个因素：一是 CPU 执行指令的速度；二是每条指令占用的时间；三是指令条数的多少，即程序的长短。

一般情况下常用一个粗略的指标，即每执行一千条指令所需时间（大约 1～10ms/千字）来估算。说它是一个粗略的指标是因为不同的指令执行的时间是不同的，而且差异较大，有时一条指令执行时间只有几微秒，而有的指令执行时间可以达到上百微秒，因此选用不同指令需用的扫描时间将会有所不同。另外在组织程序中有条件调用子程序的情况下，程序中指令条数的计算也很难确定。至于输入输出服务的扫描过程，由于系统中设置有 I/O 映像区，机器执行用户程序所需信息状态及执行结果都与 I/O 映像区发生联系，只有机器扫描执行到输入、输出服务过程时，CPU 才从实际的输入点读入有关信息状态，存放于输入映像区，并将暂时存放在输出映像区内的运算结果传送到实际输出点。

从以上对扫描周期的分析可知，扫描周期基本由三部分组成：保证系统正常运行的公共操作；系统与外部设备信息的交换；用户程序的执行。第一部分的扫描时间基本是固定的，随机器类型不同而不同。第二部分并不是每个系统或系统的每次扫描都有的，占用的扫描时间也是变化的。第三部分随控制对象和工艺复杂性决定的用户控制程序变化，程序有长有短，而且在各个扫描周期中也随着条件的不同影响程序长短的变化。因此这一部分占用的扫描时间不仅对不同系统其长短不同，而且对同一系统的不同时间也占用着不同的扫描时间。所以系统扫描周期的长短，除了是否运行用户程序而有较大的差异外，在运行用户程序时也不是完全固定不变的。这是因为执行程序中随变量状态的不同，一部分程序段可能不执行。为了保证生产系统的正常运行，必须做到最长的扫描周期小于系统电器改变状态的时间。

对于慢速控制系统，响应速度常常不是主要的，故这种工作方式不但没有坏处，反而可以增强系统抗干扰能力。因为干扰常是脉冲式的、短时的，而由于系统响应较慢，常常要几个扫描周期才响应一次，而多次扫描后，瞬间干扰所引起的错误动作将会大大减少，故增加了抗干扰能力。

但对控制时间要求较严格、响应速度要求较快的系统，这一问题就须慎重考虑。应对响应时间作出精确的计算，精心编排程序，合理安排指令的顺序，以尽可能减少扫描周期造成的响应延时等不良影响。对某些需要输出对输入作快速反应的设备，也可采用快速响应模块和高速计数模块等。

总之，采用循环扫描的工作方式，是PLC区别于微机和其他控制设备的最大特点，使用者应充分注意。

6.4.5 PLC的主要特点

随着科学技术的不断发展，可编程控制技术日趋完善，功能越来越强。它不但可以代替继电器控制系统，使硬件软化，提高系统的可靠性和柔性，还具有模拟量运算和联网等许多功能。PLC与计算机系统也不尽相同，它省去了一些函数运算功能，大大增强了逻辑运算和控制功能。总之，PLC与其他控制装置相比有如下几个突出特点。

① 应用灵活、扩展性好　PLC的用户程序可简单而方便地编制和修改，以适应各种工艺流程变更的要求。PLC的安装和现场接线简便，可按积木方式扩充控制系统规模和增删其功能，以满足各种应用场合的要求。

② 标准化的硬件和软件设计、通用性强　PLC的开发及成功的应用，是由于具有标准的积木式硬件结构以及模块化的软件设计，使其具有通用性强、控制系统变更设计简单、使用维修简便、与现场装置接口容易、用户程序的编制和调试简便及控制系统所需要的设计、调试周期短等优点。

③ 完善的监视和诊断功能　各类PLC都配有醒目的内部工作状态、通信状态、I/O点状态和异常状态等显示。也可以通过局部通信网络由高分辨率彩色图形显示系统，并实时地监视网内各台PLC的运行参数和报警状态等。

PLC具有完善的诊断功能，可诊断编程的语法错误、数据通信异常、PLC内部电路运行异常、存储器奇偶出错、RAM存储器后备电池状态异常、I/O模板配置状态变化等。也可在用户程序中编入现场被控制装置的状态监测程序，以诊断和告示一些重要控制点的故障。

④ 控制功能强　PLC既可完成顺序控制，又可进行闭环回路控制，还可实现数据处理和简单的生产事务管理。

⑤ 可适应恶劣的工业应用环境　PLC的现场连线选用双绞屏蔽线、同轴电缆或光导纤维等，因而PLC的耐热、防潮、抗干扰和抗振动等性能较好。通常PLC可在0～60℃下正常运行，不需强迫风冷，可承受峰值1000V、脉宽1μs的矩形脉冲串的线路尖峰干扰。

⑥ 运行速度较慢　PLC的速度与单片机等计算机相比相对较慢，单片机两次执行程序的时间间隔为毫秒级，甚至微秒级，而一般的PLC两次执行程序的时间间隔是10ms级。PLC的一般输入点当输入信号频率超过十几赫后就很难正常工作，为此，有的PLC设有高速输入点，可输入频率数千赫的开关信号。

⑦ 体积小，质量轻、性能/价格比高、省电　PLC是专为工业控制而设计的微机，其结构紧凑、坚固、体积小巧。以日本三菱公司的F-40型为例，它具有24点输入、16点输出、16个定时器、16个计数器和192个辅助继电器。其尺寸为225mm×80mm×100mm，质量

为1.5kg，传统的继电器逻辑柜无法与之相比的。同样，其性能/价格比、耗电量也是无法比的。

由于PLC具有以上一些特点，它不但在顺序控制中获得了广泛的应用，而且在过程控制、机器人控制和数字采集等领域也得到了越来越广泛的应用。

6.4.6　PLC在啤酒灌装压盖机上的应用

全自动啤酒灌装压盖机是将输送带上送来的洗净的空瓶，在预加压到啤酒饱和溶气压力的情况下，灌装上定量的含二氧化碳的啤酒，灌酒后压好瓶盖，再由输送带送出的自动设备。它的运转情况直接影响到啤酒的产量和质量。因而，它的自动控制系统的设计显得尤为重要。

可编程控制器是以微处理器为核心的专用计算机，利用它面向用户的编程语言不仅能实现逻辑控制，还能实现各种顺序和定时控制以及复杂的闭环控制；利用它内部大量的辅助继电器可以实现无触点控制。因为它控制可靠性高，稳定性好，抗干扰能力强，在恶劣环境下能长时间不断运行，编程容易，且维护工作量小，还配有通信接口和各种模块的特点，可以把它作为工作下位机放在自动生产线的工作现场，完成各种控制任务，广泛应用于对啤酒饮料设备的控制。

全自动啤酒灌装压盖机的自动控制系统主要由变频速调，液位、压力等过程量的自动调节，灌装阀的开启、破瓶检测、冲洗、自动送盖等部分组成。在此，着重讨论啤酒灌装过程中的阀开启，破瓶检测、冲洗及自动送盖部分的具体实现。

（1）全自动灌装机的生产工艺流程

假定灌装过程中采用变频器能正常实现：机器的平稳运转，随时根据用户设定的产量来调整机器的运转速度，遇到故障或条件不足时能自动减速甚至停机，灌装压力及液位由气动系统调节正常。灌装过程可以简述如下（如图6-29所示）。

图中，S_5与S_4之间隔4个瓶子，Y_4与Y_6之间相隔5个瓶子，S_6与Y_5之间相隔9个瓶子，Y_5与S_7之间相隔18个瓶子。

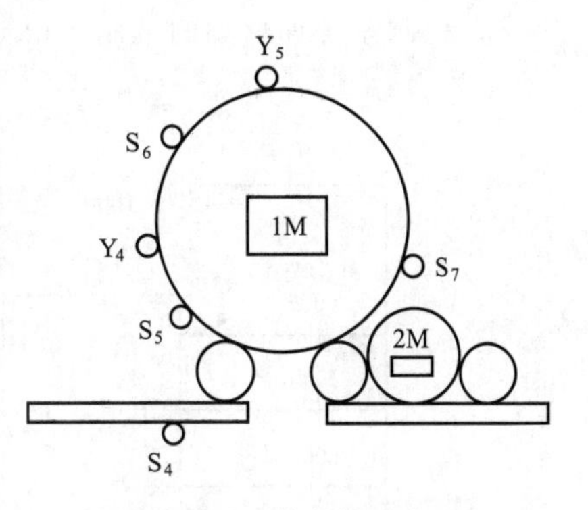

图6-29　总体结构示意图

① 当机器的前端有一定装好的啤酒瓶量，机器的后端有洗净待装的空瓶行走的余量时，瓶子经过S_6，在进瓶星轮的引导下进入机器。

② 在S_5处的接近开关IS_5处检测到有瓶进入，间隔一定的工位使Y_4处灌装阀打开，用充二氧化碳的方法排除瓶内的氧气，同时建立等压平衡，在等压情况下液阀打开，开始灌入液体。液体灌装定量到位后，根据等压灌装原理，自动关闭灌装阀，同时排气阀打开清除。

③ 在灌装区内，S_6处有破瓶检测接近开关IS_6，当检测到破瓶时，经过一定的工位，破瓶冲洗管打开。

④ 当啤酒瓶离开灌装阀后，在S_7处有一个有瓶检测接近开关IS_7，当检测开关IS_7检测到有瓶时，压盖机料斗电动机开始转动，搅动盖子由滑道滑下，瓶子压盖后，由输送带送出，整个过程连续不断，由机器自动完成。

（2）控制系统的硬件配置和软件实现

根据生产工艺流程、系统控制要求和逻辑关系以及输入输出信号的工作方式，现选用日本OMRON公司的C60P可编程控制器。C60P的基本模块具有32点输入、28点输出，其内部资源丰富，完全能满足控制要求，且价格比较低。在程序设计上使用了三个移位寄存器。所谓“移位寄存器”就是在PLC内部的随机存储器（RAM）中开辟一块空间作为CPU可直接读写的寄存器。此寄存器可按“位（bit）读写”，利用这一特点开辟了一个与灌装头数相同位数的寄存器，其中每一位代表灌装机的一个阀。这样，同步阀的状态就可以记录在寄存器中，即每个阀的状态在寄存器内部产生一个映像，通过这些映像就可以读取寄存器的内容并处理阀的动作了。另外，使用寄存器编制的程序执行不受可编程控制器内部监控程序扫描时间的限制，程序运行可靠。

① I/O点的定义　确定了控制对象的I/O点并选定了PC型号，需要根据控制对象的实际情况，并从PC的基本特殊要求考虑对PC的I/O点进行分配，其分配情况如表6-3所示。

表6-3　PC的I/O点分配表

输入点编号	定　义	输出点编号	定　义
0002	主电动机启动按钮	0504	灌装阀开启电磁阀
0003	主电动机停止按钮	0505	破瓶冲洗电磁阀
0004	同步脉冲接近开关IS_4	0507	搅拌电动机
0005	在瓶检测接近开关IS_5	50508	破瓶报警指示灯
0006	嵌瓶检测接近开关IS_6		
0007	有瓶检测接近开关IS_7		

从表中可以看出，此控制系统共有6点开关量输入和4点开关量输出。

② 控制系统梯形图的编制　根据控制要求编制梯形图如图6-30所示。

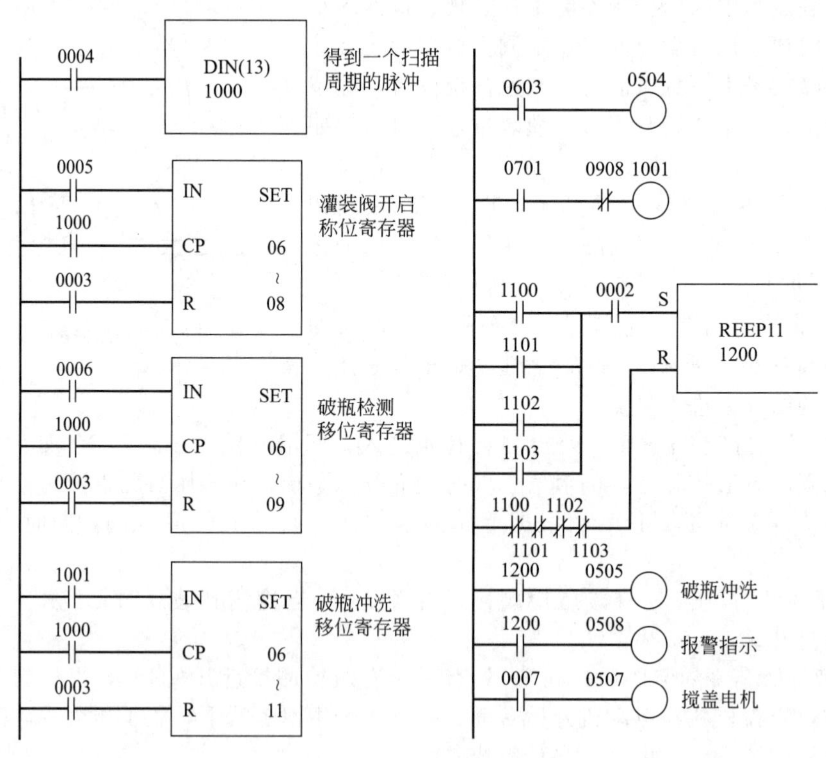

图6-30　梯形图

③ 控制过程　当主传动旋转时，无论转速有多高，也不管有瓶无瓶进入灌装压盖机，同步脉冲接近开关IS_4就按照每进一个瓶子所需的时间定期发出同步脉冲，这一同步脉冲经

前沿微分后产生一个扫描周期的脉冲1000，作为移位寄存器的脉冲输入，将有瓶接近开关IS_5（0005）、破瓶接近开关IS_6（0006），以及破瓶冲洗输入位的状态送入相应的移位寄存器中。0005的状态经1次移位，也就是经过4个瓶子的距离控制灌装阀开启电磁阀0504的动作；破瓶检测0006状态（破瓶或无瓶都是“0”）经过9次移位，也就是经过9个瓶子的距离，在确定是破瓶而非无瓶的情况下，内部辅助继电器1001的状态为“1”（1001的状态作为破瓶冲洗移位寄存器的输入），取破瓶冲洗移位寄存器的状态，通过一个保持继电器1200来保持其状态，并控制破瓶冲洗阀的动作。当破瓶冲洗移位寄存器的前4位都是“0”时，保持继电器1200复位，冲洗阀关闭；有瓶检测开关IS_7（0007）检测到有瓶信号，则使压盖部分的料斗电动机2M开始转动，盖子由滑道滑下，进行压盖。

④ 控制特点

a. 该控制系统具有一定的复杂性、先进性，它采用了移位寄存器和同步脉冲的输入方法，有效地解决了啤酒瓶在灌装过程中在某一工位的准确动作问题，实现了无瓶不开阀，破瓶检测、冲洗等功能。

b. 它较机械凸轮碰块控制或定时器、继电器控制灵活性高，更适应于实际灌装生产线的灌装速度的可调性，增加了灌装生产线的柔性。

c. 为了满足在极短的时间内完成多工位操作，在控制中可以采用接近开关接入PLC中断板的方法实现精确定位。

该控制系统投入运行后操作简单，稳定可靠，维护方便，生产效率得到大幅度提高。对于灌装头数不同的灌装机，只需稍加修改程序，便可实现相应功能。使用PLC控制啤酒灌装压盖机，对啤酒包装生产线的全线自动化、劳动生产率的提高、啤酒质量和产量的提高具有深远的意义。

6.5　单片机在包装机械中的应用

（1）单片机的基本概念和分类

在计算机技术蓬勃发展的过程中，微型计算机的出现具有划时代的意义，它为计算机的发展和普及开辟了一条崭新的途径。当今微型计算机技术的发展大体上形成了两大分支。一个分支是以微处理器（MPU）为核心的通用微机系统，由CPU、存储器（RAM和ROM）、输入/输出接口（I/O口）和输入输出设备（I/O设备）等多个部分构成，CPU只是其中的一个芯片，由此组成的微机可以完成科学计算、数据处理、图形图像处理、语音处理、数据库管理、人工智能与控制、数字模拟与数字仿真等功能。为了满足工控对象的嵌入式应用要求，通用计算机必须进行机械加固、电气加固后嵌入到对象体系中构成诸如自动驾驶仪和轮机监控系统等，由于通用计算机体积相对较大且成本较高，无法嵌入到大多数对象体系（如家用电器、汽车、机器人、仪器仪表等）中去。20世纪80年代单芯片微机的产生，就是将CPU、RAM、ROM、中断系统、定时器/计算器以及I/O口等主要微型机部件集成在一块芯片上，构成单片微型计算机SCMC（single chip micro computer），简称单片机，它是当今微型计算机技术发展的另一个分支。虽然单片机只有一个芯片，但无论从组成还是从功能上看，它已具备了计算机系统的属性，是一个简单的微型计算机。单片微型计算机具有体积小、功耗低、功能强、性能价格比高、易于推广等显著优点，主要应用于控制领域，用于实现各种控制功能，在自动化装置、智能化仪器仪表、过程控制和家用电器等领域得到越来越多的应用，所以国际上通常称其为微控制器MCU（micro control unit），又称为嵌入式微控制器EMCU（embedded micro control unit）。事实上，单片机在发展过程中也不断完善和增加其控制方面的功能，如硬件上增加 A/D、PWM 部件及高速 I/O 口，软件上增加乘法、除法及位处理指令等。但在我国仍习惯于单片机这一名词，所以一直称其为“单片机”。就单片机本身而言，可分为通用型和专用型。通用型单片机，其内部资源比较丰富，性能全面，适应性强，能满足各种不同的应用要求。但是，用户在实际使用时要做进一步的全面设计，才能组成一个以通用单片机为核心的应用控制系统，如 MCS-51 系列、PIC 系列单片机。专用型单片机是针对一种产品或一种控制应用专门设计的，设计时已经对系统结构最简化、软硬件资源利用最优化、可靠性和成本最佳化等方面做了全面的考虑，在使用时不需要做进一步的设计，所以专用型单片机具有十分明显的优势。

(2) MCS-51 单片机

在通用型单片机中，MCS-51 单片机是目前 8 位单片机的主流机型，数量约占 8 位单片机的 38.3%，在实时控制、智能化仪器仪表等领域应用最广。自 20 世纪 80 年代中期 MCS-51 单片机出现以来，单片机迅速得到了广泛的应用。目前，8 位单片机的开发和应用均以 MCS-51 单片机为主，已成为我国 8 位单片机的主导机。随着功能不断完善的开发工具的出现，该系列单片机得到了进一步的应用，已在各个技术领域的科研和技术改造、产品开发中起着越来越大的作用。

MCS-51 单片机分为 3 种基本产品：8051，8751 和 8031，它们都有一个 8 位的面向控制的 CPU、128 字节 RAM、21 个特殊功能寄存器、4 个 8 位并行 I/O 口、1 个全双异步串行端口、两个 16 位定时器/计数器、2 个优先级别的中断源 5 个。它们的区别是：8051 单片机片内含有掩膜 ROM 型程序存储器，因为这种只读存储器中的程序是由生产厂家在出厂前固化于片内的，所以只有在批量较大、程序不需要修改时才会用到；8751 单片机片内含有 EPROM 型程序存储器，用户在调试好程序后，将其固化在 EPROM 中，在需要修改时，用紫外线光照射擦除，然后再写入新的用户程序，但该芯片价格较高，且程序擦除也不是很方便；8031 单片机片内没有程序存储器，需要外部扩展程序存储器，才能构成一个有完整功能的微型机。

Intel 公司后来在 8051、8751 和 8031 的基础上，增加了 MCS-51 单片机的增强型产品：8052、8752 和 8032。这些产品与 8051、8751 和 8031 相比分别增加了一个定时器/计数器、一个中断源、128 字节的片内 RAM 以及 4kB 的程序存储器（仅对 8052 和 8752）。另外，采用 CMOS 工艺制造的 80C51、87C51 和 80C31，除具有运行时的低功耗外，还具有既节电又能保存片内信息的空闲和掉电两种工作方式。常用的 MCS-51 单片机中的机型的特点参见表 6-4。其中型号中带“C”字符的芯片为 CMOS 工艺制造，功耗较低，如 80C51 的功耗只有 120mW，而 8051 的功耗却为 530mW。

表 6-4 MCS-51 单片机性能表

芯片型号	片内 ROM	片内 EPROM	片内 RAM	寻址范围	定时器/计数器	串行口	并行口/个	中断源/个
8051	4kB		128B	64kB	16 位 2 个	8 位 4 个	1	5
80C51	4kB		128B	64kB	16 位 2 个	8 位 4 个	1	5
8052	8kB		256B	64kB	16 位 3 个	8 位 4 个	1	6
8751		4kB	128B	64kB	6 位 2 个	8 位 4 个	1	5
87C51		4kB	128B	64kB		8 位 4 个	1	5
8752		8kB	256B	64kB	16 位 3 个	8 位 4 个	1	6
8031			128B	64kB	16 位 2 个	8 位 4 个	1	5
80C31			128B	64kB	16 位 2 个	8 位 4 个	1	5
8032			256B	64kB	16 位 3 个	8 位 4 个	1	6

（3）其他系列8位单片机

① AT89单片机　AT89单片机是ATMEL公司生产的8位FLASH单片机，其内含8031CPU内核，与MCS-51单片机兼容，只要熟悉MCS-51单片机的结构和使用方法，就不难掌握AT89单片机。

a. AT89单片机的特点　内部含有4kB或8kB可重复编程的FLASH存储器。这一特点使得该系列单片机的开发过程比较简单，可以十分方便地修改程序，大大缩短了系统的开发周期。

与MCS-51单片机兼容。无论是指令还是芯片引脚都与MCS-51单片机兼容，所以，在使用MCS-51单片机的系统中，可直接用具有相同引脚的AT89单片机代替MCS-51单片机芯片。

具有节电工作方式。AT89单片机具有掉电和空闲两种节电工作方式，在系统只需要保护内存数据时可使单片机工作在节电工作方式，大大降低了系统的功耗。

有丰富的型号可供选择。厂家根据系统功能的多少开发出三种型号的AT89单片机供用户选择，使系统具有较高的性价比。

b. AT89单片机的种类　AT89单片机有低档型、标准型和高档型三种产品。低档型有AT89C1051和AT89C2051两种产品，它们的CPU与其他型号相同，但I/O较少（15条）；标准型号有AT89C51、AT89C52、AT89LV51、AT89LV52四种类型的产品，比低档型的功能有所增强，有32条可编程的I/O口线，128～256B的RAM，2～3个16位定时/计数器，5～7级中断源。其中AT89LV51和AT89LV52属于低电压类型，可在2.7～6V的电压范围内工作；高档型有AT89S52一种产品，它比标准型又增加了一部分功能，如看门狗功能、8kB的FLASH存储器具有在线下载功能等。表6-5列出了AT89单片机各种型号的性能。

表6-5　AT89单片机性能比较

型号	AT89C51/AT89LV51	AT89C52/AT89LV52	AT89C1051	AT89C2051	AT89S52
FLASH	4kB	8kB	1kB	2kB	8kB
片内RAM	128B	256B	64B	128B	256B
I/O口	32个	32个	15个	15个	32个
定时器/计数器	2个	3个	1个	2个	3个
中断源	5个	6个	2个	5个	6个
串行口	1个	1个	1个	1个	1个
E^2PROM					2kB

② PIC系列单片机　在MCS-51和AT89单片机出现后又相继出现了PIC系列和MSP430系列等一批具有更强功能的单片机。PIC系列单片机是由美国Microchip公司推出的，具有高速度、低工作电压、低功耗、低成本、小体积及大输入/输出驱动能力的优势，能够满足各种不同系统的设计需要。PIC系列单片机的指令较少，只有MCS-51单片机的三分之一，但指令的使用灵活性较大。片内程序存储器根据单片机型号的不同最多分4页，每页512个字（字长为12位）；数据存储器由包括I/O端口在内的80个可寻址的8位寄存器组成，分为通用寄存器和专用寄存器两大类。

PIC单片机同样为8位微控制器系列，按照其性能的高低分为低档型（PIC16C5×/12C5××）、中档型（PIC16C××）和高档型（PIC17C××）三种产品。不同型号的产品有各自不同的优势，如低档型中的PIC12C5x××为8引脚封装，体积极小且价格极低，避免了由于体积因素而不能使用微控制器的弊端；中档型的品种最丰富，它的突出特点是在保持低价位的前提下具有很高的性能，与低档型相比扩展了存储容量和 I/O 口，中断处理功能和外围接口功能都相对增强；高档型的运行速度最快，片内集成了功能丰富而强大的外围部件，其 I/O 口的控制功能可以满足大多数控制系统的需要，并可外扩展 EPROM 和 RAM 芯片。

③ MSP430 系列单片机　MSP430 系列单片机是由 TI 公司生产的具有超低功耗的微控制器系列。它的 CPU 为 16 位，采用“冯-纽曼结构”，其 RAM、ROM 及全部外设模块都位于同一个地址空间内，最多达 1MB 的寻址空间。在小存储模式时，总的寻址空间为 64kB，采用线性寻址空间，寻址时不必考虑代码段和数据页；在大存储模式时，代码访问的地址空间为 16 个 64kB 段，数据访问的地址空间为 16 个 64kB 页。程序存储器有 ROM 型、OTP 型、EPROM 型和 FLASH 型，数据存储器有 RAM 型和 E^2PROM 型。

MSP430 系列单片机有几个子系列，如 MSP430×31×、MSP430×32×、MSP430×33 和 MSP 430F1×等，其中前三个子系列的程序存储器为 ROM 型、EPROM 型或 OTP 型，而 MSP 430F1×子系列为 FLASH 型。MSP430 系列单片机功耗极低，特别适用于仪器仪表中。

(4) 单片机控制的定量包装系统

随着生产和流通的日益社会化和现代化，实现产品包装的机械化和自动化不仅体现了现代生产的发展方向，同时也可以获得巨大的经济效益。随着计算机技术的飞速发展，将微机应用于包装主系统改进传统的包装机械，有利于改善包装机械的性能，提高包装设备的计量精度、速度和自动化水平；以 80C51 单片机为控制器的定量称量包装系统实现了自动称重定量给料以及传送、封口等工作过程的自动控制，具有零位自动跟踪和过冲量自动修正等功能，适用于各种粉状或小颗粒状等物品的定量称重包装和配料系统。

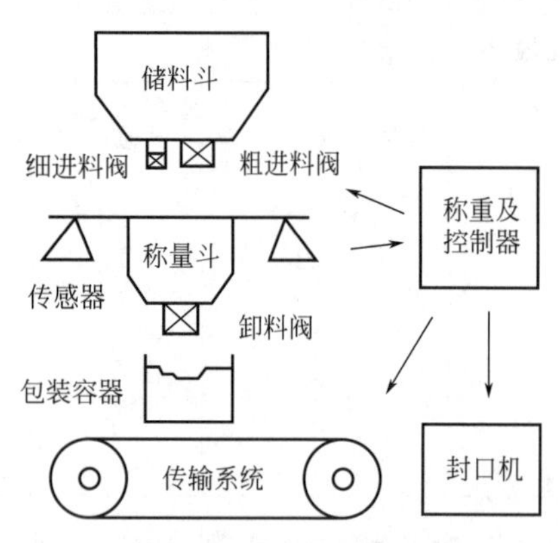

图 6-31　系统基本构成示意图

① 系统构成及原理　本系统主要由电子称重计量、控制、传输和封口部件等组成。传输部件是通过一个由电动机控制的链板传动系统实现对包装件的传送；封口机构按产品和包装的不同自动执行缝包、垫封或加盖卷边等功能；计量部件由称重传感器及相应的测量和显示仪表构成，完成对 物料的称重分包与质量显示；单片机及其相应的控制执行电路承担了定量称重包装系统各个工序的自动控制。系统基本构成如图6-31所示。

本系统以传感器输出信号为依据实现物料的自动定量包装，其基本工作过程分称量、卸料、传输和封口四个阶段。

称量开始时，控制器控制储料斗的粗进料阀和细进料阀同时打开，物料进入称量斗。当称量斗中物料质量达到粗加料阈值时，粗进料阀关闭，物料仅从细进料阀流出，进入细加料阶段。当称量斗物料量接近目标值达到细加料阈值时，细进料阀关闭，称量过程完成。接着套上包装容器并触动夹具工作，打开称量斗的卸料阀，物料卸入包装容器中，卸料完毕后关闭卸料阀，夹具装置自动松开，装有物料的包装容器落到传送带上，由传送机构送至封口装置，完成封口工序。图 6-32 表示了控制信号时序。

② 硬件设计　本系统硬件电路主要由称重电路、控制电路和执行机构等部分构成，其系统硬件电路框图如图 6-33 所示。

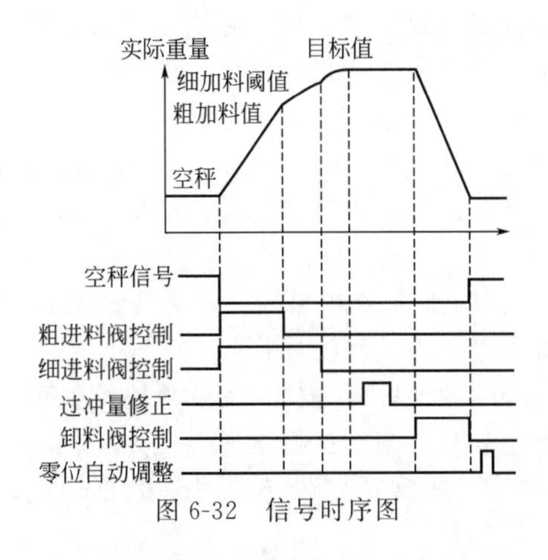

图 6-32　信号时序图

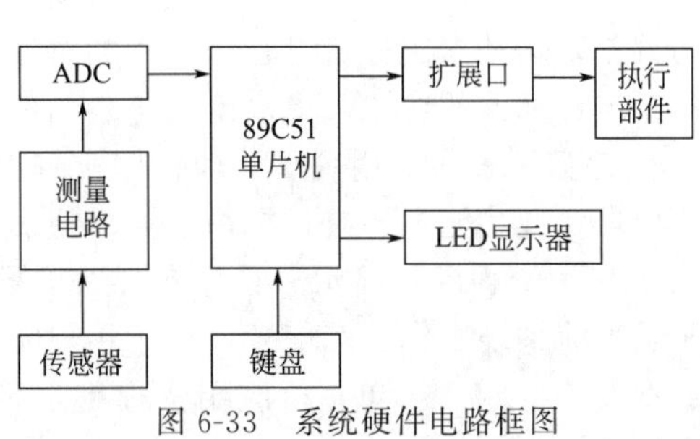

图 6-33　系统硬件电路框图

在称量斗两侧的受力支撑点处各安装一个称重传感器，用于检测量斗中每次包装物料的质量，并将其转换成电信号输出。通过测量电路对信号进行放大等处理后送至 A/D 转换器，将模拟信号转换成数字信号输出，利用单片机读取 A/D 输出的数字量，经运算处理后获得被测物料的质量值，并以数码形式显示物料质量。

本系统用的 89C51 单片机为处理器，其内部集成了 CPU、RAM、ROM、定时器/计数器、中断处理系统和 I/O 口等功能部件，设计电路简洁，系统可靠性高。

硬件中的 LED 数码显示屏除可显示物料质量外，同时能显示系统工作状态的有关信息；利用键盘实现对系统的键控操作和有关参量设置；通过扩展 I/O 口，可实现设定的输出开关量控制，确保电磁阀和电动机等执行部件的可靠、协调工作。

③ 软件设计　系统软件由多个子程序和一个主程序组成。主程序主要包括系统初始化装置、零点自动跟踪调整、粗细加料定量控制、过冲量自动修正和卸料传送封口的控制等功能模块，其流程如图 6-34 所示。

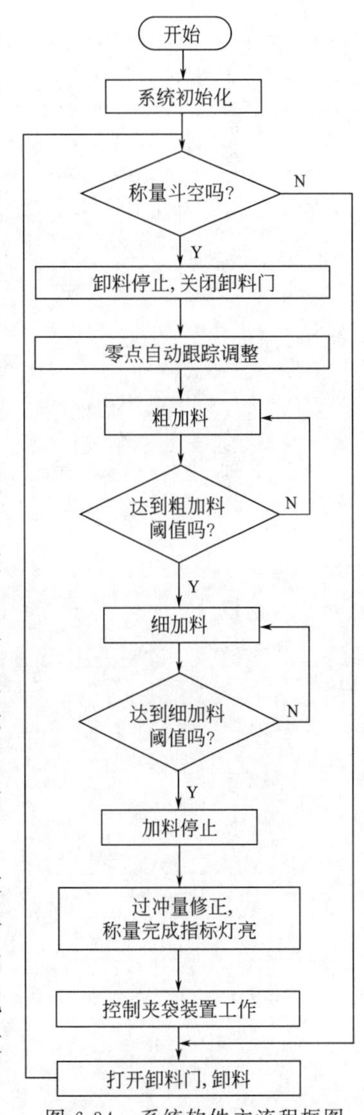

图 6-34　系统软件主流程框图

a. 零点自动跟踪调整的实现　在卸料和加料过程中会有少量的物料粘于称量斗壁，导致称量零点漂移。为修正称量误差，在每次加料之前由单片机控制自动完成一次称量过程，并以此值作为下一次加料称量过程的参考零点，这样可保证每次实际加料量的值不会因称量零点的漂移而受到影响。

b. 粗、细加料阈值的设定　采用粗、细两加料阀的设计目的是兼顾加料的速度和给料的准确性。当粗、细加料阀均打开时，加料速度快，阈值一般可设置为目标值的 70%～90%。在细加料过程中仅细加料阀开启，易于实现对加料量的精确控制，细加料阈值应等于目标值减去过冲量。

c. 过冲量自动修正　当细加料阀关闭系统停止加料时，

从料口到称量斗之间有一段“飞流物料”最终将落入包装容器中，使实际质量超过定量包装的目标值，同时加料过程中，由于物料冲击称量斗将产生瞬时质量标值增加的现象，可将两者对称量结果的影响量统称为过冲量。由此可见，实际加料量应等于细加料阈值与过冲量之和。本系统采用负反馈偏差控制技术自动修正过冲量，其基本方式是根据上次称量值与目标值的偏差来调整本次称量过程中采用的过冲量的值，即调整细进料阀的关门时间，以减小本次称量与目标值的偏差，提高定量包装精度。

d. 键盘子程序　用键盘处理程序实现对按键状态的查询判断和响应，并完成相应键功能的处理。键功能主要有目标值设置、粗加料阈值设置、手动键控操作等。

e. 显示子程序　显示子程序实现对称量结果的转换处理，并控制 LED 数码管显示，同时显示当前系统工作状态信息，便于用户实时直观地掌握系统的运行状况。

本设计将 89C51 单片机应用于称重定量包装系统，实现了定量包装过程的自动化，提高了生产效率和包装精度。

参考文献

[1] 高德. 包装机械设计. 北京：化学工业出版社，2005.
[2] 许林成等. 包装机械原理与设计. 上海：上海科学技术出版社，1988.
[3] 孙智慧，高德. 包装机械. 中国轻工业出版社，2010.
[4] 胡胜海. 机械系统设计. 哈尔滨：哈尔滨工程大学出版社，2009.
[5] 杨晓清. 包装机械与设备. 北京：国防工业出版社，2009.
[6] 雷伏元. 自动包装机设计原理. 天津：天津科学技术出版社，1986.

第7章　袋装包装机械

7.1　概述

袋装包装就是将粉状、颗粒状、流体或半流体等物料按一定规格要求充填到柔性材料制成的包装容器中，再根据包装物的要求进行排气（或充气）、封口，完成产品包装的工艺过程。袋装包装所用的机械属于成型（开袋）-充填-封口多功能包装机。

7.1.1　袋装包装机的分类

实际生产中，由于产品的性质、状态、要求的计量精度以及物料填入方式等因素的不同，对不同的物料会采用不同的计量填入方式，因而也就出现了多种类型的袋装包装机。

袋装包装机种类虽多，但一般都由包装材料和物料供送装置、计量装置、下料装置、制袋装置、封口装置以及切断装置等组成。按填入物料的物理状态可分为颗粒状物料包装机、粉状物料包装机、块状物料包装机、膏状物料包装机、液体物料包装机；按包装机所采用的计量原理不同，可分为容积式包装机、称重式包装机和计数式包装机3种类型。

由包装物料的物理性质不同，袋装包装机的特点如下。

① 计量装填固体类产品时，产品的流动性能、容重及外形对充填质量的好坏影响很大。因此，不同的产品应采取不同的装填方法，要求不同的计量精度；

② 非黏性产品，如谷物、咖啡、砂糖、茶叶、糖果及一些坚果类颗粒状产品，其流动性能好，倾倒在水平面上可自然形成圆锥形，能适应各种充填方法；

③ 半黏性产品，如面粉、奶粉、麦乳精等粉状产品和饼干、糕点等条、片状或规则固体产品，其流动性能较差，相互间容易堆积搭桥形成堵塞，对这类产品的充填必须采取相应的辅助措施；

④ 有些产品如挂浆类糕点、果脯蜜饯等，本身具有一定的黏性，相互间易粘连成块，也很容易黏附在机械设备上造成充填困难、计量不准等，需采取特殊措施进行装填。

7.1.2　包装袋的基本形式和特点

由于产品的种类和计量方法及填入方式繁多、形态各异（如液体、粉粒状和块状等），包装容器也是形式繁多（如袋、盒、箱、杯、盘、瓶、罐等）、用材各异，因此就形成了充填技术的复杂性和应用的广泛性。

袋形包装的特点如下。

① 适用产品领域十分广泛，既适用于各种散料产品，又适用于各种中小型块体产品，甚至适用于无一定形状的液体产品；

② 许多柔性材料几乎都可制作包装袋，主要材料有纸、塑料薄膜、铝箔、复合材料等，这些材料来源广泛、质地轻柔、价廉，又易于成型、充填、封口、印刷、开启和回收处理；

③ 包装袋无论是材料还是包装好的成品，都有很好的紧凑性，占有空间很小，运输成本低，废弃物回收处理成本也低；

④ 袋形包装的单位量小至几克，大至几十千克，对于各种商品的销售单位，质量和体积的划分和设定十分灵活。

在材料、工艺和机械各方面条件的配合发展下，目前包装袋容器有许多种形式，见图4-67所示。

图中包装袋的形状有的是在袋装包装机上直接成型，有的则可预制成型。立式袋特别适合于灌装液体产品，可替代刚性容器，加上螺旋口盖后可完全替代盒和瓶。扁平形袋主要适合于粉料、颗粒料、黏稠料产品的包装。

7.2 典型袋包装机械的结构及工作原理

为了适应日益多样化的包装袋型，出现了许多具有不同结构形式和工作原理的袋装包装机，其不同点主要体现在：

① 包装袋是在包装机上成型还是预先制成后再送到包装机上；

② 总体布局是立式还是卧式，直移式还是回转式；

③ 连续式作业还是间歇式作业；

④ 包装机上制袋采用折弯式、折叠式，还是对合式、截取式，不同成型方式对原材料规格要求也不同。

由于包装袋形式的多样性，决定了完成袋装充填的包装机械的机型和结构形式繁多，其机器的主要构成部分有：包装物料的供送装置、制袋成型器、产品定量和充填装置、封袋（纵封、横封）与切断装置、成品输送装置等。现就一些典型的结构及工作原理加以说明。

7.2.1 袋成型-充填-封口机

这类袋装机械按工艺路线走向可分为立式与卧式；按制袋、充填、封口等工序间的布局情况可分为直移型与回转型；卧式直移型通常只有间歇运动的机型。

（1）立式袋成型-充填-封口机

立式袋成型-充填-封口机是包装机械中应用最广泛，批量最大的机型之一。其特点是被包装物品的供料筒设置在制袋器内侧，制袋与充填物料由上到下沿竖直方向进行。按其所形成的包装袋的结构形式不同，包装机可分为以下几种类型。

① 枕形袋成型-充填-封口机　图7-1所示是立式、连续运动的枕形袋象鼻形成型器成型-充填-封口机，可完成纵缝对接封合，充填封口及切断工作。卷筒薄膜1在多道导辊、张紧装置的作用下，由光电检测装置对包装材料上的商标图案位置进行检测后，被引入象鼻形成型器2，将薄膜卷折成圆筒状，被连续回转的纵封器4加热加压热封定型，同时纵封器4连续回转牵引薄膜料袋自上而下连续移动。计量好的物料由加料斗3充填入已封底的料袋中，横封器5不等速回转，分别将上、下两袋的袋口和袋底封合，纵封器的回转轴线与横封器回转轴线成空间垂直，因而获得枕式袋，封好口的连续袋由下面回转切刀7与固定切刀6接触时切断分开，得到成品。

图7-2所示是立式、间歇运动的翻领形成型器成型-充填-封口机，可完成制袋、纵封（搭接或对接）、充填、封口及切断等工作。卷筒薄膜经多道导辊引入翻领形成型器2，纵封器3封合定形搭接或对接成圆筒状，计量后的物料通过加料管1导入袋内，横封器4在封底同时将袋间歇地向下牵引，并在两袋间切断使之分开。

② 四边封口袋成型充填-封口机　图7-3为四边封口袋成型-充填-封口机示意图，两个卷筒薄膜经导辊进入加料管1的两侧，纵封器2将其对接成圆筒状后充填物料，随后横封器3将其横向封口，切刀4将料袋切断成单个四边封口袋产品。

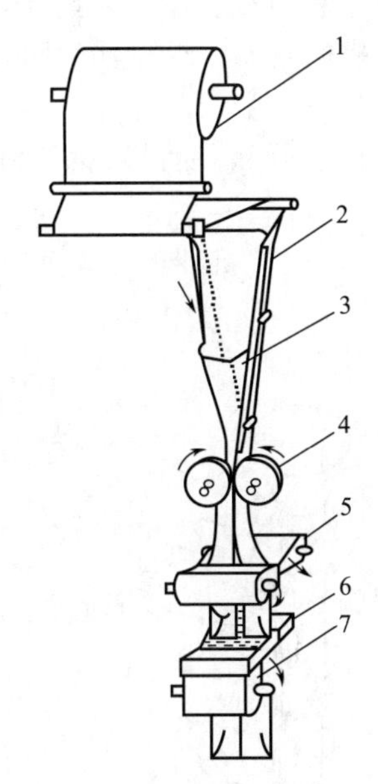

图 7-1　象鼻形成型器成型-充填-封口机示意

1—卷筒薄膜；2—象鼻形成型器；3—加料斗；
4—纵封器；5—横封器；6—固定切刀；7—回转切刀

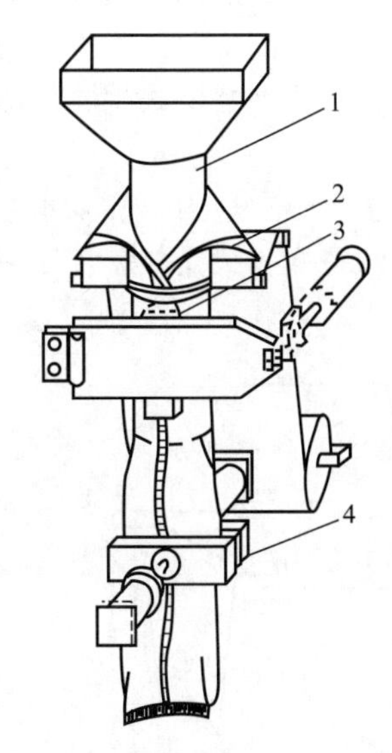

图 7-2　翻领形成型器成型-充填-封口机示意

1—加料管；2—翻领形成型器；
3—纵封器；4—横封器

四边封口多功能包装机多用于小分量的粉粒料的包装，有单列和多列机型，随着列数的增加，生产率可成倍增长。图 7-4 为四边封口多列成型-充填-封口机示意图。薄膜经导辊—缺口导板—导辊进入加料管 1 的两侧，纵封器 4 将其纵封成四个圆筒状后充填物料，随后横封器 5 将其横向封口，在牵引辊 6 的作用下料袋向下移动，切刀 7 将料袋切断成独立的单个四边封口袋产品。

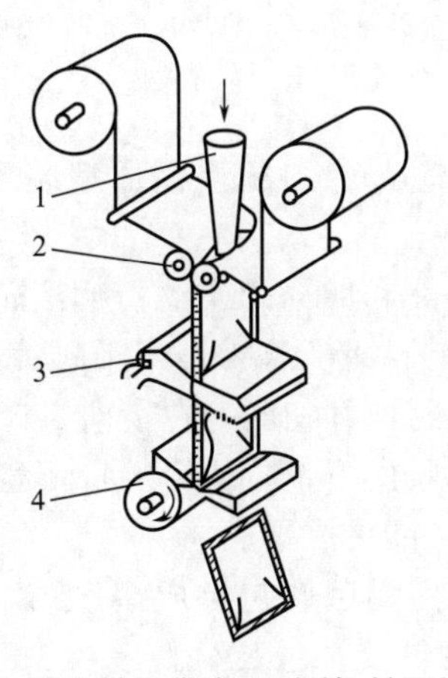

图 7-3　四边封口袋成型-充填-封口机示意

1—加料管；2—纵封器；
3—横封器；4—切刀

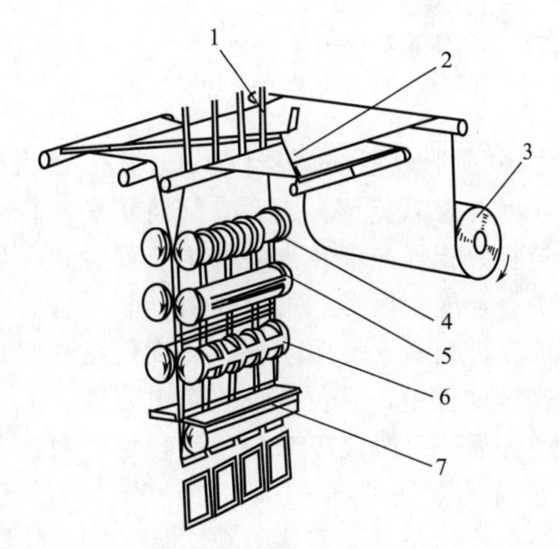

图 7-4　四边封口多列成型-充填-封口机示意

1—加料管；2—缺口导板；3—薄膜；
4—纵封器；5—横封器；6—牵引辊；7—切刀

③ 三边封口袋成型-充填-封口机　图 7-5 所示为三边封口袋成型-充填-封口机。卷筒薄膜经多道导辊被引入象鼻形成型器 1，在成型器下端薄膜逐渐卷曲成圆筒，接着被纵封器 3

进行加热加压封合，同时纵封滚轮还进行薄膜的拉送。被包装物料经计量装置定量后由加料斗 2 与成型器内壁组成的充填筒导入袋内。横封器 4 将其横向封口，纵封器的回转轴线与横封器回转轴线成空间平行，封好的袋由切刀 5 将料袋从横封边居中切断分开，得到三边封口袋。由于象鼻形成型器制袋时对薄膜的牵引力比翻领形成型器小，所以对薄膜强度的要求不高。

立式连续运动三边封口多功能包装机的成型器也有 U 形的，机器的基本工作原理与象鼻形成型器的一样，只是成型器不一样而已。

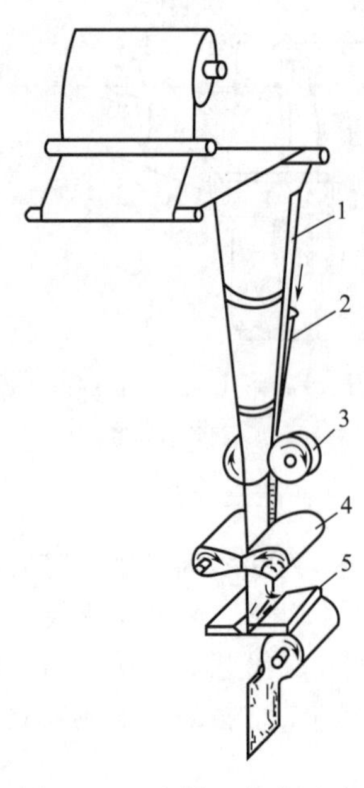

图 7-5 三边封口袋成型-充填-封口机示意

1—象鼻形成型器；2—加料斗；3—纵封器；4—横封器；5—切刀

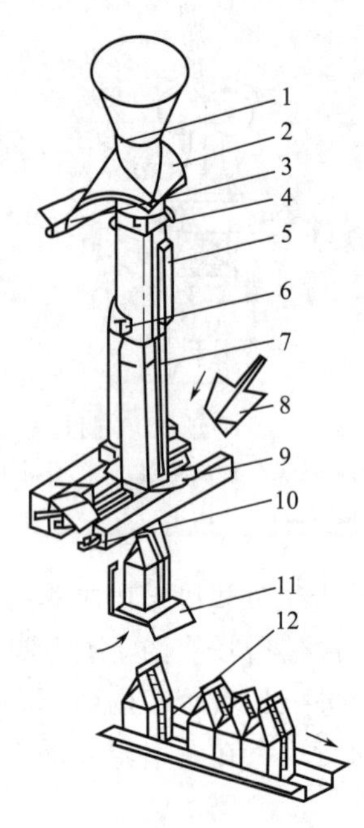

图 7-6 屋顶形成型-充填-封口机示意

1—圆形料管；2—翻领形成型器；3—导辊；4—折痕滚轮；5—纵封器；6—牵引装置；7—方形料管；8—折角板；9—横封器；10—切刀；11—烫底器；12—输出槽

④ 屋顶形成型-充填-封口机　图 7-6 为屋顶形成型-充填-封口机，该成型装置较复杂，包括成型圆管筒装置、成型方管筒装置、袋底折合装置等。

包装薄膜经导辊和光电检测装置后到达翻领形成型器 2 和四个均布的折痕滚轮 4、圆形料管 1 卷合成圆筒形；再由纵封器 5 封合后成搭接圆筒状，料管下端部分由圆形截面变成方形截面。折角板 8 使两端收口，横封器 9 横封上、下两道封口并切断，在横向封口装置完成上述操作过程中，受包装袋筒牵引装置 6 的作用，夹持薄膜向下牵拉一个袋长距离，而后松弛，空程返回。分离下来的包装袋由烫底器 11 将自立袋底部烫成平底。

⑤ 无菌袋成型-充填-封口机　图 7-7 所示为 WRB40 型无菌软包装成型-充填-封口机示意图。主要用来对无固体颗粒、低黏度液体物料进行无菌包装。包装材料膜卷 19 展开后经打码装置 16 打码，之后再进入过氧化氢浴池 13 进行 18～45s 的浸泡消毒，离开浴池后大部分的消毒液被刮板 11 刮掉，由无菌热空气进行表面烘干，使消毒液残留量控制在 0.1×10^{-6}以下。消毒后薄膜继续前进，经导膜辊导入成型器 4，将平张包装材料卷折成圆筒状。同时，待包装物料由供料装置供送到下料口 3 进入薄膜卷包空间，纵封器 14 垂直压合在薄膜接缝处对薄膜进行封合，形成筒管型，纵封器回退复位；在牵引辊 15 的作用下。薄膜继

续向下输送，横封器 17 闭合，对薄膜进行横封并切断。各执行机构均安装在密封的机体室内，室内充满无菌热空气，并保持少量正压，以防止外界大气的浸入，确保在无菌状态下进行包装作业。空气通过中效过滤器 7，由吸风机 8 吸入，然后进入电加热室 9 被加热到 45℃左右，再经过高效过滤器 10 进入密封室，排风机 18 将室内的气体排出，以保证室内洁净气体的更新；机器消毒时进料口用作蒸汽入口。生产时作为物料入口，CIP 清洗时为洗涤液入口。对机器消毒的蒸汽和洗涤液由回流管返回。

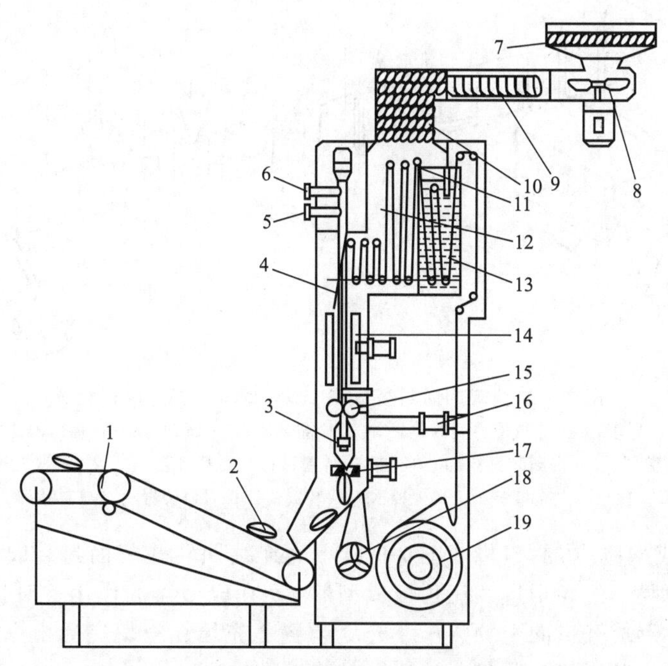

图 7-7　WRB40 型无菌软包装成型-充填-封口机示意

1—产品输送机；2—成品；3—下料口；4—成型器；5—进料口；6—回流口；7—中效过滤器；8—吸风机；9—电加热室；10—高效过滤器；11—刮板；12—烘干室；13—过氧化氢浴池；14—纵封器；15—牵引辊；16—打码装置；17—横封器；18—排风机；19—膜卷

(2) 卧式袋成型-充填-封口机

卧式袋成型-充填-封口机是物料充填与包装袋成型沿水平方向进行，可以包装块状、梗枝状、颗粒状等固体物料，如点心、方便面、面包、香肠、糖果等。其组成与立式袋成型-充填-封口机相比，由于包装材料在成型制袋过程中充填管不伸入袋管筒中，袋口的运动方向与充填物流方向呈垂直状态，包装袋之间是侧边相互连接，这些因素决定卧式包装工艺过程、执行机构的结构均比立式包装机要复杂得多，需增加一些专门的工作装置，如袋开口装置等。

袋开口装置有多种形式，有采用隔板的，还有采用吸盘的。采用吸盘的在开袋工位将袋口吸开，并往袋内喷吹压缩空气，使袋口张开，由钳手使包装的袋口保持张开，以使充填物顺利充填。

卧式袋成型-充填-封口机按其成型袋的结构形式可分为：四面封袋、三面封袋和筒状薄膜成型-充填-封口机。按机器结构特征可分为直线式和回转式两大类。

① 四面封袋成型-充填-封口机　四面封袋成型-充填-封口机有多种形式，图 7-8 所示为直线式四面封袋成型-充填-封口机工艺过程示意图，薄膜 1 经导辊 2 进入三角形成型器 3，在成型器和拢料杆 5 的作用下对折，在牵引装置 8 和光电检测装置 4 的作用下，经横封器

6、纵封器 7、切断装置 9 依次完成横封、纵封、切断，成为独立的未封口的包装袋。然后经过袋开口装置 11、充填装置 12、13、14、15 完成多次充填，封口装置 16 进行最后封口。然后包装袋排出。此机器运动为间歇式牵引运动。

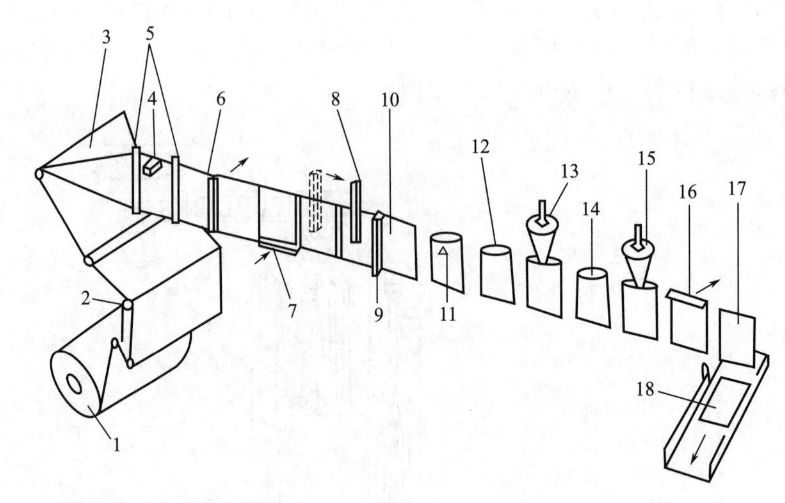

图 7-8 直线式四面封袋成型-充填-封口机工艺过程示意

1—薄膜；2—导辊；3—三角形成型器；4—光电检测装置；5—拢料杆；6—横封器；7—纵封器；8—牵引装置；9—切断装置；10—单袋移送装置；11—袋开口装置；12——次充填装置；13—二次充填装置；14—三次充填装置；15—四次充填装置；16—封口装置；17—制品排出装置；18—成品

② 三面封袋成型-充填-封口机 图 7-9 所示为连续回转式三面封袋成型-充填-封口机工艺过程示意图，薄膜 5 经导辊进入三角板成型器 4，在成型器的作用下对折，在连续回转横封器 3 的作用下，形成开口向上的袋子。充填装置 2 充填、充填完后由纵封器 1 进行封口，切断装置 6 切断成为独立的包装袋，然后通过输送带排出。

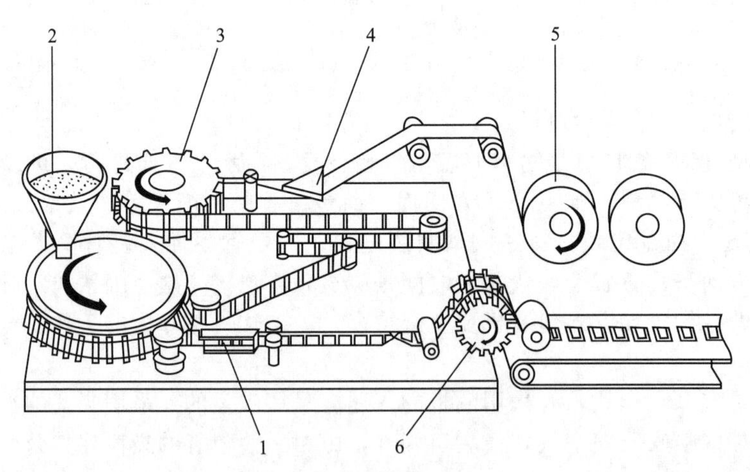

图 7-9 连续回转式三面封袋成型-充填-封口机工艺过程示意

1—纵封器；2—充填装置；3—横封器；4—三角板成型器；5—薄膜；6—切断装置

三面封袋卧式多功能包装机与四面封袋成型卧式多功能工作原理基本相同，只是少一次纵封，只需横封两边和包装袋下底边。

图 7-10 所示为连续直线式三面封袋成型-充填-封口机工艺过程示意图，块状包装物 1 经

供料带 8 等间隔连续供送。薄膜 2 经成型器 4 覆盖在包装物上，并经纵封器 6 封成一个通袋，把包装物包在其内，横封切断器 9 进行端封、切断。然后通过输送带排出。

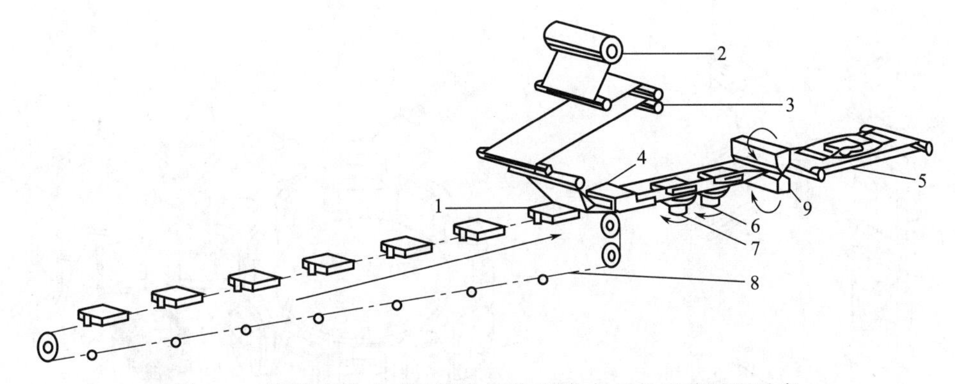

图 7-10　连续直线式三面封袋成型-充填-封口机工艺过程示意

1—包装物；2—薄膜；3—导辊；4—成型器；5—排出带；6—纵封器；7—牵引装量；8—供料带；9—横封切断器

③ 筒状薄膜成型-充填-封口机　图 7-11 为先封底后开口的成型-充填-封口机示意图，采用筒状卷料薄膜作包装材料，先用横封器 3 定长横封，然后用切断装置 10 定长切断，把包装袋移至回转工作盘上，在工作盘上依次完成开袋、充填和封口等工序。产品为两面封口扁平袋。

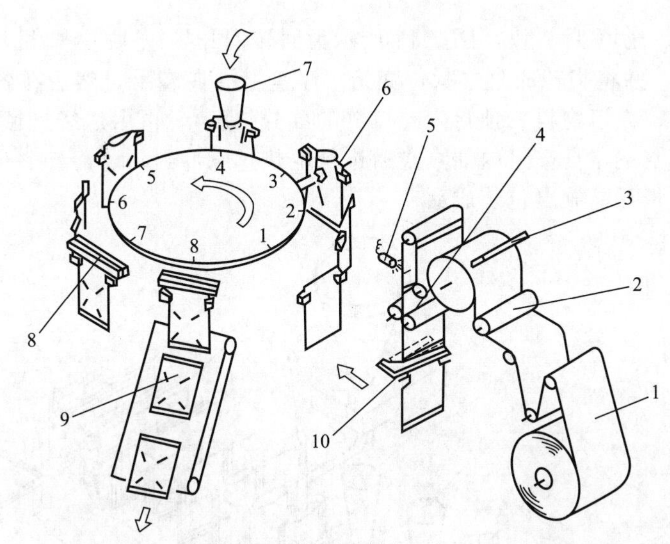

图 7-11　筒状薄膜成型-充填-封口机工艺过程示意图

1—薄膜；2—导辊；3—横封器；4—牵引辊；5—光电检测装置；6—开口装置；7—充填装置；8—封口装置；9—包装袋；10—切断装置

图 7-12 为先开口后封底的成型-充填-封口机示意图，采用筒状卷料薄膜作包装材料，先用开袋器 1 打开袋筒，经拉袋手 3 夹持上口拉袋向上到一定程度，用切断刀 2 切断并交给间歇回转盘，在其他工位分别封底成袋、充填、封口；袋型同上。

7.2.2　开袋-充填-封口机

这种机型使用预先制好的包装空袋。工作时从袋库上每次取出一个袋，送给工序链夹袋手，工序链带着空袋在各工位停歇时，完成各包装动作。该机型具有取袋、夹袋与开袋装置，根据夹袋手的运动可分为回转和直移两种机型。

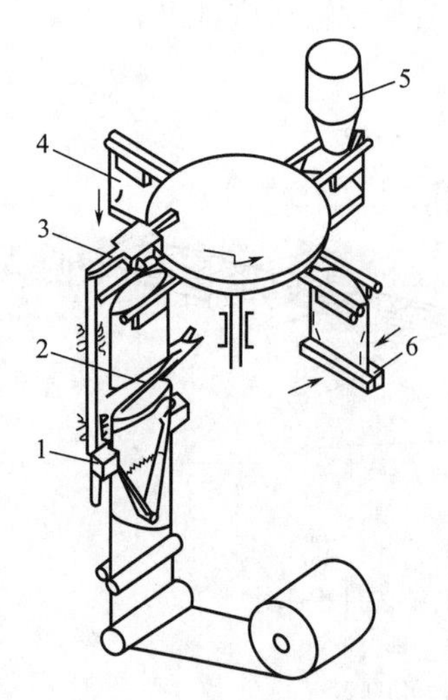

图 7-12 筒状袋成型-充填-封口机示意

1—开袋器；2—切断刀；3—拉袋手；4—封口与卸袋；5—充填装置；6—封底器

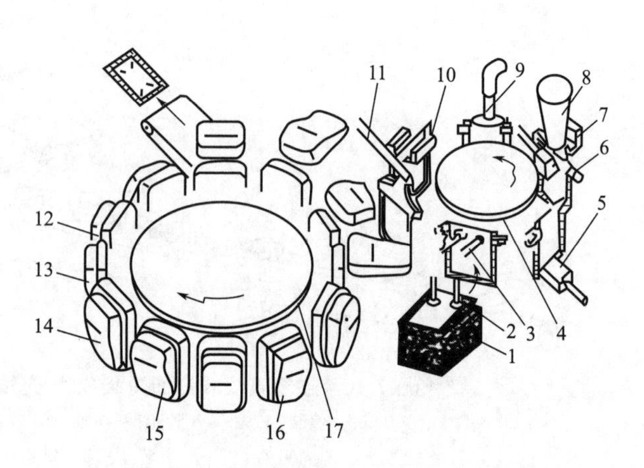

图 7-13 回转型开袋-充填-封口机示意

1—贮袋库；2—取袋吸嘴；3—上袋吸头；4—充填转盘；5—打印器；6—夹袋手；7—开袋吸头；8—加料管；9—加液管；10—顶封器；11—送袋机械；12，13—冷却室；14—热封室；15—第二级真空室；16—第一级真空室；17—真空密封转盘

① 回转型开袋-充填-封口机 图 7-13 所示为回转型开袋-充填-封口机示意图，取袋吸嘴 2 从贮袋库 1 取袋，并将袋转成直立状，交给工序盘上的夹袋手，然后在各工位上停歇时依次完成打印、开袋、充填物料、预封（封口缝的部分长度），再由送袋机械 11 帮助转移入真空封口工序盘的真空室，真空室内抽真空后进行电热丝脉冲封口、冷却。最后真空解除，真空室打开、夹袋手张开释放出包装成品。

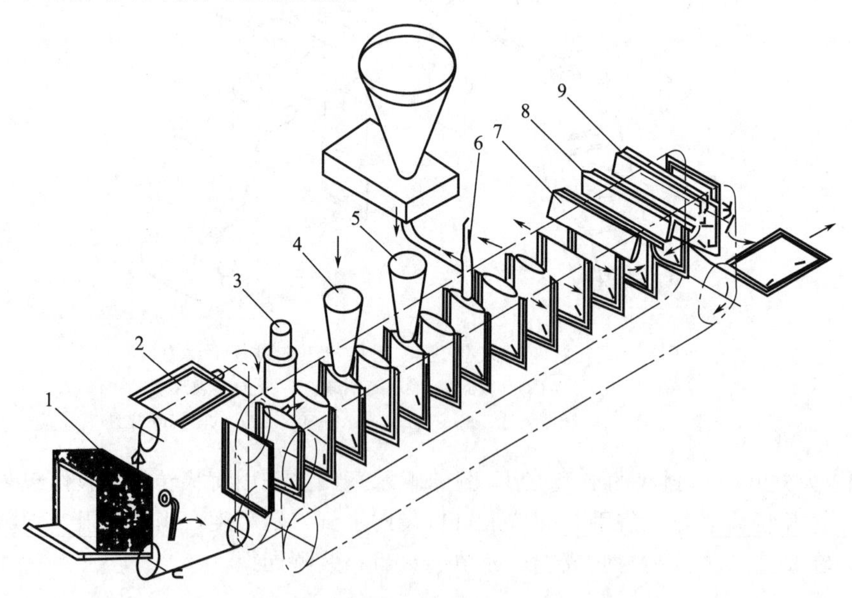

图 7-14 直移型开袋-充填-封口机示意

1—贮袋库；2—空袋输送链；3—开袋喷嘴；4，5—加料斗（块料粒）；6—加料管（液体物料）；7，8—封口器；9—冷却器

② 直移型开袋-充填-封口机　图 7-14 所示为该机型的工艺路线示意图，给袋装置由真空吸头与供袋输送链组成，开袋喷嘴 3 控制袋口打开，经加料斗 4、5 充填后包装袋即被封口器 7、8 加热封口，随后经过冷却器进行冷压定形，最后被排出机外。

综上所述，袋装包装机的机型较多，它们虽有外在差别，但也有内在的联系，可对袋装包装机分类如下。

按包装袋来源分为制袋式袋装机和给袋式袋装机。

按总体布局分为立式或卧式袋装机。

按运动形式分为连续或间歇运动的袋装机、直移或回转型袋装机。

7.3　袋装包装机的产品实例

为满足商品包装多样化的要求，各制造厂商都不断发展适应多品种、小批量的通用包装机械和设备，从而使得包装机械的形式和种类日趋增多。制袋充填式包装机是将具有热塑特性的塑料薄膜或者复合膜经加热软化制成包装容器，在一台设备上自动完成成型制袋、计量充填、封合剪切等全过程的自动包装设备。按包装物料的不同，可分为如下的几类：

① 粉粒料包装设备。如小袋奶粉、咖啡、味精等物料的包装。

② 流体、半流体黏稠类物料包装设备。如调味品、酱类、油脂类等物料的包装。

③ 定型类包装设备。由于固体定型类物料的大小及形状差异颇大，所以需根据不同的物料，采用不同的充填形式，或采用电子称量式计量。

目前，制袋充填包装机的主要特点体现如下：

(1) 结构设计的标准化和模块化

用一台包装机完成对不同物料的包装时，利用原有机型的模块化设计可在短时间内迅速进行规格更换或转换为其它包装形式的机型，并为不同的计量系统提供了足够的空间。如利用枕型包装机稍加调整就可实现三角袋的包装。

(2) 包装速度的高速化

目前，国外的小袋包装机单列包装速度一般为 30～80 袋/min，近些年来很多公司推出的多列式包装机（从 2 列到 10 列）可使包装速度大大提高。如意大利 ILAPAK 公司的 300 和 400 系列枕型包装机，计量范围 150～450g，包装速度 120 袋/min；日本横滨电机制作所的 YDE-70 型四边封合包装机，计量范围：0.5～30mL，可以 2～10 列，最高速度为 800 袋/min；日本三光机械的 FC-1000 型小袋枕型包装机，最高可达 12 列，速度可达 1000 袋/min。

(3) 结构运动的高精度化

由于采用各种新技术，如通过伺服电机、编码器及数字控制（NC）、动力负载控制 PLC 等高精密执行机构控制各种动作，使整机的充填计量精度和制袋精度都有所提高。如日本东京自动机械的 SIGMA3 型粉末计量机，配有可调速驱动马达，采用螺杆下料充填，最大充填为每次 1.2kg，充填精度 0.25%；日本コゾリ社的台式液体充填机，根据不同机型充填量可做到 0.1～600mL，充填精度为 0.5%。

(4) 控制的智能化和弹性化

国外大多机器都通过智能型控制仪表和触摸屏上的菜单式应用软件对机器的各种参数进行跟踪调整。电子显示屏能显示包装速度、切袋长度、充填物的净含量以及包装产量等。标准的色标跟踪光电系统能绝对保证包装产品的印刷图案正确。另外，机器可对工作过程进行在线状态监测和故障诊断分析，一旦发生问题，自动停机，并显示故障原因及解决方法。

（5）包装形式的多样化

国外的袋包装目前既有三边封合袋、四边封合袋、枕形袋，还有风琴式、自立袋等。用户可以根据市场的需要，具有更大的选择空间。

7.3.1 颗粒状物料包装机

7.3.1.1 DXDK40Ⅲ颗粒包装机（图 7-15）

（1）性能特点

① 采用进口 PLC 及触摸屏控制，整机变频调速，运行可靠性高，操作方便、快捷。

图 7-15 DXDK40Ⅲ颗粒包装机

② 拉袋驱动系统采用松下伺服电机和德国伺服减速器，运行平稳可靠，袋长及光标控制准确，可实现无级调速。

③ 计量系统采用平移式计量结构，由主传动直接等速驱动，计量精度稳定，充填过程平稳。

④ 整机设计结构合理，关键部件采用德国和日本进口。切裁刀及易撕口切刀采用外部调整方式，在开机过程中可任意调整裁刀位置，操作过程方便安全，提高了操作的便捷性。

⑤ 纵封系统采用跟踪光标并补偿包装材料在制袋过程中因张力、导辊阻力、热封变性等因素引起袋长产生的误差；横封系统采用可调交变不等速传动，不需更换横封辊，在袋长调整范围内，达到制袋长度要求。

（2）适用范围

该机适用于食品、医药、化工等行业松散状、无黏性、细小颗粒物料的小剂量自动软袋包装。

（3）主要技术参数

包装袋尺寸：长 55～110mm；宽 30～80mm

包装速度：70～140 包/min（依包装规格和物料）

计量范围：1～40mL

电源：220V，50Hz，4.8kW

整机质量：500kg

外形尺寸（长×宽×高）：990mm×695mm×1935mm

（4）生产厂家：天津市三桥包装机械有限责任公司

7.3.1.2 TDB-450 型全自动枕式包装机（图 7-16）

（1）性能特点

① 通过更换容积杯来满足不同计量的包装，使产品的包装既可靠又实用。

② 容积式包装机具有快速、准确、经济、实用的优点。

③ 通过改变热封结构，包装袋可制成三边封、四边封、枕形封等形状。

④ 用户还可选择不锈钢箱体或普通钢材箱体。

（2）适用范围

该颗粒包装机用于包装农药、兽药、种子、中药、饲料、干燥剂、盐、味精、汤料、茶叶以及其他自由流动颗粒产品。

（3）主要技术参数

包装能力：40～6 包/min

计量范围：20～100mm

制袋尺寸：长 60～80mm，宽 70～120mm

电源电压：380V 三相四线制

功率消耗：1120W（加热 180W×4）

外形尺寸（宽×深×高）：625mm×750mm×1550mm

净质量：170kg

（4）生产厂家：武汉东泰机械制造有限公司

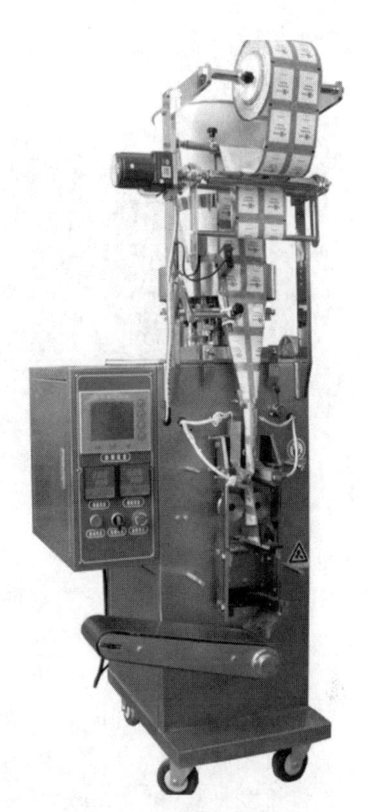

图 7-16　TDB-450 型全自动枕式包装机

7.3.1.3　KD-40V 高速多伺服双切式颗粒包装机（图 7-17）

（1）功能特点

① KD-40V 高速多伺服双切式颗粒包装机采用进口 PLC 控制，伺服电机驱动，液晶触摸参数设定，操作更加便捷。

② 步进电机驱动平移式充填、计量机构，有效避免了在高速运转时物料四处飞溅的现象，解决了因重复刮料对颗粒本身物理性质产生改变的问题，减少了生产过程中不必要的损耗。

③ 封合机构采用独特加工工艺。在高速运转（100 包/min 以上）的状态下包装成品更加美观、平整，气密性更佳。

④ 设备选用变频调速的方式，速度调节简单快捷，设备高速运转稳定。

⑤ 设备采用张力走纸结构，使光电跟踪更加准确，制袋长度更加精准。

⑥ 设备采用四套伺服驱动系统，分别完成对横封、纵封、点线切刀和实际切断刀机构的控制，实现了多袋一切且连袋间点线分切的特殊功能。

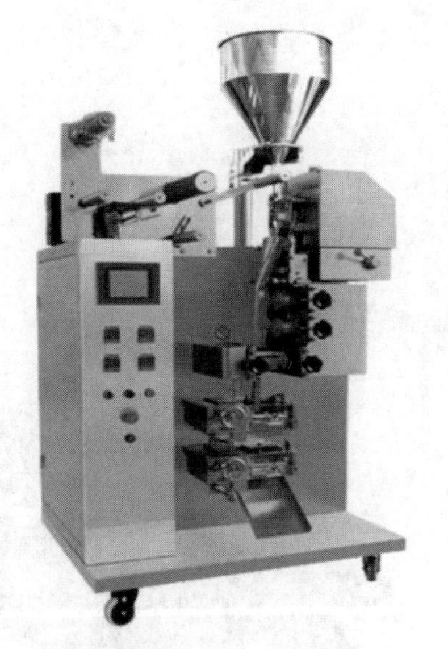

图 7-17　KD-40V 高速多伺服双切式颗粒包装机

（2）适用范围

适用于医药、食品、化工等行业松散状、无黏性、细小颗粒物料的小剂量自动包装。

（3）主要技术参数

包装能力：70～140 袋/min

计量范围：5～40mL

制袋尺寸：长 55～110mm，宽 30～80mm

电源电压：220V

电机功率：4.2kW

外形尺寸（宽×深×高）：1040mm×860mm×2040mm

封口形式：多种形式

净质量：520kg

（4）生产厂家：成都同享包装设备有限公司

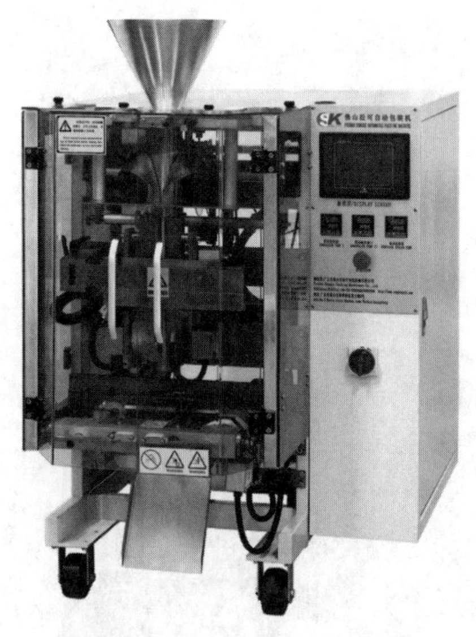

图 7-18 SK-200 中型立式自动包装机

7.3.1.4 SK-200 中型立式自动包装机（图 7-18）

（1）性能特点

① 结构紧凑、牢固、稳定、操作简单，维护方便。

② 采用可编辑程序控制系统，超大触摸屏，直观，易懂。

③ 采用伺服运膜系统，定位准确，包装美观。

④ 全自动，从计量，充填，制袋，日期打印到产品输送一次完成。

⑤根据客户需要有单包及多连袋切断功能，可配置打孔装置。

（2）适用范围

适合于膨化食品、花生、瓜子、糖果、干果、种子、小饼干、砂糖、味精、茶叶等颗粒物品的包装。

（3）主要技术参数

耗气量：2.5m^3/min，0.59MPa

最大包装膜宽度：120～380mm

制袋长度：80～240mm

制袋宽度：50～180mm

卷材最大外径：300mm

包装速度：5～70 包/min

薄膜厚度：0.04～0.08mm

电源规格：220V，50Hz/60Hz，2.4kV·A

外形尺寸（长×宽×高）：880mm×810mm×1350mm

机器总质量：350kg

（4）生产厂家：佛山市松可包装机械有限公司

7.3.1.5 SL-800A 全自动颗粒包装机（图 7-19）

（1）性能特点

① 整机由西门子 PLC 可编程控制器，超大显示西门子触屏构成驱动控制核心，性能卓越、操作简单。

② 该机与计量装置相配，即可完成计量、送料、充填制袋、日期打印、成品输送的全部包装过程。

③ 完善的自动报警器保护功能，将损耗降低，帮助及时排除故障。

④ 采用智能温控器，保证封口美观、平整。

⑤ 可根据客户需要制成三边封袋型、背封式袋型。

⑥ 机身外箱和与物料接触部分均由 304 不锈

图 7-19 SL-800A 全自动颗粒包装机

钢材料制作。

（2）适用范围

适用于颗粒、谷物、板蓝根冲剂、膨化食品、瓜子、白砂糖、花生等颗粒物料的计量包装。

（3）主要技术参数

计量范围：50～1000g

包装速度：25～45 袋/min

制袋长度：60～280mm

制袋宽度：40～190mm

电源电压：220V，50Hz/60Hz

最大功率：1.8 kW

设备外型（长×宽×高）：1100mm×900mm×1950mm

设备质量：350kg

（4）生产厂家：上海署亮机械有限公司

7.3.2　粉状物料包装机

7.3.2.1　DXDF40 斜辊粉剂包装机（调料机型）（图 7-20）

（1）性能特点

① 自动完成制袋、可调计量、充填、打印日期、封合部位打口、裁断计数等功能。

② 采用容积法计量，螺杆进料。

③ 机体与物料接触部分及设备外表均采用 SUS304 不锈钢。

④ 采用单相电机、数显温控仪，适合于民用建筑内使用。

（2）适用范围

适用于食品、医药、化工等行业粉状物品的自动立式三面封包装，特别适用于方便面粉状调料，如辣椒、胡椒粉等粉状物料的包装。

操作简单，功能齐全，维修简便快速。适合对计量精度有较高要求的用户。

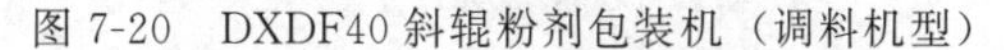
图 7-20　DXDF40 斜辊粉剂包装机（调料机型）

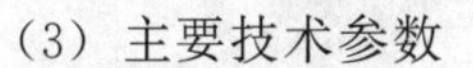
（3）主要技术参数

包装袋尺寸：长 55～110mm，宽 30～80mm

包装速度：60～150 包/min（依包装规格和物料）

计量范围：5～25mL

电源：220V，50Hz，1.5kW

计量精度：±3%～±5%

质量：350kg

（4）生产厂家：天津市三桥包装机械有限责任公司

7.3.2.2　DXDF60/B 型粉剂自动包装机（图 7-21）

（1）性能特点

图 7-21　DXDF60/B 型粉剂自动包装机

螺杆灌装，适用于流动性不好的物料，具有快速、准确、经济、实用的优点。

（2）适用范围

该包装机用于包装袋装的粉状类物料，如：农药、化肥、医药、兽药、面膜粉、奶粉、调味品等。计量系统为步进电机控制。

（3）主要技术参数

包装能力：40～60 袋/min

计量范围：1.0～50mL

制袋尺寸：长 60～180mm，宽 50～120mm

电源电压：380V，三相四线制

功率消耗：1600W（加热 180W×4）

外形尺寸（宽×深×高）：650mm×750mm×1588mm

净质量：200kg

（4）生产厂家：济南迅捷机械设备有限公司

7.3.2.3　KP-109 单辊筒式高速粉末自动充填包装机（图 7-22）

（1）性能特点

① 该机是粉末/颗粒包装机型中非常畅销的机种。

② 运用单辊筒式驱动，可使机器高速运转，并能制作完美的一体型封口的三边封袋。

③ 运用倾斜式走膜方式，且在下料嘴处采用了独特的闸门构造，所以无夹粉问题。

④ 充分利用包装袋角处，提高充填效果。

⑤ 能够充填包装含有细粉末的多种粉末品种。

（2）适用范围

适合充填各种粉末、细粉粒或超细粉。如：豆粉、医药粉剂、农药粉剂等。

（3）主要技术参数

填充物：粉末、颗粒

包装形式：三边封口

制袋长度：指定长度 30～150mm（通过更换热辊筒改变袋长）

制袋宽度：20～85mm

包装能力：40～250 袋/min

※实际充填包装速度，根据产品尺寸、包材材质和原料物性等的不同而发生变化。

充填容量：0.5～15mL

※充填容量的计量范围根据原料物性及供料

图 7-22　KP-109 单辊筒式高速粉末自动充填包装机

装置的不同而发生变化。

薄膜宽：40～170mm

薄膜最大卷径：400mm

使用电力：3相380V，1.95kW

机器外形尺寸（长×宽×高）：1000mm×700mm×1600mm

机器质量：约250kg

（4）生产厂家：上海小松包装机械有限公司

7.3.2.4　粉末专用包装机组（图7-23）

图7-23　粉末专用包装机组

（1）性能特点

① 操作简便：PLC控制，人机界面。

② 袋宽调节方便：由电机控制，只需要通过一个按钮就可同步调节。

③ 无袋或者开袋不完整，不加料；无袋或者无加料，不封口。

④ 开门停机报警（选配）；无色带停机报警；气压不足，报警提示；封口温度异常，报警提示。

⑤ 与物料接触部分采用304/316不锈钢或食品级塑料，符合卫生要求。

（2）适用范围

适用于粉末物料，如奶粉、面粉、咖啡粉、调味粉、添加剂、农药、化学用品等物料的自动计量包装。

（3）主要技术参数

耗气量：0.6m^3/min

包装袋类型：自立袋、拉链自立袋、平面袋

包装膜材料：复合膜

制袋长度：100～300mm

制袋宽度：100～210mm

包装速度：10～60包/min

计量精度：±(0.5%～1.5%)

最大充填范围：500g

电压规格：280V/50Hz

图 7-24 STS-01 粉末颗粒自动计量充填包装机

工位：8 工位

（4）生产厂家：温州科迪机械有限公司

7.3.2.5 STS-01 粉末颗粒自动计量充填包装机（图 7-24）

（1）性能特点

① STS-01 自动制袋充填计量包装机可用于包装所有流动性及非流动性粉末和颗粒状物料；机体采用防尘方式，避免粉尘进入导致零件损伤。

② 印刷调整设定简易快速；温度控制采用 PID 方法，封口温度误差小，误差在±2℃以内。

③ 控制系统采用人机界面操作屏，可因产品种类和质量不同，输入设定记忆数组，方便使用。

④ 传动系统采用日本三菱公司的伺服电机，气压单元采用日本（SMC）标准，质量稳定。

⑤ 设有无包装材料、无打印色带及故障时自动停机的功能；有机械故障自动检测装置，人机界面自动显示故障点，提示故障排除方法。

⑥ 用螺杆式下料方式，解决了量杯式充填机无法克服的流动性差粉末物料的计量充填。

⑦ 计量下料螺杆采用不锈钢一体加工成型，用伺服电机驱动，充填计量的精度高，误差控制在±（1%～3%）以内。

⑧ 制袋成型器采用日本进口的不锈钢波纹板制造，减少摩擦阻力，能准确使包装材料成型。

⑨ 原料桶装拆简易，可快速清洗。

⑩ 螺杆装拆容易，螺旋计量可因物料不同，作升降调整。

（2）适用范围

适合砂糖、奶粉、谷粉、胡椒粉、食盐、味精、化学药粉、中草粉末、咖啡粉、以及各类粉状和颗粒状物体的微量（1～50g）定量充填包装。

（3）主要技术参数

包装机尺寸（长×宽×高）：1000mm×850mm×1900mm

包装机质量：280kg

包装范围：宽 100～240mm，长60～140mm

包装速度：45～60 包/min

包装袋型：三边封口/四边封口

电源：220V，50Hz/60Hz

空气压力：0.49～0.59MPa

（4）生产厂家：吉笙实业有限公司

7.3.3 液体物料包装机

7.3.3.1 DC-338-1 系列包装机（图 7-25）

（1）性能特点

① DC-338-1 系列包装机是针对液体、黏性等物料实现自动包装而设计的三对滚筒的包装机械。该机可实现三边封口或四边封口的包装。

② 该机采用了先进的工业计算机控制系统，通过“人机对话”，可方便准确地实现制袋尺寸大幅度增长或缩短及包装速度的调整变化，彩色液晶触摸式显示屏可完成绝大部分的功能设置，中文提示使各项设置操作简单而明确。

③ 该机有一组纵封热滚筒、一组横封热滚筒、一组横封冷滚筒。封口采用滚筒方式，纵向封口花纹采用棋盘纹配合防漏线，横向封口花纹采用棋盘纹配合防漏线或平封配合防漏线，被包装的物料通过计量装置落入包装袋中。计量装置可有多种方式选择，如用于液体包装的磁力泵、用于黏体包装的活塞泵和海霸泵、用于黏体包装且必须连续充填的罗塔里泵。切断刀采用平刀、锯齿刀、点划线刀三种方式之一。该机还装置有方便开袋的易撕裂切口装置。

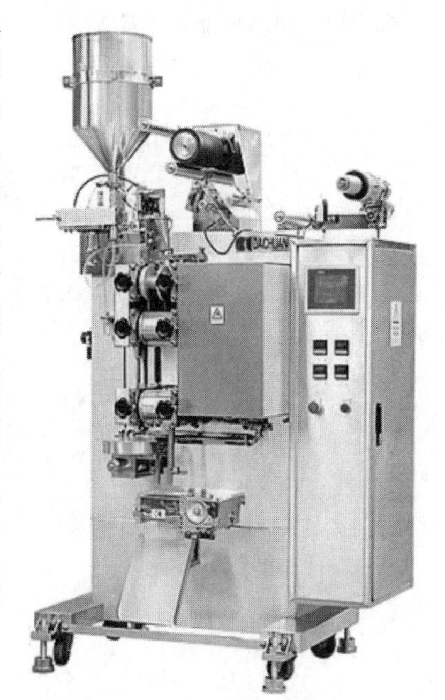

图 7-25　DC-338-1 系列包装机

(2) 适用范围

主要用于包装酱油、止咳露、农药乳油、悬浮液等液体物料、洗发水、护发素、沐浴液、膏霜等。

(3) 主要技术参数

袋长范围：40～120mm

袋宽范围：20～300mm

包装速度：30～120 包/min（依物料和规格不同而定）

充填容量：0～50g

适应包装材料：PET/AL/PE、PET/PE、NY/AL/PE、NY/PE 等

机械功率：约 3.5kW/AC380V

机械尺寸（长×宽×高）：1400mm×1000mm×1800mm

机械质量：约 550kg

(4) 生产厂家：汕头市大川机械有限公司

7.3.3.2　DXDY60/B 型液体自动包装机（图 7-26）

(1) 性能特点

该机具有快速、精确、经济和实用的优点。

(2) 适用范围

该包装机适用于包装洗发液、调味汁、油脂、脂膏、化妆品等产品，将其灌入袋内，能适合各种黏度的产品。

(3) 主要技术参数

包装能力：40～60 袋/min

计量范围：1.0～50mL

制袋尺寸：长 60～180mm，宽 50～120mm

电源电压：380V，三相四线制

功率消耗：1620W（加热 180W×4）

外形尺寸（宽×深×高）：650mm×750mm×1588mm

净质量：170kg

(4) 生产厂家：济南迅捷机械设备有限公司

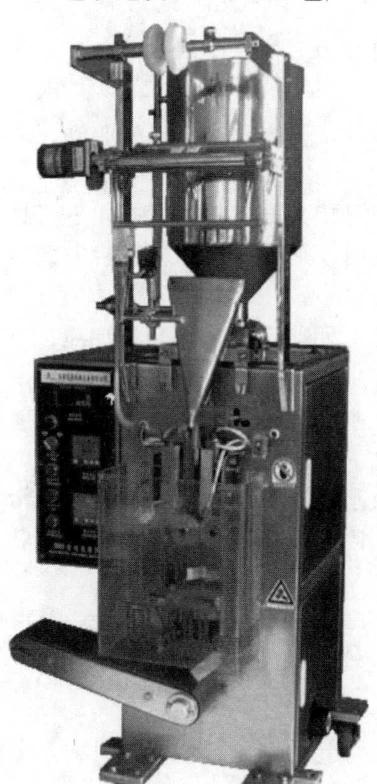

图 7-26　DXDY60/B 型液体自动包装机

7.3.3.3 SLNB-Ⅲ立式袋加盖全自动液体包装机（图 7-27）

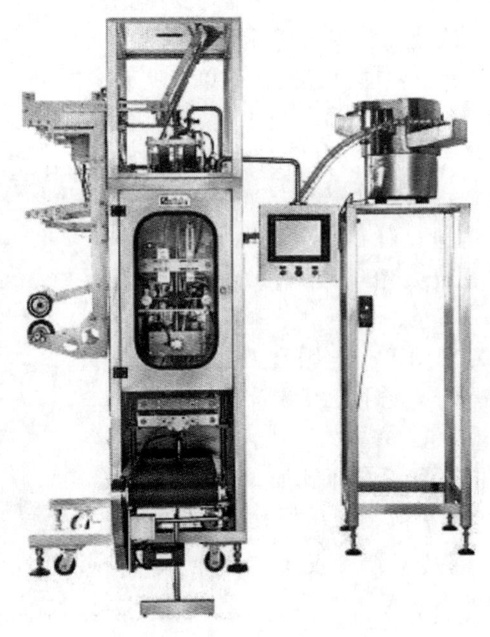

图 7-27 SLNB-Ⅲ立式袋加盖全自动液体包装机

（1）性能特点

① 计量精度高、性能可靠、稳定性高、操作简单、使用维护方便、使用寿命长，可实现产品的全自动包装。

② 采用气动传动，工作可靠，PLC 控制、袋边整齐，拉膜机构采用步进电机驱动，从而使拉膜的定位精度更加精确。

③ 包装出来的产品在立式袋的基础上，在其顶部加装一可旋盖式出料嘴，这样不仅具有可直立、良好的袋架展示性，而且更加方便了消费者的使用，是目前液体软包装中最新颖、完美的包装形式。

④ 由主机（包装机）、电磁振动理料器、皮带输送机组成，可自动完成制袋、加盖、填充、计量、封口、切断、日期打印、成品输出等包装全过程。

⑤ 包装材料为复合膜。

（2）适用范围

适用于非碳酸类饮料、液态调味品、液态添加剂、矿泉水、动植物油脂、酒类、润滑油、液肥等液体产品以及蛋液、奶油、调味酱、洗涤剂、涂料、黏合剂、油墨等黏稠状产品。

（3）主要技术参数

包装速度：12～18 包/min

包装容量：550～150mL

计量精度：±1.5%

整机功率：2.4kW

电源电压：AC220V，50Hz

耗气气量：0.35m³/min（0.8MPa）

整机质量：680kg

外形尺寸（长×宽×高）：2268mm×1015mm×2510mm

（4）生产厂家：哈尔滨赛德技术发展有限公司

7.3.3.4　HP-500/1000型酱油醋液体包装机（图7-28）

（1）性能特点

① 工艺流程部位，全部采用不锈钢制成。

② 高位平衡罐或自吸泵定量充填，直热封切，制袋尺寸、封切温度调节方便可靠。

③ 生产日期色带打印，边封、背封，光电跟踪。

④ 包装袋热合、送袋长度、包装重量、加热温度的调整简便可靠。

（2）适用范围

该袋装酱油醋液体包装机采用了不锈钢结构，所有与物料接触的器件均由不锈钢和无毒耐腐硅胶，符合食品和医药包装的要求（即GMP要求），特别适用于食品、医药及化工等行业。广泛应用于各种袋装牛奶、酱油、醋、酸奶、白酒等液体的单聚四氟乙烯薄膜包装。具有自动进行紫外线灭菌的作用，料袋成型、日期的打印、定量灌装后，封合切断、计数可一次性完成。

（3）主要技术参数

生产效率：1500～2500包/h

包装精度：±2%

灌装容量：100～500mL，100～1000mL

包装膜宽度：240～320mm

包装样式：背封、侧边封

电压：220V，50Hz

功率：1.5kW

机重：250kg

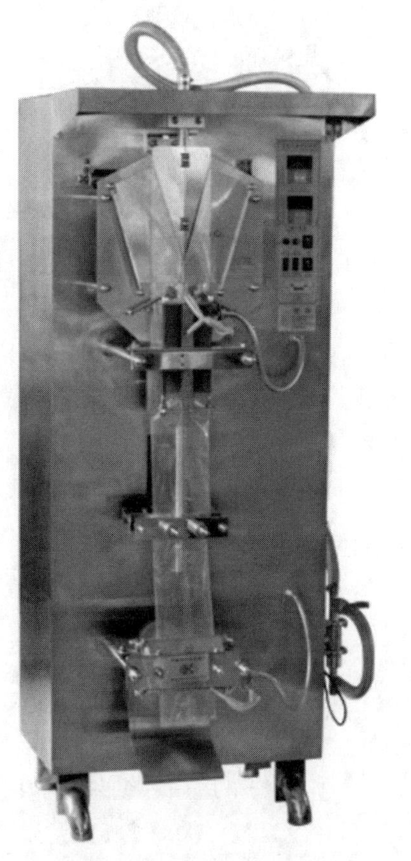

图7-28　HP-500/1000型酱油醋液体包装机

外形尺寸（长×宽×高）：750mm×750mm×1900mm（自吸泵）

控制：液晶触摸屏

液体包装机可选配：光电跟踪、有机玻璃罩、色带打码、紫外线灭菌等功能

（4）生产厂家：沈阳星辉利包装机械有限公司

7.3.3.5　XJYB-X型袋装液体自动包装机（图7-29）

（1）性能特点

该全自动液体包装机工艺流程部位，全部采用不锈钢制成，高位平衡罐或自吸泵定量充填，直热封切，制袋尺寸、包装重量、封切温度调节方便可靠，生产日期色带打印，边封、背封，光电跟踪。

（2）适用范围

适用于酱油、醋、果汁、牛奶等液体，采用0.08mm聚乙烯薄膜，其成型、制袋、定量灌装、油墨印字、封口切断等过程全部自动进行，薄膜在包装前进行紫外线消毒，符合食品卫生的要求。

（3）主要技术参数

生产效率：2000袋/h

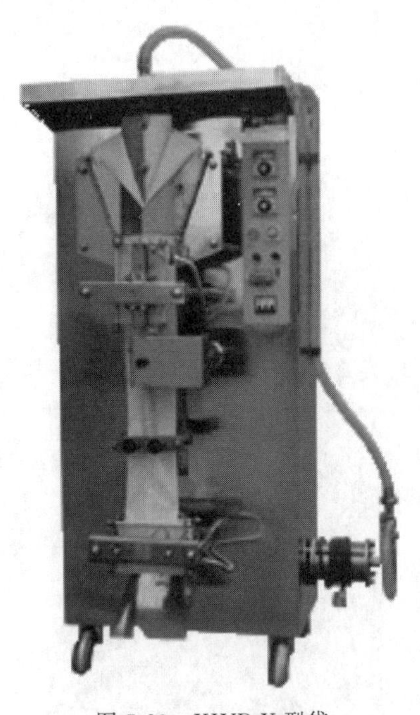

图 7-29 XJYB-X 型袋装液体自动包装机

包装质量范围：200～500g/袋

灌装精度：±1.5%/袋

薄膜尺寸规格：厚度 0.08mm，宽度 320mm（240mm）

电源：220V/380V，50Hz

整机功率：1.2kW

整机质量：350kg

外形尺寸（长×宽×高）：1057mm×750mm×1850mm

（4）生产厂家：武汉东泰机械制造有限公司

7.3.4 膏状物料包装机

7.3.4.1 DXDB40J 酱类自动包装机（图 7-30）

（1）性能特点

① 采用触摸屏控制和进口 PLC 等高端元器件，用变频器实现无级调速，能任意改变运转参数，操作方便快捷，运行故障率低。

② 拉袋驱动系统采用松下伺服电机和德国伺服减速器，运行平稳可靠，袋长及光标控制准确，在设备的袋长范围内（55～110mm）能无级连续调整。

③ 计量灌装采用连续旋转式换向阀和塞泵完成，高速状态下计量准确，回吸泵使封合时无物料拉丝现象，保证封合牢固度。

④ 制袋采用一对纵封辊和两对横封辊。横封热封辊滚压后，冷封辊再次冷滚压整形使封口更加平整美观，保证酱类物料无渗漏现象。

⑤ 裁切刀采用外部调整方式，在开机过程中可任意调整裁切刀位置，操作过程方便、安全，提高了操作的便捷性。

⑥ 纵封系统采用跟踪光标并补偿包装材料在制袋过程中因张力、导辊阻力、热封变性等因素引起袋长产生的误差；横封系统采用可调交变不等速传动，不需更换横封辊，在袋长调整范围内，达到制袋长度要求。

⑦ 采用电调偏心结构，调整横纵封辊时，不需手动调整横封偏心机构，通过电调偏心系统自行完成横纵封运行线速度的匹配，降低用户的操作难度和维修难度。

⑧ 整机设计具有包装材料对中功能和阻尼机构保证包装材料在运转过程中的张力一致，提高光标控制的稳定性。

（2）适用范围

适用于方便食品的酱类调料及日化等行业半流体物料的小剂量自动软袋包装，具有自动制袋、计量、充填、封合、独立商标图案定位、计数、分切等功能。

图 7-30 DXDB40J 酱类自动包装机

(3) 主要技术参数

包装袋尺寸：长55～110mm，宽30～80mm

包装速度：50～140包/min（依物料情况定）

计量范围：5～40mL

电源：380V，50Hz

包装袋型：三边封

外形尺寸（长×宽×高）：1400mm×750mm×1995mm

(4) 生产厂家：天津市三桥包装机械有限责任公司

7.3.4.2 DS-320SS水烟膏包装机（图7-31）

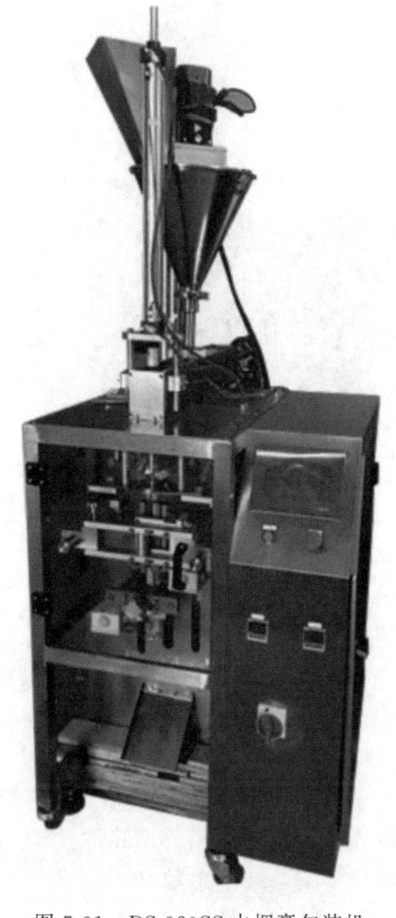

图7-31　DS-320SS水烟膏包装机

(1) 性能特点

① 电脑控制选用先进的变频器，进口开关电源供电。

② 控制器中文或英文界面显示，操作可靠简便。

③ 制袋系统采用步进电机细分技术，制袋精度高，误差小于0.5mm。

④ 系统配有进口高感度光点颜色标跟踪，数字化输入封切位置，使封切位置更加准确。

⑤ 设计采用独特的嵌入式封口，加强型热封机构，智能型温控仪温度控制，具有良好的热平衡，适应各种包装材料，性能好、噪音低、封口纹路清晰、密封性强。

⑥ PLC电控组件，采用可编程存储器，稳定性强，参数调节省心省力。

⑦ 翻领式制袋，顺畅过膜，更好地成型制袋。

⑧ 整个生产流程实行批量采购配件，机身采用进口喷涂工艺，高温喷漆，更加美观。

⑨ 采用不锈钢机身，耐腐蚀，符合食品安全标准。

⑩ 每台机器出厂前均经过多项检测，所有产品均符合欧盟CE标准，生产装配严格执行欧盟标准，原厂品质。

(2) 适用范围

适用于水烟膏、水烟草、湿烟等湿软类物料的包装。

(3) 主要技术参数

制袋长度：50～400mm

制袋宽度：50～150mm

包装速度：5～60包/min

卷膜厚度：0.04～0.08mm

计量范围：100～800mL

气压：0.65MPa

耗气量：0.3m³/min

包装膜材料：OPP、CPP/OPP、CE/MST

材质：不锈钢

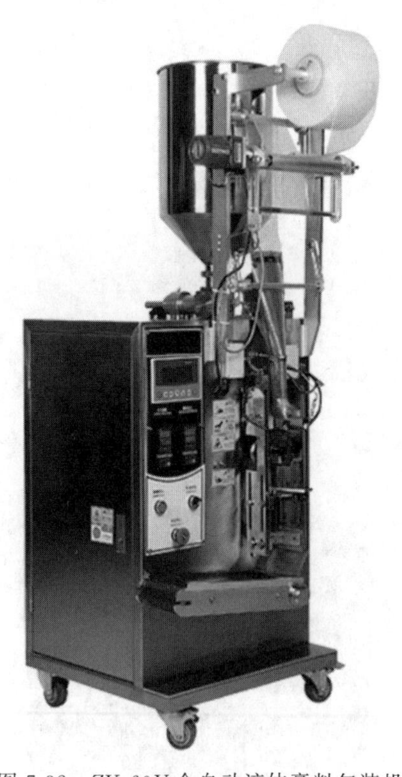
图 7-32 ZK-60Y全自动液体膏料包装机

功率：2.2kW

外形尺寸：1170mm×820mm×1285mm

质量：350kg

（4）生产厂家：佛山市德迅包装机械有限公司

7.3.4.3 ZK-60Y全自动液体膏料包装机（图 7-32）

（1）性能特点

① 全自动液体包装机可以在包装过程中自动完成计量、制袋、充填、封口、切断、计数、批号等全部工作。

② 全自动液体包装机控制系统自动化匹配各动作配合，该系统精准确度高，调整制袋长度简便，且准确无误。

③ 全自动液体包装机具有色标控制系统，可获得完整的商标图案，保障包装完整。

④ 全自动液体包装机无级调整速度与袋长，包装速度与制袋长度可在额定范围内无级调整，不需要更换零件。

⑤ 全自动液体包装机设计采用独特的嵌入式封口，加强型热封机构，智能型温控仪温度控制，具有良好的热平衡，适应各种包装材料，性能好、噪声低、封口纹路清晰、密封性强。

（2）适用范围

该机适用于食品、医药、化工产品中液体物料的全自动包装，如：农药剂、洗发水、沐浴液体、酒水、面霜、调味油、黄油、果酱、番茄酱、蜂蜜等液体和膏体物料。

（3）主要技术参数

生产能力：40～60 包/min

计量范围：1～80mL

制袋尺寸：长 40～200mm，宽 40～100mm

封口形式：背封、三边封、四边封

包装材料：纸/聚乙烯、聚酯/铝箔/聚乙烯、尼龙/聚乙烯、茶叶滤纸等

总功率：1.1kW

电源电压：220V/50～60Hz，380V/50Hz

净质量：250kg

外型尺寸（长×宽×高）：750mm×700mm×1700mm

（4）生产厂家：广州市中凯包装专用设备有限公司

7.3.4.4 ERL-1300 高速液体·黏体自动充填包装机（图 7-33）

（1）性能特点

① 通过全轴伺服控制，是重视应用性、操作性、保养性的小巧精致型液体 · 黏体自动充填包装机。

② 可将制袋相关的内容如制袋尺寸、封口温度、充填量、各种驱动的时机等进行文档管理，可记忆 100 种以上的产品数据。

③ 触摸屏中[管理项目][记忆项目][初期设定值]等用途分别用颜色区分，操作性出色。

周边整洁利落，无任何多余的控制类装置。

④ 配备薄膜纠偏装置，使各种薄膜都能稳定通过机器各部位。

⑤ 采用透明防护罩，可从外部目视确认驱动部状态。

⑥ 不管是从机器正面还是背部，都易进行热辊筒的保养工作。

⑦ 取下切割装置的 4 处固定部，就可将切割装置整体卸下，分解检修非常简单。

(2) 适用范围

该机广泛应用于液体汤料、化妆品、液体洗涤用品、蛋黄酱等要求充填精度较高的包装。

图 7-33　ERL-1300 高速液体・黏体自动充填包装机

(3) 主要技术参数

填充物：液体、黏稠体

包装形式：三边、四边封（单/双）

袋长可变范围：横封分割数

2 分割 100～200mm　3 分割 80～150mm

4 分割 55～100mm　5 分割 45～80mm

6 分割 40～60mm

※根据横封宽袋长可变范围不同。

制袋宽度：25～130mm

※制袋宽 130mm 为四边封。

包装能力：20～300 袋/min

※实际充填包装速度，根据产品尺寸、包材材质、原料物性等的不同而发生变化。

充填容量：1～200mL

※充填容量的计量范围根据原料物性及供料装置的不同而发生变化。

薄膜宽：50～260mm

薄膜最大卷径：400mm

使用电力：3 相 380V，6.5kW

机器外形尺寸（长×宽×高）：1117mm×942mm×2035mm

机器质量：约 700kg

(4) 生产厂家：上海小松包装机械有限公司

7.3.4.5　JAM-NPPH3S 液体·黏体自动充填包装机（图 7-34）

(1) 性能特点

① 能连续地进行液体或黏性物料的自动充填包装。

② 设有两对横封辊，一对为加热辊，另一对为冷却辊，能保证包装材料的强度，减小变形量。

③ 常温和高温下的包装都可以保持包装袋的质量。

④ 设有排气装置，可以排除包装袋内的空气。

⑤ 标准配置：包装膜缺陷检测装置、包装膜接头检测装置、商标检测装置、空气排除辊、切断装置、切口装置、冷却用横封辊、牵引橡胶辊、泵、液量调整盘、加料斗、接触式面板。

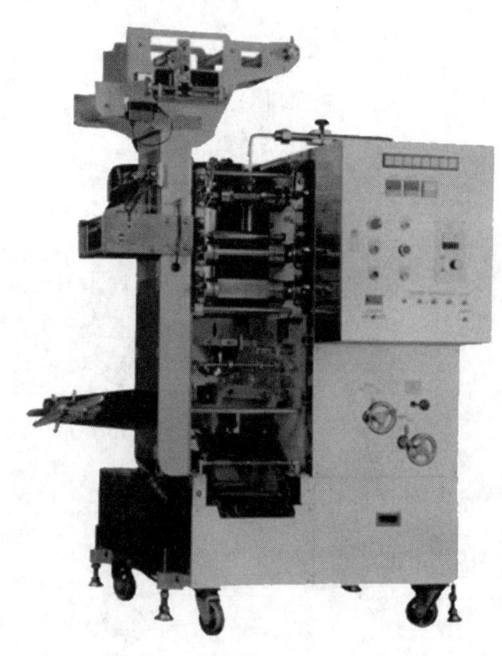

图 7-34　JAM-NPPH3S 液体•黏体自动充填包装机

⑥ 选择配置：加料斗内高度控制装置、印字装置、薄膜 S 弯曲修正装置、横向孔眼切断装置、产品计数装置等。

(2) 适用范围

适用于芥末、调味汁、蛋黄酱、番茄酱、大酱等黏稠类食品的包装，也可以用于冷却剂、水的包装。

(3) 主要技术参数

包装能力：70～150 袋/min（因包装材料、充填量、包装寸法有差异）

充填量：10～30mL、30～60mL、60～100mL（可以选择）

包装寸法：宽度 40～80mm、60～100mm、80～120mm（可以选择）

包装袋长度：40～60mm、50～90mm、60～120mm（可以选择）

包装材料：各种复合薄膜

包装袋型：三边封口、四边封口（可以选择）

外形尺寸（长×宽×高）：1800mm×1100mm×1150mm

电源：3 相 AC200V，约 4.2kV•A

包装机质量：约 650kg

(4) 生产厂家：日本城南自动机株式会社

7.3.5 块状物料包装机

7.3.5.1 TDB-450 型全自动枕式包装机（图 7-35）

图 7-35　TDB-450 型全自动枕式包装机

(1) 性能特点

① 特制的可调式制袋器，更好地适应当前多品种、多规格的包装要求。

② 差动式送料方式，使机器在运行过程中可以方便的实现供料位置的调整。

③ 先进的微电脑包装控制器，优良的人机对话模式，使速度、袋长、切点位置检测等都可在界面上直接显示。

④ 滑动式横封机构，可上下任意调整横封的中心高度。

⑤ 进口色标检测器，使色标检测更为准确，网纹、直纹、竖纹式封口任选。

⑥ 变频调速，方便简单。

(2) 适用范围

可用于饼干、月饼、蛋黄派、米饼、雪糕、方便面、巧克力等块状产品的包装，特别适合小批量单一产品的包装。

(3) 主要技术参数

包装厚度：5～60mm

包装速度：60～200 包/min

制袋尺寸：长 70～300mm，宽 20～120mm，高 5～60mm

电源：220V/3kW

外形尺寸：4200mm×1500mm×850mm

质量：800kg

(4) 生产厂家：济南东泰机械制造有限公司

7.3.5.2 PHK-250D 饼干包装机（图 7-36）

图 7-36　PHK-250D 饼干包装机

(1) 性能特点

① 双变频器控制，袋长即设即切，无需调节空走，一步到位，省时省膜。

② 人机界面，参数设定方便快捷。

③ 故障自诊断功能，故障显示一目了然。

④ 高感度光电眼色标跟踪，数字化输入封切位置，使封切位置更加准确。

⑤ 温度独立 PID 控制，更好适合各种包装材质。

⑥ 定位停机功能，不粘刀，不浪费包膜。

⑦ 传动系统简洁，工作更可靠，维护保养更方便。

⑧ 所有控制由软件实现，方便功能调整和技术升级。

(2) 适用范围

该枕式包装机可用于饼干、月饼、蛋黄派、米饼、雪糕、方便面、巧克力等块状产品的包装，特别适合小批量单一产品的包装。

(3) 主要技术参数

薄膜宽度：最大值 260mm

制袋长度：65～190mm 或 120～280mm

制袋宽度：30～110mm

产品高度：最大值 40mm

膜卷直径：最大值 320mm

包装速度：40～230 包/min

电源规格：220V，50Hz/60Hz，2.4kV·A，220V/3kW

外形尺寸（长×宽×高）：3920mm×670mm×1320mm

机器质量：800kg

(4) 生产厂家：上海括昊自动化设备有限公司

7.3.5.3 450 普通型系列包装机（图 7-37）

图 7-37 450 普通型系列包装机

(1) 性能特点

① 特制的可调式制袋器，更好地适应当前多品种、多规格的包装要求。

② 差动式送料方式，使机器在运行的过程中可以方便地实现供料位置的调整。

③ 先进的微电脑包装控制器，优良的人机对话模式，使速度、袋长、切点位置检测等都可在界面上直接显示。

④ 滑动式横封机构，可上下任意调整横封的中心高度。

⑤ 进口色标检测器，使色标检测更为准确。

⑥ 网纹、直纹、竖纹式封口任选。

⑦ 变频调速，方便简单。

(2) 适用范围

该枕式包装机可用于饼干、月饼、蛋黄派、米饼、雪糕、方便面、巧克力等块状产品的包装，特别适合小批量单一产品的包装。

(3) 主要技术参数

包装能力：60～200 包/min

包装长度：70～300mm

包装宽度：20～120mm

包装厚度：5～60mm

包装膜宽度：450mm

整机功率：3kW

机器质量：800kg

机器尺寸：4200mm×1500mm×850mm

（4）生产厂家：济南迅捷机械设备有限公司

7.3.5.4　JS-380S型卧式枕型包装机（图7-38）

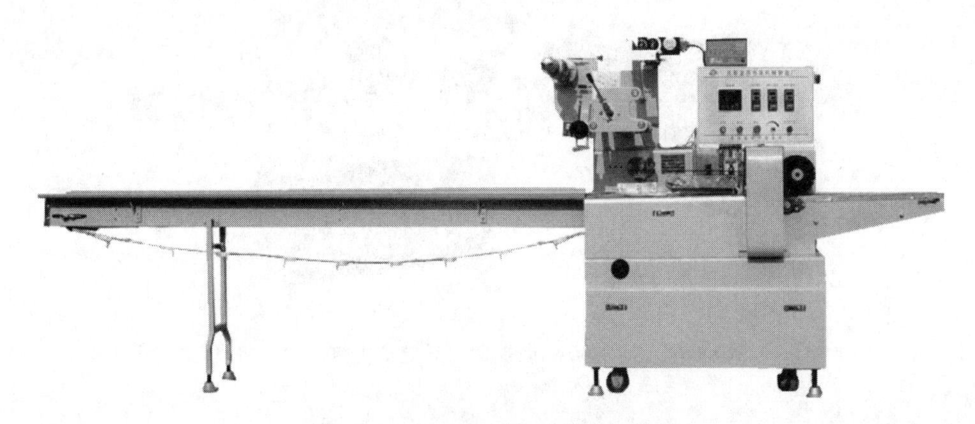

图7-38　JS-380S型卧式枕型包装机

（1）性能特点

① 由伺服电机、单板机控制器和液晶显示屏等构成控制与驱动的核心，极大地提高了整机的控制精度、调速范围、可靠性和智能化程度；制袋成型及切割长度、色标对正度更加精确。

② 使用伺服驱动系统可以简化机械传动系统，使包装机的运行更加平稳可靠，显著降低机械噪声和机器故障率。

③ 包装机的操作、维护和日常保养更加方便简单，降低了对操作人员的专业技能要求。

④ 制袋、填充、封口、切断一次性完成。

⑤ 包装高速、性能稳定、成型美观、维修方便、操作简单。

⑥ 所有的机器都可根据用户的需求，增加附加装置，如打码机、多种自动供料装置等。

⑦ 包装材料使用聚酯、镀铝、聚乙烯、OPP等可热复合包装材料。

（2）适用范围

该枕式包装机适合各种雪糕、汤圆、方便面、月饼、饼干、面包、肉制食品、冷冻食品、香皂、药板等的包装。

（3）主要技术参数

包装膜宽度：80～380mm

包装速度：30～180包/min

袋长范围：90～140mm

包装宽度：20～160mm

包装高度：≤60mm

适用电压：220～380V

总功率：3.5kW

外形尺寸（长×宽×高）：3950mm×900mm×1500mm

总质量：500kg

（4）生产厂家：沈阳市金浩包装机械制造厂

7.3.5.5 QWS360伺服控制无托盒饼干自动包装机（图7-39）

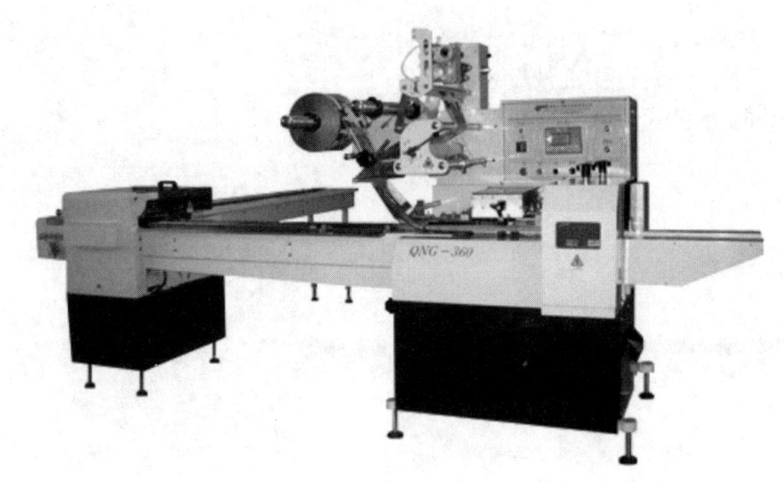

图7-39 QWS360伺服控制无托盒饼干自动包装机

（1）性能特点

① 机械结构的整体设计简单、合理，操作简便，调节方便。

② 使用专利技术的夹运输送机构，完全可靠地解决了包装不同长度物品尺寸变换的繁琐及倒饼的弊病。

③ 纵封装置采用三对牵引轮构成，保证封口高速封合、稳定、美观。

④ 精巧的自动供料装置可将包装物准确无误投放于主机进入包装封口。

⑤ 包装尺寸调节方便快捷。

⑥ 送膜、供料采用数字伺服电机控制系统；供料部分采用运动控制单元，供料同步、准确、自动记忆。

⑦ 变频调速，方便、准确、可靠。

⑧ 色表追踪点自动定位、自动跟标。

⑨ 包装袋自动测量、记忆。

⑩ 供料位置即使在运动中也可随意调整。

（2）适用范围

该枕式包装机适用于多枚饼干的无托盘集合大包装，方、圆、椭圆等各种形状饼干的包装。

（3）主要技术参数

包装能力：30～100包/min（据包装膜材质，厚度及包装规格确定）

包装规格：长100～240mm，宽40～80mm，高40～70mm

总机尺寸：主机部分4020mm×1150mm×1840mm

供料部分3100mm×580mm×1130mm

装机总容量：5.2kW，单相220V，50Hz

总质量：1200kg

包装材料：纸/PE，OPP/PE，OPP/AL/PE等适合于加热封口的包装材料

(4) 生产厂家：青岛日清食品机械有限公司

7.3.6　组合电子称量包装机

7.3.6.1　DK-2008组合称重全自动包装系统（图7-40）

图7-40　DK-2008组合称量全自动包装系统

(1) 性能特点

① 该系统由Z型提升机、多头组合称、立式自动包装机、输出传送带四部分组成。

② 系统采用进口PLC控制，运行稳定可靠，操作简便。

③ 该系统具有自动供料、称重计量、光标跟踪、制袋、充填、封合、充气、分切、计数、打孔、成品输出等功能。

④ 采用胶带冷拉膜牵引方式，封口受热变形小，平整牢固，袋形美观。

⑤ 选配液体、酱类、粉剂计量充填机构，可完成液体、酱类、粉剂的大剂量背封包装。

⑥ 设备选用变频调速的方式，速度调节简单快捷，设备运转稳定。

(2) 适用范围

组合称量全自动包装系统适用于颗粒、中药饮片、干果等无法以容积方式进行计量或包装容量在1000mL以上大剂量的自动包装，如薯片、锅巴、膨化食品、洗衣粉等。

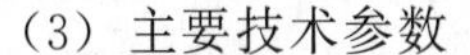

(3) 主要技术参数

包装袋尺寸：长200～400mm，宽200～250mm

包装速度：20～50包/min

计量范围：1000～3000g

电源及功率：220V，50Hz，4.2kW

整机质量：1200kg

外形尺寸（长×宽×高）：1150mm×1795mm×1350mm

(4) 生产厂家：天津市科达包装设备有限公司

7.3.6.2　XJB-220组合称量包装机（图7-41）

(1) 性能特点

① 包装主机由10头电脑组合秤、Z型物料输送机、振动喂料机、电子秤平台和成品输送机构组成。

② 本机全自动完成送料、计量、充填制袋、打印日期、产品输出全部生产过程。

③ 计量精度高，效率高、不碎料。

④ 省人工，损耗低，易操作和维护。

(2) 适用范围

适合不规则、计量精度高及容易碎的散状物品包装。例如：膨化食品、虾条、薯片、香蕉片、苹果片、锅巴、饼干、花生、瓜子、糖果等。

图 7-41 XJB-220 组合称量包装机

(3) 主要技术参数

电源：单相 220V/50Hz

总功率：2.2kW

包装材料：OPP/CPP、OPP/CE、MST/PE、PET/PE

横封发热片功率(4 片串联)：1200W/220V AC

纵封发热片功率(2 片串联)：500W/220V AC

包装膜厚度：0.05～0.08mm

包装膜最大宽度：420mm

计量范围：150～1200mL

最大制袋尺寸：50～200mm（宽）、80～300mm（长）

使用气压：0.65MPa

包装速度：5～60 包/min

耗气量：0.3m^3/min

整机质量：540kg

外形尺寸（长×宽×高）：1320mm×950mm×1360mm

(4) 生产厂家：济南东泰机械制造有限公司

7.3.6.3 防水型 10 头电脑组合秤（JW-A10）（图 7-42）

图 7-42 防水型 10 头电脑组合秤（JW-A10）

(1) 性能特点

① 具有故障自诊断能力，从而有效降低机械故障率。

② 所有部件采用不锈钢，干净卫生，全密封设计防止物料的堆积且清洁方便。

③ 强大的数据自动统计功能，记录每一批生产的总质量、总包数、合格率等指标。

④ 高精度高速度的完美结合，通过电脑计算从丰富的质量组合中瞬时优化选出最佳组合。

⑤ 采用高精度数字式称重传感器进行准确计量，中/英/韩/西/俄等多种语言液晶显示操作系统可供选择。

⑥ 能根据被计量物的特性，细微调整料斗门的开闭速度，防止破碎及卡料。

⑦ 组合秤称重斗可设置为依次下料，有效地解决了较大和膨松物料的堵料难题。

（2）适用范围

适合糖果、瓜子、果冻、冷冻、宠物食品、膨化食品、开心果、花生、果仁、杏仁、葡萄干等休闲食品、大壳坚果、五金件、塑料胶粒等各种颗粒状、片状、条状、圆状及不规则形状等物料的定量称重。

（3）主要技术参数

称重范围：10～1000g

称量精度范围：±(0.5～2)g

最大称重速度：65 包/min

料斗容量：1600mL

驱动方式：步进电机

选购装置：集料斗/打印装置/超差选别装置/可旋转主振机

操作界面：10.4in 触摸屏（1in=25.4mm，后文同）

电源规格：220V，1000W，50Hz/60Hz，10A

包装尺寸（长×宽×高）：1620mm×1100mm×1100mm

包装质量：420kg

（4）生产厂家：中山市精威包装机械有限公司

7.3.6.4 海川三层 16 斗坚果颗粒包装机（图 7-43）

（1）性能特点

① 记忆斗：三层斗的设计，增加了组合斗数，提高了运行速度。

② 单向下料：单向下料给 1 个包装机，最大速度 160 包/min。

③ 混合物料：单向下料给 1 个包装机或 2 种物料在 1 包，最大 90 包/min。

④ 双向下料：双向下料给 2 个包装机，最大速度 100 包/min。

（2）适用范围

适合各种冷冻汤圆、冷冻蔬菜、水饺、塑料件、樟脑丸、小五金件、中草药等各种颗粒状、片状、圆状、条状、不规则形状的物料自动组合定量称量与包装。

（3）主要技术参数

型号：AC-6B16-4A-8X

称重范围：10～3000g

图 7-43　海川三层 16 斗坚果颗粒包装机

称重准确度：±(0.5～2)g

最大速度：160 包/min

电源要求：220V，50/60Hz，3kW

料斗容量：2.5L 无弹簧料斗

显示器：10.4in 彩色触摸屏

(4) 生产厂家：广东海川智能机器有限公司

7.3.7 多列自动包装机

7.3.7.1 DXDK10D (间歇) 自动多列包装机（图 7-44）

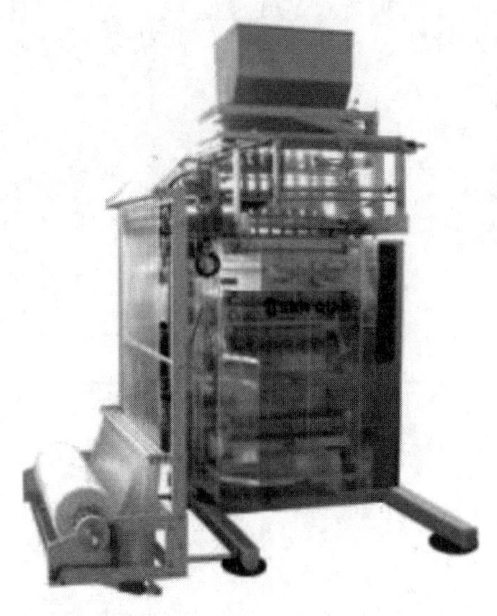

图 7-44 DXDK10D（间歇）自动多列包装机

(1) 性能特点

① 本机采用西门子 PLC、日本松下伺服电机、触摸式人机界面和日本富士温控系统，操作方便快捷，运行故障率低。

② 包装膜预送装置具有自动纠偏系统，制袋稳定。

③ 采用间歇封合方式，密封牢固可靠，袋形美观。

④ 包装速度达到 400 袋/min（8 列，稳定运行），高速可靠。

⑤ 计量装置无清洗死角，清洁方便，符合 GMP 标准。

⑥ 机器可储存十组不同包装规格的设置参数，便利可靠。

⑦ 具有热打码机、物料检测、上料机等可供选择。

⑧ 操作维修方便，具有故障自动显示和停机功能。

(2) 适用范围

适合医药、食品、化工等行业，用于颗粒、液体、黏体物料的自动包装。

(3) 主要技术参数

包装袋尺寸：50～150mm

最大包装膜宽度：530mm

最大列数：8 列

包装速度：单列 40～60 包/min（依包装材料和物料）

计量范围：2～10mL

计量准确度：±5%

耗气量：20L/min，0.7MPa

电源：380V，50Hz，5.7kW

包装袋型：四边封

外形尺寸（长×宽×高）：2270mm×1645mm×2110mm

质量：1100kg

(4) 生产厂家：天津市三桥包装机械有限责任公司

7.3.7.2 KMP-500多列式颗粒·粉末自动充填包装机（图7-45）

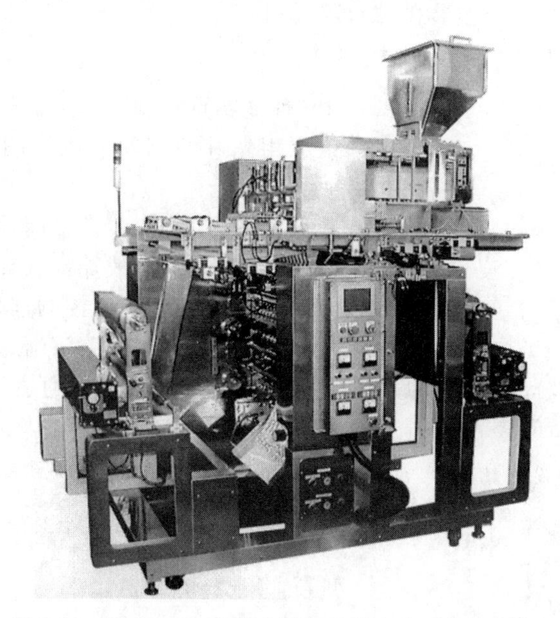

图7-45　KMP-500多列式颗粒·粉末自动充填包装机

（1）性能特点

① 可实现高生产率的多列粉末/颗粒自动充填包装机，采用单辊筒形式的充填方式，封口美观，稳定性出色。

② 可多列包装（有效封口宽500mm），能实现连包品及单包品的高效率生产。

③ 通过配备独创的光电控制装置，可选择生产带色标产品或无色标产品。

（2）适用范围

各种粉末、颗粒等的包装最为适合。

（3）主要技术参数

填充物：颗粒、粉末

包装形式：四边封

袋长可变范围：3分割90～120mm　4分割65～85mm
　　　　　　　5分割55～66mm　6分割45～50mm

制袋宽度：11～65mm

可选计量装置：计量盘式计量装置/滑板式计量装置

列数：2～12列（计量盘装置4列，滑板式装置2～12列）

包装能力：25～50袋/min（1列）×列数

※实际充填包装速度，根据产品尺寸、包材材质、原料物性等的不同而发生变化。

充填容量：1～50mL

※充填容量的计量范围根据原料物性及供料装置的不同而发生变化。

薄膜宽：最大500mm

薄膜最大卷径：300mm

使用电力：3相380V，8.3kW

耗气量：300L/min（0.4～0.5MPa）

机器外形尺寸（长×宽×高）：2360mm×1400mm×2450mm

机器质量：约 1600kg

（4）生产厂家：上海小松包装机械有限公司

7.3.7.3 MLP-04-480 4 通道颗粒背封包装机（图 7-46）

图 7-46 MLP-04-480 4 通道颗粒背封包装机

（1）性能特点

① 采用先进的伺服电机控制拉袋，该系统拉袋快速平稳。

② 采用日本 PLC 人机界面控制系统，具有操作指示、生产统计及自诊断故障提示等功能。

③ 采用 PID 智能温度控制器，具有良好的热平衡，嵌入式热封机构，热封纹路清晰。

④ 可根据需要定制更多通道，如 6、8 通道。

（2）适用范围

适用于颗粒物料的一出四条软袋包装，速度快、生产效率高。

（3）主要技术参数

型号：MLP-04-480

袋长：70～200mm

袋宽：16～35mm

膜宽：最大值 480mm

列数：8

生产能力：1280 包/min

封口方式：背封或贴

（4）生产厂家：欧华包装企业有限公司

7.3.8 给袋式自动包装机

7.3.8.1 AP-8BT 给袋式自动包装机（图 7-47）

（1）性能特点

① 间歇式 8 工位旋转机，专为平面袋和自立袋（拉链式或无拉链式）包装设计。

② 触摸屏操作简单方便。

③ 出错信息直观显示。

④ 符合卫生标准，清洗方便。

⑤ 多种充填装置可供选择：螺杆称量充填装置、量杯充填装置、液体充填装置、膏体充填装置以及其他特殊产品的充填装置。

⑥ 可与其他外部配套设备进行简单组合。

（2）适用范围

粉剂：小麦粉、汤料(螺杆称量充填装置)

颗粒：砂糖、种子(量杯容积充填装置)

液体：清洁剂、洗发水、漂洗剂、饮料（活塞泵或螺旋泵）

膏体：软罐头食品（特殊螺旋泵或回转泵）

图 7-47　AP-8BT 给袋式自动包装机

(3) 主要技术参数

袋子尺寸：袋宽 100～200mm，袋长 100～300mm

充填量：最大 1000g

包装速度：25～40 袋/min

适用袋质：复合膜

适用袋型：平面袋、自立袋、壶嘴袋、拉链袋、滑动拉链袋、插脚袋

安全性能：无袋不充填、不封口
袋子无法打开或打开不完整不充填、不封口
加热装置故障报警
机器在低于设定气压下自动停机
机器在防护罩未关闭或电箱门未关闭时自动停机
防护门（可选）

功率：220V/380V，3 相，50Hz/60Hz，3.8kW

气源：500N，0.59MPa

(4) 生产厂家：欧华包装企业有限公司

7.3.8.2　小颗粒专用给袋式称重包装系统（图 7-48）

(1) 性能特点

① 采用德国 PLC 控制，配有触摸屏人机界面控制系统，操作方便。

② 自动检测功能：不开袋或开袋不完整时，不加料、不热封，袋可再次利用，为用户节约生产成本。

③ 安全装置：当工作气压不正常或加热管故障时，报警提示。

④ 调整袋宽采用电机控制，按住控制按钮即可调整各组机夹宽度，操作方便，节省时间。

⑤ 与物料接触部分均采用不锈钢材质。

(2) 适用范围

图 7-48　小颗粒专用给袋式称重包装系统

这套设备由给袋式包装机与四斗秤、工作平台配套而成，主要适用于洗衣粉、大米、种子、白糖、饲料、芝麻等小颗粒状物料的自动计量包装。

(3) 主要技术参数

包装袋材料：复合膜，PE，PP 等

包装袋类型：拉链自立袋、带嘴自立袋、自立袋、平面袋（三边封、四边封、手提袋、拉链袋）

袋子尺寸：宽 100～210mm，长 100～350mm（可根据客户要求定做）

填充范围：10～1000g，10～100g

计量精度：±(0.5～1.5)g

速度：≤50 袋/min（速度由产品自身及填充质量决定）

电压：380V 三相，50Hz/60Hz

功率：4kW

压缩空气：0.6m^3/min（由用户提供）

(4) 生产厂家：中山市精威包装机械有限公司

7.3.8.3　JL6-200 全自动给袋式红枣包装机（图 7-49）

(1) 性能特点

① 操作方便，采用德国西门子 PLC 控制，配触摸屏人机界面控制系统，操作方便。

② 变频调速，本机使用变频调速装置，在规定范围内可随意调节速度。

③ 自动检测功能，如不开袋或开袋不完整时，不加料，不热封，袋子可再次利用，不浪费物料，为用户节约生产成本。

④ 安全装置，当工作气压不正常或者加热管故障时，将报警提示。

⑤ 双加料工位，可以同时加两种物料，如：固体与液体、两种不同的液体等。

⑥ 调整袋宽采用电机控制，按住控制按钮即可调整各组机夹宽度，操作方便，节省

图 7-49　JL6-200 全自动给袋式红枣包装机

时间。

⑦ 部分采用进口工程塑料轴承，无需加油，减少对物料的污染。

⑧ 采用无油真空泵，避免生产环境的污染。

⑨ 包材损耗低，该机使用的是预制好的包装袋，包装袋图案完美，封口质量好，从而提高了产品档次。

⑩ 符合食品加工行业的卫生标准，机器上与物料或包装袋接触的零部件采用不锈钢或其他符合食品卫生要求的材料加工，保证食品的卫生和安全。

（2）适用范围

该机包装范围广泛，通过选择不同的计量器，可以适用于液体、酱体、颗粒、粉末、不规则块状物等物料的包装。包装袋适应范围广泛，对于多层复合膜、单层 PE、PP 等材料制成的预制袋、纸袋均可应用。

（3）主要技术参数

包装袋材料：复合膜、PE、PP 等

包装袋类型：自立袋、平面袋（三边封、四边封、手提袋、拉链袋）

包装袋尺寸：宽 100～210mm，长 100～350mm（可根据客户要求定做）

包装速度：25～35 包/min

计量范围：5～1500g（可根据客户要求定做）

机械质量：1400kg

电压：380V 三相，50Hz/60Hz

总功率：3.5kW

压缩空气消耗量：0.6m^3/min（由用户提供）

（4）生产厂家：浙江瑞安市金雷机械有限公司

7.3.9 YSJX-168 全自动袋泡茶包装机（图 7-50）

（1）性能特点

① 外封纸由步进电机控制，袋长稳定、定位准确。

② 采用 PID 调节温度控制器，温度控制得更准确。

图 7-50 YSJX-168 全自动袋泡茶包装机

③ 采用 PLC 控制整机的动作，人机界面显示，操作方便。

④ 所有可接触物料部分为 SUS304 不锈钢制作，保证产品的卫生可靠。

⑤ 部分工作气缸采用原装进口件，保证其工作准确与稳定。

⑥ 附加装置可完成平口剪切、日期打印、易撕口等功能。

（2）适用范围

适用于茶叶、药茶、保健茶、灵芝茶草根类等小颗粒物的内外袋一次性包装。

（3）主要技术参数

封口形式：三边封

计量范围：1～15g/包（特殊规格可另定）

内袋尺寸：长 50～75mm，宽 50～75mm（特殊规格可另定）

外袋尺寸：长 85～120mm，宽 75～95mm（特殊规格可另定）

标签尺寸：25mm×25mm（长×宽）（特殊规格可另定）

输入电源：220V/50Hz 单相

总功率：3.7kW

整机质量：650kg

外型尺寸（长×宽×高）：1050mm×700mm×1300mm

（4）生产厂家：河南省豫盛包装机械有限公司

7.4 袋装包装机械的选型设计与包装工艺

7.4.1 袋装包装机的选择原则

在选择袋装包装机械时要考虑到许多因素。首先根据被包装物料的情况，选择所使用的包装方法，相应的也就决定了所使用的包装机类型和计量系统。

（1）充填的计量精度

对重量要求严格的产品，计量精度要求可达±0.1%。因此，在设备的选型和选用计量方法时，应充分注意到设备的计量精度问题。

（2）生产速度

生产速度因计量系统的自动化程度不同而不同，一般取决于计量和填入所需要的时间。通常手工生产速度不超过 15 件/min，大部分间隙式计量和填入系统生产速度为 30～150 件/min，连续自动充填系统的生产速度可达 500 件/min。

（3）变换物料品种的灵活性

充填系统变换产品品种时的复杂性是不同的。一般而言，充填系统的生产速度愈高，变换品种时愈困难，如果充填的物料品种较少，而且其物理特性相近，变换品种较易实现。

7.4.2 容积式袋装包装机的工作原理和选择

容积式袋装包装机是将物料按预定容量充填至包装容器内的包装机。容积式计量的方法很多，但从计量原理上可分为 2 类：①控制充填物料的流量和时间；②利用一定规格的计量筒来计量充填。计量的质量取决于每次充填的体积与充填物料的表观密度，常用的充填计量装置有量杯式、螺杆式、柱塞式等不同的类型。特点是结构简单，体积较小，计量速度高，计量精度低。但其要求被充填物料的一定体积的质量稳定，否则会产生较大的计量误差，精度一般为±（1.0%～2.0%），比称重充填方式要低。在进行计量充填时多采用振动、搅拌、抽真空等方法使被充填物料压实而保持稳定的一定体积的质量。

容积式袋装包装机常用于表观密度较稳定的粉末、细颗粒、膏状物料，或体积比质量要求更重要的物料。

（1）容积式袋装包装机的工作原理和特点

① 量杯式充填机

工作原理：采用定量的计量杯将物料填入到包装容器内。

特点：工作速度高，计量精度低，结构简单。

② 柱塞式充填机

工作原理：采用可调节柱塞行程而改变产品容量的柱塞量取产品，并将其充填到包装容器内。

特点：计量精度高，工作速度低，计量范围易于调节。

③ 气流式充填机

工作原理：采用真空吸附的原理量取定量容积的产品，并采用净化压缩空气将产品充填到包装容器内。

特点：计量精度高，可减少物料的氧化。

④ 螺杆式充填机

工作原理：通过控制螺杆旋转的转速或时间量取产品，并将其充填到包装容器内。

特点：结构紧凑，无粉尘飞扬，计量范围宽。

⑤ 计量泵式充填机

工作原理：利用计量泵中齿轮的一定转数量取产品，并将其充填到包装容器内。

特点：结构紧凑，计量速度高。

⑥ 插管式充填机

工作原理：将内径较小的插管插入储粉斗中，利用粉末之间的附着力上粉，到卸粉工位由顶杆将插管中粉末充填到包装容器内。

特点：计量范围小，计量精度低。

（2）选用原则

容积式包装机的结构简单、价格低廉、计量速度快，但精度较低。为此，该机常用于价格较便宜、密度较稳定、体积要求比质量要求更重要的干料或稠状液态物料的充填。

7.4.3 称重式袋装包装机的工作原理和选择

有许多物料常易受潮而结块，使颗粒大小不均、流动性差，表观密度变化幅度大及价值高，此类产品适合采用称重法计量，以保证精度。

称重式袋装包装机是将物料按预定质量装填到包装容器内的机器，特点是结构复杂，体积较大，计量精度高，计量速度低。通常分为毛重式充填机和净重式充填机。

（1）称重式袋装包装机的工作原理和特点

称重式袋装包装机是由供料机构、称量机构、开斗机构等构成。由供料机构将待称物料供到称量机构中，当达到所需要的质量时停止供料，再由开斗机构开斗放料充填，从而完成称量装填工作。

① 无秤斗称重式袋装包装机（毛重充填机）

工作原理：在装填过程，物料连同包装容器一起称重。

特点：产品结构简单，易于在生产线中布置，单台秤工作速度可达 40 次/min。

② 单秤斗称重式袋装包装机

工作原理：由单台秤称出预定产品的质量，并将其装填到包装容器内。

特点：工作速度较低，一般不超过 25 次/min，当物料粒度变化大或物料粘秤斗时，称量精度一般不高。

③ 多秤斗称重式袋装包装机

工作原理：由多台（一般 2～4 台）各自称出预定产品的质量，并将其分别装填到包装容器内。

特点：工作速度成倍于单秤斗称量式充填机。

④ 多斗电子组合称重式袋装包装机

工作原理：由多台秤各自称出一定的质量，然后通过微处理机将某几个秤斗的质量组合起来，使之最接近预定的质量，并将其装填到包装容器内。

特点：计量速度高，可达 160 次/min，计量精度高，设备体积大，造价高。

⑤ 计量泵称重式袋装包装机

工作原理：应用连续称量检测和自动调节技术，确保在连续运转的输送机上得到稳定的物料质量流率，然后进行等分截取，以得到各个相同的定量份值。

特点：计量速度高，但计量精度较低。

(2) 称重式袋装包装机的应用范围及选用原则

① 应用范围

单秤斗充填机和多秤斗充填机由于工作原理完全相同，因此适宜范围也基本相同，主要用于流动性较好、颗粒均匀的物料的称重充填，广泛用于化工产品、粮食、种子、饲料、日化等诸多行业，它不适用于片、块状物料。

由于速度的不同，单秤斗称量式充填机速度较慢，只适用于单独使用人工接袋封口，而不宜与包装机联合工作。多秤斗称量式充填机由于速度较快，单独使用时人工难以跟上生产节拍，故更多地与包装机联合工作。

多秤斗电子组合式称量充填机是最先进的称重式计量充填机，它的不同机型适宜于范围极其广泛的物料计量充填，其对颗粒不均匀及形状不规则物料的计量尤其适用，此机代表了称重式计量充填机的发展方向。

连续式称量充填机可用于粒度均匀、小颗粒物料的计量。计量范围一般在 500g 以下，选用时充分注意其速度高而精度低的特点。

② 选用原则

用户在选用称重式计量充填机时一定要仔细分析以上 3 种机型的性能价格比，结合自己的承受能力适当选用。选用时还须注意以上 3 种机器主要适用于粉尘不大的场合，对于细粉尘的物料能否使用尚需仔细验证，最好能与生产厂家联系试机。对于具有严重腐蚀性的物料要请生产厂家生产注意与物料接触部分的防腐处理，若与包装机联合工作，则在选用时最好选用同一厂家生产的计量充填机和包装机，这对于机器的正常使用及售后服务非常方便。

除此之外，用户在选用时还须注意：电子仪表的误差应远小于系统的准确度；应有自动校零和校正量程功能；应有故障诊断和出错显示等功能；输出信号应被隔离，输出和显示应当合用。

连续式称量充填机精度的选用准则：用于贸易结算，此时要求的准确度通常优于 0.25%，作为强制检定的计量器具需要得到计量管理部门的批准；用于过程的管理和控制，即用于工艺过程中对成本、生产率及配料等进行控制，此时要求准确度为 0.5%，一般不需要取得管理部门批准；用于过程的监视，这时秤在生产过程中对成本、生产率及配件等进行控制，其准确度要求在 0.5%～3.0%，此时重复性往往也是重要的。

7.4.4　计数式袋装包装机的特点和选择

计数式袋装包装机是将产品通过计数定量后装填到包装容器内。按计数的方式不同，可分单件计数和多件计数两类。计数式袋装包装机结构较复杂，计量速度较高。计数式袋装包装机在形状规则物品的包装中应用广泛，适用于条状、块状、片状、颗粒状等规则物品包装的计量充填，也适用于包装件的二次包装，如装盒、装箱等。

在选择计数式包装机时，一定要注意不是伺服电动机越多越好，要注意适用。同时，要考虑自身的产品特性和要求，计数式包装机是一款适用于产品量少、样多的机型，但也不能频繁进行调整。

7.4.5　袋装包装机的包装工艺

包装工艺是指将包装材料与产品通过合适的方法或手段结合在一起构成包装件的过程。在制订包装工艺时，需要分析研究被包装物品的特性、流通环境的影响因素、包装品的性能、包装结构、包装设备的性能、以及包装工艺的设计准则等。袋装包装机的特点是直接用卷筒状的热封包装材料，自动完成制袋、计量和充填、排气或充气、封口和切断等多种功能。袋装包装机的工艺组成如图 7-51 所示，图中实线连接部分为基本构成，虚线连接部分表示可选择的附属装置。对于不同的袋型，包装机的结构也有所不同，但主要构件及工作原理基本相似。

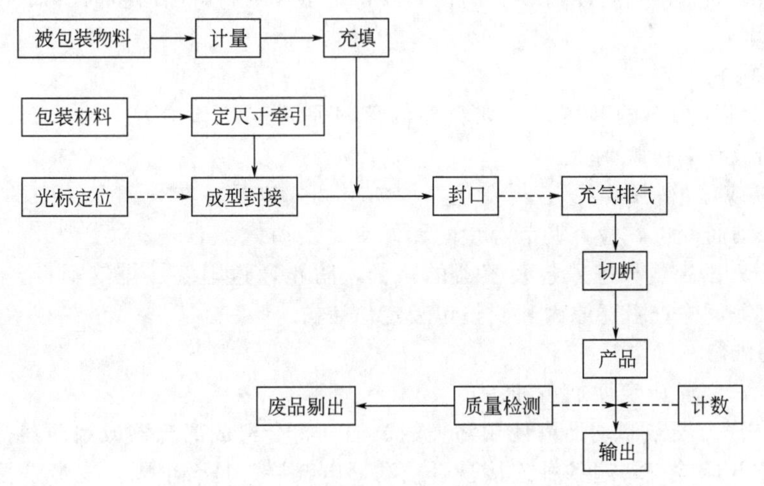

图 7-51　袋装包装机的工艺组成示意

袋装包装机的包装工序主要有如下五个步骤：

(1) 包装材料的供送及商标定位。柔性材料在张力作用下，特别是温度高时，所产生的伸长量大，对于有标卷带材料采用定长切割会造成每个单件产品上的商品、图案的不完整。为了保证商标、图案处于每一个单件包装袋的指定位置，设置一个自动检测补偿装置。

(2) 袋成型。对已送入的包装材料，在固定或者活动的成型器作用下，制成规定的形状并封边。

(3) 物料充填或灌装。经过前道工序处理（调配、杀菌）的物料通过计量装置计量之后，靠自重或者进料机构装入已成型的包装袋内。

(4) 抽气或充气、封口。对于真空包装，此时需要将包装袋内的空气抽出；而对于充气包装，此时便用保护性气体置换包装袋内的空气，这一过程可与充填物料同时进行。完成抽气或充气之后，应立即进行封口，封口方式有热压封、粘封、缝封等。

(5) 切断输出。一般地是在上述的包装操作完成之后，切断机构一定的时间剪切一次得到单件产品。最后，产品通过检验装置合格后，经输送装置等输出机外进行装箱。对于某些自立型包装在切断后，要经过整形后进行输出。

袋包装的优点是易于成型加工、质量轻、成本低，具有包装的基本功能；尺寸变化大，适用面广；既可用于运输包装，又可用于销售包装；所占空间少，运输成本低。缺点是易变形，易划破，易老化；与刚性和半刚性包装容器相比，强度差，包装有效期短。

7.5 袋装包装机械的常见故障与使用维护

袋装包装机械是将产品用塑料薄膜等包装材料自动封口包装起来，起到保护和保鲜的作用。包装机的种类繁多，分类方法很多。按产品状态分，有液体、块状、散粒体包装机；按包装作用分，有内包装、外包包装机；按包装行业分，有食品、药品、日用化工、五金零配件、纺织品等包装机等。

7.5.1 容积式袋装包装机的常见故障与使用维修

容积式袋装包装机如发现定量不准确，首先应检查给定量杯加料的装置有无失效。例如，粉粒物料料斗的落料是否连续和均匀，料层有无起拱、搭桥、结块现象，刮板有无松脱或变位。显然，如果落料时断时续，刮板失效，定量杯进料就会时多时少而无法实现准确地定量。

(1) 故障分析

a. 检查定量杯加料的装置。例如料斗的落料是否连续和均匀，料层有无起拱、搭桥、结块现象，刮板有无松脱或变位。

b. 定量杯或定量腔的容积有无变化，例如可调式定量杯在长期运转中的摩擦、振动可能使其发生松动而变位，检查调节容量的元件有无变动。

c. 检查物料由定量杯进入包装容器的路径，防止通道阻塞、排气不良，充填口与包装容器口对不正等，检查阻塞原因和调整包装定位装置。

(2) 使用维修

a. 各齿轮、链轮应定期加黄油。

b. 切忌在离合器或制动器内使用污染的黄油（将会造成离合器或制动器打滑）。

c. 每隔 72h 应检查一遍各种连接是否松动，电线接头是否牢固，皮带是否太松。

d. 每次拆卸机器后，应用手拨螺旋，观察转动是否有异常。

e. 启动电动机时，如发现电动机声音异常，应紧急停机，关掉总电源，及时检查线路。

f. 电动机在转动时，切忌用手拨螺旋或用工具去清理螺旋内的物料。

g. 控制箱内切忌受潮。

h. 每天下班后，应用水将机器料斗及物料通道清洗干净。

容积式充填机的关键部分是其电气控制部分，因为工作环境等因素的影响容易受到损坏。对其机械部分要注意清洗、润滑并做适当的调整。因为各个厂家生产的产品总有很多不同之处，关键是要参照各生产厂家使用说明书进行选用和使用维修。

7.5.2　称重式袋装包装机的常见故障和使用维护

（1）多斗电子组合式袋装包装机的故障分析

a. 料位信号无输出

检查对射式光电管的输出信号；检查主基板相应输出端口的信号。

b. 供料斗或称重斗开门用步进电动机出现失步现象

检查称重驱动单元内接插件是否接反；检查主基板的相应端口的输出信号是否正常；检查步进电动机驱动板的输出信号是否正常。

c. 进行较大规格称量时，供料斗或称重斗出现夹料现象

修改系统设置中步进电动机的模式选项；在程序设置中，增加线性振动加料器延迟驱动时间、供料斗延迟打开时间、称重斗延迟打开时间。

d. 在整机自动工作模式下，线性振动加料器不振动引起的故障

检查中心柱内线性振动加料器接口板和主基板上相应接口的接插件是否松动；检查主基板的相应端口的输出信号是否正常。

e. 线性振动加料器供料不均匀引起的称量与目标设定值之间偏差

线性振动加料器在空振并且振幅调整到最大的情况下，检查其振幅指示计的示值是否为规定值，如果不是，则对其簧片的数量进行调整；检查线性振动加料器线圈与导磁板之间的间隙中是否有异物。

f. 供料斗或称重斗的某一步进电动机明显比其他电动机的转动力矩小

检查步进电动机驱动板上相应接口的引脚是否虚焊；检查主基板的相应端口的输出信号是否正常。

g. 某一驱动单元发生故障而使相应供料斗和称重斗不工作

如果短时间内无法判断故障原因而又不影响生产，则可把此头终止，其他几头仍可正常工作；更换驱动单元，然后恢复正常工作。

h. 在连续自动工作过程中，突然出现组合斗数增加而引起称量不准确的现象

检查线性振动加料器上物料状况，如果发现物料明显变薄，则应增加斗式提升机振动器的振幅，使其供料量增加，并使其料流维持稳定。

i. 在连续自动工作过程中，组合速度明显低于该称量范围组合速度的额定值

在程序设置中，减少线性振动加料器延迟驱动时间、供料斗延迟打开时间、称重斗延迟打开时间和系统稳定时间4项参数的值；重新进行量程标定。

j. 仪表显示某一称重斗出现故障而无法工作

检查称重斗挂架与驱动单元之间是否有异物被夹住；检查传感器的零点漂移是否超过允许的范围，如果超过则重新进行零点标定和系统标定。

（2）连续称重式袋装包装机的故障分析

测量值偏小，这可能是由于测量头或测辊上黏结层加厚使辊径变大，于是在同样带速下，转数减少致使测量值减少。解决的办法是清理所黏结的物料。至于其他故障则类同于前几种称量机，例如，仪表的损坏可能是机械的松动磨损，需将松动的机械拧紧，对损坏的仪表和机械零件则应修理或更换。

连续式计量充填机应按照制造厂的说明书进行维护和保养：①称量机及其周围区域应保持干净、无碎石及有损于机器的其他物料；②2次物料实验之间，应定期进行模拟载荷实验，以保证机器正确无误地运行；③当输送机的工作在秤区内或按照制造厂的建议执行时，

应当进行“弦线”准直性检查，即采用直径为0.51mm的钢丝或相当的尼龙线进行准直性检查，每当进行准直性调整后，都必须做物料实验；④模拟负荷设备和实验设备应当清洁，维护良好。

（3）使用维护

称量充填机在实际使用中，建议配接一台高精度的稳压电源器，这样可使计量相当稳定，保护机内的电子元件，延长机器使用寿命。

称量充填机不允许放置在振动大的平台上，否则会影响计量精度，应定期检查：①秤斗上各连接处螺钉是否松动；②秤斗是否碰到其他物体；③传感器下部限位螺钉与上部吊块之间的间隙是否在规定值内；④开斗机构转动是否灵活；⑤簧片是否有变形或紧固端是否松动；⑥电磁铁间隙是否合适；⑦振动簧片是否断开。

应注意，开斗机构关节轴承应定期加油。

无秤斗称重式充填机由于没有秤斗，故其常见故障除“开斗电动机转动不停”外，其余同上。使用时需配接一台高精度的稳压电源器，这样可使计量相当稳定，保护机内的电子元件，延长机器使用寿命。另外称量机同样不允许放置在振动大的平台上，否则会影响计量精度。

7.5.3 计数式袋装包装机的常见故障和使用维护

（1）故障分析

计数式袋装包装机的机械故障比较容易发现和处理，主要是链条、推板、导轨、支承等运动机构及传动零件磨损、松脱、变位造成。规则块状物品的外形尺寸误差过大，颗粒物品的料度大小不均匀都会造成计数定量不准确。光电计数器的故障主要是光电管变位或灵敏度下降，使光源通道被遮隔，光线接收受阻，还有就是光源、光敏元件失效及其电路故障所致。

（2）使用维修

计数不准，也可能是产生粉尘的物品阻塞孔腔，使进入计数器的物流不均匀，造成装填不足，影响计数的准确性。

计数式袋装包装机的维护主要是清洗、润滑和适当的调整，坚持这3点可以使机器延长寿命。

随着微型计算机以及各种高新技术的应用，今后，计数式袋装包装机将向着高度自动化、智能化的方向发展。在自动控制和自动检测等方面将有更新的发展。

参考文献

[1] 李连进．包装机械选型设计手册．北京：化学工业出版社，2013.
[2] 许林成等．包装机械原理与设计．上海：上海科学技术出版社，1988.
[3] 孙智慧，高德．包装机械．北京：中国轻工业出版社，2010.
[4] 高德．包装机械设计．北京：化学工业出版社，2005.
[5] 黄颖为．包装机械结构与设计．北京：化学工业出版社，2007.
[6] 杨晓清．包装机械与设备．北京：国防工业出版社，2009.
[7]《包装与食品机械》杂志社．包装机械产品样本．北京：机械工业出版社，2008.

第 8 章　灌装包装机械

8.1　概述

灌装机是将液体产品按预定量灌装到包装容器内的机器，主要用于玻璃瓶、金属易拉罐及塑料瓶的液料灌装。灌装液料主要包括食品行业的啤酒、矿泉水、饮料、乳品、植物油及调味品等，化工行业的洗涤日化用品等、矿物油及农药等。目前，灌装机械大部分应用在食品行业，尤其是饮料制造业。

液体灌装机械主要是为玻璃瓶、易拉罐、PET 瓶三大类包装容器而设计的。用于果汁及牛奶的复合纸软包装主要采用利乐包装设备，为无菌灌装，灌装容量为 0.25～2L，有砖形、屋形和三角形，这些包装设备大多为国外进口设备。

现代液体灌装设备多为“灌装-封口”、“容器清洗-灌装-封口”一体机。由于客户包装容器、灌装的液体、封口的形式不同，灌装设备多为模块化设计，有时可按需要任意组合，这样就形成了各种不同系列的灌装封口机，这也是液体灌装设备多为专用机械的一个特点。

8.1.1　灌装的液体产品

影响液体灌装的主要因素是液体的黏度，其次为是否溶有气体，以及起泡性和微小固体物含量等。因此在选用灌装方法和灌装设备时，首先要考虑液体的黏度。

(1) 根据黏度区分液体产品

流体：指靠重力在管道内按一定速度自由流动，黏度为 0.001～0.1Pa·s 的液料，如牛奶、清凉饮料及酒类等。

半流体：除靠重力外，还需加上外压才能在管道内流动，黏度为 0.1～10Pa·s 的液料，如炼乳、糖浆、番茄酱等。

黏滞流体：靠自重不能流动，必须靠外加压力才能流动，黏度在 10Pa·s 以上的物料，如调味酱、果酱等。

(2) 根据是否溶有气体区分液体产品

含气（CO_2）液体产品：含有酒精成分的含气（CO_2）液体称为硬饮料，如啤酒等；不含有酒精成分的含气（CO_2）液体称为软饮料，如汽水等。

不含气液体产品指的是液体中不含有气体的产品，如白酒、醋等。

8.1.2　灌装机的分类

(1) 根据灌装方法的不同将灌装机械分为四类。

① 常压灌装机。常压下将液体产品灌装到包装容器内的机器，适宜灌装黏度低、不含气体的液体产品，如酒类、乳品、调味品以及矿物油、药品、保健品等化工类产品的灌装，液损很小。

② 负压灌装机。先对包装容器抽气形成负压，然后再将液体产品灌装到包装容器内的机器称负压灌装机，也称为真空灌装机，主要分为两种：

a. 压差式负压灌装机。储液箱处于常压，只对包装容器抽气使之形成负压，依靠储液箱和待灌容器之间的压力差，将液体产品灌装到包装容器内的机器。

b. 重力式负压灌装机。将储液箱和包装容器都抽气形成负压，依靠液体产品自重，完成灌装包装的机器。负压灌装机适用于灌装含维生素的饮料、有毒农药和化工试剂等。用于不含气饮料、酒类的灌装，灌装阀很少有滴漏现象。

③ 等压灌装机。先对包装容器充气，使其内部气体压力和储液箱的气体压力相等，然后利用液体产品的自重，完成灌装包装的机器。适用于灌装含气饮料和含气酒类，例如汽水、可口可乐、啤酒等，也可以灌装不含气饮料。

④ 压力灌装机。利用外部机械压力，完成液体产品充填包装的机器。适用于灌装黏稠性物料，如牙膏、番茄酱、豆瓣酱、香脂等。

(2) 根据灌装机中包装容器供送方式的不同将灌装机械分成两大类

① 直线型灌装机。直线型灌装机在灌装时，包装容器由一个工位间歇地直线运动到另一个工位，并在停歇时完成灌装的机器。间歇式步进输送包装容器，适用于特殊形状包装容器、大容积的液体包装，生产效率较低。

② 旋转型灌装机。旋转型灌装机在包装容器进入灌装工位后，灌装头在围绕中心转盘等速回转一周的过程中完成灌装。这是由直线式灌装机发展而成的普遍形式，设备的生产率较高，能高速连续工作。

8.1.3 灌装机的工作过程

洗瓶机将灌装瓶的里外清洗后，并经质量检查合格的灌装瓶，由输送带送入自动灌装机的限位机构，根据规定的要求按一定间隔排列整齐，送入星形拨瓶轮，星形拨瓶轮准确地将灌装瓶送到瓶的升降机构。升降机构的升降平台逐渐上升，灌装瓶随之上升，于是灌装瓶口打开灌装阀的液门，进行灌液。完成灌装后，灌装瓶的升降机构逐渐下降，灌装阀的液门自动关闭，灌装好的灌装瓶降到最低位置，当转过一定角度后，灌装瓶进入拨瓶机构，被拨瓶机构送到下一工位，送去进行封盖，这样就完成了灌装工作的循环过程。

8.1.4 灌装机的传动原理

旋转型自动灌装机，所用的驱动力都是电动机，其功率一般在1～3kW之间，电动机的转速通常是很高的，而灌装机的转速不过每分钟几转，满足不了灌装工作的要求。因此，它的传动就需要一套合理的变速系统。

旋转型灌装机的传动系统要求有以下几点。

① 传动平稳　灌装机完成灌装任务是在一个液料室和多个灌装阀下进行的，它的进瓶、出瓶和准确地灌装等都要求设备在平稳的工作条件下进行。

② 传动系统结构简单　传动系统结构简单，一方面可以减少功率的消耗，另一方面容易保障设备的精度，同时维修方便。

③ 安全装置　旋转型灌装机经常出现的问题是灌装瓶被卡住，在设计时应考虑安全装置，在机器发生故障时，能自动停车或自动报警，以便及时排除故障。

采用调速电机的灌装机可以直接进行无级变速，但这种传动系统对电机要求很高，必须具备防尘和防水等功能，而且价格也较贵。

8.2 灌装机的结构组成和灌装方法

8.2.1 灌装机的结构组成

目前灌装机大多采用旋转型结构，即包装容器随灌装阀一起做等速回转运动，同时进行灌装。每台灌装机中灌装阀的数目称为灌装机的头数。旋转型灌装机的结构比较复杂，主要由包装容器的供送装置、瓶托升降机构、灌装液料的供送装置（即供料装置）、液位控制装置、灌装阀等组成。

（1）包装容器的供送装置

在自动灌装机中，按照灌装的工艺要求，准确地将待灌装容器送入主转盘升降机构托瓶台上，是保证灌装机正常而有秩序地工作的关键。一般供送机构的关键问题是容器的连续输送和容器的定时供给。常用的供送装置有螺杆、输送链带和星形拨轮等。

① 螺杆式供送装置　这种装置可将规则或不规则排列的成批包装容器，按照包装工艺要求的条件完成增距、减距、分流、升降和翻身等动作，并将容器逐个送到包装工位。

a. 等螺距螺杆供送装置　等螺距螺杆供送装置可以将包装容器按照包装工艺要求，将容器等间距逐个送到包装工位。

b. 变螺距螺杆供送装置　变螺距螺杆供送装置是专门用于供送圆柱形或棱柱形包装容器的装置，可以改变包装容器之间的间距。

c. 特种变螺距螺杆供送装置　特种变螺距螺杆供送装置不仅能改变供送容器的排列和间距，同时起着分流和合流的作用，使容器状态和后面的包装要求相适应。

② 星形拨轮　星形拨轮的作用是将螺杆供送装置送来的包装容器，按包装工艺要求送到灌装机的主传送机构上；或者将已灌装完的包装容器传送到压盖机的压盖工位上。

③ 输送链带　常用的容器输送设备是活页链传送带。活页链传送带由金属板通过铰链一个个串联而成，板的尺寸与容器的直径相吻合。传送带通过齿轮驱动和折返，并借助自重张紧。链板两侧搁在塑料滑轨上，滑轨起托住链带、防止其跌落的作用。容器传送过程中，要求不损坏标签，并能不受碎玻璃渣的影响。

活页链传送带一般可分段地采用高压喷嘴进行喷冲清洗。尽管如此，还需要采用专门的润滑系统和润滑剂实施润滑。

活页链传送带的应用及特点可归纳如下，它可以单条或多条并列安装，且可用于弯道传送；其最大安装倾斜率达7%；可以利用传送带速度的差异，实现容器由多路变成单路，并可避免容器速度突然改变，它被广泛用于在单台设备之间做储存和缓冲区，以防止瓶流阻塞。基于上述特点，活页链传送带在灌装车间成为最主要的输送工具。

（2）瓶托升降机构

升降机构的作用是将送来的包装容器上升到规定的高度，以便完成灌装，然后再把灌装完的包装容器下降到规定位置。目前常用的升降机构有机械式、气动式、机械与气动组合式3种结构形式。

① 机械式升降机构　机械式升降机构主要由凸轮-偏置直动从动杆、齿轮-齿条机构来实现的。这种升降机构具有结构简单、制造方便的特点。托瓶机构依靠弹簧力使托瓶台升降，具有一定的缓冲作用，但在降瓶及无瓶区段有较大的弹簧力，将增加凸轮磨损，容易弯断辊子销轴。弹簧在连续工作中容易失效，其压紧力也受到一定限制。该机构主要用于灌装不含气液料的灌装机中。

② 气动式升降机构　气动式升降机构克服了机械式的缺点，当发生卡瓶时，压缩空气好比弹簧一样被压缩，使瓶子不再上升，故不会挤坏瓶子。但是，瓶子下降时的冲击力较大，要求气源压力稳定。该机构适用于灌装含气饮料的灌装机。

③ 气动-机械混合式升降机构　组合式托瓶升降机构利用气动托瓶，压缩空气可在环管中循环使用，减小动力消耗。因此具有自缓冲功能，托升平稳，而且节约时间。同时，它又结合凸轮导轨的控制，使托瓶升降运动迅速、准确以及保证质量，这种机构应用很广泛，特别是对于等压式灌装机，因为已配备空气压缩装置，因此更宜采用。

上述3种类型的托瓶机构各有优缺点。机械式托瓶机构是依靠弹簧力使托瓶台升降，无需密封，但弹簧在连续工作中容易失效，压紧力也受到一定限制，它主要用于不含气液料的灌装机。气动式托瓶机构以压缩空气作动力源，有良好的吸振缓冲能力，出现故障时也不易轧坏瓶子，但活塞的运动速度受气压变化影响较大。若压力下降较大，不但使瓶的上升速度减慢，而且难以保持瓶口与灌装头的紧密接触；若压力上涨较大，则瓶的上升速度加快，以致不易与进料管对正并使瓶子受到较强的冲击力。机械与气动组合式托瓶机构，运动稳定可靠，压缩空气在环管中循环使用，只需补充漏损量，应用广泛，但凸轮导轨也会增加额外的润滑、磨损和运转阻力。

等压法灌装机，因已有空压系统，宜采用气动式或机械与气动组合式托瓶机构。

(3) 灌装液料的供送装置

灌装液料的供送装置（或称供料装置）是将液料由储液箱经泵、输液管道送到储液箱中的装置。它包括储液箱、泵、管道、阀门、储液箱及高度调节装置、液位控制器等。不同灌装方法的灌装机供液装置的结构是不相同的。

(4) 液位控制装置

液体灌装机要求有稳定的液位，一般都是通过液面浮球阀或液面电极来控制液位。常见的液位控制装置有浮球液位控制器、电接触液位控制器、电导式液位控制器以及PLC控制液位的方法。

① 浮球液位控制器　浮球液位控制器适用于工业生产过程敞开或承压容器内液位的控制，浮球浮于液面，其位置随液面波动而变化。灌装精度和速度都要求不高的灌装机常使用该控制器。根据液位的高限和低限，分为高液位控制器和低液位控制器。

高液位控制浮球控制储液箱内最高液位，低液位控制浮球控制储液箱内最低液位。

② 电导式液位控制器　电导式液位控制器是一种新型的液位控制仪表。由于其灵敏度可调，所以对低电导率的液体具有极强的抗结垢能力。适用于轻工、化工、水处理等行业的自动给液、排液控制及各种导电液体的上下限限位报警。该控制器通过测量电极与导电液体的接触，连通控制电路的电流，再由控制电路把这个电流信号转换为继电器的触点开关输出，从而实现了对液位的传感。

③ 音叉式液位限位开关　音叉式液位限位开关是一种新型的液位控制开关，又称为“电子浮子”，凡是有浮球限位开关和由于结构、湍流、搅动、气泡、振动等原因不能使用浮球限位开关的场合均可使用“电子浮子”。

由于该液位控制开关无活动部件，因此无需保护和调整，是浮球液位控制器的升级换代产品。

④ PLC液位控制　近些年来，PLC逐步广泛用于全自动灌装机中并日益成熟，其对储液箱内液面控制方便、适用性广、可靠性高、抗干扰能力强、编程简单，但由于PLC使用大规模集成电器，其价格比机械开关、继电器和接触器都昂贵。

另外，还有射频电容式液位控制器、超声波液位控制器、电接触式液位控制器等多种液位控制器，可根据灌装机的具体设计等要求进行选择使用。

(5) 灌装阀

将储液箱中的料液灌装到包装容器内的机构称为灌装阀，主要由阀体、阀端、阀门、密封元件、开启元件等组成。

① 阀门的数目区分

单阀型灌装阀：只有一个气阀或液阀的灌装阀称为单阀型灌装阀。

双阀型灌装阀：既有液阀又有气阀的灌装阀称为双阀型灌装阀。

多阀型灌装阀：有液阀、气阀、回气阀的阀体结构称为多阀型灌装阀。

② 阀门启闭的运动形式区分，有单移阀、旋转阀、多移阀

单移阀：阀体中只有一个可动部件，它相对于不动部件做往复的直线运动，根据可动部件开闭液道的方法又可进一步分为：

a. 柱面式单移阀：利用轴向移动的阀件切换在圆柱面上的孔道来切换液体通路的。

b. 端面式单移阀：利用阀件端面来启闭液体通路的。

旋转阀：阀体中可动部件相对不动部件在开闭阀门时做往复一次或多次的旋转或摆动，在摆动两极限位置，由可动部件上的孔眼是否对准不动部件上的孔眼来实现液体通道的开闭。

多移阀：阀体中有几个可动部件相对于不动部件在开闭时做多次往复直线移动或摆动。

8.2.2　基本的灌装方法

液料产品的物理化学特性和产品的质量要求决定了相应的灌装方法。常采用以下几种方法由储液装置灌装液料到包装容器。

(1) 常压法灌装

常压法灌装是在大气压力下，依靠液体的自重流进包装容器内，整个灌装系统处于敞开状态下工作。利用液面控制灌装的常压灌装法，其工作过程为：①进液排气，液料灌装容器内，同时将容器内的空气自排气管排出；②停止进液，容器内液料达到定量要求后，自动停止灌装；③排除余液，将进入排气管内的残液排除，为下一次灌装进液排气做准备。

常压法主要用于黏度不大、不含二氧化碳、不散发不良气味的液体产品的灌装，如酱油、牛奶、白酒、醋、果汁等。

(2) 等压法灌装

等压法灌装是利用储液箱上部气室的压缩空气，先给待灌容器充气，使储液箱和容器内的压力接近相等，液料在此密闭系统中，依靠自重流进容器内。其工作过程为：①充气等压；②进液回气；③停止进液；④释放压力（释放瓶中残留气体压力，以免瓶子内突然降压而引起冒泡，影响定量精度）。

(3) 真空法灌装（负压法灌装）

真空法灌装利用待灌液体与吸出容器中气体的排气口之间的压力差进行灌装。压差可使产品的流速高于等压法灌装。对于小口容器、黏性产品或大容量容器的液料灌装特别有利。但真空法灌装系统需要一个溢流收集和产品再循环的装置。因真空发生形式的不同，派生出低真空法灌装和纯真空法灌装等几种灌装方法。

真空法灌装的工艺过程是：①容器抽真空；②进液排气；③停止进液；④余液回流（排气管中余液经真空室回到储液箱）。

真空法可提高灌装速度，减少产品与空气的接触，有利于延长产品的保存期，其全封闭状态还限制了产品中有效成分的逸散。

真空法适用于灌装那些黏度稍大的液体（如油类、糖浆）、不宜暴露于空气中的含维生素的液料（如蔬菜汁、果汁）以及有毒的液体（如农药、化学药水）等。

(4) 压力法灌装

压力法灌装与真空法灌装相反，灌装密封系统处于高于大气压力的状态中，正压力施加产品上。可通过对储液箱顶部预留空间加压的方法或利用泵将产品压送到灌装阀的方法完成流体液料或半流体液料的灌装。压力法可在产品和排气管两端保持高于大气压的压力，且产品端压力更高，有利于使某些饮料保持较低的二氧化碳含量。压力法适合灌装不能抽真空的

产品，如酒精类饮料（酒精含量会随真空度增加而减少）、热饮料（90℃的果汁，抽真空可引起液料迅速蒸发）以及黏度稍大的液料。

8.2.3 灌装机的调整

灌装机的结构比较复杂，因灌装方法的不同也导致结构不同。但其使用过程中，根据使用情况和产品情况有时需要对机器进行调整，下面介绍几种常用的方法。

（1）液料室的液位调整

因为液料室的液位高低直接影响到灌装速度，若液位过低甚至使一定的灌装角度中灌不满瓶子。因此，灌装机要求液料室中的液位可以调整控制在合适的位置上，并且在灌装过程中能基本保持不变，以便灌装速度稳定。

（2）灌装量的调整

灌装机的定量形式多是以瓶定量的，若更换灌装瓶容量时，可调节升降机构中活塞芯子的高低来实现。因此，灌装瓶容量的改变，从而也就调整了灌装量。若灌装机的定量形式是定量杯定量的，则改变定量杯的容积，也同时调整了灌装量。

（3）转速的调整

灌装机上的调速装置一般是机械无级调速，常用的是三角皮带机械式无级调速方法。这种无级调速器运转平稳，结构简单，但是调速范围小，随着负载变化，它的打滑率也随之变化，输出转速近似对称于输入转速变化。只能用在作为传动链内部的速度匹配调节用，不能用在有准确传动比要求的传动系统中。

8.3 灌装包装机的产品实例

近年来，随着饮料、食品、医药和化工等产业的发展和人们生活水平的逐步提高，产品的种类不断增加，这要求灌装机能适应多种不同的包装容器，并对产品质量有了更为显著的要求，使得灌装机的技术和产品都发生了重大转变。

当前，灌装机械的发展趋势是不断提高单机的自动化程度，改善整条包装生产线的自动化控制水平、生产能力，提高灌装机产品的质量。灌装机的主要性能体现在产品质量、高速、多用、高精度等方面。

（1）灌装机械的机电一体化

传统的灌装机多采用凸轮分配轴式的机械式控制。但包装工艺的日益提高，对包装参数的要求不断增多，机械控制系统已难以满足发展的需要。目前的灌装机是集机、电、气、光于一体的机械电子设备，按产品包装工艺要求进行生产，实现生产过程的检测与控制、故障的诊断与排除的自动化，着力于提高灌装机的自动化程度。

（2）设备的多功能化

灌装机要适应使用厂家经常改变灌装产品的需求，充分发挥设备的潜力，做到设备的多功能化。因此，灌装机应适应多种液体和多种瓶型的灌装，能调节灌装速度（调速）以满足生产需要。

（3）灌装速度的高速化

为适应工业生产的高速集约化，以获取最佳经济效益，灌装速度越来越趋向高速化。例如，碳酸饮料灌装设备的灌装速度最高可达 2000 罐/min，灌装阀头数达到了 165 头；非碳酸饮料的灌装阀头数也达到了 100 头，灌装速度最高可达 1500 罐/min；灌装机直径达到 5m。

（4）灌装的高精度化

灌装精度是体现灌装机技术性能的关键。企业生产规模的扩大，商品质量要求的提高，其生产中灌装精度的要求就更高，灌装精度直接影响到产品质量以及后期的销售。灌装机的灌装控制系统包括了控制系统、传感器技术、高速计量等，国外灌装设备的灌装精度达到±0.5mL以下。

（5）设备成套和保养

灌装生产线包含洗瓶、干燥、灌装、封盖等多台设备配套组合，要实现生产能力、废品率、生产环节等的匹配。另外，在选用设计灌装机时考虑到安装、调试、保养的方便性，要满足人体工程学的要求，给操作人员工作带来方便，要尽量缩短维修时间，要求便于维修、保养。

8.3.1　常压灌装机

常压灌装机主要由灌装系统、进出瓶机构、升降瓶机构、工作台、传动系统等组成，用于灌装不含气的液体，这类灌装机的高效机型大多采用回转方式。常压灌装机是在大气压力下靠液体自重进行灌装。这类灌装机又分为定时灌装和定容灌装两种，适用于灌装不含气体的低黏度液体。如牛奶、葡萄酒等。

8.3.1.1　ZGF系列自动旋转灌装封口机（图8-1）

图8-1　ZGF系列自动旋转灌装封口机

（1）性能特点

① 操作使用方便、自动化程度高。

② 设备采用全封闭式旋转灌装，与物料接触的元器件均采用不锈钢或无毒、耐腐蚀的塑料制成，符合食品的卫生要求。

③ 设备电器元件和气动元件采用德国、日本等国际名牌产品。根据用户需要，可配用PLC控制。

（2）适用范围

该设备是集灌装、封口于一体的全自动联合机组，适用于各种牛奶、饮料、果汁、酒类、矿泉水等不含气、低黏度液体的灌装、封口。

（3）主要技术参数

灌装头数：18（可选24、30、36、48、60）

制品规格：100～1000mL

生产能力：4000～30000瓶/h

（4）生产厂家：广东粤东机械实业有限公司

8.3.1.2　DGC-24Z智能感应灌装机（图8-2）

图8-2　DGC-24Z智能感应灌装机

（1）性能特点

① 目前国内最先进的双电子定量灌装机之一，计量精确，灌装速度快，灌装容量无级调整。

② 灌装时瓶口与电子灌装阀不接触。

③ 采用PLC控制，数字显示灌装量和生产量。

④ 适用于各种瓶型瓶口的灌装，彻底解决了陶瓷瓶及不透明玻璃瓶的灌装准确性，提高了生产效果和灌装质量。

（2）适用范围

适用于食品、日化、医药、烟酒等行业的果汁饮料、酒类饮料、矿泉水、纯净水、油类、清洁、洗涤用品、口服液、液体酒精等的灌装。

（3）主要技术参数

灌装头数：24（可选择12、18、30、36）

产量：8000瓶/h

灌装精度：(500±1.5)mL

总功率：0.75kW

外形尺寸：2200mm×2130mm×2650mm

可选机型：DGC-12Z、DGC-18Z、DGC-24Z、DGC-30Z、DGC-36Z

（4）生产厂家：青州齐鲁包装机械有限公司

8.3.1.3　全自动液体定量灌装机（双头）（图 8-3）

图 8-3　全自动液体定量灌装机（双头）

（1）性能特点

① 采用独特的结构，特别适合于容易起泡、起沫的液体的灌装。

② 配有防滴漏系统，无瓶不灌装，具有适应瓶型广、灌装精度高等优点。

③ 该机为直列式结构，采用光、机、电、气动原理，由计数器控制灌装量，配有灌装管下潜喷壁装置，消除泡沫的产生，特别适合于酱油、醋、油类，适用于方桶、圆桶的灌装。

④ 灌装量从 1～25L，灌装准确、快捷、无滴漏。机体与物料接触部分及设备外表均采用 SUS304 不锈钢。

（2）适用范围

应用涡轮流量传感器和计数器控制灌装，适用于酱油、醋、饮料以及农药等。

（3）主要技术参数

灌装头数：6（可选 8 头）

生产能力（2L 计）：1000 桶/h（8 头时：1400 桶/h）

灌装容量：800～5000mL（无级可调 5～25mL）

配套气源：排气量 1.2m^3/min

传输电机功率：0.3kW

（4）生产厂家：东泰机械（武汉）制造有限公司

8.3.1.4　YHZG-6G 型全自动液体灌装机（图 8-4）

（1）性能特点

① YHZG-6G 灌装机在参考国外同类产品的基础上进行改良设计，并增加了部分附加功能。

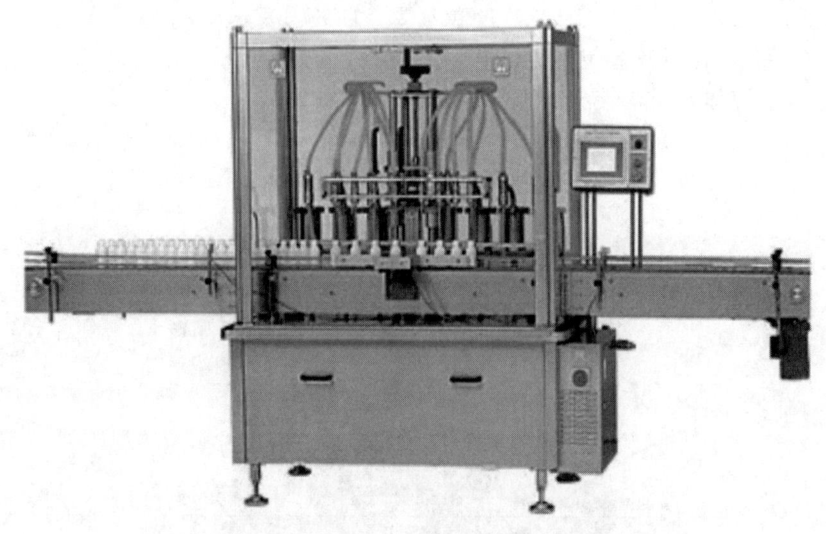

图 8-4 YHZG-6G 型全自动液体灌装机

② 使产品在使用操作、精度误差、装机调整、设备清洗、维护保养等方面更加简单方便。

③ 该机设计紧凑合理、外形简洁美观，灌装量调节方便。

④ 该机有六个灌装头，由六个气缸驱动，灌装物料更加快速精确。

⑤ 采用德国 FESTO、中国台湾 AirTac 的气动组件和中国台湾台达的电控部件，性能稳定。

⑥ 物料接触部分均采用 SUS316L 不锈钢材料制成。

⑦ 灌装机采用韩国光眼装置，中国台湾 PLC、触摸屏、变频器及法国电器元件。

⑧ 调节便利、无瓶不灌装、灌装量准确并具有计数功能。

⑨ 采用防滴漏与拉丝的灌装闷头、防高泡产品的灌装升降系统、确保瓶口定位的定位系统和液位控制系统。

(2) 适用范围

广泛适用于日化、油脂、食品、医药、化工、化妆品、农副产品、消毒液等各行业，可灌装不同液体类产品。

(3) 主要技术参数

灌装速度：60～100 瓶/min

灌装精度：≤±1%

电流：3A

电源：220V/110V，50Hz/60Hz

功率：500W

气压：0.4～0.6MPa

可选机型：5～100mL、10～280mL、20～500mL、50～1000mL、500～2800mL、1000～5000mL

(4) 生产厂家：济南远华科技有限公司

8.3.1.5 HYZ-D 型全自动酱油醋灌装机（图 8-5）

(1) 性能特点

① HYZ-D 型全自动多功能定量等液位灌装一体机，做到了一机多用，定量、等液位一机灌装，解决了定量灌装机不能等液位灌装、负压灌装机不能定量灌装的灌装难题，该型号

图8-5 HYZ-D型全自动酱油醋灌装机

直列式灌装机是一种由微电脑（三菱PLC）可编程控制，欧姆龙光电传感，气动执行于一体的高新技术灌装设备。

② 通过设备上的触摸屏即可完成对灌装量、灌装瓶数的设定后自动灌装，对该设备的主要操作均可通过触摸屏来自动完成。

③ 采用直型设计微电脑控制，灌装计量精确、灌装调整简单、方便快捷、灵活多变适用于25～2500mL各种瓶型（包括异型瓶）的灌装。

④ 气动元件及主要电器元件均采用进口元件。

(2) 适用范围

适用于乳酸奶、果奶、果汁、酱油醋、油类、白酒、矿泉水等可食性液体以及农药化工类液体的灌装。

(3) 主要技术参数

电源：AC220V

功率：0.3kW

灌装容量：20～2500mL

灌装精度：±0.5%

生产能力：3000～6000瓶/h（指100～500mL）

外型尺寸：2000mm×870mm×1900mm

质量：约300kg

(4) 生产厂家：青州市志高机械制造有限公司

8.3.1.6 UFIC-866全自动液体灌装机（图8-6）

(1) 性能特点

① 直线式8头定量灌装。

② 在包装容器移动过程中，能高速灌装。

③ 灌装头由伺服系统控制，能随液面高度进行升降调节。

④ 伺服电机的最大驱动扭矩达到0.49～4.93N·m，驱动能力强。

图 8-6 UFIC-866 全自动液体灌装机

⑤ 在封口时，能实现真空密封。

⑥ 螺旋机构能连续运送包装容器，适应于稳定性极差的包装容器的高速灌装。

(2) 适用范围

适用于化妆品、医药品及食品等的液体灌装。

(3) 主要技术参数

灌装能力：120 瓶/min

灌装能力：2500mL

外形尺寸：3500mm×2000mm×1800mm

包装机质量：2800kg

耗电功率：3kW

(4) 生产厂家：日本朝日自动机械株式会社

8.3.2 压力灌装机

压力灌装机是利用外部机械压力，完成液体产品灌装的包装机器。适用于灌装黏稠性物料，如牙膏、番茄酱、豆瓣酱、香脂。

8.3.2.1 GT4B24C 浓酱灌装封口组合机（图 8-7）

(1) 性能特点

① 该设备封口为二重卷边成型，速度变频可调。

② 主要电气元件如 PLC、变频器、接近开关等使用施耐德、欧姆龙的产品，使设备更加稳定、可靠。

(2) 适用范围

本组合机由浓酱灌装机与封口机组成。灌装机为全自动活塞式浓酱充填机，特别适用于高黏度及带有软性小颗粒的酱体物料的灌装充填。

(3) 主要技术参数

生产能力：≤400 罐/min

灌装工位：24

封口工位：8

适用罐径：ϕ52～108mm

图 8-7　GT4B24C 浓酱灌装封口组合机

适用罐高：39～180mm

主机功率：7.5kW

整机质量：5t

整机外形：3.4m×2.2m×2.1m

（4）生产厂家：舟山市普陀轻工机械厂

8.3.2.2　DGP-Z-6DL 电脑活塞式灌装机（图 8-8）

（1）性能特点

① 适用于灌装规格 1～5L。

② 采用 PLC 以及触摸屏控制。

③ 采用下潜式灌装。

④ 符合 GMP 标准要求。

⑤ 计量精度高，灌装范围大，结构紧凑，运行平稳，适合于各种规则形状的容器灌装。

⑥ 液缸及其管道拆卸，方便快捷。

⑦ 所有接触物料的部件均采用优质不锈钢制造，整机美观大方。

（2）适用范围

该机是针对润滑油、食用油等油品及化工农药类的包装精心设计的 1～5L 任意可调的新一代包装设备，采用微电脑 PLC 自动控制机界面，全封闭。

（3）主要技术参数

电源：AC220V/50Hz

功率：1kW

计量范围：1～5L

图 8-8　DGP-Z-6DL 电脑活塞式灌装机

产量：1L≤3000 桶/h，5L≤1600 桶/h（以水为介质）

计量误差：<±5mL

配备气量：>0.5m^3/min

配备气源：0.6MPa 洁净稳定气源

质量：约 930kg

外形尺寸（长×宽×高）：2000mm×1000mm×2400mm

（4）生产厂家：常州汤姆包装机械有限公司

8.3.2.3 GG-AZ4 型直线式四头全自动膏体灌装机（图 8-9）

图 8-9　GG-AZ4 型直线式四头全自动膏体灌装机

（1）性能特点

① 全自动活塞式膏体灌装机是改良设计，使产品在使用操作、精度误差、装机调整、设备清洗、维护保养等方面更加简单方便。

② 该机具有两个同步灌装头，灌装物料快速精确。

③ 采用中国台湾 AirTac、SHAKO 的气动组件和中国台湾台达的电控部件，性能稳定。

④ 物料接触部分均采用 304/316L 不锈钢材料制成。

⑤ 采用韩国光眼装置，中国台湾 PLC 及法国电气元件。

⑥ 调节便利，无瓶不灌装，灌装量准确并具有计数功能。

⑦ 采用防滴漏与拉丝的灌装闷头、防高泡产品的灌装升降系统、确保瓶口定位的定位系统和液位控制系统。

（2）适用范围

适用于日化、油脂等各行业，可对不同高黏度流体进行灌装；机器设计紧凑合理、外形简洁美观，灌装量调节方便。

（3）主要技术参数

灌装头数：4 头

电源电压：220V，50Hz/60Hz

气源压力：0.5～0.7MPa

耗电功率：300W

灌装范围：50～500mL、100～1000mL

灌装速度：20～60 瓶/min

灌装精度：±1%

外形尺寸：2000mm×850mm×1900mm

（4）生产厂家：河南郑州名大机械设备有限公司

8.3.2.4　GY-AZ4 系列全自动活塞式液体灌装机（图 8-10）

图 8-10　GY-AZ4 系列全自动活塞式液体灌装机

（1）性能特点

① 采用活塞式定量灌装。

② 全自动活塞式系列液体灌装机为简易型，全自动液体灌装机设计紧凑合理、外形简洁美观，灌装量调节方便。

③ 该机具有四个同步灌装头，灌装物料快速精确。

④ 采用中国台湾 AirTac、SHAKO 的气动组件和中国台湾台达的电控部件、韩国光眼装置、中国台湾 PLC，性能稳定。

⑤ 物料接触部分均采用 SUS304/316L 不锈钢材料制成。

⑥ 调节便利，无瓶不灌装，灌装量准确并具有计数功能。

⑦ 采用防滴漏与拉丝的灌装闷头、防高泡产品的灌装升降系统、确保瓶口定位的定位系统和液位控制系统。

（2）适用范围

适用于食品、日化、制药、油脂、化工等行业的液体、黏稠液体的定量灌装。

（3）主要技术参数

灌装头数：4 头

电源电压：220V，50Hz/60Hz

耗电功率：300W

气源气压：0.5～0.7MPa

灌装范围：50～500mL、100～1000mL、500～2800mL、1000～5000mL

灌装速度：20～60 瓶/min

灌装精度：±0.5%

基本配置：变频调速、PLC 控制、2m 输送线

可选配置：有机玻璃外罩、触摸屏

（4）生产厂家：河南郑州名大机械设备有限公司

8.3.2.5 全自动定量膏体灌装机（图 8-11）

图 8-11 全自动定量膏体灌装机

（1）性能特点

① 设计紧凑合理、外形简洁美观，灌装量调节方便。

② 使用操作简单、灌装精度高、装机调整快、清洗维护方便。

③ 采用德国 FESTO，中国台湾 AirTac、SHAKO 的气动组件和中国台湾台达的电控部件，性能稳定，气压在 0.6MPa。

④ 接触物料部分均采用 SUS316L 不锈钢材料制成，符合食品卫生要求。

⑤ 采用韩国光眼装置，中国台湾 PLC 及法国电器元件，保证无瓶不灌装、灌装量准确并具有计数功能。

⑥ 灌装嘴设有防滴漏装置，确保灌装无拉丝、不滴漏。

⑦ 故障率低，性能稳定可靠，使用寿命长。

（2）适用范围

广泛适用于各种半流体、浓酱、膏体、黏稠体、酱料和各种含颗料物料的灌装。如糖浆、果酱、花生酱、果肉饮料、蜂蜜、芝麻酱、番茄酱、辣椒酱以及各类膏状物灌装。

（3）主要技术参数

灌装速度：20～60 瓶/min（两个灌装头同步灌装）

灌装精度：≤±1%

电压：220V

电源：50Hz

气压：0.5～0.7MPa

电流：3A

功率：300W

机型：5～100mL（可选 10～280mL、20～500mL、100～1000mL、500～2800mL、1000～5000mL）

（4）生产厂家：四川省鼎泰机械设备有限公司

8.3.2.6　DG2500 膏体灌装机（图 8-12）

图 8-12　DG2500 膏体灌装机

（1）性能特点

① DG2500 半自动活塞式单头膏体灌装机是该公司开发的 DG 半自动活塞式灌装系列的一种对高浓度流体进行灌装的灌装机，它是通过气缸带动一个活塞及转阀的三通原理来抽取和打出高浓度物料，并以磁簧开关控制气缸的行程，即可调节灌装量。

② 该设备具有结构简便合理、操作简单易懂、精确度高等特点。

③ 设计合理，机型小巧，操作方便，气动部分均采用德国 FESTO 和中国台湾 AirTac 的气动元件。

④ 物料接触部分均采用 316L 不锈钢材料制成，符合 GMP 要求。

⑤ 灌装量和灌装速度均可任意调节，灌装精度高。

⑥ 灌装闷头采用防滴漏、防拉丝及升降灌装装置。

（2）适用范围

该机为半自动膏体灌装机，是日化行业、医药行业、食品行业、油墨行业和涂料行业的理想灌装充填设备，灌装闷头采用防滴漏、防拉丝灌装装置；该灌装机具有经济、高效、外形美观等特点。

（3）主要技术参数

电压：220V/110V，50Hz/60Hz

功率：10W

额定气压：0.4～0.6MPa

灌装速度：10～30 瓶/min

灌装精度：≤±1%

可灌装范围：250～2500mL

最佳灌装范围：500～2500mL

（4）生产厂家：东泰机械（武汉）制造有限公司

8.3.3 等压灌装机

等压灌装机一般是在贮料箱中保持一定的灌装压力，当待灌容器进入灌装机后，先对容器充气。当容器内压力和贮料箱压力一致时，即随液料的自重通过开启的灌装阀进行灌装。在灌装过程中，容器内的气体要顺利地导出，回到贮料箱内或气室内。在含气液体的灌装中大多采用等压灌装。

8.3.3.1 G·HD50 等压灌装机（图 8-13）

图 8-13 G·HD50 等压灌装机

（1）性能特点

① 由先进的电、气元件组成的自动控制系统使整个灌装过程实现全自动化，能保证在高速连续状态下可靠地运行生产并提供了有效的自动安全保护，具有很高的生产效率。

② 具有无瓶、破瓶不灌装的功能，可减少液料的损失。

③ 无装液管的等压灌装阀，能有效防止滴漏引起的霉变。

④ 全自动灌装、操作方便，设有多处安全装置，确保操作者及设备的使用安全。

⑤ 适用方瓶、扁瓶等多种异形瓶，更换零件方便快捷。

⑥ 采用进口变频器、西门子 PLC 等进口名牌电器元件；主电机采用 SEW 等名牌产品。

（2）适用范围

适用于啤酒、汽水或汽酒等含气饮料的灌装；可单独使用，也可配套在各类的生产线上。

（3）主要技术参数

产品型号：G•HD50（可选型号：G•HD18、G•HD24、G•HD32、G•HD40）

最大产量：15000瓶/h（按500mL/瓶计算）

灌装阀数：4（可选18、20、24、32）

适用瓶高：140～320mm

适用瓶径：圆瓶 ϕ50～90mm，方瓶110mm×90mm

灌装精度：≤±5mm

灌装温度：≤4℃

压缩空气压力：0.4～0.6MPa

耗气量：1.1m^3/h

供电电源：三相380V，50Hz

（4）生产厂家：广州众友机械设备有限公司

8.3.3.2　DGCF24-24-8等压灌装、冲瓶、封口三合一体机（图8-14）

图8-14　DGCF24-24-8等压灌装、冲瓶、封口三合一体机

（1）性能特点

① 整机设计科学合理，外形美观，功能齐全，操作维修方便，自动化程度高。

② 综合采用意大利、德国先进技术。灌装速度快，液面控制稳定。

③ 具有无瓶时不灌装、充气或灌装时爆瓶则灌装阀自动关闭的功能。

④ 托瓶提升采用气缸，尼龙齿轮传动，噪声小，整机运转平稳。

⑤ 采用磁力扭矩式拧盖头，具有抓盖和拧盖功能；拧盖力矩无级可调，具有恒力矩旋封塑盖功能，且不伤盖，封口严密可靠。

⑥ 水平回转采用气动理盖器，具有不损坏瓶盖表面，料斗内缺盖发信号自动补充盖等功能。

⑦ 整机采用PLC电脑程序控制及人机界面触摸屏按钮，具有料缸内液面自动控制，无瓶不加盖功能。

⑧ 具有拨瓶星轮卡瓶错位停机，盖滑槽内缺盖停机等功能。

⑨ 实现冲瓶、灌装、封盖一体化功能。

(2) 适用范围

适用于聚酯瓶装各种碳酸饮料的生产。

(3) 主要技术参数

冲洗/灌装/旋盖头数：24/24/8

生产能力 (500mL)：8000 瓶/h

灌装形式：等压灌装

电机功率：6.58kW

(4) 生产厂家：张家港市通旭饮料机械厂

8.3.3.3 玻璃瓶啤酒灌装压盖机（图 8-15）

图 8-15 玻璃瓶啤酒灌装压盖机

(1) 性能特点

① 采用短管内置式机械阀，适用以二氧化碳作为背压的置换加二次抽真空灌装工艺。在灌装过程中啤酒不与空气接触，保证了经灌装后的瓶装啤酒有较高的二氧化碳含量和极低的增氧量；无瓶不抽真空。

② 配置高压激泡装置，采用进口激泡泵，双激泡头设计，根据灌装速度自动选择激泡头完成激泡，使用 80～85℃无菌水对出灌装进压盖前的啤酒进行高压激泡，激泡压力可根据需要手动调节。

③ 灌装缸的液位检测使用两个连续式的浮球液位检测装置，同时把灌装缸的压力检测信号作为前馈控制，经过 PLC 的精确计算，自动控制进液主阀的进液在连续、匀速的状况下工作，确保缸内的液位在灌装过程中始终一致。

④ 灌装缸的压力控制，通过酒缸顶部的压力传感器检测缸内压力的变化，利用一个带定位器的角座阀，经过 PLC 程序控制，对缸内的压力进行平稳的进气和排气，确保灌装缸内的压力达到相对的平衡，压力波动始终在控制范围之内（灌装缸内压力根据用户的要求设

定，压力传感器和角座阀均使用进口产品）。

⑤ 对中导向采用双导杆式定心罩，进出瓶平稳可靠。

⑥ 采用多喷嘴碎瓶冲洗装置，在充气和灌酒时出现爆瓶时，酒阀自动关闭，冲洗装置自动清洗托瓶气缸、灌装阀。

⑦ 采用悬臂式托瓶气缸结构，避免碎瓶破坏气缸。

⑧ 酒缸和压盖头具有自动升降功能，以适应设计许可范围的酒瓶高度。

⑨ 传动部分设有润滑脂自动润滑装置，可按需要自动定时、定量对各润滑点供油。

⑩ 配置真空泵和循环水温控制装置，具有无瓶不抽真空的控制阀。

⑪ 压盖头具有过载保护装置，当瓶子超高时，可自动卸荷，以防止碎瓶。料道采用先进的翻盖器进行翻盖，自动控制，可实现满盖停分拣轮及缺盖停主机。

⑫ 料斗采用不锈钢磁性料斗，理盖、下盖、进盖均由磁力传送，下盖量大、通畅且不易变形。根据主机的速度自动调节搅拌次数和下盖量。

⑬ 主传动系统采用悬挂式斜齿轮传动，运行连续、准确。

⑭ 工作台板设计为屋顶式保洁台板，便于清洁；台板四周的大水槽设计，集中收集喷淋水和清洗水，确保工作环境的清洁。

⑮ 进酒管路、CIP清洗管路、喷淋水管路、抽真空管路、激泡管路全部集中设计为一个管路工作站，操作简便、调整方便、清洗简单，机器布置更加整齐。

⑯ 人机界面实时显示机器的运行状态、故障点和故障性质。

⑰ 整机采用PLC控制。正常运行时，根据进出瓶输送链上瓶的满缺，按设定程序自动选择加速-匀速-减速运行，进瓶挡瓶，无瓶不开阀，不下盖，爆瓶自动冲洗，灌装速度显示，灌装瓶数统计，下盖输盖自动开停，安全保护，主传动变频调速，与进出瓶输送同步。

⑱ 本机关键零部件和主要电、气元器件选用进口产品。

（2）适用范围

本机主要用于玻璃瓶装啤酒的灌装和封以皇冠盖。

（3）主要技术参数

灌装头数：128

生产能力：6000～50000瓶/h

灌装方式：等压灌装

（4）生产厂家：合肥中辰轻工机械有限公司

8.3.3.4　GT4B20-4等压灌装封口组合机（图8-16）

（1）性能特点

① 全机采用机械、电气、气动控制技术，具有自动进罐、自动下盖、无罐不下料及不下盖的功能。

② 生产速度可按要求控制和调节。

③ 自动化电气元件均采用世界名牌产品。

④ 控制和操作均安全可靠。

（2）适用范围

用于啤酒和饮料行业的铝制罐、马口铁罐以及PET塑料罐等的含气饮料的等压罐装和封口。

（3）主要技术参数

生产能力：≤180罐/min

适用罐径：ϕ52.3～73mm

图 8-16　GT4B20-4 等压灌装封口组合机

适用罐高：65～150mm

整机功率：5.5kW

外型尺寸：2.7m×1.9m×2m

整机质量：3t

(4) 生产厂家：舟山市普陀轻工机械厂

8.3.3.5　CGFD32328 冲洗等压灌装旋盖三合一机（含气）（图 8-17）

图 8-17　CGFD32328 冲洗等压灌装旋盖三合一机（含气）

(1) 性能特点

① CGFD 型冲瓶、灌装、旋盖机组引进国外先进的含气灌装技术，是一台高效能的全自动液体包装设备。

② 该机的灌装缸、灌装阀等与物料直接接触的零部件均采用优质不锈钢或无毒材料制

造，符合食品卫生要求。

③ 密封件全部采用耐热橡胶，满足了用户高温消毒的工艺要求。

④ 采用了 PCL 可编程控制器，实现了从瓶子入机到包装完毕的全自动控制采用了变频调速控制，易于用户调整设备，满足了不同工艺对生产能力的要求。

⑤ 采用了等压灌装原理及流行的弹簧阀，确保了饮料品质，采用了先进的磁力离合调整式拧盖力矩装置，确保了封盖质量。

(2) 适用范围

本灌装机适用于含气饮料的包装。

(3) 主要技术参数

冲洗/灌装/旋盖头数：32/32/8

适用瓶型规格：直径 ϕ50～110mm，高度 160～340mm

生产能力（350mL)：10000～12500 瓶/h

灌装温度：0～5℃

灌装形式：等压灌装

喷瓶压力：0.2～0.25MPa

灌装压力：0.2～0.4MPa

电机功率：5.5kW＋0.55kW＋0.18kW

外形尺寸（长×宽×高)：3850mm×3000mm×2850mm

质量：6800kg

(4) 生产厂家：张家港市饮料机械有限公司

8.3.4 负压灌装机

负压灌装法常称为真空式灌装。这种灌装方法是使贮料箱内处于常压，在灌装时，只对瓶内抽气使之形成真空，到一定真空度时，液体靠注液箱与容器间的压力差作用流入瓶中，完成灌装。负压灌装法对瓶子规格要求较严，因为它的定量由灌装嘴深入瓶子的深度来确定，瓶的容积直接影响定量准确度。

这种方法主要用于不含气的液体灌装。由于在真空下灌装，所以当瓶罐破漏时就停止灌装，可减少损失。但在真空下，对某些带有芳香的液体，要损失一些香味。

8.3.4.1 GFP-24 型真空负压液体灌装机（图 8-18）

(1) 性能特点

① 高速度，变频无级变速。

② 大范围，能适用多种瓶型（只需要更换拨瓶轮和螺旋辊)。

③ 灌装量调整简单，无限制。

④ 灌装完毕不滴液，瓶口破损或无瓶不灌装，能节约原料。

⑤ 开机软启动，机器由低速缓升到设定的速度，无刚性冲击，故不会破瓶伤机。

⑥ 设有弹性托瓶装置，不受瓶高矮限制，瓶子不到位不灌装，不破瓶，不损坏机器。

⑦ 进出瓶拨轮处设有过载离合保护装置，出现异常情况自动停机报警。

(2) 适用范围

该系列灌装机主要用于不含气液体的葡萄酒、黄酒、酱油、醋或易起泡沫液体的等位式灌装。

(3) 主要技术参数

灌装头数：24

图 8-18 GFP-24 型真空负压液体灌装机

最大瓶径：ϕ100mm

单阀生产能力：250～300 瓶/(阀 · h)

生产能力：7000 瓶/h

整机功率：4.5kW

可选机型：GFP-12A、GFP-18A、GFP-24、GFP-30、GFP-36H

(4) 生产厂家：青州市沛源机械有限公司

8.3.4.2 HPPZ-36 真空负压全自动灌装机（图 8-19）

(1) 性能特点

① HPPZ 系列高精度灌装机性能优异，表现在：灌装 500mL 时，平均误差±1.5mL，瓶口封闭灌装，液体贴瓶内壁喷洒，不起酒花，不外溢。

② 设有弹性托瓶装置，不受瓶高、矮限制，瓶子不到位不灌装，不破瓶，不损坏机器。

③ 进出瓶拨轮处设有过载离合保护装置，出现异常情况自动停机报警。

④ 液位控制采用浮球液位控制阀装置，控制液面稳定。

⑤ 开机时，机器由低速缓升到设定的速度，无刚性冲击，故不会破瓶伤机。

(2) 适用范围

适用于液体，特别适合葡萄酒、保健酒、果汁饮料、酱油、醋等有低浓度、易起沫液体的灌装。

(3) 主要技术参数

灌装头数：24

适用瓶型：各种异型瓶

瓶子尺寸：外径 ϕ60～100mm

高度 160～320mm

瓶口内径 16mm

灌装量：150～900mL

误差：500mL，平均误差±1.5mL

整机质量：2000kg

外形尺寸：1600mm×1800mm×2200mm

功率：5.5kW

生产能力：5500 瓶/h

(4) 生产厂家：廊坊市香河海派包装机械有限公司

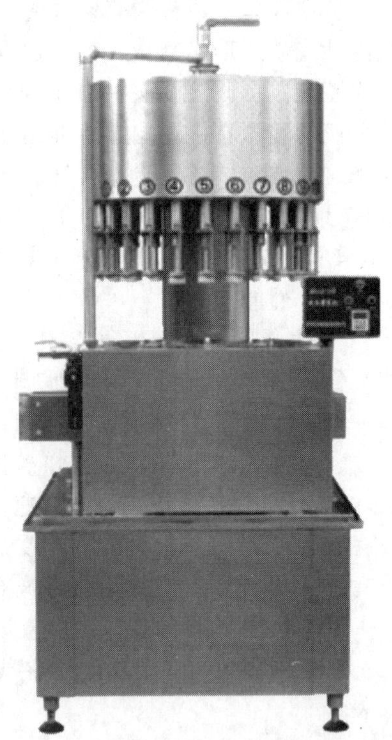
图 8-19 HPPZ-36 真空负压全自动灌装机

8.3.4.3 真空负压灌装机（图 8-20）

(1) 性能特点

① 保证不滴漏，可避免酒液外溢导致瓶口螺纹和标签发霉，特别适合保健酒灌装。

② 低真空，真空度为 0.01MPa，不影响酒的风味。

③ 容量调整采用快换结构，不需工具，调整快捷，液面误差≤2mm，特别适合多瓶型生产。

④ 瓶托缓冲、过载保护，确保灌装可靠性、稳定性。

⑤ 功能完备，自动完成进出瓶、上塞、理塞、送塞、缩塞、压塞等过程。

⑥ 配备了完善的自动检测及 PLC 控制系统，具有无瓶不送塞，运行自检保护及变频调速功能。

(2) 适用范围

适合葡萄酒和保健酒等灌装，不影响酒的风味。

(3) 主要技术参数

型号：GP18

生产能力：4000 瓶/h

灌装头数：18 个

适用瓶径：ϕ40～90mm

适用瓶高：120～320mm

外形尺寸：1150mm×1085mm×1900mm

功率：1.1kW

整机质量：1300kg

图 8-20 真空负压灌装机

(4) 生产厂家：长沙轻工机械有限公司

8.3.4.4 冠通机械负压灌装机（图 8-21）

(1) 性能特点

① 采用双室低真空负压灌装原理，灌装量准确。

② 适合高生产量使用，全自动化程度高，灌装速度快，运行稳定，防滴漏设计。

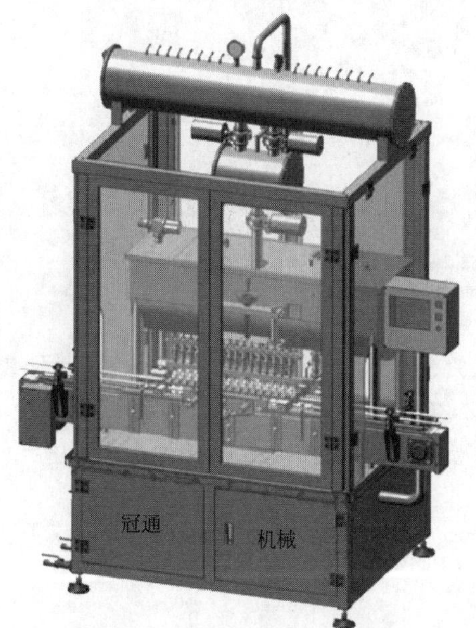

图 8-21 冠通机械负压灌装机

③ 采用世界知名品牌的电器和气动元件，故障率低，性能稳定可靠，使用寿命长。

④ 与物料接触部件均为 SUS316L 不锈钢制作，拆装简单，易清洗，符合食品卫生要求。

⑤ 灌装量和灌装速度调整简单，设有无瓶不灌装功能，液位自动控制加料，外形美观。

⑥ 灌装嘴设有防滴漏装置，确保灌装无拉丝、不滴漏。

⑦ 不需要更换零件，即可快速调整更换不同形状规格的瓶子，适用性强。

⑧ PLC 控制，设计合理，结构紧凑，外形美观，具有适应性强、操作简单、维护方便等特点。

(2) 适用范围

该机是一种负压灌装设备，适用于酒类、医药、食品、化工等行业的液体全自动灌装系统。该机可以单机使用，也可以与其他机器组成一条全自动生产线。

(3) 主要技术参数

适应规格：50～500mL（或客户选择）

生产能力：40～120 瓶/min

灌装头数：20（或客户选定）

总功率：约 3kW

机器质量：约 1250kg

外形尺寸：2800mm×1300mm×2200mm

（4）生产厂家：广州冠通机械设备实业有限公司

8.3.4.5 YSGZ-F 系列全自动负压灌装机（图 8-22）

图 8-22 YSGZ-F 系列全自动负压灌装机

（1）性能特点

① PLC 程序控制。

② 变频调速直线式灌装。

③ 真空负压吸液。

④ 等液压控制。

⑤ 破损瓶不灌装，工作过程无滴漏。

（2）适用范围

主要用于各种瓶装液体等液位灌装，如香油、酱油等，有、无黏性液体均可使用。

（3）主要技术参数

灌装机头数：2～10 头

生产能力：每头 100～200 桶/h

容量范围：50～1000mL

灌装精度：液压位±5mm

气源压力：0.5～0.7MPa

（4）生产厂家：河南省豫盛包装机械有限公司

8.3.5 称重式灌装机

8.3.5.1 DGP-CZ-20 称重式灌装机（图 8-23）

（1）性能特点

图 8-23　DGP-CZ-20 称重式灌装机

① 适用于对流体的称重灌装，灌装范围为 1～5kg，能自动完成计数进瓶、计重量灌装、输送出瓶等一系列操作。

② 采用可控制编程（PLC）、高速工控组态软件进行实时监控的控制，使用调节方便。

③ 每个灌装头都有称重和反馈系统，能对每个头的灌装量进行灌装量设置和单个微量调整。

④ 光电传感器、接近开关等都是先进的传感元件，做到无瓶不灌装，缺瓶堵瓶时主机会自动停机报警。

⑤ 整机按 GMP 标准要求制作，各管路连接采用快装方式，拆卸清洗方便，与物料接触部位及外露部位均采用高质不锈钢制造。整机安全、环保、安全、美观、能适应各种不同环境工作。

（2）适用范围

本机是最新一代旋转式称重灌装机，自动化程度高，生产能力强，灌装精度高，特别适用于水剂、食用油、润滑油的定量灌装，是食品、医药、化妆品以及精细化工等行业的理想包装机。

（3）主要技术参数

外形尺寸：2500mm×2200mm×2800mm

灌装头数：20 头

适用瓶型：直径，100～200mm

高度，200～300mm

方桶可定制，长 100～250mm、宽 100～200mm、高 150～300mm

包装规格：100～5000mL

生产能力：≤4500 瓶/h（以 5000mL 水为介质）

计量误差：±0.2%FS

配备电源：380V，50Hz

主机功率：4.5kW

配备气压：0.6MPa 洁净稳定气源

（4）生产厂家：常州汤姆包装机械有限公司

8.3.5.2 GZ-34D 电子定量灌装机（图 8-24）

图 8-24 GZ-34D 电子定量灌装机

（1）性能特点

① 灌装时不接触瓶口，安全卫生。

② 该机器是高度智能化的机电一体化产品，通过控制时间和液体的流速来控制灌装量。

③ 光、电、气联控的电子阀，通过简体中文彩屏显示，灌装量调节方便且调节范围大。

④ 特种流体引导型灌装，不呛酒、不起沫、不滴漏。

⑤ 灌装时瓶子上下不运动，并配有高度定位系统，使瓶子定位更准确。

（2）适用范围

广泛应用于白酒、饮料、药液等低黏度不含气液体的定量灌装。

（3）主要技术参数

灌装头数：24（可选择 12、18、30、36）

产量：10000 瓶/h

灌装精度：(500±1.5)mL

总功率：1.3kW

外形尺寸：1505mm×1800mm×2000mm

可选机型：GZ-12D、GZ-18D、GZ-34D、GZ-30D、GZ-36D

（4）生产厂家：青州齐鲁包装机械有限公司

8.3.5.3 TNG8000Z 称重式灌装机（图 8-25）

图 8-25 TNG8000Z 称重式灌装机

（1）性能特点

① 采用美国 METTLER TOLEDO 称重传感器，精度高，误差小于 0.3%，且性能稳定。

② 配料仪表采用日本产品，质量可靠。

③ 电子显示器为荧光显示，亮度高，采用轻触薄膜式键盘，使用耐用树脂材料，可抗物理和化学损伤。

④ 主气动元件均采用进口产品。

⑤ 领先的真空防滴回抽系统，确保灌装过程中绝无滴漏现象产生。

⑥ 自由设定灌装量，调节容量只需设定仪表，方便快捷。

⑦ 采用高低双速灌装，防止冒溢现象产生。

⑧ 可自动去皮，实现净重灌装或毛重灌装，同时具有自动修正补足功能。

(2) 适用范围

该机是集电子称重计量、电子显示于一体的机、电、仪、气一体化产品，广泛用于植物油、润滑油、化工液体等各种、有黏、无黏、有腐蚀性和无腐蚀性液体的中、大桶定量灌装。

(3) 主要技术参数

灌装头数：8

灌装质量：30kg

进口压力：液箱加液自动控制

生产能力：700～1100 桶/h

定量误差：≤0.3%

电源电压：三相四线 AC220V/380V±10%

消耗功率：3kW

气源压力：0.55～0.8MPa

耗气量：0.6（带压盖为 1.2）m^3/min

外形尺寸：1100mm×900mm×1800mm

(4) 生产厂家：靖江同天机械有限公司

8.3.5.4 CZDG 型电子称重式灌装机（图 8-26）

(1) 性能特点

① 称重式灌装机。

② 价格低廉，经济实用。

③ 机械防滴漏。

④ 电子称重灌装机具有灌装精度高，利于操作的特点。

(2) 适用范围

本机适用于大剂量液体的灌装。

(3) 主要技术参数

灌装头数：1

灌装质量：20～200kg

供电电源：220V/380V

气源压力：0.5～0.7MPa

灌装速度：80～120 桶/h（按 20kg 计）

灌装精度：≤±0.35%FS

(4) 生产厂家：济南迅捷机械设备有限公司

图 8-26　CZDG 型电子称重式灌装机

图 8-27 YLJ-P 全自动称重式液体灌装机

8.3.5.5 YLJ-P 全自动称重式液体灌装机（图 8-27）

（1）性能特点

① 具有自动除皮功能。

② 在设计范围任意设定所需灌装重量。

③ 末端减速系统，接近定量值时自动减速（减速时机可键盘随意调节，一次完成），防止冲溢，保证精度。

④ 具有打印输出接口。

⑤ 采用进口称重仪表及传感器。

（2）适用范围

适用于多种不同黏度之液体大、中等容量灌装。

（3）主要技术参数

灌装质量：5～50kg

生产能力：80～260 桶/h

称重误差：≤0.2%

液料进口压力：0.3～0.35MPa

气源压力：0.4MPa

耗气量：0.6m^3/min

工作气压：0.6～0.7MPa

电源：AC220V±10%

功耗：≤0.1kW

（4）生产厂家：烟台市正科仪表有限公司

8.3.6 食用油灌装机

食用油灌装机一般采用流量计式灌装，流量计式灌装是计算机自动跟踪油品温度与密度变化随时调整输油量，减少灌装油质量随温度和密度的变化而产生误差，计量精度较高，有定容量灌装和定质量灌装两种计量方式。

8.3.6.1 ZLDG-8 八头油类灌装机（图 8-28）

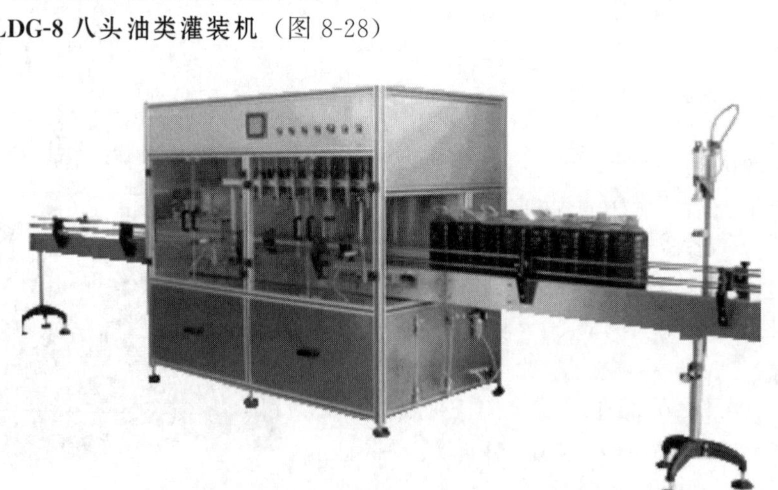

图 8-28 ZLDG-8 八头油类灌装机

（1）性能特点

① 该机为流量计式动力灌装机，适用于植物油、润滑油、化工等高黏度液体的定量灌装。

② 灌装规格及灌装量可调，真空回吸装置可确保生产过程中油嘴不滴油，双速（先快后慢）灌装，流速可自由调整，杜绝了液体起沫外溢，脚踏式开关启动，使油嘴降落、灌装、升起一次自动完成，操作简便、快捷。

（2）适用范围

可以灌装各种食用油，如花生油、豆油、菜籽油、色拉调和油、麻油、橄榄油等。分装为小桶包装或小瓶包装，是小包装油的理想自动生产设备。

（3）主要技术参数

灌装机头数：8头

灌装速度：1000～2000桶/h

灌装容量：1～6L/0.1～1L（可根据用户要求定做）

灌装精度：≤±0.5%FS

电源：220V/380V

气压：0.5～1.0MPa

（4）生产厂家：东泰机械（武汉）制造有限公司

8.3.6.2　YG8全自动5L食用油灌装机（图8-29）

图8-29　YG8全自动5L食用油灌装机

（1）性能特点

① 采用容积柱塞泵、气动控制不锈钢阀门进行灌装，可适用不同黏性物料。

② 气动控制柱塞泵，调整计量方便、可靠。

③ 高位贮液筒，补料由液料位开关进行控制。

④ 气动防滴漏灌装针头，并有回吸功能，有效防止拉丝、滴漏现象。

⑤ 整机清洗、消毒方便，更换规格调整方便。

⑥ 速度控制为变频调速，无瓶不灌装。

⑦ 所有电气元部件均采用日本三菱、施耐德等知名品牌。

⑧ 整机按GMP规范要求设计。

（2）适用范围

适用于食品行业、油类或有一定黏稠度液体的灌装，可单机使用，也可与其他设备联线使用，是目前国内运行最稳定、性能最齐全的设备。

(3) 主要技术参数

灌装范围：50～5000mL

灌装头数：4头、8头、12头

灌装精度：≤±1%标准装量

压缩空气压力：≤0.4～0.6MPa

耗气量：$15m^3/h$

电源：220V，50Hz

用电功率：≤1.2kW

单机噪声：≤50dB

净质量：≤1000kg

生产能力，以5000mL为例：

4头：≥15瓶/min

8头：≥30瓶/min

12头：≥50瓶/min

(4) 生产厂家：启东市百隆灌装设备有限公司

8.3.6.3 ZLDG-6全自动油类灌装机（图8-30）

图8-30 ZLDG-6全自动油类灌装机

(1) 性能特点

①人机界面，直接设定灌装量。

② PLC程序控制，变频器调速直线灌装。

③ 高精度容积式流量计，定量精确可靠。

④ 机械式密封加真空回吸双重防滴漏。

⑤ 先快后慢双流速高效灌装。

⑥ 变频调速输送带8m、自动感应型压盖机。

⑦ 外形美观、灌装精度高、调节方便、易操作等特点。

(2) 适用范围

广泛用于各种桶装液体（1～6L），如润滑油、食用油等各种黏性、无黏性液体的定量灌装。

(3) 主要技术参数

灌装机头数：6头

灌装速度：800～1500 桶/h

灌装容量：1～6L/0.1～1L（可根据用户要求定做）

灌装精度：≤±0.5%FS

电源：220V/380V

气压：0.5～1.0MPa

（4）生产厂家：济南迅捷机械设备有限公司

8.3.6.4　GO-ZL 系列全自动食用油灌装线（图 8-31）

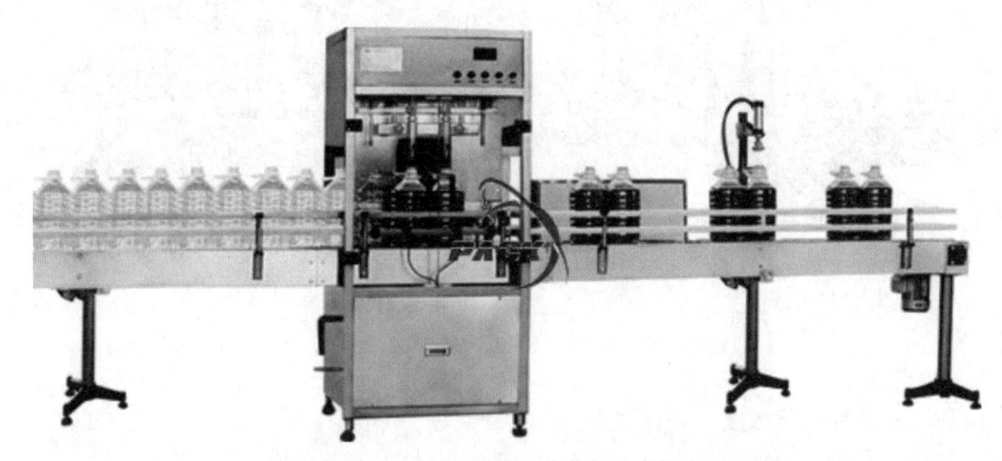

图 8-31　GO-ZL 系列全自动食用油灌装线

（1）性能特点

① 独特的防滴漏设计灌装头及回吸系统，确保生产现场及包装成品不受液料污染。

② 数字调量仪表，方便调整灌装量及各级参数。

③ PLC 可编程控制程序，变频调速电机，性能更稳定。

④ 高精度流量计，确保灌装精度优于国家技术标准，误差≤10g。

⑤ 六位一体可调整式灌装头，适应更多瓶型灌装。

⑥ 下潜式灌装头，适合高泡沫液体灌装。

⑦ 气动压盖装置适用性广，光电自动感应压盖。

⑧ 主气动及电器元件均采用进口配件，确保系统性能稳定。

⑨ 供液形式采用泵压送液，大幅度地提高了生产能力。

⑩ 双速灌装控制技术，更加人性化设计；整机采用不锈钢制造，卫生、美观。

（2）适用范围

该机配置有全自动灌装机、8m 输送带、自动感应压盖机，适用于灌装各种油类，如润滑油、食用油的灌装。

（3）主要技术参数

计量精度：≤0.2%

灌装头数：2 头、4 头、6 头、8 头、10 头、12 头

工作电压：220V±10%

动力电压：380V±10%

气源气压：0.5MPa

计量范围：500～6000mL

生产能力：150 桶/(h·头)（5L）

外型尺寸：1000mm×1250mm×2050mm

（4）生产厂家：郑州名大机械设备有限公司

8.3.6.5 HW-660直线式自动液体灌装机（图8-32）

图8-32 HW-660直线式自动液体灌装机

（1）性能特点

① 适合于各种高低浓度的液体灌装。

② 包装机采用不锈钢制造，符合GMP标准，容易保养和清洗。

③ 采用触摸式控制屏，调整只需在屏幕上调整即可实现，使灌装精度更高更稳定，并可检测生产流程。

④ 封盖采用机械联动式结构，使进瓶、上盖、旋盖更稳定、更简单，可在3～5min内完成调整及更换模具。

⑤ 机械零件标准化设计制造，容易保养，操作人性化。

⑥ 该机自动流程：自动送瓶→洗瓶（或气洗）→灌装→上盖→旋压盖→贴标→打印→装盒→(外包装OPP玻璃纸包装)→开箱→装箱→堆码等。

（2）适用范围

① 药品类适用产品：注射液、枇杷膏、感冒糖浆、漱口水、药酒、红药水、消毒水等。

② 化工类适用产品：洗衣精、洗发精、沐浴乳、乳霜、面霜、汽油添加剂、机油、盐酸、稀硫酸、漂白剂、油漆、油墨、芳香剂等。

③ 食品类适用产品：食用油、果汁、鲜奶油、麻油、花生酱、果酱、沙拉酱等。

（3）主要技术参数

生产能力：60瓶/min（各机种）

灌装容量：10～6000mL

电源：110V/220V/380V，50Hz/60Hz

机械外形尺寸

灌装机：3000mm×1100mm×2000mm

封盖机：2500mm×1000mm×1800mm

（4）生产厂家：禾伟企业有限公司

8.3.7 颗粒浆状物料灌装机

颗粒浆状物料灌装机适用于医药、日化、食品、农药及特殊行业的浆状流体灌装，一般要求与物料接触部分均为不锈钢制作，拆洗方便；灌装量、灌装速度可调节；灌装头设有防滴漏装置，在灌装时不产生拉丝和滴漏；有瓶灌装、无瓶不灌装。

8.3.7.1 全自动智能活塞式灌装机（图 8-33）

（1）性能特点

① 采用伺服系统控制，确保灌装的精确度。

② 在灌装过程中，当接近目标灌装容量时可应用变速实现慢速灌装，防止液体溢出瓶口造成污染。

③ 更换灌装容量规格仅需在触摸屏上更改参数即可，所有灌装头一次更改到位。另外微调剂量也只需在触摸屏调整。

④ 配备了高精度电子秤，灌装称量后无需人工输入，实现了数据的自动传输。

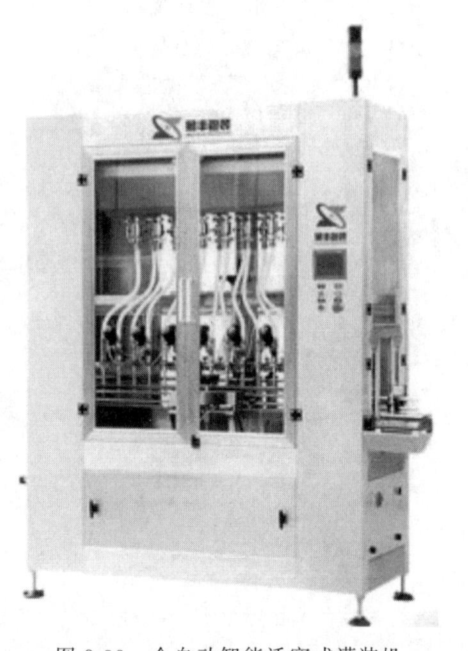

图 8-33 全自动智能活塞式灌装机

（2）适用范围

适用于食品、医药、日化、农药等行业的乳油等流动性较好水剂的灌装。

（3）主要技术参数

适用瓶径：ϕ35～100mm

计量精度：±1%

灌装容量：45～1000mL

生产能力：≤6000 瓶/h

气源压力：0.5～0.7MPa

耗气量：120L/min

电源：220V、50Hz

总功率：1.0kW

质量：650kg

外形尺寸：2000mm×700mm×2100mm

（4）生产厂家：常州市景丰包装科技有限公司

8.3.7.2 WLGZ 系列颗粒灌装机（图 8-34）

（1）性能特点

① 该机主要是针对混合型物料的定量灌装而专门设计的，也适用于单一物料的定量灌装。

② 该机的定量是通过调节定量杯来精确定量，适用于灌装量较小的灌装（大灌装量可特殊设计）。

③ 下料全部采用自动控制，无罐不下料。

④ 供料采用螺杆式连续供料系统，料斗上面安装有料位探测仪，可以控制供料系统的自动供料。

⑤ 当料斗里的物料达到高料位时，供料系统停止供料，物料不足时，供料系统继续供料。

⑥ 气动元件采用 FESTO 的气缸和电磁阀，电器元件（接近开关、变频器等）采用欧姆龙和施耐德的电器产品，控制部分采用可编程逻辑控制器控制，速度变频可调。

（2）适用范围

适用于医药、日化、食品、农药及特殊行业，是对液体进行灌装的理想设备，尤其适合

图 8-34 WLGZ 系列颗粒灌装机

于含有颗粒状物的液体灌装。

（3）主要技术参数

生产能力：≤600 罐/min

适用罐径：ϕ52.3～72.9mm

适用罐高：100～150mm（可特殊设计）

灌装头数：12 头　　18 头　　24 头　　36 头

200 罐/min　300 罐/min　400 罐/min　600 罐/min

（4）生产厂家：舟山市普陀轻工机械厂

8.3.7.3 KLG-500 颗粒浆状灌装机（图 8-35）

（1）性能特点

① 适合中等黏度至高黏度产品的灌装需要。

② 整机由储料斗和电控两大部分组成，结构简单，操作便利。

③ 气动部分均采用德国 FESTO 和日本 SMC 的气动元件。

④ 气缸的活塞和缸体均由聚四氟乙烯和不锈钢材料制成，符合 GMP 要求。

⑤ 灌装量和灌装速度均可任意调节，灌装精度高。

⑥ 灌装闷头采用防滴漏、防拉丝灌装装置。

⑦ 可根据客户的需求改装成为防爆式灌装系统。

（2）适用范围

适用于日化行业、医药行业、食品行业、油墨行业和涂料等行业，主要适用于医药、日化、食品加工化妆品等行业膏体的灌装。

（3）主要技术参数

计量方法：柱塞泵容积计量

计量范围：100～500g

灌装速度：10～30 次/min

灌装精度：±1.5%

总功率：0.75kW

电源电压：220V/50Hz

（4）生产厂家：新日机械设备有限公司

图 8-35 KLG-500 颗粒浆状灌装机

8.3.7.4 KLG 型颗粒浆状灌装机（图 8-36）

（1）性能特点

① KLG 颗粒浆状灌装机是在先进灌装技术的基础上，进行改造和创新设计的产品，其结构简单、精确度高、操作更加简便。

② 该机为半自动活塞式灌装机，可灌装颗粒浆状流体物料。

③ 该机设计合理，机型小巧，立式结构，节省场地，操作方便。

④ 气动部分均采用德国 FESTO 和中国

台湾 AirTac 的气动元件。

⑤ 物料接触部分均采用 SUS316L 不锈钢材料制成，符合 GMP 要求。

⑥ 灌装阀由气动阀控制，灌装精度更高。

⑦ 灌装量和灌装速度均可任意调节。

⑧ 灌装闷头采用防拉丝及升降灌装装置。

(2) 适用范围

适用于医药、日化、食品、农药及特殊行业，是理想的颗粒浆状黏度流体充填设备。例如，果酱、花生酱、番茄酱、豆瓣酱、辣椒酱、虾酱、苹果酱、沙拉酱、鱼子酱、辣酱等酱料均可以灌装。

(3) 主要技术参数

灌装速度：10～30 瓶/min

灌装精度：≤±1%

电源：220V/110V，50Hz/60Hz

气压：0.4～0.6MPa

图 8-36　KLG 型颗粒浆状灌装机

可选机型：5～60mL、10～125mL、25～250mL、50～500mL、100～1000mL、250～2500mL、500～5000mL

(4) 生产厂家：沈阳东泰机械设备有限公司

8.3.7.5　KLG 颗粒灌装机（图 8-37）

图 8-37　KLG 颗粒灌装机

(1) 性能特点

① 设计合理，机型小巧，立式结构，节省场地，操作方便。

② 气动部分均采用德国 FESTO 和中国台湾 AirTac 的气动元件。

③ 物料接触部分均采用 316L 不锈钢材料制成，符合 GMP 要求。

④ 灌装阀由气动阀控制，灌装精度更高。

⑤ 灌装量和灌装速度均可任意调节。

⑥ 灌装闷头采用防拉丝及升降灌装装置。

（2）适用范围

该机为半自动活塞式灌装机，具有结构简单、精确度高、操作简便等特点。主要用于食品颗粒灌装，可分为牛肉酱颗粒灌装机、豆瓣酱灌装机、鱼子酱灌装机、大酱灌装机等。

（3）主要技术参数

灌装速度：10～30 瓶/min

灌装精度：≤±1%

电源：220V/110V，50Hz/60Hz

气压：0.4～0.6MPa

可选机型：5～60mL、10～125mL、25～250mL、50～500mL、100～1000mL、250～2500mL

（4）生产厂家：沈阳星辉包装机械有限公司

8.3.8 特殊功能灌装机

8.3.8.1 DGY18 冲瓶-灌装-封盖三位一体机（图 8-38）

图 8-38 DGY18 冲瓶-灌装-封盖三位一体机

（1）性能特点

① 采用变频电机、PLC、触摸屏人机界面控制，生产速度、班产量、故障报警均显示在屏幕上，操控简捷直观。

② DGY 系列三位一体机，是冲瓶机、压力式灌装机、拧盖机完美的组合体，是一台高效能的自动化液体包装设备。空瓶通过风力输送系统输送到冲瓶机，翻转后由喷嘴清洗内部。控干后，进行高速高质量的灌装，最后是安全可靠的封口。

③ 凡与液体、物料相接触的零件，均采用符合卫生要求的优质不锈钢制造，尤其是灌装阀为 SUS316L 不锈钢。

④ 采用压力式灌装原理，灌装速度快，液面精度高，确保了灌装质量；风送进瓶，全

程夹瓶口输送，输送链板输出，更换瓶型简捷方便。

⑤ 落盖滑道上设有反盖止盖器，并可取出反盖，理盖器盖仓和落盖滑道设有盖量及盖位检测装置。通过盖量、盖位检测装置，自动控制送盖机和三合一机的运行速度，当落盖滑道上无盖或盖少时，三合一机自动停止运转并报警；无瓶不送盖。

⑥ 设有不锈钢防护罩及有机玻璃安全门，安全门装有安全电气开关，安全门开启时，确保机器自动停止运转，并配有维修手持开关及设备急停钮（机器四角）。

⑦ 设有进瓶无瓶检测、出瓶堵瓶检测装置；当出现进瓶瓶少或无瓶、出瓶堵瓶时，三合一机自动减速和停机。

⑧ 冲瓶夹为不锈钢夹瓶口形式，避免了瓶夹对瓶口的污染。

⑨ 抓盖采用“Pick & Place”方式，旋盖头抓盖可靠，采用磁力扭矩结构，并有扭矩刻度指示，扭矩调节方便。

（2）适用范围

整条生产线包括瓶提升机、理瓶机、空气输送机、冲瓶灌装拧盖三位一体机、盖提升机、灯检箱、贴标机、喷码机、装箱机等设备。能满足2000～36000瓶/h不同产量的需求。

（3）主要技术参数

冲瓶夹数：72

灌装阀数：72

拧盖头数：18

适用瓶型参数：直径 ϕ60～96mm

瓶高180～315mm

容量350～1500mL

外形尺寸：6600mm×5100mm×2900mm

整机质量：15000kg

（4）生产厂家：廊坊百冠包装机械有限公司

8.3.8.2　冲洗灌装旋盖三合一体机（图8-39）

图8-39　冲洗灌装旋盖三合一体机

（1）性能特点

① 灌装阀18只，整理瓶盖用的理盖器1套。

② 供冲洗用卡瓶和机械手18套，瓶配有转动密封内外冲洗和回水机构。

③ 磁性扭转全齿旋盖头 8 套，当扭力超过调好的磁性时，旋盖头自动打滑，确保旋紧而不伤瓶盖。

④ 拨瓶安全装置 4 套，并附蜂鸣器报警。无瓶不灌装，不封盖。

⑤ 主机采用先进的变频调速控制技术，进口、高效、洁净的空气过滤器确保气流送瓶盖时符合卫生要求。

(2) 适用范围

该机是在常压下的灌装、冲瓶、封口三合一机，符合客户在一台机器上进行不同瓶型灌装的要求，采用悬挂式卡瓶颈的机械手，使更换瓶型方便，快捷。主要用于纯水、矿泉水等不含气饮料的常压灌装、冲洗、封口。在更换灌装阀后，又能用于果汁和茶饮料的热灌装。可供不同需求的用户选用。

(3) 主要技术参数

生产能力：6000～10000 瓶/h

灌装容量：250～2000mL

定位方式：液面定位

瓶型规格：瓶径 ϕ50～100mm，瓶高 150～320mm 之间，PVC、PET 类塑料瓶

传动方式：3kW 电动机→三角带传动→WPO135 型蜗杆减速器（I=30∶1）

本机总功率：6.57kW

用水量：冲洗用水 1～1.5t/h+灌装用水 3t/h

质量：5500kg

外形尺寸：2750mm×2180mm×2200mm

(4) 生产厂家：青州市志高机械制造有限公司

8.3.8.3 AOF 系列全自动溢流式液体充填机（图 8-40）

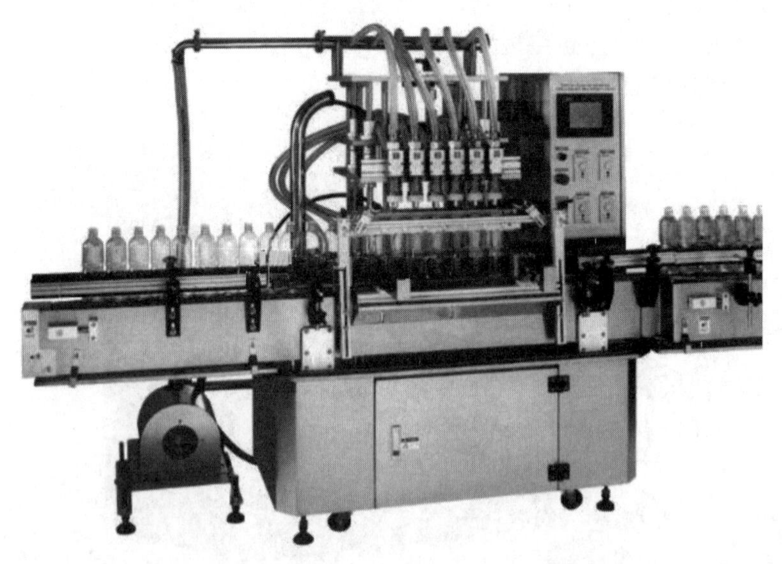

图 8-40 AOF 系列全自动溢流式液体充填机

(1) 性能特点

① SUS304 不锈钢机身。

② 灌装液位由插入容器的灌装头溢流口的深度决定，调整方便，充填精度高。

③ PLC、液晶触摸屏控制操作。

④ 溢流式充填有效防止液体飞溅。

⑤ 更换不同规格的瓶子时，不更换任何零件。

⑥ 无瓶不充填。

AOF 系列全自动溢流式液体充填机可选项：

① 进瓶、出瓶转盘。

② 透明玻璃罩，安全门（开门停机）。

③ 与物料接触部分 SUS316L 不锈钢。

（2）适用范围

该机利用溢流和真空充抽吸充填物料，以保证持续快速的定液位充填。极好的防滴漏和吸泡功能，使它尤其适用于低黏度和高泡产品的充填。可广泛用于调味品，酒类以及日用化工等领域。

（3）主要技术参数

灌装速度：10～30 瓶/min、15～45 瓶/min、20～60 瓶/min（视灌装量而定）

灌装方式：溢流式

灌装头数：4、6、8

电源：单相 220V，50～60Hz，800W

气压：0.6MPa

可选灌装量：100～500mL，250～500mL，500～5000mL

可选机型：5～60mL、10～125mL、25～250mL、50～500mL、100～1000mL、250～2500mL、500～5000mL

（4）生产厂家：欧华包装企业有限公司

8.3.8.4　HHYG 高速回转式回流消泡液体灌装机（图 8-41）

图 8-41　HHYG 高速回转式回流消泡液体灌装机

（1）性能特点

① 采用离心泵执行灌装、回流式灌装头实现回吸泡沫，杜绝泡沫溢出、滴漏现象。

② 采用低位贮液筒，整机清洗、消毒方便。

③ 采用卡瓶口装置，灌装瓶口准确定位后，灌装头再伸入瓶内实现灌装。

④ 装量调整方便，操作简便，可在短时间内更换不同规格的瓶子灌装。

⑤ 整机按 GMP 规范要求设计。

（2）适用范围

HHYG高速回转式回流消泡液体灌装机，适用于制药、食品、农化等行业易起泡沫的液体灌装，同样也适用于不起泡沫的液体。可单机使用，也可与其他设备联线使用，是目前国内生产能力最快、性能最稳定的消泡灌装机。

（3）主要技术参数

灌装范围：50～5000mL

灌装头数：12、18、24、32

灌装精度：≤±2%标准装量

压缩空气压力：≤0.6～0.7MPa

耗气量：15～40m^3/h

电源：220V/380V，50Hz

用电功率：≤2kW

单机噪音：≤50dB

净质量：≤1000kg

生产能力：（以250mL为例）

12头：≥80瓶/min

18头：≥120瓶/min

24头：≥160瓶/min

32头：≥200瓶/min

（4）生产厂家：启东市百隆灌装设备有限公司

8.3.8.5 YHGY系列卧式气动液体灌装机（图8-42）

图8-42 YHGY系列卧式气动液体灌装机

（1）性能特点

① 该机为半自动活塞式，也称为柱塞式灌装机，设计合理，机型小巧，操作方便。

② 物料接触部分均采用SUS304/316L不锈钢材料制成，符合GMP要求。

③ 灌装量和灌装速度均可任意调节，灌装精度高。

④ 可改装成为双头、防爆式灌装系统。

⑤ 该机主要动力为气源，客户需自备空压机设备。

（2）适用范围

适用于医药、日化、食品、农药及特殊行业，是理想的液体充填设备。

（3）主要技术参数

灌装速度：0～25瓶/min

灌装精度：≤±1%（实际值约为0.5%）

电源：220V，50Hz/60Hz

气压：0.4～0.6MPa

易损件：密封圈

外形尺寸：1100mm×300mm×400mm（20～500mL机型）

质量：30kg（20～500mL机型）

可选机型：5～100mL、10～280mL、20～500mL、50～1000mL、500～2800mL、1000～5000mL

（4）生产厂家：济南远华科技有限公司

8.3.8.6 ZXGFR系列自动旋转式软管灌装机（图8-43）

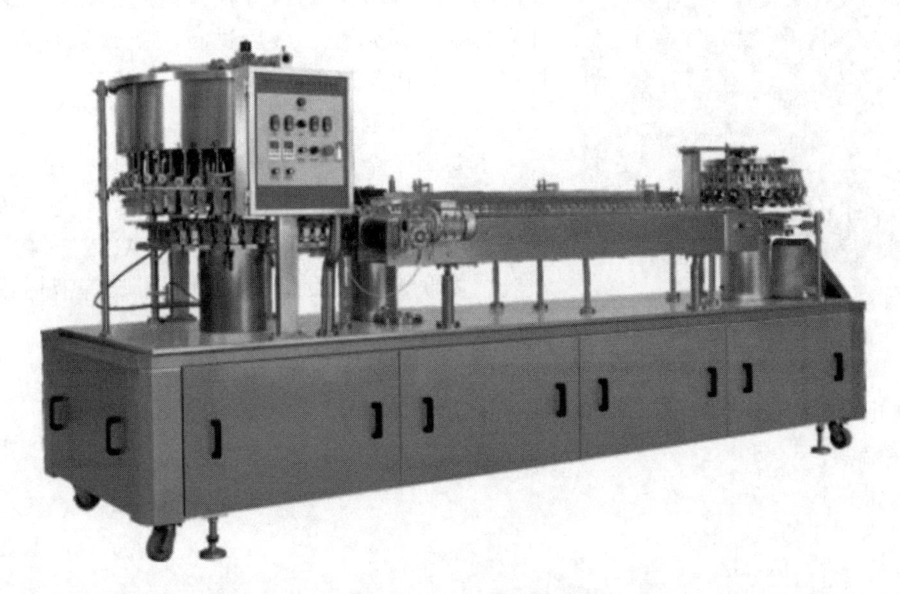

图8-43 ZXGFR系列自动旋转式软管灌装机

（1）性能特点

① 采用负压灌装方式，灌装速度快，操作人员少。

② 灌装过程设置了反馈槽，灌装液体不接触外部气体，可卫生地灌装充填。

③ 封口采用机械压黏方式，压紧力可调节，封口质量完全可以信赖。

（2）适用范围

该系列机型属于塑料软管灌装封口设备，适用于以LDPE为原料的塑料软管、软瓶或薄膜管的充填、封口。可广泛应用于乳制品、饮料等食品行业。

（3）主要技术参数

灌装头数：40

封口头数：16、24

瓶口规格：ϕ6mm，ϕ8mm，ϕ10mm，ϕ12mm（根据客户要求而定）

制品容量：50～250mL

制品尺寸规格：直径≤ϕ45mm，长度≤ϕ300mm

生产能力：6000～12000 条/h（具体产能按制品结构）

（4）生产厂家：广东粤东机械实业有限公司

8.3.8.7 GFJX-3A 型金属软管灌装封尾机（图 8-44）

图 8-44 GFJX-3A 型金属软管灌装封尾机

（1）性能特点

① 灌装速度和计量精度方便可调，调整精度高，稳定性能好。

② 更换底座可适用于各种规格的金属软管灌装封尾，封尾外形美观整齐，封合牢固。

③ 接触物料的部位均采用优质不锈钢材料制造。

④ 人工将金属软管插入分度盘管座内（16 个工位），利用机械传动自动转位。

⑤ 自动检测，确认有管并插放正确，灌装系统便开始自动计量灌装、然后进行三折或双向四折封尾、打印批号，成品退出。

（2）适用范围

主要用于金属软管尾包装容器的物料的定量灌装、封尾。广泛应用于医药、日化、食品、化工等行业中的产品包装，例如软膏、胶黏剂、AB 胶、氯丁胶、环氧胶、皮肤膏、染发剂、鞋油、牙膏等液体或膏状物料的灌装与封尾。

（3）主要技术参数

电源电压：220V±10%，50Hz

工作温度：5～50℃

灌装量：10～75mL，20～150mL

计量精度误差：<2%

电机功率：1.1kW

生产能力：20～50 支/min（可调）

外形尺寸：1000mm×600mm×1700mm

（4）生产厂家：无锡意凯自动化技术有限公司

8.3.8.8 GN-Y1000 型搅拌式酱类电动灌装机（图 8-45）

（1）性能特点

① 采用光电自控系统，独特的活塞式灌装形式，既可以连续灌装，也可以自由灌装。

② 采用卧式搅拌结构，保证了酱和油的充分混合，大大提高灌装性能和计量的精度。

（2）适用范围

主要针对食品行业的酱类分装设计生产，特别适用于调味品中带颗粒并且浓度较大的辣椒酱、豆瓣酱、花生酱、芝麻酱、果酱、牛油火锅底料、红油火锅底料等物质的黏稠酱类的灌装。

（3）主要技术参数

工作速度：30～40 次/min

图 8-45　GN-Y1000 型搅拌式酱类电动灌装机

容量计量：100～1000mL、500～1500mL

定量误差：±2%

电源电压：380V，2.1kW

外形尺寸：1400mm×600mm×1200mm

机器质量：250kg

（4）生产厂家：河南省豫盛包装机械有限公司

8.3.8.9　SF-Ⅱ型磁力泵灌装机（图 8-46）

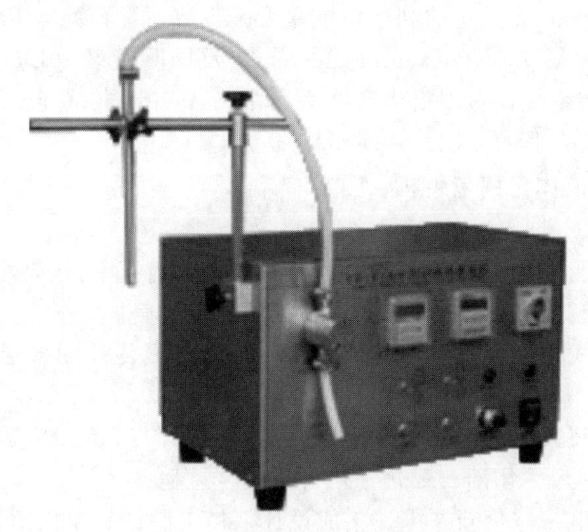

图 8-46　SF-Ⅱ型磁力泵灌装机

（1）性能特点

① 采用世界品牌变频调速器，配进口高精度多圈电位器及可锁表盘，使流量调节稳定准确，误差负偏小于 0.5%，正偏小于 1.5%。

② 日本原装进口磁力齿轮不锈钢泵，质量可靠寿命长。

③ 不锈钢机箱，经久耐用。

④ 体积小，操作简便。

⑤ 清洗清毒方便。

⑥ 功能全，自动手动均可，可配流水线上工作。

⑦ 可配多个灌装头，常用的型号有单泵机、双泵机和四泵机。

⑧ 灌充量 SF-Ⅱ从 1～10000mL 可调；SF-Ⅰ从 10～80000mL 可调，调节方便。

(2) 适用范围

可灌装绝大多数类型的液体，包括高黏稠度的液体。如：各种药剂、化学品、油类、化妆品、食品等无颗粒状液体；灌装精度高，适合实验室等无颗粒状液体的灌装。

(3) 主要技术参数

额定电压：AC220V/±5%

最大功率：(40×2)W

主机质量：18kg

误差：±1.5%

最大流量/单泵：>1.44L/min

主机尺寸：510mm×330mm×270mm

包装尺寸：600mm×470mm×365mm

(4) 生产厂家：东泰机械（武汉）制造有限公司

8.3.9 软包装饮料灌装机

液态食品（如牛奶、果汁）等通常采用复合纸或铝箔复合材料进行无菌包装，有菱形、砖形、屋顶形、利乐冠和利乐王等包装形式，容量从 125～2000mL 不等，这种软包装常被称为利乐包。这种包装能有效隔绝光线、氧气及外界的污染，保证包装内容物无需冷藏和防腐剂即可拥有较长的货架期。

常见的有瑞士 TetraPak 公司的利乐包纸盒无菌包装系统，德国 PKL 公司的康美盒无菌包装系统（Combibloc Aseptic Packaging System）及国际液装（Liquid-Pak International）公司预制纸盒无菌包装系统，包装机生产能力通常为 4500～6000 包/h。但由于国外产品价格较贵，限制了中小型企业的使用。

8.3.9.1 立式全自动液体无菌包装机（图 8-47）

(1) 性能特点

① 预成型采用发明——矩形预成型方法及其装置，替代利乐公司的圆形成型方法及装置，令机器运行更加稳定，性能更加可靠，产品外观更完美。

② 送纸采用滚压式，定量、封切、整形系统采用机械传动的多层拖把式机构代替利乐公司的机械手抓合式机构，令机器运行更平稳。

③ 全自动完成平稳放送纸卷、打印日期批号、预贴封口条、化学灭菌和物理灭菌、预成筒、充填、横封、整形、切断、黏角送出等包装全过程。

④ 融入现代光机电一体化新技术，集成设计，精工制造。采用闭环控制技术控制张力、光电检测、PLC 计算控制、触摸式人机界面操作、监视，辐射热和高频感应电源巧妙应用，使贴条和纵向、横向封合更牢固更可靠。

⑤ 主传动为机械式，辅传动为气压式，科学合理使用，令机器运行更自如、稳定。

⑥ 特别设有不停机换卷装置，令机器在不需停机的情况下轻松换卷和驳接纸头。

⑦ 可生产 65～2000mL 等规格之产品，砖形、苗条形、钻形、枕形、三角形、斧形等均可，根据需要可增加全自动贴吸管或全自动加盖系统。

图 8-47　立式全自动液体无菌包装机

(2) 适用范围

主要用于不含气的液体、流体、半流体食品的灌装，如饮料、液态奶（鲜奶、酸奶、奶饮料、豆奶）、果蔬汁、茶类、酒类、咖啡、稀奶油、奶酪等的无菌灌装。

(3) 主要技术参数

外形尺寸：4200mm×1880mm×4320mm（长×宽×高）

用电功率：24kW（其中加热 20kW，动力 4kW）

额定电压：220V/380V

频率：50Hz

用气：压力 0.4～0.6MPa，用量大于 0.9m^3/min

包装速度：1800～2000 包/h

包装规格：250mL、500mL、1000mL

产品保质期：用纸基复合包装材料，在常温 25～30℃下，保质期为 12 个月以上

适用包材：聚乙烯、纸、聚乙烯、铝箔、聚乙烯六层卷筒纸基复合材料

工作方式：全自动连续式

(4) 生产厂家：广东远东食品包装机械有限公司

8.3.9.2　WB64B-9000 全自动无菌软包装机（图 8-48）

(1) 性能特点

① 产品对膜的适应性特别好。用户选择包材供应商更有余地，更能保证自己的实际利益。

② 膜的变形延伸小。由于设备上采用了特殊的牵引机构，对膜的牵引力特别小，使膜的变形也就特别小，保障了包装的安全性。

③ 人机对话，所有的控制均由触摸屏直接控制。温度、速度、袋长、封切时间、灌装量等生产参数的调整均是在触摸屏上设定好后，由 PCC 直接发出信号给各执行机构实现控

图 8-48 WB64B-9000 全自动无菌软包装机

制的。可以任意调整某一参数。可以根据不同的需要使用不同厚度的薄膜。

④ 所有执行机构均采用 FESTO 的气动控制组合，该机构有简单、可靠、易于调整、无磨损、重复性能好等众多优点。具有超长的寿命。

⑤ 实现不间断送膜，保证不破损。

⑥ 设有方便灌装的微调机构，在 1～2g 内的微量控制调整非常方便迅捷。

⑦ 迅速有效的报警系统保证了设备运行的安全性和可靠性。凡是有可能出现操作故障的控制点均设有报警机构。

⑧ 配有 PCC 控制系统，采用贝加莱工控系统，速度响应快，性能稳定可靠。

⑨ 采用物料即时监控系统，保证了灌装精度的精确性。

⑩ 特殊的光标跟踪和定位控制，跟踪和定位特别准确和迅速，节约了开机时间和费用。

(2) 适用范围

采用全气动结构，PCC 智能可编程控制器控制，运行稳定、操作简单、维护成本低。

(3) 主要技术参数

生产能力：4500～9000 袋/h

灌装容量：100～500mL

灌装量调节方式：无级调节

灌装头数：双头

包装形式：三边封袋式

总功率：30kW

压缩空气气压：≥0.6MPa

主机外形尺寸：4600mm×1500mm×3600mm

(4) 生产厂家：上海普丽盛包装股份有限公司

8.3.9.3 LWG6F 柔性纸包装无菌灌装机（图 8-49）

(1) 性能特点

① 全伺服无凸轮驱动，减少了大量机械零件，降低了维修成本，简化了维修。

② 下沉式纸路，降低了工人劳动强度，包装成型更美观。

③ LWPAS-2 纸基包装材料自动接驳系统，降低了工人劳动强度。

④ LWSAS-2 纵封胶条自动接驳系统，降低了工人劳动强度。

图 8-49　LWG6F 柔性纸包装无菌灌装机

⑤ LWG6F 柔性纸包装无菌灌装机设备可快速更换包型，30min 可以完成相同截面的不同容量包型切换，一个工作日内可以完成不同截面不同容量包型的切换。

(2) 适用范围

适用于容量大于 330mL 的牛奶、果汁、饮料等产品的灌装。

(3) 主要技术参数

生产能力：6000 包/h

电源：AC380V/50Hz

功率：60kW

压缩空气压力：0.6～1.0MPa

水压：0.45MPa

蒸汽压力：(170±30)kPa

外形尺寸：5610mm×2960mm×4880mm

(4) 生产厂家：广州市铭慧机械股份有限公司

8.3.9.4　HX5000 无菌纸盒灌装机（图 8-50）

(1) 性能特点

① 外形美观、做工精良，采用食品级优质不锈钢制造，保证设备寿命。

② 包装成型稳定，适应各个厂家的包材，保证用户的实际利益。

③ 极低的包装耗损率，保证客户的经济效益。

④ 计量精确，耗电量低，节省人力，操作简单易学。

⑤ 大屏幕人机界面，真正实现人机互动。

⑥ 各部分组件均采用国内外知名品牌，核心部件全部采用世界一流品牌。

⑦ 先进的无菌系统，经过无菌空气、双氧水、紫外线照射、臭氧杀菌等多重灭菌保护，

图 8-50 HX5000 无菌纸盒灌装机

保证产品的商业无菌。

⑧ 完善的售后体系，保证客户没有后顾之忧。

(2) 适用范围

适用于灌装奶、果蔬汁、植物蛋白等各种液态食品饮料的灌装，采用纸铝塑复合材料形成砖型的包装形式。

(3) 主要技术参数

包装形式：纸铝复合砖型/纸铝复合钻型

生产能力：3000 包/h

灌装量：1L

外观尺寸：3800mm×1500mm×3850mm

质量：3000kg

电源：50Hz，380V

功率：15kW

压缩空气：$3m^3$/min (0.8MPa)

双氧水：0.2kg/h，35%食品级

操作系统：PLC 控制、人机界面

(4) 生产厂家：佛山市海旭科技有限公司

8.3.10 CIP 清洗系统

CIP 清洗系统广泛应用于饮料、乳品、果汁、酒类等自动化程度较高的生产中。清洗系统在不拆开或移动装置的前提下，采用高温、高浓度的洗净液强力冲洗灌装装置，洗净装置与食品的接触面，净化生产设备，以达到要求的卫生级别。

一般要求CIP清洗系统具有如下特点：①一定的清洗效果，能提高产品的安全性；②节约操作时间，提高效率；③节约劳动力，保障操作安全；④节约水、蒸汽等能源，减少洗涤剂用量；⑤生产设备自动化水平高；⑥生产设备的可靠性高等。

经CIP清洗的灌装装置要达到以下标准：

(1) 气味　清新、无异杂味。对于特殊的处理过程或特殊阶段容许有轻微的气味，但不影响到最终产品的安全和自身品质。

(2) 视觉　清洗表面光亮，无积水，无膜，无污垢等。

(3) 卫生　经过CIP处理后，微生物指标达到相关要求。

8.3.10.1　瑞纳旭邦食品全自动CIP清洗系统（图8-51）

图8-51　瑞纳旭邦食品全自动CIP清洗系统

(1) 性能特点

① 产品具有自动化程度高、操作简便、价格合理等特点。

② 本系统为2T全自动单回路CIP系统，采用三罐制方形联体式结构，板式换热器在线加热。

③ 酸液罐、碱液罐、热水罐均为2000L双层全封闭罐，内胆板材为不锈钢SUS316L，其中酸碱罐配置搅拌器。

④ 浓酸、浓碱罐为100L不锈钢罐，材质为不锈钢SUS316L。

⑤ CIP系统与所有的加工设备连成一个循环的清洗回路，系统采用全自动控制。

⑥ 浓酸、浓碱用隔膜阀自动泵打入酸液罐、碱液罐。

⑦ 个性化人机界面的设计，实现了操作控制的全面自动化。

(2) 适用范围

广泛用于饮料、乳品、果汁、酒类等机械化程度较高的食品饮料生产企业。

(3) 主要技术参数

清洗顺序：40℃清水、2%碱、40℃清水、0.8%酸、90℃以上热水，依次清洗

清洗内容：常温或60℃以上的热水洗涤，3～5min

1%～2%碱溶液，60～80℃，碱洗10～20min

60℃以下的清水，中间洗涤5～10min

0.8%酸溶液，60～80℃，酸洗10～20min

90℃以上热水，最后洗涤3～5min

生产速度：1000～1800 盒/h

外形尺寸：4000mm×1600mm×2200mm

灌装容量：350～1000mL 同机完成

（4）生产厂家：北京瑞纳旭邦科技有限公司

8.3.10.2 CIP-3 全自动 CIP 清洗系统（图 8-52）

图 8-52 CIP-3 全自动 CIP 清洗系统

（1）性能特点

① CIP 清洗系统的经济运行成本低，结构紧凑，占地面积小，安装、维护方便，能有效地对缸罐容器及管道等生产设备进行就地清洗，其整个清洗过程均在密闭的生产设备、缸罐容器和管道中运行，从而大大减少了二次污染机会。

② 该系统可根据生产需要分为一路至四路。尤其是二路及二路以上，既能分区同时清洗同一个或二个以上区域，也能在生产过程中边生产边清洗。这样在生产时就大大缩短了 CIP 清洗的时间。

③ 采用美国进口气动隔膜泵抽吸浓酸浓碱，不但提高了设备的完好率及降低了设备的维修率，更主要的是降低了运行成本。

④ 尤其是全自动 CIP，能对清洗液进行自动检测、加液、排放、显示与调整，运行可靠，自动化程度高，操作简单，清洗效果好，因而更符合现代大规模流体药品、食品加工工艺的卫生要求及生产环境要求。

⑤ 自动切换各工艺参数，自动调节清洗时间、pH 值、温度等参数。

⑥ 所有操作均可记录，便于 GMP 认证。

⑦ CIP 清洗系统有单罐双罐及多罐供用户选择，有移动式及固定式。

（2）适用范围

全自动 CIP 清洗系统是指不用拆开或移动装置，即采用高温、高浓度的洗净液，对设备装置加以强力作用，把与食品的接触面洗净，适用于卫生级别要求较严格的生产设备的清洗、净化，广泛地用于饮料、乳品、果汁、酒类等机械化程度较高的食品饮料生产企业。

(3) 主要技术参数

规格型号：CIP-3

酸罐：3000L

碱罐：3000L

热水罐：3000L

加热方式：盘式、板式、管式加热、蒸汽加热

CIP泵：20t/h

泵扬程：36m

泵功率：5.5kW

(4) 生产厂家：杭州惠合机械设备有限公司

8.3.10.3 全自动CIP清洗系统（图8-53）

图8-53 全自动CIP清洗系统

(1) 性能特点

① 由西门子PLC控制，模块为CPU313C-2DP，自带2DP，可以连接现场总线；扩展模块为SM322、SM321、SM331、SM332组成。电柜采用SUS304材料，防水等级为IP55。各输出点预留出10%的量，方便以后升级。

② 温度控制系统 碱、酸、热水通过PLC和蒸汽调节阀实现PID自动调节，单独设定其温度，并附有高温报警，低温回流，温度控制点有罐体温度和回路温度，采用进口传感元件，控制精度0.5%。

③ 液位自动补偿控制 在酸罐、碱罐、纯水罐中设有高、中、低液位探头，在每台罐处在不工作状态时，当液位低于低液位时，每个罐的自来水进阀打开，当液位到达高液位时，自来水阀关闭，进水阀门采用角座阀，防止水锤现象。

④ 酸、碱液的自动控制 在酸液罐、碱液罐中配有离子浓度检测仪，对罐中的离子浓度在线监测，自动启停气动隔膜泵来调整罐中的pH值。

⑤ 酸、碱、自来水、热水的自控操作 在CIP回路上，配有离子浓度检测仪，对回路

进行在线监测，实现回路的换相。

⑥ 参数设定　可以对酸碱浓度、温度、清洗时间进行设定，对清洗顺序也可设定。

（2）适用范围

广泛地用于饮料、食品、乳品、果汁、酒类等机械化程度较高的食品生产企业中，用于物料管道和容器设备的就地清洗。

（3）主要技术内容

① 清洗顺序：40℃清水、2%碱、40℃清水、0.8%酸、90℃以上热水、依次清洗。

② 按规定时间清洗并记录。加水量约80%，即盖住加热盘管即可。

③ 酸碱浓度：清洗前检测浓度，不够可添加适当的量。根据酸碱污染程度，决定是否重新配制。

④ 正确连接进出分配器。

⑤ 时常检查输水器，防止阻塞。检查管道、阀门无误后，方可启动离心泵进行清洗。当用酸碱清洗时，清洗完毕后，打开回流泵，使酸碱分别流入酸罐、碱罐。后用清水进行冲洗，清洗完毕。用试纸测试呈中性即可。

（4）生产厂家：沈阳宝中机械设备有限公司

8.4　灌装包装机的选型设计与工艺

8.4.1　灌装包装机的选择原则

在选择灌装方法和灌装机时，除应考虑液料本身的特性（黏度、密度、含气性、挥发性）以外，还必须认真分析产品的工艺要求以及灌装机械设备的结构与运转情况，选择灌装机的原则如下。

① 能较好地为生产服务，必须根据液料的物理性质（黏度、起泡性、挥发性等）进行选择。如果是汁类液料，最好采用真空加汁类装罐机，减少与空气接触，保证产品质量；如果是酱类液料，最好采用机械式压力灌装机；对于牛奶等低黏度液体可采用重力式灌装机。

② 一机多用原则。由于包装企业的生产品种规格繁杂，车间面积有限，产品经常变换，所以灌装机应能适应于多品种的灌装生产。

③ 具有较高生产率及保证灌装产品的质量。

④ 充分改善劳动条件，降低产品成本。

⑤ 使用方便，易维护检修。

以啤酒为例，它的主要灌装工艺要求，一是保证足够的二氧化碳含量（优质啤酒一般要求其质量含量不小于0.40%，普通啤酒不小于0.35%）；二是尽量降低氧含量（一般不超过1mg/L），以免在杀菌和储藏期间与酒中某些还原物质相结合而改变酒的风味，甚至引起变质。因此，在灌装过程中，要求维持稳定的压力和温度，以免引起冲击而形成涡流。

同时，在灌装过程中，还要求设法减少液料与空气的接触，并尽量消除瓶颈残留空气的影响（为减少加热杀菌时的爆瓶率，通常规定瓶颈所留空隙的容积最好不小于3%）。为此，有的在灌装结束后，还增设一道用CO_2或其他惰性气体置换瓶颈空气的工序，或者在灌装刚结束时用敲击法或高压无菌水冲击法致使产生泡沫，以驱逐瓶颈空气，紧接着即进行压盖封口。另外，鉴于在灌装过程中，啤酒与空气的接触主要来自瓶内以及贮液箱内留存的空气，故也可通过改进灌装工艺和机械结构来降低酒中含氧量。

总之，应密切联系生产实际，尽量选择效率高、功能多、使用维修方便、结构简单、质量轻、体积小的灌装机。

8.4.2 常压式灌装机的工作原理和选择

常压式灌装是一种最简单、最直接的灌装形式，也是应用最广泛的灌装方式之一，适用于大量不含气类果汁饮料、矿泉水等产品的灌装。

（1）常压灌装原理

常压法灌装属重力灌装，液料箱和计量装置处于高位，包装容器置于下方，在大气压力作用下，依靠液体的自重自动流进包装容器内，其整个灌装系统处于敞开状态下工作。灌装速度只取决于进液管的流通截面积及灌装阀的液位高度。

常压灌装法因定量方法和所用器具的不同又可细分为如下几种。

① 液面感应式灌装　液面感应式灌装机只把产品灌装到容器，控制液面却不密封容器。这种方法适用于若正压或负压作用到密封容器内会使容器出现鼓胀或凹陷的软质容器。

② 溢流式灌装　某些产品可往开口容器中灌装至溢流的程度，再停止充灌，这些容器通常是经过消毒杀菌处理的卫生食品罐或广口玻璃瓶。在较先进的溢流式灌装机中，进入开口容器的液流是由与容器同步运动的量杯供给的。容器中必须预留的空间可用置换块方法或容器倾斜法获得。

③ 虹吸式灌装　应用虹吸原理使液体经虹吸管从储料箱流入容器中，直至两边液位相等的灌装方法。此法结构简单，但速度较低。

④ 定量杯式灌装　首先将产品从一个开口料槽输送到容量精确（可以调节）的定量杯中，每个量杯可被灌装到与料槽液面相平或沉入料槽液面以下，然后量杯上升到料槽液面之上，然后，每个阀底受控打开，液体流入容器中。此法精确可靠，成本低廉，灌装机常为回转式。

⑤ 涡轮计式灌装　从一个注嘴灌装的液料量，可用一个安装在注嘴输送管前的涡轮流量计来测量。这种流量计包括一个电子计量控制系统，用于开启和停止液料的流动。此法计量精确但价格较贵，一般仅用于5加仑（约18.93L）以上的大型容器灌装。

⑥ 隔膜泵式灌装　活塞泵式灌装机通常在活塞与缸壁之间装有某种密封元件，当活塞与缸壁之间滑动摩擦时会引起材料擦伤并产生微屑，这对于卫生要求严格的注射药物是不利的，而隔膜泵中因无材料摩擦故可避免以上缺陷。

隔膜式容积灌装机利用一层柔性隔膜在气体压力的作用下将液体从料缸抽到灌装室，然后再注入容器中。

⑦ 称重式灌装　在称重式灌装机上，每个灌装工位安装一个称重器，当液料达到预定质量时，秤杆动作切断液流。每个秤被调整到相当于内装液料加上容器的最大质量，若内装液料和容器质量改变，则可在每个灌装台另加上特定质量。

利用计量传感器测定质量，达到预定的质量后，可使控制元件和执行元件动作来切断灌装。

（2）常压灌装机的应用范围及选用原则

常压灌装机可以灌装任何流动性好的液体，如不含气饮料、酒类、农药、矿物油及日化类产品。由于常压灌装机可以进行加温及加热灌装，所以黏度小于0.5Pa·s的产品也常用这种设备进行灌装，只是灌装速度要降低。

常压灌装机能适应玻璃瓶、PET瓶、易拉罐、塑料袋及金属桶等各种包装容器及各种形状尺寸的容器，产品可以是直线式（特殊包装容器或大容积包装），也可以是回转式。

常压灌装一般为灌装—封口的二合一机型，如玻璃瓶的灌装压盖机、PET瓶的灌装拧盖机和灌装旋盖机。供饮水机使用的大桶（18.9L）常压灌装机为冲洗-灌装-封口的三合一机型。

有些包装的常压灌装为一台灌袋主机，配以与封口方式相适应的封口机。如广口瓶需选配旋盖封盖机；金属三片易拉罐需选配封罐机，易拉罐包装的多为果汁类饮料，根据工艺要求，有一个杀菌的问题。如果是热灌装，封罐机最好增加一个充氮装置；如果是冷灌装，封口完毕后杀菌，则要求封罐机具有抽真空的功能。

除称重式常压灌装机技术含量较高、调整比较繁琐外，其他类型的常压灌装机结构非常简单，一般不会有机械故障或灌装效果不良的情况发生。

8.4.3 等压式灌装机的工作原理和选择

啤酒和碳酸饮料等含 CO_2 饮品的灌装必须在加压下灌装才能保持 CO_2 气体的溶解含量，且在开启饮用时能以泡沫形式出现，给人以清凉舒爽的感觉。

（1）等压灌装原理

等压灌装就是先向包装容器内充气，使容器内压力与储液箱内压力相等，再将储液箱的液体物料灌入包装容器内。等压灌装也称为压力重力灌装或气体压力灌装。

含气液体饮料如啤酒，必须采用等压罐装：首先通过灌装阀中的气阀向容器内充气，待容器内的压力与灌装机储液箱上腔的背压相等时（背压为储液箱上腔充入的高于二氧化碳混合压力的二氧化碳气体压力），灌装阀中的进液阀打开，饮料靠其自重流入容器内。在这个过程中，溶入饮料中的二氧化碳的压力基本没有发生变化，可有效地防止饮料中二氧化碳的外逸，保证了灌装的顺利进行。

（2）等压灌装机的选用原则

等压灌装机的灌装阀数量，各制造厂均已形成系列，用户可根据自己的需要选择合理规格的灌装机，或按经验公式计算灌装机的生产能力，计算生产能力的经验公式为：

$$C=\frac{0.163(\alpha-10)N}{1.05T_r+0.35} \tag{8-1}$$

式中 C——生产能力，瓶（罐）/min；

N——灌装阀数量，个；

α——灌装角度，(°)；

T_r——实验所确定的灌装时间，s。

计算出的生产能力用下述舍去法进行圆整。

当 $C>200$ 瓶（罐）/min 时，按 20 圆整；当 $100<C<200$ 瓶（罐）/min 时，按 10 圆整；当 $50<C<100$ 瓶（罐）/min 时，按 5 圆整。

灌装角度 α 是指灌装机自开阀至关阀的有效工作角度。随灌装数量的增加，灌装阀直径的加大，灌装角度 α 也会增加。所以，灌装阀数量增加后，生产能力并不是成比例地增加。

等压灌装阀一般不太容易通过实验的方法确定灌装时间 T_r，经常用灌装速度进行估算。而灌装速度受阀的结构、制造工艺水平、调整精确度的影响，甚至受饮料的含气量、温度及饮料品种的影响。国内等压灌装阀的灌装速度为 100～120mL/s，质量好的可达 140～160mL/s，国外先进水平为 200mL/s。这样通过容器的灌装量与灌装速度的比值，可以计算出灌装时间。但要注意，如果容器较小，就要进行修正，即当 $T_r<4$s 时，按 T_r为 4s 计算生产能力。

将计算生产能力的公式变形，客户可以依据自己所需的生产能力，计算自己需要购置的灌装机所需的灌装阀数量，在灌装机制造厂的系列产品中选择性价比合理的型号。另外，客户也可参考灌装机制造厂技术人员或专业人士的建议。

8.4.4　负压式灌装机的工作原理和选择

负压式灌装机（真空式灌装机）是利用灌装机中配置的真空系统，使包装容器处于一定的真空度，从而使储液箱的液料在一定的压差或真空状态下注入包装容器。这种灌装法分为两种形式：①包装容器和储液箱处于同一真空度，液料实际是在真空等压状态下以重力流动方式完成灌装；②包装容器和储液箱真空度不相同。前者真空度较大，液料在压差状态下完成灌装；后者可大大提高灌装效率。

（1）负压法灌装的基本原理

负压法灌装即利用待灌装液体与吸出容器中气体的排气口之间的压力差来灌装，压差可使产品的流速高于等压法灌装。对于小口容器、黏性产品或大容量容器特别有利，但是负压法灌装系统需要一个溢流收集和产品再循环的装置，快速灌装产生的泡沫必须通过溢流系统排出。

负压法灌装的工艺过程：①瓶内抽真空；②进液排气；③停止进液；④余液回流（排气管中余液经真空室回到储液箱）。采用负压法可提高灌装速度，减少产品与空气的接触，有利于延长产品的保存期，其全封闭状态还限制了产品中有效成分的逸散。

负压式自动灌装机应用范围很广，适用于灌装黏度稍大的液体，如油类、糖浆类，不宜多暴露于空气中的含维生素的液料，如蔬菜汁、果汁以及各类罐头的加注糖水、盐水、清汤等。

（2）负压灌装机的应用范围及选用原则

负压灌装机只能用于流动性好的不含气液体的灌装，如白酒、葡萄酒及水饮料。这种设备结构简单，灌装定量准确，几乎没有液损，而且由于瓶口破损的瓶子无法抽真空而不能形成灌装条件，也有利于剔除不合格的容器。

对于等液面灌装的负压灌装机，如果灌装机经过水平调整，且灌装阀安装的高度一致，灌装精度可达到液面±1.5mm，增加或减少进液管的长度，可以改变液面的高度，满足客户的需要。这类灌装机可保证液面的整齐，但由于容器形状的误差，不能保证容量的精确。所以对于要求灌装容量准确的产品，如高档白酒最好采用带定量斗的容积式负压灌装机。

负压灌装机的选择，需要依据客户的包装容器、包装的产品确定，生产能力也可按等压灌装机生产能力的经验计算公式计算，灌装时间 T_r 可经实验获得，但 $T_r < 2s$ 时，按 $T_r = 2s$ 计算生产能力。

8.4.5　压力式灌装机的工作原理和选择

压力法灌装就是灌装密封系统处于高于大气压力的状态中，将正压力加于产品上，通过对储液箱顶部预留空间加压的方法或泵将产品压到灌装阀的方法，完成液料或半液料的充灌。

压力灌装机对于不能抽真空、不含气液体的产品是很理想的，如酒精类饮料（酒精含量会随真空度增加而减少），热饮料（90℃的果汁，抽真空可引起液料迅速蒸发）、瓶装矿泉水和纯净水等。压力法可在产品和排气管两端保持高于大气压的压力，且产品端压力更高，这样的系统有利于控制某些饮料保持较低的二氧化碳含量。

压力灌装机灌装速度快，生产能力高。由于是满口灌装，靠伸入瓶口的阀管的体积控制液位，等液面灌装精度能达到±1mm。由于输瓶、冲瓶、灌装及封口均夹瓶颈作业，不受容器大小或容器形状限制，调整非常方便，很适合多种形状包装容器灌装。

压力灌装机没有一般灌装机械所必备的灌装缸，容易向大型化发展，安装、调试、操作也简便，不易产生机械故障。

8.4.6　灌装机的灌装工艺

在灌装生产过程中，待灌装瓶子由推送机构送至冲瓶机，然后拨瓶星轮将瓶子传送至冲瓶机，冲瓶机的回转盘上装有瓶夹，瓶子的瓶口被夹住沿着导轨翻转180°，使瓶口向下。在冲瓶机的特定工位，喷嘴冲被瓶夹所夹住的瓶子内部喷出高压冲瓶水，对瓶子内壁进行冲洗。瓶子经冲洗、沥干、杀菌后，在瓶夹的夹持下沿导轨再翻转180°，使瓶口向上。当然，这一工艺过程是可以选择的。

清洗后的瓶子通过拨瓶星轮由冲瓶机输送至灌装机，进入灌装机的瓶子由瓶底托板托住，并在托瓶板机构的作用下将瓶子上升，然后由瓶口将灌装阀顶开（采用重力灌装方式的灌装方法）。灌装阀打开后，物料通过灌装阀流入瓶子内部，完成灌装过程。灌装结束后，托瓶板开始下降，瓶口随托瓶板下降而离开灌装阀。瓶子通过星形拨轮进入旋盖机，旋盖机上的止旋刀卡住瓶颈部位，保持瓶子直立并防止旋转。旋盖头在旋盖机上保持公转并自转，在凸轮作用下实现抓盖、套盖、旋盖、脱盖动作，完成整个封盖过程。成品瓶通过出瓶拨轮从旋盖机传送到出瓶输送链上，由输送链传送出包装机。

例如，位于沈阳的莱特莱德（中国）矿泉水灌装生产线主要包括水处理、吹瓶、灌装、包装四大系统，生产能力可达2000～36000瓶/h。2000瓶/h以下产量的生产线选用分体式灌装机；大于2000瓶/h产量的生产线选用冲洗、灌装、旋盖一体机，行业俗称三合一灌装机。分体式灌装机占地面积大，清洗机、灌装机、封盖机成一直线分布，三合一灌装机生产效率高，占地空间小，自动化程度高，大大减少了冲洗、灌装、封盖间的停留时间，更安全地保证了成品质量。

8.5 灌装包装机的常见故障与使用维护

8.5.1 常压灌装机的常见故障与使用维护

(1) 常压灌装机的常见故障

常压灌装机的故障主要有如下几种。

① 液体灌装机开机后，不能正常旋转。

a. 灌装阀头偏下，托瓶板上升时瓶口顶牢灌装阀头，致使凸轮不能旋转。应旋松固定灌装阀的螺帽，将灌装阀向上移动适当位置后，将螺帽旋紧。

b. 灌装阀装配时，造成内外管之间不清洁而卡牢，需拆下灌装阀进行清洗。

c. 灌装阀移动部摩擦过大，使其不能正常工作，必需重装或更换。

② 灌装液料不匀，灌装阀末旋紧或瓶口接触不严，有漏气现象，需进一步旋紧等。

③ 液体灌装机旋转正常，但无液料排出。

a. 灌装阀门内有异物需清洗。

b. 灌装阀门内的移动件放置错误。

c. 灌装阀下端出液口有液体泄漏时，应拆开阀体更换随机密封圈。

(2) 常压灌装机的维护保养和使用

① 日常维护检查电动机是否正常运行，安全环境是否正常；是否有异常振动，异常声音；是否出现异常过热、变色。

② 定期检查与维护每月对启动元件如气缸、电磁阀、调速及电气部分等进行检查。检查方法可通过手动调整来检查好坏和动作可靠性，气缸主要检查是否漏气等现象，电磁阀可手动强制动作以检查电磁线圈是否烧毁及阀门堵塞，电气部分可能过对照输入输出信号指示灯来检验，如检查开关元件是否损坏，线路是否断线，输出元件是否工作正常。

③ 液体自动灌装机液位的调整每班灌装前首先将料箱上的液位探杆提出液面后放到原来的高度位置（位置不可变化）后，打开进料总阀门（应基本保持每班阀门在同一个位置

上)。液料箱的最低液位不得低于液料箱内的进料出口，并能满足批量灌装。如需增高液料箱的液位，则需提升探杆至适当高度。也可调整液位控制器的压力。

④ 设备清洗要求每天上班前、下班后对设备的各阀门、喷口、管道、输送带、各个储液罐进行清洗；操作人员应做消毒清洗过程记录，保存存档以备查阅。

常压灌装机的使用要求如下。

① 灌装机设备内无异物（如工具、抹布等)。

② 灌装机不允许有异常响声及振动，如有应立即停机，检查原因，绝对不可在机台运转时对运动件进行各项调整。

③ 所有保护物应安全、可靠，严禁穿戴有可能被运动部件挂住的衣物，长发者应戴发罩。

④ 禁止用水和其他液体清洗电气单元。

⑤ 清洗时应穿戴工作服、手套、眼镜等，预防强酸、强碱腐蚀。

⑥ 机器运行时，必须有人进行监控，不要用工具或其他物体接近机器。

⑦ 严禁与操作及维修无关的人员接近设备，杜绝工伤发生。

8.5.2 等压灌装机的常见故障与使用维护

(1) 等压灌装机的常见故障

等压灌装机灌装的是含气饮料，设备调整不理想会影响灌装效果。在分析故障时要特别注意区分个别现象与普遍现象、偶然故障与连续故障，以便对症下药、进行故障排除。

表 8-1 所列为根据实践经验总结的等压灌装机的常见故障及排除方法。

表 8-1 等压灌装机的常见故障及排除方法

故障特征	故障原因	排除方法
涌瓶(冒沫)	饮料灌装温度太高	检查制冷系统;在混合机后增加板式换热器以降低饮料温度
	灌装阀气阀密封不严	更换气阀密封圈
	卸压阀未打开	清洗卸压阀
	卸压过快或卸压不完全	调整卸压板至全过程缓慢,完全卸压
	混合机混合效果不好	CO_2 纯度不够,更换质量好的气源;水温偏高,检查制冷系统或增加制冷能力;混合压力不够,适当进行调整;混入 CO_2 的饮料静置时间较短
	灌装速度太快	各种饮料配方不同,灌装速度可适当降低
	灌装缸的背压太低	适当提高混合机和灌装缸的背压
	容器清洗不净,有异物	提高容器清洗的洗净率
瓶内液位过低或半瓶	灌装阀中水阀开阀量小	调整中间位置回位轮的精确度
	气阀开量不够大,不能形成等压	调整开阀扳机
	容器口与灌装阀间的密封力不足	靠弹簧力密封的瓶托,调修或更换弹簧;靠气缸气压密封的瓶托,减小气缸或提高气压;严重老化变形的容器口密封圈应予以更换
	卸压阀卸压不充分,造成涌瓶液损	清洗卸压阀、调整卸压板,达到全程缓慢完全卸压的程度
	瓶的高度不符合要求,瓶口与阀不能达到密封要求,不能形成等压	剔出不合格瓶
	水阀弹簧失灵	检修或更换
	储液室内液位太低,影响液体流速	调修液位控制机构(浮球);对混合机背压过低或储液室背压过高进行调整

续表

故障特征	故障原因	排除方法
灌装稳定但卸压后翻泡	液阀密封件损坏	更换液阀密封
	卸压阀节流口堵塞	彻底清洗
	灌装阀中的水阀不工作	清洗灌装阀,更换水阀弹簧
	卸压前液阀为关闭	调整关阀碰块
	卸压阀节流口扩大	更换节流器
	瓶子从灌装台转至中间星轮过程晃动	调整过渡底板,更换损坏的中间星轮
	瓶托气缸上升受阻,容器与阀不接触	调修升降机构导杆,确保平行、垂直、滑动灵活
	容器口破损,不能形成等压	剔出不合格容器
灌装时瓶内呈混浊状,卸压后大量翻泡	灌装压力不足	提高灌装压力
	灌装温度过高	降低灌装温度
	储液箱液面过高,背压充气时喷液	控制液面、对回气管全部喷吹一次
	回气管上的反射布流环损坏或回气管弯曲	更换损坏的零件
	设备运行不平稳	改善传动系统使设备稳定运行
瓶内液面过高或液位误差大	卸压阀漏气	清洗卸压阀;更换卸压阀密封圈
	灌装阀中的水阀密封不严	更换水阀密封胶垫
	容器口与灌装阀密封圈处漏气	剔出容器口破损或高度不合格的容器,更换老化变形的容器口密封圈;靠弹簧力密封的瓶托调整弹簧力或更换弹簧;靠汽缸压力密封的瓶托应检修气缸或提高瓶托气缸的气压
不灌装	气阀未打开,灌装缸上腔气体与容器内未形成等压	调整或锁紧开阀扳机;调整无瓶不灌装装置;气阀拨板脱落,拆开缸盖重新安装
	开阀机构不工作	提高开阀气缸的气压,调整无瓶不灌装机构
	灌装阀中的水阀不工作	清洗灌装阀,更换水阀弹簧
	瓶托气缸上升受阻,容器与阀不接触	调修升降机构导杆,确保平行、垂直、滑动灵活
	容器口破损,不能形成等压	剔出不合格容器

(2) 等压灌装机的维护保养和使用

① 维护保养

灌装机配置于比较潮湿且偏酸性的恶劣环境中，并主要运行于夏季的高温气候中，要按规定在相关部位加注润滑油和润滑脂，尽量做好车间的通风和排水，工作完毕要对设备进行清洗。要安装好设备的防护罩板，保护传动机构并注意人身安全。

在生产旺季，连续工作一段时间（约 3 个月）后，可更换磨损的 O 形密封圈及密封垫，设备使用 1 年或 2 年需进行 1 次大修。

② 充填量调节

啤酒、汽水等灌装后瓶内液位要求都一样高。灌装时，应对每个灌装头编号，分别测量充填液位高度并做好记录。如果大多数都不符合要求时，可适当调节环形导轨上的充气碰块位置，以改变等压过程的时间；也可调节排气碰块的位置，改变瓶内降压关闭液阀的时间以调整对瓶内的注液量。如发现只是个别灌装头充填量不合格时，可调节这个灌装阀侧面的排气针阀的开度，以改变这个阀的瓶内降压关阀的速度和时间，必要时还可改变这个阀中心排气管的伸出长度或适当调节这个阀内平衡弹簧的张力，使其在瓶内压力变化时能提前或延后关闭注液阀。

液体灌装体积主要靠包装容器液面去定量，其定量精度受容器的容积偏差和灌装排气管长度的影响，如排气管变位或排气不通畅，灌液通道阻塞或容器口与灌装阀的密封胶垫破损，均会影响灌装液位定量不准确。对于含气液体灌装还有个发泡反喷的问题。如含气液体灌装时压力降得太快或液流冲击过猛，液体将会大量发生泡沫堵塞排气管，使灌装液位不足，严重时还会在容器脱离灌装头时泡沫大量喷出使液料流失。解决办法：一是要保证灌装液料的低温和输送管道流速不要太快，使液体所溶解的二氧化碳尽量保持稳定；二是要控制灌装碰块位置和泄气针阀的开度，使容器离开灌装头之前先慢慢向外泄气降压，而不致急剧降压引起反喷现象。

8.5.3 负压灌装机的常见故障与使用维护

（1）负压灌装机的常见故障

负压灌装设备配置于潮湿的环境中，要做好通风及排水，定时更换易损件以保证机器的正常运转，尤其对于真空度的调整，要利用设备上的真空调节阀进行控压，既要保证灌装完毕的顺利回气、回水，又要保证不致将容器（PET 瓶）抽瘪。

负压灌装机在调整得当的情况下，不易产生设备的机械故障或灌装故障。表 8-2 所示为负压灌装机运转中常见故障分析及排除方法。

表 8-2 负压灌装机常见故障分析及排除方法

故障特征	故障分析	排除方法
不正常灌装	液阀未打开，灌装阀与容器口间的距离偏大	区分个别现象和普遍现象，进而调整个别阀的垫圈或降低灌装阀，保证灌装阀与容器口间的合理距离
	回气管堵塞	清理回气管
灌装液位低于标准值	储液箱液位太低	将储液箱液面调整到指定位置
	回气管不通畅	清理回气管
	灌装阀密封圈与容器口密封不良	更换老化、变形的密封圈；更换灌装阀弹簧；调修或更换瓶托弹簧；对靠气缸气压提升的瓶托，检修气缸或提高气缸气压
灌装液位高于标准值	储液箱的真空度低	调高真空度
	回气管不通畅	清理回气管
	灌装阀的位置偏低	区分个别现象和普遍现象，进而调整个别灌装阀的垫圈或提升灌装阀，保证灌装阀与容器口的合理距离
灌装阀滴液现象	储液箱真空度低	调高真空度
	灌装阀密封不好	更换密封垫；调修或更换弹簧

（2）负压灌装机的使用维护

负压灌装机是一种使用面广，最适合农药、杀虫剂、醋等挥发性或者有毒液体在全封闭的状态下进行灌装，能够消除污染及有害物的扩散，符合卫生法的规定。

在负压灌装机运转过程中，要保持灌装机台面洁净，擦拭导柱油垢；每班都用数滴机油滴于套筒等运动机构的滑动处，用机油刷链条、铰链轴；每周检查减速箱、真空泵、电动机。

保持灌装机的管道洁净，所有管道和设备尤其是与液料间接或直接接触的管道，每周要刷洗，每天要冲洗，要保持洁净。确保灌装机干净，对其物料槽要进行刷洗和灭菌，保证与物料接触的部分都不能有积垢和杂菌。另外，灌装设备最好与其他设备隔绝，灌装机的润滑部分与灌装物料部分应防止交叉污染，输送带的润滑要用专用的肥皂水或润滑油。灌装机容器一定要保持清洁，所使用的灌装容器必须经过严格检查和清洗，不能使灌装后的液料被污染。

在负压灌装机使用过程中，要求容器无液料损失和无滴漏，实现破瓶、漏瓶以及无瓶等自动不灌装，能进行变频调速，灌装精度高。

8.5.4 压力式灌装机的常见故障与使用维护

压力法灌装机是利用外部的机械压力将液体产品充填到包装容器内的机器，适用于灌装黏稠性物料，例如牙膏、番茄酱、豆瓣酱、香脂等，是黏稠物料灌装不可缺少的灌装设备。

(1) 压力式灌装机的常见故障

由于压力式灌装机的原理和结构较为简单，发生故障时考虑的因素较少。但压力式灌装机常见的故障主要有以下三种。

① 灌装量不准确

a. 确认液体灌装机的磁簧开关是否松动。

b. 降低压力缸的抽料速度（只针对黏度较大的物料）。

c. 确认三通内单向阀是否被异物卡住而引起泄漏。

d. 确认黏稠液体灌装机灌装阀芯是否有卡塞现象或延迟打开。

e. 确认各连接处的密封是否有气体泄漏。

f. 三通内锁紧螺帽是否松动，弹簧是否有足够的弹力。

② 灌装机的液料缸后端漏出

a. 检查活塞上的密封圈是否被损坏，若破损则更换。

b. 确认活塞与活塞杆紧固。

c. 活塞是否在液料缸的中心。

③ 灌装阀口不出料

a. 密封不严，有空气渗入。

b. 三通内的螺母松动或脱落。

c. 三通内的单向阀被卡住不能密封。

d. 三通内的弹簧压得太死，弹力过大，活塞的吸力不能打开它。

e. 查看黏稠液体灌装机的活塞密封圈的磨损状态。

f. 灌装嘴卡死。

(2) 压力式灌装机的使用维护

① 每天运转前，观察灌装机的液料箱，液面不够应及时加液料。

② 生产中要经常观察灌装机的机械部件，看转动、升降是否正常，螺钉有无松动。

③ 经常检查灌装机的地线，要求接触可靠；检查液压管路有无漏气，管路是否破裂。

④ 灌装机的电动机每年更换润滑油（脂），检查链条松紧，及时调整张力。

⑤ 如果长时间停止使用灌装机时，要把管道内液料排空，并清洗干净。

⑥ 做好灌装机的清洁卫生工作，保持机器表面清洁，经常清除灌装缸和管道等内的积料，注意保持电控柜内的清洁。

⑦ 灌装机的传感器是高精度、高密封度、高灵敏度器件，严禁撞击和超载，工作过程中不得接触，非检修需要不准拆卸。

另外，在进行维护保养的过程中，应该特别注意，在进行维护点检时，应切断断路器或拔掉电源插头，防止点检时触电、烧伤等伤害。

参考文献

[1] 李连进. 包装机械选型设计手册. 北京：化学工业出版社，2013.

[2] 许林成等. 包装机械原理与设计. 上海：上海科学技术出版社，1988.

[3] 孙智慧，高德. 包装机械. 北京：中国轻工业出版社，2010.

[4] 高德. 包装机械设计. 北京：化学工业出版社，2005.

[5] 黄颖为. 包装机械结构与设计. 北京：化学工业出版社，2007.

[6] 杨晓清. 包装机械与设备. 北京：国防工业出版社，2009.

[7]《包装与食品机械》杂志社. 包装机械产品样本. 北京：机械工业出版社，2008.

[8] 尹章伟，刘全香，王文静．包装概论．北京：化学工业出版社，2003.
[9] 赵淮．包装国际标准汇编．北京：中国轻工业出版社，1994.
[10] 赵淮．包装机械产品大全．北京：中国轻工业出版社，2003.
[11] 周滨飞．食品及包装机械制造工艺学．成都：四川教育出版社，1991.
[12] 刘筱霞．包装机械与设备．北京：化学工业出版社，2012.

第 9 章　封口包装机械

9.1　概述

9.1.1　封口包装机械的基本形式

采用柔性材料包装物品，除手工袋装以外，多在有关设备的封口工位上完成粘封或热封，不需另设封口机。而采用刚性、半刚性包装容器（如金属罐、玻璃瓶、塑料瓶等），在完成物品的灌装或充填之后，一般需借助相应的封口机械进行封口，以使产品得以密封保存，并便于流通、销售和使用。根据刚性、半刚性容器的种类及其对产品的密封要求，常见的封口形式如图 9-1 所示。

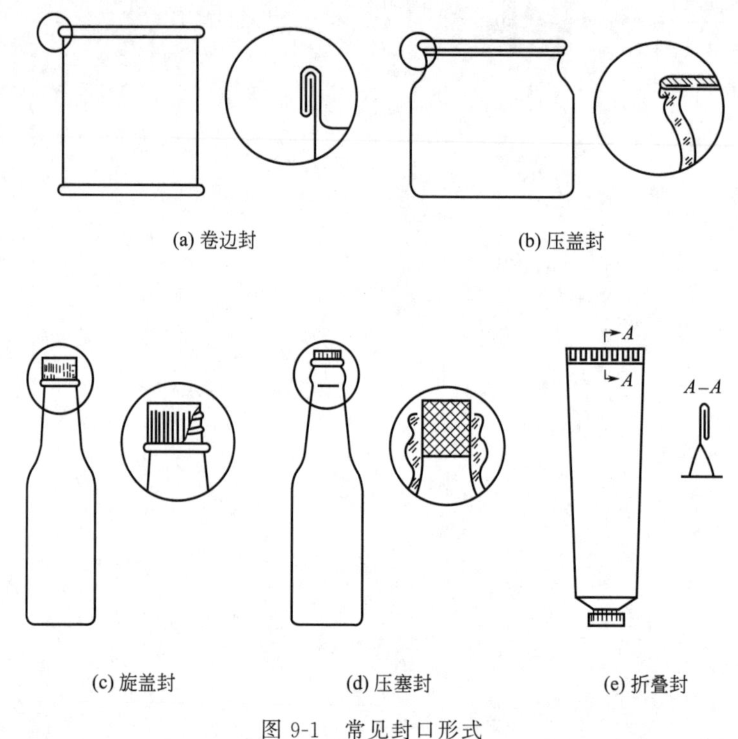

(a) 卷边封　(b) 压盖封　(c) 旋盖封　(d) 压塞封　(e) 折叠封

图 9-1　常见封口形式

① 卷边封　将翻边的罐身与涂有密封填料的罐盖内侧周边互相钩合、卷曲并压紧而使容器密封。这种封口形式主要用于马口铁罐、铝罐等金属容器以及新近开发的复合罐。

② 压盖封　将内侧涂有密封填料的外盖压紧并咬住瓶身或罐身而使其密封。这种封口形式多用于玻璃瓶与金属盖组合的容器，如瓶装啤酒、瓶装酱菜等。

③ 旋盖封　将螺纹盖旋紧容器口而使其密封。这种封口形式主要用于盖子为塑料或金属件，而罐身为玻璃、陶瓷、塑料或金属件组合的容器，如瓶装奶粉、牙膏管等。螺旋盖容易开启和密封，并能重复使用，应用相当广泛。

④ 压塞封　将内塞压在容器口内而使其密封。这种封口形式主要用于软木塞或塑料塞

与玻璃瓶密封的容器，如瓶装酒、瓶装麦乳精等。因为内塞难以达到完全密封，通常还要辅以蜡封、旋盖封或压盖封。

⑤ 折叠封　将包装容器的开口处压扁再进行多次折叠而使其密封。这种封口形式主要用于半刚性容器，如装填膏状物料的铝管等。通常折叠封口后需压痕，以增强其密封效果。

9.1.2 封口包装机械的分类及特点

封口机适合于用任意材料制成的包装容器的封口，各类封口机应用极为广泛，可分为无封口材料的封口机、有封口材料的封口机和有辅助封口材料的封口机三大类。无封口材料的封口机包括热压封口机、脉冲、熔焊、压纹、折叠式、插合式封口机，有封口材料的封口机包括液压、卷边、压力和旋合式封口机，有辅助封口材料的封口机包括结扎、胶带、黏结和钉合式封口机。

除单独使用的封口机外，还有许多封口机与其他机器共同组成的生产自动线（如压盖机在灌装生产线中与灌装机组成机组），大大提高了生产自动化程度及效率，减少了工人的劳动强度，提高了包装质量。

9.2 典型封口包装机械的结构及工作原理

9.2.1 塑料容器封口机

下面以环带式薄膜自动封口机为例，介绍塑料容器封口机的结构及工作原理。

环带式薄膜自动封口机可以按多种方式进行分类：按热封装置的放置方式有支架台式、立柱落地式和手提式之分；按包装材料的输送方式有横送（卧式）、竖送（立式）和斜送（倾斜式）之分；按薄膜热合后的冷却方式有风冷式和水冷式之分等。尽管它们的结构形式多种多样，但工作原理基本相同。下面介绍FRW-150C型热压连续封口机。

该机为卧式，目前多用于塑料薄膜及其复合材料包装袋充填物料后的最后封口。它具有封口、印字、压字和计数功能，广泛用于食品、医药、日用化工等行业的包装封口。单机使用效果好，在各种包装生产线中配套使用效果也比较理想。

① 工作原理　图9-2为FRW-150C型热压自动封口机工作原理图。将塑料薄膜连接部分夹在一对转动的环形钢带1之间，钢带1带着薄膜（袋）4同步移动。在移动过程中，钢带1与其内侧放置的预先确定了温度和压力的加热体2及预先确定了压力的冷却体3接触，从而使夹在钢带之间的两层塑料薄膜热压黏合及冷却定型。在封口还未完全冷却时，使封口通过一对预先调整好压力的压花轮压花，然后再通过墨轮和印字码轮打印生产日期，最后完成封口工作。

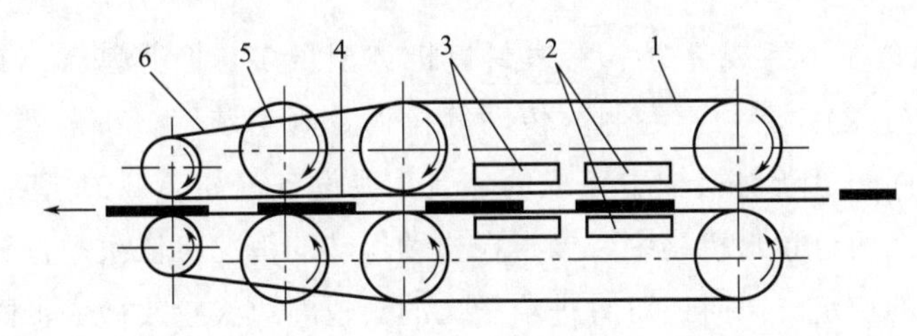

图9-2　FRW-150C型热压自动封口机工作原理图

1—环形钢带；2—加热体；3—冷却体；4—薄膜；5—压花轮；6—尼龙导带轮

② 传动系统　图9-3为该封口机传动系统图。机器的运动由单相电机经三角带传动至

减速机构中的轴Ⅰ。在减速机构中，经过轴Ⅱ上的过轮反向和两级齿轮副减速，运动传至轴Ⅳ。在此，将通过传动比 $i=1$ 的三组链传动分别传给三根分配轴Ⅴ、Ⅺ和Ⅻ，从而带动三组同步完成不同执行功能的传动装置运动：

第一组：分配轴Ⅴ及其后的传动副使上下钢带、上下齿形带和上下O形带同步运转；

第二组：分配轴Ⅺ及其后的传动副使上下滚花轮转动；

第三组：分配轴Ⅻ使传送带获得相应的运动。

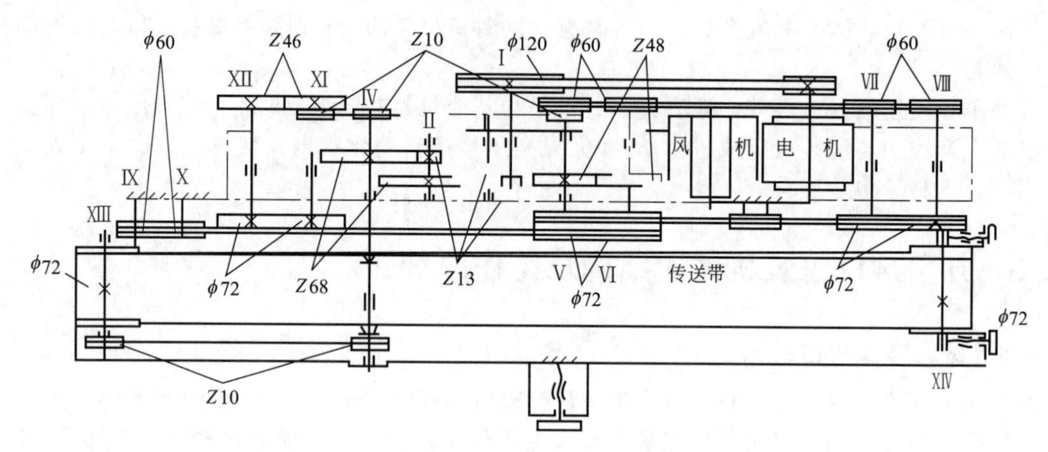

图 9-3　FRW-150C 型热压自动封口机传动系统图

9.2.2　金属容器封口机

马口铁罐、铝罐等金属容器以及新近开发的复合罐采取卷边封口的方式，它是将翻边的罐身与涂有密封填料的罐盖内侧周边互相钩合、卷曲并压紧而使容器密封。

① 卷边封口机的分类　卷边封口机的类型较多，分类方法大致有下列几种。按自动化程度可分为三类：一是人工控制，即进出罐及卷封等主要作业均靠人工控制；二是半自动化，仅进出罐靠人工控制，其他都自动进行；三是全自动化，整个封罐过程均能自动进行，无需人工控制。按所封的罐型可分为两类：一是封圆形罐，二是封方形罐、椭圆形罐和马蹄形罐等异形罐。按单机的卷封机构数目可分为两类：一是单头卷边封口机；二是多头卷边封口机，如GT4B7型为四头卷边封口机，它能大幅度提高设备生产能力。

② 卷边封口机的基本组成部分　卷边封口机类型虽多，但其基本组成部分大致相同，主要包括供送（罐与盖）、转位、卷封、传动等机构及真空装置。一般卷边封口机的头道、二道卷封作业是在同一组卷封机构中完成的，但某些设备（如AT-01型）则将头道和二道卷边滚轮分别布置在两组卷封机构中，罐身在连续运转的情况下依次进行头道、二道卷封作业，以利卷封过程的稳定。同时还可将进给量大的头道卷边滚轮改做成带内侧沟槽的环状体（一般卷边滚轮均为带外测沟槽的圆柱体），以增加与罐盖接触时的弧长，更有利于罐盖周边的弯曲、钩合，提高卷封质量。但这种设备一般占地面积较大，又难以形成真空卷封，故一般仅适用于空罐卷边加工。

③ GT4B2 型真空自动封罐机　图 9-4 为 GT4B2 型真空自动封罐机外形图。它主要由送罐机构 1、送盖机构 2、六槽转盘机构 3、封罐机构 4、卸罐机构 6 及电气控制系统等组成。该机为圆形罐封罐机，广泛用于各种圆形罐的真空封罐。

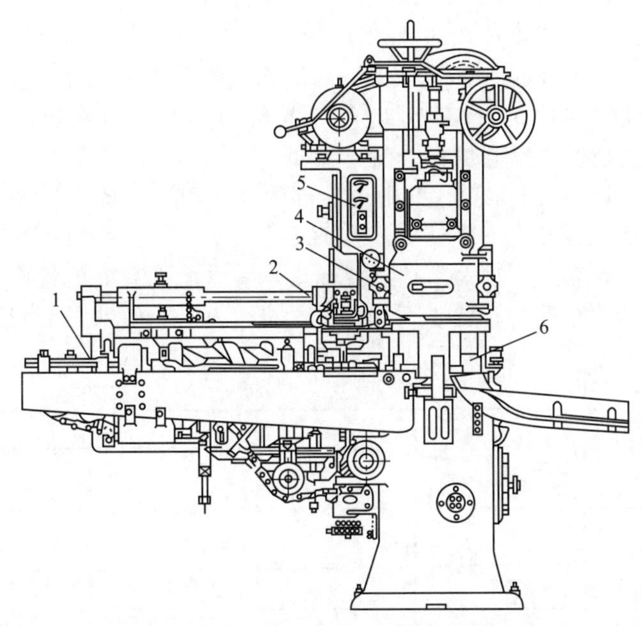

图 9-4　GT4B2 型真空自动封罐机外形图

1—送罐机构；2—送盖机构；3—六槽转盘机构；4—封罐机构；5—控制按钮；6—卸罐机构

图 9-5 为 GT4B2 型真空自动封罐机的卷封工艺过程图。充填有物料的罐体，借装在推送链上的等间距推头 15 间歇地将其送入六槽转盘 11 的进罐工位（Ⅰ）。罐盖存槽 12 内的罐盖由连续转动的分盖器 13 逐个拨出，并由往复运动的推盖板 14 有节奏地送至进罐工位罐体的上方。接着，罐体和罐盖被间歇地传送到卷封工位（Ⅱ）。这时，先由托罐盘 10、压盖杆 1 将其抬起，直至固定的上压头定位后，用头道和二道卷边滚轮 8 依次进行卷封。然后，托罐盘和压盖杆恢复原位，已卷封好的罐头降下，六槽转盘再送至出罐工位（Ⅲ）。为了避免降罐时的吊罐现象，在压盖杆 1 与移动的套筒 2 间装有弹簧 3，以便降罐前给压盖杆一定预压力。由于卷封工位没有孔道与真空稳定器和真空泵相通。因此，卷封作业可在真空状态下进行。本机的传动系统为电动机经三角带驱动主传动轴，经蜗杆蜗轮驱动垂直分配轴，经螺旋齿轮驱动两对差动齿轮，使卷封机构完成卷封运动。垂直分配轴下端再经螺旋齿轮驱动与水平分配轴相连的罐体、罐盖供送机构及六槽转盘。托罐盘与压盖杆的运动则分别由垂直分配轴的下、上槽凸轮控制。在垂直分配轴上端的蜗轮处配置一安全离合器，一旦出现卡罐等故障，则会使两分配轴停止运转。另外，从动三角带轮

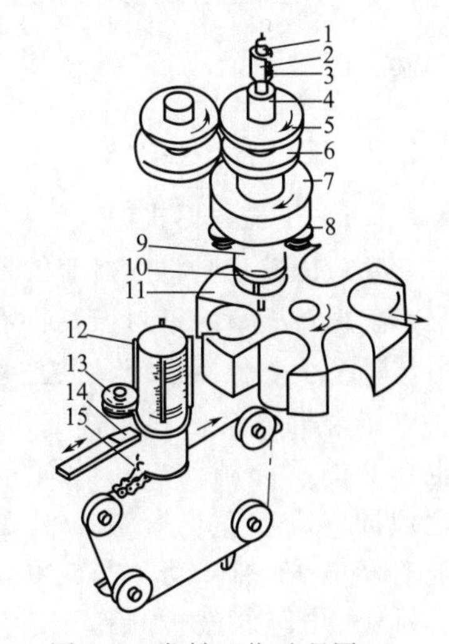

图 9-5　卷封工艺过程图

1—压盖杆；2—套筒；3—弹簧；4—上压头固定支座；5～7—封盘；8—卷边滚轮；9—箱体；10—托罐盘；11—六槽转盘；12—罐盖存槽；13—分盖器；14—推盖板；15—推头

与主分配轴之间采用摩擦片传动（图中未示），它对整机起超载保护作用。

图 9-6 为封罐机工作循环图。封罐过程为：六槽转盘在凸轮和进罐拨轮的作用下，作间歇回转运动（0°至 125°42′转动），定时从进罐送盖部分接来罐身与盖，并转送到下托盘上。下托盘在凸轮和摆杆的作用下把罐托起（125°41′至 184°42′），并夹压于上压头之下。为使罐体与盖稳定上升，压盖杆在凸轮和摆杆作用下下降（121°36′至 145°12′）与下托盘一起把罐头夹住一并往上升起，直至罐头被固定不动的上压头顶住为止（184°42′）。罐头被夹紧后，不断转动的卷边机头，带动卷边滚轮绕罐体及盖边作切入卷封作业，当卷封完毕且卷边滚轮已完全退离罐卷缝后，处于静止状态的压盖杆又在凸轮作用下，趁下托盘未降下，稍先行下降（315°42′），并通过上部弹簧作用，给罐头施加压力，使罐头脱离上压头，随同下托盘一起自由下降至工作台面上。压盖杆至 347°12′下降结束，下托盘下降从 323°12′至 0°42′结束。此时六槽转盘便转动，一方面把封好的罐头转位送出，另一方面又接入新的罐体与盖并重复转置于下托盘上，进行下一个罐头的封口。

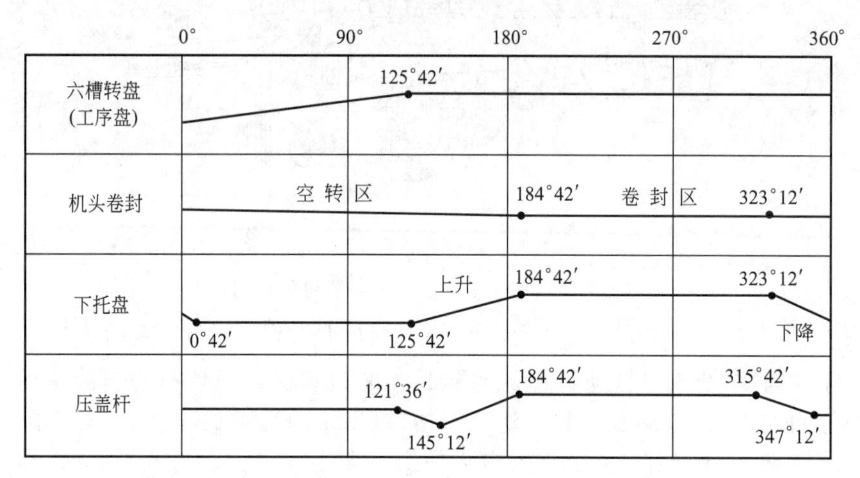

图 9-6　封罐机工作循环图

9.2.3　玻璃容器封口机

9.2.3.1　压盖封口机

皇冠压盖机是将皇冠盖的褶皱边压入瓶口凹槽内，并使盖内密封材料产生适当的压缩变形，实现对瓶口的密封。其特点是密封性能好、制作简单、成本低。皇冠盖压盖封口机主要由传动系统、供瓶系统、供盖系统、压盖机头等部分组成。

压盖机的结构和工作原理如图 9-7 所示，压盖机瓶盖倒入料斗 1 后，受撞块 6 及固定销 2 的不断翻动，并借固定销 2 和转盘 4 形成的 29 个与瓶盖外形相似的通道使其整理成同一方向。当瓶盖自供盖滑槽 10 落下，被压缩空气吹入压盖模 13 下部定位后，随着转鼓 11 的转动，凸轮 9 即将压盖模 13 下压，使瓶盖牢固的封在瓶口上。动力自空心轴 14 传至转鼓 11 后，又经过一对齿轮和一对锥齿轮传至转盘 40 本装置压盖位置可按瓶子高低作相应调整。

9.2.3.2　旋盖封口机

常见旋盖头有三爪式和两爪式，一台旋盖机一般装有数只旋盖头，工作时各单体由传动装置带动绕机头主轴公转，转换工位，同时实现定位、定时上升、下降移动及绕其轴线自转，协调按工艺过程完成旋盖动作。

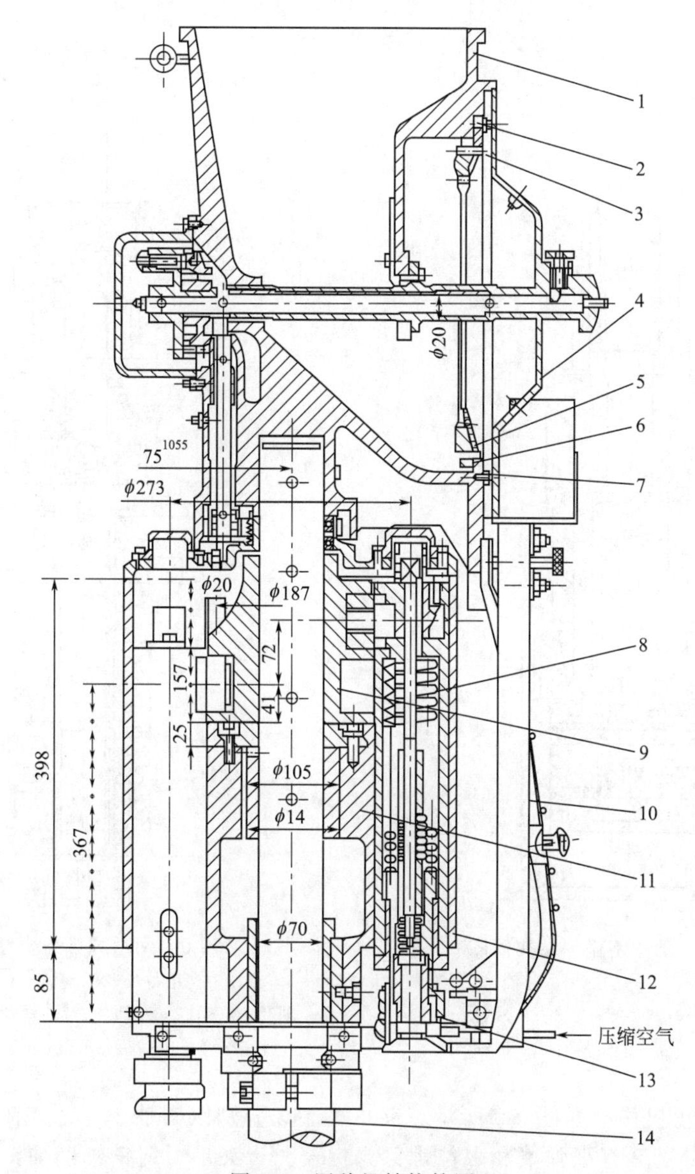

图 9-7　压盖机结构简图

1—料斗；2—固定销；3—销子；4—转盘；5—中间隔盘；6—撞块；7—固定销；8—大弹簧；9—凸轮；10—供盖滑槽；11—转鼓；12—小弹簧；13—压盖模；14—空心轴

① 三爪式旋盖机构　如图 9-8 所示，捉盖、持盖动作是由三只夹爪 2 完成，当旋盖头与瓶盖对中时，旋盖头下降，迫使瓶盖推挤夹爪绕轴 9 摆动，从而瓶盖进入 3 只夹爪 2 的空间，由于 3 只夹爪同受弹簧 1 的束缚，可使夹爪将瓶盖捉住，机头带着旋盖头上升转换工位，当旋盖与瓶口对中时，旋盖头再次下降，此时传动轴 6 亦被驱动旋转，同时旋盖头在下降中因受瓶的作用而使弹簧 4 受压，在弹簧 4 的作用下，离合器的主从动部分结合，轴 6 的转动便经摩擦片 7、球铰 3 而传到胶皮头 8 上，借助胶皮头 8 与瓶盖间的摩擦作用而把瓶盖旋紧在瓶口的螺纹上；旋紧后若压盖头仍然继续作用，摩擦片 7 便打滑，可防拧坏瓶盖；旋盖头上升、旋转，依靠瓶及其内容物所受的重力作用而完成脱盖，旋盖头进入下一工作循环。通过螺杆 5，可调节旋盖头的高度，以适应不同高度瓶的旋合封口。

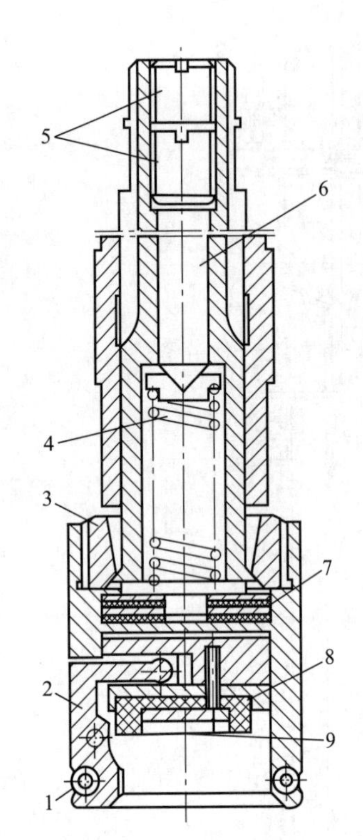

图 9-8 三爪式旋盖头结构简图

1—弹簧；2—夹爪；3—球铰；
4—压缩弹簧；5—螺杆；6—传动轴；
7—摩擦片；8—胶皮头 ；9—销轴

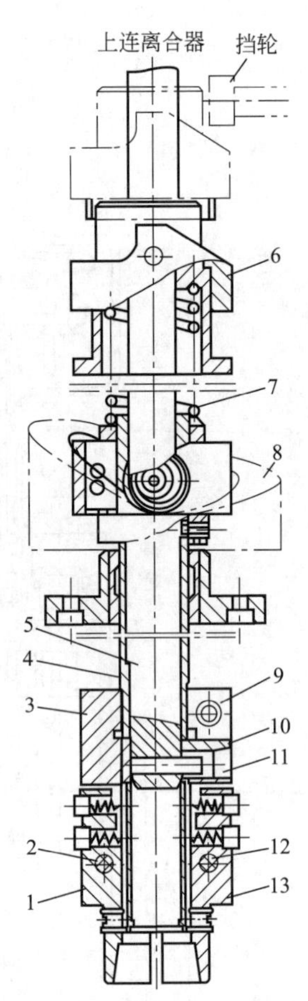

图 9-9 两爪式旋盖头结构简图

1,13—夹爪；2,12—销轴；3—定夹爪座；
4—轴套；5—轴；6—凸轮；7—弹簧；8—升降限位器；
9—螺钉；10—动夹爪座；11—内六角螺钉

② 两爪式旋盖机构 如图 9-9 所示，夹爪 1、13 分别以销轴 2、12 装在动夹爪座 10 上，且在销轴的两侧分别装有小弹簧和限位螺钉，捉盖时，夹爪可绕销轴摆动，并在小弹簧作用下将瓶盖捉住，开有缺口的定夹爪座以螺纹和轴套 4 相连，并以螺钉 9 锁定防松，动夹爪头与轴 5 内六角螺钉 11 相连，轴套 4 与轴为动配合，受凸轮和限位器的控制，实现捉盖、复位时动定夹爪的相对运动。在其余工位，二者作为一个整体统一运动。开始工作时，两夹爪上下相错但不旋转，旋盖头下降，夹爪 13 先达到捉盖位置；继而夹爪 1 达到捉盖位置，与夹爪 13 一起将瓶盖捉住，旋盖头前移，与瓶口对中；离合器将旋转运动传给轴 5，两夹爪持瓶盖随轴一起转，旋盖头缓缓下降，把瓶盖旋紧在瓶口螺纹上，旋盖头停转，夹爪 1、13 相继上移、脱盖、复位，进入下一工作循环。

③ 四旋盖拧紧机构 四旋盖拧紧机构如图 9-10 所示，电机上的小带轮通过 V 带及大带轮带动蜗杆 20 及蜗轮 19，使立轴 17 旋转，已加盖的四旋瓶，由分瓶螺旋及钩子链等距送到拧盖机构 5 及立轴 10 的工作台处。水平轴 1 上安装的两个凸轮 2，通过连杆控制两瓣扇形的抱手机构 3，将瓶罐抱住，与此同时，拧盖机构立轴 10 上的两瓣扇形拧手在套立轴的锥形压头套筒 8 作用下，与四旋盖接触，立轴 10 下端的上压头 6 在上部杠杆机构 12 作用下，压住瓶盖，立轴 10 在链轮 16、链条 11 带动下使拧手与上压头 6 配合，顺时针转动，

从而使四旋盖拧紧，然后由输瓶链条送出，完成拧盖操作。

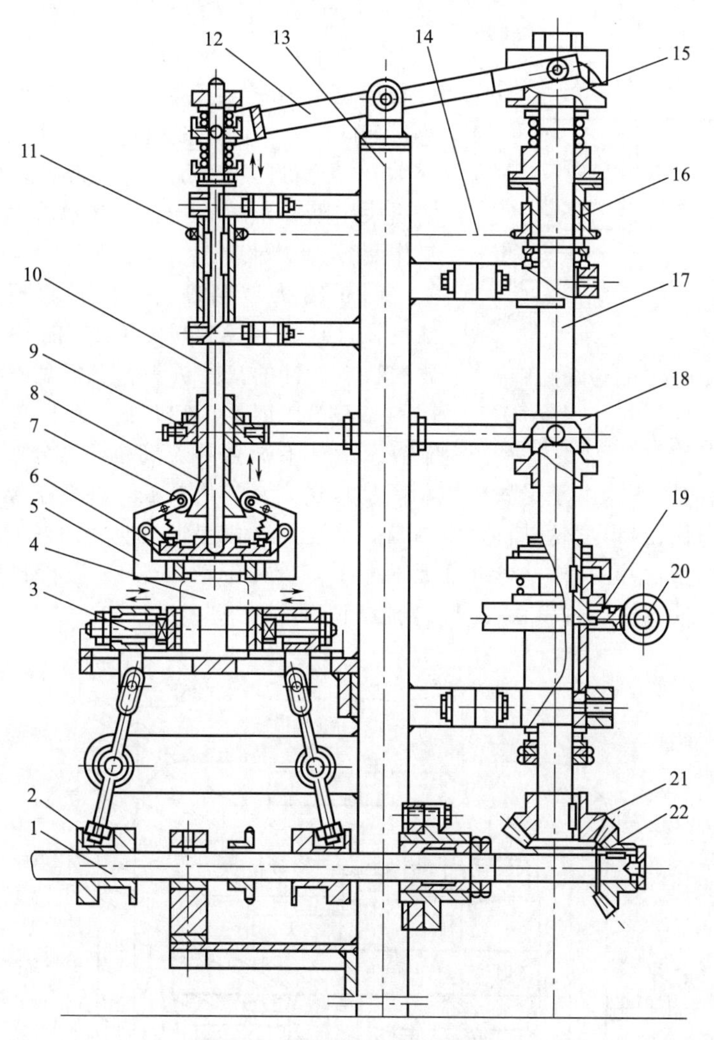

图 9-10　四旋盖拧紧机构简图

1—水平轴；2—凸轮；3—抱手机构；4—玻璃瓶；5—拧盖机构；6—上压头；7—拧手滚子；8—压头套筒；9—拨叉环；10,17—立轴；11,14—链条；12—杠杆机构；13—机身；15—升降机构；16—链轮；18—拧紧凸轮；19—蜗轮；20—蜗杆；21,22—锥齿轮

9.2.3.3　滚压封口机

滚压封口形式如图 9-11 所示。

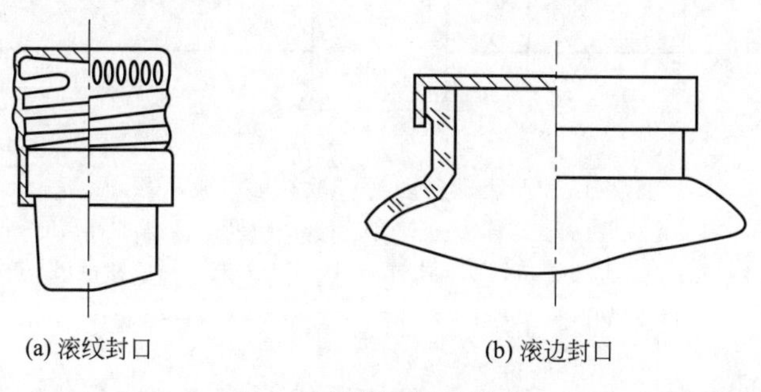

(a) 滚纹封口　　(b) 滚边封口

图 9-11　滚压封口形式

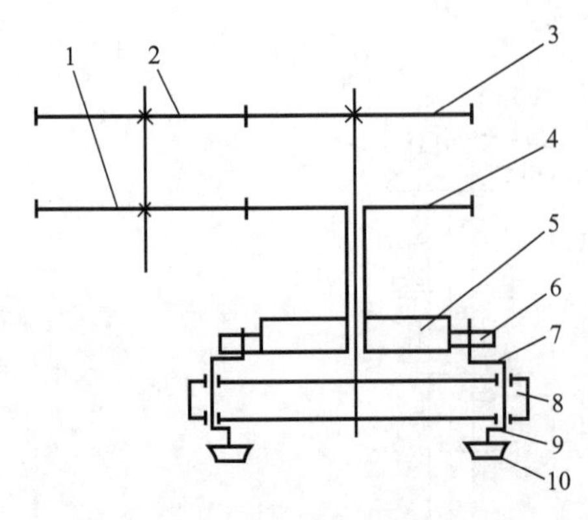

图 9-12 滚压封口机构原理图

1～4—齿轮；5—工作凸轮；6—压轮；7—弹性臂；8—机头盘；9—曲臂；10—滚轮

图 9-12 为滚压封口机构原理图。齿轮 3、4 在齿轮 2、1 的驱动下，以相同方向不同转速分别带动机头盘 8 及工作凸轮 5 转动，机头盘 8 上对称安装着一对卷封滚轮 10。由于机头盘 8 与工作凸轮 5 有速度差，因此，工作凸轮 5 通过弹性臂、曲臂驱动卷封滚轮 10 作径向进给运动，从而完成滚封。工作凸轮的曲线采用阿基米德螺旋线，工作角度 45°，卷封滚轮工作圈数为 9 圈。

图 9-13 为玻璃罐自动封口机机头组成示意图。该机在自动真空卷封机 GT4B2 的基础上，根据玻璃罐的特点设计的。除机头、下托盘等机构外，其余机构和 GT4B2 相同。该机为人工上盖，生产能力为 40 罐/min。当有瓶盖的玻璃瓶，由分瓶螺旋及进瓶输送链送进星型拨轮内，拨轮由于受槽轮控制间歇地送入封口机头处，在托罐及压盖动作后，瓶罐固定不动，由机头封口滚轮进行真空封口，复位后，由星形拨轮将封好口的罐拨至出口处送出。机器工作时，中心工作凸轮 8 驱动弹性臂 7，并带动滚轮 22 进行封口。真空室采取橡胶圈 15 密封。抽真空、排气由托盘凸轮控制。

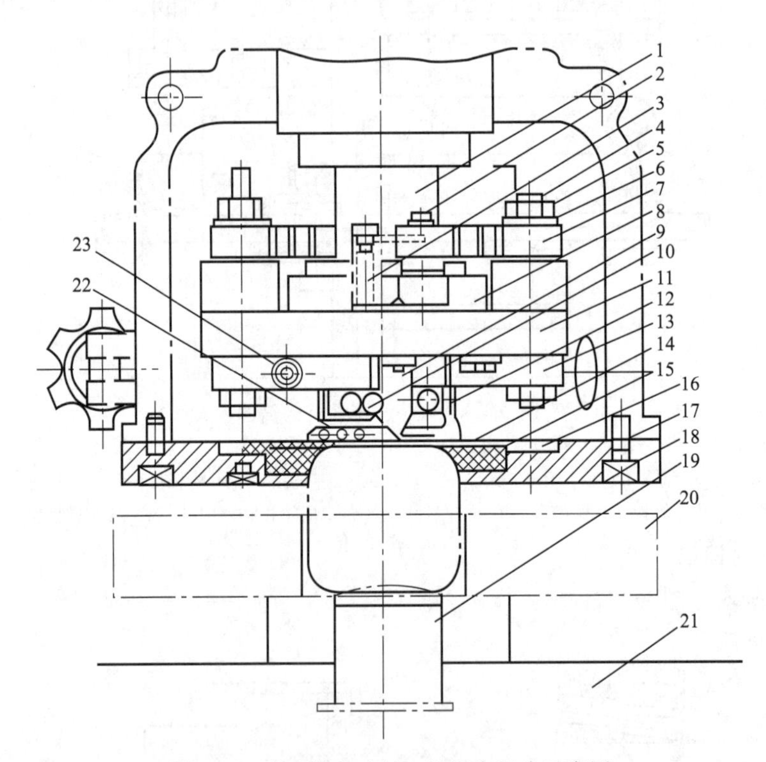

图 9-13 玻璃罐自动封口机机头组成示意图

1—凸轮套；2—压轮；3—复位弹簧；4—杠杆轴；5—螺母；6—轴垫；7—弹性臂；8—工作凸轮；9—导正爪；10—偏心滚轮轴；11—机头盘；12—卡口；13—曲臂；14—钢盘；15—橡胶圈；16—螺柱；17—真空管道；18—螺栓；19—密封盘；20—橡胶下托盘；21—机座平台；22—滚轮；23—锁紧螺栓

9.2.3.4 熔焊封口机

通过加热使包装容器封口处熔融封闭的机器称为熔焊封口机。本节内容主要介绍安瓿灌封设备。

将过滤洁净的药液，定量地灌注进经过清洗、干燥及灭菌处理的安瓿内，并封口的过程称为灌封。药液的灌装和封口一般在同一台设备上完成。目前采用的安瓿灌封设备主要是拉丝灌封机，共有三种规格：1～2mL安瓿灌封机、5～10mL安瓿灌封机和20mL安瓿灌封机。但它们的结构并无多大的不同，下面介绍1～2mL安瓿灌封机的结构及工作原理。

图9-14所示为LAG1-2安瓿拉丝灌封机的结构示意图。该机由一台功率为0.37kW的电动机19，通过皮带轮18的主轴传动，再经蜗轮副、过桥轮、凸轮、压轮及摇臂等传动构件转换为设计所需的13个构件的动作，各构件之间均能满足设定的工艺要求，按控制程序协调动作。由图可见，LAG1-2拉丝灌封机主要执行机构是：送瓶机构、灌装机构及封口机构。现分别对这三个机构的组成及工作原理介绍如下。

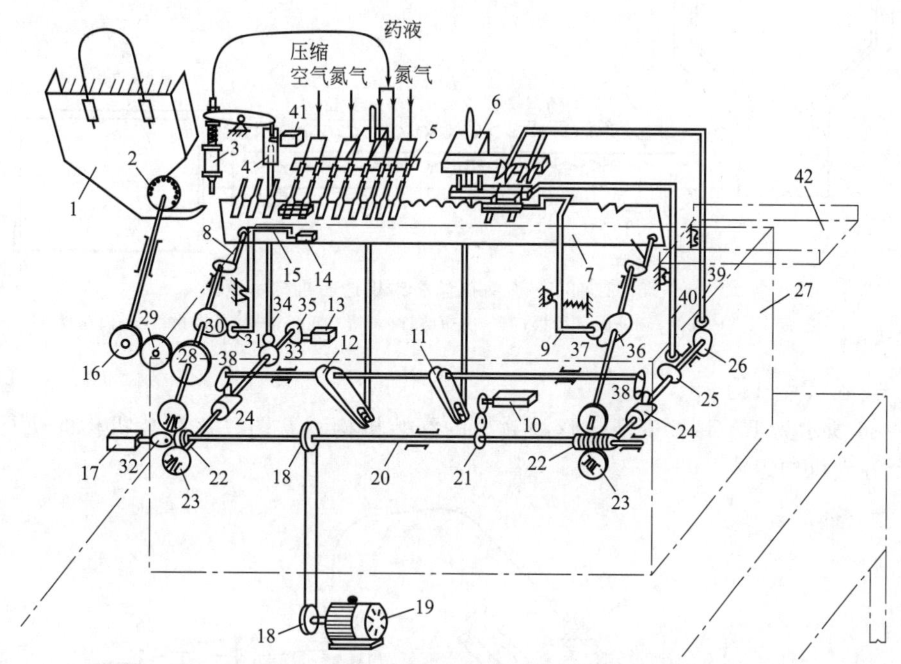

图9-14　LAG1-2安瓿拉丝灌封机结构示意图

1—进瓶斗；2—梅花盘；3—针筒；4—导轨；5—针头架；6—拉丝钳架；7—移瓶齿板；8—曲轴；9—封口压瓶机构；10—移瓶齿轮箱；11—拉丝钳上、下拨叉；12—针头架上、下拨叉；13—气阀；14—行程开关；15—压瓶装置；16,21,28—齿轮；17—压缩气阀；18—皮带轮；19—电动机；20—主轴；22—蜗杆；23—蜗轮；24,25,30,32,33,35,36—凸轮；26—拉丝钳开口凸轮；27—机架；29—中间齿轮；31,34,37,39—压轮；38—摇臂压轮；40—火头让开压轮摇臂；41—电磁阀；42—出瓶斗

（1）安瓿送瓶机构

图9-15所示为LAG1-2安瓿拉丝灌封机的送瓶机构示意图。将前工序洗净灭菌后的安瓿放置在与水平成45°倾角的进瓶斗内，由链轮带动的梅花盘每转1/3周，将2支安瓿拨入固定齿板的三角形齿槽中。固定齿板有上、下两条，安瓿上下两端恰好被搁置其上而固定；并使安瓿仍与水平保持45°倾角，口朝上，以便灌注药液。与此同时，移瓶齿板在其偏心轴的带动下开始动作。移瓶齿板也有上下两条，与固定齿板等距地装置在其内侧（在同一个垂直面内共有四条齿板，最上最下的二条是固定齿板，中间二条是移瓶齿

板)。移瓶齿板的齿形为椭圆形，以防在送瓶过程中将瓶撞碎。当偏心轴带动移瓶齿板运动时，先将安瓿从固定齿板上托起，然后越过其齿顶，将安瓿移过两个齿距。如此反复完成送瓶的动作。偏心轴每转一周，安瓿右移 2 个齿距，依次通过灌药和封口两个工位，最后将安瓿送入出瓶斗。完成封口的安瓿在进入出瓶斗时，由于移动齿板推动的惯性力及安装在出瓶斗前的一块有一定角度斜置的舌板的作用，使安瓿转动并呈竖立状态进入出瓶斗。此外偏心轴在旋转一周的周期内，前 1/3 周期是用来使移瓶齿板完成托瓶、移瓶和放瓶的动作；后 2/3 周期内，安瓿在固定齿板上滞留不动，以供完成药液的灌注和安瓿的封口。

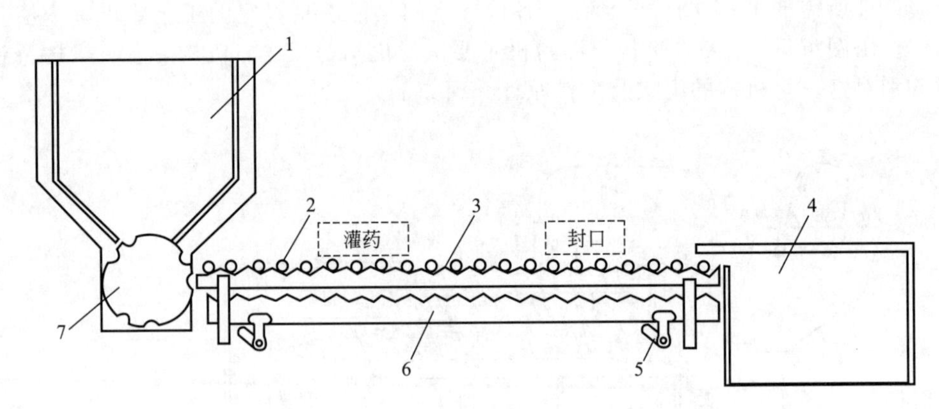

图 9-15 LAG1-2 安瓿拉丝灌封机送瓶机构示意图

1—进瓶斗；2—安瓿；3—固定齿板；4—出瓶斗；5—偏心轮；6—移瓶齿板；7—梅花盘

(2) 安瓿灌装机构

图 9-16 所示为 LAG1-2 安瓿拉丝灌封机的灌装机构示意图。该灌装机构的执行动作由以下三个分支机构组成。

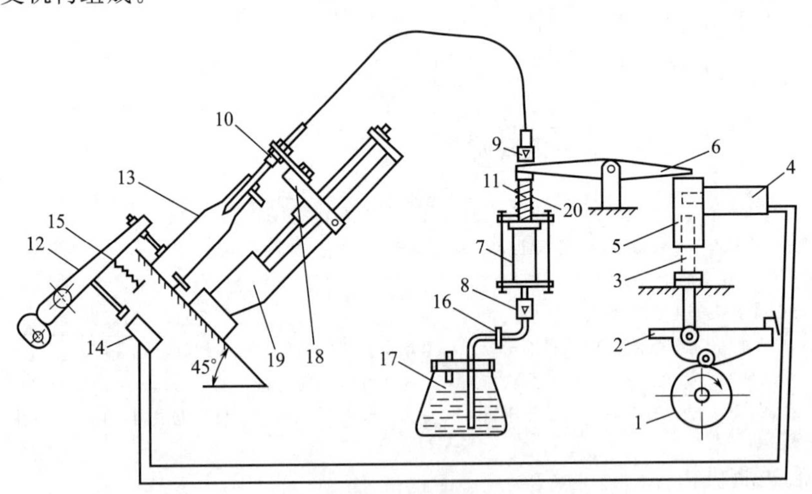

图 9-16 LAG1-2 安瓿拉丝灌封机灌装机构示意图

1—凸轮；2—扇形板；3—顶杆；4—电磁阀；5—顶杆座；6—压杆；7—针筒；8,9—单向阀；10—针头；11—压簧；12—摆杆；13—安瓿；14—行程开关；15—拉簧；16—螺钉夹；17—贮液罐；18—针头托架；19—托架座；20—针筒芯

① 凸轮-杠杆机构 它由凸轮 1、扇形板 2、顶杆 3、顶杆座 5 及针筒 7 等构件组成。它的整个工作过程如下。凸轮 1 的连续转动，通过扇形板 2，转换为顶杆 3 的上、下往复移

动，再转换为压杆6的上下摆动，最后转换为筒芯20在针筒7内的上下往复移动。完成针筒7内的筒芯作上、下往复运动，将药液从贮液罐17中吸入针筒7内并输向针头10进行灌装。

实际上，这里的针筒7与一般容积式医用注射器相仿。所不同的是在它的上、下端各装有一个单向阀8及9。当筒芯20在针筒7内向上移动时，筒内下部产生真空；下单向阀8开启，药液由贮液罐17中被吸入针筒7的下部；当筒芯向下运动时，下单向阀8关阀，针筒下部的药液通过底部的小孔进入针筒上部。筒芯继续上移，上单向阀9受压而自动开启，药液通过导管及伸入安瓿内的针头10而注入安瓿13内。与此同时，针筒下部因筒芯上提而造成真空而再次吸取药液；如此循环完成安瓿的灌装。

② 注射灌液机构　它由针头10、针头托架18及针头托架座19组成。它的功能是提供针头10进出安瓿灌注药液的动作。针头10固定在针头架18上，随它一起沿针头托架座19上的圆柱导轨作上下滑动，完成对安瓿的药液灌装。一般针剂在药液灌装后尚需注入某些惰性气体（如氮气或二氧化碳）以增加制剂的稳定性。充气针头与灌液针头并列安装在同一针头托架上，同步动作。

③ 缺瓶止灌机构　它由摆杆12、行程开关14、拉簧15及电磁阀4组成。其功能是当送瓶机构因某种故障致使在灌液工位出现缺瓶时，能自动停止灌液，以免药液的浪费和污染。在图中，当灌装工位因故缺瓶时，拉簧15将摆杆12下拉，直至摆杆触头与行程开关14触头相接触，行程开关闭合，致使电磁阀4动作，使顶杆3失去对压杆6的上顶动作，从而达到了止灌的作用。

（3）安瓿拉丝封口机构

图9-17所示为LAG1-2安瓿拉丝灌封机的气动拉丝封口机构示意图。

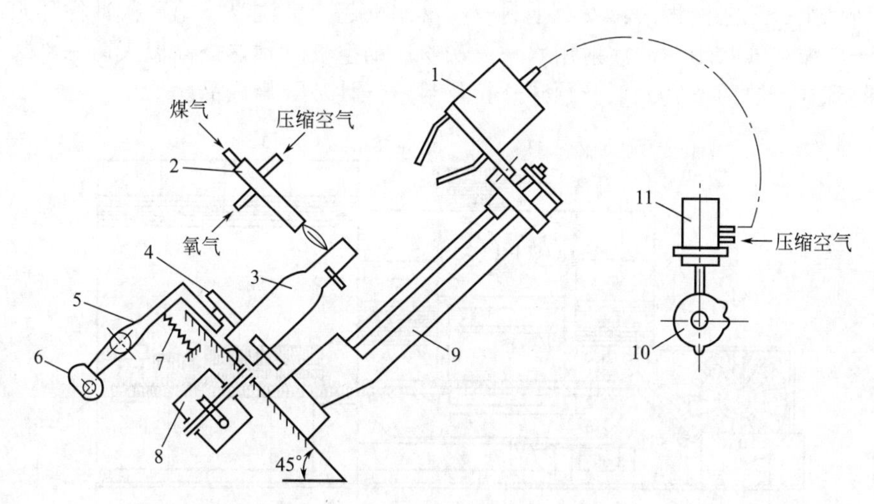

图9-17　LAG1-2安瓿拉丝灌封机气动拉丝封口机构示意图

1—拉丝钳；2—喷嘴；3—安瓿；4—压瓶滚轮；5—摆杆；6—凸轮；7—拉簧；8—减速箱；9—钳座；10—凸轮；11—气阀

安瓿拉丝封口机构由拉丝、加热和压瓶三个机构组成。拉丝机构的动作包括拉丝钳的上下移动及钳口的启闭。按其传动形式可分为气动拉丝和机械拉丝两种，其主要区别即在于前者是借助于气阀凸轮控制压缩空气进入拉丝钳管路而使钳口启闭；而后者是通过连杆—凸轮机构带动钢丝绳从而控制钳口的启闭。气动拉丝机构的结构简单、造价低、维修方便；但亦存在噪声大并有排气污染等缺点；机械拉丝机构结构复杂，制造精度要求高；但它无污染、噪声低，适用于无气源的场所。气动封口过程如下。

① 当灌好药液的安瓿到达封口工位时，由于压瓶凸轮-摆杆机构的作用，被压瓶滚轮压住不能移动，但由于受到蜗轮蜗杆箱的传动却能在固定位置绕自身轴线作缓慢转动。此时瓶颈受到来自喷嘴火焰的高温加热而呈熔融状态。与此同时，气动拉丝钳沿钳座导轨下移并张开钳口将安瓿头钳住，然后拉丝钳上移将熔融态的瓶口玻璃拉成丝头。

② 当拉丝钳上移到一定位置时，钳口再次启闭二次，将拉出的玻璃丝头拉断并甩掉。拉丝钳的启闭由偏心凸轮及气动阀机构控制；加热火焰由煤气、氧气及压缩空气的混合气体燃烧而得，火焰温度约1400℃左右，煤气压力≥0.98kPa，氧气压力为0.02～0.05MPa。火焰头部与安瓿瓶颈的最佳距离为10mm。安瓿封口后，由压瓶凸轮一摆杆机构将压瓶滚轮拉开，安瓿则被移动齿板送出。

（4）安瓿洗灌封联动线

前述的水针剂安瓿的清洗、灌注、封口等设备都是在不能密闭或不能完全密闭的单机设备上完成的，这种生产方式容易造成产品的污染或混淆。目前，在水针剂生产中，除了灭菌工序外，其他从洗瓶到灌封以及异物检查到印包都实施了联动生产，大大提高了水针剂生产的现代化水平。近年来，国内有数家制药机械厂分别在吸收消化国外同类产品基础上，研制开发了新型的水针剂洗灌封生产联动线，实现了水针剂生产过程的密闭、连续以及关键工位的100级平行流保护，使我国的水针剂生产水平跨上了一个新的高度。水针剂洗灌封生产联动线具有设备紧凑、生产能力高、符合GMP要求、产品质量高等优点。

水针剂洗灌封联动线由安瓿超声波清洗机、烘干灭菌机和安瓿灌封机3台单机组成。3台单机组成一体可联动生产，也可根据需要单机使用。图9-18是安瓿洗烘灌封联动机组示意图。联动机生产工艺流程为：安瓿上料→喷淋水→超声波洗涤→第一次冲循环水→第二次冲循环水→压缩空气吹干→冲注射用水→三次吹压缩空气→预热→高温灭菌→冷却→螺杆分离进瓶→前充气→灌药→后充气→预热→拉丝封口→计数→出成品。

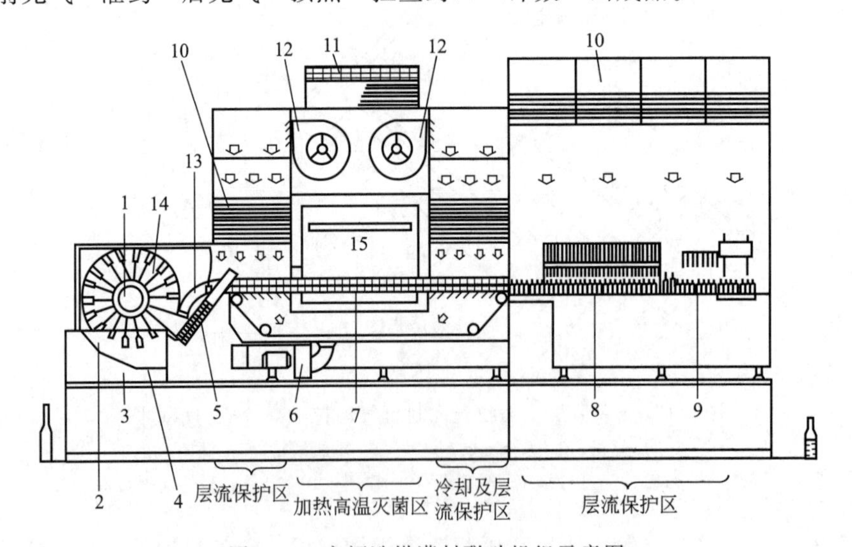

图9-18　安瓿洗烘灌封联动机组示意图

1—转鼓；2—超声波清洗槽；3—电热；4—超声波发生器；5—进瓶斗；6—排风机；7—输送网带；8—充气灌装；9—拉丝封口；10—高效过滤器；11—中效过滤器；12—风机；13—出瓶口；14—水气喷头；15—加热元件

9.3 封口包装机械的产品实例

9.3.1 热压式封口机

9.3.1.1 QLF-1680全自动立式封口机（图9-19）

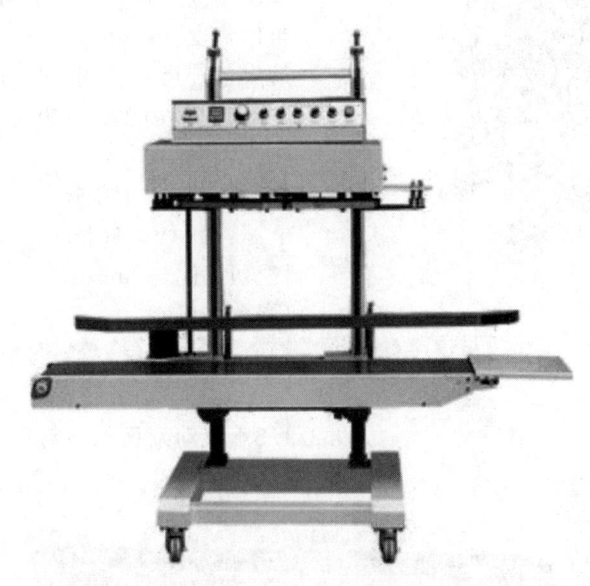

图9-19　QLF-1680全自动立式封口机

（1）功能特点

速度无级可调，恒温控制，温度可调，输送台高低可调，适应范围极广泛。

（2）适用范围

本机适用于任何热封材料的封口。

（3）技术参数

型号：QLF-1680

电源电压：AC220V，50Hz

总功率：1000W

封口速度：0～13m/min

封口宽度：15mm

最大载重：15kg

温控范围：0～300℃

印字类型：钢印/热打码机

包装速度：50～800mm（可调）

包装尺寸：1700mm×750mm×1600mm

机器质量：130kg

（4）生产厂家　合肥中联食品包装机械有限公司

9.3.1.2 QD-400气动封口机（图9-20）

（1）功能特点

该机封口速度快，电气配置可调节，无需手压。机身材质均为铝型材，性能稳定，经久耐用。

图 9-20 QD-400 气动封口机

(2) 适用范围

QD-400 气动封口机可广泛应用于批量生产的食品、医药、五金等行业；是超市、工厂极具实用的封口设备。

(3) 技术参数

包装速度：10～30 件/min

封口宽度：400mm

最大包装尺寸：宽≤400mm

封口时间：0.01～10s 可调

热封功率：600W

使用气源：2～3kg

电源：220V，50Hz

机械尺寸：600mm×700mm×850mm

质量：30kg

(4) 生产厂家　深圳市创盟包装器材有限公司

9.3.1.3 气动双面加热封口机（图 9-21）

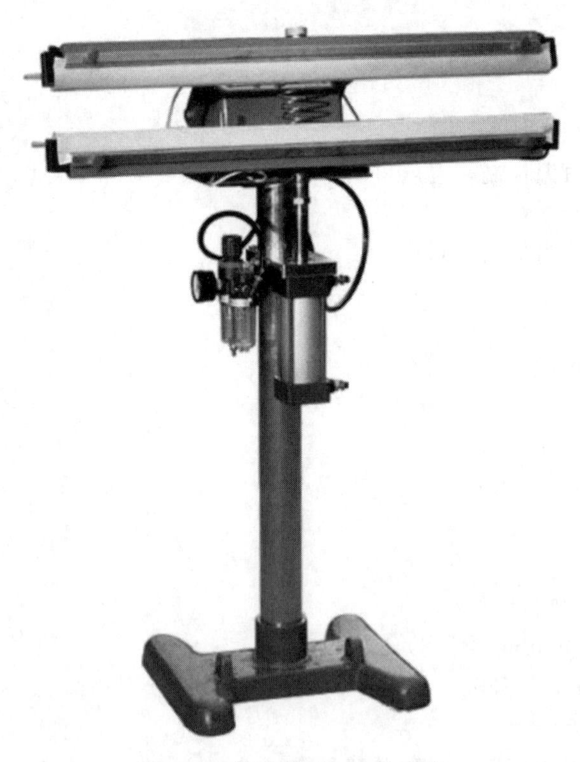

图 9-21 气动双面加热封口机

(1) 功能特点

① 封口采用气缸作动力，压力可以无级调节，封口压力每次平稳恒定，封口质量稳定。

② 加热时间及冷却时间精确控制。

③ 封口效率高。

④ 封口宽度可随电热丝宽度改变而变换，宽度有5、8、10mm。

(2) 适用范围

适用于各种塑料袋、复合袋、特厚袋、M型化工袋、多层袋、铝箔袋、无纺布袋、真空袋的封口。

(3) 技术参数

使用材料：塑料袋、铝箔袋、纸塑袋、铝塑袋、复合袋

封口长度：450mm

封口宽度：8mm

动力：气动

整机质量：45kg

电源：AC220V，50Hz

(4) 生产厂家　常州市才华包装机械厂

9.3.1.4　FR-770型连续自动封口机（图9-22）

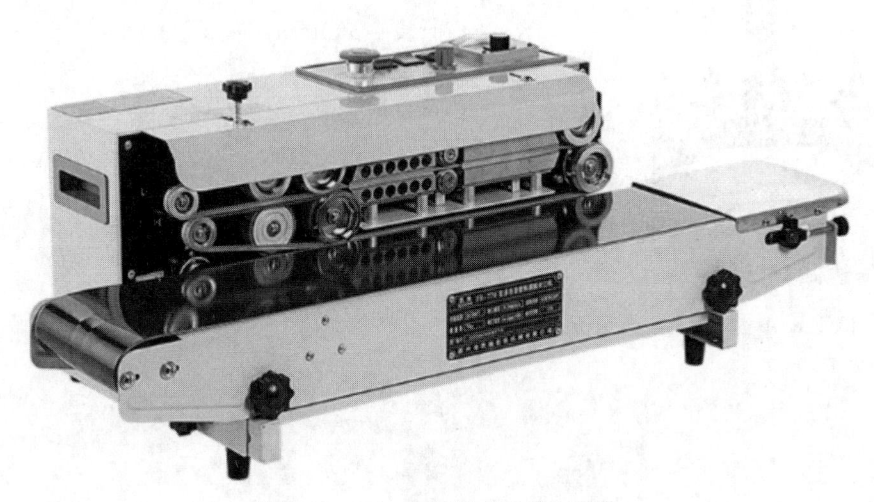

图9-22　FR-770型连续自动封口机

(1) 功能特点

本机采用电子恒温控制装置和无级调整的传动机构，可封制各种不同材料的塑料薄膜袋，其封口长度不受限制，可与各种包装流水流配套使用。具有连续封口效率高、封口质量可靠、结构合理、操作方便等特点。

(2) 适用范围

适用于所有塑料薄膜的封口及制袋，是食品厂、化妆品厂、药厂等单位的理想封口设备，可连续运转，还可根据用户需要打出日期、批号等，适用于流水线工作。

(3) 技术参数

封口速度：0～24m/min

封口宽度：6～15mm

封口厚度：0.02～0.80mm

温控范围：0～400℃

电源功率：220V/50Hz

操作：电子无级调速

印字：钢印

（4）生产厂家　乐清多发机械设备有限公司

9.3.1.5　PSF-350 铝架脚踏封口机（图 9-23）

图 9-23　PSF-350 铝架脚踏封口机

（1）功能特点

具有简易脚踏封口机的各种功能和特点，可以粘接聚乙烯，聚丙烯和多层复合塑料，上下可调式重物封口托架，上下加热可封纸袋，功效高，具有一般配封口机不可替代的功能。

（2）适用范围

可应用于食品、土特产、日用化妆品、医药、电子元件、化工产品的包装袋封口。

（3）技术参数

型号：PSF-350

脉冲功率：500W

封口长度：350mm

封口宽度：8mm

电热可调时间：0.2～2s

外形尺寸：800mm×530mm×250mm

质量：18kg

（4）生产厂家　上海创派包装机械有限公司

9.3.2　卷边式封口机

9.3.2.1　FGZK-A 型全自动真空充氮封罐机（图 9-24）

图 9-24　FGZK-A 型全自动真空充氮封罐机

（1）功能特点

具有真空、充气功能，控制元件和主要零部件都采用品牌，满足食品、药品卫生要求。控制部分采用先进技术和理念，操作方便，能避免卷封故障的发生。

（2）适用范围

适用于各种圆形规格易拉罐先抽真空再充氮气，最后封口。主要用于医药、食品等行业的产品包装封口，通过抽真空、充氮气，起到保鲜和延长保质期的作用。

（3）技术参数

生产能力：6～7 罐/min

适应范围：罐径 ϕ70～127mm　罐高 70～190mm

工作气压（压缩空气）：≥0.6MPa

耗气量（压缩空气）：约 200L/min

氮气源气压：≥0.2MPa

耗氮气量：约 50L/min

电源与功率：三相 380V，50Hz，4kW

质量：500kg

外形尺寸：2000mm×780mm×1850mm

（4）生产厂家　瑞安市翔达机械有限公司

9.3.2.2　GT4B14 封罐机（图 9-25）

图 9-25　GT4B14 封罐机

（1）功能特点

该机有三个机头，是卷封时罐身固定的自动封罐设备，供圆罐封口之用。该机配有罐身与罐盖的联控装置、罐身故障刹车装置、无盖停机装置等。为适应多种的制罐，配有大、小两种机头，故该机有生产能力高、使用范围广、自动化程度高之特点。

（2）适用范围

适合作为制罐厂及食品罐头车间的生产线设备。

（3）技术参数

生产能力：180 罐/min

适用范围：小机头罐径 52～73mm

大机头罐径 83～108mm

罐高 39～140mm（特制时可 160mm）

电机功率：3kW

外形尺寸：1860mm×1065mm×1850mm

质量：2350kg

（4）生产厂家　汕头市新湖罐头机械有限公司

9.3.2.3　GT4B18 封罐机（图 9-26）

图 9-26　GT4B18 封罐机

（1）功能特点

具有零部件拆装方便，维护简单，操作简便的特点。控制部分采用先进的电、气控制技术，速度调节方便，落盖准确度高，是罐头厂、饮料厂的首选机型。该机通过蒸汽的喷射来使罐内达到真空要求。

（2）适用范围

采用四滚轮双重卷封式结构，适用于小规格圆形罐的封口。

（3）技术参数

封头个数：4 个

适用罐径：ϕ52～83.3mm

生产能力：≤200 罐/min

适用罐高：39～140mm

蒸汽喷射真空度：－0.04～0.05MPa

主机功率：4.0kW（变频调速）

外型尺寸：1800mm×1050mm×2000mm

机器质量：2.5t

（4）生产厂家　舟山市普陀轻工机械厂

9.3.2.4　GTS30 自动异型罐真空封罐机（图 9-27）

（1）功能特点　该机采用单卷封机头、圆边滚轮设计，能实现有罐配盖和无罐不配盖的功能，进行真空封罐。封罐质量好，结构简单紧凑、操作维修简便、体积小、重量轻。

（2）适用范围　该机能密封多种规格的异形马口铁或铝罐，适用于肉类、水产品、果蔬罐头的规模化生产。

图 9-27　GTS30 自动异型罐真空封罐机

(3) 技术参数

型号：GTS30

功率：0.37kW

适用瓶高：30～320mm

适用瓶口：30～220mm

包装材料：纸类

包装类型：罐

生产能力：1200～1800 罐/h

(4) 生产厂家　汕头市虹桥专用机械实用有限公司

9.3.2.5　FB 自动封罐机（图 9-28）

(1) 功能特点

FB 自动封罐机是全自动圆形封罐机，该机配有罐有盖、无罐无盖，进出罐时卡罐自动停机等功能，并具有自动化程度高，适用范围广，安全可靠等特点。

(2) 适用范围

主要适用于二片罐及三片罐的封口，为中小型罐头食品厂的理想选择。

(3) 技术参数

适用罐体高度：90～135mm

适用公称罐径：52～66mm

生产能力：1000～2000 罐/h

电动机功率：0.75kW

外形尺寸：1200mm×720mm×1900mm

质量：2350kg

(4) 生产厂家　廊坊市大鹏灌装机械厂

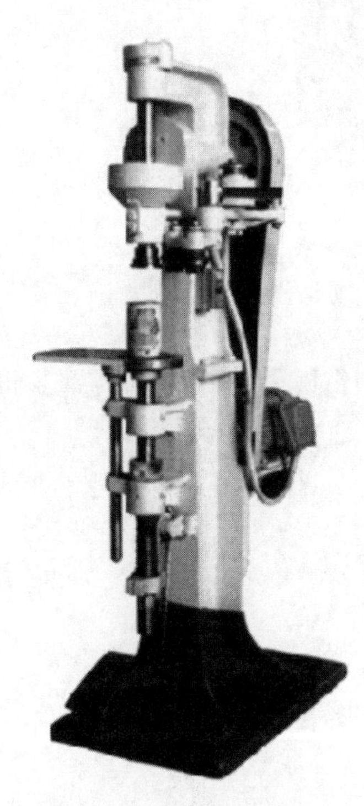

图 9-28　FB 自动封罐机

9.3.3　滚压式封口机

9.3.3.1　SG-6A 全自动螺纹封口机（图 9-29）

(1) 功能特点

此机器为螺纹封口而设计，对盖子有保护损坏的装置。适用于农业、医药、化工、食品以及化妆品行业。

(2) 适用范围

主要用于酒厂、饮料厂、调料厂、药厂铝制瓶盖的封口。

(3) 技术参数

电源：380V，50Hz

功率：1.5kW

外形尺寸：2000mm×1200mm×2300mm

生产能力：4000 瓶/h（可调）

质量：900kg

(4) 生产厂家　常州汤姆包装机械有限公司

9.3.3.2　ZYG2/1 型口服液灌装轧盖机（图 9-30）

(1) 功能特点

图 9-29 SG-6A 全自动螺纹封口机

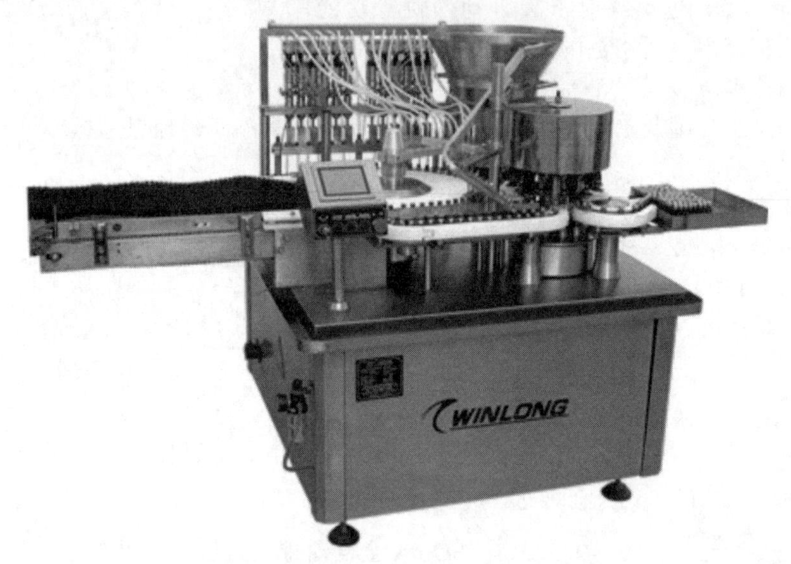

图 9-30 ZYG2/1 型口服液灌装轧盖机

具有设备简单、布局合理、外形美观、生产稳定、易操作、易清洗等特点。

(2) 适用范围

除医药保健品口服制剂使用外，也可适用于食品化工产品、化妆品等生产的液体灌装和封口。

(3) 技术参数

适用瓶型：玻璃瓶

适用瓶装量：10mL

生产能力：2500 瓶/h

装量误差：≤±1%

电源：80V，50Hz/60Hz

总功率：≤3.0kW

压缩空气压力：0.4～0.6MPa（用量 10～25L/min）

总质量：≤800kg

（4）生产厂家　江苏威龙制药机械科技股份有限公司

9.3.3.3　电动轧盖机（图9-31）

（1）功能特点

该机为台式三只旋风刀式轧盖机，台面用不锈钢板制成，整洁耐腐蚀易清扫，轧盖刀头系用优质钢材加工而成，表面淬火处理，经久耐用。工作时，被轧盖瓶不转，均布120°三只旋风刀旋转轧盖封口，刀柄设计为弹簧结构，三刀的距离可以微调，适应性强，轧盖成品率高，马达罩也选用不锈钢罩，整机外型整洁，实用价值高，加工工艺精良，使用操作方便简单。

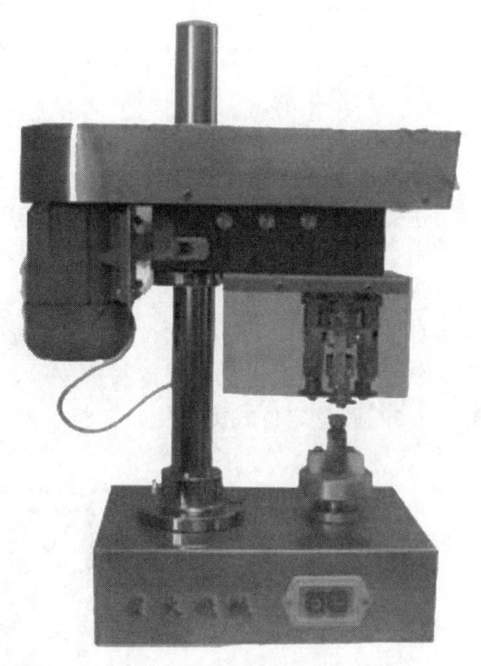

图9-31　电动轧盖机

（2）适用范围

适用部队、医院、化验室、制药厂等使用。

（3）技术参数

电源：220V，50Hz

功率：90W

轧盖瓶子规格：5～500mL

外形尺寸：700mm×400mm×600mm

质量：30kg

（4）生产厂家　南京星火包装机械有限公司

9.3.3.4　DYG-12型单刀多头轧盖机（图9-32）

图9-32　DYG-12型单刀多头轧盖机

（1）功能特点

采用电磁振荡自动理盖和送盖，滚压式卷边封口，压力调节方便。调换瓶子规格，只须调换少数零件即可适应不同规格瓶子的卷边封口。既可单独使用，又可直接配生产流水线使用。

（2）适用范围

主要用于抗生素瓶的铝盖封口。

（3）技术参数

生产能力：100～450瓶/min

容器规格：2～100mL

送盖方式：电磁振荡器自动理盖、送盖

封口方式：滚压式卷边封口

消耗功率：1.4kW（220V、50Hz）

外形尺寸：1700mm×700mm×1600mm

（4）生产厂家　上海信谊制药技术装备公司

9.3.3.5 圆盘定位式旋（轧）盖机（图9-33）

图9-33　圆盘定位式旋（轧）盖机

（1）功能特点

采用摩擦式旋盖形式，调节方便，旋盖速度可根据用户产量任意调节，比爪式旋盖机提高工作效率三倍。本机设计合理，结构紧凑，旋盖效率高，瓶盖不打滑破损，瓶体不拉毛，稳定可靠，使用寿命长，操作简单、维修方便。

（2）适用范围

符合GMP规范要求。广泛适用于医药、食品、化工等行业。

（3）技术参数

生产能力：30～50瓶/min

适用规格：2～1000mL

电源：220V/50Hz

功率：1.2kW

机器净质量：400kg

外形尺寸：1800mm×1000mm×1700mm

（4）生产厂家　上海纳丰机械设备有限公司

9.3.4　旋合式封口机

9.3.4.1　HXG/8回转式旋盖机（图9-34）

图9-34　HXG/8回转式旋盖机

（1）功能特点

HXG/8回转式旋盖机采用旋盖头自动抓盖，磁力矩旋盖或恒扭矩旋盖，具有上盖稳定、旋盖合格率高的特点。进瓶方式采用转盘连续进瓶。

（2）适用范围

可单机使用也可联线使用，适用于制药、食品、日化等不同行业。

（3）技术参数

电源：220/380V，50Hz

功率：2kW

要求压缩空气压力：0.4～0.6MPa

旋盖率：≥99%

适用瓶子直径：20～150mm

适用盖子规格：直径12～70mm

外形尺寸：2000mm×1100mm×1600mm

生产能力：六头：≥100瓶/min

　　　　　八头：≥120瓶/min

质量：1000kg

（4）生产厂家　江苏威龙灌装机械有限公司

9.3.4.2　康普异形盖旋盖机（喷雾嘴）（图9-35）

（1）功能特点

采用电气自动控制，稳定性好；设有旋盖定位装置，锁盖标准，操作方便；锁盖范围宽，可旋各种形状规格的瓶盖；旋盖速度快，旋得牢，同时也可根据需要调节松紧度适用于各种化妆品、医药、兽药、农药、润滑油行业瓶盖机设备。

（2）适用范围

适用于各种玻璃瓶瓶口的金属防盗盖、易拉盖、铝封盖的封口、压螺纹等。

（3）技术参数

旋盖速度：30瓶/min

旋盖范围：12～90mm

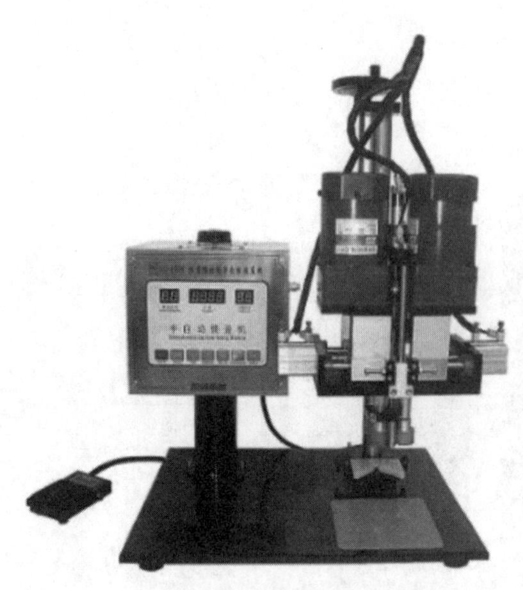

图 9-35　康普异形盖旋盖机喷雾嘴

气压：＞0.44MPa，＜0.61MPa

用气量：0.08m^3/min

主机净质量：0.6～1.1kg

（4）生产厂家　青岛市普康食品包装机械有限公司

9.3.4.3　ZXF型直线式高速自动旋盖机（图9-36）

（1）功能特点

采用直线式设计，组成流水线方便美观；主机采用进口变频器，能进行无级调速；采用强电磁左旋盖扭力器，彻底解决了传统机械摩擦片旋盖时紧时松的弊病。

（2）适用范围

适用螺旋盖、防盗盖、防童盖、压入盖等。备有恒扭矩旋盖头，压力可方便调整。结构紧凑、合理，能方便与其他设备联动成线，防尘罩可选购。

图 9-36　ZXF型直线式高速自动旋盖机

（3）技术参数

电源：220V/50Hz

功率：1kW

生产能力：180瓶/min

瓶盖尺寸：15～70mm

瓶体直径：ϕ35～130mm

瓶体高度：50～320mm

外形尺寸：1500mm×800mm×1600mm

工作速度：10～60瓶/min

整机功率：0.55kW

质量：280kg

（4）生产厂家　合肥逸飞包装机械有限公司

9.3.4.4　全自动跟踪式旋盖机（图9-37）

（1）功能特点

新型的跟踪式旋盖机，集进瓶、理盖、旋盖、出瓶于一体，旋盖走瓶同步进行，旋盖头采用伺服控制扭力旋盖，不伤瓶不伤盖，速度快，安全稳定，旋盖效率高。整机采用先进的控制技术，触摸屏控制，产品升级快，适用范围广，调节方便。

（2）适用范围

适用于各种瓶形的灌装。

（3）技术参数

生产能力：≤2000瓶/h

图 9-37　全自动跟踪式旋盖机

容器的直径：ϕ30～110mm
容器的高度：50～250mm
盖子的高度：10～35mm
盖子的直径：ϕ18～80mm
(4) 生产厂家　江苏汤姆森智能装备有限公司

9.3.4.5　抽真空旋盖封口机（图 9-38）

图 9-38　抽真空旋盖封口机

(1) 功能特点

① 采用世界知名品牌电器和气动元件，故障率低，性能稳定可靠，使用寿命长。

② 光电传感器、接近开头等采用的都是先进的传感元件，确保无瓶不送盖，卡瓶、缺盖自动停机报警等功能，从而保证了自动上盖的可靠性。

③ 属全自动机型，既可人工配盖，也可配备上盖机进行自动化的生产操作。

④ 机器内部采用气动执行装置驱动旋盖，采用精确控制执行件，气压实现扭矩控制，属于非摩擦式扭力限制，使用寿命更长。

⑤ 由于采用可靠的全密封技术，配置小功率真空泵即可达到理想的真空度，真空度可按需设定。

(2) 适用范围

玻璃瓶真空旋盖机适用行业广泛，如酱油、醋、果汁饮料、芝麻酱、辣椒酱、花生酱、水蜜桃罐头、杨桃罐头的抽真空旋盖封口；此款机器具有真空抽空的功能，其旋盖封口后的产品，能有效地延长保质期限。

(3) 技术参数

电源：220V，50Hz

功率：1.2kW

瓶高：50～180mm

瓶径：40～115mm

生产能力：300～800瓶/h

气压：0.5～0.7MPa

外形尺寸：500mm×400mm×1350mm

质量：65kg

(4) 生产厂家　山东东泰机械制造有限公司

9.3.5 压盖机

9.3.5.1 YG-8自动压盖机(压内塞机)(图9-39)

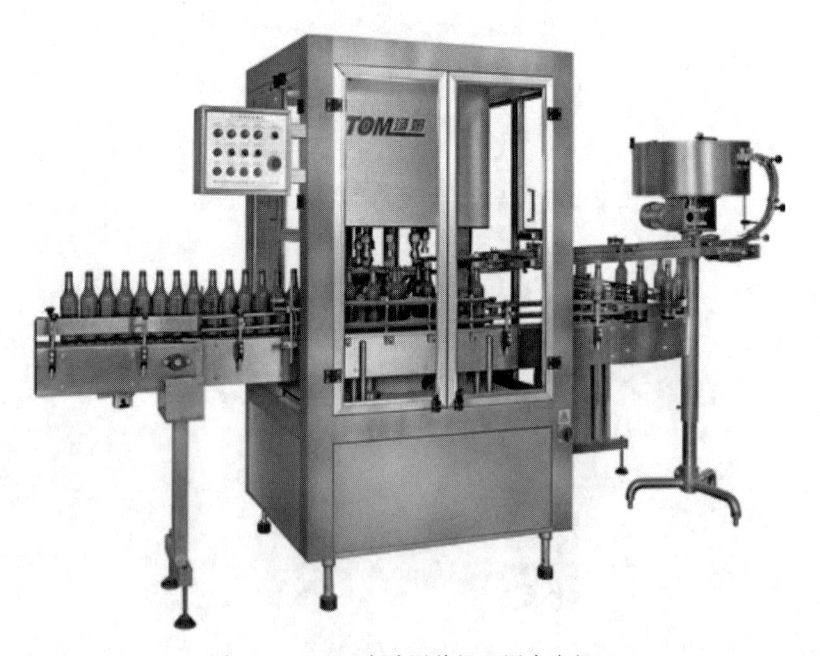

图9-39　YG-8自动压盖机(压内塞机)

(1) 功能特点

该设备对回收瓶有很强的适应性，性能稳定可靠、操作简单。设计合理、自动化程度高、能自动理盖、上盖、压盖。

（2）适用范围

该设备专门针对圆柱状瓶形的塑料内盖和外盖的压锁封口。

（3）技术参数

电源：380V/50Hz

整机功率：3kW

适用瓶盖高度：12～35mm

适用瓶盖直径：ϕ17～35mm

适用内塞高度：5～25mm

适用内塞直径：ϕ10～30mm

生产能力：≤6000瓶/h

外形尺寸：2000mm×1100mm×2200mm

（4）生产厂家　江苏汤姆包装机械有限公司

9.3.5.2　TGYG-200直线式压盖机（图9-40）

（1）功能特点

在设计中采用了直线式进瓶、自动落盖、不间断压盖等新工艺，克服了传统间歇式压盖机的压盖速度慢、压盖不紧、对瓶盖伤害大和适用范围小的缺点。在落盖的设计中，运用了行业中最先进的提升式落盖装置，避免了振荡落盖的噪声，且使得产量也有提高。

（2）适用范围

适用食品、片剂、日化生产线配套，用于生产线的自动压盖工序。

（3）技术参数

生产能力：30～80头/min

瓶盖直径：ϕ30～80mm

瓶子直径：ϕ30～80mm

瓶子高度：50～200mm

功率：1.3kW

外形尺寸（长×宽×高）：1600mm×850mm×1600mm

净质重：300kg

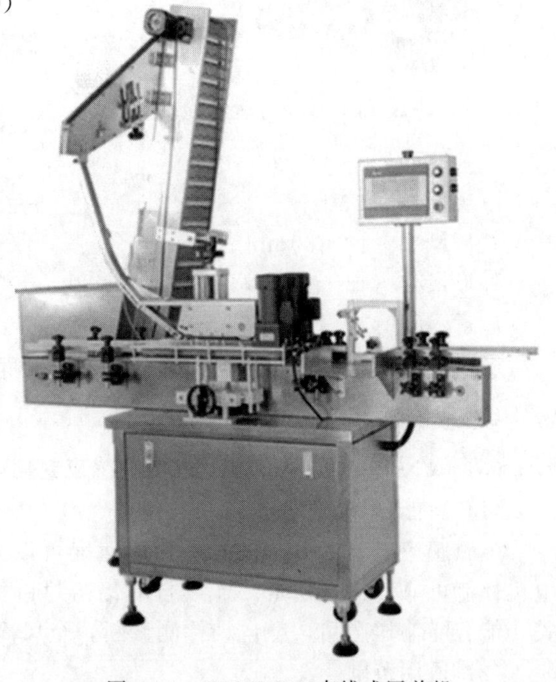

图9-40　TGYG-200直线式压盖机

（4）生产厂家　上海方星机械设备制造有限公司

9.3.5.3　YSJX-1拉环盖电动压盖机（图9-41）

（1）功能特点

拉环盖电动压盖机适用于各种塑料盖瓶盖封口包装，如农药、机油壶、汽水等饮料的封口包装生产；机械机构原理，电动操作，简单方便，不伤瓶口。

（2）适用范围

用于农药、机油、饮料、酒精、口服液、医药、化工等行业的容器封口压盖。

图 9-41 YSJX-1 拉环盖电动压盖机

(3) 技术参数

生产效率：约 1200 瓶/h

适用瓶高：120～350mm

适用瓶口直径：12～30mm

功率：0.37kW

外型尺寸：600mm×210mm×900mm

质量：75kg

(4) 生产厂家 豫盛包装机械有限公司

9.3.5.4 QJ-1 半自动压盖机（图 9-42）

(1) 功能特点

利用电机旋转带动底座上升顶紧瓶盖顶端，配合锁口装置自动完成锁盖，使其达到完美的锁盖效果；本机全部利用机械原理，使用方便，安装简单。

(2) 适用范围

用于食品、饮料、医药、化工等行业的塑料瓶旋盖，口服液、西林瓶的铝盖锁盖，以及酒瓶金属盖的压盖。

(3) 技术参数

锁盖速度：0～30 瓶/min

电源：220V/50Hz

锁口尺寸：10～60mm

外形尺寸（长×宽×高）：60mm×30mm×100mm

质量：65kg

(4) 生产厂家 广州星格包装机械有限公司

9.3.6 电磁感应封口机

9.3.6.1 CX-1900 型风冷连续式电磁感应封口机（图 9-43）

(1) 功能特点

电磁感应自动铝箔封口机的封口速度可以人工调节，交流调速电机性能可靠，输送稳定。连续自动铝箔封口机具有带智能感应开关，能智能输送产品，全自动检测诊断，全风冷散热。

(2) 适用范围

主要适用于带有螺纹的平形盖小口径塑料、玻璃等非金属瓶瓶口的封口。适合大批量连续性封口生产，是医药、农药、食品、化妆品、润滑油等行业的理想封口设备。

(3) 技术参数

电源：220V/50Hz

功率：2kW

生产能力：250 瓶/min（ϕ40mm 瓶径平盖 PE 瓶）

封口直径：ϕ20～100mm

适应瓶高：10～500mm

输送速度：0～10m/s

图 9-42 QJ-1 半自动压盖机

质量：48kg

图 9-43　CX-1900 型风冷连续式电磁感应封口机

（4）生产厂家　北京昌鑫包装机械有限公司

9.3.6.2　JF-2 型电磁感应铝箔封口机（图 9-44）

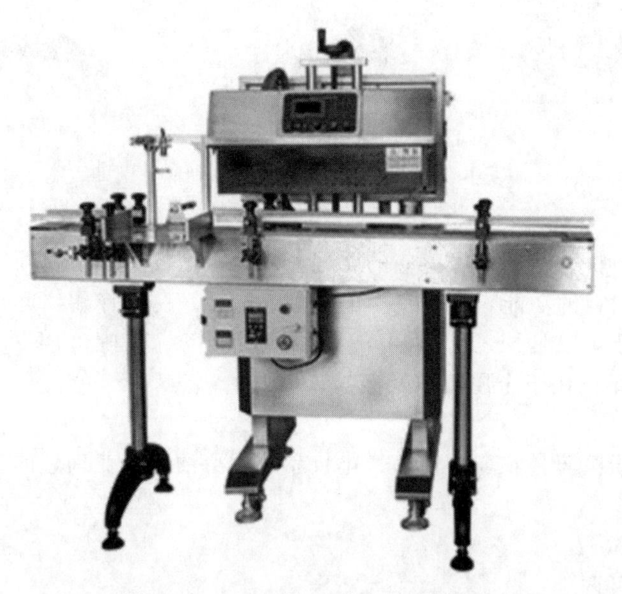

图 9-44　JF-2 型电磁感应铝箔封口机

（1）功能特点

电磁感应复合铝箔封口机是取代软木塞、浸蜡等落后工艺的新一代封口设备。电磁感应所封的铝箔能有效地防止瓶装物品溢出、受潮和霉变，延长所封物品的保存期。在铝箔上印上商标，还能有效防止假冒产品的生产。

（2）适用范围

该机适用于制药、食品、化工、化妆品等行业中的塑料瓶（材料为 PE、PP、PS、PVC、PET）和玻璃瓶的封口。

（3）技术参数

最大生产能力：200 瓶/min

适用瓶径：20～70mm

适用瓶高：40～240mm

电机功率：4.0kW

冷却方式：风冷

（4）生产厂家　上海方星机械设备制造有限公司

9.3.6.3 RG2000型连续式电磁感应封口机（图9-45）

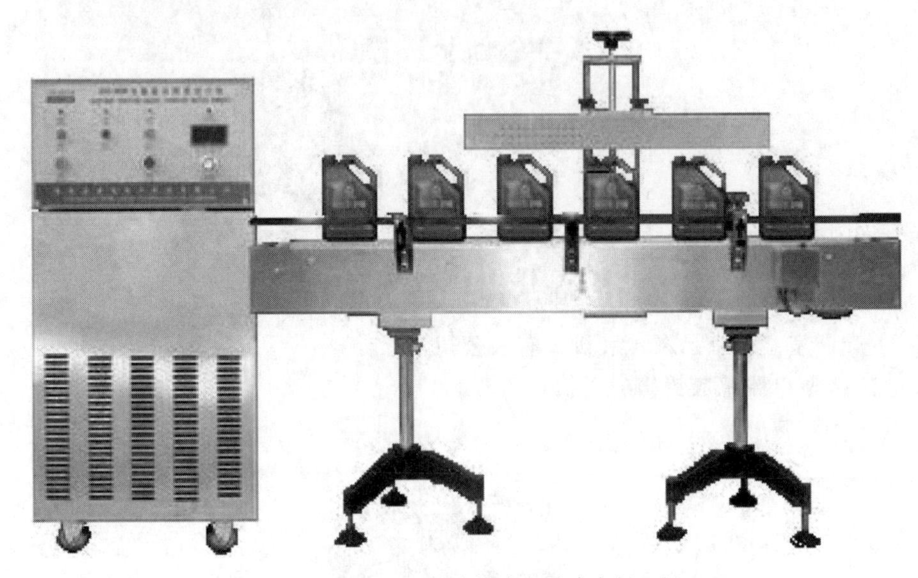

图9-45　RG2000型连续式电磁感应封口机

（1）功能特点

该铝箔自动封口机是利用电磁感应的原理，将瓶口上的铝箔片瞬间产生高热，然后熔合在瓶口上，使达到封口的功能。具有良好的防潮、防霉、防伪作用，起到延长物品保存周期的目的。容器的材质可以是聚乙烯（PE）、聚丙烯（PP）、聚酯（PET）、聚苯乙烯（PS）、ABS以及玻璃等，不能用于金属瓶体及瓶盖。

（2）适用范围

该机广泛应用于医药、农药、食品、化妆品、润滑油等行业理想的封口包装设备。

（3）技术参数

电源：220V，50Hz

功率：2kW（可调）

封口能力：80～200瓶/min

封口直径：ϕ10～60mm

封口速度：2.4～12m/min

适合瓶子高度：30～260mm

外形尺寸：450mm×600mm×1200mm

质量：90kg

（4）生产厂家　东泰包装机械（武汉）有限公司

9.3.6.4 ZH-3800全自动在线式智能型电磁感应铝箔封口机（图9-46）

（1）功能特点

采用散热器内循环强制水冷和超强风冷，使主机能长时间稳定工作，封口效率高，封口

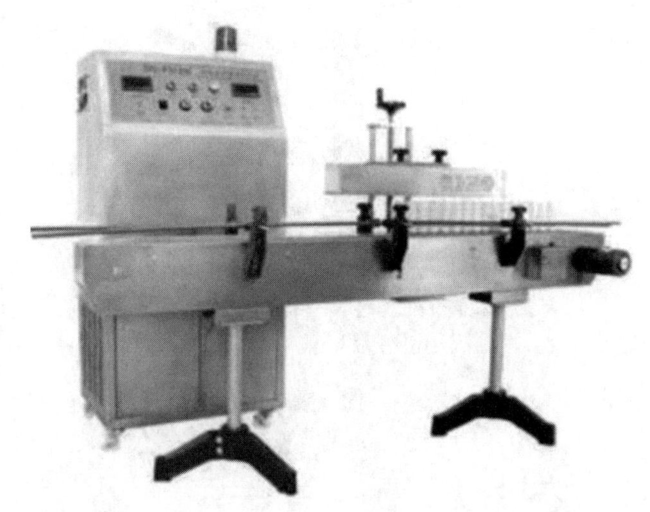

图9-46　ZH-3800全自动在线式智能型电磁感应铝箔封口机

质量好，封口高度可调可适用于各种高度的瓶子。具有水压控制、水位控制及自动保护功能；全不锈钢模具成型外壳，美观大方；设备操作简便，安装调控简单，性能稳定可靠。

（2）适用范围

属于全自动在线式高速封口机，搭配或嵌入流水线使用，适合流水线大批量产品的生产。

（3）技术参数

电源：AC220V/50Hz

功率：3.6kW

封口直径：ϕ10～60mm

生产能力：0～240瓶/min

主机尺寸：600mm×450mm×1150mm

冷却系统：机内自循环轴流风＋机内超强风水冷却

（4）生产厂家　济南凯得悦机械电子有限公司

9.3.7　封箱机

9.3.7.1　CPF-5050HA全自动封箱机（图9-47）

（1）功能特点

自动调整不同规格纸臬之高度与宽度。侧边驱动式自动校正调整、送箱，运转平稳，标准规格品，零件随时供应。

（2）适用范围

单位规格纸箱适用。

（3）技术参数

型号：CPF-5050HA

适用纸箱：长150～∞mm，宽130～500mm，高120～500mm

台面高度：最小650mm，最大800mm

封箱速度：300～750箱/h

电源：AC 220V，50Hz/60Hz

气源压力：0.5～0.7MPa

机器尺寸：1175mm×880mm×1150mm

图 9-47 CPF-5050HA 全自动封箱机

(4) 生产厂家 上海创派包装机械有限公司

9.3.7.2 FLX-02 封箱机（图 9-48）

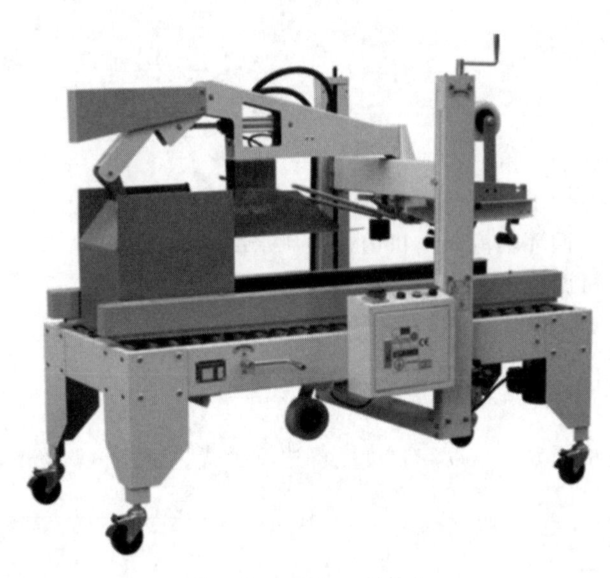

图 9-48 FLX-02 封箱机

(1) 功能特点

选用进口元件和零部件，吸取国外先进技术，可按客户需求配置适宜相应生产流水线的机器颜色；运动平稳、噪声低、便于安装与调试；手工调节胶带宽度和高度，简单、快捷、方便；封箱稳定、可靠、适用性强。

(2) 适用范围

已广泛地应用于食品、医药、饮料、烟草、日化、汽车、线缆、电子等国内外知名企业。

（3）技术参数

输送速度：0～20m/min

最大包装尺寸：600mm×500mm×500mm

最小包装尺寸：200mm×150mm×150mm

供给电源：220V/380V；50～60Hz

耗用功能：400W

适用胶带：宽48mm/60mm/75mm（择一选用）

（4）生产厂家　群星科技（天津）有限公司

9.3.7.3　HW-QFA全自动封箱机（图9-49）

图9-49　HW-QFA全自动封箱机

（1）功能特点

① 自动完成上顶折曲、折中，并可同时完成上下两部分胶带粘贴，省工省时。

② 适用纸箱范围广，不同大小纸箱调整简便快捷。

③ 整机运行平稳可靠，包装效果牢固美观。

④ 配置高，主要元器件选用国际著名品牌。

⑤ 设备操作简单，易于保养维护。

⑥ 自动纠正纸箱直角度。

（2）适用范围

全自动纸箱包装流水线由全自动开箱机、全自动封箱机及动力输送线组成，彻底解决了纸箱包装过程中人工折叶上下封的繁琐工序，可节省大量人工及场地，简捷、快速、稳定、高效地完成纸箱包装工作，并可与全自动装箱机或工业机器人配套完成全自动装箱作业。

（3）技术参数

功率：0.3kW

电源：AC220V，50Hz/60Hz

气源压力：0.5～0.7MPa

机器尺寸：2050mm×900mm×1500mm

质量：600kg

（4）生产厂家　河北博柯莱自动化包装有限公司

9.3.7.4 ZT-05 折盖封箱机＋ZT-09L 角边封箱机（图 9-50）

图 9-50 ZT-05 折盖封箱机＋ZT-09L 角边封箱机

（1）功能特点

① 折盖封箱机＋角边封箱机是以 BOPP 胶纸为封箱材料，可自动折合顶盖，两侧马达驱动带自动校正、输送纸箱，封箱时快速平稳，同时对纸箱进行上下“一”字型封箱，两侧辅助轮协助机器封箱时中缝集中不开裂。紧接着通过 L 形转角推送，输送进纸箱进行四角边封箱作业。纸箱尺寸变动时需由人工调节尺寸，仅需 1min 即可完成。台面高度、纸箱宽度高度可自主调节，简单实用。

②“一”字型封箱机负责完成纸箱上下胶带封箱，此封箱机为左右加上驱动设计，适合于产品较重、纸箱较大的企业选用，如产品较轻或纸箱较小，可以选用另一套工字形封箱机；角边封箱机负责完成四角边的纸箱胶带封箱。两者配合使用，形成工字形封箱。

③ 既可单机作业，也可与包装流水线配套。比人工贴带美观、速度快、效率高。

（2）适用范围

适合产品已装好箱，纸箱较小，重量较轻，需要工字形封箱的企业选用，如：食品、医药、烟草、日化、玩具、电子等各大中小型企业。

（3）技术参数

适用纸箱：长 320～500mm，宽 200～500mm，高 180～500mm

台面高度：500～750mm

封箱速度：480～600 箱/h

机械尺寸：2750mm×1900mm×1580mm

使用电源：220V/380V，50Hz/60Hz

使用气源：0.59～0.69MPa 40L/min

适用胶带：宽 48mm/60mm/75mm，长 1000yard（1yard＝0.9144m）

机械质量：530kg

（4）生产厂家 天津湛拓包装设备有限公司

9.3.8 安瓿灌封机

9.3.8.1 ALG-1 安瓿拉丝灌封机（图 9-51）

（1）功能特点

采用活塞计量泵定量灌装，遇缺瓶能自动停止灌液，燃气可使用煤气、液化天然气、液

图 9-51　ALG-1 安瓿拉丝灌封机

化石油气。本机为双针型，结构紧凑，运转平稳、可靠，调节操作方便，功能齐全。

(2) 适用范围

适用于制药、化工行业对安瓿瓶灌装液进行灌装密闭封口。

(3) 技术参数

生产能力：1680～2000 支/h

灌装规格：5～10mL

电源：380V/50Hz，370W

机器尺寸：1000mm×750mm×1000mm

质量：95kg

(4) 生产厂家　吉首市（湖南）中诚制药机械厂

9.3.8.2　AGF-6 自动安瓿灌装机（图 9-52）

(1) 功能特点

符合“GMP”要求，具有操作简单、调规格方便、运行稳定、旋转泵精度高等优点，适用于 1～20mL 安瓿瓶在无菌条件下的灌装和封口。具有变频无级调速，触摸屏动态显示操作。能缺瓶止灌，无滴液。灌装头、封口夹钳均可高位停车，便于调试。该机配备 100 级的空气净化装置以及灌液的金属旋转泵和玻璃泵供选用。

(2) 适用范围

适用于制药、化工行业对安瓿瓶灌装液进行灌装密闭封口。可单机使用，也可与清洗机、烘箱等组成洗、烘、灌封联动生产线，实现生产过程全部自动化。

(3) 技术参数

生产能力：4500～16000 支/h

电源：AC 380V，50Hz

功率：2kW

图 9-52 AGF-6 自动安瓿灌装机

机器尺寸：3000mm×900mm×1700mm

吸风要求：≥0.6m/s

（4）生产厂家 江苏永和制药机械有限公司

9.3.8.3 QSGB 10A/1-20 型高速安瓿分装联动机组系列（图 9-53）

图 9-53 QSGB 10A/1-20 型高速安瓿分装联动机组系列

（1）功能特点

机组结构合理，占地面积小；智能化控制系统，生产过程自动化，操作、维护简易，操作人员少，生产效率高；生产过程是在密封或层流条件下进行，防止交叉污染，符合 GMP 要求；可生产多种规格的水针制剂，更换规格快捷，通用性好。

（2）适用范围

本联动机组由 QCK 型立式超声波清洗机、ASMR 型热风循环灭菌干燥机、DGFB 型安瓿灌封机三台单机组成。机组的功能及各项技术指标能符合药典及 GMP 规范的水针针剂产品的生产，既可联动生产，也可单机使用，联动机组可完成网带输瓶、淋水、超声波清洗、冲水、冲气、预热、烘干灭菌、冷却、灌装前充氮、灌装、灌装后充氮、封口等工序。该机适用于 1～20mL 安瓿瓶的熔封和一些特质玻璃管类器皿的熔封，体积小、操作简单、安全，特别适用于实验室、科研单位及学校。

（3）技术参数

适用规格：1～20mL 安瓿

生产能力：30000 瓶/h（最大）

电容量：64kW

外形尺寸：10448mm×2620mm×2420mm

净质量：3.2kg

（4）生产厂家　湖南千山制药机械股份有限公司

9.4　封口包装机械的选型设计与工艺

9.4.1　封口包装机械的选型设计

9.4.1.1　热压式封口机的选型设计

热压式封口机主要用于各种塑料袋及复合袋等的封口。因各机型的加热原理和热封装置结构不同，则所适用的薄膜种类也不同，具体选用时应综合下列情况进行考虑：

① 所选封口机的热封方法要与包装物所要求的包装材料种类相适应。

② 热封温度、封口压力和封口时间应满足材料的厚度及热封性能要求。

③ 对于热板式封口机，其封口长度应满足包装袋的要求，并适当留有余地。

④ 对于环带式封口机，由于封口长度不受限制，在包装尺寸一定的情况下，生产能力的大小主要取决于封口速度。表 9-1 列出了常见材料的加热温度及封口速度，供选用时参考。

⑤ 选择结构先进、经济合理、操作维修方便的机型。

表 9-1　常见材料的加热温度及封口速度

材料类别	厚度/mm	加热温度/℃	封口速度/m·min^{-1}
聚酯/铝箔/聚丙烯	0.10	220～260	7.2
聚酯/聚丙烯	0.08	175～200	3.5
聚乙烯	0.08	130～150	6.0

9.4.1.2　卷边式封口机的选型设计

在选择卷边式封口机时，主要包括机械化程度、滚轮数目、封罐机的机头数、封罐时的罐身运动状态、罐型及封罐时压力等方面，具体选用时应综合下列情况进行考虑：

① 机器的技术性能，包括真空室的真空密封性能、对罐头所能形成的真空度、真空脱气时间是否满足罐头密封的需要、罐型及其规格大小是否适宜等。

② 必须满足罐头生产工艺要求。根据生产流水线，各机组生产能力相互配合，协调均衡。如果生产果蔬及汤汁类罐头，一般选择在卷封时罐体固定不动的封装机，以保证在封装时不会甩出汤汁；如果生产家禽、鱼类罐头，应选择具有较高真空度的灌装机，以延长保质期。

③ 选用结构先进、经济合理、操作维修方便、通用性较好的机型。

④ 所选封装机应符合食品卫生要求，易清洗、易拆装、不至于造成对食品的污染。

⑤ 尽量选用具有先进自动控制机构的封装机，如控制真空度。过载停机，有罐有盖卷封，无罐或无盖停机等，以利于操作安全和保护机器。

9.4.1.3　滚压式封口机的选型设计

滚压式封口机种类较多，性能各异，选用时应综合考虑以下几方面：

① 机器功能应能满足灌装产品的密封要求。

② 封口速度应与生产规模相适应，在生产流水线上使用，应与各机组生产能力协调

均衡。

③ 尽量选用技术先进、经济合理、操作维修方便的机器。

9.4.1.4　旋盖式封口机的选型设计

旋盖式封口机种类较多，功能各异，不同型号的机器，适用范围也不一样。选用时应根据产品的特点、密封要求、瓶罐形状、规格大小、生产规模、经济效益等综合考虑。

① 所选用的设备应满足灌装产品对密封性能的要求，并与瓶罐的形状、规格相适应。

② 所选封口机的生产能力应与生产规模相适应。若生产规模较小，可选用价格较低的半自动封口机；若生产规模较大，则应选用高速自动封口机。

③ 尽量选用结构先进、使用维修方便、可靠性好的设备。

9.4.1.5　熔焊式封口机的选型设计

熔焊式封口机是通过加热使包装容器封口处熔化而将包装容器封闭的机器，常用的加热方式有超声波、电磁感应及热辐射等。该类型封口机主要用于封合较厚的包装材料。常用熔焊封合方法的应用范围见表 9-2。

表 9-2　常用熔焊封合方法的应用范围

封合方法	特点	适用材料
热板熔融封合	封缝强度大	热收缩薄膜
超声波熔融封合	封口质量好，设备投资大	聚酯，铝箔复合膜，易热变形的厚塑料材料
辐射熔融封合	连续封合	聚酯薄膜和无纺材料
电磁感应封合	连续高速封合	较厚的聚烯烃包装材料
红外线熔融封合	穿透性强	厚度 5～6mm 以上的薄膜

9.4.2　封口包装机械的封口工艺

9.4.2.1　热压式封口机的封口工艺

目前，热压封合是在塑料薄膜、复合薄膜等包装材料中应用最普遍的一种封合方式。它是利用外界各种条件（如电加热、高频电压及超声波等）使薄膜封口部位受热变成熔软状态，并借助一定压力，使两层膜熔合为一体，冷却后保持强度。这种封合方式主要是通过加热温度、热封时间、热封压力等因素进行协调，最终达到满意的封合效果。一般来说，好的封合效果取决于它是否具有良好的热封强度以及完好无损的外观。

封口机一般由机架、减速传动机构、封口印字机构、输送装置及控制系统等组成。各机构在接通电源后开始工作，电热元件通电后加热，使上下加热块急剧升温，并通过温度控制系统调整到所需温度，加压装置运动，根据需要冷却系统开始冷却，输送带运转、并由调速装置调整到所需的速度。

待封口的包装袋放置在输送带上，袋的封口部分被自动送入运转中的两根封口带之间，并带入加热区，加热块的热量通过封口带传输到袋的封口部分，使薄膜受热熔软，再经过加压装置（滚花轮或印字轮）滚压，使封口部分上下塑料薄膜黏合（压制出网状花纹或印制标志），然后通过冷却区，使薄膜表面温度适当下降，再由输送带将封好的包装袋送出机外，完成封口作业。

9.4.2.2　卷边式封口机的封口工艺

卷边式封口机通常用于金属罐的罐身和罐盖折角咬合，这是通过滚压形式用若干道卷封滚轮将罐身和罐盖的边缘弯折变形，互相紧密弯曲咬合，实现密封封口。一般要求卷边用金属板材必须有良好的可塑性，卷边达到设计所要求的结构和尺寸，有一定的密封性、良好的抗渗漏性能及抗冲击能力，从而保证容器在运输、贮存中能承受各种形式的碰撞、跌落。

常用的二重卷边通常都采用两道滚轮进行滚压工艺完成。

头道卷边如图 9-54 所示，罐身和罐盖在未进行卷边前的位置如实线所示，头道卷边滚轮卷边结束后的位置如虚线所示。当头道卷边滚轮与罐盖接触时，头道卷边滚轮就开始对罐身周围进行圆边以及罐身翻边。在这个过程中，罐身的翻边会向下弯曲，形成罐身边钩；同时，罐盖的外缘与罐身翻边一样向下弯曲，而罐身的边钩末端沿着罐身翻边的内侧往上折叠，形成罐盖的边钩。这样，一个由罐盖和罐身共同构成的 5 层卷边，便告形成。注意：当头道卷边滚轮完成径向进给后便立即离开，而二道卷边滚轮继续沿罐盖的边缘移动，如图 9-55 所示。

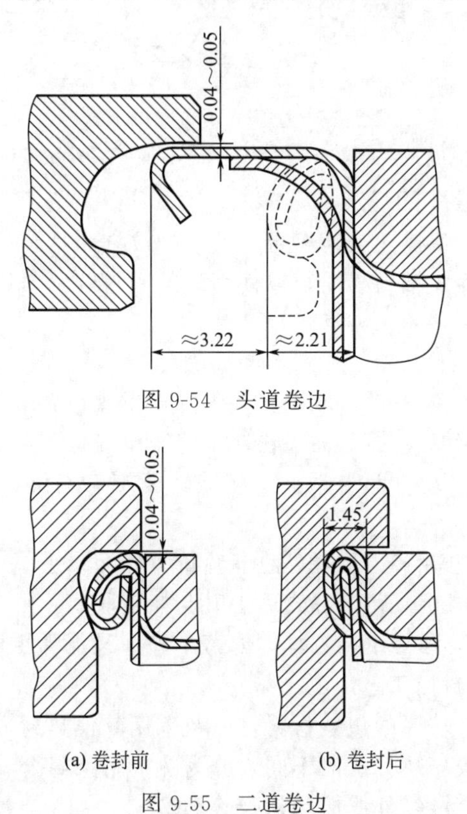

图 9-54　头道卷边

图 9-55　二道卷边

二道卷边开始位置见图 9-55(a)、结束位置见图 9-55(b)。二道卷边滚轮的作用是进一步压紧和压平罐盖和罐体的折角钩合部位，除去卷边的皱纹，使其变得更为光滑。

由此可见，头道和二道卷边滚轮的结构形状不同。通常，头道卷边滚轮的沟槽窄而深，而二道卷边滚轮的沟槽宽而浅。

为了形成二重卷边，作为执行构件的卷边滚轮相对于罐身必须完成某种特定的运动。若卷封圆形罐，卷边滚轮相对于罐身应同时完成两种运动，即周向旋转运动和径向进给运动；若卷封异形罐，卷边滚轮相对于罐身应同时完成三种运动，即周向旋转运动、径向进给运动和按异形罐的外形轮廓所作的仿形运动。

9.4.2.3　滚压式封口机的封口工艺

滚压式封口盖特别适于软饮料、啤酒瓶上的防盗封盖用。滚轧盖制成防盗式样的方法是利用带孔瓶盖的延伸部分滚轧在瓶子唇缘的周围形成密封。具体的封口工艺过程如图 9-56 所示。

(1) 瓶盖经过理盖器定向排列后滑落至配盖头，最后套于瓶口上。

(2) 瓶口托圈受支承，旋盖头下降，中心压头压紧瓶盖顶部，使顶部缩颈变形，挤迫胶层密封瓶口。

(3) 螺纹滚轮绕瓶口旋转，并作径向进给运动，使瓶盖沿瓶口螺旋槽形成配合的螺纹沟。同时，折边滚轮也作旋转进给运动，迫使瓶盖底边沿瓶颈凸肩周向旋压钩合，形成“防盗环”。

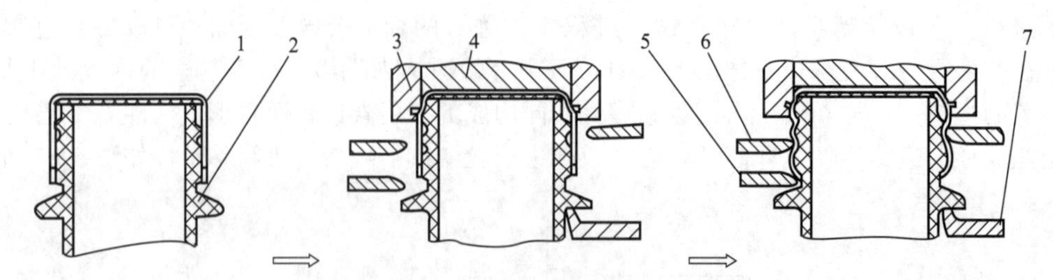

图 9-56　滚压式旋盖封口示意

1—瓶盖；2—瓶口；3—压模；4—压板；5—折边滚轮；6—螺纹滚轮；7—支承圈

9.4.2.4　旋盖式封口机的封口工艺

旋盖封口是采用夹爪、摩擦轮或摩擦带，使带螺纹（凸爪）的瓶盖与瓶口有螺旋凸缘的瓶子相对转动并使其沿螺旋线轴向移动，以使盖顶的密封胶紧紧压在瓶口端部而形成密封的封口。

旋盖的封口工艺过程如下。

① 取盖　此时旋盖爪夹头不动，取盖夹头下降至供盖位置取盖。

② 抓盖　旋盖爪夹头不动，抓盖夹头快速下降至供盖位置与取盖夹头一起将盖抓紧。

③ 对中　旋盖爪夹头不动，两半爪夹头将盖转至旋盖工位，并置于瓶口上方，使瓶口与机头中心相互对中。

④ 旋盖　旋盖爪夹头边旋转边下降，将瓶盖旋紧在瓶口上。

⑤ 脱瓶　两半爪夹头停止旋转，并先后上升与瓶盖脱离。

⑥ 复位　旋盖机头恢复到起始位置，即取盖爪夹头又下降至取盖位置。

9.4.2.5　熔焊式封口机的封口工艺

熔焊封口主要用于封合较厚的包装材料，以及采用其他热封方法难以封合的材料，如聚酯、聚烯烃和无纺布等。按加热方法的不同，分为热板熔融封合、超声波熔焊封合、辐射熔焊封合、电磁感应熔焊封合及红外线熔融封合等类型。

其工艺过程：当完成灌装的容器到达封口工位时，需要焊接的两部分靠近加热源，封口部位在热源的作用下，连接部分被熔融，然后移动容器，将两部分加压对接在一起完成焊接。这种方式不产生焊渣、无污染，焊接强度大。

9.5　封口包装机械的常见故障与使用维护

9.5.1　热压式封口机的常见故障与使用维护

（1）封口质量

经热压封合的封口应达到如下要求：

① 封口外观平整美观；

② 封口应有一定宽度，一般单质薄膜封口宽 2～3mm，复合薄膜封口宽 10mm；

③ 封口有足够的封合强度和可靠的密封性。

（2）常见缺陷

① 封口两封合面中夹有污染物，封口出现折叠皱纹，有严重的凹凸不平等缺陷。这些缺陷产生的原因是：

a. 由于充填灌装对封口内侧造成污染；

b. 热封时两封合面薄膜放置或夹持不平；

c. 热封工艺参数选择不合适，热封装置或机器选择不当，调整及使用不合理等所致。

② 袋口密封不牢，或封口处有烧穿、破损现象。前者主要由于封口温度太低或封口压力不够所致，只要适当调高封口温度或增大封口压力便可解决。另外，对于压板式封口机可适当延长封口时间，环带式封口机可适当降低封口速度。后者则应适当调低封口温度、减小封口压力。

（3）使用维护

① 机器初次使用或搁置较长时间时，首先应预热机器，对所封薄膜进行试封后，方可正常操作。

② 环带式封口机滚花轮的压力大小与封口质量有密切关系，操作中其压力以调至封口处花纹清晰时为宜，为延长环带式封口机封口带的使用寿命，准备停机前，应先切断升温开关，停止加热，并打开风机进行冷却，此时封口机仍继续运转，约10min后，待温度降到100℃以下，再关掉风机并将全机电源切断。

③ 热封器常易黏结融化了的塑料，影响封口质量，应经常进行检查和清理，清理时不允许用金属工具和砂纸刮擦，否则易损坏其封口工作面。应在热封器降温后，用布或木质工具蘸有机溶剂擦拭清除异物。

④ 应定期对机器进行清理和润滑。

9.5.2　卷边式封口机的常见故障与使用维护

（1）常见故障和排除

1）头道卷边过松、过紧的原因

① 卷边松弛原因　机头零件调节不合适，头道滚轮靠得太松；辊轮质量差，沟槽磨损；空罐本身缺陷，罐盖圆度不符标准。

② 卷边过紧原因　机件调节不当，头道滚轮位置过高或靠得太紧；滚轮加工不良，沟槽圆弧太小；空罐制造有缺陷，罐盖圆边不好，罐盖圆边前端弯曲太大。

2）二重卷边厚度 T 及宽度 W 不合要求的原因

① 卷边厚度较大的原因　二道卷边滚轮靠得太松使卷边压不紧，卷边滚轮位置过高造成；二道卷边滚轮弹簧太松压不紧卷边；由于滚轮缺陷，即沟槽磨损造成；滚轮弹簧质量差，弹性失灵；罐盖质量制造缺陷，即密封橡胶层过厚，干燥不良。

② 卷边厚度较小的原因　二道卷边滚轮靠得太紧；零件调节不当，头道卷边滚轮靠得太松形成身钩、盖钩叠接不好。

③ 卷边宽度较大的原因　头道卷边滚轮靠得太松，使身钩增大；头道滚轮沟槽磨损或二道滚轮沟槽磨损；由于零件调节不当，压头和托底盘间距过小，使身钩增大；托底盘压力太大使身钩增大；二道卷边滚轮靠得太紧使身钩增大。

④ 卷边宽度较小的原因　头道卷边滚轮靠得太紧或二道卷边滚轮靠得太松；机件调节不当，卷边滚轮位置过高，盖钩小，埋头度大；压头和托底盘间距过大；二道滚轮失灵；托盘压力过小使身钩减小；零件加工缺陷，头道沟槽过细，即卷边圆弧过小；托盘压力太小或弹簧失灵或支撑不稳。

3）罐盖埋头度有深有浅的原因

① 埋头度较深的原因　因调节等原因造成卷边滚轮位置过高或者过低；托底盘压力太小；因零件加工不符合要求使头道滚轮或二道滚轮上下支持不良；压头制造不良造成直径太大或厚度太厚；托底盘支撑不稳或弹簧失灵；托底盘衬垫和压头端面不完全平行。

② 埋头度较浅产生的原因　压头质量差不耐磨损使其凸缘磨损，盖易产生“快口”；压头制造得太薄也同样容易产生卷边“快口”。

4）卷边后身钩、盖钩产生较长或较短缺陷的原因

① 身钩较长的原因　调节不好造成托底盘压力太大，这是主要原因；压头和托底盘间距太小；头道滚轮靠得太松，身钩较长容易产生“快口”。

② 身钩较短的原因　调节不好造成压头和托底盘间距过大；托底盘压力太小；头道滚轮靠得太紧或二道滚轮靠得太松；机件不符合要求，使托底板支撑不稳或弹簧失灵；空罐上的缺陷，如罐身翻边宽度较小或其半径过小；卷边滚轮位置过高。

③ 盖钩较长的原因　调节不当造成头道滚轮靠得太紧；压头制造较薄不符合要求。因此，要解决盖钩较长的缺陷，只要调节头道滚轮和调整压头厚度就可以见效。

④ 盖钩较短的原因　滚轮调得位置过高或压头位置调得过低；托盘压力太大或它与压头间距过小；调节不当而使头道滚轮靠得太松；滚轮制造不合要求，头道滚轮沟槽圆弧过小，轮沟磨损或滚轮上下支持不良；压头制造不合要求，直径较大或厚度较厚。

5）二重卷边上下部位空隙产生较大、较小情况的原因

① 上部空隙较大的原因　调节不当使头道滚轮靠得太松；压头位置过低，压头过厚或压头直径较大；压头与托盘间距过小；托底盘压力太大；滚轮缺陷，头道滚轮沟槽磨损，二道滚轮支承不良；压头制造缺陷，直径较大或厚度较厚。

② 上部空隙较小的原因　调节不当使头道滚轮靠得太紧；压头制造不良，厚度较薄。

③ 下部空隙较大的原因　调节不好使头道滚轮靠得太紧或二道滚轮靠得太松；滚轮制造缺陷使头道滚轮沟槽过细或磨损；卷边滚轮上下支承不良；托底盘弹簧失灵；空罐制造不符合要求，罐身翻边宽度较小或弯曲半径较小。

④ 下部空隙较小的原因　调节不当使压头与托盘间距过小；托盘压力太大。

6）空罐卷边后有时产生罐盖与罐身不十分吻合的原因

调节不合适，形成托底盘压力太大；送罐不准确或托底盘机件质量差，造成压头和空罐中心不在一直线上；送罐、送盖机构有毛病，不能达到定时、准确；挤推衬垫装置不当，使盖与罐身相套时中心不吻合；空罐质量有问题，罐身翻边形状不良或罐身变形；罐盖圆边不符合规格，身、盖嵌合过紧；实罐装罐不合要求。

7）二重卷边产生“牙齿”和“舌头”的原因

① 产生“牙齿”的原因　头道卷边滚轮靠得太松或运转不灵活，在二道卷边时产生变形；二道卷边滚轮靠得太紧产生变形；罐盖输送不好；头道滚轮运转不光滑或滚轮沟槽磨损；底盖橡胶填料过多或干燥不好；实罐装罐量过多或食物夹入卷边内。

② 产生“铁舌”的原因　头道滚轮靠得太松；二道滚轮转动不灵活；实罐装罐量过多或食物夹入卷边；托盘压力太大；罐盖圆边形状不好；接缝处锡焊过多；铁皮太硬或太脆。

8）二重卷边产生外表不光滑的原因

卷边表面不光滑主要是滚轮质量和调整问题，通常有以下几点原因：二道滚轮靠得太松或头道滚轮靠得太松；滚轮定时不好，不能按要求及时靠拢和离开压头；头道滚轮运转不光滑或其沟槽磨损；二道滚轮运转不光滑或其沟槽磨损；罐盖圆边形状不好。

9）二重卷边产生卷边不完全（滑口）的原因

托底盘压力不恰当，过大或过小；卷边滚轮定时不好；头道、二道轮靠卷边太紧（主要是二轮）或转动不灵活；压头和托底盘间距过大；头道、二道滚轮运转不光滑（主要是二轮）；压头磨损或直径太大；托底盘上部磨损或其弹簧失灵；托底盘支撑不稳，或其断面与压头不完全平行。

10）二重卷边发生“跳峰”及挤出密封胶的原因

① 卷边“跳峰”发生原因　二道滚轮弹簧压力太小或弹簧失灵；空罐接缝处焊料过多；卷边速度过快，尤其在滚轮直径大时更为显著。

② 密封胶从卷边内部挤出的原因　头道或二道滚轮靠得太紧；罐盖密封胶涂得过多或胶液干燥不好；密封胶不适应装罐内容物而使胶膨胀。

11）卷边损伤的原因

卷边滚轮定时不好或位置过高；罐盖输送不好。卷边滚轮上、下支持不良或沟槽磨损；压头磨损；二道滚轮靠得太紧或压力太大。

12）二重卷边产生“快口”原因

“快口”用手指从卷边内侧向上摸有刀锋割手之感。一般在接缝卷边处，有时可能完全碎裂而发生漏气。产生原因：卷边滚轮相对于压头的位置过高；压头位置过低或它和托底盘间距过小；二道滚轮弹簧压力太大；接缝锡焊过多；托底盘压力太大；头道或二道滚轮靠得太紧或沟槽磨损或上下支承不良；轴承螺母紧固不好；压头磨损。

13）卷边产生波纹和紧密度不足的原因

① 产生波纹原因　二道滚轮靠得太松；头道滚轮靠得太松或沟槽磨损或转动不灵活；卷边滚轮定时不好；二道滚轮沟槽磨损或转动不灵活；底盖圆边形状不好。

② 造成卷边紧密度不足的原因　头道滚轮曲线不好，卷边后皱纹大；二道滚轮沟槽太深，压不紧；二道卷边太松；罐盖铁皮太薄、卷边不良或落料过大；二道滚轮弹簧失灵或与压头配合不良；压头磨损；罐身翻边不良；浇胶过厚。

14）卷边叠接率不足的原因

卷边宽度过大；身盖钩不配合；头道滚轮卷边时过松或沟槽磨损；身盖钩过小；罐身翻边过大；托底盘压力太小；罐盖落料过小；埋头度过深。

15）卷边接缝盖钩完整率不足的原因

切角不良，接缝两端搭接过宽；接缝处堆锡或夹锡过厚；罐身错角过大；头道滚轮沟槽不合适；托盘压力过大；二道滚轮靠得过紧；食物夹入接缝卷边；浇胶过厚或不均匀。

（2）使用维护

① 操作者必须熟悉整机性能、结构，并严格按设备使用说明书的要求进行操作。

② 在生产使用前，应检查进出罐、真空阀、封罐部分等各机构运转是否正常，检查电气控制、真空控制及润滑系统工作是否正常，检查测定试封罐头的封口质量是否符合要求。

③ 在使用过程中，应遵循机上的各种标志，注意安全。对于各部分机件，特别是真空室部分有关精密机件，以及压头、封口轮等均应仔细保养，不得有任何碰撞或划伤。卷封的罐身与罐盖必须符合制罐规定，并不得有复折合黏结污物，否则将会损坏压头模和封口轮等有关机件。

④ 停机后应清除机器上所有污垢并进行清洗，然后对各运转部件涂抹一层润滑油脂或防锈油，并使机器空转片刻，以使润滑油脂能更好地渗透入相配运转机件的缝隙内。

⑤ 当需较长时间内停止使用时，全机必须给予轻度油封防锈处理，并用防尘布遮盖。

9.5.3　滚压式封口机的常见故障与使用维护

（1）常见故障

1）破瓶率高，其主要原因可能是：

① 玻璃瓶材质差，壁厚不均，瓶口不圆，应选用合格瓶；

② 滚压轮的压力超过极限，应调整限位块，减小滚压轮进位量；

③ 滚压轮或轴承严重磨损，应更换滚压轮或轴承；

④ 瓶盖与瓶口间隙太小；更换瓶或盖，使间隙在 0.5mm 以上。

2）瓶内真空度低，其主要原因可能是：

① 气路系统漏气严重；应检查气路系统、排除漏气现象，保证封口时真空室的真空度不低于 60kPa；

② 封口质量不好，密封不严，应检查瓶盖是否符合要求，滚压轮高低位置是否合适，抽气时间是否够，并采取相应解决措施；

③ 气路堵塞，应检查清洗管道，疏通管路。

3）生产率低，此种情况主要发生在半自动设备上，其主要原因可能是：

① 操作者技术不熟练，应加强训练，提高熟练程度；

② 气筒活塞往复运动慢，应检查气筒前盖与气筒孔是否同心，若不同心，应研磨前盖内孔，使之与气筒同心，检查是否有糖水或其他汤汁进入气筒，若有应用开水冲洗干净。

4）瓶盖顶部开裂，其主要原因可能是：

① 瓶盖变形范围太长，应调整压头高度，减小变形范围；

② 压头直径太小或正压力太大，使瓶盖过度变形，应加大压头直径或减小压头弹簧压力。

5）瓶盖变形高度不足，其主要原因可能是：

① 正压力太小，应调整压头弹簧压力；

② 压头直径大小与瓶盖规格不相配，应更换合适直径的压头。

6）瓶盖旋入不正，偏离中心，其主要原因可能是：

① 压头位置与瓶口不对中，应调整对中；

② 瓶子卡在星轮中太紧或瓶颈导向板安装太低，应调整星轮和导向板。

7）瓶盖螺纹成型不完整，深度不足，其主要原因可能是：

① 螺纹滚轮侧压力不够，应调整螺纹滚轮摇臂杆弹簧，加大侧压力；

② 螺纹滚轮摇臂杆向外调整太多，使滚轮移动范围太小，应重新调整摇臂杆。

8）螺纹滚轮滞留沟槽内，不能沿成型螺纹滚动，其重要原因可能是：

① 滚轮被卡住，应防止阻塞卡紧，确保机构灵活；

② 滚轮调高了约 0.3～0.5mm，应适当调低；

③ 压头未拧紧，应拧紧压头。

9）防盗圈折边成型不完全，其主要原因可能是：

① 折边滚轮太高或太低，应调至合适位置；

② 瓶盖太短使颈圈高度不足，应选用高度合适的瓶盖。

10）防盗圈折边成型不规则，其主要原因可能是：

① 折边滚轮调得太高，应降低；

② 折边滚轮弹簧太软，应更换；

③ 折边滚轮与瓶盖接触不垂直，应调整至垂直；

④ 瓶盖太短使颈圈高度不足，应选用高度合适的瓶盖。

（2）使用维护

1）操作者应认真阅读机器使用说明书，严格按照说明书规定的程序进行操作。

2）生产使用前应检查真空管路是否通畅，有无漏气，运动部件是否灵活，并检查测定试封产品是否合格。

3）每班下班前应将机器清理干净，加足润滑油；每个生产季节完后，应将机头、气缸、气筒、气阀、旋阀等可能接触糖水或其他汤汁的零件拆下清洗，清除玻璃碎渣、糖水等异物，清洗疏通各气路通道，然后用布擦拭，干燥后加足润滑油，装回原位调好，并套上护罩。

9.5.4　旋盖式封口机的常见故障与使用维护

(1) 常见故障

1) 瓶内真空度低、不稳定，可能是因为：

① 真空泵抽气速率下降，真空度波动大，应检修真空泵，使机头真空表读数在67kPa以上；

② 气路漏气严重或抽气管道堵塞，应检查管路，堵塞漏气或疏通管路；

③ 密封橡胶破损，应检查、更换破损橡胶圈。

2) 破瓶率高，其主要原因可能是：

① 瓶罐与进瓶转盘、护瓶架之间的间隙大小不均，此时应松开进瓶转盘螺钉，调整转盘位置，使之间隙均匀，再紧固螺钉；

② 整机动作不协调，按要求调整。

3) 拧紧力矩不够　应检查夹爪弹簧预紧力是否太小，夹爪运转是否灵活，夹爪垫圈是否已经磨损，滑道与夹爪座间的间隙是否合适等，并根据具体情况进行调整并更换磨损件。

4) 油嘴不泵油，可能是因为：

① 弹簧失效或异物卡死致使柱塞不回位，应更换弹簧，拆下清洗；

② 滤网堵塞，应清洗滤网。

5) 离合器打滑，可能是因为：

① V带张力不够，应调整张紧轮以增大张力；

② 摩擦片压力不够，调整锁紧螺母，增大压紧力；

③ 离合器滚轮磨损，应更换滚轮。

(2) 使用维护

旋盖式封口机的使用维修与滚压式封口机基本相同，这里不再赘述。

9.5.5　熔焊式封口机的常见故障与使用维护

(1) 常见故障

1) 封口处有烧穿现象　可能是热封温度过高和加热时间太长所致；应调低加热温度、缩短加热时间。

2) 封口不牢固　其主要原因可能是：①加热温度偏低，材料未能充分熔合，应适当调高设备的加热温度，然后进行试封，查看封口牢固程度，再做进一步调整，直到封口牢固为止；②加压元件的工作面不平整，压力不均或压力偏小；应检查修整或更换加压件，并调大其压力。

(2) 使用维护

操作者应熟悉机器的结构性能，严格按照使用说明书上的操作规程进行，并应定期对机器进行维修保养，内容主要包括清理、润滑、调整、检查和修理。

1) 清理　对机器在使用中产生的一些灰尘和余屑应及时进行清理，否则会干扰机器的正常工作。清理时应在机器停止工作的情况下进行，并切断电源。

2) 润滑　应严格按照机器的润滑表或说明书的要求，使用规定的润滑剂定期进行润滑。

3) 调整　机器调整正确与否，与机器的正常运转和封口质量的保证有很大关系。封口温度、时间和压力将直接影响封口质量及生产效率，使用前，必须根据薄膜材料的种类、厚度和热封性能，仔细进行调整。

4) 检查和修理　在机器运转期间，应经常进行检查，以便及时发现故障并随时排除。特别是在清理和润滑时，可以认真检查机器各运动部件的磨损情况，并及时更换磨损件。

第 10 章　裹包包装机械

10.1　概述

10.1.1　裹包包装机械的基本形式

裹包机是指用挠性包装材料裹包产品局部或全部表面的机器。它是包装机械行业中最重要的组成部分之一，广泛用于食品、烟草、药品、轻工产品及音像制品等领域，图 10-1 为典型裹包形式。

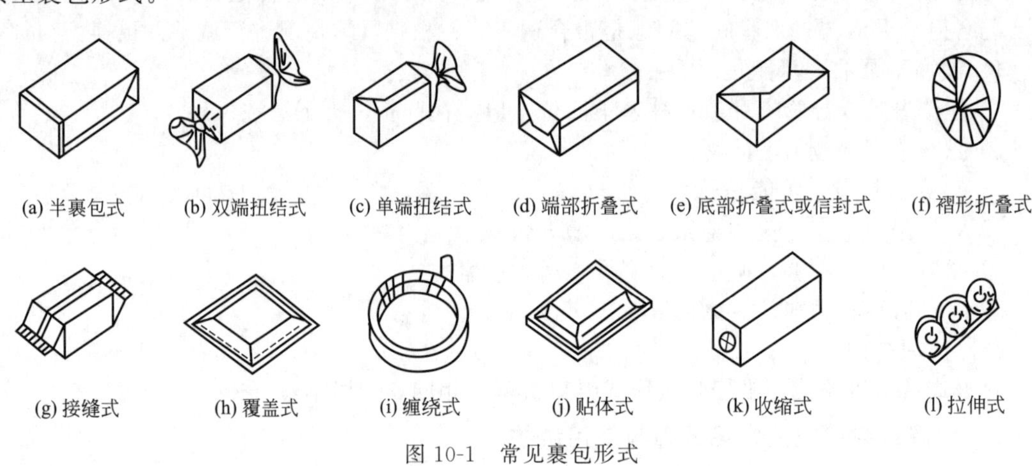

图 10-1　常见裹包形式

10.1.2　裹包包装机械的分类及特点

按裹包方式的不同，裹包机械可为半裹式裹包机、全裹式裹包机、收缩包装机、贴体包装机、拉伸裹包机、缠绕式裹包机，其中全裹式裹包机又可分为折叠式裹包机、扭结式裹包机、接缝式裹包机、覆盖式裹包机等。

裹包机械适合于对块状、并具有一定刚度的物品进行包装。有些粉体和散粒体物品经过浅盘、盒等预包装后，可按块状物品进行包装。

块状物品形状各异，有方形、圆柱形、球形等，可以是单件物品，也可以是若干件物品的集合。如糖果、香皂、方便面为单件裹包，旅行饼干、火柴等排列组合后则为集合裹包。另外，香烟盒、茶叶盒等外表也可进行裹包包装。

用于裹包的挠性材料有很多种。常用的有纸、玻璃纸、单层塑料薄膜及复合材料等。由于新型透明裹包材料（玻璃纸等）的出现，使许多新型裹包机及相关机械得到了发展，这些新型机械具有高速、高效、对包装物品尺寸的变化有较大的适应性等特点。

10.2　典型裹包包装机械的结构及工作原理

10.2.1　折叠式裹包机

用挠性材料裹包产品，将末端伸出的裹包材料折叠封闭的机器称为折叠式裹包机。折叠式裹包机一般是先将物品置于包装材料上，然后按顺序折叠各边。在折边过程中根据工艺要求，有的在最后一道折边之前上胶使之黏合，有的用电热烫合，有的则只靠包装材料受力变形而成型。折叠式裹包机使用广泛，包装外形美观。常用来裹包糖果、方糖、巧克力、香烟、香皂及茶叶包装盒的外部包装等。

10.2.1.1　折叠裹包工艺路线

折叠式裹包形式较多，因此，裹包方法和裹包设备也是多种多样的，折叠式裹包机的工艺路线可分为以下三类。

① 卧式直线型　图 10-2 为卧式直线型折叠裹包工艺路线。产品与包装材料接触后一起被水平输送；在输送过程中，实现对包装材料折叠并封口。

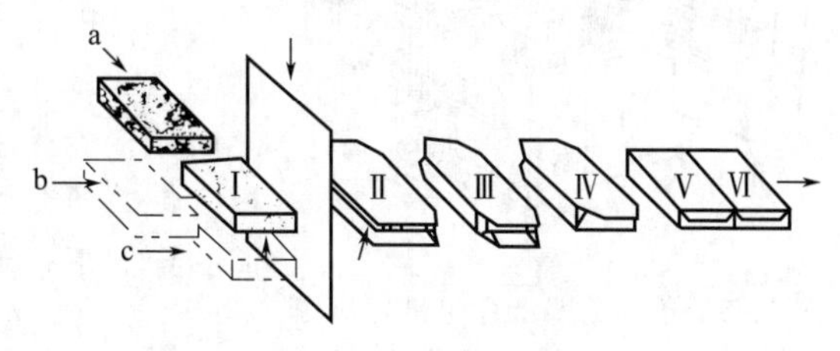

图 10-2　卧式直线型折叠裹包工艺路线

根据物品供送路线不同，又分为三个方案。a 方案中物品可以首尾衔接，也可以不衔接，比较灵活，但供送路线较长；b 方案中物品供送路线短，但不能首尾衔接，将物品由工位Ⅰ推送到工位Ⅱ的执行机构必须作平面曲线运动；c 方案中物品也不能首尾衔接，但供送路线最短。在实际应用中，三种方案均可采用。

② 阶梯型　图 10-3 为阶梯型折叠裹包工艺。产品和包装材料接触后，被裹包物品和包装材料既有水平直线运动，又有垂直直线运动。a 方案中物品先水平运动，再垂直运动，封口在长侧边和两端面；b 方案中物品先垂直运动，再水平运动，封口在底边和两端面。

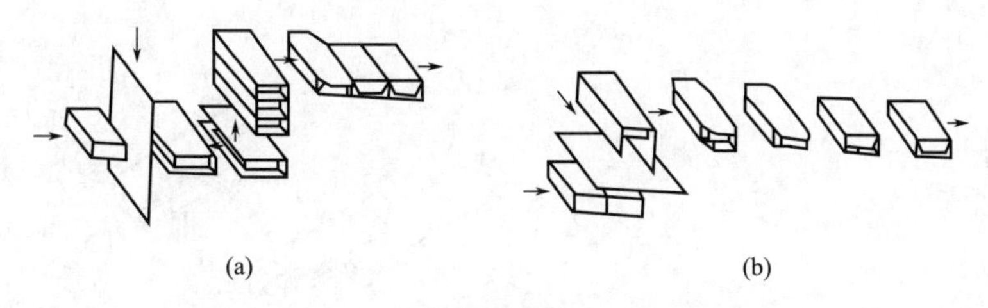

图 10-3　阶梯型折叠裹包工艺路线

③ 组合型　图 10-4 为组合型折叠裹包机工艺。在裹包过程中，被裹包物品与包装材料既有直线运动又有圆弧运动。a 方案中封口在长侧边和两端面；b 方案中封口在上底面和两端面。

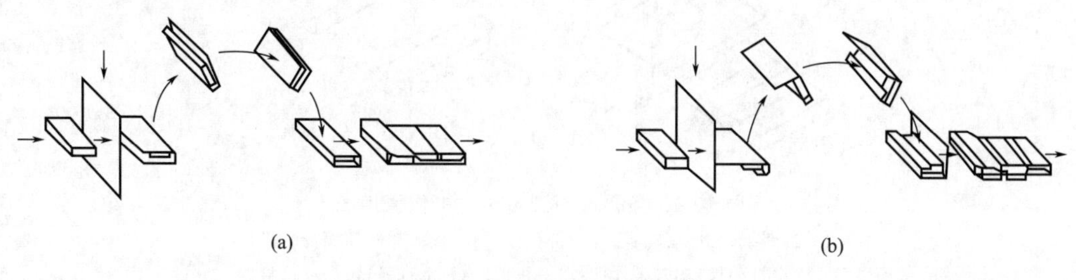

图 10-4　组合型裹包工艺路线

10.2.1.2 条盒透明纸裹包机

(1) 组成及工作原理

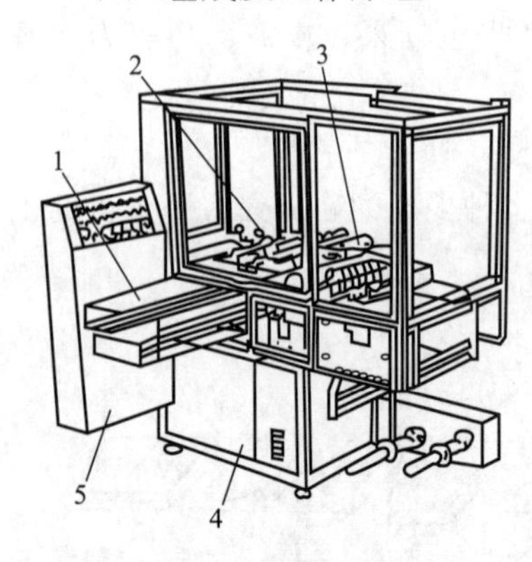

图 10-5 条盒透明纸裹包机外形图
1—条盒输入装置；2—包装系统；
3—透明纸供送系统；
4—动力装置；5—电气控制柜

图 10-5 为条盒透明纸裹包机外形图。该机主要由条盒输入装置 1、包装系统 2、透明纸供送系统 3、动力装置 4、条盒输出机构及控制系统等组成。可用于包装条盒烟、盒装茶叶及长方形块状物品等。

图 10-6 为条盒透明纸裹包机工作原理图。图示 b 位，条盒烟 6 由条盒输送带送入条盒托板 7 上。此时，被定长切断的透明纸 1 由 a 位送到条盒托板 7 的上部，并覆盖在条盒上面。接着条盒压下两个微动开关主电机即启动，条盒托板 7 带着条盒烟 6 与透明纸 1 沿垂直通道 8 上升，在垂直通道的导向下，使透明纸呈倒“U”形包裹条盒。当条盒托板 7 上升到最高位之后，条盒摆动板 2 与长边折叠板 3一起将条盒托住，此时，托板 7 开始下降到起始位。当条盒摆动板 2 托住条盒并保持一段时间后，长边折叠板 3 将透明纸包裹后的底面一长边折叠完毕，如 d 所示。与此同时，推板与两顶端折叠板 4 开始运动，完成 e 位所示的两顶端面前部的折叠任务。在 4 继续向前输送的过程中，底板和固定折叠板 5 完成如 f 位所示的另一底面长边和两顶端后部的短边折叠任务。随后，底面热封器 9 向上运动，将底面长边热封。条盒在推板的推动下进入输出机构，在输出机构两侧固定折叠板的导向下，先后完成两顶端面的下部长边折叠和上部长边折叠任务（g、h 位）。最后由两端热封器 9 将条盒两端透明纸热封，完成整个透明纸条盒的包装任务。

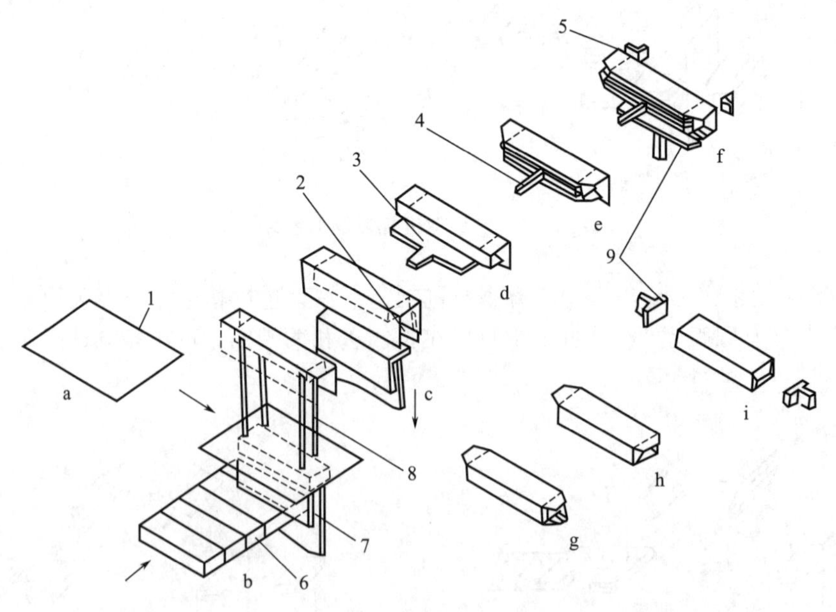

图 10-6 条盒透明纸裹包机工作原理图
1—透明纸；2—摆动板；3—折叠板；4—推板与两顶端折叠板；
5—固定折叠板；6—条盒烟；7—托板；8—垂直通道；9—热封器

该裹包机的折叠裹包工艺路线为阶梯形，其包装工艺流程见图 10-7。

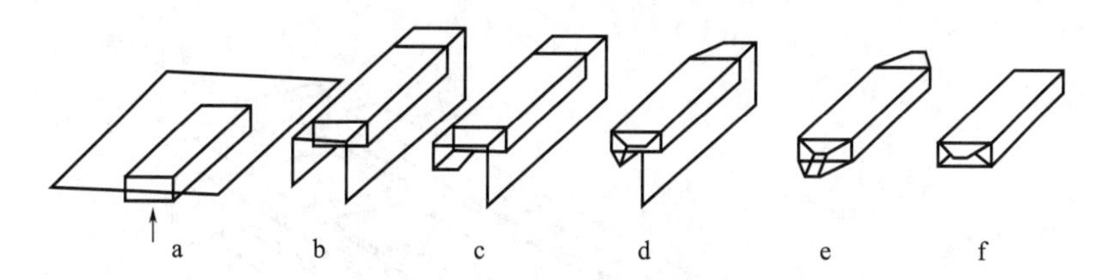

图 10-7　包装工艺流程图

a. 条盒进给，同时透明纸进给并定长切断；
b. 透明纸到位，同时条盒上托形成倒“U”形裹包；
c. 折叠底面后长边；d. 折叠两顶端后部的短边；
e. 折叠底面的前长边，热封底面长边，折叠两顶端前部的短边；
f. 折叠两顶端的下部长边和上部长边，并完成两顶端封合

图 10-8 为条盒透明纸裹包机工作循环图。托板在 0°～114°时，将条盒与覆盖的透明纸一起提升到最高位置，并在 114°～125°时停在最高位。条盒摆动板在 105°～120°为向前摆动，于 120°摆到终点并停留，当托板在 124°时开始下降，摆动板将条盒托住。透明纸长边折叠板在 105°～235°时，对条盒底部后侧长边进行折叠，并在 235°完成折叠。条盒推板及两顶端折叠板在 145°～305°时，首先完成两端短边的折叠；在前进的过程中，在 235°时再完成对条盒底部前侧长边的折叠，同时将后侧长边压住，长边折叠板在 250°开始返回。接着由固定折叠板对前侧短边进行折叠，在 305°完成并停留至 320°。摆动板在 290°～305°返回。热封器在 50°～190°条盒停止时，完成端部热封。

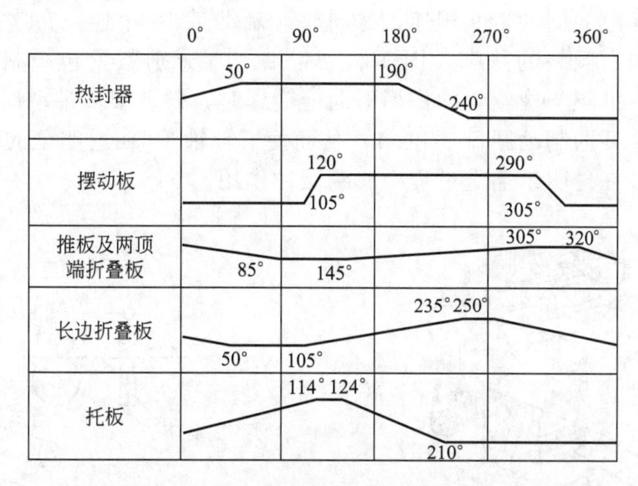

图 10-8　条盒透明纸裹包机工作循环图

(2) 机器的主要机构

① 条盒输送机构　图 10-9 为条盒输送机构简图，该机构是将条盒包装机输出的条盒输送到托板位置。本机构主要由输入通道墙板 1、输入带 2、条盒支承板 5、螺杆 8、主动与被动辊等组成。为使墙板 1 具有较好的导向作用，应调节两墙板的间距，使之呈锥形，即进口部分比条盒长度宽 5mm，出口部分比条盒长度宽 1mm。输入带 2 的张紧力及主动、被动辊轴线的平行，通过调节螺杆 8 便可实现。光电传感器 3 用来控制条盒的输入状态，当条盒因故受阻，遮住光电传感器 3 达 1.5s 以上时，实现自动停机。

② 透明纸供送机构　图 10-10 为透明纸供送机构示意图，主要由旋转切刀 1、拉纸辊 3、纸辊轴 5 及传动机构等组成。卷筒透明纸 9 从纸辊轴 5 上拉出，经过几个导向辊后，进入拉纸辊 3 和橡胶辊 2 之间，将透明纸向前输送，旋转切刀 1 将其定长切断，然后由透明纸输送

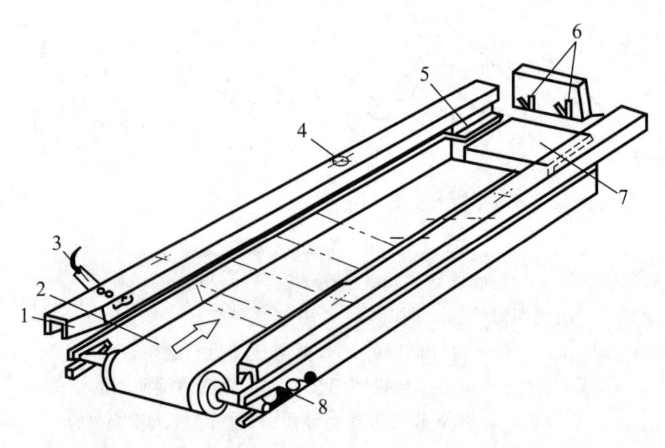

图 10-9　条盒输送机构简图

1—输入通道墙板；2—输入带；3—光电传感器；4—螺栓；
5—条盒支承板；6—微动开关；7—托板；8—螺杆

带将其送至托板上方，完成透明纸的供送。

图 10-11 为透明纸供送原理示意图。在实际工作中，盘状卷筒包装材料在供送过程中极易产生前冲的惯性力，使透明纸输送时的张紧状态变为松弛状态，影响供送、切断及包装质量。为此，本机构中设置有缓冲装置。图 10-12 为缓冲机构简图。摆杆 3 上端由拉簧 5 拉紧，通过滚子与连接块 4 接触，摆杆 3 的下端与摆杆 6 为同轴相对固定。摆杆 6 通过螺杆 7 与包绕在制动圆盘 8 上的制动带 9 相连，并同时与制动带 10 相连。在连接块 4 和拉簧 5 的共同作用下机构呈向右倾斜的状态，因而制动带 9、10 分别紧紧包绕制动圆盘 8、11。同时，由于透明纸在拉纸辊与橡胶辊的作用下向前输送时，摆动架 2 带动连接块 4 作摆动，使制动带 9、10 分别脱开两制动圆盘 8 和 11，从而使纸辊轴 12 在透明纸的拉动下能顺利地旋转。因此，摆动架 2 在透明纸输送过程中起到缓冲作用。

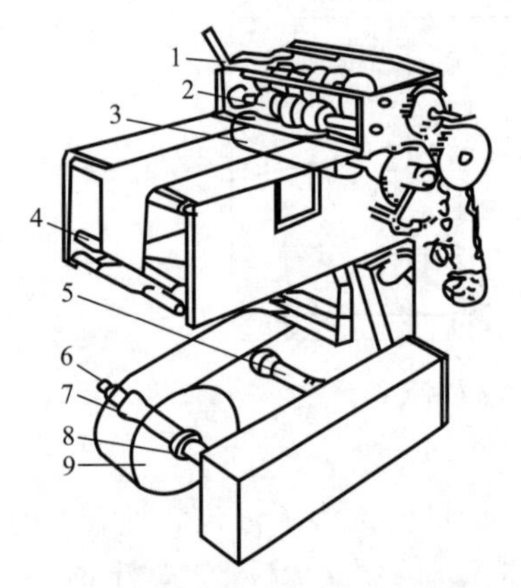

图 10-10　透明纸供送机构示意图

1—旋转切刀；2—橡胶辊；3—拉纸辊；
4—导向辊；5—纸辊轴；6—微调螺杆；
7,8—固定螺母；9—卷筒纸

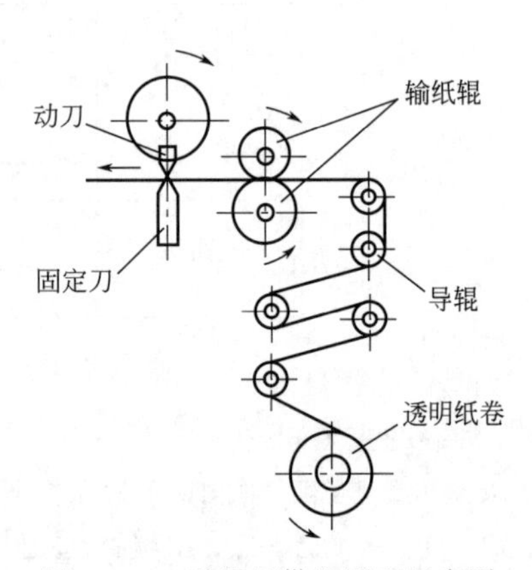

图 10-11　透明纸供送原理示意图

当透明纸通过拉纸辊与橡胶辊输送后，即由裁切装置进行切断。裁切以后的透明纸，依靠透明纸输送带与滚轮之间的摩擦力继续传送到托板包装工位。图 10-13 所示为透明纸裁切装置结构简图。固定切刀 10 和旋转切刀 8 均应平行于前导板 1，固定切刀刀尖高出前导板

1mm，旋转切刀转动时，与导板 7 的间隙沿其圆弧保持 1mm，以利透明纸的导向。

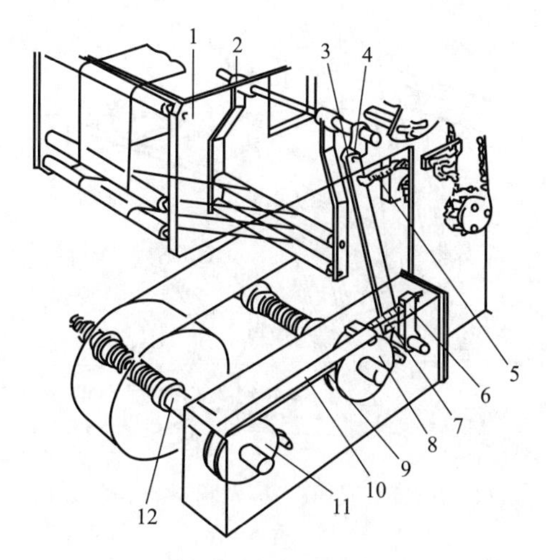

图 10-12　缓冲机构简图

1—机架；2—摆动架；3,6—摆杆；4—连接块；5—拉簧；7—螺杆；8,11—制动圆盘；9,10—制动带；12—纸辊轴

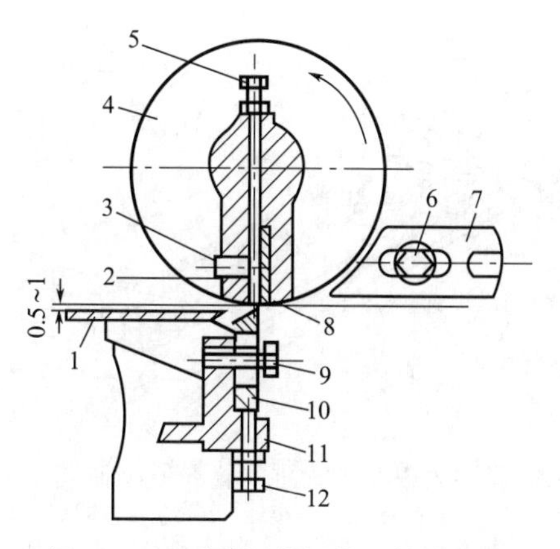

图 10-13　透明纸裁切装置结构简图

1—前导板；2—垫片；3—螺钉；4—刀架体；5,6,9,12—螺栓；7—导板；8—旋转切刀；10—固定切刀；11—刀体

③ 条盒托板机构　图 10-14 所示为条盒托板机构简图，主要由托板 1、凸轮 5、滑座 3 及四杆机构等组成。凸轮 5 固定在轴 4 上，并随轴转动。凸轮 5 通过摆杆 6 和连杆 7 驱动滑块 2 沿滑座 3 上下运动。托板 1 固联在滑块 2 上，因此，随着凸轮 5 的连续运动，托板 1 将条盒及透明纸沿垂直通道不断推送到下一包装工位。图 10-15 所示为条盒垂直通道装置示意图。在垂直通道侧板 2 的作用下，使透明纸呈倒 U 形裹包条盒。条盒由弹性挡板 6 和摆动板 5 夹持，至 120°（见图 10-8）时，摆动板 5 已摆至水平位置，此时，与运动的长边折叠板 7 一起托住条盒。

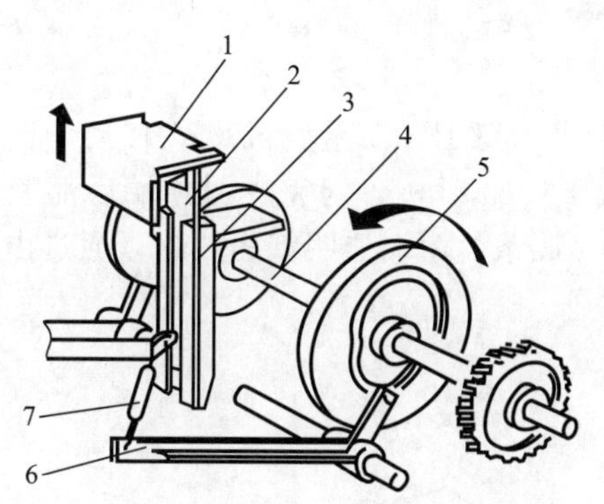

图 10-14　条盒托板机构简图

1—托板；2—滑块；3—滑座；4—轴；5—凸轮；6—摆杆；7—连杆

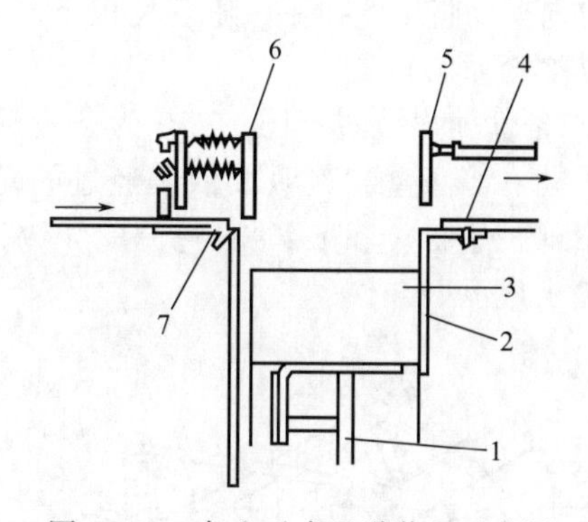

图 10-15　条盒垂直通道装置示意图

1—托板；2—侧板；3—条盒与透明纸；4—螺钉；5—摆动板；6—弹性挡板；7—长边折叠板

④ 折角-推板装置　图 10-16 为折角-推板装置结构简图，主要由推板 2、右折角板 4、左折角板 1、主体板 7 等组成。其往复直线运动是由凸轮驱动，通过四杆机构来实现的。其作用是完成两顶端前部的折叠任务和推动条盒向前输送，在移动中完成其他折叠动作。

⑤ 底面折叠板机构　底面折叠板除了折叠底面一长边外，同时与摆动板一起接住托板

推上的条盒和透明纸，以便托板下降。

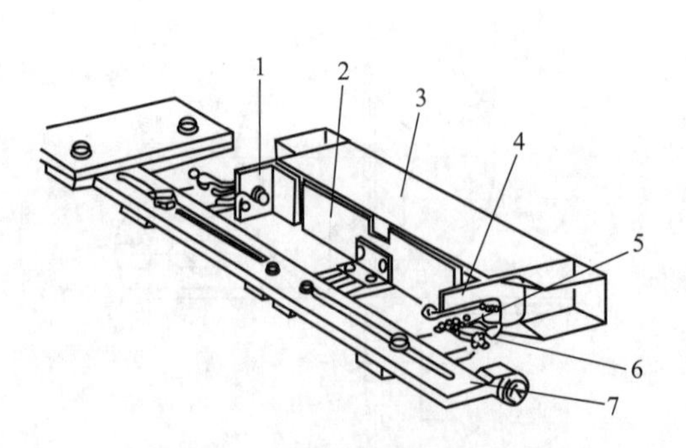

图 10-16　折角-推板装置结构简图

1—左折角板；2—推板；3—条盒及透明纸；4—右折角板；5—压簧；6—调节螺母；7—主体板

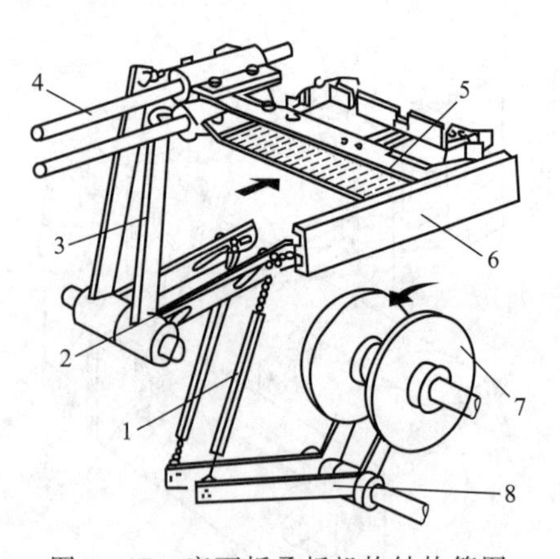

图 10-17　底面折叠板机构结构简图

1—连杆；2—铰链；3,8—摆杆；4—导轨；5—底面折叠板；6—导轨板；7—槽凸轮

图 10-17 为底面折叠板机构结构简图。槽凸轮 7 连续回转，通过摆杆 8、连杆 1、摆杆 3 驱动底面折叠板 5 沿导轨 4、导轨板 6 实现往复直线运动。通过调节连杆 1 的长度可实现底面折叠板初始（终了）位置的调整；通过改变铰链 2 在摆杆 3 上圆弧槽内的位置，实现底面折叠板行程的调整。

⑥ 摆动板机构　图 10-18 为摆动板机构简图，主要由摆动板 1、连杆 5、摆杆 7、凸轮 8 等组成。其作用是在托板上升过程中使透明纸定位并对条盒进行 U 形裹包，在托板下降时用来托住条盒。

运动由凸轮轴经链传动传递给凸轮 8，然后通过四杆机构驱动摆动板 1 按工作要求摆动。在条盒被托板托起过程中，摆动板处于铅垂位置，当托板完成向上行程时，摆动板 1 与弹性挡板一起将条盒夹持住，将透明纸裹紧。托板在最高位置停留时，摆动板则按图示箭头方向摆动将条盒托住，随后托板下降至开始位置。摆动板 1 在 290°～305°（图 10-8）时，又重新摆至垂直位置。

⑦ 条盒输出装置　图 10-19 为条盒输出装置组成示意图。条盒为间歇式移动，运动由推板推动。当条盒和透明纸依次经过固定折叠板 1、2、3 时，分别完成两顶端后部短边折叠、下部长边折叠和上部长边折叠。两端热封器 4 完成条盒两端透明纸的热封，通过出口通道 6 输出成品。

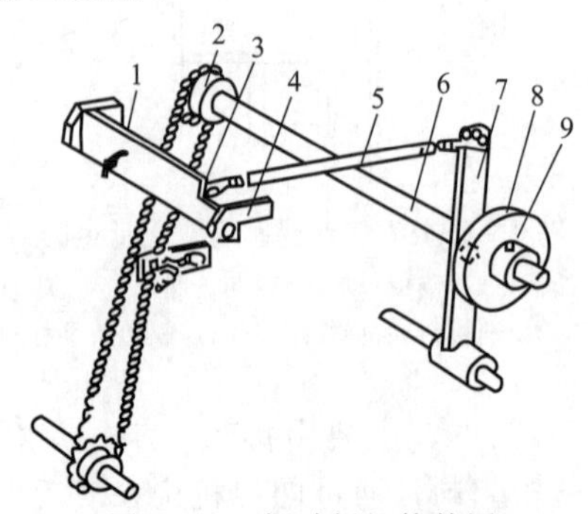

图 10-18　摆动板机构简图

1—摆动板；2—链轮；3—铰链；4—支架；5—连杆；6—轴；7—摆杆；8—凸轮；9—螺钉

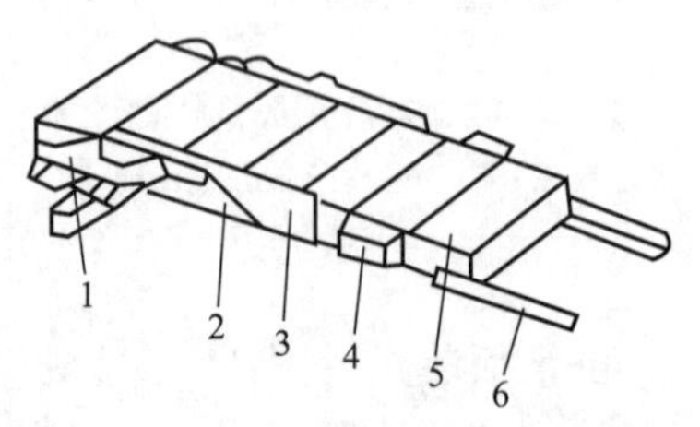

图 10-19　条盒输出装置组成示意图

1～3—固定折叠板；4—两端热封器；5—成品；6—出口通道

10.2.2　接缝式裹包机

用挠性包装材料裹包产品，将末端伸出的裹包材料热压封闭的机器。接缝式裹包机根据包装成品形式、包装物、包装材料、包装工艺等的不同其分类也不同。

10.2.2.1　按包装成品形式不同分类（图 10-20）

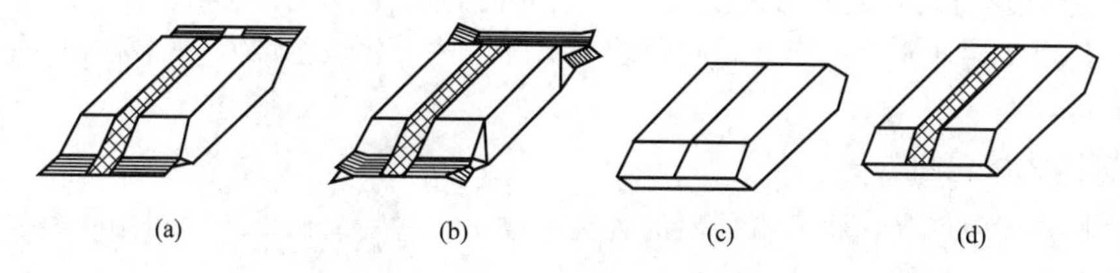

图 10-20　接缝式裹包成品外观

① 普通枕形自动包装机　产品是在用薄膜裹包之后直接三面封口切断，自然成型。如袋装方便面、枕形糖果等，其包装机在封口前有确定的位置供人工或机械为每件包装加入调味汤料包或说明书、小礼品等。

根据裹包成型器的结构不同，普通枕形包装成品的效果也略有差异，一般有宽松型和裹紧型两种。如方便面、巧克力、威化饼等，要求成袋比实物大，增加单件包装的效果，配合以合理的彩印图案，提高商品价值；如单块饼干、糖果，则要求成袋时裹紧包装物，减少袋中气体，便于装箱、运输等。普通枕形自动包装机一般用于彩印复合膜材料的包装。

② 折角枕形自动包装机　包装机增加专门的折角及其他相应的机构后，使包装成品两端的横封边呈规则的折叠，形成与普通枕形完全不同的包装规格。

由于折角机构在包装过程的定位作用，折角枕形自动包装机对片状规则物品的无托盘集合包装具有特别的应用价值。如矩形、圆形饼干的集合包装，采用该类型包装机能省去普通枕形包装机必需的内托盘或热收缩内包装，有效地降低了成本。

③ 无封边枕形自动包装机　这类包装多用于贴体包装，包装材料为 PE、PVC 等热收缩膜，包装之后设热收缩工序，达到枕形包装之后的贴体效果。由于封口无封边，薄膜热收缩之后呈现细线性，能增加包装后的透明度。

10.2.2.2　按包装机结构不同分类

① 上送膜枕形自动包装机（图 10-21）　卷筒包装材料从机器上方由牵引轮和热封轮的作用下，匀速通过成型器被折成筒状，并经热封轮加热、加压对薄膜对接边进行封合；供送链上的推头将物品推送入成型器中的筒状材料内，此处必须设计不同的过桥，确保成型时纵

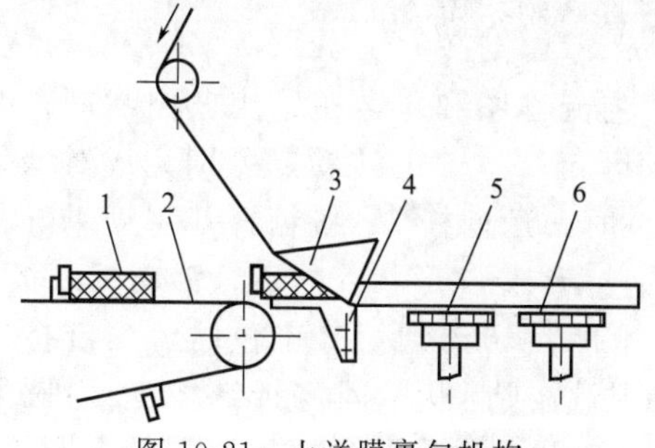

图 10-21　上送膜裹包机构

1—包装物；2—送料机构；3—成型器；4—过桥；5—牵引轮；6—热风轮

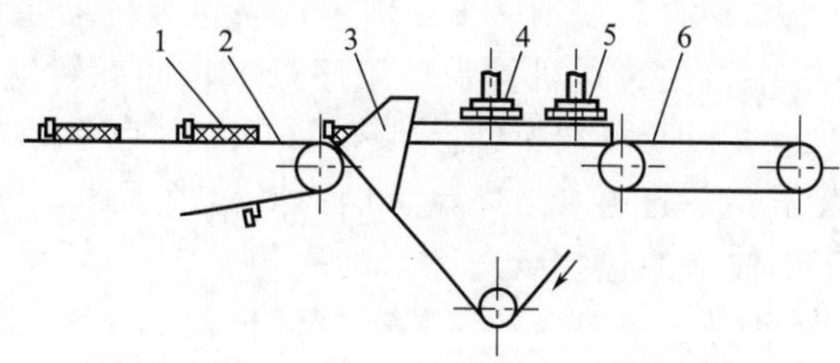

图 10-22　下送膜裹包机构

1—包装物；2—送料机构；3—成型器；4—过桥；5—热风轮；6—中间输送带

向封口前物品顺利、精确地进入包装位置；物品随同材料一起前行，随后由横封切断装置进行端面封口、切断，完成裹包过程。

该机通常配置可调节的成型器，包装宽度尺寸调节范围大，适合体积较小、质量较轻的规则物品包装。

② 下送膜枕形自动包装机（图 10-22） 该类机器适合形状不规则，体积、质量较大的物品裹包，其成型器通常为固定式，对包装物宽度尺寸变化适应性差，需配备多种规格以满足不同的需求。

10.2.3 扭结式裹包机

用挠性材料裹包产品，将末端伸出的裹包材料扭结封闭的机器称为扭结式裹包机。其裹包方式有单端和双端扭结。

扭结式裹包机按其传动方式分为间歇式和连续式两种，国内目前常用的是间歇双端扭结式裹包机。

10.2.3.1 间歇双端扭结式裹包机

(1) 裹包工艺原理

图 10-23 为间歇双端扭结式糖果包装机外形图。它主要由料斗 3、理糖部件 4、送纸部件 14、工序盘 11 以及传动操作系统等组成。可完成单层或双层包装材料的双端扭结裹包。

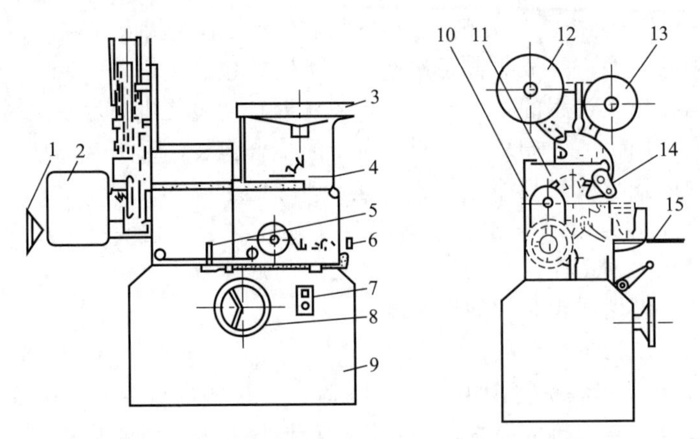

图 10-23 间歇双端扭结式糖果包装机外形图

1—调试手轮；2—扭结部件；3—料斗；4—理糖部件；5—手柄；6—张带手轮；7—开关；8—调速手轮；9—底座；10—主体箱；11—工序盘；12—商标纸；13—内称纸；14—送纸部件；15—输出糖槽

图 10-24、图 10-25 分别为糖果包装机的包装工艺流程图和包装扭结工艺路线图。图 10-25 中，主传送机构带动工序盘 2 作间歇转动。随着工序盘 2 的转动，分别完成对糖果的四边裹包及双端扭结。在第Ⅰ工位，工序盘 2 停歇时，送糖杆 7、接糖杆 5 将糖果 9 和包装纸 6 一起送入工序盘上的一对钳糖手内，并被夹持形成 U 形状。然后，活动折纸板 4 将下部伸出的包装纸（U 形的一边）向上折叠。当工序盘转动到第Ⅱ工位时，固定折纸板 10 已将上部伸出的包装纸（U 形的另一边）向下折叠成筒状。固定折纸板 10 沿圆周方向一直延续到第Ⅳ工位。在第Ⅳ工位，连续回转的两只扭结手夹紧糖果两端的包装纸，并完成扭结。在第Ⅵ工位，钳手张开，打糖杆 3 将已完成裹包的糖果成品打出，裹包过程全部结束。

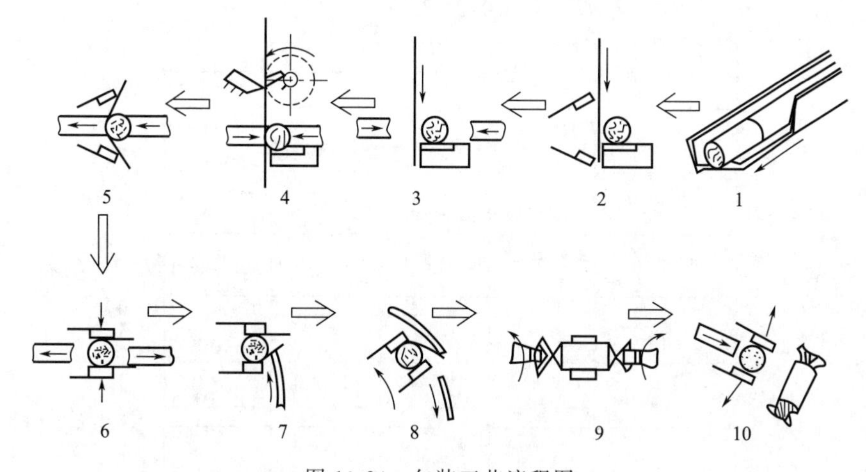

图 10-24　包装工艺流程图

1—送糖；2—钳糖手张开、送纸；3—夹糖；4—切纸；5—纸-糖进入钳糖手；6—接、送糖杆离开；7—上折纸；8—下折纸；9—扭结；10—打糖

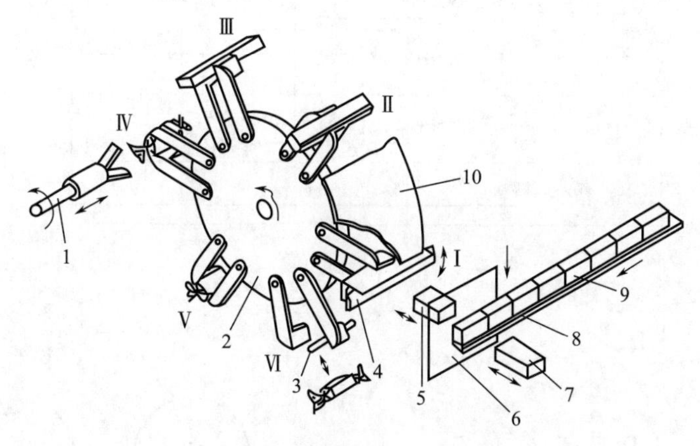

图 10-25　包装扭结工艺路线图

1—扭结手；2—工序盘；3—打糖杆；4—活动折纸板；5—接糖杆；6—包装纸；7—送糖杆；8—输送带；9—糖果；10—固定折纸板

根据各执行机构的运动规律及其动作配合要求，绘制出如图 10-26 所示的工作循环图。接糖杆在分配轴转至 215°时运动到接糖终点，并将纸与糖夹持在接糖杆和送糖杆之间，接糖杆随送糖杆开始后退，至 305°送糖结束。同时，进糖工位钳糖手闭合，将纸与糖夹住。扭结手在 195°闭合，在旋转扭结的同时作轴向移动，以弥补包装纸的缩短量，至 340°轴向移动结束。出糖工位钳糖手 120°打开，打糖杆 155°开始打糖，至 215°打糖结束并开始返回。

(2) 机器主要机构

① 理糖供送机构　该机构采用振动料斗给料，转盘式理糖机构理糖，然后用输送带将理好的糖果送到包装工位。图 10-27 为理糖供送机构示意图。它主要由间歇振动料斗（图中未示）、转动的锥形盘 1、螺旋槽 2、毛刷 3 及输送带 4 等组成。

糖果由间歇振动料斗落到锥形盘 1 上，由于锥形盘的快速转动，糖果在离心的作用下向四周分散，并进入螺旋槽 2 内。糖果的运动由槽下面转动的圆盘带动。反向旋转的毛刷 3 将层叠的糖果刷掉。理顺好的糖果进入输送带 4 上，由输送带送到包装工位。

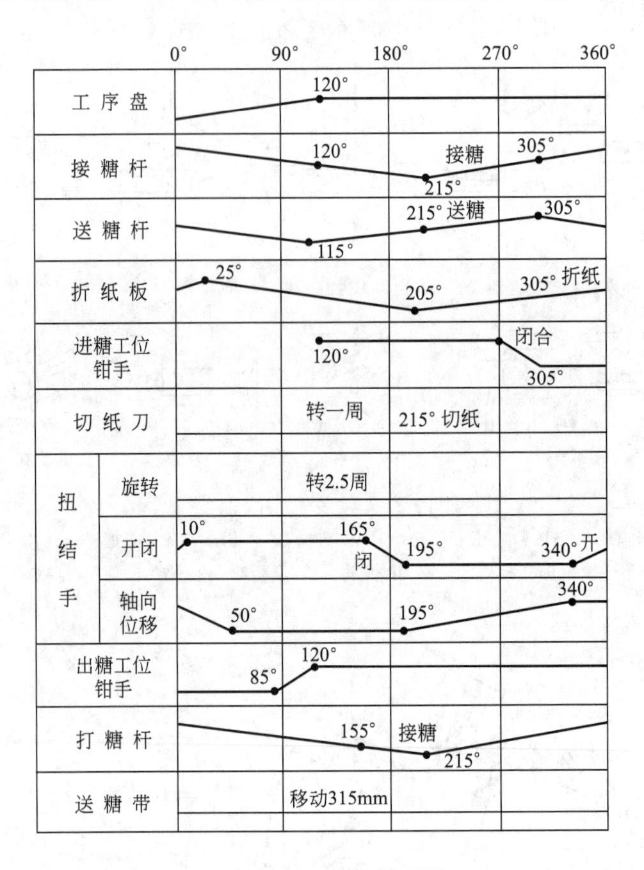

图 10-26　工作循环图

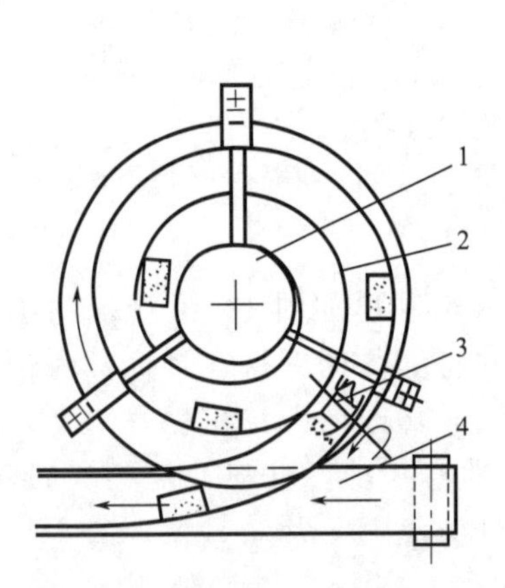

图 10-27　理糖供送机构示意图

1—锥形盘；2—螺旋槽；3—毛刷；4—输送带

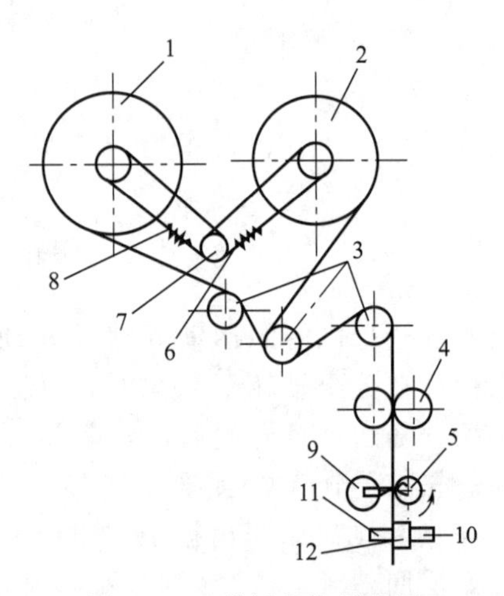

图 10-28　供纸机构原理图

1,2—供纸辊；3—导辊；4—拉纸辊；5—旋转切纸刀；6—皮带；7—固定销；8—弹簧；9—固定切纸刀；10—送糖杆；11—接糖杆；12—糖果

② 包装纸供送机构　本机构采用卷筒纸连续供纸方式，图 10-28 为供纸机构原理图。它主要由供纸辊 1、供纸辊 2、导辊 3、橡胶拉纸辊 4 及切纸刀等组成。两个供纸辊分别装有商标纸和内衬纸，经导向辊后，由一对拉纸辊 4 拉下并送到包装工位。当送糖杆、

接糖杆将糖果和包装纸一起夹住时，包装纸被切纸刀切断。供纸辊的结构如图 10-29 所示。当商标纸和内衬纸的位置不对中时，通过调节螺杆 10 进行调整。当纸的张力变化或由于纸辊转动惯量的变化引起供纸速度不稳定时，通过拉簧 12、皮带 7 阻止纸速和张力的突变，从而保持稳定供纸。

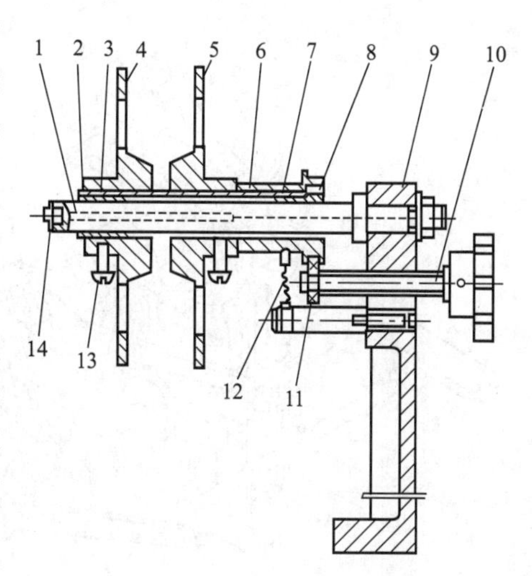

图 10-29　供纸辊结构示意图

1—轴；2—铜套；3—套筒；4，5—夹纸盘；6—调节滑轮；7—皮带；8—螺钉；9—拉簧；10—调节螺杆；11—滚动轴承；12—拉簧；13—紧定螺钉；14—油杯

③ 拉纸、切断机构　图 10-30 所示为拉纸、切断机构结构示意图。拉纸辊 6 与橡胶拉纸辊 1 转速相同，而动切刀的转速是拉纸辊的两倍，切断的纸长近似于拉纸辊周长的一半。当糖果的规格有较大变动时，应调整相应直径的拉纸辊 1、6 及一对啮合齿轮。拉纸辊 1、6 之间应保持一定的压力，使包装纸顺利拉下而又无相对滑动，此压力靠重锤 7 产生。压力沿辊轴线方向应保持均匀，以保证送纸顺利，可通过松开螺母 10，调节销轴 11 实现。

固定刀片 3 的刃口应稍低于导纸板 4 的平面，以防包装纸送下时碰到刃口。动刀片 2 应调整到与固定刀片 3 的刀刃轻轻擦过，保证切下的纸边光滑整齐。

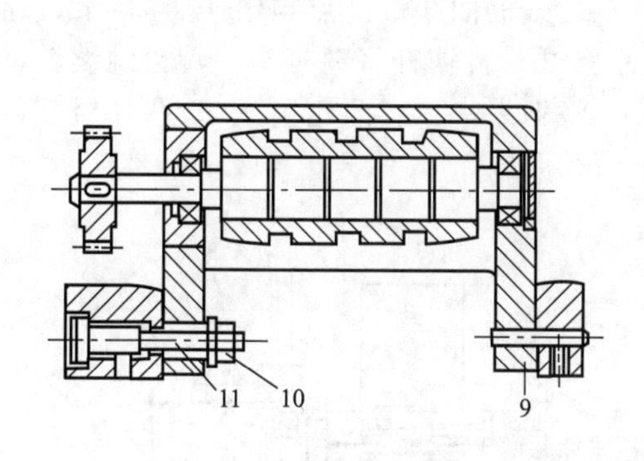

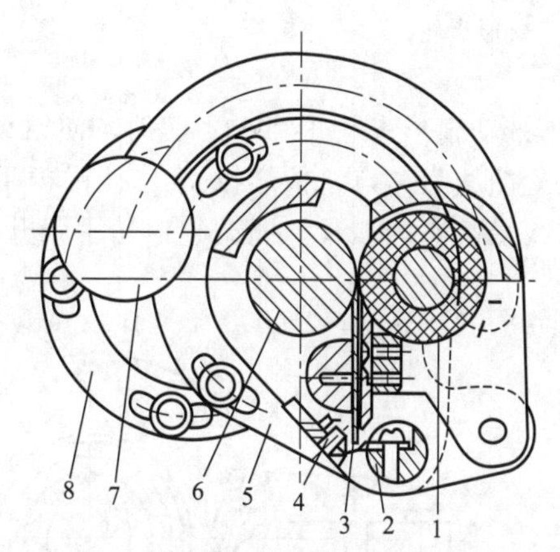

图 10-30　拉纸、切断机构结构示意图

1—橡胶拉纸辊；2—动刀片；3—固定刀片；4—导纸板；5—刀架；6—拉纸辊；7—重锤；8—法兰盘；9—支架；10—螺母；11—销轴

④ 裹包机构　图 10-31 为裹包机构示意图，裹包机构主要由工序盘 13、送糖杆 19、接糖杆 15、活动折纸板 17、固定折纸板及摆动凸轮 11、连杆等组成。装有 6 对钳糖手的工序盘 13 装在轴Ⅲ上，由槽轮机构驱动，每次转 1/6 圈。装在分配轴Ⅱ上的偏心轮 3，经连杆 4 驱动凸轮 11 摆动一定角度，凸轮 11 空套在轴Ⅲ上，当凸轮 11 往复摆动时，驱动滚子 12，经一对啮合的扇形齿轮使钳糖手 14、16 张开或闭合；偏心轮 1 经连杆 2 及摆杆 25 使轴Ⅰ往复摆动，通过扇形齿轮 18 带动送糖杆 19 往复移动，实现送糖；同时，偏心轮 24 经连杆 23 及摆杆 22 使轴Ⅳ往复摆动，带动摆杆 21 摆动，进而带动接糖杆 15 往复摆动实现接糖；送糖杆 19、接糖杆 15 共同作用，将糖和纸送入钳糖手 14、16 内夹住，由于钳口的阻挡，使包装纸实现对糖果的 U 形裹包，随后送糖杆和接糖杆返回。送糖时，为避免把糖果夹碎或变形，在摆杆 21 和接糖杆 15 之间设有缓冲压簧 20。偏心轮 5 通过连杆 6 驱动活动折纸板

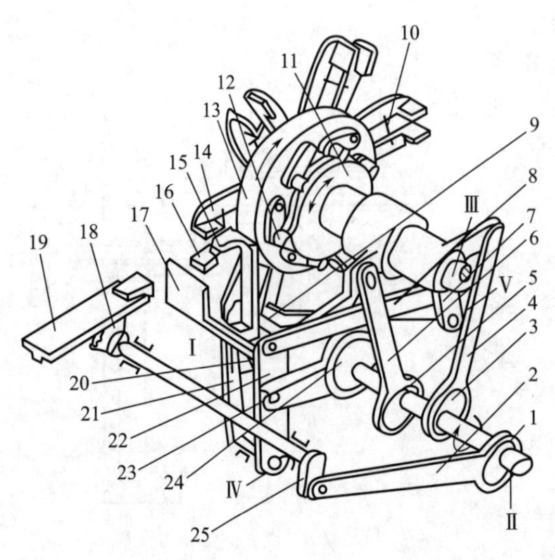

图 10-31 裹包机构示意图

1,3,5,24—偏心轮；2,4,6,8,23—连杆；7,21,22,25—摆杆；9—打糖杆；10—弹簧；11—摆动凸轮；12—滚子；13—工序盘；14,16—钳糖手；15—接糖杆；17—活动折纸板；18—扇形齿轮；19—送糖杆；20—缓冲压簧

17 向上摆动，把下部伸出的包装纸向上折叠。工序盘 13 在槽轮机构的驱动下转位，在转位过程中，由于安装在工序盘钳口外圈的固定折纸板（图中未示）的阻挡，使上部伸出的包装纸向下折叠，从而完成对糖果的四面裹包。

钳糖手可以是一对活动钳手，也可以是一只活动钳手，一只固定钳手。本机采用一对啮合的扇形齿轮驱动活动钳手，适合于不同宽度的糖果，在扭结时对准扭结手的中心线，包装质量较好。

图 10-32 所示为工序盘的结构简图。转盘 6 用圆锥销 7 固定在转盘轴 8 上，由槽轮机构驱动间歇转动，转盘上的 6 对钳糖手根据包装动作要求，在不同工位上张开或闭合(夹紧)。

铜套 1 通过四杆机构带动往复摆动，凸轮 5 用键 9 和铜套 1 连接，随铜套摆动。凸轮 4 固定在凸轮 5 上。钳糖手 13 到出糖工位时，凸轮 5 的曲线最高点与滚子 10 接触，通过滚子臂 11 带动扇形齿轮 12 和 14 摆动，使钳糖手张开，打糖杆将糖打出。转盘继续转动，直至离凸轮曲线最高点，依靠拉簧 15、钳糖手 13 将糖果夹紧。凸轮由 4、5 两片组成，以便调节曲线最高点的弧长，即调整钳糖手张开的持续时间。

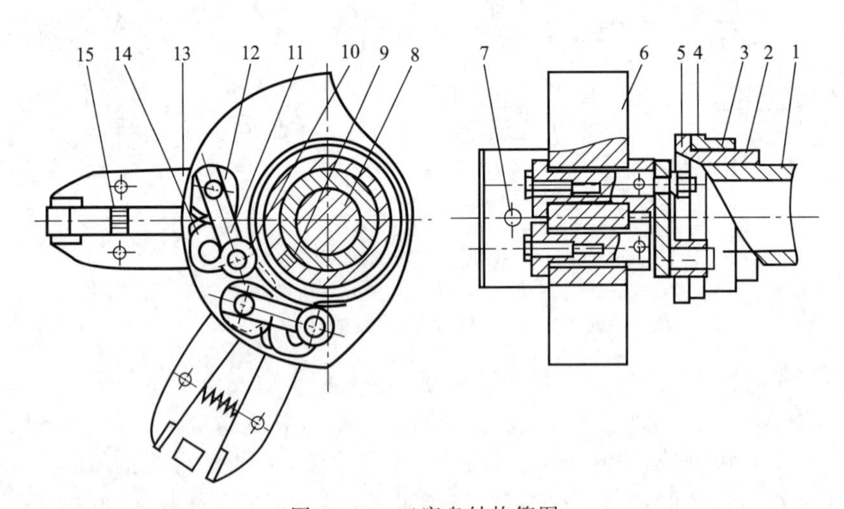

图 10-32 工序盘结构简图

1—铜套；2,3—螺钉；4—凸轮（Ⅰ）；5—凸轮（Ⅱ）；6—转盘；7—圆锥销；8—转盘轴；9—键；10—滚子；11—滚子臂；12,14—扇形齿轮；13—钳糖手；15—拉簧

⑤ 扭结机构　糖果经包装纸四面裹包后，两端需扭结封闭。扭结机构由左右对称两部分组成，图 10-33 为扭结机构结构简图。它主要由扭结手、槽凸轮、摆杆、拨轮、齿轮及传动轴等组成。为满足包装纸扭结封闭的要求，扭结机构在扭结过程中应完成扭结手的转动、

轴向移动和扭结手的张开或闭合三种运动。

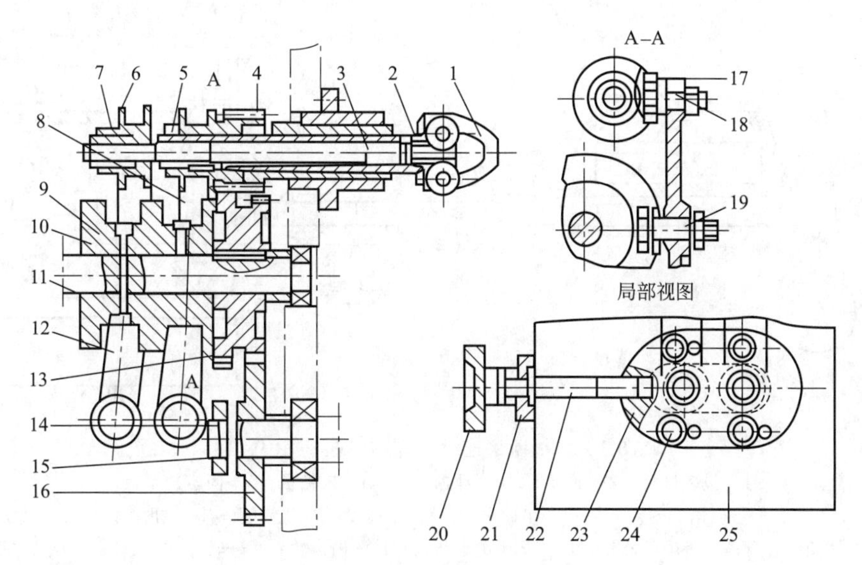

图 10-33　扭结机构结构简图

1—扭结手；2—套轴；3—扭结手轴；4,13,16—齿轮；5—螺母；6—拨轮；7—弹簧；8,12—摆杆；9,15—销；10—槽凸轮；11—凸轮轴；14—输入轴；17—滑块；18—滑块轴；19—滚子轴；20—手轮；21—固定板；22—调节螺杆；23—滑座；24—螺栓；25—箱体

输入轴 14 的运动经齿轮传动后，分别传递给轴 11 和扭结手齿轮 4。齿轮 4 带动扭结手 1 实现扭结转动；轴 11 带动槽凸轮 10 转动，经过摆杆 8 和齿轮 4 带动套轴 2 及扭结手轴 3 作轴向移动，以补偿包装纸在扭结时的缩短；同时，摆杆 12 和滑块 17 带动扭结手轴 3 也作轴向移动，扭结手轴 3 的前端由齿条、扇形齿轮与扭结手 1 连接，当扭结手 3 与套轴 2 产生轴向相对移动时，即可实现扭结手的张开或闭合。扭结手张开或闭合的角度大小与进退距离的协调，由槽凸轮 10 的曲线保证。

通常左右扭结手之间的距离及对称度需进行调节。如图 10-33 所示，转动手轮 20 可使滑座 23 左右移动，从而改变摆杆 12 的下支点位置，由于摆杆 12 与凸轮接触的支点不变，因此，扭结手部分产生相应位移，达到调整的目的。

10.2.3.2　连续双端扭结式裹包机

连续式双端扭结裹包机的设计原理与间歇式双端扭结裹包机完全不同，它取消了包装机的主传送间歇转位机构，各种裹包执行动作都是在运动过程中完成的。

(1) 裹包工艺原理

图 10-34 为糖果连续双端扭结裹包示意图。糖块由理糖装置整理后，输送到出糖工位时，糖块依次落入截面为 U 形的成型器 2 内，被链式输送机构上的推糖板 4 等间距向前推送；卷桶包装材料 1 被牵引经成型器 2 卷折成型为 U 字形；推糖板 4 将糖推出成型器，等间距落在已成 U 形的包装材料内，完成物料的三面裹包；糖块和包装材料一起被输送，经固定折纸板 5 将向上伸出的包装材料折叠，完成物料的四面裹包；随后由安装在连续回转传动链 6 上的钳糖手 7 夹持继续向前运动，同时实现对整卷包装材料的牵引；当物料运动至切纸工位时，由旋转切刀 8 将包装材料切断；钳糖手经过导向板 9 时，钳糖手上的转位轴套 15 因导向板 9 的作用，钳糖手翻转 90°，使水平伸出物料两端的包装材料变成垂直位置，以供垂直布置的扭结装置进行双端扭结。扭结工位处在 180°的圆弧处，在这段圆弧内，钳糖手中心线与扭结手 10 的轴线共线，且钳糖手中心随链运动的线速度与扭结共线的线速度相同。

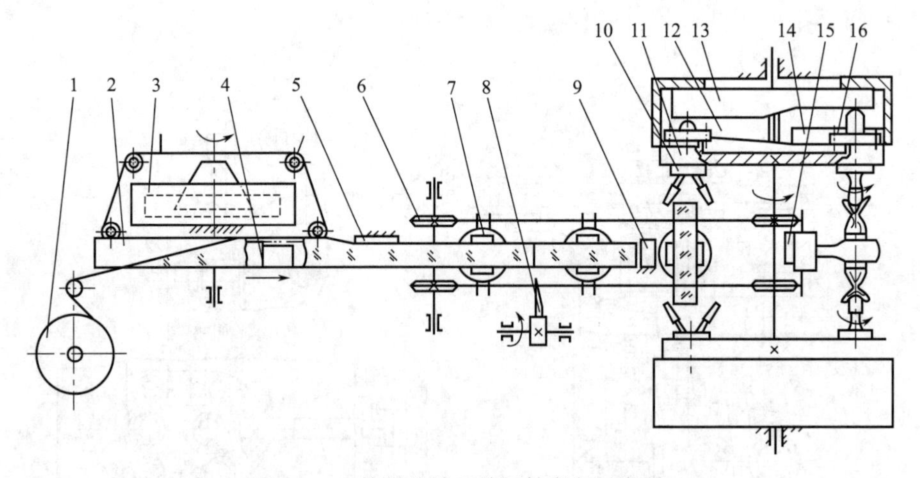

图 10-34 糖果连续双端扭结裹包示意图

1—包装材料；2—成型器；3—理糖机构；4—推糖板；5—固定折纸板；6—连续回转传动链；7—钳糖手；8—旋转切刀；9—导向板；10—扭结手；11—扭手转盘；12—轴移凸轮；13—开闭钳手凸轮；14—内齿轮；15—转位轴套；16—扭结齿轮

扭结手共有上下对称的三对，它们在随扭手转盘 11 公转时，由于扭手上的齿轮 16 与固定的内齿轮 14 啮合，扭手还产生自转，实现对包装材料的扭结动作；开闭钳手凸轮 13 控制钳手的开闭；安装在扭结齿轮 16 下面的轴移凸轮 12 使扭手在扭结过程中产生轴移。完成机架上的开闭钳手凸轮 13 将钳手打开，成品靠自重及打糖杆作用落下，然后钳糖手经导向板再转位 90°，回复到接糖工位再进行下一个循环。

如上所述，连续式双端扭结包装机利用固定的成型器和折纸板完成对糖果的四面裹包，利用固定凸轮、导向板实现钳糖手的开闭和转位，大大简化了包装执行机构和传动系统，减少了运动构件，生产效率高；但是该机器中的链条磨损很容易使包装动作失调，并且由于包装材料是由钳糖手牵引连续运动的，较难实现无糖不供纸，当理糖装置的糖孔中缺糖时，往往造成包装材料的浪费。

(2) 裹包机构

① 钳糖手机构　图 10-35 所示为钳糖手机构。钳糖手安装在一对连续回转的水平链上，可绕其轴线转位。钳糖手通过轴套 4 用销子固定安装在两链之间。根据工艺要求钳糖手在出糖工位必须张开，一直持续到进糖工位，接糖后，钳糖手才闭合。在进入扭结工位前，钳糖手需转位 90°，在出糖工位后，钳糖手又翻转至初始位置。即钳糖手需要实现两个动作：一是在固定凸轮作用下，推动顶杆 1 使钳手 6 张开或在弹簧 2 的作用下使钳手 6 闭合；二是在导向板的作用下，使定向轴套 3 翻转 90°，定向轴套 3 与钳手座 5 固连，从而带动整个钳手翻转。

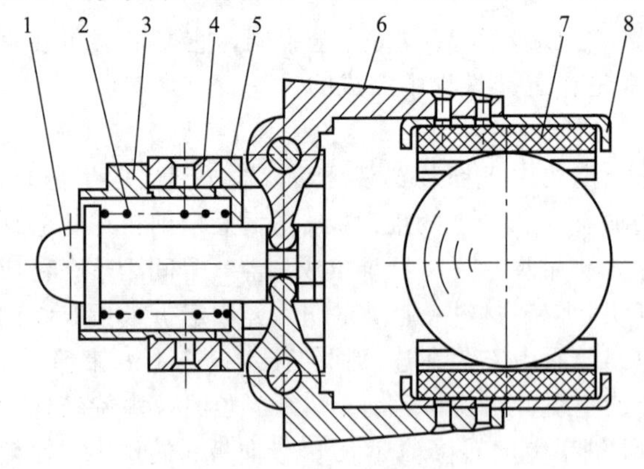

图 10-35 钳糖手机构

1—顶杆；2—弹簧；3—定向轴套；4—连接轴套；5—钳手座；6—钳手；7—缓冲垫；8—夹板

② 扭结机构　图 10-36 所示为扭结机构。整个扭结装置由上轴承盖 15、支架 7 和下轴承盖 5 连接一个整体，动力由锥齿

轮 2 通过传动轴 1 传入，开闭凸轮 3、内齿轮 6、轴移凸轮 8 均与下轴承盖 5 固连。三对上下对称布置且均匀分布在同一圆周上的扭手 12 由扭手轴承法兰 10 紧固在转盘 9 上，转盘 9 通过键 11 与传动轴 1 连接；传动轴 1 带动扭手 12 绕传动轴心线作公转，钳糖手 14 安装在传动链上，带动链传动的主动链 13 亦安装在传动轴 1 上，且钳糖手 14 的中心线与扭手 12 的轴心线共线，使扭手与钳糖手同步运动；扭手在随传动轴公转时，扭手上的顶杆沿开闭凸轮 3 的曲线运动，推动扭手张开或闭合；扭手上的齿轮与内齿轮 6 啮合，使得扭手自转，完成扭结。轴移凸轮与扭手上的齿轮相接触，使扭手在扭结过程中产生轴移，补偿因扭结而产生的包装材料的缩短。

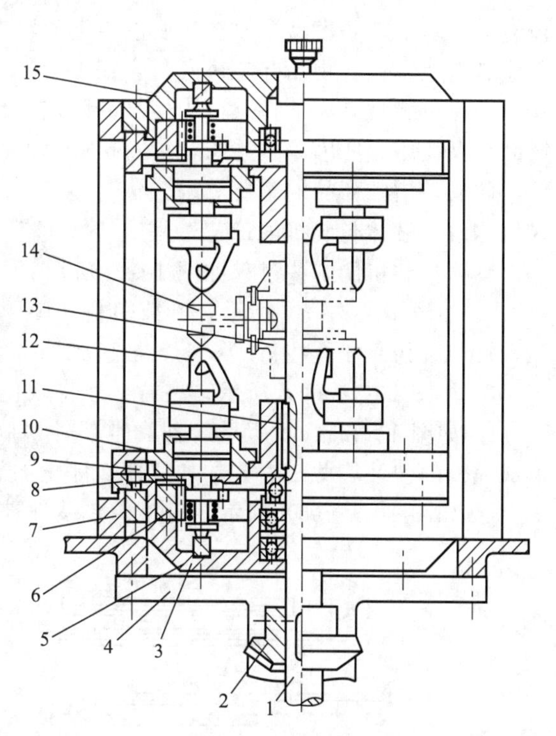

图 10-36 扭结机构

1—传动轴；2—锥齿轮；3—开闭凸轮；4—轴承座；5—下轴承盖；6—内齿轮；7—支架；8—轴移凸轮；9—转盘；10—扭手轴承法兰；11—键；12—扭手；13—主动链；14—钳糖手；15—上轴承盖

图 10-37 所示为扭结手结构。扭结手的扭爪 9 是固定的，与齿轮轴连接并装有定位螺钉 3 防止螺丝的松动，保证扭手在工作时始终处于所要求的位置；活动扭爪 8 用螺杆 1 与齿轮轴 7 连接，但可绕螺柱转动。活动扭爪 8 的末端为不完全齿轮，与顶杆 6 的左端齿条啮合，齿轮轴 7 与轴承为较松的间隙配合，扭手齿轮轴 7 不但能在轴承中转动，同时能在轴承中移动，顶杆 6 与齿轮轴 7 能发生相对轴移，其上的齿条驱动活动扭爪 8 作张开与闭合运动。

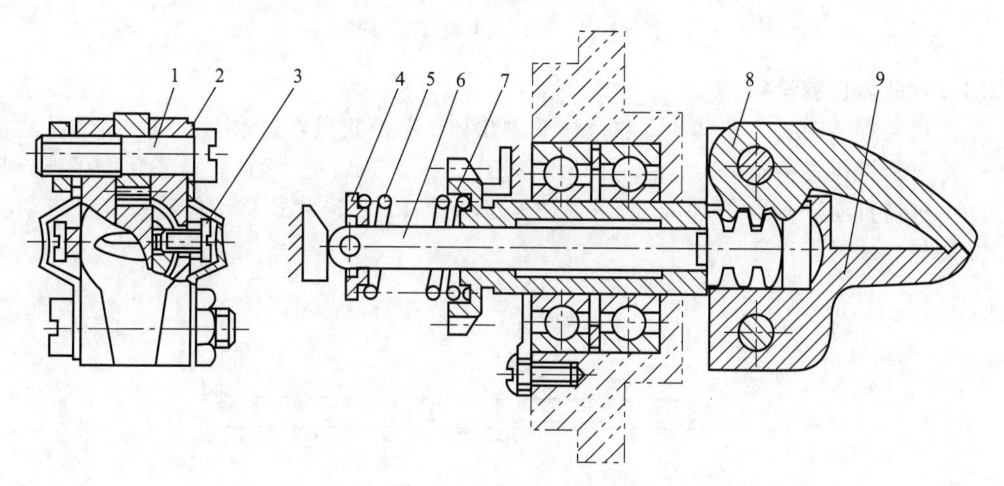

图 10-37 扭结手机构

1—螺杆；2—压盖；3—螺钉；4—弹簧挡圈；5—弹簧；6—顶杆；7—齿轮轴；8—活动扭爪；9—固定扭爪

10.2.4 贴体包装机

贴体包装主要由 3 个部分组成，即塑料薄膜、热封涂料和衬底（纸板或瓦楞纸板）。被包装物品本身就是模型，放在衬底上，上面覆盖着加热软化的塑料薄膜，通过底板抽真空使薄膜紧密地贴包着物品并与衬底封合在一起。

贴体包装具有如下特点：①使产品固定在预定位置上，防止产品在运输中损坏；②防止产品受潮变质；③因薄膜透明，可直接展示产品；④可组成包装，体现其集合功能；⑤衬底可以印刷，增强商品的宣传效果。

10.2.4.1　贴体包装机的工艺过程

贴体包装机的工艺过程如图 10-38 所示。

① 如图 10-38（a）所示，卷筒塑料薄膜 1 由夹持架 3 夹住，上方的加热器 2 对薄膜加热，被包装物品 4 放在衬底 5 上，被送到抽真空平台 6；

② 如图 10-38（b）所示，夹持架 3 将软化的薄膜压在物品上，开始抽真空；

③ 如图 10-38（c）所示，抽真空后，薄膜紧紧吸附在物品上，并与衬底封合在一起，形成完整的包装，此时上方的加热器 2 停止加热；

④ 如图 10-38（d）所示，完整的包装件被传送出去。

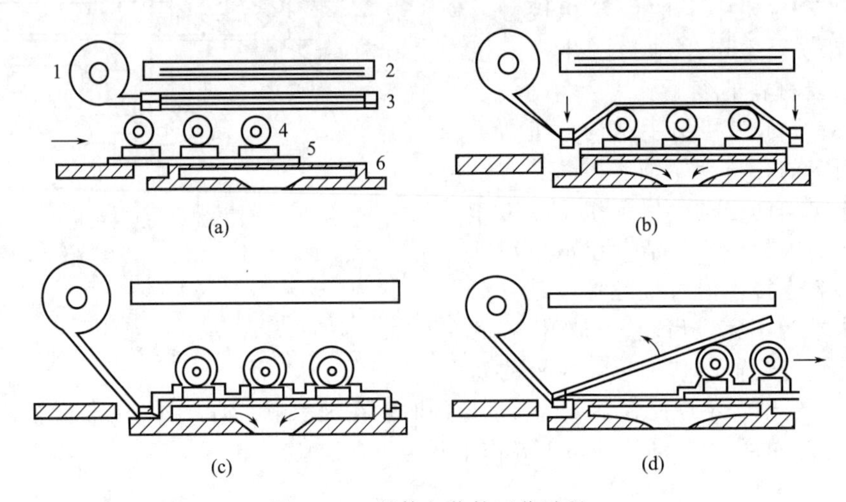

图 10-38　贴体包装件工艺过程

10.2.4.2　贴体包装设备

贴体包装有手动式、半自动式和全自动式几种。手动式操作过程中，用手将物品放在衬底上，将薄片夹在夹持器中，然后进行吸塑加工。半自动式的，除放置衬底和物品外，其余过程均由机器自动进行。图 10-39 所示为型号 POSIS-PAG 连续式自动包装系统，自动化程度很高，包装效果也很好。

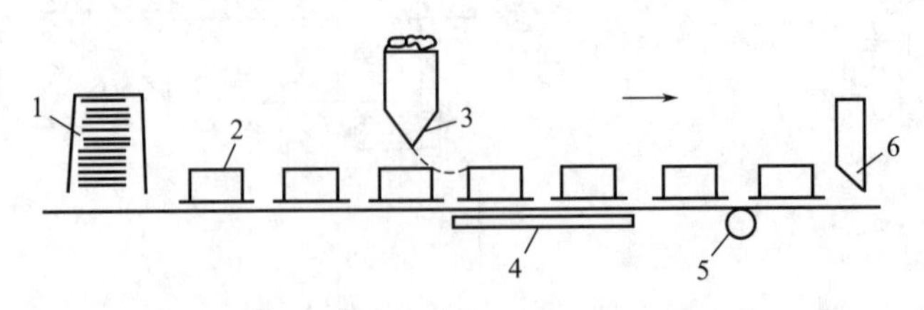

图 10-39　POSIS-PAG 连续式自动包装系统

1—衬底供给装置；2—物品；3—塑料薄膜挤出头；4—抽真空装置；5—切缝器；6—切断刀

图 10-40 所示为贴体包装机的工作原理图。衬底纸板 1 以单张供给，或以卷盘式带状供给。衬底纸板印刷后，一般涂有热熔树脂或黏结剂涂层。被包装物品 2 由人工或自动供给到

衬底纸板上所要求的位置。输送机11上有孔穴，在输送机载着衬底纸板通过抽真空区段时，对衬底纸板抽真空，使受热软化的塑料薄膜贴附在被包装物品上，并与衬底纸板黏合。薄膜6经导辊4送出后，再由真空带吸附着薄膜两侧边送进。加热装置由热风循环电动机8、加热器7和热风通道等组成。在热风循环电动机8驱动下，热风作强制循环，使薄膜受热均匀。最后由切断装置按包装要求裁切，完成包装过程。

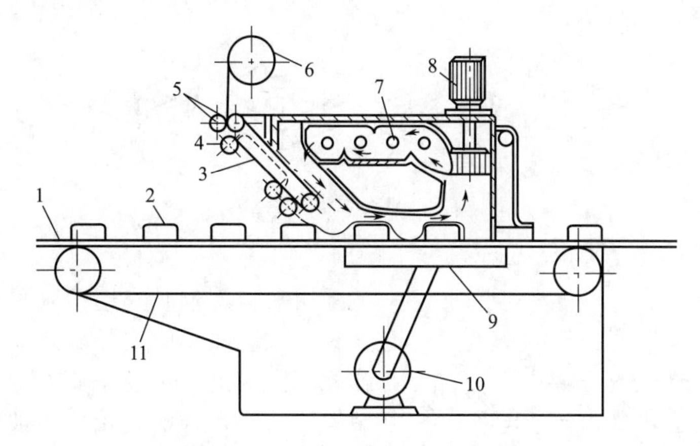

图10-40　贴体包装机工作原理图

1—衬底纸板；2—被包装物品；3—真空输送带；4—导辊；5—松卷辊；6—薄膜；7—加热器；8—电动机；9—真空箱；10—真空泵；11—输送机

除了上述对薄膜加热以完成贴体包装的方法外，还有流动灌注真空贴体包装法。其工作原理如图10-41所示，它与加热塑料薄膜贴体包装法的不同之处在于：加热器将粒状树脂塑料加热熔融后，从挤出机头挤出，通过特殊的喷嘴形成熔融态薄膜，覆盖在被包装物品和衬底上。

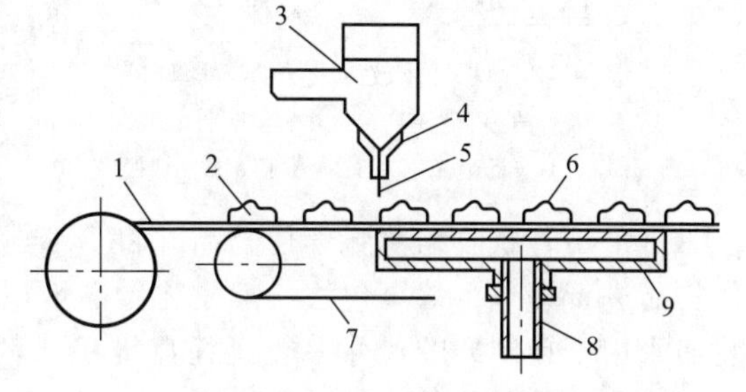

图10-41　流动灌注真空贴体包装机工作原理图

1—衬底纸板；2—被包装物品；3—塑料挤出机头；4—薄膜喷嘴；5—挤出薄膜；6—贴体薄膜；7—输送机；8—真空管；9—真空箱

10.2.5　收缩包装机

将产品用热收缩薄膜裹包后再进行加热，使薄膜收缩后裹紧产品的机器称为收缩包装机。

收缩包装机主要由裹包机、热收缩通道和输送装置等组成。输送装置将被包装物品按包装规格要求送入包装机，用收缩薄膜将其裹包封合，然后送入热收缩通道，使薄膜收缩将物品紧紧裹住。

目前使用较多的收缩薄膜材料为：聚氯乙烯、聚乙烯和聚丙烯，也有使用偏二氯乙烯、聚酯、聚苯乙烯的。其主要技术指标包括：收缩率、收缩张力、收缩温度、热封性等。

10.2.5.1　裹包形式及工作原理

按照包装后包装形式特点，收缩包装方法主要有以下3种，如图10-42所示。

(1) 两端开放式

如果采用管状收缩薄膜，需将管状薄膜开口扩展，再把物品用导槽送入膜管中，膜管尺寸应比物品尺寸大10%左右。此裹包方式比较适合于圆柱形物品（如电池、胶卷、卷纸、酒瓶口等）的裹包，其裹包过程如图10-43所示。采用管状薄膜包装，外形美观，但不适应产品多样化的要求，较适合于单一品种大批量产品的包装。

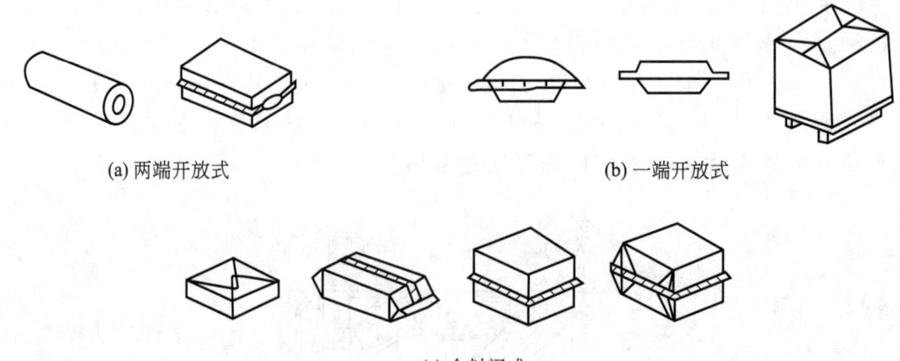

(a) 两端开放式　(b) 一端开放式

(c) 全封闭式

图 10-42　收缩裹包形式

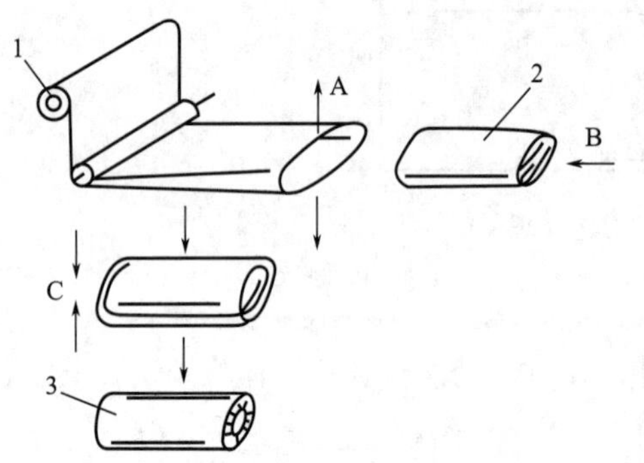

图 10-43　两端开放式裹包原理图

1—卷筒薄膜；2—产品；3—包装件；A—开口；B—将产品输入管状薄膜；C—切断

采用平膜裹包时有用单张平膜和双张平膜裹包 2 种方式。图 10-44 所示为采用双张平膜裹包工作原理图。上下两卷平膜经导辊组送展，在封切装置 8 处，封合前端接口；被包装物品 2 由气动装置推进，行进中被包装物品顶推着包裹薄膜松展，将物品包裹；在被包装物品运动到要求位置时，封切装置完成对其后端薄膜的封合，同时完成下一包装物品包裹薄膜前端的封合及薄膜切断，包裹结束。图 10-45 和图 10-46 所示分别为采用双张平膜的利乐收缩包装机的简图和工作原理图。

（2）一端开放式

可采用管状收缩薄膜套住物品并将一端封合；也可先将管状薄膜或平膜预制成袋，再套住物品进行裹包。该裹包法一般是将物品堆积于托盘上，连同托盘一起裹包，多作为运输包装而采用。预制袋的尺寸一般比托盘堆积物约大 15%～20%，裹包时，将包装袋撑开，套住托盘和堆积物。其包装过程如图 10-47 所示。

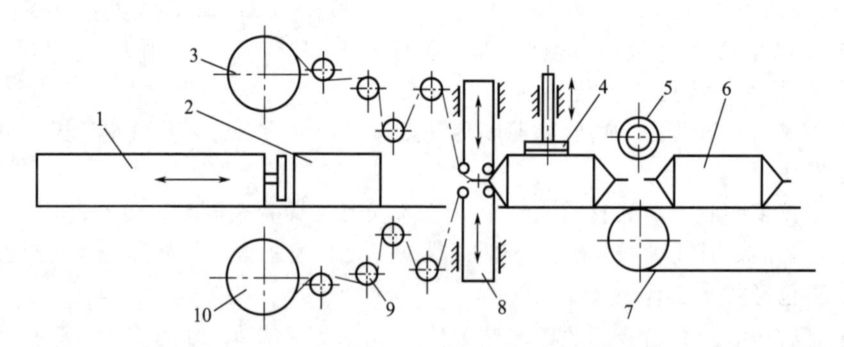

图 10-44　双张平膜裹包工作原理图

1—气动装置；2—被包装物品；3—上薄膜；4—压紧板；5—压辊；6—成品；7—输送带；8—封切装置；9—导辊；10—下薄膜

（3）全封闭式

它是将物品四周（用平膜时）或两端（用管状膜时）封合裹包起来。主要用于要求密封

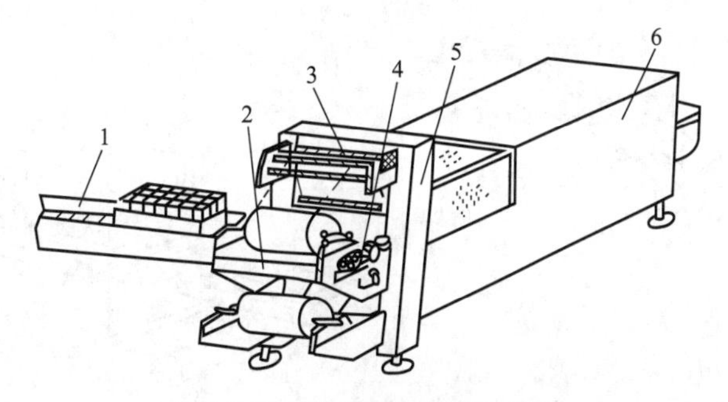

图 10-45　利乐收缩包装机简图

1—输送带；2—推送袋；3—导辊；4—传动机构；5—封切装置；6—热收缩隧道

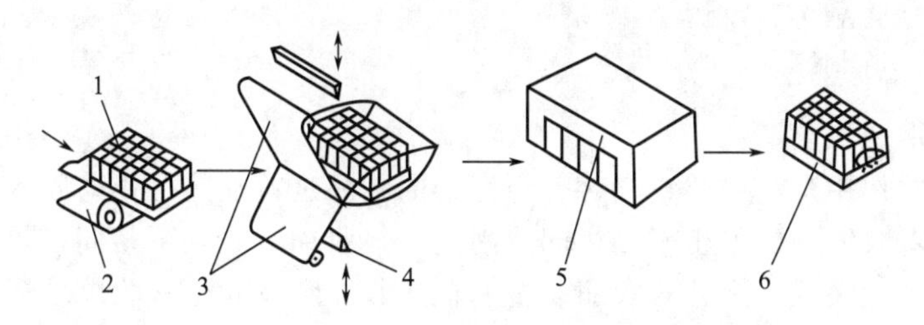

图 10-46　利乐收缩包装机工作原理图

1—被包装物品；2—传送带；3—上、下平膜；4—封切机构；5—收缩装置；6—成品

性好的产品包装，如碗面等。可采用管状薄膜、双折薄膜和平张薄膜进行裹包。

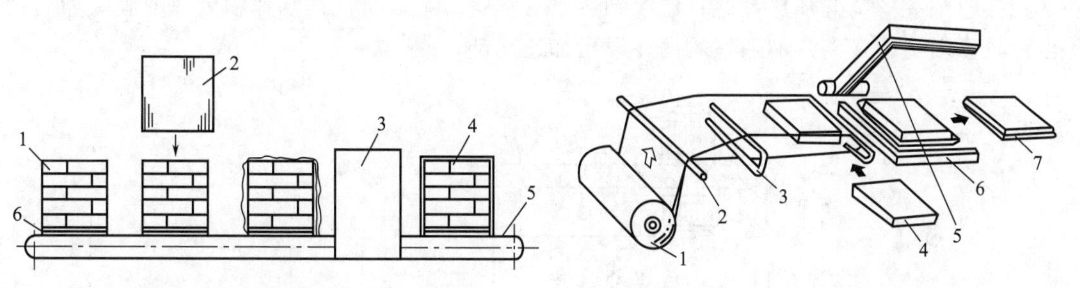

图 10-47　托盘收缩包装过程

1—集装货物；2—预制包装袋；3—热收缩装置；4—包装件；5—运输带；6—托盘

图 10-48　L 形封口裹包工作原理图

1—对折薄膜；2—导辊；3—开口导板；4—被包装物品；5—L 形封切装置；6—下托架；7—裹包成品

① L 形封口方式　采用对折薄膜时，可用 L 形封口方式封合。采用 L 形封口，结构简单，操作方便。常用的 L 形封口设备有手动和半自动 2 种。图 10-48 所示为 L 形封口裹包工作原理图。对折的双层薄膜经导辊 2、开口导板 3 使之张开，用手工或机械将被包装物品 4 放入薄膜中间，然后压下 L 形封切装置 5，使薄膜封合切断，完成裹包。裹包成品通过热收缩装置，实现薄膜热收缩，完成收缩裹包过程。该裹包方法可用于异性及尺寸多变产品的裹包。

② 三面封口方式　采用单卷平张膜。先封纵缝形成筒状，将产品裹于其中，然后封横缝并切断制成枕型包装。常采用卧式裹包机械，其工作原理与卧式袋成型-充填-封口机基本相同，如图 10-49 所示。

③ 四面封口方式　采用上下两卷平张膜。在前一个被包装物完成封切之后，两片膜被封接起来；然后将产品推向直立的薄膜，到位后封切机落下，实现被包装物另一个侧边的封切；在前进过程中通过两边封口装置完成四面封口。其裹包原理如图 10-50 所示。

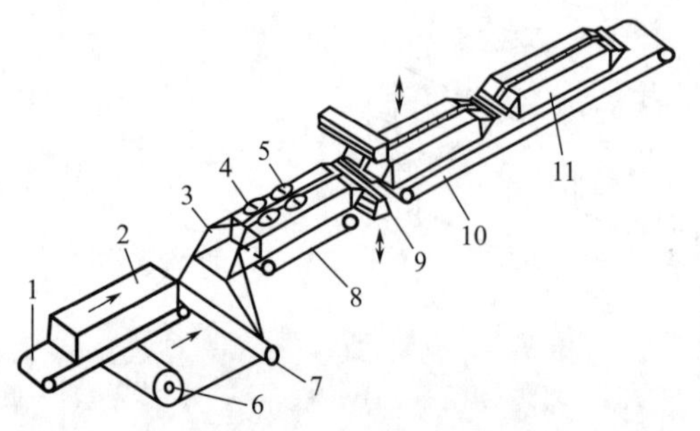

图 10-49 三面封口平张薄膜裹包原理图

1,8,10—输送带；2—物品；3—成型器；4—牵引辊；5—纵缝装置；6—平张膜；7—导辊；9—横封切断装置；11—成品

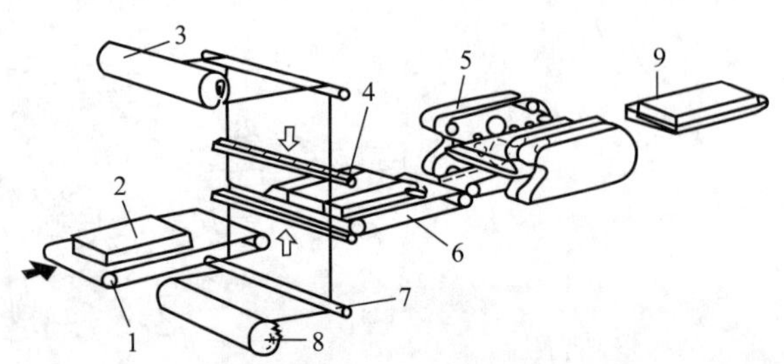

图 10-50 四面封口双张平膜裹包原理图

1,6—输送带；2—物品；3—上膜；4—横封切断装置；5—纵封装置；7—导辊；8—下膜；9—成品

10.2.5.2 热收缩装置

热收缩装置的作用是利用热空气对裹包完毕的物品进行加热，使薄膜收缩。由于被包装产品的多样性，对收缩的要求也不尽相同，因此，热收缩装置也不相同。收缩包装机按机器类型分为隧道式收缩装置、烘箱式收缩装置、框式收缩装置和枪式收缩装置。

(1) 工作原理

图 10-51 为隧道式热收缩装置示意图，由传送带和加热室组成。其工作过程是：将预包装件放在传送带上，传送带以规定速度运行，将其送进加热室，利用热空气吹向包装件进行加热；热收缩完毕离开加热室，自然冷却后，从传送带上取下。产品体积大或薄膜收缩热收缩温度较高时，应在离开加热室后用冷风扇加速冷却。

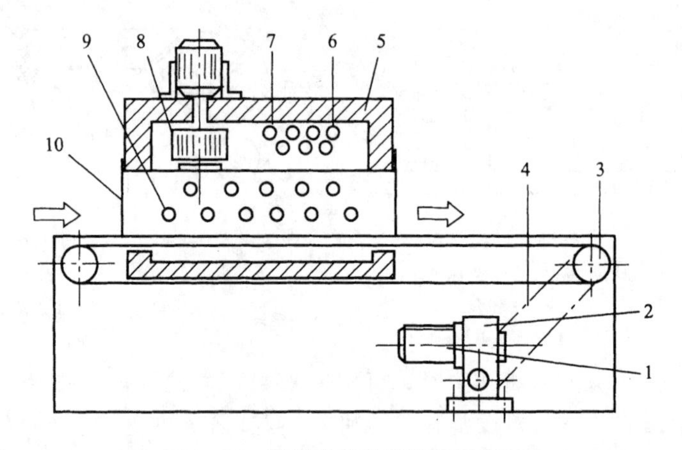

图 10-51 隧道式热收缩装置示意图

1—电机；2—减速器；3—输送带轴；4—链条；5—隔热层；6—测温热电偶；7—加热器；8—风机；9—热风吹出口；10—帘

(2) 热收缩的物理过程

收缩过程在收缩隧道内完成，按其物理过程，分为气体膨胀过程、张力收缩过程和冷却定形过程三个阶段。

① 气体膨胀过程 气体膨胀过程是指从包装物进入隧道内开始到薄膜袋内所包容的气体体积膨胀到最大这一过程。包装物进入炉内，在隧道内高温作用下，收缩薄膜开始收缩，而封于薄膜内的气体受热膨胀，膜内压力升高，抵抗膜的收缩，气体膨胀力成为膜收缩时的反作用力，薄膜在膨胀力作用下被拉展，薄膜内所包容的气体体积达到最大。这样一个膨胀

过程，是保证收缩质量达到良好收缩效果的前提条件。

② 张力收缩过程　张力收缩过程是指从薄膜袋体积最大到薄膜平整地紧裹于物体表面这一过程。由于物体在炉内受热，气体受热膨胀，薄膜受热收缩，某一时刻薄膜袋体积达到最大。此后，薄膜受热继续收缩，在薄膜张力作用下，气体逐渐从放气孔排出，随着薄膜的逐渐收缩，最终将气体全部排出，薄膜平整地紧裹于物体表面，完成收缩过程。

③ 冷却定形过程　冷却定形在隧道外进行，根据不同的要求，可采用强迫风冷，冷却后，薄膜强度较收缩前提高。

10.2.6　拉伸缠绕裹包机

拉伸膜缠绕机，简称缠绕机，为与其他缠绕类机器相区别，因其使用拉伸膜（也叫缠绕膜）为耗材，又有人形象地称之为缠膜机。另外还有托盘打包机、托盘裹包机等多种不同的称谓。这是随着人们对物流效率的要求不断提高，同时为减少劳动力，节约包装成本实现节约化装卸而出现的一种包装机器。现已逐渐成为大型企业，尤其是出口型企业必备的一种包装机器，另外在某些特殊行业如帘子布、马口铁罐等也逐渐发展成为其一种通用的包装方式。

10.3　裹包包装机械的产品实例

10.3.1　折叠式裹包机

10.3.1.1　BZT-Z450B2 透明膜折叠式裹包机（图 10-52）

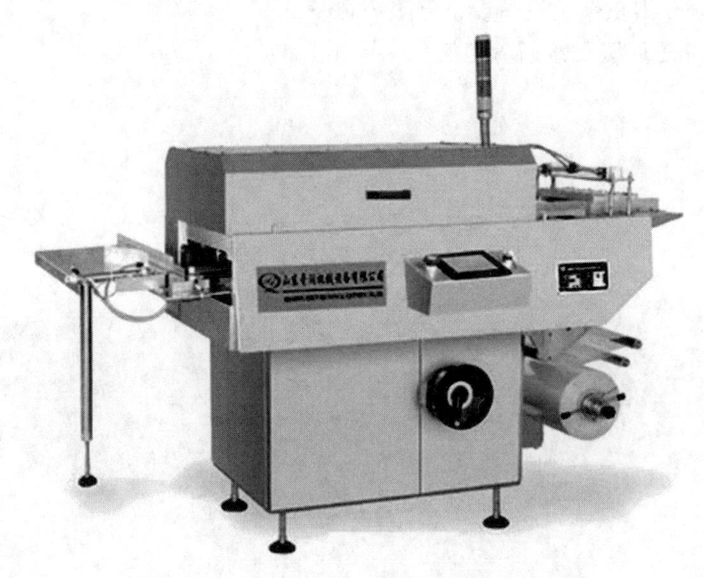

图 10-52　BZT-Z450B2 透明膜折叠式裹包机

（1）功能特点

① 全密封包装：防水、防潮，防传染。

② 瞬间封结，热封工位不存料；近似冷包装，对药品类、热敏产品无影响。

③ 自动粘贴防伪易拉线，提高产品防伪能力。

④ 能自动上料、堆叠、包装、热封、整理、计数，实现全自动。

⑤ 电气控制系统以可编程控制器 PLC 为中心，保证设备运行时稳定可靠。

⑥ 自动调零、复位功能，设备具人性化和智能化。使用、操作、维护、维修更简单。

⑦ 包装速度无级调速，更换摺纸板及少量零部件即可包装不同规格（大小、高矮、宽窄）的盒式包装物。

⑧ 整机包装速度快，高效节能。

（2）适用范围

适用于药品、保健品、食品、化妆品及烟草等行业，作为小盒的集束包装并代替中盒，尤其适用于具有高品质包装要求的药品、保健品等包装。

（3）技术参数

包装速度：20～35 中盒/min

包装尺寸：(350～60)mm×(220～40)mm×(125～15)mm

包装材料：PVC 或 BOPP

内孔直径/厚度：ϕ75mm/0.021～0.028mm

宽度：根据包装尺寸选择

封结温度：100～140℃

电源：三相五线制，50Hz/AC380V

总功率：2.2kW

工作气压：0.6MPa

综合噪声：<69dB（A）

外形尺寸：1846mm×750mm×1160mm

整机质量：500kg

（4）生产厂家 山东奇润机械设备有限公司

10.3.1.2 BZ-220 透明膜三维折叠包装机（图 10-53）

图 10-53 BZ-220 透明膜三维折叠包装机

（1）功能特点

采用进口数显变频器及电气元件，具有运行时稳定可靠、封口牢固、平整美观等特点。可对物品进行单件或条盒自动裹包、送料、折叠、热封、包装、计数。包装速度可无级调速，更换摺纸板及少量零部件即可包装不同规格（大小、高矮、宽窄）的盒式包装物。

（2）适用范围

该机广泛适用于药品、保健品、食品、化妆品、文具用品、音像制品等行业中的各种盒式物品的单件自动包装。如对盒装药品、扑克、条包香烟、盒装 VCD、磁带、盒装餐巾纸等的裹包。

(3) 技术参数

型号：BZ-200

包装材料最大尺寸：200mm

包装物尺寸：(40～60)mm×(20～100)mm×(10～40)mm

包装速度：30～60 包/min

外型尺寸：2500mm×700mm×1500mm

包装材料：OPP、BOPP、热沾玻璃纸、双面涂热粘剂薄膜

总质量：600kg

功率：3kW

电源：220V/50Hz

(4) 生产厂家 青岛均可信包装机械有限公司

10.3.1.3 TMB-3G 透明膜条包（图 10-54）

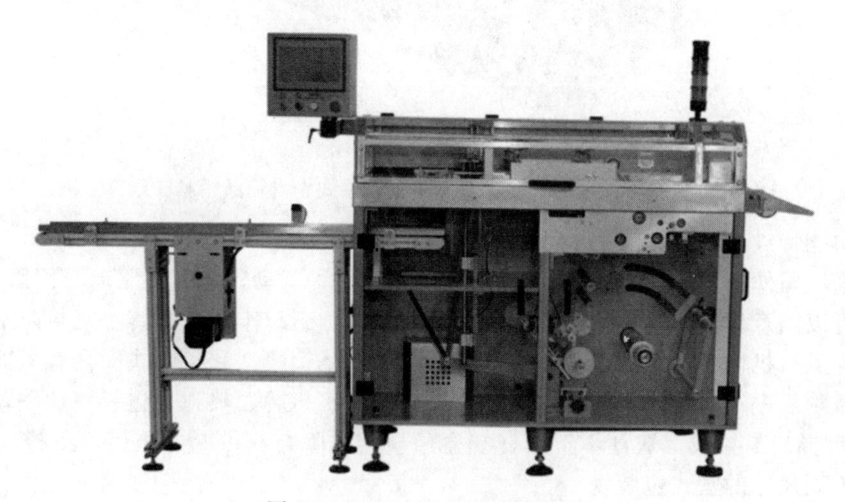

图 10-54 TMB-3G 透明膜条包

(1) 功能特点

采用进口元件，具有运行时稳定可靠、封口牢固、平整美观等特点。有效地解决了被包装物的防潮包装问题，同时具有自动粘贴防伪易撕线功能。

(2) 适用范围

该机适用于药品、保健品、食品、化妆品等行业，用于各行业硬盒的单盒、多盒，单层、多层的三维透明膜包装。

(3) 技术参数

最大包装速度：45 包/min

包装材料：BOPP/PVC

包装规格：(330～60)mm×(200～40)mm×(80～20)mm

热封温度：100～300℃可调

电源电压：AC380V/50Hz

整机最大功率：3.0kW

工作气压：0.6MPa

外形尺寸：1922mm×1409mm×1127mm

整机质量：1000kg

（4）生产厂家　天津津树达机械有限公司

10.3.1.4　SY-2005 药品保健品单盒集盒可调式全自动透明膜三维包装机（图 10-55）

图 10-55　SY-2005 药品保健品单盒集盒可调式全自动透明膜三维包装机

（1）功能特点

该机采用国外知名 PLC 人机界面控制及电气元件，其动作为气缸驱动、伺服电机下膜、下膜长短可以随意调节，具有运行稳定可靠、速度快、封口牢固、紧凑、密封防水性好、平整美观等优点。机体由高质量美观的进口铝合金或不锈钢机架和封闭式安全有机玻璃防护罩构成，可对物品进行单件或条盒自动裹包，自动送盒、折叠、热封、包装、计数，并自动粘贴防伪 U 型撕口易拉线。缺盒不下膜、缺盒停机、故障自我诊断并报警、更换少量零部件即可包装不同尺寸的盒式包装物。

（2）适用范围

该机是在长方形、正方形或类似规则包装物外面裹包一层带防伪易拉线的透明膜。包装效果与香烟外包相同。广泛适用于盒装药品、保健品、食品、茶叶、咖啡、化妆品、日用品、糖果、安全套、香皂、文具用品、扑克、便笺纸、磁带、威化饼、音像制品等 IT 行业中的各种盒式规则物品的单件或多件物品集合的自动包装。

（3）技术参数

包装速度：15～35 包/min

包装范围：(50～300)mm×(40～180)mm×(10～90)mm

设备尺寸：2350mm×860mm×1650mm

包装材料：OPP/BOPP/PVC

包装材料厚度：20～30μm

设备质量：850kg

总功率：6.5kW

电源：220V/380V（50Hz/60Hz）

（4）生产厂家　上海世越机械设备有限公司

10.3.2 接缝式裹包机

10.3.2.1 XH-320B 枕式包装机（图 10-56）

图 10-56 XH-320B 枕式包装机

（1）功能特点

① 双变频控制，袋长即设即切，无需调节空走，一步到位，省时省膜。

② 人机界面，参数设定方便快捷。

③ 故障自诊功能，故障显示一目了然。

④ 高感度光电眼色标跟踪，数字化输入封切位置，使封切位置更加准确。

⑤ 温度独立 PID 控制，更好地适合各种包装材质。

⑥ 定位停机功能，不粘刀，不浪费包膜。

⑦ 传动系统简洁，工作更加可靠，维修保养更加方便。

⑧ 所有控制由软件实现，方便功能调整和技术升级。

（2）适用范围

适合于饼干、米通、雪饼、蛋黄派、巧克力、面包、方便面、月饼、日用品、工业零件、纸盒或托盘等各类有规则物体的包装。

（3）技术参数

薄膜最大宽度：320mm

制袋长度：65～190mm/120～280mm

制袋宽度：50～160mm

产品最大高度：45mm

卷膜最大直径：320mm

包装速度：40～230 包/min

电源规格：220V，50Hz/60Hz，2.6kV

机器尺寸：3770mm×720mm×1450mm

机器质量：900kg

（4）生产厂家 沈阳星辉利包装机械有限公司

10.3.2.2 QS-Z600X 枕式包装机（下走纸）（图 10-57）

（1）功能特点

① 伺服电机控制，袋长即设即切，无须调节空走，一步到位，省时省膜。

② 人机界面，参数设定方便快捷。

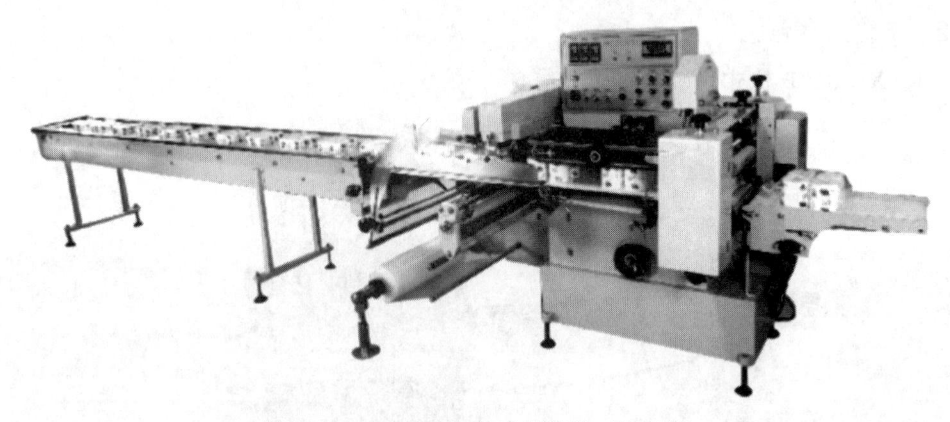

图 10-57 QS-Z600X 枕式包装机（下走纸）

③ 故障自诊断功能，故障显示一目了然。

④ 高感度光电眼色标跟踪，数字化输入封切位置，使封切位置更加准确。

⑤ 温度独立 PID 控制，更好适合各种包装材质。

⑥ 定位停机功能，不粘刀，不浪费包膜。

⑦ 传动系统简洁，工作更可靠，维护保养更方便。

⑧ 所有控制由软件实现，方便功能调整和技术升级。

（2）适用范围　适合于毛巾、纸巾、挂面、蛋卷、香肠、鱿鱼、冰棒、软糖、饼干、鲜果等柔软状、长条状、散状物的包装。

（3）技术参数

包装膜最大宽度：350mm

制袋长度：90～220mm 或 150～320mm

制袋宽度：50～170mm

产品最大高度：40mm

膜卷最大直径：350mm

包装速度：50～250 包/min

电压规格：220V/380V，50Hz

电源规格：3kW

机器尺寸：4200mm×1250mm×1750mm

总质量：1000kg

（4）生产厂家　上海钦顺机械设备有限公司

10.3.2.3　260 高速自动枕式包装（图 10-58）

（1）功能特点

该机结构紧凑，性能稳定，操作方便。高感度光电控制跟踪，封切位置准确。各封口温度独立控制，适合多种包装材料，并且封口美观牢靠。无级变频调速。

（2）适用范围

适用于饼干、米通、雪饼、蛋黄派、巧克力、面包、方便面、月饼、药品、日用品、工业零件、纸盒或托盘等各类固态有规则的物体的包装。

（3）技术参数

机型：260

制袋高度：5～35mm

图 10-58 260 高速自动枕式包装

制袋长度：50～160mm

制袋宽度：30～90mm

包装速度：25～220 袋/min

总功率：3.2kW

电源规格：220V

设备尺寸：4000mm×920mm×1500mm

设备质量：700kg

（4）生产厂家 天津汉顿包装食品机械有限公司

10.3.2.4 JBK-400 多片湿巾全自动包装机（图 10-59）

图 10-59 JBK-400 多片湿巾全自动包装机

（1）功能特点

① 设计抽取孔冲裁模与封页黏合装置。

② 设计热封裁切滚刀速度可调装置，一刀多用，大大提高了生产效率，降低了生产成本。

③ 采取先进的 PLC 电脑程序控制，由光电检测传感器检测色标，光电对标，双向补偿，使对标快速，准确。

④ 每个加热部位均采用四组温控仪自动控温，封口质量高。

⑤ 抽取口采用不干胶黏合，密封性能好，开、封方便。

（2）适用范围

该机生产的湿巾产品清洁卫生、安全可靠，广泛用于餐饮、旅游等服务行业，同时适合飞机、火车、轮船上使用，携带方便。

（3）技术参数

生产能力：30～80 包/min

包装尺寸：(80～180)mm×(30～180)mm×(5～55)mm

电源规格：AC220V/50Hz

外型尺寸：5000mm×1000mm×1800mm

总功率：2.0kW

机器质量：850kg

（4）生产厂家　瑞安市松川机械有限公司

10.3.3 扭结式裹包机

10.3.3.1 亿旺 YW-S800 高速多功能双扭结包装机（图 10-60）

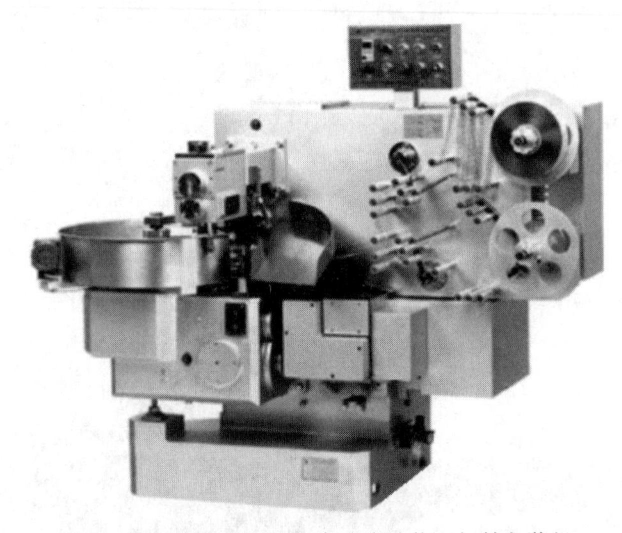

图 10-60　亿旺 YW-S800 高速多功能双扭结包装机

（1）功能特点

① 变频调速，电脑光电色标自动跟踪，包装率达 100%，无空包。

② 整机主要核心部件采用高精度轮间歇分割与凸轮传动机构。

③ 可使用单层或双层包装膜。

④ 带理料盘进料装置，并可配自动下料装置。

⑤ 具有操作简单，高效率，节省人工，结构新颖，噪声低，运转平稳，故障少，维修方便等优点。

（2）适用范围

适用于单粒有规格形状物品的双扭结包装，如糖果、牛肉粒、果脯等。

（3）技术参数

包装速度：50～600 袋/min

外形尺寸：1950mm×1090mm×1475mm

包装材料：铝箔

电压：380V

功率：2.5kW

质量：1080kg

（4）生产厂家　台州市亿旺食品机械有限公司

10.3.3.2　JH-Y650 高速全自动单扭结包装机（图 10-61）

图 10-61　JH-Y650 高速全自动单扭结包装机

（1）功能特点

① 整机主要核心部件采用进口新颖高精度轮间歇分割与凸轮传动机构，使各动作准确到位。

② 交流电机附置变频器，实现无级变速控制，高精度、节能并提高使用寿命，同时运行过程中可动态调整。

③ 全自动 PLC 电脑控制器、国际先进的光电传感器检测，光电检测、双向追踪，具有跟踪快、图案准确并可有效消除包装误差的特点，使包装率达到 99%、无空包。

④ 采用伺服电机作送纸装置的动力系统，实现包装纸在长度和传速上动态调节，无需更换齿轮。

⑤ 具有过载、漏电保护、油路、电路故障报警，无膜报警等功能。

⑥ 采用双层双向理料进料装置，理料效果好，无磨损。

⑦ 接触食品部件采用不锈钢，光滑度好、易清洗、符合食品卫生标准。

⑧ 可使用单层或双层包装膜。

⑨ 可另配置自动下料斗。

（2）适用范围

该机型主要适用于长方形、正方形、椭圆形、腰圆形、圆柱形、球形等糖果，以及牛肉粒、巧克力等的单扭结包装。

（3）技术参数

包装速度：100～350 粒/min

包装物规格：(16～30)mm×(16～28)mm×(10～20)mm

包装膜材料：玻璃纸、PVC、OPP、PET、蜡纸、复合材料等

电源：380V/2.5kW

质量：2000kg

外形尺寸：2320mm×1447mm×1800mm

(4) 生产厂家 浙江金鸿食品机械有限公司

10.3.3.3 GSNJ-Ⅱ高速扭结机（图 10-62）

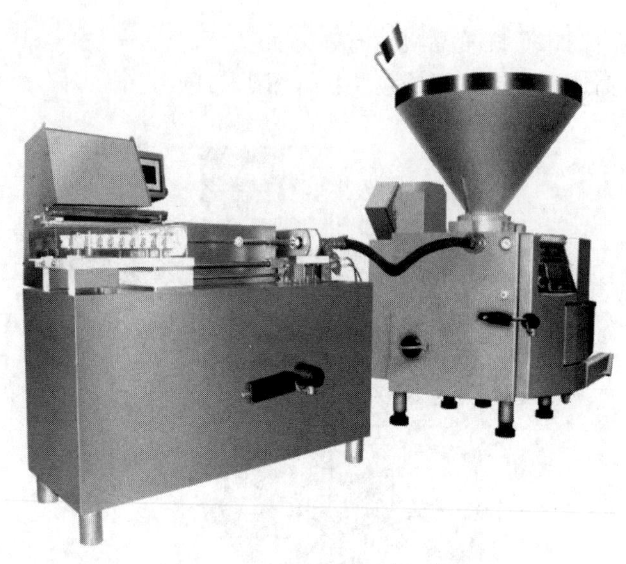

图 10-62 GSNJ-Ⅱ高速扭结机

(1) 功能特点

① 高速扭结机采用优质 SUS304 不锈钢材质加工制造，外形新颖美观，光洁度高且耐磨性优良，易清洗，符合国家卫生标准。

② 主要气动控制单元采用进口元件，提高了设备的运转精度和使用寿命，安全可靠。

③ 采用全电脑 PLC 界面控制系统，采用可编程控制操作，各参数可以根据不同的产品进行设置。

④ 机器的各种动作和参数的修改在机器前面的控制盒上进行，简单明了，操作非常方便。

⑤ 运行速度可根据用户需要无级调速。

⑥ 长度定量大小由用户改变同步带设定。

⑦ 肠衣自动检测系统（无肠衣自动停止）。

⑧ 扭结器自动翻转系统。

⑨ 高速扭结机和灌装机联机实现自动化生产，可自动扭结蛋白肠衣、塑料肠衣、赛璐珞肠衣。

(2) 适用范围

GSNJ 系列高速扭结机适用于灌制蛋白肠衣、尼龙肠衣等小直径扭结产品。

(3) 技术参数

总功率：4kW

电源：3 相 380V/50Hz

气源：0.6MPa

输送速度：70m/min

质量：410kg

尺寸：1350mm×550mm×1250mm

（4）生产厂家　河北晓进机械制造股份有限公司

10.3.3.4　BM-S800 型糖果双扭包装机（图 10-63）

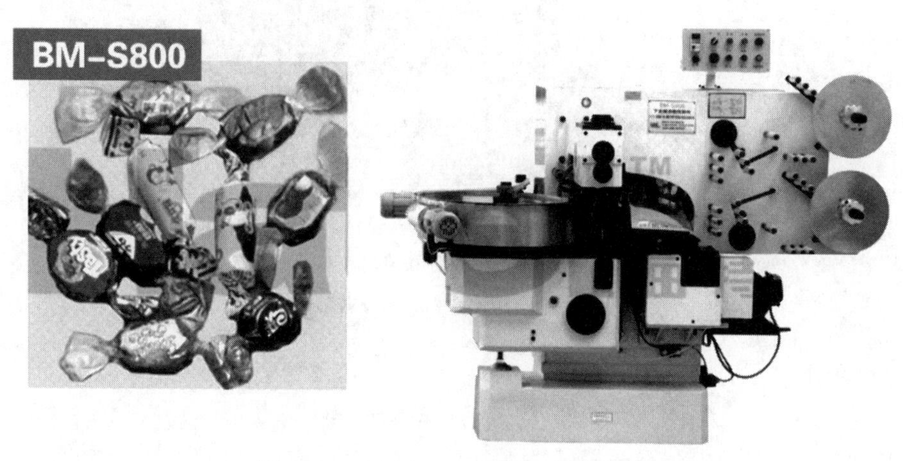

图 10-63　BM-S800 型糖果双扭包装机

（1）功能特点

带理糖盘自动理料装置，电脑、光电自动检测追踪，100％包装率、无空包，变频调速。

（2）适用范围

适用于硬糖、大白兔奶糖、太妃糖，长方形、椭圆形、圆柱形等糖果或固态物品的单层或双层包装纸双扭结包装。

（3）技术参数

生产能力：200～550 粒/min

包装物规格：长(11～33)mm，宽(11～25)mm；厚(5～20)mm

包装膜宽：≤120mm

外形尺寸：1700mm×918mm×1475mm

电源：380V/50Hz

总功率：3kW

总质量：1200kg

（4）生产厂家　江苏海特尔机械有限公司

10.3.4　收缩式包装机

10.3.4.1　全自动热收缩包装机（图 10-64）

（1）功能特点

采用远红外线辐射直接加热 PVC/POP/PP 等收缩膜，使包装材料收缩而裹紧产品，使包装件充分显示物品的外观以达到完美的收缩效果，不损坏包装物。电子无级变速，固态调压器控温，稳定可靠，具有密封、收缩成打、防潮、防污染并保护物品免受外部冲击的作用。

（2）适用范围

该收缩机为 PE、POF 膜热收缩膜包装机，应用于饮料、食品等行业，适用于食品、饮料、糖果、文化用品、药盒纸盒、五金工具等产品的塑封膜包装。

（3）技术参数

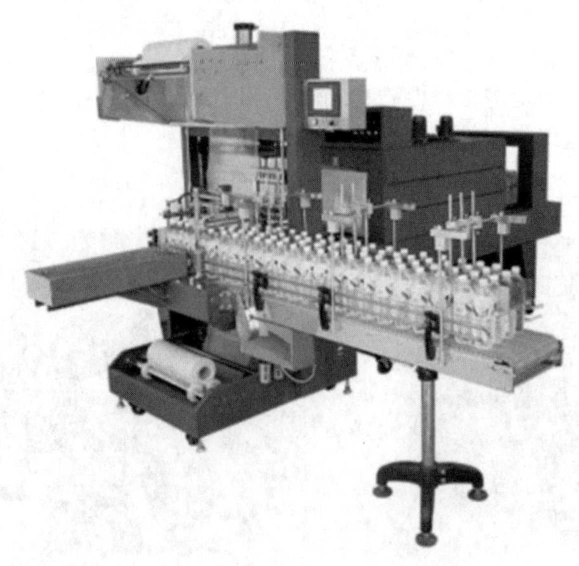

图 10-64 全自动热收缩包装机

电源：380V/50Hz

最大功率：16kW

最大包装尺寸：500mm×400mm（宽×高）

载重：50kg

输送速度：0～10m/min

温度：0～300℃

尺寸：4200mm×900mm×1500mm

质量：700kg

（4）生产厂家 沈阳星辉利包装机械有限公司

10.3.4.2 DSC4520 热收缩包装机（图 10-65）

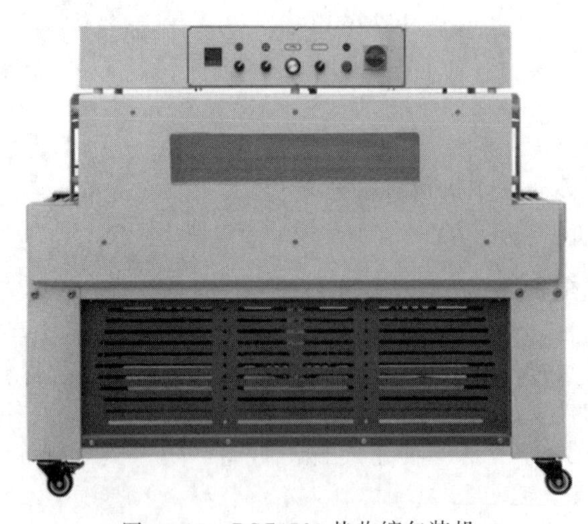

图 10-65 DSC4520 热收缩包装机

（1）功能特点

① 配有炉道观察窗，可看到炉道内部情况，让收缩过程一目了然。

② 电子无级变速自动调温，固态调压控制，稳定可靠，低噪声。

③ 采用大功率交流电机，电机更经久耐用，输送更平稳。

④ 采用圆形加热管加热，配合强大的风力循环，使收缩炉的加热温度更加均匀，收缩效果更好。

（2）适用范围

适用于多件物品紧包装和托盘包装。热缩包装设备被广泛应用于玻璃瓶、发泡胶、纸盒、玩具、电子、电器、文具、图书、唱片、五金工具、日用品、药品、化妆品、饮料、水果、纪念标签等物品包装。

（3）技术参数

功率：10.8kW

电源：380V/50Hz

输送载重：10kg

输送速度：0～10m/min

外形尺寸：1500mm×703mm×1260mm

收缩炉尺寸：1200mm×450mm×200mm

（4）生产厂家　浙江鼎业机械设备有限公司

10.3.4.3　全自动热收缩卧式包装机（图 10-66）

图 10-66　全自动热收缩卧式包装机

（1）功能特点

采用 PLC 控制，给生产带来方便操作，数字显示袋长、包装速度，可统计包装数量，下供膜形式可用于特殊包装的要求，且中封位于包装物上方，包装过程中包装物不受热，加长的挂膜辊可实现较大体积的集合包装要求。

（2）适用范围

适用包装散物及对热源敏感和较重产品的包装。

（3）技术参数

包装速度：60 包/min

包装物规格：最宽 300mm，最高 140mm

包装膜宽：≤750mm

切断长度：150～500mm

电源：380V/50Hz

总功率：3.5kW

总质量：1000kg

（4）生产厂家　大连欧亚仪表有限公司

10.3.4.4 STF-6030AH全自动袖口式（整列型）封切收缩包装机（图10-67）

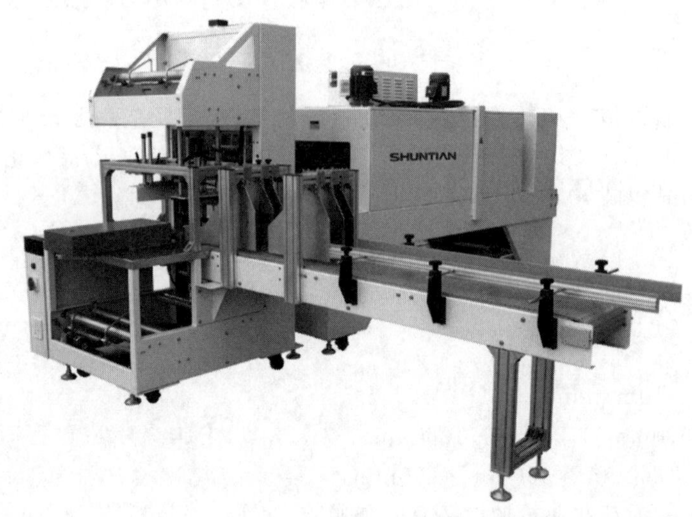

图10-67 STF-6030AH全自动袖口式（整列型）封切收缩包装机

（1）功能特点

① 此机与生产线对接后自动进料、裹膜、封切、收缩、冷却定型，是一套无需人工操作的自动化包装设备。

② 采用永宏PLC可编程控制器和智能触摸屏配套，实现机、电、气一体化。

③ 可根据生产要求进行两排、三排、四排等无底托热缩包装，更换包装形式时，只需装换面板上的转换开关。

④ 采用减速电机，进料输送与送膜时平稳无抖动，包装彩膜时，需增加色标定位系统，准确定位。

⑤ 采用特别设计的封刀，封口线牢固、不开裂、不易沾刀。

⑥ 进料输送带可根据现场的需要设计成左侧进料或右侧进料的方式。

⑦ 可选STS-6040E采用双运风电机，使炉内热封散布均匀，收缩后效果更加美观。

⑧ 采用实心钢杆外包硅胶管，链杆输送经久耐用。亦可根据不同产品采用不同材质的输送链。

⑨ 采用施耐德变频器控制传送速度，无级调速。

⑩ 大风量冷却系统产品热缩后迅速冷却定型后端可选配铝制工作台，产品包装后不会跌落地面。

（2）适用范围

适用于啤酒、矿泉水、易拉罐、玻璃瓶、塑料瓶类圆形产品无底托等封切收缩包装。

（3）技术参数

功率：1.8kW

电源：AC220V，50Hz/60Hz

最大包装尺寸：300mm×500mm×500mm

空气温度：0～300℃

工作台高度：(820±50)mm

外接气源：0.59～0.78MPa

包装速度：12m/min

适用收缩材料：PE

机械尺寸：2875mm×1378mm×1813mm

毛/净重：620kg/520kg

（4）生产厂家　天津市舜天包装器材有限公司

10.3.5　贴体式包装机

10.3.5.1　DQ310VSL 立式真空贴体包装机（图 10-68）

（1）功能特点

该机采用 PLC 可编程控制系统，工作参数设置和控制精确稳定，工作状态一目了然，操作极为简便；设备采用原装进口高质量配套部件，可以保证设备在各种生产条件下长时间连续稳定生产；具有薄膜加热、贴体、真空及密封一次完成之功能。

图 10-68　DQ310VSL 立式真空贴体包装机

（2）适用范围

适用于熟食、冷鲜肉、海鲜、快餐类等的重量贴体保鲜包装。

（3）技术参数

外形尺寸：950mm×900mm×1400mm

卷膜最大宽度：310mm

包装盒最大尺寸：330mm×220mm×70mm

电源：220V/50Hz

功率：3.0kW

包装速度：400 盒/h

动力气源：0.6～0.8MPa

设备质量：300kg

（4）生产厂家　温州达盛智能设备有限公司

10.3.5.2　RS-340 全自动贴体机（图 10-69）

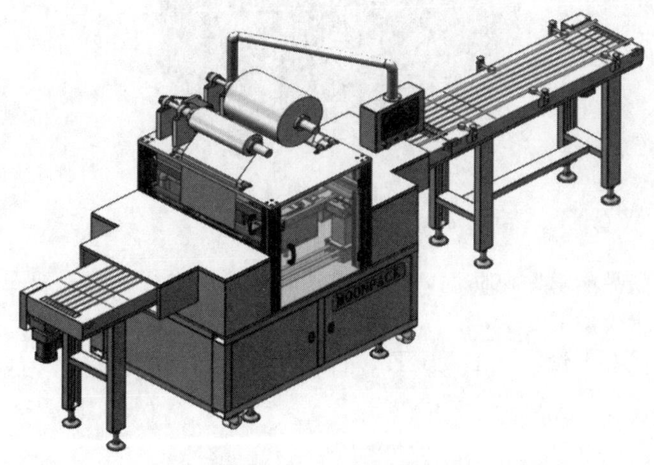

图 10-69　RS-340 全自动贴体机

（1）功能特点

该机采用全密封抽真空包装，有效地减少了产品中溢出的血水和汁液，不影响包装的美观；带有自动走膜；电子零部件为日本欧姆龙品牌，气动元件是德国 FESTO 品牌；真空泵为德国 BUSCH 品牌。

(2) 适用范围

该机除应用在牛羊、禽、鱼、食用菌等行业外，主要用于快餐熟食包装行业，可直接微波加热食用的产品。

(3) 技术参数

产能：5/8 个循环/min

真空泵：$100m^3/h$

最大卷膜直径：250mm

电源：3×400V+N+PE，50Hz/60Hz

功率：4kW

工作气压：0.6MPa/0.8MPa

耗气量：0.4～0.8NL

外形尺寸：2939mm×851mm×1627mm

质量：500kg

(4) 生产厂家　北包自动化设备（北京）有限公司

10.3.5.3　TB-390 贴体型包装机（图 10-70）

图 10-70　TB-390 贴体型包装机

(1) 功能特点

贴体包装后的商品能够防潮防腐，透明美观，还可以进行吸塑罩加工。

(2) 适用范围

适用于小五金，各类锁具、工具文具、餐具、玩具、汽配及各种小商品等的外包装。

(3) 技术参数

型号：TB-390

生产效率：20～40s/版

薄膜宽度：450mm

电源：380V/50Hz

总功率：7.5kW

总质量：200kg

（4）生产厂家　常州市才华包装机械厂

10.3.5.4　全自动真空贴体包装机（图 10-71）

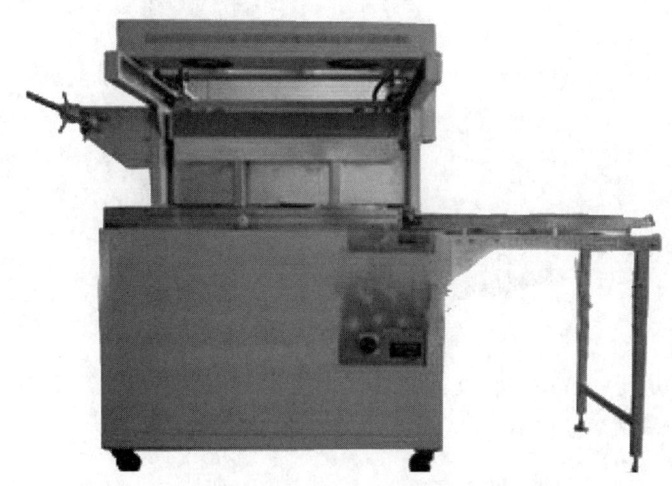

图 10-71　全自动真空贴体包装机

（1）功能特点

全新的结构，中国台湾专利技术，进口大功率真空泵浦。电热自动切膜装置，极省人工。电驱动热箱运行，冷却装置，效率极高。采用不锈钢高品质电热管，更长工作寿命。全自动操作，适合产品批量作业。

（2）适用范围

真空贴体包装是一种新型的商品包装技术。包装产品均无需成型模具。贴体包装能使商品保存期延长、立体观强、不易散包，可广泛应用于 PCB、电子产品、五金工具、五金饰品、汽摩配件、医疗器械、电器电子元件、玩具、文具等。

（3）技术参数

型号：DK-5580

操作面积：800mm×550mm×180mm

胶膜宽度：609～615mm

压框高度：小于 190mm

电源：380V

功率：11.7kW

真空泵：1.49kW×2

速度：3～6 次/min

外型尺寸：4200mm×1300mm×1640mm

（4）生产厂家　上海迪创包装机械有限公司

10.3.6　拉伸缠绕式包装机

10.3.6.1　YL-T1650FZ 系列托盘式缠绕包装机（图 10-72）

（1）功能特点

该机实现托盘货物的全自动缠绕。只需要人工装膜，整卷薄膜自动连续包装；带有自动

图 10-72 YL-T1650FZ 系列托盘式缠绕包装机

上下膜机构；操作简便、自动化程度高，可减少操作人员等。可实现遥控远程操作，具有防尘、防潮、降低包装成本等优点。

(2) 适用范围

该机适用于大宗货物的集装箱运输及散件托盘的包装。广泛应用于玻璃制品、五金工具、电子电器、造纸、陶瓷、化工、食品、饮料、建材等行业。

(3) 技术参数

裹绕规格（长×宽）：(500～1200)mm×(500～1200)mm

最大包装高度：1800mm

包装效率：20～40 托盘/h

转台速度：0～12r/min（变频可调）

转台直径：1650mm

转台高度：78mm

转台承重（最大值）：2000kg

气动系统：0.6～0.8MPa，400～700mL/min

整机质量（最大值）：700kg

外形尺寸：2745mm×1650mm×(2270～2870)mm

(4) 生产厂家 上海晏陵智能设备有限公司

10.3.6.2 YP-NT600F 无托盘式缠绕包装机（图 10-73）

(1) 功能特点

① PLC 可编程控制。

② 转盘转动圈数，膜架升降次数 0～3 可调整。

③ 行程开关控制包装高度。

④ 压顶装置保证货物在包装过程中平稳。

⑤ 膜架阻拉伸装置。

(2) 适用范围

YP-NT600F 无托盘缠绕包装机应用于单件货物或多件小型货物组合的缠绕包装。

(3) 技术参数

转台速度：20r/min

转盘承重：100kg

包装效率：10～15 件/h

整机功率：0.8kW

电源：220V，50Hz

裹绕规格：600mm×600mm×(350～600)mm

（4）生产厂家　青岛艾讯包装设备有限公司

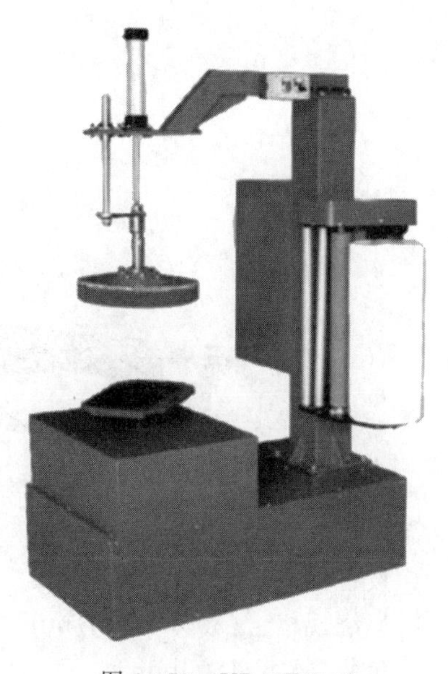

图 10-73　YP-NT600F 无托盘缠绕包装机

10.3.6.3　T1650FZ 全自动预拉伸缠绕机（图 10-74）

（1）功能特点

人工启动自动包装程序，有遥控装置，可于叉车上或远程控制自动运行，带有自动上下膜机构，只需要人工装膜，整卷薄膜自动连续包装，使其操作简便、自动化程度高、减少操作人员等。

（2）适用范围

适用于大宗货物的集装箱运输及散件托盘的包装，目前，T1650FZ 全自动预拉伸缠绕机产品已经在化工、电子、食品、饮料、造纸等行业得到广泛的应用。

（3）技术参数

裹绕规格：(800～1100)mm×(800～1200)mm，定货时注明

包装高度：L 型（500～1800)mm，H 型(500～2400)mm

包装效率：30～50 托盘/h

转台速度：0～12r/min，转速变频可调，转盘缓起缓停

转台尺寸：直径 1650mm，高度 330mm

转台承重：2000kg

气动系统工作压力：0.6～1.0MPa

气动系统耗气量：1000mL/min

整机质量：900kg

外形尺寸：2745mm×1650mm×2530mm

电源：单相 220V/50Hz/20A

电机功率：转台：0.75kW，膜架：0.4kW，立柱：0.37kW

（4）生产厂家　上海深蓝包装机械有限公司

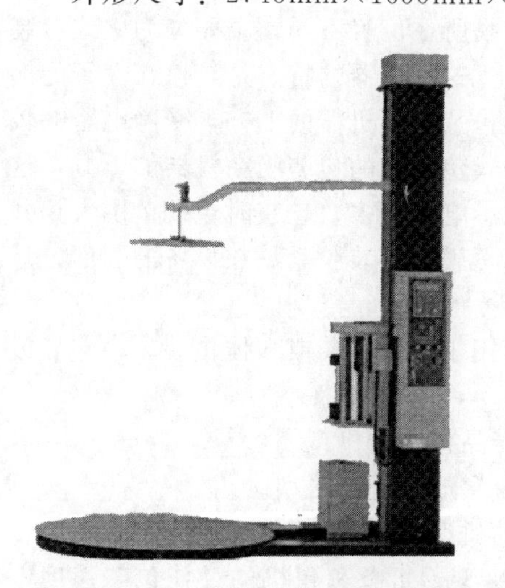

图 10-74　T1650FZ 全自动预拉伸缠绕机

10.3.6.4　DR1800FZ-PL 全自动悬臂缠绕机（图 10-75）

（1）功能特点

DR1800FZ-PL 全自动悬臂缠绕机（标准型）是为效率要求高的仓储物流设计的，根据客户的实际要求，可采用单机或在线式设备，实现货物的自动包装、自动输送。

（2）适用范围

该缠绕机更适合于较轻或较重的货物，目前该缠绕机应用广泛，如制瓶、制罐、建材、化工、电子电器等行业。

（3）技术参数

图 10-75　DR1800FZ-PL 全自动悬臂缠绕机

设备构成：悬臂缠绕包装机＋四角龙门支架＋自动上断膜

裹绕规格：(500～1300)mm×(500～1200)mm

包装高度：1800mm

包装效率：40～50 托盘/h

气动系统工作压力：0.6～0.8MPa

耗气量：1000mL/min

升降立柱：链条输送，升降速度变频可调

机器质量：380kg

外形尺寸：4000mm×2000mm×4300mm（不含输送线）

（4）生产厂家　青岛麦格自动化设备有限公司

10.4　裹包包装机械的选型设计与工艺

10.4.1　折叠式裹包机的选型设计与工艺

10.4.1.1　选型设计

折叠包装机的包装材料主要采用透明膜，根据包装膜所在位置不同，主要分为立式包装机和卧式包装机。立式包装机的包装膜位于机器的上方，这种机器的特点是封口在盒子的侧面和两边，对外包装的外观影响较小，但这种类型机器包装膜在机器的上方，受静电影响较大，送膜容易出现不稳定的现象，废品率相对较高。卧式包装机的包装膜在机器的下方，这种机型封口在盒子的底面和两边，单盒包装时有一定的影响，但多盒包装时包装范围大，并且此种机型相对立式包装机，因包装膜在机器的下部，送膜时包装膜紧贴在设备的表面，静电的影响相对较小，送膜稳定，废品率低。

折叠式裹包机主要适用于包裹各种长方体物品，可用于单体包装或多体包装，内包装或外包装。具体选用时应综合考虑下列情况。

① 根据包装物品的大小及所需包装材料选择适合产品包装的机型。

② 选用包装工艺（即折叠、封口等）与所需要求一致或相近的机型。

③ 选用能和进出包装物与上下工序基本配置相接的机型。

④ 选用与生产线速度相匹配，并有一定充裕量的机型，折叠裹包机的最佳包装速度一般为最高速度的 80％。

⑤ 在满足使用要求的前提下，选用结构简单、维修方便的机型。

目前，国内较为先进的透明膜三维包装机能通过人机界面，采用可编程控制器 PLC 进行控制，通过伺服电机来调整送膜速度以及切膜长度。

10.4.1.2　包装工艺

折叠式裹包机主要由包装材料供送装置、包装物料供送装置、折叠包装执行机构、控制系统等组成。这种包装是包装物经输送带输送，气缸推动堆垛（按要求的形式和数量），包装膜经切刀切成符合包装要求的长度，裹膜和折叠包封形成一中型包装。由于折叠包装机没有热收缩包装机的热封烘箱对被包对象整体加热，而采用局部点瞬间低温封包，不会使包装物产生温度变化，所以又称为冷包机，可代替传统的热收缩包装机。

具体包装工艺过程如下。

（1）传递系统

电机经带传动驱动主轴，主轴运动经无级变速装置传递到主凸轮轴，主凸轮轴驱动凸轮连杆结构，驱动提升板装置；经凸轮连杆结构驱动下动板装置；经凸轮连杆结构驱动上动板装置；经伞齿轮传递运动到链轮，经链条传动切刀齿轮和驱动滚刀送纸辊筒。单独电机驱动输入带和输送带，待料自动停机，输送带无级调速。

（2）折叠成型过程

电机驱动输入带将包装物传送到位，感应接近开关闭合，气缸将包装物推送到位，包装机开始运行。

包装物由提升板向上托起，同时一张透明纸切断并垂直停在包装物的上方，随着包装物的提升，在动挡板和活动翻版作用下，使包装物抵住正好到来的包装纸形成“Π”形包装。

安装在支架上的辊筒纸，经导纸辊的引导及牵引辊牵引，由旋转裁纸刀裁切，并传送到位。

提升板将包装物提升最高点，由上下动板完成底折，通过底加热块进行热封，并将包装物推入成型通道。在两侧成型板的作用下，完成前侧端面折叠、后侧端面折叠、上侧端面折叠、下侧端面折叠，包装物通过左右加热块进行热封，最后由输送带送出，整形完成整个包装过程。

（3）控制系统组成

折叠包装机控制系统的核心部件是可编程控制器 PLC，通过 PLC 控制气缸动作、拉膜速度以及切膜长度。首先，PLC 通过开关量输出点控制推送气缸动作，分别控制设备推料、折角、切膜、上折、下折、整形热封等动作，完成动作后，由光电传感器输送到 PLC 输入点。拉膜速度是通过人机界面，调整伺服电机驱动器上的指令脉冲设定，调整伺服的动作快慢及动作长度，通过 PLC 发出的脉冲频率及数量控制。切膜长度也可以通过伺服电机自动调节。

10.4.2　接缝式裹包机的选型设计与工艺

10.4.2.1　选型设计

接缝式裹包机也被称为卧式枕型包装机，是指用挠性包装材料裹包在被包装物的外面，制作成枕形袋包装物品的包装设备。这种包装机主要能完成成型、定位、包装和封口等功能。在选型时，要注意如下的问题。

1）机型的选择　在选择包装机的机型时，要考虑被包装物的特点，尽量减少成型器尺寸和包装袋长短的调整，频繁调整会造成精度下降。

2）可靠性　核心控制元件的性能和机器的运行要稳定，响应时间快。电气元件和控制系统能在粉尘较多的环境下工作。

3）生产能力　通常包装机的生产能力应达到生产线产量的 1.2～2 倍。由于短暂的停机造成了流水线中产品的堆积，需通过待包装机恢复工作后临时加速运行来维持生产线的平衡。在几台包装机匹配一条生产线的情况下，一旦出现故障停机，其他包装机同样可以通过提高保障速度来维持生产的平衡。

4）尺寸规格　如包装材料展开最大宽度尺寸、包装物长宽高尺寸、主机外形尺寸、包装物通道高度等。正确选择尺寸参数是设备能否合理安装、正常使用的保障。值得注意的是应尽量避免选用极限参数，尽可能选用中间参数可降低包装机的停机率。

5）性能价格比　性能稳定、功能强的包装机械，其价格与普通设备比较有很大的差别。通常停机率低、自动化程度高、生产能力大、专业性强、操作简单、外观造型精美都是导致包装机价格昂贵的因素。包装机选用厂家应从实际情况出发，选用合理档次的包装设备。

10.4.2.2　包装工艺

卧式枕型包装机的包装过程如下：

卧式枕型包装机一般采用变频调速电机驱动，通过三角带带动变速箱转动，能得到不同的运转速度，变速箱的输出轴经过链条传动带动薄膜压辊转动输送薄膜；然后，输出轴由同步带传给行星差动机构，进行薄膜输送长度的调整，而薄膜输出长度的设置也可在齿链调速器上手工操作，并在包装过程中由光电跟踪色标进行监控。

枕式包装机的包装薄膜卷安装于轴辊上，成袋器把包装膜在传动过程中通过牵引力拉成筒型，并送入中封机构，中封机构的作用是热封已成筒型的薄膜的中缝；被包装物通过传送带被输送至加料器中，推料杆将被包装物推过成袋器后，放置在筒型薄膜内的包装位置；枕式包装机为了进行有效的封合，在中封压轮之前加装一预热辊轮，使包装薄膜有较充分地预热又不引起其黏化；最后一道工序是尾封与切割，并且尾封与切割在时间上几乎是同时进行的，经过尾封和切割的成品，由输送带输出，在这里的中封为纵向热封、尾封为横向热封。为了进行色标定位控制，在机械机构上要提供一种可能，在尾封与在此之前的传动机构之间，在几乎同步的基础上有滑差控制，实际上这是一种微调机构，通过滑差离合器而实现。

10.4.3　扭结式裹包机的选型设计与工艺

10.4.3.1　选型设计

目前，大部分扭结裹包应用在糖果、冰棒、雪糕、巧克力等的食品包装，主要问题是优化扭结包装机的结构、提高生产效率、降低生产成本以及减少机器故障率。在具体选型时要注意如下的几个问题：

1）充分考虑产品规格、裹包方式、生产能力、包装材料、外形尺寸及使用环境等，选择机械功能多元化、质量可靠、有维护保障及信誉度高的产品。

2）追求组合化、简洁化、可移动的包装机，使包装机具有多用途、灵活机动、高效率，降低调整时间，使用和维护成本相对较低。

3）在裹包作业过程中，随着包装速度的加快，一是被包装物会严重偏移，使被包装物超前运动，碰撞运动的构件；二是理糖装置与出糖装置不协调、不同步，从而容易出现卡包漏包现象；三是包装材料制动力过小，拉伸时容易出现松弛，包装材料因飘动而跑偏；四是糖果通道间隙大，包装材料难以紧贴糖果。因此，要确认此类故障的有无。

4）为提高包装机的生产速度，采用伺服电动机驱动的裹包包装。这种包装机的自动化程度相对较高，力学性能的柔软性、系统化程度也迅速得到提高。

10.4.3.2　包装工艺

扭结式裹包机分为间歇式和连续式两种。例如，扭结式糖果裹包机的工作顺序一般是：下纸→前后冲头运动→送糖块→闭钳夹糖→下抄纸裹包→上抄纸裹包→扭结。

例如，某扭结式糖果包装机主要由理糖盘装置、供纸装置、钳糖工序盘、扭结部件以及裹包装置、传动系统和控制系统等组成。此机型为间歇回转式包装机，主要用于圆柱形和长方形糖块的双层纸包装。

在包装糖块时，待包糖块首先进入理糖盘整理，由传送带送到包装位置，经过送纸、推糖、钳糖、裹包、扭结等动作，完成整个包装过程。机器设置有缺糖停车装置，在输送过程中缺糖时，主电动机可自动停车并发出信号，糖块接上时则自启动开车。

扭结裹包机的整个包装过程如下：

① 糖块自理糖盘出来后，经输送带送到裹包工位，与此同时，包装纸也被送到此位；

② 前后冲头相继动作，把糖块连同包装纸一起夹紧，此时包装纸被辊刀切断；

③ 前后冲头继续运动，将糖块和包装纸送入张开的钳糖手；

④ 钳糖手闭合将糖块和包装纸夹紧，前后冲头退后复位；

⑤ 下抄纸板向上摆动，使糖块下部分的包装纸上折，即实现上折边；

⑥ 随后，钳糖手开始转动，在运行中上纸边被固定抄纸板向下弯折，下抄纸板在上折边开始弯曲时及时下摆退位；

⑦ 当钳糖手运行到扭结工位时停歇，进行两端扭结，至此完成糖果的包装；

⑧ 钳糖手轮转到最后的一个工位时，钳糖手张开，糖果被推糖杆打出。

图 10-76 给出了某双层纸包装机的包糖工艺过程。

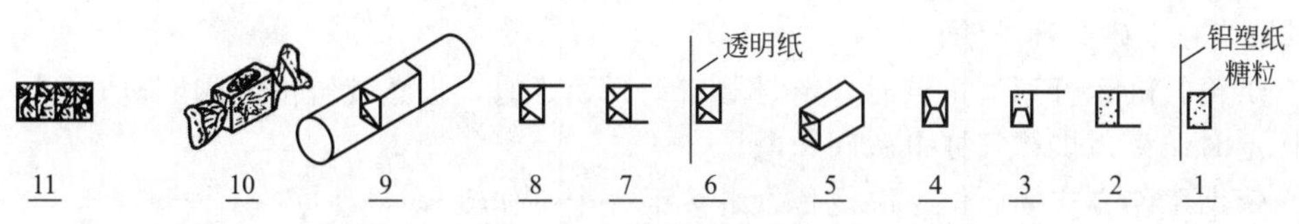

图 10-76　包糖过程示意

1—待包；2—糖被钳住；3—下折边尅头；4—上折边尅头；5—尅头完成；6—待包透明纸；7—透明纸与糖被钳住；8—透明纸折边；9—上下折边完成；10—扭结；11—排队

10.4.4　收缩式裹包机的选型设计与工艺

10.4.4.1　选型设计

热收缩包装机是现代包装最先进、最理想的包装设备之一，与其他包装设备相比，有着许多不可替代的优越性。经过热收缩裹包的商品，不仅美观大方，还具有很高的透明度和光泽度，不怕潮湿，不怕变形，不脱落，大大延长了商品的储存期。

国内外收缩包装件机械种类较多，根据包装机的自动化程度不同，又分为自动收缩包装机与半自动收缩包装机。前者收缩包装的 4 步工艺（裹包、裹包物品的传送、加热及冷却）全部由机器自动进行，操作者只要把物品放置在输送装置上面即可；后者是要把物品放置于薄膜上，物品的裹包借助于人工完成。

目前，国外收缩包装机种类较多，如适合于杂货、食品、工业品零件等包装的 NS 式 L-2 型半自动收缩包装机，适用于食品、容器、书报、杂志等包装的 NS 式 A-8 型自动收缩包装机，适合胶合板、金属板及其他平板状产品包装的 NS 式 A-1C 型自动收缩包装机等，有几十种之多。有的包装机在国内也得到广泛应用，如 SW-1000 型自动收缩包装机。以下为几种国内常见的收缩包装机。

1）小型收缩包装机　主要用于包装水果和新鲜蔬菜，一般都用纸箱或塑料浅盘包装，如苹果、西红柿等，也可不用浅盘，如黄瓜、胡萝卜、香蕉等。包装 PVDC 时温度要求 90～180℃；用聚乙烯薄膜是要求 160～240℃。

2）L 型封口式包装机　一般使用卷筒对折膜，用手工送料。包装能力取决于包装机尺寸的大小和操作者的熟练程度。

3）板式热风包装机　用于两端开放式和四面密封式包装，如包装多件纸盒或瓶、罐装产品。包装能力决定于包装机尺寸、产品重量和薄膜厚度，一般为15～25包/min。

4）大型收缩包装机　用于包装瓦楞纸箱和装大袋的产品集合包装。包装件长、宽、高一般均在1m以上，有装于托盘上的，也有不用托盘的。包装件尺寸小，多数采用枕型袋式包装，其机构与卧式枕型袋包装机相似。

10.4.4.2 包装工艺

收缩包装机是采用收缩薄膜包在产品或包装件外面，然后加热，使包装材料收缩而裹紧产品或包装件，充分显示物品的外观，提高物品的展销性，以增加美感及价值感；同时，包装后的物品能密封、防潮、防污染，并保护商品免受来自外部的冲击，具有一定的缓冲性，尤其当用器皿包装时，能防止破碎时飞散，此外，可降低产品被拆、被窃的可能性；薄膜收缩时产生一定的拉力，故可把一组要包装的物品裹紧，起到绳索的捆扎作用，特别适用于多件物品的集合与托盘包装。故本包装可广泛应用于各种小商品。

热缩包装机的工艺流程如下：

① 首先对机器设定好加热时间。

② 按下手动或者自动按钮后，齿条气缸电磁阀通电输出推动齿轮，齿轮带动链条，此时齿条气缸后位接近开关断开。当齿条气缸运行到上止点时，齿条气缸的前位接近开关导通，烘箱气缸电磁阀通电输出。

③ 烘箱气缸运行到上止点时，定时器启动开始延时，齿条气缸电磁阀断电。

④ 定时结束，烘箱气缸电磁阀断电。

⑤ 依据工作方式标志位，决定是否继续下一个工作流程。

10.4.5 拉伸缠绕式裹包机的选型设计与工艺

10.4.5.1 选型设计

在选型之前，首先要确定要用拉伸缠绕式包装机包装哪类产品，当然尽量希望用较少的设备包装自己的所有品种。拉伸缠绕式包装机有多类功能，具体的功能和特点如下。

预拉伸型缠绕式包装机　通过预拉伸膜架机构，将缠绕膜按照预先设定好的“拉伸比”拉伸后裹绕到货物之上。优点是展膜均匀、包装美观、适应性强，同等条件下比“阻拉伸”型节省耗材30%～50%。

阻拉伸型缠绕式包装机　调节阻拉伸机构的摩擦阻力，使缠绕膜被动拉出时的速度慢于托盘货物转动的速度，进而在缠绕膜被拉开的同时裹绕到货物之上。在裹包较轻、较高的货物时，无法实现稳定包装，并且薄膜耗用量较高。

有托盘（栈板）缠绕式包装机　转台旋转带动托盘货物转动，实现对货物缠绕裹包。适用于使用托盘装运的货物包装（如用于大宗货物的集装箱运输及散件托盘的包装等）。能够提高物流效率、减少装运过程中的损耗。

无托盘缠绕式包装机　适用于体积较小且无栈板的单件包装物品，特适合单件纸箱或不同形状规格的货物聚拢后包装。

悬臂缠绕式包装机　通过可以转动的悬臂围绕货物转动，实现对货物缠绕裹包。主要适用于较轻、较高、且码垛后不稳定的产品或较重货物的裹包。

圆筒缠绕式包装机　通过转台旋转带动圆筒状货物整体转动的同时，由转台上的两根动力托辊带动圆筒状货物自转，进而实现对货物全封闭缠绕裹包。包括轴向缠绕机和径向缠绕机两个系列。

行李缠绕式包装机　这是专为机场包装行李等而设计，在行李运输过程中起到保护的作用，以防止破损、被调换等现象。

加压型缠绕式包装机　设备上方装有圆盘，在包装过程对产品进行压顶，保证产品不会出现移位和倒塌。适用于单件较轻货物或多件较轻小型货物组合的缠绕包装。

10.4.5.2　包装工艺

缠绕式包装机工艺过程是将被缠绕物体放置于转盘中央，启动转盘电机转动，自然地带动转盘转动，使物体实现了物体外周的缠绕膜包装。与此同时，升降机电机也启动，带动整个物体做上下运动，达到沿物体高度方向的缠绕，这就实现了物体整个外表的缠绕包装。

在缠绕过程中主要是对薄膜拉紧力的调整以及穿膜。一般通过调整转盘转速和调节电机的转速就能达到控制薄膜张紧程度。在操作时，控制转盘转速大于电机转速，薄膜就会拉紧，反之放松。

10.5　裹包包装机械的常见故障与使用维护

10.5.1　折叠式裹包机的常见故障与使用维护

10.5.1.1　常见故障

折叠式裹包机的常见故障如表 10-1 所示。

表 10-1　折叠式裹包机的故障分析

故障现象	故障原因	排除方法
包装材料供送不正常	卷筒包装材料的制动力调节不当	调整合适
	导辊不平行或调整不当	调整合适
	包装材料切刀相对位置和切断时间调节不当	调整合适
	包装材料供送通道间隙调节不当	调整合适
	有异物导致堵塞	清除异物
	包装材料商标定位控制系统调节不当	检查消除
	包装材料静电消除不良，相互吸附	调整合适
待包物品不能正确到位	进料通道有异物，导致堵塞卡滞	清除异物
	进料通道截面尺寸调整不当	调整合适
	通道活动导板的弹性元件不合适	更换
	推料机构调整不当或装配不良	重新装配调整
侧页折边不良	下抄纸机构（或上下折边器）的工作位置、行程、折边时间调节不当，或折边抄板不洁净	调整合适、抹净
	固定折边器的入口位置调整不当或不洁净	调整合适、抹净
	移动钳手装配不良导致定位不准，或钳手不洁净	调整合适、抹净
	包装材料尺寸不符合要求	重选包装材料
上下端折边不良	下抄纸机构的工作位置、行程、折边时间调节不当，或折边抄板不洁净	调整合适、抹净
	固定折边器调整不当或不洁净	调整合适、抹净
	移动钳手装配不良导致定位不准	重新装配
	包装材料尺寸不对中	调整
左右端折边不良	固定折端器（轨）相对间隙调整不当	调整合适
	折端器存有异物导致堵塞	消除异物
	左折端器（直线移动式机型）装配不良，折端动作不同步	重新装配
封合不良	热封头工作面与封合面不平行或接触不良	调整
	热封头封合位置、时间、温度、压力调整不当	调整合适
	热封头黏结异物，不洁净	抹净
	涂胶位置不当、黏结剂供应不正常或中断	调整或检查修复
	封口零件安装不正确，与被封面不平行，影响封口质量	调整

续表

故障现象	故障原因	排除方法
产品折叠不规整	通道间隙太大,包装材料难以紧贴包装物体,包装材料比包装物体超出较多 用于折叠的零部件安装不好,出现偏向或不到位 包装材料制动力太小,拉膜时出现松弛,包装材料因飘动而跑偏 包装速度太高,使包装在传递过程中产生偏移	调整合适 调整 增大制动力 降低速度
出现卡包现象	包装速度过快,出现包装物体严重偏移,使包装物体超前运动,碰到运动零部件 包装通道太窄,压得太紧,使包装物体运动滞后,碰到正常运动的零部件 送料装置或排料装置不协调、不同步	降低速度 调整合适 调整

10.5.1.2 使用维护

折叠式裹包机的及时维护、保养是保证机器正常工作、防止零配件过早磨损的可靠措施。因此，机器的操作人员必须按期对机器进行维护保养。

① 定期对包装机进行清洁整理，以保持其外观的整洁干净，防止外部的灰尘、杂物由进料口进入机器内部，造成对包装物品的污染。

② 在开机之前，查看机器的各衔接处是否连接牢固，特别要注意那些滑动的表面，零部件使用是否良好以及是否出现磨损。如有异常情况要立即停工断电，并及时通知维修人员前来检测维修。

③ 按照标准启动机器进入工作状态，检查拉膜装置是否顺畅、折叠位置、封口质量及切刀是否变钝，发现问题及时解决，若是零件磨损或失效，应及时更换。

④ 生产过程中需要调整包装速度时，不应片面追求高速度，因为速度太高，包装薄膜会明显地褶皱，造成包装质量不好，实际效率并没有提高。

⑤ 在机器停止之后，对机器进行清洁检查，如发现不清洁之处应加以清理。在需要润滑的地方加上润滑油。

10.5.2 接缝式裹包机的常见故障与使用维护

10.5.2.1 常见故障

接缝式裹包机的常见故障、产生原因及处理方法如表 10-2 所示。

表 10-2 接缝式裹包机常见故障及分析

故障现象	产生原因	排除方法
主机不能启动	电源未接通 主电机保险丝熔断 各类保护开关未合上	接通 更换保险管 合上
裹包成型不稳定、送膜跑偏	进料通道有异物,引起堵塞卡带 包装膜输送张力不均匀 成型器安装位置不理想 送膜速度不匹配	清除异物 调节输送辊筒张力 调整合适 调节包装薄膜张力
纵、横向封口不理想	封口温度的影响 封口压力的影响 包装薄膜质量太差 封口速度不匹配 加热元件或温控热电偶损坏	依包装材料选择温度 定期清理热封器 选择标准的包装材料 调整合适 更换
横封刀座压切物料	进料机构与横向封口不同步 推进器链条振动过大 物料输送 包装材料印刷色标的距离	调整距离 链条太紧或太松 调整上送膜位置角度 调整色标距离

续表

故障现象	产生原因	排除方法
制袋长度尺寸超差	无级变速器锁定不稳定 光电跟踪补偿装置误差 包装膜筒惯性 制袋长度与印刷色标不符	调整稳定 调节 制动 调整合适
横向切断不正常	封切压力和刀具与刀垫的咬合调节	调整或更换刀具

10.5.2.2 使用维护

正确按照接缝式包装机的操作流程使用是维护包装机的最好方法，具体的操作流程如下。

① 在使用前，正确掌握操作方法和安全规则。

② 机器上的任何安全装置、护罩、面锁装置以及安全警告与操作指示、标志等禁止污损。

③ 操作前应先确认紧急停机按钮的位置及操作方法。

④ 工作时必须穿符合安全规定的工作服、工作帽，严禁穿戴宽松衣服、领带、围巾及散发操作。

⑤ 启动前应检查机器各部螺钉是否松动，台面是否有异物。

⑥ 启动后观察机器运转是否正常，有无异响和不正常的情况，如发现应及时通知维修工检查。

⑦ 电源未关闭不得触摸机器内部或电气部分，机器运转中不得将手伸入或接触发热的封轮等。

⑧ 每班工作后应打扫机器的剩余物料，每周大扫除一次并加注润滑油。

接缝式包装机的维修保养要求如下。

① 停机后应及时清洁切刀和尾架部分，保证每班清洁进料输送链与传动链，使其不受腐蚀。

② 对于热封器体，应经常清洁，以保证封口的纹理清晰。

③ 光电跟踪的发光头，应定时清洁，减小光标跟踪的误差。

④ 料盘上散落的物料，应及时清理，保持机件的干净。

⑤ 定时打扫电控箱内的粉尘，以防接触不良等故障。

⑥ 最后是润滑，机械内部存在各种不同的金属部件，所以需要进行润滑，定时给包装机的各齿轮啮合处、带座轴承注油孔及各运动部件加注机油润滑，这样就能够保证运行的灵活性。

10.5.3 扭结式裹包机的常见故障与使用维护

10.5.3.1 常见故障

扭结式裹包机的常见故障、产生原因及处理方法如表 10-3 所示。

表 10-3 扭结式裹包机常见故障及分析

故障现象	产生原因	排除方法
包装材料供送不正常	卷筒包装材料的制动力调节不当 导辊不平行或调节不当 包装材料切刀相对位置和切断时间调节不当 包装材料供送通道间隙调节不当，或由异物引起堵塞卡滞 包装材料商标定位控制系统调节不当 包装材料静电消除不良、互相吸附	调整合适 调整合适 调整合适 调整合适、清除异物 检查消除 调整合适
待包装物品不能正常到位	待包物品供应不足 整理供送机构工作不正常 供送通道黏附异物导致堵塞 推拉机构装配不良导致动作不协调 带物料分切刀的裹包机，分切刀调整不当，工作不协调	增加供应量 检查调整 清除异物 重新装配调整 调整合适
裹包不良	活动折边器的工作位置和工作行程调整不当，动作不协调 活动折边器或固定折边器附着异物，不洁净 转位钳夹手装配不良、定位不准或夹持动作不协调 转位钳夹手附着异物，不洁净 包装材料供送偏移，定位不正确 包装材料规格与被包装物品大小不配	调整合适 清除异物 重新装配调整 清除异物 调整 重选
扭结不良：太松或扭破	扭结机械手的补偿进给运动调整不当 扭转角度太大或太小，即夹爪夹紧时间过长或太短 扭结机械手夹爪夹紧部位不当或动作不协调 扭结机械手的中心线和被包物品的中心线不在一条直线上	调整合适 调整合适 调整 调整一致

10.5.3.2 使用维护

（1）在开机前

① 检查电气控制开关、旋钮开关等是否安全、可靠；各操作机构、传动机构、挡块、限位开关等位置是否正常、灵活有效；在确认一切正常后，才能开机试运行。

② 设备运转后，检查各部位工作情况，有无异常现象及异响。

③ 检查后，要作好试运行记录。

（2）在使用过程中

① 严格按照操作规程使用设备，不得违章操作、野蛮操作；

② 设备内、外、上、下不得放置与设备无关的物品，并保证设备整齐；

③ 应随时注意观察各部件运转情况和仪器仪表指示的准确和灵敏性，如有异常声响，应立即停机检查，直到查明原因、排除为止；

④ 设备运转时，操作工应集中精力，不要边操作边交谈，更不要随意离开操作岗位；

⑤ 设备发生故障后，自己不能排除的应立即与维修人员和上级领导反映；在排除故障时，不要离开维修现场，应与维修人员一起，并提供故障的发生、发展情况，共同作好故障排除记录。

（3）生产结束后

① 设备清洁，无油迹，工作场地清洁、整齐，地面无污迹、垃圾等；

② 各传动系统工作正常，所有零部件灵活、可靠；

③ 润滑装置齐全，保管妥善、清洁；

④ 安全防护装置完整、可靠，内外清洁；

⑤ 设备附件齐全，保管妥善、清洁；

⑥ 工具箱内工具存放整齐、合理、清洁，并严格按要求保管；

⑦ 设备上各部件无损、灵敏，润滑件足够润滑、各管件接口处无泄漏现象；

⑧ 在保养时，各活动部件应处于非工作状态位置，电气控制开关、旋钮等回复至“0”位，切断电源；

⑨ 认真填写维护保养记录；

⑩ 保养工作未完成时，不得离开工作岗位；保养不合要求，检查人员提出异议时，应虚心接受并及时改进。

10.5.4　收缩式包装机的常见故障与使用维护

10.5.4.1　常见故障

收缩式包装机的常见故障及排除方法主要有如下内容。

(1) 收缩室无加热现象的检查内容和解决方法

① 加热开关接触不良，调换开关；

② 检查输入电源是否正常，有无缺相或短路，调换电线；

③ 电热管线头未接实或电热管损坏，更换；

④ 调温控制板损坏，更换；

⑤ 交流接触器损坏，更换。

(2) 输送网不转的检查内容和解决方法

① 驱动电机或控制开关损坏，调换；

② 调速控制板坏，调换；

③ 链条过紧，放松两端松紧螺母；

④ 输送开关失灵，调换；

⑤ 输送机构卡住，检查后排除故障。

(3) 热风电机不转的检查内容和解决方法

① 热风开关损坏，调换；

② 热风电机损坏，调换；

③ 风叶卡死，检查后排除。

10.5.4.2　使用维护

热收缩包装机的使用要注意以下几点：

1) 收缩包装机分为上下热室，上下室内有一组为固定开通电热管，另一组为温度可调电热管；一般收缩室温度要控制在 230℃ (6～7 档) 以下，输送速度控制在 6～7 档以下，如果超温、超速运行，会导致电路过早老化，电气元件寿命、机器使用寿命都会降低。

2) 收缩包装机的电源一般采用 380V，三相四线、四脚插头、电源线截面要大于 $6mm^2$。零线务必接入机器，否则无法运行；如果该设备采用的是 220V 电源，三脚插头，电源线截面要大于 $4mm^2$，机壳必须可靠接地，才能开机操作。

3) 该设备在使用前一定要检查好，确保无误方可开车，使用三个月以上，应对收缩室的耐温电线进行检查，根据其老化程度，酌情更换。

4) 在选择收缩包装机位置的时候，一定要选择一个通风较好的地方，这样有利于散热，防止电器元件过热；包装物经过工作室时，尽量放在中间，以免碰坏石英管。

5）一般机器工作时，操作人员的手掌等部位不允许与机器的运转部位相接触，特别是收缩室内部的温度极高，很容易烫伤。

6）包装结束时，一定要先关闭加热开关，让输送电机和风机电机运行10min左右后，再把整个电源切断。

10.5.5 拉伸缠绕式包装机的常见故障与使用维护

10.5.5.1 常见故障

拉伸缠绕式包装机的常见故障及排除方法主要有如下内容。

（1）缠绕机启动时无动作

① 总电源是否接通，要检查外接电源，重新送电；

② 控制电源是否接通，打开开关电源或者是合上配电柜的开关；

③ 按下急停钮不反弹，再按一下，让它弹起；

④ 暂停按钮按下，放开再按，让它弹起来；

⑤ 电源线与其他设备出现故障，要重新接电源；

⑥ PLC损坏的需要重新更换。

（2）缠绕式包装机的转盘不转

① 变频器参数错误或烧毁，重新设定参数或更换；

② 转盘电机故障，检查电机故障原因，确定维修或更换；

③ 转盘链条断裂或链轮之间的距离不适，更换链条或调整链轮距离；

④ 转盘减速机与链轮连接不正常，更换连接平键或链条；

⑤ 旋钮损坏，底盘不转（E型设备），进行更换；

⑥ PLC没有输出，更换。

（3）转盘运转后，有杂音出现

① 地面不平，要求用户整理或更换放置地点；

② 个别托轮磨损严重，更换托轮；

③ 检查电压是否稳定，如不稳定需要改善电源品质或调整变频加减速的时间。

（4）薄膜架的送膜速度不能调整

① 直流调速盒损坏，无输出，更换；

② 个别托盘轮磨损严重，重换托轮。

10.5.5.2 使用维护

拉伸缠绕式包装机的正确操作顺序如下。

1）机器处于初始位置，将薄膜固定在转盘或货物上，按自动运行按钮。

2）转盘启动开始加速运转至最高速，薄膜随转盘运转自动输出，同时转盘计数，当到达底层设定值时膜架开始上升。

3）膜架上升至光电开关照射不到货物时，延时设定的时间后膜架停止上升，上下次数计1次，转盘继续运转，转盘计数，当到达设定的顶层圈数时，膜架下降，下降至底部时膜架停止，上下次数下再计1次，并开始计底层圈数。

4）以此类推，直至上下次数达到设定值时，包装过程完成。转盘缓慢降落，在初始的检测点停止。

拉伸缠绕式包装机的日常维护，一般来说可以分为三个步骤：各部件的润滑、部件的定期清洁以及日常的基本维护，日常维护的好坏直接影响到自动缠绕机的使用寿命。为此，要以缠绕式包装机的基本维护和保养知识为基本，进行仔细和认真的维护。

1）定时给拉伸缠绕式包装机各齿轮啮合处、带座轴承注油孔及各运动部件加注机油润滑，每班一次，要做到日复一日。

2）在加注润滑油时，请注意不要将油滴在传动带上，以防造成打滑丢转或带过早老化损坏。

3）减速机是拉伸缠绕式包装机中重要的组成部分，减速机严禁无油运转，每次运转300h 后，清洗内部换上新油，其后每工作 2500h 换油。

4）各部件的润滑工作很重要，另外对于润滑油的质量好坏也需注意。例如，在－5～10℃环境下使用工业齿轮油 ISO VG150，在 10～40℃的时候使用工业齿轮油 N320，能达到理想的润滑效果。

5）注重包装机的清洁工作，尤其对于食品行业而言，清洗是非常重要的，有效的清洁不仅能够延长拉伸缠绕式包装机的使用寿命，而且可以保证食品质量的安全卫生。

参考文献

[1] 梁凤尧．透明膜三维包装机工作原理及使用维护［J］．轻工科技，2012（3），47-48.
[2] 吴新成．接缝式裹包机的控制系统设计与研究［D］．武汉工业学院，2010.
[3] 李华永．二工位联合包装机［J］．上海食品科技，1979（3），9-15.

第 11 章　贴 标 机 械

11.1　概述

贴标机就是在包装件或产品上加上标签的机器。绝大多数液态和部分粉状或粒状瓶装或盒装产品采用机器贴标。标签对商品有装潢作用，同时便于商品的销售与管理。标签上的商标、商品的规格及主要参数、使用说明与商品介绍，是现代包装不可缺少的组成部分。

18 世纪出现了简单的手动贴标工具，到现在已有二百年的历史。工业革命推动了工业技术的进步，各行各业的竞争使人们对商品的包装、装潢提出了更高的要求。从早期的贴单一标发展到贴双标、环身标、肩标、颈标、挂标，以及其他能够增加商品美感的装潢形式，原来简单手动贴标形式已远不能满足生产的需要，一些功能齐全、产量高、自动化程度高的贴标机便问世了，并且飞速发展。

11.1.1　贴标机械的分类

标签的材质、形状很多，被贴标对象的类型、品种也很多，贴标要求也不尽相同。例如，有的只需贴一张身标；有的要求贴双标；有的则要求贴三个标签（身标、肩标、颈标）；有的只要求贴封口标签；另外生产率的要求也不同。为满足不同条件下的贴标需求，贴标机有多种多样，不同类型品种的贴标机，存在着贴标工艺和有关装置结构上的差别，当然也存在着共性。

按标签的种类，可分为片式标签贴标机、卷筒状标签贴标机、热黏性标签贴标机和感压性贴标机及收缩筒形标签贴标机；

按标签贴的长度，可分为单面贴标机、双面贴标机、三面贴标机和多面贴标机；

按自动化程度，可分为半自动贴标机和全自动贴标机；

按容器形状，可分为方瓶贴标机、圆瓶贴标机、扁型瓶贴标机和小型异形瓶贴标机；

按容器的运行方向，可分为立式贴标机和卧式贴标机；

按容器的运动形式，可分为直通式贴标机和转盘式贴标机；

按贴标工艺特征，可分为压捺式贴标机、滚压式贴标机、搓滚式贴标机、刷抚式贴标机；

按贴标机结构，可分为龙门式贴标机、真空转鼓式贴标机、多标盒转鼓贴标机、拨杆贴标机、旋转形贴标机；

此外，还可以包装容器的材料（镀锡罐、玻璃瓶罐、纸质盒罐），贴标机构以及黏结剂的种类等进行分类。

11.1.2　贴标机械的特点

① 一般结构复杂，运动速度快，动作精度高。为满足性能要求，对零件的刚度要求和表面质量等都有较高的要求。

② 用于食品和药品的包装机要便于清洗，与食品和药品接触的部位要用不锈钢或经化学处理的无毒材料制成。

③ 进行包装作业时的工艺力一般都较小。

④ 一般都采用无级变速装置，以便灵活调整速度、调节生产能力。

⑤ 特殊类型的专业机械，种类多，生产数量有限。

11.1.3　贴标机械的发展趋势

随着各种贴标技术的深入发展，贴标机正向以下几个方向发展。

① 高生产率、高可靠性、高精度、好的柔性和灵活性，注重成套性和配套性；

② 自动化程度不断提高，过去的手工或半手工的复杂作业，已被半自动或自动的贴标机所取代，且逐渐向控制智能化的方向发展；

③ 先进的机电技术和新元件被综合应用于贴标机中，并通过采用先进的设计方法提高产品设计质量，缩短制造周期。

贴标机作为包装生产线的一个重要组成部分，直接影响到包装质量，因此要努力提高贴标质量，根据贴标要求从设计、制造、装配、调试等方面综合考虑，以较低的成本满足贴标机的功能要求。

11.2　典型贴标机械的结构及工作原理

11.2.1　直线式真空转鼓贴标机

直线式真空转鼓贴标机是最常见的湿胶贴标机，因真空转鼓的作用和贴标流程不同有多种形式。

11.2.1.1　圆柱体容器直线式真空转鼓贴标机

① 标盒供标　直线式真空转鼓贴标机如图 11-1 所示，由板式输送链 1、供送螺杆 2、真空转鼓 3、五条搓滚输送带 7、海绵橡胶衬垫 8 及涂胶装置 4、印码装置 5、标盒 6 等组成。该机特点是：搓滚装置是与真空转鼓分开的独立装置；除利用真空实现取标、送标外，还能完成打印字码、涂胶、贴标等工作；设有“无瓶不取标”和“无标不涂浆”装置。

在图 11-1 中，真空转鼓 3 不断地绕自身垂直轴作逆时针旋转，并把标盒 6 中的标签取出送到贴标工位。转鼓圆柱面分隔为若干个贴标区段，每一段上有起取标作用的一组真空小孔，小孔直径为 3～4mm，其真空的“通”或“断”靠转鼓中的滑阀来控制。转鼓外有两个标盒，作摆动与移动的复合运动，整个过程以一定的速度重复着送进—吸标—急退回—再送进的循环动作，其运动规律保证真空转鼓 3 能从标盒 6 中取出标签。涂胶装置 4 由胶盒、上胶辊和涂胶辊等组成。贴标时胶盒绕其轴心摆动，当真空转鼓 3 带着标签经过涂胶装置 4 时，涂胶辊靠近转鼓 3 给标签涂胶，随后即摆离转鼓 3，以免胶液涂到转鼓上，胶盒的这些动作是依靠弹簧和凸轮完成的。

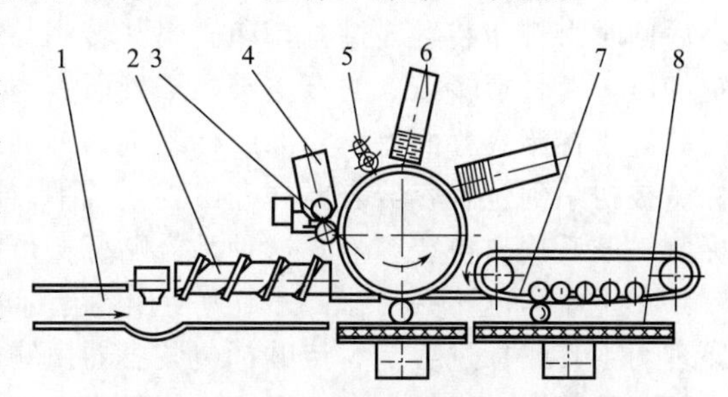

图 11-1　直线式真空转鼓贴标机示意图

1—板式输送链；2—供送螺杆；3—真空转鼓；4—涂胶装置；5—印码装置；6—标盒；7—搓滚输送带；8—海绵橡胶衬垫

其工作过程是：容器由板式输送链 1 进入供送螺杆 2，使容器按一定间隔送到真空转鼓 3，同时触动“无瓶不取标”装置的触头，使标盒 6 向转鼓靠近；标盒支架上的滚轮触碰真空转鼓的滑阀，使正对标盒位置的真空气眼接通，从标盒 6 中吸出一张标签贴靠在转鼓表面；随后，标盒6离开转鼓准备再次供标。带有标签的转鼓经印码、涂胶等装置，在标签上打印批号、生产日期并涂上适量黏结剂。随着转鼓的继续旋转，已涂黏结剂的标签与螺杆送来的待贴标容器相遇，当标签前端与容器相切时，转鼓上的吸标真空小孔通过阀门逐个卸压，标签失去吸力，与真空转鼓3脱离而粘附在容器表面上。容器带着标签进入搓滚输送带7和海绵橡胶衬垫8构成的通道，标签被抚平、贴牢。至此，一个贴标动作全部完成。该机仅适用于圆柱体容器上粘贴一个身标。

② 卷盘标签供标　图11-2为使用卷盘标签的圆柱体容器直线式真空转鼓贴标机工作原理图。

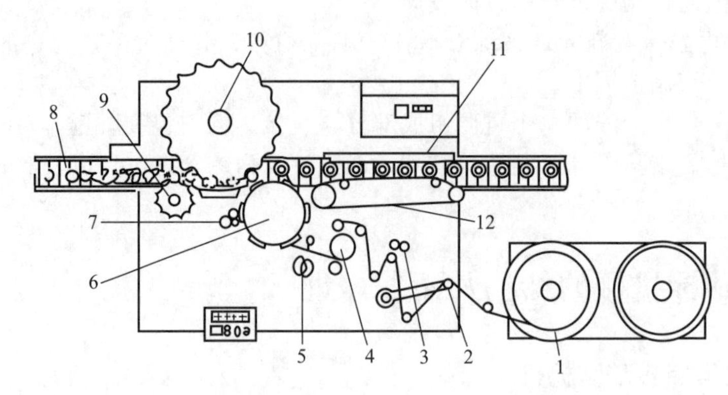

图11-2　使用卷盘标签的圆柱体容器直线式真空转鼓贴标机示意图

1—卷盘标签；2—导辊；3—打印装置；4—输送装置；5—裁切装置；6—真空转鼓；7—涂胶装置；8—板式输送链；9—分隔轮；10—锯齿形拨轮；11—施压衬垫板；12—摩擦带

11.2.1.2　非圆柱体容器直线式真空转鼓贴标机

① 标盒供标　图11-3为非圆柱体容器直线式真空转鼓贴标机工作原理图。工作时，待贴标包装容器由板式输送链10经过供送螺杆9，以等距分隔供送。当摇摆式标盒1与真空吸标传送辊2上的吸标版接触时，吸标传送辊利用真空吸力取出单张标签，并作回转传送，之后同时由打印装置8进行打印。当其转到与真空转鼓3上的真空吸标板接触时，吸标传送辊卸压，而真空转鼓3的真空吸标板接通真空，将吸取标签，在真空转鼓的转动过程中由涂胶装置4在标签背面涂胶。涂胶标签进入贴标工位与供送来的包装容器在加压辊5处接触，标签被初贴到包装容器表面并经由辊6抚平。随后，包装容器经按压装置7进一步加压贴牢标签，最后输出包装容器。这种黏合贴标机可根据需要进行单面贴标和前后双面贴标。

② 卷盘标签供标　图11-4为使用卷盘标签的非圆柱体容器直线式真空转鼓贴标机工作原理图。其贴标过程是，待贴标包装容器由输送装置送进，经分隔星轮、拨轮9分隔拨送到贴标工位。同时标签卷盘1引出，绕经张紧轮2、打印装置3，到达由输送对辊组成的输送装置4，输送对辊牵拉标签带由回转式裁切装置5进行模切而成单张标签。单张标签在真空吸力作用下随真空转鼓6作回转传送，传送中由涂胶装置8在标签背面进行涂胶。同时模切后标签余料由收卷装置7进行收卷。当标签传送至贴标工位，真空转鼓卸压消除真空吸力，与供送来的包装容器接触，标签被初贴到包装容器表面并经由后辊抚平。随后，包装容器经按压装置10进一步加压使之贴牢，最后由输送链送出。

11.2.2　回转式真空转鼓贴标机

回转式贴标机由板式输送链与回转工作台交替载运容器，通过相应的贴标工作区段。容器贴标机上经过的是一条由直线与圆弧组成的轨迹。回转式真空转鼓贴标机，是回转式贴标机中应用较为广泛的一种。它采用了真空转鼓结构部件，具有吸标、传输、贴标等多方面的

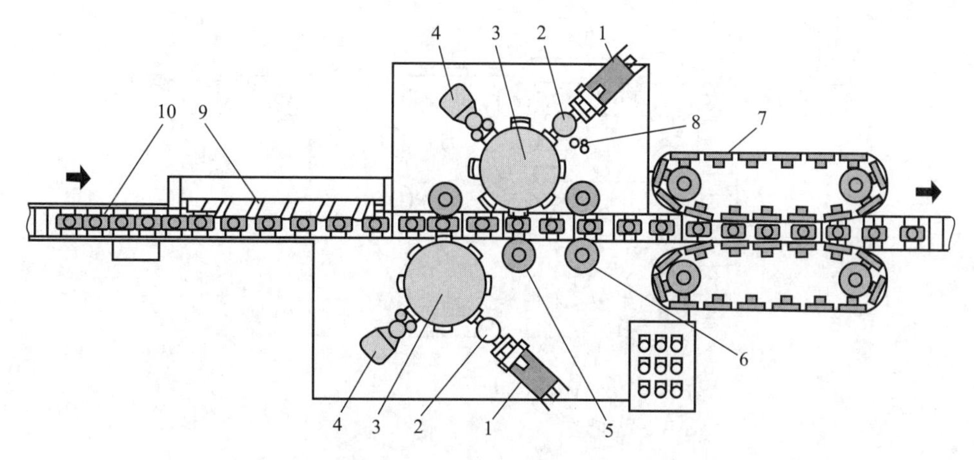

图 11-3　非圆柱体容积直线式真空转鼓贴标机示意图

1—标盒；2—吸标传送辊；3—真空转鼓；4—涂胶装置；5—加压辊；6—后辊；7—按压装置；8—打印装置；9—供送螺杆；10—板式输送链

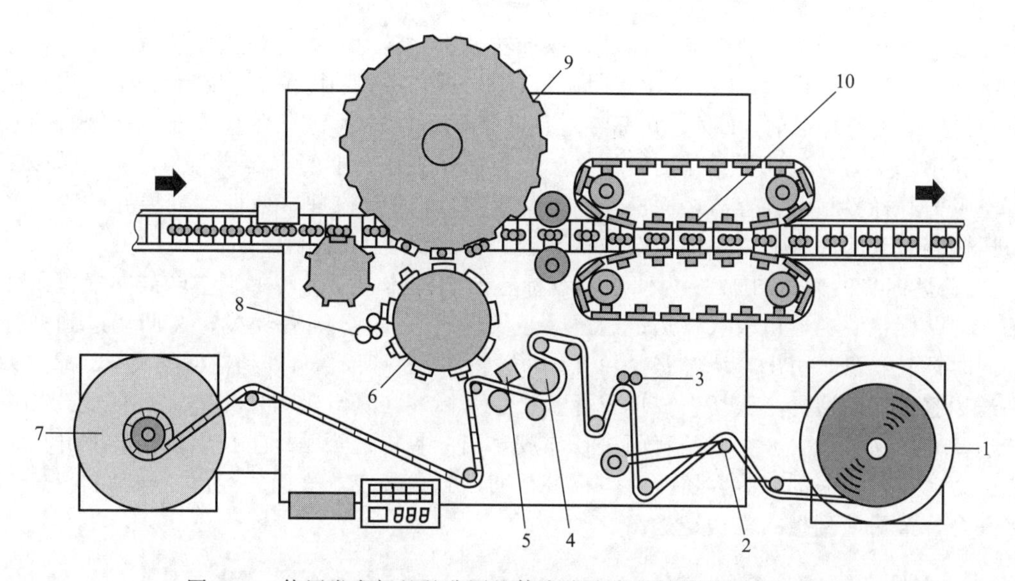

图 11-4　使用卷盘标签的非圆柱体直线式真空转鼓贴标机示意图

1—标签卷盘；2—张紧轮；3—打印装置；4—输送装置；5—裁切装置；6—真空转鼓；7—收卷装置；8—涂胶装置；9—拨轮；10—按压装置

功能，机器结构合理简单，并能提高贴标工作效率和工作可靠性。

11.2.2.1　圆柱体容器回转式真空转鼓贴标机

① 标盒供标　图 11-5 为回转式真空转鼓贴标机示意图。它由取标转鼓 1、涂胶装置 2、真空转鼓 3、板式输送链 4、分隔星轮 5、供送螺杆 6、星形拨轮 7 和 8、回转工作台 9、理标毛刷 10、打印装置 11、标盒 12 组成。该机特点是：搓滚装置是与真空转鼓分开的独立装置；除利用真空实现取标、送标外，还能完成打印字码、涂胶、贴标等工作；设有“无瓶不取标”和“无标不涂浆”装置。

回转式真空转鼓贴标机适用于圆柱体容器的贴标。工作时容器先由板式输送链 4 送进，经供送螺杆 6 将容器分隔成要求的间距，再经星形拨轮 7，将容器送到回转工作台 9 的所需工位，同时压瓶装置压住容器顶部，并随回转工作台一起转动。标签放在固定标盒 12 中，

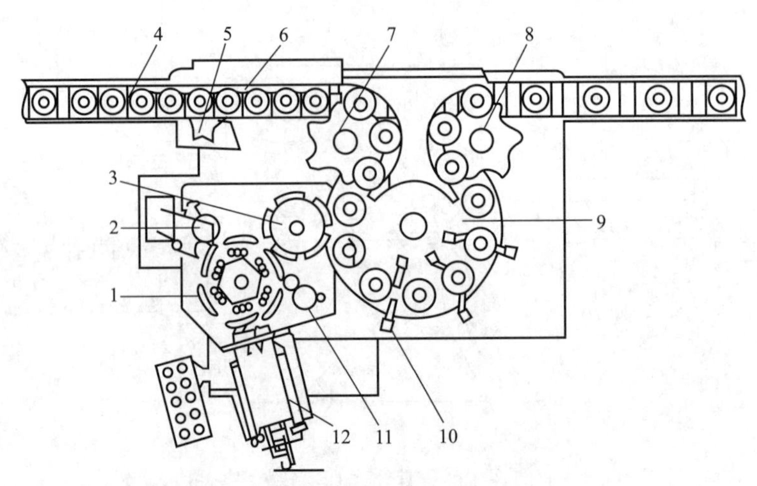

图 11-5 回转式真空转鼓贴标机示意图

1—取标转鼓；2—涂胶装置；3—真空转鼓；4—板式输送链；5—分隔星轮；6—供送螺杆；7,8—星形拨轮；9—回转工作台；10—理标毛刷；11—打印装置；12—标盒

取标转鼓 1 上有若干个活动弧形取标板，取标转鼓 1 回转时，先经过涂胶装置 2 将取标板涂上黏结剂，转鼓转到标盒 12 所在位置时，取标板在凸轮碰块作用下，从标盒 12 粘出一张标签进行传送。经打印装置 11 时，在标签上打印代码，在传送到与真空转鼓 3 接触时，真空转鼓 3 利用真空力吸过标签并作回转传送。当与回转工作台上的容器接触时，真空转鼓 3 失去真空吸力，标签粘贴到容器表面。随后理标毛刷 10 进行梳理，使标签舒展并贴牢，最后定位压瓶装置升起，容器由星形拨轮 8 送到板式输送链 4 上输出。

② 卷盘标签供标　图 11-6 为使用卷盘标签的圆柱体容器回转式真空转鼓贴标机工作原理图。待贴标包装容器由板式输送链送进，经供送螺杆 10 分隔后经拨轮 9 回转送到贴标工位。同时标签卷盘 1 引出，绕经张紧轮 2、输送轮 3、打印装置 4，到达标签夹 5，标签夹向前夹送标签经切断装置 6 裁切而成单张标签。单张标签在真空吸力作用下随真空转鼓 7 作回转传送，并由涂胶位置 8 在标签背面进行涂胶。当标签传送至贴标工位，真空转鼓卸压消除真空吸力，与供送来的包装容器接触，标签被初贴到包装容器表面并经由后辅助装置进一步抚平黏合，最后回到板式输送链送出。

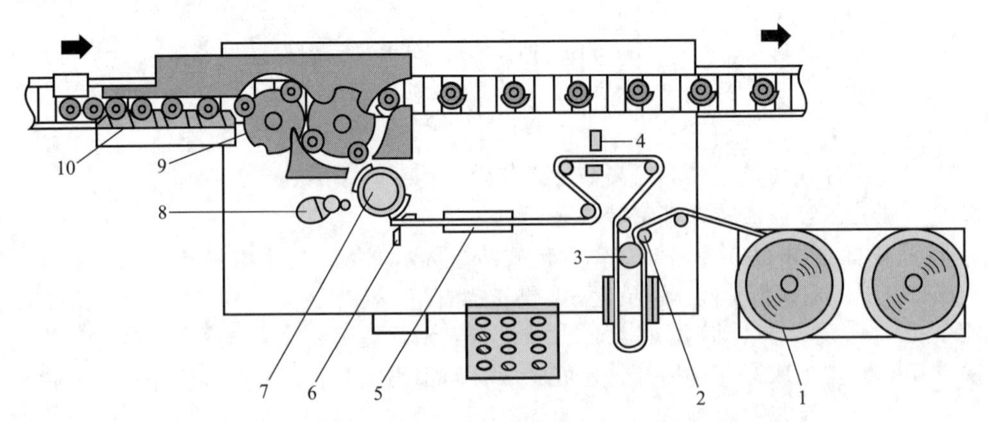

图 11-6 使用卷盘标签的圆柱体回转式真空转鼓贴标机示意图

1—标签卷盘；2—张紧轮；3—输送轮；4—打印装置；5—标签夹；6—切断装置；7—真空转鼓；8—涂胶装置；9—拨轮；10—供送螺杆

11.2.2.2　非圆柱体容器回转式真空转鼓贴标机

非圆柱体容器回转式真空转鼓黏合贴标机，可用于各种形状的包装容器进行多种标签的贴标，其典型工作原理如图 11-7 所示。工作时包装容器由输送链 1 经供送螺杆 2 进行间距分隔，而后容器由拨轮 3 推拨，沿导板 4 送到回转工作台的定位托盘 6 中。同时真空吸标器 10 从标盒 9 取出一张标签，经打印装置 11 打印代码、涂胶装置 7 涂胶，当与回转工作台上的待贴标包装容器相遇时，真空转鼓卸压，标签即粘贴到包装容器表面。随后经滚轮 13 和 14 的滚压整理，将标签贴牢，最后已贴标容器由星形拨轮 5 拨送到输送链上输出。当需要对包装容器进行双面贴标时，前后两套真空转鼓装置同时工作，通过定位托盘作传送回转运动，完成双面贴标。

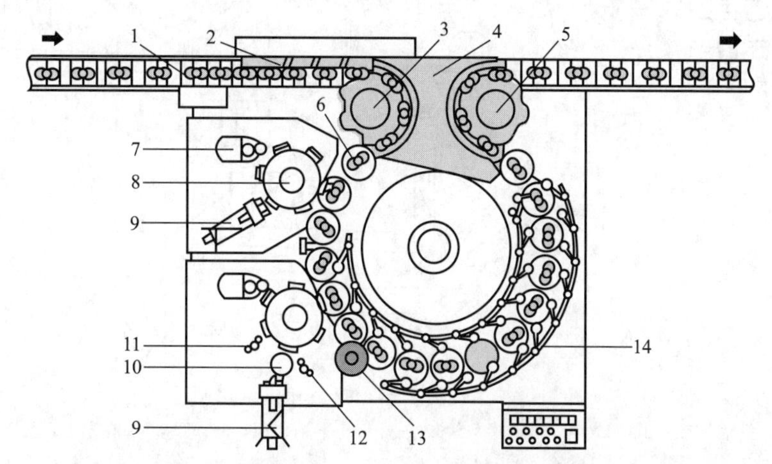

图 11-7　非圆柱体容积回转式真空转鼓黏合贴标机示意图

1—输送链；2—供送螺杆；3,5—星形拨轮；4—导板；6—定位托盘；7—涂胶装置；
8—真空转鼓；9—标盒；10—真空吸标器；11,12—打印装置；13—大滚轮；14—小滚轮

11.2.3　不干胶自动贴标机

不干胶贴标机是指利用卷筒式不干胶标签对包装物进行贴标的机械。不干胶贴标机按容器的运行方向可分为立式贴标机、卧式贴标机和倾斜式贴标机等。

11.2.3.1　立式圆瓶不干胶贴标机

立式圆瓶不干胶贴标机的工作原理为：瓶子由理瓶机进入贴标机传输带后，经过分瓶轮后间隔适当的距离。当瓶子经过测物电眼时，电眼发出信号，信号经过处理后，在瓶子到达与标签位置相切时，步进电机启动，同时打印机工作，在标签上打印日期。当标带经过剥离板时，由于标带上的标签较硬，它不易沿剥离板急转弯，因此当标带的底纸急转弯时，标签由于惯性继续向前运动，与底纸分离，顺势与输送到位的瓶子粘贴，进入滚贴装置进行滚压，贴到容器瓶上。另外一个测物电眼检测到一个标签完全经过时，发出步进电机停转信号，完成不干胶贴标机的一个贴标工作过程。

图 11-8 所示为立式圆瓶不干胶贴标机的外形图，由以下几部分组成：输送带 1、分瓶轮 2、放标盘 3、打印机 5、滚贴座 6、滚贴带 7、滚贴板 8、输送带电机 9、护栏 11、支座 13 以及高低调整架、传感器和微机控制系统等组成。底座支架主要起支撑作用，其上装有输送带及分瓶轮、供标装置、滚贴装置和传感器及微机控制系统等。其中分瓶轮、供标装置和贴标装置可以在调整支架上上下、左右调整。输送带主要是完成瓶子的输送，它由输送带电机驱动。分瓶轮主要起到使瓶子分隔开适当的距离，以免使瓶子在贴标过程中漏贴标签。供标装置是包括步进电机、送标机构、收标机构、标带张紧机构、不干胶标带、标签剥离板和印

字机等。打印机主要完成标签日期的打印。滚贴带是实现标签与瓶子的结合，也就是使标签贴在瓶子上，一般有驱动电机带动。传感器及微机控制系统是信号检测与发出的核心控制部分，由软件和硬件两部分组成。它主要完成瓶子的检测、打印装置及供标装置的步进电机的启动、控制标带的张力、显示瓶子的数量、协调各电机之间的速度关系和安全报警。

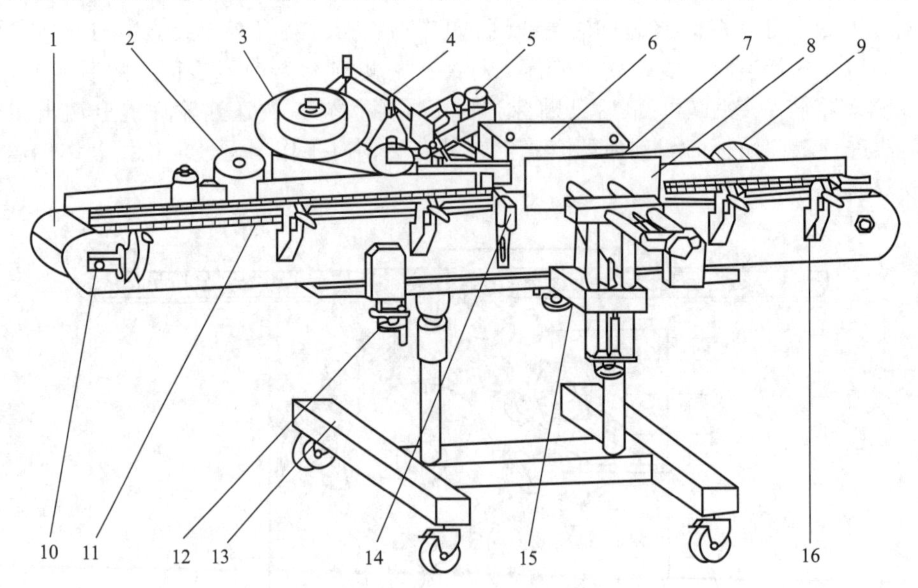

图 11-8 立式圆瓶不干胶贴标机示意图

1—输送带；2—分瓶轮；3—放标盘；4—标带松紧调整板；5—打印机；6—滚贴座；7—滚贴带；8—滚贴板；9—输送带电机；10—输送带松紧调整螺杆；11—护栏；12—标签高低调整架；13—支座；14—电眼；15—滚贴带高低调整架；16—护栏固定座

图 11-9 为标签的输送和底纸回收机构，包括放标机构、剥离板、牵引机构和收纸机构。在瓶子到达与标签位置相切时，步进电机启动，带动牵引辊拉动底纸，当标带上的拉力大于摆杆末端的弹簧拉力时，摆杆顺时针摆动。由于摆杆顺时针摆动，刹车带与放标盘中心轴脱离，放标盘在标带的拉动下转动。当一个标签完全经过时，测物电眼发出步进电机停转信号，此时由于摆杆末端的弹簧拉力作用使摆杆复位，刹车带重新抱紧放标盘中心轴，放标盘停转。

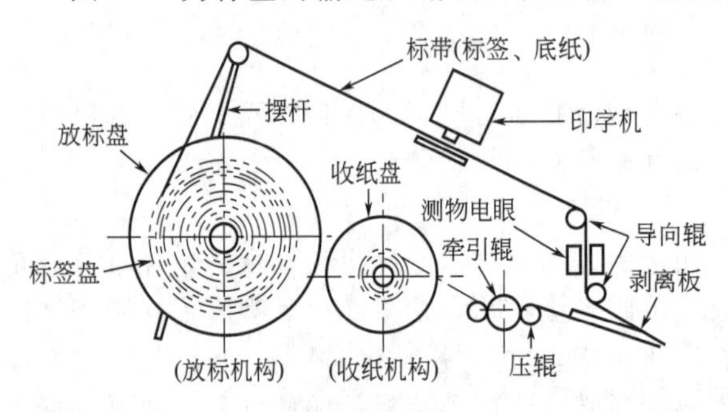

图 11-9 立式圆瓶不干胶贴标机贴标工艺过程

收纸机构主要用于底纸的回收。由于在贴标过程中步进电机带动牵引辊的速度不变，而底纸的卷筒半径在不断地扩大，这里采用步进电机通过锥形带变速带动收纸盘的转动。

11.2.3.2 异形瓶不干胶贴标机

目前，国内外已大量使用圆形瓶和扁形瓶的不干胶贴标机，由于异形瓶自立能力差，不能采用传统的立式圆瓶贴标机旋转瓶法进行贴标。异形瓶不干胶贴标机的组成原理框图如图 11-10 所示，整机结构由贴标头、履带式传送带、上瓶机构、底座支架、单片微型计算机控制系统组成。

① 贴标头 贴标头主要用于安装步进电机、送纸机构、回纸机构、张紧机构、不干胶标带、压标装置、出标装置、控制装置，完成标带的输送与控制，其结构原理图如图 11-11

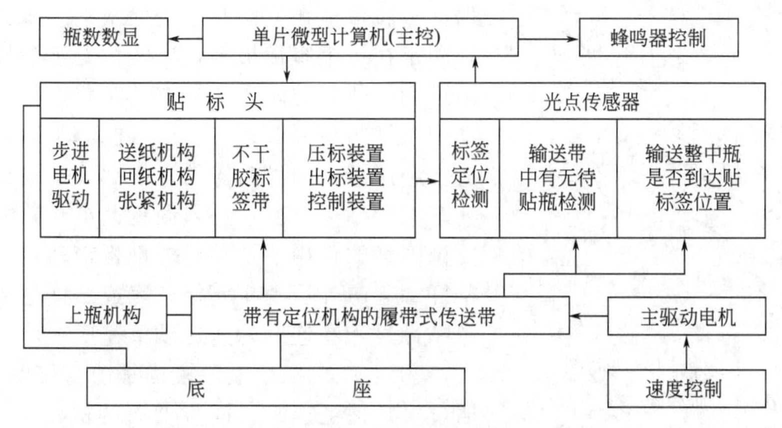

图 11-10　异形瓶不干胶贴标机组成原理框图

所示。贴标头由盘式标带的带架、送带、收带、刹带、出标机构组成，采用间歇运动方式。瓶到达贴标位置时，标带自动运行一步，让标准确地贴在瓶上。贴标的位置精度由三个光电传感器联合控制：光电传感器 3 用于检测输送带中是否有瓶，光电传感器 9 用于检测标的定位，光电传感器 3 用于检测输送带中瓶是否到达贴标位置。

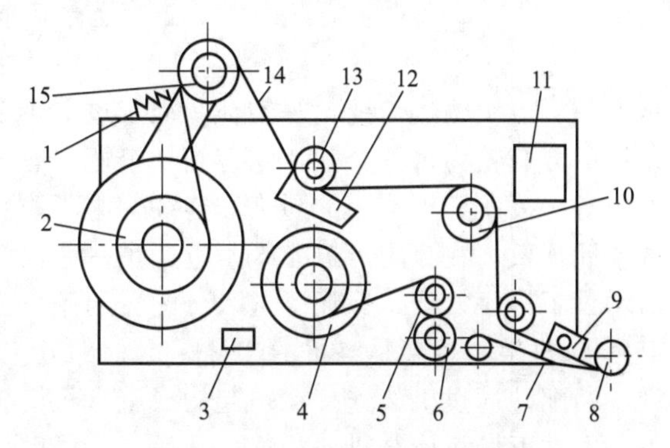

图 11-11　贴标头结构原理简图

1—弹簧；2—标带纸盘；3，9—光电传感器；4—标带回纸盘；5—偏心压辊；6—送纸辊；7—出标板；8—压标辊；10—导纸管；11—贴标数显示窗口；12—标带张紧压块；13—标带张紧导纸管；14—标带；15—加纸

② 履带式传送带　带有定位机构的履带式传送带主要用于安装主驱动电机、上瓶机构、装有定位机构的履带板、检测定位机构是否到位的光电传感器的微调机构，完成瓶的定位和输送。履带式传送带为传送瓶的机械主体，每节履带板上都装有一套瓶定位夹具，图 11-12 为夹具的结构原理图，这种结构可以保证瓶在平稳运行中具有较高的定位精度。

定位夹具有两个定位夹块、两个推板、两个支座、两个推杆、一个复位弹簧的对称结构组成。由于小型异形瓶的关键尺寸为几个型面的夹角，而且贴标签时既要保证贴标表面水平，又要保证贴标表面中线位置不变，为此采用对称定位夹块。定位夹块为了满足贴标表面水平，根据瓶的夹角设计夹块的锥角；为了防止夹紧时瓶的转动，通过大量的调研和试验，确立了一个符合瓶角度的定位块角度；为了保证瓶在每一个夹具中位置的一致性，在履带板上增加了竖直立板，并在安装中保证了每个履带板上定位支座轴孔中心线与立板平行且与立板距离误差不超过±0.05mm，这样在定位夹块夹紧力的作用下使瓶的底部与立板接触，保证了瓶在每个履带板中的前后位置精度。从而满足了夹紧时瓶的定位要求。

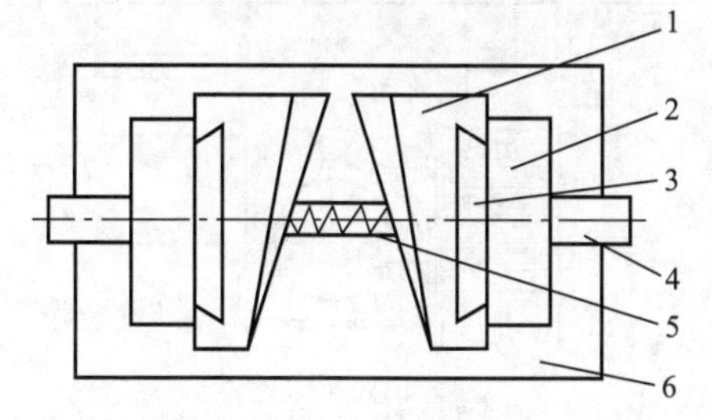

图 11-12　夹具结构原理图

1—定位夹块；2—定位推杆支座；3—定位块推杆；4—定位推杆；5—复位弹簧；6—履带板

履带式传送带由交流调速电机驱动双链条传动，履带板固定在链条上随链条一起运动，通过托链机构

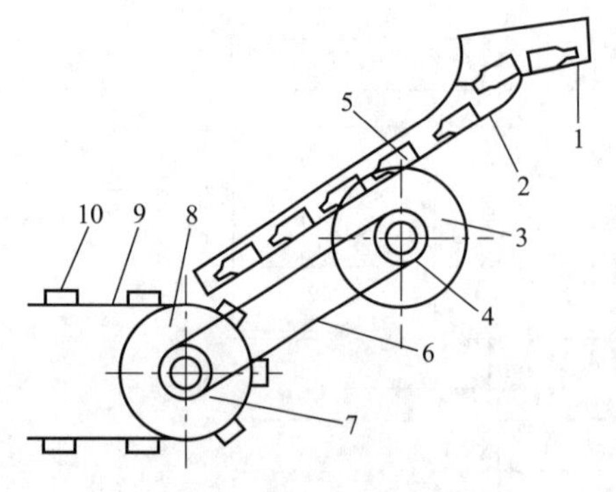

图 11-13 上瓶机构原理简图

1—排序滑道；2—下瓶滑道；3—分瓶轮；4—从动小链轮；5—瓶子；6—链条；7—主动小链轮；8—输送带从动链轮；9—输送带；10—夹具

保证了履带板在上面时上表面水平。每对定位支座分别固定在一个履带板上，以定位支座为导向利用一对渐近渐扩凸轮的渐进部分推动定位推杆，定位推杆推动定位推板带动定位夹块一起运动实现瓶的定位夹紧；利用渐近渐扩凸轮的直线部分实现瓶在定位夹紧状态下的贴标过程；进入渐近渐扩凸轮的渐扩部分在复位弹簧的作用下推动定位推板带动定位夹块和定位推杆一起向外运动将瓶松开完成贴标过程。从而满足了贴标过程在连续匀速运动下完成。

③ 上瓶机构 上瓶机构是由链传动带动分瓶轮，通过滑道保证连续、同步上瓶的机构。图 11-13 为上瓶机构原理图，不仅保证了将瓶连续、同步地送上输送带，而且保证了瓶口方向一致。

上瓶机构与输送带通过等比链传动实现连续、同步上瓶。由于输送带链轮每转动一周走过七个夹具，为了保证每个夹具中只送一个瓶，所以设计的分瓶轮为每两个叶片间容纳一个瓶、有七个叶片的盘型分瓶轮。通过分瓶轮从封闭滑道内有序拨瓶实现上瓶的同步和连续。为了防止分瓶轮的叶片切入点与封闭滑道内的瓶子出现卡死现象，在封闭滑道死区附近开了一个活门，以使卡住的瓶可以顺利通过。在下瓶滑道前增设了排序机构，保证了进入分配器的瓶口方向一致。

④ 机架 机架是整机的连接、支承部分。为了便于维修和清洗，采用了各部分独立设计、装配，通过机架连接在一起构成整台机器。履带式传送带固定在机架上，贴标头通过上下、左右可调机构与机架相连，从而实现了贴标头位置可调的要求。采用贴标头左右可调结构是为了满足所贴标在贴标表面上左右位置要求。贴标头上下可调结构是为了满足出标角度可调和出标口与贴标表面间的位置要求。

⑤ 单片微型计算机控制系统 由硬件和软件两部分组成，主要完成贴标系统的控制、计数和报警。底座支架主要起连接支承贴标头、带有定位机构的履带式传送带的作用及实现贴标头的上下、左右调整作用。

11.2.4 压式贴标机

图 11-14 是一种半自动压式贴标机的示意图。该机需要人工上瓶、卸瓶。其中真空吸标部件 1 可沿导轨做往复运动，其上的吸嘴在某一确定位置接通真空，依靠真空吸力，吸嘴从标盒 3 吸取上面的一张标签。在标盒 3 上部装有吹风嘴 4 与梳齿 2，使标签处于松散状态，以保证真空吸嘴每次只吸取一张标签。吸取标签后真空吸标部件 1 向右运动，通过涂胶辊 5 时，标签背面被涂上一层黏结剂。真空吸标部件 1 继续向右运动，直到碰到前缓冲挡 9 时停止，吸嘴随之下降到待贴标的瓶子 7 上。当标签与瓶子接触时，吸嘴切断真空，标签落在容器上。然后真空吸标部件返回，上压垫 8 下降，衬有橡胶的压垫即压捺一下，使标签紧密地贴在容器上。后缓冲挡 10 限制吸嘴的返程运动，并准确地开始下一贴标循环。

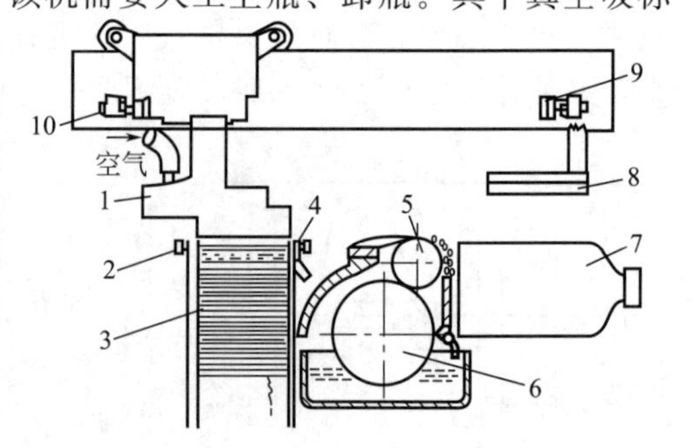

图 11-14 半自动压式贴标机示意图

1—真空吸标部件；2—梳齿；3—标盒；4—吹风嘴；5—涂胶辊；6—胶木辊；7—待贴标瓶子；8—上压垫；9—前缓冲挡；10—后缓冲挡

这种贴标机，只需改变个别部件，即可用于在瓶子（方瓶、扁瓶或异形瓶）、纸箱、纸盒及其他产品上贴标签。该机可采用各种纸质的标签，如素纸、光纸或涂上漆的纸，也可贴锡箔标签。

11.2.5　滚动式贴标机

滚动式贴标机通常是利用涂胶装置在容器表面某些部位涂上黏结剂，通过容器在运输或转位过程中的自转，将标签紧裹在其表面上，然后通过毛刷或搓滚传送带将标签压紧压实。这类贴标机适用于圆形食品罐头的贴标，是针对圆形罐头可以滚动的特点进行设计的。

图 11-15 为一圆罐自动贴标机简图。它主要由罐头输送装置、贴标装置、标签高度控制装置、传运装置及机架等组成。工作时需贴标签的圆罐沿进罐斜板 8 滚到罐头间隔器 9，将罐头等距分开，以免罐头在贴标时发生碰撞和摩擦。罐头进入张紧的搓罐输送皮带 15 下面

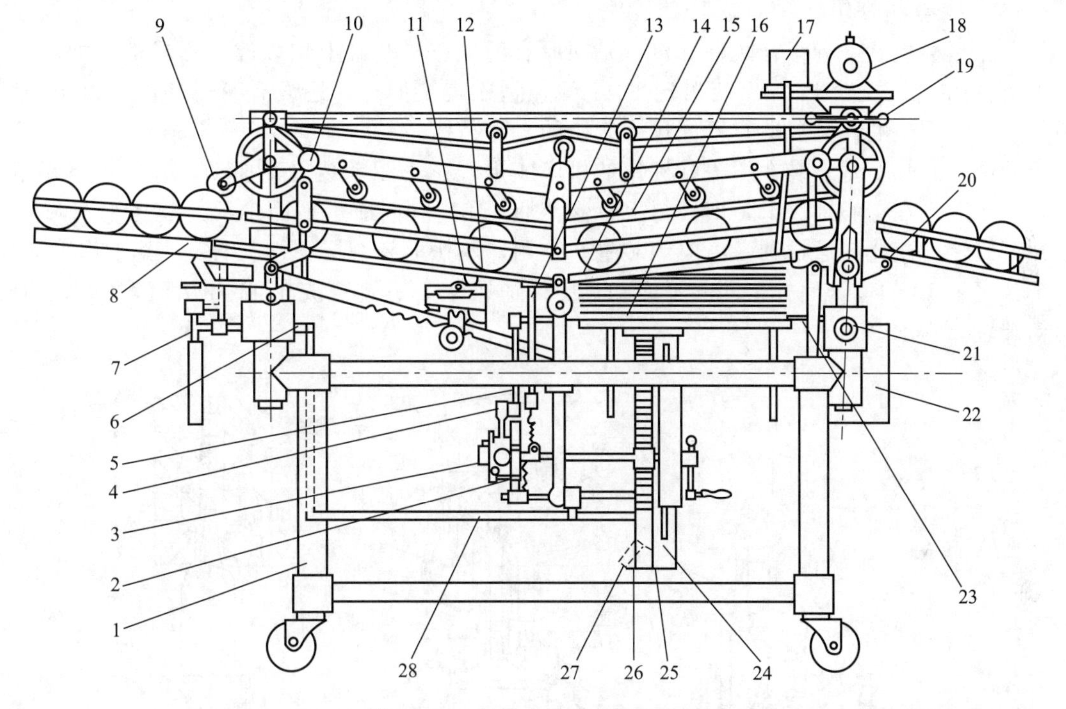

图 11-15　圆罐自动贴标机示意图

1—机架；2—棘轮；3—棘爪；4—摆杆；5—曲柄连杆机构；6,13,28—连杆；7—挡罐杆；8—进罐斜板；9—间隔器；10—手轮；11—小牙轮；12—胶盒；14—控制块；15—输送带；16—标签托架；17—贮胶桶；18—电机；19—手柄；20—出罐斜板；21—启动按钮；22—电气箱；23—含胶压条；24—导杆；25—齿条；26—齿轮；27—斜块

后，借摩擦力的作用按顺序地向前滚动。当罐头途经胶盒 12 时，盒内的两个旋转浸沾黏结剂的小牙轮 11，便在罐身表面粘上两滴黏结剂。罐头再继续向前滚动至标签托架 16 时，罐身表面的黏结剂粘起最上面一张标签，随着罐头的滚动，标签便紧紧地裹在罐身上。在罐身粘取标签前，标签的另一端由压在标签上的含胶压条 23 涂上黏结剂，以便进行纵向粘贴、封口。含胶压条由贮胶桶 17 利用液位差的作用，不断供给黏结剂。贴好标签的罐头沿出罐斜板 20 滚出。

标签高度控制装置的作用是保证罐头能自动从标签托架 16 中取到标签，因此要求标签叠高度高于控制块 14。当标签叠高度随着贴标而降低低于控制块 14 时，罐头运行到这一位置就将压在控制块 14 上，从而使连杆 13 上升，并拉紧弹簧，使与弹簧相连的棘爪 3 离开棘

轮 2。这时，曲柄连杆机构 5、摆杆 4 则将棘轮推过一齿。同时，与棘轮同轴的齿轮 26 亦转动相同的角度，进而带动与齿轮相啮合的齿条 25 向上运动，从而使装在齿条上端的标签托架 16 上升，直到标纸高度高于控制块 14 为止。这样，当罐头滚至这里时便压在标签上而碰不到控制块 14，标签高度控制装置也不会动作。

当标签用完后，导杆 24 上升，使装在下端的斜块 27 碰到连杆 28 的右端。连杆 28 沿斜块 27 斜面往左运动，使与之相连的连杆 6 通过中间杠杆后向右移动。连杆 6 的左端是插在挡罐杆 7 中的，当连杆 6 右移时，挡罐杆 7 在上部弹簧作用下，迅速弹起，位于罐头通道中间，挡住罐头，从而实现无标不进罐。

摇动手柄 19 便可使机架上部和输送带进行上下调节，以适应不同规格的圆罐贴标。转动手轮 10 可实现罐高的调节。

11.2.6 压盖贴标机

压盖贴标机是一种组合式贴标机，是在原有的压盖机基础上加以改进形成的。如图 11-16 所示，在进瓶拨轮 11 和出瓶拨轮 12 之间，除压盖工位外，还设有瓶子冲洗、烘干和贴标装置，特别是贴标装置适宜不同尺寸瓶子的自动贴标。

图中空心轴 2 垂直装在压盖贴标机的机座 1 上，它由驱动装置 3 驱动，并可上下调节。回转台 4 固定在空心轴 2 上，回转台上有 6 个瓶托 5。它们通过平面轴承 6 装在垂直圆筒 7 上并可旋转。瓶托 5 通过轴 8 由驱动装置 3 控制，瓶托上有一层弹性材料 9，其工作平面与瓶子输送带 10 的输送面处于同一平面。其中供送螺杆 14、进瓶拨轮 11 和出瓶拨轮 12 均由驱动装置 3 驱动。

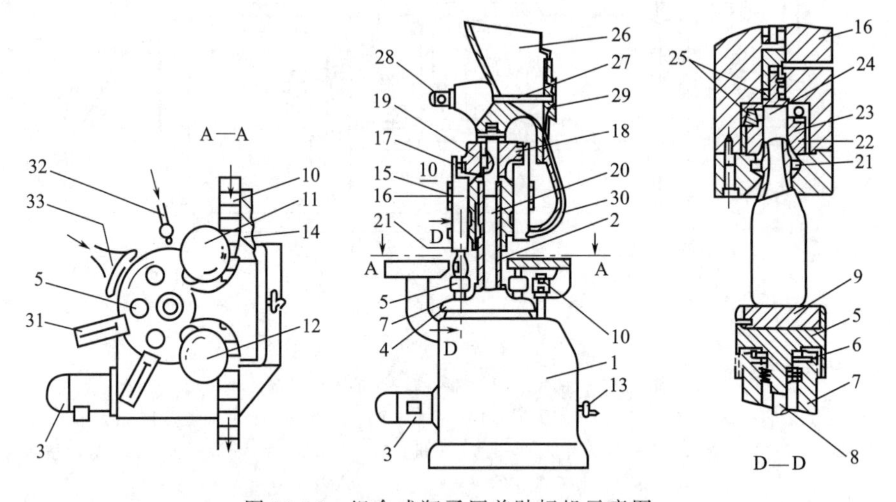

图 11-16　组合式瓶子压盖贴标机示意图

1—机座；2—空心轴；3—驱动装置；4—回转台；5—瓶托；6,25—平面轴承；7—垂直圆筒；8,20,27—轴；9—弹性材料；10—输送带；11—进瓶拨轮；12—出瓶拨轮；13—手轮；14—供送螺杆；15—导向轴承；16—压盖头；17—滚轮；18,30—导槽；19—凸轮；21—接受槽；22—压盖锥体；23—锥体孔；24—下压块；25—平面轴承；26—供料装置；28—驱动装置；29—搅拌圆盘；31—贴标装置；32—冲洗装置；33—干燥装置

在导向轴承 15 内装有若干垂直运动的压盖头 16，它们正对着瓶托。每一个压盖头上部装有一个滚轮 17，滚轮 17 在凸轮 19 的导槽 18 里运动，凸轮 19 固定在一根可上下调节的轴 20 上，以防止凸轮 19 转动。每一个压盖头 16 具有一个王冠盖接受槽 21，槽的上部有一个压盖锥体 22，它本身的孔 23 供下压块 24 穿过之用。平面轴承 25 使压盖锥体 22 和下压块 24 可在压盖头内转动。凸轮上部有一个装在轴上的王冠盖整理供料装置 26，其内有搅拌圆

盘 29 和一条导槽 30。搅拌圆盘 29 是由驱动装置 28 经轴 27 带动的。导槽 30 的作用是将盖子输送到压盖头 16 的接受槽 21 中。调节手轮 13，通过机座 1 上的与轴相连的（图中未示出）提升联动机构，可使包括导向轴承 15、压盖头 16、凸轮 19、整理供料装置 26 及王冠盖导槽所组成的压盖机的主体部分上下运动。

压盖贴标联合机工作时，先将装满液体的瓶子由板式输送带 10 送入，经供送螺杆 14 和进瓶拨轮 11 被输送到连续转动的回转台 4 的瓶托 5 上。在回转台 4 转动时，压盖头 16 上的滚轮一个接一个地沿凸轮的导槽 30 向下移动，这样，每一个压盖头连同接受槽 21 里的盖子一起降落到瓶口上。压盖头连续下降，通过压盖锥体 22 的作用，盖子便固定在瓶口上。接着压盖头上的滚轮达到导槽中一定的位置，压盖头停止下降，压盖过程结束。冲洗装置 32 冲洗被瓶托 5 和压盖头 16 压紧的瓶子，瓶子继续向前运行经过干燥装置 33 被热空气烘干。瓶子再运行经过贴标装置 31 时，由于瓶子转动标签被贴上。这时，压盖头上的滚轮被凸轮导槽向上抬起，贴标后的瓶子离开压盖头 16，并由出瓶星形拨轮 12 输送到板式输送链上输出。

该机贴标装置若不要求瓶子转动时，瓶子托盘和压盖头的旋转传动装置可以脱开。另外，该机不仅适用于王冠盖，也适于其他盖子，即可以制成单机使用，又可与灌装机联用。

11.2.7　压敏胶标签贴标机

压敏胶标签是一种在标签背面预涂有压敏性胶黏剂的标签。压敏胶标签在制作过程中就对标签背面进行了涂压敏型胶黏物质的处理，贴标使用时不需再对标签背面进行涂胶，而直接将标签粘贴在包装件表面上。制作压敏胶标签时，在隔离纸带层的表面先涂上压敏胶黏液，待胶液干后将已印刷并处理好的标签从其背面贴合上去，最后卷成卷盘形式的压敏胶标签产品，供贴标签时使用。因此，压敏胶标签的横断面结构显示出隔离纸层、压敏胶层和标签（或基材层）的多层结构组合。

压敏胶标签的结构特性，决定了应用压敏胶标签进行贴标时，需先从隔离纸带上剥离出来，再通过压力作用将压敏胶标签粘贴到包装物品三面。压敏胶标签贴标机按结构形式分，有卧式和立式等，各压敏胶标签贴标机的基本结构大体相类似。

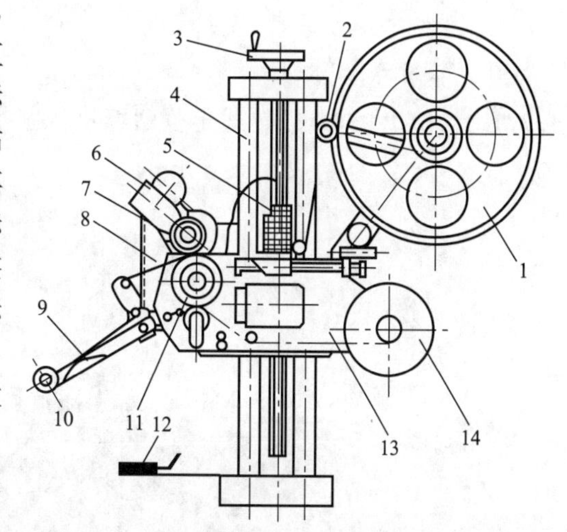

图 11-17　立式压敏胶标签贴标机示意图
1—标签卷筒；2—张力调节装置；
3—高度调节装置；4,5—检测装置；
6—印刷供墨装置；7—印刷辊；
8—电气控制装置；9—标签剥离装置；
10—标签压贴装置；11—标签输送装置；
12—贴标对象物检测装置；13—滑座；
14—隔离纸卷取装置

图 11-17 为一种立式压敏胶标签贴标机结构示意图。它由压敏胶标签支撑机械装置、高度调节装置 3、标签检测装置 5、印刷供墨装置 6、印刷辊 7、电气控制装置 8、标签剥离装置 9、标签压贴装置 10、标签输送装置 11、贴标对象物检测装置 12、隔离纸卷取装置 14 等组成。安装在支撑架上的压敏胶卷筒标签自卷盘引展，经张力调节装置 2、标签检测装置 5 后，送达印刷辊 7 与传送辊之间进行印码，经导辊组和标签剥离装置 9，将标签从隔离纸带上剥离；被剥离下的标签由压贴滚轮装置 10 压贴到已送达的待贴包装件上；而隔离纸卷取装置 14 进行收卷。其中包装件检测装置 12 用

来检测包装件的供给情况。

11.2.8 收缩标签机

11.2.8.1 弹性收缩标签机

弹性收缩筒状标签通常采用聚乙烯类具有足够弹性的材料制成，一旦套在容器上即紧贴容器。有些容器表面制成凹凸形，使标签定位以防滑动。该标签常用于塑料或玻璃罐或瓶上，容器可以是圆形、椭圆形及其他形状，容器上必须有直的及平行的棱线，使标签能紧贴和平整。

11.2.8.2 热收缩标签机

热收缩标签是用热收缩材料制成的。这种材料在加工时沿着一个方向拉伸，当它受热后收缩，恢复到原来的尺寸。带有标签的容器由输送带传送穿过由热风回流箱组成的收缩通道，标签被加热 2～3s 即可收缩套紧容器，因此容器不必在收缩通道里停留太久，以免损坏容器及内装的物品。

热收缩标签多采用聚氯乙烯或氯乙烯共聚物等薄膜制成。将聚氯乙烯或氯乙烯共聚物制成拉伸（取向）平挤薄膜并焊缝，或者制成在吹塑成型过程中被拉伸的管状薄膜，当取向薄膜受热时产生收缩并紧箍在包装容器的周围。

11.3 贴标机械的产品实例

11.3.1 粘合式贴标机

11.3.1.1 SLP-250D 轮转式定位贴标机（图 11-18）

图 11-18 SLP-250D 轮转式定位贴标机

（1）功能特点

① 无损伤进瓶机构，全不锈钢导瓶星轮及围板，高光洁度，达到镜面效果，彻底消除因摩擦产生的瓶体划伤。

② 设备只有一根独立中轴，方便自动升降，无需紧锁，调节方便，消除二次锁紧时压瓶转盘与主轴的位置变化。

③ 送标站与主机线性同步运行，即主机运行速度是根据前段生产线的进瓶速度自动调节，送标站的送标精度不受影响。

④ 开放式压瓶头设计，即任何工位下瓶子均可手动排除。

⑤ 设有进瓶安全离合器，防止卡瓶。

⑥ 全防水式瓶托结构，可适应方瓶、异形瓶等多种瓶型及多种贴标工艺，不需要更换主要部件，换产快捷。

⑦ 标头可实现 8 维空间调整，倾角调整，附加位置显示器，准确定位调节。各调节结构全部实现快速调节，无需工具。

⑧ 新型标签离合器，使张力更稳定，运行更加平稳，三点式标头上下调节装置，使调整更顺畅，标板更稳定。

⑨ 各部件均采用数控加工，高精度配合，保证设备的精度等级，运行平稳，噪声低。

⑩ 所有部件采用封闭设计，防止粉尘。

⑪ 该设备适合工业生产，全部材料防腐设计。

⑫ 专业的防水设计，保证所有轴承在干燥环境运行。

⑬ 设备配有物料流量监测装置，运行速度可以进行自动调节。

⑭ 整机安全护罩，打开安全门机器自动停机。

⑮ 所有电气控制根据最新 CE 认证制造。

⑯ 清洁设计，方便清理及打扫。

(2) 适用范围

适用于各种圆形、方形容器的外表面贴标，根据客户选择的不同机型，可贴一至三张标签。无级调速，可与灌装机相匹配，大大提高了整线的生产效率。

(3) 技术参数

贴标速度：稳定运行速度 15000 瓶/h

贴标精度：±1mm

标签最大高度：200mm（垂直方向）

标签最大宽度：204mm（圆周方向）

瓶子最小直径：30mm

瓶子最大直径：90mm（超过此值需定制）

瓶子最小高度：120mm

瓶子最大高度：400mm（超过此值需定制）

适用纸卷内径：ϕ76mm

适用纸卷外径：ϕ400mm

整机尺寸：2543mm×2741mm×2125mm

(4) 生产厂家　广州赛维包装设备有限公司

11.3.1.2　HL-400s 直线式高速热熔胶卷标贴标机（图 11-19）

(1) 功能特点

① 立式全周或不满全周贴标方式，标签自动裁断、自动吸附上胶后贴标，只在标签头部与尾部上胶，热熔胶自动熔化，自动出胶，自动回胶，循环使用不浪费。

② 德国 EL 电子式自动纠偏导正系统，数字式电眼，超音波方式非接触式电眼，自动调整标签位置。

③ 主动力由德国 SEW 电机配合扭力限制器控制，高低速度变换流畅操作安全方便，无段变速控制系统，依入料系统自动侦测，自动调整速度，使贴标机永远保持最佳生产速度。

图 11-19 HL-400s 直线式高速热熔胶卷标贴标机

④ 采星盘分瓶入料，传动方式采连动设计，高速贴标时，稳定精准。

⑤ 伺服马达同步追踪，搭配特殊设计真空鼓吸附，贴标精准稳定。

⑥ 连动设计遇扭力异常或进瓶异常时，有安全装置，可立即自动停机。

⑦ 遇下列状况机器会自动停止且报警：标签未贴上、漏标、标签即将用完、进瓶异常检出、出瓶异常检出、卡瓶异常检出。

⑧ 全机集中式润滑系统，便于清洁、润滑、保养。

(2) 适用范围

可处理不同材料制造的标签，如纸标、OPP 标、复合标，能将标签和瓶粘结的热熔胶使标签和瓶粘合在一起。

(3) 技术参数

质量：约 2750kg

适合瓶型：限圆形瓶

瓶子材质：PET、玻璃、金属

胶水：热熔胶块

标签材质：PP、BOPP、PS、PE、PVC、复合膜、纸、复合纸（卷标，印有光标点）

标签形式：卷式标签

标签纸管内径：6in（152mm）

瓶径范围：ϕ20～92mm

瓶子高度：25～350mm

标签高度：10～100mm

标签厚度：0.030～0.045mm

贴标速度：每小时不低于 25000 瓶（550mL）

使用电源：AC 3ϕ，380V/50Hz

(4) 生产厂家 上海沛丰电子有限公司

11.3.1.3 LTK-80 自动贴标机（图 11-20）

(1) 功能特点

① 采用用浆糊式贴标胶作粘合剂。

② 主要电气件、气动件都采用国际著名品牌，可靠性高。

③ 采用独有的胶盒方案，胶盒底部不溢胶。

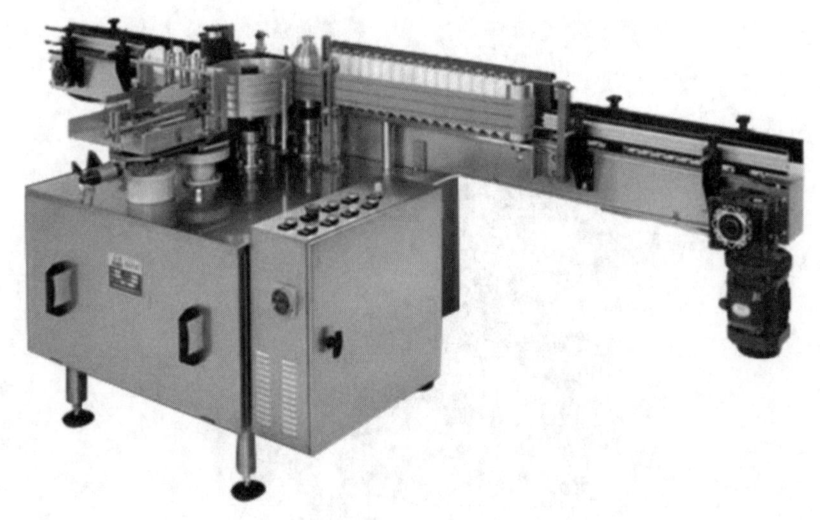

图 11-20　LTK-80 自动贴标机

④ 分瓶螺杆有重复定位装置，更换螺杆时，不需再次调整。

⑤ LTK-80 是在 LT-80 之上增加了一套供标装置，用于贴单标贴标速度增加一倍，可达 80～200 瓶/min，贴标长度相应缩短了些，最长为 160mm。

(2) 适用范围

适用于圆柱形容器上贴纸质标签。能广泛应用于食品、医药、酒等行业，例如食品罐头贴标、酒瓶上糊贴标、玻璃瓶上糊贴标等。

(3) 技术参数

瓶子直径：ϕ30～120mm

标签尺寸：高 40～150mm；宽 50～160mm

贴标速度：80～200 瓶/min

电功率：1.2kW

耗气量：0.39～0.59MPa；0.1L/min

质量：600kg

外形尺寸：2800mm×1200mm×1400mm

(4) 生产厂家：天津市和信机械有限公司

11.3.2　不干胶贴标机

11.3.2.1　PM-630 全自动圆瓶不干胶贴标机（图 11-21）

(1) 功能特点

① 该贴标机有易操作的人机界面系统，简单直观，功能齐全。

② 采用了日本松下控制系统，使机器运行更稳定，寿命更长。

③ 实用性的分瓶装置，任何直径的瓶型都不用更换配件，快速调校。

④ 可选配配置色带打码贴标机，可在线打印生产日期和批号，减少瓶子包装工序，提高生产效益。

⑤ 该系列不干胶贴标机可选配自动转盘理瓶机，可直接连接前端生产线，自动送瓶进入贴标机，增加效率。

(2) 适用范围

贴标机适用标签：不干胶标签、不干胶膜、电子监管码、条形码等。

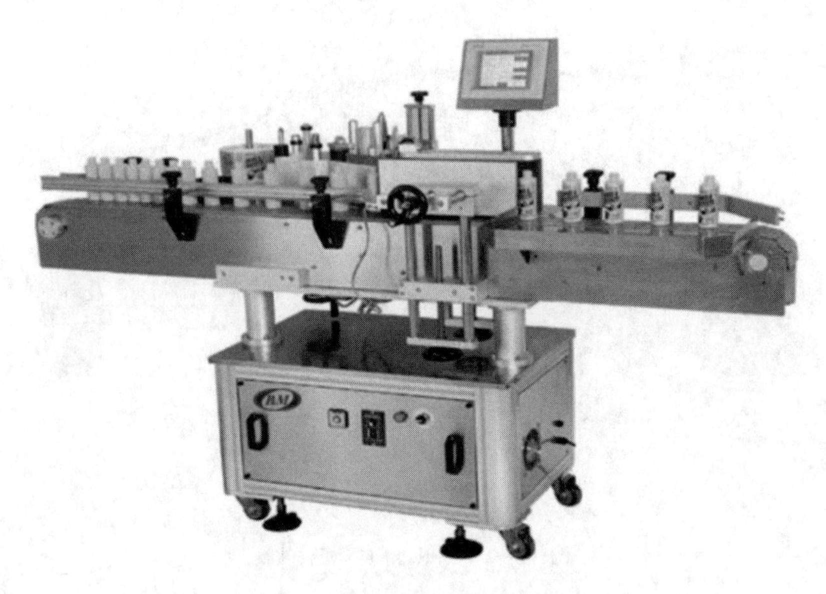

图 11-21 PM-630 全自动圆瓶不干胶贴标机

贴标机适用产品：要求在圆周面上贴附标签或膜的产品。

贴标机应用行业：广泛应用于食品、医药、化妆品、日化、电子、五金、塑胶等行业。

(3) 技术参数

贴标出标速度：1～30m/min

贴标精度：±1mm

贴标宽度：120mm

设备质量：180kg

适用标签纸卷内径：ϕ76.2mm

适用标签纸卷外径：ϕ350mm

外形尺寸：2100mm×900mm×1300mm

使用电力：220V/50Hz，800W

(4) 生产厂家 张家港市派玛包装机械有限公司

11.3.2.2 SA-200FB 不干胶双面贴标机（图 11-22）

(1) 功能特点

① 该机材料均选用不锈钢与经阳极处理的高级铝合金。

② 该机为 PLC 配合人机界面控制。

③ 该机具有瓶子导正、分瓶、计数等功能，贴标位置、角度皆可调整。

④ 更换产品时，只需做简单调整，无需专业人员即可完成。

(2) 适用范围

适用标签：不干胶标签、不干胶膜、电子监管码、条形码、海绵标等。

适用产品：在平面或圆柱面上贴标。

应用行业：广泛应用于医药、食品、日化等行业。

应用实例：钣金件贴标、盒子贴标、书架贴标等。

(3) 技术参数

贴标速度：60～200 瓶/min

贴标精度：±1mm

图 11-22　SA-200FB 不干胶双面贴标机

标签规格：底纸宽 10～130mm

标签最小长度：10mm

总功率：1000W

电源：220V，50Hz/三相 380V，50Hz

外形尺寸（长×宽×高）：3000mm×1200mm×1400mm

总质量：350kg

（4）生产厂家　天津市和信机械有限公司

11.3.2.3　ALS104 回转星盘式不干胶贴标机（图 11-23）

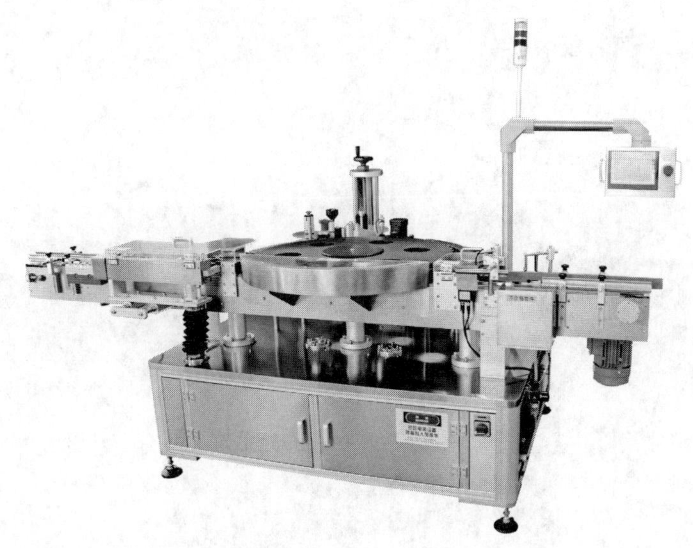

图 11-23　ALS104 回转星盘式不干胶贴标机

（1）功能特点

① 设备整体材质为不锈钢和铝合金，机构设计稳定操作方便，布局美观大方。

② 采用知名品牌电气元器件，品质稳定。

③ 贴透明标签不起泡，无褶皱。

④ 贴标方式采用回转式星盘结构，立进、立贴、立出的运行贴标模式，大幅减少碎瓶故障率、解决收料问题。

⑤ 卷标机构选用高速伺服电机驱动，使标签附着更牢靠。

⑥ 高速贴标引擎配置，出标速度可达 120m/min。

⑦ 贴标引擎设置有预放标结构。

⑧ 整机设置有分瓶螺杆结构，分瓶稳定。

⑨ 整机设置有堵料停机功能，延长机器零部件使用寿命。

(2) 适用范围

适用于医药、日化、食品等行业，圆柱形物体全周或半周的高速自动贴标。

(3) 技术参数

产量：100～800 件/min（与物料及标签尺寸有关）

操作方向：左进右出或右进左出

贴标精度：±1.0mm

标签类型：不干胶标签，透明或不透明

卷标内径：76mm

卷标最大外径：420mm

标签尺寸：长度 10～300mm，高度 10～200mm

贴标物体尺寸：直径 20～100mm

工作气压：0.6MPa

电源及功率：AC380V±10%，50Hz，4.0kW

适用环境：温度 5～40℃，湿度 15%～85%（无冷凝）

质量：350kg

机器尺寸：2400mm×1600mm×1600mm

(4) 生产厂家　上海轩特机械设备有限公司

11.3.3 压式贴标机

11.3.3.1 A720/721 型油瓶贴标机（图 11-24）

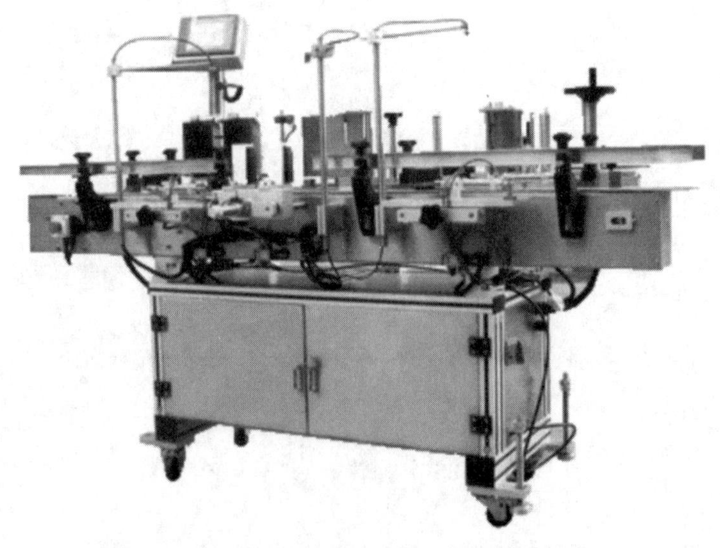

图 11-24　A720/721 型油瓶贴标机

(1) 功能特点

① 适用范围广，既能实现方瓶/扁瓶（满瓶状态）的侧面（平面）单张贴标/拐角抚标，还能实现圆瓶周向定位单张/双张贴覆功能。

② 独特的分料机构，确保与生产线联机使用时的可靠、有效分料。

③ 独特的拐角扶标机构确保方瓶三侧面拐角贴标平整、不起皱。

④ 既能单机使用，又能与生产线配合使用。

⑤ 功能先进，操作简单，结构紧凑。采用光电检测，PLC 控制，触摸式软件操作，输送带、扶正带、顶带、卷瓶带均为无级变频调速，具有贴标准确、精度高等优点。

⑥ 具有无物不贴标，无标自动校正、自动检测等功能。

（2）适用范围

主要适用于食品、粮油等行业在方形、圆形瓶状物料上快速自动贴标的需求（如：扁瓶贴标、方瓶贴标、与生产现场配套的食用油贴标）。具有通用性好、高稳定、耐用等优点。

（3）技术参数

物料尺寸：（圆瓶）直径 ϕ80～150mm

（方瓶/扁瓶）　长度 100～180mm、宽度 80～180mm

瓶高 50～350mm

贴标速度：方瓶侧面/拐角贴标（以 5L 方瓶计），45 瓶/min

圆瓶定位单张贴标（以 1.8L 圆瓶计），35 瓶/min（与物料及标签尺寸有关）

贴标精度：侧面贴标位置误差≤±1.5mm

圆瓶周向定位贴标位置误差≤±2.0mm

首尾错差≤±1.5mm（不计包装件和标签误差）

（4）生产厂家　沈阳东泰机械

11.3.3.2　塑封盒全自动平面贴标机（图 11-25）

（1）功能特点

① 机械结构微型设计，占用空间少，调节简单、省时，可单机使用或联线使用。机器自带滑轮方便移动。

② 贴标稳定性好，贴标平整、不起皱、无气泡，可满足大部分产品平面和大弧度面上有要求的贴标；可加装转角贴标机装置（根据客户需要加装）。

③ 设备主要材料采用不锈钢和高级铝合金，整体结构牢固，美观大方。

④ 完善的设备配套资料（包括设备结构、原理、操作、保养、维修、升级等说明资料），给设备正常运作提供充分保障。

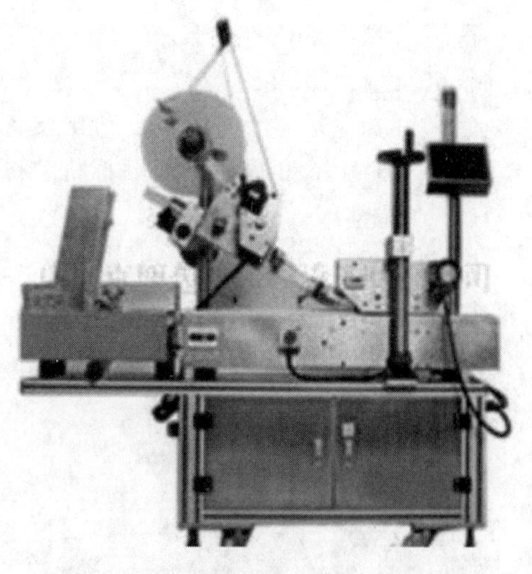

图 11-25　塑封盒全自动平面贴标机

⑤ 输送方向：可根据客户要求订制，标准设备左进右出。

⑥ 可选配功能：a. 热打码/喷码功能；

b. 自动上料功能（结合产品考虑）；

c. 自动收放料功能（结合产品考虑）；

d. 增加贴标装置；

e. 其他功能（按客户要求订做）。

⑦ 工作原理：传感器检测到产品经过，传回信号到贴标控制系统，在适当位置控制系

统控制电机送出标签并贴附在产品待贴标位置上，产品流经覆标装置，标签被滚覆，一张标签的贴附动作完成。

⑧ 整机配件选用进口电器，稳定性好、精度高、速度快。人机界面操作控制具有故障处理提示功能、操作教导功能、生产计数功能、省电功能（设定时间内无贴标时，设备自动转到省电待机状态）、生产数设定提示功能和参数设置保护功能（参数设置分权限管理）。

（2）适用范围

实现在产品的平面、大弧度面、上下面和凹凸面自动贴附不干胶标签、不干胶膜、条码标签、留字标签、防伪标签等。

适用标签：纸质标签、透明标签、金属标签等。可根据客户标签材质选购电子光眼（费用另计）。

应用行业：广泛应用于食品、玩具、日化、电子、医药、五金、塑胶、文具、印刷等行业。

应用实例：纸盒贴标，SD卡贴标，电子配件贴标，纸盒贴标，扁瓶贴标，雪糕盒盖贴标，粉底盒贴标等。

（3）技术参数

贴标精度：±1mm（不包含产品、标签误差）

贴标速度：80～150件/min（与产品尺寸有关）

适用产品尺寸：长≥10mm，10mm≤宽≤250mm，1mm≤高≤110mm

适用标签尺寸：长≥10mm，15mm≤宽≤135mm

标签制作要求：纸卷内径76mm，外径300mm，标签间隙3mm

整机尺寸：1600mm×800mm×1400mm

适用电源：220V，50Hz/60Hz

整机质量：180kg

（4）生产厂家　上海旭节自动化设备有限公司

11.3.3.3 SML-650 伺服平面贴标机（图11-26）

（1）功能特点

图11-26　SML-650伺服平面贴标机

① 采用日本高性能伺服马达系统，高速贴标定位精准，能长时间连续运转，大幅提高产能和质量。

② 高效能之智能型微电脑控制系统搭配触控式人机接口使操作更简单，异常状况自动检测实时显示，使操作者能迅速排除问题。

③ 具随机产能显示功能，可随时掌握生产进度。

④ 具无段变速功能，可搭配生产线使用。

⑤ 可根据需要随时加配喷码机、条形码检测系统等功能。

⑥ 简单、易操作，免输入免记忆任何数据参数。

⑦ 贴标速度与输送带同步，确保贴标

质量及精度。

⑧ 全机采用 T6 铝合金及 SUS304 不锈钢制造，符合 GMP 规范。

(2) 适用范围

适用于纸盒、包装箱、塑料盒等平面贴标。可用于电子监管码、一级码、二级码贴标。

(3) 技术参数

电源：AC 220V，50Hz/60Hz

机器尺寸：1760mm×600mm×1600mm

首尾错差：≤±1.5mm（不计包装件和标签误差）

贴标速度：连同印字最快 35m/min，盒长 8cm 最快 200 个/min（视贴标物及标签长度而定）

贴标精度：±1mm（视盒子特性、材料软硬度及标签之误差而定）

产品规格：贴标物 160mm×200mm（可根据贴标物尺寸量身订制）

适用标签：宽 80mm；纸卷内径 76mm、外径 310mm（可根据标签尺寸订制）

印字气源：0.49MPa

(4) 生产厂家　仕盟包装科技（上海）有限公司

11.3.4　滚动式贴标机

11.3.4.1　全自动搓滚式立式圆瓶贴标机（图 11-27）

(1) 功能特点

① 适用范围广，可满足圆瓶的全周贴标或半圆周贴标，瓶子间贴标切换简单，调整方便。

② 标签重合度高，标带绕行采用纠偏机构，标带不走偏，贴标部位 $x/y/z$ 三个方向以及倾斜度共八个自由度可调，调整无死角，标签重合度高。

③ 贴标质量优，采用弹压性覆标带，贴标平整、无皱褶，提升包装质量。

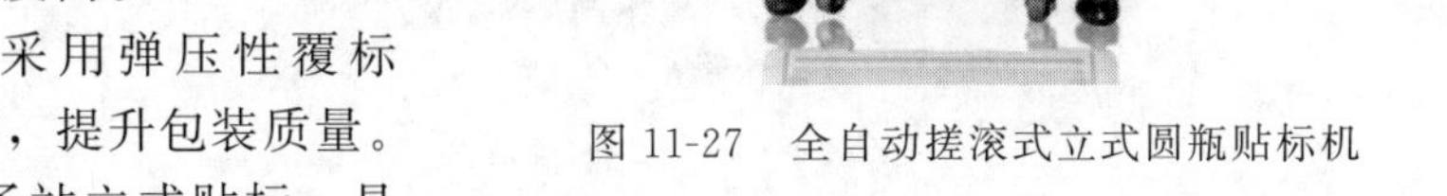

图 11-27　全自动搓滚式立式圆瓶贴标机

④ 应用灵活，瓶子站立式贴标，具备自动分瓶功能，可单机生产，也可接流水线生产。

⑤ 智能控制，自动光电追踪，具备无物不贴标，无标自动校正和标签自动检测功能，防止漏贴和标签浪费。

⑥ 稳定性高，松下 PLC＋松下触摸屏＋松下针形电眼＋德国劳易测标签电眼组成的高级电控系统，支持设备 7×24 小时运转。

⑦ 调整简单，贴标速度、输送速度、分瓶速度可实现无级调速，根据需要进行调整。

⑧ 坚固耐用，采用三杆调整机构，充分利用三角形的稳定性，整机坚实耐用。采用不锈钢和高级铝合金制造，符合 GMP 生产要求。

⑨ 可选配功能。

a. 热打码/喷码功能；b. 自动上料功能（结合产品考虑）；c. 自动收料功能（结合产品考虑）；d. 增加贴标装置；e. 圆周周向定位贴标功能；f. 其他功能（按客户要求订做）。

(2) 适用范围

适用标签：不干胶标签、不干胶膜、电子监管码、条形码等。

适用产品：要求在圆周面上贴附标签或膜的产品。

应用行业：广泛应用于食品、医药、化妆品、日化、电子、五金、塑胶等行业。

应用实例：PET圆瓶贴标、塑料瓶贴标、食品罐头等。

(3) 技术参数

适用产品直径（针对圆瓶）及高度：直径 ϕ25～100mm；高度25～230mm

贴标精度：±1mm

贴标速度：40～120瓶/min（与瓶子及标签尺寸有关）；

质量：约185kg

频率：50Hz

电压：220V

功率：980W

设备外形尺寸（长×宽×高）：1950mm×1100mm×1300mm

(4) 生产厂家　东莞市高臻机械设备有限公司

11.3.4.2 LB-100全自动圆瓶圆罐贴标机（图11-28）

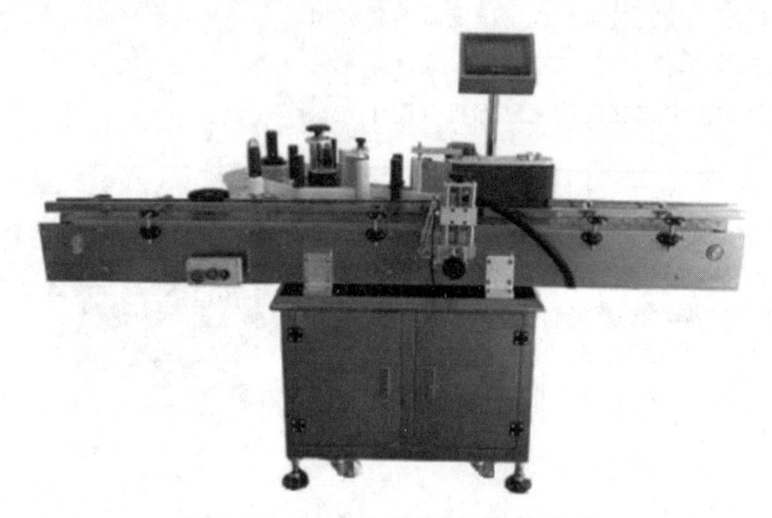

图11-28　LB-100全自动圆瓶圆罐贴标机

(1) 功能特点

① 全机采用技术成熟的PLC控制系统，使整机运行稳定、高速。贴附位置准确、质量好、稳定性高操作方便、调节部分方便、简单。

② 操作系统采用触摸屏控制，操作简便、实用、效率高。

③ 升级版三维角度调整的标站设计，可对锥型瓶进行贴标。

④ 功能强大，一台机可实现4种产品贴标（方瓶、圆瓶、扁瓶、异形瓶）。

⑤ 使用调整灵活的压顶机构和导向机构，机械调整部分结构化组合和标签卷绕的巧妙设计，贴标位置6自由度微调方便（调整后可固定），使不同产品之间的转换调整和标签卷绕变得简单、省时。

⑥ 具备无物不贴标，无标自动校正和自动检测功能。

⑦ 设备主要材料采用不锈钢和高级铝合金，整体结构牢固，美观大方。

⑧ 完善的设备配套资料（包括设备结构、原理、操作、保养、维修、升级等说明资料），给设备正常运作提供充分保障。

⑨ 具有故障报警功能，生产计数功能，省电功能（设定时间内无贴标时，设备自动转

到省电待机状态)，生产数设定提示功能，参数设置保护功能（参数设置分权限管理)。

⑩ 可选配功能：a. 热打码/喷码功能；b. 自动上料功能（结合产品考虑)；c. 自动收料/自动供瓶功能（结合产品考虑)；d. 增加贴标装置；e. 其他功能（按客户要求订做)。

⑪ 核心工作原理：传感器检测到产品经过，传回信号到贴标控制系统，在适当位置控制系统控制电机送出标签并贴附在产品待贴标位置上，产品流经覆标装置，标签被滚覆，一张标签的贴附动作完成。

⑫ 操作过程：放产品—产品输送（设备自动实现）—贴标（设备自动实现）—收集已贴标产品。

⑬ 即可联线也可单机操作。

⑭ 全自动。

⑮ 驱动方式为步进或者伺服系统（标准机步进系统)。

⑯ 通用范围比较广，在规定范围内可根据产品任意调节。

⑰ 操作方向：右进左出或者左进右出（按照客户需要订制)。

(2) 适用范围

适用于食品、医疗、化妆品、电子类、塑料、玩具、五金、汽车零件、文具等行业；

实现在圆瓶、扁瓶、方瓶、纸盒等物体双侧面、单面、弧面、凹凸面上自动贴附不干胶标签、不干胶膜、电子监管码、条形码等。

(3) 技术参数

适用产品尺寸：扁瓶/方瓶，宽度≥20mm，长度≥30mm，30mm≤高度≤350mm
　　　　　　　圆瓶/锥瓶，ϕ30mm≤直径≤ϕ150mm，10mm≤高度≤350mm

适用标签尺寸：15mm≤宽度≤200mm，长度≥10mm；标签内径 76mm，外径 350mm（以内)，标签间隙 3～5mm

贴标精度：±1.0mm（不包含产品、标签误差)

贴标速度：50～200 瓶/min（与产品尺寸、标签尺寸，人工摆放速度有关)

标签要求：卷标，纸卷内径 76mm，外径 280mm，标签间隙 3～5mm

电力：220V，50Hz/60Hz，2.0kW

机器尺寸（mm)：2700mm×2000mm×1400mm

(4) 生产厂家　昆山旭亦节自动化科技（苏州）有限公司

11.3.4.3　全自动卧式滚动贴标机（图 11-29)

图 11-29　全自动卧式滚动贴标机

（1）功能特点

采用伺服系统，进口的高级伺服马达驱动贴标头，控制出标速度和精度，具有如下的特点。

① 采用卧式贴标方式，综合实现对圆瓶、小锥度瓶全周向、半周向贴标。

② 贴标效率高达300瓶/min，大量节省人力物力。

③ 贴标速度、输送速度、分瓶速度可实现无级调速，方便生产人员根据实际需要进行调整。

④ 有自动分瓶功能，采用分瓶轮实现，分瓶安全高效；转不同直径瓶子生产，只需简单更换分瓶轮即可生产。

⑤ 贴标定位精度高、稳定性好，贴标平整、不起皱、无气泡。

⑥ 机械调整部分结构化组合和标签卷绕的巧妙设计，贴标位置6自由度微调方便（调整后可完全固定），使不同产品之间的转换和标签卷绕变得简单、省时。

⑦ 具备无物不贴标，无标自动校正和自动检测功能，有效防止标签卷问题引起漏贴的问题。

⑧ 设备主要材料采用不锈钢和高级铝合金，整体结构牢固，美观大方。

⑨ 采用标准PLC、触摸屏、步进电机以及标准传感器电控系统控制，安全系数高，人机交互界面、全中文注释和完善的故障提示功能、操作教导功能；使用方便，维护简单。

⑩ 完善的设备配套资料（包括设备结构、原理、操作、保养、维修、升级等说明资料），给设备正常运作提供充分保障。

⑪ 具有故障报警功能，生产计数功能，省电功能（设定时间内无生产时，设备自动转到省电待机状态），生产数设定提示功能，参数设置保护功能（参数设置分权限管理）。

⑫ 可选配功能：a. 热打码/喷码功能；b. 自动收料功能（结合产品考虑）；c. 增加贴标头；d. 圆周周向定位贴标功能；e. 其他功能（按客户要求订做）。

（2）适用范围

该机适用于安瓿瓶、口服液瓶、西林瓶等瓶型的瓶身贴标，能在食品、玩具、日化、电子、医药、五金、塑胶等行业应用。

（3）技术参数

机器尺寸：2000mm×1000mm×1600mm

贴标速度：30～300瓶/min（视贴标物大小与标签长度具体情况定）

贴标物高度：25～95mm

适用瓶型直径：12～24mm

标签高度：20～90mm

标签长度：25～80mm

贴标精度：±0.5mm（被贴物与标签误差除外）

纸卷内径（直径）：76mm

纸卷外径：380mm

电源：220V，1.5kW，50Hz/60Hz

（4）生产厂家　上海依沃机械有限公司

11.3.5 收缩膜套标签机

11.3.5.1 SLM-400型全自动套标机（图11-30）

（1）功能特点

图 11-30　SLM-400 型全自动套标机

① 全自动套标机采用进口触摸屏彩屏。

② 机器可在同一限速上运行，不存在倒瓶、漏标的现象。

③ 超强伺服电机配置。输送线马达配备编码器、电眼自动追踪。全线自动无级调速。

④ 该机构的热收缩套标机的驱动装置采用四轮驱动、自动定心、四轮横压，能达到流畅、稳定、快速送标的目的。

⑤ 此机型套标机所采用的电器均为进口配置。采用高速定位模块、进口伺服电机、伺服驱动器、伺服控制器。全自动调整、人性化操作。

(2) 适用范围

适用于各种瓶型的果汁、茶饮料、乳制品、纯净水、调味品、啤酒、运动饮料等食品饮料行业。具有套标位置精确度高，且收缩后更能突出瓶子的完美瓶形的特点。

(3) 技术参数

输入功率：3.0kW

输入电压：3 相，AC380V/220V

生产效率：400 瓶/min

主机尺寸：2100mm×850mm×2000mm

适用瓶身直径：28～120mm

适用标签长度：30～250mm

适用标签厚度：0.03～0.13mm

适用纸管内径：5″～10″自由调整

(4) 生产厂家　张家港市派玛包装机械有限公司

11.3.5.2　YY-500PT 双机头套标机（图 11-31）

(1) 功能特点

采用一种新型的先进热收缩套标机的驱动装置，即四轮驱动、自动定心、四轮恒压的一种装置。达到了流畅、稳定、快速的送标目的。

此机型套标机所采用的电器均为进口配置，采用高速定位模块、进口伺服电机、伺服驱动器、伺服控制器，全自动调整、人性化操作。采用进口触摸彩屏。机器可在同一限速上运行，不存在倒瓶、漏标的现象。

图 11-31 YY-500PT 双机头套标机

(2) 适用范围

此机型速度在 500 瓶/min，适用于各种瓶型的果汁、茶饮料、乳制品、纯净水、调味品、啤酒、运动饮料等食品饮料行业不但套标位置精确度高，且收缩后更能突出瓶子的完美瓶形。

(3) 技术参数

型号：YY-500PT

速度：3000 瓶/h

质量：650kg

电压：200V

瓶子外径：ϕ20～110mm

瓶子高度：20～300mm

使用标签：0.03～0.045mm

主机尺寸：2000mm×1900mm×1450mm

(4) 生产厂家　上海映奕包装科技有限公司

11.3.5.3 SRL-450 型全自动收缩膜套标机（图 11-32）

(1) 功能特点

① 全机采用不锈钢防护框罩及铝合金刚体架，机械结构稳定且不生锈。

② 多瓶型的弹性选择，可套圆瓶、方瓶、椭圆瓶等，也可选择套瓶口或瓶身。

③ 独特同步切刀座，在规格范围内，免换切刀座。如需更换规格，5min 即可快速完成。

④ 定位精度高，全机械式传动设计，采用强迫套标，各种膜料 0.030mm 以上膜厚均适用，膜料内径 5″～10″范围可调整。

⑤ 采用低成本之舍弃式刀片，更换方便，成本负担低。

⑥ 独特设计往复式切刀，采用机构刚体组合，动作平顺，刀具寿命延长一倍。

⑦ 简易式中心道柱定位，规格更换容易，操作者使用方便，操控简明易懂、易学。

(2) 适用范围

适合食品、饮料、清洁用品、药品、酒瓶等各式塑料瓶、玻璃瓶、PVC、PET、PS、

图 11-32　SRL-450 型全自动收缩膜套标机

铁罐等容器。

(3) 技术参数

速度：最大 450 瓶/min

主机尺寸：1000mm×860mm×1800mm

机身及质量：全台不锈钢 304，700kg 左右

电源电压：AC220V/380V

主机功率：4kW

瓶身直径：ϕ25～125mm

瓶高：最大 350mm，特殊高度可另行设计

收缩标签高度：25～280mm，特殊长度可个案设计

收缩标签厚度：0.035～0.13mm（PVC，PET，OPS 皆可使用）

纸管内径：5″～10″自由调整

收缩炉：电热/蒸汽

(4) 生产厂家　上海苏仁机械制造有限公司

11.4　贴标机械的贴标工艺与选型设计

11.4.1　贴标机械的贴标工艺

产品的标签必须粘贴在一个特定的正确位置上，不仅要求粘贴牢固，而且还应在产品或容器的有效寿命周期内固定于起始位置而不错动，并保持其良好的外观。另外容器回收后，标签应易于去除。

各种类型的贴标机，贴标工艺过程因标签种类和使用设备不同而略有差别，但其贴标原理大致相同，需要完成以下工艺过程：

① 对需贴标的容器进行定位；

② 将标签从堆标盒（库）中或卷筒上传送到容器上；

③ 在传送中将黏合剂敷加到标签上，若用热敏标签，则对预敷黏合剂加热激活；

④ 将标签粘贴于容器上，并加压熨平。

11.4.2 贴标机械的选型设计

11.4.2.1 粘合式贴标机选型设计

粘合式贴标机采用搓滚机构，标签粘接好，增强贴签可靠性，设有无瓶不递签、不涂浆、不贴签等保护装置。在选型时，机器结构简单，使用、更换规格方便，考虑以下技术要求：

① 浆糊贴标机速度　生产厂家都要根据自己的要求，结合前段生产线来决定选购浆糊贴标机的速度，综合考虑才能完美匹配，做到真正的最佳化、合理化、统一化。

② 浆糊贴标机精准度　贴标过程属于产品的最后包装过程，贴标的质量直接关系到产品的外观形象及市场推广，贴标精度高，印字效果好，标签平整不皱，不起泡才是优质产品的象征，否则将无形中降低产品档次。

③ 浆糊贴标机稳定性　一台好的浆糊贴标机只有机械结构设计合理，各种线路布列正规，部件结构稳固，机电质量上乘才能保证机器在长期高负荷的情况下运转正常，浆糊贴标机的长期稳定运转才能降低用户的维修成本，才能满足用户合理的生产要求，为生产厂家带来质量的保证和产量的飞跃。

11.4.2.2 不干胶贴标机选型设计

纵览国内外不干胶贴标机，其工作原理均大同小异，都是以标签剥离转移加滚压贴之而成，但其在控制与制造上却不尽相同。下面从主功能和控制，送标速度、印字速度与产量，特殊用途，贴标质量四个方面探讨了不干胶贴标机的选择要点。

（1）从主功能和控制上谈选择

过去不干胶贴标机所检测的贴标位是以瓶体前缘为感光点，因不同直径的瓶子需作相应的电眼移动或贴标时间更改，若不作此变动就不能确保贴标在每只瓶子所要求的位置上。而现在的产品均带有“自动计算标签长度”功能，此功能有效地弥补上述弱点。

“自动计算标签长度”是在PLC与伺服电机技术结合上形成的自动控制技术，当输送带上的瓶子通过检测电眼时，便测出瓶子的半径，并取瓶体外圆缘上的最突点作为贴标信号的感应点，即不管瓶子直径多小，皆是以瓶子外圆缘上的最突点为贴标信号的感应点，这样电眼至剥离板之间距离就不必作机械性的调整，出标时间也根本不必另作调整，这就是“自动计算标签长度”的自动控制原理。这也是人们对不干胶贴标机应有功能的首选点。

在控制速度的同步性上，不干胶贴标机除应带上述“自动计算标签长度”功能外，还应自动完成输送带速度、出标速度、出标长度等同步调整，这也是与传统不干胶贴标机的区别之处，更是贴标质量稳定性的保证。传统不干胶贴标机的控制速度是依靠人为经验而作调整的，而人为调整的困难是所有动作难以同步。若不同步，贴标过程则会频频发生变化，从而造成贴标质量不佳。

在控制系统上，首选PLC＋人机界面的控制系统为主，相对于早期的单片机来说，使用通用型PLC作主控器件，能使PLC控制系统更稳定、更可靠，维护更方便，升级更简单，且能方便地和上下工位进行联机控制。

此外，还要考虑到增加视觉系统，使其能对打印的完整性、字粒状况，以及贴标后的标签有无，是否完整等进行实时的检测、控制与报警。

（2）从送标速度、印字速度与产量上谈选择

在选择不干胶贴标机时，人们往往只关注贴标的产量（即每分钟能贴多少件），而没能综合地从送标速度、印字速度、滚贴速度等加以同步考虑。固然，贴标产量涵盖了其他指标，但其他速度指标对使用质量与生产发展起着关键的作用，人们可从其分析中观察出各机

构的优劣与潜在的能动性，这也是选择不干胶贴标机应综合考察的缘故。

① 不干胶贴标机的送标速度　现在常有人在配套不干胶贴标机产量时，没能根据标签宽度和印字速度加以综合确认，只凭制造商样本中的最高产量指标作选择也是不合理的，因为一般制造商样本所给出的最高产量指标是以某个标签长度与某种印字方法为依据而定的。因此，在不干胶贴标机的产量选择上应首先考察其送标速度，从理论上送标速度与贴标产量的关系为：$Q=1000v/(L+a)$。

其中，Q 为以最大送标速度计算出的最大贴标产量，件/min；v 为最大送标速度，m/min；L 为单个标签长度，mm；a 为标签之间间距，mm。

国内市场上，一般不干胶贴标机产品的最大送标速度为 38m/min，而有技术实力的公司把产品的最大送标速度定为 70m/min。该指标说明：在确保原贴标产量情况下，也能适应标签长度变换（变长）；高送标速度是建立在机械硬件质量、元件高配置与伺服控制的技术上，不是一般制造商能制造的，其值反映了制造商的专业技术水准。

②不干胶贴标机的印字速度，对制药工业所用贴标机而言，标签能在位印上批号尤为重要。因此，在不干胶贴标机送贴与滚贴的速度选择时，还要考虑所配印字机的印字速度，取其最小者才能算作实际贴标生产能力值。

（3）从特殊用途角度谈选择

在瓶子贴标时，常会遇到特殊用途的问题，例如：双面贴标；由于塑料瓶表面脱模剂而引起标签附着力下降或产生贴标表面有“气泡”现象。这对不干胶贴标机的选择提出了更特殊要求。

① 对双面贴标在选择上应考虑方面　若需对扁瓶、方瓶、圆瓶进行双面贴标时，至少应考虑以下几点：

a. 标签头可实现多维空间的调整，以确保贴标的准确度，如 6 维空间的调整；

b. 标签头采用双压辊设计，以提高标签的张紧力，以利于长标签的出标。

② 贴标表面易产生“气泡”问题的考虑方面

a. 应消除静电的影响，可采用去静电离子风机对瓶身作静电处理，同时用静电毛刷去除标签的静电；

b. 增加标签的贴标压力，尽可能增加标签与瓶子间的附着力；

c. 贴标过程中，尽可能使标签与瓶子成线接触，以彻底赶走“气泡”。

（4）从贴标的质量上谈选择

一般公认的贴标质量要求为：贴标误差≤±1mm，即使重新反复多次贴标的重合位置也能达到此值；贴后标签与瓶面应贴合，应平整，无皱纹、无“气泡”现象；打印批号字迹清晰可辨，无重叠和模糊现象，且批号位误差<±1mm。要能实现上述贴标要求的话，除标签质量与合理操作外，还与设备有关，故选择上应考虑以下几点：

① 贴标的平整度　主要看滚贴机构的合理设计与高精度的加工，在滚贴压力下要确保标签与瓶体表面的线接触；

② 驱动元件的高配置要求　因为送标动作的核心是其高精度超低惯量的伺服电机，为确保贴标质量，其系统应用闭环控制，同时电机本身能时刻在校正自己的位置进行自己补偿；

③ 检测方式与检测元件　是确保贴标质量与贴标产量的基础，有技术实力的生产商一改过去检测元件只检测标签印刷所带来的不完善之处，现在把检测方式改为测厚度，其利用标签与标签之间的缝隙所产生的厚度变化来控制伺服电动的运行，这是当前最佳的检测方式，这样的可靠性更大；

④ 整机控制，尤其是输瓶速度与送标速度　在选择控制上应注意，生产速度信号能经同步送至系统，再经分析计算送至伺服电机，要求二者运行速度匹配；

⑤ 元件配置　由于当今高速贴标是建立在机器连续运转的，其要求各部件反应迅速，所有动作都是要在瞬间完成，这对检测元件配置也提出要求。例如，对贴标伺服马达、贴标马达驱动器、输送带马达、收纸马达、分离马达、变频器、贴标电眼、标签检出电眼、收纸停止近接开关、可编程控制器、人机操作界面元件都有配置的要求。

11.5　贴标机械的常见故障与使用维护

11.5.1　粘合式贴标机常见故障与使用维护

粘合式贴标机在使用过程中有可能出现下列贴标问题。

1）贴标不对中　检查取标时是否对中，若不对中则调整标盒到恰当位置；放标是否最佳位置；标夹或海绵脏，倒粘；贴标对中，扫后不对中：胶水太厚，初黏性差，温度太低（最佳温度为26～28℃）；标扫脏，标扫太硬，两边力不均匀，扫歪；标鼓取标后吹气量没调好；定中杯摆动阻力大，不能自由旋转；入口星轮错位，造成瓶子不在转盘中心造成角度不均匀，影响扫标质量；瓶身水未吹干或标板清洗后未干造成胶水粘力不足，扫歪；标鼓海绵磨损造成压在瓶子上的压力不够而造成不对中。

2）左右倾斜（歪标）　标盒底线不处于水平线上，取标时已倾斜，调整摆度；检查标纸在标盒中是否平整，如果不平整，可将标钩调整使之平整；海绵厚度不均匀；转鼓推出装置是否在三点一线上且放夹时间与凸轮配合是否恰当；瓶托板胶垫磨损过度既影响对中又会歪斜。

3）撕烂铝帽　标盒导条过紧，标钩角度不合适，过大过深易裂；胶水太黏，停机时间过长而没有及时将瓶排清；标夹不同步或标板与标夹胶条间隙过大或倾斜。标夹打开时间调好，凸轮移位。

4）标盒上取标失败或漏胶　标纸外形尺寸误差太大，根本无法贴标；标纸或在标盒内卡死，无法取出；或从标盒前未取标时已跌落；标钩太紧或弹簧太松，应放松标钩或收紧标钩；标纸盒进入取标位置距离不当，标板压入标盒取标深度约2mm；标夹开放时间不当，标鼓夹夹板压缩量为1～2mm，否则过小会取标不牢，过大会影响放标时间；标盒内的标钩有胶水，阻碍取胶，应及时清洗标钩；标纸不够，马上加足标纸，标夹松或标夹断弹簧，应上紧标夹或更换弹簧。另外，标鼓夹在标板取标时，标鼓垫条与标板相互之间的距离应为1～1.5mm，标鼓夹取标纸的深度4～5mm最好；标鼓海绵有胶水，反粘；标纸与所使用的胶水不融合，应更换标纸或胶水；标鼓海绵磨损，应定期更换海绵；标签台内的废标纸未清走，会将标板上的标纸撞歪造成标鼓夹不到标；标签盒上的推标滑动杆磨损有坑，造成标纸进标不顺。

5）身背标、铝帽变皱　胶水太厚，标扫磨损；导瓶架海绵块磨损；出口星轮小辊生锈不转动和脱胶圈；瓶子撞倒瓶架胶条和护栏。

6）翘标现象　贴标中要达到完美视觉效果，其中之一就是避免贴标中的翘标现象。在管子未灌装之前贴标，贴好以后再进行灌装封尾，而在封尾过程中的加热对标签的考验尤其严峻，标签距离底端越近，翘标的可能性就越大。实际应用中几乎每个厂家都有类似问题，解决的办法也多种多样。

① 改变标签的形状　将标签的底端做成弧形，尽量避开封尾变形区。当然圆弧不可以开得太深，否则由于标签本身的问题容易引起褶皱，增加不必要的麻烦。对于异形封尾则要

求标签的形状要做相应改变，这样不但可以避免翘标，还可以增加美感。

② 消除静电的影响　贴标过程容易产生静电，这对贴标效果会产生影响，适当提高贴标现场的湿度，会有一定改善，采用离子风机也是有效的解决办法。浆糊贴标机内部设有湿度自动控制，更可以单独控制设备内部的洁净度，让贴标远离灰尘，提高产品的贴标质量。这样做到了贴标过程中不再有翘标现象，达到良好的视觉效果。

③ 增加标签的黏度，尽量使标签粘贴牢固。要达到这个效果，需从以下几个方面加以考虑：

a. 提高被贴软管的表面质量。大部分的产品表面过有光油，会增加贴标的困难，内容物的渗出、管壁的微孔等都会造成标签的翘起，如何避免此类问题的发生，应该是大家要考虑的一个比较重要的问题。

b. 浆糊贴标机在贴标过程中控制标签的贴标压力。

c. 控制贴标过程中的温度。增加贴标温度，会改善贴标效果，因为随温度的升高，物体内部物质的活性会增加，标签才更容易与管身融合。

④ 尽量采用柔软的标签材料，良好的标签延展性对翘标也会有很大改善。

11.5.2　不干胶贴标机常见故障与使用维护

(1) 贴标机常见问题

1) 机械部分

① 伺服电机同步带易磨损。

② 打印标签批号气缸和卷色带动力气缸密封圈易磨损，导致气缸串气。

③ 拨签板易磨损导致断标。

④ 卷纸动力偏心机构上的橡胶轮易磨损。

⑤ 卷废纸滚轮利用摩擦力的大小来解决卷废纸的松紧度。

2) 电路部分

① 伺服电机线端子松动会导致驱动器报警。

② 标签批号打印机构是利用 180W 加热管加热批号打印字钉来进行打印，加热管坏掉会导致批号打印不清楚。

③ 无色带报警感应器（色带用完贴标机停止运行）。

④ 标签感应器（用于标签定位）。

⑤ 出签感应器（用于出标信号）。

(2) 贴标机常见故障

1) 断标

① 标签本身的问题（标签厂家在生产时由于切刀过深易断标）。

② 贴标机拨签板拨签口磨损导致标签纸断标。

③ 贴标机拨签板的倾斜度也会导致标签纸断标。

④ 出标感应器在出标签时同一个瓶子感应了两次，导致打印批号气缸连续打印就易使标签纸断标。

2) 打印批号不清楚（花标签）或不完整

① 在生产过程中出标感应器同一瓶药同时感应了两次这时就会出现花标签。

② 在生产过程中打印气缸串气或电磁阀发卡都会出现花标签。

③ 在生产过程中卷色带机构出现问题就会产生批号打印不清晰和完整（如：卷色带气缸串气或电磁阀发卡或卷色带单向轴承损坏就会导致色带卷不走，同时打印批号气缸就会在色带同一个地方重复打印，就会出现标签批号不清晰和完整）。

④ 标签批号打印气缸出现问题也会导致批号打印不清晰和完整（如：打印批号气缸串气、电磁阀发卡或气缸安装位置的倾斜度都会出现标签批号不清晰和完整）。

3）歪标签和高低标签

① 根据实际情况可以调整整个贴标机的左右位置来解决歪标签。

② 根据实际情况可以调整出标排刷的倾斜角度来调整歪标签。

③ 根据实际情况可以调整护瓶护栏左右位置来解决歪标签。

④ 在生产中出现高低标签可以根据实际情况调整整贴标机高低位置来解决高低标签（如，在生产中出现高标签时可以根据实际情况把整个贴标机升高，同样在生产中出现低标签时可以根据实际情况把整个贴标机降低）。

⑤ 在生产中出现高低标签时可以根据实际情况在操作屏幕上调整出标时间（如，在生产中出现高标签时可以根据实际情况增加出标时间，同样在生产中出现低标签时就可以根据实际情况减少出标时间）。

⑥ 在生产中出现高低标签时可以根据实际情况调整出标感应器的前后位置［如，在生产时出现高标签时可以根据实际情况把出标感应器往后调整（这里的后是进瓶的同一个方向），同样在生产中出现低标签时可以根据实际情况把出标感应器往前调整］。

4）翘标现象

① 增加标签的黏度，尽量使标签粘贴牢固。要达到这个效果，需从以下几个方面加以考虑：

a. 提高被贴表面的质量　大部分的产品表面过有光油，会增加贴标的困难，内容物的渗出，管壁的微孔等等都会造成标签的翘起。

b. 在贴标过程中控制标签的贴标压力。

c. 控制贴标过程中的温度　增加贴标温度，会改善贴标效果，因为随温度的升高，物体内部物质的活性会增加，标签才更容易与管身融合。

② 尽量采用柔软的标签材料，良好的标签延展性对翘标也会有很大改善。

③ 改变标签的形状　将标签的底端做成弧形，尽量避开封尾变形区。当然圆弧不可以开的太深，否则由于标签本身的问题容易引起褶皱，增加不必要的麻烦。对于异型封尾则要求标签的形状要做相应改变，这样不但可以避免翘标，还可以增加美感。

④ 消除静电的影响　贴标过程容易产生静电，这对贴标效果会产生影响，适当提高贴标现场的湿度，会有一定改善，采用离子风机也是有效的解决办法。贴标机内部设有湿度自动控制，更可以单独控制设备内部的洁净度，让贴标远离灰尘，提高产品的贴标质量。这样做到了贴标过程中不再有翘标现象，达到良好的视觉效果。

第 12 章　装盒与装箱机械

纸箱与纸盒是主要的纸制包装容器，两者形状相似，习惯上小的称盒，大的称箱，一般由纸板或瓦楞纸板制成，属于半刚性容器。由于它们的制造成本低、重量轻，便于堆放运输或陈列销售，并可重复使用或作为造纸原料，因此至今乃至将来仍是食品、药品、饮料包装的基本形式之一。

盒装包装是一种广为应用的包装方式，它是将被包装物品按要求装入包装盒中，并实施相应的包装封口作业后得到的产品包装形式。包装作业可借助于手工及其他器具，也可用自动化的盒装包装机完成。现代商品生产中，装盒包装工作主要采用自动化的装盒机来完成。装盒包装工作中涉及待包装物品、包装盒与自动装盒机三个方面，三者之间以包装工艺过程相连接。

装箱机械是用来把经过内包装的商品装入箱子的机械，装箱工艺过程和装盒类似，所不同的是装箱用的容器是体积大的箱子，纸板较厚，刚度较大。包装用纸箱按结构可分为瓦楞纸箱和硬纸板箱两类，用得最多的是瓦楞纸箱。通常由制箱厂先加工成箱坯，装箱机直接使用箱坯。采用箱坯种类不同，装箱工艺过程也不同，即使采用相同箱坯，工艺过程也有多种，因此装箱机械也就表现为种类多样。

12.1　纸盒的种类及装盒机械的选用

纸盒是商品销售包装容器，一般由纸板裁切、折痕压线、弯折成型、装订或粘接成型而制成。其盒形多样，制盒材料也由单一纸板材料向纸基复合纸板材料方向发展。

纸盒包装虽然在缓冲、防震、防挤压和防潮等方面没有运输包装那样的要求，然而其结构要根据不同商品的特点和要求，采用合适的尺寸、适当的材料（瓦楞纸板、硬纸板、白纸板等）、美观的造型来安全地保护商品，美化商品，方便使用和促进销售。

12.1.1　纸盒的种类及选用

纸盒的种类和式样很多，但差别大部分在于结构形式、开口方式和封口方法。通常按制盒方式可分为折叠纸盒和固定纸盒两类。

（1）折叠纸盒

折叠纸盒即纸板经过模切、压痕后，制成盒坯片，在装盒现场再折叠成各种盒；或者将盒坯片的侧边粘接，形成方形或长方形的筒，然后压扁成为盒坯，在装盒现场再撑开成各种盒。盒坯片和盒坯都是扁平的，装在装盒机的贮盒坯架上时，取放都很方便。纸板厚度一般在 0.3～1.1mm 之间，可选用的纸板有白纸板、挂面纸板、双面异色纸板及其他涂布纸板等耐折纸箱板。折叠盒适合于机械化大批量生产。

常用的折叠纸盒形式有扣盖式、粘接式、手提式、开窗式等。折叠纸盒按结构特征又可分为管式折叠纸盒、盘式折叠纸盒和非管非盘式折叠纸盒三类。

① 管式折叠纸盒　图 12-1 所示为四种常见的管式折叠纸盒，其主要特点是：由一页纸板裁切压痕后折叠，边缝粘接，盒盖盒底采用摇翼折叠组装固定或封口。盒盖是商品内装物进出的门户，其结构必须便于内装物的装填和取出，且装入后不易自开，从而起到保护作用，而在使用时又便于消费者开启。

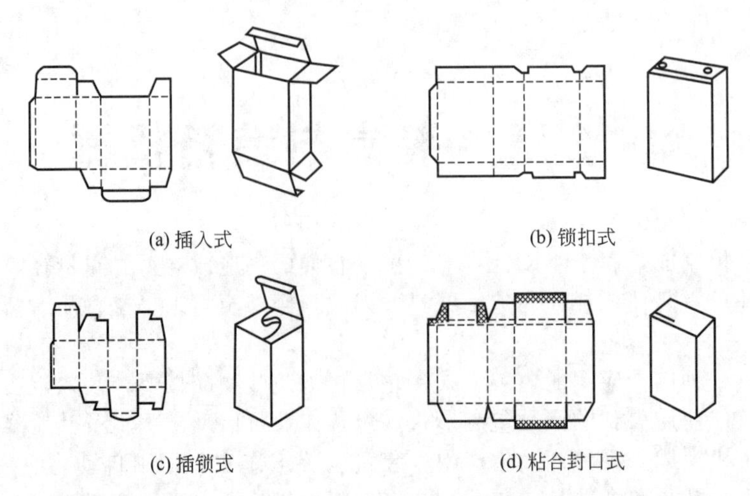

图 12-1 常见管式折叠纸盒

其他还有正封口式折叠纸盒、连续摇翼窝进式折叠纸盒、锁底式手提折叠纸盒、间壁封底式折叠纸盒等。

② 盘式折叠纸盒　如图 12-2 所示为几种典型盘式折叠纸盒结构形式，其主要特点是：由一页纸板裁切压痕，四周以直角或斜角折叠成主要盒型，在侧边处进行锁合或粘贴成盒。由于盘式折叠纸盒盒盖位置在最大面积盒面上，负载面比较大，开启后观察内装物的面积也大，适用于食品、药品、服装及礼品的包装。

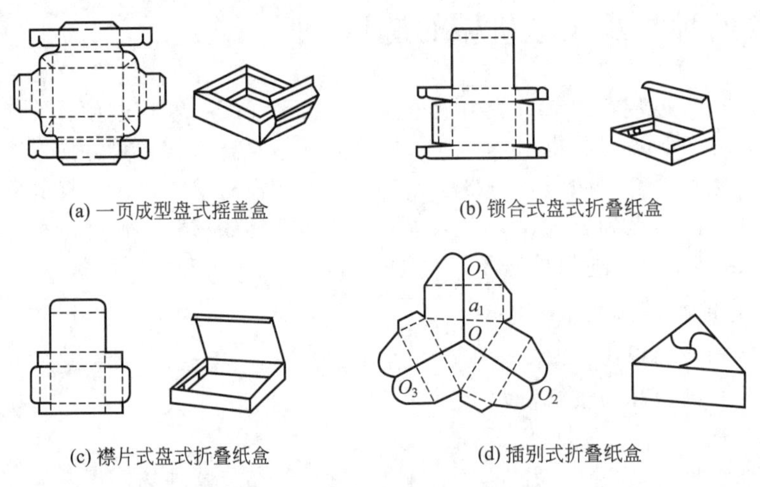

图 12-2 典型盘式折叠纸盒结构形式

③ 非管非盘式折叠纸盒　既不是单纯由纸板绕一轴线旋转成型，也不是由四周侧板呈直角或斜角折叠成型，而是综合了管式或盘式成型特点。图 12-3 所示为一种非管非盘式折叠纸盒，可用于瓶罐包装食品的组合包装等。

(2) 固定纸盒

固定纸盒又称为粘贴纸盒，用于手工粘贴制作，其结构形状、尺寸空间等在制盒时已确定，其强度和刚度较折叠纸盒高，但生产效率低、成本高、占据空间大。本章不做过多介绍。

(3) 纸盒的选用

包装容器的选用涉及的因素很多，就盒的结构形式来说，有以下几点。

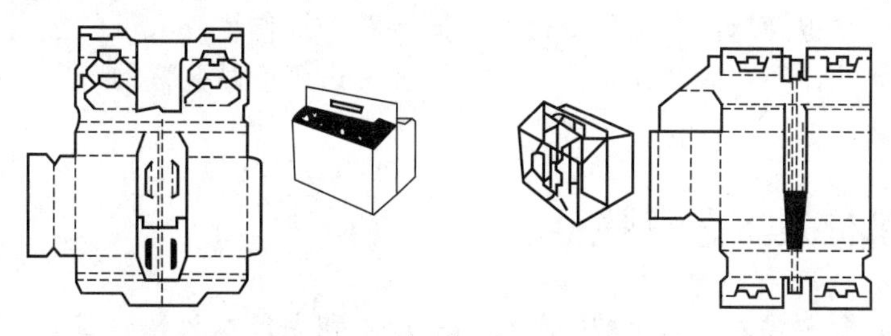

图 12-3　非管非盘式折叠纸盒

① 当商品很容易从盒的狭窄截面放入或取出时，如牙膏、药瓶等，可选用筒式盒，采用盖片插入式封口，比较方便；如果商品较重或有密封性要求时，应选用盖片黏结封口方式；如果商品为分散的颗粒或个体时，容易因盖片松开而散漏，如皂片、图钉等，其翼片和盖片应选用扣住式结构。

② 当商品不易从盒的狭窄面放入或取出时，如糕点、服装和工艺美术品等，应选用浅盘式盒。

③ 为了宣传商品或便于顾客了解商品时，如牙刷、首饰和蛋糕等，宜选用开有透明窗的盒。

12.1.2 装盒机械的选用

(1) 装盒方法

① 手工装盒法最简单的装盒方法就是手工装盒，不需要其他设备。主要缺点是速度慢，劳动生产率低，对食品和药品等卫生条件要求高的商品，容易污染。只有在经济条件差，具有廉价劳动力的情况下才适用。

② 半自动装盒方法　由操作工人配合装盒机来完成装盒过程。用手工将产品装入盒中，其余工序，如取盒坯、打印、撑开、封底、封盖等都由机器来完成，有的产品，如药品和化学用品等，装盒时还需要装入说明书，也需要用手工放入。半自动装盒机的结构比较简单，装盒种类和尺寸可以变化，改变品种时调整机器所需的时间短，很适合多品种小批量产品的装盒，而且移动方便，可以从一条生产线很方便地转移到另一条生产线。有的半自动装盒机，用来装一组产品，如小袋茶叶、咖啡、汤料和调味品等，每盒可装 1～50 包。装盒速度与制袋充填机配合，相对地讲，每装一盒的时间较长，因此，机器运转方式为间歇转位式，自动将小袋产品放入盒中并计数，装满后自动转位；放置空盒、取下满盒和封盒的工序由操作工人进行。

半自动装盒机，由于大部分采用手工装产品，所以装盒方式多为直立式，便于充填。

③ 全自动装盒方法　除了向盒坯贮架内放置盒坯外，其余工序均由机器完成。全自动装盒机的生产率很高，但机器结构复杂，操作维修技术要求高，设备投资也大。变换产品种类和尺寸范围受到限制，这方面不如半自动装盒机灵活，因此，适合于单一品种的大批量产品装盒，如牙膏、香皂、药片等。全自动装盒过程中，产品由机器自动装入盒内，故一般均采用横向装盒方式，即产品推入的方向与盒坯输送带运动方向互相垂直，且在同一平面内。产品在装盒之前应处于平放位置，如果在充填机输出时为直立位置，则在产品输送带的上方适当位置放置导板，将产品逐渐翻倒成水平位置后再装盒，对于成组装盒的产品，多数也以横向装盒为宜。

(2) 装盒设备的选用

装盒机的装盒方式要根据装盒方法来确定，装盒机的生产能力和自动化程度，则根据产品生产批量、生产率及品种变换的频繁程度来确定。首先要与产品生产设备的生产率相匹配。自动化程度并非越高越好，而是要恰当，既要符合操作维修人员的技术水平，又能达到最佳经济效益。此外，在组成产品生产线时，还要考虑到产品装盒的某些工序所需要的附属装置能否与主机配套。

12.2 装盒机械及工艺路线

根据不同的装盒方式，装盒机械一般分为充填式和裹包式两大类型。充填式能包装多种形态的物品，使用模切压痕好的盒片经现场成型或者预先折合好的盒片经现场撑开（有的包括衬袋）之后，即可进行充填封口作业；裹包式的多用来包装呈规则形状（如长方体、圆柱体）、有足够耐压强度的多个排列物件，而且需借助成型模加以裹包，相关作业才能够完成。它们各有特点和适用范围，但占优势地位的，应属充填式装盒机械，也就是包装机械术语国家标准所指的“开盒-充填-封口机”及“盒成型-充填-封口机”等机种。

12.2.1 充填式装盒机械

（1）开盒-充填-封口机

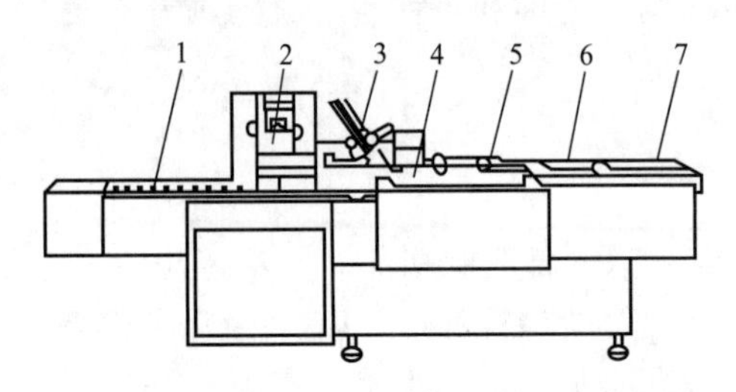

图 12-4 连续式开盒-推入充填-封口机外形简图
1—内装物传送链带；2—产品说明书折叠供送装置；3—纸盒片撑开供送装置；4—推料杆传动链带；5—纸盒传送链带；6—纸盒折舌封口装置；7—成品输送带与空盒剔除喷嘴

该类机械在工艺上可采用推入式充填法及自落式充填法。

① 推入式充填法　图 12-4 为连续式开盒-推入充填-封口机外形简图。该机采用全封闭式框架结构，主要组成部分包括：分立挡板式内装物传送链带 1、产品说明书折叠供送装置 2、下部吸推式纸盒片撑开供送装置 3、推料杆传动链带 4、分立夹板式纸盒传送链带 5、纸盒折舌封口装置 6、成品输送带与空盒剔除喷嘴 7 以及编码打印、自动控制等工作系统。

图 12-5 所示为该机的水平直线型多工位连续传送路线。它适用于开口的长方体盒型，在垂直于传送方向的盒体尺寸最大，可包装一

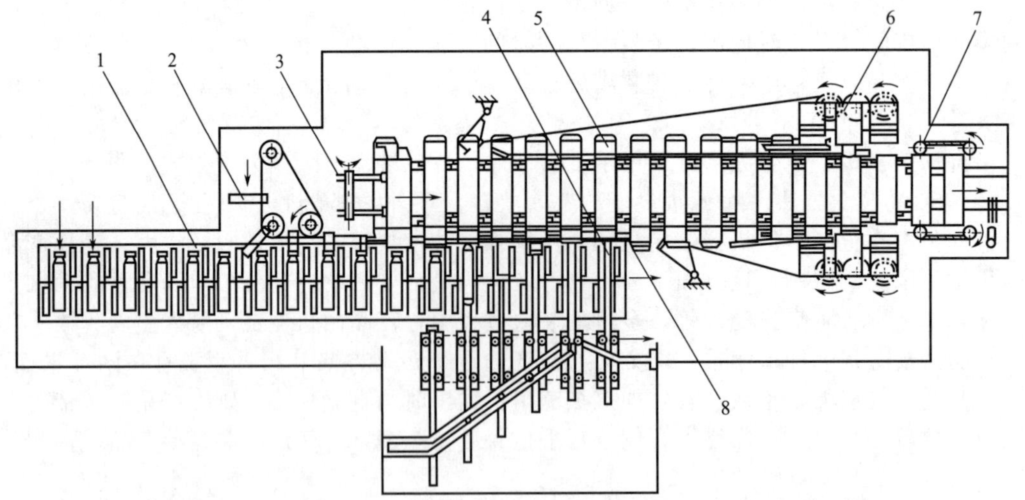

图 12-5 开盒-推入充填-封口机水平直线型多工位连续传送路线图
1—内装物传送链带；2—产品说明书折叠供送装置；3—纸盒片撑开供送装置；4—推料杆传动链带；5—纸盒传送链带；6—纸盒折舌封口装置；7—成品输送带与空盒剔除喷嘴；8—固定导轨

定尺寸范围内的多种固态物品。内装物（有的附带产品说明单）传送链带、推料杆传送链带和纸盒传送链带并列配置，以同步速度绕长圆形轨道连续循环运行。内装物和纸盒均从同一端供送到各自链带上，而与其一一对应并做横向往复运动的推料杆可将内装物平稳地推进盒内。接着依次完成折边舌、折盖舌、封盒盖、剔空盒（或纸盒片）等作业。最后，将包装成品逐个排出机外，该机生产能力较高。

为适应内装物的形体、尺寸、个数的变化，允许纸盒规格有较宽的选择范围。当更换产品时，需调整有关执行机构的工作位置及结构尺寸。

此类装盒机械的传动路线大体上如图 12-6 中的实线部分所示。从能流分配看，是由单流与分流组成的混流传动，而且多数为连续回转运动，少数为往复移动或摆动。虚线部分则表示各主要工作单元在相位调整方面的对应关系，以确保整个机械系统协调可靠。为此，在适当部位铺设手盘车（如图中的手盘车 2、3）。特别对上述三条传送链带，应选择推料杆作为相向对称调节其他两条链上分立挡板和分立夹板有效作用宽度的基准，从而扩大装盒的通用能力。手盘车 1，供全机手动调试之用。由于无级调速电机和有关传动附加了必要的技术措施，故能保证实现整体的单向传动。

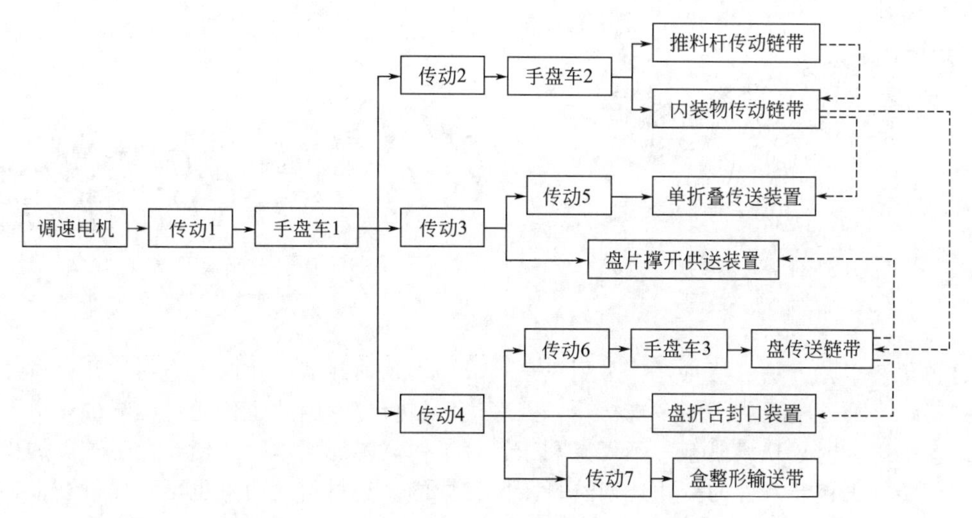

图 12-6　连续式开盒-推入充填-封口机传动路线图

这类机型一般设有微机控制及检测系统，可自动完成无料（包括说明书）不送盒，无盒（包括吸盒、开盒动作失效）不送料，而且连续三次断盒即自行停车。此外，对生产能力、设备故障和不合格品能够自动进行分类统计和数字显示；当变换纸盒规格时，只需以按键方式向微机控制系统输入几个主要参数，便可达到调整全机或分部试车的目的。

就全自动装盒机械而言，无论给单机或自动线配套使用，都必须妥善解决自动加料问题。图 12-7 所示的是专为瓶子之类多件包装提供的连续供送装置，主要由齿形拨轮 1、输送板链 2、星形分配轮 3、固定导轨 4 等组成。若改变每盒的充填个数，需更换相应的星轮和推头，同时调整各传送链带上分立挡板和分立夹板的工作间距。

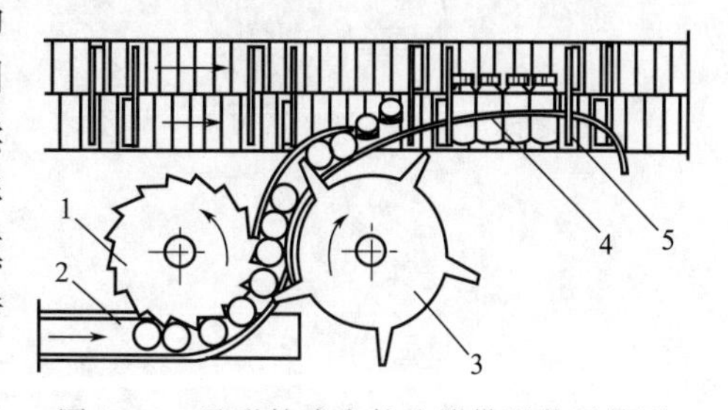

图 12-7　星形轮式多件连续供送装置简图
1—齿形拨轮；2—输送板链；3—星形分配轮；4—固定导轨；5—内装物传送链带

实际上，被包装产品的多样化，必会导致为装盒机械配套的供料装置的不断更新，要因地制宜地加以选用。

间歇式传送路线一般在停歇时分别进行开盒、插入夹座、分步推送内装物、塞盖舌等作业；运动时分别进行折边舌、折盖舌、折盒盖等作业。间歇传送的优点是可以采用做横向往复运动的双推头（或三推头），简化了长距离推料部分的机械结构。缺点是有关执行机构做间歇运动，容易产生冲击、振动、噪声，加剧了机件的磨损。

② 自落式充填法　图 12-8 所示为开盒-自落充填-封口机多工位连续传送路线图，适用于上下两端开口的长方体纸盒。散粒物料大都依靠自身重力进行自落充填。为便于同容积式或称重式计量装置配合工作，并且合理解决传动问题，将计量-充填-振实工位集中安排在主传送路线的一个半圆弧段，其余的直线段可用于开盒、插入链座、封盒底、封盒盖等作业。对这种盒型，多以热熔胶粘搭封合。

（2）成型-充填-封口机

该类机型的工艺通常采用的有衬袋成型法、纸盒成型法、盒袋成型法、袋盒成型法等。

① 衬袋成型法　如图 12-9 所示，首先把预制好的折叠盒片撑开，逐个插入间歇转位的链座，并装进现场成型的内衬袋。

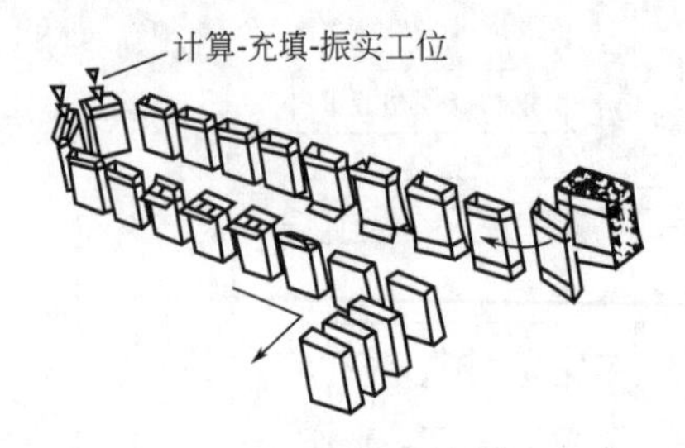

图 12-8　开盒-自落充填-封口机多工位连续传送路线图

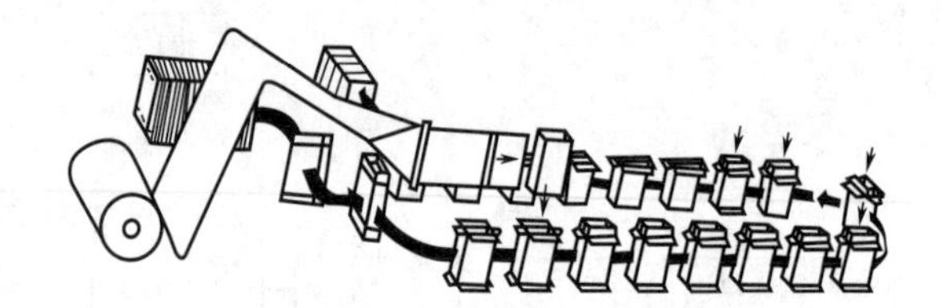

图 12-9　开盒-衬袋成型-充填-封口机多工位间歇传送路线图

这种包装工艺方法的特点是：采用三角板成型器及热封器制作两侧边封的开口衬袋，既简单省料，又便于实现袋子的多规格化；因底边已被折叠，因此主传送过程减少一道封合工序；纸盒叠平，衬袋现场成型，不仅有利于管理工作，降低成本，还使装盒工艺更加机动灵活，尤其能根据包装条件的变化适当选择不同品质的盒袋材料，而且也可不加衬袋很方便地改为开盒-充填-封口的包装过程；其缺点主要是需要配备一套衬袋现场成型装置，占用空间较大。

② 纸盒成型法　图 12-10 所示为盒成型-夹放充填-封口机多工位间歇传送路线，适于顶

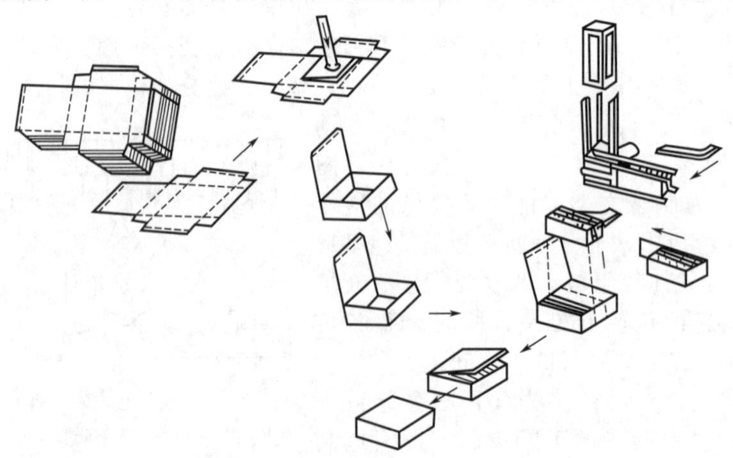

图 12-10　盒成型-夹放充填-封口机多工位间歇传送路线图

端开口难叠平的长方体盒型的多件包装。纸盒成型是借模芯向下推动已模切压痕好的盒片使之通过型模而折角粘搭起来的，然后将带翻转盖的空盒推送到充填工位，分步夹持放入按规定数量叠放在一起的竖立小袋及隔板。经折边舌和盖舌后，就可插入封口。

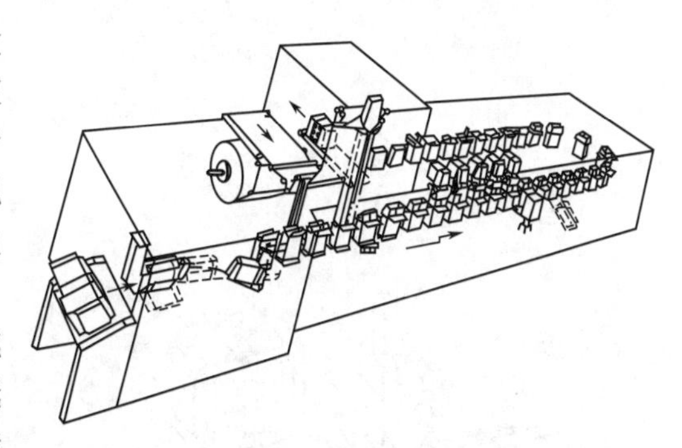

图 12-11　盒袋成型-充填-封口机多工位间歇传送路线图

③ 盒袋成型法　图 12-11 所示为盒袋成型-充填-封口机多工位间歇传送路线。先将纸盒片折叠粘搭成为两端开口的长方体盒型，转为竖立状态移至衬袋成型工位。采用翻领形成型器和模芯制作有中间纵缝、两侧窝边、底面封口的内衬袋。

④ 袋盒成型法　如图 12-12 所示为袋盒成型-充填-封口机多工位间歇传送路线。卷筒式衬袋材料一经定长切割，即以单张供送到成型转台。该台面上均布辐射状长方体模芯，借机械作用将它折成一端封口的软袋。接着，用模切压痕好的纸盒片紧裹其外，待粘搭好了盒底便推出转台，改为开口朝上的竖立状态。然后沿水平直线传送路线依次完成计量充填振实、物重选别剔除、热封衬袋上口、粘搭压平盒盖等作业。由于该机的成型与包装工序较分散，生产能力得以提高。

12.2.2　裹包式装盒机械

(1) 半成型盒折叠式裹包机

① 连续裹包法　图 12-13 所示为半成型盒折叠式裹包机多工位连续传送路线，适于大型纸盒包装。工作时先将模切压痕好的纸盒片折成开口朝上的长槽形插入链座，待内装物借水平横向往复运动的推杆转移到纸盒底面上之后，再开始各边盖的折叠、粘搭等裹包过程。

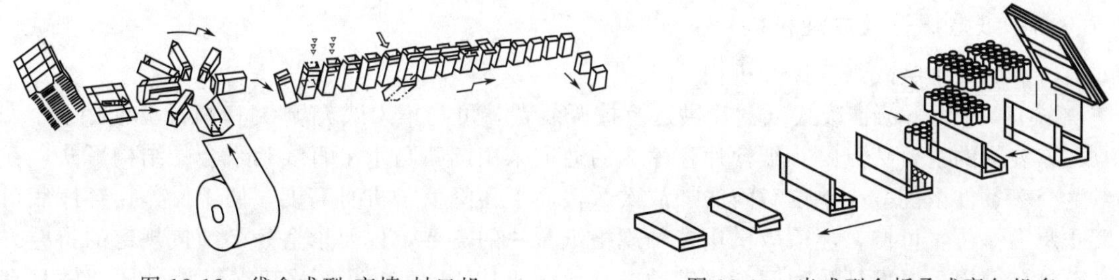

图 12-12　袋盒成型-充填-封口机多工位间歇传送路线图

图 12-13　半成型盒折叠式裹包机多工位连续传送路线图

采用此裹包式装盒方法有助于把松散的成组物件包得紧实一些，以防止游动和破损。而且，沿水平方向连续作业可增加包封的可靠性，大幅度提高生产能力。

② 间歇裹包法　图 12-14 所示为半成型盒折叠式裹包机多工位间歇传送路线。借助上下往复运动的模芯和开槽转盘先将模切压痕好的纸盒片形成开口朝外的半成型盒，以便在转位停歇时从水平方向推入成叠的小袋或多层排列的小块状物，然后在余下的转位过程完成其他边部的折叠、涂胶和紧封。

(2) 纸盒片折叠式裹包机

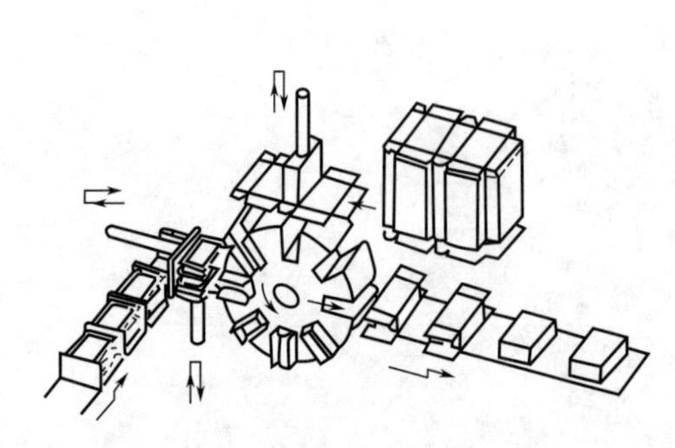
图 12-14 半成型盒折叠式裹包机多工位间歇传送路线图

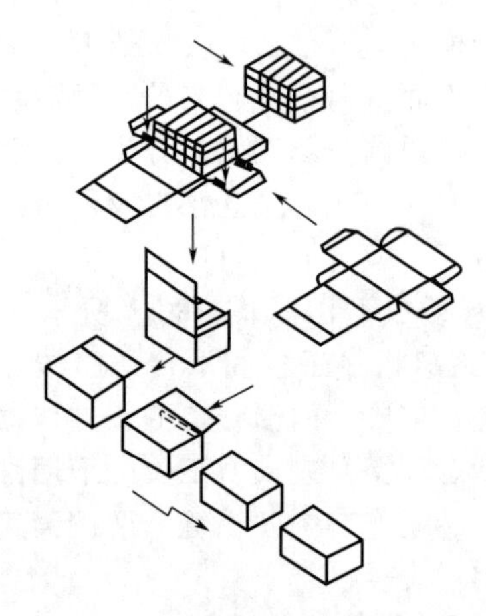
图 12-15 纸盒片折叠式裹包机多工位间歇传送路线图

图 12-15 所示为纸盒片折叠式裹包机多工位间歇传送路线，适于较规则形体（如长方体、棱柱体）且有足够耐压强度的物件进行多层集合包装。先将内装物按规定数额和排列方式集积在模切纸盒片上，然后通过由上向下的推压作用使之通过型模，即可一次完成除翻转盖、侧边舌以外盒体部分的折叠、涂胶和封合。接着沿水平折线段完成上盖的粘搭封口，经稳压定型再排出机外。

12.3 装盒机械典型工作机构

装盒机械的工作机构主要包括纸盒撑开及成型机构、传动装置、推料机构、说明书输送机构、封盒装置等，各机构之间通过协调配合完成装盒作业。本节介绍装盒机械中的一些典型工作机构。

12.3.1 纸盒撑开及成型机构

（1）下部推吸式纸盒撑开机构

图 12-16 为下部推吸式纸盒片供送及撑开装置，可与推入式充填-封口机配套使用。

该装置的主要特点是：纸盒片存库 2 的通道采用圆弧与水平直线相组合的结构形式，在高生产率条件下能减少单位时间的加放次数，而且还降低了机身高度，便于操作；存库底口尺寸及工作位置可调，能适应供送多种规格纸盒片的需要，仅要求盒片必须按规定的折叠方位堆放在槽内，以保证顺利开盒；借助摆动导杆机构 14 使推头 4 及其支座沿滑杆 3 做具有急回特性的直线往复运动，以供送盒片至开盒工位；推头的极点位置也可调节，当无料供送时，通过电信号吸动推头偏转下移，可暂停推出盒片；依靠固定的上吸盘 7 和沿圆弧轨迹平动的下吸盘 9 共同配合将叠平的盒片撑开；下吸盘能作垂直于水平的分位移，纸盒受开盒导板 8 的作用得以进一步撑开，并顺利引入快速移动的盒子夹板 10 内。

这种装置优点较多、结构简单、通用性强、性能可靠、工序分散、生产率高，对硬质、软质盒片都适用。

（2）下部吸推式纸盒撑开机构

图 12-17 为下部吸推式纸盒片撑开及供送装置，也可与推入式充填-封口机配套使用。

工作时吸盘摆杆 2 上的一对吸盘将存库内堆置的纸盒片逐个吸出，开盒导板 7 使盒撑开

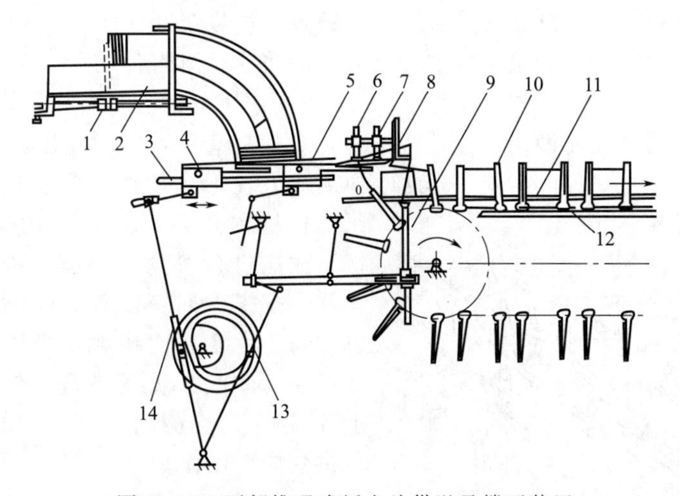

图 12-16　下部推吸式纸盒片供送及撑开装置

1—压板；2—纸盒片存库；3—滑杆；4—推头；5—挡板；6—挡块；7—上吸盘；8—开盒导板；9—下吸盘；10—盒子夹板；11—盒子滑轨；12—滚子链导轨；13—凸轮摇杆机构；14—摆动导杆机构

成型。当吸盘摆至固定滑板 3 的工作面即停止吸气并与盒底脱离。接着由推盒摆杆 4、接盒摆杆 9 引导盒子沿该倾斜滑板进入连续运行的主传送链带的盒子夹板 6 的扇形空间。最后用压盒摆杆 8 轻拍整形，取得链带的同步运动速度。纸盒一移到滑板下沿，吸盘即向上回摆以提取另一张盒片。

此装置执行机构较多，动作配合关系也较严格。吸盘的吸盒效果与库存内盒片堆放高度密切相关，故应规定适当下限。竖立盒片库贮存量不大，与提高生产能力必须增加吸盒频率形成矛盾。为顺利开盒，应选用质地挺括的纸盒片。

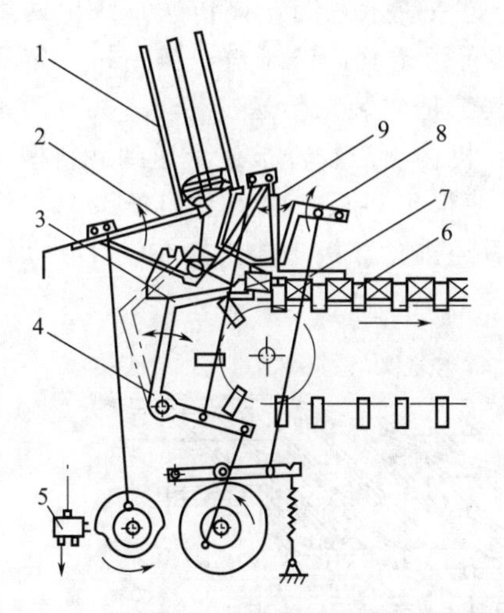

图 12-17　下部吸推式纸盒片撑开及供送装置

1—纸盒片存库；2—吸盘摆杆；3—固定滑板；4—推盒摆杆；5—吸盘气阀；6—盒子夹板；7—开盒导板；8—压盒摆杆；9—接盒摆杆

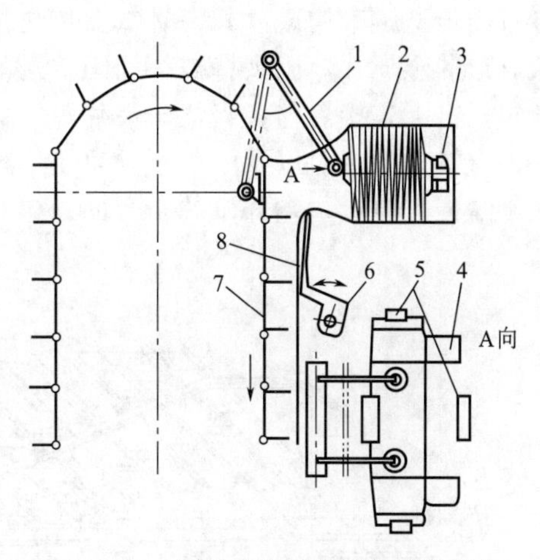

图 12-18　侧吸式纸盒撑开及供送机构

1，6—摆杆；2—盒片贮箱；3—推块；4—纸盒；5—挡爪；7—纸盒托槽；8—导板

(3) 侧吸式纸盒撑开机构

图 12-18 是其中一种，它的功能是将叠合盒片自盒库中吸出，撑展成立体盒筒，并送到

自动装盒机中传送包装盒的链条输送机纸盒托槽内。包装盒以叠合盒片成叠地直立着置放在盒片贮箱2的腔膛中，盒片贮箱2的前方设有弹性挡爪5挡住盒片叠，后部有推进盒片叠的推块3。盒片的送进多采用真空吸嘴吸送方式，真空吸嘴安装在摆杆1前端，与真空系统相接，摆杆1由传动装置驱动做往复运动，将叠合盒片自盒片贮箱吸取出，经过成型通道时，撑展成方柱形盒筒体，最后送到链条输送机的纸盒托槽内定位。此后，真空吸嘴断开真空，链条输送机载着盒筒向前行进一个工作节距的位移，摆杆1回摆使真空吸嘴贴合到片贮箱前方，与盒片叠表面接触，当接通真空时将该盒片吸住。就此又重复将盒片传送到链条输送机上的另一纸盒托槽内，如此循环重复，不断进行供盒成型工作。

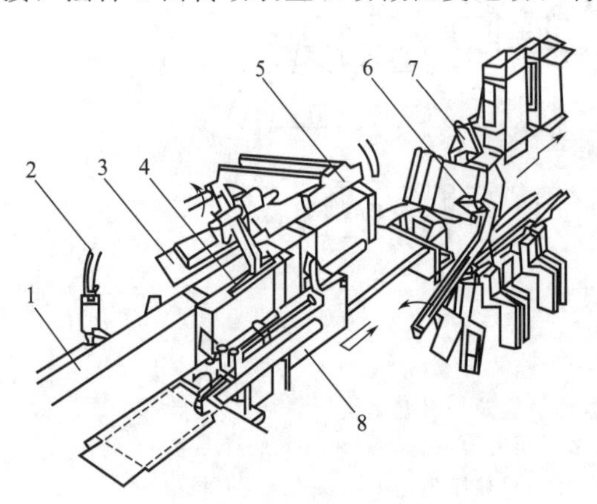

图12-19　两端开口长方体盒成型过程示意图
1—模芯；2—涂胶器；3,4—折角机构；
5—搭边压板；6—气吸式转向摆杆；
7—纸盒传送链带；8—盒片及成型盒供送机构

（4）纸盒成型机构

图12-19为两端开口长方体盒成型过程示意图。已模切压痕好的单张纸盒片先用盒片及成型盒供送机构8夹到折角工位。由于一边已涂胶，故折叠后即可与内边粘搭在一起。接着，将盒筒沿模芯1送至压合工位，以增加黏结强度。再借助气吸式转向摆杆6将两端开口的成型盒由水平状态转为竖立状态，并移入纸盒传送链带7两夹板的扇形空间，依次进行多工位的间歇转位。

12.3.2　装盒机主传送系统

图12-20所示为开盒-推入充填-封口机连续主传送系统示意图，该传送系统由两组并列同步行的传送链带构成。其一是纸盒传送链带7，共有三条套筒滚子链，链上按一定规则均布长方形的金属片，以夹持被等间距传送的盒子；其二是内装物传送链带6，共有两条套筒滚子链，链上连接着与各组盒子夹片一一对应的推料机构。当物件被逐个送到载料槽3上之后，因有链条的牵引以及上、下导轨4、5的制约，使得推料板2沿着载料槽滑动并将物件推入纸盒传送链上一端开口的空盒内。包装成品最后经排盒导板1输出。在设计传动链时应注意：

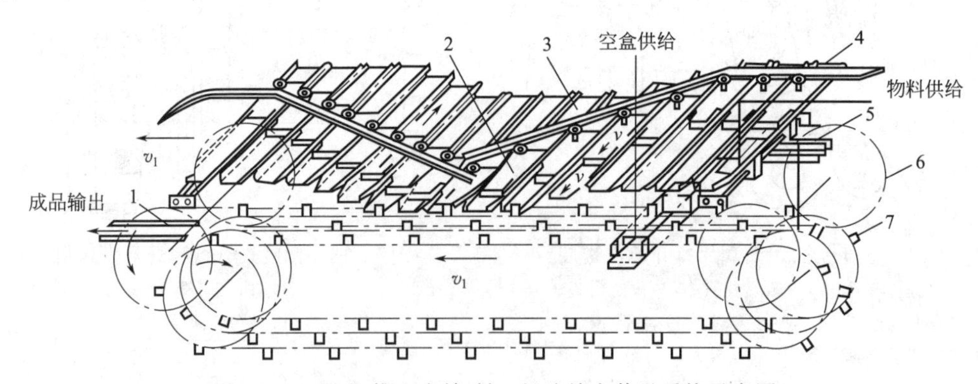

图12-20　开盒-推入充填-封口机连续主传送系统示意图
1—排盒导板；2—推料板；3—载料槽；4—上导轨；5—下导轨；6—内装物传送链带；7—纸盒传送链带

① 为使链条连接方便和连接磨损均匀，最好采用偶数链节的链条与奇数齿的链轮相

配合。

② 为减轻在高速运动时链传动产生的冲击和振动，选用节距适当小的链条和齿数适当多的链轮。

③ 为使从动链轮的转速稳定，主从动链轮的齿数应该相等，紧边长度等于其节距的整倍数。

④ 为了使链条始终保持适宜的紧张度且易装拆，需要设置相应的调节装置。

12.3.3 推料机构

常见的推料机构有滑板式推料机构和滑杆式推料机构。

（1）滑板式推料机构

图 12-21 所示为滑板式推料机构简图。载料槽 1 和推料板 2 为可动配合，槽底部还同传送链上一对平行的支承导向滑杆 5 相连。由于安置了上、下导轨 6、7，再借链的牵引，迫使推料板和载料槽的导向滚轮分别产生所要求的直线往复运动。

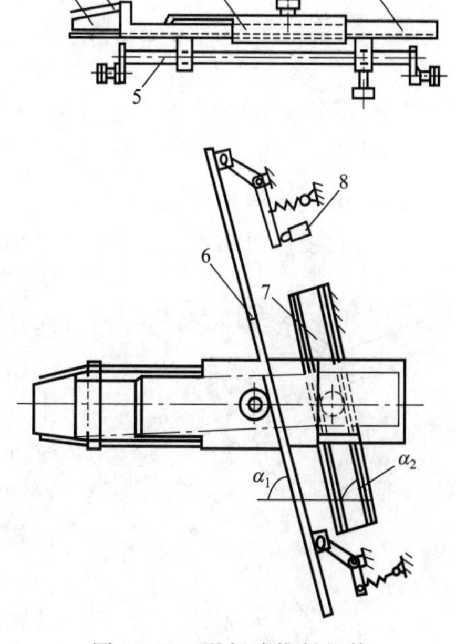

图 12-21 滑板式推料机构

1—载料槽；2—推料板；3—中间弹簧片；4—两侧弹簧片；5—支承导向滑杆；6—上导轨；7—下导轨；8—微动开关

为了防止各相对运动构件在接触部位发生自锁现象，上、下导轨的斜置角度应满足 $\alpha_2 \geqslant \alpha_1$，即推料板和载料槽接触面间的极限摩擦角应大于载料槽和支承导向滑杆接触面间的极限摩擦角，这样工作才会稳定可靠。

在该机构中，滚轮下导轨采用了双向限位的槽式结构，可防误动作；滚轮上导轨采用了平动的四连杆机构，属保护性措施，一旦推料遇到故障，便会通过与导轨相连的摆杆触动微动开关，控制停机。

（2）滑杆式推料机构

对于滑杆式推料机构来说，应用比较广泛的为推杆-滑块支座式，如图 12-22 所示。该机构的特点是：上部主要用于推程，下部都用于回程；采用推料杆与滑块支座的组合形式，可扩大推程，又显得轻巧灵活，适用于单机和作业线；在上部推程区间，推料杆的槽式导轨，一侧被固定，另一侧做成摆动的（装一复位弹簧），倘若推料发生故障，通过微动开关可传递控制信号，实现自动停机；这种推料机构只有横向推料作用，所以还需配备与其并列同步运行的内装物传送链带；每当纸盒传送链带中断（或停止）了供盒，立即发出检测信号，借助记忆控制系统吸动一牵引电磁铁，使同它相连的一块导板偏摆，使与缺盒相对位的推料杆滚轮改道而沿平行于链传动方向往前连续运动，停止推料作用，在这种情况下，与缺盒相对应的待充填物则移至排出地点等待回收。

12.3.4 输送机构

说明书是现代装盒机械中不可缺少的一部分，尽管外形尺寸、适用范围不尽相同，但是它们的传动原理，折纸工艺基本上都是一样的。如图 12-23 所示，可以看出说明书折叠机一般有以下几部分组成：存纸库、挡纸摆杆、叼纸轮、说明书吸嘴、导纸机构、折纸挡板、传纸机构。其一般的工艺如下：吸嘴吸纸—折纸机构折纸—传纸张机构输送折叠好的说明书—

拾取机构拾取说明书—拾取机构释放说明书。

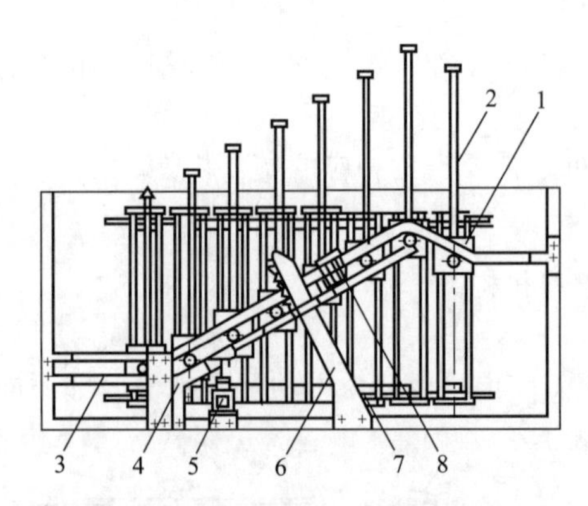

图 12-22 推杆-滑块支座式推料机构

1—滑块支座；2—推料杆；3,4—推料杆导轨；5—推料杆滚轮改道导板控制电磁铁；6—摆动导轨复位弹簧支架；7—链条导轨；8—微动开关

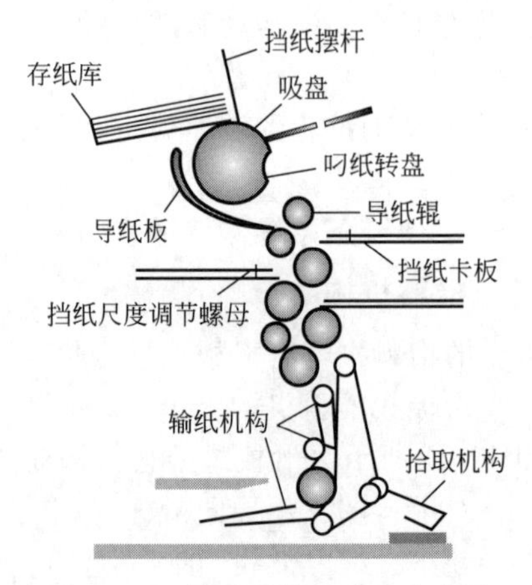

图 12-23 说明书传送过程示意图

(1) 折纸机构及改进

对自动装盒机来说，其折纸机的性能直接影响着装盒机的工作稳定性和可靠性。对自动装盒机上折纸机的要求，除能完成设定的多种规格折纸功能外，还要能把纸张（说明书）逐张分离，以进入下一步工序。应用一些多功能装盒机时，有纸分离不佳而出现双张、多张的情况。为解决这一问题，可对折纸机做一微小改进（见图 12-24）。在堆放说明书的外伸纸盘上的相应位置加装了一块分纸橡胶，该分纸橡胶与原机的纸张分离装置相结合。其工作原理是模拟人对堆叠纸张的手工分搓。当吸气嘴吸下说明书时，紧贴纸张的分纸橡胶起到橡胶与纸张摩擦的作用，完成对说明书纸张间的第一次分离。说明书被吸下来后，分纸叉进而插入这张纸与上层纸之间，随后吹气嘴也进入这一位置，吹气嘴上的挡纸片挡住上层纸，此时吹气嘴吹气将上层纸隔开，使最后一张纸被抽出分离。经过上述小改进后，对避免双张、多张能起到较好的效果。

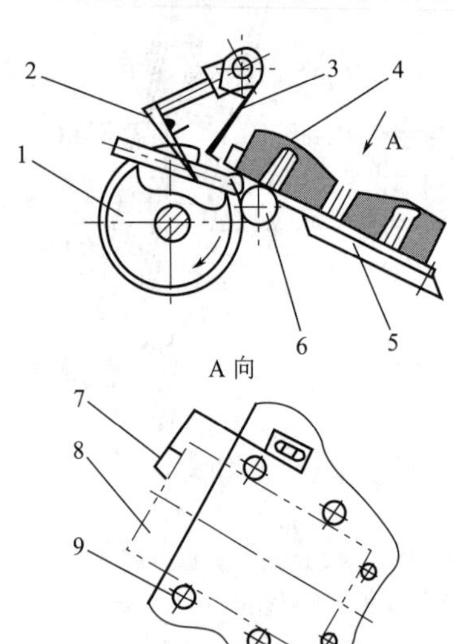

图 12-24 折纸机分张示意图

1—卷纸轮；2—吹气嘴；3—分纸叉；4—吸气嘴；5—外伸纸盘；6—卷纸辊；7—分纸橡胶；8—说明书；9—定位柱

(2) 说明书抓取装置

① 机构说明　说明书抓取装置是装盒机说明书供给装置中的一个中间重要机构，它的作用是把折纸机构折叠好的说明书由水平连续进给的状态调整到垂直间歇进给状态。对于整个装盒机来说，完成一个完整的包装，要把物料和说明书装到纸盒中，物料和纸盒都是靠机构间歇供给的，因而要求说明书的供给也必须是间歇的，而且还要有固定的位置。如图 12-25 所示，位置 1 表示说明书由折纸机按一定要求折好后，由输送带传送到的位置。说明书传输到位置 1 后，被挡块阻挡停下，等候夹持，此时说明书是水平位置，并且因为折纸机结构的限制，只能为水平状态。位置 2、3 表示装盒机正常工作时对说明书的位置要求，说明书应为垂直位置，因而要加一个说明书调向装置，把说明书由水平态改变为垂直态，并

且与整机同步，每一个循环要供给一张说明书，以确保装盒线上说明书供给的连续。

说明书抓取装置见图 12-26，它通过取纸夹组合装置 11 夹取输送带中的说明书，抽出后退回，到装盒机所要求的垂直位置。

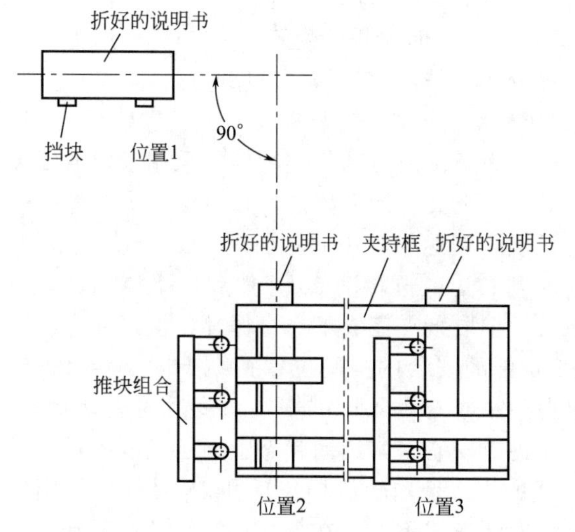

图 12-25　说明书的运动方向示意图

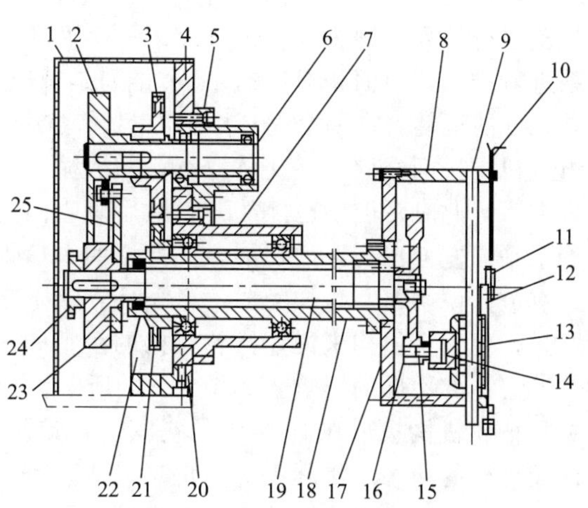

图 12-26　说明书抓取装置

1—外罩；2—槽轮；3—齿轮Ⅰ；4—立板；5—小轴承座；6—小轴；7—大轴承座；8—支架；9—导轴；10—挡板；11—取纸夹组合装置；12—连接条；13—滑座；14—导槽；15—轴承固定轴；16—摆杆；17—底板；18—套筒轴；19—大轴；20—安装板；21—齿轮Ⅱ；22—筋板；23—拨轮；24—链轮；25—拨爪

该机构是通过链轮 24 与主机相连接，接受主机传来的动力，并通过两个分路进行传导，最终在滑座 13 上形成一个复合运动。

② 结构分析　链轮 24 通过链条与主机相连，是机构的动力来源，它通过键连接固定在大轴 19 上，同时通过键连接固定在大轴上的还有拨轮 23、摆杆 16，它们随大轴一起运动。轴承固定轴 15 上面固定着一个轴承，轴承同时在导槽 14 之中可以自由滑动，滑座 13 通过直线轴承可以在导轴 9 上自由滑动，同时导槽 14 也通过螺钉固定在它上面，拨爪 25 通过螺钉固定在拨轮 23 上，它通过固定在它上面的轴承和轴承固定轴把动力向 2 号件传导，2 号件是一个带有 4 个导槽的槽轮，它与齿轮 3 通过键连接一起固定在小轴 6 上。齿轮 21、齿轮 3 是配对齿轮，齿轮 21 通过键固定在套筒轴 18 上，同时固定在套筒轴上的还有支架 8 和底板 17 组成的一个支承架，它起到支承导轴 9 的作用，取纸夹组合装置 11，它通过连接条 12 固定在滑座 13 上，与滑座做同样的运动，取纸夹组合装置 11 有两个拨爪，在伸出取说明书的时候，通过撞击一个拨爪而使取纸夹合上，在转动 90°后，撞击另一个拨爪，让纸夹打开，放下说明书。挡板 10 起到限制说明书的作用，它形成一个导槽，让说明书在导槽之中运动，保证折好的说明书不至于散开，确保机构正常工作。

③ 运动学分析　从上面的结构来看，取纸夹组合装置 11 的运动是我们所关心的运动，它相当于一个机械手，起到夹取、放下说明书的作用，但是，它与滑座 13 连接在一起，因而滑座的运动状态就是取纸夹组合的运动状态，只要让滑座达到所要求的运动状态就可以了。滑座的运动实际是两个运动的合成运动，一个运动是在轴承固定轴 15 的拨动下沿着导轴 9 的往复运动，另一个是随着导轴一起转动。前一个运动是连续的，链轮 24 每转一周，

滑座便往复一周，后一个运动通过槽轮传导的，是间歇的，链轮 24 每转一周，导轴会随着转动 1/4 周，滑座也会跟着转动 1/4 周。从本机构的结构来看，两个运动的转动方向是相同的，因而，链轮 24 转动一周，滑座在导轴上不能完成一个往复循环，只能完成 3/4 循环。具体分析如图 12-27 所示，上面一排代表槽轮 2、导轴 9、导槽 14 的位置关系，下面一排代表槽轮机构的拨爪以及 15 号件上轴承的位置关系。以下面一排为主动，每转 1/8 周为一个位置进行排列，因为装盒机每完成一个循环，链轮 24 要转动 2 周，所以共分为 17 个位置关系进行排列，上面相对应的 17 个排列是相应的槽轮 2、导轴 9、导槽 14 的位置关系，单看导轴 9 的运动，在一个循环中，它只转动了 180°。为了保障运动的连续性，采用了双取纸夹组合机构，两个取纸夹交替取纸，完成循环。对于取纸夹的运动，滑块带着取纸夹首先是垂直在下，此时说明书已经放开，然后垂直向上运动，到达导轴中间位置时开始转动 90°，接着水平向左伸出夹取说明书，夹取说明书后返回到右边，再转动 90°，然后向下伸出，在最下点放开说明书，这样完成一个循环。接下来另一个取纸夹完成下一个循环，值得注意的问题是，就整个机构来说，槽轮机构的拨爪和 15 号件的安装的空间位置关系不同，会对运动的形态造成不同的影响，如图 12-27 所示，分别列举了 3 种不同的安装角度时的运动状态，A 是槽轮机构拨爪和 15 号件的空间位置错开 45°进行安装，其运动状态上面已经分析过，是比较理想的状态。实际工作中也是采取这种形式的。B 是槽轮机构拨爪和 15 号件的空间位置重合在一起，滑块在最高点时开始转动，这种安装形式不好，在最高点时转动，转到水平位置的时候取纸夹在最左边，这时取纸夹已经越过撞块而无法打开，不仅不能取到说明书，还会在转动过程损坏说明书，此方案极不可取。C 是槽轮机构拨爪和 15 号件的空间位置错开 90°进行安装，滑块在低点刚过就进行了旋转，这种安装形式也不好，说明书和取纸夹还没有完全脱离，此时旋转，会把已经放到位的说明书刮离位置，导致说明书进给的失败。当然，就本机构来说，还有许多安装方法都可以实现所要求的运动状态。

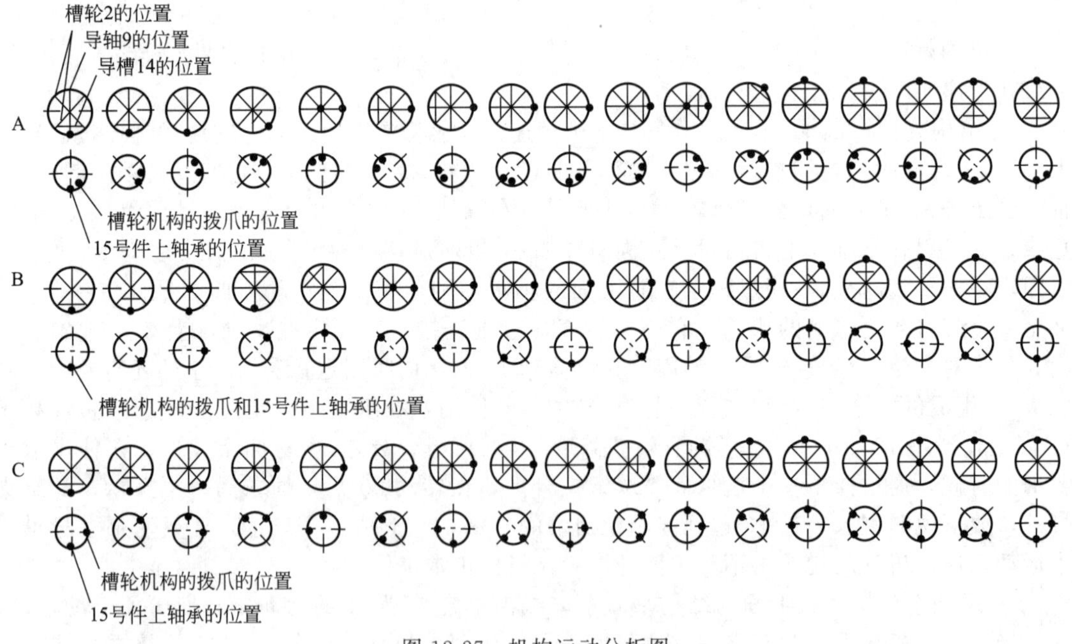

图 12-27 机构运动分析图

12.3.5 封盒装置

物品装入包装盒后，封盒装置完成最后的包装作业。封盒装置包括插舌和折舌机构。如

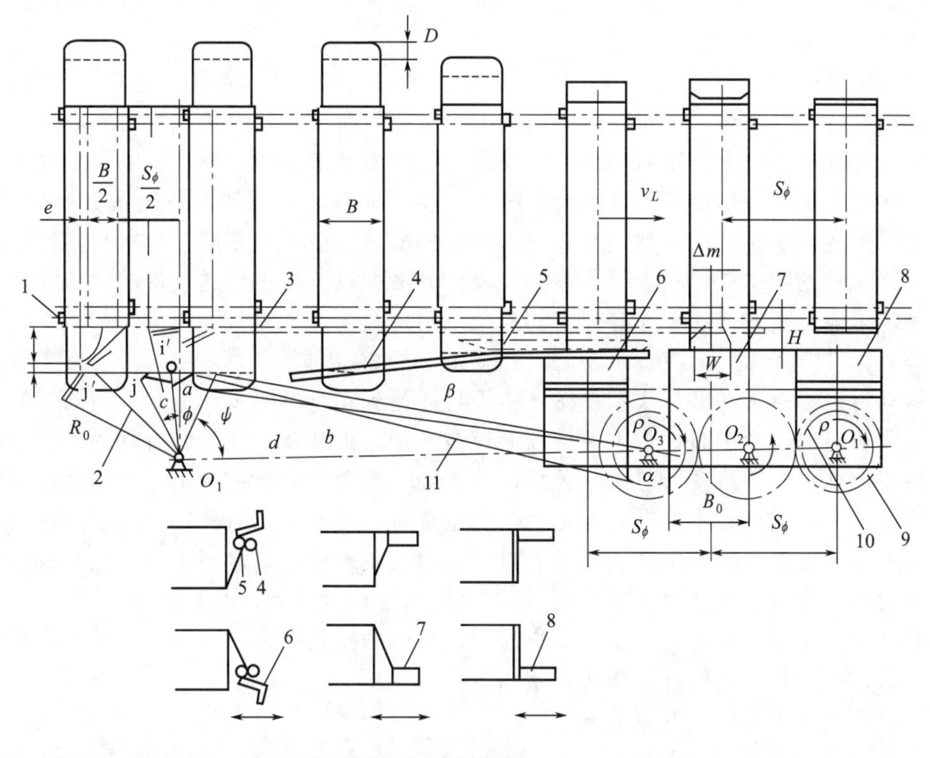

(a) 机构简图

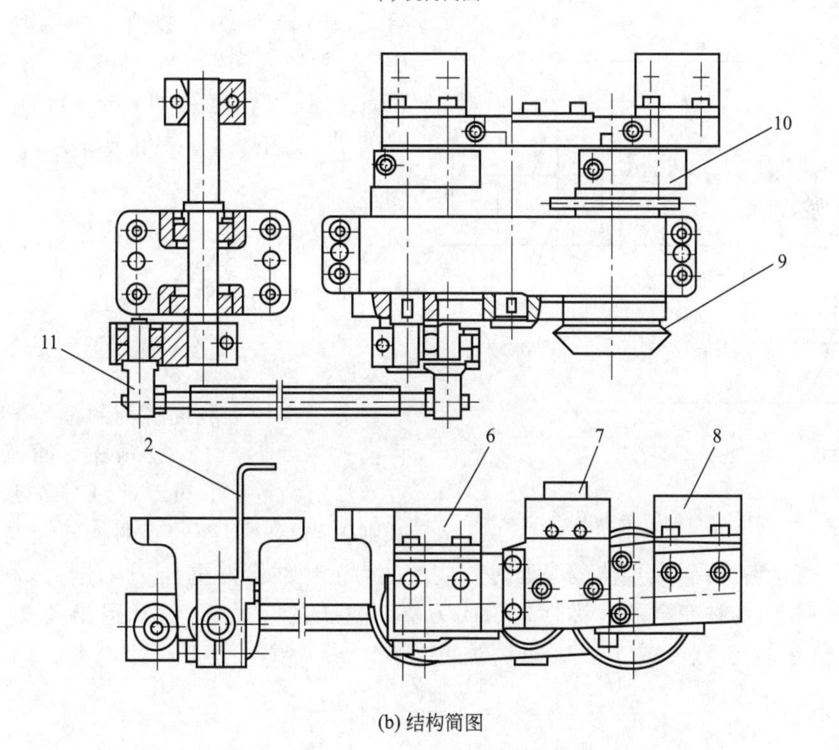

(b) 结构简图

图 12-28　开盒-推入充填-封口机封盒系统与结构简图

1—纸盒传送链带；2—折左边舌拨杆；3—折右边舌导轨；4,5—折盖舌导轨；6—折舌机构；7—插舌机构；8—压盖机构；9—主动锥齿轮；10—平行双曲柄机构（内装滚动轴承）；11—曲柄摇杆机构

图 12-28 所示，一般折右边舌和折舌盖借助固定导轨的作用在盒行进过程中来完成，折左边舌采用摇杆机构来完成。

图 12-28 所示为开盒-推入充填-封口机封盒系统的机构与结构简图。从图 12-5 看出，当与主传送链带并列同步运行的推料杆将内装物逐个推入盒内后，有关执行机构就从两侧开始对盒子依次完成折左边舌、折右边舌、折插盖舌、压盖整形、成品输出和空盒剔除。

在工作过程中，为防推料使盒沿传送链带产生横向窜动，后侧的折边舌务必提前进行，然后借导轨压住。至于其他与封盒有关的构件则按前后对应原则布局，力求相向作用力完全抵消。执行元件的结构、形状、尺寸大小、表面光滑度以及与主传送链带的联动状况等与能否实现稳定可靠、高效能的工作有极密切的关系。

事实上，在盒子做等速直线运动时，封盒的三组件（即图 12-28 中 6、7、8）却做正圆的等速运动，以致两者在每一次工作循环中不可能达到完全的同步。那么，当插刀的纵向分速度滞后或者超前于盒子时，加上接触表面存在一定的干摩擦，会使已折好的盖舌出现偏左或偏右的扭曲变形。如果变形过大，舌角造型欠佳，就会引起插舌困难、盒体边角裂口等缺陷。当然，插刀的宽度、厚度及对刀是否适当也都有一定影响。另外，为使已插进的盖舌不被退出的刀头带出来，除要求插刀表面光滑外，也可用改善纸盒造型来加以克服。例如，在盖舌折痕两侧开出两条短缝（或叫锁槽），就足以增强边舌对盖舌的制挡作用。

随着纸盒规格的变化，封盒系统要设法增加相应的变化措施，以适应完成不同规格的装盒动作要求，这包括有关构件的快速调整与更换。

(1) 插舌机构工作原理及参数确定

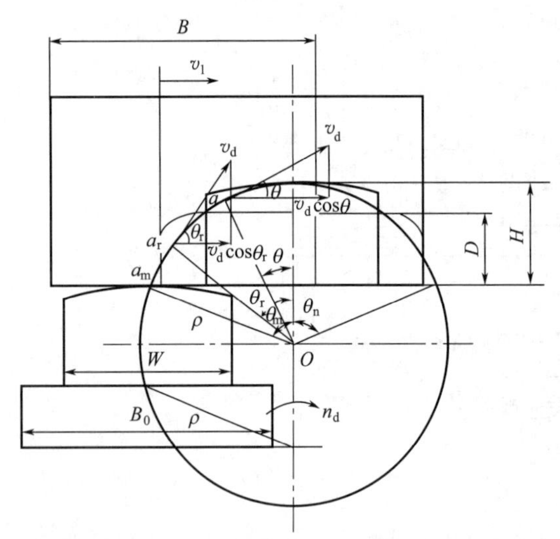

图 12-29 插舌机构的参数关系及运动分析

参考图 12-29，设计插舌机构时，要先给定或预选某些参数值，如纸盒外沿宽度 B，盖舌插入深度 D，传送链上两盒中线间距 S_ϕ，插刀转速 n_d (r/min)，还需求出插刀的平动半径 ρ，角速度 ω_d，线速度 v_d，即

$$\omega_d=\frac{\pi n_d}{30} \quad v_d=\frac{\pi\rho n_d}{30}=\rho\omega_d \tag{12-1}$$

纸盒传送链带线速度

$$v_1=\frac{S_\phi n_d}{60}=\frac{S_\phi\overline{\omega}_d}{2\pi} \tag{12-2}$$

为了保证顺利插舌和封盒牢靠，常取盖舌插入深度 $D=12\sim20$mm，插刀插入深度 $H=D+(2\sim3)$mm。对刀时务必遵守一条准则：当驱动刀架的双曲柄转至与纸盒传送链带相垂直，亦即刀头插入盒体最深处时，应使两者的中线恰好重合。因此插入和退出过程相对于盒体中线便具有完全的对称性，说明刀头对盒子的起插角 θ_m 和退出角 θ_n 相等，而同步角 θ_r，则在 0 与 θ_m（或 θ_n）之间，据此得：

$$\cos\theta_m=\frac{\rho-H}{\rho}=1-\frac{H}{\rho} \tag{12-3}$$

即

$$0<1-\frac{H}{\rho}<1 \text{ 或 } \rho>H \tag{12-4}$$

及

$$\cos\theta_{r}=\frac{v_{1}}{v_{d}}=\frac{S_{\phi}}{2\pi\rho} \tag{12-5}$$

即

$$\frac{\rho-H}{\rho}<\frac{S_{\phi}}{2\pi\rho}<1 \text{ 或 } \frac{S_{\phi}}{2\pi}<\rho<\frac{S_{\phi}}{2\pi}+H \tag{12-6}$$

显然，仅取决于 S_{ϕ}、H，换言之，ρ 一定要满足式(12-4) 和式(12-5) 所限定的数值范围。

接着，对插刀、盖舌、盖体这三者的相对运动关系作进一步剖析，可求得插刀及其推板的有效宽度

$$W=B-2(\Delta S_{r0}+\delta) \tag{12-7}$$

$$B_{0}=B+2(\Delta S_{r0}+\delta) \tag{12-8}$$

式中，ΔS_{r0} 为同步点至最深点相对盒体的横向位移量；δ 为保证插刀的两边不与盒体的左右内壁接触、两者之间的最小间距。

详细公式推导请参阅有关参考文献。

(2) 折舌机构工作原理及参数确定

参阅图 12-28，此折舌机构主要由折舌拨杆和折舌导轨组成，专用来折盒子的两个边舌。通常取边舌长度 $L=0.5B$ 左右。

折左边舌拨杆 2 借助曲柄连杆机构带动。图中 a、b、c、d 分别代表曲柄、连杆、摇杆和机架的有效长度；β 代表曲柄的极位角；ψ、ϕ 分别代表摇杆的极位角和转位角；R_{0} 代表折舌拨杆的工作半径。

折舌机构的设计计算应根据已知条件，如 S_{ϕ}、B、L 等值，并考虑主传送系统及相关机构的布局，可预选 a（有时取 $a=\rho$）、c、d，然后再求解其他参数。当折舌拨杆前端沿顺时针方向摆至极位 i'时，要使 $i'O_{1}$ 连线能同主传送链带上某一盒子的中线恰好重合，而当该拨杆回摆到另一极位 j'时，则应偏离盒子（对多规格盒型，是指最宽盒子）的边舌之外，取其横向间距为 Δl。因此，连杆长度和摇杆支座的位置必须设计成为可调节的结构形式。再有，对安装折右边舌导轨来说，它的左端位置也必须调整得当，尤其当两边舌出现折叠情况（$L=0.5B+2\text{mm}$ 左右）时，应有助于实现后折右边舌以盖住左边舌的工艺过程。

12.4　瓦楞纸箱及装箱机械的选用

包装用纸箱按结构可分为瓦楞纸箱和硬纸板箱两类，其中用得最多的是瓦楞纸箱。本节主要讲述瓦楞纸箱的特性、箱型结构、技术标准，物品装箱方法，纸箱和装箱设备选用的原则等。

12.4.1　瓦楞纸箱的特性及纸箱箱型结构的基本形式

(1) 瓦楞纸箱的特性

瓦楞纸箱由瓦楞纸板制作而成，是使用最广泛的纸包装容器，纸板结构为空心结构，大约空 60%～70%的体积，具有良好的缓冲减震性能，与相同定量的层合纸板相比，瓦楞纸板的厚度大 2 倍而增强了纸板的横向抗压强度，故大量用于运输包装。与传统的运输包装相

比，瓦楞纸箱有如下特点。

① 轻便、牢固、缓冲性能好。瓦楞纸板是空心结构，用最少的材料构成刚性较大的箱体，故轻便、牢固。

② 原料充足，成本低。生产瓦楞纸板的原料很多，边角木料、竹、麦草、芦苇等均可，故其成本较低，仅为同体积木箱的一半左右。

③ 加工简便。瓦楞纸箱的生产可实现高度的机械化和自动化，用于产品的包装操作也可实现机械化和自动化；同时，便于装卸、搬运和堆码。

④ 贮运使用方便。空箱可折叠或平铺展开运输和存放，节省运输工具和库房的有效空间，提高其使用效率。

⑤ 使用范围广。

⑥ 易于印刷装潢。瓦楞纸板有良好的吸墨能力，印刷装潢效果好。

(2) 纸箱箱型结构的基本形式

纸箱种类繁多，结构各异。按照国际纸箱箱型标准，基本箱型一般用四位数字表示，前两位表示箱型种类，后两位表示同一箱型种类中不同的纸箱式样。这里主要介绍02类摇盖纸箱结构基本形式。

02类摇盖纸箱由一页纸板裁切而成纸箱坯片，通过钉合、黏结剂或胶纸带黏合来结合接头。运输时呈平板状，使用时封合上下摇盖。这类纸箱使用最广，尤其是0201箱，可用来包装多种商品，国际上称为RSC箱（regular-slotted case）。02类箱基本箱型和代号如图12-30所示。

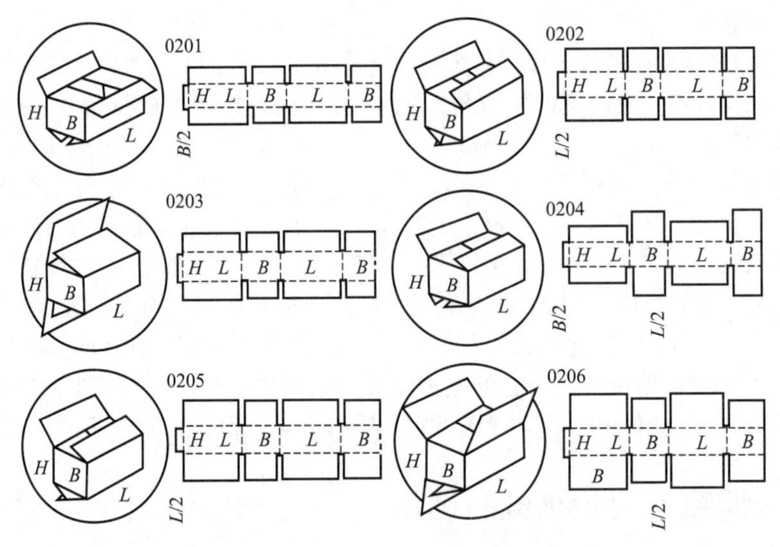

图12-30 02类箱基本箱型和代号

这种箱多数为上下开口，也有侧面开口的，是由一张瓦楞纸板，经过模切、压痕后折叠而成。侧边采用黏结或钉合方法连接。RSC箱作为长方形比正方形的节省材料。因此，其尺寸特点为：翼片和盖片垂直于折痕的长度相等；其长度为纸箱宽度的一半。这样的尺寸结构，形成的箱坯片为一张长方形的瓦楞纸板，开缝后无边角余料，材料利用率最高；同时，两盖片盖合后，正好将开口处完全盖严。

12.4.2 通用瓦楞纸箱的技术标准

通用瓦楞纸箱国家标准（GB/T 6543—2008）适用于运输包装用单瓦楞纸箱和双瓦楞纸

箱。按照使用不同瓦楞纸板种类、内装物最大质量及纸箱内径尺寸，瓦楞纸箱可分为三种型号，见表12-1。其中一类箱主要用于出口及贵重物品的运输包装；二类箱主要用于内销产品的运输包装；三类箱主要用于短途、价廉商品的运输包装。

表 12-1　瓦楞纸箱的分类

种类	内装物最大质量/kg	最大综合尺寸/mm	代号			
			纸板结构	一类	二类	三类
单瓦楞纸箱	5	700	单瓦楞	BS-1.1	BS-2.1	BS-3.1
	10	1000		BS-1.2	BS-2.2	BS-3.2
	20	1400		BS-1.3	BS-2.3	BS-3.3
	30	1750		BS-1.4	BS-2.4	BS-3.4
	40	2000		BS-1.5	BS-2.5	BS-3.5
双瓦楞纸箱	15	1000	双瓦楞	BD-1.1	BD-2.1	BD-3.1
	20	1400		BD-1.2	BD-2.2	BD-3.2
	30	1750		BD-1.3	BD-2.3	BD-3.3
	40	2000		BD-1.4	BD-2.4	BD-3.4
	55	2500		BD-1.5	BD-2.5	BD-3.5

注：纸箱综合尺寸是指内尺寸长、宽、高之和。

钉合瓦楞纸箱用带镀层的低碳钢扁钢丝，钢丝不应有锈斑、剥层、龟裂或其他质量上的缺陷。黏合纸箱使用乙酸乙烯乳液或具有相同黏合效果的其他黏结剂。箱体要方正，表面不允许有明显的损坏和污迹，切断口表面裂损宽度不超过8mm。箱面印刷图文清晰，深浅一致，位置正确。

瓦楞纸箱的力学性能，应根据每种具体产品所用瓦楞纸箱的标准或技术要求，或由供需双方商定。瓦楞纸箱的其他规定，详见瓦楞纸箱国家标准（GB/T 6543—2008）。

12.4.3　装箱方法分类

装箱与装盒的方法相似，但装箱的产品较重，体积也大，还有一些防震、加固和隔离等附件，箱坯尺寸大，堆叠起来也较重，因此装箱的工序比装盒多，所用的设备也复杂。

（1）按操作方式分类

① 手工操作装箱先把箱坯撑开成筒状，然后把一个开口处的翼片和盖片依次折叠并封合作为箱底；产品从另一开口处装入，必要时先后放入防震、加固等材料；最后封箱。用粘胶带封箱可用手工进行，如有生产线或产量较大时，宜采用封箱贴条机。

② 半自动与全自动操作装箱　这类机器的动作多数为间歇运动方式，有的高速全自动装箱机采用连续运动方式。半自动操作装箱，取箱坯、开箱、封底均为手工操作。

（2）按产品装入方式分类

① 装入式装箱法　产品可以沿铅垂方向装入直立的箱内，所用的机器称为立式装箱机；产品也可以沿水平方向装入横卧的箱内或侧面开口的箱内，所用的机器称为卧式装箱机。

铅垂方向装箱通常适用于圆形的和非圆形的玻璃、塑料、金属和纤维板制成的包装容器包装的产品，分散的或成组的包装件均可。广泛用于各种商品，如饮料、酒类、食品、玻璃用具、石油化工产品和日用化学品等。常见的立式装箱机均为间歇运动式，对提高速度有一定限制。为了提高速度，有的设计成多列式，即在同一台装箱机上，每次装几个箱。装箱过程如图12-31所示，产品在空箱运输带上方运送，有一组夹持器与要装箱的产品同速度前进，到达规定位置后，夹住产品并逐渐下降，将产品装入箱内，然后松开提起返回。如此连续循环进行，不停顿地装箱。

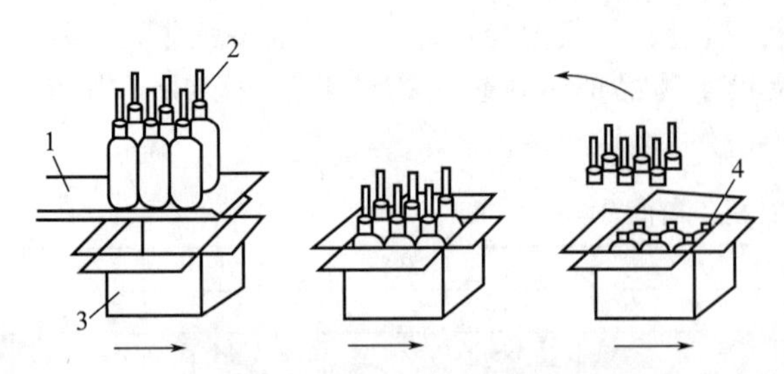

图 12-31 立式连续装箱过程示意图
1—送料器；2—夹持器；3—空纸箱；4—产品

图 12-32 为属于立式装箱机的瓶子吊入式装箱机结构示意图。该机主要组成部分为：箱输送装置、瓶子输送装置、抓头梁和气动夹头、控制系统等。

装箱机工作时，空箱由输送带（图中未示）送到瓶子导向套 11 的下方，待装的瓶子由输送链 1 向左方输送。当送到待装工位时，挡光板 13 被推开，光电装置发出信号，抓头梁 8 下降，气动夹头 9 将瓶颈套住，并借助压缩空气把瓶颈夹紧。在链条 4 的带动下，抓头梁 8 快速上升。在抓头梁的上方安装有一气缸，将每排抓头分开，目的在于使瓶子前后方向间隔适应空箱内的隔板间隔。在双摇杆 6 的作用下，抓头梁沿着大链轮 10 作圆弧轨迹的平移运动，当件 8 两端的滚轮沿导向槽垂直下降到最低位置时，气动夹头 9 松开，通过瓶子导向套 11 的导向作用，将瓶子装入空箱中。集装完毕后，电动机反转，抓头梁上升，回到初始位置，准备下一次工作循环。此时装满瓶子的箱由输送带送到下一工位。

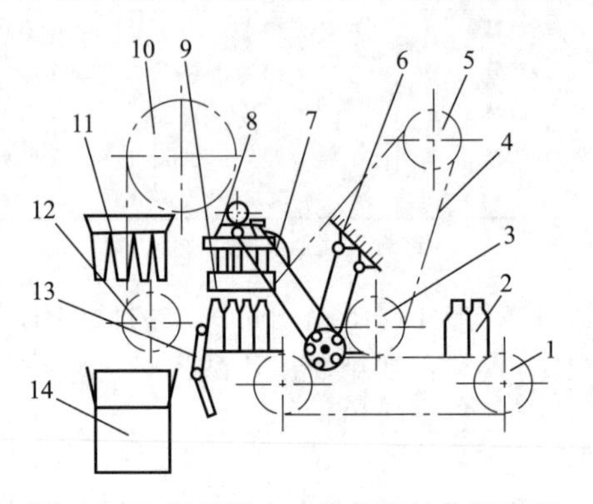

图 12-32 瓶子吊入式装箱机结构示意图
1—输送链；2—瓶子；3—张紧轮；4—链条；5—主动链轮；6—双摇杆；7,12—导向轮；8—抓头梁；9—气动夹头；10—大链轮；11—瓶子导向套；13—挡光板；14—纸箱

水平方向装箱适合于装填形状对称的产品（圆形、方形等），装箱速度为低速和中速。常见的卧式装箱机均为间歇操作，有半自动和全自动的两类。半自动装箱需要人工放置空箱；全自动装箱需要设置取箱坯、开箱和产品堆叠装置。

全自动水平装箱机操作过程如图 12-33 所示。其操作过程依次为：从箱坯贮存架上取出一个压扁的箱坯；将箱坯横推撑开成水平筒状；将箱筒送至装箱位置，并合上箱底的翼片；将产品从横向推入箱内，并合上箱口的翼片；在箱底和箱口盖片的内侧涂胶；合上全部盖片并压紧。黏结用的胶黏剂为快干胶，2～3s 即可固化粘牢。

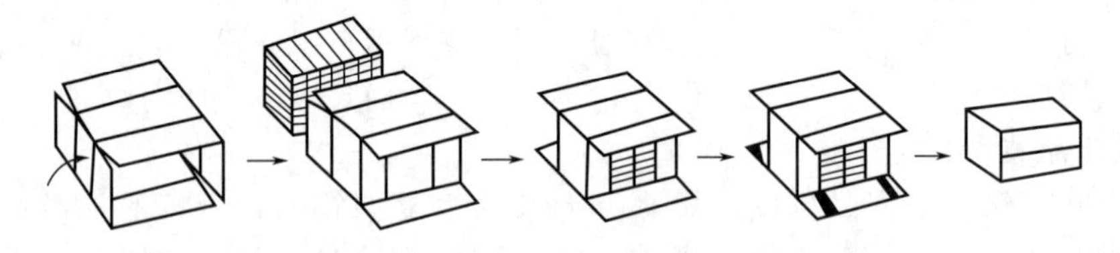
图 12-33 全自动水平装箱机操作过程示意图

水平推入式装箱机结构如图 12-34 所示。该装箱机由输送机构、堆码机构、封箱装置、推送装置、控制与驱动系统等组成。控制与驱动由机械、气动和电气共同实现。

工作时，箱片由箱片供送装置取下成型后，在箱输送链 10 的作用下送至装箱工位，等待装箱。推料板 7 具有堆码功能，当物料在推料板 7 上堆码完毕后，在曲柄连杆 A、B、C 的作用下，通过推料板 14 将其推入箱内。装满物料的箱在箱输送链 10 和推箱板 11 的作用下输送到下一工位。

② 裹包式装箱法与裹包式装盒的操作过程相同，参见图 12-35。

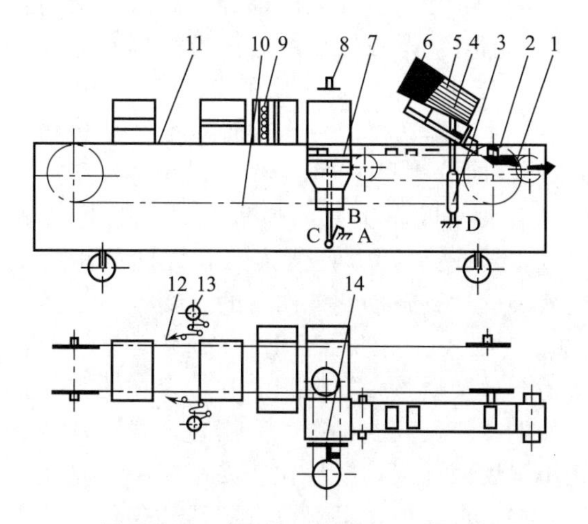

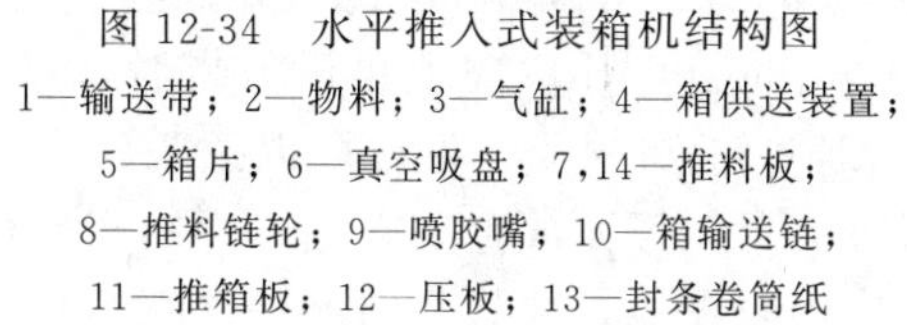

图 12-34　水平推入式装箱机结构图

1—输送带；2—物料；3—气缸；4—箱供送装置；
5—箱片；6—真空吸盘；7,14—推料板；
8—推料链轮；9—喷胶嘴；10—箱输送链；
11—推箱板；12—压板；13—封条卷筒纸

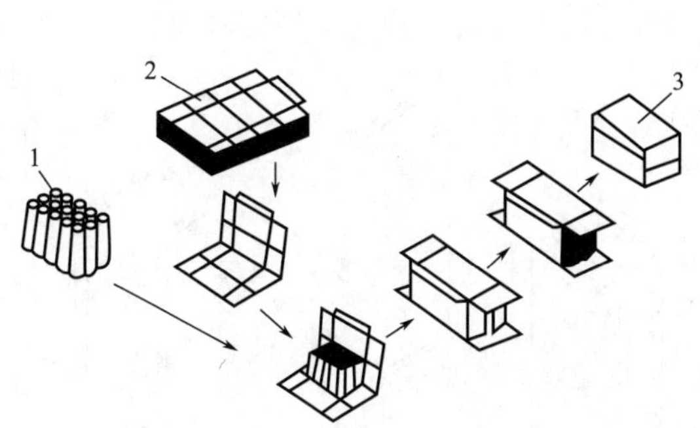

图 12-35　裹包式装箱法

1—物料；2—箱胚；3—包装件

裹包式装箱机结构如图 12-36 所示，在箱片仓 14 上堆积有许多箱片，真空吸头 16 吸出最下层箱片并释放在链式输送带上；电机 26 经传动系统将运动传给主动链轮 19，以带动链式输送带工作；推爪 18 将纸箱片 15 向右推并作步进运动，推送到压痕工位进行压痕，然后送到裹包工位进行裹包装箱；被裹包的物料由输送带 28 向右输送，推料板 31 把它们推送到待裹包的箱片上进行裹包。

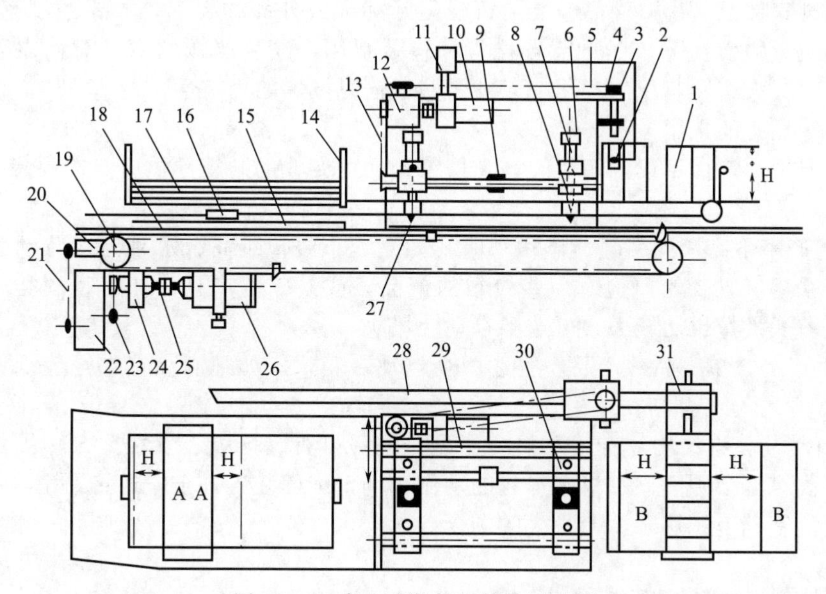

图 12-36　裹包式装箱机结构示意图

1—物料；2—光电管；3—螺杆；4,7,29—导向杆；5,13,21,23—链；6—气缸；8—刀具夹头；
9—螺杆轴；10,26—电机；11—控制器；12,20—圆锥齿轮；14—箱片仓；15，17—纸箱片；
16—真空吸头；18—推爪；19—主动链轮；22—减速器；24—电磁离合器；25—联轴器；
27—压痕刀具；28—输送带；30—横梁；31—推料板

箱片在输送过程中，当电机 10 转动时，通过锥齿轮将运动分成两部分：一部分带动光电管作上下运动；另一部分通过链 13 带动螺杆轴 9 转动。螺杆轴 9 左右两端分别有左、右螺纹，当螺杆轴 9 正反转时，则左右横梁 30 靠近或分开。当气缸 6 中的活塞上下运动时，压痕刀具 27 或离开箱片，或压向箱片。光电管工作时，其管径的一半位置对准被裹包物品高度 H 的上棱边，若产生的信号值与基准信号值相同时，电机 10 不工作；若光电管所产生的信号值大于或小于基准信号值时，则电机 10 工作（正转或反转），使压痕刀具之间的距离变大或缩小，达到自动调节的目的。

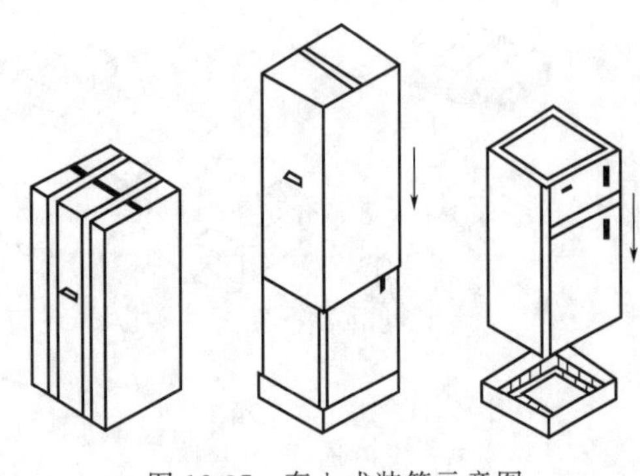

图 12-37 套入式装箱示意图

③ 套入式装箱法如图 12-37 所示，这种装箱方法适合包装质量大，体积大和较贵重的大件物品，如电冰箱、洗衣机等。采用套入式，其特点是纸箱采用两件式，一件比产品高一些，箱坯撑开后先将上口封住，下口没有翼片和盖片；另一件是浅盘式的盖，开口向上也没有翼片和盖片，长宽尺寸略小于高的那一件，可以插入其中形成一个倒置的箱盖。装箱时先将浅盘式的盖放在装箱台板上，里面放置防震垫，重的产品可在箱下放木质托盘，然后将产品放于浅盘上，上面也放置防震垫，再将高的那一件纸箱从上部套入，直到把浅盘插入其中，最后用塑料带捆扎。

12.4.4 瓦楞纸箱和装箱设备的选用

（1）瓦楞纸箱的选用

瓦楞纸箱是运输包装容器，其主要功用是保护商品。选用时首先应根据商品的性质、质量、储运条件和流通环境来考虑，运用防震包装设计原理和瓦楞纸箱的设计方法进行设计，应遵照有关国家标准。出口商品包装要符合国际标准或外商的要求，并要经过有关的测试。在保证纸箱质量的前提下，尽量节省材料和包装费用，还要照顾到商品对箱内容积的利用率，箱对卡车、火车厢容积的利用率以及仓储运输时堆垛的稳定性。

（2）装箱设备的选用

一般情况下生产厂不设制箱车间，瓦楞纸箱均由专业的制箱厂供应。选购装箱机应考虑以下几点。

① 在生产率不高、产品轻、体积小时，如盒、小袋包装品、水果等在劳动力不短缺的情况下，可采用手工装箱。但对一些较重的产品，或易碎的产品，如瓶装酒类、软包装饮料、蛋等，一般批量也比较大，可选半自动装箱机。

② 高生产率，单一品种产品，应选用全自动装箱机，如啤酒和汽水等装纸箱或塑料周转箱。

③ 全自动装箱机结构复杂，还要有产品排列、排行、堆叠装置相配合。虽然生产速度和效率都很高，但必须建立在机器本身的动作协调，配套装置齐全，运转平稳，以及控制系统灵敏可靠的基础上，用于生产量大的场合。

12.5 装箱机械典型工作机构

由于被包装物品种类繁多，装箱机的形式也多种多样，不同的装箱机械，其工作机构也有所不同，本节对一些典型的工作机构进行介绍。配合装箱机械一起工作的，还有开箱装置、封箱装置以及其他一些辅助装置。

12.5.1　开箱装置

开箱装置主要由箱坯存放架、取坯开箱成型两部分组成。箱坯存放方式有水平堆积式、竖直排列式和倾斜式。取坯开箱成型主要有机械式和真空式。真空式根据真空吸盘的吸引方向又可分为上吸、下吸和侧吸。

（1）箱坯竖直排列，机械取坯开箱

采用这种方式，竖直的箱坯后面应有压紧力，以免箱坯倾倒，如牙膏装箱机（见图 12-38）。由图 12-38 可知，瓦楞纸箱坯 8 在箱坯存放架 7 上竖直排列，后面有压块 6 向前压紧。架上第 1 张箱坯被压杆 1 压下，沿着活动扇门 2 与后面箱坯之间的间隙滑到底部（活动扇门为一对，图中只示出右边）。活动扇门打开，与其相连的夹紧爪 3 即夹牢压扁的箱坯后面的一层，这时推杆 4 伸出，从折页开缝中插入，顶开前一层纸板，使箱子撑开，压板 9 随即压下使之完全成为箱筒，以待装箱。

装箱完毕后，送去贴封条。箱子前行时碰到挡块，挡块上端连着棘爪，棘爪推动棘轮转动，棘轮与链轮相连，链条前移一张箱坯的厚度，将后面的箱坯补上。

这种开箱方式占地面积小，适用上开口和侧开口的箱子。

（2）箱坯水平堆积，机械取坯开箱

这种方式箱坯靠自重压紧，不需附加力。最底下的一张箱坯被送出后，箱坯自动添补，不需输送装置。若堆积分量太重时，在送出箱坯前，应将一部分箱坯抬起，减少送出时的阻力。

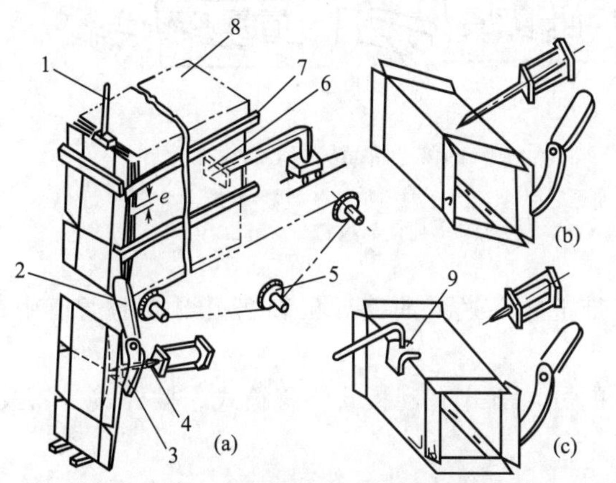

图 12-38　纸盒牙膏装箱机开箱机构原理图
1—压杆；2—活动扇门；3—夹紧爪；4—推杆；5—链轮；6—压块；7—箱坯存放架；8—瓦楞纸箱坯；9—压板

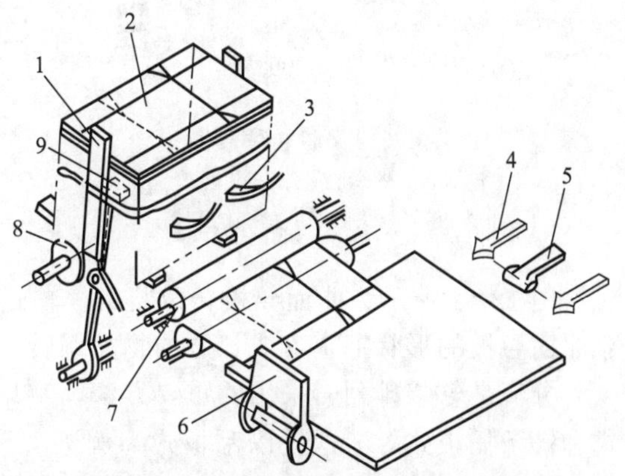

图 12-39　成条香烟装箱机开箱机构原理图
1—箱坯存放架；2—箱坯；3—拨爪；4—挑杆；5—抬板；6，9—推板；7—滚筒；8—凸轮

图 12-39 所示为成条香烟装箱机开箱机构原理图。箱坯 2 送出前通过拨爪 3 将架上部的一大部分箱坯勾住，凸轮 8 将下部的一小部分箱坯的位置降低一张厚度，这样既可因上、下两部分脱离而减轻压在下面箱坯上的重量，又正好让推板 9 将最底下一张箱坯从架中推出。推出的箱坯由滚筒 7 送出。推板 6 由链轮带动向前，推动被滚筒送出的一张箱坯前进。挑杆 4 插入箱坯折页间的开缝中，将箱坯初步打开，抬板 5 随即抬起，并与推板 6 共同将箱子成型。

这种方式主要适合于侧开口式箱子装箱。

（3）箱坯水平堆积，上吸取坯开箱

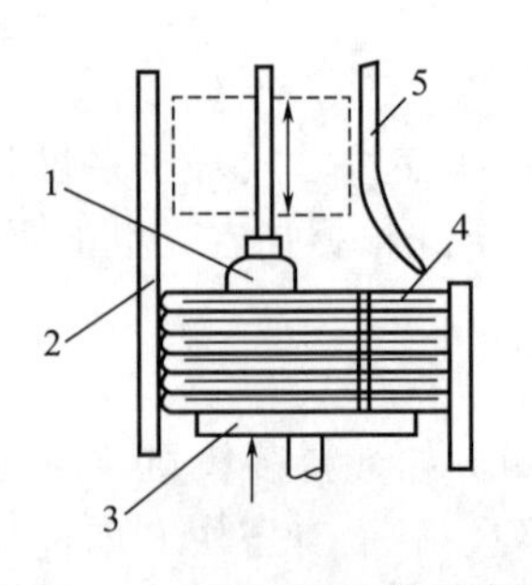

图 12-40　上吸开箱机构原理图
1—真空吸盘；2,5—挡板；
3—升降托板；4—箱坯

如图 12-40 所示，箱坯 4 水平堆积在升降托板 3 上，周围有挡板 5。真空吸盘 1 向下运动吸住最上面一块箱坯后向上运动，经过挡板 5 被推成方形。随后，升降托板升起一个箱坯厚度的高度，重复同样的循环。

这种机构结构简单，占地面积小。真空吸盘可用真空泵或压缩空气喷射产生真空。这种方式不适合箱坯有孔眼的情况，箱坯表面要比较光滑，否则无法吸起箱坯。

12.5.2　产品排列集积装置

对块状物品来说，排列之前一般先经过转位装置，转位的目的是把块状物品转动一定的角度以符合排队的要求。对软袋物品来说，排列之前要先经过分流装置。

转位方法有多种，这里仅举两个例子说明。

图 12-41 所示为皮带滑板转位装置。图 12-41（a）为实现 90°转位装置，输送带把物品推上斜置滑板，利用落差使其翻转 90°；图 12-41（b）为 270°转位装置，输送带把物品推上滑板，经挡板 4、5 的阻挡翻转两次。

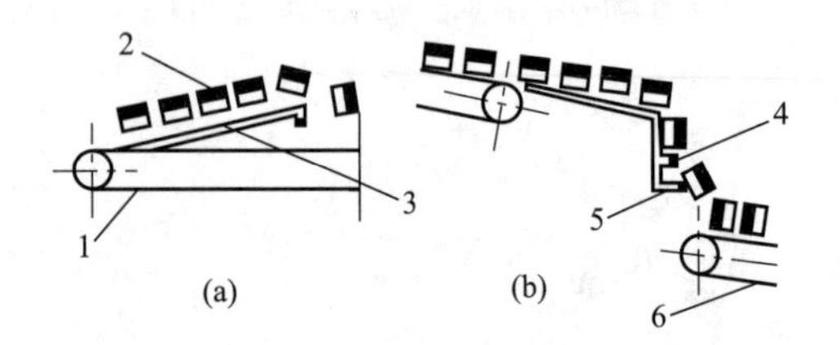

图 12-41　皮带滑板转位装置
1—输送带；2—物料；3—滑板；
4—小挡板；5—大挡板；6—输出带

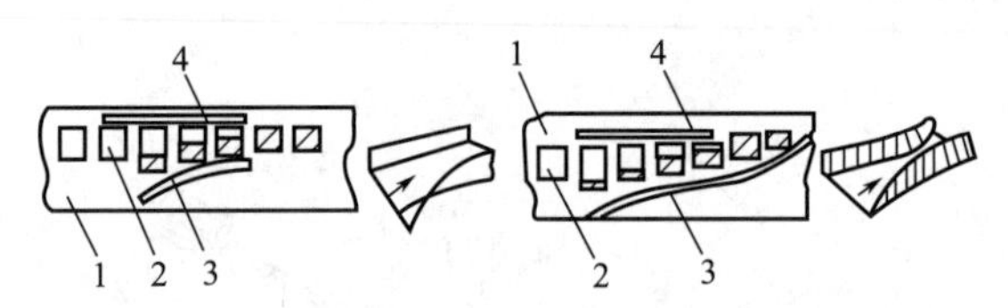

图 12-42　曲面导板转位装置
1—输送带；2—物料；
3—曲面导板；4—挡板

图 12-42 所示为曲面导板转位装置。输送带把物品送入曲面导板和挡板形成的通道中，靠曲面导板的形状把正方或长方的物品调转。

分流是软袋排列时采用的重要方法，常见的分流方式有刮板式、移箱式、摆杆式、隔板式和链条托板式等。这里以刮板式为例进行介绍。

如图 12-43 所示为刮板式分流装置原理图，软袋被输送带送到接袋板上，拨杆将软袋抬起，链条刮板将被抬起的软袋刮走，每转一格刮走一袋，这样就将软袋分流为几排。另外，也可以把链条式刮板改为几块刮板作直线往复运动。

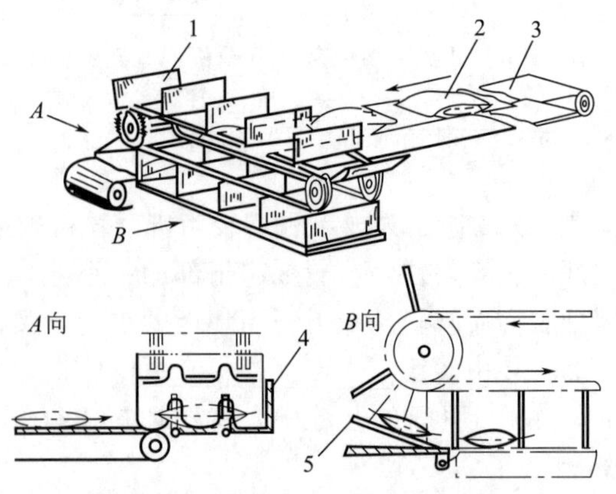

图 12-43　刮板式分流装置原理图
1—链条刮板；2—软袋；3—输送带；4—接袋板；5—拨杆

经过排列或者分流后，物品就可以进一步进行堆积了。块状物品在箱内是按一定顺序排列堆积的，这样可使箱子容积充分利用而且紧凑安全。排列堆积靠输送供给装置和排列装置完成，堆积好的物品由推进装置将其推入到箱内。

最基本的排列堆积是单个排列和单个堆积。单个排列最为简单，从传送带按顺序传过来的物品被输送到有挡板限位的平台上即可。单个堆积要复杂些，以下几例为单个堆积的机构原理图。

图 12-44 所示为带式单体堆积装置原理图。物品由输入带送来，通过限位开关顺势下落，在活门挡板隔阻下，堆积到输出带上。当物品下落数达到规定数后，限位开关闭合，活动挡板开启。输出带移动，堆积好的物品被送出。这种方法简单，但由于下落时的惯性与反弹，堆积不易整齐。

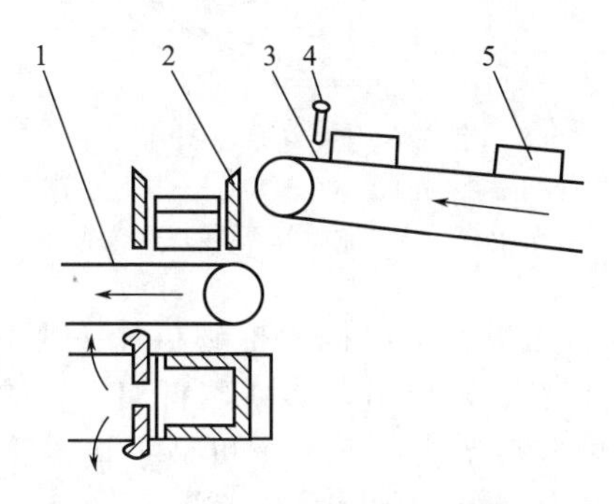

图 12-44　带式单体堆积装置原理图
1—输出带；2—活门挡板；3—输入带；
4—限位开关；5—物品

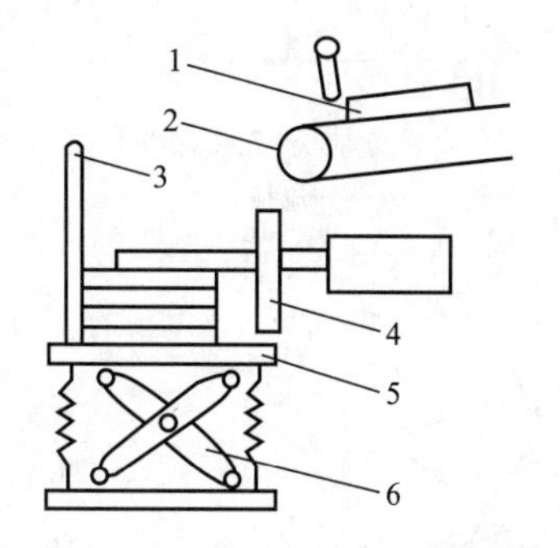

图 12-45　升降台式堆积装置原理图
1—物品；2—输入带；3—挡板；
4—拍齐板；5—台架；6—升降杆

图 12-45 所示为升降台式堆积装置原理图。物品由输入带送来，顺势落下被挡板 3 阻挡落到带有升降机构的台架上。每落下一个物品，台架下降一个物品的高度，拍齐板把落下的物品拍打整齐。

图 12-46 所示为行层堆积装置原理图。物品通过输送带（滚道、滑道、输送带等）送来，托送板设置在输送带下面，它能做前进、后退的动作。在前进过程中，物品顺序排列在托送台板上，当被前面的挡板挡住时，恰好排好了一行所需的个数。随后托送台板后退，挡销挡住物品不动，顺次落到步进平台上。每送来一层，步进平台自动降一次，直到堆完为止。装置的动作顺序由机电程序控制器控制。在挡板 1 和步进平台的最低位置处安放有检测传感器。当托送板 5 碰到挡板 1 后，检测传感器发出信号，托送板后退，步进平台下降。当步进平台下降到最低位置时，表明堆积层数已够，检测传感器发出信号，把堆好的物品送到装箱工位。随后，步进平台连续上升到最高位置，托送板又开始前进。

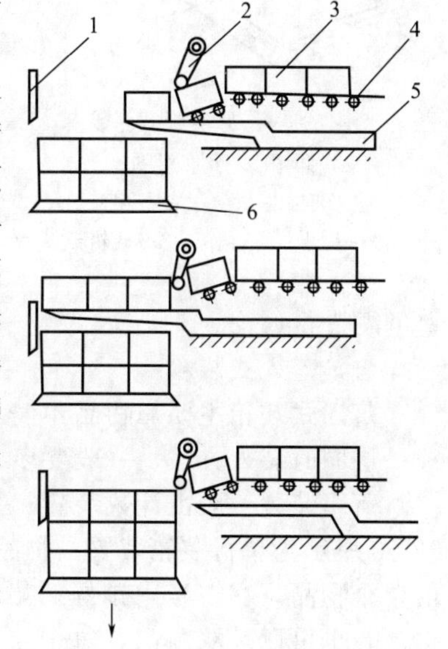

图 12-46　行层堆积装置原理图
1—挡板；2—挡销；3—物料；
4—输送带；5—托送板；
6—步进平台

对于软袋物品，装箱之前要进行分层排列，分层方法有多种，图 12-47 表示一种分层方法：先装最底层，托板逐渐下降将软袋堆积分层。该方法特别适用于套入式装箱。有些软袋头薄底厚，按正常堆积方法，则会形成一头过厚，一头过薄，只有互相搭头才能保证装箱的紧凑和整齐，图 12-48 所示即为这种情况。

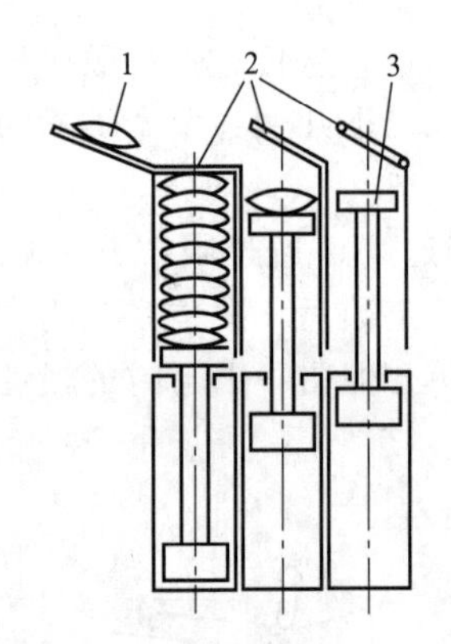

图 12-47　软袋分层方法示意图
1—软袋；2—分流板；
3—托板

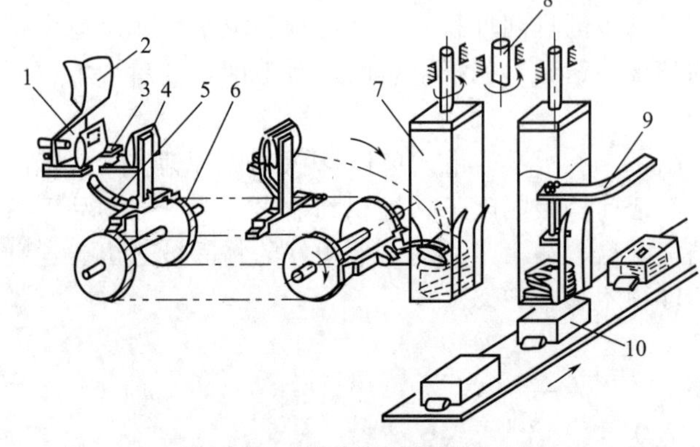

图 12-48　搭头堆积装置原理图
1—推板；2—料斗；3—托板；4—软袋；5—机械手；
6—链轮；7—贮料架；8—中心轴；9—压板；10—纸箱

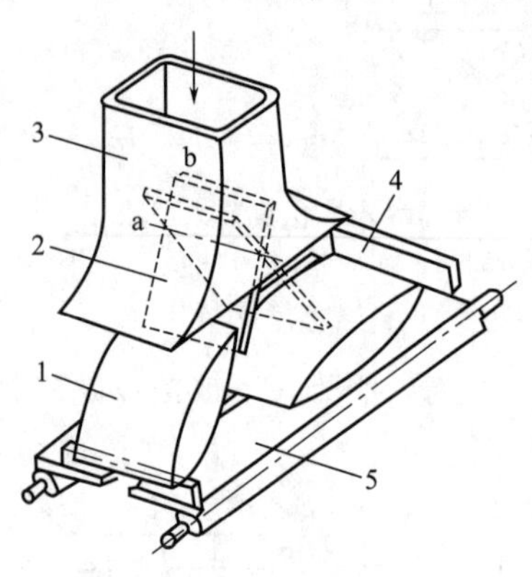

图 12-49　分层板式搭头堆积装置原理图
1—纸袋洗衣粉；2—分层板；
3—料斗；4—挡板；5—装箱板

软袋经料斗落到托板上，由推板推到机械手上，满 3 袋后机械手将其夹牢随链轮带出，落到贮料架上。贮料架自转 180°，3 个软袋自行调头；下一个机械手接着将 3 袋放入贮料架上，这样便放入了 6 袋（3 袋换一个方向，厚薄趋于一致）；然后，贮料架再绕中心轴转 180°至装箱工位，由压板将互相搭头排列的软袋压入纸箱内。

图 12-49 所示为分层板式搭头堆积装置原理图。分层板在料斗中从位置 a 转到位置 b 时，一袋洗衣粉便置于装箱板上，而进入料斗的第二袋便靠在分层板上。当分层板又从 b 转回 a 时，装箱板上就存放了两袋互相搭头的纸袋，以供装箱用。

12.5.3　装箱装置

按照产品装箱方式的不同，可以分为落入式装箱、夹紧装箱、吊入式装箱等，下面分别介绍，并对应用中的一些问题进行讨论。

(1) 落入式装箱

落入式装箱主要靠物品本身重力。装箱时采用一行、一列或一层同时装入方法，一般要多次装入才能完成一箱。

落箱装置一般由计数装置、装入执行机构和滑道组成。图 12-50 所示为单行装箱装置。物品集积器承接物品供给系统送来的单个物品，在空当内排好。集积器的底部是活门，可以是单扇门，也可以是双扇门，每个空当下都有一个活门。活门由杆组控制，由主动杆带动做限位摆动。主动杆处于 A 状态时，活门关闭封底，处于 B 状态时，活门开启，物品下落。滑槽使物品垂直下落互不碰撞，滑槽内弹簧片起弹性滞阻作用，能缓和装箱物品下落的速度和对箱底的冲击。弹簧片是用 0.5～1.5mm 的弹簧钢热处理后做成的。导槽的作用是使落下的物品靠拢进入包装箱内。

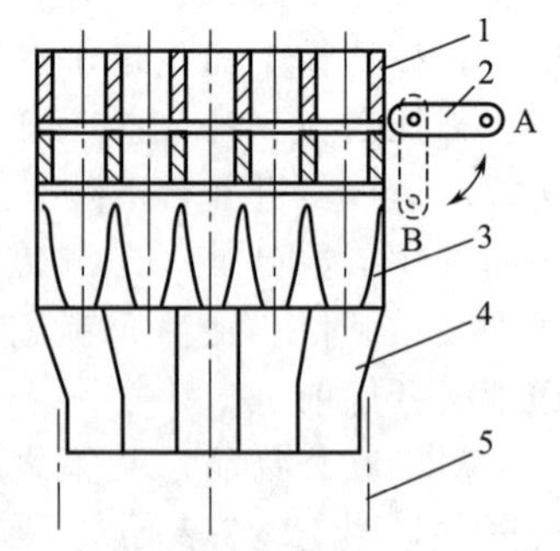

图 12-50　单行装箱装置
1—物品集积器；2—活门机构；
3—弹簧片滑槽；4—导槽；
5—包装箱

落入式装箱中重要的问题是对下落的物品进行缓冲保护。除了利用弹簧片滑槽外，还可以在导槽表面涂覆滞阻材料，增大对物品的摩擦力，还可以在承托箱子的台板上加缓冲装置。

(2) 夹紧装箱

对于装入袋中柔软而富有弹性的物品，如果用推板推，会因反弹而偏移，因此，装箱时常常要先夹紧而后装入，图 12-51 为其一例。有弹性的软袋在活扇门上先被排列成堆，活动夹板向右将软袋夹紧，与固定夹板配合起夹紧作用，上面由压板压紧。装箱时，活扇门转轴转动，活扇门开启，夹板 3、5，压板 4，软袋一起插入箱中一半时，夹板停止，压板继续下降把袋压至和箱底接触；然后，夹板提上，压板把袋压平后也提上，这样，袋被紧凑地装入箱中。

(3) 吊入式装箱

瓶罐装箱多用吊入法。细颈瓶子的结构特点是瓶口直径小，瓶身直径大，多用来装液体，正态直立稳定性好，采用吊入式装箱较适宜。

图 12-52 所示为常见的吊入装箱机构，机构主要由推杆 1、扇形齿轮 2、小齿轮 3、大齿轮盘 4 和夹瓶头 5 组成。此机构是瓶子装箱机的一部分，整个装箱机由瓶子排列集积装置、装箱移动装置和吊瓶装入装置构成。

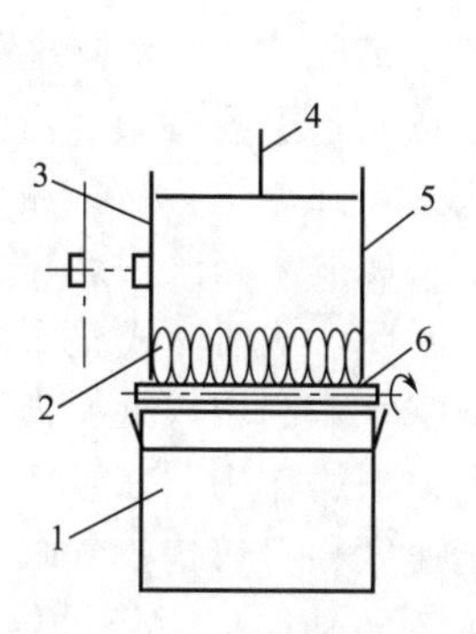

图 12-51　夹紧装箱法示意图

1—纸箱；2—纸袋；3—活动夹板；4—压板；5—固定夹板；6—活扇门转轴

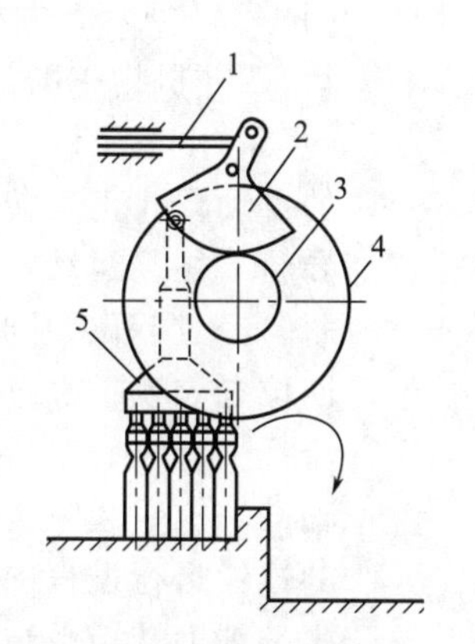

图 12-52　吊入装箱机构示意图

1—推杆；2—扇形齿轮；3—小齿轮；4—大齿轮盘；5—夹瓶头

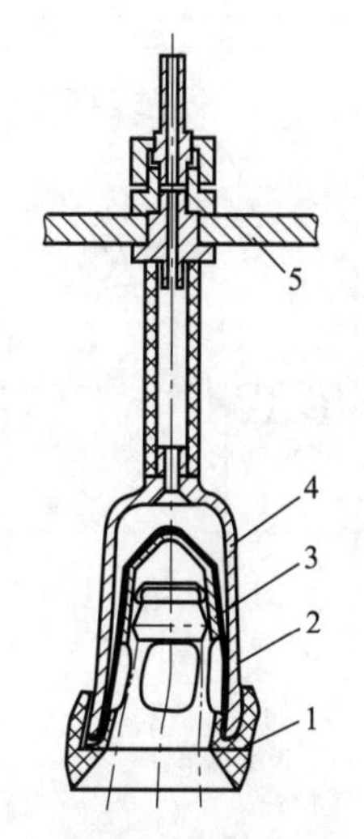

图 12-53　压力气动式夹瓶头结构示意图

1—橡皮导向套；2—橡皮薄套；3—金属内衬套；4—夹头罩；5—气管

该机构的动作过程是：推杆移动，推（拉）动扇形齿轮转动，小齿轮与扇形齿轮啮合，随扇形齿轮转动；大齿轮盘与小齿轮固定一起，大齿轮也转动，夹瓶头镀接在大齿轮盘圆周上，随大齿轮盘的转动而运动。夹瓶头先在集积台上吸取瓶子，吸牢后随着推杆的反向移动，瓶子被吊起并移动到右边，恰好吊入箱内。

瓶子装箱机的传动装置可以是机械式的，也可以是气动、液压或综合式的。夹瓶头的类型很多，有机械式、电磁式、真空式和压力气动式等。

图 12-53 所示为压力气动式夹瓶头结构示意图，金属内衬套 3 下部周向开有若干个长槽

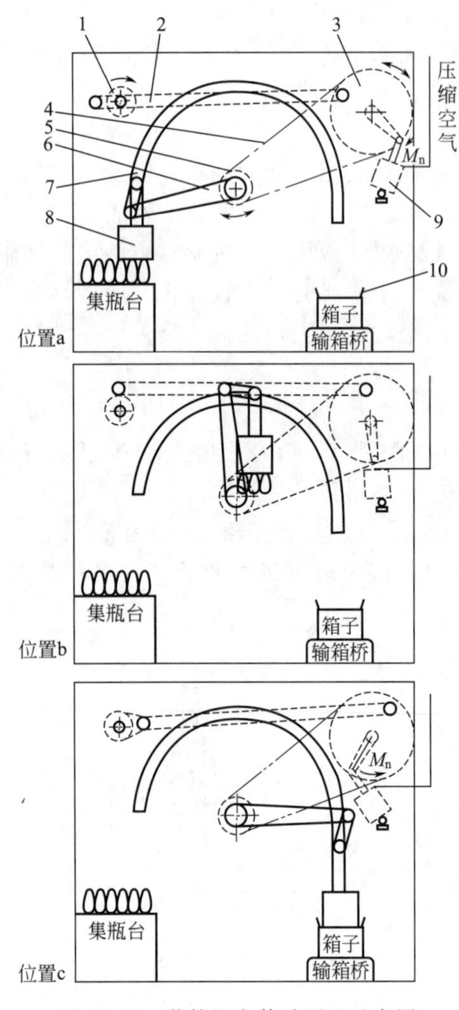

图 12-54 装箱机主传动原理示意图
1—曲柄；2—连杆；3—大链轮；4—滚子链；5—小链轮；6—摆动臂；7—弧形导轨；8—吸头架；9—气缸；10—导向架；M_n—气缸产生的辅助转矩

孔，夹头罩 4 与橡皮薄套 2 之间存在一密封性气室。当压缩空气通过气管 5 到达气室时，促使橡皮薄套 2 从金属内衬套 3 上的长槽孔向中心凸胀，形成手指夹钳，紧紧地夹住瓶颈，瓶口颈部凸缘使其不易滑脱。断气后，气室与大气相通，橡皮薄套 2 恢复原形，瓶子脱落。

在实际应用中，装箱机会出现一些问题，影响其工作性能，下面对这些问题进行一些讨论，并提出改进的措施。

（1）装箱机抖动的问题及改进

装箱机抖动就是指吸头架在下落装箱时产生的抖动，它会使瓶子摇摆，增加瓶子碰刮导向架和箱子的机会，使成品的商标纸容易刮烂，当抖动严重时，还可能造成碰撞爆瓶，影响操作安全。装箱机运作过程中抖动的产生原因往往是由于传动零部件存在间隙和运动惯性冲击及设计不当造成的。

① 抖动产生的原因分析装箱机的主传动采用曲柄四杆机构加辅助平衡气缸装置，其工作原理如图 12-54 所示，曲柄 1 转动通过连杆 2 带动大链轮 3，四杆机构中的摇杆在设定的转角范围内正反向转动，由滚子链 4 传动到小链轮 5，带动同轴相连的摆动臂 6 正反转摆动，从而牵引吸头架 8 沿弧形导轨 7 往复运动，使吸头架 8 在 a 位置从集瓶台吸瓶，经过 b 位置到 c 位置将瓶放入箱子内，再空行回位置 a 吸瓶，进入下一循环，从而完成整个装箱流程。气缸 9 单边充压缩空气，利用气缸拉力产生辅助转矩，起吸头架的重力平衡作用。在吸瓶装箱的连续运行过程中，由于速度相对较快，气缸 9 产生的辅助转矩由与大链轮 3 转动同向，经过位置 b 瞬间转变为与大链轮 3 转动反向。在转变瞬间，由于传动零部件存在间隙及气缸中的空气可压缩的原因，因此造成运动惯性冲击，从而导致吸头架抖动，而且随着传动零部件的不断磨损及接触部位压陷等，间隙逐渐增大，运动惯性冲击就越大，抖动就越严重，而辅助气缸在位置 a 不同的位置所产生的辅助转矩的大小是不同的，如果原来设计时零部件的强度安全系数余量不大，就会使传动件的疲劳强度显得不足，容易发生曲柄、连杆、销轴断裂等机械故障。

② 改进方案从上面分析可知，气缸 9 虽然起到平衡吸头架重力、减轻传动载荷的作用，但同时又增加了运动惯性冲击，造成吸头架抖动。为了解决上述存在的问题，在原有设备的基础上，可增设吸头架重量平衡装置，代替并取消辅助气缸 9。采用钢丝绳重量平衡装置，如图 12-55 所示，两个配重块及防护罩可以装在装箱机的后面，不妨碍操作人员操作，操作方便性没有降低。

通过改进，用钢丝绳重量平衡装置代替了辅助平衡气缸装置，由于取消了气缸 9，清除了一个冲击抖动产生源，可以取得较好的改进效果。

（2）装箱机抓瓶头结构的改进设计位置

对于气动式抓瓶头，其抓瓶头内套为具有弹性的聚氨酯材料，属易损件。在使用过程中存在以下问题。

① 对抓瓶头内套的材料要求较高，需耐磨损、弹性好、且不易老化。

② 瓶装线中瓶盖大多周边为波纹形，容易将抓瓶头内套划伤，影响使用寿命。一般厂家在使用三个月后需更换 75%以上的抓瓶头内套，从而增加了使用成本。

③ 该抓瓶头是靠压缩空气压力使抓瓶头内套膨胀将瓶颈抱紧，因此对一些饮料用聚酯瓶、白酒瓶及矿泉水瓶等的抓取，可靠性相对较差，影响了其使用范围。

④ 高速瓶装线抓瓶头内套易损而造成维修周期缩短，从而影响整条生产线的生产能力。

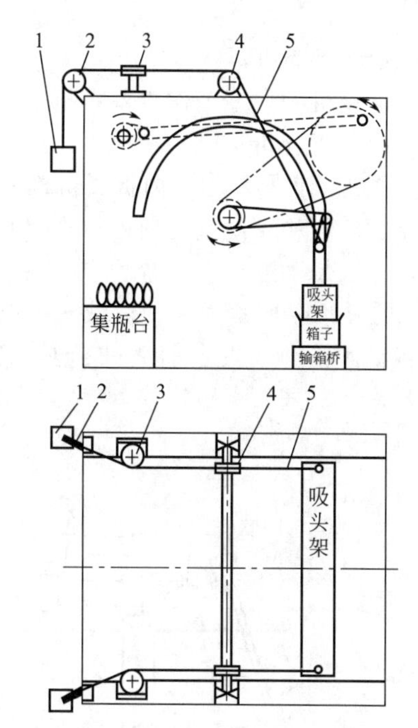

图 12-55　钢丝绳重量平衡装置示意图
1—配重块；2～4—钢丝绳滑轮；
5—钢丝绳

对抓瓶头的改进必须克服现有抓瓶头存在的问题，即降低对抓瓶头内套材料的要求，拓宽其适用的范围，延长其使用寿命，而且必须做到抓瓶和放瓶迅速、可靠，适用于高速装卸箱机的使用。基于以上的设计思想，可以设计出一种变形式抓瓶头。

变形式抓瓶头是利用聚氨酯材料硬度较低、弹性较好的特点设计的。即当其受到一定压力后，具有类似压缩弹簧的性质，所不同的是它不是轴向的收缩弹性变形，而是向一定方向凸出，但在压力释放后能自动迅速恢复原状态。

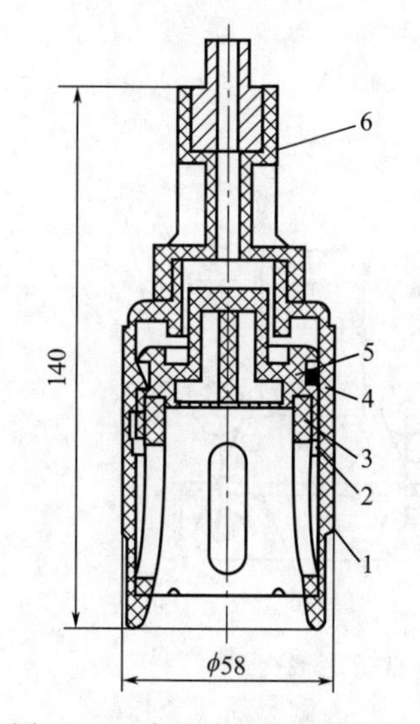

图 12-56　变形式抓瓶头结构图
1—抓瓶头外壳；2—定距环；
3—内套；4—密封环；
5—活塞体；6—进气接头

图 12-56 为变形式抓瓶头的结构图，是由抓瓶头外壳 1、定距环 2、内套 3、密封环 4、活塞体 5 和进气接头 6 组成，内套 3 为圆筒状，均布五个长孔，以吸收收缩变形时圆周方向的变形量，并降低外压力。当活塞体 5 轴向下运动时，内套 3 发生径向变形，并可通过改变定距环 2 的高度，增大或减少轴向位移，从而适应被抓瓶颈的大小，因此在结构上具有较大的灵活性。

变形式抓瓶头的工作原理与现用抓瓶头有着明显的差别，它不是依靠聚氨酯材料的膨胀变形，而是利用其具有较好弹性恢复力的弹性变形。当压缩空气通过进气接头 6 进入气缸腔后，推动活塞体 5 向下运动，迫使抓瓶头内套 3 发生径向向内的弹性变形，缩小内径，从而卡在被抓瓶的瓶颈上，实现将瓶抓住的目的；释放时，气缸排气，依靠内套 3 的弹性回复力使活塞体复位，同时将瓶释放，完成从抓瓶到放瓶的全过程。由于聚氨酯材料的硬度较低和抓瓶头内活塞体的轴向定位，即使压缩空气压力突然超压，也不易将瓶子挤碎。

12.5.4 封箱装置

封箱机的典型工作机构有折合折页机构、封条敷贴机构、涂胶机构等。

(1) 折合折页机构

图 12-57 所示为折内折页机构。折合前内折页导向板 4 是用来折合前内折页，它的前部向上倾斜，箱子经过时前内折页可自动地被压下折封。后内折页的折合是当箱子到一定位置时，气缸带动连杆使折合后内折页 L 形悬臂 1 向下摆动将内折页压下。

图 12-58 所示为一种机械式折内折页机构。它是箱子在前进中由折页板 3 转动折页器 2 绕转轴 4 转动来折合前后的折页。折页板 3 较长，它能压住内折页直到外折页折下前不张开。

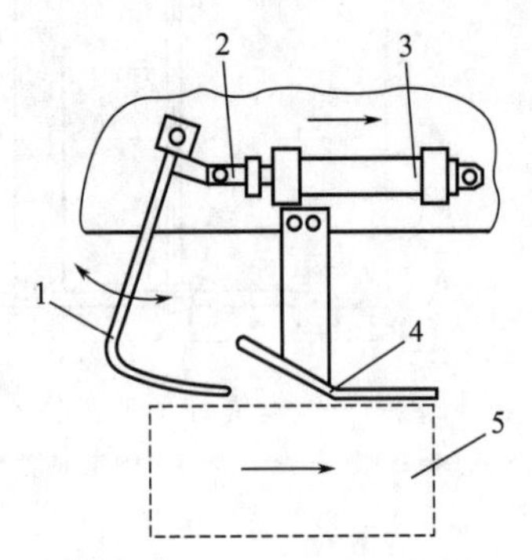

图 12-57 折内折页机构

1—折合后内折页 L 形悬臂；2—连杆；3—气缸；4—折合前内折页导向板；5—纸箱

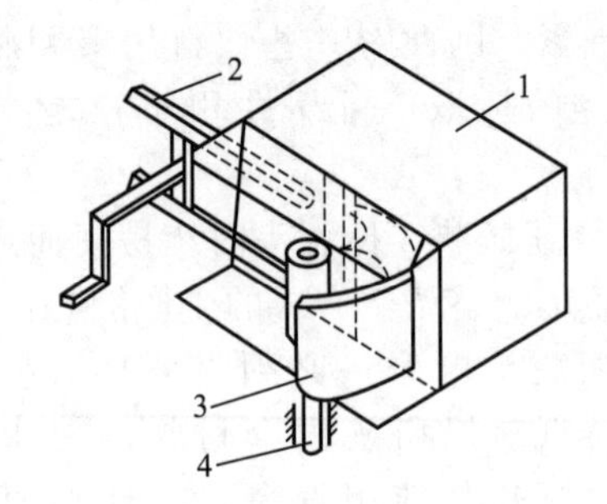

图 12-58 机械式折内折页机构

1—纸箱；2—折页器；3—折页板；4—转轴

图 12-59 所示为同时折前、后内折页机构。气缸通过活塞杆头部铰链 4 推动摆杆 3 在铰链支座 2 上转动，使折页器完成折前、后内折页的动作。

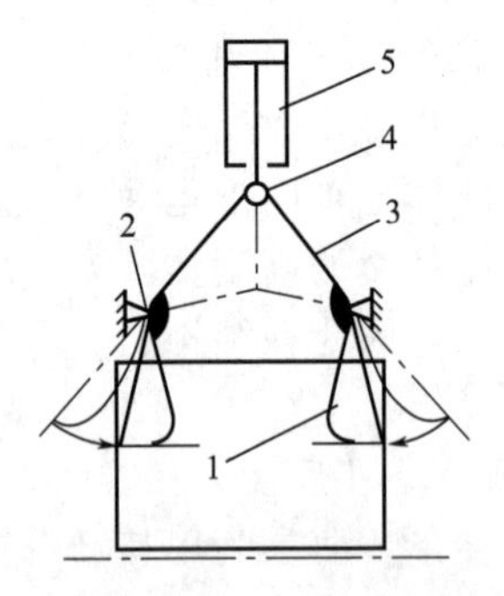

图 12-59 同时折前、后内折页机构

1—转动折页器；2—铰链支座；3—摆杆；4—铰链；5—气缸

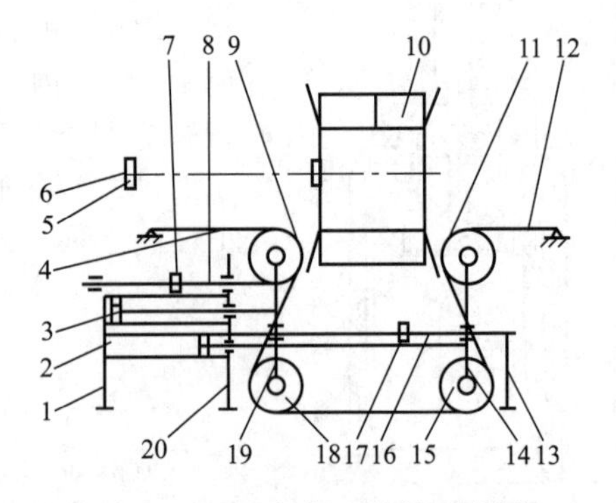

图 12-60 双缸折页机构示意图

1,13,20—机架；2，3—气缸；4— 折页链；5—推箱器；6—输送链；7,17—挡块；8,16—滑杆；9,11—折页器；10—箱坯；12—输送导轨；14,19—活动板；15,18—链轮

图 12-60 所示为双缸折页机构示意图。已打开的箱坯 10 向下落，并由输送链 6 上的推箱器 5 夹持，气缸 2、3 在指令控制下开始动作，带着活动板 14、19 沿滑杆 8、16 做相对运

动，折页链 4 通过链轮 15、18 做同样的相对运动。这样，折页器 9、11 就能把底部两折页折合。气缸停止运动，折页链 4 把住纸箱的底部，输送链 6 运动，推箱器 5 把箱推到与折页链同一水平位置的输送导轨 12 上，外折页拉于导轨两侧，气缸这时返回原位，等待下一个循环。挡块 7 与 17 可调节气缸行程，以适应不同长度纸箱折页的需要。这种折页机构的折页器较宽，折页质量较好，但落箱机构较复杂，不易控制。

折外页还可采用曲面折页板。曲面折页板是把长条金属薄板弯曲成使外折页能逐渐折倒的折页，在箱子向前运动中，外折页就势折好。这种装置简单可靠，造价低，但占地面积大，折页质量一般。

（2）封条敷贴机构

该机构主要用来将有胶质的封条贴到箱子折页接缝上来完成封箱。根据封箱时的不同要求可分为上贴、下贴和上下同贴三种。封条是单面胶质带或酯黏胶带，胶带不同，装置结构也不同。用胶质带时，要有浸润胶质带胶层的装置，用黏胶带时则不要浸润和加热装置，它只要将黏胶带以手工松展引导粘贴到箱子最前端，随后纸箱送进时受到牵拉松展。

如图 12-61 所示为胶质带封条敷贴机构的原理图。纸箱按图示箭头方向输送，胶带卷挂在上、下架子上。胶带经导辊到达热水槽，受温水作用胶层熔化恢复黏性，在压贴轮（或封刷）作用下粘贴在外折页接缝处。胶带随着纸箱的送进被牵拉松展。经过切断刀下面时，带封刷的切断刀下降，在切断胶带的同时把前后两个箱子侧面的封条刷贴牢固。

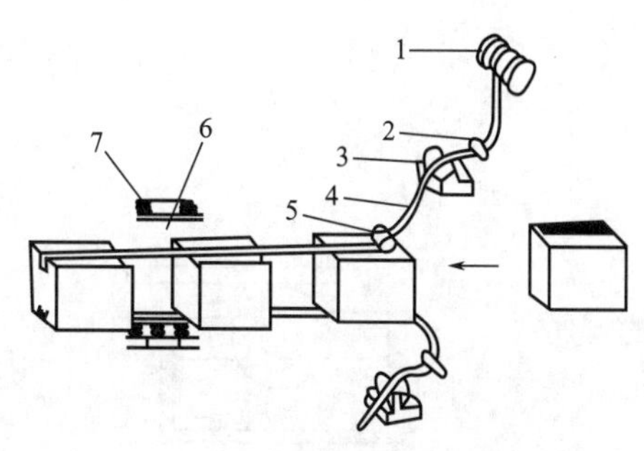

图 12-61　胶质带封条敷贴机构原理图
1—胶带卷；2—导辊；3—热水槽；4—胶带；5—压轮（或封刷）；6—切断刀；7—侧封刷

图 12-62 所示为黏胶带封条敷贴机构原理图。图 12-62（a）表示机构的工作开始状态。封条胶带 8 被先松展，经导向辊和张紧辊并穿过导向板到达敷贴工位，当纸箱 6 由输送带 3 送到图示位置时，第一个直立敷贴辊 5 将胶带端部贴到箱子的前侧面。箱子在输送带的带动下在前进中使第一个直立敷贴辊 5 沿支点向下旋转，在此过程中敷贴辊始终沿箱壁、滚动，使封带逐步贴到箱子的下部，见图 12-62（b）。受连杆 9 的作用，第二敷贴辊 2 和第三敷贴辊 1 顺时针转动，分别与箱底和箱前壁接触。到图 12-62（c）所示位置，箱子已完全脱离了第一敷贴辊，齿形切刀 4 在弹簧作用下复位，将封带切断，而敷贴辊 1 、2 继续沿箱底滚动，直至将箱底完全贴好。当箱子越过敷贴辊 2 、1 时，辊 1、2 在复位时将剩下的一段封条贴到箱子的后侧面，从而完成贴条的全过程。为保证自动贴条机的正常运行，常辅有自动拉带、自动报警、自动停车等装置。

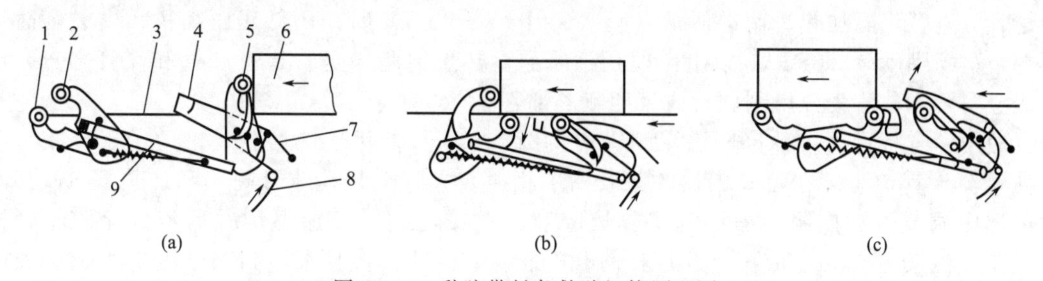

图 12-62　黏胶带封条敷贴机构原理图
1，2，5—敷贴辊；3—输送带；4—切刀；6—纸箱；7—支点；8—封条胶带；9—连杆

（3）涂胶机构

涂胶机构是在箱子的折页上涂胶的专用机构，根据胶的种类和涂胶方式不同，可以有多种分类方法。根据胶的性质分为水溶胶涂胶机构和热熔胶涂胶机构两大类。

水溶胶包括低温浆糊、醋酸乙烯树脂的乳胶和硝酸锅等。涂胶方法有喷雾、挤压等。无论哪种方式，均需停止较长时间使胶固化。由于环境温度不同，固定时间变化幅度较大，一般粘封后施压1min以上可以基本保证不会崩开。

热熔胶本身的特点决定了其涂胶机构要简单一些。涂胶方法主要有喷雾和辐筒式。瓦楞纸箱的封箱几乎都用喷雾式。喷雾涂胶机构上设有定时器，控制黏结剂熔解时间，为了使喷雾器不堵塞，必须使胶在加热熔入后不碳化。

按涂胶机构的执行零件和折页接触与否分为接触式和非接触式两类。

图12-63所示为接触式涂胶机构。图12-63（a）为辊筒式，折页在胶辊上通过时即涂上胶水，胶水厚度可由调节板控制；图12-63（b）为滚珠式，涂胶头压向箱板，滚珠压缩，胶水从滚珠与挡口之间流出；图12-63（c）为海绵式，胶水通过海绵的毛细孔涂到折页。

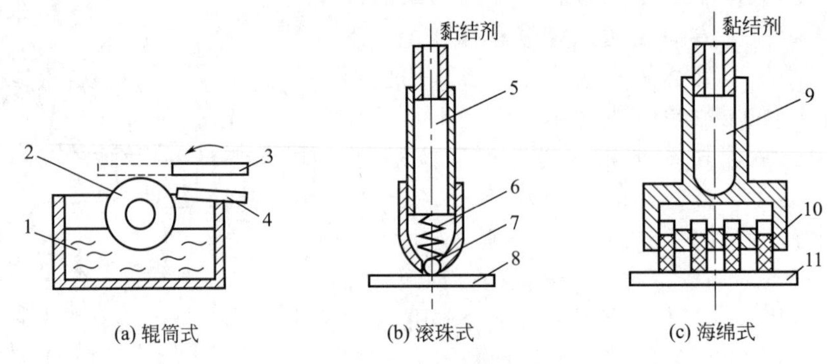

图12-63　接触式涂胶机构

1—胶水池；2—胶辊；3,8,11—折页；4—调节板；
5,9—胶水筒；6—弹簧；7—滚珠；10—海绵

非接触式主要是指喷雾涂胶法。这种方法是把胶水在盛胶容器内加压喷射到需要粘接的表面上。当喷射乳胶黏结剂时，乳胶盛于大容器中，由导管通到喷嘴，用压缩空气使胶水在喷嘴口化成雾滴状喷射到折页面上。根据需要，喷出的雾滴落在折页表面上可呈点状、条状和面状。

图12-64所示为喷雾法涂胶原理图。用喷雾法涂热熔性树脂黏结剂时，要在料斗中先将其加热熔化，再用导送管经泵加压喷射出去，为使树脂能在最佳温度（约180℃）下喷射，导送管应进行保温加热。输送低黏度胶（100Pa·s以下）时，用低压压缩机；中黏度时用齿轮泵；高黏度（200Pa·s以上）时用活塞泵。热熔树脂输送管道有硬管和软管之分，硬管为金属管，软管为金属制软管或聚四氟乙烯管。

图12-65所示为一种接触法涂胶机构实例，它不仅能用于热熔胶，也适用于冷胶。贮胶池3经导管7与装在涂胶工位的涂胶槽2相通。导管上装有球形阀4和加热器6，其温度由温度调节器5控制。操作时将热熔胶装在贮胶池内，经加温熔融后流入涂胶槽，槽内有4片涂胶轮1，在链条（图中未表示）带动下转动，将胶水涂到箱子内折页上。若需间隔地涂胶，只要改用齿形涂胶辊即可。涂胶槽和贮胶池的液面相同，便于及时向贮胶池补充胶。

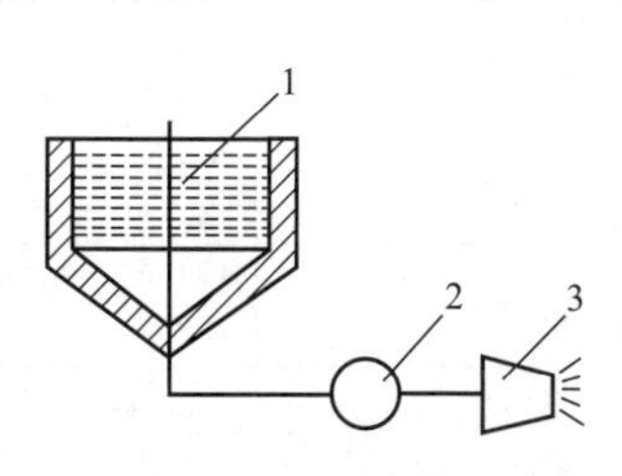

图 12-64　喷雾法涂胶原理图

1—胶液；2—加压泵；3—喷嘴

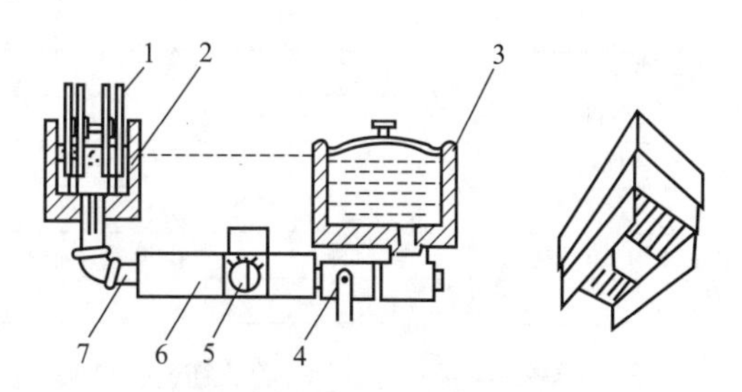

图 12-65　接触法涂胶机构实例

1—涂胶轮；2—涂胶槽；3—贮胶池；4—球形阀；5—温度调节器；6—加热器；7—导管

12.6　装盒与装箱机械的产品实例

12.6.1　ZHJ-200/260/400 连续式高速自动装盒机（图 12-66）

图 12-66　ZHJ-200/260/400　连续式高速自动装盒机

（1）功能特点

可自动完成说明书折叠、纸盒打开、版块装盒、打印批号、封口等工作。

采用高频调速、人机界面 PLC 控制。

光电监控各部位动作，运行中出现异常，能自动停机显示原因，以便及时排除故障。

可以单独使用，亦可与泡罩包装机及其他设备连接形成生产流水线。

（2）适用范围

适用于药板、软管、瓶子以及相类似物品的装盒，可连续运行装盒，最高速度可达 370 盒/min，包装效率高，品质优，是机电一体化的高科技产品。

（3）主要技术参数

型号	ZHJ-200	ZHJ-260	ZHJ-400
生产能力/盒·min^{-1}	≤200	≤240	≤370
最大纸盒尺寸/(mm×mm×mm)	200×80×70	200×80×70	200×80×70
最小纸盒尺寸/(mm×mm×mm)	65×25×15	65×25×15	65×25×15
纸盒质量/g·m^{-2}	250～300	250～300	250～300
最大说明书尺寸(长×宽)/(mm×mm)	260×180	260×180	260×180
最小说明书尺寸(长×宽)/(mm×mm)	110×100	110×100	110×100

续表

说明书质量/g	55～65	55～65	55～65
耗气量/$m^3 \cdot h^{-1}$	≥5	≥5	≥5
总功率/kW	4.1	6.9	8.2
电源	380V/50Hz	380V/50Hz	380V/50Hz
外形尺寸/(mm×mm×mm)	4500×1500×1700	4500×1500×1700	4500×1500×1700
质量/kg	3500	3500	4000

（4）生产厂家：浙江瑞安华联药机科技有限公司

12.6.2 SLJ-V-80立式装盒机（图12-67）

图12-67 SLJ-V-80立式装盒机

（1）功能特点

① 立式装盒，多项专利技术。

② PLC控制自动运行，送盒、插说明书、送料、折盒、封盒、出盒一步完成。

③ 柔性操作，不伤纸盒，不损包装物。

④ 快速换产，一机多用。

⑤ 与生产线易于联线。

⑥ 模块结构，在线操作，易于维护。

（2）适用范围

适用于多种盒型，PTP（泡罩包装）、灯具、固体物品等。

（3）主要技术参数

外形尺寸：1800mm×1600mm×2000mm

生产能力：50～80盒/min

纸盒规格：最大尺寸80mm×65mm×200mm

最小尺寸长：20mm×20mm×60mm（可根据纸盒实际尺寸定制）

整机功率：2kW

（4）生产厂家：常州赛瑞克包装机械有限公司

12.6.3 AFB-Ⅲ自动装箱机（图12-68）

（1）功能特点

① 用于完成运输包装，可将包装成品按一定排列装入纸箱。

② 采用PLC+触摸显示屏控制。设有缺瓶报警停机，无瓶不装箱的安全装置。

③ 该装箱机为摆复式全自动装箱机。

（2）适用范围

适用于各生产线上的小瓶口的各类瓶型。

（3）主要技术参数

电源电压：220V/50Hz

功率：1.5kW

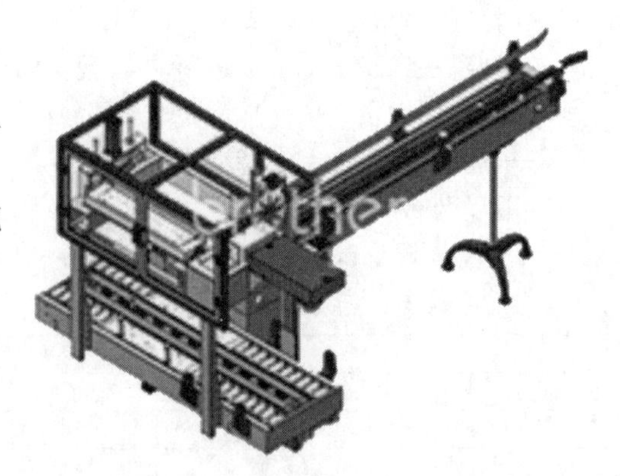

图12-68 AFB-Ⅲ自动装箱机

装箱速度：5～10 箱/min

使用气源：400L/min

机器尺寸：1500mm×1200mm×2600mm

机器质量：400kg

（4）生产厂家：浙江兄弟包装机械有限公司

12.6.4　ZYZX-01CTB 侧推式装箱机（图 12-69）

图 12-69　ZYZX-01CTB 侧推式装箱机

（1）功能特点

① 根据客户装箱排列需求，自动对产品进行分层分组排列组合。

② 装箱前设备对纸箱侧口进行自动打开定位，保证装箱顺利进行，不卡箱。

③ 适用范围广，可满足多种规格产品装箱。

④ 在同一工位实现产品整理、装箱，解决了常规装箱机体积大，占用空间问题。

⑤ 控制方式：PLC、触摸屏、标准控制按钮、信号开关，分自动/手动控制模式。

⑥ 可以通过触摸屏找到故障点，轻松排除故障。

（2）适用范围

适用于医药、食品、日化以及其他轻工业等行业。

（3）主要技术参数

适用纸盒：(50～120)mm×(40～60)mm×(10～120)mm

适用纸箱：(250～550)mm×(250～400)mm×(150～300)mm

装箱速度：200～360 箱/h

装箱口：1 组

机械尺寸：1100mm×1600mm×1500mm

使用电源：380V，50Hz/60Hz

使用气源：0.49～0.59MPa，460L/min

机械质量：550kg

（4）生产厂家：青岛森特信豪自动化设备有限公司

12.7 装盒与装箱机械的常见故障与使用维护

12.7.1 装盒机的常见故障与使用维护

（1）装盒机的常见故障

作为包装机械设备的一种，装盒机在使用过程中不可避免地会产生各种故障，常见故障及相应解决方法如下。

1）纸签问题　纸签问题多表现为纸签折叠或吸不下纸签，原因为纸签质量问题或纸签弯曲度和大小不一致。

解决方法：使用优质、规格统一的标签。

2）包装纸盒打不开　装盒机运行过程中可能会出现包装纸盒打不开的现象，原因可能为所采用的包装盒不适宜在装盒机上使用，也可能是由于纸盒存放过久或产生挤压变形导致。

解决方法：采用专业机装盒或与包装盒厂家协商，定制符合装盒机上机需求的包装盒。

3）故障率高　部分装盒机在使用时故障频发，皮带、齿形带、轴承等部件经常损坏，导致故障率高发的原因可能有：

① 装盒机设备日常维护保养不当及不进行保养；

② 选用的皮带、轴承等部件质量低；

③ 装盒机本身设计、制造水平问题。

解决方法：购买优质装盒机设备、选用高质量外用部件及进行正确的维护保养工作。

（2）装盒机的使用维修

1）装盒机的日常预防性维修

① 启动设备，使设备点动设备，使设备运行一个行程，确认设备各部分转动无故障；

② 检查传动系统，各部件传动声音正常，安全可靠；

③ 凸轮机构、传动链部件应每隔15～40个工作小时使用牌号为50的机械油（运动黏度47～53mm²/s，50℃）润滑一次。

2）三个月预防性维修

① 齿轮啮合处每三个月添加一次润滑油（钙基润滑脂，牌号为ZG-1或ZG-2）；

② 每三个月检查折纸机各传动部件有无松动现象，紧固所有松动的连接件，并对三套精密凸轮机构、折叠和输送系统的齿轮啮合处、各传动链等部位加专用润滑油（20号机械油，运动黏度17～23mm²/s，50℃）；

③ 每三个月停机一次，检查传动链的张紧情况和传动零部件紧固程度，必要时重新调节和紧固。

3）六个月预防性维修　检查传动系统，修复、更换易磨损部件。

4）十二个月预防性维护　检查齿轮是否磨损，如磨损应立即更换，并填写“关键设备预防性维护记录”。

5）故障维修　设备发生故障时，班组长填写“设备维修工单”，并及时通知设备维修技术人员。

12.7.2 装箱机的常见故障与使用维护

（1）装箱机的常见故障

全自动装箱机在使用过程中不可避免地会产生各种故障，常见故障及相应解决方法如下。

① 夹钉动作太慢或夹钉行程不足：螺栓松了，前扣或扳机内片磨损。可以将螺栓旋紧，注意前扣轴的正确位置。也可以更换前扣或扳机内片，完成上述动作后测试其功能，如果行程太短则向上微调前扣轴，如果动作慢则向下微调前扣轴。

② 活塞杆处漏气：主体底部环损坏，此时应更换。

③ 扳机处漏气：开关阀环或开关座环损坏，需更换。

④ 传动环松动无法定位：塑钢条和传动弹簧无弹性。拆下板机组合，并将弹簧稍重新装好或者更换塑钢条盒传动弹簧。

⑤ 排气口漏气：开关阀环或开关座环损坏或活塞环损坏，需更换。

（2）装箱机的使用维护

① 输送带、设备台面及外部部件每天做好清洁工作。

② 轴承及着力点每月润滑一次。

③ 进行定期检查和保养。自动装箱机在经过长时间的使用之后要对它的每个零件都做清洗，防止一些细小的杂物停留在自动装箱机当中阻碍其运行，使得工作中出现故障而延迟生产，严重的还影响到操作人员的安全。

④ 每一次彻底清洗机器后必须润滑机器和传送带。

⑤ 任何损坏或磨损的零件必须马上更换。

⑥ 机器在每 1000h 后，紧固所有运动部件上的固定螺钉。

参考文献

[1] 黄颖为. 包装机械结构与设计. 北京：化学工业出版社，2007.

[2] 高德. 包装机械设计. 北京：化学工业出版社，2005.

[3] 刘筱霞. 包装机械. 北京：化学工业出版社，2010.

[4] 张聪. 自动化食品包装机. 广州：广东科技出版社，2003.

[5] 孙智慧，高德. 包装机械. 北京：中国轻工业出版社，2010.

[6]《包装与食品机械》杂志社. 包装机械产品样本. 北京：机械工业出版社，2008.

[7] 杨晓清. 包装机械与设备. 北京：国防工业出版社，2009.

[8] 机械工业信息研究院包装机械产品供应目录. 北京：机械工业出版社，2002.

[9] 赵淮. 包装机械选用手册. 北京：化学工业出版社，2001.

第 13 章　其他包装机械

13.1　概述

在前几章，分别介绍了常用的包装机械，但包装机械的品种极其繁多，而随着科学技术的进步和工业生产的发展，将会不断产生新的包装机械品种。本章中，将对在包装工业中常见的下列包装机械进行介绍。

热成型包装也是广泛使用的一种包装方式。它首先利用热塑性塑料片材作为原料制造容器，在装填物料后再以薄膜或片材密封容器实现包装。整个热成型包装通常由成型容器、装填物料及密封薄膜等组成。在本章中将对实现热成型包装的设备进行介绍。

为了延长食品的保存时间，通常采用对食品进行真空包装的方式。即将物品装入包装容器后，抽去容器内部的空气，达到预定的真空度，并进行封口。此时。食品的真空度通常在600～1333Pa，在这种缺氧状态下，食品中生长的霉菌和需氧细菌难以繁殖，给食品的保存提供了有利条件。真空包装正是针对微生物这种特性而发明并被广泛采用的。在本章中将对实现真空包装的设备进行介绍。

当单个或数个包装物被完成包装后，往往需要将单个或数个包装物用绳、钢带、塑料带等捆紧扎牢以便于运输、保管和装卸。它通常是包装的最后一道工序。完成该项作业的设备即为捆扎机械。在本章中将对其进行介绍。

13.2　热成型包装机

13.2.1　概述

热成型包装是指利用热塑性塑料片材作为原料来制造容器，在装填物料后再以薄膜或片材密封容器的一种包装形式。

热成型包装首先需要进行塑料片材的热成型。即将一定尺寸的塑料片材夹持在成型模板间，将它加热到热弹性状态，然后利用片材两面的气压差或借助机械压力等方法，迫使片材深拉成型并贴近模具型面，取得与模具型面相仿的形状。成型后的片材经冷却定型并脱离模具，即成为包装物品的装填容器。装填容器一般呈半壳形，即所谓托盘形状，其深浅度按包装物料形态、性质、容量及其包装形式确定。应当注意的是：一定厚度的片材，其拉伸深度是有一定极限的。用于食品包装的托盘，其热成型片材厚度一般在1mm以下，在全自动热成型包装机中常采用卷筒薄膜实现连续成型封装，其成型薄膜厚度一般为0.2～0.4mm。

制作完成热成型容器后，进行装填物料及封合容器，最终完成整个包装。因此，整个热成型包装应该是由成型容器、装填物料及密封薄膜组成。实际工作时，采用底膜与顶膜共同封装。一般情况下，底膜用于热成型形成半壳状容器，顶膜将半壳状容器封合。

热成型包装的形式有多种多样，图 13-1 所示为几种典型的样式。

（1）托盘包装

如图 13-1（a）所示，这是一种最常用的方式。其底膜采用硬质膜，上膜采用软质膜，底膜热拉伸成各种各样的托盘，并可保持一定的形状。托盘包装比较适合流体、半流体、软体物料及易碎易损物料，因为它在某种程度上保护包装物不被挤压。常见的布丁、酸奶、果子冻等均采用此包装形式。在包装鲜肉、鱼类时，可充填保护气体以保护其色泽及延长货架期。而当采用 PP 材料做底膜，铝箔复合材料作密封上膜时，包装后可进行高温灭菌处理。

（2）泡罩包装

如图 13-1（b）所示，这种包装的底膜可使用软质膜或硬质膜，将其拉伸成与包装物外形轮廓相似的泡罩，封合上膜使用有热封性能的纸和复合薄膜。这种包装不抽真空，以透明的仿形泡罩和印刷精美的底板衬托出物品的美观。在包装玩具、日用品、电子元件及某些儿童食品中普遍采用。

（3）贴体包装

如图 13-1（c）所示，这种包装的底膜使用硬质膜或涂布黏合剂的纸板作为底板，采用硬质膜时可热成型浅盘或不成型。上膜使用较薄的软质膜。包装时，底板要打小孔或冲缝，放置物品后，覆盖经预热的上膜，底部抽真空使上膜紧贴物品表面并与底板粘封合，如同包装物的一层表皮。包装后底板托盘形状不变。这种包装在鲜肉、熏鱼片中均有应用。

（4）软膜预成型包装

如图 13-1（d）所示，这种包装的底膜与上膜均使用较薄的软质薄膜。包装时，底膜经预成型，以便于装填物料，可进行真空或充气包装。软膜包装比较适合于包装那些能保持一定形状的物体，如香肠、火腿、面包、三明治等食品。其特点是包装材料成本低，包装速度快。当采用耐高温 PA/PE 材料时可作高温灭菌处理。

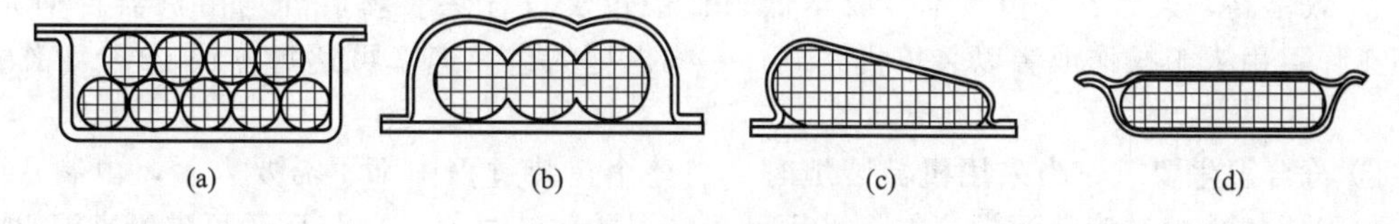

图 13-1　热成型包装形式

形成热成型包装的生产线，既可采用多种形式的容器制造的设备、装填设备及封合设备等组合而成，也可采用全自动热成型包装机。在全自动热成型包装机中，主要采用卷筒式热塑膜，由底膜成型，上膜封合。大多数的底膜具备成型及热封的性能，因此以复合材料居多。其包装材料包括软质膜、硬质膜、贴膜复合膜和喷膜复合膜等。

热成型设备已很成熟，品种也较多，包括手动、半自动、全自动机型。热成型工序主要包括有夹持片材、加热、加压抽空、冷却、脱模等。

需注意的是，热成型设备只是制造包装容器，还需要配备装填及封合等设备。因此，很多需要实行热成型包装物料的厂家均配套以上多台设备形成包装流水线，或者只配备装填及封合设备，由专业容器生产厂家提供热成型容器。

全自动热成型包装机集薄膜拉伸成型、装填物料、抽真空、充气、热封、分切等功能于一体，在一台机械设备上具备了一条包装生产线的功能。其机型的性能强、适用性广，包装形式多样，广泛应用于各种食品包装和非食品包装领域。这一类机型在国外以利乐拉伐食品集团 TIROMAT 公司生产的系列机型及日本的大森机械公司等生产的机型为代表，国内同机型还较少。在此介绍一种国内某厂家生产的 MRB320 全自动热成型包装机。

13.2.2　全自动热成型包装机包装工艺流程及特点

如图 13-2 所示是全自动热成型包装机包装工艺流程示意图。整机采用连续步进的方式，由下卷膜成型，上卷膜作封口。

包装的全过程由机器自动完成，根据需要，装填可采用人工或机械实现。由流程图可见，下卷膜经牵引以定步距步进，经预热区及加热区，由气压、真空或冲模成型，在装填区填充物料后，进入热封区。在热封区中，上卷膜经导辊后覆盖在成型盒上。视包装需要，可进行抽真空或充入保护气体的处理，然后进行热压封合。最后经横切、纵切及切角修边形成包装成品，经裁切后的边料可由吸储桶或卷扬装置收集和清理。

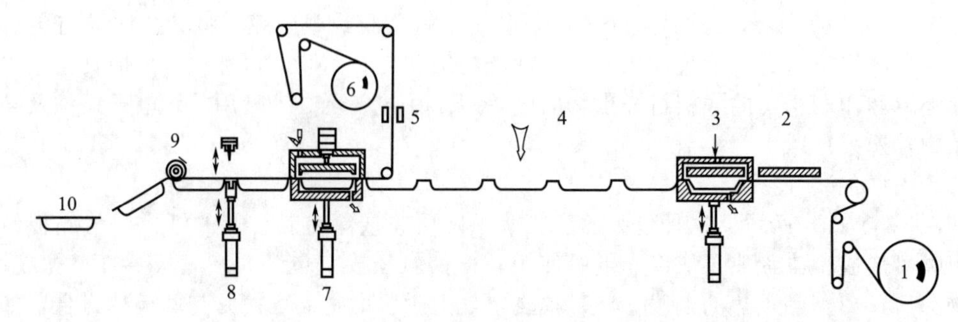

图 13-2 全自动热成型包装机包装工艺流程示意图

1—下膜；2—预热区；3—热成型区；4—装填区（配套自动装填机或人工装填）；
5—打印机；6—上膜；7—封合区（抽真空、充气、热封）；8—横切、冲角；9—纵切；10—成品

采用这种热成型包装工艺具有以下特点。

① 适应性广。可包装固体、液体、易碎品及软硬物料等，可进行托盘包装、泡罩包装、贴体包装及软膜真空、硬膜充气等包装。

② 效率高，人力省，包装综合成本低。整个包装过程除装填区外均由机器自动完成，装填工作可由人工操作或者以装填机完成，一些机型的包装速率可达每分钟 12 个工作循环以上。

③ 符合卫生要求。当采用机械装填时，在整个包装过程中都不需要人手，由制盒到封装一气呵成，减少过渡性污染。如果采用可耐高温的包装材料，包装后还可进行高温灭菌处理，从而可延长易腐产品的保质期。

13.2.3 全自动热成型包装机工作原理

图 13-3 所示为采用图 13-2 所示包装工艺流程的 MRB 320 全自动热成型包装机的外形。主要由以下几部分组成：薄膜输送系统、上下膜导引部分、底膜预热区、热成型区、装填区、热封区、分切区及控制系统等，可另配碎料及边料回收装置。整机采用模块化结构设计，可根据用户需要增减各种装置，从而增减或者改变各种功能。以下为各部分装置的工作原理。

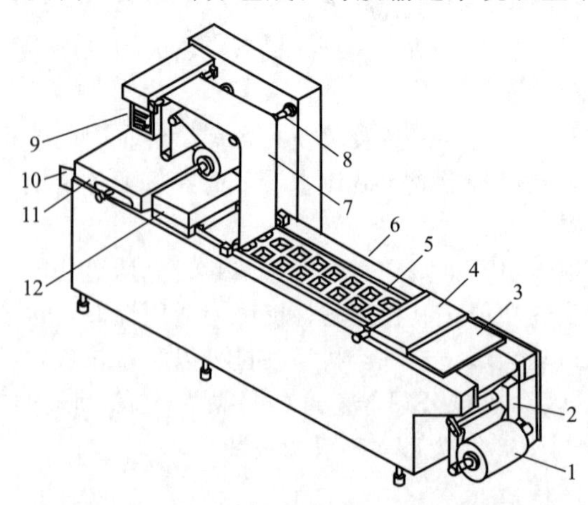

图 13-3 MRB 320 全自动热成型包装机的外形

1—底膜；2—底膜导引装置；3—预热区；4—热成型区；
5—输送链夹；6—装填区；7—上膜；8—上膜导引装置；
9—控制屏；10—出料槽；11—裁切区；12—热封区

(1) 薄膜输送系统

整机采用卷筒薄膜成型包装，因此设计有薄膜牵引输送装置。在工作中，底膜由预热成型至封合分切的全过程中均受到夹持牵引作用，其动力来自沿机器纵向两侧配置的传送链条。链条上每一节距均装配有一个夹子，这些夹子可自动将底膜夹住并由始至终。传送链条以连续步进的方式将底膜从机器始端送到终端。标准机型的链条由一个双速三相电机驱动，进给时采用高速，在每个步进

停止前自动切换成低速运行，使其能准确地停止在每个步进的终止位置。这种驱动方式可使链条的运行速度在每个进给的起始阶段均匀加速，而在终止阶段逐步减速。可避免在包装圆形物体或液体时由于链条的快速启动或急速停止而使包装物从托盘中滚出或溅出。作为选择，可采用步进电机驱动，实现电子控制无级调速。

(2) 上下膜导引部分

上下膜分别装在上下退纸辊上，受牵引松卷，经导辊、摇辊或浮辊导引拉展开并送入机器。其中上卷膜在被牵引输送过程中，设计有光电定位装置识别其印刷光标，使上膜图案准确。定位在每个成型托盘的上方，实现精确包装。另外，在上卷膜进入热封区之前，可装配打印装置，一般为自带动力的墨轮印字机，通过电控实现同步日期及批号的打印。

(3) 底膜预热区及热成型区

底膜在成型之前需要加热。为了提高生产率，在热成型区之前设有预热区，使底膜进入热成型区之前已具有一定温度，从而使热成型区的升温时间可缩短。根据薄膜的软硬程度、厚薄和材质的不同，其成型温度也有所不同。同时热成型方式有气压成型、真空成型、冲模成型等多种。

(4) 装填区

底膜成型后进入装填区，该区可根据包装物料的不同配备相应的装填机，或者采取人工装填。该区的长度可根据需要制造，以便装填操作。

(5) 热封区

已经装填物料的托盘底膜进入热封区的同时，在其上方覆盖上膜。热封区内装配有热封模板，由气缸驱动，热封模板内带电热管，由温控元件控制其加热温度。通过热封模板可将上膜与托盘底膜热压封合。热封温度和热封时间由电控设定，以适应薄膜的不同厚度或不同材质。根据需要，在热封合区可安装真空和充气装置以实现真空或真空充气包装。同样，真空度和充气量可由电控装置控制。

(6) 分切区

热封后形成了排列整齐的包装，但这些包装是连在一起的，必须要进入分切区进行横切、纵切等工序，才能获得一个个独立的成品包装。根据薄膜厚薄、软硬、材料和分切形状要求，可配备不同的分切模块。

(7) 边料回收装置

分切过程中的边条薄膜由收集器收集。根据薄膜的软硬和分切方法的不同可采用真空吸出、破碎收集或缠线绕卷的方式。

(8) 控制系统

由于整机采用模块化组合式结构设计，每一模块为一相对独立的整体。在包装过程中，各模块结构之间的运动关系有着极严格的要求，需要相互精确定位、协调衔接。因此，机器的自动控制非常重要。电控系统可采用可编程控制器（PLC）或微处理器（MC）等。

13.2.4　全自动热成型包装机总体结构及设计原理

图 13-4 所示是 MRB 320 全自动热成型包装机结构总图，包装机机体由型钢构成，整机可拆分成三大部分。

第一部分为热成型区，是机器的前段，装置有底膜退纸辊 16 及底膜制动器 17、底膜导入辊 15 及一系列导辊机构等，主要部分为热成型系统，由预热部件 13、成型部件 12 及加热部件 11 组成。

第二部分为装填区，是机器的中段，作为前后部分的自由连接段。这一部分的长度可按装填工作量的要求设计，以适应人工装填。作为选择，自动装填机可装置在这一部分，根据不同的物料需配备不同的装填机。

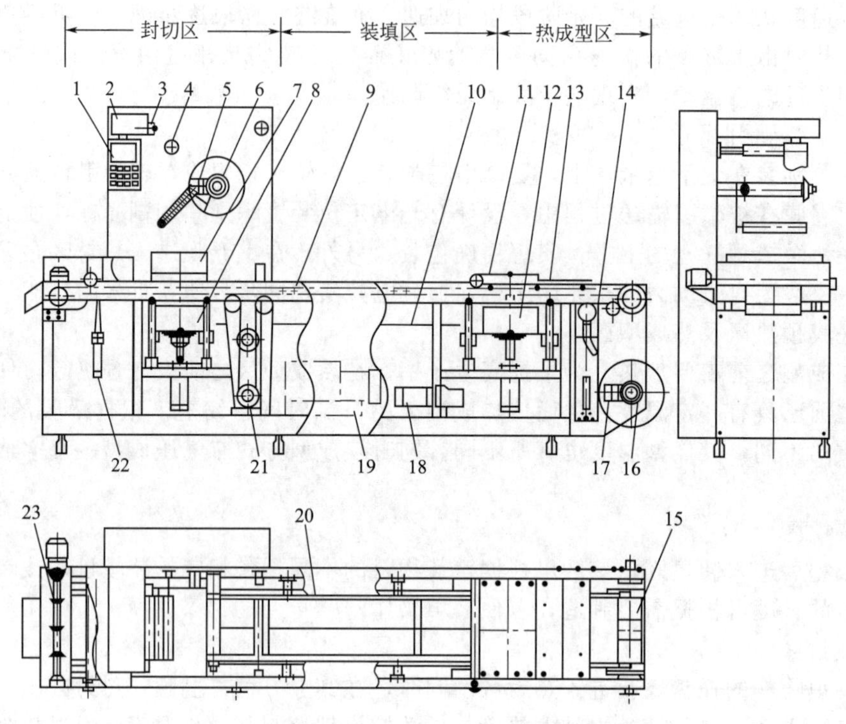

图 13-4 MRB 320 全自动热成型包装机结构总图

1—控制屏；2—制动架；3—上模制动装置；4—导辊；5—摇辊机构；6—上退纸辊；7—封合室座；8—托模装置；9—输送链；10—托板；11—加热部件；12—成型部件；13—预热部件；14—浮辊机构；15—底膜导入辊；16—底膜退纸辊；17—底膜制动器；18—真空泵；19—循环水泵；20—链夹；21—驱动装置；22—横切机构；23—纵切机构

第三部分为封切区，是机器的后段，也是机器的主体段。这一部分装置有封合室座 7、托模装置 8 以及横切机构 22、纵切机构 23、上退纸辊 6 及系列导辊等。同时，全机的电控系统及驱动装置均安装在这一部分。

机器的三部分作为独立的整体设计，相互连接，并且以输送链 9 贯穿全机，由始至终。机器可轻易拆分，以便运输装卸。

以下详述各部分的结构及其设计原理。

(1) 热成型系统

包装薄膜在此实现热成型，形成可充填物料的容器，为整个包装提供先决条件。

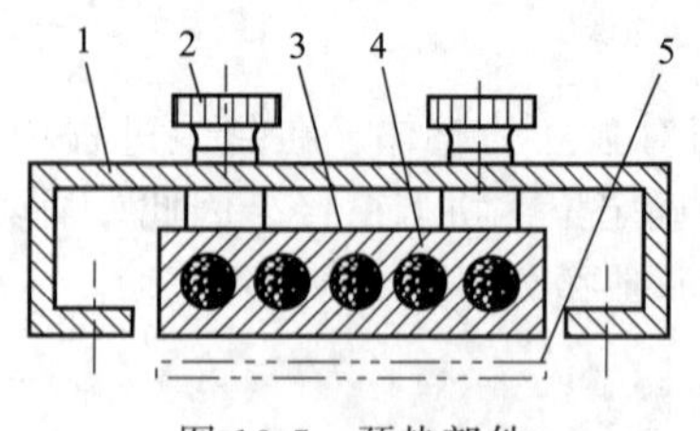

图 13-5 预热部件

1—罩体；2—螺杆；3—发热板；4—电热管；5—底膜

热成型系统包括预热部分及热成型部分。底膜受牵引步进，首先停留在预热区接受加温。预热部件如图 13-5 所示，由罩体和发热板组成，固定安装在机架上。薄膜运行时平贴在其发热面下，通过螺杆可调节发热板与薄膜表面的距离，从而达到理想的加温效果。预热的作用是为下一步热成型工序作准备，并且起到提高热成型效率的作用。

热成型装置如图 13-6 所示，它由上、下两部分组成，上部分是加热部件，下部分是成型部件。加热部件的主体由室座 4 和发热板 5 以及调整装置等组成。发热板 5 由螺柱 6 固定在室座内，底膜运行时贴近发热板通过，使已预热的薄膜继续升温并达到适宜的成型温度。

旋转调整轮 11，通过轴 7 可带动两侧齿轮 9 旋转，并同沿机器两侧固定的齿条 8 啮合，带动整个加热部件作前后移动，以适应薄膜运行的步距，并且与下部分成型模对中。

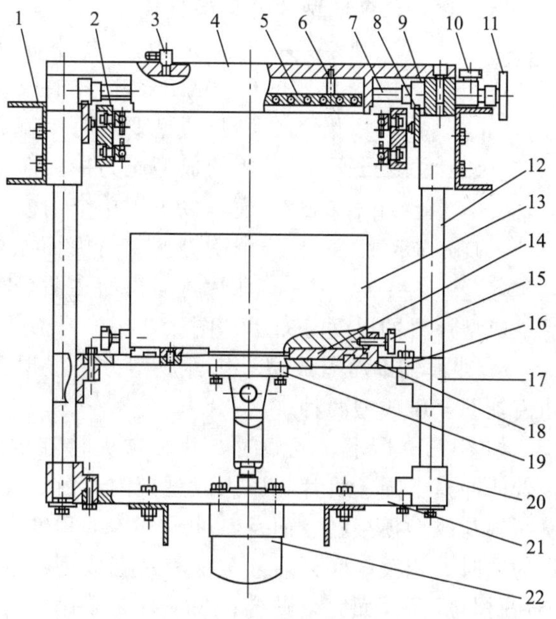

图 13-6　热成型装置

1—机架；2—输送链；3—气嘴；4—室座；5—发热板；6—螺柱；7—轴；8—齿条；9—齿轮；10—锁紧轮；11—调整轮；12—导杆；13—成型模；14—托板Ⅰ；15—紧固螺旋；16—托板Ⅱ；17—滑座；18—紧固卡座；19—连接板；20—柱座；21—安装板；22—气缸

成型部件的主体为成型模 13，它决定了薄膜成型的形状。成型模 13 安装定位在托板Ⅰ（件 14）上，托板Ⅰ和托板Ⅱ（件 16）紧固连接。成型模可在托板Ⅰ的卡槽中纵向滑动，用来调整成型模在机器上的纵向位置。成型模两侧套装有紧固螺旋 15（两者无螺纹连接关系），当成型模滑动时，通过左右紧固螺旋可带动紧固卡座 18，紧固螺旋 15 与紧固卡座 18 为螺纹连接，紧固卡座 18 与托板Ⅰ的两侧卡槽滑动勾合。当旋紧左右紧固螺旋 15 时，可使左右紧固卡座 18 向外拉紧，与托板Ⅰ锁定，从而固定成型模。托板Ⅱ的四角固装有滑座 17，与四支导杆 12 滑动配合。在气缸的作用下顶升托板Ⅱ，带动托板Ⅰ从而使成型模上升直至与上部加热部件的室座压合，模框周边与室座框边贴合，形成一个密封的加热成型室。当薄膜被加热到适宜温度时，由电控操纵气阀通气，使密封室内形成气压差，迫使薄膜成型。

热成型系统设计包括：热成型方法的选择、成型模的设计、加热装置设计等，在此分别介绍。

① 热成型方法　热成型的方法有多种多样，形式有很多变化。应用于热成型包装机上的成型方法主要有真空/压缩空气成型法、冲模辅助压差成型法、预拉伸回吸成型法、冲模成型法等。这几种成型方法均可设计成不同的模块，根据成型要求置换。

a. 真空/压缩空气成型　采用真空或压缩空气成型的方法其实是一种差压成型方法。也就是使加热片材两面具有不同的气压而获得成型压力。如图 13-7 所示，首先，片材被夹持在成型模与加热室框上，当片材加热到足够的温度，可使用三种方法使片材两面具有不同的气压：其一是从模具底部抽真空；其二是从加热室顶部通入压缩空气；其三是两者兼用。在

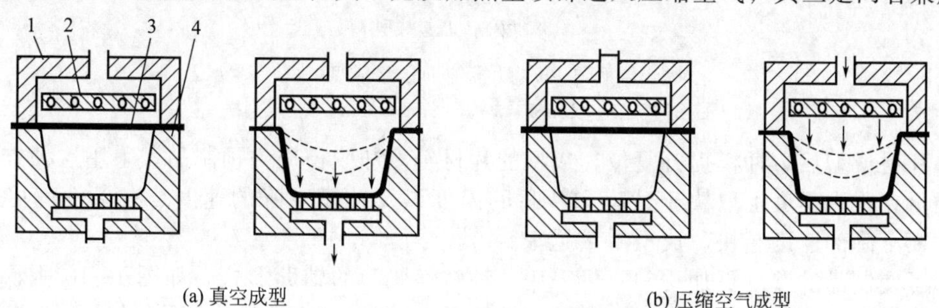

(a) 真空成型　(b) 压缩空气成型

图 13-7　真空/压缩空气成型

1—加热室；2—发热板；3—片材；4—成型模

压差的作用下，片材向下弯垂，与成型模腔贴合；随后经充分冷却成型。最后用压缩空气从成型模底吹入，令成型片材与模分离。

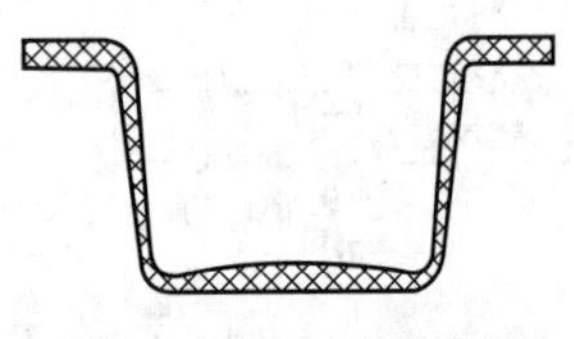

图 13-8　成型片材的厚度分布示意图

采用抽真空成型的方法，其最大压差通常为 0.07～0.09MPa，这样的压差只适于较薄的片材成型。当这个压差不能满足成型要求时，就应采用压缩空气加压。在热成型包装机中使用的成型压力一般在 0.35MPa 以下。用于真空或压缩空气成型的模具以采用单个阴模为多。它所制成的成品的主要特点是结构较鲜明亮丽，与模面贴合的一面较精细且光洁度较高。在成型时，凡片材与模面在贴合时间上越后的部位，其厚度越小。图 13-8 所示是成型片材的厚度分布示意图。

b. 冲模辅助压差成型　这种成型方法根据压差形式的不同，分为冲模辅助真空成型和冲模辅助气压成型两种。

如图 13-9 所示，成型时，片材被夹持在成型模上，由加热器将其加热到足够的温度。接着，冲模下降，将片材压入成型模内，由于片材的张力及其下的反压作用，令片材紧包冲模而不与成型模接触。而且，冲模压入的程度以不使片材触及成型模底为宜。在冲模停止下降的同时，相关气阀开启，分两种情况成型：一种是采用真空成型时，则从成型模底部抽气令片材与成型模面完全贴合；另一种是采用气压成型时，则从冲模上通入压缩空气以使片材与成型模面完全贴合，此时必须令冲模周边与成型模口相扣密封，压缩空气才能起作用。

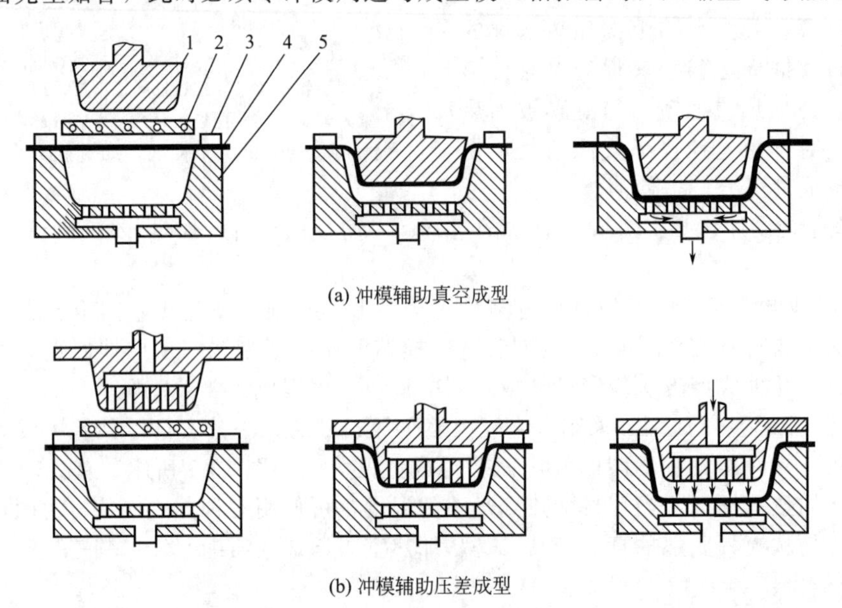

(a) 冲模辅助真空成型

(b) 冲模辅助压差成型

图 13-9　冲模辅助压差成型

1—冲模；2—发热板；3—压框；4—片材；5—成型模

在片材成型后，冲模提升复位，成型的片材经冷却脱模成为预制品。采用这种方法，制品的质量在很大程度上取决于冲模和片材的温度以及冲模下降的速度。在条件许可的情况下，冲模下降的速度越快，成型质量越好。

为了使制品的厚度更加均匀，可采用一种“气胀”的辅助形式，如图 13-10 所示。所谓“气胀”是指在冲模下降之前，由成型模底通入 0.007～0.02MPa 或更大气压的压缩空气，使加热的片材上凸成泡状物。随后，在控制模腔内气压的情况下将冲模下压，当冲模将受热片材压伸至接近成型模底时，冲模停止下降。与此同时，可采用在成型模底真空阀开启抽气使片材与模腔面完全贴合，实现成型，如图 13-10（a），即所谓冲模辅助气胀式真空成型。而将压缩空气由冲模顶部引入，同样可将片材压贴至模面而成型，如图 13-10（b），即冲模辅助气胀式气压成型。

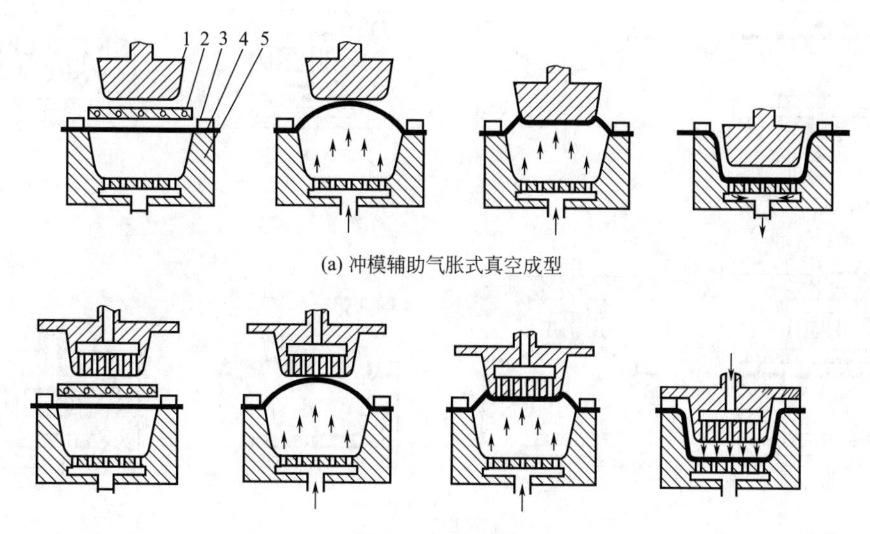

(a) 冲模辅助气胀式真空成型

(b) 冲模辅助气胀式气压成型

图 13-10 冲模辅助气胀式压差成型

1—冲模；2—发热板；3—片材；4—压框；5—成型

采用气胀式成型方法，制品的厚度明显较均匀。只要调节好片材的受热温度、气胀泡的高度、冲模温度和运行速度以及压缩空气或真空度的大小，即能精确控制制品厚度的均匀性。由此法所得成型制品的壁厚可小至原片厚度的 25%，而且重复性好，一般不会损伤原片材的性能，但应力有单向性，所以成型制品对平行于拉伸方向的破裂较为敏感。

采用冲模辅助成型时，冲模的体积约为成型模腔容积的 70%～90%，其表面要求光滑，圆弧过渡。冲模辅助式成型较单纯的压差成型可得到厚度更均匀的成型制品。

c. 预拉伸回吸成型　预拉伸回吸成型方法，同样可分为真空回吸成型和气胀式真空回吸。图 13-11（a）所示是真空回吸成型。片材被夹持加热到一定的温度，由下模底抽真空，令吸入模腔至预定深度；然后上模下降压入下凹的片材内，直至上下模框边相互扣合将片材在抽空区内为止。其后，连接上模的阀门打开，由顶部抽真空，将片材回吸使其与上模面成型。最后经冷却脱模，完成整个成型过程。图 13-11（b）所示是气胀式真空回吸成型。

被夹持加热到一定的温度，当压缩空气由下模腔进入，将使受热的片材上胀成泡状，达到高度后，上模下压，将片材反压入下模腔内。在上模下压过程中，下模腔内仍保持适当的，使片材始终贴紧上模。当上模下压至适当位置使上下模框相互扣紧密封时，上模顶部抽门开启进行抽气，从而使片材回吸与模面贴合成型。

预拉伸回吸成型法所得的制品壁厚较均匀，而且可进行复杂形状的成型。

d. 冲模成型　如图 13-12 所示，它采用两个闭合的单模，即阳模和阴模成型。当片材被加热到一定温度时，阳模下压拉伸片材直至与阴模实现成型。成型过程中，模腔内的空气由模上排出。

采用这种方法，模具加工要求较高。为使上下全压合，通常其中一个模的模面采用泡沫橡胶质材料，这样可使片材成型更理想。由冲模成制品复制性和尺寸准确性均较好，可成型复杂结构。

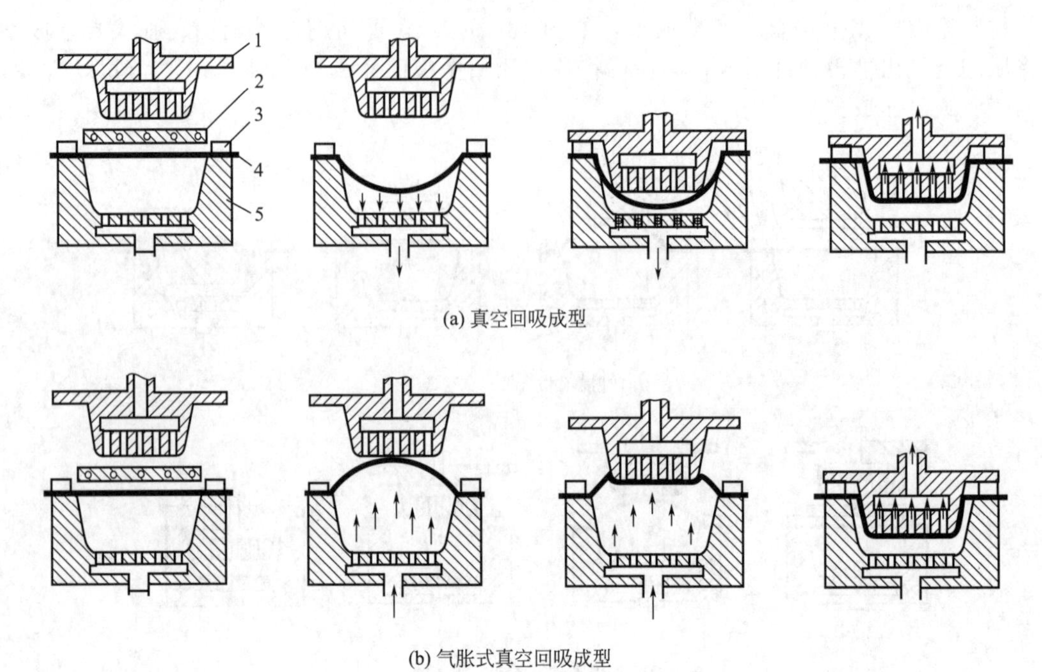

(a) 真空回吸成型

(b) 气胀式真空回吸成型

图 13-11 预拉伸回吸成型

1—上模；2—发热板；3—压框；4—片材；5—下模

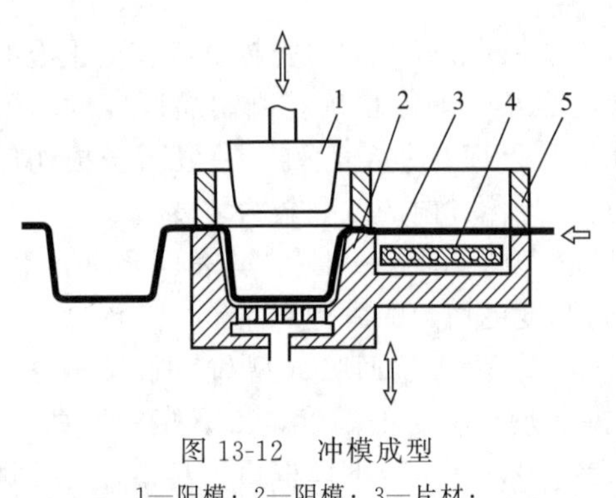

图 13-12 冲模成型

1—阳模；2—阴模；3—片材；4—发热板；5—压框

② 成型模的设计 在热成型包装机设计时，其成型压力不是很高，成型模的刚度要求较低。制模的材料除了钢材外，较多采用合金铝以及酚醛、聚酯等工程塑料。

设计成型模时，其关键技术如下所述。

a. 制品的表面光洁度与模具表面的光洁度的相关关系 一般情况下，高度抛光的模具将制得表面光泽的制品，闷光的模具则制得无光泽的制品。但是，由于各种塑料片材有自己的热强度和抗张强度以及对模面的黏结特性，因此对模具表面的要求也不尽相同。

b. 模具成型的拉伸比 成型模深度和宽度的比值通常称为拉伸比，它是区别各种热成型方法优劣的一项指标。一般情况下，使用单个阳模成型时，其拉伸比可以大些，因为可利用阳模对片材进行强制预拉伸，但其拉伸比不能超过 1。而用阴模成型时，拉伸比通常不大于 0.5。采用冲模助压压差成型的方法，拉伸比可达 1 以上。通过热成型制成的制品，收缩率约 0.002～0.009mm/mm。设计模具时应对收缩率加以考虑，才能制得尺寸精确的制品。

c. 成型模具上角度的设计 成型模上的棱角和隅角不应采用尖角，而应设计为圆角，以避免成型制品形成应力集中，从而提高冲击强度。模内圆角半径最好等于或大于片材厚度，但不小于 1.5mm，模壁应设置斜度以便脱模。阳模的斜度一般为 2°～7°，而阴模为 0.5°～3°。

d. 成型模具上气孔的设置 在成型模上设置气孔，用于成型时通入或排出气体，气孔直径的大小随所处理的片材的种类和厚度略有不同。当压制软聚氯乙烯和聚乙烯薄片时，气孔直径约为 0.25～0.6mm；其他薄片材约为 0.6～1mm；对于厚硬片材则可大至 1.5mm。气孔直径不能过大，否则会使成型制品表面出现赘物。为减少气体通过气孔的阻力，也可将通气孔接近模底的一端加工成大直径（约 5～6mm），或采用长而窄的缝。通气孔设置的部位大多数在成型模较大平面的中心以及偏凹部位或隅角深处。真空排气孔设置的距离，在大平面部位可大至 25～76mm，而精细部位可小至 6.4mm 以下。

真空排气孔的加工可采用钻孔或预制孔的方法。对于铝及塑料浇铸法制造的模具，可在浇铸过程中，在需要设置气孔的各部位插入细铜丝，在完成浇铸后抽去即可得到气孔。

e. 模具的选择　采用单模成型时，片材与模面接触的一面表面质量最好，而且结构上也较鲜明细致。因此，应按成型制品的要求选择阳模或阴模。在自动热成型包装机中，为提高生产率，较多采用多槽模成型，以便一次成型多个制品。在这种情况下，最理想是采用阴模成型，因为模腔之间的间隔可以紧凑些，同时还可避免片材在模塑过程中与模面接触时起皱的缺点。此外，阴模成型脱模较易，其缺点是制品底部断面较薄。

③ 加热装置的设计　在热成型系统中，用于加热片材的方法主要有两种：热板紧贴直接加热及红外线辐射加热。在全自动热成型包装机中，前者常用于预热装置；而后者因其热效率较高，常用于热成型装置。

加热器一般采用电热丝发热，电热丝贯穿在石英或瓷套管内。加热器表面温度一般为 370～650℃，功率密度约为 3.5～6.5 W/cm^2，其温度变化可通过温控表控制。待加热的片材一般不与加热器接触，以辐射方式进行加热。加热器与片材的距离可调，其调节范围可为 10～50mm。通过调节距离可控制加热效果。

加热器的面积一般略大于成型模框，以保证片材全面均匀地加热。一般加热器面的边线比成型模框大 10～50mm。片材成型后应马上冷却，使其定型。为提高生产率，冷却应越快越好。冷却的方式有循环水冷却和风冷两种。其中循环水冷却是通过模具的冷却面导热使制品降温。

循环水冷却主要应用于金属模。在成型中，模具的温度一般保持在 45～75℃，因此，只要使温水循环流动于成型模底预设的通道，即可达到保持模具温度及冷却制品的效果。对于塑料模具，由于传热性较差，只能采用时冷时热的方法保持其温度，即红外线辐射加热结合风扇冷却的方式。在冲模助压成型中，为防止片材因与冲模接触而急剧降温，影响成型，冲模必须保持与片材相同或相近的温度，因此，冲模内部同样要加热。

④ 影响热成型的主要因素

a. 加热　片材热成型的首要条件是加热。将片材加热到成型温度所需的时间，一般约为整个成型工作周期的 50%～80%。因此，尽量缩短加热时间是提高工作效率的关键。

不同的片材，厚度不一样，其成型温度和加热时间均相异。片材的最佳成型温度有一定的范围。成型温度的下限值是以片材在拉伸最大的区域内不发白或不出现明显的缺陷为度；上限值则是片材不发生降解和不会在夹持框架上出现过分下垂的最高温度。为了提高工作效率，获得最短的成型周期，通常成型温度都偏向下限值。例如，采用 ABS 片材成型时，其低限成型温度可低至 127℃，而高限则达 180℃。当采用快速真空成型法浅拉伸制品时，成型温度为 140℃左右，深拉伸时为 150℃；当成型较为复杂的制品时，则偏高限值为 170℃。

b. 制品厚度的均匀性　成型时，由于模具各部分的变化，使得片材各部分拉伸情况并不一样，这样易造成制品的厚薄不均。为改善这一情况，可采取两种手段：其一是设计的模具通气孔要合理分布；其二是针对成型时拉伸较为强烈的部分可用适当的花板遮蔽，让其少受热，令该处温度稍低，如此可使成型制品的均匀性稍好些。但这种制品由于内应力的关系，在因次稳定性和机械性方面都有影响。一般的表现是受遮蔽部分的因次稳定性比较小，而且有较高的抗冲强度。提高全面的成型温度能减少制品的内应力和取得较好的因次稳定性。

影响制品厚薄不均的另一个因素是拉伸和拖曳片材的快慢，也就是抽气、气胀的速率，或成型模具、辅助冲模等的移动速度。一般而言，速度应尽可能地快，这对成型本身和缩短成型周期均有利。因此，可将通气孔加工成长而窄的气缝。但是，过大的速率，却会因塑料流动的不足而使制品在偏凹或偏凸的部位呈现厚度过薄的现象。反之，过小的速率又会因片材的先行冷却而出现裂纹。拉伸的速率依赖于片材的温度，因此，薄型片材的拉伸一般都应快于厚型片材，因为较薄的片材在成型时温度下降较快。

另外，为了获得较佳的成型质量，成型模具和辅助冲模应根据不同的塑料片材而采用适当的温度。

c. 脱模　片材热成型之后均紧贴模具，此时将面临一个脱模问题。脱模必须要冷却，按上述冷却方法可采用循环水冷却或风冷。无论采用哪种方法，都必须将成型制品冷却到变形温度以下才能脱模。例如，聚氯乙烯冷却温度为40～50℃，聚甲基丙烯酸甲酯为60～70℃，醋酸纤维素为50～60℃。如果冷却不足，制品脱模后会变形。但过分冷却则在凸模成型的情况下，会由于制品过度收缩而紧包在模具上，致使脱模发生困难。

(2) 封合装置

底膜经热成型制盒后，接受充填物料，被牵引进入封合室。在封合室内，成型盒将被覆盖上膜，即密封膜，作封合准备。

整个封合装置主要由上下两部分组成，下面是一个托模部件，上面是一个压封室座，两者组合成一个封合室。

托模部件与热成型装置中的成型部件基本相似（参照图13-6），承托模的内腔与成型盒基本一样，以能合适套入成型盒为宜。承托模安装定位在托板上，承托模可轻易拆卸并更换，以适应不同形状的成型盒。当气缸动作时，经托板带动，承托模沿导杆上下升降，上升到最高点将与压封室座的室框扣合形成密封室。

压封室座的结构如图13-13所示，其主体是室框10和座板7，均为铝合金铸件，两者以螺钉连接，其间用橡胶垫2密封。在座板上安装有两个气缸5，这是热封合的驱动装置。室框内装置有一块热封板11，热封板通过连接板3和法兰盘4固定在气缸活塞轴头下。当气缸动作时，带动热封板上下运行，完成热封合动作，使上膜与底盒热融压合在一起。

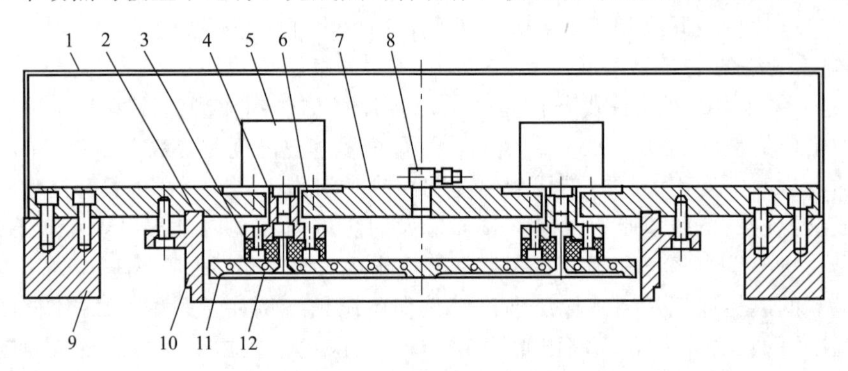

图13-13　压封室座的结构

1—室罩；2—橡胶垫；3—连接板；4—法兰盘；5—气缸；6—密封圈；7—座板；8—气嘴；9—支承座；10—室框；11—热封板；12—电热管

当盛载物料的成型盒步进送到压封室座下的同时，上膜已覆盖其上。此时，承托模被气缸顶升，套住料盒并将其周边压合在室框下，形成四周密封的封合室。根据工艺要求，可对料盒实行抽真空及充气工序，如图13-14所示。抽真空时，开启上下气间，压封室座与承托模同时抽气，即料盒的上下均需抽气，否则存在压差，影响封合质量。抽气后，可转换气间，充入保护性气体。由图示可见，上下膜宽度并不一样，上膜比下膜稍窄。承托模与压封室座扣合时只将下模边缘压合，而上膜两边却留下空隙，这个空隙正是用作盒内排气及充气的通道。一般要求下膜比上膜宽 20mm。当料盒完成真空及充气工序后，上气缸同时动作，将热封板压下，完成热融封合动作。热封板的温度由测温头测定，并通过温控表控制。完成封合后，承托模下降，封合的料盒进入裁切工序。

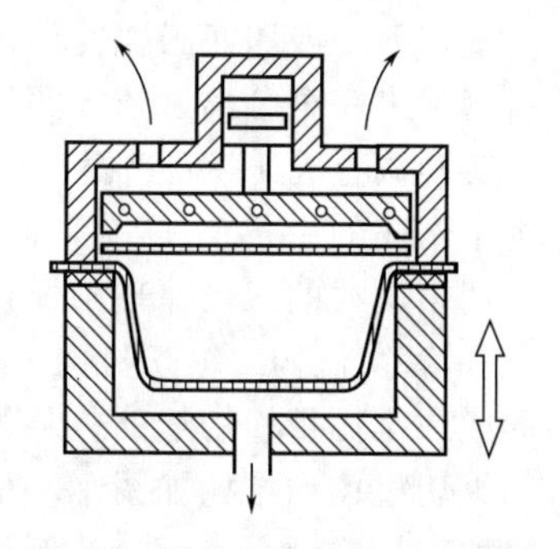
图 13-14 真空充气封合示意图

(3) 分切装置

片材经热成型、装料及封合后，形成了一排排连体的包装，必须经分切整形才能成为单个完美的包装体。分切装置包括有横切机构、切角机构、纵切机构等，每一个机构均可作为独立的整体成为一个模块，按需装配到包装机上。

① 横切机构 横切机构的作用是将封合的多排料盒横向切断分离。其结构如图 13-15 所示。整个机构由横梁 3、支承座 4、支承板 18 及两支导杆 15 连接成一个刚性的框架。在支承板 18 中间安装有一个气缸 19，气缸活塞轴头连接底刀托座 17，托座中间开槽，由螺钉固定。通过气缸可带动底刀上升和下降。

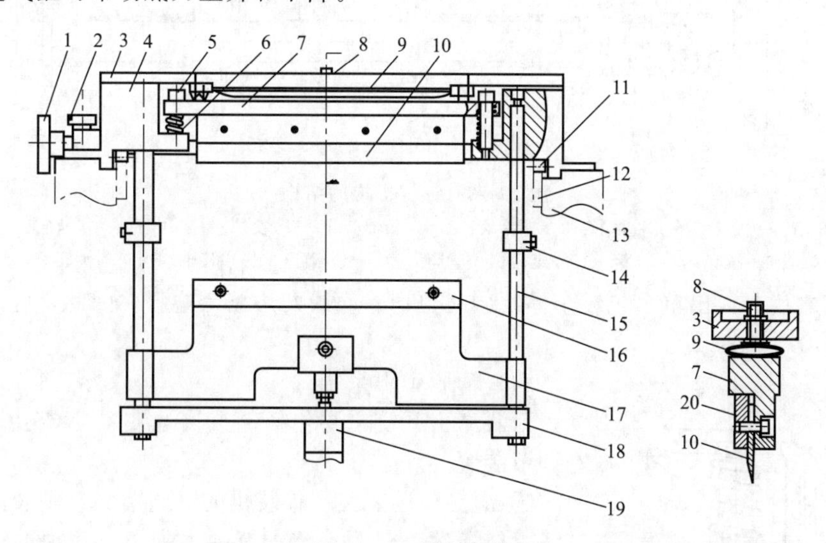

图 13-15 横切机构

1—调整轮；2—锁紧轮；3—横梁；4—支承座；5—滑杆；6—弹簧；7—上刀座；8—气嘴；9—气囊；10—切刀；11—齿轮；12—齿条；13—机架；14—定位块；15—导杆；16—底刀；17—底刀托座；18—支承板；19—气缸；20—压板

左右支承座 4 的凸台装有滑杆 5，作为上刀座 7 的支承和导向。上刀座 7 上安装有切刀 10，通过螺钉由压板 20 紧固。因此，上刀座 7 可带动切刀 10 沿滑杆 5 上下移动。滑杆 5 上套有弹簧 6，作为上刀座复位之用。在上刀座 7 和横梁 3 之间夹持着一个长条形橡胶气囊 9，其两端用螺钉固定在横梁上。

当封合后的料盒进入横切位置并定位后，横切机构开始工作，步骤如下。

a. 气缸 19 动作，顶升底刀 16，直至接触料盒边缘，停顿。位置由定位块控制。

b. 连接气囊 9 的阀门开启，充入压缩空气，气囊瞬间膨胀，冲击上刀座 7，令其带动切刀 10 迅速向下运行，切断。

c. 气阀换向，气囊 9 排气，上刀座 7 由两侧弹簧 6 作用复位。

d. 气缸下降，带动底刀 16 复位。至此，完成一个冲切过程。

横切刀一般比底膜宽度稍短，以不碰到两侧链夹为限。因此，横切后，沿机器纵向每排的料盒并未完全分离，依靠两侧未切断的边缘相连，由链夹牵引带到纵切工位。

旋动调整轮 1，通过横向转轴（图中未示出）可带动两侧齿轮 11 旋转，并通过与固定在机架两侧的齿条 12 啮合，而使整个横切机构沿机器纵向移动，达到调整切断位置的目的。

切角机构的工作原理与横切机构一样，切角机构的作用是冲切圆角及修整盒边缘等。

② 纵切机构　纵切机构一般作为后道工序，将单个包装体完全分离。经横切后，料盒已形成一排排带横切缝的包装体，只要经纵向切断即可分离。

纵切机构的结构如图 13-16 所示。它由一个微电机驱动。纵切机构装置有若干把圆刀片 11，按每排成型盒数而定，例如一排成型盒数有 3 个，则需要装配 4 把圆刀片。圆刀片由螺钉固定在刀座 12 上，刀座可在长轴 13 上滑动，调整位置后由紧定螺钉固定。长轴 13 的两端与轴头Ⅰ和Ⅱ的凹凸卡位连接，通过弹簧 9 的压力由滑套 8 套合固定。因此，电机可通过联轴器带动轴头Ⅰ驱动长轴 13 旋转。当需要换刀时，将左右滑套向内拨动，压缩弹簧，令滑套脱离轴头Ⅰ、Ⅱ，则可顺利将长轴连同刀座刀片取出。

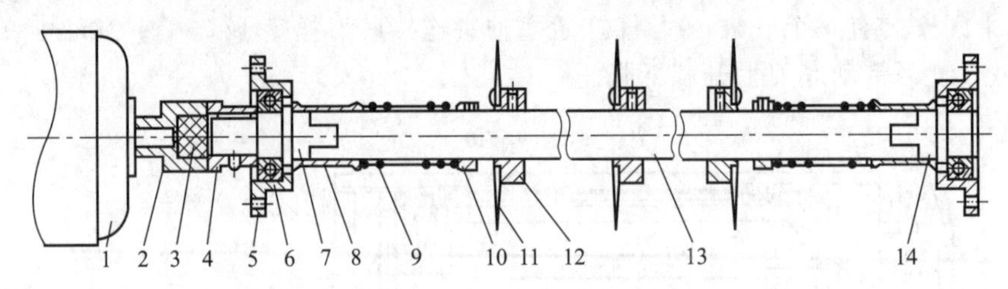

图 13-16　纵切机构的结构

1—微电机；2—半联轴器Ⅰ；3—连接块；4—半联轴器Ⅱ；5—安装座；6—轴承；7—轴头Ⅰ；8—滑套；9—弹簧；10—定套；11—圆刀片；12—刀座；13—长轴；14—轴头Ⅱ

经纵切之后分离出单个包装个体，同时也切除底膜两边剩余边料。因此，应采取措施加以收集。

(4) 薄膜牵引系统

薄膜牵引系统主要包括链夹输送装置、导引装置以及幅宽调节装置等。

① 链夹输送装置　包装机的纵向两侧分别装配有一条长链条，链条每一节距均装配有弹力夹子。底模的传送，正是依靠两侧链夹的夹持牵引。底模从导入到完成包装分切输出的全过程均被夹子夹持。由于夹子在链条纵向分布，数量众多，因此可将底模平展输送。即使在成型和充填工序，底模也能保持平整。

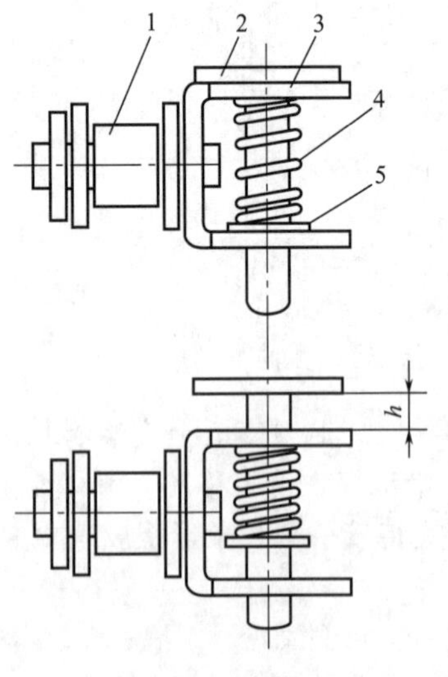

图 13-17　链夹结构

1—链节；2—卡子；3—卡座；4—弹簧；5—紧定片

链夹结构如图 13-17 所示，设计为蘑菇头形状，由卡子 2、卡座 3、弹簧 4 和紧定片 5 组成。卡子为圆头带销轴形，穿入卡座上下轴孔，由紧定片 5 定位，内套弹簧 4，然后整体装配在链节上。当卡子销轴底部受到向上作用力时，卡子上升并通过紧定片压缩弹簧。此时，卡子圆头与卡座顶面间露出间隙 h，足以插入薄膜边缘。当卡子销轴底部作用力取消时，卡子受弹簧力作用复位夹紧薄膜。

链夹牵引底膜的工作过程如图 13-18 所示，图示是底膜导入的初始位置。链条由动力驱动作步进运行，方向如图示。链夹在进入偏心轮套之前及脱离偏心轮套之后，其卡子和卡座均处于夹紧状态。当链夹进入偏心轮套 A 点，其卡子销轴底与偏心轮外圆接触。在环绕偏心轮套运行的半圆中，受偏心轮的作用，卡子顶起使链条夹张开，到 C 点为最高点。底膜由 B 点导入，脱离 C 点后，链夹闭合，将底膜夹紧。工作初时，由人工将底膜导入，当底膜前端被链夹夹持后，即可连续自动输出。

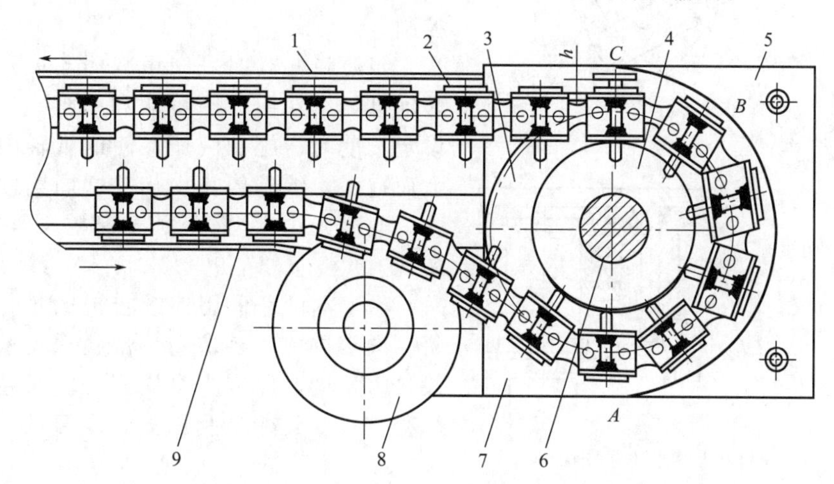

图 13-18　链夹牵引底膜的工作过程示意图

1—上链轨；2—链夹；3—链轮；4—偏心轮；5—轮套；6—驱动轴；7—安装座；8—托轮；9—下链轨

② 薄膜导引装置　本机采用上下卷筒薄膜实现包装，因此配置有一系列导辊及退纸制动机构等。

薄膜的退纸辊结构如图 13-19 所示，这是一个带轴向调节的退纸机构。它主要由定轴 8、辊筒 9、挡盘 10、法兰套 12 及调位轮 2 等组成。法兰套 12 由螺栓安装在机体上，定轴 8 由法兰套固定。辊筒 9 的两端装有轴承，可以沿定轴 8 左右滑动。

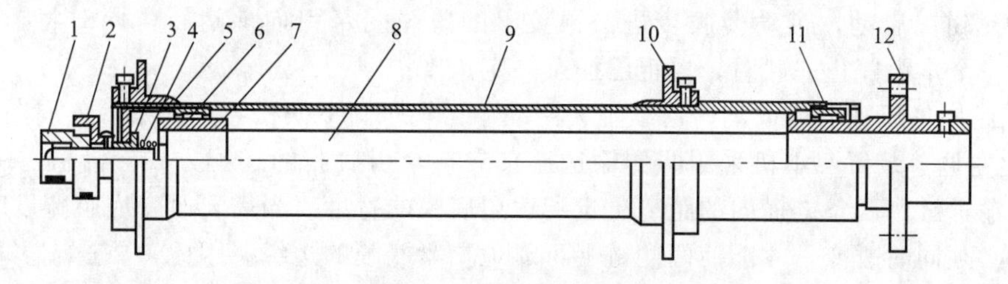

图 13-19　退纸辊结构

1—锁紧套；2—调位轮；3—螺套；4—弹簧；5—定位套；6—轴承；7—内套；8—定轴；9—辊筒；10—挡盘；11—轴承；12—法兰套

当卷筒薄膜套入后，由挡盘 10 固定在辊筒上。旋转调位轮 2，可令螺套 3 转动，通过定位套 5 推动或拉动辊筒 9 向右或向左移动，从而调整卷筒薄膜的轴向位置，以便于对中输送。

本机退纸辊的制动采用特殊的气膜施压形式，附设在摇辊机构上，如图 13-20 所示。在此，摇辊机构充当容让辊，保证薄膜输送过程中适当的张力。它主要由摇板 2、导辊 3、转轴 14 及其支承座 12、气腔座 15、制动套 5、弹簧 6、制动块 7、膜片 9 和压片 10 等组成。气腔座 15 固装在支承座 12 侧面，两者连接处压紧一块橡胶膜片 9。气腔座内滑套套着制动套 5 及压片 10，而制动套内紧套着一个圆柱状橡胶制动块 7。

由于膜片与支承座紧贴的一面与通气孔相连，压缩空气可通过气孔输入。当气压加大

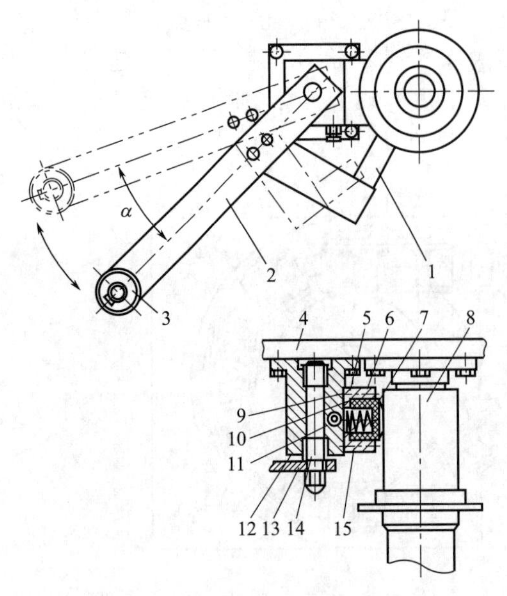

图 13-20 摇辊机构及退纸制动原理

1—缓冲胶；2—摇板；3—导辊；4—机体；5—制动套；6—弹簧；7—制动块；8—退纸辊；9—膜片；10—压片；11—气嘴；12—支承座；13—轴套；14—转轴；15—气腔座

时，膜片膨胀，推动制动套迫使制动块施压在退纸辊筒壁上，实现制动；取消气压后，制动力减弱。由此可见，调节气压的强弱可改变制动力的大小。这一特点更有利于实施自动化控制。

当薄膜松卷时，气压减弱或取消，退纸辊转动自如，卷筒薄膜可顺利引出。当松卷达到设定长度时，施加气压，使退纸辊因制动力加大而抱紧，纸卷停止引出。这周期性的一张一弛，通过光电装置检测摇辊摇动角度来自动实现。

由于本机是采用连续步进的工作方式，在每一次步进前，要求卷筒薄膜预先松卷引出一段自由长度，以减少牵引阻力。松卷的动力有两种方式，其一是利用摇辊自身的重力；其二是在摇板上附加一个气缸压力。一般上膜较薄，卷筒直径较小，重量较轻，因此只采用摇辊重力式松卷即可。而下膜由于较厚，直径较大，重量较大，可附设一个气缸顶压。

松卷退纸的工作过程如下所述。

a. 气腔座气压减弱或取消，退纸辊无制动，摇辊依靠重力或受气缸顶压向下摇动，从而带动卷筒松卷。

b. 摇辊向下摆动到一定角度，受光电检测的监控，达到预设要求时，气阀接通，气腔座通入气压，给予退纸辊制动力，摇辊停止下摆。被牵引出的薄膜受摇辊重力而张紧。

c. 输送链夹启动，带动薄膜步进，预拉出的薄膜受牵引向前运行，同时将摇辊提升，直至完成一个步距停止。此时，摇辊已摆至一定角度。

d. 气腔座气压减弱或取消，退纸辊无制动。摇辊重新下摆松卷，开始另一周期。

③ 幅宽调节装置　本机采用两侧输送链夹夹持牵引底膜的送膜方式。沿机器纵向左右各有一条输送链，两条链横向的距离决定了适用底膜的宽度。当需要改变底膜宽度时，两链横向距离必须同时改变，才能使两侧链夹可靠地夹紧底膜的边缘。因此，要适应多种规格幅宽的薄膜，必须要设计一个幅宽调节装置，即两侧链距的调节装置。

图 13-21 所示是导入辊机构。底膜松卷退纸后，经摇辊及系列导辊，然后由此辊导入链

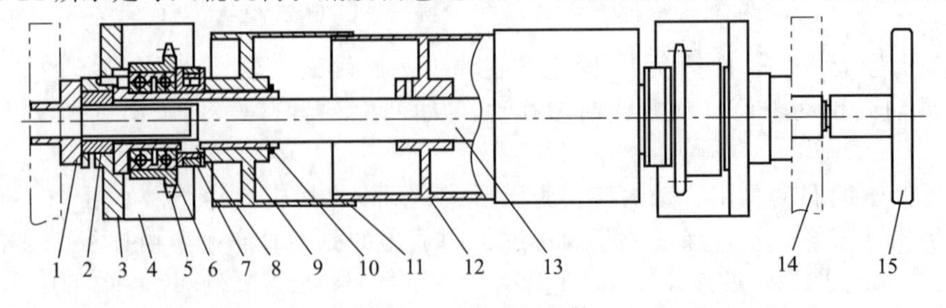

图 13-21 导入辊机构

1—固定座；2—圆螺母；3—支承座；4—偏心套；5—链轮；6—轴承；7—偏心轮；8—键；9—滑套；10—挡圈；11—滑动套筒；12—固定套筒；13—轴；14—机架；15—手轮

夹。导入辊主要由滑动套筒 11、固定套筒 12、轴 13 以及固定座 1、圆螺母 2、支承座 3、偏心套 4、链轮 5、偏心轮 7、滑套 9、手轮 15 等组成。

轴 13 两端由固定座 1 支承，而固定座安装在机架上。轴 13 左右各有一段螺纹，旋向相反，配合圆螺母 2。圆螺母 2 与支承座 3、偏心套 4 及滑套 9 通过螺钉连接。在滑套 9 上，按顺序套装有带轴承的链轮 5、偏心轮 7 以及滑动套筒 11，其中偏心轮以键定位。

当转动手轮 15 时，轴 13 旋转，带动左右圆螺母 2，使固装在一起的支承座 3、偏心套 4 及滑套 9 沿轴向滑动，从而迫使链轮 5、偏心轮 7 及滑动套筒 11 同时移动。由于轴 13 左右两段螺纹是反向的，因此手轮旋转时，左右两部分构件可同时向内或向外移动，因此可改变两侧链夹的距离。另外，由于输送链的链轨是固装在支承座 3 上的，因而可以随同链轮同时移动。

(5) 色标定位

在热成型包装机中，底膜用于成型，一般采用无色标的空白膜，而上膜则采用有色标带图案的印刷薄膜。

在包装过程中，存在两个定位问题，其一是底膜成型的定位，其二是上膜图案的定位。

底膜在热成型区成型，变成一定形状的托盘，由链夹牵引按一定步距步进，进入热封区。对应于热成型区的成型模，在热封区中有一个承托模，当片材由成型模成型后步入热封区，必须要被承托模准确承托，才能顺利完成封合。如果成型盒步进后不能准确定位在承托模上，在封合动作时将会被承托模压坏。

设承托模与成型模间的距离为 L，则有 $L=nt$ 其中，t 为输送链运行步距；n 为正整数。

成型模与承托模间距离 L 可通过手动调整准确。而薄膜输送的步距 t 根据选择的驱动方式不同，有多种控制形式，其中以步进电机控制系统可达到最精确灵活的定位。也可采用三相双速电机经减速器配置电磁离合—制动器的控制方式，在驱动输送链条的输出轴装置光栅检测器，由光电传感器检测转位角度，再控制电磁离合—制动器动作，使输送链条按要求运行、停止，实现准确定位。

在底膜成型盒进入热封区后，上膜随即覆盖其上，必须保证每一次上膜图案能准确地定位在盒面正中位置，否则影响包装质量。这主要通过光电检测控制系统来完成。

由于上膜与下膜封合后并不马上切断，而是黏合在一起受链夹牵引前行，因此，本机采用单向补偿的光电检测控制系统定位上膜。为此，机器设置有一个上膜制动装置配合光电定位，如图 13-22 所示。这一装置也采用气囊制动的方式。上膜从导辊 8 和制动胶 5 之间的间隙之中穿行，当气阀通入压缩空气后，气囊 3 膨胀，迫使压力座 4 推动制动胶 5 右移，压紧薄膜于导辊上。

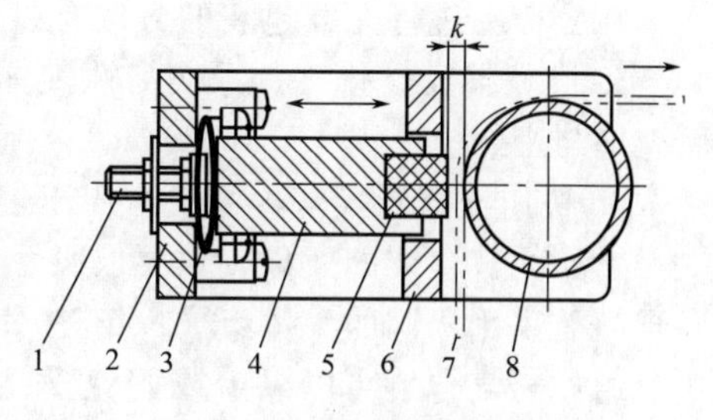

图 13-22　上膜制动装置

1—气嘴；2—安装座；3—气囊；4—压力座；5—制动胶；6—导板；7—薄膜；8—导辊

当上膜色标被光电眼检测到位时，通过电控使上膜制动器动作，制动上膜。于是，色标间的容许偏差通过薄膜的轻微伸展而获得补偿，从而保证印刷图案总是处于已完成装填的包装盒的同样位置。上膜的首次导入，必须保证与底膜成型盒准确对位，否则，影响以后的图案定位。

(6) 气动及控制系统

由前述可知，在全自动热成型包装机中，控制系统均采用可编程控制器或微机控制，各包装工序可通过编程输入达到协调动作，精确控制。机器各工序的执行机构主要以气动为主，再以少量电动机驱动配合。在整台包装机中，气动机构几乎包含在各个工序之中，形成一个复杂的气动系统，其具体结构在此从略。

13.3 真空与充气包装机械

13.3.1 概述

（1）真空包装与充气包装

食品真空包装和充气包装都是通过改变被包装食品环境条件而延长食品的保质期。充气包装是在真空包装技术基础上的进一步发展，它们之间既有相同之处，又有应用上的区别。

① 真空包装　真空包装是采用给包装容器抽真空，放置食品后密封，以延长保存期的一种包装方法。

实现真空包装可采用加热排气密封及抽气密封两种方法。两者相比，抽气密封能减少内容物受热时间，因而能更好地保存食品的色、香、味，因此得到更普遍的应用。

真空包装食品的真空度通常在600～1333Pa，在这种缺氧状态下，食品中生长的霉菌和需氧细菌难以繁殖，给食品的保存提供了有利条件。真空包装正是针对微生物这种特性而发明并被广泛采用的。

真空包装具有以下特点。

a. 由于包装内气体的排出，因此在需要包装后加热杀菌时，可以加快热量传递、提高效率，并避免袋装食品因气体膨胀而破裂。

b. 由于包装内缺氧，减少或避免了食品中脂肪的氧化，同时抑制某些霉菌和细菌的生长繁殖，延长食品的保质期。

对于某些在真空下会刺破包装袋的带尖角硬刺的食品、在真空下易破碎变形的食品以及容易结块的粉状食品，真空包装是不适宜的。

应注意的是：真空包装的应用范围十分广泛。可应用于食品、药品、中药材、化工原料、金属制品、精密仪器、电子元件、纺织品、医疗用具、文物资料等物品。

② 充气包装　充气包装也称为“气体置换包装”，它是采用惰性气体，如氮气、二氧化碳或者它们的混合物，置换包装袋内部的空气后，再密封而实现的。

在生产上进行充气包装的方法有以下两种。

a. 进行抽真空排气，置换惰性气体。即首先把产品充填于包装容器中，再抽真空，然后充气与密封。

b. 快速充氮置换法。主要应用于进行抽真空排气比较困难的食品，如咖啡、茶叶等。

食品充气包装的效果，主要取决于以下三方面：第一，置换气体的彻底程度；第二，不同食品需采用不同的气体组成；第三，包装材料的气密性和密封的适应性。

通过充气包装可以减少或避免食品的氧化变质；抑制微生物的生长繁殖；保存食品的色、香、味和营养成分。

（2）常用真空和充气包装材料

真空包装主要是防止大气中的氧气渗入包装内；而充气包装既要防止包装内的气体外逸，又要防止大气中的氧气渗入。因此它们需要选择气密性良好的包装材料。

传统的真空和充气包装主要采用容器，以各种金属罐为主。金属材料有良好的机械强度、气体阻隔性以及易密封的特点。另外，玻璃瓶配上合适的盖子也能作为真空充气包装的容器。

而目前真空充气包装以塑料和复合薄膜袋居多，它们广泛应用于小食品的包装、速冻及方便食品的包装、腊味制品的包装等。

作为真空和充气包装的塑料薄膜，除了要求材料无毒、符合食品卫生、便于封口、具有一定强度外，还必须具有良好的气密性。考虑到热封合和防潮，一般采用复合材料。

(3) 真空与充气包装机械

① 定义　真空包装机为将产品装入包装容器后，抽去容器内部的空气，达到真空度，并完成封口工序的机器。

充气包装机为将物品装入包装容器后，用氮、二氧化碳等气体转换容器中的空气，并完成封口工序的机器。

用抽真空的方式置换气体的充气包装机都带有充气功能，故通常把以上机器统称为真空包装机。

一般真空包装机是指使用由塑料及其与纸、铝箔等复合薄膜袋做包装容器的包装机，还可使用单体或复合片材。热成型真空包装机除使用上述复合薄膜外，还可使用单体或复合片材。使用玻璃瓶、金属容器或硬塑料瓶等包装容器的包装机不在真空包装机之列。

实际上，真空包装机有时还具有更多的功能，如制包装容器、提升、称重、充填、贴标、打印、印刷等。这种真空包装机又统称为多功能真空包装机。

② 分类　真空包装机的分类方法很多，这里只能作一般介绍。

a. 按包装方法分：有机械挤压式、吸管式、室式等。而按真空室数，室式又有单室、双室和多室之分。单室和双室均有台式和落地式两种形式。双室还有单盖双室和双盖双室的不同。

b. 按包装物品进入腔室的方式分：有单室、双室轮番式、输送带式、旋转真空室式和热成型式等。

c. 按封口方式分：有肠衣顶部结扎式和热封式等。

d. 按运动方式分：有间歇运动式和连续运动式。

e. 按包装物品的种类分：如有用于冻肉、蔬菜、纺织品、腊肠等的真空包装机。这类属于专用真空包装机范围。

充气包装机一般按下面的原则分类。

a. 真空充气型。与真空包装机的分类相同，往往成为某类真空包装的一种机型。

b. 快速充气型。有卧式枕形和立式枕形两种。

c. 开闭式充气型。用反复抽充气的方法提高包装容器内气体的纯度，所以也叫呼吸式。

如前所述，绝大多数真空包装机都带有充气功能，故上述分类并不十分适用于产品的生产和选用。如果按设备的生产和选用来分类的话，则应以包装方式及结构特点为主才更为合理和实用。

按包装及机构分，分为四大类真空包装机。

a. 室内真空包装机。将装有物品的包装袋放入真空室，合盖抽气，达到预定的真空度后，热封装置合拢封口。需要充气时，在封口前先充入保护气体即可。主要有台式真空包装机、单室真空包装机、双室真空包装机。

b. 输送带式真空包装机。将输送带作为包装机的工作台，输送带做步进运动。只要将装有物品的包装袋置于输送带上，便可自动完成输送带步进、抽真空、充气、封口、冷却等工序。

c. 热成型真空包装机。又称连续式真空包装机或深冲真空包装机。它是用片材在模具中热成型的方法，在包装机上自制容器，然后完成充填、加盖、抽真空、充气、横切、纵切等工序。

d. 其他类型。有吸管式真空包装机、真空充氮包装机等。

在本节中将主要介绍室内真空包装机及输送带式真空包装机。

③ 真空与充气包装机械的主要技术指标

根据国标 GB/T 9177“真空、真空充气包装机的通用技术条件”，真空与充气包装机械的主要技术指标包含以下内容。

a. 真空室的最低绝对压强：在外界标准大气压下，在额定时间（表 13-1 所列的时间）内抽真空至最低时真空室的压强。

b. 真空室压强增量：在外界标准大气压下，真空室的初始压强为 1kPa，经 1min 泄漏，其压强的增加值。要求其压强增量不得大于表 13-2 所列数值。

表 13-1 真空室抽气时间

真空室有效容积 R/m^3	真空室抽气时间/s
$R \leqslant 0.03$	30
$0.03 < R < 0.06$	45
$R \geqslant 0.06$	60

表 13-2 真空室压强增量

真空室有效容积 R/m^3	真空室压强增量/kPa
$R \leqslant 0.03$	0.8
$0.03 < R < 0.06$	1.2
$R \geqslant 0.06$	1.6

c. 包装能力：在外界标准大气压下，真空室的初始压强为 1kPa 时，一个工作循环所需要的时间。

d. 在外界标准大气压下，当真空室的最低绝对压强不大于 1kPa 时，真空室抽气时间不得大于表 13-1 所列的数值。

e. 多工位包装机热封工位的定位精度为±2mm。

f. 包装袋的热封口强度：热封口所能承受的拉力不得小于表 13-3 所列的数值。

g. 真空室抽气至 1kPa 时，包装机箱盖的变形量应不大于箱盖长度的 6‰。

表 13-3 包装袋的热封口强度

包装袋类型	热封口强度/N
一般复合袋	30
蒸煮袋	45

13.3.2 操作台式真空充气包装机

（1）基本机型

操作台式真空充气包装机的外形如图 13-23 所示，按真空室数量，主要分为双室机和单室机两种。双室机的两个真空室是轮番工作的。双室型机又分为双盖型［图 13-23（a）］和单盖型［图 13-23（b）、（c）］两种。

由于双室型机可以两室轮换工作，因此工作效率明显比单室机高。且双室型机的制造成本只比单室型机略高一些。因而，双室型机的应用更为普遍。

该类真空充气包装机主要由机身、真空室、室盖起落机构、真空系统和电控设备组成。基本没有多少机械传动机构，主要由电控和气控实现包装动作，因此操作安全方便。

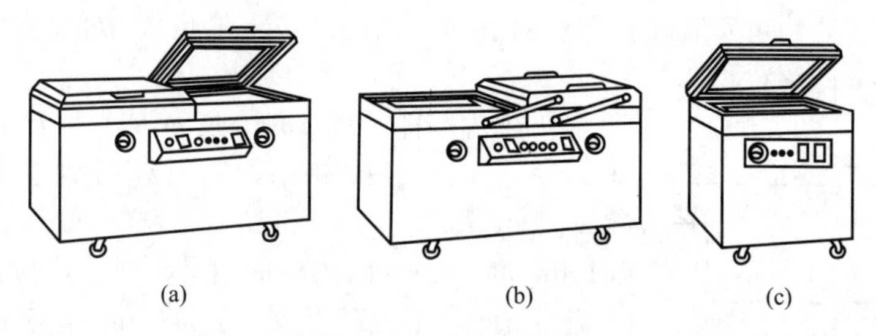

图 13-23　操作台式真空充气包装机外形

(2) 真空包装的工作原理及关键技术

真空包装机的工作程序主要通过气路的转换而实现的。这一系列工序均在室内完成，由时间调控循环，要求迅速协调、灵敏动作，但不需要高精度。

由于包装工序均在真空室内完成，对于一个密闭独立的真空室进行抽真空充气和放气等并不困难，只要把密闭的真空室的气孔接头与相应的系统相连即可实现。但包装件需在抽真空及充气后，在真空室放气前及时地进行热合密封，以保证完成包装后的物品处于密闭的真空或充气环境中。因此，真空包装中的热合密封也是该类包装机的技术关键之一，由于热合密封需要一个压合的进程，所以在真空室内端设计一个专门的装置完成。该装置包括加压装置和热封部件。

① 加压装置　应用于真空充气包装机上的加压装置主要有气囊式加压装置与室膜式加压装置两种形式。如图 13-24 所示是一个典型的气囊式热封加压装置，应用非常广泛。热封部件安装在卡座 3 间，由罩板 1 支承。紧贴罩板底下装有一个长管形密封气囊 2，气囊由软橡胶制造，它只有一个管接头 12 与真空室外气路连通。当进入热封工序时，由于真空室内处于低压状态，此时只要由导气管通入空气，利用其气压差迫使气囊膨胀，就可以产生压力，推动热封部件完成压合动作。

室膜式热封加压装置的工作原理与气囊式基本相同，图 13-25 为一种典型结构。此装置主要由膜片与室座组成。膜片 3 为软橡胶材料，具有良好的弹性，通过螺钉紧固夹持在上下室座之间。由图可见，膜片与下室座之间形成了一个密闭的下气囊室。热封部件由气囊室上部嵌入，靠自重或外加弹簧力压住气囊膜片，被下室座承托。进入热封工序时，只要通过气嘴 6 把大气导入下气囊室，利用气压差，使膜片上胀，就可以推动热封部件完成压合动作。

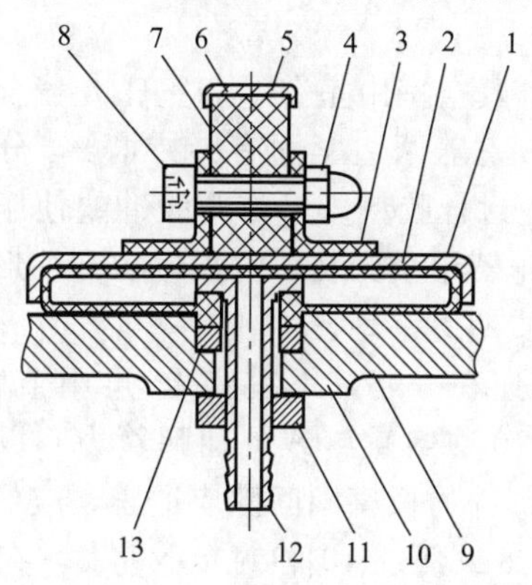

图 13-24　气囊式热封加压装置

1—罩板；2—气囊；3—卡座；4—螺母；5—热封胶布；6—电热带；7—板座；8—螺钉；9—真空室；10—胶垫；11—锁母；12—管接头；13—垫圈

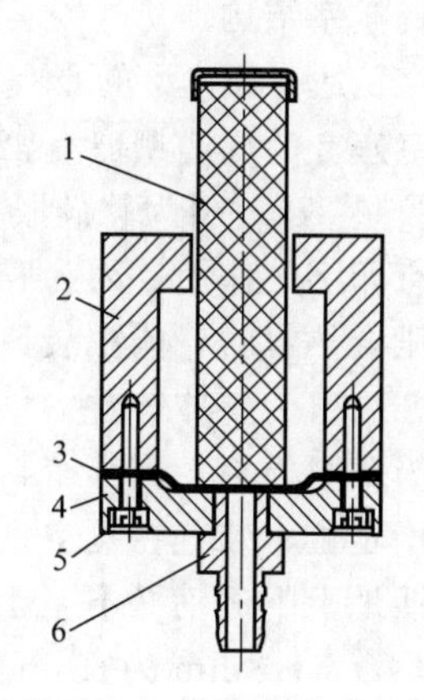

图 13-25　室膜式热封加压装置

1—热封部件；2—上室座；3—膜片；4—下室座；5—螺钉；6—气嘴

上述的加压装置均可安装在真空室的下部，也可以安装在上部，即真空室盖上。但以安装在下部的应用最广泛。

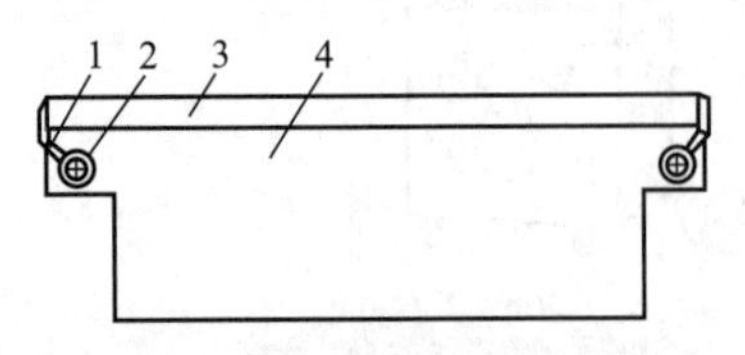

图 13-26　热封部件

1—热封带；2—螺钉；3—热封胶带；4—板座

② 热封部件　图 13-26 所示是一种热封部件，它的板座 4 一般由电木材料加工而成。板座上平直绷紧的一条热封带 1，厚度约 0.15～0.25mm，宽度一般为 5～15mm，其中以 5mm 和 10mm 的规格应用最广泛。热封带的长度视机型而定，有效长度主要有 400mm、500mm、800mm、1000mm 等，其中以 400mm 的规格使用最为广泛。热封带的两端以铜螺钉紧固并作为电源输入端。

热封带的材质以镍铬合金为主，要求电阻率大、强度大，并且在高温条件下不易氧化。适合制作电热带的材料有多种，如 Cr20Ni80、Cr15Ni60、1Cr13Al4、0Cr13A16Mo2、0Cr25Al5、0Cr27Al7Mo2 等，各材料的特性参见相关手册。

热封带上覆盖有热封胶布，材质为聚四氟乙烯，其作用是使需要热封的包装袋口受热均匀，封合平滑牢固，而不至于袋口热熔与热封条粘连。

③ 真空充气封合原理　图 13-27 为真空充气包装程序的示意。由图可见，气膜室的上部与真空室相通，热封部件 2 嵌入气膜室内，两侧被气膜室上部槽隙定位，可上下运动。当包装袋装填物料后，被放入真空室内，使其袋口平铺在热封部件 2 上，加盖后袋口处于热封部件 2 和封合胶垫 1 之间。包装工作分以下 4 个步骤。

a. 真空抽气　如图 13-27（a）所示，真空室通过气孔 A 被抽气，同时下气膜室也通过气孔 B 被抽气，便得下气膜室和真空室获得气压平衡。经抽气后的真空度应达到相关要求。

b. 充气　如图 13-27（b）所示，经过抽真空后，A、B 封闭，C 气孔接通惰性气体瓶，充入气体。充气压强以 3～6kPa 为宜，充气量用时间继电器控制。

c. 热封合、冷却　如图 13-27（c）所示，A、C 关闭，B 打开并接通大气。由于压差作用，使橡胶膜片 3 胀起，推动热封部件 2 向上运动，把袋口压紧在封合胶垫 1 之下。同时，热封条通电发热，对袋口进行压合热封。热封达到一定时间后，热封条断电自然冷却，而袋口继续被压紧，稍冷后形成牢固的封口。

d. 放气　如图 13-27（d）所示，C 关闭，A、B 同时接通大气，使真空室充空气，与外间获得气压平衡，可以顺利打开室盖并取出包装件，完成真空包装。

（3）真空室结构

图 13-28 是一种典型的真空室的总体结构简图。真空室由室盖 1 和室座 8 盖合而成。在室盖 1 或室座 8 的周边镶嵌有密封条 7，用以密封。室盖两边紧固有夹持槽 2，分别夹持着一条封合胶垫 3，材料为软硅胶，截面形状为方形。封合胶垫既可作为缓冲垫使压合热封紧密，又具有印字的作用。因为胶垫的一面加工有一排若干个圆孔，可以嵌入圆柱形凸版字模胶粒，在压合热封时，能在袋口印下生产日期或保质期等字型。

室座 8 一般为整体铸件，气膜室的上部与室座连在一起，下室座 13 可用金属板加工，但大多数为塑料模板，因其密封较理想。热封部件 10 靠自重（或外加弹簧力）以及气膜室上部长孔槽定位，装置在真空室内。长孔槽与热封部件的板座间间隙应适宜，应保证热封部件既能灵活地上下运动又不至于向两侧过度偏摆。热封部件 10 和封合胶垫 3，在合盖后两者间的间隙以 5～8mm 为宜。间隙过大则在压合时热封部件向上运动的距离长，容易出现偏差而影响封口质量，间隙太小则安装调整困难。

真空室内还放置了一个垫板 6，用以调整包装件的位置，使其袋口能轻易地放在热封部件和封合胶垫的间隙之间，其高度根据包装件的大小而变。真空室内还有一个压杆 4，用以

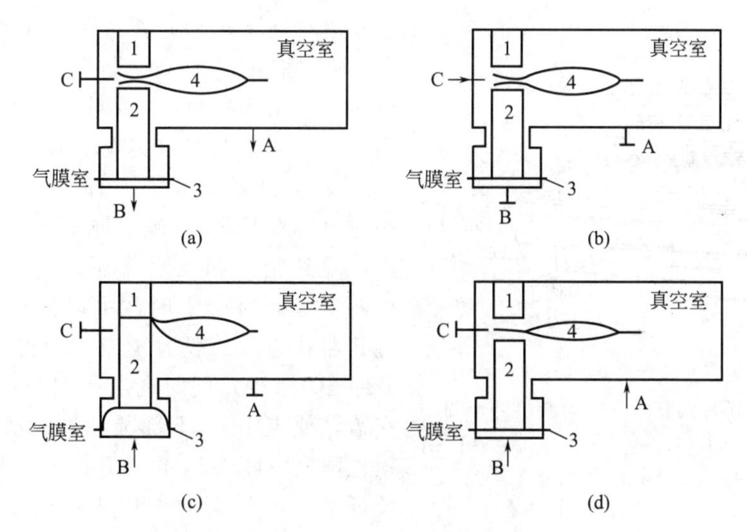

图 13-27　真空充气包装程序示意图

1—封合胶垫；2—热封部件；3—膜片；4—包装袋；

A—真空室气孔；B—气膜室气孔；C—充气气孔

压平包装袋口，起到定位以及保证封合质量的作用。

在包装时，真空室的左右热封部件是同时工作的。

(4) 室盖联动机构

对于双室真空包装机，两个真空室是轮番工作的，因此需要一个联动机构以转换真空室的工作状态。联动机构有多种样式，在此主要介绍双盖型的双室真空包装机的一种联动机构。

图 13-29 所示的是一种起落架式的联动机构。图中支承杆 15 两端紧定在室座轴孔上，分左右两支。支承杆上套有铰座 2，可在杆上灵活转动。左右室盖分别由螺钉紧固在两个铰座上（图中只示出了靠中间的，起联动作用的铰座。处于两边的另外两个铰座没有画出）。因此，室盖的揭起（开盖）或压下（合盖）都是通过铰座 2 以支承杆 15 为支点转动的。

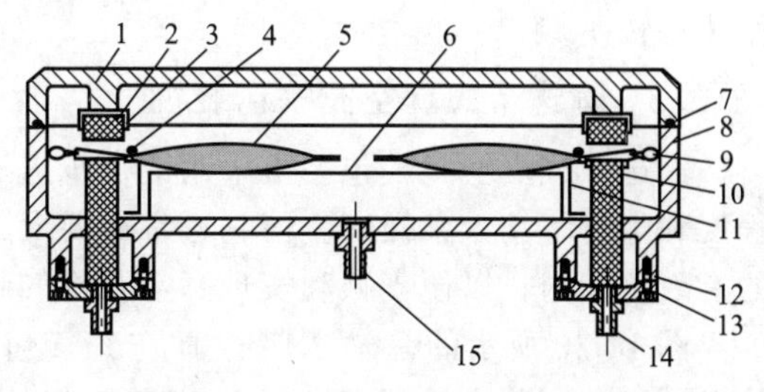

图 13-28　真空室总体结构简图

1—室盖；2—夹持槽；3—封合胶垫；4—压杆；5—包装袋；6—垫板；7—密封条；8—室座；9—充气管；10—热封部件；11—护板；12—膜片；13—下室座；14—气膜室气嘴；15—真空室气嘴

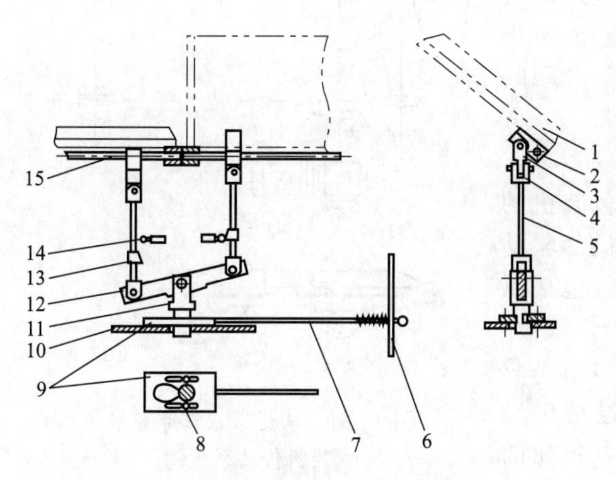

图 13-29　起落架式联动机构

1—室盖；2—铰座；3—叉块Ⅰ；4—叉块Ⅱ；5—起落杆；6—机箱壁；7—拉杆；8—定位销；9—滑座；10—机架；11—支座；12—摇板；13—动触块；14—行程开关；15—支承杆

图示状态：当右边室盖揭起（开盖）时，铰座 2 随室盖以支承杆 15 为支点向上转动，同时通过叉块Ⅰ（件 3）和Ⅱ（件 4）使右边起落杆 5 向上运动。左右起落杆分别通过叉块连接着摇板 12 的两端。当右起落杆 5 向上运动时，带动摇板 12 绕支座 11 的支点逆时针转动，从而导致

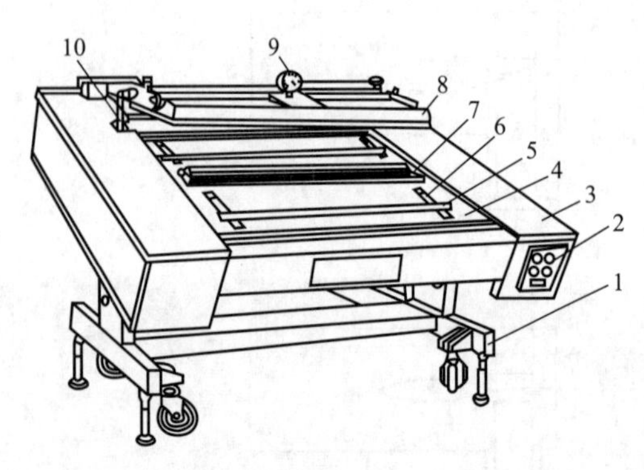

图 13-30 输送带式真空充气包装机外形图
1—机座；2—电控屏；3—机体；4—输送带；5—承托板；6—导向条；7—夹袋充气装置；8—室盖；9—真空表；10—拉杆盖

左起落杆向下运动，通过叉块Ⅰ和Ⅱ带动铰座，使得左室盖压下（合盖）。同样，当揭起左室盖时，会引起摇板 12 顺时针转动，使得右室盖压下。因此，两室盖实现联动。

支座 11 的下部加工有一个缺口，在工作状态时（图示状态），缺口刚好卡入滑座 9 的长孔内，起到定位和支承作用。当停止工作，需要把两个盖同时合上时，可以把任一室盖揭起超过开盖状态（一般为 45°），使得支座 11 对滑座 9 的压力减少，此时向右拉出拉杆 7，同时放下室盖，使支座 11 下部圆柱进入滑座大圆孔，摇板也随之下降并处于平衡状态，两室盖均合上。拉杆 7 上的弹簧的作用为：在开盖时，推动拉杆使滑座自动复位并卡入支座 11 的缺口，回复工作状态。

左右起落杆上分别固定有一个动触块 13，在上杆时可以触动行程开关 14，实现两室工作状态转换。

13.3.3 输送带式真空充气包装机

输送带式真空充气包装机采用链带步进送料进入真空室，室盖自动闭合开启。其自动化程度和生产率均大大提高。但它通常需要人工排放包装袋，并合理地将包装袋排列在热封条的有效长度内，以便于顺利实现真空及充气封合。

图 13-30 所示的是输送带式真空充气包装机的外形图，它主要由输送带、真空室盖、机体、传动系统、真空充气系统、水冷与水洗系统以及电气系统组成。整台机器操作面可按需要倾斜布置，以适应黏液、半流体、粉料等物品的包装。整个包装过程除了人工排放包装件外，其余工序均自动进行。机器通过电气控制可循环完成如下工序：输送带步进、真空室盖闭合、抽真空、充气、封合、冷却、取消真空、室盖开启。机器的主要部分如下。

（1）传动系统

图 13-31 所示的是输送带式真空充气包装机的传动系统图。整机采用两个电机驱动，电机 2 驱动输送带，电机 4 驱动室盖开闭。机器的运行包括以下两方面运动。

① 输送带步进远动　输送带的运行由电机 2 驱动。电机 2 经减速器 1 输出动力，再通过链传动 Z_1、Z_2 带动输送带 6 运行。设计时，选择好链轮的齿数与输送带工位之间的链节数的关系，使得链轮转一圈时，输送带刚好送进两个工位。轴Ⅰ的一端装有凸轮 a，轴Ⅰ每转一圈，凸轮 a 压合行程开关一次，以切断电机的电源，使输送带停止并定位，从

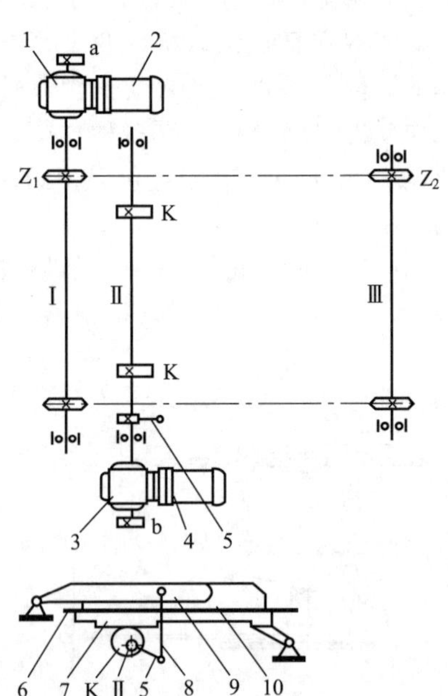

图 13-31 输送带式真空充气包装机传动系统图
1,3—减速器；2—输送带驱动电机；4—室盖开闭驱动电机；5—曲柄；6—输送带；7—承托板；8—连杆；9—支臂；10—室盖；a,b—凸轮；K—偏心轮

而实现输送带的循环步进运动。

② 室盖开闭运动　真空室由室盖和承托板构成，如图 13-31 所示，它们分别可绕各自的铰支转动。电机 4 经减速器 3 输出动力，驱动轴Ⅱ旋转，轴Ⅱ上安装有两个偏心轮 K。当轴Ⅱ顺时针转动时，轴上曲柄 5 带动连杆 8 将室盖 10 拉下（结构类似于四连杆机构），同时，偏心轮 K 将承托板 7 顶起。于是，室盖 10 与承托板 7 压合，将输送带 6 夹持在中间，形成一个密闭的真空室。反之，当轴Ⅱ逆时针转动时，室盖被连杆顶起，而承托板随偏心轮 K 下降，从而令真空室开启。轴Ⅱ一端装有凸轮 b，正反转时，分别触碰两个行程开关，以切断电机 4 的电源，限制室盖开启和闭合的角度。一般情况下，室盖的开启和闭合都在轴Ⅱ的 1/4 转中完成。

(2) 输送系统

输送系统是机器的主体部分，如图 13-32 所示。输送系统主要由输送带构成，输送带一般由耐磨夹布橡胶制造，采用分段装配的形式，相互间以铰链 1 连接。

每一段输送带构成一个包装工位，如图示有 5 段输送带，即有 5 个包装工位供循环使用。每段输送带上装配有相同的构件，分别为包装袋承托调整装置、袋口夹持充气装置等。

包装袋承托调整装置如图 13-32 中Ⅲ所示，直角形托板 16 用在承托包装尾部，根据包装袋的长度可调整托板 16 与封合胶座 8 之间的距离。由图示可见，托板 16 的下边开有长缝形缺口，在长度方向上左右各一条，分别穿过一条塑料导向条 11。当按动压块 12 的上部，压缩弹簧 14，压块将绕销轴 13 顺时针转动，解除对导向条 11 的压合，于是可以顺利前后移动托板。当松开压块 12 时，在弹簧力的作用下，压块将导向条压紧在托板上，使托板难以沿导向条滑动。

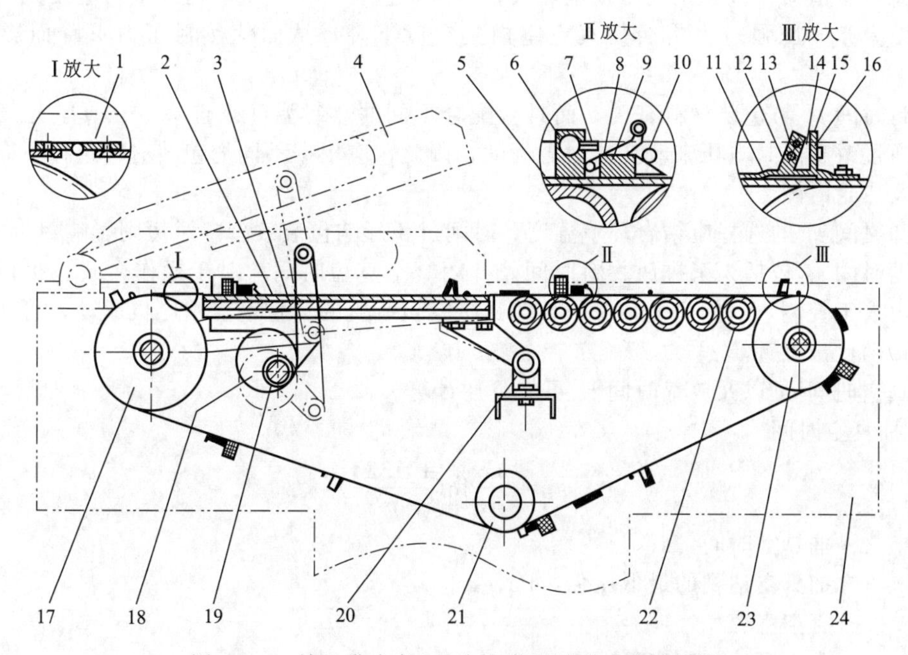

图 13-32　输送带式真空充气包装机输送系统结构图

1—铰链；2—承托板；3—耐磨板；4—室盖；5—输送带；6—充气管座；7—充气管嘴；8—封合胶座；9—封合胶垫；10—压杆；11—导向条；12—压块；13—销轴；14—弹簧；15—角座；16—托板；17—驱动链轮；18—偏心轮；19—轴；20—铰支座；21—张紧轮；22—托轮；23—被动链轮；24—机体

包装袋口由压杆 10 夹持在封合胶座 8 上，此机的热封部件装在室盖上，当室盖合上时，热封部件刚好与封合胶座 8 对应。当需要充气时，可利用充气管座 6 上的充气管嘴 7 进行。

操作时令包装袋口对正充气管嘴，保护性气体由室盖引入，如图 13-33 所示。当室盖 10

合上时，管接头7刚好压合在充气管座5上（参见图13-32中Ⅱ放大图），其间由胶垫6封合，形成一条连通管路，从而使室外的保护气体进入充气管3，并分流至各个充气管嘴4，实现充气。

13.3.4 主要参数的计算及选择

（1）生产能力的计算

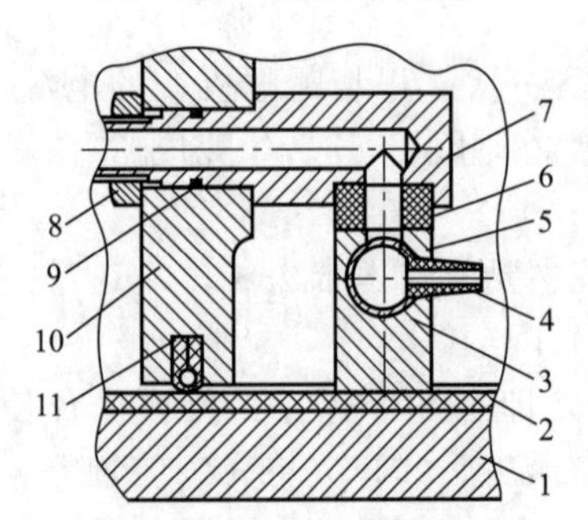

图13-33 充气导入结构

1—承托板；2—输送带；3—充气管；4—充气管嘴；5—充气管座；6—胶垫；7—管接头；8—锁母；9—密封圈；10—室盖；11—密封条

真空充气包装是由一连串工序通过时间调控而实现的，其效率受到各工序的影响，其单位时间工作循环计算公式如下：

$$T=60/(t_1+t_2+t_3+t_4+t_5+t_6) \tag{13-1}$$

式中 T——工作循环，1/min；

t_1——抽真空时间，s；

t_2——充气时间，按需要一般取1～5s；

t_3——热封时间，一般取1～3s；

t_4——冷却时间，空冷可取2～3s，带水冷时间可更短；

t_5——放气时间，s；

t_6——辅助时间，s。

其中，充气时间 t_2 直接影响充气量及充气压强，t_2 增大，则充气量增加，包装充气压强也加大。在满足包装袋充气量的情况下，应使充气压强尽量小，因为充气压强过大将会使真空室内真空度下降，从而使热封压力下降而影响封合质量。

热封时间 t_3 与包装材料有关，而且应配合不同的热封温度来选择。在真空充气包装机中，是通过改变热封电压来改变热封温度的，因此，应根据不同的包装材料选择不同的热封电压以及热封时间。

冷却时间 t_4 的选择应结合环境温度，时间过长影响包装效率，过短则影响封口质量。

辅助时间 t_6 包括人工排放物料时间及开闭真空室盖时间。对于操作台式包机，开闭真空室盖由人工控制，时间只能估算；而输送带式包装机的真空室盖由电机驱动，可通过传动系统的传动比准确计算。

抽真空时间 t_1 以及放气时间 t_5 可按下述计算。

① 抽真空时间

$$t_1=c\frac{V}{u}\ln(\frac{101325}{p}) \tag{13-2}$$

式中 t_1——抽真空时间，s；

p——抽真空达到的最低压强，Pa；

V——真空室容积，L；

u——真空泵抽气速率，L/s；

c——修正系数，可通过容积法测定，一般设计可取 $c=1.4$。

② 真空室放气时间 放气实际上是一种气体扩散现象，放气的时间与扩散管道截面积成反比，与真空室容积成正比，即：

$$t_5=k\frac{V}{d^2} \tag{13-3}$$

式中 t_5——放气时间，s；

V——真空室容积，L；

d——管道直径，mm；

k——扩散系数。

扩散系数与扩散管道长度和温度有关，可通过分子运动论的气态扩散微分方程求得。当温度为20℃，管道长不大于200mm时，$k=4.5$，因此可得：

$$t_5=4.5\frac{V}{d^2} \tag{13-4}$$

（2）热封加压装置面积的计算

由于真空充气包装机的热封加压一般采用气囊或气膜的形式，因此需计算气囊或气膜的作用面积，因为这关系到热封压力。只有适当的作用面积，才能提供理想的热封压力。气囊或气膜的作用面积可通过下式求得：

$$S=\frac{p_r bl\pm G}{p_1-p_2} \tag{13-5}$$

式中 S——气囊或气膜的作用面积，m^2；

p_r——热封压强，热封工艺参数，一般可取3×10^5Pa；

b——电热带宽度，m；

l——电热带有效长度，m；

G——加压装置移动部分零件的总重力，N。当重力和加压方向一致时取负值，反之取正值；

p_1——导入加压装置的气体压强，导入大气则为1×10^5Pa；

p_2——热封时真空室内压强，Pa。

（3）热封变压器参数的计算

① 热封电流　电热带的热封电流可通过直接测试而获得，或通过经验公式计算。当电热带宽度远远大于其厚度时，可由下式计算：

$$I=b\sqrt{\frac{20\delta\omega}{\rho}} \tag{13-6}$$

式中 I——热封时通过电热带的电流，A；

b——电热带宽度，mm；

δ——电热带厚度，mm；

ω——电热带材料的表面负荷，W/mm^2；

ρ——电热带材料在工作温度下的电阻率，$10^{-6}\Omega\cdot m$。

其中，表面负荷值可在0.03～0.1W/mm^2的范围内选择，对于热封温度高的包装材料选大值，反之取小值。因而，通过表面负荷最大和最小值的计算可求出电流上下限值。

② 热封变压器功率　热封变压器功率按下式计算：

$$P=20\omega bl \tag{13-7}$$

式中 P——热封变压器功率，W；

ω——电热带材料的表面负荷，W/mm^2；

b——电热带宽度，mm；

l——电热带长度，mm。

③ 热封电压　变压器输出的热封电压按下式计算：

$$U=\frac{P}{I} \tag{13-8}$$

式中 U——热封电压，V；

P——热封变压器功率，W；

I——热封时通过电热带的电流，A。

真空充气包装机的热封电压一般设置3挡，较多的可达6挡，较常用的热封电压为24～36V，最高也不超过60V。

13.4 捆扎机械

13.4.1 概述

捆扎通常是指将单个或数个包装物用绳、钢带、塑料带等捆紧扎牢以便于运输、保管和装卸的一种包装作业。它通常是包装的最后一道工序。完成该项作业的设备即为捆扎机械。具体讲，捆扎机械是指使用捆扎带缠绕产品和包装件，然后收紧并将两端通过热效应熔融或使用扣等材料连接的机器，属于外包装设备。

(1) 捆扎机械的分类

按捆扎材料、自动化程度、传动形式、包件性质、接头接合方式和接合位置的不同，捆扎机械有不同的类型。因而，捆扎机械可按不同的方法分类。

按自动化程度分，可分为全自动捆扎机、半自动捆扎机和手提式捆扎机。

按设备使用的捆扎带材料分，可分为绳捆扎机、钢带捆扎机、塑料带捆扎机等。

按设备使用的传动形式分，可分为机械式捆扎机、液压式捆扎机、气动式捆扎机、穿带式捆扎机、捆结机、压缩打包机等。

按结构形式、特征分，如塑料带自动捆扎机可分为表13-4所列类型。图13-34为几种典型的捆扎机外形示意图。

表13-4 塑料带自动捆扎机的种类和用途

类型	型号 (JB/T 3090—2010)	主要用途
基本型	KZ	广泛应用于轻工、印刷、发行、邮电、纺织、食品、医药、五金、电器等工业行业进行各类包装物捆扎，特别是瓦楞纸箱、报刊等
全自动型	KZQ	该机在基本型的基础上添加台面输送机械，可实行自动包装线中的无人操作
低台型	KZD	工作台面较低，适用于捆扎大包、重包，如洗衣机、电冰箱、家具、棉纺织品、建材等
侧封式低台型	KZDC	工作台面较低，捆扎接头为侧封式，适用捆扎大包、重包、易漏液或粉尘较多的包装物
防水型	KZS	捆扎接头为侧封，零件采用耐蚀材料、并经防锈处理，适用于捆扎冷冻食品、水产品、腌制食品等，也可供船舶使用
结扣机	JK	主要用于捆绑轻量的物品，需要拆包时，只要拉动扣结的活动端即可
压力型	KZY	该机在基本型的基础上，加设加压(气压或液压)装置，以对包装物压缩后再捆扎，适用于捆扎皮革、纸制品、针织品、纺织品等软性和有弹性的包装物
小型	KZC	适用于捆扎小型包装物
轨道开合型	KZK	适用于捆扎各种圆筒状或环状包装物

(2) 捆扎的形式及功能

由于包装物不同，捆扎要求不同，其捆扎的形式也就多种多样。常用的捆扎形式如图13-35所示，有单道、双道、交叉、井字等多种形式。

捆扎主要有以下几种功能。

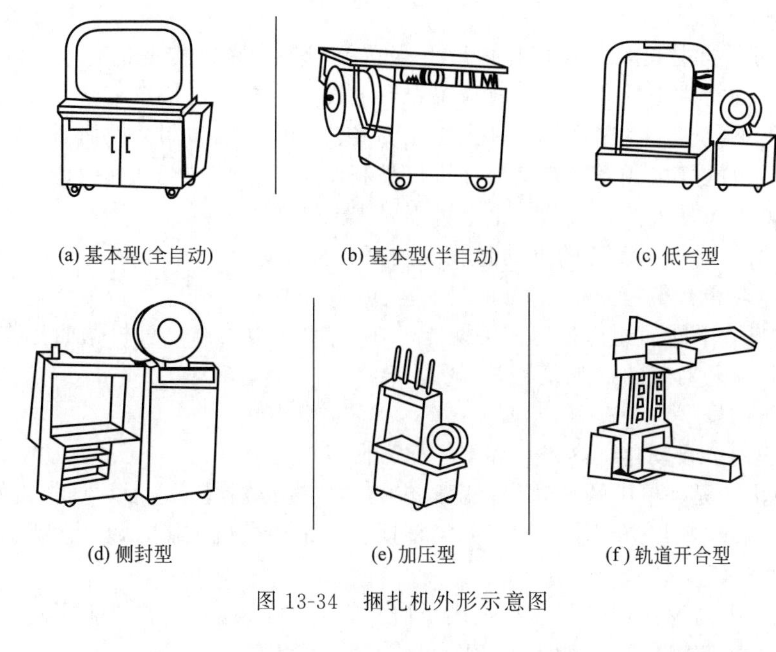

(a) 基本型(全自动)　(b) 基本型(半自动)　(c) 低台型

(d) 侧封型　(e) 加压型　(f) 轨道开合型

图 13-34　捆扎机外形示意图

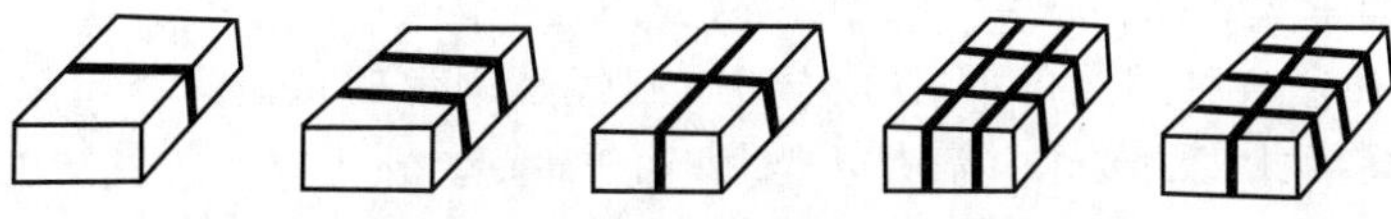

图 13-35　捆扎形式

① 保护功能　它可以将包装物捆紧、扎牢并压缩，增加外包装强度，减少散包所造成的损失。

② 方便　它可提高装卸效率，节省运输时间。

③ 便于销售　例如：将蔬菜捆成一束，便可适合超级市场的销售。

(3) 常用捆扎材料

目前，常用的捆扎材料有钢、聚酯（PETP）、聚丙烯（PP）和尼龙（PA）4 种。

表 13-5 列出了四种常用捆扎材料的特性。

表 13-5　捆扎材料特性比较

捆扎带材料	断裂强度	张力的工作范围	持续张力	伸长回复率	耐热性	耐湿性	处理的难易程度
聚丙烯	中等	最小	中等	高	中等	高	优
聚酯	中等	中等	良好	中	良好	高	优
尼龙	中等	中等	良好	最高	良好	低	优
钢	最高	最大	最高	可略去不计	优秀	高	中等

注：温度 22℃，相对湿度 50%。

(4) 捆扎机械的选用

在选用捆扎机械时，主要考虑以下因素。

① 包件批量　为了尽可能提高机器的利用率、降低使用成本，首先应根据包件数量和所需捆扎的包件捆扎道数来确定选用机器的自动化程度。自动化程度越高的捆扎机，其捆扎速度越快。对于小批量生产的产品捆扎，以选用半自动捆扎机为宜，既可充分利用机器，又可降低使用成本；在大中批量生产的情况下（一般推荐每班所需捆扎次数大于 2000 次），则应选用自动捆扎机；当包件是以流水线形式生产时，为能适应生产节拍，应选用含自动送包

的全自动捆扎机。

② 包件尺寸　捆扎机除了在捆扎速度上存在差异外，在结构上也有很大的区别。自动捆扎机由于要自动完成送带动作，因此在工作台上设计有框形送带轨道，包件只有进入送带轨道下部，才能捆扎包件。这样，包件大小就要受轨道尺寸的限制，因而需要根据包件尺寸来确定选用捆扎机的规格。而半自动捆扎机等是利用手工穿带进行捆扎的，在机器结构上不存在送带轨道，因而最大捆扎尺寸理论上可不受限制。

③ 维修能力　通常，设备的自动化程度越高，控制系统和结构越复杂，对维修、保养的要求越高。

④ 捆扎材料　不同捆扎材料的相关性能已在表 13-5 中给出。可根据捆扎物的不同，选用相应的捆扎材料及对应的捆扎设备。

(5) 捆扎机的发展

捆扎机械正向全自动化、高级化和多样化方向发展。

① 全自动化　提高单机的自动化程度使包装物从输送辊道送入后，捆扎机能自动定位、自动捆扎、自动转位，以进行十字型、井字型捆扎，采用微机控制，以实现无人操作的自动捆包生产线。

② 高级化　提高捆扎功能及捆扎速度；研制捆扎力可随机调节的捆扎机；提高自动捆扎机的适应性（如带宽、捆包规格、工作台高、捆扎能力等）。

③ 多样化　研制各种用途的捆扎机，如研制代替钢带的重型带、聚酯带。开发不同的捆扎带以适应不同捆扎机的要求并满足不同用户的需要。

13.4.2 捆扎机

以常用的塑料带捆扎机为例说明捆扎机的工作原理及特点。

(1) 工作原理

图 13-36 为捆扎工艺过程示意图。图 13-36 中，(a) 为送带过程，送带轮 6 逆时针转动，利用轮与捆扎带的摩擦力使捆扎带 2 沿轨道运动，直至带端碰上止带器的微动开关 1（或者用控制送带时间的办法）时送带停止，使捆扎带处于待捆位置。(b) 为拉紧过程，当第一压头 5 压住带的自由端时，送带轮 6 反转，收紧捆扎带，直至捆扎带紧贴在包装箱 7 的表面。(c) 为切烫过程，第二压头 3 上升，压住捆扎带的收紧端，加热板 8 进到捆扎带间对捆扎带进行加热。(d) 为粘接过程，经一定时间加热达到要求时，加热板 8 退出，同时封接压头 4 上升，切断捆扎带并对捆扎带进行加压熔接，冷却后得到牢固的接头，完成捆扎周期动作。

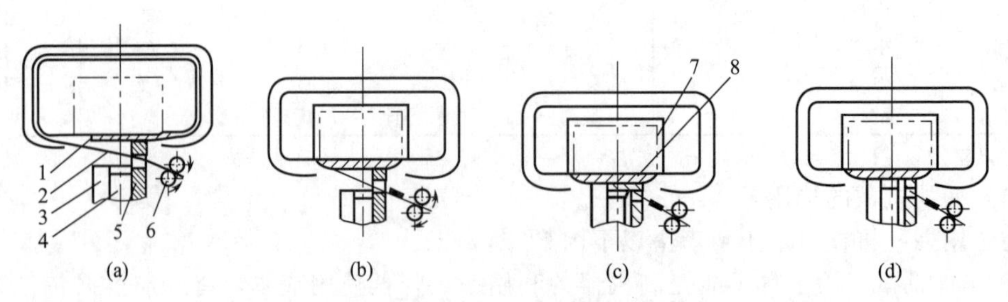

图 13-36　捆扎工艺过程示意图

1—微动开关；2—捆扎带；3—第二压头；4—封接压头；
5—第一压头；6—送带轮；7—包装箱；8—加热板

图 13-37 为塑料带自动捆扎机结构示意图。该机主要由送带、退带、接头连接切断装

置、传动系统、轨道机架及控制装置所组成。捆扎机传动示意图如图 13-38 所示。

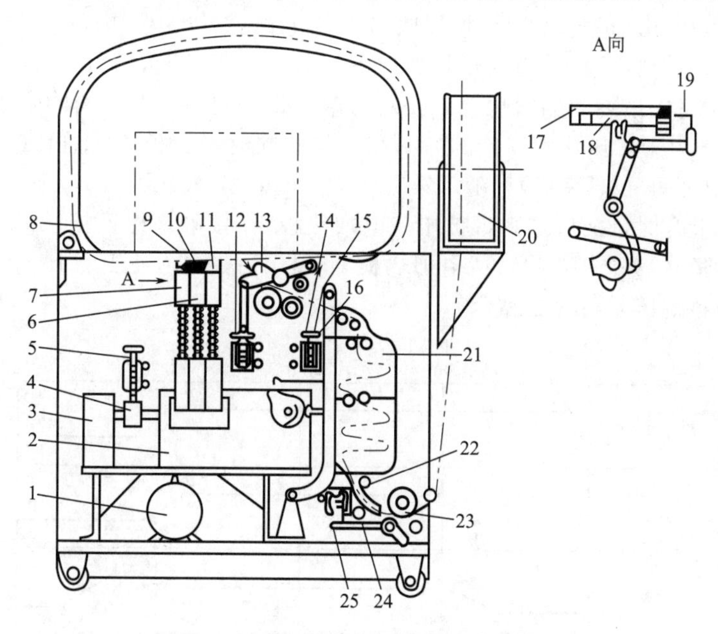

图 13-37　塑料带自动捆扎机结构示意图

1—电动机；2—凸轮分配轴箱；3—减速器；4—离合器；5—电磁铁；6—第三压头；7—第二压头；8—导轨；9，24—微动开关；10—剪刀；11—第一压头；12—送带压轮电磁铁；13—送带轮；14—收带轮；15—二次收带摆杆；16—收带压轮电磁铁；17—面板；18—舌板；19—电加热板；20—带盘；21—贮带箱；22—跑道；23—预送轮；25—预送压轮电磁铁

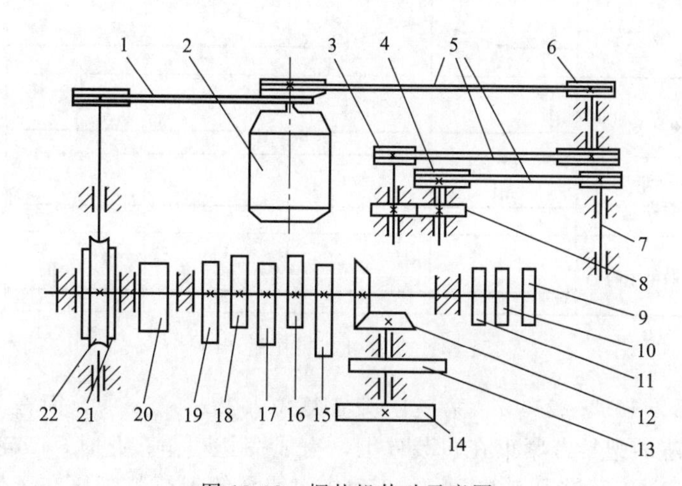

图 13-38　捆扎机传动示意图

1,5—三角带；2—电机；3—送带轮轴；4—一次收紧轮轴；6—过桥轴；7—预送带轮轴；8—齿轮；9～11—电器控制凸轮；12—圆锥齿轮；13—二次收紧凸轮；14—手轮；15—舌头面板凸轮；16—压头凸轮；17—三压头凸轮；18—二压头凸轮；19—电热板凸轮；20—离合器；21—蜗杆；22—蜗轮

捆扎机工作原理如下：参见图 13-37，压下启动按钮，电磁铁 5 动作，接通离合器 4，将运动传递给凸轮分配轴箱 2，分配轴上的凸轮按工作循环图的要求控制各工作机构动作。工作时捆扎机的相关动作主要包含第一压头、第二压头、舌板、电加热板、第三压头、二次收紧等机构的动作及相关控制信号的配合，其捆扎机的工作循环见图 13-39。工作中，首先

第一压头 11 动作，将塑料带头部压紧（12°，见图 13-39，下同）；接着由凸轮控制一微动开关（图中未表示）发出信号（14°），接通收带压轮电磁铁 16，使压轮把塑料带紧压在持续转动的收带轮 14 上，将导轨 8 内的塑料带拉下，捆到包装件上，再由凸轮推动二次收带摆杆 15 向右摆动，完成最终的捆紧功能。收回的塑料带均退入贮带箱 21 内的上腔中。这时，第二压头 7 动作（70°），压住塑料带的另一端。与此同时，舌板 18 退出（55°～85°），电加热板 19 插入两带之间（87°完成），随后第三压头 6 上升（95°开始），剪刀 10 将塑料带剪断。第三压头 6 继续上升时，两层塑料带被压与电加热板 19 接触，保证接触面能部分熔融。然后第三压头 6 微降（155°～160°），待电加热板 19 退出后，再次上升（180°～195°），把两层已局部熔化的塑料带压紧，使之黏合。

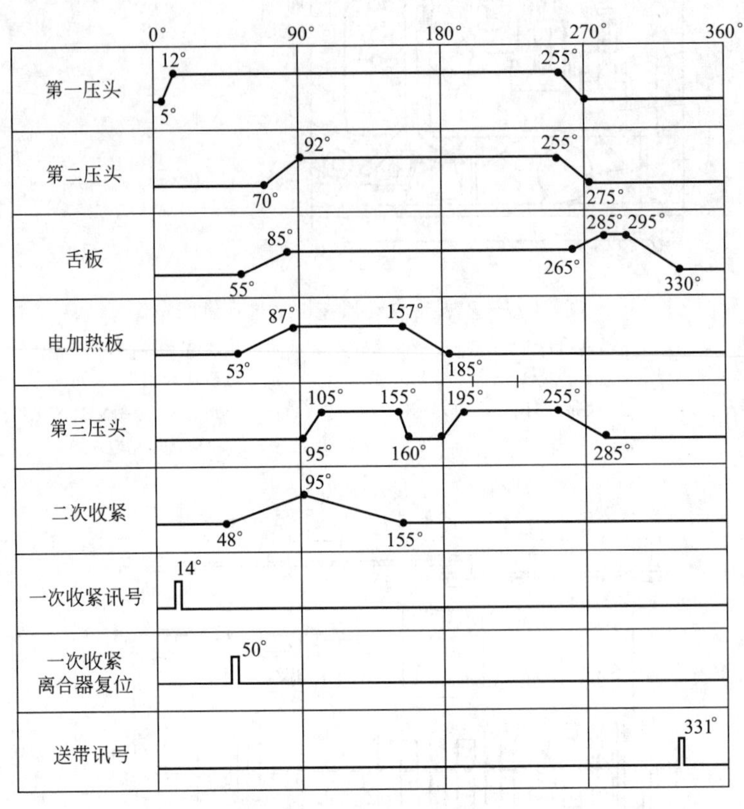

图 13-39 捆扎机工作循环图

经适当冷却后（195°～255°），第三压头 6 复位（255°～285°），面板 17 退出（330°完成），处于张紧状态的塑料带紧束在包装件上，完成捆扎动作。此时，凸轮控制微动开关 9 发出送带信号（331°），送带压轮电磁铁 12 动作，使压轮把塑料带压在送带轮 13 上开始送带，当塑料带头部碰到微动开关 9 时，送带压轮电磁铁 12 断电，送带结束。当带箱内的塑料带减少，使塑料带处于张紧状态之后，跑道 22 将摆动，使微动开关 24 动作，预送压轮电磁铁 25 使压轮把塑料带压在预送轮 23 上，带箱内塑料带得以补充。

（2）主要机构

① 送带机构　由图 13-37 可知，送带压轮电磁铁 12 通电，将摆杆下拉，压轮将塑料带压紧在送带轮 13 上。由于送带轮 13 持续逆时针回转，利用轮与捆扎带之间的摩擦力，使塑料带从贮带箱 21 中抽出，送入导轨。要保证送带的顺利，通常送带速度大于 1.8m/s。当塑料带沿导轨 8 送进，直到带端触动微动开关 9 时，送带压轮电磁铁 12 断电，装有压轮的摆

杆在弹簧力的作用下抬起，停止送带。

② 带盘阻尼装置　为防止带盘因惯性使塑料带自行松展，通常带盘上装有阻尼装置，其结构如图 13-40 所示。塑料带从带盘 2 上经滚轮 5、7 进入预送带机构。当需预送带时，塑带被拉紧，使摆杆 6 绕摆动轴 9 顺时针摆动一角度，制动皮带 4 放松，带盘 2 可以自由转动。当预送带停止，塑料带因带盘惯性继续松展，摆杆 6 在自重及拉簧 8 的共同作用下逆时针摆动，使制动皮带 4 压紧制动轮 3，其摩擦力使带盘 2 停止转动，从而避免了塑料带的自行松展。

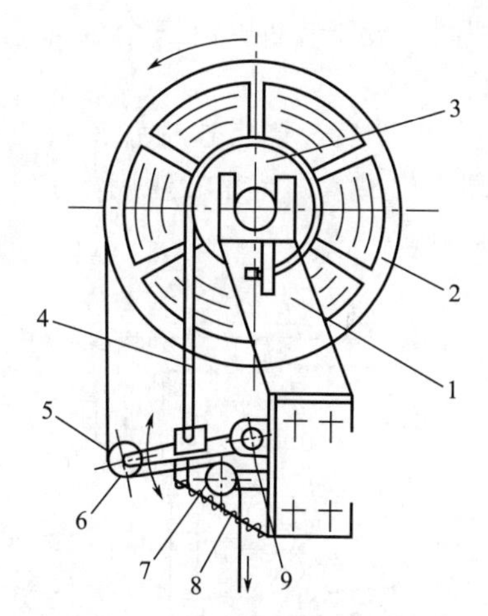

图 13-40　带盘阻尼装置结构

1—支承架；2—带盘；3—制动轮；4—制动皮带；5,7—滚轮；6—摆杆；8—拉簧；9—摆动轴

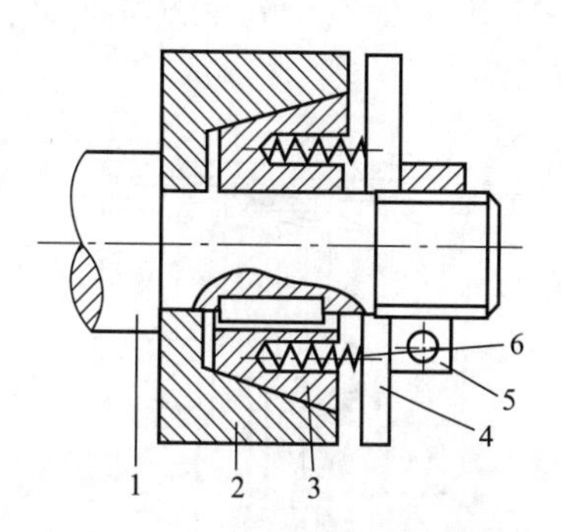

图 13-41　收带轮结构示意图

1—轴；2—收带轮；3—锥轮；4—挡圈；5—螺母；6—弹簧

③ 收紧机构捆扎机一般采用二次收紧。一次收紧主要是快速收带，二次收紧的目的是捆紧。

一次收紧的工作原理如前所述。一次收带结束后，要保持带具有一定的张紧力（通常为 49～68N），且收带轮与塑料带不能产生滑动。此时，图 13-37 中的送带压轮电磁铁 12，带动杠杆及其上安装的压轮向下，紧压塑料带于收带轮 14 之间。其两轮夹紧力所产生的摩擦力应大于收紧力。因为捆扎物体大小不同，收紧时抽回的带子长度就无法一样，用压轮的转数或压紧时间长短无法控制压轮及时脱开。为此，收带轮采用如图 13-41 所示的结构。锥轮 3 与轴 1 采用键连接，连续回转。调节螺母 5，可调整锥轮 3 与收带轮 2 之间摩擦力的大小。当收紧力达到要求（通常 49～68N）时，收带轮与锥轮打滑，收带轮停止转动，收带结束，但塑料带仍保持一定的张紧力。

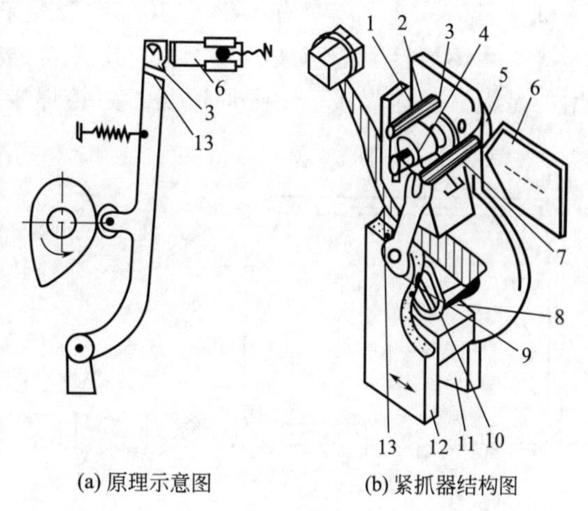

(a) 原理示意图　(b) 紧抓器结构图

图 13-42　二次收紧机构示意图

1—扭簧；2—肩销；3—紧抓压脚；4—小轴；5—定位板；6—斜面板；7—离合销；8—楔块；9—板簧；10—滑轮；11—后摆杆；12—前摆杆；13—顶块

二次收紧机构如图 13-42 所示。凸轮回转，推动摆杆 11、12 右摆时，离合销 7 被斜面板 6 顶出，使离合销 7 中部的半圆形键从紧抓压脚 3 的凸槽中脱开；同时，带有齿

形的紧抓压脚3在扭簧1的作用下顺时针转动，将塑料带压紧在楔块8上随同摆杆一起右摆，完成二次收紧。当带子被张紧到最大程度（即张紧凸轮工作行程终点）时，第二压爪正好上升压住带尾，环绕包装件的带子不会再松开。摆杆左摆复位时，紧抓压脚3被顶块13撞开，离合销7在板簧9的压力下，使半圆形键重新压入紧抓压脚3上的凹槽内，将紧抓压脚3锁住，做下一次循环准备。二次收紧的程度通过斜面板6的左右位置调整得以实现。

④ 夹压装置在进行包装件捆扎时，捆扎带输送至要求位置后，需要夹压装置，以便完成受热熔接等作业。图13-43所示为常用夹压装置原理图。夹压装置共有三个压头，由安装在同一轴上三个凸轮分别控制，完成捆扎过程中的动作。

⑤ 捆扎接头连接机械装置　捆扎带收紧捆绕在包装件上后，要将这种张紧状态保持下来，使之在储运中不松散，必须将收紧后的捆扎带两端头构成紧固牢靠的连接，才算完成捆扎的全过程。

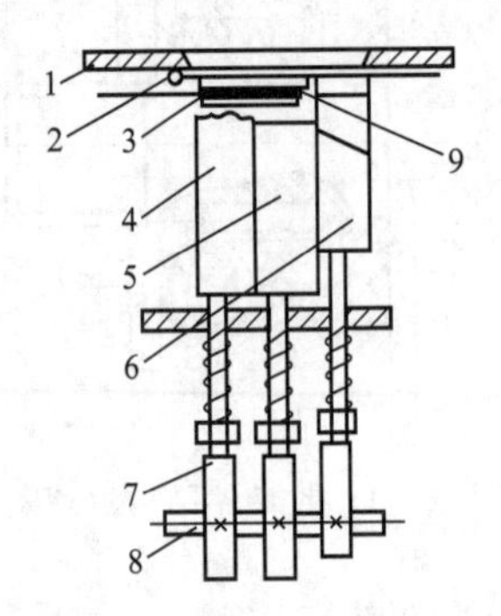

图13-43　常用夹压装置原理图

1—捆扎机导轨；2—微动开关；3—活动夹舌；4—第二压头；5—封接压头；6—第一压头；7—凸轮；8—凸轮轴；9—捆扎带

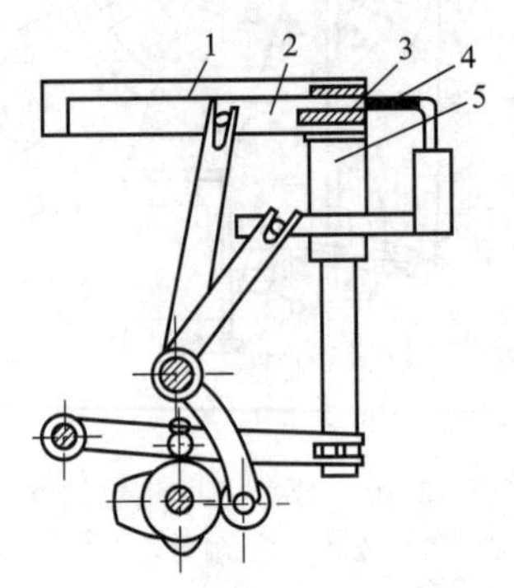

图13-44　热熔焊接的机械装置

1—衬垫板；2—衬台；3—捆扎带；4—电热板；5—封接压头（第三压头）

捆扎的连接方法有：热熔焊接、胶黏接、卡子机械固接及扎结等。聚丙烯捆扎带若用卡子机械固接，其强度只有母材的50%；胶黏剂连接也不适用。在热熔连接法中，有电热板连接、摩擦熔接、超声波熔接等，其中热熔连接应用最为广泛。目前，自动捆扎机中主要应用的是板式热熔焊接。主要原因是：热熔焊接具有连接强度高，装置结构简单，操作简便等优点。热熔焊接的机械装置如图13-44所示。常用的加热器电加热板，多取脉冲电加热或高频电加热。加热时间与加热温度与捆扎带材料有关，通常多取高温、短时加热方式，加热时间约为0.2～0.3s。封接压头所加压力在加热阶段要低些，电热板撤出后的封接压力要大些，加压时间宜长些，一般从加热到压封结束需0.7～0.9s。

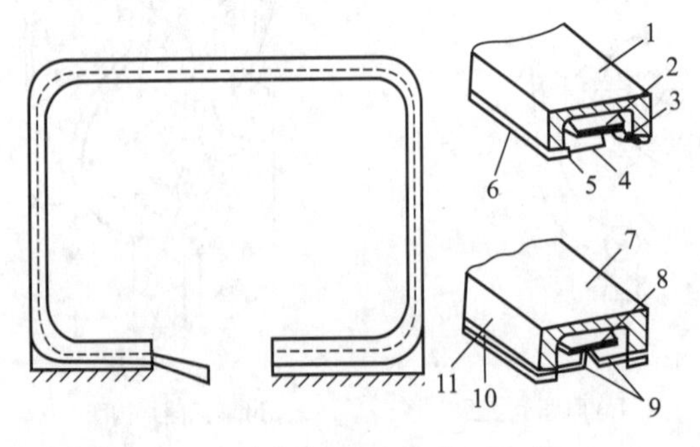

图13-45　捆扎机导轨架

1，7—U形架；2，8—捆扎带；3—固定弹簧片；4—弹性活动片；5—扭簧；6，10—压板；9—软性带；11—导轨架

⑥ 捆扎机的导轨架　捆扎机导轨架如图13-45所示。导轨架内的导槽是进行捆扎送带时，引导带子自由端进入的。抽拉收紧时，捆扎带又能从导槽中脱出。因此，导槽结构应能保证捆扎带自由端顺利送进，且阻力小；还应

保证捆扎带能顺利从导槽脱出，但带子在送进时不能从导槽中脱出。因此，导槽的断面形状可采用图 13-45 右上或右下图所示的封闭环形。能够实现塑料带自动捆扎的机器还有采用液压系统驱动的多种类型，具体可参见相关资料。

13.4.3　捆结机

捆结机，又称结扎机、结扣机等，是捆扎机的一种。它是使用线、绳等结扎材料，使之在一定张力下缠绕产品或包装件一圈或多圈，并将两端打结连接的机器。绳子常用材料有聚乙烯、聚丙烯、棉、麻四种。聚乙烯应用最广，基本上取代了棉、麻等材料。捆结机一般用于捆绑轻量的物品。这种结扣的方法不同于前述的热熔搭结等方法。当需要拆包时，只要拉动扣结的活动端，就能自行松开。使用十分方便。主要用于印刷、出版、邮电、食品、机电、轻工等行业各类包件的捆扎。并多作为内包装捆扎用，或者作为商业零售货物的捆扎用。图 13-46 所示为捆结机外形。图 13-47 所示为结扣外形。

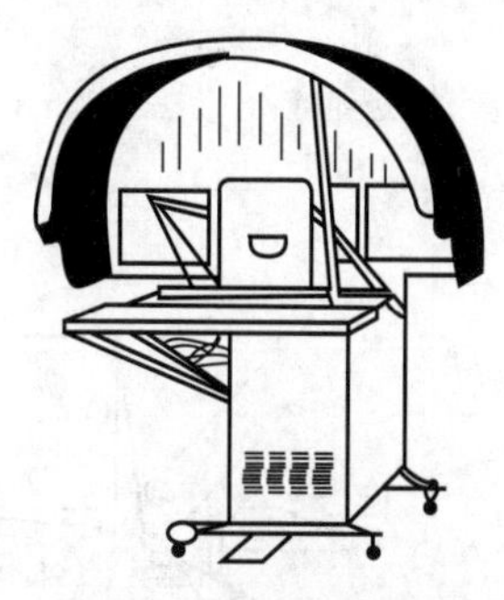

图 13-46　捆结机外形

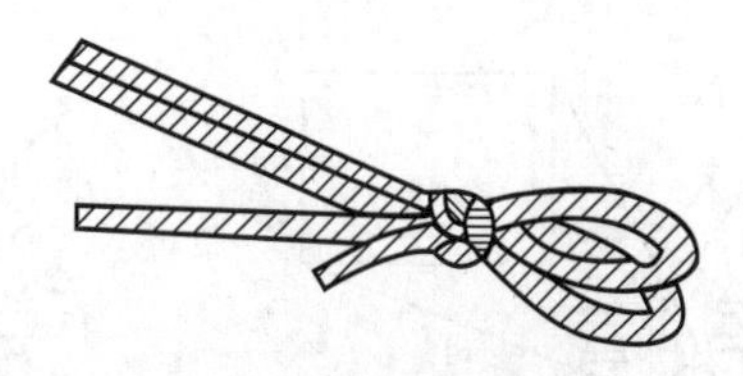

图 13-47　结扣外形

常用的两种型号捆结机的主要技术参数见表 13-6。在这类机器上，除需要人工送包件外，自动完成绕绳、捆紧、结扣、断绳等系列动作。

表 13-6　捆结机技术参数

型号	KJ-25	KJ-50
捆扎最大包装尺寸/mm	250×250×320	500×500×460
捆扎时间/(s/每个包装件)	＜1.5	＜3
捆扎包装件最大质量/kg	20	20
捆扎材料(宽×厚)/mm	聚乙烯塑料筒绳(20～30)×0.018	聚乙烯塑料筒绳(28～30)×0.018
机器外形尺寸/mm	750×610×1015	860×950×1420
机器功率	250W 220V 单相	250W 220V 单相
机器质量/kg	120	140

(1) 打结机构

捆结机所完成的打结动作，主要是由打结机构完成的。图 13-48 为打结机构部件图。

(2) 打结工艺过程

完成打结动作的主要构件有：压绳器 10 用来压住绳子的始端；插入器 13 用来将绳子送到绳嘴 2、3 附近位置；抬绳凸块 6 用来将压住后的绳子抬到绳嘴打结位置；绳嘴 2、3 相互配合用来完成打结时的主要工艺操作，即将绳子在绳嘴上缠绕成绳圈；脱圈器 4 用来脱下绳圈，使其成结；割刀 1 用来切断打结完成后的绳子。各主要构件间作有节奏的互相配合运动，完成整个打结过程。打结过程如下：

① 绕绳。按图 13-49 所示穿好打结绳，压绳器 10 压住绳头，启动机器后，送绳臂 9（图 13-49 所示）开始转动，将绳缠绕在包件的表面，根据需要可将被包装物 14 缠绕 1～2 圈［图 13-50（a）］；

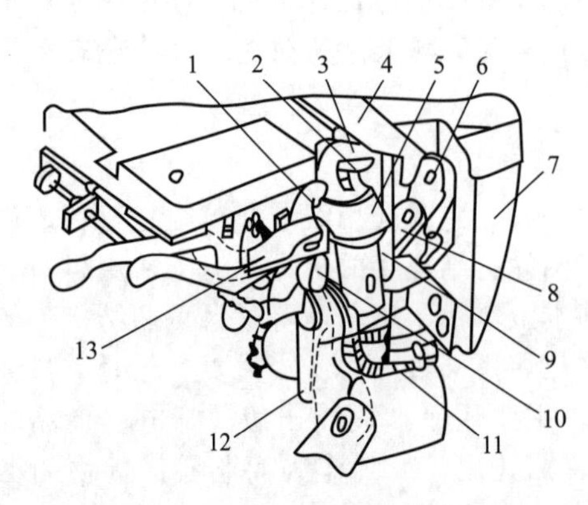

图 13-48 打结机构部件图

1—割刀；2—下绳嘴；3—上绳嘴；4—脱圈器；5—上下嘴闭合凸轮；6—抬绳凸块；7—主体；8—连杆；9—推杆；10—压绳器；11—锥齿轮；12—刀架摆杆；13—插入器

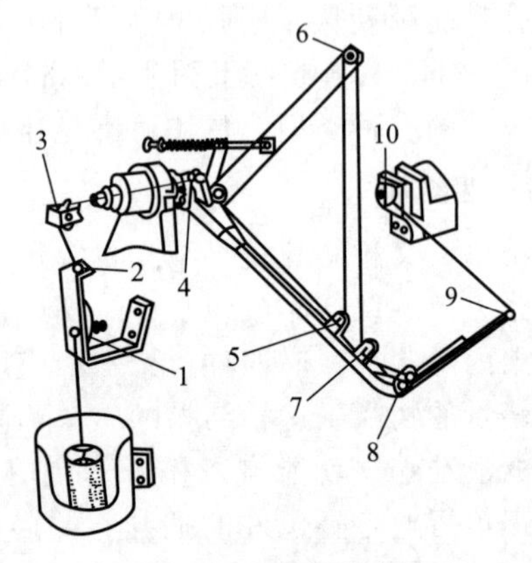

图 13-49 穿绳示意图

1,2—张紧架穿绳孔；3—导向滚；4～8—导绳滚；9—送绳臂；10—压绳器

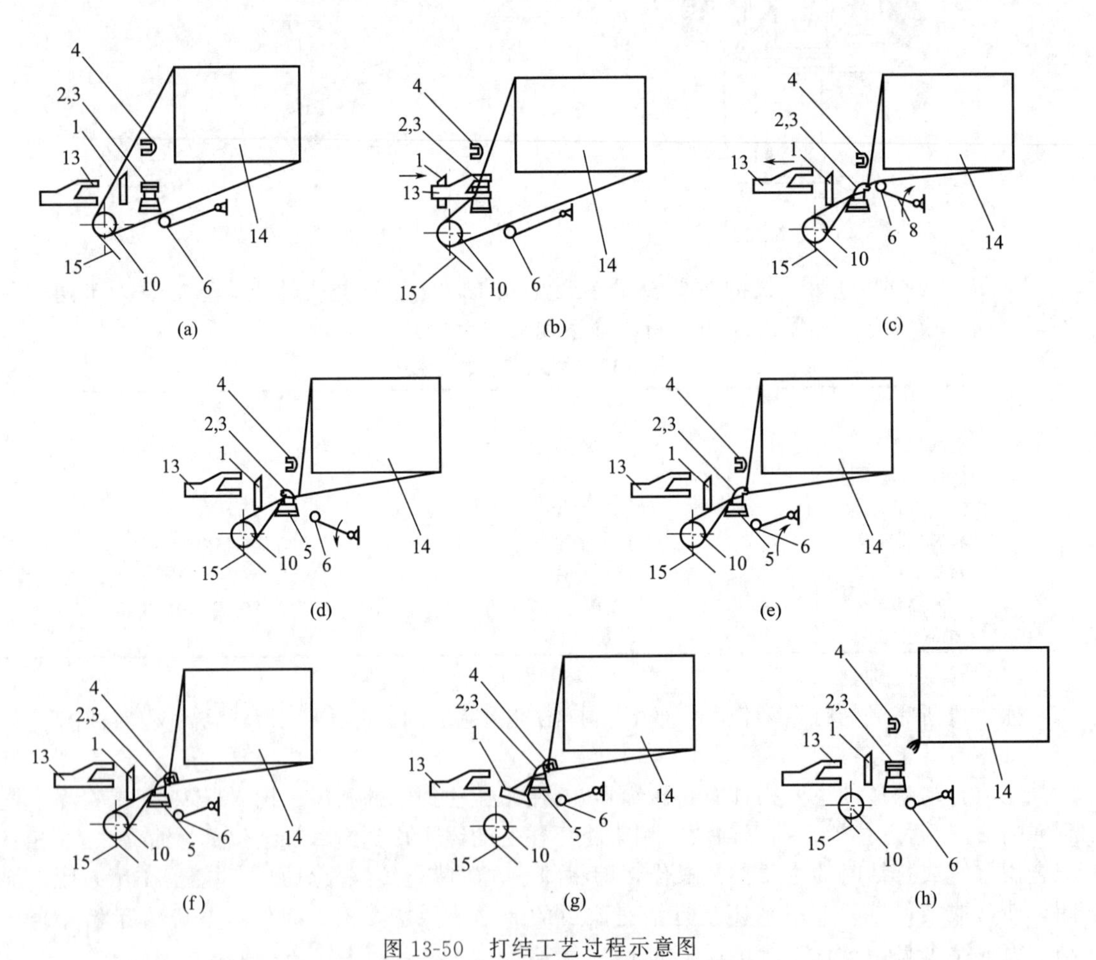

图 13-50 打结工艺过程示意图

1—割刀；2—下绳嘴；3—上绳嘴；4—脱圈器；5—凸轮；6—抬绳凸块；7—主体；8—连杆；10—压绳器；11—锥齿轮；12—刀架摆杆；13—插入器；14—被包装物；15—绳子

注：图注中 7、9、11、12 参照图 13-48，本图无法示出

② 插入器 13 连同绳子 15 一起右移，其时上下绳嘴 2、3 向前进入插入器 13［图 13-50(b)］；

③ 当插入器 13 开始左移（后退）时，其时绳子 15 被上下绳嘴 2、3 钩住，同时抬绳凸块 6 将绳的始端上抬，直至绳子始末靠近，逐渐捆紧包件［图 13-50(c)］；

④ 当绳子始末端靠近时，绳嘴 2、3 垂直回转 180。将绳子绕在上下绳嘴上［图 13-50(d)］；

⑤ 当绳嘴转动时，上下绳嘴在凸轮 5 作用下慢慢张开，转至 360°时，两绳头恰好嵌在绳嘴间［图 13-50（e）］；

⑥ 此时，脱圈器 4 下降至绳嘴 2、3 的后左侧，勒住绳圈［图 13-50（f）］；

⑦ 然后，上下绳嘴 2、3 后退并衔住绳子将绳圈自嘴上勒下，继续后退，结头被拉紧，同时，割刀 1 向下摆动［图 13-50（g）］；

⑧ 最后，割刀 1 将绳切断后复位，完成捆扎打结全过程［图 13-50（h)］。

打结形式如图 13-51 所示。

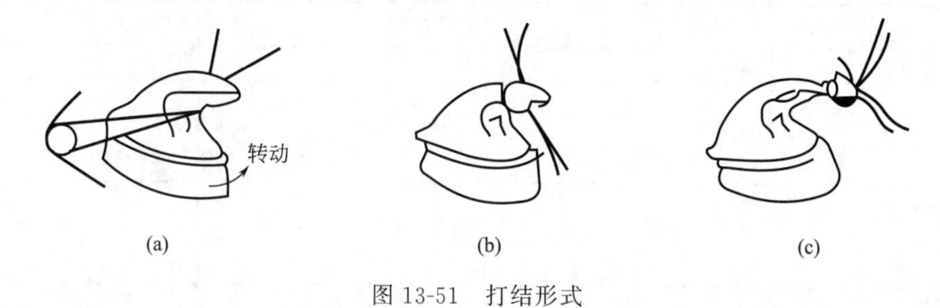

图 13-51　打结形式

13.5　其他包装机械的产品实例

13.5.1　热成型包装机的产品实例

13.5.1.1　DFP 系列热成型气调包装机（图 13-52）

图 13-52　DFP 系列热成型气调包装机

（1）性能特点

① 自动完成热成型制盒或制袋、手工（自动）加料、自动抽真空充气、热封、裁切、出料、废料收卷等一系列工作。

② 自动制盒和加料，可避免预制盒在制造、传输及存储等环节可能产生的污染。

③ 配置光电对版装置，可准确定位背封薄膜的图文位置。

④ 运用伺服驱动技术，同步精确、行程长度由人机界面设定。

⑤ 可以根据用户要求配置气体混配器，在抽真空的基础上，充入氮气或其他保护气体。

⑥ 新颖的无废边冲切装置，大幅降低了边角废料，包装盒成品边缘光滑无毛刺。

⑦ 模具采用高档铝合金材料，由加工中心（CNC）、镜面线切割等高精度数控设备一次加工成型。

⑧ 外购件均采用国际知名品牌，如德国 Busch 真空泵、日本安川伺服电机、德国 FESTO 气动元件等。

⑨ 可选配自动喷码系统。

（2）适用范围

DFP 系列热成型气调包装机适用于对生熟肉制品、鱼类、家禽、水果、蔬菜、面包等食物进行气调包装（硬膜）和真空包装（软膜）。

（3）主要技术参数

型号	DFP320	DFP420	DFP520
机器速度/次·min^{-1}	15	15	15
硬膜包装/mm			
上膜宽度	312	412	512
下宽宽度	322	422	522
软膜包装/mm			
上膜宽度	292	392	492
下宽宽度	322	422	522
机器功率/kW	10	13	20
机器尺寸/(mm×mm×mm)	5100×900×1800	6150×1200×1900	6200×1400×1900
机器质量/kg	1300	1700	2100

（4）生产厂家：上海江南制药机械有限公司

13.5.1.2 DPP130 型平板式铝塑包装机（图 13-53）

图 13-53 DPP130 型平板式铝塑包装机

（1）性能特点

① 主机正压成型，配有变频器，可根据不同规格药物在保证充填的基础上选择冲裁频率。

② 可按用户要求，改制双铝包装。胶囊可配调头上料机。

（2）适用范围

主机可以包装各种异形产品，医疗器械、糖果、蜜丸、片剂、胶囊和栓剂。

（3）主要技术参数

PVC 硬片：130mm×(0.25～0.35)mm

PTP 铝箔：130mm×0.02mm

冲裁频率：20～40 次/min

冲裁板块数：1～3/每次

包装效率：(2～5)×10^4 粒/h

电源：380V，50Hz

总功率：3kW

外型尺寸：1950mm×650mm×1500mm

质量：400kg

（4）生产厂家：锦州市亚欧德包装机械有限公司

13.5.1.3　DPB-250E-I 型平板式自动泡罩包装机（图 13-54）

图 13-54　DPB-250E-I 型平板式自动泡罩包装机

（1）性能特点

① 成型、热封、压痕、冲截等部件在机身同一平面上可任意调节间距，适应各种尺寸药版的包装，精度高，适用性强。

② 行程可调，自动送料，对版加热，正压成型，上下网纹，气缸热封，自动压痕打批号，机械手牵引，操作简单，运行可靠。

③ 采取汉森 R 系列斜齿轮减速机，噪声低，寿命长。

④ 模具压板定位，对版准确，换模方便。

⑤ 组合式机构，拆装方便，便于维修。

（2）适用范围

果汁饮料、护发用品、护肤品类、化妆品类、清洁、洗涤用品、酸奶、鲜奶、酱类，适用行业有餐饮、食品、化工、日化、医药、五金、机械、礼品、工艺品等。

（3）主要技术参数

型号电压：380V/220V

功率：6.4kW

包装膜宽：260mm

包装速度：160 袋/min

质量：1600kg

外形尺寸：2900mm×720mm×1550mm

包装材料：铝箔

物料类型：膏体

（4）生产厂家：瑞安市安泰制药机械有限公司

13.5.2　真空充气包装机产品实例

13.5.2.1　LZ-320 系列全自动拉伸真空包装机（图 13-55）

（1）性能特点

① 覆膜可选用彩膜或光膜-通过简单操作，可以在同一台设备上选用彩膜或光膜。

② 可以根据用户产品包装要求配备自动打码系统。

③ 根据用户产品包装要求在抽真空的基础上，可以充 N_2、O_2、CO_2 混合气体或单一

图 13-55 LZ-320 系列全自动拉伸真空包装机

气体，气体混合比例可以通过气调控制器方便调节。

④ 配用原装德国真空泵。

(2) 适用范围

适用于对食品、果蔬、海产品、冷冻块肉、豆制品、中药材、五金、电子元件、医疗器械等进行真空或充气的全自动拉伸热封包装。该系列包装机除随机配备的模具外，可以根据用户不同产品需要设计订做模具。也可以根据用户要求在同一台机器上进行拉伸膜包装和托盘包装。

(3) 主要技术参数

上膜宽度：400(300)mm

下膜宽度：420(320)mm

电源：380V，50Hz

总功率：约 7～10kW

外形尺寸：大型 4200mm×810(710)mm×1740mm

中型 3000mm×810(710)mm×1740mm

小型 2400mm×810(710)mm×1740mm

最大拉伸度：80mm

整机质量：大 1500kg，中 1200kg，小 1000kg

(4) 生产厂家：山东诸城贝尔自动化设备厂

13.5.2.2 DLZ-520E 全自动真空包装机（图 13-56）

图 13-56 DLZ-520E 全自动真空包装机

（1）性能特点

① 光电跟踪，可选用彩盖膜或光膜进行包装，降低成本，提高产品档次。

② 该类型真空包装机均采用伺服电机控制系统。

③ 可以根据用户产品包装要求，配备自动打码系统。

④ 根据用户产品包装要求，在抽真空的基础上，可以对真空包装机产品充氮气或混合气体进行包装。

⑤ 光电眼自动跟踪设备。

⑥ 采用进口链条，适用于各种厚度的软膜、硬膜及半硬膜的拉伸成型，可以进行特殊包装。

⑦ 备有边角废料回收系统，保持环境卫生。

⑧ 采用先进的托盘式输送结构，速度更快操作方便。

（2）适用范围

适用于对各种食品、肉制品、海产品、果蔬、酱菜、冷却肉、医药产品、五金元件、医疗器械等进行真空、充气、贴体包装。

（3）主要技术参数

上膜宽：393mm

下膜宽：422mm

真空度：≤200Pa

压缩空气：≥0.6MPa

冷却水：≥0.15MPa

电源：380V/50Hz

总功率：12kW

外型尺寸：5300mm×950mm×1860mm

整机质量：1800kg

（4）生产厂家：瑞安利宏机械有限公司

13.5.2.3　DZ800/2S 双室真空包装机（图 13-57）

（1）性能特点

① 整机 304 全不锈钢。

② 电脑板控制，液晶面板。

③ 加厚真空室钢板。

④ 品牌真空泵。

⑤ 双真空室四条封口线效率更高。

（2）适用范围

DZ800/2S 双室真空包装机可以根据物体的大小量身定制，可以加大真空室或者做成下凹式，专门用于粉末、液体或大包装物体真空包装。可将已装好物品的塑料袋放入外包装桶、纸箱等，一起放入真空室进行包装，也可适用于不能倾倒的液体、酱料等物品的包装。

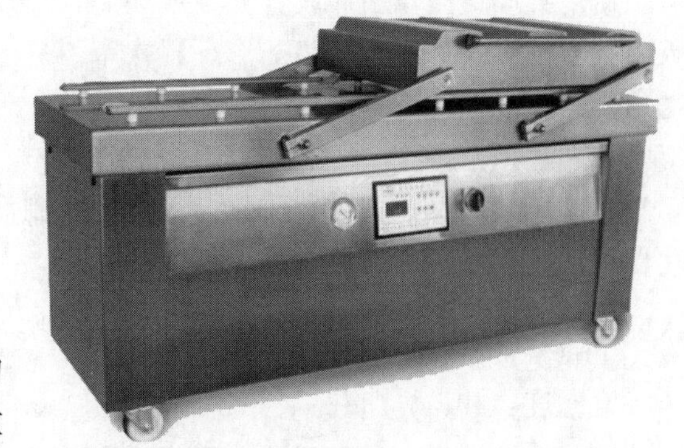

图 13-57　DZ800/2S 双室真空包装机

（3）主要技术参数

真空室尺寸：920mm×780mm×150mm

封口长度：800mm×2 条

封口宽度：8～10mm

中心距：570mm

包装能力：200～400 次/h

外形尺寸：1805mm×815mm×940mm

电源：380V，50Hz，5kW

质量：800kg

（4）生产厂家：青岛艾讯包装设备有限公司

13.5.2.4 DLZ420 真空高压充气包装机（图 13-58）

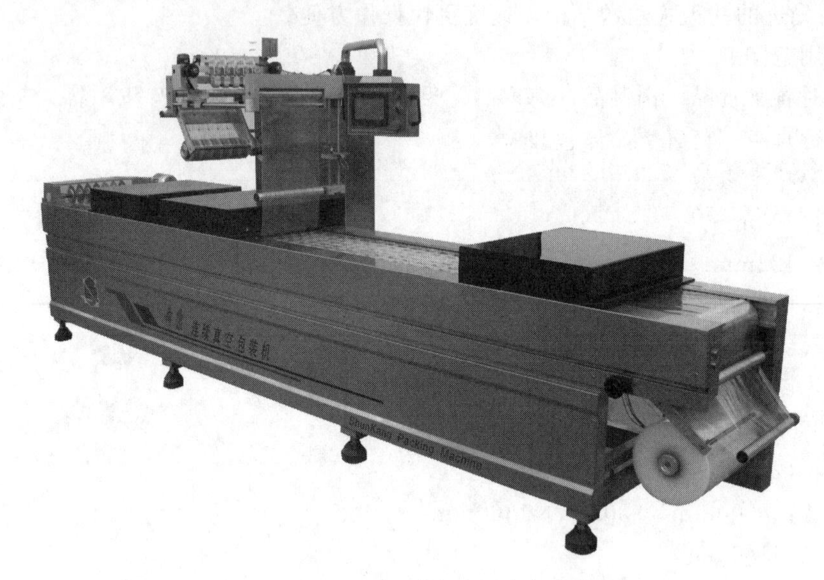

图 13-58 DLZ420 真空高压充气包装机

（1）性能特点

使用夹膜链条牵引底膜，底模成型后，在投料区放待入包装物品，在夹膜链的牵引下进入真空室抽真空并将上下膜封合，再次牵引进入纵、横分切区进行分切后，包装完毕，成品送出。

（2）适用范围

适应于熟制品、冻品、粮食、蒜米、肉制品、豆制品、休闲食品、冻鲜肉、海产品及医疗器械电子元件等的包装。

（3）主要技术参数

上膜宽度：493mm　　下膜宽度：522mm

真空度：10Pa　　精确度：±0.05mm

最大拉伸深度：70mm　　冷却水：≥0.01MPa

压缩空气：≤0.5MPa　　效率：4～6 次/min

总功率：16.5kW

外形尺寸：A 型 6200mm×950mm×1800mm

B 型 6630mm×950mm×1800mm

C 型 6950mm×950mm×1800mm

（4）生产厂家：诸城市舜康包装机械有限公司

13.5.3　捆扎机和捆结机产品实例

13.5.3.1　SI-150 穿箭全自动打包机（图 13-59）

图 13-59　SI-150 穿箭全自动打包机

（1）性能特点

针对栈板打包而设计的机种，开放式弓架、活动的穿带能将栈板与打包物牢固地打包在一起，便于移动及运输。

（2）适用范围

适用于栈板打包。

（3）主要技术参数

捆包速度：15s/带

适用带宽：12～19mm

使用电源：380V/50Hz，2kW

最大拉力：80kg

机器尺寸（长×宽×高）：720mm × 4125mm ×2485mm

机器质量：550kg

（4）生产厂家：天津派克威包装设备

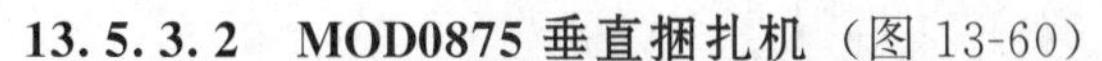

13.5.3.2　MOD0875 垂直捆扎机（图 13-60）

图 13-60　MOD0875 垂直捆扎机

（1）性能特点

① 自动调整，适合各种大小包装。

② 节省时间、材料及人工，方便垂直和横向捆扎。

（2）适用范围

适合常规物体捆包。

（3）主要技术参数

适用的机头型号：TR14/TR14HD/TR18/TR19HT/TR200

打包材料：PP 带，PET 带

打包带尺寸：宽度范围 12～19mm，厚度范围 0.7～1.2mm

捆扎束紧力：力度可调（由机头决定）

捆扎接口：热熔

捆扎效率：15s/带

挤压力度：700～2000kg

电压：380V，三相，50Hz

功率：3kW

（4）生产厂家：上海深蓝包装机械有限公司

13.5.3.3 CAP-2000 自动充填结扎机（图 13-61）

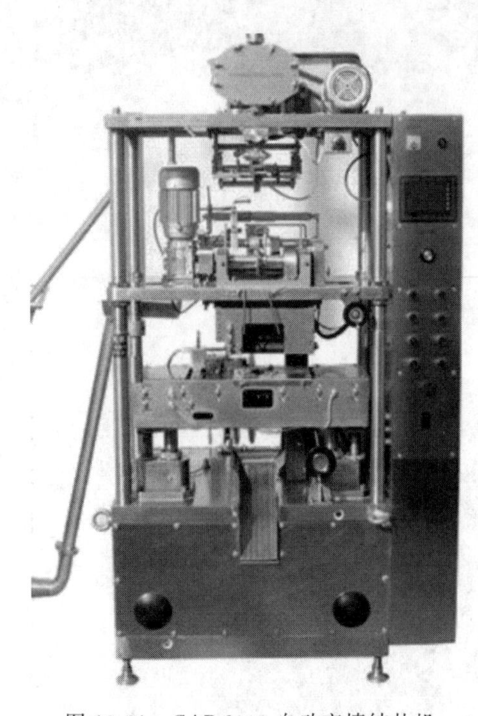

图 13-61 CAP-2000 自动充填结扎机

（1）性能特点

不仅机械精度高和选材优质，在零件互换性、安全性等方面更加符合用户的需要，具有科技含量高，操作简单，产品规格调整方便，结扎速度快，低噪声等特点，特别在力学性能上增加了软启动及控制界面，实现了低速调整高速运行和机手操作时的人机对话，大大减少设备的磨损及物料浪费。

（2）适用范围

适用肉泥类、火腿肠类。

（3）主要技术参数

结扎速度：60～180 支/min

挤压方式：单挤空

电压：380V

功率：5kW

安装尺寸：1220mm×3000mm×2500mm

（4）生产厂家：北京洋航科贸有限公司

13.5.3.4 绳子打结机（图 13-62）

（1）性能特点

① 主体全部采用钢架结构，坚固完美、确保设备运行稳定。

② 机器经过改良，实现了打结不掉线、不卡线、送吊牌顺畅。

③ 具有更高的安全措施，保证人员安全。

④ 打结系统自主研发，实现了全机械结构运动。

（2）适用范围

适应于手机绳、玩具类小挂件的绳子打结，具有速度快、效率高、能自动打结、自动切断线的功能，实现了机器不需人工看守，而且打结长度最短可以做到 42mm。

（3）主要技术参数

速度：85 个结/min

打结最短长度：42mm

打结最长长度：200mm

图 13-62　绳子打结机

自动化程度：全自动，无需工人看守

功率：0.75kW

电源：380V 或者 220V

机器质量：400kg

（4）生产厂家：东莞市石碣凌鹰机械设备厂

13.5.3.5　KB-25 自动打结机（捆绑机）（图 13-63）

（1）性能特点

① KB-25 自动打结机（捆绑机）采用带制动万向脚轮机构，移动灵活。速度快，效率高，约 1.5s 完成一次，自动打结，自动截断，操作便捷。

② 各零部件均按出口要求选材、处理、加工制作，工艺先进，性能优良。打结机操作系统均为电控，性能稳定、可靠。各传动机构设有可润滑装置，便于维护保养。采用全封闭装置，安全防尘，噪声低。外观造型美观、大方，具有较强的人性化布局。

（2）适用范围

适用于印刷业、包装纸箱业、制衣业、工艺品制作业、化工业、机场车站等的印刷品、衣着、食物、化学品、邮件、木材、纸制成品以及其他合成纤维类的捆绑。

（3）主要技术参数

最大捆绑尺寸：250mm×200mm

最小捆绑尺寸：50mm×40mm

桌面深度：220mm

捆绑速度：2s/结

图 13-63　KB-25 自动打结机（捆绑机）

捆绑用绳：28#/35#结束带

电源：单相220V，50Hz

电机功率：370W

外形尺寸：620mm×760mm×1170mm

机器质量：120kg

（4）生产厂家：青岛艾讯包装设备有限公司

13.6 常见的故障与使用维护

13.6.1 热成型包装机常见故障与使用维护

热成型制品常见缺陷有以下几个方面。

① 热成型容器不合格，出现成型不完整、烧焦、变色或起皱、厚薄不均、棱角开裂、翘曲变形等缺陷。主要是由于热成型工艺不合理或模具设计不合理等原因所致，应合理调整热成型温度和加热时间或改进模具设计。为防止成型时容器边角厚度骤减，可在凸模边角上加散热衬垫，使与其接触的材料温度降低，减少边角部位的拉伸率。

② 容器口盖封不严，可能是由于热封温度过低、热封压力过小或加热时间过短所致；也可能是热封模封接面不平整所致。对于前者应适当调高热封加热温度、延长加热时间、增大热封压力；对于后者可修配上、下封盖模封接面至平整，或更换封盖模具。

③ 容器边冲裁不整齐、封边宽度不匀称，可能是由于容器定位不准和冲裁模模口不直所致，应检查包装机各工位的调整是否合适，冲裁模模口是否平直，并采取适当的措施予以解决。

13.6.2 真空包装机常见故障与使用维护

（1）真空包装机常见故障现象及原因分析

1）真空泵不工作或有严重噪声

故障原因分析：

① 电源缺相或熔断器断路。

② 真空泵反转。

③ IC主接触点接触不良。

④ ISJ常闭触点不良。

采取措施：

① 检查电源进线或换熔芯。

② 电源换相。

③ 调整或换新。

④ 调整或换新。

2）真空泵超时不停、ISJ不工作、检修或换新、达不到规定的极限真空度

故障原因分析：

① 真空泵油太少或污染。

② 真空泵冒烟或漏气。

③ 气路封闭不严密。

④ 2DT铁芯卡死不复位。

采取措施：

① 加油或换油。

② 清洗真空泵，换新排气过滤器，检查止回阀。

③ 检查气路，消除泄漏。

④ 检修或清洗。

3）真空不尽或无真空

故障原因分析：

① 包装袋漏气。

② 真空时热封气室无真空。

③ 1DT 铁芯上密封垫或磁罩中密封圈泄漏。

采取措施：

① 换新包装袋。

② 1DT 不工作，检修排除。

③ 检修或换新。

4）无热封

故障原因分析：

① 镍铬皮烧掉。

② 热封回路线松动，断路。

③ 2C 主触点接触不良。

④ 2C 不工作。

（2）真空包装机维修及保养工作

① 操作前必须详细阅读说明书，熟悉调整和使用方法。

② 按真空包装机说明书规定，对真空泵进行定期保养，加油（注意保持油位），并严格注意不允许倒转，以免造成泵的误操作和泵倒转，油倒喷至泵内真空系统。

③ 经常检查下热压架封口漆布（聚四氟乙烯）上有无异物，是否平整，以确保封口强度。

④ 经常检查机器接地是否接触良好，保证安全用电。

⑤ 发现故障时，应及时关闭电源，必要时，要接急停按钮，待放气后提起机盖，然后关掉电压，检查原因，排除故障。

13.6.3　捆扎机常见故障与使用维护

自动捆扎机使用前必须检查打包机部件光电管是否完好，反光板是否对正和上面有无灰尘，如果未对正把它对在正确的位置，有灰尘的除去上面的灰尘。各部件螺钉、螺母是否有松脱现象，有应及时上紧。如果有缺少螺钉、螺母的现象，必须通知修理人员及时进行处理。

检查曲轴部分是否缺油，如果缺，必须对曲轴用蘸滴式方法进行加油，通常是用一小棍蘸油，慢慢地滴在轴上，不能用倒的方式流到送带轨中，打带时打滑，不会收带，打不紧带子。打包机开机过程中如果发现有异常现象，如声音大、振动大、有异味等，如果自己发现不了，应停止自动打包机，让修理人员来处理，以免造成内部零件的损坏。

随着自动捆扎机反复使用，不管耐用性多么卓越的自动捆扎机都会或多或少地出现磨损和故障。常见故障和解决方法如下。

（1）粘接效果不好

① 加热温度过高或过低。解决方法：调整加热温度。

② 加热片变形。解决方法：校正加热片或更换加热片。

③ 中顶刀顶压力度不够，其体内弹簧断裂。解决方法：更换中顶刀体内弹簧。

(2) 送带不到位

① 杠杆拉簧力量太大或太小。解决方法：适当调整滚轮压力。

② 顶杆位置太高。解决方法：适当调整顶杆位置。

③ 带仓内储带量少。解决方法：适当调整储带量。

④ 带头劈裂导致在带道内运行不畅不到位。解决方法：适当调整捆紧力。

⑤ 送带探头调得过早或过晚。解决方法：适当调整送带探头。

⑥ 停机探头调得太远。解决方法：将停机探头往送带探头方向调一段距离。

⑦ 打包带质量问题。解决方法：更换打包带。

(3) 捆不紧

① 捆紧调节装置处较松位置。解决方法：适当调整捆紧力。

② 卡带块磨损较大。解决方法：更换卡带块。

③ 卡带块齿槽间塞满带屑。解决方法：清理带屑。

④ 拔杆拉簧断裂。解决方法：更换拔杆拉簧。

⑤ 摆杆推动轴承破裂。解决方法：更换轴承。

⑥ 扭簧断裂。解决方法：更换扭簧。

(4) 拉大圈

① 退带时间不够。解决方法：调整退带时间。

② 退带轮间隙不对（太大或太小)。解决方法：适当调整退带间隙。

③ 捆紧阻力太大。解决方法：检查并清理框架带道。

④ 电机皮带太松。解决方法：更换或适当调皮带松紧。

(5) 带仓量故障

① 带仓横杆与带仓摩擦。解决方法：调整带仓横杆与带仓间隙。

② 接近开关位置不对或已坏。解决方法：检查更换接近开关。

③ 送带轮力量太小或太大。解决方法：适当调整送带轮压力。

④ 拉簧断裂。解决方法：更换拉簧。

⑤ 拉簧力度太小或太大。解决方法：适当调整拉簧力度。

⑥ 带盘刹车失灵。解决方法：检查并更换相应配件，如刹车皮带、弹簧。

⑦ PLC 控制器损坏。解决方法：更换 PLC。

⑧ 储带量过多或过少。解决方法：适当调整储带量。

参考文献

[1] 黄颖为. 包装机械结构与设计. 北京：化学工业出版社，2007.

[2] 高德. 包装机械设计. 北京：化学工业出版社，2005.

[3] 刘筱霞. 包装机械. 北京：化学工业出版社，2010.

[4] 张聪. 自动化食品包装机. 广州：广东科技出版社，2003.

[5] 孙智慧，高德. 包装机械. 中国轻工业出版社，2010.

[6]《包装与食品机械》杂志社. 包装机械产品样本，北京：机械工业出版社，2008.

[7] 杨晓清. 包装机械与设备. 北京：国防工业出版社，2009.

[8] 机械工业信息研究院. 包装机械产品供应目录. 北京：机械工业出版社，2002.

[9] 赵淮. 包装机械选用手册. 北京：化学工业出版社，2001.

[10] 房维中. 新型包装机械选型设计与制造、维修实用手册. 北京：中国化工电子出版社，2006.

第 14 章　包装生产线

14.1　概述

14.1.1　包装生产线及其特点

包装自动生产线是按照产品包装工艺过程，利用分流、合流、储存、传送装置把自动或半自动包装机以及辅助设备连接起来而形成的，具有独立控制装置的包装生产系统。在自动包装生产线上，被包装物上线后便以一定的节拍，按照设定的包装工艺顺序，自动地经过各个包装工位，完成预定的包装，最后成为符合设计要求的包装件而下线。在自动线整个生产过程中，工人不参与直接的工艺操作，只是全面观察、分析生产系统的运转情况，定期加料，对包装件质量进行抽样检查，及时地排除设备故障，调整维修、更换易损零件，保证自动线的连续工作。

包装生产线的自动化程度取决于人参与生产的程度。若被包装物只是由输送装置送到各个包装工位，在工位上主要是由工人操作机器或工具来完成规定的包装任务，这样的生产线一般称为生产流水线，其自动化程度比较低，主要是传送被包装物。生产中一般把自动线、流水线统称为生产线。

采用自动线组织生产，有利于应用先进的科学技术和现代企业管理技术，可以简化生产布局，减少生产工人数量以及中间仓库和被包装物储备量，缩短生产周期，提高包装质量，增加产量，降低生产成本，改善劳动条件，促进企业生产实现现代化。但是，在同等条件下，自动线成本高，占地面积比较大，生产中的组织管理要求高。

14.1.2　包装生产线的组成及形式

自动包装线主要由自动包装机、传送储存装置和控制系统三大部分组成，如图 14-1 所示。其中，自动包装机是自动包装线的最基本工艺设备，传送储存装置是必要的辅助装置。

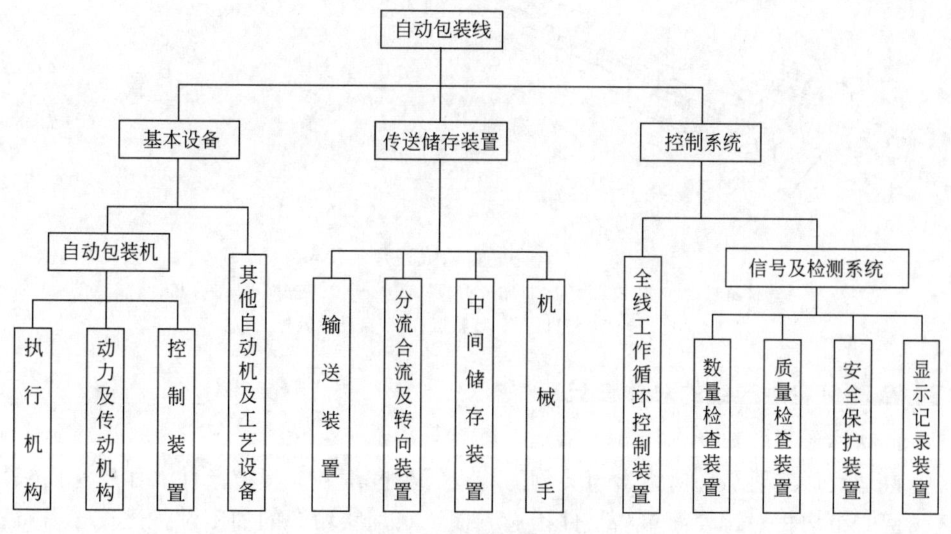

图 14-1　包装线的基本组成

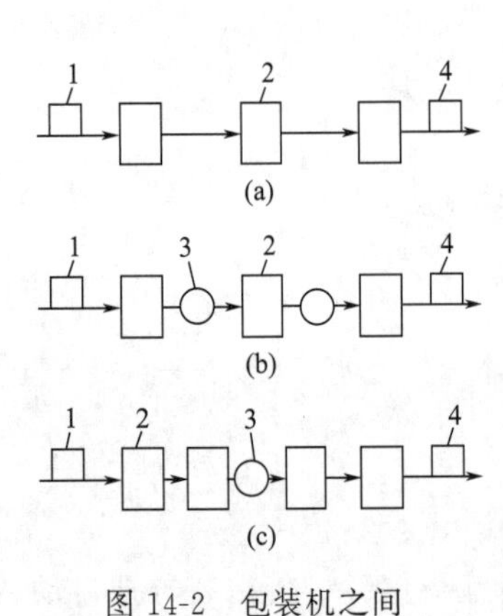

图 14-2 包装机之间的连接特征

它们依靠自动控制系统来完成确定的工作循环，并达到预定的数量和质量。

自动包装线按排列形式可分为串联、并联和混联自动线；按自动线的布置方式可分为直线型、曲线型、环型和树枝型自动线；按包装机之间的连接特征分为刚性、柔性和半柔性自动线。

图 14-2（a）所示为刚性生产线。被包装物品在生产线上完成全部包装工序，均由前一台包装机直接传递给下一台包装机，所有包装机均按同一节拍工作。如果其中一台包装机出现故障，其余各机均应停止。一般可靠性非常高的包装机可采用该连接方式。

图 14-2（b）所示为挠性生产线。被包装物品在生产线上完成前道包装工序后，经中间储存装置储存，根据需要由输送装置送至后一工序包装机。即使生产线中某台包装机出现故障，也不会立刻影响其余包装机正常工作。

图 14-2（c）所示为半挠性生产线。生产线由若干个区段组成，每个区段内的包装机间以刚性连接，各区段间为挠性连接。如灌装生产线，其中灌装机与压盖机常以刚性连接组成。

图 14-3 所示为香皂自动成型包装线，它属于串联刚性生产线，生产率约为每分钟 200 块。

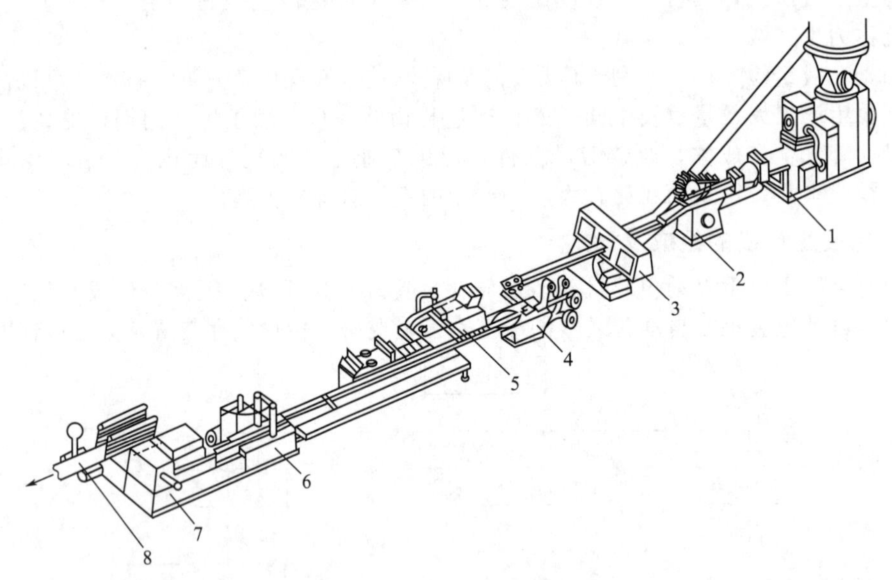

图 14-3 香皂自动成型包装线

1—挤出机；2—切块机；3—打印成型机；4—香皂包装机；5—装盒机；6—中盒裹包机；7—装箱机；8—自动检验秤

14.1.3 自动包装生产线的总体设计

（1）自动线形式的选择

选择自动线形式要综合考虑被包装物的特点、生产纲领、生产条件（如厂房面积）等因素。直线型的结构相对比较简单，工件传送方便，自动线两旁的加工设备比较容易布置，但传动链较长，工位比较多时显得狭长。曲线型和封闭环（框）型可以合理利用厂房面积，结构布局比较紧凑，传动链相对集中，上、下料在同一位置，但需要设置导向、转向机构使工件在传送中导向、转向。树枝型可从不同位置上料，实现工件的分流、汇合，适合产品的包装、组装、分检等，但其结构、传动链等相对都要复杂一些。

(2) 生产节拍、输送速度的确定

对间歇型自动线要确定其生产节拍，对连续型自动线要确定其输送速度。生产节拍和输送速度要根据设计生产纲领、自动线形式、自动线上最长工艺时间以及工件传送的平稳性要求等计算确定。

(3) 自动线机架结构

自动线一般比较长，所以其机架常采用型材组焊、铆接、螺栓连接等方式组拼成框架式结构。可设计成若干等长度框架段，然后根据需要用螺栓将各段连接起来。

(4) 自动线控制系统

自动线是由控制系统将组成自动线的所有自动机械和辅助设备连接成一个有机的整体。控制系统是指挥中心，操纵着自动线各个组成部分的工艺动作顺序、持续时间、预警、故障诊断和自动维修等。自动线工作的可靠性，在很大程度取决于控制系统的完善程度以及可靠性。自动线对控制系统有如下一些要求。

① 满足自动线工作循环要求并尽可能简单。

② 控制系统的构件要耐用可靠，安装正确，调整、维修方便。

③ 线路布置合理、安全，不能影响自动线整体效果和自动线的工作。

④ 应在关键部位，对关键工艺参数（如压力、时间、行程等）设置检测装置，以便当发生偶然事故时，及时发信、报警、局部或全部停车。

自动线的控制方式采用时序控制或行程控制，集中控制或分散控制。控制电路的逻辑关系取决于自动线的工作循环图。

14.2　包装机及包装生产线的工作循环图

包装机一般都有若干个执行构件，为使其自动可靠地完成包装过程，每个执行构件都必须按给定的规律运动，并且它们之间的动作必须协调配合，按一定的程序依次完成。工作循环图就是描述各个执行构件在整个运动循环内的运动规律及其工作顺序的图表，也称为运动周期循环表。

14.2.1　包装机械的工作循环图

(1) 执行机构的运动循环图

执行机构的运动循环图表示执行构件在一个运动周期内的运动规律及顺序。通常有圆环型和直线型两种表达方式。直线型运动循环图对机械传动、气液压传动都适用，且便于阅读和绘制。

直线性循环图的表示方法：取一条水平线段表示一个运动循环周期，将执行机构在一个运动循环内的运动情况表示出来，即得到运动循环图；如果执行构件在某段时间内是运动的，就用斜直线（通常升程用斜率大于零的斜线表示，回程用斜率小于零的斜线表示）表示；如果是静止或匀速转动的，则用水平线段表示。图 14-4 所示为某一凸轮机构的运动循环图，执行构件（从动件）在 T_1、T_3 时间段内停止不动，在 T_2、T_4 时段内作升程和回程

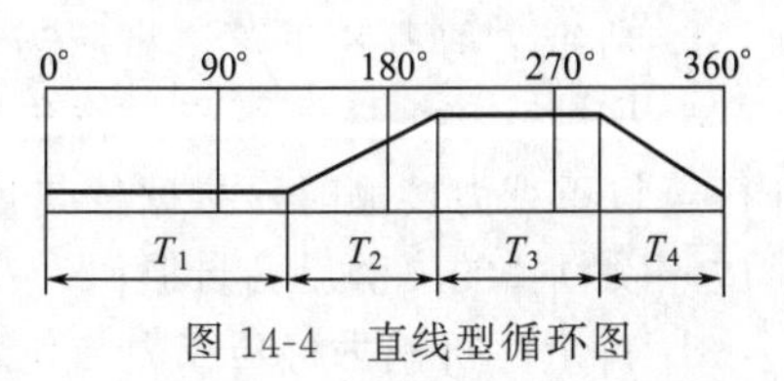

图 14-4　直线型循环图

运动。

(2) 包装机的工作循环图

包装机的工作循环图是将各执行机构的运动循环图按同一时间或分配轴转角，绘在一起的总图。它以某一执行构件的工作起点为基准，表示出各执行构件的工作起点相对于该主要执行构件的运动循环的次序。

如图 14-5 所示，以粒状巧克力自动包装机为例，讨论具有送料、剪纸、顶糖和折纸四个执行机构的粒状巧克力自动包装机的循环图绘制过程。

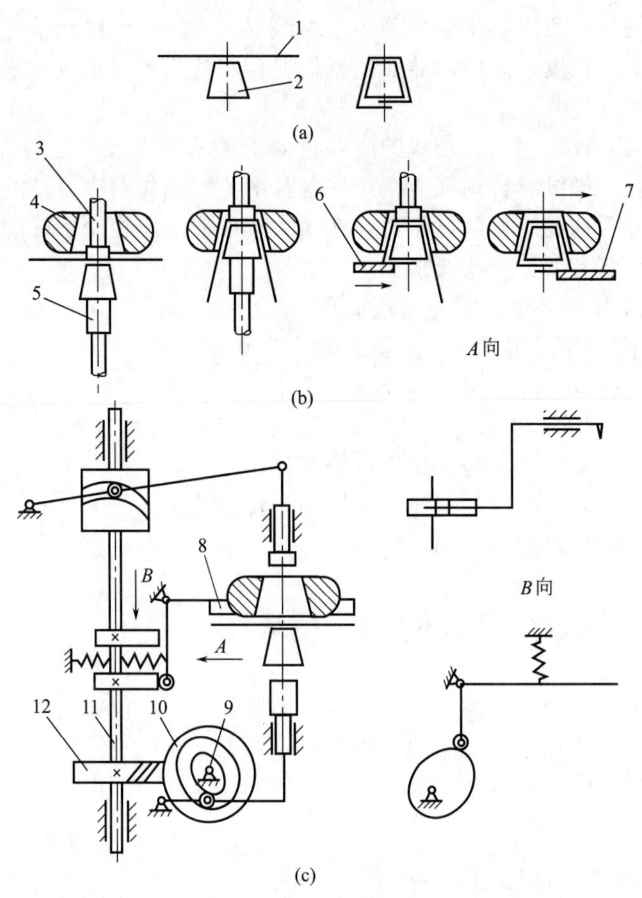

图 14-5 粒状巧克力自动包装机的工艺动作原理图

1—包装纸；2—巧克力；3—接糖杆；4—机械手；5—顶糖杆；6—活动折纸板；7—固定托板；8—剪刀；9—主分配轴；10—主动螺旋齿轮；11—副分配轴；12—从动螺旋齿轮

① 分析工艺操作顺序 包装过程包括以下四个工艺过程。

a. 送料 间歇运动的拨糖盘将待包装的巧克力 2 送至机械手 4 下面的包装工位；与此同时，送料辊轮将包裹巧克力所需长度的包装纸 1 送至巧克力与机械手之间。图中，送料辊轮均未画出。

b. 剪纸 剪刀 8 下落，将所需长度的包装纸从卷筒纸带上剪下后，剪刀返回原位。

c. 顶糖 接糖杆 3 下行，将包装纸顶向巧克力的上表面；同时顶糖杆 5 上行。当顶糖杆行至与巧克力接触时，接糖杆与顶糖杆一起夹持着巧克力向上，到达机械手的夹持部位，经过一段短暂的停留后各自退回。在此过程中，完成包装纸的初步成型。

d. 折纸 机械手将巧克力与包装纸一起夹持住，活动折纸板 6 将一侧包装纸折向中央，保持一段时间后返回原位。接着，机械手带包装纸的巧克力转向下一个工位。在机械手转位的过程中，固定托板 7 将另一侧包装纸折向中央。

机械手转位的同时，拨糖盘与送料辊轮将下一个待包装的巧克力和包装纸送上，如此不断循环。

在粒状巧克力自动包装机中，电动机提供的运动和动力经由若干级传动副传至主分配轴 9，再经过一对传动比为 1 的主动螺旋齿轮 10 和从动螺旋齿轮 12 传至副分配轴 11。该机所有的工艺动作和辅助操作，都是由这两根分配轴通过凸轮机构、间歇运动机构和其他一些机构来实现的，也就是说，该机采用分配轴作为时序控制装置。

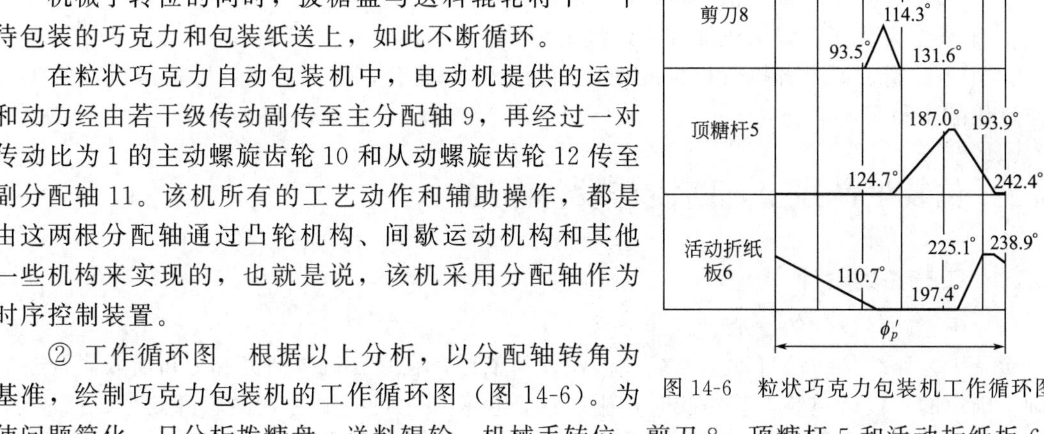

图 14-6　粒状巧克力包装机工作循环图

② 工作循环图　根据以上分析，以分配轴转角为基准，绘制巧克力包装机的工作循环图（图 14-6）。为使问题简化，只分析拨糖盘、送料辊轮、机械手转位、剪刀 8、顶糖杆 5 和活动折纸板 6 等六个机构，不考虑接糖杆 3、机械手夹持和其他一些机构的动作。而拨糖盘、送料辊轮和机械手转位这三个机构的动作是完全一致的，可作为一个机构来看待。因此，图中讨论的构件为四个。

14.2.2　包装生产线工作循环图

自动包装生产线是一种自动化程度较高的有机组合体。为了保证全线能按预先给定的规律动作，需将包装机及辅助装置的运动配合关系借助图表的形式简明地表达出来，这就要求合理地编制自动线的工作循环图。在设计、调试、使用中，它是保证电气及气液压控制系统正常工作的重要依据。

编制工作循环图的要点如下。

（1）拟定运动规律

根据完成包装操作所需要的工艺时间和许用速度、加速度等，拟定各执行构件的工作行程、回程和停留时间。工艺时间、许用速度及加速度，不仅与包装工序类型、所用工艺方法、被包装物品和包装材料的特性、包装质量要求等有关，还与执行机构类型、制造装配精度、操作条件等有关，它们对于确定运动规律至关重要。因此，必须依靠理论知识、实践经验或经过模拟试验取得可靠数据，合理地确定运动规律。

（2）确定动作配合

按照包装程序要求，安排好各执行构件的动作配合关系。首先，必须保证各执行构件、被包装物品和包装材料在运动时互不发生时间和空间上的干涉；同时，要尽量增加各执行构件在工作时间上的重叠，因为重叠愈多，运动循环周期就愈短。因此，应算出有关执行构件发生干涉的时刻，并考虑在干涉点附近留出适当的空间和时间余量。这样，既能防止发生干涉，又能最大限度地增加工作时间的重叠。

（3）绘制工作循环图

根据初步拟定的运动规律和动作配合，绘制工作循环图。对于机械传动，还要将执行构件与时间的关系转换为与分配轴转角的关系。

14.2.3　工作循环图的功用

① 工作循环图反映了机器或生产线的生产节奏，因此可用来核算机器或生产线的生产

率，并作为分析、研究提高生产率的依据。

② 用来确定各执行机构原动件在主轴上的相位，或者控制各个执行机构原动件的凸轮安装在分配轴上的相位。

③ 用来指导机器中各个执行机构的具体设计。

④ 用来作为装配、调试机器或生产线的依据。

⑤ 用来分析、研究各执行机构的动作如何能紧密配合，相互协调，以保证机器的工艺动作过程能顺利实现。

14.3 包装生产线工艺路线与设备布局

14.3.1 工艺路线设计

（1）工艺路线设计的原则

包装工艺路线是包装自动生产线总体设计的依据，它是在调查研究和分析所收集资料的基础上确定的。设计包装工艺路线时，应在保证包装质量的基础上，力求高效率、低成本、结构简单、便于实现自动控制、维修和操作方便等。根据包装自动生产线的工艺特点，提出以下设计原则。

① 合理选择包装容器与材料　例如，糖果包装机中采用卷筒包装材料，有利于提高包装机的速度；对于衣领成型器而言，宜选用强度较高的复合包装材料；制袋-充填-封口机所使用的塑料薄膜应预先印上定位色标，以保证包装件的正确封切位置；自动灌装机中为使灌装机连续稳定运行，瓶口的形状与尺寸应符合精度的要求。

② 确定工序的集中与分散　工序集中与分散程度是根据哪一种设计更能全面、综合地保证质量、提高生产率和降低成本等因素决定的。

工序集中的特点：由于工序集中，减少了中间输送、存储、转向等环节，使机构得以简化，可缩减生产线的占地面积。但是，工序过分集中，会对包装工艺产生更多的限制，降低了通用性，增加了机构的复杂程度，不便于调整。所以，采用集中工序时，应保证调整、维修方便，工作可靠，有一定通用性等。

为提高生产率，便于平衡工序的生产节拍，可以将包装操作分散在几个工序上同时进行，使工艺时间重叠，即工序分散。例如，回转式自动灌装机头数愈多，生产率愈高。工序分散可减小机构的复杂程度，提高工作可靠性，便于调整和维修等。但生产线占地面积大、过分分散也使得成本增加。

总之，对于工序的集中和分散，应根据生产线的特点全面综合地进行分析比较，力求合理，方案最佳。

③ 平衡工序的节拍　平衡工序的节拍是制定包装自动生产线工艺方案的重要问题之一。各包装机间具有良好的同步性，对于保证包装自动生产线连续协调地生产非常重要。平衡节拍时，反对压抑先进、迁就落后的平衡办法。具体采取如下措施。

a. 将包装工艺过程细分成简单工序，再按工艺的集中、分散原则和节拍的平衡，组合为一定数量的合理工序。

b. 受条件限制，不能使工序节拍趋于一致时，则尽可能使其成倍数关系，利用若干台包装机并联达到同步的目的。

c. 采用新技术，改进工艺，从根本上消除影响生产率的工序等薄弱环节。

总之，工艺方案的选择是一个非常复杂的问题，必须从产品包装质量、生产成本、可靠性、劳动条件和环境保护等方面综合考虑。

（2）工艺路线的形式及选择

工艺过程执行路线（简称工艺路线）形式多种多样，常见的有直线型、台阶型、回转型和组合型。

① 直线型工艺路线　直线型工艺路线即工件的位移为直线，一般可分为垂直（立式）和水平（卧式）直线型两种，亦有倾斜直线型。例如粉状、小颗粒料（白砂糖、味精）包装机，其依次执行连续制袋、充填物料、封口包装等动作就是沿立式直线型工艺路线。成型物品（如面包、肥皂）的包装多采用水平直线型工艺路线。

② 工艺路线　先沿水平直线再沿垂直（上或下）直线即台阶型工艺路线，一般适合对物品的折叠式包装。例如书籍的包装，先将 10 本书水平推到平铺的纸张中间位置，使书和包装纸一起下降，立折叠板即把两边的纸折起竖立，再使书和包装纸一起水平移动，平折叠板又把竖立的纸推平，如此反复就可完成 10 本书的包装。

③ 回转型工艺路线　回转型工艺路线中，被包装物沿圆弧轨迹运动。可以是水平面上的圆弧（立式机型），也可以是垂直面上的圆弧（卧式机型）；可以是间歇回转，也有连续转动，亦有立体波浪回转型。

④ 组合型工艺路线　被包装物在包装过程中既作直线运动，又作回转运动，直线移动一段距离后，沿圆弧转向。例如香烟塑膜包装机、双转盘化妆品灌装机等均采用了这种工艺路线。

在这四种工艺路线中，采用回转型可使机器结构布局紧凑，外观造型美观，机器传动系统的运动链较短，占地面积小，使用操作方便。缺点是需要增设转向机构使工件传送转向或调整方向，各工位执行机构布置要求高（以免发生干涉），适宜被包装物小、工位少、包装动作简单的圆盘式自动包装机。直线型工艺路线可看成回转型工艺路线的展开，被包装物传送方便容易，对传送机构要求低，各工位的执行机构比较容易布置，但机器占地面积大，传动链较长，操作者活动范围大，适宜被包装物件较大、包装工序多、工位执行机构结构复杂、连续生产的自动生产线。台阶型（或之字形）工艺路线具有直线工艺路线的优缺点，但必须增设工件升降机构。工艺路线直接影响到机器结构布局，设计选用时要综合考虑各种因素。

（3）工艺原理（流程）图设计及绘制

工艺原理图亦称为工艺流程图，它是工艺方法、工艺过程设计结果的表现形式之一，是自动包装机设计中的重要资料之一，是后续总体结构设计的基础和依据。工艺原理图必须形象、简练而清楚。根据工艺原理图，大体上可确定包装机的运动特征、工作循环和总体布局方案等。在工艺原理图上应体现出如下一些内容。

① 被包装物的大概特征。

② 从被包装物到包装件的具体工艺方法、工艺过程。

③ 被包装物的运动路线、包装工艺路线。

④ 包装的工艺顺序和工位数、工艺操作与辅助操作的顺序和数量。

⑤ 被包装物在各工位上所要达到的包装状态及要求。

⑥ 执行机构与被包装物的相互位置、对被包装物的作用方式、工作原理。

图 14-7 是化妆品自动灌装工艺原理图。工艺过程共分成 10 步（工位），采用双回转加直线型工艺路线。送空盒到工位Ⅰ，沿圆弧转位到工位Ⅱ；转到工位Ⅲ进行灌装；转位到工位Ⅳ、工位Ⅴ，再沿直线到工位Ⅶ；沿圆弧转位到工位Ⅷ贴锡箔；工位Ⅸ压锡箔；在工位Ⅹ将送来的上盖扣在盒上；工位Ⅺ卸成品。图中的工位Ⅵ、工位Ⅻ为无用工位，这是由转位机构造成的。该工艺原理图还体现出了自动灌装机的总体布局和运动特征等。

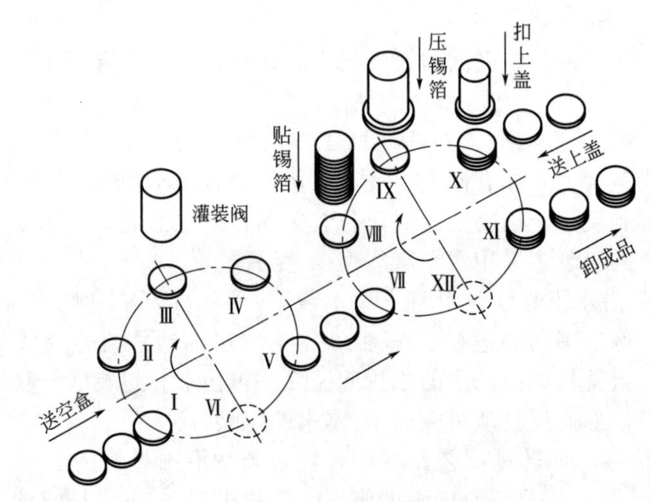

图 14-7 化妆品自动灌装工艺原理图

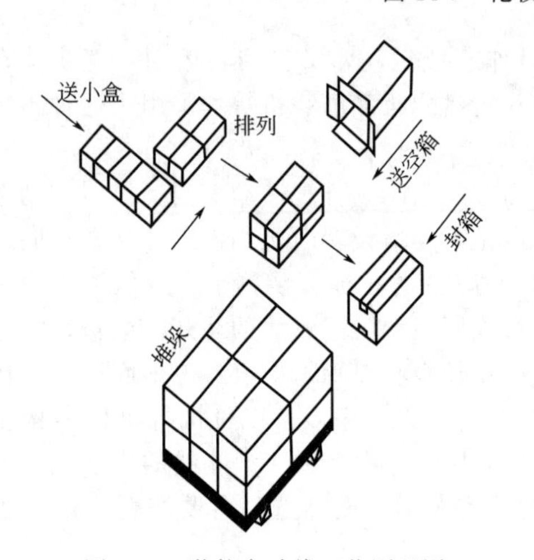

图 14-8 装箱自动线工艺原理图

对于自动线，可在组成自动线的各个自动包装机的工艺原理图基础上，按照工艺流程绘出各单机所完成的工作，排列起来即成为自动线的工艺原理图。图 14-8 所示为装箱自动线的工艺原理图；它表示了小盒排列、装箱、封箱、贴封条、堆垛的各单机所应完成的操作。

14.3.2 设备布局

包装工艺路线和设备确定后，本着简单、经济、实用的原则布置设备，对包装物料、包装方式、工艺路线、生产设备做出平面与空间的统筹安排。

(1) 平面布置

平面布置应力求生产线短，布局紧凑，占地面积小，整齐美观以及调整、操作、维修方便等。

包装自动生产线的排列可采用多种形式布置，如直线形、直角形或框形等。至于采用何种形式布置，需综合考虑。比如，车间的平面布置、柱子间距、各台设备的外形尺寸和生产能力，输送机形式等。另外，还要便于操作和实现集中控制等。

图 14-9～图 14-13 为几种自动包装线的平面布置图例，其中图 14-12 为多品种小批量的

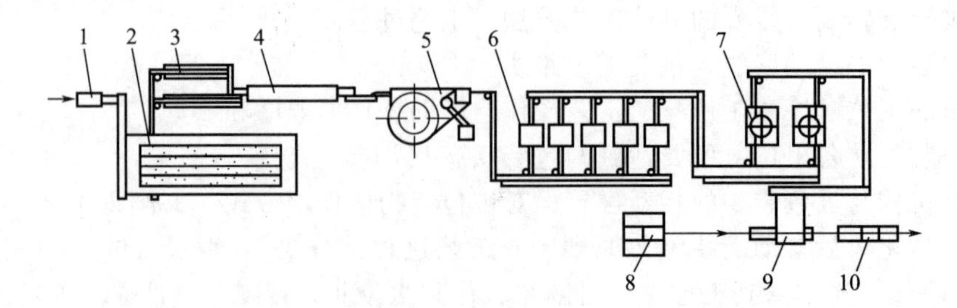

图 14-9 饮料自动灌装线工艺路线图（400 瓶/min）

1—卸瓶机；2—洗瓶机；3—空瓶检查台；4—空瓶加温器；5—灌装封口机；6—检液装置；7—贴标机；8—开箱机；9—装箱机；10—封箱

包装流水线平面布置图，此流水线可以完成裹包、封盒、装箱、封箱等多道工序。

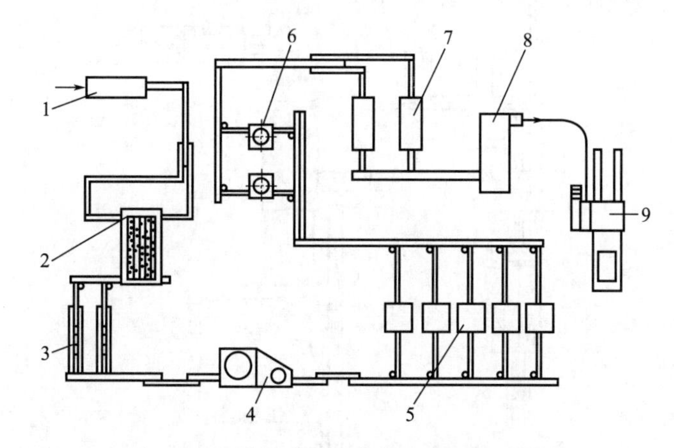

图 14-10　混联式自动灌装线平面布置形式

1—卸箱机；2—洗瓶机；3—空瓶检查台；4—灌装封口机；5—检液装置；
6—贴标机；7—中间储存装置；8—装箱机；9—堆码机

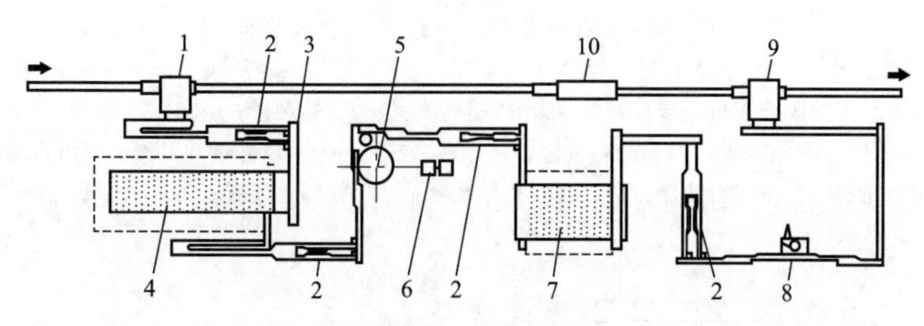

(a) 啤酒350瓶/min, 640mL

1— 卸瓶机；2—验瓶机；3—瓶传送带；4—洗瓶机；5—灌瓶机及封盖机；
6—五冠盖料斗；7—加热机；8—贴标机；9—箱传送带；10—洗箱机

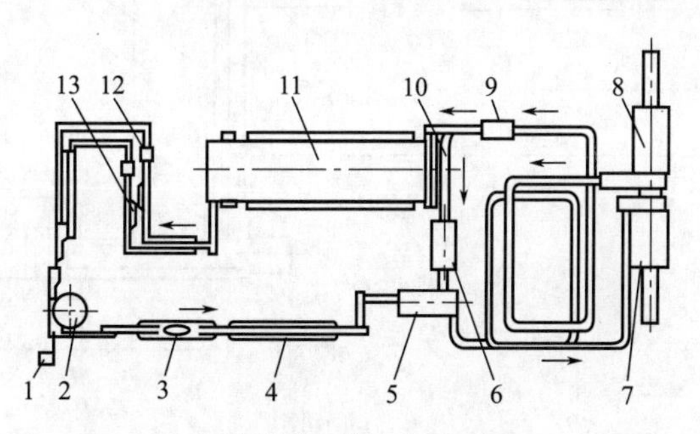

(b) 啤酒300瓶/min, 640mL

1—盖料仓；2—灌装压盖机；3—灌后检查；4—堆积；5—装箱机；6—空箱洗箱机；7—堆码机；
8—卸垛机；9—取瓶机；10—链道；11—洗瓶机；12—空瓶检验；13—灯光检查

图 14-11　啤酒自动包装线布置图例

(2) 立面布置

立面布置要考虑包装工序特点、厂房允许高度、人员行走方便、卫生安全条件等问题。自动线各部分可布置在不同楼层里。

一般将包装材料和物品的整理及重载作业布置于底层。轻载作业及有卫生洁净要求的工序布置在较高层次。全线各包装机及输送机应有合适的高度，同一线上的设备尽可能高度一致。

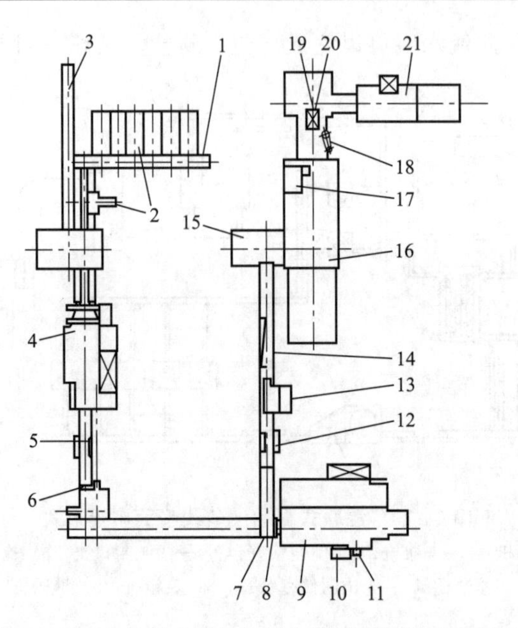

图 14-12 多品种小批量产品包装流水线平面布置图

1—斗式传送带；2—印刷物供给装置（说明书等）；3—电子计算器供给传送带；4—FW-30 枕式包装机；5—旁路装置；6—薄膜前端折返装置；7—排出滑道；8—纸盒反转装置；9—FW-800 型裹包式装盒机；10—热熔胶预热罐；11—打印装置；12—旁路装置；13—贴标签机；14—纸盒倒立装置；15—自动堆码供给装置；16—FW-600G 通用装箱机；17—热熔胶涂布机；18—打印装置；19—贴标签装置；20—胶带封箱装置；21—自动检查

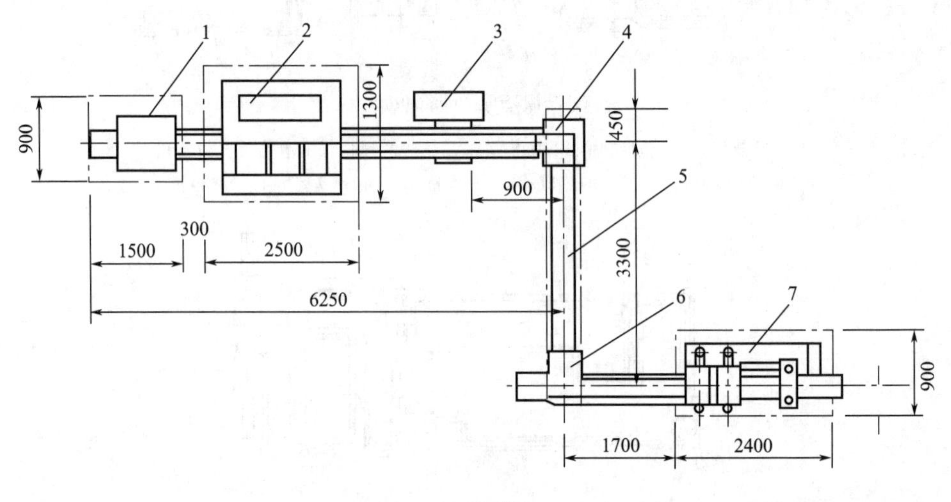

(a) 平面图

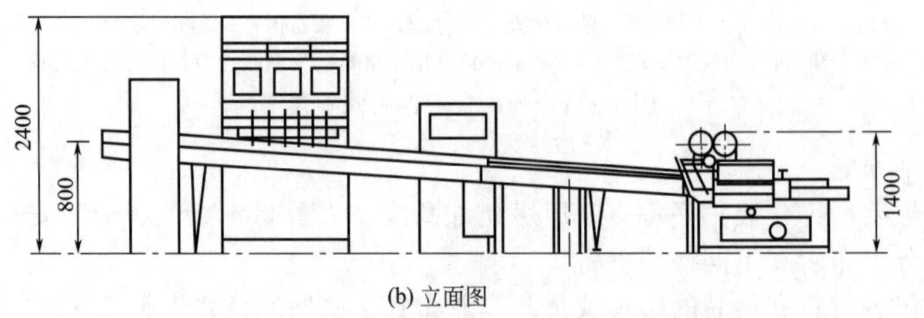

(b) 立面图

图 14-13 茶叶自动包装线的平面及立面布置图

1—制盒机；2—称量机；3—控制柜；4,6—转向装置；5—电磁振动器；7—裹包机

14.4　自动包装生产线辅助装置

输送储存等辅助装置是生产线的重要组成部分，它包括输送装置，分流、合流与转向装置，中间储存装置，夹持装置。在此对包装线中的部分辅助装置作一些简要介绍。

14.4.1　输送装置

输送装置负责包装材料、包装物品的输送，包装工序间的传递，包装成品的输出等。在包装工序间传递包装物的过程中，还可完成包装物的转向、检测等工作。采用何种输送方法和输送装置，都必须满足包装工艺过程、包装物和包装材料特性的要求。

输送装置可分为重力式输送、动力式输送等类型。

14.4.1.1　重力式输送装置

重力式输送装置是靠包装物品的重力使其沿滑道输送，到达指定的位置。

14.4.1.2　动力式输送装置

（1）带式输送装置　带式输送装置可分串联、并联、水平或倾斜安装等多种形式。图 14-14 所示即为串联带式输送装置。

下部采用托板支承的一般用于轻载、短距离输送的场合，否则，可将托板换成托辊式支承。当 $v_1<v_2$ 时可实现密集集合供料。反之，当 $v_1>v_2$ 时，可实现间歇供料。输送带一般多采用棉织带和化纤织物带。为改善输送带的性能，可对输送带表面涂敷表面防护层，如涂敷氯丁橡胶、聚四氟乙烯等。

带式输送装置由于结构简单，造价低，可靠性高，因而被大多包装生产线采用。

（2）链式输送装置　链式输送装置主要分为链条式和板链式两种，而链条式又可分为普通滚子链和长链板链条两种。链条式输送装置多利用环形链作为牵引构件，由装在牵引链上的附件对输送物品进行推动或拖动输送。这种装置应用非常广泛。图 14-15 所示即为链式输送装置。

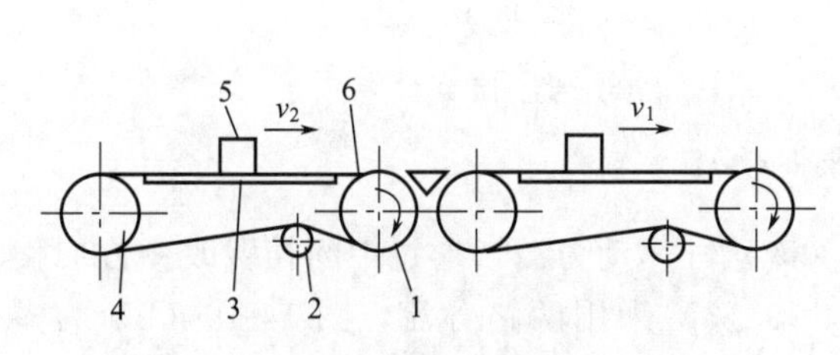

图 14-14　串联带式输送装置示意图

1—主动轮；2—张紧轮；3—托板；4—从动轮；5—输入物品；6—输送带

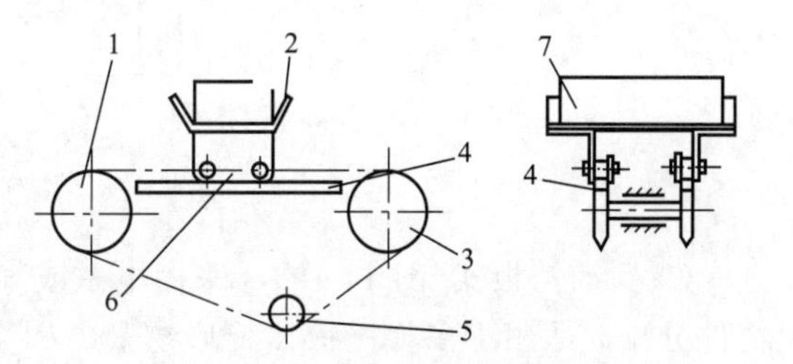

图 14-15　链式输送装置示意图

1—从动链轮；2—附件；3—主动链轮；4—支承导轨；5—张紧轮；6—输送链；7—输送物品

板链式输送装置主要用于输送瓶、罐等物品。酒类、饮料灌装生产线中，多采用板链式输送装置。图 14-16 为板链结构示意图，链板多用不锈钢制造。

（3）辊式输送装置

图 14-17 为辊式输送装置示意图。

辊式输送多用于体积较大且较重物品的输送，如瓦楞纸箱、啤酒箱等。

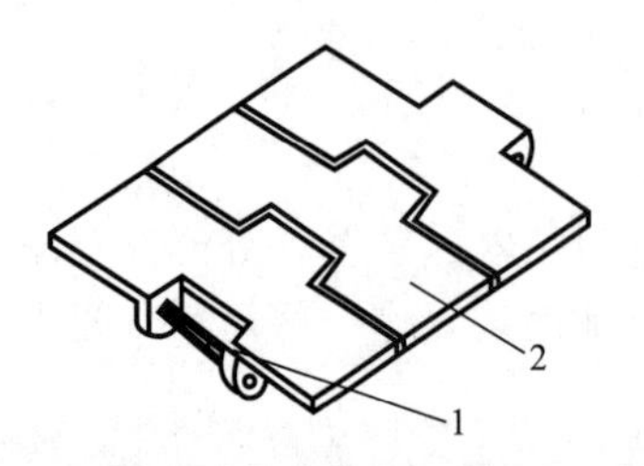

图 14-16 板链结构示意图

1—销轴；2—链板

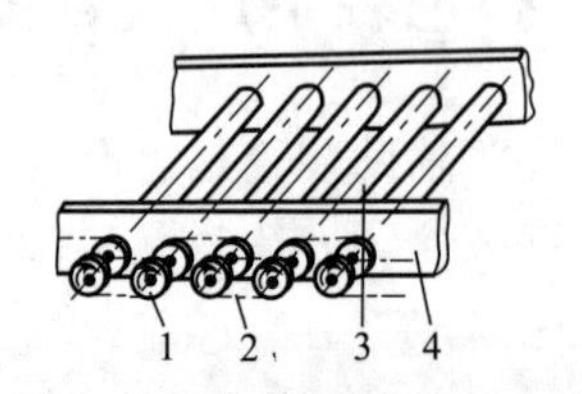

图 14-17 辊式输送装置示意图

1—链轮；2—传动链；3—辊；4—支承板

14.4.2 分流、合流及换向装置

14.4.2.1 分流装置

在自动化工序中，遇到下列情况，需设置分流装置：

① 送料装置工作能力大，需同时向几台加工机送料；

② 从生产能力大的加工机向生产能力较小的加工机输送物料；

③ 把通过自动检测机的工件分为合格品和不合格品分路输出；

④ 产品以单列流过输送带，按一定数量（多件）分别包装。

平面布局为并联式或混联式的自动包装线，必须配备有相应的分流装置。它可将输送带上的物品有规律地分配到若干条并联式输送带上，再转运到后续机位。

分流装置的类型有很多，一般有如下几种。

① 多列链带式(图 14-18) 结构简单，兼有中间储存作用，物件能转向 90°，适用于各种刚性容器。图 14-18（a）为两路分流，图 14-18（b）是多路分流。

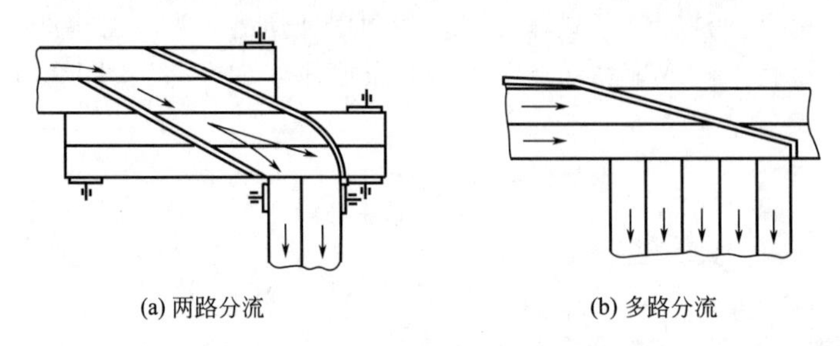

(a) 两路分流　　(b) 多路分流

图 14-18 多列链带式分流装置

② 摆动挡板式(图 14-19) 采用电磁或气（液）缸作动力源，通过中间挡臂改变方向使物件分流，适用于多种块状、袋形物品。图 14-19（a）采用两路分流，图 14-19（b）为多路分流。

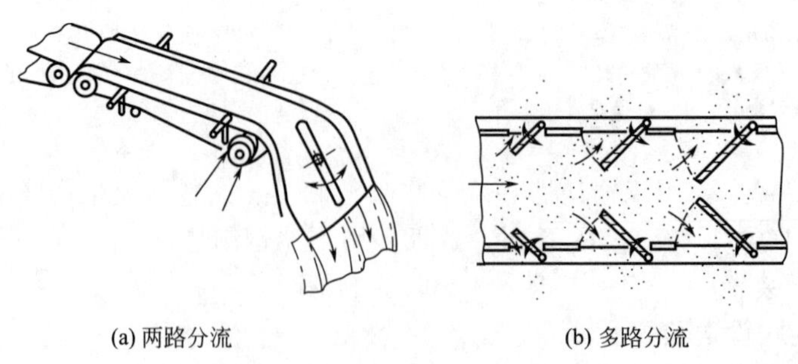

(a) 两路分流　　(b) 多路分流

图 14-19 摆动挡板式分流装置

③ 特种螺杆式(图 14-20)　借助异形变螺杆螺距、导轨和输送带的配合，使物件分流并拉开距离。适用于瓶子类容器。

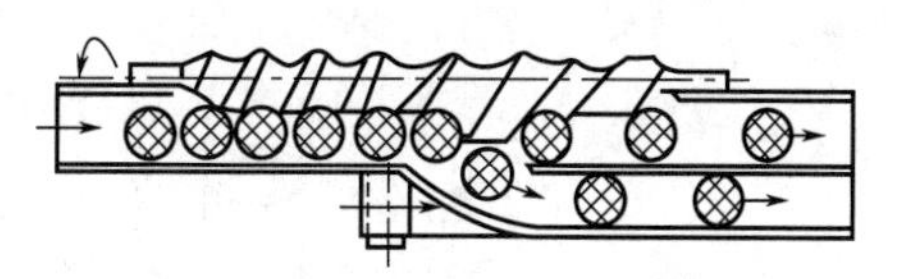

图 14-20　特种螺杆分流装置

④ 摆动输送带式(图 14-21)　中间设一可绕主动轴旋转摆动的输送带，由气（液）缸来控制其摆动，适于大型盒和袋。

⑤ 转向滚轮式(图 14-22)　传动结构较为复杂，适于较大底面的箱形物件的分流。

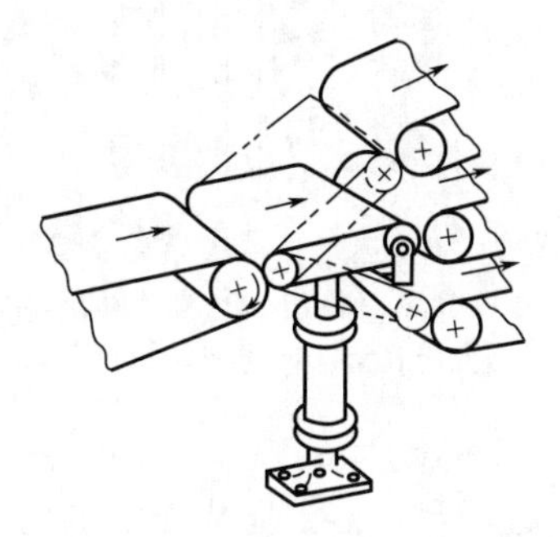

图 14-21　摆动输送带式分流装置

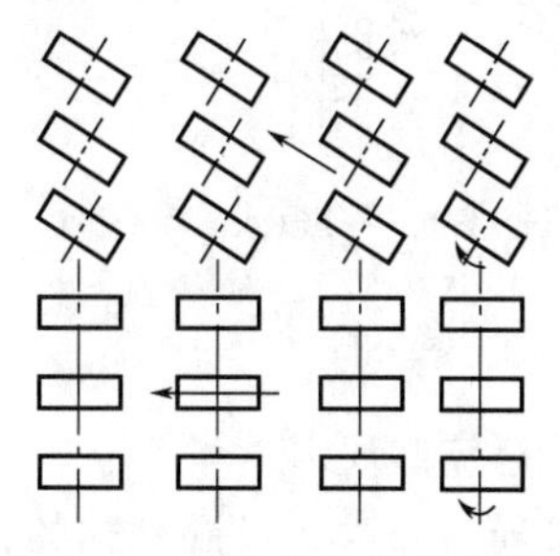

图 14-22　转向滚轮式分流装置

⑥ 下压式(图 14-23)　中间设一压力棒，压力棒垂直下压时可连动滑料槽底的开闭门。当压力棒压住料槽内的工件时，槽底的门打开，工件从分路滑料槽中流出。

⑦ 活门式(图 14-24)　当滑料槽内存满一定数量工件后，电转换开关动作，打开活门。活门腕上装有挡料板，活门打开时阻断滑料槽通路，防止后面工件流入。

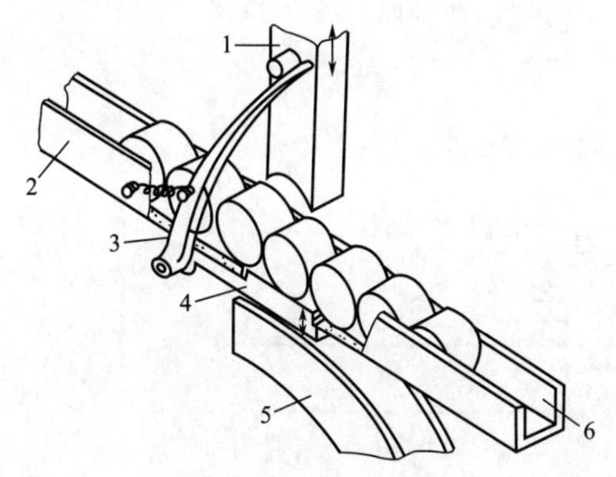

图 14-23　下压式分流装置

1—压力棒；2—进料槽；3—N 杆；4—滑料槽底部开闭门；5—分路滑料槽；6—进入加工机

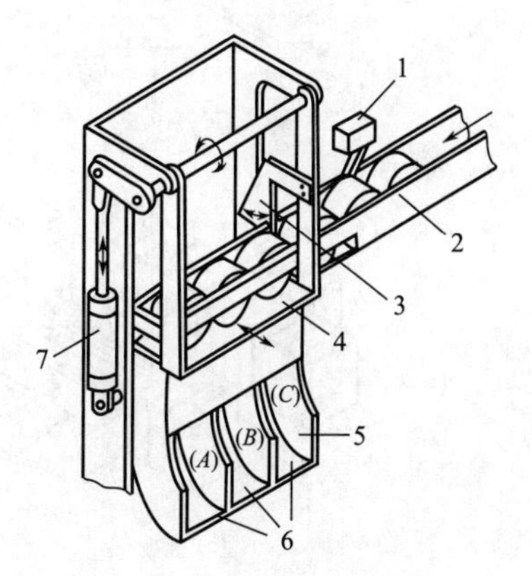

图 14-24　活门式分流装置

1—电转换开关；2—进料槽；3—挡料板；4—活门；5—分路滑料槽；6—送入加工机；7—气缸

⑧ 滑板式(图 14-25)　工件通过滑板向出料槽逐个定量分流排出。滑板由气缸驱动，并在左右分路位置上各停留一定时间，使工件安全落到分料槽内。

⑨ 选别外径式(图 14-26)　在进料槽中间设置一梭式隔料装置。已分隔的工件从检测板通道送出。当工件与检测板接触时，通路中活动门挂钩即脱开，开启活门，工件落入滑料槽(A)，不接触到检测板的工件（外径过小）直接通过并落入滑料槽（B）中。

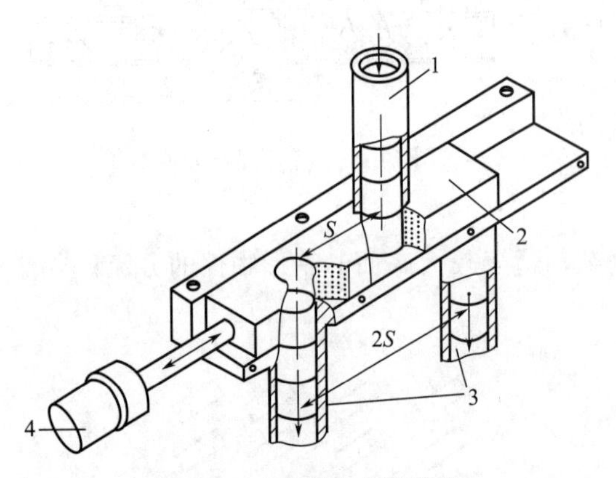

图 14-25 滑板式分流装置

1—进料槽；2—分路滑板；
3—分路滑料槽；4—气缸

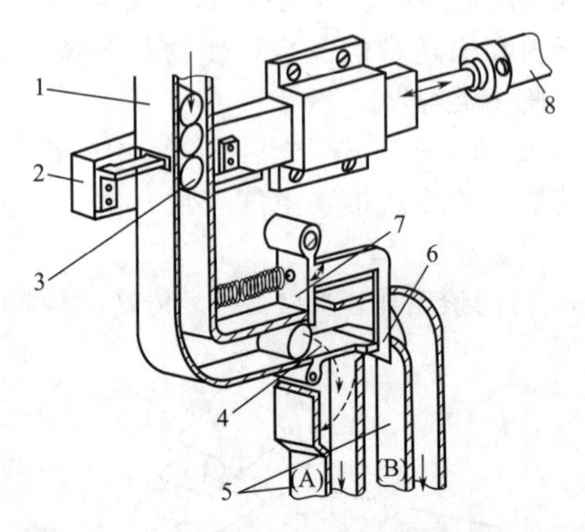

图 14-26 选别外径式分流装置

1—进料槽；2—梭式隔料装置；3—直径大小掺混的工件；
4—活动门；5—分路滑料槽；6—构件；7—检测板；8—气缸

14.4.2.2 合流装置

平面布局为并联式或混联式的自动包装线，需要在若干台机器上完成作业的包装产品通过合流装置，汇集于一条输送带上，再送到后续的作业工位。

图 14-27 为四种合流装置示意图。

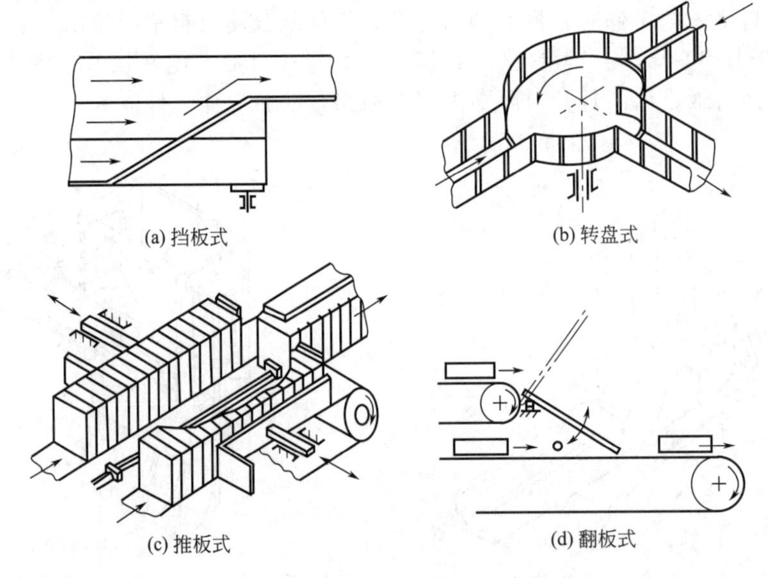

图 14-27 四种合流装置示意图

① 挡板式［图 14-27（a）］ 适用于瓶罐等刚性容器的合流，多路汇集一路，方向未变。

② 转盘式［图 14-27（b）］ 两路相对汇合于一路，与原方向成 90°角输出，适用于瓶罐等刚性容器。

③ 推板式［图 14-27（c）］ 适用于块状、盒形物品，其两侧推板与中间推板动作次序节奏需协调配合。

④ 翻板式［图 14-27（d）］ 适用于盒、箱、袋等多种物件，翻板的翻动由光电元件发信号，气（液）缸执行。上下两层汇合于一层。

图 14-28 所示为另六种合流装置立体构造简图。

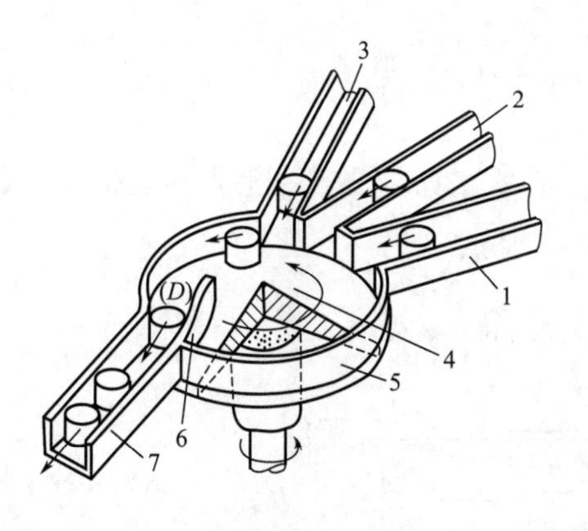

(a) 回转锥盘式

1～3—进料槽；4—锥形旋转圆盘；
5—料斗；6—固定导向板；7—出料槽

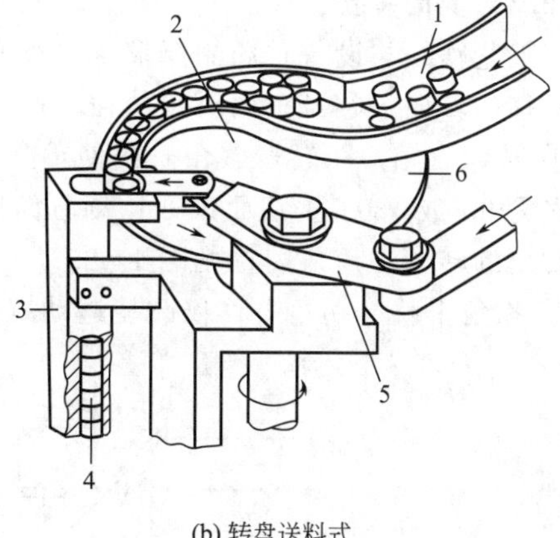

(b) 转盘送料式

1—进料槽；2—固定导向装置；3—出料槽；
4—送入加工机；5—送料杆；6—旋转圆盘

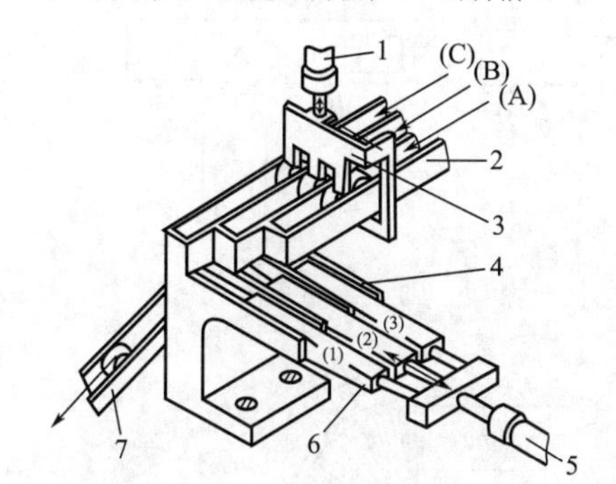

(c) 往复式(Ⅰ)
1,5—气缸；2—进料槽；3—梭式隔料器；
4—推料槽；6—推料杆；7—合路滑料槽

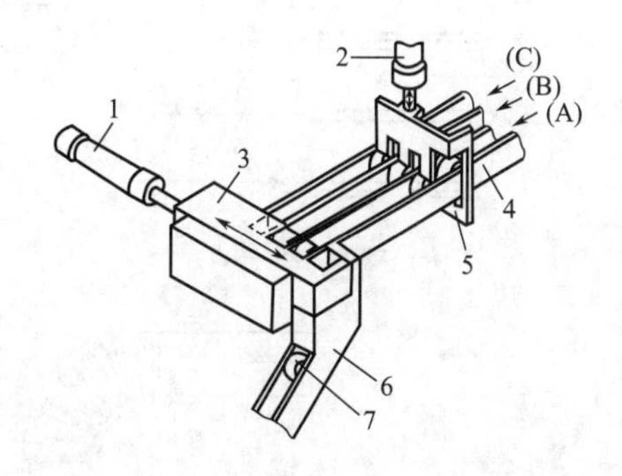

(d) 往复式(Ⅱ)
1,2—气缸；3—滑动板；4—进料槽；
5—梭式隔料器；6—合路滑料槽；7—送入加工机

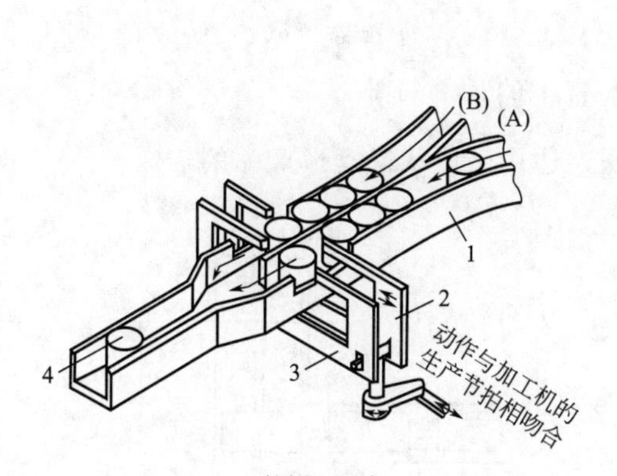

(e) 梭板分隔式
1—进料槽；2,3—隔料器；4—送入加工机

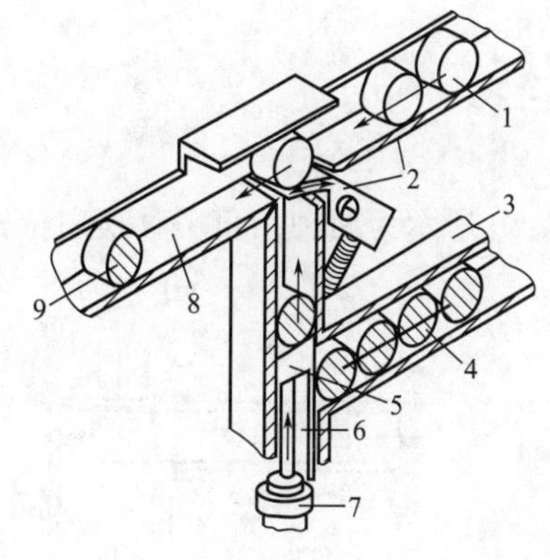

(f) 上下合流式
1,4—工件；2—活门；3—进料槽；5—原料台；
6—挡料板；7—气缸；8—合路滑料槽；9—送入加工机

图 14-28　六种合流装置立体结构简图

14.4.2.3　变向装置

应工艺路线与设备布局的要求，需改变输送中的物件的运动方向或姿态，如转弯（角）、拐角平移、转向、翻身、调头等单独动作或组合动作。

① 转弯（角）　转弯（角）是使输送中的物件在水平面内绕某一垂直轴线转过一定角度（多为 90°或 180°）。从而改变运动方向但重心位置不变。

常用的转弯（角）装置见图 14-29。

② 拐角平移　拐角平移仅改变运动方向，物体重心位置不变。

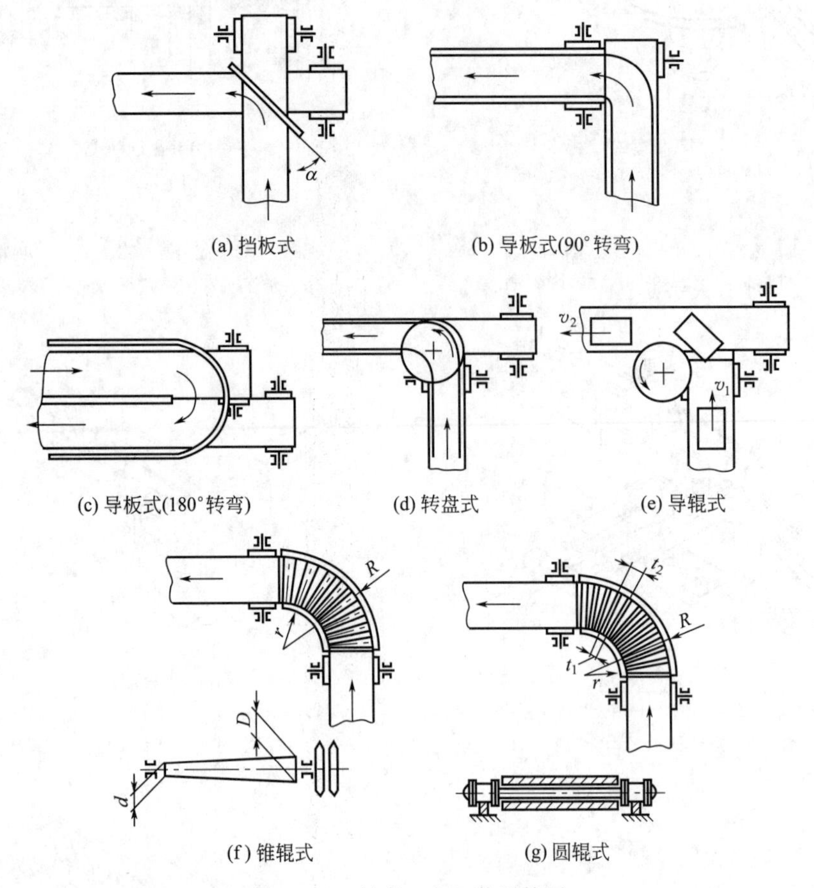

图 14-29　转弯（角）装置简图

图 14-30 所示为两种拐角平移换向位置，适用于块状或盒形产品的输送。

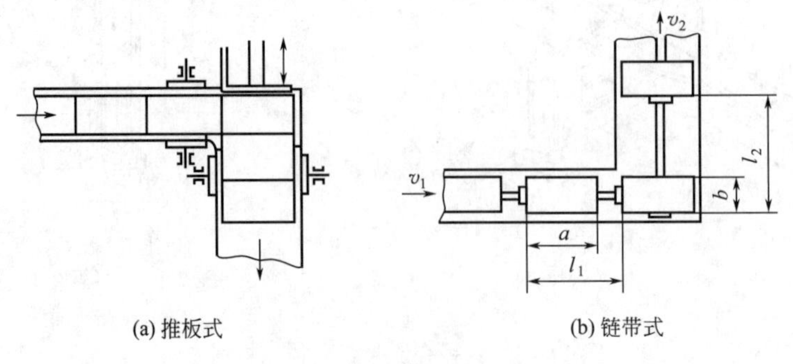

图 14-30　拐角平移装置简图

图 14-30（b）中装置由两副带推头的输送链组成。输送中要求两个方向的输送密切配合，动作协调有序，否则会损坏产品。

③ 转向　转向是指保持输送方向与重心位置不变，使物体绕自身垂直轴心线回转一定角度。图 14-31 所示为四种适用于盒、箱、袋形包装产品的自动换向装置。

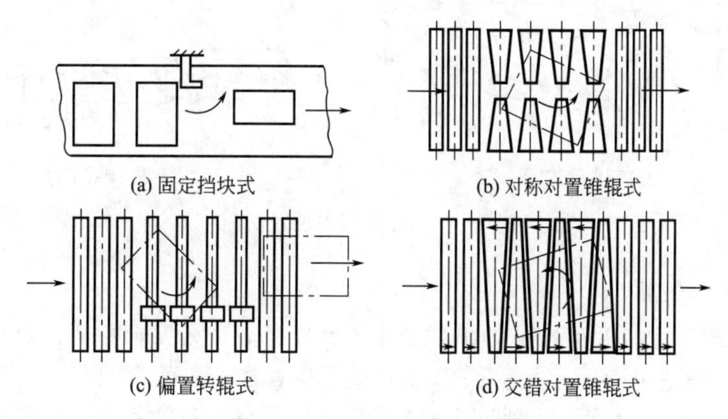

图 14-31　自动转向装置简图

④ 翻转　翻转是将物体绕水平轴线回转一定角度，物体的重心位置有变化，但运动方向不变。

图 14-32 所示为各种行进中自动翻转装置示意图，可使物件完成任意角度翻转。

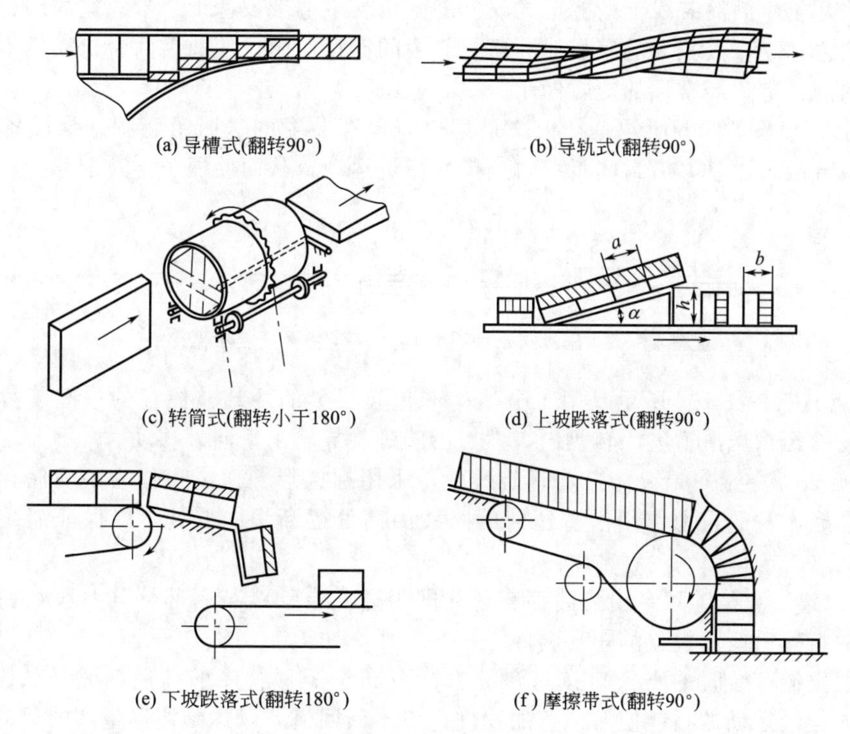

图 14-32　自动翻转装置简图

图 14-33（a）所示为适用于细长杆形物件的翻身调头装置，它利用了一套扭曲式传送带系统，将细长物件夹紧后翻身调头再送出。

图 14-33（b）所示为利用特种螺杆和导向栏杆使物件翻身的装置，螺杆外径基本不变，

其螺距先逐渐增大后趋于稳定。外部配有三条扭曲的光滑导轨（栏杆），引导圆柱形物件实现不同程度的翻身。可满足生产上质检、底面打印、喷液冲洗等工序的要求。

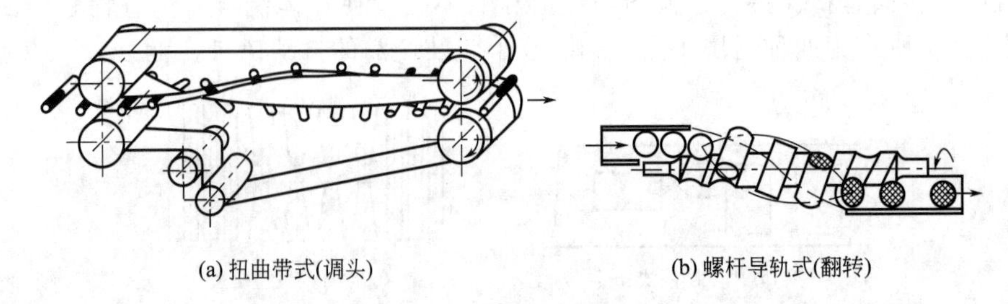

(a) 扭曲带式(调头)　　(b) 螺杆导轨式(翻转)

图 14-33　翻转调头装置简图

14.4.3　中间储存装置

当自动包装线各主机的生产节拍出现了不平衡状态，或者某台主机需更换包装材料、调整有关机构、遇有故障而停车时，为了保证全线正常工作，必须在自动包装线中设置相应的中间储存装置，使其变成柔性或半柔性的自动包装线，以利于提高生产率和产品质量。

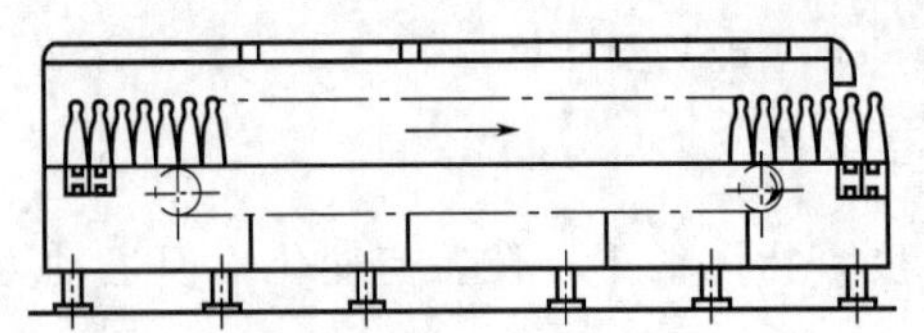

图 14-34　板链式兼用型储存装置简图

常见的储存装置主要有如下几种。

① 链带式　如图 14-34 所示为板链式兼用型储存装置。它用于啤酒灌装线上的隧道式喷淋杀菌机。主链带长达十余米、宽约四、五米，沿水平方向缓慢移动，其较大的容量对酒瓶兼起中间储存作用，使前后两台自动机不因任一台发生偶然故障而造成经常性的短暂停车。

② 托板式　图 14-35 所示是托板式杀菌机兼储存装置的送瓶示意图。该设备的托板借助油缸（或气缸）驱动，沿封闭折线轨迹产生步进运动，从而使瓶子不断前移。

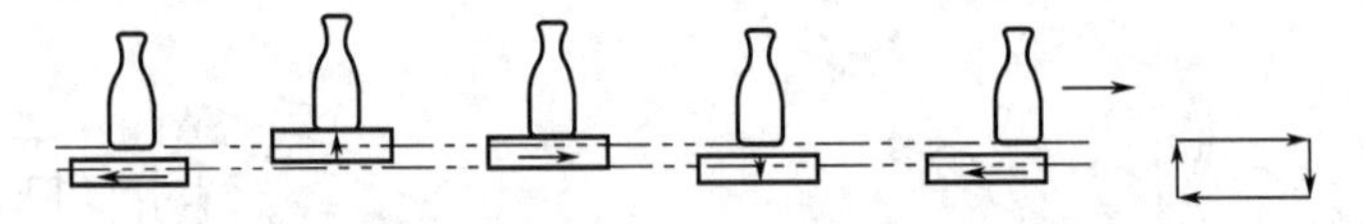

图 14-35　托板式杀菌机兼用型储存装置送瓶示意图

③ 转盘式　图 14-36 所示是用于电池生产包装线上的冷却兼储存的中间装置。从前道工序来的物件经输送滑道进入转盘内，然后沿着螺旋导轨由里向外移动。

④ 螺旋式　在金属罐液体自动灌装线中，采用螺旋形输送滑道作为中间储存装置。它依靠金属圆罐本身的重力作用沿着迂回的路线由高处逐渐滚向低处，以保证灌装机的均衡工作。

⑤ 返回式　它是一种专用的储存装置，即为适应自动线某一部分（一般在前后两道工序之间）的特殊需要而设置的矩形料库。

若将这类储存装置的出入口按对角线方向分布于矩形料库的前后两侧，如图 14-37 所示，借单向连续运动的板链使所储存的物件得以不断回流，以达到协调生产的目的。

14.4.4　夹持装置

在自动包装线上有时需要采用某些专用的夹持装置或机械手抓取物件，以完成空间位置上的分流、合流、变向等动作和更为复杂的组合动作。这些夹持装置动作应该灵活可靠、自动化程度高。

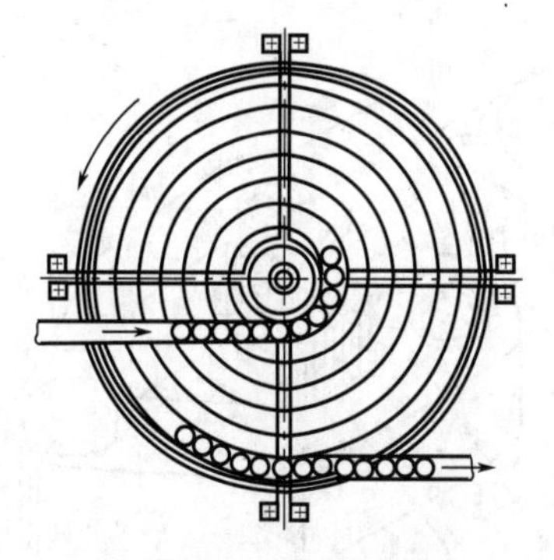

图 14-36　转盘式兼用型储存装置简图

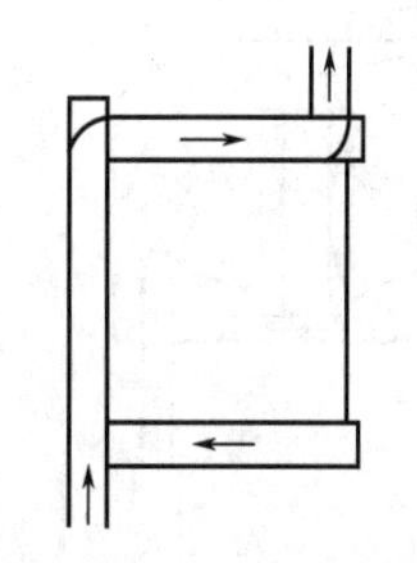

图 14-37　返回式储存装置示意图

夹持装置或机械手夹爪应满足以下基本要求。

① 必须能可靠地抓紧工件。

② 不会抓伤工件也不使工件变形。

③ 抓料时不能使物件的原有顺序打乱。

④ 遵循小型、轻量、坚固的原则，力求结构简单。

依据人手抓取物件的原理，夹持装置可大致归纳为如下几种类型：

关于夹持装置的具体设计计算，属于机械设计及机电一体化专业领域的内容，在此不作详述。

现着重介绍适合自动包装线的一些夹持装置的基本结构。

图 14-38 所示为斜楔杠杆式机械手的内部结构。它的构造简单，传力较大，开闭角度较小，传动效率低，多用于夹持中小型部件，其传力比大小取决于斜楔的楔角大小。

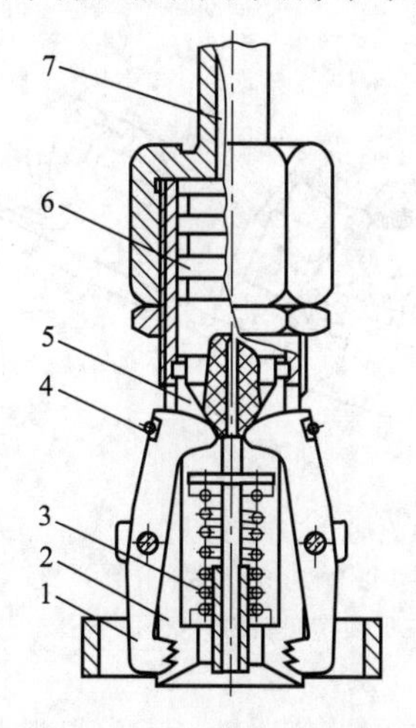

图 14-38　斜楔杠杆式机械手

1—手指；2—壳体；3—斜楔复位弹簧；4—牛皮筋；5—心轴；6—带斜楔的活塞；7—压缩空气通入管道

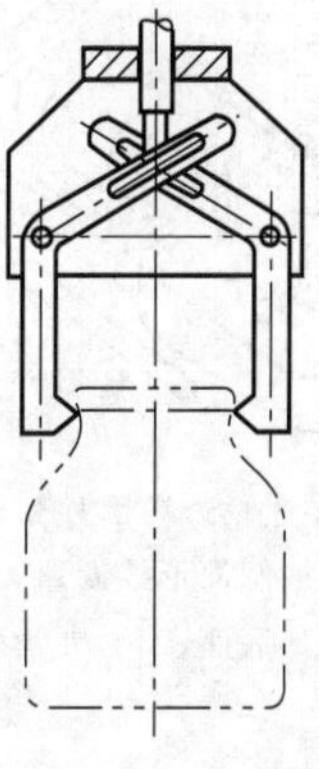

图 14-39　滑槽杠杆式夹爪

图 14-39 为抓取广口瓶用的滑槽杠杆式夹爪。其结构简单，制造方便，传力较小，开闭角也较小，只适于夹持中小型轻量物件。

图 14-40（a）为齿轮齿条杠杆式夹持装置。双面齿条 2 受外部凸轮控制与壳体 1 产生相对移动，经扇形齿轮 3 使手指 5 开合。此装置开闭角大、工作适应面广，但传动效率较低，对制造装配精度要求较高。

图 14-40（b）所示为气缸控制齿条运动的传动式夹爪。夹持传动原理与图 14-40（a）

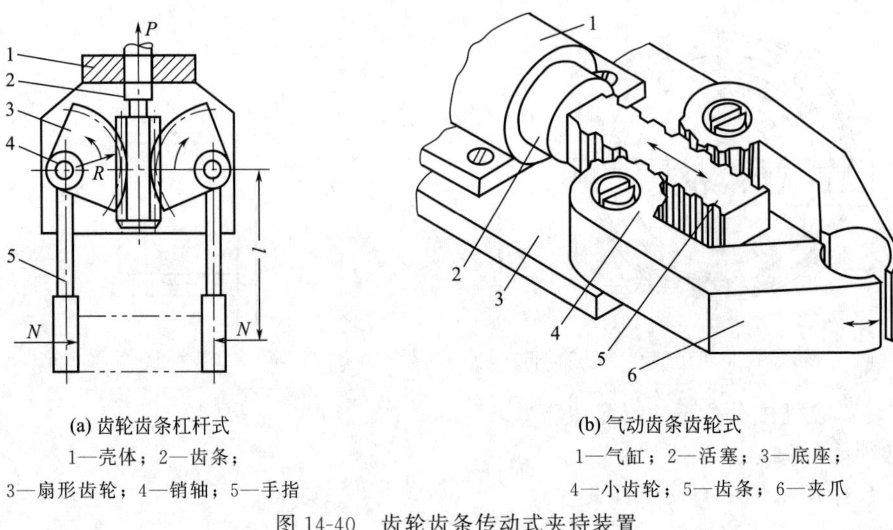

(a) 齿轮齿条杠杆式
1—壳体；2—齿条；
3—扇形齿轮；4—销轴；5—手指

(b) 气动齿条齿轮式
1—气缸；2—活塞；3—底座；
4—小齿轮；5—齿条；6—夹爪

图 14-40　齿轮齿条传动式夹持装置

相似。动作可靠，夹紧力大。此装置缺点是如果作业中气源停止，夹紧力立即消失，已抓物件有跌落的危险。

图 14-41 所示为气缸驱动连杆式夹爪。其中（a）夹爪的头部内侧有适合于被抓物件外形的凹槽，对圆形容器夹持可靠。由于是气动，夹持动作有一定柔性。图（b）为可自动定心的夹爪，不论物件外径大小如何，依靠中央直动式圆筒形夹爪（A）和两边摆动式圆筒形夹爪（B）和（C）的作用，都会方便地实现自动定心。

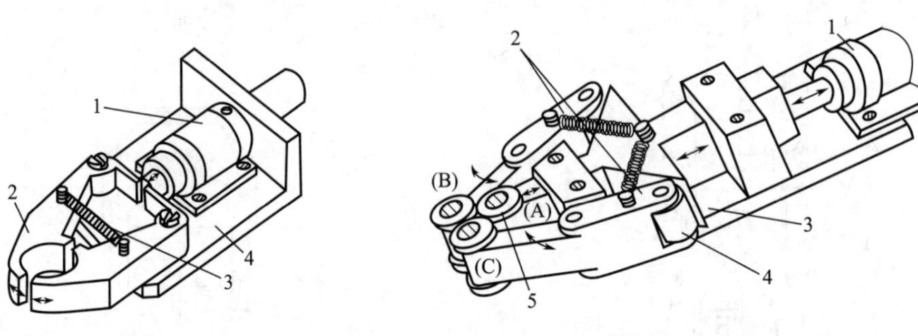

(a) 凹槽连杆式夹爪
1—气缸（或圆筒形线圈）；2—夹爪；
3—手部底座；4—夹紧弹簧

(b) 自动定心连杆式夹爪
1—气缸；2—夹爪开合弹簧；
3—夹爪动作倾斜面；4—滚子；5—夹爪

图 14-41　气缸驱动连杆式夹持装置

14.5　典型自动包装生产线

14.5.1　玻璃瓶啤酒包装生产线（图 14-42）

（1）功能特点

该生产线是包括卸箱垛机、卸箱机、洗瓶机、洗箱机、输盖机、灌装压盖机、巴氏杀菌机、贴标机、喷码机、装箱机、码箱垛机、实瓶输瓶系统、输箱系统、电气控制系统等在内的一整套灌装包装生产线。

图 14-42　玻璃瓶啤酒包装生产线

（2）适用范围

玻璃瓶罐装啤酒。

（3）主要技术参数

生产能力：可供应能力从 6000 瓶/h，到 50000 瓶/h（以 640mL 玻璃瓶计算）。

可选设备：如果是新瓶，可选用卸瓶垛机、冲瓶-灌注-旋盖组合机等；包装形式上还可以选择膜包机、纸箱包装机等。

（4）生产厂家：合肥中辰轻工机械有限公司

14.5.2　CYTZ-600 全自动桶装水生产线（图 14-43）

图 14-43　CYTZ-600 全自动桶装水生产线

（1）功能特点

CYTZ-600 全自动桶装水生产线采用气动传动、全封闭式压力灌装、液面检测等几项全新技术，所有动作、检测、控制均采用微电脑控制，使机器更卫生、安全、稳定，大大减少故障的发生，适用范围更广。

桶装水生产线集自动洗瓶、自动上瓶、灌装、套盖、压盖、成品送出于一体，整个生产过程都采用封闭式运行，保证了整个洗瓶灌装过程完全达到国家卫生部门的有关标准和规定，有效防止了饮用水在灌装过程中可能发生的二次污染。

（2）适用范围

设备整机采用优质 304 不锈钢，设计新颖、操作简便、定位精确，是 3、5 加仑

(11.36L、18.93L) 饮用水生产理想的设备。另可按用户需要配置自动拔盖机、自动捡漏机、内外桶刷洗机、自动上盖机、热收缩机等。

(3) 主要技术参数

桶装水灌装机械整机集冲洗、灌装、封盖功能于一体。

该系列桶装水设备整体采用优质不锈钢，耐腐蚀，易清洗。碱液冲洗，消毒液冲洗，纯净水冲洗，保证清洗效果。

主要电器元件采用西门子、三菱的产品，气路元件大多采用进口产品。

洗桶用内、外喷嘴均采用美国喷雾公司技术制作。

该系列桶装水设备结构紧凑，工作效率高且稳定可靠，自动化程度高。

(4) 生产厂家：苏州市辰宇包装机械有限公司

14.5.3 口服液灌装生产线-小瓶药液自动灌装生产线 (图 14-44)

图 14-44 口服液灌装生产线-小瓶药液自动灌装生产线

(1) 功能特点

该设备为用于玻璃瓶、塑料瓶自动灌装旋盖的一款生产线设备，全机可完成理瓶、输瓶、定量灌装、理盖、送盖、轧盖工序，采用摩擦式旋盖形式，调节方便，旋盖速度、瓶体高低可根据用户产量任意调节，无需换任何零件。

① 设备配置 7in (17.78cm) 彩色触摸屏，正常操作在触摸屏上进行，直观简便；方便用户进行参数调整及各项功能的测试。

② 口服液灌装生产线-小瓶药液自动灌装生产线采用台达变频调速输送系统，根据生产速度快慢可调 (不锈钢输送带，长短可按客户要求定制)。

③ 同物料接触部位采用 SUS304 不锈钢材质制作，符合食品生产要求。

④ 口服液灌装生产线设备机架采用封闭式结构，操作安全，使用过程卫生。

⑤ 高精度活塞式计量装置，计量采用伺服电机驱动，定量精确可靠。

⑥ 采用优质密封元件，加有效的防滴漏措施，保证灌装现场不滴漏。

⑦ 口服液灌装生产线的口服液灌装机的灌装头配置日本松下光电系统，能精确识别灌装瓶定位状况，实现有瓶灌装、无瓶少瓶不灌装。

⑧ 料箱搅拌速度快慢可调，方便采用不同搅拌速度。

(2) 适用范围

可单独使用也可联入生产线中，装有无瓶、无盖自动停机等保护装置，且完全符合国家 GMP 要求。适用于制药厂小剂量的酊水、糖的灌装和轧盖工序，凡与药物接触的零部件均采用 316L 不锈钢或 PTFE 制造，具有无瓶不灌装、变频调速等功能。设备广泛运用于制药、食品、日化等行业。

(3) 主要技术参数

产量：40～60 瓶/min

适用瓶子：10mL 直管瓶

装量精度：±1%

封口率：≥99%

电源：380V/50Hz，三相四线制

功率：1.3kW

(4) 生产厂家：北京派克龙自动化机械

14.5.4 PBL-260D 安瓿-西林瓶自动泡罩包装生产线（图 14-45）

图 14-45　PBL-260D 安瓿-西林瓶自动泡罩包装生产线

(1) 功能特点

整机组成有塑托成型、安瓿瓶加料、西林瓶加料、热封、冲切、装盒。由 PLC 控制，先进的自检功能，自动识别破泡罩、缺瓶、缺说明书及空盒检测记忆并对废品 100%剔除，可实现药瓶的自动入托、说明书自动装盒等功能。

(2) 适用范围

用于单支安瓿瓶、单支西林瓶的混合外包装。

(3) 主要技术参数

最大生产能力（与物料形状尺寸有关）：≤20～25 次/min（铝塑包装机），≤180 盒/min（装盒机）

最大成型面积及深度：铝塑（Al/PVC）：250mm×110mm×22mm 铝铝（Al/Al）：250mm×110mm×18mm

纸盒尺寸范围：(80～150)mm×(40～80)mm×(15～40)mm

说明书尺寸范围：(130～240)mm×(100～180)mm

纸盒材质：250～350g/m^2

说明书材质：60～80g/m^2

电源/总功率：380V/50Hz，14.5kW

压缩空气压力/总耗气量：0.6～0.8MPa，≥0.8m^3/min

整机质量：4500kg

物料填充率：≥99%

装盒成品率：≥99%

(4) 生产厂家：浙江江南制药机械有限公司

14.5.5 XBJ 型全自动清洁、智能包装码垛生产线（图 14-46）

图 14-46 XBJ 型全自动清洁、智能包装码垛生产线

(1) 功能特点

该系列产品由自动上袋系统、定量自动包装机、封口装置、输送机、倒包机构、重量复检机、剔除机、整形机、喷码机、码垛机器人、托盘库、满垛整形机等设备组成，可以完成黏性粉体、超轻细粉体及普通物料的全自动定量包装码垛生产。

(2) 适用范围

该生产线可进行纸塑复合包装袋、全纸包装袋、全塑包装袋等不同材质的阀口、敞口包装袋包装生产。服务的行业涵盖了食品、化工、建材、颜料、矿产等定量包装、自动码垛领域，经国家质监部门检测，该生产线包装精度高、无粉尘污染、自动化程度高、码垛速度达 1000 包/h 以上。

(3) 主要技术参数

物料性状：粉状、颗粒状

载荷：25～50kg

包装袋类型：阀口、敞口包装袋

产能：≥800 包/h

码垛工艺：8 层/垛，5 袋/层，按“2—3”、“3—2”序列，并可按现场要求编程改变码垛工艺

托盘库存储能力：≥10 个托盘

(4) 生产厂家：江苏创新包装科技有限公司

14.5.6 无菌软袋产品智能包装生产线（图 14-47）

图 14-47 无菌软袋产品智能包装生产线

(1) 功能特点

整条生产线由软袋无菌（超洁净和洁净）灌装封切机、纸箱成型机、隔板放置机、软袋

装箱机、称重剔除机、封箱机、机器人码垛机、整线输送和智能控制系统组成。装箱方式采用立式装箱，与传统卧式装箱相比，有效减少产品在长途运输中因互相摩擦产生的泄漏情况，产能从 8000 袋/h 到最高 24000 袋/h，是全自动智能化生产的主流装备。

（2）适用范围

整线适用于各种 UHT 奶、酸奶、风味奶、果汁、酱油等物料的软袋无菌包装、超洁净包装和洁净包装。

（3）主要技术参数

主要设备型号：DASB-6/DASB-6D/h/DASB-8/DASB-6L

包装形式：枕式袋、立式袋、纸箱、周转箱，可加 L 型垫片

包装规格：16、18、20 包/箱，可定制 15、17、19 包/箱

包装材料：多层塑料复合膜

（4）生产厂家：杭州中亚机械股份有限公司

14.5.7　XFB 重袋自动包装生产线（图 14-48）

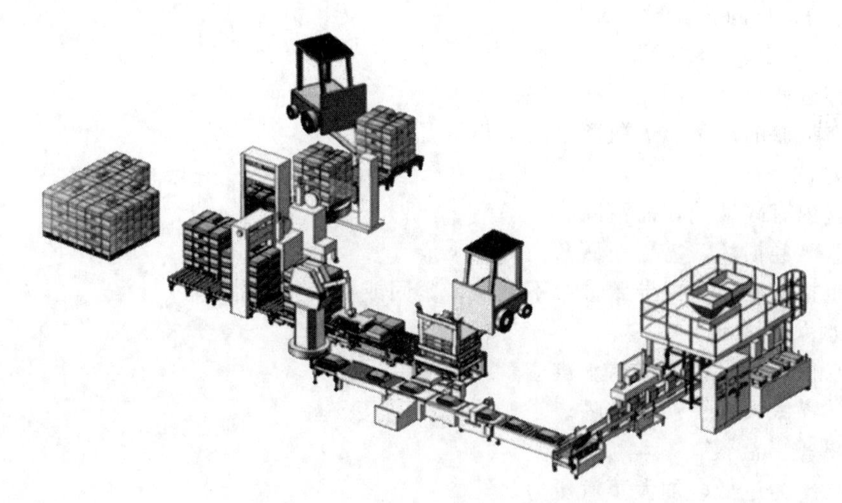

图 14-48　XFB 重袋自动包装生产线

（1）功能特点

XFB 重袋自动包装生产线（从供袋到卡车工程）是新一代的自动包装线，可将粉、粒状原料生产过程中的称重、供袋、取袋、装袋、夹口、折边、封袋、批号打印、倒袋整形、金属检测、重量复检、剔除、输送、机器人码垛、空托盘配送、实托盘输送、实托盘顶捆、托盘缠绕、实托盘输出等作业全部实现自动化。

（2）适用范围

XFB 重袋自动包装生产线适用于大袋（大袋的封口包装可采用五种封口形式，对七种大袋进行十三种形式的连续封口包装，质量 25～50kg）。另可按客户需求进行各种配置。

（3）主要设备

根据客户需要包装生产线可包括以下设备：计量、灌装平台，自动供袋机械手，自动机械手舱，大袋自动包装机，自动转向倒袋输送机，自动整包机，金属异物自动探测仪，称量自动复秤机，喷码机，剔除机，机器人取包输送机，码垛机器人，托盘库及输送机，顶捆穿箭式托盘全自动捆扎机，在线式托盘自动薄膜缠绕机，输出输送机，电器控制柜。生产线具有生产速度高、包装质量好、兼容性好以及性能稳定等优点，是一种机、电、仪、气、机器人一体化的高科技产品。

（4）生产厂家：华联机械集团

14.6 包装生产线的常见故障与使用维护

自动包装线主要由自动包装机、传送储存装置和控制系统三大部分组成，这些组成部分只要某一部分发生故障，包装生产线就不能正常工作。各种包装生产线的控制系统常见的故障主要有系统联机故障、PLC运行故障、传感器故障及气路故障等。其他的故障要具体到自动生产线中的各种包装机及传送储存装置，下面仅以啤酒包装生产线为例说明包装生产线的常见故障与使用维护。

在啤酒包装生产线连续生产过程中，常常会出现一些机械故障，如果不能及时地进行调整和排除，将会造成整条生产线的效率低下，各种损耗随之增高，产品质量也将会受到一定的影响。啤酒包装生产线各主要机台常见故障以及维护与保养如下。

14.6.1 洗瓶机

洗瓶机的常见问题：

1）进瓶错位

① 调整进瓶离合的固定螺栓位置。

② 调整进瓶的链条与进瓶离合的同步位置。

2）瓶盒内顶瓶

① 瓶盒内有碎玻璃，需清除。

② 瓶盒已经损坏，需更换瓶盒。

③ 推瓶指松动或磨损导致推瓶不到位，紧固或更换推瓶指。

3）清水泵压力低

① 清水供应不足，增加清水供应量。

② 喷淋嘴太大，更换喷淋嘴。

4）碱液槽升温慢

① 蒸汽压力过低，加大蒸汽压力。

② 蒸汽管内有冷凝水。

③ 热交换器外围堵塞，及时卸下进行清洗。

5）瓶子除标不理想，有残标带出

① 碱液温度低，浓度低。

② 热喷淋嘴堵塞，通透喷嘴。

③ 除标网堵塞，及时进行清除。

6）瓶子有烂嘴现象

① 进瓶时不到位，瓶嘴碰住瓶盒，调整进瓶位置。

② 瓶盒有破损，修补或更换瓶盒。

7）瓶子有掉底现象

碱水槽和热水槽的温差太大，降低冷热水之间的温差。

8）出瓶处倒瓶

① 接瓶凸轮有毛刺或凸轮松动、变形，需清除毛刺或紧固、更换凸轮。

② 接瓶板错位，恢复调整。

③ 接瓶处有碎玻璃或其他杂物。

9）出瓶处别瓶

① 滑道内有碎玻璃或其他杂物，需清除。

② 滑道上方螺栓松动，紧固。

③ 滑道磨损严重，更换滑道。

10）出瓶错位（出瓶时瓶子不能准确地落在接瓶叉上，或推瓶凸轮不能把瓶子顺利推出）

① 调整出瓶离合的固定螺栓位置。

② 调整出瓶槽轮内的固定螺栓位置。

③ 调整出瓶瓶叉和推瓶的链条与出瓶离合的同步位置。

洗瓶机的维护与保养：

① 载瓶架及瓶斗内无碎瓶碴、碎商标等杂物，喷淋管、过滤筒筛不堵塞。

② 除标网带洁净无碎标。

③ 碱槽定期进行大刷洗，将碱液放入暂存罐沉淀，碱槽冲洗干净。

④ 链道和洗瓶机进出口洁净无污物。

⑤ 大修期间碱槽和加热器进行人工除垢，要求碱槽无垢，加热器正常工作。

⑥ 及时清理排放滤网、斜滤网，做到无商标纸屑、污物、残留绳索等杂物。

⑦ 清扫机器周围责任区域的玻璃、商标纸屑等杂物，及时排出积水。

⑧ 清理进、出瓶区的卫生，包括出瓶上部两块托板和接碎瓶两块托板。

14.6.2 啤酒灌装机

啤酒灌装机的常见问题：

1）进瓶错位，瓶子不能准确进入托瓶板调整进瓶星轮的位置。松开胀紧及顶丝，调正后锁紧。

2）酒阀压瓶头不下落

① 导杆变形，矫正后即可。

② 卡有碎玻璃，清理后即可。

3）瓶子漏气，不能被完全密封

① 空压低或托瓶气缸漏气，调整空气压力，或维修托瓶气缸。

② 阀架不定中，歪斜或翘头，更换校正好的阀架。

③ 托瓶板磨损严重，更换新托瓶板或修补。

④ 压瓶橡胶磨损严重，更换压瓶橡胶。

4）瓶内真空度达不到要求

① 真空泵缺水，抽真空不完全，加大注水量。

② 真空管道接口不严密，产生漏气现象，重新密闭真空管道接口。

③ 真空滑道磨损严重，更换真空滑道。

④ 抽真空阀杆长短不齐，更换真空阀杆，或重新整理一致。

5）酒阀不装酒

① 检查探针是否接地或破损、电磁阀是否损坏，调整或更换即可。

② 检查主气缸是否工作。

6）酒阀装半瓶

① 酒阀开启是否灵活，调整即可。

② 酒瓶是否合乎规格。

③ 检查探针是否完好，更换或调整。

④ 酒阀内部密封垫是否完好，更换即可。

7）酒阀漏酒　检查酒阀密封垫是否完好，更换即可。

8）啤酒灌注容量达不到要求

① 瓶子破口漏气，不能被完全密封，更换瓶子。

② 阀架不定中，歪斜或翘头，更换校正好的阀架。

③ 阀针密封垫破损，密封不严，卸下酒阀座，更换阀针密封垫。

④ 酒液分流网有异物堵塞，卸下酒阀座，清理酒液分流网上的异物。

9）酒液反冒，造成液位不足

① 卸压不完全，卸压滑道磨损严重，更换卸压滑道。

② 卸压阀杆磨损严重或长短不齐，更换卸压阀杆，或重新整理一致。

③ 酒水温高，降低温度。

④ 酒液内 CO_2 含量过高，降低酒液内的 CO_2 含量。

⑤ 酒缸背压和酒压不稳定。

⑥ 瓶托风压过大，啤酒瓶落下时振动太大。

10）酒缸没压力

① 检查气路是否漏气。

② 检查均衡器内部是否有破损件。

啤酒灌装机的维护与保养：

① 彻底清洗过滤器排污网，应清洁无污垢。

② 清理托瓶气缸装置的酒粘、碎玻璃等杂物。

③ 用泡沫清洗剂清洗机械部件，应无酒粘、霉斑等；清水冲洗时水流不宜过大。

④ 检查齿轮箱、蜗轮箱的油位，并从底部排放箱内的冷凝物、沉积物。

⑤ 清理进瓶工作台和回转台，要求无碎瓶及纸屑等污、杂物。

⑥ 每天生产结束后，都用热水刷洗（先用清水将残酒冲净）。

⑦ 设备停产超过三天或每生产一个工艺卫生周期后，都要用热碱进行 CIP 刷洗。

14.6.3　杀菌机

杀菌机的常见问题：

1）杀菌水槽的升温慢

① 蒸汽压力过低，加大蒸汽压力。

② 蒸汽管道流量小，加大管道直径。

③ 热交换器外围堵塞，冷热不能及时交换，及时清除碱垢、水垢、泥垢等杂物。

④ 冷水流量太大，减小冷水流量。

2）半成品酒、瓶破损率高

① 酒瓶承压能力低，更换瓶子。

② 瓶内灌装酒液压力大，降低灌装酒液时的压力。

③ 温区的温度波动过大，检查杀菌机气动薄膜阀有无渗漏。

④ 喷淋管水压低，造成局部真空状态，清除水泵叶轮上的水垢，增加热水喷淋量。

⑤ 瓶子歪、倒，受热不均匀，尽量满进满出。

3）杀菌机的运行速度慢

① 油温太低，不能满足油泵的要求，打开加热器。

② 油压低，油泵转速慢或分流阀有堵塞现象，增加油泵转速或清理分流阀。

③ 杀菌机框架斜铁磨损严重，更换框架斜铁。

4）PU 值过高

① 检查设备运行是否顺畅、停机补水程序运行是否正常。
② 第四、五温区温度过高。
5）PU 值过低
① 第四、五温区温度过低（蒸汽压力过低或阀门故障等）。
② 喷淋压力过低。
③ 喷嘴堵塞。
6）出瓶酒温过高
① 检查降温区的温度是否正常。
② 喷淋情况是否正常。
杀菌机的维护与保养：
① 及时清理杀菌机出入口和前后走链上的碎瓶、瓶碴等杂物。
② 停机不生产时清理机体内的玻璃碎片。
③ 定期对杀菌机的喷淋管道进行循环清洗，以保证喷管、链板无污物。
④ 生产结束后，用高压水冲洗链板和筛网，以去除有机污物。
⑤ 杀菌机内部要每天清洗一次，喷淋喷头有无堵塞现象，发现异常及时处理。
⑥ 采用热碱定期对杀菌机进行 CIP 清洗。
⑦ 杀菌机各仪表定期校准，发现异常及时更换。
⑧ 定期对杀菌强度做一次检测，并根据检测结果及时作出适当的调整。

14.6.4 贴标机

贴标机的常见问题：
1）取标时撕烂标
① 取标标夹位置靠前，向后调整标夹位置。
② 转鼓位置不对，商标贴到瓶子后，取标标夹不松开商标，校正转鼓滑轮轨道。
③ 商标纸材质发脆，容易撕裂，更换商标纸。
2）贴标标纸歪斜
① 根据标纸在标板上的位置，调整标盒左右的高低。
② 转鼓取标位置不对，校正转鼓位置。
③ 贴标海绵磨损严重，更换贴标海绵。
④ 刷标毛刷与成品酒的位置太近或太远，调整刷标毛刷的位置。
3）标纸褶皱、不平
① 调整胶辊上胶膜的厚度。
② 调整标刷的位置。
4）贴标标纸翘边
① 标板取胶不均匀，调整标板位置，使其取胶均匀。
② 调整标刷的位置。
③ 标纸纤维方向错误。
5）顶标与身标不对中
① 调整转鼓到合适位置。
② 调整顶标标板与身标标板间的夹角。
6）背标、身标两边不平均
用手轮调整转鼓，使之前后转动，调整到合适位置。
7）标签脱落

① 胶粘剂过多或不足，选择适当胶膜厚度。

② 胶水温度太高或太低。

贴标机的维护与保养：

① 及时清理贴标机内和标爪的卫生。

② 及时处理进、出瓶输送带的卡瓶、倒瓶现象。

③ 及时清理机台附近负责区域的碎玻璃等杂物。

④ 用不高于40℃的热水清理标板、胶辊、刮胶板、回收管、排刷。

⑤ 用不高于40℃的热水清理内侧排刷。

⑥ 用湿毛巾将标仓的夹指转鼓的海绵擦干净。

⑦ 用清水清洗进出口拨轮压瓶头中心导板。

⑧ 用湿布清理标站上的残胶与废标，不可用任何锐器。

⑨ 清洗后的标站毛刷、转鼓，必须用压缩空气吹干净，不能有残水。

⑩ 标胶泵和胶桶用清水清洗干净，并用清水顶出胶泵内的残余胶液。

⑪ 将清洗干净的标仓轴承加油润滑，在标指上涂抹油膜。

⑫ 将清洗干净后的转鼓涂抹油膜，转鼓上的凸轮也要加上润滑油。

⑬ 毛刷在安放时要向上安放。

⑭ 压瓶头内要加润滑油。

⑮ 标站的各构件连接部要涂抹油膜。

⑯ 用润滑油雾喷洒导板和心轴。

参考文献

[1] 黄颖为. 包装机械结构与设计. 北京：化学工业出版社，2007.

[2] 高德. 包装机械设计. 北京：化学工业出版社，2005.

[3] 刘筱霞. 包装机械. 北京：化学工业出版社，2010.

[4] 张聪. 自动化食品包装机. 广州：广东科技出版社，2003.

[5] 孙智慧，高德. 包装机械. 北京：中国轻工业出版社，2010.

[6]《包装与食品机械》杂志社. 包装机械产品样本. 北京：机械工业出版社，2008.

[7] 杨晓清. 包装机械与设备. 北京：国防工业出版社，2009.

[8] 机械工业信息研究院. 包装机械产品供应目录. 北京：机械工业出版社. 2002.

[9] 赵淮. 包装机械选用手册. 北京：化学工业出版社，2001.